普通高等教育“十一五”国家级规划教材

普通高等教育农业农村部“十三五”规划教材

面向21世纪课程教材
Textbook Series for 21st Century

普通高等教育“十四五”规划教材

# 食品试验设计与统计分析

## 第3版

张吴平　杨　坚　主编
明道绪　王钦德　主审



中国农业大学出版社
·北京·

## 内容简介

本书是在第 1 版、第 2 版多年应用的基础上，广泛收集读者的反馈信息后编写而成的。第 3 版增加了 3 章内容，并引入二维码。本书的内容包括食品试验设计与统计分析的作用、特点及发展概况，试验数据的整理与特征数，统计数据的理论分布与抽样分布，统计假设检验，方差分析，多指标变量的 T 检验和方差分析，非参数检验，直线回归与相关，多元线性回归与多元相关，试验设计基础，两种常用的试验设计方法，正交试验设计，回归正交设计与旋转设计，均匀设计，混料回归试验设计，主成分分析，聚类分析，判别分析。书后给出了常用的统计用表供读者参考。本教材可以作为食品专业本科生、研究生及相关科研人员的参考书。

**图书在版编目(CIP)数据**

食品试验设计与统计分析 / 张吴平，杨坚主编. —3 版. —北京：中国农业大学出版社，2017.1(2023.9 重印)

ISBN 978-7-5655-1741-9

Ⅰ.①食… Ⅱ.①张… ②杨… Ⅲ.①食品检验－试验设计－教材②食品分析－统计分析－教材 Ⅳ.①TS207.3

中国版本图书馆 CIP 数据核字(2016)第 282850 号

书　　名　食品试验设计与统计分析　第 3 版

作　　者　张吴平　杨　坚　主编　　　明道绪　王钦德　主审

策划编辑　王笃利　宋俊果　刘　军　魏　巍　　　责任编辑　刘耀华
封面设计　郑　川　李尘工作室　　　责任校对　王晓凤
出版发行　中国农业大学出版社
社　　址　北京市海淀区圆明园西路 2 号　　　邮政编码　100193
电　　话　发行部 010-62818525，8625　　　读者服务部 010-62732336
　　　　　编辑部 010-62732617，2618　　　出　版　部 010-62733440
网　　址　http://www.cau.edu.cn/caup　　　**E-mail** cbsszs @ cau.edu.cn
经　　销　新华书店
印　　刷　北京时代华都印刷有限公司
版　　次　2017 年 1 月第 3 版　　2023 年 9 月第 7 次印刷
规　　格　787×1 092　　16 开本　　38 印张　　949 千字
定　　价　79.00 元

普通高等学校食品类专业系列教材

# 编审指导委员会委员

（按姓氏拼音排序）

# 第3版编审人员


主　编　张吴平（山西农业大学）
　　　　杨　坚（西南大学）

副主编　杜双奎（西北农林科技大学）
　　　　庞　杰（福建农林大学）
　　　　侯俊财（东北农业大学）
　　　　高鹏飞（山西农业大学）

编　者　马　玲（山西农业大学）
　　　　乔旭光（山东农业大学）
　　　　延　莎（山西农业大学）
　　　　杜双奎（西北农林科技大学）
　　　　杨　坚（西南大学）
　　　　李德海（东北林业大学）
　　　　沈勇根（江西农业大学）
　　　　张吴平（山西农业大学）
　　　　金　凤（内蒙古农业大学）
　　　　庞　杰（福建农林大学）
　　　　单虹丽（四川农业大学）
　　　　侯俊财（东北农业大学）
　　　　高鹏飞（山西农业大学）
　　　　童华荣（西南大学）

主　审　明道绪（四川农业大学）
　　　　王钦德（山西农业大学）

# 第 2 版编审人员


主　编　王钦德（山西农业大学）

　　　　杨　坚（西南大学）

副主编　庞　杰（福建农林大学）

　　　　张昊平（山西农业大学）

　　　　单虹丽（四川农业大学）

参编者　乔旭光（山东农业大学）

　　　　童华荣（西南大学）

　　　　任锦香（山西农业大学）

　　　　金　凤（内蒙古农业大学）

　　　　杜双奎（西北农林科技大学）

　　　　沈勇根（江西农业大学）

　　　　高鹏飞（山西农业大学）

主　审　明道绪（四川农业大学）

# 第1版编审人员

主　编　王钦德（山西农业大学）
　　　　杨　坚（西南农业大学）

副主编　庞　杰（福建农林大学）
　　　　谭敬军（湖南农业大学）
　　　　单虹丽（四川农业大学）

参编者　乔旭光（山东农业大学）
　　　　童华荣（西南农业大学）
　　　　王如福（山西农业大学）
　　　　张吴平（山西农业大学）

主　审　明道绪（四川农业大学）

# 出版说明

## （代总序）

岁月如梭，食品科学与工程类专业系列教材自启动建设工作至现在的第4版或第5版出版发行，已经近20年了。160余万册的发行量，表明了这套教材是受到广泛欢迎的，质量是过硬的，是与我国食品专业类高等教育相适宜的，可以说这套教材是在全国食品类专业高等教育中使用最广泛的系列教材。

这套教材成为经典，作为总策划，我感触颇多，翻阅这套教材的每一科目、每一章节，浮现眼前的是众多著作者们汇集一堂倾心交流、悉心研讨、伏案编写的景象。正是大家的高度共识和对食品科学类专业高等教育的高度责任感，铸就了系列教材今天的成就。借再一次撰写出版说明（代总序）的机会，站在新的视角，我又一次对系列教材的编写过程、编写理念以及教材特点做梳理和总结，希望有助于广大读者对教材有更深入的了解，有助于全体编者共勉，在今后的修订中进一步提高。

一、优秀教材的形成除著作者广泛的参与、充分的研讨、高度的共识外，更需要思想的碰撞、智慧的凝聚以及科研与教学的厚积薄发。

20年前，全国40余所大专院校、科研院所，300多位一线专家教授，覆盖生物、工程、医学、农学等领域，齐心协力组建出一支代表国内食品科学最高水平的教材编写队伍。著作者们呕心沥血，在教材中倾注平生所学，那字里行间，既有学术思想的精粹凝结，也不乏治学精神的光华闪现，诚所谓学问人生，经年积成，食品世界，大家风范。这精心的创作，与敷衍的粘贴，其间距离，何止云泥！

二、优秀教材以学生为中心，擅于与学生互动，注重对学生能力的培养，绝不自说自话，更不任凭主观想象。

注重以学生为中心，就是彻底摒弃传统填鸭式的教学方法。著作者们谨记"授人以鱼不如授人以渔"，在传授食品科学知识的同时，更启发食品科学人才获取知识和创造知识的思维与灵感，于润物细无声中，尽显思想驰骋，彰耀科学精神。在写作风格上，也注重学生的参与性和互动性，接地气，说实话，"有里有面"，深入浅出，有料有趣。

三、优秀教材与时俱进，既推陈出新，又勇于创新，绝不墨守成规，也不亦步亦趋，更不原地不动。

首版再版以至四版五版，均是在充分收集和尊重一线任课教师和学生意见的基础上，对新增教材进行科学论证和整体规划。每一次工作量都不小，几乎覆盖食品学科专业的所有骨干课程和主要选修课程，但每一次修订都不敢有丝毫懈怠，内容的新颖性，教学的有效性，齐头并进，一样都不能少。具体而言，此次修订，不仅增添了食品科学与工程最新发展，又以相当篇幅强调食品工艺的具体实践。每本教材，既相对独立又相互衔接互为补充，构建起系统、完整、实用的课程体系，为食品科学与工程类专业教学更好服务。

四、优秀教材是著作者和编辑密切合作的结果，著作者的智慧与辛劳需要编辑专业知识和奉献精神的融入得以再升华。

同为他人作嫁衣裳，教材的著作者和编辑，都一样的忙忙碌碌，飞针走线，编织美好与绚丽。这套教材的编辑们站在出版前沿，以其炉火纯青的编辑技能，辅以最新最好的出版传播方式，保证了这套教材的出版质量和形式上的生动活泼。编辑们的高超水准和辛勤努力，赋予了此套教材蓬勃旺盛的生命力。而这生命力之源就是广大院校师生的认可和欢迎。

第 1 版食品科学与工程类专业系列教材出版于 2002 年，涵盖食品学科 15 个科目，全部入选“面向 21 世纪课程教材”。

第 2 版出版于 2009 年，涵盖食品学科 29 个科目。

第 3 版（其中《食品工程原理》为第 4 版）500 多人次 80 多所院校参加编写，2016 年出版。此次增加了《食品生物化学》《食品工厂设计》等品种，涵盖食品学科 30 多个科目。

需要特别指出的是，这其中，除 2002 年出版的第 1 版 15 部教材全部被审批为“面向 21 世纪课程教材”外，《食品生物技术导论》《食品营养学》《食品工程原理》《粮油加工学》《食品试验设计与统计分析》等为“十五”或“十一五”国家级规划教材。第 2 版或第 3 版教材中，《食品生物技术导论》《食品安全导论》《食品营养学》《食品工程原理》4 部为“十二五”普通高等教育本科国家级规划教材，《食品化学》《食品化学综合实验》《食品安全导论》等多个科目为原农业部“十二五”或农业农村部“十三五”规划教材。

本次第 4 版（或第 5 版）修订，参与编写的院校和人员有了新的增加，在比较完善的科目基础上与时俱进做了调整，有的教材根据读者对象层次以及不同的特色做了不同版本，舍去了个别不再适合新形势下课程设置的教材品种，对有些教材的题目做了更新，使其与课程设置更加契合。

在此基础上，为了更好满足新形势下教学需求，此次修订对教材的新形态建设提出了更高的要求，出版社教学服务平台"中农De学堂"将为食品科学与工程类专业系列教材的新形态建设提供全方位服务和支持。此次修订按照教育部新近印发的《普通高等学校教材管理办法》的有关要求，对教材的政治方向和价值导向以及教材内容的科学性、先进性和适用性等提出了明确且具针对性的编写修订要求，以进一步提高教材质量。同时为贯彻《高等学校课程思政建设指导纲要》文件精神，落实立德树人根本任务，明确提出每一种教材在坚持食品科学学科专业背景的基础上结合本教材内容特点努力强化思政教育功能，将思政教育理念、思政教育元素有机融入教材，在课程思政教育润物细无声的较高层次要求中努力做出各自的探索，为全面高水平课程思政建设积累经验。

教材之于教学，既是教学的基本材料，为教学服务，同时教材对教学又具有巨大的推动作用，发挥着其他材料和方式难以替代的作用。教改成果的物化、教学经验的集成体现、先进教学理念的传播等都是教材得天独厚的优势。教材建设既成就了教材，也推动着教育教学改革和发展。教材建设使命光荣，任重道远。让我们一起努力吧！

罗云波

2021年1月

# 第3版前言

《食品试验设计与统计分析》自2003年2月出版以及2009年7月修订以来，赢得了全国范围内食品专业师生广泛好评与信任，被教育部审批为“面向21世纪课程教材”和“普通高等教育‘十一五’国家级规划教材”，为我国高等院校食品科学和食品工程专业教育教学改革和发展发挥了积极的推动作用。

为进一步提升教材编写出版质量，促进该教材的纸质版与数字化融合，2014年12月食品科学与工程系列教材编审指导委员会组织编修会议，在此基础上，本书编委会对《食品试验设计与统计分析》教材进行了再次全面的修订。本次教材的修订充分贯彻落实教育部教改精神，在进一步提升教材质量的基础上，更加符合新形势下的教学要求。

第3版教材根据实际教学需要增加了“多指标变量的 $T$ 检验和方差分析”“聚类分析”和“判别分析”共3章新内容，分别是第6章、第17章和第18章，对其他内容的章次做了适当调整。

第3版教材内容引入了二维码技术。考虑到统计理论与试验设计方法理论的相对稳定性和统计理论推导证明的难度，各章节按照下面3个原则进行二维码引入：①不影响教材内容与理论讲解上的连贯性与逻辑性；②在原版教材篇幅上做“减法运算”，内容缩减10%～20%，缩减内容体现在二维码中；③与二维码对应的数字化内容可以适当丰富，更加有利于读者阅读理解。

修订中对第2版中出现的笔误和排版错误做了更正。

第3版教材由山西农业大学张吴平教授和西南大学杨坚教授主编，参加修订人员有：福建农林大学庞杰、东北农业大学侯俊财、西南大学童华荣、四川农业大学单虹丽、江西农业大学沈勇根、东北林业大学李德海、西北农林科技大学杜双奎、山西农业大学高鹏飞、内蒙古农业大学金凤、山东农业大学乔旭光、山西农业大学马玲、延莎。教材由明道绪和王钦德主审。

具体修订分工为：第1章张吴平、杨坚，第2章、第3章延莎，第4章单虹丽，第5章、第6章高鹏飞，第7章金凤，第8章乔旭光、马玲，第9章马玲，第10章李德海，第11章庞杰，第12章沈勇根，第13章杨坚，第14章杜双奎，第15章童华荣，第16章张吴平，第17章杨坚，第18章侯俊财。

原教材主编王钦德教授具有丰富的教学和实践经验，他对教材的编写和出版做出了创造性的贡献，因年龄原因不再担任本版的主编，在这里，出版社和所有编者对王教授表示诚挚的感谢。

第3版教材出版后，受到使用者的广泛认可，近年来多次重印，与时俱进弥补了使用过程中发现的不足，修正了其中的小问题，教材质量得到进一步提升。本次重印，特别融入党的二十大精神相关内容。

党的二十大提出，高质量发展是全面建设社会主义现代化国家的首要任务。要坚持以推动高质量发展为主题。高质量已然成为各行各业发展的内在根本要求，高效和可持续是高质量发展的基本特征和体现。科学性是高质量发展的基本要求，而数量化是科学性更高层次的体现，是科学性保证的主要逻辑和进步趋势。

我们国家经过近几十年的快速发展，特别是党的十八大以来，许多领域在发展方式上做出积极探索，取得巨大进步，从注重量的增长转变到量与质的同步提升，而量的增长和质的提升的动力源泉更多来自于数字化的有效支撑和推动。数字化从过去到现在以至将来都将是各领域各方面高质量发展的重要支撑和主要推动。

纵观我们食品行业领域，从食品原材料、食品加工工艺、配方、存储、运输、销售、安全溯源，一直到消费者餐桌的全周期，每个阶段都需要数字化转型发展和科技赋能，都需要从经验驱动生产流动转向数据决策驱动下的生产流动。

科学研究离不开调查和试验。科学的调查和试验方案的设计有助于我们用较少的人力、物力和时间获得有代表性的资料，通过正确的统计分析可以获得可靠的结论，达到调查和试验的预期目标。调查、试验、结合获得的准确结论是推动科技进步与发展的基本方法和内在动力。试验设计和统计分析是互为前提和条件的，只有理解、掌握了一定的统计分析原理和方法并结合坚实的专业知识和必要的实践经验才可能针对食品行业领域特定的科学和产业问题设计出科学的实验方案。反过来，只有在试验设计正确、合理的基础上，通过对试验所获取的资料的正确的统计分析才可能真正解释事物的本质特征及内在联系，取得可靠的结论，推动食品领域的科学发现和解决行业产业中的各类问题。各个领域的高质量发展离不开科学研究的支撑，而是试验设计与统计分析是科学研究的基本内容，也是促进和提升科学研究效率的基本保障。

食品试验设计与统计分析是试验设计与统计分析在食品科学领域的实际应用，对推动食品科学研究促进食品行业高质量发展具有十分重大的积极推动作用。食品试验设计与统计分析课程是食品科学类专业重要的专业基础课程，食品试验设计与统计分析的理念、思想、方法等对培养新一代食品科学领域高端人才具有不可替代的重要意义。从某种意义上看，学好、讲授好食品试验设计与统计分析课程是贯彻落实党的二十大提出的高质量发展要求的一个重要的体现。

科学性是高质量发展的基本内涵和基本要求，食品试验设计与统计分析是确保食品科学研究各项活动科学性的重要保障和支撑。《食品试验设计与统计分析》教材不仅讲授数据采集、审核、整理、分析、解释和决策的具体方法的学科，还将各类统计定量分析方法与读者日常工作生活中的判断与决策逻辑关联起来。一方面用以帮助学生深刻理解大数据时代数据的价值和大数据呈现的判断、结果与我们日常生活工作的关系，让学生更好地适应大数据时代及数据带来的红利；同时帮助学生全面理解概率统计思想，特别是对一些与自己多年形成的认知偏差甚至矛盾的现象与结果的合理与正确的理解。比如，我们日常工作生活中常用到的演绎推理逻辑方法和归纳推理逻辑方法，在我们的教材中能够找到对应的统计分析方法。演绎推理方法对应我们教材中的抽样分布理论，即我们获得总体的特征，从总体中得来的样本在一定的概率可信度下也具有某种特征，而演绎推理法就是从一般到特殊的一直逻辑推进方法，与我们的抽样分布的理论方法切合对应。归纳推理方法对用我们教材中的核心重点内容统计检验，也称为显著性检验，即从有限重复的个别样本具有特征，推演此类个体所在总体所具备的特征。学生充分掌握了解他们之间的关系后，可以做到触类旁通、举一反三的功效，在各项具体的工作中能够做出高质量有深度的工作和成果。其他与我们日常工作生活的思维方法有千丝万缕关系的部分统计方法与理论在相关章节也有很好的体现，学生通过各章节的学习逐渐体会、理解。同时，本教材中提供了大量的数据分析方法、每种方法可以解决的食品领域的科研与产生实践的问题。与传统的方法最大不同之处就是我们这对食品领域出现的任何问题，都可以通过严格的试验设计、采集数据，定量的得到问题的解，这在很大程度上避免了我们传统的经验驱动和决策的方法，直接以最优的方法开展食品领域的各项活动。比如某项食品的原料配方、生产某种食品的最佳工艺流程、多指标的食品产品的评价，借助教材中提供的正交试验设计、多元分析及方差协方差、回归分析等方法，可以快速准确得到科学的参数和方法流程。

以上的各方面尝试和具体内容旨在更好贯彻落实《普通高等学校教材管理办法》提出的将知识传授、能力培养与价值观塑造更好融合的要求，旨在培养学生树立正确的世界观、人生观、价值观和方法论上做出贡献。

限于修订者的水平，错误、疏漏仍在所难免，敬请各位教师和广大读者批评指正。

编　者

2023 年 9 月

# 第 2 版前言

《食品试验设计与统计分析》(第 1 版),作为“面向 21 世纪课程教材”,自 2003 年 2 月出版以来,被全国高校食品专业师生广泛采用,反响很好,已多次印刷,对食品科学各本科专业的试验设计与统计分析课程的教学做出了积极贡献。2006 年,该选题又被教育部审批为“普通高等教育‘十一五’国家级规划教材”。

为贯彻落实教育部教改精神,进一步提高教材质量,使其符合新形势下的教学要求,成为名副其实的国家级规划教材,本书编委会汲取以往成功的经验,采纳广大师生合理的建议,并针对使用中发现的问题,对原教材进行了全面修订。

第 2 版在第 1 版的基础上做了如下改动:

第 2 版内容由第 1 版的 14 章变为 15 章。第 1 章的内容由由原来的 2 节划分为 4 节,并做了次序上的调整。第 2 章中的“数字资料的性质”改为“数据资料的来源与种类”,并将第 5 节“异常数据的处理”调整到第 8 章。第 5 章的第 2 节“多重比较”增加了“Dunnett 法”,第 5 节“方差分析的基本假定和数据转换”中增加了“方差同质性检验”。第 6 章的“直线回归与相关”增加了“对回归截距的检验、两条回归直线的比较、校正系数的制定、总体相关系数的置信区间”。第 8 章的“非参数统计”改为第 7 章。第 9 章的“试验设计基础与抽样方法”改为第 8 章“试验设计基础”,并增加了“异常数据的处理”。第 9 章的“完全随机设计”和第 10 章的“随机区组设计及统计分析”合并改为第 2 版的第 9 章“两种常用试验设计方法”。第 10 章是由第 1 版的第 7 章修订的,并增加了“多元线性回归的区间估计”。第 11 章、第 12 章、第 13 章、第 14 章分别是由第 1 版的第 11 章、第 13 章、第 12 章、第 14 章修订的。增加了“第 15 章主成分分析”。对附录中“统计处理软件(SAS)简介”做了适当增补。对第 1 版的个别笔误和排版错误做了更正;对附录中的统计用表以中国科学院数学研究所概率统计室编、科学出版社出版的《常用数理统计表》为准进行了再次核对。从篇幅要求以及有利于提高学生独立练习能力方面考虑,删除了习题参考答案。

第 2 版仍由山西农业大学王钦德教授和原西南农业大学(现合并为西南大学)杨坚教授主编,参加修订人员有福建农林大学庞杰、山西农业大学张吴平、四川农业大学单虹丽、山东农业大学乔旭光、西南大学童华荣、山西农业大学任锦香、西北农林科技大学杜双奎、江西农业大学沈勇根、内蒙古农业大学金凤和山西农业大学高鹏飞。

具体修订分工如下:

第 1 章,王钦德、杨坚;第 2 章,任锦香;第 3 章,张吴平;第 4 章,单虹丽;第 5 章,王钦德、高鹏飞;第 6 章,乔旭光;第 7 章,王钦德、童华荣、金凤;第 8 章,庞杰、王钦德、高鹏飞;第 9 章,单虹丽、金凤;第 10 章,王钦德、高鹏飞;第 11 章,沈勇根;第 12 章,杨坚;第 13 章,杜双奎;第 14 章,王钦德、童华荣;第 15 章,张吴平、高鹏飞;附录,张吴平、高鹏飞;汉英术语对照,王钦德、张吴平。修订完稿后,由主编王钦德和副主编张吴平负责统稿,对基本概念、基本原理、基本方法的叙述以及例题的分析仔细推敲、斟酌,对有关内容做了必要的修改与增删,并请四川农业大学明道绪教授审阅。

特别需要说明的是，第 1 版中的编写人员山西农业大学王如福老师因为工作原因、湖南农业大学谭敬军老师因在国外做访问学者，未能参加第 2 版的修订，由其他编写人员在其原有基础上进行修订。两位老师在第 1 版的编写中付出了艰苦劳动，主编和所有编写人员在此表示衷心感谢！

在第 2 版的修订过程中，参考了许多相关中外文献，修订者对这些文献作者，对热情指导、大力支持修订工作的中国农业大学出版社一并表示衷心感谢！

尽管第 2 版在第 1 版的基础上做了改进，但限于修订者的水平，错误、疏漏仍在所难免，敬请统计学专家、教师和广大读者批评指正。

**编　者**

2009 年 7 月

# 第1版前言

《食品试验设计与统计分析》教材是根据"加强基础、强化专业、拓宽知识面和重视应用"的教改精神组织编写的，是高等教育面向21世纪教学内容和课程体系改革项目(04－18)成果。本教材编委会由山西农业大学王钦德、西南农业大学杨坚、福建农林大学庞杰、湖南农业大学谭敬军、四川农业大学单虹丽、山东农业大学乔旭光、西南农业大学童华荣和山西农业大学王如福、张吴平9人组成，于2001年4月在中国农业大学召开了编写会议。在编写会上全体编委认真讨论、审定了编写大纲，确定了章节安排、内容取舍、深度、广度和详略，并进行了编写分工。初稿完成后，由主编王钦德、杨坚负责统稿，对书稿进行了必要的修改和增删。为了确保教材质量，特聘请四川农业大学明道绪教授为主审，对全部书稿进行了详尽审阅。这本教材得以问世，凝结了全体编、审人员的心血。

本教材包括绪论(杨坚、王钦德编写)、数据资料的整理与特征数(王如福编写)、理论分布与抽样分布(张吴平编写)、统计假设检验(单虹丽编写)、方差分析(王钦德编写)、直线回归与相关(乔旭光编写)、多元线性回归与相关(王钦德编写)、非参数统计(童华荣编写)、试验设计基础与抽样方法(庞杰、王钦德编写)、随机区组设计(单虹丽编写)、正交试验设计(谭敬军、杨坚编写)、均匀设计(谭敬军编写)、回归正交设计(杨坚编写)、混料回归试验设计(童华荣编写)共14章(其中包括自选内容，已在有关章节的标题上用"*"注明)，并附有统计处理软件(SAS)简介(张吴平编写)、英汉术语对照(庞杰整理)及常用统计学用表。

本教材的编写，力求做到内容的科学性、先进性与针对性相统一；做到循序渐进，由浅入深，深入浅出，简明易懂；在正确阐述重要的统计学原理的同时，着重于基本概念、基本方法的介绍，特别注意学生动手能力的培养；每一种设计或分析方法都安排有步骤完整、过程详细的实例予以说明；各章都有明确的教学目标且配有习题(附简要答案)供读者练习；考虑到教学时数的限制和实际需要，教材中部分内容可作为选用内容(用"*"号标出)。

本教材在保持学科的系统性和科学性的前提下，注意引入本学科发展的新知识、新成果；注重拓宽学生的知识面和提高实践能力，紧密联系食品科学生产、科研实际，以及统计分析与计算机科学的结合；避免与交叉学科有关内容的重复；力求体现"厚基础、强能力、高素质、广适应"和素质教育与创新教育的教学目标。

本教材除可作为高等农业院校食品科学类专业教学用书外，也可作为轻工、商学、水产、粮食等院校的食品科学、食品工程、发酵工程、生物工程等专业开设《生物统计》课程的教学用书，还可作为食品科学类专业成人教育教材。此外，对食品科技工作者亦有重要参考价值。

本教材在编写过程中参考了有关中外文献和专著，编者对这些文献和专著的作者，对大力支持编写和出版工作的中国农业大学出版社一并表示衷心感谢！

限于编者水平，错误、缺点在所难免，敬请统计学专家和广大读者批评指正，以便修订改正。

编　者

2002.12.2

# 目　　录


第 1 章　绪论 ………………………………………………………………… 1
1.1　食品试验设计与统计分析在食品科学研究中的作用 ………………… 2
1.2　食品科学试验的特点与要求 ……………………………………………… 3
1.3　统计学发展概况 …………………………………………………………… 4
1.4　统计学在中国的传播 ……………………………………………………… 6
思考题……………………………………………………………………………… 7
第 2 章　试验数据的整理与特征数 ……………………………………………… 8
2.1　常用术语 …………………………………………………………………… 9
2.1.1　总体与样本 ……………………………………………………………… 9
2.1.2　参数与统计量 …………………………………………………………… 9
2.1.3　准确性与精确性 ………………………………………………………… 9
2.1.4　随机误差与系统误差…………………………………………………… 10
2.2　数据资料的来源与种类………………………………………………… 10
2.2.1　数据资料的来源………………………………………………………… 10
2.2.2　资料的种类……………………………………………………………… 11
2.3　资料的整理……………………………………………………………… 11
2.3.1　资料的检查与核对……………………………………………………… 11
2.3.2　计量资料的整理………………………………………………………… 12
2.3.3　计数资料的整理………………………………………………………… 13
2.4　常用统计表与统计图…………………………………………………… 14
2.4.1　统计表…………………………………………………………………… 14
2.4.2　统计图…………………………………………………………………… 15
2.5　资料的特征数…………………………………………………………… 17
2.5.1　平均数…………………………………………………………………… 17
2.5.2　变异数…………………………………………………………………… 20
思考题 …………………………………………………………………………… 23
第 3 章　统计数据的理论分布与抽样分布 …………………………………… 25
3.1　理论分布………………………………………………………………… 26
3.1.1　二项分布………………………………………………………………… 26
3.1.2　泊松分布………………………………………………………………… 28
3.1.3　正态分布………………………………………………………………… 30

3.2 抽样分布 …… 34
3.2.1 样本平均数的抽样分布 …… 34
3.2.2 均数标准误 …… 36
3.2.3 两样本均数差数的抽样分布 …… 37
3.2.4 样本均数差数标准误 …… 39
3.2.5 $t$ 分布 …… 40
思考题 …… 41
**第 4 章 统计假设检验** …… 43
4.1 统计假设检验概述 …… 44
4.1.1 统计假设检验的意义和基本原理 …… 44
4.1.2 统计假设检验的步骤 …… 46
4.1.3 统计假设检验的几何意义与两类错误 …… 47
4.1.4 两尾检验与一尾检验 …… 48
4.2 样本平均数的假设检验 …… 49
4.2.1 单个样本平均数的假设检验 …… 49
4.2.2 两个样本平均数的假设检验 …… 51
4.3 二项百分率的假设检验 …… 56
4.3.1 单个样本百分率的假设检验 …… 57
4.3.2 两个样本百分率的假设检验 …… 58
4.3.3 二项百分率假设检验的连续性矫正 …… 59
4.4 统计假设检验中应注意的问题 …… 60
4.4.1 试验要科学设计和正确实施 …… 60
4.4.2 选用正确的统计假设检验方法 …… 60
4.4.3 正确理解差异显著性的统计意义 …… 61
4.4.4 合理建立统计假设,正确计算检验统计量 …… 61
4.5 参数的区间估计 …… 61
4.5.1 总体平均数 $\mu$ 的区间估计 …… 62
4.5.2 两个总体平均数差数 $\mu_1-\mu_2$ 的区间估计 …… 63
4.5.3 二项总体百分率 $p$ 的区间估计 …… 64
4.5.4 两个总体百分率差数 $p_1-p_2$ 的区间估计 …… 65
思考题 …… 66
**第 5 章 方差分析** …… 68
5.1 方差分析的基本原理 …… 69
5.1.1 平方和与自由度的分解 …… 69
5.1.2 $F$ 分布与 $F$ 检验 …… 72
5.2 多重比较 …… 74
5.2.1 最小显著差数法 …… 75
5.2.2 Dunnett 法 …… 76

5.2.3　最小显著极差法…… 77
5.2.4　多重比较结果的表示法…… 79
5.3　单向分组资料的方差分析…… 80
5.3.1　各处理重复数相等的方差分析…… 80
5.3.2　各处理重复数不等的方差分析…… 82
5.4　两向分组资料的方差分析…… 85
5.4.1　两向分组单独观测值试验资料的方差分析…… 85
5.4.2　两向分组有相等重复观测值试验资料的方差分析…… 89
5.5　方差分析的基本假定和数据转换…… 96
5.5.1　方差分析的基本假定…… 96
5.5.2　方差同质性检验…… 97
5.5.3　数据转换…… 99
思考题…… 100
**第 6 章　多指标变量的 $T$ 检验和方差分析** …… 102
6.1　多元统计分析的数据结构 …… 103
6.2　多指标变量的 $T$ 检验…… 104
6.2.1　多指标单个正态均值向量的检验 …… 104
6.2.2　多元配对设计均值向量的检验 …… 107
6.2.3　两个正态总体均值向量的检验 …… 109
6.3　多元方差分析 …… 114
6.3.1　完全随机设计的多元方差分析 …… 114
6.3.2　多元区组设计的样本均值向量的检验 …… 118
6.3.3　多元方差分析的正确应用 …… 120
思考题…… 121
**第 7 章　非参数检验** …… 124
7.1　非参数检验的概念和特点 …… 125
7.2　$\chi^2$ 检验…… 125
7.2.1　$\chi^2$ 分布 …… 125
7.2.2　适合性检验 …… 127
7.2.3　独立性检验 …… 130
7.3　符号检验 …… 134
7.3.1　符号检验的步骤 …… 135
7.3.2　大样本的正态化近似 …… 136
7.4　符号秩和检验 …… 136
7.4.1　符号秩和检验的步骤 …… 136
7.4.2　大样本的正态化近似 …… 137
7.5　秩和检验 …… 138
7.5.1　成组设计两样本比较的秩和检验 …… 138

7.5.2 多个样本比较的秩和检验 …… 141
7.5.3 多个样本两两比较的秩和检验 …… 144
7.6 秩相关 …… 146
7.6.1 秩相关系数的计算 …… 146
7.6.2 秩相关系数的假设检验 …… 147
思考题 …… 148
**第8章 直线回归与相关** …… 151
8.1 回归与相关的概念 …… 152
8.2 直线回归 …… 153
8.2.1 直线回归方程的建立 …… 153
8.2.2 直线回归的假设检验 …… 156
8.2.3 回归方程的拟合度与偏离度 …… 160
8.2.4 回归参数 $\beta_0$、$\beta$ 的区间估计 …… 162
8.2.5 两条回归直线的比较 …… 162
8.2.6 直线回归方程的应用 …… 166
8.3 直线相关 …… 169
8.3.1 相关系数 …… 169
8.3.2 相关系数的计算 …… 171
8.3.3 相关系数的假设检验 …… 172
8.3.4 多个变量之间相关系数的计算及检验 …… 173
8.3.5 总体相关系数的置信区间 …… 174
8.3.6 两个相关系数的比较 …… 176
8.4 应用直线回归与相关的注意事项 …… 176
8.5 能直线化的曲线回归 …… 178
8.5.1 曲线回归分析概述 …… 178
8.5.2 能直线化的曲线类型 …… 178
8.5.3 曲线回归分析实例 …… 181
思考题 …… 183
**第9章 多元线性回归与相关** …… 184
9.1 多元线性回归分析 …… 185
9.1.1 多元线性回归方程的建立 …… 185
9.1.2 多元线性回归方程的假设检验 …… 189
9.1.3 自变量剔除与重新建立多元线性回归方程 …… 192
9.2 复相关与偏相关 …… 197
9.2.1 复相关 …… 197
9.2.2 偏相关 …… 199
9.3 通径分析 …… 202
9.3.1 通径系数与决定系数 …… 203

9.3.2 通径系数的性质 …… 204
9.3.3 通径分析的假设检验 …… 207
9.3.4 通径分析的基本步骤 …… 209
9.3.5 通径分析实例 …… 210
9.3.6 进行通径分析时应注意的问题 …… 214
思考题 …… 215
**第10章 试验设计基础** …… 217
10.1 试验设计概述 …… 218
10.1.1 试验设计的意义和任务 …… 218
10.1.2 试验设计的方法与作用 …… 218
10.1.3 基本概念 …… 218
10.2 食品试验研究的主要内容 …… 220
10.2.1 食品的线性质量研究和非线性质量研究 …… 220
10.2.2 食品质量研究的几个阶段 …… 221
10.2.3 系统设计、参数设计和允许误差设计 …… 222
10.3 试验设计的基本原则 …… 223
10.3.1 重复 …… 223
10.3.2 随机化 …… 223
10.3.3 局部控制 …… 224
10.4 试验方案 …… 225
10.4.1 试验方案及意义 …… 225
10.4.2 拟订试验方案的要点 …… 226
10.5 试验误差及其控制 …… 228
10.5.1 试验误差的来源 …… 228
10.5.2 试验误差的控制 …… 229
10.6 常用抽样方法概述 …… 231
10.6.1 简单随机抽样 …… 231
10.6.2 顺序抽样 …… 232
10.6.3 随机群组抽样 …… 232
10.6.4 分层随机抽样 …… 234
10.6.5 分级随机抽样 …… 235
10.7 样本含量的确定 …… 238
10.7.1 试验研究中样本含量的确定 …… 238
10.7.2 抽样调查时样本含量的确定 …… 242
思考题 …… 246
**第11章 两种常用的试验设计方法** …… 248
11.1 完全随机设计 …… 249
11.1.1 设计方法 …… 249

11.1.2 完全随机设计的优缺点 …… 252
11.2 随机区组设计 …… 253
11.2.1 设计方法 …… 253
11.2.2 随机区组设计的注意事项 …… 254
11.2.3 随机区组设计的优缺点 …… 255
11.2.4 随机区组试验结果的统计分析 …… 256
思考题 …… 266
第12章 正交试验设计 …… 268
12.1 正交设计的概念及原理 …… 269
12.1.1 正交设计的概念 …… 269
12.1.2 正交设计的基本原理 …… 269
12.2 正交表 …… 270
12.2.1 正交表——正交拉丁方的自然推广 …… 270
12.2.2 正交表的符号表示 …… 271
12.2.3 常用正交表的分类及性质 …… 272
12.2.4 正交表的交互作用列 …… 275
12.3 正交设计的基本步骤 …… 276
12.3.1 明确试验目的,确定试验指标 …… 277
12.3.2 挑因素,选水平 …… 277
12.3.3 选择合适的正交表 …… 277
12.3.4 进行表头设计 …… 277
12.3.5 确定试验方案,实施试验 …… 279
12.3.6 试验结果分析 …… 280
12.4 正交设计试验结果的统计分析 …… 280
12.4.1 直观分析法 …… 280
12.4.2 不考察交互作用的方差分析法 …… 284
12.4.3 考察交互作用的方差分析法 …… 291
12.5 正交设计的灵活运用 …… 295
12.5.1 并列法 …… 296
12.5.2 拟水平法 …… 299
12.5.3 拟因素法 …… 302
思考题 …… 310
第13章 回归正交设计与旋转设计 …… 313
13.1 回归正交试验设计简介 …… 314
13.2 一次回归正交设计及统计分析 …… 314
13.2.1 一次回归正交设计的一般方法 …… 314
13.2.2 一次回归正交设计试验结果的统计分析 …… 316
13.2.3 一次回归正交设计示例 …… 320

13.3　二次回归中心组合设计及其统计分析…… 323
13.3.1　二次回归的中心组合设计…… 323
13.3.2　正交性的实现…… 327
13.3.3　二次回归中心组合设计的一般方法…… 330
13.3.4　二次回归中心组合设计试验结果的统计分析…… 330
13.3.5　三元二次回归正交组合设计示例…… 333
13.4　回归的旋转设计…… 338
13.4.1　旋转设计的基本原理…… 338
13.4.2　二次正交旋转组合设计及其统计分析…… 343
13.4.3　通用旋转组合设计及其统计分析…… 348
思考题…… 353
**第 14 章　均匀设计** …… 355
14.1　均匀设计的概念…… 356
14.2　均匀设计表…… 357
14.2.1　等水平均匀设计表…… 357
14.2.2　混合水平均匀设计表…… 360
14.3　均匀设计方法…… 360
14.3.1　试验方案设计…… 361
14.3.2　试验结果分析…… 363
14.4　均匀试验设计的应用…… 364
思考题…… 373
**第 15 章　混料回归试验设计** …… 375
15.1　混料设计的概念与特点…… 376
15.2　单纯形格子设计…… 377
15.2.1　单纯形格子设计的意义…… 377
15.2.2　单纯形格子设计的步骤…… 380
15.2.3　单纯形格子设计的统计分析…… 381
15.3　单纯形重心设计…… 385
15.3.1　单纯形重心设计的意义…… 385
15.3.2　单纯形重心设计的步骤…… 388
15.3.3　单纯形重心设计的统计分析…… 388
15.4　混料均匀设计…… 392
15.4.1　混料均匀设计的意义…… 392
15.4.2　混料均匀设计表的计算…… 392
15.4.3　混料均匀设计结果分析…… 393
思考题…… 394
**第 16 章　主成分分析** …… 395
16.1　主成分分析的基本思想…… 396

16.2 主成分分析的数学模型与几何意义…… 396
16.2.1 主成分分析的数学模型…… 396
16.2.2 主成分分析的几何意义…… 397
16.3 主成分的求法及性质…… 399
16.3.1 主成分的导出…… 399
16.3.2 主成分的性质…… 404
16.4 主成分分析的步骤及实例…… 407
16.4.1 主成分分析的步骤…… 407
16.4.2 主成分分析实例…… 407
16.5 主成分分析的应用…… 416
16.5.1 变量的简化…… 416
16.5.2 主成分与指标变量的相关性分析…… 416
16.5.3 前 $m$ 个主成分对各指标变量的贡献率 …… 418
16.5.4 综合评价…… 418
16.5.5 样品分类中的应用…… 419
16.5.6 由主成分分析构造回归模型…… 419
16.6 主成分分析的优缺点及注意事项…… 419
思考题…… 421
**第 17 章 聚类分析** …… 422
17.1 聚类分析概述…… 423
17.1.1 聚类分析的含义…… 423
17.1.2 聚类分析方法的划分…… 423
17.2 距离与相似系数…… 424
17.2.1 变量测量尺度的类型…… 424
17.2.2 数据的变换处理…… 424
17.2.3 样品间亲疏程度的测度…… 425
17.3 聚类分析方法…… 429
17.3.1 聚类分析的含义及步骤…… 429
17.3.2 常用聚类分析方法…… 429
17.3.3 聚类分析方法的统一公式…… 435
17.3.4 聚类分析法的基本性质…… 436
17.3.5 聚类分析法的主要步骤…… 436
17.4 聚类分析法应用举例…… 437
思考题…… 440
**第 18 章 判别分析** …… 442
18.1 距离判别…… 443
18.1.1 两总体判别…… 443
18.1.2 多总体判别…… 445

18.2　Bayes 判别 …… 452
18.2.1　Bayes 判别的基本思想 …… 452
18.2.2　Bayes 判别方法 …… 452
18.3　Fisher 判别 …… 457
18.3.1　Fisher 判别的基本思想 …… 457
18.3.2　Fisher 判别方法 …… 457
思考题 …… 465
**附录** …… 467
附录 1　附表 …… 467
附表 1　正态分布表 …… 467
附表 2　正态分布的双侧分位数($u_\alpha$)表 …… 470
附表 3　$t$ 值表 …… 471
附表 4　$F$ 值表(方差分析用) …… 472
附表 5　Dunnett-$t'$检验临界值表(双侧) …… 476
附表 6　Dunnett-$t'$检验临界值表(单侧) …… 477
附表 7　$q$ 值表 …… 478
附表 8　Dunncan's 新复极差检验的 $SSR$ 值 …… 479
附表 9　$F$ 值表(两尾、方差齐性检验用)$\alpha=0.05$ …… 480
附表 10　$r$ 与 $R$ 的显著数值表 …… 481
附表 11　$\chi^2$ 值表(一尾) …… 482
附表 12　符号检验用 $K$ 临界值表(双尾) …… 483
附表 13　符号秩和检验用 $T$ 临界值表 …… 484
附表 14　秩和检验用 $T$ 临界值表(两样本比较) …… 485
附表 15　秩和检验用 $H$ 临界值表(三样本比较) …… 486
附表 16　等级相关系数 $r_s$ 临界值表 …… 487
附表 17　随机数字表 …… 488
附表 18　常用正交表 …… 490
附表 19　均匀设计表 …… 501
附表 20　拟水平构造混合水平均匀设计表的指导表 …… 517
附录 2　Excel 系统数据分析处理 …… 518
附录 3　SAS 系统数据分析处理 …… 527
附录 4　SPSS 数据分析简介 …… 545
**汉英术语对照** …… 572
**参考文献** …… 577

# 第 1 章
# 绪　　论

## 本章学习目的与要求

1. 了解试验设计与统计分析在食品科学研究中的作用。
2. 熟悉食品科学试验的特点与要求。
3. 了解统计学的发展概况及其在中国的传播。

## 1.1 食品试验设计与统计分析在食品科学研究中的作用

为了推动食品科学的发展，常常要进行科学研究。例如，食品原料资源及其开发的研究，新产品开发和新的加工工艺的研究，食品质量保持、储藏方法、货架寿命、营养价值、安全性和经济特性等的研究以及卫生标准的制定等。这些研究都离不开调查和试验。进行调查和试验首先必须解决的问题是：如何科学合理地进行调查方案或者试验方案的设计。在实际研究工作中有时会遇到这样的情况，由于调查或试验方案设计不合理，以致无法从所获得的数据中提取有用的信息，造成人力、物力和时间的浪费及延迟了相关问题的解决进程。反之，若调查或试验方案的设计方法科学合理，则用较少的人力、物力和时间便可获取必要而有代表性的资料，经过正确的统计分析获得可靠的结论，达到调查或试验的预期目的，收到事半功倍之效。

通过调查或试验获得的一定数量和质量的数据，常常表现出不同程度的差异。例如，测定某食品原料蛋白质成分的含量，所获得的 100 个观测值，彼此并不完全相同，而是在一定范围内产生差异；同一种工艺条件下生产某种食品，其外观及内在质量不一定完全一致；食品原料的来源、种类不同，其所包含的各种营养成分含量有所差异；食品配方、生产工艺、储藏方式不同使得食品质量有所不同，等等。产生这种差异的原因有的已被人们所认识，有的尚未了解。正是由于这些人们已认识及尚未了解而无法控制因素的作用，使得调查或试验得来的数据普遍具有变异性。因此，进行调查或试验必须解决的第二个问题是：如何科学地整理、分析所收集的具有变异性的数据资料，以揭示其内在的规律性。

统计学(statistics)是研究数据的搜集、整理与分析的科学，面对不确定性数据做出科学的推断，因而统计学是认识世界的重要手段。食品试验设计与统计分析属于统计学的范畴，是数理统计原理和方法在食品科学基础理论研究与先进实用技术研发中的应用，是应用数学的一个分支。正确地进行试验或调查设计和科学合理地审核、整理、处理与分析所收集的食品领域相关的数据资料是本课程的基本任务。它在食品科学领域研究中的作用主要体现在以下两个方面。

①提供试验设计或调查设计方案的方法。广义的试验设计是指整个试验研究课题的设计，亦即整个试验计划的拟订。狭义的试验设计主要是指试验单位(试验处理的独立载体)的选取、试验单位重复数的确定、试验单位的分组和试验处理实施的安排。本课程讲授的试验设计主要是指狭义的试验设计。正确的试验设计能控制和降低试验误差，消除系统误差，提高试验的精确性和正确性，为通过统计分析获得处理效应和试验误差的无偏估计以及揭示所研究事物的内在规律性提供必要而充分的数据资料。食品试验研究中常用的试验设计方法有完全随机设计、随机区组设计、正交设计、均匀设计、回归设计和混料设计等。

广义的调查方案设计是指整个调查计划的制定。狭义的调查方案设计主要是指抽样方法、抽样单位、抽样数目(样本含量)的确定等内容。通常讲的调查方案设计主要是指狭义的调查方案设计。正确的调查方案设计能控制和降低抽样误差、提高调查的精确性，为获得总体参数的可靠估计提供必要的数据。

简而言之，试验方案设计或调查方案设计主要是解决如何正确地收集必要且有代表性数据资料的问题。

②提供整理、处理与分析资料的方法。整理资料的基本方法是根据资料的特性将其整理成统计次数分布表,绘制成统计图。通过统计表与统计图可以大致了解资料集中、分散的情况,并利用所收集的数据资料计算有关的统计量,表示该资料的数量特征,估计相应的总体参数。

统计分析方法很多,重要而常用的方法有差异显著性检验,即假设检验。通过抽样调查或控制试验获得的是具有变异的资料。产生变异的原因是什么?是由于比较的处理间(如不同原料、不同工艺、不同配比)有实质性差异,还是由于无法控制的偶然因素所致?显著性检验的目的就在于承认并尽量排除偶然因素的干扰,以一定的置信度将处理间是否存在本质差异揭示出来。常用的显著性检验方法有 $t$ 检验、$u$ 检验、$F$ 检验和 $\chi^2$ 检验等。

统计分析的另一重要内容是对变量间的关系进行研究,即研究它们之间联系的性质和程度或寻求它们之间联系的形式,相关分析与回归分析是实现这类功能的常用方法。

还有一类统计分析方法称为非参数检验法。这类分析方法不考虑资料的分布类型,也不需事先对有关总体参数进行估计。当通常的检验方法对某些试验或调查资料无能为力时,这类方法则正好发挥作用。

总之,通过对数据资料进行正确的整理、分析与处理可以揭示事物的本质特性及内在联系,进而使我们得以能动地认识世界和改造世界。

试验设计和统计分析是互为前提和条件的。只有理解、掌握了一定的统计分析原理和方法并结合坚实的专业知识和必要的实践经验才可能正确地进行试验设计。反过来,只有在试验设计正确的基础上,通过对试验所获取的数据资料的正确的统计分析才可能真正揭示事物的本质特性及内在联系,得出可靠的结论,进而正确地指导实践。

## 1.2 食品科学试验的特点与要求

食品科学与技术研究的重要表现形式是新产品、新工艺的研制与开发,把琳琅满目的绿色安全的食品提供给社会,以满足不同层次、不同需求、不同饮食习惯和不同用处的人们对食品多样化、合理化的要求。党的二十大报告指出:要坚持面向世界科技前沿、面向经济主战场、面向国家重大需求、面向人民生命健康,加快实现高水平科技自立自强。从事食品生产必须重视食品本身及其生产工艺的研究,用现代化的科学技术不断提高产品的科技含量,增加产品的附加值,增强食品生产企业在激烈的市场竞争中的生存和发展的能力。然而从研究的程序上讲,食品研究和其他学科一样,在明确了研究的目的、依据、内容、必要性和可行性的基础上,实际上就是一个试验方法的设计,观测数据的收集、整理、分析,研究结果的表达和进一步指导实践的过程。但是,就研究的具体对象而言,又有其学科本身的复杂性和特殊性。

食品科学试验的特点主要体现在以下几个方面。

①食品原料的广泛性。可以作为食品加工的原料来源广泛,可以分为植物性原料、动物性原料和微生物性原料等。而植物性原料又可分为粮食、果品、蔬菜、野生植物;动物性原料又可以分为畜禽、水产、野生动物、特种水产养殖等。不同的加工原料对食品加工提出了不同的要求,因而给不同产品的加工和保鲜带来困难。

②生产工艺的多样性。由于作为食品加工的原料可以分为几十个类、上千个品种,因而体现了食品加工工艺的多样性。比如有的产品加工要求保持原料原有的色泽和风味,有的产品又

要求掩盖原来的色泽和风味;有些初级产品加工只需要简单地烘干或晒干,而有的产品加工则需要均质、发酵、超滤乃至用到纳米与转基因等技术。这些充分体现了食品加工工艺的多样性。

③质量控制的重要性。食品质量控制体现在 3 个方面。一是对加工过程中各个工序的控制,以保证加工过程的安全和产品加工质量的稳定。二是对市场流通中各种产品的质量监督和检验,以保证产品的质量稳定和防止假冒伪劣产品,维护消费者的合法权益。三是对食品的安全进行监督保证,以防止食品在加工过程中化学物质的超标或不合理使用,或者某些对人体健康有害的物质超过规定的标准。“国以民为本,民以食为天,食以安为先”,食品质量与安全是人民群众基本的生存保障。全面提升食品安全监管治理水平,强化食品安全监管体系,守护舌尖上的安全,是增进民生福祉、提高人民生活品质的有力措施。

④不同学科的综合性。食品科学是涵盖了农副产品储藏加工、生物科学、农业工程和轻工业等学科的综合性、交叉型学科。随着 20 世纪 80 年代以来世界食品工业的飞速发展,食品科学研究朝着自动化生产、计算机应用、系统工程、生物酶技术、基因工程等高新技术发展,逐步脱离了传统的加工方法,体现了科学化、集约化生产的特色,同时对食品科学研究的试验设计和统计方法提出了更高的要求。

鉴于以上特点,我们在进行食品科学试验研究时,就必须特别注重对试验的合理设计和科学安排,注意试验过程的正确运行,保证试验结果的可靠性、准确性和代表性,并进行科学正确的统计分析,以真正揭示被研究对象的本质,得出科学的结论。实际上,对于食品试验的设计及试验资料的分析研究,在普遍而又深入地应用一些简单传统的试验设计及统计分析方法的基础上已发展到了多元分析、优化设计等高级试验设计和分析方法,并且随着食品科学的发展,愈加显现出试验设计和统计分析在食品科学研究中的重要性。可以预言,随着生物技术、计算机技术和高级试验统计和统计分析方法在食品工业中的广泛深入应用,食品科学将进入一个更好、更快、更新的发展阶段。

## 1.3 统计学发展概况

统计是一个古老的政治术语,其原意是用于国家管理需要的统计数字。随着社会经济的发展,统计一词的内涵不断发展与丰富(二维码 1-1)。明道绪教授在其主编的《生物统计附试验设计》中对统计学的发展史做了简要概括。统计学的发展概况大致可划分为古典记录统计学、近代描述统计学和现代推断统计学 3 个阶段或形态。

二维码 1-1 统计学的 3 种含义

古典记录统计学形成期大致在 17 世纪中叶至 19 世纪中叶。统计学在这个兴起阶段,还是一门意义和范围不太明确的学问。在它用文字或数字如实记录与分析国家社会经济状况的过程中,初步建立了统计研究的方法和规则,直到概率论被引进后,它才逐渐成为一种较成熟的方法。最初卓有成效地把古典概论引进统计学的是法国天文学家、数学家、统计学家拉普拉斯(P. S. LapLace,1749—1827)。因此,后来比利时统计学家凯特勒指出,统计学应从拉普拉斯开始(二维码 1-2),继而是德国数学家高斯(C. F. Gauss,1777—1855) 在概率论与统计学的结合研究方面做出了重要贡献(二维码 1-3)。

二维码 1-2 拉普拉斯对统计学的贡献

二维码 1-3 高斯对统计学的主要贡献

近代描述统计学形成期大致在 19 世纪中叶至 20 世纪上半叶。由于生物学家们为了解决达尔文进化论中的复杂问题，经常需要借助统计学手段，而在这个过程中，原有的统计学方法的不足与局限性逐步地暴露出来。因此，许多学者在改善手段方面做了许多工作。19 世纪，达尔文应用统计方法研究生物界的连续性变异；孟德尔应用统计方法发现显性、分离、独立分配等遗传定律；由于这种“描述”特色是由一批研究生物进化的学者们提炼而成的，因此历史上称他们为生物统计学派。生物统计学派的创始人是英国的高尔顿(Francis Galton，1822—1911)(二维码 1-4)。高尔顿的得意门生皮尔逊(Karl Person，1857—1936)对生物统计学倾注了毕生心血，并把它上升到通用方法论的高度(二维码 1-5)。

二维码 1-4 高尔顿统计学的研究内容

二维码 1-5 皮尔逊统计学的研究内容

现代推断统计学形成期大致是 20 世纪初叶至 20 世纪中叶。人类历史进入 20 世纪后，无论社会领域还是自然领域都向统计学提出更多的要求。各种事物与现象之间繁杂的数量关系以及一系列未知的数量变化，单靠记录或描述的统计方法已难以奏效。因此，相继产生以“推断”的方法来掌握事物总体的真正联系以及预测未来的发展。从描述统计学到推断统计学，这是统计学发展过程中的一大飞跃。统计学发展中的这场深刻变革是在农业田间试验领域完成的。因此，历史上称之为农业试验学派。对现代推断统计学的建立贡献最大的是英国统计学家哥塞特(Willian Seely Gosset，1876—1937)(二维码 1-6)和 R. 费雪(Ronald Aylmer Fisher，1890—1962)(二维码 1-7)。此外，Yates、Yule 等发展了一系列的试验设计包括后来的混杂设计和不完全区组设计等；英国卢桑姆斯坦德农业试验场在生物统计和田间试验设计方面卓有贡献；Neyman 和 E. S. Pearson 建立了统计推断的理论；Snedecar 建立了统计实验室并出版了《Statistical Methods Applied to Experiment in Agriculture and Biology》一书；Wald 建立序贯分析和统计决策的函数理论；Cochran 和 Cox 系统地归纳了试验设计和抽样方法的研究进展，出版了《Experimental Design》和《Sampling Technique》两本著作；Kempthorne 将统计方法应用于数量性状的遗传研究，出版了《Biometrical Genetics》一书。

二维码 1-6 哥塞特对统计学的贡献

二维码 1-7 R. 费雪对统计学的贡献

应当说，试验统计学作为一门系统的学科开始于1925年英国统计学家R.费雪的著作《供研究人员用的统计方法》。该书形成了试验统计学较为完整的体系。以上这些统计理论、方法的建立及在农业和生物学中的应用，再加上统计学其他分支学科的发展，促进、推动了试验统计学的不断向前发展。

## 1.4 统计学在中国的传播

1913年，顾澄教授(1882—?)翻译了统计名著《统计学之理论》。这是英国统计学家尤尔在1911年新出版的关于描述统计学的著作，也就是英美数理统计学传入中国之始。之后，1922年翻译英国爱尔窦登的《统计学原理》、1929年翻译美国金氏的《统计方法》、1938年翻译鲍莱的《统计学原理》、1941年翻译密尔斯的《统计方法》。密尔斯的著作对中国统计学界影响较大，并被推崇为统计学范本。R.费雪的理论和方法也很快传入中国。在20世纪30年代，“生物统计与田间试验”就作为农学系的必修课程，最早有1935年王绶编著出版的《实用生物统计法》，随后有范福仁1942年出版的《田间试验之设计与分析》。

新中国成立后，中国科学院生物物理研究所的杨纪柯在介绍、推广数理统计学上做了大量工作。1963年他与汪安琦一起翻译出版了G.W.斯奈迪格著《应用于农学和生物学试验的数理统计方法》；同年，他编写出版了《数理统计方法在医学科学中的应用》。接着，郭祖超的《医用数理统计方法》(1963)、范福仁的《田间试验技术》(1964)和《生物统计学》(1966)、赵仁熔的《大田作物田间试验统计方法》(1964)相继问世。到了20世纪70年代，中国科学院数理研究所数理统计组先后出版了《常用数理统计方法》(1973)、《回归分析方法》(1974)、《方差分析》(1977)、《正交试验法》(1975)、《常用数理统计用表》(1974)；薛仲三出版的《医学统计方法和原理》(1978)、上海师范大学数学系概率统计研究组出版的《回归分析及其试验设计》(1978)。这些都有力地推动了数理统计方法在中国的普及和应用。

值得一提的是，在科学试验的优化设计方面，我国著名数学家华罗庚教授早在20世纪60年代就怀着极大的热情和高度的社会责任感在我国倡导与普及“优选法”；与此同时，我国的数理统计学者在工业部门中也积极普及“正交设计法”。这些工作均取得了一系列成就，产生了巨大的社会效益和经济效益。随着国家经济建设的日新月异和科学技术工作的不断深入发展，对优化设计提出了更高的要求。于是，1978年，我国数学家方开泰教授和王元教授将数论方法应用于试验设计问题的研究，提出了一个新的试验设计方法，即“均匀设计”，开辟了多因素多水平试验的新途径。他们的研究论文在20世纪80年代初发表后，均匀设计已在我国有了广泛的普及与应用，取得了一系列可喜的成绩。

1978年12月，国家统计局在四川召开了统计教学、科研规划座谈会。会上明确提出“统计工作部门应该更好地运用数理统计方法”。在这以后，有关统计学的教材与论著如雨后春笋般涌现，如南京农业大学主编农业院校统编教材《田间试验和统计方法》(1979年第1版、1988年第2版)、贵州农学院主编农业院校统编教材《生物统计附试验设计》(1980年第1版、1989年第2版)、潘维栋著的《数理统计方法》(1980)、林德光编著的《生物统计的数学原理》(1982)、张尧庭和方开泰编著的《多元统计分析引论》(1982)、方开泰和潘恩沛编著的《聚类分析》(1982)、陈希儒等编著的《线性模型参数的估计理论》(1985)、汪荣鑫编著的《数理统计》(1986)、王松桂等编著的《线性模型的理论及其应用》(1987)、莫惠栋编著的《农业试验统计》

(1988 年第 1 版,1994 年第 2 版)、明道绪主编的《兽医统计方法》(1991)、裴鑫德编著的《多元统计分析及其应用》(1991)、吴仲贤主编的《生物统计》(1994)、方开泰著的《均匀设计与均匀设计表》(1994)、俞渭江和郭卓元编著的《畜牧试验设计》(1995)、林维宣主编的《试验设计方法》(1995)、何晓群编著的《现代统计分析方法与应用》(1998)、刘魁英主编的《食品研究与数据分析》(1998)等,不胜枚举。译著有:杨纪珂、孙长鸣翻译的 R. G. D. 斯蒂尔、J. H. 托里著的《数理统计的原理与方法》(1979),关彦华、王平翻译的[日]吉田实著的《畜牧试验设计》(1984),张燮等翻译的 RAO. C. R. 著的《线性统计推断及其应用》(1987),汪仁官等翻译的[美]Douglas C. Montgomery 著的《实验设计与分析》(1998)等。

进入 21 世纪以来,统计学方面的各种"面向 21 世纪课程教材""普通高等教育'十五'国家级规划教材"和 "普通高等教育'十一五'国家级规划教材"相继编著、修订出版。同时,适用于研究生教育的统计学教学用书、新的专著和译著也陆续问世,如任露泉编著的《试验优化设计与分析》(2001 年第 1 版、2003 年第 2 版)、赵俊康著的《统计调查中的抽样设计理论与方法》(2002)、明道绪主编的《高级生物统计》(2006)、明道绪主编的《生物统计附试验设计》(2008 年第 4 版)和蒋志刚、李春旺、曾岩主译出版的[奥]Gerry P. Quinn 、[美]Michael J. Keough 著的《生物实验设计与数据分析》(2003)等。

统计学作为一门通用性很强的学科,在工业、农业、天文、气象、生态环境、生物、医药卫生、人文社会、经济、信息管理等领域发挥着越来越不可替代的作用。同时,随着计算机的迅速普及,统计软件 SAS、SPSS、DPS 等的引进、开发,统计学在中国的应用与研究出现了更加崭新的局面。

## 思考题

1. 食品试验设计与统计分析是一门什么性质的课程?它在食品科学研究中的作用如何?

2. 试验设计和统计分析的关系如何?

3. 食品科学试验的特点与要求是什么?

4. 统计学发展的概况可分为哪几个阶段或形态?拉普拉斯、高斯、高尔顿、皮尔逊、哥塞特、R. 费雪各对统计学有何贡献?

5. 简述统计学在中国的传播。

## 第 2 章

# 试验数据的整理与特征数

### 本章学习目的与要求

1. 理解统计常用术语的含义。
2. 理解不同类型资料的性质并掌握资料的整理方法。
3. 掌握常用统计表与统计图的制作。
4. 掌握资料特征数的计算方法。

# 2.1　常用术语

## 2.1.1　总体与样本

根据研究目的确定的研究对象的全体称为总体(population),其中的一个独立的研究单位称为个体(individual)。依据一定方法由总体抽取的部分个体组成的集合称为样本(sample)。样本中所包含的个体数目称为样本容量(含量)或样本大小(sample size)。样本容量常记为 $n$。通常 $n \leqslant 30$ 的样本称为小样本,$n > 30$ 的样本称为大样本。例如,研究某企业生产的一批罐头产品的单听质量,该批所有罐头产品单听质量的全体就构成本研究的总体;从该总体抽取 100 听罐头测其单听质量,这 100 听罐头单听质量即为一个样本,这个样本包含有 100 个个体,所以这批罐头单听质量的样本容量为 100。含有有限个个体的总体称为有限总体(finite population)。例如,上述一批罐头总体虽然包含的个体数目很多,但仍为有限总体。包含有无限多个个体的总体称为无限总体(infinite population)。例如,在统计理论研究中服从正态分布的总体、服从 $t$ 分布的总体包含一切实数,属于无限总体。在实际研究中还有一类总体称为假想总体。例如,用几种工艺加工某种产品的工艺试验,实际上并不存在用这几种工艺进行加工的产品总体,只是假设有这样的总体存在,把所得试验结果看成是假想总体的一个样本。

统计分析通常是通过样本来了解总体。这是因为有的总体是无限的、假想的,即使是有限的但包含的个体数目相当多,要获得全部观测值必须花费大量人力、物力和时间,或者观测值的获得带有破坏性,如苹果硬度的测定,不允许对每一个果实进行测定。研究的目的是要了解总体,然而能观测到的却是样本。通过样本来推断总体是统计分析的基本特点。为了能可靠地从样本来推断总体,通常采取随机抽样(二维码 2-1)的方法,这样抽取的样本才具有代表性。然而样本毕竟只是总体的一部分,尽管样本具有一定的含量和代表性,但是通过样本来推断总体也不可能百分之百的正确。既有很大的可靠性,又有一定的错误率是统计分析的又一特点。

**二维码 2-1　随机抽样的概念**

## 2.1.2　参数与统计量

为了表示总体和样本的数量特征,需要计算出几个特征数。由总体计算的特征数称为参数(parameter);由样本计算的特征数称为统计量(statistic)。常用希腊字母表示参数,如用 $\mu$ 表示总体平均数,用 $\sigma$ 表示总体标准差;常用拉丁字母表示统计量,如用 $\bar{x}$ 表示样本平均数,用 $S$ 表示样本标准差。总体参数由相应的统计量来估计,如用 $\bar{x}$ 估计 $\mu$,用 $S$ 估计 $\sigma$ 等。

## 2.1.3　准确性与精确性

准确性(accuracy)也称为准确度,指在调查或试验中某一试验指标或性状的观测值与其真值接近的程度。设某一试验指标或性状的真值为 $\mu$,观测值为 $x$,若 $x$ 与 $\mu$ 相差的绝对值 $|x-\mu|$ 小,则观测值 $x$ 准确性高;反之则低。精确性(precision)也称为精确度,指调查或试验中同一试验指标或性状的重复观测值彼此接近的程度。若观测值彼此接近,即任意两个观测

值 $x_i$、$x_j$ 相差的绝对值 $|x_i - x_j|$ 小，则观测值精确性高；反之则低。准确性、精确性的意义如图 2-1 所示。图 2-1(a)观测值密集于真值 $\mu$ 两侧，其准确性高、精确性亦高；图 2-1(b)观测值密集于远离真值 $\mu$ 的一侧，准确性低，精确性高；图 2-1(c)观测值稀疏而又非对称地散布于远离真值 $\mu$ 的两侧，其准确性、精确性都低。

调查或试验的准确性、精确性合称为正确性。在调查或试验中应严格按照调查或试验计划进行，准确地进行观测记载，力求避免人为差错，特别要注意试验条件的一致性，除所研究的各个处理外，其他供试条件应尽量控制一致，并通过合理的调查或试验设计努力提高试验的准确性和精确性。由于真值 $\mu$ 常常不知道，所以准确性不易度量，但利用统计方法可度量精确性。

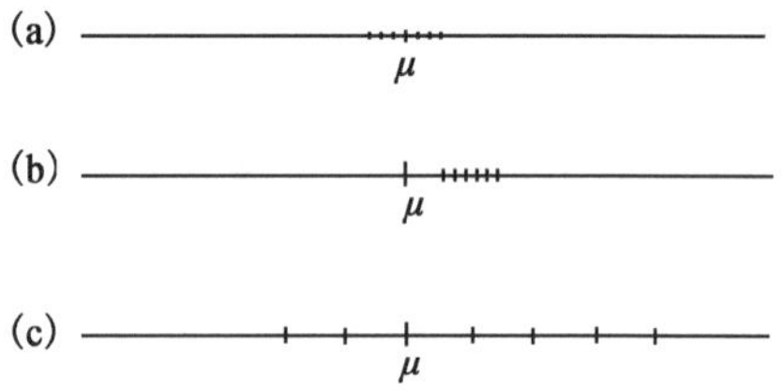


图 2-1 准确性与精确性的关系示意图

### 2.1.4 随机误差与系统误差

在食品科学试验中，试验指标除受到试验因素的影响外，还受到许多其他非试验因素的干扰，从而产生误差。试验中出现的误差分为两类：随机误差(random error)与系统误差(systematic error)。随机误差也称为抽样误差(sampling error)，这是由于许多无法控制的内在和外在的偶然因素所造成的，如食品加工过程中机械设备运转状态的偶然变化等。这些因素尽管在试验中力求一致但不可能绝对一致。随机误差带有偶然性，在试验中即使十分小心也难以消除，但可以通过试验控制尽量降低，并经对试验数据的统计分析估计之。随机误差影响试验的精确性。统计上的试验误差指随机误差。这种误差愈小，试验的精确性愈高。系统误差也称为片面误差(lopsided error)。系统误差由多种因素引起，如：食品配料的种类、品质、数量等相差较大，仪器不准，标准试剂未经校正，药品批次不同，药品用量以及种类不符合试验的要求等。试验中的系统误差应该通过试验设计彻底消除。系统误差影响试验的准确性。观测、记载、抄录、计算中的错误等也将引起误差，这种误差实质上是错误。

## 2.2 数据资料的来源与种类

在食品科学研究分析中所获得的数据资料，常因索取数据的方法及研究对象的特征、特性不同而有不同的来源和种类。

### 2.2.1 数据资料的来源

1. 生产记录

在食品生产过程中，原料的来源、品种和批次，每次投料的数量和比例，加工过程中温度的高低和维持时间的长短，产品储存的温度、湿度及时间等，这些均需认真地进行记录，并以产品生产档案归档。这些资料以数据资料的形式记载，为改进产品质量和新产品的开发及产品保质研究提供第一手资料。

2. 抽样检验

食品生产的第一步应对所用原料的重要成分和外观性状进行抽样检验，分析所得的数据资料用以对该批原料进行评估，以调整工艺、配方及保存时间，保证产品质量的稳定性。抽样检验也经常应用于食品质量的安全检查中。

3. 试验研究

在新产品的规模生产和鲜活农副产品的商业性贮藏之前，一般要经过试验研究阶段。在该阶段须按照新工艺的设计方案进行试验，并取得试验数据，如各种原辅料的比例，热处理的温度和时间，果实在不同贮藏条件下的硬度、可溶性固形物、各种有关酶类活性的变化等。通过对所得数据资料的分析，最后判定新产品的工艺是否成功，能否推向规模化生产。

### 2.2.2　资料的种类

1. 数量性状资料

数量性状资料(data of quantitative character)是指由测量或度量和计数得到的数据资料。由于这类数据资料的获得方式有计数和测量两种方式，故又分为以下两类。

(1)计数资料(enumenation data)　计数法得到的数据资料。它的各个观测值只能以整数表示，两个相邻整数间不可能有任何带小数的数值出现。它们之间的变异是不连续性的，故又称为间断性资料。如一箱饮料的瓶数、一箱水果的个数、单位容积内细菌数等。

(2)计量资料(measurement data)　由测量或度量直接得到的数据资料。其数值特点是各个观测值不一定是整数，两个相邻的整数间可以有带小数的任何数值出现，其小数的位数随测量仪器或工具的精度而定。它们之间的变异是连续性的，因而也称为连续性资料。如食品中各种营养素的含量、袋装食品中食品质量的多少、食品原料的各项指标等。

2. 质量性状资料

质量性状资料(data of qualitative character)也称为属性资料，是指需通过观察、触摸等而不能直接测量的资料。如食品的颜色、果实表面是否有毛以及酒的香绵等。这些资料不能直接用数值表示，要获得其数据资料，须对结果做数量化处理。数量化处理通常采用统计次数法和评分法。

(1)统计次数法(frequency counting)　是指在一定的总体或样本中，根据某一性状的类别统计其个体数。例如，某种食品包装的合格数与不合格数等。这种数据资料又称为次数资料。

(2)评分法(point system)　是指对观察等结果的表现程度上的差别用数字级别表示。如对面包质量进行评价时，可根据国际面包评分细则打分。

## 2.3　资料的整理

获得的资料在未整理之前，称为原始资料。通常，通过生产记录、抽样检验和试验研究得到的大量原始资料都是零星的、孤立的和杂乱无章的，少有规律性可循。但通过对它们进行科学的整理和分析，则可发现其规律性，揭示事物的本质。资料整理是进一步分析的基础。

### 2.3.1　资料的检查与核对

在对原始资料进行整理之前，首先要对全部资料进行检查与核对，然后再根据资料的类型及研究的目的对资料进行整理。

检查和核对原始资料的目的在于确保原始资料的完整性和正确性。所谓完整性是指原始资料无遗缺或重复。所谓正确性是指原始资料的测量和记载无差错或未进行不合理的归并。检查中要特别注意特大、特小和异常数据(二维码2-2)。对于有重复、异常或遗漏的资料,应予以删除或补齐;对有错误、相互矛盾的资料应进行更正,必要时进行复查或重新试验。资料的检查与核对工作虽然简单,但在统计处理工作中却是一项非常重要的步骤,因为只有完整、正确的资料,才能真实地反映出被研究对象的客观情况。资料的检查与核对,要求在获取资料的同时就应严格进行,以便发现问题及时解决。

二维码 2-2 判断异常数据的方法

### 2.3.2 计量资料的整理

计量资料的整理通常采用组距式分组的方法。其基本步骤是先确定全距、组数、组距、组中值及组限,然后将全部观测值计数归组。

【例 2-1】 从某罐头车间随机抽取 100 听罐头样品,分别称取其质量,结果如表 2-1 所示。

**表 2-1 100 听罐头样品单听的质量** g

| | | | | | | | | | |
|---|---|---|---|---|---|---|---|---|---|
| 338.2 | 344.0 | 340.3 | 335.1 | 342.5 | 343.4 | 341.1 | 345.2 | 346.8 | 350.0 |
| 337.3 | 344.0 | 339.9 | 331.2 | 341.7 | 343.2 | 341.1 | 344.4 | 346.3 | 350.0 |
| 338.4 | 344.1 | 340.5 | 335.4 | 342.5 | 343.5 | 341.2 | 345.3 | 347.0 | 350.2 |
| 338.7 | 344.2 | 340.6 | 336.0 | 342.6 | 343.7 | 341.3 | 346.0 | 347.2 | 350.3 |
| 339.2 | 344.2 | 340.7 | 336.2 | 342.7 | 343.7 | 341.3 | 346.0 | 347.2 | 352.8 |
| 339.8 | 344.3 | 341.0 | 336.7 | 342.9 | 344.0 | 341.4 | 346.2 | 348.2 | 356.1 |
| 339.9 | 344.3 | 341.1 | 337.2 | 343.0 | 344.0 | 341.4 | 346.2 | 349.0 | 358.2 |
| 338.0 | 344.0 | 340.3 | 333.4 | 342.5 | 343.3 | 341.1 | 344.9 | 346.6 | 350.0 |
| 338.6 | 344.1 | 340.5 | 335.7 | 342.6 | 343.5 | 341.2 | 346.0 | 347.1 | 350.2 |
| 339.7 | 344.2 | 341.0 | 336.4 | 342.8 | 343.9 | 341.4 | 346.1 | 347.3 | 353.3 |

问题及求解如下:

①求全距。全距(range)是资料中最大值与最小值之差,又称为极差,记为 $R$。表 2-1 中最大值为 358.2,最小值为 331.2,则全距 $R=358.2-331.2=27.0$。

②确定组数。组数要适当,视样本含量及资料的变动范围大小而定,一般以达到既简化资料又不影响反映资料的规律性为原则。表 2-2 给出了不同样本含量资料的分组数,可供确定组数时参考。

**表 2-2 样本含量与分组数**

| 样本含量($n$) | 组 数 | 样本含量($n$) | 组 数 |
|---|---|---|---|
| 60～100 | 7～10 | 200～500 | 12～17 |
| 100～200 | 9～12 | >500 | 17～30 |

本例 $n=100$,初步确定组数为 9。

③确定组距。每组最大值与最小值之差称为组距(class interval)，记为 $i$。等组距分组时，组距的计算公式为：

$$组距(i) = 全距/组数$$

本例 $i=27.0/9=3.0$。

④确定组限及组中值。各组的最大值与最小值称为组限(class limit)。最小值称为下限(lower limit)，最大值称为上限(upper limit)。每一组的中点值称为组中值(class value)。显然，组中值=(组下限+组上限)/2=组下限+1/2 组距=组上限−1/2 组距。组中值是该组的代表值。组距确定后，首先要选定第一组的组中值。为了避免第一组归组后数据太多，且能较正确地反映资料的规律性，第一组的组中值以接近于或等于资料中的最小值为好。第一组组中值确定后，该组组限即可确定。其余各组的组中值和组限也可相继确定。对于连续性资料，各组的上限一般不标出。

⑤制作次数分布表。分组结束后，将资料中的每一观测值逐一归组，统计每组组限内所包含的观测值个数，作为各组的次数。如此便完成了次数分布表。

100 听罐头单听质量的次数分布表见表 2-3。从表中可以看出资料的分布情况。

**表 2-3　100 听罐头单听质量的次数分布**

| 组限/g | 组中值($x$)/g | 次数($f$) | 组限/g | 组中值($x$)/g | 次数($f$) |
|---|---|---|---|---|---|
| 329.5～ | 331.0 | 1 | 344.5～ | 346.0 | 17 |
| 332.5～ | 334.0 | 3 | 347.5～ | 349.0 | 8 |
| 335.5～ | 337.0 | 10 | 350.5～ | 352.0 | 2 |
| 338.5～ | 340.0 | 26 | 353.5～ | 355.0 | 1 |
| 341.5～ | 343.0 | 31 | 356.5～ | 358.0 | 1 |
| | | | 合计 | | 100 |

次数分布表简化了数据，便于观察资料的规律性。例如，100 听罐头的单听质量，多数集中在 343 g，约占观测值总个数的 1/3，用它来表达罐头的单听质量的平均水平，有较强的代表性。每听罐头质量小于 332.5 g 及大于 356.5 g 的，均为极少数，分别只占到观测值总数的 1%。而且通过次数分布表，可以更加清楚地看到，100 听罐头的质量分布基本上服从于正态分布，即以 343.0 g 为中心，向两边做递减的对称分布。此外，还可根据次数分布表绘成次数分布图及计算平均数、标准差等统计量。

### 2.3.3　计数资料的整理

计数资料的整理常采用单项式分组法。其方法是用样本的观测值直接进行分组，每组均用一个观测值表示。分组时，将资料中的每个观测值归入相应的组内，然后计数，制成次数分布表。若资料中数据的变异范围较大时也应采用组距式分组法，此时各组的上下限均应列出。

现以 100 盒鲜枣每盒检出不合格枣数为例，说明计数资料的整理。表 2-4 为未加整理的资料，表 2-5 为做好的次数分布表。

表 2-4　100 盒鲜枣每盒检出不合格枣数

| | | | | | | | | | | | | | | | | | | | |
|---|---|---|---|---|---|---|---|---|---|---|---|---|---|---|---|---|---|---|---|
| 18 | 29 | 19 | 24 | 22 | 19 | 24 | 22 | 22 | 20 | 21 | 23 | 22 | 24 | 24 | 21 | 23 | 24 | 24 | 21 |
| 23 | 20 | 21 | 23 | 21 | 26 | 22 | 23 | 24 | 22 | 22 | 23 | 20 | 22 | 23 | 26 | 23 | 24 | 22 | 24 |
| 23 | 24 | 25 | 24 | 22 | 24 | 23 | 24 | 22 | 25 | 26 | 28 | 24 | 27 | 23 | 24 | 22 | 26 | 23 | 20 |
| 23 | 25 | 26 | 23 | 22 | 25 | 23 | 20 | 22 | 25 | 26 | 25 | 25 | 26 | 25 | 25 | 26 | 25 | 24 | 22 |
| 26 | 25 | 26 | 26 | 25 | 26 | 24 | 23 | 21 | 26 | 25 | 26 | 25 | 24 | 25 | 26 | 25 | 24 | 27 | 28 |

表 2-5　100 盒鲜枣每盒检出不合格枣数次数分布

| 组限 | 组中值($x$) | 次数($f$) | 组限 | 组中值($x$) | 次数($f$) |
|---|---|---|---|---|---|
| 18～19 | 18.5 | 3 | 24～25 | 24.5 | 35 |
| 20～21 | 20.5 | 11 | 26～27 | 26.5 | 17 |
| 22～23 | 22.5 | 31 | 28～29 | 28.5 | 3 |
| | | | 合计 | | 100 |

从表 2-5 可以看到，有 66%的盒内有 22～25 颗不合格鲜枣，小部分盒内有 28～29 颗和 18～19 颗不合格鲜枣，这部分仅占 6%。

## 2.4　常用统计表与统计图

统计表是用表格形式来表示数量关系，使数据条理化、系统化，便于理解、分析和比较。统计图是用几何图形来表示数量关系，不同形状的几何图形可以将研究对象的特征、内部构成、相互关系等形象直观地表达出来，便于分析比较。

### 2.4.1　统计表

1. 统计表的结构和要求

统计表由表题、标目、线条、数字及备注构成。绘制统计表的总原则是：结构简单，层次分明，内容安排合理，重点突出，数据准确，便于理解和分析。

(1)表题　表题要简明扼要、准确地说明表的内容，有时须注明时间、地点，列于表的上方。

(2)标目　标目分横标目和纵标目两项。横标目列在表的左侧，用以表示被说明事项的主要标志；纵标目列在表的上端，说明横标目各统计指标内容，并注明计算单位，如%、kg、cm 等。

(3)数字　一律用阿拉伯数字；数字以小数点对齐，小数位数一致；无数字的用"—"表示；数字是"0"的，则填写"0"。

(4)线条　表的上下两条边线略粗，纵、横标目间及合计可用细线分开，表的左右边线应略去，表的左上角一般不用斜线。现在多用所谓"三线表"，即表中不绘纵线。

(5)备注　备注是对表中内容的补充说明，一般置于表下。详见表样：

表序　表　题

| 总横标目(或空白) | 纵　标　目 | 合　计 |
|---|---|---|
| 横 标 目 | 数 字 资 料 | |
| 合　计 | | |

2. 统计表的种类

统计表可根据纵、横标目是否有分组分为简单表和复合表两类。

(1)简单表　由一组横标目和一组纵标目组成，纵、横标目均未分组的统计表称为简单表。此类表适于简单资料的统计，如表 2-6 所示。

**表 2-6　某批苹果质量情况**

| 等级 | 次数($f$) | 频率/% | 等级 | 次数($f$) | 频率/% |
|---|---|---|---|---|---|
| 特级 | 19 | 12.67 | 二级 | 35 | 23.33 |
| 一级 | 72 | 48.00 | 三级 | 24 | 16.00 |
| | | | 合计 | 150 | 100.00 |

(2)复合表　纵、横标目两者至少有其中之一被分为两组或两组以上的统计表称为复合表。此类表适于复杂资料的统计，表 2-7 是将纵标目分为两组的复合表。

**表 2-7　不同品种的苹果贮藏 4 个月时果实硬度的变化**

| 品种 | 普通冷藏 | | | 气调贮藏 | | |
|---|---|---|---|---|---|---|
| | 果实硬度/($lb/cm^2$) | 果数 | 比例/% | 果实硬度/($lb/cm^2$) | 果数 | 比例/% |
| 富士 | >13 | 75 | 75 | >13 | 90 | 90 |
| 红星 | >13 | 45 | 45 | >13 | 60 | 60 |

注：1 lb=0.453 6 kg。

### 2.4.2　统计图

统计图是用图形将统计资料形象化，利用线条的高低、面积的大小及点的分布来表示数量的变化，形象直观，一目了然。

1. 绘制统计图的基本要求

第一，图题应简明扼要，列于图的下方。

第二，纵轴、横轴应有刻度，注明单位。

第三，横轴由左至右，纵轴由下而上，数值由小到大，图形横纵比例约 7∶5。

第四，图中需用不同颜色或线条代表不同事物时，应有图例说明。

2. 常用统计图及其绘制方法

(1)长条图　这种图形是用等宽长条的长短或高低来表示间断性和属性资料的次数、频率分布或含量等指标。长条图有单式和复式两种。如表示果蔬在贮藏过程中几种病害的发病率、不同动物性食品中各种营养的含量等均可用长条图表示。如果只涉及一项指标，则采用单式长条图；如果涉及两个或两个以上的指标，则采用复式长条图。

如根据表 2-6 绘制的长条图是单式的(图 2-2)；根据表 2-7 绘制的长条图是复式的(图 2-3)。

(2)圆图　圆图也称饼图，一般用于表示间断性和属性资料的构成比。所谓构成比，就是各类别、等级的观察值个数(次数)与观察值的总个数(样本含量)的百分比，是个结构指标。把圆图的全部面积看成 100%，按各类别、等级的构成比将圆面积分成若干份，以扇形面积的大小来分别表示各类别、等级的比例。

如将表 2-6 中的资料绘成构成比示意图，如图 2-4 所示。

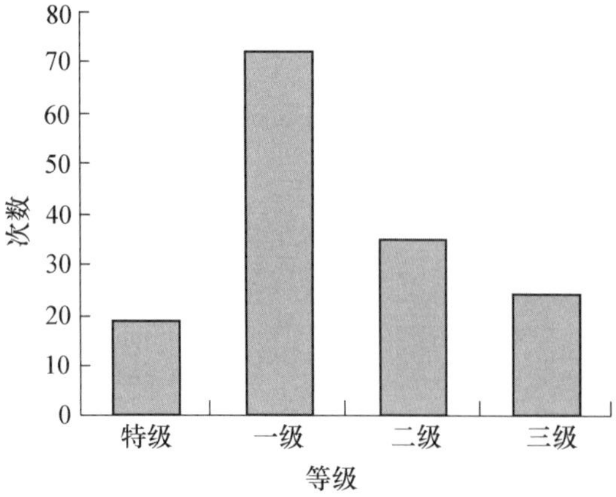


图 2-2 一批果实中不同等级果实的比例

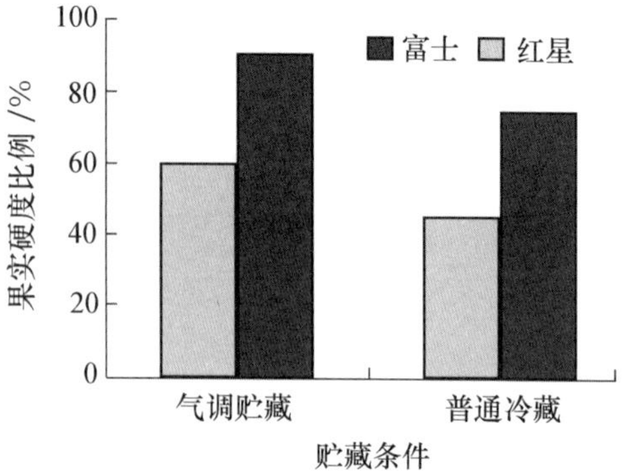


图 2-3 不同贮藏条件下果实的硬度变化

(3)线图 线图用来表示事物或现象随时间而变化的情况。线图有单式和复式 2 种。

单式线图表示某一事物或现象的动态。例如,某果实中维生素 C 含量随贮藏时间的变化。根据有关资料可以绘制成单式线图,以表示果实采收后维生素 C 含量变化与时间的关系。

复式线图是在同一图上表示两种或两种以上事物或现象的动态。例如不同乳清蛋白浓度所制作的可食性蛋白膜在放置不同时间过程中的透湿率,绘制成的复式线图(图 2-5)。

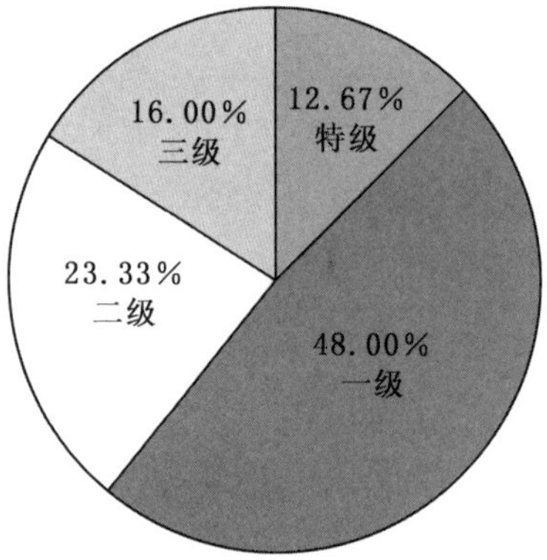


图 2-4 某批苹果质量构成比示意图

(4)直方图(矩形图) 对计量资料,可根据次数分布表绘出直方图以表示资料的分布情况。其做法是:在横轴上标记组限,纵轴标记次数,在各组上做出其高等于次数的矩形,即得次数分布直方图。直方图各组之间一般没有距离。如根据表 2-3 绘制的直方图,如图 2-6 所示。

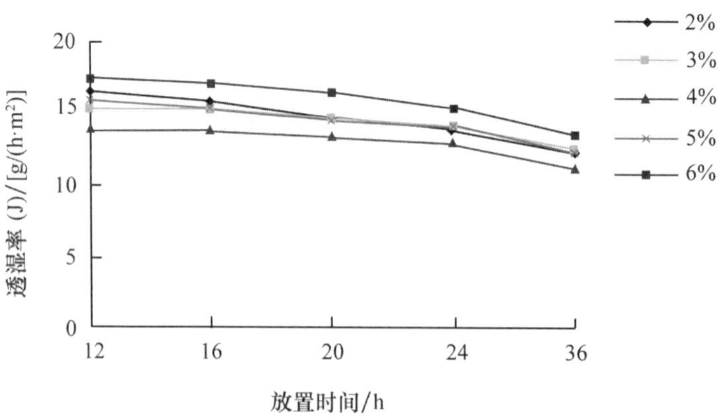


图 2-5 不同乳清蛋白浓度的可食性蛋白膜放置不同时间透湿率的变化

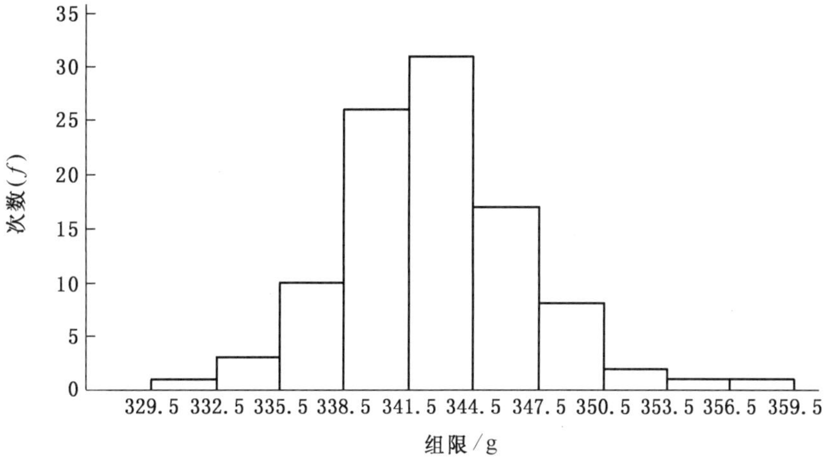


**图 2-6　100 听罐头单听质量直方图**

(5)折线图　对计量资料,还可根据次数分布表做出次数分布折线图。其做法是:以各组组中值为横坐标,各组次数为纵坐标,在坐标系中描点,用线段依次连接各点,即可得到次数分布折线图。如根据表 2-3 资料绘制的折线图,如图 2-7 所示。

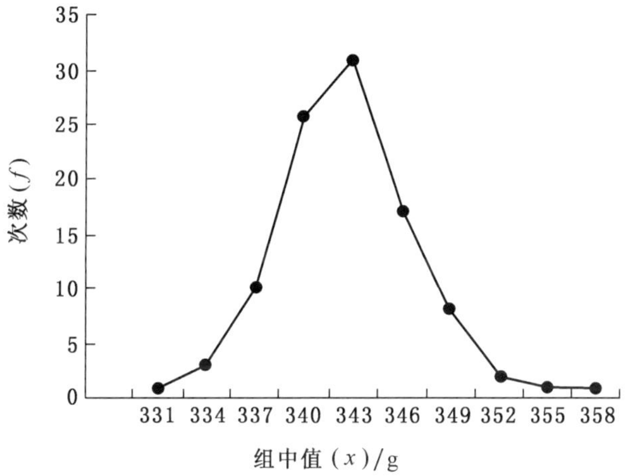


**图 2-7　100 听罐头单听质量折线图**

## 2.5　资料的特征数

通过资料的整理,得到了次数分布表和次数分布图。它们可形象、直观地表示出资料的两个特征:集中性和离散性。为了更简单、精确地描述资料的特征,本节介绍几个特征数。

### 2.5.1　平均数

平均数(mean)是统计学中最常用的特征数,作为资料的代表数,用来描述资料的集中性,可综合反映研究对象在一定条件下所形成的一般水平。平均数常用来进行同类性质资料间的相互比较。

平均数种类较多，统计学中常用的有算术平均数（arithmetic mean）、中数（median）、众数（mode）、几何平均数（geometric mean）和调和平均数（harmonic mean）。

1. 算术平均数

算术平均数是指观测值的总和除以观测值个数所得的商值，常用 $\bar{x}$、$\bar{y}$ 等表示。在统计学中，算术平均数简称为平均数或均数。其计算公式为：

$$\bar{x}=\frac{x_1+x_2+\cdots+x_n}{n}=\frac{\sum_{i=1}^{n}x_i}{n} \tag{2-1}$$

式中：$\sum$ 为总和符号（读作 sigma）；$\sum_{i=1}^{n}x_i$ 为从第一个观测值 $x_1$ 累加直到第 $n$ 个观测值 $x_n$。若在意义上已明确时，$\sum_{i=1}^{n}x_i$ 可简记为 $\sum x_i$。

算术平均数与每一个观测值都有关系，能全面地反映整个观测值的平均数量水平和综合特性。因此，一般情况下它的代表性是较高的，但它易受一些极端数据的影响。

在食品科学试验中应用最为普遍的是算术平均数，其计算方法与特性如下。

算术平均数的计算可根据样本含量大小及分组情况而采取不同的方法。

（1）直接法　直接法主要用于未经分组资料平均数的计算。其计算公式见式（2-1）。如利用表 2-1 资料计算 100 听罐头每听质量的算术平均数结果如下：

$$\bar{x}=\frac{\sum x_i}{n}=\frac{(338.2+344.0+340.3+\cdots+353.3)}{100}=343.13(\mathrm{g})$$

即 100 听罐头单听质量的算术平均数为 343.13 g。

（2）加权法　对于已分组的资料，可以在次数分布表的基础上采用加权法计算平均数。用加权法计算得到的平均数称为加权平均数（weighted mean）。其计算公式为：

$$\bar{x}=\frac{\sum f_i x_i}{\sum f_i} \tag{2-2}$$

式中：$f_i$ 为各组次数；$x_i$ 为各组组中值。

各组的次数是权衡各组中值在资料中所占比重大小的数量，$f_i$ 越大，该组的组中值对总平均值的贡献也越大。因此，$f_i$ 被称为 $x_i$ 的“权”，加权法也由此而得名。

如由表 2-3 资料利用加权法计算 100 听罐头每听质量的算术平均数结果如下：

$$\bar{x}=\frac{(331.0\times1+334.0\times3+337.0\times10+\cdots+358.0\times1)}{(1+3+10+\cdots+1)}$$
$$=34\,267.0/100=342.67(\mathrm{g})$$

算术平均数有 2 个特性。

特性之一，样本各观测值与平均数之差的和为零，即离均差（deviation from mean）之和等于零。其计算公式为：

$$\sum_{i=1}^{n}(x_i-\bar{x})=0$$

特性之二，样本中各观测值与平均数之差的平方和(sum of squares)为最小，即离均差平方和最小。其计算公式为：

$$\sum_{i=1}^{n}(x_i-\bar{x})^2<\sum_{i=1}^{n}(x_i-a)^2 \quad (\text{常数 } a\neq\bar{x})$$

以上两个性质可以用代数方法予以证明，这里从略。

对于总体而言，通常用 $\mu$ 表示总体平均数。有限总体的平均数为：

$$\mu=\frac{\sum_{i=1}^{N}x_i}{N} \tag{2-3}$$

式中：$N$ 为总体所包含的个体数。

统计上常用样本平均数 $\bar{x}$ 作为总体平均数 $\mu$ 的估计值，并定义：当一个统计量的数学期望值等于相应总体参数值时，称该统计量为其总体参数的无偏估计。统计学已证明，样本平均数 $\bar{x}$ 是总体平均数 $\mu$ 的无偏估计。

2. 中数

中数(又称中位数)是指资料中的观测值由小到大依次排列后居于中间位置的观测值，记为 $M_d$。它从位置上描述资料的平均水平。当资料观测值呈偏态分布时，或资料的一端或两端无确切数值时，中数的代表性优于算术平均数。中数的计算方法因资料是否分组而不同。

(1)未分组资料中位数的计算方法　将各观测值由小到大依次排列：

当观测值的个数 $n$ 为奇数时，中数为：

$$M_d=x_{(n+1)/2} \tag{2-4}$$

当观测值的个数 $n$ 为偶数时，中数为：

$$M_d=(x_{n/2}+x_{n/2+1})/2 \tag{2-5}$$

(2)分组资料中位数的计算方法　若资料已分组，则可利用次数分布表来计算中位数。其计算公式为：

$$M_d=L+\frac{i}{f}\left(\frac{n}{2}-C\right) \tag{2-6}$$

式中：$L$ 为中位数所在组的下限；$i$ 为组距；$f$ 为中位数所在组的次数；$n$ 为样本含量；$C$ 为小于中位数所在组的累加次数。

【例 2-2】　据表 2-3 求单听平均质量。

由式(2-6)可算得该种罐头单听平均质量为：

$$M_d=341.5+\frac{3}{31}\left(\frac{100}{2}-40\right)=342.5(\text{g})$$

3. 众数

众数是指资料中出现次数最多的那个观测值，用 $M_o$ 表示。计数资料，由于观测值易集中于某一个数值，故众数容易确定。计量资料，由于观测值不易集中于某一数值，所以不易确定众数。在计量资料的次数分布表中，分布次数最多一组的组中值即为该样本的概约众数。但在实际统计分析过程中，由于分组不同，概约众数亦不同。可用补差法计算众数，其准确性高于概约众数。公式如下：

$$M_o = L + \frac{f_1}{f_1 + f_2} \times i \tag{2-7}$$

式中：$M_o$ 为众数；$L$ 为次数最多组的下限；$i$ 为组距；$f_1$ 和 $f_2$ 分别为次数最多组上一组和下一组的累计次数。

【例 2-3】 依据表 2-3 计算众数。

$$M_o = L + \frac{f_1}{f_1 + f_2} \times i = 341.5 + \frac{40}{40 + 88} \times 3 = 342.4(\mathrm{g})$$

一般众数较中数代表性好，因为中数只是从位置上来说明资料的数量特征，实际上只涉及一个、最多两个观测值。而众数是代表多数观测值的数量水平。

4. 几何平均数

几何平均数是指 $n$ 个观测值连乘的积的 $n$ 次方根值，用 $G$ 表示。其计算公式为：

$$G = \sqrt[n]{x_1 \cdot x_2 \cdot \cdots \cdot x_n} = (x_1 \cdot x_2 \cdot \cdots \cdot x_n)^{\frac{1}{n}} \tag{2-8}$$

为了计算方便，可取各观测值的对数值，再相加后除以 $n$，即为 $\lg G$。由此取 $\lg G$ 的反对数即为 $G$ 值，用 $\lg^{-1}$ 表示反对数。其计算公式为：

$$G = \lg^{-1}\left[\frac{1}{n}(\lg x_1 + \lg x_2 + \cdots + \lg x_n)\right] = \lg^{-1}\frac{\sum \lg x_i}{n} \tag{2-9}$$

当资料中的观测值呈几何级数变化趋势，或计算平均增长率、平均比率等时用几何平均数较好。

5. 调和平均数

调和平均数的定义是观测值倒数算术平均数的倒数值，用 $H$ 表示。其计算公式为：

$$H = \frac{n}{\sum \frac{1}{x_i}} \tag{2-10}$$

关于以速度为指标的一类资料常用调和平均数估计平均水平。

### 2.5.2 变异数

平均数是资料的代表数。其代表性的强弱受资料中各观测值变异程度的影响。因此，仅利用平均数对一个资料的特征做统计描述是不全面的，还必须考虑资料中各观测值的变异情况，能度量变异程度的特征数就是变异数。

常用的表示变异程度的统计量有：全距（range）、方差（variance）、标准差（standard deviation）和变异系数（coefficient of variation，$CV$）。

1. 全距

全距又称极差，记作 $R$，是资料中最大值与最小值的差数。如表 2-1 资料的全距 $R = 358.2 - 331.2 = 27.0$。一般地，利用全距可以确切地描述资料最大的变异幅度。其值大，则平均数的代表性差;反之,平均数的代表性较好。

全距虽然对资料的变异有所说明,但它只是由两个极端数据决定的,没有充分利用资料的全部信息,而且易受到资料中不正常的极端值的影响,所以用它来代表整个样本资料的变异程度是有缺陷的。实践中,当样本资料很多而又要求迅速对资料的变异程度做出初步判断时,可以利用该统计量。

2. 方差

为了正确反映资料的变异度,较为合理的方法是根据全部观测值来度量资料的变异度。这时,应选定一个数值作为共同比较的标准。平均数既然作为资料的代表值,故以平均数做比较的标准较为合理。为此,这里给出一个各观测值偏离平均数的度量方法。

每一个观测值均有一个偏离平均数的度量指标——离均差。各个离均差的总和为 0,不能用来度量变异。因此,可将各个离均差平方后相加,求得离均差平方和(简称平方和),记为 $SS$。其定义如下:

样本
$$SS=\sum_{i=1}^{n}(x_i-\bar{x})^2 \tag{2-11}$$

总体
$$SS=\sum_{i=1}^{N}(x_i-\mu)^2 \tag{2-12}$$

由于离均差平方和常随包含的个体数而改变,为消除这个影响,用观测值的个数来除平方和得到平均平方和,简称均方(mean square, $MS$)或方差。样本方差用 $S^2$ 表示。其定义为:

$$S^2=\frac{\sum_{i=1}^{n}(x_i-\bar{x})^2}{n-1} \tag{2-13}$$

$S^2$ 是总体方差($\sigma^2$)的无偏估计值。

总体方差为:

$$\sigma^2=\frac{\sum_{i=1}^{N}(x_i-\mu)^2}{N} \tag{2-14}$$

式中:$N$ 为有限总体所含个体数;$\mu$ 为总体均数。

3. 标准差

标准差是方差的算术根,用以表示资料的变异程度。其单位与观测值的度量单位相同。由样本资料计算标准差的公式为:

$$S=\sqrt{\frac{\sum(x_i-\bar{x})^2}{n-1}} \tag{2-15}$$

同样,样本标准差是总体标准差的估计值,但不是无偏估计。总体标准差用 $\sigma$ 表示。其计算公式为:

$$\sigma=\sqrt{\frac{\sum(x_i-\mu)^2}{N}} \tag{2-16}$$

注意:样本标准差不以样本含量 $n$ 作为除数,而是以自由度($n-1$)作为除数(二维码 2-3)。

**二维码 2-3 参阅样本方差与总体方差计算公式差异的原因**

(1)标准差的计算

①直接法。当资料未分组时可直接利用式(2-15)计算样本标准差。为了提高计算结果的精度和计算方便,容易证明式(2-15)可改写为式(2-17)的形式:

$$S=\sqrt{\sum(x_i-\bar{x})^2/(n-1)}$$
$$=\sqrt{\left[\sum x_i^2-\frac{(\sum x_i)^2}{n}\right]/(n-1)} \tag{2-17}$$

【例 2-4】 计算表 2-1 资料的样本标准差。

$$S=\sqrt{\left[\sum x_i^2-(\sum x_i)^2/n\right]/(n-1)}$$
$$=\sqrt{[(338.2^2+344.0^2+\cdots+353.3^2)-34\ 313.0^2/100]/(100-1)}$$
$$=4.58(\text{g})$$

②加权法。当样本含量较大,且已制成次数分布表时,可根据次数分布表计算样体标准差。其计算公式为:

$$S=\sqrt{\sum f_i(x_i-\bar{x})^2/(\sum f_i-1)}=\sqrt{\frac{\sum f_i x_i^2-(\sum f_i x_i)^2/\sum f_i}{\sum f_i-1}} \tag{2-18}$$

式中:$x_i$ 为各组组中值;$f_i$ 为各组次数;$\sum f_i=n$ 为总次数。

【例 2-5】 据表 2-1 资料,依表 2-3 次数分布表,计算标准差。

$$S=\sqrt{\frac{\sum f_i x_i^2-(\sum f_i x_i)^2/\sum f_i}{\sum f_i-1}}$$
$$=\sqrt{\frac{(331.0^2\times1+334.0^2\times3+337.0^2\times10\cdots+358.0^2\times1)-34\ 267.0^2/100}{100-1}}$$
$$=\sqrt{\frac{11\ 744\ 215.00-34\ 267.0^2/100}{99}}=4.43(\text{g})$$

(2)标准差的特性

①标准差的大小受每个观测值的影响,若数值之间变异大,其离均差亦大,由此求得的标准差必然大,反之则小。

②计算标准差时,在样本各观测值加或减同一常数,标准差的值不变。

③当样本资料中每个观测值乘以或除以一个不等于零的常数 $a$ 时,则所得的标准差是原标准差的 $a$ 倍或 $1/a$。

利用标准差的特性②和③,常可将资料中的原始数据适当简化后计算标准差。

4.变异系数

变异系数是标准差相对于平均数的百分数,记为 $CV$。当资料所带的单位不同或单位虽相同而平均数相差较大时,不能直接用标准差比较各样本资料的变异程度。变异系数消除了不同单位和平均数的影响，可以用来比较不同样本资料的相对变异程度。变异系数的计算公式为：

$$CV = \frac{S}{\bar{x}} \times 100\% \tag{2-19}$$

例如，表 2-8 所示为赞皇大枣果皮厚及角质层厚的平均数、标准差和变异系数。若只从标准差看，果皮厚变异大；但两者均数不同，标准差间不宜直接比较。如果算出变异系数，就可以相互比较。这里果皮厚的变异系数为 9.87%，角质层厚的变异系数为 12.90%，可见角质层厚的相对变异程度大。

**表 2-8　赞皇大枣果皮厚、角质层厚测量结果**

| 性状 | $\bar{x}$/μm | $S$/μm | $CV$/% |
|---|---|---|---|
| 果皮厚 | 49.6 | 4.9 | 9.87 |
| 角质层厚 | 6.2 | 0.8 | 12.90 |

变异系数在食品科学试验设计中也有重要用途。如在空白试验(blank test)时，可作为基础试验条件差异的指标，而且可作为确定区组、重复次数等的依据。

在使用变异系数时，应该认识到是由标准差和平均数构成的相对数，其值的大小既受标准差的影响，也受平均数的影响。因此，在使用变异系数时，应同时列出平均数和标准差，否则可能引起误解。

## 思考题

1. 什么是总体、个体、样本、样本含量、随机样本？统计分析的两个特点是什么？

2. 什么是参数、统计量？二者关系如何？

3. 什么是试验的准确性与精确性？如何提高试验的准确性与精确性？

4. 什么是随机误差与系统误差？如何控制、降低随机误差避免系统误差？

5. 资料可以分为哪几类？它们有何区别与联系？

6. 为什么要对资料进行整理？对于连续性资料，整理的基本步骤有哪些？

7. 统计表与统计图有何用途？常用统计图有哪些？常用统计表有哪些？列统计表、绘统计图时，应注意什么？

8. 请自行获取几组不同类型的资料并将其整理成次数分布表，绘制成直方图、折线图、长条图、线图、圆图等。

9. 常用的平均数有哪几类？分别在什么情况下使用？

10. 算术平均数的意义及其特性如何？将资料中每个观测值均加上或减去同一个数值后算得的均数与原均数的关系如何？如果均乘以或均除以同一个不为零的数值呢？

11. 方差、标准差的意义是什么，它们有何特性？何谓变异系数，其功用是什么？

12. 什么是参数的无偏估计？

13. 请自行获取几组数据，用不同方法计算其平均数、标准差和变异系数。

14. 抽查某车间生产的瓶装醋 120 瓶，其每瓶质量(g)见表 2-9。请按下列要求整理所给的数据资料：

①将表 2-9 做成依次表，并写出极差与中数。

②做次数分布表，并写出组距的计算方法；用有关公式计算 $\bar{x}$、$M_o$、$M_d$、$S^2$、$S$ 和 $CV$。

③绘出次数分布直方图和折线图。

**表 2-9 120 瓶瓶装醋的检测结果** g

| | | | | | | | | | | | |
|---|---|---|---|---|---|---|---|---|---|---|---|
| 423 | 566 | 472 | 457 | 473 | 461 | 452 | 503 | 436 | 490 | 468 | 500 |
| 453 | 488 | 443 | 488 | 479 | 513 | 480 | 498 | 482 | 502 | 486 | 501 |
| 452 | 481 | 468 | 531 | 503 | 533 | 474 | 493 | 495 | 505 | 493 | 512 |
| 511 | 460 | 454 | 462 | 475 | 563 | 491 | 473 | 500 | 500 | 487 | 489 |
| 421 | 451 | 488 | 481 | 506 | 493 | 464 | 484 | 489 | 510 | 506 | 470 |
| 435 | 492 | 447 | 491 | 491 | 478 | 504 | 489 | 500 | 498 | 496 | 463 |
| 493 | 445 | 481 | 496 | 472 | 451 | 485 | 479 | 467 | 496 | 495 | 485 |
| 508 | 492 | 492 | 471 | 492 | 495 | 463 | 432 | 498 | 498 | 489 | 494 |
| 592 | 524 | 529 | 479 | 481 | 474 | 490 | 474 | 500 | 501 | 502 | 489 |
| 609 | 538 | 468 | 499 | 497 | 477 | 523 | 481 | 512 | 489 | 506 | 495 |

# 第3章
# 统计数据的理论分布与抽样分布

## 本章学习目的与要求

1. 掌握常用理论分布的规律及相互间的关系。
2. 正确进行有关随机变量的概率计算。
3. 明确 $\bar{x}$ 及 $\bar{x}_1-\bar{x}_2$ 抽样分布规律。
4. 掌握 $t$ 分布规律及其与标准正态分布的关系。
5. 正确理解均数标准误及均数差数标准误的意义，并掌握其计算方法。

二维码 3-1 随机变量理论

为了便于理解统计分析的一般原理，正确应用以后各章所介绍的统计分析及试验设计方法，本章介绍有关随机变量(random variable)(二维码 3-1)的几种常用理论分布、平均数和均数差数的抽样分布及 $t$ 分布。

## 3.1 理论分布

### 3.1.1 二项分布

二维码 3-2 贝努利试验

二项分布是最重要的离散型分布之一。它在理论与实践应用上都有重要的地位。产生这种分布重要的实践源泉是贝努利试验(Bernoulli trials)(二维码 3-2)。

#### 3.1.1.1 二项分布的定义及其特点

1. 二项分布的定义

二项分布是一种比较简单，但用处很广的离散型随机变量(discrete random variable)分布。其定义是在贝努利试验的基础上给出的。在 $n$ 重贝努利试验中，事件 A 可能发生的次数是 0,1,…,$n$ 次，考虑 $n$ 重贝努利试验中正好发生 $k$($0 \leqslant k \leqslant n$)次的概率，记为 $P_n(k)$。事件 A 在 $n$ 次试验中正好发生 $k$ 次(不考虑先后顺序)，共有 $C_n^k$ 种情况。由贝努利试验的独立性可知，A 在某 $k$ 次试验中发生而在其余的 $n-k$ 次试验中不发生的概率为 $p^k q^{n-k}$。由概率论定理有：

$$P_n(k)=C_n^k p^k q^{n-k} \quad (k=0,1,\cdots,n) \tag{3-1}$$

式(3-1)即是 $n$ 次贝努利试验中事件 A 正好发生 $k$ 次的概率，称为二项概率公式。

由二项概率公式，二项分布可定义如下：

设随机变量 $x$ 所有可能取值为零和正整数：0,1,2,…,$n$，且有：

$$P(x=k)=P_n(k)=C_n^k p^k q^{n-k} \quad (k=0,1,\cdots,n) \tag{3-2}$$

式(3-2)中 $p>0$、$q>0$、$p+q=1$，则称随机变量 $x$ 服从参数为 $n$ 和 $p$ 的二项分布(binomial distribution)，记为 $x \sim B(n,p)$。

2. 二项分布的特点

容易验证二项分布具有概率分布的一切性质，即：

①$P(x=k)=P_n(k) \geqslant 0 \quad (k=0,1,2,\cdots,n)$

② $\sum_{k=0}^{n} C_n^k p^k q^{n-k}=(p+q)^n=1$ (二项分布概率之和等于 1)

③$$P(x \leqslant m)=P_n(k \leqslant m)=\sum_{k=0}^{m} C_n^k p^k q^{n-k} \tag{3-3}$$

④$$P(x \geqslant m)=P_n(k \geqslant m)=\sum_{k=m}^{n} C_n^k p^k q^{n-k} \tag{3-4}$$

⑤$P(m_1 \leqslant x \leqslant m_2)=P_n(m_1 \leqslant k \leqslant m_2)=\sum_{k=m_1}^{m_2} C_n^k p^k q^{n-k} \quad (m_1 \leqslant m_2)$　　(3-5)

二项分布由 $n$ 和 $p$ 两个参数决定，其均值与标准差分别为 $\mu=np$ 和 $\sigma=\sqrt{npq}$（二维码 3-3）。二项分布图形特点是：

**二维码 3-3　二项分布的均值与标准差的计算过程**

①当 $p$ 值较小（如 $p=0.1$）且 $n$ 不大时，分布是偏倚的。随着 $n$ 的增大，分布逐渐趋于对称，如图 3-1 所示。

②当 $p$ 值趋于 0.5 时，分布趋于对称，如图 3-2 所示。

③对于固定的 $n$ 及 $p$，当 $k$ 增加时，$P_n(k)$ 先随之增加并达到某极大值，以后又下降。

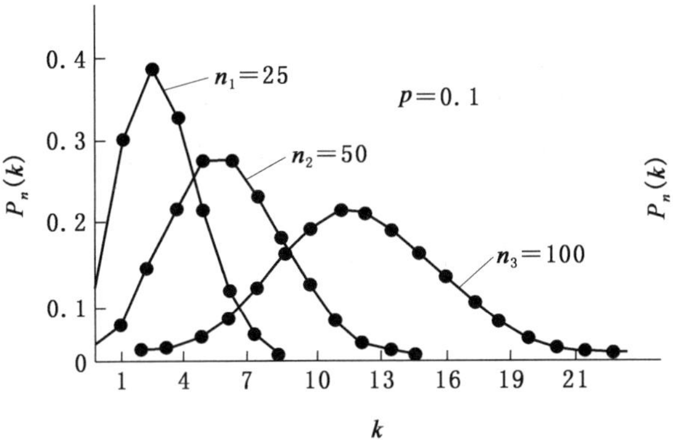


**图 3-1　$n$ 值不同的二项分布比较**

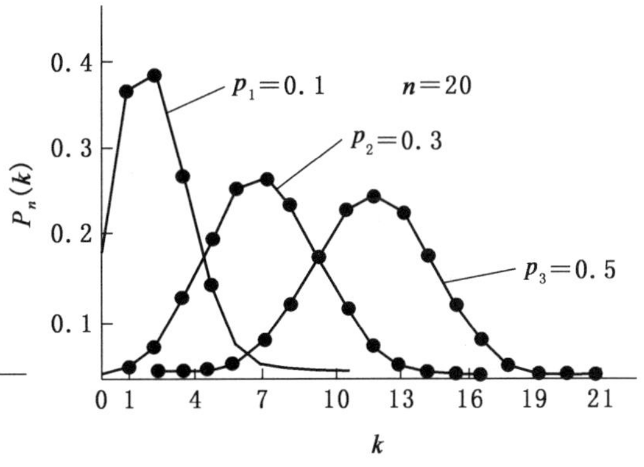


**图 3-2　$p$ 值不同的二项分布比较**

### 3.1.1.2　二项分布的概率计算及应用条件

1. 二项分布的概率计算

①已知随机变量 $x \sim B(n,p)$ 正好有 $k$ 次发生的概率。

【例 3-1】　有一批食品，其合格率为 0.85。今在该批食品中随机抽取 6 份食品，求正好有 5 份食品合格的概率。

由前述所知，在二项分布中 $n$ 次试验正好有 $k$ 次发生的概率的计算公式为

$$P(x=k)=C_n^k p^k q^{n-k} \quad (k=0,1,2,\cdots,n)$$

在本例中，食品抽检结果有两种，合格（记为 A）与不合格（记为 $\overline{\mathrm{A}}$）。其中合格率为 0.85，即：$P(\mathrm{A})=p=0.85$，相应 $P(\overline{\mathrm{A}})=q=1-P(\mathrm{A})=0.15$。正好发生 5 次即正好有 5 个合格产品的概率是：

$$P(x=k)=C_n^k p^k q^{n-k}=C_6^5 \times 0.85^5 \times 0.15^1=0.399\ 3$$

②已知 $x \sim B(n,p)$，至少有 $k$ 次发生的概率。

【例 3-2】　同【例 3-1】，问最少有 4 个合格的概率是多少？

最少有 $k$ 个合格（发生），即可能的合格数是 $k, k+1, \cdots, n$。

所以 $P(x \geqslant k)=\sum_{x=k}^{n} C_n^x p^x q^{n-x}$ 是最少有 $k$ 个合格的概率。在本例中：

$$
\begin{aligned}
P(x \geqslant 4) &= \sum_{x=4}^{6} C_n^x p^x q^{n-x} \\
&= C_6^4 \times 0.85^4 \times 0.15^2 + C_6^5 \times 0.85^5 \times 0.15^1 + C_6^6 \times 0.85^6 \times 0.15^0 \\
&= 0.1761 + 0.3993 + 0.3771 = 0.9525
\end{aligned}
$$

有关二项分布的计算问题，还有其他。比如，已知发生的概率，确定最可能发生的次数等，本书不再赘述。

2.二项分布的应用条件

二项分布是一个比较重要的离散型的分布，对其使用是有一定条件的。

①一般情况下，应首先进行预处理，把试验结果归为两大类或两种可能的结果。比如，随机事件 A 与 $\overline{A}$，成功与失败，出现与不出现，0 与 1 等。

②已知发生某一事件 A 的概率为 $p$，其对立事件的概率为 $q=1-p$，实际要求 $p$ 是从大量观察中得到的比较稳定的值。实践中那些由有两属性类别的质量性状得来的次数或百分数资料常常服从二项分布。

③$n$ 次观察结果应互相独立，即每个观察单位的结果不会影响到其他观察单位的结果。

## 3.1.2 泊松分布

### 3.1.2.1 泊松分布的定义及其特点

泊松分布是一种可以用来描述和分析随机地发生在单位空间或时间里的稀有事件的分布。所谓稀有事件即为小概率事件。要观察到这类事件，样本含量必须很大。实际研究中服从泊松分布的随机变量是常见的。例如，正常生产线上单位时间生产的不合格产品数，单位时间内机器发生故障的次数，每毫升饮水内大肠杆菌数，单位面积上昆虫的分布数，商店里单位时间内顾客数，意外事故，自然灾害，这些都服从或近似服从泊松分布。

1.泊松分布的定义

若随机变量 $x$ 所有可能取值是非负整数，且其概率分布为：

$$P(x=k)=\frac{\lambda^k e^{-\lambda}}{k!} \tag{3-6}$$

式中：$\lambda$ 为一个大于零的常数；$k=1,2,\cdots,n,\cdots$；e 为自然对数的底数，即 e=2.7182…；则称随机变量 $x$ 为服从参数为 $\lambda$ 的泊松分布(Poisson's distribution)，并记为 $x \sim P(\lambda)$。

2.泊松分布的特点

泊松分布作为一种离散型随机变量的概率分布，理论上已经证明其均值与方差相等，即 $\mu=\sigma^2=\lambda$。这是泊松分布的一个显著特点。利用这个特点可以初步判断一个随机变量是否服从泊松分布。泊松分布在 $k=\lambda$ 与 $k=\lambda-1$ 处达到最大值。$\lambda$ 是泊松分布中所依赖的唯一参数。$\lambda$ 越小分布越偏，随着 $\lambda$ 的增加，分布趋于对称(图 3-3)。当 $\lambda=20$ 时，泊松分布接近于正态分布；当 $\lambda=50$ 时，可以认为泊松分布呈正态分布。所以实际工作中，当 $\lambda \geqslant 20$ 时就可以用正态分布来近似地处理泊松分布的问题。

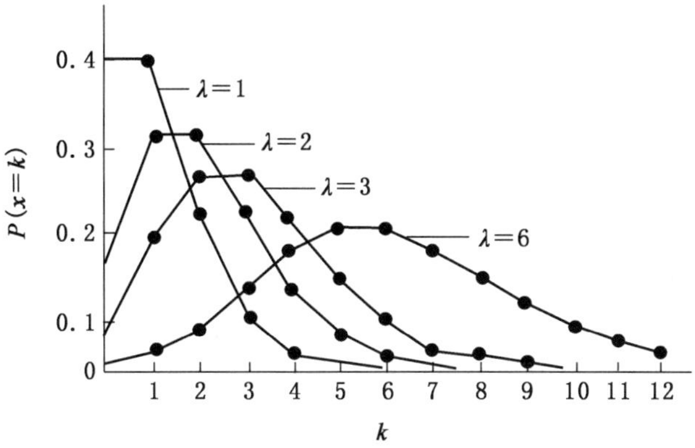


**图 3-3 不同 λ 的泊松分布**

### 3.1.2.2 泊松分布的概率计算及应用条件

1.泊松分布的概率计算

【例 3-3】 已知某食品厂每月某种食品原料的用量服从 $\lambda=7$ 的泊松分布。为了不使该原料库存积压过多,又不致发生短缺,问每月底库存多少才能保证下月原料不缺的概率 $P\geqslant 0.9999$。

设每月用量为 $x$,上月底库存量为 $a$,根据题意有:$P(x\leqslant a)\geqslant 0.9999$。

因为 $x\sim P(7)$,故上式为:$P(x=k\leqslant a)=\sum\limits_{k=0}^{a}\dfrac{7^k e^{-7}}{k!}\geqslant 0.9999$。解之得 $a=16$,即该食品厂在月底库存 16 就可有 99.99%的把握保证下月原料不缺。

【例 3-4】 为监测饮用水的污染情况,现检验某社区每毫升饮用水中细菌数,共得 400 个记录,如表 3-1 所示。试分析饮用水中细菌数的分布是否服从泊松分布。若服从则按泊松分布计算每毫升水中恰有 $k$ 个细菌数的概率及理论数,并与实际分布做直观比较。

**表 3-1 某社区饮用水中细菌数测试记录**

| 项目 | 1 mL 水中细菌数 $k$ | | | | |
|---|---|---|---|---|---|
| | 0 | 1 | 2 | ≥3 | 合计 |
| 频数 $f$ | 243 | 120 | 31 | 6 | 400 |

经计算得每毫升水中平均细菌数 $\bar{x}=0.500$,方差 $S^2=0.496$。两者很接近,故可以认为每毫升水中细菌数服从泊松分布。以 $\bar{x}=0.500$ 代替 $\lambda$,得概率函数为:

$$P(x=k)=\frac{0.5^k e^{-0.5}}{k!}\quad(k=1,2,\cdots)$$

计算结果如表 3-2 所示。

**表 3-2 细菌数分布比较**

| 项目 | 1 mL 水中细菌数 $k$ | | | | |
|---|---|---|---|---|---|
| | 0 | 1 | 2 | ≥3 | 合计 |
| 实际次数 | 243 | 120 | 31 | 6 | 400 |
| 频率 | 0.607 5 | 0.300 | 0.077 5 | 0.015 0 | 1.00 |
| 概率 | 0.606 5 | 0.303 3 | 0.075 8 | 0.014 4 | 1.00 |
| 理论次数 | 242.60 | 121.32 | 30.32 | 5.76 | 400 |

可见细菌数的频率分布与$\lambda=0.5$的泊松分布是相当吻合的，可以认为用泊松分布描述单位容积（或面积）中细菌数的分布是适宜的。

2. 泊松分布的应用条件

①泊松分布是一种可以用来描述和分析随机地发生在单位时间或空间里的稀有事件的概率分布。

②在二项分布中，当试验的次数$n$很大，试验发生的概率$p$很小时，$x\sim B(n,p)$可用$x\sim P(\lambda)$代替，用$\lambda=np$进行有关计算。

③总体来看，二项分布的应用条件也就是应用泊松分布所要求的。当某种原因使发生在单位时间、单位面积或单位容积内稀有事件分布不随机时，不能用泊松分布描述其发生规律。如细菌在牛奶中成菌落存在时，便不呈泊松分布。

### 3.1.3 正态分布

正态分布（normal distribution）是一种常见的连续型随机变量的概率分布。食品科学研究中所涉及的许多变量都是服从或接近正态分布的，如食品中各种营养成分的含量，有害物质残留量，瓶装食品的重量，容积，分析、测定过程中的随机误差等。

#### 3.1.3.1 正态分布的定义及其特征

许多统计分析方法都是以正态分布为基础的。此外还有不少随机变量在一定条件下是以正态分布为其极限的。

1. 正态分布的定义

如果连续型随机变量$x$的概率密度函数为：

$$f(x)=\frac{1}{\sigma\sqrt{2\pi}}\exp\left(-\frac{(x-\mu)^2}{2\sigma^2}\right) \tag{3-7}$$

式中：$\mu$为平均值，$\sigma^2$为方差，则称随机变量$x$服从参数为$\mu$与$\sigma^2$的正态分布，记作$x\sim N(\mu,\sigma^2)$。分布密度曲线如图3-4所示。其概率分布函数$F(x)$为：

$$F(x)=\frac{1}{\sigma\sqrt{2\pi}}\int_{-\infty}^{x}\exp\left[\frac{(x-\mu)^2}{-2\sigma^2}\right]dx \tag{3-8}$$

2. 正态分布的曲线特征

由式(3-7)和图3-4可以看出正态分布具有以下特征。

①正态分布曲线是以均数$\mu$为中心左右对称分布的单峰悬钟形曲线。在平均数的左右两侧，只要$(x-\mu)$的绝对值相等，$f(x)$值就相等。

②$f(x)$在$x=\mu$处达到最大值，且$f(\mu)=\frac{1}{\sigma\sqrt{2\pi}}$。

③$f(x)$是非负函数，以横轴为渐近线，分布从$-\infty$到$+\infty$，且曲线在$\mu\pm\sigma$处各有一个拐点。

④正态分布曲线因参数$\mu$和$\sigma^2$的不同而表现出一系列曲线，所以正态分布曲线是一个曲线族，不是一条曲线。参数$\mu$是正态分布的位置参数，$\sigma^2$是正态分布的形状参数。$\sigma^2$表示总体的变异度。$\sigma^2$越大，曲线越“胖”，表明数据比较分散；$\sigma^2$越小，曲线越瘦，说明变量越集中在

平均数 $\mu$ 的周围。图 3-5、图 3-6 说明了 $\mu$ 与 $\sigma^2$ 对正态曲线位置与形状的影响。

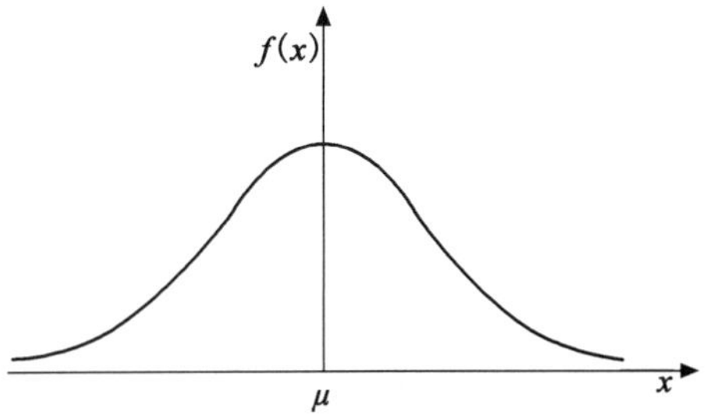


图 3-4　正态分布概率密度函数曲线

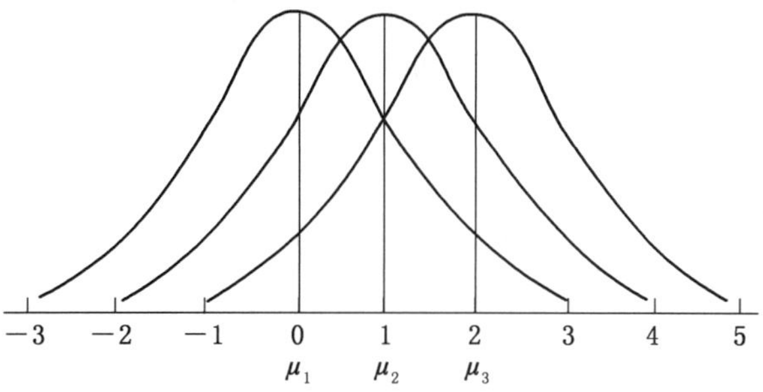


图 3-5　σ 相同而 μ 不同的 3 个正态总体

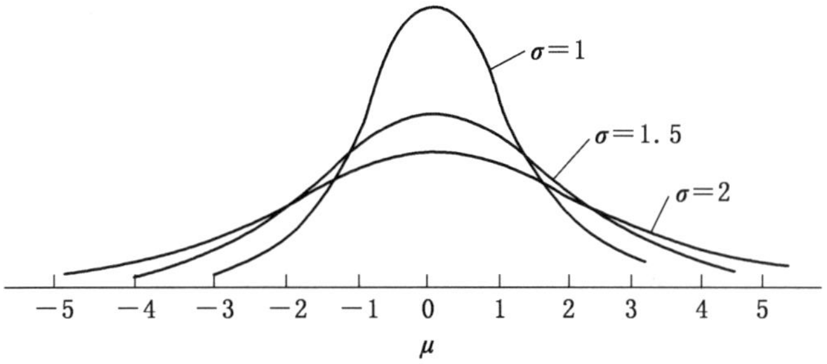


图 3-6　μ 相同而 σ 不同的 3 个正态总体

⑤正态分布的次数多数集中于平均数 $\mu$ 的附近，离均数越远，其相应的次数越少，而在 $|x-\mu|\geqslant 3\sigma$ 时次数极少。这是食品工业上所用的工业控制 $3\sigma$ 原理的基础。

⑥曲线 $f(x)$ 与横轴之间所围成的面积等于 1，即 $P(-\infty < x < +\infty) = \int_{-\infty}^{+\infty} \frac{1}{\sigma\sqrt{2\pi}} \exp\left(-\frac{(x-\mu)^2}{2\sigma^2}\right) \mathrm{d}x = 1$。

### 3.1.3.2　标准正态分布

由于正态分布是依赖于参数 $\mu$ 和 $\sigma^2$（或 $\sigma$）的一簇分布，正态曲线之位置及形态随 $\mu$ 和 $\sigma^2$ 的不同而不同。我们称 $\mu=0,\sigma^2=1$ 的正态分布为标准正态分布（standard normal distribution）。标准正态分布的概率密度函数及分布函数分别记作 $\varphi(u)$ 和 $\Phi(u)$，即：

$$\varphi(u)=\frac{1}{\sqrt{2\pi}}\mathrm{e}^{-\frac{u^2}{2}} \tag{3-9}$$

$$\Phi(u) = \frac{1}{\sqrt{2\pi}} \int_{-\infty}^{u} \mathrm{e}^{-\frac{u^2}{2}} \mathrm{d}u \tag{3-10}$$

这时称随机变量 $u$ 服从标准正态分布，记作 $u \sim N(0,1)$。其密度曲线如图 3-7 所示。

任何一个服从正态分布 $N(\mu,\sigma^2)$ 的随机变量 $x$ 都可以通过式（3-11）所示的标准化变换将其转化为服从标准正态分布的随机变量 $u$。$u$ 称为标准正态变量或标准正态离差（standard normal deviate）。

$$u=(x-\mu)/\sigma \tag{3-11}$$

按式(3-10)计算,将不同的 $u$ 值编成函数表,称为标准正态分布表(附表 1)。从标准正态分布表中可以查到任意一个区间内曲线下的面积即概率值。这就给解决不同 $\mu$ 值、$\sigma^2$ 值的正态分布概率计算问题带来很大方便。

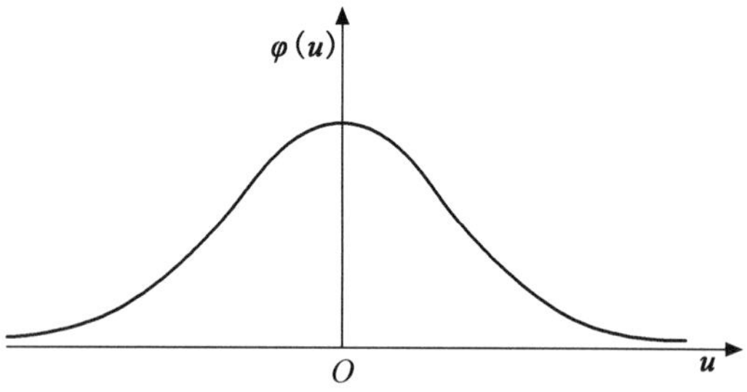

图 3-7 标准正态分布

#### 3.1.3.3 正态分布的概率计算

1. 标准正态分布的概率计算

设 $u$ 服从标准正态分布,则 $u$ 在 $[u_1,u_2)$ 内取值的概率为:

$$P(u_1 \leqslant u < u_2)=\frac{1}{\sqrt{2\pi}}\int_{u_1}^{u_2} e^{-\frac{u^2}{2}}du=\frac{1}{\sqrt{2\pi}}\int_{-\infty}^{u_2} e^{-\frac{u^2}{2}}du-\frac{1}{\sqrt{2\pi}}\int_{-\infty}^{u_1} e^{-\frac{u^2}{2}}du=\Phi(u_2)-\Phi(u_1) \tag{3-12}$$

而 $\Phi(u_1)$ 和 $\Phi(u_2)$ 可由附表 1 查得。

由式(3-12)及正态分布的对称性可推出下列关系式,再借助附表 1 便能方便地计算有关概率:

$$\begin{cases} P(0\leqslant u<u_1)=\Phi(u_1)-0.5 \\ P(u\geqslant u_1)=\Phi(-u_1) \\ P(|u|\geqslant u_1)=2\Phi(-u_1) \\ P(|u|<u_1)=1-2\Phi(-u_1) \\ P(u_1\leqslant u<u_2)=\Phi(u_2)-\Phi(u_1) \end{cases} \tag{3-13}$$

二维码 3-4 给出了一些常用的标准正态分布数值计算的概率值。

【例 3-5】 已知 $u \sim N(0,1)$,试求:$P(u<-1.64)=?$,$P(u\geqslant 2.58)=?$,$P(|u|\geqslant 2.56)=?$,$P(0.34\leqslant u<1.53)=?$。

利用式(3-13),查附表 1 得:

$P(u<-1.64)=0.050\ 50$

$P(u\geqslant 2.58)=\Phi(-2.58)=0.004\ 940$

$P(|u|\geqslant 2.56)=2\Phi(-2.56)=2\times 0.005\ 234=0.010\ 468$

$P(0.34\leqslant u<1.53)=\Phi(1.53)-\Phi(0.34)=0.936\ 99-0.633\ 1=0.303\ 89$

2. 一般正态分布的概率计算

正态分布密度曲线和横轴围成的一个区域其面积为 1。这实际上表明了随机变量 $x$ 在 $(-\infty,+\infty)$ 之间取值是一个必然事件,其概率为 1。若随机变量 $x$ 服从正态分布 $N(\mu,\sigma^2)$,则 $x$ 的取值落在任意区间 $[x_1,x_2)$ 的概率,记作 $P(x_1\leqslant x<x_2)$,等于图 3-8 中阴影部分的面积,即

二维码 3-4 一些常用的标准正态分布数值计算的概率值

$$P(x_1 \leqslant x < x_2)=\frac{1}{\sigma\sqrt{2\pi}}\int_{x_1}^{x_2} e^{-\frac{(x-\mu)^2}{2\sigma^2}}dx \tag{3-14}$$

对式(3-14)做变换 $u=\frac{x-\mu}{\sigma}$，得 $dx=\sigma du$，故有：

$$P(x_1 \leqslant x < x_2)=\frac{1}{\sigma\sqrt{2\pi}}\int_{x_1}^{x_2} e^{-\frac{(x-\mu)^2}{2\sigma^2}}dx=\frac{1}{\sigma\sqrt{2\pi}}\int_{(x_1-\mu)/\sigma}^{(x_2-\mu)/\sigma}\sigma e^{-\frac{u^2}{2}}du=\frac{1}{\sqrt{2\pi}}\int_{u_1}^{u_2} e^{-\frac{u^2}{2}}du$$

这表明服从正态分布 $N(\mu,\sigma^2)$的随机变量 $x$ 落在$[x_1,x_2)$内的概率等于服从标准正态分布随机变量 $u$ 落在 $[(x_1-\mu)/\sigma,(x_2-\mu)/\sigma)$ 即$[u_1,u_2)$的概率。因此，计算一般正态分布的概率时，只要将区间的上、下限标准化，就可用查标准正态分布表的方法求概率值了。

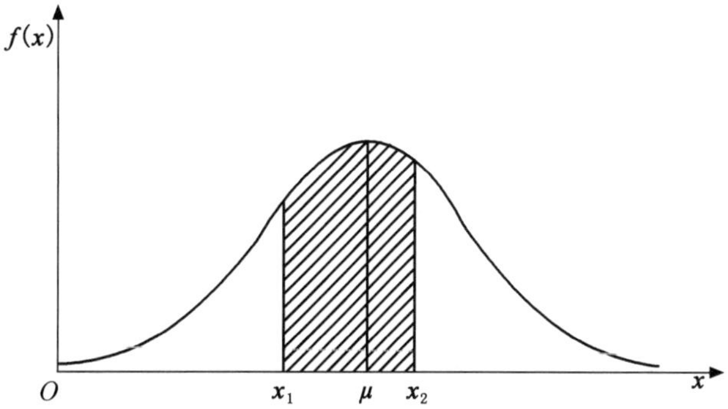


图 3-8　正态分布的概率

【例 3-6】　已知 $x\sim N(100,2^2)$，求 $P(100\leqslant x<102)=?$

由以上方法可得：

$$P(100\leqslant x<102)=P\left(\frac{100-100}{2}\leqslant\frac{x-100}{2}<\frac{102-100}{2}\right)$$
$$=P(0\leqslant u<1)=\Phi(1)-\Phi(0)$$
$$=0.841\ 3-0.500\ 0=0.341\ 3$$

二维码 3-5 给出了一些常用的正态分布数值计算的概率值。

二维码 3-5　正态分布常用的几个概率值

在统计分析中，不仅注意随机变量 $x$ 在平均数加减不同倍数标准差区间$(\mu-k\sigma,\mu+k\sigma)$内取值的概率，而且也很关心 $x$ 在此区间外取值的概率。我们把随机变量 $x$ 在平均数 $\mu$ 加减不同倍数标准差区间之外取值的概率称为两尾(双侧)概率(two-tailed probability)，记作 $\alpha$。对应于两尾概率可以求得随机变量 $x$ 小于 $\mu-k\sigma$ 或大于 $\mu+k\sigma$ 的概率，称为一尾(单侧)概率(one-tailed probability)，记作 $\alpha/2$。例如 $x$ 在$(\mu-1.96\sigma,\mu+1.96\sigma)$之外取值的两尾概率为 0.05，而一尾概率为 0.025，即 $P(x<\mu-1.96\sigma)=P(x>\mu+1.96\sigma)=0.025$。两尾概率或一尾概率如图 3-9 所示。

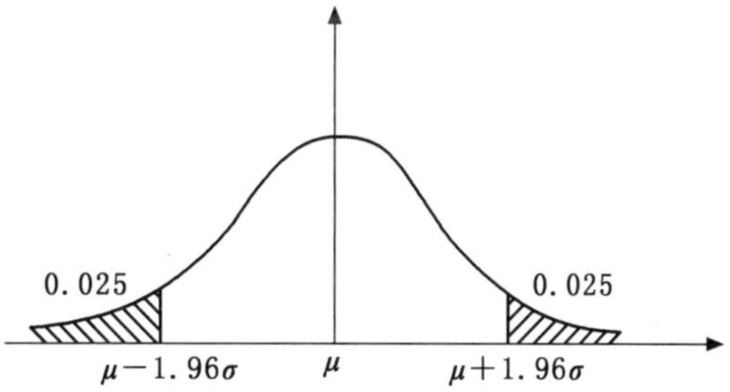


图 3-9　两尾概率或一尾概率

$x$ 在$(\mu-2.58\sigma,\mu+2.58\sigma)$之外取值的双尾概率为 0.01，而一尾概率为 0.005。

附表 2 给出了满足 $P(|u|>u_\alpha)=\alpha$ 的双侧分位 $u_\alpha$ 的值。因此，只要知道双尾概率 $\alpha$ 值，

由附表 2 就可直接查出对应的双侧分位数 $u_\alpha$。

【例 3-7】 已知某饮料罐内饮料量(mL)服从正态分布 $N(250, 1.58^2)$，若 $P(x<l_1)=P(x\geqslant l_2)=0.05$，求 $l_1$ 和 $l_2$。

由题意可知，$\alpha/2=0.05$，$\alpha=0.10$，由附表 2 查得：$u_{0.10}=1.644\ 854$，故 $(l_1-250)/1.58=-1.644\ 854$，$(l_2-250)/1.58=1.644\ 854$，即 $l_1=247.40$，$l_2=252.60$。

$l_1$ 和 $l_2$ 分别为原总体的 $\alpha=0.10$(双侧)时的下侧分位数和上侧分位数。

二项分布、泊松分布属离散型，正态分布属连续型。三者的关系前面已述及，这里综述如下。

对于二项分布，当 $n$ 较大，$np$、$n(1-p)$接近，该分布接近于正态分布；当 $n\to\infty$ 时，其极限分布是正态分布。尤其在 $n\to\infty$、$p\to0.5$ 时，正态分布中的 $\mu$、$\sigma^2$ 可用二项分布中的 $np$、$np(1-p)$代之。在实际计算中，当 $p>0.1$ 且 $n$ 很大时，二项分布可由正态分布近似计算。

当 $n\to\infty$、$p\to0$，且 $np=\lambda$ (较小常数)时，二项分布趋于泊松分布，且以泊松分布为极限。在实际计算中，当 $P<0.1$ 且 $n$ 很大时，二项分布可由泊松分布近似计算，即泊松分布中的 $\lambda$ 用二项分布的 $np$ 代之。

对于泊松分布，当 $\lambda=20$ 时，该分布接近于正态分布；当 $\lambda=50$ 时，可以认为泊松分布呈正态分布；当 $\lambda\to\infty$ 时，泊松分布以正态分布为极限。在实际计算中，当 $\lambda\geqslant20$ (也有人认为 $\lambda\geqslant6$)时，用泊松分布中的 $\lambda$ 代替正态分布中的 $\mu$ 和 $\sigma^2$，即可由后者对前者进行近似计算。

## 3.2 抽样分布

研究总体与从中抽取的样本之间的关系是统计学的中心内容。对这种关系的研究可从两方面着手：一是从总体到样本，这就是研究抽样分布(sampling distribution)的问题；二是从样本到总体，这就是统计推断(statistical inference)问题。抽样分布是统计推断的基础(二维码 3-6)。

我们知道，由总体中随机地抽取若干个体组成样本，即使每次抽取的样本含量相等，其统计量(如 $\bar{x}$，$S$)也将随样本的不同而有所不同，因而样本统计量也是随机变量，也有其概率分布。我们把统计量的概率分布称为抽样分布。本节仅就样本平均数及两样本均数差数的抽样分布加以讨论。

二维码 3-6 抽样分布与统计推断的关系

### 3.2.1 样本平均数的抽样分布

总体随机抽样(random sampling)的方法可分为返置抽样和不返置抽样两种。前者指每次抽出一个个体后，这个个体应返置回原总体；后者指每次抽出的个体不返置回原总体。对于无限总体，返置与否关系不大，都可保证各个体被抽到的机会均等。对于有限总体，要保证随机抽样，就应该采取返置抽样，否则各个体被抽到的机会就不均等。

设有一个总体，总体均数为 $\mu$，方差为 $\sigma^2$，总体中各变数为 $x$，将此总体称为原总体。现从这个总体中随机抽取含量为 $n$ 的样本，样本平均数记为 $\bar{x}$。可以设想，从原总体可抽出很多甚至无穷多个含量为 $n$ 的样本。由这些样本算得的平均数有大有小，不尽相同，与原总体均数 $\mu$

相比往往表现出不同程度的差异。这种差异是由随机抽样造成的，称为抽样误差(sampling error)。显然，样本平均数也是一个随机变量，其概率分布称为样本平均数的抽样分布(二维码 3-7)。由样本平均数 $\bar{x}$ 构成的总体称为样本平均数的抽样总体，其平均数和标准差分别记为 $\mu_{\bar{x}}$ 和 $\sigma_{\bar{x}}$。$\sigma_{\bar{x}}$ 是样本平均数抽样总体的标准差，简称标准误差(standard error)。它表示平均数抽样误差的大小。统计学上已证明 $\bar{x}$ 总体的两个参数与 $x$ 总体的两个参数有如下关系：

**二维码 3-7　抽样分布示意图**

$$\mu_{\bar{x}}=\mu,\qquad \sigma_{\bar{x}}=\frac{\sigma}{\sqrt{n}} \tag{3-15}$$

为了验证这个结论及了解平均数抽样总体与原总体概率分布间的关系，可进行模拟抽样试验。

设有一 $N$ 为 4 的有限总体，变数为 2、3、3、4。根据 $\mu=\sum x/N$ 和 $\sigma^2=\sum(x-\mu)^2/N$ 求得该总体的 $\mu$、$\sigma^2$、$\sigma$ 为：$\mu=3$，$\sigma^2=1/2$，$\sigma=\sqrt{1/2}$。

从有限总体做返置随机抽样，所有可能的样本数为 $N^n$ 个，其中 $n$ 为样本含量。以上述总体而论，若从中抽取 $n=2$ 的样本，则共可得 $4^2=16$ 个样本。如果样本含量 $n$ 增至 4，则一共可抽得 $4^4=256$ 个样本。分别求这些样本的平均数 $\bar{x}$，其频数分布如表 3-3 所示。根据表 3-3，在 $n=2$ 的试验中，样本均数抽样总体的均数、方差与标准差分别为：

$$\mu_{\bar{x}}=\sum f\bar{x}/N^n=48.0/16=3=\mu$$

$$\sigma_{\bar{x}}^2=\frac{\sum f(\bar{x}-\mu_{\bar{x}})^2}{N^n}=\frac{\sum f\bar{x}^2-(\sum f\bar{x})^2/N^n}{N^n}$$

$$=\frac{148.00-48.0^2/16}{16}=1/4=(1/2)/2=\sigma^2/n$$

$$\sigma_{\bar{x}}=\sqrt{\sigma_{\bar{x}}^2}=\sqrt{1/4}=\sqrt{1/2}/\sqrt{2}=\sigma/\sqrt{n}$$

**表 3-3　$N=4,n=2,n=4$ 时 $x$ 的频数分布**

| $N^n=4^2=16$ | | | | $N^n=4^4=256$ | | | |
|---|---|---|---|---|---|---|---|
| $\bar{x}$ | $f$ | $f\bar{x}$ | $f\bar{x}^2$ | $\bar{x}$ | $f$ | $f\bar{x}$ | $f\bar{x}^2$ |
| 2.0 | 1 | 2.0 | 4.00 | 2.00 | 1 | 2.00 | 4.00 |
| 2.5 | 4 | 10.0 | 25.00 | 2.25 | 8 | 18.00 | 40.50 |
| 3.0 | 6 | 18.0 | 54.00 | 2.50 | 28 | 70.00 | 175.00 |
| 3.5 | 4 | 14.0 | 49.00 | 2.75 | 56 | 154.00 | 423.00 |
| 4.0 | 1 | 4.0 | 16.00 | 3.00 | 70 | 210.00 | 630.00 |
| | | | | 3.25 | 56 | 182.00 | 591.50 |
| | | | | 3.50 | 28 | 98.00 | 343.00 |
| | | | | 3.75 | 8 | 30.00 | 112.50 |
| | | | | 4.00 | 1 | 4.00 | 16.00 |
| $\sum$ | 16 | 48.0 | 148.00 | $\sum$ | 256 | 768 | 2 336 |

同理，可得 $n=4$ 时：

$$\mu_{\bar{x}}=768/256=3=\mu$$
$$\sigma_{\bar{x}}^2=32/256=1/8=(1/2)/4=\sigma^2/n$$
$$\sigma_{\bar{x}}=\sqrt{1/8}=\sqrt{1/2}/\sqrt{4}=\sigma/\sqrt{n}$$

这就验证了 $\mu_{\bar{x}}=\mu$ 和 $\sigma_{\bar{x}}=\sigma/\sqrt{n}$ 的正确性。

若将表 3-3 中两个样本的抽样总体做频数分布图，则如图 3-10 所示。

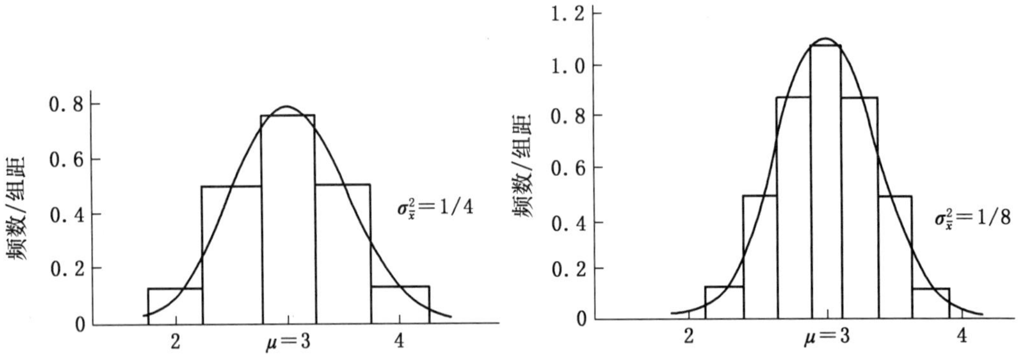


**图 3-10　平均数的抽样分布**

由以上模拟抽样试验可以看出，虽然原总体并非正态分布，但从中随机抽取样本，即使样本含量很小（$n=2$，$n=4$），样本平均数的分布却趋向于正态分布形式。随着样本含量 $n$ 的增大，样本平均数的分布愈来愈趋向连续的正态分布。比较图 3-10 两个分布，在 $n$ 由 2 增到 4 时，这种趋势表现得相当明显。当 $n>30$ 时，$\bar{x}$ 的分布就近似正态分布了。$x$ 变量与 $\bar{x}$ 变量概率分布间的关系可由下列两个定理说明：

①若随机变量 $x$ 服从正态分布 $N(\mu,\sigma^2)$，$x_1,x_2,\cdots,x_n$ 是由此总体得来的随机样本，则统计量 $\bar{x}=\sum x/n$ 的概率分布也是正态分布，且有 $\mu_{\bar{x}}=\mu$、$\sigma_{\bar{x}}^2=\sigma^2/n$，即 $\bar{x}$ 服从正态分布 $N(\mu,\sigma^2/n)$。

②若随机变量 $x$ 服从平均数是 $\mu$ 和方差是 $\sigma^2$ 的分布（不是正态分布），$x_1,x_2,\cdots,x_n$ 是由此总体得来的随机样本，则统计量 $\bar{x}=\sum x/n$ 的概率分布，当 $n$ 相当大时逼近正态分布 $N(\mu,\sigma^2/n)$。这就是中心极限定理。

上述两个定理说明样本平均数的抽样分布服从或逼近正态分布。

中心极限定理明确告诉我们：不论 $x$ 服从何种分布，一般只要 $n>30$，就可以认为 $\bar{x}$ 的分布是正态的。若 $x$ 的分布不很偏斜，在 $n>20$ 时，$\bar{x}$ 的分布就近似于正态分布了。这就是为什么正态分布较之其他分布应用更为广泛的原因。

### 3.2.2　均数标准误

均数标准误（平均数抽样总体的标准差）$\sigma_{\bar{x}}=\sigma/\sqrt{n}$ 的大小反映样本数 $\bar{x}$ 的抽样误差的大小，即精确性的高低。标准误（standard error）$\sigma_{\bar{x}}$ 大，说明各样本数 $\bar{x}$ 间差异程度大，样本平均数的精确性低；反之，$\sigma_{\bar{x}}$ 小，说明 $\bar{x}$ 间的差异程度小，样本平均数的精确性高。$\sigma_{\bar{x}}$ 的大小与

原总体的标准差 $\sigma$ 成正比，与样本含量 $n$ 的平方根成反比。从某特定总体抽样，因为 $\sigma$ 是一常数，所以只有增大样本含量才能降低样本均数 $\bar{x}$ 的抽样误差。

在实际工作中，总体标准差 $\sigma$ 往往是未知的，因而无法求得 $\sigma_{\bar{x}}$。此时，可用样本标准差 $S$ 估计 $\sigma$。于是，以 $S/\sqrt{n}$ 估计 $\sigma_{\bar{x}}$。记 $S/\sqrt{n}$ 为 $S_{\bar{x}}$，称为样本均数标准误或均数标准误。$S_{\bar{x}}$ 是平均数抽样误差的估计值。若样本中各观测值为 $x_1,x_2,\cdots,x_n$，则

$$S_{\bar{x}}=\frac{S}{\sqrt{n}}=\sqrt{\frac{\sum(x-\bar{x})^2}{n(n-1)}}=\sqrt{\frac{\sum x^2-(\sum x)^2/n}{n(n-1)}} \tag{3-16}$$

应当注意，样本标准差与样本均数标准误是既有联系又有区别的两个统计量，式(3-16)已表明了二者的联系。二者的区别在于：样本标准差 $S$ 是反映样本中各变数 $x_1,x_2,\cdots,x_n$ 变异程度大小的一个指标。它的大小说明了 $\bar{x}$ 对该样本代表性的强弱。样本均数标准误是样本平均数 $\bar{x}_1,\bar{x}_2,\cdots,\bar{x}_k$ 的标准差。它是 $\bar{x}$ 抽样误差的估计值，其大小说明了样本间变异程度的大小及 $\bar{x}$ 精确性的高低。

对于大样本资料，常将样本标准差 $S$ 与样本平均数配合使用，记为 $\bar{x}\pm S$，用以说明所考察性状或指标的优良性与稳定性。对于小样本资料，常将样本标准误 $S_{\bar{x}}$ 与样本平均数 $\bar{x}$ 配合使用，记为 $\bar{x}\pm S_{\bar{x}}$，用以表示所考察性状或指标的优良性与抽样误差的大小。

### 3.2.3　两样本均数差数的抽样分布

关于两样本均数差数的抽样分布有以下规律：

设 $x_1\sim N(\mu_1,\sigma_1^2)$，$x_2\sim N(\mu_2,\sigma_2^2)$，且 $x_1$ 与 $x_2$ 相互独立，若从这两个总体里抽取所有可能的样本对(无论样本容量 $n_1$、$n_2$ 大小)，则样本平均数之差($\bar{x}_1-\bar{x}_2$)服从正态分布，即($\bar{x}_1-\bar{x}_2$)$\sim N(\mu_{\bar{x}_1-\bar{x}_2},\sigma^2_{\bar{x}_1-\bar{x}_2})$。总体参数有如下关系：

$$\begin{cases}\mu_{\bar{x}_1-\bar{x}_2}=\mu_1-\mu_2\\ \sigma^2_{\bar{x}_1-\bar{x}_2}=\sigma_1^2/n_1+\sigma_2^2/n_2\end{cases} \tag{3-17}$$

若所有样本对来自同一正态总体 $x\sim N(\mu,\sigma^2)$，则其平均数差数的抽样分布(不论样本容量 $n_1$、$n_2$ 大小)服从正态分布，且

$$\begin{cases}\mu_{\bar{x}_1-\bar{x}_2}=0\\ \sigma^2_{\bar{x}_1-\bar{x}_2}=\sigma^2(1/n_1+1/n_2)\end{cases} \tag{3-18}$$

若所有样本对来自非正态的同一总体，则其平均数差数的抽样分布按中心极限定理在 $n_1$ 和 $n_2$ 相当大时(大于 30)才逐渐接近于正态分布，参数间的关系同式(3-18)。

若所有样本对来自两个非正态总体，尤其 $\sigma_1^2$ 和 $\sigma_2^2$ 相差很大时，则其平均数差数的抽样分布很难确定；当 $\sigma_1^2$ 与 $\sigma_2^2$ 相差不太大，且 $n_1$ 和 $n_2$ 趋于无穷大时，均数差数的抽样分布逐渐趋于正态分布，参数间的关系同式(3-17)。

下面通过一个实例来验证式(3-17)。

【例 3-8】　设总体一有 3 个变数{2,4,6}，总体二有两个变数{3,6}，分别计算总体一和总

体二的均数与方差，得：$\mu_1=4, \sigma_1^2=8/3, \mu_2=4.5, \sigma_2^2=9/4$。现在从总体一中随机重复抽样，每抽两个数组成一个样本，所有可能的样本组合为 9 个；从总体二中随机重复抽样，每抽 3 个数组成一个样本，所有可能的样本组合为 8 个（表 3-4 至表 3-7）。

**表 3-4　从总体一中抽样所有的样本组合**

| 项目 | 2 | 4 | 6 |
|---|---|---|---|
| 2 | 2,2(2) | 2,4(3) | 2,6(4) |
| 4 | 4,2(3) | 4,4(4) | 4,6(5) |
| 6 | 6,2(4) | 6,4(5) | 6,6(6) |

**表 3-5　从总体二中抽样所有的样本组合**

| 项目 | 3 | 6 |
|---|---|---|
| 3 | 3,3,3(3)<br>3,3,6(4) | 3,6,3(4)<br>3,6,6(5) |
| 6 | 6,3,3(4)<br>6,3,6(5) | 6,6,3(5)<br>6,6,6(6) |

**表 3-6　两均数抽样总体次数分布**

| $\bar{x}_1$ | $f_1$ | $\bar{x}_2$ | $f_2$ |
|---|---|---|---|
| 2 | 1 | 3 | 1 |
| 3 | 2 | 4 | 3 |
| 4 | 3 | 5 | 3 |
| 5 | 2 | 6 | 1 |
| 6 | 1 | | |
| $\sum$ | 9 | $\sum$ | 8 |

**表 3-7　4 个总体的均值与方差**

| $N_1$ | $\mu_1$ | $\sigma_1^2$ | $n_1$ | $\mu_{\bar{x}_1}$ | $\sigma_{\bar{x}_1}^2$ | $N_2$ | $\mu_2$ | $\sigma_2^2$ | $n_2$ | $\mu_{\bar{x}_2}$ | $\sigma_{\bar{x}_2}^2$ |
|---|---|---|---|---|---|---|---|---|---|---|---|
| 3 | 4 | $\frac{8}{3}$ | 2 | 4 | $\frac{4}{3}$ | 2 | 4.5 | $\frac{9}{4}$ | 3 | 4.5 | $\frac{3}{4}$ |

当将两样本均数进行比较时，所有可能的比较共有 $9\times8=72$ 次。因此，有 72 个差数组成了均数差数的抽样总体。所有 $(\bar{x}_1-\bar{x}_2)$ 如表 3-8 所示。然后根据表 3-8 做成次数分布表，如表 3-9 所示。

经计算得：

$$\mu_{\bar{x}_1-\bar{x}_2}=\frac{-36}{72}=-0.5$$

$$\sigma_{\bar{x}_1-\bar{x}_2}=\sqrt{\frac{\sum f_i\left[(\bar{x}_1-\bar{x}_2)-\mu_{\bar{x}_1-\bar{x}_2}\right]^2}{\sum f_i}}$$

$$=\sqrt{\frac{\sum f_i(\bar{x}_1-\bar{x}_2)^2-\left[\sum f_i(\bar{x}_1-\bar{x}_2)\right]^2/\sum f_i}{\sum f_i}}$$

$$=\sqrt{\frac{168-(-36)^2/72}{72}}=\sqrt{\frac{25}{12}}$$

由式(3-17) 计算得：

$$\mu_{\bar{x}_1-\bar{x}_2}=\mu_1-\mu_2=-0.5$$

$\sigma_{\bar{x}_1-\bar{x}_2}=\sqrt{\sigma_1^2/n_1+\sigma_2^2/n_2}=\sqrt{25/12}$

可以看出，这两种方法结果相同。

**表 3-8　72 个均数差数($\bar{x}_1-\bar{x}_2$)**

| 项目 | (2,2) 2 | (2,4) 3 | (2,6) 4 | (4,2) 3 | (4,4) 4 | (4,6) 5 | (6,2) 4 | (6,4) 5 | (6,6) 6 |
|---|---|---|---|---|---|---|---|---|---|
| (3,3,3)3 | −1 | 0 | 1 | 0 | 1 | 2 | 1 | 2 | 3 |
| (3,3,6)4 | −2 | −1 | 0 | −1 | 0 | 1 | 0 | 1 | 2 |
| (3,6,3)4 | −2 | −1 | 0 | −1 | 0 | 1 | 0 | 1 | 2 |
| (3,6,6)5 | −3 | −2 | −1 | −2 | −1 | 0 | −1 | 0 | 1 |
| (6,3,3)4 | −2 | −1 | 0 | −1 | 0 | 1 | 0 | 1 | 2 |
| (6,3,6)5 | −3 | −2 | −1 | −2 | −1 | 0 | −1 | 0 | 1 |
| (6,6,3)5 | −3 | −2 | −1 | −2 | −1 | 0 | −1 | 0 | 1 |
| (6,6,6)6 | −4 | −3 | −2 | −3 | −2 | −1 | −2 | −1 | 0 |

**表 3-9　72 个样本均数差数次数分布**

| $\bar{x}_1-\bar{x}_2$ | $f_i$ | $f_i(\bar{x}_1-\bar{x}_2)$ | $f_i(\bar{x}_1-\bar{x}_2)^2$ |
|---|---|---|---|
| −4 | 1 | −4 | 16 |
| −3 | 5 | −15 | 45 |
| −2 | 12 | −24 | 48 |
| −1 | 18 | −18 | 18 |
| 0 | 18 | 0 | 0 |
| 1 | 12 | 12 | 12 |
| 2 | 5 | 10 | 20 |
| 3 | 1 | 3 | 9 |
| $\sum$ | 72 | −36 | 168 |

### 3.2.4　样本均数差数标准误

实际中 $\sigma_1^2$ 与 $\sigma_2^2$ 常是未知的。但在样本含量充分大的情况下，通常是用 $S_1^2$ 与 $S_2^2$ 分别代替 $\sigma_1^2$ 与 $\sigma_2^2$。于是 $\sigma_{\bar{x}_1-\bar{x}_2}$ 常用$\sqrt{S_1^2/n_1+S_2^2/n_2}$估计，记为：

$$S_{\bar{x}_1-\bar{x}_2}=\sqrt{S_1^2/n_1+S_2^2/n_2} \tag{3-19}$$

并简称 $S_{\bar{x}_1-\bar{x}_2}$ 为均数差数标准误(亦称均数差异标准差)。

在式(3-19)中，$S_1^2$ 与 $S_2^2$ 分别是样本含量为 $n_1$ 及 $n_2$ 的两个样本方差。如果它们所估计的各自总体方差 $\sigma_1^2$ 与 $\sigma_2^2$ 相等，即 $\sigma_1^2=\sigma_2^2=\sigma^2$，那么 $S_1^2$ 与 $S_2^2$ 都是 $\sigma^2$ 的估计值。这时应将 $S_1^2$ 与 $S_2^2$ 的加权平均值 $S_0^2$ 作为 $\sigma^2$ 的估计值较为合理。在假设 $\sigma_1^2=\sigma_2^2=\sigma^2$ 的条件下有：

$$S_0^2=\frac{S_1^2\cdot df_1+S_2^2\cdot df_2}{df_1+df_2}=\frac{SS_1+SS_2}{n_1+n_2-2}=\frac{\sum(x_1-\bar{x}_1)^2+\sum(x_2-\bar{x}_2)^2}{n_1+n_2-2} \tag{3-20}$$

于是
$$S_{\bar{x}_1-\bar{x}_2}=\sqrt{(1/n_1+1/n_2)S_0^2} \quad (3\text{-}21)$$

### 3.2.5 t 分布

由样本平均数抽样分布的性质知道：若 $x\sim N(\mu,\sigma^2)$，则 $\bar{x}\sim N(\mu_{\bar{x}},\sigma_{\bar{x}}^2)$。将随机变量 $\bar{x}$ 标准化得：$u=(\bar{x}-\mu)/\sigma_{\bar{x}}$，则 $u\sim N(0,1)$。当 $\sigma^2$ 未知时，以 $S$ 代替 $\sigma$ 所得到的统计量 $(\bar{x}-\mu)/S_{\bar{x}}$ 记为 $t$，即

$$t=(\bar{x}-\mu)/S_{\bar{x}} \quad (3\text{-}22)$$

二维码 3-8 t 分布的介绍

在计算 $S_{\bar{x}}$ 时，由于采用 $S$ 来代替 $\sigma$，使得 $t$ 变量不再服从标准正态分布，而是服从 $t$ 分布（$t$-distribution）（二维码 3-8）。它的概率密度函数如下：

$$f(t)=\frac{\Gamma[(df+1)/2]}{\sqrt{\pi df}\cdot\Gamma(df/2)}\left(1+\frac{t^2}{df}\right)^{-\frac{df+1}{2}} \quad (3\text{-}23)$$

式中：$t$ 的取值范围是 $-\infty<t<+\infty$；$df=n-1$，为自由度。

$t$ 分布的平均数和标准差为：

$$\mu_t=0 \quad (df>1), \qquad \sigma_t=\sqrt{df/(df-2)} \quad (df>2) \quad (3\text{-}24)$$

$t$ 分布的曲线如图 3-11 所示。其特点是：

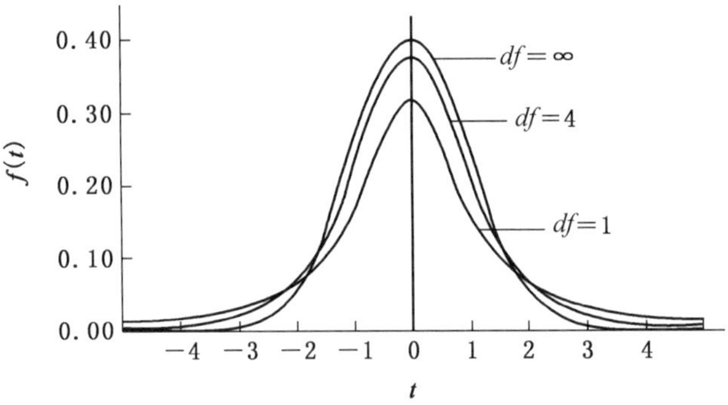


图 3-11 不同自由度的 $t$ 分布

①$t$ 分布受自由度的制约，每一个自由度对应一条 $t$ 分布曲线。

②分布密度曲线以 $t=0$ 为轴，两边对称，且在 $t=0$ 时，分布密度函数取得最大值。

③与标准正态分布相比，$t$ 分布曲线顶部略低，两尾部稍高而平；$df$ 越小这种趋势越明显。$df$ 越大，$t$ 分布越趋近于标准正态分布。当 $n>30$ 时，$t$ 分布与标准正态分布的区别很小；$n>100$ 时，$t$ 分布基本与标准正态分布相同；$n\to\infty$ 时，$t$ 分布与标准正态分布完全一致。

$t$ 分布函数为：

$$F_{t(df)}=P(t<t_1)=\int_{-\infty}^{t_1}f(t)dt \quad (3\text{-}25)$$

因而，其右尾从 $t_1$ 到 $+\infty$ 的面积(概率)为 $1-F_{t(df)}$。由于 $t$ 分布左右对称，其左尾从 $-\infty$ 到 $-t_1$ 的概率也为 $1-F_{t(df)}$。于是 $t$ 分布曲线下由 $-\infty$ 到 $-t_1$ 和由 $t_1$ 到 $+\infty$ 两个相等的尾部面积之和(两尾概率)为 $2[1-F_{t(df)}]$，记为 $\alpha$。对于不同自由度下 $t$ 分布的两尾概率及其对应的临界 $t$ 值已编制成附表 3，即 $t$ 值表。该表第一列为自由度 $df$，表头为两尾概率值，表中数字即为临界 $t$ 值，即 $t_{\alpha(df)}$。$t$ 分布双侧分位数示意图如图 3-12 所示。

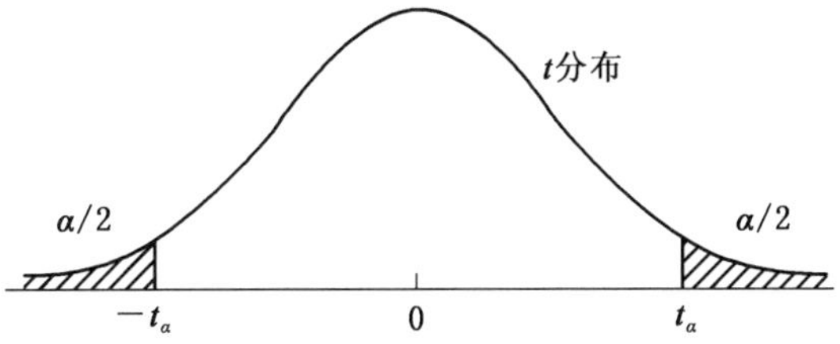


**图 3-12　$t$ 分布双侧分位数示意图**

例如，当 $df=15$ 时，查附表 3 得两尾概率等于 0.05 的临界 $t$ 值为 $t_{0.05(15)}=2.131$。其意义是：

$$P(-\infty<t<-2.131)=P(2.131<t<+\infty)=0.025$$

$$P(-\infty<t<-2.131)+P(2.131<t<+\infty)=0.05$$

由附表 3 可知，当 $df$ 一定时，概率 $P$ 越大，临界 $t$ 值越小；概率 $P$ 越小，临界 $t$ 值越大。当概率 $P$ 一定时，随着 $df$ 的增加，临界 $t$ 值在减小；当 $df=\infty$ 时，临界 $t$ 值与标准正态分布的 $u$ 相等。

## 思考题

1. 简答二项分布、泊松分布、正态分布与 $t$ 分布的特征及它们的均值与方差，前 3 种分布间及后两种分布间的关系。

2. 简答样本均数抽样总体与原总体的参数间的关系，两样本均数差数的抽样分布与其总体的关系，并解释均数标准误、均数差数标准误。

3. 假定某食品厂的某种食品的变质概率为 30%，为检验一种新的保鲜方法，对 20 份该品种的食品使用这种保鲜方法，结果仅有一份食品变质，试评价这种保鲜方法的效果。

4. 某食品厂为保证设备正常工作，需要配备适量的工作人员(多了浪费，少了影响生产)维修设备。假设每台设备是否正常工作是相互独立的，发生故障概率都是 0.01；在通常情况下，一台设备的故障可由一个工人来处理。

①若由一个人负责维修 20 台设备，求设备发生故障而不能及时处理的概率。

②若由 3 个人负责维修 80 台设备，求设备发生故障而不能及时处理的概率。

5. 验收某大批货物时，规定在到货的 1 000 件样品中次品不多于 10 件时方能接收。若该批货物的次品率为 0.5%，试求拒收这批货物的概率。

6. 设 $u$ 服从标准正态分布。

①求 $a$，使得 $P(|u|<a)=0.01$。

②求 $a$，使得 $P(u<a)=0.901$。

7. 某生产过程产生次品的概率是 0.005。今从全部产品中随机抽取 10 000 件产品，求其中：

①有 40 件次品的概率。

②不多于 70 件次品的概率（用正态近似法计算）。

8. 连续监察正常工作的某包装机 200 个时段（每个时段时间相隔相等），发现包装不合格产品的次数分布情况如表 3-10 所示。试判断包装不合格产品数的分布是否服从泊松分布？若服从，试将实际分布次数与理论分布次数做直观比较。

**表 3-10　时段数与每时段不合格产品数**

| 每时段不合格数 | 0 | 1 | 2 | 3 | 4 | 合计 |
|---|---|---|---|---|---|---|
| 时段数($f$) | 120 | 62 | 15 | 2 | 1 | 200 |

9. 设 $x\sim N(70,10^2)$，试求：

①$x<62$ 的概率。

②$x>72$ 的概率。

③$68\leqslant x<74$ 的概率。

10. 当双侧 $\alpha=0.10$ 时，求第 9 题 $x$ 变量的上下侧分位数 $x_\alpha$。

11. 在第 9 题的 $x$ 总体中随机抽取样本含量 $n=36$ 的一个样本，求 $P(|\bar{x}-70|<5)=?$。

12. 设 $x_1\sim N(70,10^2)$，$x_2\sim N(85,15^2)$。在 $x_1$ 和 $x_2$ 总体分别随机抽取 $n_1=30$ 和 $n_2=40$ 的两个样本。求 $P(|\bar{x}_1-\bar{x}_2|<10)=?$。

13. ①已知 $P(|t|>t_\alpha)=0.05$，$P(|t|>t_\alpha)=0.01$，对应的自由度为 20，求 $t_\alpha=?$。

②已知 $P(t>t_\alpha)=0.05$，对应的自由度为 20，求 $t_\alpha=?$。

第 4 章

# 统计假设检验

## 本章学习目的与要求

1.深刻理解统计假设检验的意义、基本原理及相关概念。

2.掌握平均数与百分率假设检验的基本方法。

3.掌握总体均数、总体百分率等的区间估计方法。

样本平均数的抽样分布是从由总体到样本的方向来研究样本与总体关系。然而在实践中，所获得的资料通常都是样本结果，我们希望了解的却是样本所在总体的情况。因此，还须从由样本到总体的方向来研究样本与总体的关系，即进行统计推断（statistical inference）。所谓统计推断，就是根据抽样分布规律和概率理论，由样本结果去推论总体特征。它主要包括假设检验（hypothesis test）和参数估计（parameter estimation）两个内容。

假设检验又称为显著性检验（test of significance），依其涉及的统计量不同，又有 $u$ 检验、$t$ 检验、$F$ 检验和 $\chi^2$ 检验等不同方法。这些方法虽然用途和使用条件各不相同，但基本原理是相似的。本章先通过 $u$ 检验介绍统计假设检验的基本原理，然后介绍几种 $t$ 检验方法。参数估计有点估计（point estimation）和区间估计（interval estimation）之分，本章着重介绍参数的区间估计。

## 4.1 统计假设检验概述

### 4.1.1 统计假设检验的意义和基本原理

#### 4.1.1.1 统计假设检验的意义

统计假设检验（test of statistical hypothesis）是一种什么统计方法，它能解决什么问题，由下面的具体例子加以说明。

某酿造厂引进了一种酿醋的曲种，以原生产标准为对照来进行试验。已知原生产标准为醋中的醋酸含量为 $\mu_0=9.75\%$（已知总体均值），并从长期生产结果获得其标准差 $\sigma=5.30\%$。现采用新曲种酿造，抽得 30 个醋样，其醋酸含量平均数为$\bar{x}=11.99\%$。现在要问能否由这 30 个醋样的平均数 $\bar{x}$ 与原生产标准的总体平均数 $\mu_0$ 的差异 $|\bar{x}-\mu_0|=2.24\%$（称为表面效应）来说明采用新曲种后真正提高了醋的醋酸含量？统计学认为，仅由表面效应下结论是不可靠的。这是因为我们的目的是要搞清楚采用新曲种后醋酸含量的总体平均数（$\mu$，未知）与原生产标准的醋酸含量总体平均数 $\mu_0$ 是否有差异。而采用新曲种的 30 个醋样的醋酸含量平均数 $\bar{x}$ 只是来自 $\mu$ 总体的一个样本平均数。由于抽样误差的影响，样本平均数与其总体平均数之间往往存在着一定偏差。对于这一点，通过样本观测值数据结构的剖析，可以看得更加清楚。

通过试验测得的每个观测值 $x_i$，既由被测个体所属总体的特征决定，又受其他诸多偶然因素的影响，所以观测值 $x_i$ 由两部分构成，即 $x_i=\mu+\varepsilon_i$。其中总体平均数 $\mu$ 反映了总体特征，$\varepsilon_i$ 表示由其他偶然因素造成的试验误差（experimental error）。若从某个总体中抽得一个含量为 $n$ 的样本，则其样本平均数 $\bar{x}=\sum x_i/n=\sum(\mu+\varepsilon_i)/n=\mu+\bar{\varepsilon}$。这说明样本平均数并非总体平均数。它还含有试验误差的成分。

于是表面效应为：

$$\bar{x}-\mu_0=\mu+\bar{\varepsilon}-\mu_0=(\mu-\mu_0)+\bar{\varepsilon}$$

上式表明，试验的表面效应由两部分构成：一部分是两总体平均数的差异（$\mu-\mu_0$），称为试验的处理效应（treatment effect）；另一部分是试验误差（$\bar{\varepsilon}$）。因此，仅凭表面效应就对两总体平均数是否有差异下结论是不可靠的。

由上式可看出，如果处理效应不存在（即 $\mu-\mu_0=0$），则表面效应 $|\bar{x}-\mu_0|$ 仅由误差造

成，此时可以说采用新曲种酿造的醋，在醋酸含量上与原生产标准之间没有显著差异；如果处理效应存在（即 $\mu - \mu_0 \neq 0$），则表面效应不仅由误差造成，更主要是由处理效应造成，此时说明新曲种所酿醋的醋酸含量与原生产标准有明显差异。由此可见，解决问题的关键是要判断处理效应是否存在。统计假设检验正是一种运用抽样分布规律和概率理论，由从样本获得的表面效应去推断处理效应是否真实存在的统计方法。

上例提出的问题属于推断一个样本所在总体均值 $\mu$ 与一已知总体均值 $\mu_0$ 是否相等的问题。实际工作中，还会遇到另一类问题，即一个试验中实施了甲、乙两个处理，由于两处理的总体均值 $\mu_1$、$\mu_2$ 未知，只能由其样本均值 $\bar{x}_1$、$\bar{x}_2$ 来估计。但是，若仅凭两样本均值的差异 $|\bar{x}_1 - \bar{x}_2|$（表面效应）来判断两处理的优劣，结论显然也是不可靠的。由前述样本平均数的数据结构可知：$\bar{x}_1 = \mu_1 + \bar{\varepsilon}_1$，$\bar{x}_2 = \mu_2 + \bar{\varepsilon}_2$，因而表面效应 $|\bar{x}_1 - \bar{x}_2|$ 也包括两部分：试验的处理效应 $(\mu_1 - \mu_2)$ 和试验误差 $(\bar{\varepsilon}_1 - \bar{\varepsilon}_2)$。故两处理优劣的判断只能在由统计假设检验推断出处理效应是否真实存在后做出。

综上所述，统计假设检验是一种由样本的差异去推断样本所在总体是否存在差异的统计方法。可用简式表示为

$$\bar{x} - \mu_0 \xrightarrow{\text{推断}} \mu - \mu_0 \text{ 或 } \bar{x}_1 - \bar{x}_2 \xrightarrow{\text{推断}} \mu_1 - \mu_2$$

统计假设检验在食品科学研究中是一种非常重要的统计分析方法。在食品科研试验中，常会有两个处理的比较试验。例如，两种工艺方法的比较，一种新添加剂与对照两处理的比较，两种食品内含物测定方法的比较等；也常会有检验某产品是否达到某项质量标准，或在某项有害物指标上是否超标的试验。对于这一类试验数据，均可采用统计假设检验来分析，从而保证获得相对正确可靠的结论。

#### 4.1.1.2　统计假设检验的基本原理

统计假设检验，首先是对研究总体提出假设，在此假设下构造合适的统计量，并由该统计量的抽样分布计算样本统计量的概率，根据概率值的大小做出接受或否定假设的推断。

*1. 对研究总体提出假设*

这里有两个假设：一个是被检验的假设，用 $H_0$ 表示。其内容通常是被检验的两个总体均值相等（必须这样假设，因为这是构造合适的统计量和进行相应概率运算的前提）。对于前例，$H_0: \mu = \mu_0 = 9.75\%$，即假设两种曲种所酿醋的醋酸含量总体均值相等。这个假设也表明采用新曲种酿造醋对提高其醋酸含量是无效的，故此假设称为无效假设（null hypothesis）。通过检验，无效假设 $H_0$ 可能被接受，也可能被否定。与无效假设相对应的还有一个假设，称为备择假设（alternate hypothesis），记作 $H_A$。其内容与无效假设相对立，如前例，$H_A: \mu \neq \mu_0 = 9.75\%$，即两种曲种所酿醋的醋酸含量总体均值不相等。其含义表明采用新曲种酿造能够改变醋的醋酸含量，也即试验的处理效应存在。备择假设是在无效假设被否定时，准备接受的假设。

*2. 在无效假设 $H_0$ 成立的前提下，构造合适的统计量，并由该统计量的抽样分布计算样本统计量的概率*

无效假设 $H_0: \mu = \mu_0$ 成立，说明试验的表面效应 $|\bar{x} - \mu_0|$ 纯属误差 $\varepsilon$ 造成。此时也可把试验中所获得的 $\bar{x}$ 看成是从已知 $\mu_0$ 总体中随机抽出的一个样本平均数。由样本均数抽样分布理论可知，从一个平均数为 $\mu_0$、方差为 $\sigma^2$ 的正态总体中抽样，所得的样本平均数 $\bar{x}$ 的分布

呈正态分布 $N(\mu_0, \sigma_{\bar{x}}^2) = N(\mu_0, \sigma^2/n)$。对 $\bar{x}$ 做标准化,则有:

$$u = \frac{\bar{x} - \mu_0}{\sigma_{\bar{x}}} = \frac{\bar{x} - \mu_0}{\sigma/\sqrt{n}} \sim N(0, 1^2) \tag{4-1}$$

由式(4-1)即可计算出样本统计量 $u$ 值,并估计出 $H_0$ 条件下 $|u|$ 超过样本实得值的概率。如前例,$n=30$,$\sigma=5.30\%$,代入式(4-1),有:

$$u = \frac{0.1199 - 0.0975}{0.053/\sqrt{30}} = 2.315$$

由正态分布的双侧分位数($u_\alpha$ 表)(附表 2)可知:

$$P(|u| \geqslant 1.96) = 0.05$$
$$P(|u| \geqslant 2.58) = 0.01$$

本例,$1.96 < |u| < 2.58$,所以可推知其概率 $P(|u| \geqslant 2.315) = p$ 为 $0.01 < p < 0.05$,亦即本试验的表面效应 $\bar{x} - \mu_0 = 0.0224$ 完全由误差造成的概率在 0.01~0.05 之间。

3. 根据估计出的统计量概率值大小,做出接受或否定无效假设的推断

如果估计出的统计量的概率值非常小,说明无效假设 $H_0$ 认为的表面效应 $(\bar{x} - \mu_0)$ 纯属误差造成的情况为小概率事件。根据小概率事件的实际不可能性原理,可以认为,表面效应不可能仅由试验误差造成,处理效应应该是存在的。因而原先所做的无效假设 $H_0$ 是不正确的,应予以否定,转而接受备择假设 $H_A$。反之,如果估计出的统计量概率值不很小,说明表面效应 $|\bar{x} - \mu_0|$ 纯属误差造成的情况有较大可能会出现,此时的无效假设 $H_0$ 很可能是正确的,不能被否定。

所谓小概率事件的实际不可能性原理是指:若随机事件的概率很小,例如小于 0.05、0.01、0.001,则称之为小概率事件。小概率事件虽然不是不可能事件,但在一次试验中出现的可能性很小,不出现的可能性很大,以至于实际上可以看成是不可能发生的。在统计学上,把小概率事件在一次试验中看成是实际不可能发生的事件称为小概率事件实际不可能性原理。这个原理是统计学上进行假设检验的基本依据。

然而,做出否定或接受 $H_0$ 推断应以多大的概率值作为小概率标准?统计学上把决定接受或否定 $H_0$ 的小概率标准称为显著水平(significance level),或显著水准,常用 $\alpha$ 表示。实际中常用的显著水平有 0.05 和 0.01。当估计出的概率值 $p < \alpha$ 时,则否定 $H_0$;当估计出的概率值 $p > \alpha$ 时,就接受 $H_0$。前例中,算出的概率介于 0.05~0.01 之间,故可否定 $H_0$,接受 $H_A$,说明采用新曲种对提高醋酸含量有显著效果。

显著水平在统计假设检验中是由人为确定的。在实际工作中,所用的显著水平除 0.05 和 0.01 外,还常有 0.001,0.1,0.2,0.25 等。到底选哪种显著水平,应根据试验的目的、要求、条件和试验结论的重要性等因素综合考虑而定。如试验中难以控制的因素较多,试验误差可能较大,则显著水平 $\alpha$ 可定得大点。反之,如果试验耗费较大,对精度的要求较高,不容许反复,或者试验结论的应用事关重大,则所选显著水平 $\alpha$ 值应该小些。另外,还可结合对假设检验中的两类错误的控制来考虑显著水平的确定。

### 4.1.2 统计假设检验的步骤

综上所述,统计假设检验的基本步骤可总结如下:

第 1 步，提出假设。对样本所属总体提出假设，包括无效假设 $H_0$ 和备择假设 $H_A$。假设的内容依两尾或一尾检验而有所不同。

第 2 步，确定显著水平 $\alpha$。实践中最常用的显著水平为 $\alpha=0.05$ 和 $\alpha=0.01$。

第 3 步，检验计算。即从无效假设 $H_0$ 出发，根据所得统计量的抽样分布（不同的假设检验，所得统计量不同），计算表面效应仅由误差造成的概率。

第 4 步，统计推断。根据计算的概率值大小来推断无效假设是否错误，从而决定接受还是否定 $H_0$。

由于常用显著水平 $\alpha$ 有 0.05 和 0.01 两个，故做统计推断时就有 3 种可能结果，每次检验必须且只能得其中之一。

①当计算出的概率 $p>0.05$ 时，说明表面效应仅由误差造成的概率不很小，故应接受无效假设 $H_0$，拒绝 $H_A$，此时称为差异 $\mu$ 与 $\mu_0$ 不显著。

②当计算出的概率 $0.01<p<0.05$ 时，说明表面效应仅由误差造成的概率很小，则应否定 $H_0$，接受 $H_A$，此时称为差异 $\mu$ 与 $\mu_0$ 显著，通常是在计算的统计量值上标记"＊"来表示。

③当计算出的概率 $p<0.01$ 时，说明表面效应仅由误差造成的概率更小，更应否定 $H_0$。为了与 $\alpha=0.05$ 上的显著性有所区别，此时称为差异 $\mu$ 与 $\mu_0$ 极显著，用在统计量值上标记"＊＊"来表示。

在实际检验中，计算概率可以简化。因为在标准正态分布下，对应于给定的概率 $\alpha$，总可以找到一个正态离差值 $u_\alpha$ 使得 $p(|u|\geqslant u_\alpha)=\alpha$ 成立。

$\alpha$ 与 $u_\alpha$ 的这种对应关系已由附表 2（正态分布的双侧分位数 $u_\alpha$ 表）给出。因此，在用标准正态分布做假设检验时，只需将样本统计量 $u$ 值与对应于显著水平 $\alpha$ 的 $u_\alpha$ 相比较，就可推知所求概率是大于或小于显著水平 $\alpha$，进而做出统计推断，而不必再计算样本 $u$ 值对应的概率。若实得 $|u|\geqslant u_\alpha$，则对应概率 $p\leqslant\alpha$，此时应否定 $H_0$；若实得 $|u|\leqslant u_\alpha$，则概率 $p>\alpha$，此时应接受 $H_0$。这里的 $u_\alpha$ 称为临界 $u$ 值。

### 4.1.3　统计假设检验的几何意义与两类错误

#### 4.1.3.1　统计假设检验的几何意义

如上述，在统计假设检验中，要在显著水平 $\alpha$ 上否定 $H_0$，必须 $|u|\geqslant u_\alpha$，亦即 $u\leqslant -u_\alpha$ 或 $u\geqslant u_\alpha$。做逆标准化变换，也即 $\bar{x}\leqslant\mu_0-u_\alpha\sigma_{\bar{x}}$ 或 $\bar{x}\geqslant\mu_0+u_\alpha\sigma_{\bar{x}}$。因此，若样本平均数 $\bar{x}$ 落入该两区间之一，则 $H_0:\mu=\mu_0$ 被否定，故称该两区间为假设检验的否定域（rejection region）。相反，要在 $\alpha$ 上接受 $H_0$，必须 $|u|<u_\alpha$，也做逆标准化变换，有 $\mu_0-u_\alpha\sigma_{\bar{x}}<\bar{x}<\mu_0+u_\alpha\sigma_{\bar{x}}$，当 $\bar{x}$ 落入此区间，$H_0$ 就不能被否定，故这个区间称为假设检验的接受域（acceptance region）（图 4-1）。

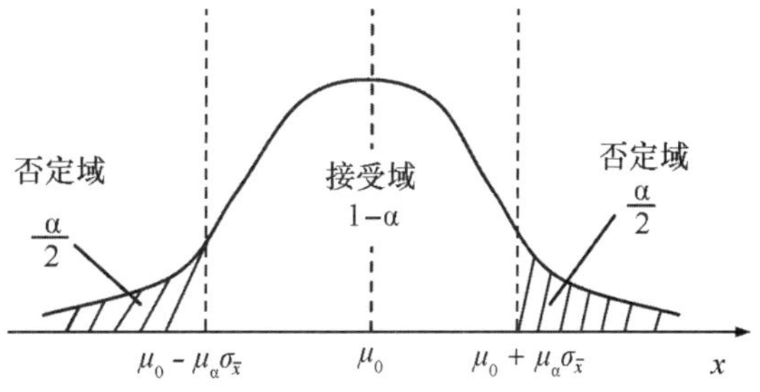

图 4-1　统计假设检验的几何意义

#### 4.1.3.2　统计假设检验的两类错误

统计假设检验是根据小概率事件的实际不可能性原理来决定否定或接受无效假设的。因此在做出是否否定无效假设的统计推断时，没有 100％的把握，总是要冒一定的下错误结论的风险。表 4-1 列出了在一次统计假设检验中可能出现的 4 种情况。

表 4-1 列出的 4 种情况中，有两种情况的检验结果是错误的。其中当 $H_0$ 本身正确，但通过假设检验后却否定了它，也就是将非真实差异错判为真实差异，这样的错误统计上称为第一类错误(type Ⅰ error)。反之，当 $H_0$ 本身错误时，通过假设检验后却接受了它，也即把真实差异错判为非真实差异，这样的错误称为第二类错误(type Ⅱ error)。

**表 4-1　统计假设检验结果的 4 种情况**

| 检验结果 | 客观存在 | |
|---|---|---|
| | $H_0$ 正确 | $H_0$ 错误 |
| 否定 $H_0$ | 第一类错误($\alpha$) | 没有错误($1-\alpha$) |
| 接受 $H_0$ | 没有错误($1-\beta$) | 第二类错误($\beta$) |

对于某一次检验，其结果是不是出错，一般无从知晓。但是可以肯定，否定无效假设 $H_0$ 时可能犯第一类错误，而接受无效假设时可能犯第二类错误，并且犯两类错误的概率有多大是可知的，关于两类错误的进一步理解，可参阅相关的二维码 4-1 和二维码 4-2。

二维码 4-1　统计假设检验的两类错误进一步介绍

二维码 4-2　统计假设检验的两类错误描述的示意图

### 4.1.4　两尾检验与一尾检验

上述假设检验中，对应于无效假设 $H_0:\mu=\mu_0$ 的备择假设为 $H_A:\mu\neq\mu_0$。它实际上包含了 $\mu<\mu_0$ 和 $\mu>\mu_0$ 这两种情况，因而这种检验有两个否定域，分别位于 $\bar{x}$ 分布曲线的两尾，故称为两尾检验(two-tailed test)(图 4-1)。两尾检验的目的在于判断 $\mu$ 与 $\mu_0$ 有无差异，而不考虑 $\mu$ 与 $\mu_0$ 谁大谁小，把 $\mu<\mu_0$ 和 $\mu>\mu_0$ 合为一种结果。这种检验中运用的显著水平 $\alpha$ 也被平分在两尾，各尾占有 $\alpha/2$，称为两尾概率。

两尾检验在实践中被广泛应用。但是，在有些情况下两尾检验不一定符合实际需要。例如，某酿醋厂的企业标准规定曲种酿造醋的醋酸含量应保证≥12%($\mu_0$)，如果进行抽样检验，则抽出的样本平均数 $\bar{x}\geq\mu_0$ 时，无论大多少，该批醋都应是合格产品。但若 $\bar{x}<\mu_0$ 时，却有可能是一批不合格产品。因此，对这样的问题，我们关心的是 $\bar{x}$ 所在总体平均数 $\mu$ 是否小于已知总体平均数 $\mu_0$(即产品是否不合格)。此时无效假设应为 $H_0:\mu\geq\mu_0$(产品合格)，备择假设则为 $H_A:\mu<\mu_0$(产品不合格)。这样，就只有一个否定域，并且位于 $\bar{x}$ 分布曲线的左尾，显著水平 $\alpha$ 也集中在左尾。当 $\alpha=0.05$ 时，其否定域为 $\bar{x}\leq\mu_0-1.64\sigma_{\bar{x}}$(图 4-2A)。又如，国家规定酿造白酒中的甲醇含量不得大于 0.1%($\mu_0$)。在抽样检验中，当样本平均数 $\bar{x}\leq\mu_0$ 时，无论小多少，均应判定该批白酒为合格品。而当 $\bar{x}>\mu_0$ 时，则可能为不合格产品。在这样的问题中，我们希望了解的是 $\mu$ 是否大于 $\mu_0$。因此，无效假设应为 $H_0:\mu\leq\mu_0$，备择假设则为 $H_A:\mu>\mu_0$。此时，仍只有一个否定域，但位于 $\bar{x}$ 分布曲线的右尾，显著水平 $\alpha$ 也同样集中在右尾。当 $\alpha=0.05$ 时，其否定域为 $\bar{x}\geq\mu_0+1.64\sigma_{\bar{x}}$(图 4-2B)。这类否定域位于 $\bar{x}$ 分布曲线某一尾的统计假设检验称为一尾检验(one-tailed test)。

选用两尾检验还是一尾检验应根据专业的要求在试验设计时就确定。一般而论，若事先不知道 $\mu$ 与 $\mu_0$ 谁大谁小，为了检验 $\mu$ 与 $\mu_0$ 是否有差异，则用两尾检验；如果凭借一定的专业知识和经验，推测 $\mu$ 不会小于(或大于)$\mu_0$ 时，为了检验 $\mu$ 是否大于(或小于)$\mu_0$，应用一尾检验。

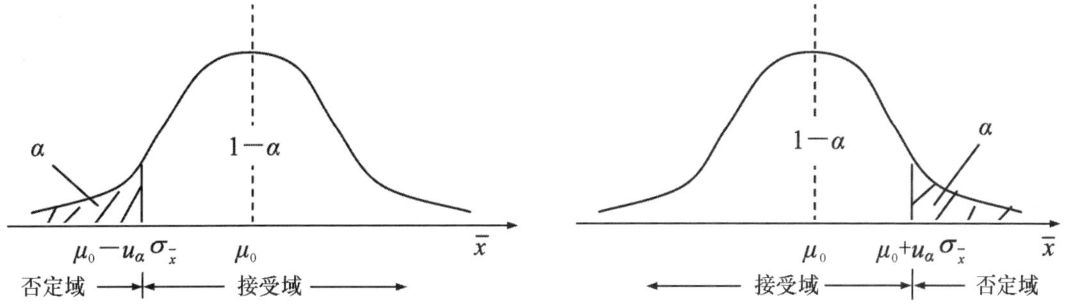


A. $H_0:\mu\geqslant\mu_0$　　　　B. $H_0:\mu\leqslant\mu_0$

**图 4-2　一尾检验的几何意义**

## 4.2　样本平均数的假设检验

### 4.2.1　单个样本平均数的假设检验

这是检验某一样本平均数 $\bar{x}$ 与一已知总体平均数 $\mu_0$ 是否有显著差异的方法，即是检验无效假设 $H_0:\mu=\mu_0$ 或 $\mu\leqslant\mu_0(\mu\geqslant\mu_0)$ 对备择假设 $H_A:\mu\neq\mu_0$ 或 $\mu>\mu_0(\mu<\mu_0)$ 的问题。具体方法有 $u$ 检验和 $t$ 检验两种。

#### 4.2.1.1　单个样本平均数的 *u* 检验

$u$ 检验($u$-test)方法，就是在假设检验中利用标准正态分布来进行统计量的概率计算的检验方法。由第 3 章抽样分布理论可知，有两种情况的资料可以用 $u$ 检验方法分析：

①样本资料服从正态分布 $N(\mu,\sigma^2)$，并且总体方差 $\sigma^2$ 为已知。

②样本平均数 $\bar{x}$ 来自于一个大样本($n\geqslant30$)。

下面举例说明 $u$ 检验的具体方法步骤。

【例 4-1】　某罐头厂生产肉类罐头，其自动装罐机在正常工作状态时每罐净重具正态分布 $N(500,64)$(单位为 g)。某日随机抽查了 10 听罐头，得单罐净重为：505 g，512 g，497 g，493 g，508 g，515 g，502 g，495 g，490 g，510 g。问装罐机该日工作是否正常？

由题意知，样本服从正态分布，并且总体标准差 $\sigma=8$，符合 $u$ 检验的应用条件。由于当日装罐机的每罐平均净重可能高于或低于正常工作状态下的标准净重，故需做两尾检验。其方法步骤如下。

第 1 步，提出假设。

$H_0:\mu=\mu_0=500$ g，即该日装罐机每罐平均净重与标准净重一样。

$H_A:\mu\neq\mu_0$，即该日装罐机的每罐平均净重与标准净重不同，装罐机工作不正常。

第 2 步，确定显著水平。$\alpha=0.05$(两尾概率)。

第 3 步，检验计算。

样本平均数 $\bar{x}=\sum x/n=(505+512+\cdots+510)/10=502.70$

均数标准误 $S_{\bar{x}}=S/\sqrt{n}=8\sqrt{10}=2.53$

统计量 $u$ 值 $u=(\bar{x}-\mu_0)/\sigma_x=(502.7-500)/2.53=1.07$

第 4 步，统计推断。由显著水平 $\alpha=0.05$ 查附表 2 得临界 $u$ 值 $u_{0.05}=1.96$。

由于实得 $|u|=1.07<u_{0.05}=1.96$，可知表面效应 $\bar{x}-\mu_0=502.7-500=2.7$ 仅由误差造成的概率 $p>0.05$，故接受 $H_0$，推断该日装罐平均净重与标准净重差异不显著，表明该日装罐机工作属正常状态。

#### 4.2.1.2 单个样本平均数的 $t$ 检验

$t$ 检验($t$-test)是利用 $t$ 分布来进行统计量的概率计算的假设检验方法。它要求资料必须服从正态分布，主要应用于总体方差 $\sigma^2$ 未知的小样本 ($n<30$)资料，当然大样本也可用。其方法步骤用下例说明。

【例 4-2】 用山楂加工果冻，传统工艺平均每 100 g 山楂出果冻 500 g。现采用一种新工艺进行加工，测定了 16 次，得每 100 g 山楂出果冻平均数 $\bar{x}=520$ g，标准差 $S=12$ g。问新工艺每 100 g 山楂出果冻量与传统工艺有无显著差异？

本例中总体方差 $\sigma^2$ 未知，又是小样本，资料也服从正态分布，故可做 $t$ 检验。检验步骤如下：

第 1 步，提出假设。

$H_0:\mu=\mu_0=500$ g，即新、旧工艺每 100 g 山楂出果冻量没有差异。

$H_A:\mu\neq\mu_0$，即新、旧工艺每 100 g 山楂出果冻量有差异。

第 2 步，确定显著水平。$\alpha=0.01$(两尾概率)。

第 3 步，检验计算。

均数标准误 $S_{\bar{x}}=S/\sqrt{n}=12/\sqrt{16}=3.00$

统计量 $t$ 值 $t=(\bar{x}-\mu_0)/S_{\bar{x}}=(520-500)/3=6.67^{**}$

自由度 $df=n-1=16-1=15$

第 4 步，统计推断。由自由度 $df=15$ 和显著水平 $\alpha=0.01$ 查附表 3 得临界 $t$ 值 $t_{0.01(15)}=2.947$。

由于实得 $|t|=6.67>t_{0.01(15)}=2.947$，故 $p<0.01$，应否定 $H_0$，接受 $H_A$，推断新、旧工艺的每 100 g 山楂出果冻量差异极显著，即采用新工艺可提高每 100 g 山楂出果冻量。

【例 4-3】 某名优绿茶含水量标准为不超过 5.5%。现有一批该种绿茶，从中随机抽出 8 个样品测定其含水量，得平均数 $\bar{x}=5.6\%$，标准差 $S=0.3\%$。问该批绿茶的含水量是否超标？

本例为小样本资料，总体方差 $\sigma^2$ 未知，但资料服从正态分布，符合 $t$ 检验条件；另外，凡是小于 5.5%的含水量均为达标，我们关心的是该批茶的含水量是否超标(>5.5%)。所以应采用一尾检验。

第 1 步，提出假设。

$H_0:\mu\leqslant\mu_0=5.5\%$，即该批茶叶含水量不超标，符合标准。

$H_A:\mu>\mu_0$，即该批茶叶含水量超标。

第 2 步，确定显著水平。$\alpha=0.05$（一尾概率）。

第 3 步，检验计算。

$$S_{\bar{x}}=S/\sqrt{n}=0.003/\sqrt{8}=0.001$$

$$t=(\bar{x}-\mu_0)/S_{\bar{x}}=(0.056-0.055)/0.001=1.00$$

$$df=n-1=7$$

第 4 步，统计推断。本例中，因为 $\alpha=0.05$ 是集中在一尾的，所以查附表 3 时所用概率应为 $2\alpha=0.1$。由自由度 $df=7$，概率为 0.1 查得的临界 $t$ 值 $t_{0.05(7)}^{(一尾)}=t_{0.1(7)}^{(两尾)}=1.895$。

由于实际 $|t|=1.00$，$t_{0.05(7)}^{(一尾)}=1.895$，故 $p>0.05$，应接受 $H_0$，说明该批茶叶的含水量是符合标准的。

### 4.2.2　两个样本平均数的假设检验

两个样本平均数的假设检验，就是由两个样本平均数之差 $(\bar{x}_1-\bar{x}_2)$ 去推断两个样本所在总体平均数 $\mu_1$，$\mu_2$ 是否有差异，即检验无效假设：$H_0:\mu_1=\mu_2$（或 $\mu_1\leqslant\mu_2$，或 $\mu_1\geqslant\mu_2$），对备择假设 $H_A:\mu_1\neq\mu_2$（或 $\mu_1>\mu_2$，或 $\mu_1<\mu_2$）这类问题。实际上也就是检验两个处理的效应是否一样。检验方法因试验设计或调查取样方式的不同而分为两类。

#### 4.2.2.1　成组资料平均数的假设检验

成组资料是指在试验调查时分别从两个处理中各随机抽取一个样本而构成的资料，其特点是两组数据相互独立，各组数据的个数可等可不等。在各种试验资料中，两个处理的完全随机试验资料属于成组资料。

成组资料平均数的假设检验也有 $u$ 检验和 $t$ 检验之分，兹分述于下。

1.$u$ 检验

如果两个样本资料都服从正态分布，且总体方差 $\sigma_1^2$ 和 $\sigma_2^2$ 已知；或者总体方差未知，但两个样本都是大样本（$n_1$、$n_2\geqslant30$）时，可采用 $u$ 检验来分析。由两均数差抽样分布理论可知，在上述条件下，两个样本平均数 $\bar{x}_1$ 和 $\bar{x}_2$ 的差数标准误 $\sigma_{\bar{x}_1-\bar{x}_2}$ 为

$$\sigma_{\bar{x}_1-\bar{x}_2}=\sqrt{\sigma_1^2/n_1+\sigma_2^2/n_2} \tag{4-2}$$

并有

$$u=\frac{(\bar{x}_1-\bar{x}_2)-(\mu_1-\mu_2)}{\sigma_{\bar{x}_1-\bar{x}_2}}\sim N(0,1)$$

在 $H_0:\mu_1=\mu_2$ 下，正态离差 $u$ 值为式：

$$u=(\bar{x}_1-\bar{x}_2)/\sigma_{\bar{x}_1-\bar{x}_2} \tag{4-3}$$

故根据式(4-2)、式(4-3)即可对成组资料两个样本平均数的差异做出假设检验。

如果总体方差未知，但 $n_1\geqslant30$，$n_2\geqslant30$，可由样本方差 $S_1^2$、$S_2^2$ 估计总体方差 $\sigma_1^2$、$\sigma_2^2$。

【例 4-4】　某食品厂在甲、乙两条生产线上各测了 30 个日产量如表 4-2 所示。试检验两条生产线的平均日产量有无显著差异。

本例两个样本均为大样本，符合 $u$ 检验条件。

第 1 步，提出假设。

$H_0:\mu_1=\mu_2$，即两条生产线的平均日产量无差异。

$H_A:\mu_1\neq\mu_2$，即两条生产线的平均日产量有差异。

第 2 步，确定显著水平。$\alpha=0.01$。

表 4-2 甲、乙两条生产线日产量记录 kg

| 甲生产线($x_1$) | | | | | | 乙生产线($x_2$) | | | | | |
|---|---|---|---|---|---|---|---|---|---|---|---|
| 74 | 71 | 56 | 54 | 71 | 78 | 65 | 53 | 54 | 60 | 56 | 69 |
| 62 | 57 | 62 | 69 | 73 | 63 | 58 | 49 | 51 | 53 | 66 | 62 |
| 61 | 72 | 62 | 70 | 78 | 74 | 58 | 58 | 66 | 71 | 53 | 56 |
| 77 | 65 | 54 | 58 | 63 | 62 | 60 | 70 | 65 | 58 | 56 | 69 |
| 59 | 62 | 78 | 53 | 67 | 70 | 68 | 70 | 52 | 55 | 55 | 57 |

第 3 步，检验计算。

$\bar{x}_1=65.83$，$S_1^2=59.73$

$\bar{x}_2=59.77$，$S_2^2=42.88$

$$S_{\bar{x}_1-\bar{x}_2}=\sqrt{\frac{S_1^2}{n_1}+\frac{S_2^2}{n_2}}=\sqrt{\frac{59.73}{30}+\frac{42.88}{30}}=1.85$$

$$u=\frac{(\bar{x}_1-\bar{x}_2)}{S_{\bar{x}_1-\bar{x}_2}}=\frac{(65.83-59.77)}{1.85}=3.28^{**}$$

统计推断 由 $\alpha=0.01$ 查附表 2 得 $u_{0.01}=2.58$。

由于实际 $|u|=3.28$，$u_{0.01}=2.58$，故 $p<0.01$，应否定 $H_0$，接受 $H_A$。说明两条生产线的日平均产量有极显著差异，甲生产线日均产量高于乙生产线日均产量。

2. $t$ 检验

当两个样本资料服从正态分布，且 $\sigma_1^2=\sigma_2^2=\sigma^2$ 时，不论是大样本还是小样本，都有下式服从具有自由度 $df=n_1+n_2-2$ 的 $t$ 分布（$n_1$、$n_2$ 为两个样本容量）：

$$t=\frac{(\bar{x}_1-\bar{x}_2)-(\mu_1-\mu_2)}{S_{\bar{x}_1-\bar{x}_2}}$$

在 $H_0:\mu_1=\mu_2$ 下，上式为：

$$t=(\bar{x}_1-\bar{x}_2)/S_{\bar{x}_1-\bar{x}_2} \tag{4-4}$$

式(4-4)中的 $S_{\bar{x}_1-\bar{x}_2}$ 见式(3-19)。由式(4-4)即可作为两样本平均数差异的 $t$ 检验。当两样本含量相等($n_1=n_2=n$)时，

$$S_{\bar{x}_1-\bar{x}_2}=\sqrt{2S_0^2/n}=\sqrt{(S_1^2+S_2^2)/n}$$

此时自由度为 $df=2(n-1)$。

【例 4-5】 海关检查某罐头厂生产的出口红烧花蛤罐头时发现，虽然罐头外观无胖听现象，但产品存在质量问题。于是从该厂随机抽取 6 个样品，同时随机抽取 6 个正常罐头测定其 $SO_2$ 含量，测定结果如表 4-3 所示。试检验两种罐头的 $SO_2$ 含量是否有差异。

表 4-3 正常罐头与异常罐头 $SO_2$ 含量 μg/mL

| | | | | | | |
|---|---|---|---|---|---|---|
| 正常罐头($x_1$) | 100.0 | 94.2 | 98.5 | 99.2 | 96.4 | 102.5 |
| 异常罐头($x_2$) | 130.2 | 131.3 | 130.5 | 135.2 | 135.2 | 133.5 |

第 1 步，提出假设。

$H_0: \mu_1 = \mu_2$，即两种罐头的 $SO_2$ 含量没有差异。

$H_A: \mu_1 \neq \mu_2$，即两种罐头的 $SO_2$ 含量有差异。

第 2 步，确定显著水平。$\alpha = 0.01$（两尾概率）。

第 3 步，检验计算。

$$\bar{x}_1 = 98.47 \qquad S_1^2 = 8.33 \qquad \bar{x}_2 = 132.65 \qquad S_2^2 = 5.24$$

本例的两个样本容量相等（$n_1 = n_2 = 6$），所以均数差数标准误

$$S_{\bar{x}_1 - \bar{x}_2} = \sqrt{(S_1^2 + S_2^2)/n} = \sqrt{(8.33 + 5.24)/6} = 1.50$$

$$t = (\bar{x}_1 - \bar{x}_2)/S_{\bar{x}_1 - \bar{x}_2} = (98.47 - 132.65)/1.50 = -22.79$$

$$df = 2(n-1) = 2 \times (6-1) = 10$$

第 4 步，统计推断。由 $df = 10$ 和 $\alpha = 0.01$ 查附表 3 得 $t_{0.01(10)} = 3.169$。

由于实得 $|t| = 22.79 > t_{0.01(10)} = 3.169$，故 $p < 0.01$，应否定 $H_0$，接受 $H_A$，即两种罐头的 $SO_2$ 含量差异极显著，异常的高于正常的，说明该批罐头已被硫化腐败菌感染变质。

【例 4-6】　比较两种茶多糖提取工艺的试验，分别从两种工艺中各随机抽取一个样本来测定其粗提物中的茶多糖含量，结果见表 4-4。问两种工艺的粗提物中茶多糖含量有无显著差异？

**表 4-4　醇沉淀法和超滤法粗提物中茶多糖含量**　　%

| | | | | | | |
|---|---|---|---|---|---|---|
| 醇沉淀法（$x_1$） | 27.52 | 27.78 | 28.03 | 28.88 | 28.75 | 27.94 |
| 超滤法（$x_2$） | 29.32 | 28.15 | 28.00 | 28.58 | 29.00 | |

第 1 步，提出假设。

$H_0: \mu_1 = \mu_2$，即两种工艺的粗提物中茶多糖含量无差异。

$H_A: \mu_1 \neq \mu_2$，即两种工艺的粗提物中茶多糖含量有差异。

第 2 步，确定显著水平。$\alpha = 0.05$（两尾概率）。

第 3 步，检验计算。

本例两个样本容量不等，$n_1 = 6$，$n_2 = 5$，计算上与【例 4-5】有所不同。

经计算　$\bar{x}_1 = 28.15$，$\bar{x}_2 = 28.61$。由式(3-24)和式(3-25)得：

$$S_{\bar{x}_1 - \bar{x}_2} = \sqrt{\frac{[\sum x_1^2 - (\sum x_1)^2/n_1] + [\sum x_2^2 - (\sum x_2)^2/n_2]}{n_1 + n_2 - 2}\left(\frac{1}{n_1} + \frac{1}{n_2}\right)}$$

$$= \sqrt{\frac{(4\,756.02 - 168.9^2/6) + (4\,093.901 - 143.05^2/5)}{6 + 5 - 2}\left(\frac{1}{6} + \frac{1}{5}\right)}$$

$$= 0.333$$

$$t = (\bar{x}_1 - \bar{x}_2)/S_{\bar{x}_1 - \bar{x}_2} = (28.15 - 28.61)/0.333 = -1.39$$

$$df = n_1 + n_2 - 2 = 6 + 5 - 2 = 9$$

第 4 步，统计推断。由 $\alpha = 0.05$ 和 $df = 9$ 查附表 3 得临界 $t$ 值 $t_{0.05(9)} = 2.262$。

由于实得 $|t| = 1.39 < t_{0.05(9)} = 2.262$，所以 $p > 0.05$，接受 $H_0$，可以认为两种工艺提取的粗提物中茶多糖含量无显著差异。

3. 近似 $t$ 检验——$t'$检验

在两个样本的总体方差 $\sigma_1^2$ 和 $\sigma_2^2$ 未知，但根据专业知识或统计方法能确知 $\sigma_1^2 \neq \sigma_2^2$ 时，做 $t$ 检验的均数差数标准误 $S_{\bar{x}_1-\bar{x}_2}$ 就不能再用由两个样本方差的加权平均数做总体方差 $\sigma^2$ 的估计值，而应分别由 $S_1^2$ 和 $S_2^2$ 去估计 $\sigma_1^2$ 和 $\sigma_2^2$。于是均数差数标准误变为：

$$S'_{\bar{x}_1-\bar{x}_2}=\sqrt{S_1^2/n_1+S_2^2/n_2} \tag{4-5}$$

此时的 $t' = (\bar{x}_1-\bar{x}_2)/S'_{\bar{x}_1-\bar{x}_2}$ 就不再准确地服从自由度为 $df = n_1+ n_2-2$ 的 $t$ 分布，而只是近似地服从 $t$ 分布，因而不能直接做 $t$ 检验。针对这一问题，Cochran 和 Con 提出了一个近似 $t$ 检验法。该法在做统计推断时，所用临界 $t$ 值不是直接由 $t$ 值表（附表 3）查得，而须做一定矫正。矫正临界 $t$ 值公式为

$$t'_\alpha=\frac{S_{\bar{x}_1}^2 t_{\alpha(df_1)}+S_{\bar{x}_2}^2 t_{\alpha(df_2)}}{S_{\bar{x}_1}^2+S_{\bar{x}_2}^2} \tag{4-6}$$

式中：$S_{\bar{x}_1}^2=S_1^2/n_1$；$S_{\bar{x}_2}^2=S_2^2/n_2$；$df_1=n_1-1$；$df_2=n_2-1$。

如果 $n_1=n_2=n$，因 $t_{\alpha(df_1)}=t_{\alpha(df_2)}$，由式(4-6)容易导出 $t'_\alpha=t_{\alpha(df=n-1)}$。此时可直接由$|t'|$与通过 $\alpha$ 和 $df=n-1$ 查附表 3 得到的临界 $t$ 值 $t_{\alpha(n-1)}$ 比较后做出推断。

【例 4-7】 在做各种大米的营养价值研究中，测定了籼稻米的粗蛋白含量 10 次，得平均数 $\bar{x}_1=7.32$mg/100 g，方差 $S_1^2=1.06(\text{mg}/100\ \text{g})^2$；另测定了糯稻米的粗蛋白含量 5 次，得平均数 $\bar{x}_2=7.62$mg/100 g，方差 $S_2^2=0.11(\text{mg}/100\ \text{g})^2$。试检验两种大米的粗蛋白含量有无显著差异。

经方差同质性检验，可知本例的两个样本方差存在显著差异，因此只能做近似 $t$ 检验。

第 1 步，提出假设。

$H_0$：$\mu_1=\mu_2$，即两种大米的粗蛋白含量是一样的。

$H_A$：$\mu_1\neq\mu_2$，即两种大米的粗蛋白含量是有差异的。

第 2 步，确定显著水平。$\alpha=0.05$。

第 3 步，检验计算。

$$S'_{\bar{x}_1-\bar{x}_2}=\sqrt{S_1^2/n_1+S_2^2/n_2}=\sqrt{1.06/10+0.11/5}=0.36$$
$$t'=(\bar{x}_1-\bar{x}_2)/S'_{\bar{x}_1-\bar{x}_2}=(7.32-7.62)/0.36=-0.838$$
$$df_1=n_1-1=10-1=9$$
$$df_2=n_2-1=5-1=4$$
$$S_{\bar{x}_1}^2=S_1^2/n_1=1.06/10=0.106$$
$$S_{\bar{x}_2}^2=S_2^2/n_2=0.11/5=0.022$$

第 4 步，统计推断。分别由 $df_1=9$ 和 $df_2=4$ 及显著水平 $\alpha=0.05$ 查出临界 $t$ 值 $t_{0.05(9)}=2.262$，$t_{0.05(4)}=2.776$，代入式(4-6)计算得

$$t'_{0.05}=\frac{S_{\bar{x}_1}^2\ t_{0.05(9)}+S_{\bar{x}_2}^2\ t_{0.05(4)}}{S_{\bar{x}_1}^2+S_{\bar{x}_2}^2}=\frac{0.106\times2.262+0.022\times2.776}{0.106+0.022}=2.35$$

由于实得$|t'|=0.838<t_{0.05}=2.35$，故 $P>0.05$，应接受 $H_0$：$\mu_1=\mu_2$，推断两种大米的

粗蛋白含量无显著差异。

#### 4.2.2.2　成对资料平均数的假设检验

若试验设计是将条件、性质相同或相近的两个供试单元配成一对，并设有多个配对，然后对每一配对的两个供试单元分别随机地给予不同处理，这样的试验称为配对试验。它的特点是配成对子的两个试验单元的非处理条件尽量一致，不同配对的试验单元之间的非处理条件允许有差异。配对试验的配对方式有自身配对和同源配对两种。所谓自身配对是指在同一试验单元上进行处理前与处理后的对比。如同一食品在贮藏前后的变化等；同源配对是指将非处理条件相近的两个试验单元组成对子，然后分别对配对的两个试验单元施以不同的处理。如按产品批次划分对子，在每一批产品内分别安排一对处理的试验，或同一食品平分成两部分来安排一对处理的试验等。配对试验因加强了配对处理间的试验控制(非处理条件高度一致)，使处理间可比性增强，试验误差降低，因而试验精度较高。

从配对试验中获得的观察值因是成对出现的，故称为成对资料。两处理的随机区组试验资料也属于成对资料。与成组资料相比，成对资料中两个处理的数据不是相互独立的，而是存在着某种联系。因而对其做样本平均数的差异显著性检验时，应从成对数据的角度切入。

可以将两个处理设想为两个总体，其观察值个数都为 $N$，第一个总体观察值为 $x_{11}$，$x_{12}$，…，$x_{1N}$；第二个总体观察值为 $x_{21}$，$x_{22}$，…，$x_{2N}$。两个总体观察值间由于存在着一定联系而一一配对，即 $(x_{11}, x_{21})$，$(x_{12}, x_{22})$，…，$(x_{1i}, x_{2i})$，…，$(x_{1N}, x_{2N})$。每对观察值之间的差数为：$d_i = x_{1i} - x_{2i}$ $(i=1, 2, \cdots, N)$。差数 $d_1$，$d_2$，…，$d_N$ 组成差数总体，总体平均数用 $\mu_d$ 表示。实际上，$\mu_d = \mu_1 - \mu_2$。所以，在两总体平均数相等的情况下($\mu_1 = \mu_2$)，$\mu_d = 0$；反之，$\mu_d \neq 0$。

在上述两总体中抽出 $n$ 对数据组成样本，每对数据的差数组成差数样本，即 $d_1$，$d_2$，…，$d_n$。

差数样本的平均数为：　　$\bar{d} = \sum d_i / n$

差数标准差为：

$$S_d = \sqrt{\sum (d_i - \bar{d})^2 / (n-1)} = \sqrt{\left[\sum d_i^2 - \left(\sum d_i\right)^2 / n\right] / (n-1)}$$

差数均数标准误为：

$$S_{\bar{d}} = S_d / \sqrt{n} = \sqrt{\sum (d_i - \bar{d})^2 / [n(n-1)]}$$
$$= \sqrt{\left[\sum d_i^2 - \left(\sum d_i\right)^2 / n\right] / [n(n-1)]} \tag{4-7}$$

故 $t = (\bar{d} - \mu_d) / S_{\bar{d}}$ 服从自由度为 $df = n - 1$ 的 $t$ 分布。在无效假设 $H_0: \mu_d = 0$ 时，$t$ 值为：

$$t = \bar{d} / S_{\bar{d}} \tag{4-8}$$

于是根据式(4-7)和式(4-8)便可做成对资料平均数的假设检验。

【例 4-8】　为研究电渗处理对草莓果实中钙离子含量的影响，选用 10 个草莓品种来进行电渗处理与对照的对比试验，结果见表 4-5。问电渗处理对草莓钙离子含量是否有影响？

本例因每个品种实施了一对处理，所以试验资料为成对资料。

表 4-5　电渗处理草莓果实钙离子含量　mg

| 项目 | 1 | 2 | 3 | 4 | 5 | 6 | 7 | 8 | 9 | 10 |
|---|---|---|---|---|---|---|---|---|---|---|
| 电渗处理 $x_1$ | 22.23 | 23.42 | 23.25 | 21.38 | 24.45 | 22.42 | 24.37 | 21.75 | 19.82 | 22.56 |
| 对照 $x_2$ | 18.04 | 20.32 | 19.64 | 16.38 | 21.37 | 20.43 | 18.45 | 20.04 | 17.38 | 18.42 |
| 差数 $d(d=x_1-x_2)$ | 4.19 | 3.10 | 3.61 | 5.00 | 3.08 | 1.99 | 5.92 | 1.71 | 2.44 | 4.14 |

第 1 步，提出假设。

$H_0:\mu_d=0$，即电渗处理后草莓果实钙离子与对照的钙离子含量无差异。

$H_A:\mu_d\neq 0$，即电渗处理后草莓果实钙离子与对照的钙离子含量有差异。

第 2 步，确定显著水平。$\alpha=0.01$（两尾概率）。

第 3 步，检验计算。

$$\bar{d}=\frac{\sum d_i}{n}=\frac{35.18}{10}=3.518$$

$$S_d=\sqrt{[\sum d_i^2-(\sum d_i)^2/n]/(n-1)}=\sqrt{(139.71-35.18^2/10)/(10-1)}=1.33$$

$$S_{\bar{d}}=S_d/\sqrt{n}=1.33/\sqrt{10}=0.42$$

$$t=\bar{d}/S_{\bar{d}}=3.518/0.42=8.38^{**}$$

$$df=n-1=10-1=9$$

第 4 步，统计推断。由 $df=9$ 和 $\alpha=0.01$ 查临界 $t$ 值得 $t_{0.01(9)}=3.250$。

由于实得 $|t|=8.38>t_{0.01(9)}=3.250$，故 $p<0.01$，应否定 $H_0$，接受 $H_A$，认为电渗处理后草莓果实钙离子含量与对照的钙离子含量差异极显著，即电渗处理对提高草莓果实钙离子含量有极显著效果。

## 4.3　二项百分率的假设检验

在食品科研或生产实践中，有许多试验结果都是用百分率 $p$ 表示的。例如，抽查一批产品的合格率，检查贮藏一段时间后食品的变质率，统计一批产品的一级品率等。这些百分率都是由计数一个样本中某一属性个体数目而求得的，即 $p=x/n$。它实际上是由二项次数 $x$ 转换成的百分率。其总体服从二项分布，故称为二项百分率。它与一般用百分号表示的普通百分数（如食品内含成分的含量）是不同的。对二项百分率的假设检验，从理论上讲，应按二项分布进行，即先由二项式 $(p+q)^n$ 的展开式中与样本百分率 $\hat{p}$ 对应项求出百分率的概率，再将此概率与显著水平 $\alpha$ 相比较，从而做出统计推断。这样的检验方法虽然比较精确，但计算较麻烦，所以常用正态近似法来代替。由第 3 章可知，如果样本容量较大，$p$ 不过小，$np$ 和 $nq$ 又都不小于 5 时，二项分布接近于正态分布。此时的样本百分数 $\hat{p}\sim N(\mu_p,\sigma_p^2)$。因此，可将二项百分率资料做正态分布处理，从而做出近似的 $u$ 检验。实际上，在二项分布中，百分率资料的平均数就是百分率自身，因而二项百分率假设检验的意义与前述平均数的假设检验一样，方法也类似。

适于正态近似法的二项样本需满足的条件见表 4-6。

表 4-6　适用于正态近似法的二项样本的条件

| $\hat{p}$（样本百分数） | $n\hat{p}$（样本次数 $x$） | $n$（样本容量） |
|---|---|---|
| <0.5 | ≥15 | ≥30 |
| <0.4 | ≥20 | ≥50 |
| <0.3 | ≥24 | ≥80 |
| <0.2 | ≥40 | ≥200 |
| <0.1 | ≥60 | ≥600 |
| <0.05 | ≥70 | ≥1 400 |

### 4.3.1　单个样本百分率的假设检验

这是检验一个样本百分率 $\hat{p}$ 与某一已知的理论（总体）百分率 $p_0$ 的差异显著性，也就是由样本百分率与已知理论百分率的差数（$\hat{p}-p_0$）去推断样本所在总体的百分率 $p$ 与已知理论百分率 $p_0$ 是否有差异。

由第 3 章可知，二项百分率的总体均值 $\mu_p=p$，方差 $\sigma_p^2=pq/n=p(1-p)/n$，标准差 $\sigma_p=\sqrt{pq/n}=\sqrt{p(1-p)/n}$。在 $n\geqslant 30$，$np$、$nq>5$ 时，有

$$\hat{p}\sim N(\mu_p,\sigma_p^2)=N\left[p,\frac{p(1-p)}{n}\right]$$

标准化后，有

$$u=\frac{\hat{p}-\mu_p}{\sigma_p}=(\hat{p}-p)/\sqrt{p(1-p)/n}\sim N(0,1)$$

在 $H_0:p=p_0$ 下，有

$$u=(\hat{p}-p_0)/\sqrt{p_0(1-p_0)/n} \tag{4-9}$$

其中分母为百分率的标准误 $\sigma_p$：

$$\sigma_p=\sqrt{p_0(1-p_0)/n} \tag{4-10}$$

利用式(4-9)、式(4-10)便可进行单个样本百分率的 $u$ 检验。

【例 4-9】　某微生物制品的企业标准为有害微生物不准超过 1%（$p$），现从一批产品中抽出 500 件（$n$），发现有害微生物超标的产品有 7 件（$x$）。问该批产品是否合格？

本例关心的是该批产品中有害微生物是否超标，而低于标准再多，都属于合格。所以本例采用一尾检验。

第 1 步，提出假设。

$H_0:p\leqslant p_0=1\%$，即该批产品的有害微生物百分率未超企业标准，产品为合格。

$H_A:p>p_0$，即该批产品的有害微生物百分率超过了企业标准，产品为不合格。

第 2 步，确定显著水平。$\alpha=0.05$（一尾概率）。

第 3 步，检验计算。

$\hat{p}=x/n=7/500=0.014$

$\sigma_p=\sqrt{p_0(1-p_0)/n}=\sqrt{0.01\times(1-0.01)/500}=0.004\ 45$

$u=(\hat{p}-p_0)/\sigma_p=(0.014-0.01)/0.004\ 45=0.899$

第 4 步，统计推断。由一尾概率 $\alpha=0.05$ 查附表 2 得一尾临界 $u$ 值 $u_{0.05}^{(\text{一尾})}=u_{0.1}^{(\text{两尾})}=1.645$。

由于实得$|u|=0.899<u_{0.05(一尾)}=1.645$，所以$p>0.05$，接受$H_0$，可以认为该批产品达到了企业标准，为合格产品。

### 4.3.2 两个样本百分率的假设检验

这是由两个样本百分率$\hat{p}_1=\frac{x_1}{n_1}$和$\hat{p}_2=\frac{x_2}{n_2}$的差异去推断它们所在总体百分率$p_1$和$p_2$是否存在差异的方法。也即检验无效假设$H_0:p_1=p_2$。采用$u$检验法。

由统计理论可知，在两个样本含量$n_1$和$n_2$均$\geqslant 30$，$n_1p_1$、$n_1q_1$和$n_2p_2$、$n_2q_2$都大于5时，两样本百分率的差数$\hat{p}_1-\hat{p}_2$近似地服从正态分布$N(\mu_{\hat{p}_1-\hat{p}_2},\sigma^2_{\hat{p}_1-\hat{p}_2})=N(p_1-p_2,p_1q_1/n_1+p_2q_2/n_2)$。因而有：

$$u=\frac{(\hat{p}_1-\hat{p}_2)-(p_1-p_2)}{\sigma_{p_1-p_2}}\sim N(0,1)$$

在$H_0:p_1=p_2$下，则$u$为：

$$u=(\hat{p}_1-\hat{p}_2)/\sigma_{p_1-p_2} \tag{4-11}$$

于是，可借助正态分布做两样本百分率差异的近似$u$检验。

式(4-11)中，分母称为样本百分率的差数标准误，公式为：

$$\sigma_{p_1-p_2}=\sqrt{p_1q_1/n_1+p_2q_2/n_2}=\sqrt{p_1(1-p_1)/n_1+p_2(1-p_2)/n_2} \tag{4-12}$$

在$H_0:p_1=p_2=p$下，则样本百分率的差数标准误为：

$$\sigma_{p_1-p_2}=\sqrt{p(1-p)(1/n_1+1/n_2)} \tag{4-13}$$

由于总体百分率$p$未知，只能由样本百分率估计。但这里有两个样本百分率，仅由任何一个样本百分率来估计共同的总体百分率$p$都不合适。因此，由两个样本百分率的加权平均数$\bar{p}$来估计共同的总体百分率$p$，即

$$\bar{p}=(x_1+x_2)/(n_1+n_2) \tag{4-14}$$

于是由样本获得的两样本百分率的差数标准误为

$$S_{\hat{p}_1-\hat{p}_2}=\sqrt{\bar{p}(1-\bar{p})(1/n_1+1/n_2)} \tag{4-15}$$

【例 4-10】 小包装贮藏葡萄试验。装入塑料袋不加保鲜片的葡萄 385 粒($n_1$)1 个月后发现有 25 粒($x_1$)葡萄腐烂；装入塑料袋并加保鲜片的葡萄 598 粒($n_2$)，1 个月后发现腐烂葡萄 20 粒($x_2$)。问加保鲜片与不加保鲜片的两种贮藏葡萄的腐烂率是否有显著差异？

第 1 步，提出假设。

$H_0:p_1=p_2$，即两种贮藏葡萄的腐烂率没有差异，也即两种方法保鲜效果一致。

$H_A:p_1\neq p_2$，即两种贮藏葡萄的腐烂率有差异，也即两种方法保鲜效果有差异。

第 2 步，确定显著水平。$\alpha=0.05,0.01$(两尾概率)。

第 3 步，检验计算。

$\hat{p}_1=x_1/n_1=25/385=0.0649$

$\hat{p}_2 = x_2/n_2 = 20/598 = 0.0334$

$\bar{p} = (x_1 + x_2)/(n_1 + n_2) = (25+20)/(385+598) = 0.0458$

$S_{\hat{p}_1 - \hat{p}_2} = \sqrt{\bar{p}(1-\bar{p})(1/n_1 + 1/n_2)} = \sqrt{0.05 \times (1-0.05)(1/385 + 1/598)} = 0.0137$

$u = (\hat{p}_1 - \hat{p}_2)/S_{\hat{p}_1 - \hat{p}_2} = (0.0649 - 0.0334)/0.0137 = 2.299^*$

第 4 步，统计推断。由 $\alpha = 0.05$、0.01 查附表 2 得临界 $u$ 值 $u_{0.05} = 1.96$，$u_{0.01} = 2.58$。

因为实得 $1.96 < |u| < 2.58$，所以概率 $0.01 < p < 0.05$，应否定 $H_0$，接受 $H_A$，认为两种贮藏葡萄的腐烂率存在显著差异。说明加保鲜片贮藏有利于葡萄保鲜。

### 4.3.3　二项百分率假设检验的连续性矫正

前述，二项百分率资料是由二项次数资料转换得的，其在性质上属间断性变数资料，理论分布也是间断性的二项分布。然而在上面介绍的检验方法中，都是按正态分布来做检验的。由于正态分布是连续性分布，致使计算结果会有些出入，一般易发生第一类错误。尤其是当样本容量较小时，这种出入会更大。补救的办法是在做假设检验时，进行连续性矫正(correction for continuity)。这种矫正在 $n < 30$，且 $n\hat{p} < 5$ 时是必需的。如果样本容量较大($n > 30$)，样本数据符合表 4-6 条件，则可不做矫正。

#### 4.3.3.1　单个样本百分率假设检验的连续性矫正

矫正后的正态离差 $u$ 值用 $u_C$ 表示。单个样本百分率的连续性矫正值为

$$u_C = \frac{|\hat{p} - p_0| - 0.5/n}{\sigma_p} \tag{4-16}$$

式中分母 $\sigma_p$ 为样本百分率标准误，计算公式同式(4-10)。

【例 4-11】　某食品厂的一条生产线上的产品组成指标为：一级品∶二级品 ＝ 7∶3。现随机抽取了 20 个产品来做检验，得一级品 13 个，二级品 7 个。问其产品组成比例是否达到一级品占 70%的生产指标？

本例中关心的是所查产品的一级品率是否显著低于 70%的生产指标。一级品率大于 70%，无论大多少都属于生产达标。所以本例属于一尾检验问题。另外，所取样本容量较少，检验时应做连续性矫正。

第 1 步，提出假设。

$H_0$: $p \geqslant p_0 = 70\%$，所查产品的一级品率达到了 70%的生产指标。

$H_A$: $p < p_0$，所查产品的一级品率未达到 70%的生产指标。

第 2 步，确定显著水平。$\alpha = 0.05$(一尾概率)。

第 3 步，检验计算。

$\hat{p} = x/n = 13/20 = 0.65$

$\sigma_p = \sqrt{p_0(1-p_0)/n} = \sqrt{0.7 \times (1-0.7)/20} = 0.102$

$u_C = \dfrac{|\hat{p} - p_0| - 0.5/n}{\sigma_p} = \dfrac{|0.65 - 0.7| - 0.5/20}{0.102} = 0.245$

第 4 步，统计推断。由一尾概率 $\alpha = 0.05$ 查附表 2 得临界 $u$ 值 $u_{0.05}^{(一尾)} = u_{0.1}^{(两尾)} = 1.645$。

因为实得 $|u| = 0.245 < u_{0.05(一尾)} = 1.645$，所以 $p > 0.05$，不能否定 $H_0$，即推断该生产线的产品组成达到了一级品占 70%的生产指标。

#### 4.3.3.2 两个样本百分率假设检验的连续性矫正

如果两个样本的容量均较小($n_1$、$n_2<30$)，并且它们的 $np$、$nq$ 都小于 5，做两个样本百分率假设检验时应做连续性矫正。矫正公式为

$$u_C=\frac{|\hat{p}_1-\hat{p}_2|-(0.5/n_1+0.5/n_2)}{S_{\hat{p}_1-\hat{p}_2}} \tag{4-17}$$

式中分母 $S_{\hat{p}_1-\hat{p}_2}$ 公式同式(4-15)。

【例 4-12】 某仪器厂有两条生产线，一日从第一条生产线随机抽出 20 个产品得合格品 13 个；从第二条生产线抽查 21 个产品得合格品 20 个。问两条生产线的产品合格率是否有显著差异？

本例因都是小样本，所以做 $u$ 检验时应做连续性矫正。

第 1 步，提出假设。

$H_0: p_1=p_2$，即两条生产线的产品合格率相同。

$H_A: p_1\neq p_2$，即两条生产线的产品合格率不相同。

第 2 步，确定显著水平。$\alpha=0.05$，0.01(两尾概率)。

第 3 步，检验计算。

$\hat{p}_1=x_1/n_1=13/20=0.65$

$\hat{p}_2=x_2/n_2=20/21=0.95$

$\bar{p}=(x_1+x_2)/(n_1+n_2)=(13+20)/(20+21)=0.805$

$$S_{\hat{p}_1-\hat{p}_2}=\sqrt{\bar{p}(1-\bar{p})(1/n_1+1/n_2)}=\sqrt{0.805\times(1-0.805)(1/20+1/21)}=0.124$$

$$u_C=\frac{|\hat{p}_1-\hat{p}_2|-(0.5/n_1+0.5/n_2)}{S_{\hat{p}_1-\hat{p}_2}}=\frac{|0.65-0.95|-(0.5/20+0.5/21)}{0.124}=2.026^*$$

第 4 步，统计推断。由 $\alpha=0.05$、0.01 分别查得 $u_{0.05}=1.96$，$u_{0.01}=2.58$。

因为 $u_{0.05}<|u|<u_{0.01}$，所以 $0.01<p<0.05$，应否定 $H_0$，接受 $H_A$，推断两条生产线的产品合格率差异显著。

## 4.4 统计假设检验中应注意的问题

### 4.4.1 试验要科学设计和正确实施

要使假设检验中获得较小而无偏的标准误，提高分析精度，减少犯两类错误的可能性，试验设计和实施中一定要控制好各处理间的非处理条件的一致性，避免系统误差，降低试验误差，以保证各样本是从方差同质的总体中抽取。

### 4.4.2 选用正确的统计假设检验方法

由于研究变量的类型、问题的性质、条件，试验设计方法、样本大小等的不同，所适宜的统计假设检验方法也不相同。因而在选用检验方法时，应认真考虑所分析资料是否符合其应用条件，不能滥用。否则就难以保证分析结果的正确。

### 4.4.3　正确理解差异显著性的统计意义

统计假设检验结论中的“差异显著”或“差异不显著”，不应简单理解为试验的两个处理平均数相差很大或没有差异。它只表示所检验的两处理样本来自同一总体(即表面差异仅由试验误差引起)的可能性小于或大于统计上公认的概率水平 $\alpha$(0.05 或 0.01)，并没有提供两处理间的差异有多大的信息。影响统计假设检验结果的因素不仅仅是被研究事物本身存在的差异，还有试验误差的大小，样本容量，以及所选用的显著水平等。有些试验结果虽然两样本平均数差异大，但由于试验误差也大，或者样本容量较小而使抽样误差较大，也许还不能得出“差异显著”的结论；而有些试验结果的两样本平均数的差异较小，但因试验误差也小，或者样本容量较大，反而可能推断为“差异显著”。

另外，统计假设检验只是依据一定的概率来确定无效假设能否被推翻，而不能百分之百地肯定无效假设是否正确。在做出统计假设检验结论时，往往要冒一定犯错误的风险。一般在否定 $H_0$ 时，可能犯第一类错误；接受 $H_0$ 时，可能犯第二类错误。因此对待统计假设检验的结论不能绝对化，尤其在计算得的概率 $p$ 接近显著水平 $\alpha$ 时，下结论应更加慎重。有时还应通过重复试验来验证。

此外，报告结论时，应列出由样本算得的检验统计量值(如 $t$ 值，$u$ 值)，注明是一尾检验还是两尾检验。并写出概率 $p$ 值的确切范围，如 $0.01 < p < 0.05$，以便读者结合有关资料进行对比分析。

### 4.4.4　合理建立统计假设，正确计算检验统计量

对于单个样本平均数的假设检验和两个样本平均数的假设检验来说，无效假设 $H_0$ 和备择假设 $H_A$ 的建立，一般如前所述，但有时也有例外。例如，经收益与成本的综合经济分析知道，采用新工艺加工某种食品比原工艺提高的成本需由新工艺的生产性能提高 $d$ 个单位获得的收益来抵消。那么，要检验两种工艺在生产性能经济收益上是否有差异时，无效假设应为 $H_0: \mu_1 - \mu_2 = d$，备择假设为 $H_A: \mu_1 - \mu_2 \neq d$。相应的 $u$ 或 $t$ 检验公式为

$$u \text{ 或 } t = \frac{(\bar{x}_1 - \bar{x}_2) - d}{S_{\bar{x}_1 - \bar{x}_2}}$$

如果不能否定无效假设，可以认为采用新工艺得失相抵，没有实质性效果。只有当 $\bar{x}_1 - \bar{x}_2 > d$ 达到一定程度而否定了 $H_0$，才能认为采用新工艺在提高生产性能，增加收益上有明显效果。

## 4.5　参数的区间估计

研究一事物，总希望了解其总体特征。描述总体特征的数为参数。然而，总体参数往往无法直接求得，都是由样本统计量来估计的。在前面统计假设检验方法的学习中，我们都是用某一个样本统计数直接估计相应的总体参数。例如以样本平均数 $\bar{x}$ 估计总体平均数 $\mu$，用样本方差 $S^2$ 估计总体方差 $\sigma^2$，用样本百分率 $\hat{p}$ 估计总体百分率 $p$ 等。这样的参数估计方法称为点估计(point estimation)。但由于样本是由总体中抽出的部分个体构成，受抽样误差的影响，使得即使来自同一总体的不同样本求得的 $\bar{x}$、$S^2$ 也不同。究竟用哪个样本的统计数更能代表

相应的总体参数呢？这很难判断。因此，合理的办法是在一定概率保证下，结合抽样误差，估计出参数可能出现的一个区间，使绝大多数该参数的点估计值都包含在这个区间内。这种估计参数的方法称为参数的区间估计(interval estimation)。所给出的这个区间称为置信区间(confidence interval)。区间的下、上限称为置信下、上限，分别用 $L_1$、$L_2$ 表示。保证参数在置信区间内的概率称为置信度或置信概率(confidence probability)，以 $p=1-\alpha$ 表示($\alpha$ 为显著水平)。

描述总体的参数有多种。各种参数的区间估计计算方法有所不同，但基本原理是一致的，都是运用样本统计数的抽样分布来计算相应参数置信区间的下、上限。本节介绍总体平均数 $\mu$，两个总体平均数之差 $\mu_1-\mu_2$，二项总体百分率 $p$，以及两个二项总体百分率之差 $p_1-p_2$ 的区间估计方法。

### 4.5.1 总体平均数 $\mu$ 的区间估计

#### 4.5.1.1 利用正态分布进行总体平均数 $\mu$ 的区间估计

当样本来自正态总体，且总体方差 $\sigma^2$ 已知时；或者 $n>30$ 时，总体均数 $\mu$ 的置信度为 $1-\alpha$ 的置信区间是：

$$\bar{x}-u_\alpha\sigma_{\bar{x}}\leqslant\mu\leqslant\bar{x}+u_\alpha\sigma_{\bar{x}} \tag{4-18}$$

其置信下、上限为：

$$L_1=\bar{x}-u_\alpha\sigma_{\bar{x}} \qquad L_2=\bar{x}+u_\alpha\sigma_{\bar{x}}$$

式中：$\sigma_{\bar{x}}=\sigma/\sqrt{n}$；$u_\alpha$ 为对应两尾概率 $\alpha$ 的临界 $u$ 值，当 $\alpha=0.05$ 或 $0.01$ 时，$u_{0.05}=1.96$，$u_{0.01}=2.58$。

由式(4-18)可见，若置信度大，求出的置信区间就宽，而相应的估计精度就较低；反之，置信度小，置信区间就窄，相应的估计精度就较高。这里置信度与估计精度成了一对矛盾。解决这一矛盾的办法，应是降低试验误差和适当增加样本容量 $n$。

#### 4.5.1.2 利用 $t$ 分布进行总体平均数 $\mu$ 的区间估计

若总体方差 $\sigma^2$ 未知，只要样本来自正态总体，不论小样本还是大样本，统计量 $t=(\bar{x}-\mu)/S_{\bar{x}}$ 服从具有自由度 $df=n-1$ 的 $t$ 分布。于是很容易推导出总体平均数 $\mu$ 的置信度为 $1-\alpha$ 的置信区间是：

$$\bar{x}-t_{\alpha(df)}S_{\bar{x}}\leqslant\mu\leqslant\bar{x}+t_{\alpha(df)}S_{\bar{x}} \tag{4-19}$$

其置信下、上限为

$$L_1=\bar{x}-t_{\alpha(df)}S_{\bar{x}} \qquad L_2=\bar{x}+t_{\alpha(df)}S_{\bar{x}}$$

式中：$S_{\bar{x}}=S/\sqrt{n}$；$t_{\alpha(df)}$ 为由两尾概率 $\alpha$ 及自由度 $df=n-1$ 查附表 3 得到的临界 $t$ 值。

【例 4-13】 求【例 4-2】中采用新工艺后每 100 g 山楂出果冻量的总体平均数 $\mu$ 的置信度为 99%的置信区间。

本例中，$\bar{x}=520$ g， $s=12$ g， $n=16$， $df=n-1=16-1=15$

由 $1-\alpha=0.99$ 可知 $\alpha=0.01$，查附表 3 得 $t_{0.01(15)}=2.947$。由式(4-19)计算得

$L_1=520-2.947\times12/\sqrt{16}=511.16$(g)

$L_2 = 520 + 2.947 \times 12/\sqrt{16} = 528.84(\mathrm{g})$

所以采用新工艺后每 100 g 山楂出果冻量为 511.16～528.84 g。此估计的可靠度为 99%。

在大样本情况下，也可由式(4-18)对 $\mu$ 做较为粗略的区间估计，此时其中 $\sigma$ 由 $S$ 代替。

### 4.5.2　两个总体平均数差数 $\mu_1-\mu_2$ 的区间估计

这是由两个样本平均数的差数 $\bar{x}_1-\bar{x}_2$ 去做它们所在总体平均数差数 $\mu_1-\mu_2$ 的区间估计。这种估计一般在确认两总体平均数有本质差异时才有意义。估计的方法也因采用的概率分布不同而异。

#### 4.5.2.1　利用正态分布进行两总体平均数差数 $\mu_1-\mu_2$ 的区间估计

如果资料为两个大样本；或者两总体为正态总体，且两总体方差已知，对 $\mu_1-\mu_2$ 的 $1-\alpha$ 置信度的置信区间为

$$(\bar{x}_1-\bar{x}_2)-u_\alpha\sigma_{\bar{x}_1-\bar{x}_2}\leqslant\mu_1-\mu_2\leqslant(\bar{x}_1-\bar{x}_2)+u_\alpha\sigma_{\bar{x}_1-\bar{x}_2} \tag{4-20}$$

其置信下、上限为

$$L_1=(\bar{x}_1-\bar{x}_2)-u_\alpha\sigma_{\bar{x}_1-\bar{x}_2}\qquad L_2=(\bar{x}_1-\bar{x}_2)+u_\alpha\sigma_{\bar{x}_1-\bar{x}_2}$$

式中：$\sigma_{\bar{x}_1-\bar{x}_2}=\sqrt{\sigma_1^2/n_1+\sigma_2^2/n_2}$；$u_\alpha$ 为置信度 $1-\alpha$ 对应的两尾概率 $\alpha$ 的临界 $u$ 值。

如果总体方差未知，但 $n_1\geqslant 30$，$n_2\geqslant 30$ 时，可由样本方差 $S_1^2$、$S_2^2$ 估计总体方差 $\sigma_1^2$、$\sigma_2^2$。

#### 4.5.2.2　利用 $t$ 分布进行两总体平均数差数 $\mu_1-\mu_2$ 的区间估计

利用 $t$ 分布进行 $\mu_1-\mu_2$ 的区间估计方法又因为试验设计和数据特点不同而分为针对成组资料和成对资料的两种方法。

1. 成组资料两总体平均数差数 $\mu_1-\mu_2$ 的区间估计

如果两总体为正态总体，并且总体方差相等，不论是大、小样本，只要是分别独立获得的，则有 $t=\dfrac{(\bar{x}_1-\bar{x}_2)-(\mu_1-\mu_2)}{S_{\bar{x}_1-\bar{x}_2}}$ 服从具有自由度 $df=n_1+n_2-2$ 的 $t$ 分布。由此容易导出满足上述条件的 $\mu_1-\mu_2$ 的 $1-\alpha$ 置信区间：

$$(\bar{x}_1-\bar{x}_2)-t_{\alpha(df)}S_{\bar{x}_1-\bar{x}_2}\leqslant\mu_1-\mu_2\leqslant(\bar{x}_1-\bar{x}_2)+t_{\alpha(df)}S_{\bar{x}_1-\bar{x}_2} \tag{4-21}$$

其置信下、上限为：

$$L_1=(\bar{x}_1-\bar{x}_2)-t_{\alpha(df)}S_{\bar{x}_1-\bar{x}_2}\qquad L_2=(\bar{x}_1-\bar{x}_2)+t_{\alpha(df)}S_{\bar{x}_1-\bar{x}_2}$$

式中：$t_{\alpha(df)}$ 为两尾概率 $\alpha$ 和自由度 $df=n_1+n_2-2$ 查附表 3 所得临界 $t$ 值；$S_{\bar{x}_1-\bar{x}_2}$ 由式(3-19)求得。

【例 4-14】　在选择酱油蛋白质原料时，分别从花生饼和菜籽饼中各随机抽取了 10 个样来做对比试验，测得花生饼的粗蛋白平均值 $\bar{x}_1=44.5\%$，标准差 $S_1=3.5\%$；菜籽饼的粗蛋白平均值 $\bar{x}_2=36.9\%$，标准差 $S_2=3.4\%$。试估计两种酱油蛋白质原料在粗蛋白含量上相差的 95%置信区间。

本例 $n_1=n_2=10$，故

$S_{\bar{x}_1-\bar{x}_2}=\sqrt{(S_1^2+S_2^2)/n}=\sqrt{(0.035^2+0.034^2)/10}=0.0154$

已知 $\alpha=0.05,df=n_1+n_2-2=10+10-2=18$，查附表 3 得 $t_{0.05(18)}=2.101$。

由式(4-21)可求得 $\mu_1-\mu_2$ 的 95%置信区间：

$$L_1=(0.445-0.369)-2.101\times0.0154=0.044$$

$$L_2=(0.445-0.369)+2.101\times0.0154=0.108$$

所以，花生饼原料的粗蛋白含量比菜籽饼原料的粗蛋白含量最少要多 4%，最多要多 11%，此估计的可靠度为 95%。

两样本均为大样本时，$\mu_1-\mu_2$ 也可由式(4-20)较粗略估计。

2. 成对资料总体差数 $\mu_d$ 的区间估计

成对资料两总体平均数差数 $\mu_d$（也等于两总体均数的差数）可由下式做置信度为 $1-\alpha$ 的区间估计。

$$\bar{d}-t_{\alpha(df)}S_{\bar{d}}\leqslant\mu_d\leqslant\bar{d}+t_{\alpha(df)}S_{\bar{d}} \tag{4-22}$$

其置信下、上限为：

$$L_1=\bar{d}-t_{\alpha(df)}S_{\bar{d}} \qquad L_2=\bar{d}+t_{\alpha(df)}S_{\bar{d}}$$

式中：$t_{\alpha(df)}$ 为自由度 $df=n-1$ 和两尾概率 $\alpha$ 对应的临界 $t$ 值，$S_{\bar{d}}$ 由式(4-7)求得。

【例 4-15】对【例 4-8】中电渗处理和对照两种草莓果实的钙离子含量差异 $\mu_d$ 做置信度为 99%的区间估计。

已知：$\bar{d}=3.518$ mg，$S_{\bar{d}}=\dfrac{S_d}{\sqrt{n}}=0.42$ mg，$df=n-1=10-1=9$，$1-\alpha=0.99$ 时，$\alpha=0.01$，查附表 3 得 $t_{0.01(9)}=3.250$

由式(4-22)计算出 $\mu_d$ 的 99%的置信区间为

$L_1=3.518-3.250\times0.42=2.15$(mg)

$L_2=3.518+3.250\times0.42=4.88$(mg)

所以，可推断电渗处理后草莓果实的钙离子含量比对照的要高 2.15～4.88 mg，此估计可靠度为 99%。

### 4.5.3 二项总体百分率 $p$ 的区间估计

当样本符合表 4-6 条件时，二项总体百分率 $p$ 在置信度 $1-\alpha$ 下的置信区间可按正态分布估计，如式(4-23)所示：

$$\hat{p}-u_\alpha S_{\hat{p}}\leqslant p\leqslant\hat{p}+u_\alpha S_{\hat{p}} \tag{4-23}$$

其置信下、上限为：

$$L_1=\hat{p}-u_\alpha S_{\hat{p}} \qquad L_2=\hat{p}+u_\alpha S_{\hat{p}}$$

式中：$u_\alpha$ 是置信度为 $1-\alpha$ 时的两尾概率 $\alpha$ 的临界 $u$ 值；$S_{\hat{p}}$ 为二项百分率总体标准差 $\sigma_p$ 的样本估计量，其计算公式如下：

$$S_{\hat{p}}=\sqrt{\hat{p}(1-\hat{p})/n} \tag{4-24}$$

【例 4-16】　某食品厂某日从当天生产的产品中随机抽取 150 个样品来检查，发现次品 8 个，试以 95%置信度估计当天次品率的置信区间。

已知：$n=150, x=8, 1-\alpha=0.95, \alpha=0.05, u_{0.05}=1.96$

$\hat{p}=x/n=8/150=0.053\ 3$

$S_{\hat{p}}=\sqrt{p(1-\hat{p})/n}=\sqrt{0.053\ 3\times(1-0.053\ 3)/150}=0.018\ 3$

$L_1=0.053\ 3-1.96\times0.018\ 3=0.017\ 4$

$L_2=0.053\ 3+1.96\times0.018\ 3=0.089\ 2$

所以，有 95%的可靠度可推断该厂当天的次品率在 1.74%～8.92%之间。

### 4.5.4　两个总体百分率差数 $p_1-p_2$ 的区间估计

这是由两个样本百分率之差 $\hat{p}_1-\hat{p}_2$ 去估计它们所在的两个总体百分率之差 $p_1-p_2$ 的置信区间。这种估计也是在已经明确两个百分数间有显著差异时才有意义。若两样本资料符合表 4-6 条件，该区间可按正态分布估计。

由此可导出在 $1-\alpha$ 置信度下，$p_1-p_2$ 的置信区间为：

$$(\hat{p}_1-\hat{p}_2)-u_\alpha S_{\hat{p}_1-\hat{p}_2}\leqslant p_1-p_2\leqslant(\hat{p}_1-\hat{p}_2)+u_\alpha S_{\hat{p}_1-\hat{p}_2} \tag{4-25}$$

其置信下、上限为：

$$L_1=(\hat{p}_1-\hat{p}_2)-u_\alpha S_{\hat{p}_1-\hat{p}_2}$$
$$L_2=(\hat{p}_1-\hat{p}_2)+u_\alpha S_{\hat{p}_1-\hat{p}_2}$$

式中：$u_\alpha$ 为置信度为两尾概率 $\alpha$ 的临界 $u$ 值；$S_{\hat{p}_1-\hat{p}_2}$ 为两样本百分数差数总体的标准差 $\sigma_{\hat{p}_1-\hat{p}_2}$ 的样本估计值：

$$S_{\hat{p}_1-\hat{p}_2}=\sqrt{\hat{p}_1(1-\hat{p}_1)/n_1+\hat{p}_2(1-\hat{p}_2)/n_2} \tag{4-26}$$

应注意式(4-26)与式(4-15)在意义及应用上的区别。

【例 4-17】　对【例 4-10】中两种小包装贮藏方法的葡萄腐烂率的差异做出置信度为 95%的区间估计。

已知：$n_1=385, \hat{p}_1=0.064\ 9, n_2=598, \hat{p}_2=0.033\ 4$，置信度为 $1-\alpha=0.95$ 时，$\alpha=0.05$，$u_{0.05}=1.96$。

$$S_{\hat{p}_1-\hat{p}_2}=\sqrt{\frac{0.064\ 9\times(1-0.064\ 9)}{385}+\frac{0.033\ 4\times(1-0.033\ 4)}{598}}=0.014\ 5$$

$L_1=(0.064\ 9-0.033\ 4)-1.96\times0.014\ 5=0.003\ 1$

$L_2=(0.064\ 9-0.033\ 4)+1.96\times0.014\ 5=0.059\ 9$

所以，可推断采用保鲜片的小包装贮藏的葡萄腐烂率要比没用保鲜片贮藏的葡萄腐烂率低 0.31%～5.99%，此估计有 95%的把握。

## 思考题

1. 什么是统计假设检验？其基本步骤是什么？做假设检验时应注意哪些问题？

2. 什么是一尾检验和两尾检验？各在什么情况下应用？它们的无效假设及备择假设是怎样设定的？

3. 在假设检验中，什么情况下做 $u$ 检验？什么情况下做 $t$ 检验？

4. 什么是显著水平？它与假设检验结果有何关系？怎样确定显著水平？常用的显著水平有哪些？

5. 统计假设检验的第一类错误和第二类错误各指什么？犯这两类错误的概率各为多大？应怎样控制犯这两类错误？

6. 什么是参数的点估计和区间估计？二者有何区别？

7. 从胡萝卜中提取 $\beta$-胡萝卜素的传统工艺提取率为 91%。现有一新的提取工艺，用新工艺重复 8 次提取试验，得平均提取率 $\bar{x}=95\%$，标准差 $S=7\%$。试检验新工艺与传统工艺在提取率上有无显著差异($t=1.616$)。

8. 国标规定花生仁中黄曲霉毒素 $B_1$ 不得超过 20 μg/kg。现从一批花生仁中随机抽取 30 个样本来检测其黄曲霉毒素 $B_1$ 含量，得平均数 $\bar{x}=25$ μg/kg，标准差 $S=1.2$ μg/kg。问这批花生仁的黄曲霉毒素 $B_1$ 是否超标($u=22.822$)？

9. 表 4-7 为随机抽取的富士和红富士苹果果实各 11 个的果肉硬度(lb/cm²)，问两品种的果肉硬度有无显著差异？

**表 4-7 富士和红富士苹果果实的果肉硬度** lb/cm²

| 品种 | 果实序号 | | | | | | | | | | |
|---|---|---|---|---|---|---|---|---|---|---|---|
| | 1 | 2 | 3 | 4 | 5 | 6 | 7 | 8 | 9 | 10 | 11 |
| 富士 | 14.5 | 16.0 | 17.5 | 19.0 | 18.5 | 19.0 | 15.5 | 14.0 | 16.0 | 17.0 | 19.0 |
| 红富士 | 17.0 | 16.0 | 15.5 | 14.0 | 14.0 | 17.0 | 18.0 | 19.0 | 19.0 | 15.0 | 15.0 |

注：$t=0.757$。

10. 分别在 10 个食品厂各测定了大米饴糖和玉米饴糖的还原糖含量(单位：%)，结果见表 4-8。试比较两种饴糖的还原糖含量有无显著差异。

**表 4-8 10 个食品厂大米饴糖和玉米饴糖的还原糖含量** %

| 品种 | 厂序号 | | | | | | | | | |
|---|---|---|---|---|---|---|---|---|---|---|
| | 1 | 2 | 3 | 4 | 5 | 6 | 7 | 8 | 9 | 10 |
| 大米 | 39.0 | 37.5 | 36.9 | 38.1 | 37.9 | 38.5 | 37.0 | 38.0 | 37.5 | 38.0 |
| 玉米 | 35.0 | 35.5 | 36.0 | 35.5 | 37.0 | 35.5 | 37.0 | 36.5 | 35.8 | 35.5 |

注：$t=5.169$。

11. 从一批食品中随机抽出 100 个来检验是否合格，发现有 94 个为合格品。问该批食品是否达到企业规定的合格率必须大于 95%的标准($u=0.421$)?

12. 一食品厂从第一条生产线上抽出 250 个产品来检查,为一级品的有 195 个;从第二条生产线上抽出 200 个产品,有一级品 150 个。问两条生产线上的一级品率是否相同($u=0.748$)?

13. 求习题 7 中新工艺的 $\beta$-胡萝卜素提取率 $\mu$ 在置信度为 95% 下的置信区间(85.1%,96.9%)。

14. 在习题 11 中,试做该批食品合格率 $p$ 的 95%置信度下的区间估计(89.3%,98.6%)。

第 5 章

# 方差分析

本章学习目的与要求

1. 深刻理解方差分析的基本原理。
2. 熟练掌握方差分析的基本方法和多重比较方法。
3. 领会方差分析的 3 种模型、期望均方和基本假定。
4. 正确进行数据转换。

方差分析(analysis of variance)又称变量分析。作为一种统计假设检验方法,方差分析与 $t$ 检验相比,应用更加广泛,且对问题分析的深度加强,因而它是试验研究中分析试验数据的重要方法。

上一章介绍了单个样本均数及两个样本均数的假设检验方法。但在生产实践中,经常会遇到检验多个样本均数差异是否显著的问题,此时 $t$ 检验方法不再适用。这是因为:

①检验程序繁琐。例如,5 个均数两两比较,需进行 10 次 $t$ 检验。倘若处理数 $k=10$ 时,则需进行 $k(k-1)/2=10\times(10-1)/2=45$ 次 $t$ 检验。随着处理数的增多,统计假设检验十分繁琐。

②无统一的试验误差,且对试验误差估计的精确性降低。设有 $k$ 个样本,每个样本有 $n$ 个观测值,进行样本间的两两比较时,每比较一次就需计算一个均数差异标准误 $S_{\bar{x}_i-\bar{x}_j}$(即试验误差的估计值);各次比较的试验误差不一致,且只能由 $2(n-1)$ 个自由度估计试验误差,而不能使用整个试验的自由度 $df=k(n-1)$,因而导致误差估计时会损失相当大的精确性。如 $k=5$、$n=4$ 时,只能用 $2\times(4-1)=6$ 个自由度,而不是 $5\times(4-1)=15$ 个自由度。由于未能充分利用资料提供的信息,故使试验误差估计的精度降低。这种信息量的损失随着处理数 $k$ 的增大而增大。

③增大了犯Ⅰ型错误的概率。在多个处理均数比较时,若仍使用 $t$ 检验的方法必然降低 $\alpha$ 水准,把本来没有差异的两个处理误认为有显著差异,而且处理数越多,产生这种Ⅰ型错误的概率就越大。这里的主要原因,一是对导致变异的各种因素所起作用的大小量的估计不精确,二是因为没有考虑相互比较的多个处理均数依其大小依次排列的秩次距问题。

由于上述原因,多个处理平均数的假设检验不宜用 $t$ 检验法,须采用方差分析(analysis of variance)(二维码 5-1)。其基本思想是把整个试验($k$ 个样本,每个样本接受一种不同的处理)资料作为一个整体来考虑,把整个试验中所产生的总变异按照变异来源分解成相应于各个因素的变异,并构造检验统计量 $F$,实现对各样本所属总体均值是否相等的推断。因此,方差分析的实质是关于观测值变异的原因的数量分析,可用于多种不同的数据资料,是科学研究的重要工具。

**二维码 5-1　方差分析的简介**

## 5.1　方差分析的基本原理

方差分析有很多类型,无论简单与否,其基本原理是相同的,下面将结合单因素试验资料的方差分析介绍其基本原理。

### 5.1.1　平方和与自由度的分解

方差分析之所以能将试验数据的总变异分解成各种因素所引起的相应变异,是依据总平方和与总自由度的可分解性而实现的。方差即标准差的平方,是平方和与相应自由度的比值。在方差分析中通常将各种方差称为均方(mean squares)。下面根据单因素试验资料的模式说明平方和与自由度的分解。

设一个试验共有 $k$ 个处理,每个处理 $n$ 个重复,则该试验资料共有 $nk$ 个观测值,其数据分组如表 5-1 所示。

**表 5-1 $k$ 个处理每个处理有 $n$ 个观测值的数据模式**

| 处理 | 观察值($x_{ij}$;$i=1,2,\cdots,k$;$j=1,2,\cdots,n$) | | | | | | 合计($x_{i\cdot}$) | 平均($\bar{x}_{i\cdot}$) | 均方($S_i^2$) |
|---|---|---|---|---|---|---|---|---|---|
| 1 | $x_{11}$ | $x_{12}$ | $\cdots$ | $x_{1j}$ | $\cdots$ | $x_{1n}$ | $x_{1\cdot}$ | $\bar{x}_{1\cdot}$ | $S_1^2$ |
| 2 | $x_{21}$ | $x_{22}$ | $\cdots$ | $x_{2j}$ | $\cdots$ | $x_{2n}$ | $x_{2\cdot}$ | $\bar{x}_{2\cdot}$ | $S_2^2$ |
| ⋮ | ⋮ | ⋮ | $\cdots$ | ⋮ | $\cdots$ | ⋮ | ⋮ | ⋮ | ⋮ |
| $i$ | $x_{i1}$ | $x_{i2}$ | $\cdots$ | $x_{ij}$ | $\cdots$ | $x_{in}$ | $x_{i\cdot}$ | $\bar{x}_{i\cdot}$ | $S_i^2$ |
| ⋮ | ⋮ | ⋮ | ⋮ | ⋮ | ⋮ | ⋮ | ⋮ | ⋮ | ⋮ |
| $k$ | $x_{k1}$ | $x_{k2}$ | $\cdots$ | $x_{kj}$ | $\cdots$ | $x_{kn}$ | $x_{k\cdot}$ | $\bar{x}_{k\cdot}$ | $S_k^2$ |
| | | | | | | | $x_{\cdot\cdot}$ | $\bar{x}_{\cdot\cdot}$ | |

在表 5-1 中,反映全部观测值总变异的总平方和是各观测值 $x_{ij}$ 与总平均数 $\bar{x}_{\cdot\cdot}$ 的离均差平方和,记为 $SS_T$,即

$$SS_T=\sum_{i=1}^{k}\sum_{j=1}^{n}(x_{ij}-\bar{x}_{\cdot\cdot})^2 \tag{5-1}$$

因为 $$\sum_{i=1}^{k}\sum_{j=1}^{n}(x_{ij}-\bar{x}_{\cdot\cdot})^2=\sum_{i=1}^{k}\sum_{j=1}^{n}[(\bar{x}_{i\cdot}-\bar{x}_{\cdot\cdot})+(x_{ij}-\bar{x}_{i\cdot})]^2$$

$$=\sum_{i=1}^{k}\sum_{j=1}^{n}[(\bar{x}_{i\cdot}-\bar{x}_{\cdot\cdot})^2+2(\bar{x}_{i\cdot}-\bar{x}_{\cdot\cdot})(x_{ij}-\bar{x}_{i\cdot})+(x_{ij}-\bar{x}_{i\cdot})^2]$$

$$=n\sum_{i=1}^{k}(\bar{x}_{i\cdot}-\bar{x}_{\cdot\cdot})^2+2\sum_{i=1}^{k}\left[(\bar{x}_{i\cdot}-\bar{x}_{\cdot\cdot})\sum_{j=1}^{n}(x_{ij}-\bar{x}_{i\cdot})\right]+\sum_{i=1}^{k}\sum_{j=1}^{n}(x_{ij}-\bar{x}_{i\cdot})^2$$

其中 $$\sum_{j=1}^{n}(x_{ij}-\bar{x}_{i\cdot})=0$$

所以 $$\sum_{i=1}^{k}\sum_{j=1}^{n}(x_{ij}-\bar{x}_{\cdot\cdot})^2=n\sum_{i=1}^{k}(\bar{x}_{i\cdot}-\bar{x}_{\cdot\cdot})^2+\sum_{i=1}^{k}\sum_{j=1}^{n}(x_{ij}-\bar{x}_{i\cdot})^2$$

上式中,$n\sum_{i=1}^{k}(\bar{x}_{i\cdot}-\bar{x}_{\cdot\cdot})^2$ 是各处理均数 $\bar{x}_{i\cdot}$ 与总平均数 $\bar{x}_{\cdot\cdot}$ 的离均差平方和与重复数 $n$ 的乘积,反映了重复 $n$ 次的处理间的变异,称为处理间平方和,记为 $SS_t$,即

$$SS_t=n\sum_{i=1}^{k}(\bar{x}_{i\cdot}-\bar{x}_{\cdot\cdot})^2 \tag{5-2}$$

而 $\sum_{i=1}^{k}\sum_{j=1}^{n}(x_{ij}-\bar{x}_{i\cdot})^2$ 则是各处理内离均差平方和之和,反映了各处理内的变异即误差,称为处理内平方和或误差平方和,记为 $SS_e$,即

$$SS_e=\sum_{i=1}^{k}\sum_{j=1}^{n}(x_{ij}-\bar{x}_{i\cdot})^2 \tag{5-3}$$

$SS_e$ 实际上是各处理内平方和之和,即 $SS_e=\sum_{i=1}^{k}SS_i$。

于是有

$$SS_T=SS_t+SS_e \tag{5-4}$$

式(5-4)是单因素试验结果总平方和、处理间平方和、处理内平方和的关系式。这个关系

式中 3 种平方和的简便计算公式如下：

$$\begin{cases} SS_{\mathrm{T}}=\sum_{i=1}^{k}\sum_{j=1}^{n}x_{ij}-C \\ SS_{\mathrm{t}}=\dfrac{1}{n}\sum_{i=1}^{k}x_{i\cdot}^{2}-C \\ SS_{\mathrm{e}}=\sum_{i=1}^{k}\sum_{j=1}^{n}x_{ij}^{2}-\dfrac{1}{n}\sum_{i=1}^{k}x_{i\cdot}^{2}=SS_{\mathrm{T}}-SS_{\mathrm{t}} \end{cases} \tag{5-5}$$

式(5-5)中的 $C$ 称为矫正数：

$$C=\left(\sum_{i=1}^{k}\sum_{j=1}^{n}x_{ij}\right)^{2}/nk=x_{\cdot\cdot}^{2}/nk \tag{5-6}$$

在计算总平方和时，资料中各观测值要受 $\sum_{i=1}^{k}\sum_{j=1}^{n}(x_{ij}-\bar{x}_{\cdot\cdot})=0$ 这一条件的约束，故总自由度等于资料中观测值的总个数减 1，即 $nk-1$。总自由度记为 $df_{\mathrm{T}}$，即 $df_{\mathrm{T}}=nk-1$。

在计算处理间平方和时，各处理均数 $\bar{x}_{i\cdot}$ 要受 $\sum_{i=1}^{k}(\bar{x}_{i\cdot}-\bar{x}_{\cdot\cdot})=0$ 这一条件的约束，故处理间的自由度为处理数减 1，即 $k-1$。处理间的自由度记为 $df_{\mathrm{t}}$，即 $df_{\mathrm{t}}=k-1$。

在计算处理内平方和时要受 $k$ 个条件的约束，即 $\sum_{j=1}^{n}(x_{ij}-\bar{x}_{i\cdot})=0$，$i=1,2,\cdots,k$。故处理内自由度为资料中观测值个数减 $k$，即 $nk-k$。处理内自由度记为 $df_{\mathrm{e}}$，即 $df_{\mathrm{e}}=nk-k=k(n-1)$。这实际上是各处理内的自由度之和。

因为　$nk-1=(k-1)+(nk-k)=(k-1)+k(n-1)$

所以

$$\begin{cases} df_{\mathrm{T}}=df_{\mathrm{t}}+df_{\mathrm{e}} \\ df_{\mathrm{T}}=nk-1 \\ df_{\mathrm{t}}=k-1 \end{cases} \tag{5-7}$$

各种平方和除以各自的自由度便得到总均方、处理间均方和处理内均方，分别记为 $MS_{\mathrm{T}}$、$MS_{\mathrm{t}}$、$MS_{\mathrm{e}}$，即：

$$\begin{cases} MS_{\mathrm{T}}=SS_{\mathrm{T}}/df_{\mathrm{T}} \\ MS_{\mathrm{t}}=SS_{\mathrm{t}}/df_{\mathrm{t}} \\ MS_{\mathrm{e}}=SS_{\mathrm{e}}/df_{\mathrm{e}} \end{cases} \tag{5-8}$$

$MS_{\mathrm{e}}$ 实际是各处理内变异的合并均方。

式(5-8)从均方(即方差)角度反映了总变异、处理间变异和处理内(误差)变异。

【例 5-1】 以淀粉为原料生产葡萄糖的过程中，残留有许多糖蜜。糖蜜可作为生产酱色的原料。在生产酱色之前应尽可能彻底除杂，以保证酱色质量。今选用 5 种不同的除杂方法，每种方法做 4 次试验，各得 4 个观测值，结果见表 5-2。试分析不同除杂方法的除杂效果有无差异？

表 5-2　不同除杂方法的除杂量　g/kg

| 除杂方法 | 除杂量($x_{ij}$) | | | | 合计($x_{i.}$) | 平均($\bar{x}_{i.}$) | 均方($S_i^2$) |
|---|---|---|---|---|---|---|---|
| $A_1$ | 25.6 | 24.4 | 25.0 | 25.9 | 100.9 | 25.2 | 0.443 |
| $A_2$ | 27.8 | 27.0 | 27.0 | 28.0 | 109.8 | 27.5 | 0.277 |
| $A_3$ | 27.0 | 27.7 | 27.5 | 25.9 | 108.1 | 27.0 | 0.649 |
| $A_4$ | 29.0 | 27.3 | 27.5 | 29.9 | 113.7 | 28.4 | 1.543 |
| $A_5$ | 20.6 | 21.2 | 22.0 | 21.2 | 85.0 | 21.3 | 0.330 |
| | | | | | $x_{..}=517.5$ | | |

这是一个单因素试验，处理数 $k=5$，重复数 $n=4$。现先将各项平方和及自由度分解如下：

矫正数　$C=x_{..}^2/nk=517.5^2/(4\times5)=13\ 390.312\ 5$

总平方和　$SS_T=\sum\sum x_{ij}^2-C=(25.6^2+24.4^2+\cdots+21.2^2)-13\ 390.312\ 5$

$=13\ 528.5\ 100-13\ 390.312\ 5=138.197\ 5$

处理间平方和　$SS_t=\dfrac{1}{n}\sum x_{i.}^2-C=\dfrac{1}{4}(100.9^2+\cdots+85.0^2)-13\ 390.312\ 5$

$=13\ 518.787\ 5-13\ 390.312\ 5=128.475\ 0$

处理内平方和　$SS_e=SS_T-SS_t=138.197\ 5-128.475\ 0=9.722\ 5$

总自由度　$df_T=nk-1=4\times5-1=19$

处理间自由度　$df_t=k-1=5-1=4$

处理内自由度　$df_e=df_T-df_t=19-4=15$

用 $SS_t$、$SS_e$ 分别除以 $df_t$ 和 $df_e$ 便得到处理间均方 $MS_t$ 和处理内均方 $MS_e$。

$$MS_t=SS_t/df_t=128.475\ 0/4=32.12$$
$$MS_e=SS_e/df_e=9.722\ 5/15=0.65$$

因为方差分析中不涉及总均方的数值，所以不必计算之。

以上处理内的均方 $MS_e=0.65$ 是 5 种除杂方法变异的合并均方值。它是表 5-2 试验资料的试验误差估计；处理间的均方 $MS_t=32.12$，则是不同除杂方法除杂效果的变异。

### 5.1.2　*F* 分布与 *F* 检验

#### 5.1.2.1　*F* 分布

设想我们做这样的抽样试验，即在一正态总体 $N(\mu,\sigma^2)$ 中随机抽取样本含量为 $n$ 的样本 $k$ 个，将各样本观测值整理成表 5-1 的形式。此时所谓的各处理没有真实差异，各处理只是随机分的组。因此，由式(5-8)计算出的 $S_t^2(MS_t)$ 和 $S_e^2(MS_e)$ 都是误差方差 $\sigma^2$ 的估计值。这时，我们把 $S_t^2$ 称为组间均方，$S_e^2$ 称为组内均方，以 $S_e^2$ 为分母，$S_t^2$ 为分子，求其比值。统计学上把两个方差之比值称为 $F$ 值。即

$$F=S_t^2/S_e^2 \tag{5-9}$$

$F$ 具有两个自由度：$df_1=df_t=k-1$，$df_2=df_e=k(n-1)$。

若在给定的 $k$ 和 $n$ 的条件下，继续从该总体中进行一系列的抽样，则可获得一系列相应的 $F$ 值。$F$ 作为一个随机变量，其所具有的概率分布称为 $F$ 分布（$F$-distribution）。$F$ 分布的密度曲线是随自由度 $df_1$、$df_2$ 的变化而变化的一簇偏态曲线，其形态随着 $df_1$、$df_2$ 的增大逐渐趋于对称，如图 5-1 所示。

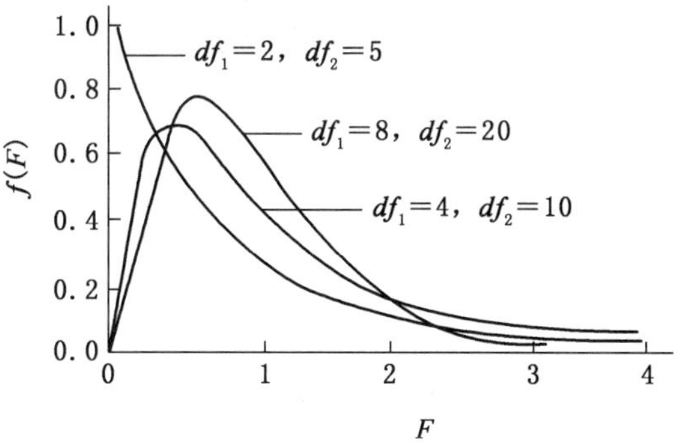


**图 5-1　F 分布密度曲线**

$F$ 分布的取值范围是$(0, +\infty)$，其平均值 $\mu_F = 1$。

用 $f(F)$ 表示 $F$ 分布的概率密度函数，则其分布函数 $F(F_\alpha)$ 为：

$$F(F_\alpha) = P(F < F_\alpha) = \int_0^{F_\alpha} f(F)\mathrm{d}F \tag{5-10}$$

因而 $F$ 分布右尾从 $F_\alpha$ 到 $+\infty$ 的概率为：

$$P(F \geqslant F_\alpha) = 1 - F(F_\alpha) = \int_{F_\alpha}^{+\infty} f(F)\mathrm{d}F \tag{5-11}$$

附表 4 列出的是不同 $df_1$、$df_2$ 下，$P(F \geqslant F_\alpha) = 0.05$ 和 $P(F \geqslant F_\alpha) = 0.01$ 时的 $F$ 值，即右尾概率 $\alpha = 0.05$ 和 $\alpha = 0.01$ 的临界 $F$ 值，一般记作 $F_{0.05(df_1, df_2)}$ 和 $F_{0.01(df_1, df_2)}$。如查附表 4，当 $df_1 = 4$，$df_2 = 15$ 时，$F_{0.05(4,15)} = 3.06$，$F_{0.01(4,15)} = 4.89$。这表示若以 $df_1 = df_t = 4$，$df_2 = df_e = 15$ 在同一正态总体中连续抽样，则所得的 $F$ 值大于等于 3.06 的仅为 5%，而大于等于 4.89 的仅为 1%。或者说，在同一正态总体中以 $df_1 = 4$，$df_2 = 15$ 抽一次样，所得 $F$ 值大于等于 3.06 的概率为 5%，而大于等于 4.89 的概率仅为 1%。

#### 5.1.2.2　F 检验

附表 4（$F$ 值表）是专门为检验 $S_t^2$ 代表的总体方差是否比 $S_e^2$ 代表的总体方差大而设计的。若实际计算的 $F$ 值大于 $F_{0.05(df_1, df_2)}$，则 $F$ 值在 $\alpha = 0.05$ 的水平上显著，我们以 95% 的可靠性（即冒 5% 的风险）推断 $S_t^2$ 代表的总体方差大于 $S_e^2$ 代表的总体方差。如果实际计算的 $F$ 值大于 $F_{0.01(df_1, df_2)}$，则 $F$ 值在 $\alpha = 0.01$ 的水平上显著，我们以 99% 的可靠性（即冒 1% 的风险）推断 $S_t^2$ 代表的总体方差大于 $S_e^2$ 代表的总体方差。这种用 $F$ 值出现概率的大小推断两个方差是否相等的方法称为 $F$ 检验（$F$-test）。

方差分析中所进行的 $F$ 检验，目的在于推断处理间的差异是否存在，检验某项变异原因的效应方差是否为零。因此，在计算 $F$ 值时总是以被检验因素的均方作为分子，以误差均方作为分母。应当注意，分母项的正确选择是由方差分析的数学模型和各变异原因的期望均方决定的（这方面的内容将在后面做适当阐述）。

在单因素试验资料的方差分析中，无效假设为 $H_0: \mu_1 = \mu_2 = \cdots = \mu_k$，备择假设为 $H_A$：各 $\mu_i$ 不相等或不全相等，或 $H_0: \sigma_\alpha^2 = 0$，$H_A: \sigma_\alpha^2 \neq 0$（$\sigma_\alpha^2$ 为随机模型处理效应方差）；$F = MS_t / MS_e$。这里 $F$ 检验的目的是判断处理间均方是否显著大于处理内（误差）均方。如果结论是肯定的，将否定 $H_0$；反之，不否定 $H_0$。从另一角度来理解，如果 $H_0$ 是正确的，那么 $MS_t$ 和 $MS_e$ 都是总体误差 $\sigma^2$ 的估计值，此时理论上讲，$F$ 值等于 1；如果 $H_0$ 是错误的，那么 $MS_t$ 之期望均方中的效应方

差 $\sigma_\alpha^2$（或 $k_\alpha^2$）就不等于零，此时理论上讲，$F$ 值大于 1。但是，由于抽样的原因，即使 $H_0$ 正确也会出现 $F$ 值大于 1 的情况，所以只有 $F$ 值大于 1 达到一定程度时，才有理由否定 $H_0$。

实际进行 $F$ 检验时，是将由试验资料算得的 $F$ 值与根据 $df_1=df_t$（分子均方的自由度）、$df_2=df_e$（分母均方的自由度）查附表 4 所得的临界 $F$ 值［$F_{0.05(df_1,df_2)}$ 和 $F_{0.01(df_1,df_2)}$］相比较而做出统计推断的。

若 $F<F_{0.05(df_1,df_2)}$，即 $p>0.05$，则不否定 $H_0$，可认为各处理间差异不显著；若 $F_{0.05(df_1,df_2)}\leqslant F<F_{0.01(df_1,df_2)}$，即 $0.01<p\leqslant 0.05$，则否定 $H_0$，接受 $H_A$，认为各处理间差异显著，且标记“*”；若 $F\geqslant F_{0.01(df_1,df_2)}$，即 $p\leqslant 0.01$，则更有理由否定 $H_0$，接受 $H_A$，认为各处理间差异极显著，且标记“**”。

对于就【例 5-1】，因为 $F=MS_t/MS_e=32.12/0.65=49.42^{**}$，根据 $df_1=4$，$df_2=15$ 查附表 4，得 $F>F_{0.01(4,15)}=4.89$，$p<0.01$，说明 5 种除杂方法间除杂效果差异极显著，不同的除杂方法除杂效果是不同的。

在实际 $F$ 检验中，有时会出现 $F$ 值小于 1 的情况，这时不必查 $F$ 值表就可确定 $p>0.05$，不否定 $H_0$。

方差分析中，通常将变异原因、平方和、自由度、均方和 $F$ 值归纳成一张方差分析表，如表 5-3 所示。

**表 5-3　表 5-2 资料的方差分析**

| 变异来源 | 平方和($SS$) | 自由度($df$) | 均方($MS$) | $F$ 值 |
|---|---|---|---|---|
| 处理间 | 128.475 0 | 4 | 32.12 | 49.42** |
| 处理内 | 9.722 5 | 15 | 0.65 | |
| 总变异 | 138.197 5 | 19 | | |

表 5-3 中 $F$ 值应与相应的被检验因素齐行。因为经 $F$ 检验差异极显著，故在 $F$ 值右上方标记“**”。

在实际进行方差分析时，只需计算出各项平方和及自由度，各项均方的计算及 $F$ 检验可在方差分析表上进行。

方差分析是建立在一定的线性可加模型基础上的。所谓线性可加模型是指被分析的变量总体中每一个变数可以按其变异的原因分解成若干个线性组成部分，它是方差分析的理论依据。本部分内容的理论性较强，不再进一步介绍，感兴趣的读者可以参阅教材提供的二维码内容（二维码 5-2）。

**二维码 5-2　方差分析的线性数学模型**

## 5.2　多重比较

方差分析中，对一组试验数据通过平方和与自由度的分解，将所估计的处理间均方与误差均方做比较，由 $F$ 检验推论处理间有无显著差异。$F$ 值显著或极显著，否定了无效假设 $H_0$，表明试验的总变异主要来源于处理间的变异。如果试验的目的不仅在于了解一组处理间的总体上有无实质性差异，更在于了解哪些处理间存在真实差异，哪些处理间则不然，那么就需进行处理平均数间的比较(固定模型条件下的方差分析就是这样)。统计学中把多个平均数两两间的比较称为多重比较(multiple comparisons)。在 $F$ 检验显著或极显著的基础上再做平均数间的多重比较称为 Fisher 氏保护下的多重比较(Fisher's protected multiple comparisons)。

多重比较的方法很多,常用的有最小显著差数法和最小显著极差法,后者又包括 $q$ 法和新复极差法两种。现分别介绍如下:

### 5.2.1　最小显著差数法

最小显著差数法(least significant difference)简称 LSD 法。其检验程序是:在处理间的 $F$ 检验显著的前提下,计算出显著水平为 $\alpha$ 的最小显著差数 $LSD_\alpha$;任何两个处理平均数间的差数($\bar{x}_{i.}-\bar{x}_{j.}$),若其绝对值 $\geqslant LSD_\alpha$,则为在 $\alpha$ 水平上差异显著;反之,则为在 $\alpha$ 水平上差异不显著。这种方法又称为保护性最小显著差数法(protected LSD,或 PLSD)。LSD 法实质上是 $t$ 检验。

已知:

$$t=\frac{\bar{x}_{i.}-\bar{x}_{j.}}{S_{\bar{x}_{i.}-\bar{x}_{j.}}}\qquad (i,j=1,2,\cdots,k;i\neq j)$$

若 $|t|\geqslant t_{\alpha(df_e)}$,$\bar{x}_{i.}-\bar{x}_{j.}$ 即为在 $\alpha$ 水平上差异显著。因此,最小显著差数为:

$$LSD_\alpha=t_{\alpha(df_e)}\cdot S_{\bar{x}_{i.}-\bar{x}_{j.}}\tag{5-12}$$

而

$$S_{\bar{x}_{i.}-\bar{x}_{j.}}=\sqrt{2MS_e/n}\tag{5-13}$$

式中:$MS_e$ 为 $F$ 检验中的误差均方;$n$ 为各处理内的重复数。

利用 LSD 法进行具体比较时,可按如下步骤进行。

①列出平均数的多重比较表,比较表中各处理按其平均数从大到小、由上而下排列。

②计算最小显著差数 $LSD_{0.05}$ 和 $LSD_{0.01}$。

③将平均数多重比较表中两两平均数的差数与 $LSD_{0.05}$、$LSD_{0.01}$ 比较,做出统计推断。

对于【例 5-1】,各除杂方法的多重比较如表 5-4 所示。因为 $S_{\bar{x}_{i.}-\bar{x}_{j.}}=\sqrt{2MS_e/n}=\sqrt{2\times0.65/4}=0.570$,由附表 3($t$ 值表)查 $df=15$ 时,$t_{0.05(15)}=2.131$,$t_{0.01(15)}=2.947$,故 $LSD_{0.05}=2.131\times0.570=1.21$,$LSD_{0.01}=2.947\times0.570=1.68$。

**表 5-4　5 种除杂方法除杂效果多重比较表(LSD 法)**

| 除杂方法 | $\bar{x}_{i.}$ | $\bar{x}_{i.}-21.3$ | $\bar{x}_{i.}-25.2$ | $\bar{x}_{i.}-27.0$ | $\bar{x}_{i.}-27.5$ |
|---|---|---|---|---|---|
| $A_4$ | 28.4 | $7.1^{**}$ | $3.2^{**}$ | $1.4^{*}$ | 0.9 |
| $A_2$ | 27.5 | $6.2^{**}$ | $2.3^{**}$ | 0.5 | |
| $A_3$ | 27.0 | $5.7^{**}$ | $1.8^{**}$ | | |
| $A_1$ | 25.2 | $3.9^{**}$ | | | |
| $A_5$ | 21.3 | | | | |

将表 5-4 中的 10 个均数差数与 $LSD_{0.05}$、$LSD_{0.01}$ 比较,小于 $LSD_{0.05}$ 者差异不显著,大于或等于 $LSD_{0.05}$ 且小于 $LSD_{0.01}$ 者为差异显著,大于或等于 $LSD_{0.01}$ 者为差异极显著。后两种情况分别在均数差数的右上方标记"*"和"* *"。结果表明,除 $A_4$ 与 $A_2$、$A_2$ 与 $A_3$ 差异不

显著外，其余方法间的比较均达到了差异极显著或显著的程度。$A_4$ 方法除杂效果最好，$A_5$ 方法除杂效果最差。

关于 LSD 法的应用有以下几点说明：

①LSD 法实质上就是 $t$ 检验法。它是根据两个样本平均数差数($k=2$)的抽样分布提出的。但是，由于 LSD 法是利用 $F$ 检验中的误差自由度 $df_e$ 查临界 $t_\alpha$ 值，利用误差均方 $MS_e$ 计算均数差异标准误 $S_{\bar{x}_i.-\bar{x}_j.}$，因而 LSD 法又不同于每次利用两组数据进行多个平均数两两比较的 $t$ 检验法。它解决了本章开头指出的 $t$ 检验法检验过程繁琐、无统一的试验误差且估计误差的精确性低等问题，但并未解决推断的可靠性降低、犯Ⅰ类错误的概率变大的问题。

②有人提出，与检验任意两个均数间的差异相比较，LSD 法适用于各处理组与对照组比较而处理组间不进行比较的比较形式。实际上关于这种形式的比较更适用的方法有顿纳特(Dunnett)法。

③因为 LSD 法实质上是 $t$ 检验，故有人指出其最适宜的比较形式是：在进行试验设计时就确定各处理只是固定的两个相比，每个处理平均数在比较中只比较一次。例如，在一个试验中共有 4 个处理，设计时已确定只是处理 1 与处理 2、处理 3 与处理 4(或 1 与 3、2 与 4；或 1 与 4、2 与 3)比较，而其他的处理间不进行比较。因为这种形式实际上不涉及多个均数的极差问题，所以不会增大犯Ⅰ型错误的概率。

综上所述，对于多个处理平均数所有可能的两两比较，LSD 法的优点在于方法比较简便，克服了一般 $t$ 检验法所具有的某些缺点，但是由于没有考虑相互比较的处理平均数依数值大小排列上的秩次，故仍有推断可靠性低、犯Ⅰ型错误的概率增大的问题。为克服此弊病，统计学家提出了最小显著极差法。

### 5.2.2 Dunnett 法

此法适用于 $k$ 个处理组与一个对照组均数差异的多重比较。公式为：

$$t=\frac{\bar{x}_i.-\bar{x}_0}{S_{\bar{x}_i.-\bar{x}_0}} \tag{5-14}$$

式中：$\bar{x}_i.$ 为第 $i$ 个($i=1,2,\cdots,k$)处理组的均数；$\bar{x}_0$ 为对照组的均数；$S_{\bar{x}_i.-\bar{x}_0}=\sqrt{MS_e(1/n_i+1/n_0)}$ 为比较两组的均数差值的标准误，$n_i$ 和 $n_0$ 分别为第 $i$ 个处理组和对照组的重复数。当各组重复数相等时，$S_{\bar{x}_i.-\bar{x}_0}=\sqrt{2MS_e/n}$。

根据算出的 $t$ 值，误差自由度 $df_e$、处理组数 $k$ 以及检验水准 $\alpha$ 查 Dunnett-$t'$ 临界值表(附表 5，双侧检验用；附表 6，单侧检验用)做出推断结论，若 $|t|\geq t'_\alpha$，则在 $\alpha$ 水准上否定 $H_0$，否则不否定 $H_0$。

对于【例 5-1】，假设 $A_1$、$A_2$、$A_3$、$A_4$ 为处理组(这里处理组数 $k=4$)，$A_5$ 改写为 $A_0$，并设为对照组，且将其均数表示为 $\bar{x}_0=21.3$，比较各处理组与对照组除杂效果的差异。

经计算得：$MS_e=0.65$，$df_e=15$，$n_i=n_0=4$，$S_{\bar{x}_i.-\bar{x}_0}=\sqrt{2MS_e/n}=0.570$

比较 1：$H_0:\mu_1=\mu_0$，　$H_A:\mu_1\neq\mu_0$

$$t=\frac{\bar{x}_1.-\bar{x}_0}{S_{\bar{x}_1.-\bar{x}_0}}=(25.2-21.3)/0.570=6.84$$

查 Dunnett-$t'$ 临界值表(附表 5，双侧)，$t'_{0.01(4,15)}=3.59$，故 $|t|>t'_{0.01(4,15)}$，$p<0.01$，差异

极显著，可以认为处理组 $A_1$ 的除杂效极显著地好于对照组 $A_0$。

类似地，可以分别进行 $A_2$、$A_3$、$A_4$ 与 $A_0$ 的比较，即进行比较2、比较3和比较4。

Dunnett 法与 LSD 法相比，由于前者在查 $t_\alpha'$ 临界值时考虑了处理组数 $k$，当 $k \geqslant 2$ 时 $t_\alpha'$ 临界值大于相同条件下的 $t_\alpha$ 值，所以 Dunnett 法比 LSD 法能更有效地控制比较过程中犯Ⅰ型错误的概率。

### 5.2.3　最小显著极差法

最小显著极差法(least significant rang，LSR)，简称 LSR 法。其特点是把相互比较的两平均数的差数看成是平均数的极差，根据极差范围内所包含的处理数 $K$（称为秩次距）的不同而采用不同的检验尺度，以克服 LSD 法的不足。这些在显著水平上依秩次距 $K$ 的不同而采用的不同的检验尺度称为最小显著极差(LSR)。例如有10个 $\bar{x}$ 要相互比较，先将10个 $\bar{x}$ 依其数值大小顺次排列，两极端平均数的差数(极差)的显著性，由其差数是否大于秩次距 $K=10$ 时的最小显著极差决定(≥为显著，<为不显著)；而后是秩次距 $K=9$ 的平均数的差数的显著性，则由差数是否大于 $K=9$ 时的最小显著极差决定；……；直到任何两个相邻平均数的差数的显著性由这些差数是否大于秩次距 $K=2$ 时的最小显著极差决定为止。因此，有 $k$ 个平均数相互比较，就有 $k-1$ 种秩次距($k,k-1,k-2,\cdots,2$)，因而需求得 $k-1$ 个最小显著极差($LSR_{\alpha,K}$)，以作为判断各秩次距($K$)平均数的差数是否显著的标准。

因为 LSR 法是一种极差检验法，所以当一个平均数大集合的极差不显著时，其中所包含的各个较小集合极差也应一概做不显著处理。

LSR 法克服了 LSD 法的不足部分，但检验的工作量有所增加。常用 LSR 法有 $q$ 检验法和新复极差法两种。

#### 5.2.3.1　*q* 检验法(*q*-test)

此法的检验统计量为 $q$ 值，故称为 $q$ 检验(亦称为 Student-Newman-Keuls 法，简称 SNK 法)。$q$ 值由下式求得：

$$q=R/S_{\bar{x}} \tag{5-15}$$

式中：$R$ 为极差(即相互比较的两平均数的差数)，$S_{\bar{x}}=\sqrt{MS_e/n}$ 为标准误。

$q$ 分布依赖于误差自由度 $df_e$ 及秩次距 $K$。

利用 $q$ 检验法进行多重比较时，为了简便起见，不是将由式(5-15)算出的 $q$ 值与临界 $q$ 值 $q_{\alpha(df_e,K)}$ 比较，而是将相互比较的两平均数的差数与 $q_{\alpha(df_e,K)} \cdot S_{\bar{x}}$ 比较，从而做出统计推断。$q_{\alpha(df_e,K)} \cdot S_{\bar{x}}$ 称为 $\alpha$ 水平下的最小显著极差。即

$$LSR_{\alpha,K}=q_{\alpha(df_e,K)} \cdot S_{\bar{x}} \tag{5-16}$$

当显著水平 $\alpha=0.05$ 和 $\alpha=0.01$ 时，从附表7($q$ 值表)中根据自由度 $df_e$ 及秩次距 $K$ 查出 $q_{0.05(df_e,K)}$ 和 $q_{0.01(df_e,K)}$ 代入式(5-16)计算 $LSR_{\alpha,K}$ 值。

实际利用 $q$ 检验法进行多重比较时，可按如下步骤进行。

①列出平均数多重比较表。

②由自由度 $df_e$、秩次距 $K$ 查临界 $q$ 值，计算最小显著极差 $LSR_{0.05,K}$ 和 $LSR_{0.01,K}$。

③将平均数多重比较表中的各均数差数与相应的最小显著极差 $LSR_{0.05,K}$、$LSR_{0.01,K}$ 比较，做出统计推断。

对于【例 5-1】,各除杂方法(处理)平均数多重比较表同表 5-4,现重列为表 5-5。

表 5-5 5 种除杂方法除杂效果多重比较($q$ 法)

| 除杂方法 | $\bar{x}_{i}.$ | $\bar{x}_{i}.-21.3$ | $\bar{x}_{i}.-25.2$ | $\bar{x}_{i}.-27.0$ | $\bar{x}_{i}.-27.5$ |
|---|---|---|---|---|---|
| $A_4$ | 28.4 | 7.1** | 3.2** | 1.4 | 0.9 |
| $A_2$ | 27.5 | 6.2** | 2.3** | 0.5 | |
| $A_3$ | 27.0 | 5.7** | 1.8** | | |
| $A_1$ | 25.2 | 3.9** | | | |
| $A_5$ | 21.3 | | | | |

因为 $MS_e=0.65$,故标准误 $S_{\bar{x}}=\sqrt{MS_e/n}=\sqrt{0.65/4}=0.403$。

根据 $df_e=15, K=2,3,4,5$,由附表 7 查出 $\alpha=0.05$ 和 $\alpha=0.01$ 水平下的 $q$ 值,乘以标准误 $S_{\bar{x}}$,求得各最小显著极差 $LSR_{\alpha,K}$ 列于表 5-6。

表 5-6 【例 5-1】资料 $LSR_{\alpha,K}$ 值的计算($q$ 法)

| $df_e$ | 秩次距 $K$ | $q_{0.05}$ | $q_{0.01}$ | $LSR_{0.05}$ | $LSR_{0.01}$ |
|---|---|---|---|---|---|
| 15 | 2 | 3.01 | 4.17 | 1.21 | 1.68 |
| | 3 | 3.67 | 4.84 | 1.48 | 1.95 |
| | 4 | 4.08 | 5.25 | 1.64 | 2.12 |
| | 5 | 4.37 | 5.56 | 1.76 | 2.24 |

将表 5-5 中的均数差数(极差)与表 5-6 中的相应秩次距 $K$ 下的最小显著极差($LSR_{0.05}$ 和 $LSR_{0.01}$)比较,检验结果标记于表 5-5。结果表明,$A_4$、$A_2$、$A_3$ 三者差异不显著,其余两两均数间的比较均为差异极显著。注意,用 LSD 法时所做的推断是"$A_4$ 与 $A_3$ 差异显著"。由表 5-6 明显看出,随着秩次距 $K$ 的增加,检验尺度($LSR$ 值)也在增加,这就可以有效地减小犯Ⅰ型错误的概率。

#### 5.2.3.2 新复极差法

由表 5-6 可以看出,不同秩次距 $K$ 下的最小显著极差变幅比较大。为此,邓肯(D. B. Duncan)于 1955 年提出了新复极差法(new multiple range),故称邓肯氏法,又称最短显著极差法(shortest significant ranges,SSR 法)。

新复极差法与 $q$ 检验法的检验步骤相同,唯一不同的是计算最小显著极差时需查 $SSR$ 表(附表 8)而不是查 $q$ 值表。最小显著极差计算公式为:

$$LSR_{\alpha,K}=SSR_{\alpha(df_e,K)}\cdot S_{\bar{x}} \tag{5-17}$$

所得的最小显著极差值随着 $K$ 的增大比 $q$ 检验时要小。

对于【例 5-1】,各除杂方法均数比较表同表 5-7。已算出 $S_{\bar{x}}=\sqrt{MS_e/n}=0.403$,依 $df_e=15$ 及 $K=2,3,4,5$,由附表 8 查 $\alpha=0.05$ 和 $\alpha=0.01$ 时的 $SSR_{\alpha(15,K)}$ 值,乘以 $S_{\bar{x}}$,求得各最小显著极差,结果列于表 5-7。

表 5-7　例 5-1 资料 $LSR_{\alpha,K}$ 值的计算($SSR$ 法)

| $df_e$ | 秩次距 $K$ | $SSR_{0.05}$ | $SSR_{0.01}$ | $LSR_{0.05}$ | $LSR_{0.01}$ |
|---|---|---|---|---|---|
| 15 | 2 | 3.01 | 4.17 | 1.21 | 1.68 |
| | 3 | 3.16 | 4.37 | 1.27 | 1.76 |
| | 4 | 3.25 | 4.50 | 1.31 | 1.81 |
| | 5 | 3.31 | 4.58 | 1.33 | 1.85 |

将表 5-5 中的均数差数(极差)与表 5-7 中的最小显著极差比较。检验结果表明,对于 $A_4$ 与 $A_3$ 的比较结论不同于 $q$ 法,而与 LSD 法相同,即差异显著,其余的比较结论与 $q$ 检验法相同。由表 5-7 可以看出,$K>2$ 时,新复极差法的 $LSR_{\alpha,K}$ 值比 $q$ 检验法的要小。

当各处理重复数不等时,为简便起见,不论 LSD 法还是 LSR 法,可用式(5-18)计算出一个各处理平均的重复数 $n_0$,以代替计算 $S_{\bar{x}_{i.}-\bar{x}_{j.}}$ 或 $S_{\bar{x}}$ 所需的 $n$。

$$n_0=\frac{1}{k-1}\left(\sum n_i-\frac{\sum n_i^2}{\sum n_i}\right) \tag{5-18}$$

式中:$k$ 为试验的处理数;$n_i(i=1,2,\cdots,k)$为第 $i$ 处理的重复数。

### 5.2.4　多重比较结果的表示法

各处理平均数经多重比较后,应以简捷明了的形式将结果表示出来,常用的表示方法有两种。

#### 5.2.4.1　三角形表法

此法是将全部均数从大到小、自上而下顺次排列,然后算出各个平均数间的差数。差异显著性凡达到 $\alpha=0.05$ 水平的,在其右上角标记“*”;凡达到 $\alpha=0.01$ 水平的,在其右上角标记“* *”;凡未达到 $\alpha=0.05$ 水平的,则不予标记。前面的表 5-4、表 5-5 就是这种表示法。三角形表法简便直观,但占篇幅较大,特别是处理的平均数较多时。因此,在科技论文中用得较少。

#### 5.2.4.2　标记字母法

标记字母法是先将各处理平均数由大到小、自上而下排列;然后在最大平均数后标记字母 a,并将该平均数与以下各平均数依次相比,凡差异不显著者标记同一字母 a,直到某一个与其差异显著的平均数标记字母 b;再以标有字母 b 的平均数为标准,与上方比它大的各个平均数比较,凡差异不显著者一律再加标 b,直至显著为止;再以标记有字母 b 的最大平均数为标准,与下面各未标记字母的平均数相比,凡差异不显著,继续标记字母 b,直至某一个与其差异显著的平均数标记 c;……;如此重复下去,直至最小一个平均数被标记比较完毕为止。这样,各平均数间凡有一个相同字母的即为差异不显著,凡无相同字母的即为差异显著。用小写拉丁字母表示显著水平 $\alpha=0.05$,用大写拉丁字母表示显著水平 $\alpha=0.01$。在利用字母标记法表示多重比较结果时,常在三角形法的基础上进行。此法的优点是占篇幅小,在科技文献中常见。

对于【例 5-1】,根据表 5-4 所表示的多重比较结果用字母标记如表 5-8 所示。

表 5-8 5 种除杂方法除杂效果多重比较(SSR 法)

| 除杂方法 | $\bar{x}_{i.}$ | 差异显著性 | |
|---|---|---|---|
| | | 0.05 | 0.01 |
| $A_4$ | 28.4 | a | A |
| $A_2$ | 27.5 | ab | A |
| $A_3$ | 27.0 | b | A |
| $A_1$ | 25.2 | c | B |
| $A_5$ | 21.3 | d | C |

由表 5-8 可看出，在 $\alpha=0.05$ 水平下，$A_4$ 与 $A_2$，$A_2$ 与 $A_3$ 均数间差异不显著，其余均数间均差异显著；在 $\alpha=0.01$ 水平下，$A_4$、$A_2$、$A_3$ 三者均数间差异不显著，其余均数间差异显著。表 5-8 中的比较结果在文献中常用表 5-9 的形式表示。

表 5-9 5 种除杂方法除杂效果多重比较(SSR 法)

| 除杂方法 | $A_1$ | $A_2$ | $A_3$ | $A_4$ | $A_5$ |
|---|---|---|---|---|---|
| 均数 $\bar{x}_{i.}$ | $25.2^{cB}$ | $27.5^{abA}$ | $27.0^{bA}$ | $28.4^{aA}$ | $21.3^{dC}$ |

注：小写字母表示 0.05 水平，大写字母表示 0.01 水平。

应当注意的是，无论采用哪种形式表示多重比较的结果，都应注明所用多重比较的方法。

以上介绍的几种多重比较方法，其检验尺度有所差异。实践中，一个试验资料究竟采用哪种多重比较方法，主要应根据比较的方式和否定一个正确的 $H_0$ 及接受一个不正确的 $H_0$ 的相对重要性来决定。

前面结合单因素试验资料方差分析的实例较详细地介绍了方差分析的基本原理和方法。关于方差分析的基本步骤现归纳如下。

①在正确整理资料的基础上，将资料总变异的自由度和平方和分解为各变异原因的自由度和平方和。

②列出方差分析表，计算各项均方及有关均方比，做出 $F$ 检验，以明了各变异因素的重要程度。

③若 $F$ 检验显著，则对各平均数进行多重比较。如果是随机模型，$F$ 检验显著后一般进行方差组分的估计。

## 5.3 单向分组资料的方差分析

方差分析，根据所研究试验因素的多少，可分为单因素、两因素和多因素试验资料的方差分析。单向分组资料是指利用完全随机设计，观测值仅按一个方向分组的单因素试验资料。单向分组资料的方差分析，根据各处理内重复数相等与否又分为各处理重复数相等与重复数不等两种情况。【例 5-1】讨论的是重复数相等的情况。当重复数不等时，平方和、自由度以及多重比较中标准误的计算略有不同，本节各举一例予以说明。

### 5.3.1 各处理重复数相等的方差分析

这是 $k$ 个处理中，每个处理皆含 $n$ 个供试单位的资料，如表 5-1 所示。其方差分析如表 5-10 所示。

表 5-10　处理内重复数相等的单向分组资料的方差分析

| 变异来源 | 平方和 $SS$ | 自由度 $df$ | 均方 $MS$ | $F$ | 期望均方 $EMS$ | |
|---|---|---|---|---|---|---|
| | | | | | 固定模型 | 随机模型 |
| 处理间 | $n\sum(\bar{x}_{i.}-\bar{x}_{..})^2$ | $k-1$ | $MS_t$ | $MS_t/MS_e$ | $\sigma^2+nk_{\alpha}^2$ | $\sigma^2+n\sigma_{\alpha}^2$ |
| 处理内 | $\sum\sum(x_{ij}-\bar{x}_{i.})^2$ | $k(n-1)$ | $MS_e$ | | $\sigma^2$ | $\sigma^2$ |
| 总变异 | $\sum\sum(x_{ij}-\bar{x}_{..})^2$ | $nk-1$ | | | | |

【例 5-2】 海产食品中砷的允许量标准以无机砷作为评价指标。现用萃取法测定我国某产区 5 类海产食品中无机砷含量如表 5-11 所示。其中藻类以干重计，其余 4 类以鲜重计。试分析不同类型海产品食品中砷含量的差异显著性。

表 5-11　不同类型海产品中无机砷含量测定结果　mg/kg

| 类型 | 观测值($x_{ij}$) | | | | | | | $x_{i.}$ | $\bar{x}_{i.}$ |
|---|---|---|---|---|---|---|---|---|---|
| 鱼类(A) | 0.31 | 0.25 | 0.52 | 0.36 | 0.38 | 0.51 | 0.42 | 2.75 | 0.393 |
| 贝类(B) | 0.63 | 0.27 | 0.78 | 0.52 | 0.62 | 0.64 | 0.70 | 4.16 | 0.594 |
| 甲壳类(C) | 0.69 | 0.53 | 0.76 | 0.58 | 0.52 | 0.60 | 0.61 | 4.29 | 0.613 |
| 藻类(D) | 1.50 | 1.23 | 1.30 | 1.45 | 1.32 | 1.44 | 1.43 | 9.67 | 1.381 |
| 软体类(E) | 0.72 | 0.63 | 0.59 | 0.57 | 0.78 | 0.52 | 0.64 | 4.45 | 0.636 |
| $k=5$ | | | $n=7$ | | | | | $x_{..}=25.32$ | |

分析步骤：

①平方和与自由度的分解。

$C=x_{..}^2/nk=25.32^2/(7\times5)=18.3172$

$SS_T=\sum_{i=1}^{k}\sum_{j=1}^{n}x_{ij}^2-C=0.31^2+0.25^2+\cdots+0.64^2-C=22.7386-18.3172$
$=4.4214$

$SS_t=\sum_{i=1}^{k}x_{i.}^2/n-C=(2.75^2+\cdots+4.45^2)/7-C=22.3691-18.3191=4.0519$

$SS_e=SS_T-SS_t=4.4214-4.0519=0.3695$

$df_T=nk-1=7\times5-1=34$

$df_t=k-1=5-1=4$

$df_e=k(n-1)=5(7-1)=30$

②列出方差分析表，进行 $F$ 检验。

将上述计算结果列入表 5-12。假设 $H_0:\mu_A=\mu_B=\cdots=\mu_E$；$H_A:\mu_A,\mu_B\cdots,\mu_E$ 不等。查 $F$ 值表，$F_{0.01(4,30)}=4.02$。现实际算得 $F=82.36$，$F>F_{0.01(4,30)}$，故 $p<0.01$，否定 $H_0$，推断不同类型的海产食品中砷含量是有极显著差异的。

表 5-12　表 5-11 资料的方差分析

| 变异来源 | $SS$ | $df$ | $MS$ | $F$ | $F_{0.01}$ |
|---|---|---|---|---|---|
| 类型间 | 4.051 9 | 4 | 1.013 0 | 82.36** | 4.02 |
| 类型内 | 0.369 5 | 30 | 0.012 3 | | |
| 总变异 | 4.421 4 | 34 | | | |

③各处理平均数的多重比较。

算得均数标准误 $S_{\bar{x}}=\sqrt{0.012\,3/7}=0.041\,9$。根据 $df_e=30$ 及 $K=2,3,4,5$，查附表 8（SSR 值表）得 $SSR_{0.05}$ 与 $SSR_{0.01}$ 的值，分别乘以 $S_{\bar{x}}$ 的值，即得 $LSR_{0.05}$ 和 $LSR_{0.01}$ 的值，列于表 5-13，进而进行多重比较（表 5-14）。

表 5-13　多重比较时的 $LSR_{\alpha,K}$ 值计算

| $df_e$ | 秩次距 $K$ | $SSR_{0.05}$ | $SSR_{0.01}$ | $LSR_{0.05}$ | $LSR_{0.01}$ |
|---|---|---|---|---|---|
| 30 | 2 | 2.89 | 3.89 | 0.121 | 0.163 |
| | 3 | 3.04 | 4.06 | 0.127 | 0.170 |
| | 4 | 3.12 | 4.16 | 0.131 | 0.174 |
| | 5 | 3.20 | 4.22 | 0.134 | 0.177 |

表 5-14　不同类型海产品食品中砷含量的平均数多重比较（SSR 法）

| 类型 | 平均数/(mg/kg) | 差异显著性 | |
|---|---|---|---|
| | | $\alpha=0.05$ | $\alpha=0.01$ |
| 藻类(D) | 1.381 | a | A |
| 软体类(E) | 0.636 | b | B |
| 甲壳类(C) | 0.613 | b | B |
| 贝类(B) | 0.594 | b | B |
| 鱼类(A) | 0.393 | c | C |

推断。由表 5-14 多重比较结果可知，藻类中无机砷含量极显著高于软体类、甲壳类、贝类和鱼类；软体类、甲壳类、贝类三者无机砷含量差异不显著，但这三者无机砷含量又极显著高于鱼类无机砷含量。

### 5.3.2　各处理重复数不等的方差分析

单向分组各处理重复数不等资料的方差分析的基本步骤与各处理重复数相等的情况基本相同，只是有关计算公式需做相应改变。

设处理数为 $k$，各处理重复数为 $n_1$、$n_2$、…、$n_k$，试验观测值总个数为 $N=\sum n_i$，则在方差分析时有关公式为：

①平方和与自由度的分解。

$$\begin{cases} SS_T = \sum_{i=1}^{k}\sum_{j=1}^{n_i}(x_{ij} - \bar{x}_{..})^2 = \sum_{i=1}^{k}\sum_{j=1}^{n_i}x_{ij}^2 - C \\ C = x_{..}^2 / N \\ SS_t = \sum_{i=1}^{k} n_i(\bar{x}_{i.} - \bar{x}_{..})^2 = \sum_{i=1}^{k}\frac{x_{i.}^2}{n_i} - C \\ SS_e = \sum_{i=1}^{k}\sum_{j=1}^{n_i}(x_{ij} - \bar{x}_{i.})^2 = SS_T - SS_t \end{cases} \tag{5-19}$$

$$\begin{cases} df_T = \sum_{i=1}^{k} n_i - 1 = N - 1 \\ df_t = k - 1 \\ df_e = \sum_{i=1}^{k} n_i - k = df_T - df_t \end{cases} \tag{5-20}$$

②多重比较。平均数的标准误 $S_{\bar{x}}$。

$$S_{\bar{x}} = \sqrt{MS_e/n_0} \tag{5-21}$$

或

$$S_{\bar{x}_{i.} - \bar{x}_{j.}} = \sqrt{2MS_e/n_0} \tag{5-22}$$

式中 $n_0$ 由式(5-18)计算。

式(5-22)用于 LSD 法。

【例 5-3】　在食品卫生检查中，对 4 种不同品牌腊肉的酸价[中和 1 g 油脂中所含的游离脂肪酸时所需的氢氧化钾的质量(mg)]进行了随机抽样检测，结果如表 5-15 所示。试分析这 4 种不同品牌腊肉的酸价指标有无差异。

**表 5-15　4 种品牌腊肉酸价检测结果**

| 品牌($A_i$) | 酸　价($x_{ij}$) | | | | | | | | $x_{i.}$ | $\bar{x}_{i.}$ | $n_i$ |
|---|---|---|---|---|---|---|---|---|---|---|---|
| $A_1$ | 1.6 | 1.5 | 2.0 | 1.9 | 1.3 | 1.0 | 1.2 | 1.4 | 11.9 | 1.49 | 8 |
| $A_2$ | 1.7 | 1.9 | 2.0 | 2.5 | 2.7 | 1.8 | | | 12.6 | 2.10 | 6 |
| $A_3$ | 0.9 | 1.0 | 1.3 | 1.1 | 1.9 | 1.6 | 1.5 | | 9.3 | 1.33 | 7 |
| $A_4$ | 1.8 | 2.0 | 1.7 | 2.1 | 1.5 | 2.5 | 2.2 | | 13.8 | 1.97 | 7 |
| | | | | | | | | | $x_{..}=47.6$ | | $N=\sum n_i=28$ |

①平方和与自由度的分解。

$C = x_{..}^2 / \sum n_i = 47.6^2/28 = 80.9200$

$SS_T = \sum\sum x_{ij}^2 - C = 1.6^2 + 1.5^2 + \cdots + 2.2^2 - C = 5.8800$

$SS_t = \sum x_{i.}^2/n_i - C = 11.9^2/8 + 12.6^2/6 + 9.3^2/7 + 13.8^2/7 - C = 2.8027$

$SS_e = SS_T - SS_t = 3.0773$

$df_T = \sum n_i - 1 = 28 - 1 = 27$

$df_t = k - 1 = 4 - 1 = 3$

$df_e = df_T - df_t = 27 - 3 = 24$

②列出方差分析表(表 5-16)进行 $F$ 检验。

**表 5-16 表 5-15 资料方差分析**

| 变异来源 | $SS$ | $df$ | $MS$ | $F$ | $F_{0.01}$ |
|---|---|---|---|---|---|
| 品牌间 | 2.802 7 | 3 | 0.934 2 | 7.287** | 4.72 |
| 品牌内(误差) | 3.077 3 | 24 | 0.128 2 | | |
| 总变异 | 5.880 0 | 27 | | | |

表 5-16 所得 $F=7.287>F_{0.01(3,24)}=4.72$,故 $p<0.01$,否定 $H_0:\mu_{A_1}=\mu_{A_2}=\mu_{A_3}=\mu_{A_4}$,即 4 个品牌腊肉之酸价差异极显著。

③各处理(品牌)平均数多重比较。

因各处理重复数不等,故应先由公式(5-18)计算出平均重复次数 $n_0$ 来代替标准误 $S_{\bar{x}}=\sqrt{MS_e/n}$ 中的 $n$。此例:

$$n_0=\frac{1}{k-1}\left[\sum n_i-\frac{\sum n_i^2}{\sum n_i}\right]=\frac{1}{3}\left[28-\frac{8^2+6^2+7^2+7^2}{28}\right]=6.976\ 2$$

于是标准误 $S_{\bar{x}}$ 为:

$$S_{\bar{x}}=\sqrt{MS_e/n_0}=\sqrt{0.128\ 2/6.976\ 2}=0.135\ 6$$

根据 $df_e=24$,秩次距 $K=2,3,4$,从附表 7 中查出 $\alpha=0.05$ 及 $\alpha=0.01$ 的 $q$ 值,并计算出最小显著极差列于表 5-17。多重比较结果见表 5-18。

**表 5-17 $q$ 值及 $LSR_\alpha$ 值计算**

| $df_e$ | 秩次距 $K$ | $q_{0.05}$ | $q_{0.01}$ | $LSR_{0.05}$ | $LSR_{0.01}$ |
|---|---|---|---|---|---|
| 24 | 2 | 2.92 | 3.96 | 0.396 | 0.537 |
| | 3 | 3.53 | 4.55 | 0.479 | 0.617 |
| | 4 | 3.90 | 4.91 | 0.529 | 0.666 |

**表 5-18 4 种品牌腊肉酸价多重比较($q$ 法)**

| 品牌 | $\bar{x}_{i.}$ | 差异显著性 | |
|---|---|---|---|
| | | $\alpha=0.05$ | $\alpha=0.01$ |
| $A_2$ | 2.10 | a | A |
| $A_4$ | 1.97 | a | A |
| $A_1$ | 1.49 | b | AB |
| $A_3$ | 1.33 | b | B |

比较结果表明:$A_2$ 与 $A_4$、$A_1$ 与 $A_3$ 在 5%水平上差异不显著,但 $A_2$、$A_4$ 与 $A_1$、$A_3$ 在 5%水平上差异显著,即 $A_2$、$A_4$ 的酸价显著高于 $A_1$、$A_3$ 的酸价;$A_2$、$A_4$、$A_1$ 在 1%水平上差异不显著,$A_2$、$A_4$ 与 $A_3$ 比较差异显著;$A_1$、$A_3$ 在 1%水平上差异不显著。

参照广式腊肉卫生标准(GB 2730—81),酸价(mg/g 脂肪,以 KOH 计)≤4,表明本例 4 个品牌腊肉就酸价指标而言均为合格品;相对比较,$A_1$、$A_3$ 的质量好于 $A_2$、$A_4$。

## 5.4 两向分组资料的方差分析

单因素试验只能解决一个因素各水平间的比较问题。但是，影响某项试验指标的因素往往是多方面的。如海产食品中无机砷含量除与海洋生物类型有关外，还与这些生物的栖息地域环境及污染状况有关。又如影响生产后食品质量保持的因素除食品种类、食品卫生外，包装方式、贮藏条件、运销过程也是重要的影响因素。因此，在食品科学试验中完全有必要同时考察多种因素对试验指标的影响。这就要求进行两因素或多因素试验。下面介绍完全随机设计下两因素试验资料的方差分析法。

设某试验需考察 A、B 两个因素，A 因素分 $a$ 个水平，B 因素分 $b$ 个水平。若 A 因素的每个水平与 B 因素的每个水平均衡交叉搭配则形成了 $ab$ 个水平组合即处理，试验中因素 A、B 处于平等地位。如果将试验单位随机分成 $ab$ 个组，每组随机接受一个处理，那么试验数据也将按两因素交叉分组。这种试验数据资料称为两向分组资料，也称为交叉分组资料。按完全随机设计的两因素交叉分组试验资料都是两向分组资料，其方差分析按各组合内有无重复观测值分为两种不同情况。

### 5.4.1 两向分组单独观测值试验资料的方差分析

A、B 两个试验因素的全部 $ab$ 个水平组合中，每个水平组合只有一个观测值，全部试验共有 $ab$ 个观测值，其数据模式如表 5-19 所示。

**表 5-19 两向分组单独观测值试验数据模式**

| A 因素 | B 因素 | | | | | | 合计 ($x_{i\cdot}$) | 平均 ($\bar{x}_{i\cdot}$) |
|---|---|---|---|---|---|---|---|---|
| | $B_1$ | $B_2$ | … | $B_j$ | … | $B_b$ | | |
| $A_1$ | $x_{11}$ | $x_{12}$ | … | $x_{1j}$ | … | $x_{1b}$ | $x_{1\cdot}$ | $\bar{x}_{1\cdot}$ |
| $A_2$ | $x_{21}$ | $x_{22}$ | … | $x_{2j}$ | … | $x_{2b}$ | $x_{2\cdot}$ | $\bar{x}_{2\cdot}$ |
| ⋮ | ⋮ | ⋮ | ⋮ | ⋮ | ⋮ | ⋮ | ⋮ | ⋮ |
| $A_i$ | $x_{i1}$ | $x_{i2}$ | … | $x_{ij}$ | … | $x_{ib}$ | $x_{i\cdot}$ | $\bar{x}_{i\cdot}$ |
| ⋮ | ⋮ | ⋮ | ⋮ | ⋮ | ⋮ | ⋮ | ⋮ | ⋮ |
| $A_a$ | $x_{a1}$ | $x_{a2}$ | … | $x_{aj}$ | … | $x_{ab}$ | $x_{a\cdot}$ | $\bar{x}_{a\cdot}$ |
| 合计 $x_{\cdot j}$ | $x_{\cdot 1}$ | $x_{\cdot 2}$ | … | $x_{\cdot j}$ | … | $x_{\cdot b}$ | $x_{\cdot\cdot}$ | |
| 平均 $\bar{x}_{\cdot j}$ | $\bar{x}_{\cdot 1}$ | $\bar{x}_{\cdot 2}$ | … | $\bar{x}_{\cdot j}$ | … | $\bar{x}_{\cdot b}$ | | |

表 5-19 中

$$x_{i\cdot}=\sum_{j=1}^{b}x_{ij},\quad \bar{x}_{i\cdot}=\frac{1}{b}\sum_{j=1}^{b}x_{ij},\quad x_{\cdot j}=\sum_{i=1}^{a}x_{ij},\quad \bar{x}_{\cdot j}=\frac{1}{a}\sum_{i=1}^{a}x_{ij},\quad x_{\cdot\cdot}=\sum_{i=1}^{a}\sum_{j=1}^{b}x_{ij}$$

两向分组单独观测值试验的数学模型为：

$$x_{ij}=\mu+\alpha_i+\beta_j+\varepsilon_{ij}\quad (i=1,2,\cdots,a;j=1,2,\cdots,b)\tag{5-23}$$

式中：$\mu$ 为总的总体平均数；$\alpha_i$、$\beta_j$ 为 $A_i$、$B_j$ 的效应，$\alpha_i=\mu_i-\mu$，$\beta_j=\mu_j-\mu$；$\mu_i$、$\mu_j$ 分别为 $A_i$、$B_j$ 的总体平均数，可以是固定模型($\sum\alpha_i=0$，$\sum\beta_j=0$)或随机模型[$\alpha_i\sim N(0,\sigma_A^2)$；$\beta_j\sim N(0,\sigma_B^2)$]。

两向分组单独观测值的试验，A 因素的每个水平有 $b$ 个重复，B 因素的每个水平有 $a$ 个重复，每个观测值同时受到 A、B 两因素及随机误差的作用。因此，全部 $ab$ 个观测值的总变异可以剖分为 A 因素水平间变异，B 因素水平间变异及试验误差 3 部分；自由度也相应分解。平方和与自由度的分解为：

$$\begin{cases} SS_T = SS_A + SS_B + SS_e \\ df_T = df_A + df_B + df_e \end{cases} \tag{5-24}$$

各项平方和与自由度的计算公式为：

$$\begin{cases} \text{矫正数} & C = x_{..}^2/ab \\ \text{总平方和} & SS_T = \sum_{i=1}^{a}\sum_{j=1}^{b}(x_{ij} - \bar{x}_{..})^2 = \sum_{i=1}^{a}\sum_{j=1}^{b}x_{ij}^2 - C \\ \text{A 因素平方和} & SS_A = b\sum_{i=1}^{a}(\bar{x}_{i.} - \bar{x}_{..})^2 = \frac{1}{b}\sum_{i=1}^{a}x_{i.}^2 - C \\ \text{B 因素平方和} & SS_B = a\sum_{j=1}^{b}(\bar{x}_{.j} - \bar{x}_{..})^2 = \frac{1}{a}\sum_{j=1}^{b}x_{.j}^2 - C \\ \text{误差平方和} & SS_e = SS_T - SS_A - SS_B \\ \text{总自由度} & df_T = ab - 1 \\ \text{A 因素自由度} & df_A = a - 1 \\ \text{B 因素自由度} & df_B = b - 1 \\ \text{误差自由度} & df_e = df_T - df_A - df_B = (a-1)(b-1) \\ \text{相应均方为} & MS_A = SS_A/df_A \quad MS_B = SS_B/df_B \quad MS_e = SS_e/df_e \end{cases} \tag{5-25}$$

两向分组单独观测值试验资料方差分析的期望均方与 $F$ 检验如表 5-20 所示。

**表 5-20 两向分组单独观测值的期望均方与 F 检验**

| 变异来源 | 自由度 | 固定模型 | | 随机模型 | | A 固定、B 随机 | |
|---|---|---|---|---|---|---|---|
| | | 期望均方 | $F$ | 期望均方 | $F$ | 期望均方 | $F$ |
| A 因素 | $a-1$ | $bk_A^2+\sigma^2$ | $MS_A/MS_e$ | $b\sigma_A^2+\sigma^2$ | $MS_A/MS_e$ | $bk_A^2+\sigma^2$ | $MS_A/MS_e$ |
| B 因素 | $b-1$ | $ak_B^2+\sigma^2$ | $MS_B/MS_e$ | $a\sigma_B^2+\sigma^2$ | $MS_B/MS_e$ | $a\sigma_B^2+\sigma^2$ | $MS_B/MS_e$ |
| 误差 | $(a-1)(b-1)$ | $\sigma^2$ | | $\sigma^2$ | | $\sigma^2$ | |
| 总变异 | $ab-1$ | | | | | | |

对于固定模型，$F$ 检验所做假设为 $H_0:\mu_{A_1}=\mu_{A_2}=\cdots=\mu_{A_a}$，$\mu_{B_1}=\mu_{B_2}=\cdots=\mu_{B_b}$，$H_A$：各 $\mu_{A_i}$ 及各 $\mu_{B_j}$ 分别不相等或不全相等(即 $H_0:k_A^2=0, K_B^2=0; H_A:k_A^2\neq0, K_B^2\neq0$)；对于随机模型则是 $H_0:\sigma_A^2=0, \sigma_B^2=0; H_A:\sigma_A^2\neq0, \sigma_B^2\neq0$。混合模型(A 固定，B 随机)是 $H_0:k_A^2=0, \sigma_B^2=0; H_A:k_A^2\neq0, \sigma_B^2\neq0$。

由表 5-20 可以看出，对两向分组单独观测值试验资料的方差分析，不论是固定、随机还是混合模型，$F$ 检验分母均方都是误差均方 $MS_e$。

两向分组单独观测值试验资料的方差分析，其误差自由度一般不应小于 12，目的在于较精确地估计误差。

【例 5-4】 某乳制品厂有化验员 3 人，担任牛乳酸度(°T)检验。每天从牛乳中抽样一次进行检验，连续 10 d 的检验结果见表 5-21。试分析 3 个化验员的化验技术有无差异，以及每天的原料牛乳酸度有无差异(新鲜乳的酸度不超过 20 °T)。

**表 5-21　牛乳酸度(°T)测定数据**

| 化验员 | 日期 | | | | | | | | | | $x_{i\cdot}$ | $\bar{x}_{i\cdot}$ |
|---|---|---|---|---|---|---|---|---|---|---|---|---|
| | $B_1$ | $B_2$ | $B_3$ | $B_4$ | $B_5$ | $B_6$ | $B_7$ | $B_8$ | $B_9$ | $B_{10}$ | | |
| $A_1$ | 11.71 | 10.81 | 12.39 | 12.56 | 10.64 | 13.26 | 13.34 | 12.67 | 11.27 | 12.68 | 121.33 | 12.133 |
| $A_2$ | 11.78 | 10.70 | 12.50 | 12.35 | 10.32 | 12.93 | 13.81 | 12.48 | 11.60 | 12.65 | 121.12 | 12.112 |
| $A_3$ | 11.61 | 10.75 | 12.40 | 12.41 | 10.72 | 13.10 | 13.58 | 12.88 | 11.46 | 12.94 | 121.85 | 12.185 |
| $x_{\cdot j}$ | 35.10 | 32.26 | 37.29 | 37.32 | 31.68 | 39.29 | 40.73 | 38.03 | 34.33 | 38.27 | $x_{\cdot\cdot}=364.30$ | |
| $\bar{x}_{\cdot j}$ | 11.70 | 10.75 | 12.43 | 12.44 | 10.56 | 13.10 | 13.58 | 12.68 | 11.44 | 12.76 | | |

①平方和与自由度的分解。

$$C=\frac{x_{\cdot\cdot}^2}{ab}=\frac{364.30^2}{3\times10}=4\ 423.816\ 3$$

$$SS_T=\sum\sum x_{ij}^2-C=11.71^2+11.78^2+\cdots+12.94^2-C$$

$$=4\ 451.067\ 2-4\ 423.816\ 3=27.250\ 9$$

$$SS_A=\frac{1}{b}\sum x_{i\cdot}^2-C=\frac{1}{10}(121.33^2+121.12^2+121.85^2)-C$$

$$=4\ 423.844\ 6-4\ 423.816\ 3=0.028\ 3$$

$$SS_B=\frac{1}{a}\sum x_{\cdot j}^2-C=\frac{1}{3}(35.10^2+32.26^2+\cdots+38.27^2)-C$$

$$=4\ 450.575\ 4-4\ 423.816\ 3=26.759\ 1$$

$$SS_e=SS_T-SS_A-SS_B=27.250\ 9-0.028\ 3-26.759\ 1=0.463\ 5$$

$$df_T=ab-1=3\times10-1=29$$

$$df_A=a-1=3-1=2$$

$$df_B=b-1=10-1=9$$

$$df_e=df_T-df_A-df_B=(a-1)(b-1)=(3-1)(10-1)=18$$

②列出方差分析表，进行 $F$ 检验(表 5-22)。

**表 5-22　表 5-21 资料方差分析**

| 变异来源 | $SS$ | $df$ | $MS$ | $F$ | $F_{0.01}$ |
|---|---|---|---|---|---|
| 化验员间 | 0.028 3 | 2 | 0.014 2 | 0.550<1 | |
| 日期间 | 26.759 1 | 9 | 2.973 2 | 115.240** | 3.60 |
| 误差 | 0.463 5 | 18 | 0.025 8 | | |
| 总变异 | 27.250 9 | 29 | | | |

③推断。3 个化验员的化验技术没有显著差异；不同日期牛乳的酸度有极显著差异。

④多重比较。在本例中，A 因素(化验员)各水平间差异不显著，故不需要做多重比较。若 A 因素各水平间差异显著或极显著需要做多重比较时，则因为在两因素单独观测值试验情况下，A 因素每一水平的重复数恰为 B 因素的水平数 $b$，故 A 因素的标准误 $S_{\bar{x}_{i.}}=\sqrt{MS_e/b}$。计算出 $S_{\bar{x}_{i.}}$ 后，根据误差自由度 $df=(a-1)(b-1)$ 和秩次距 $K=2,3,\cdots,a$，从附表 7 中查出 $\alpha=0.05$ 和 $\alpha=0.01$ 的临界 $q$ 值($q$ 检验法)或从附表 8 中查出 $\alpha=0.05$ 和 $\alpha=0.01$ 临界 $SSR$ 值(新复极差法)与标准误差 $S_{\bar{x}_{i.}}$ 相乘，计算出最小显著极差 $LSR_{\alpha,K}$，最后进行 A 因素各水平均数间的多重比较。

在两因素单独观测值试验情况下，B 因素每一水平的重复数恰为 A 因素的水平数 $a$，因此 B 因素的标准误 $S_{\bar{x}_{.j}}=\sqrt{MS_e/a}$。本例中 $a=3$，$MS_e=0.025\ 8$，故：

$$S_{\bar{x}_{.j}}=\sqrt{MS_e/a}=\sqrt{0.025\ 8/3}=0.093$$

根据 $df_e=18$，秩次距 $K=2,3,\cdots,10$，查临界 $q$ 值并与 $S_{\bar{x}_{.j}}$ 相乘，求得最小显著极差，如表 5-23 所示。

**表 5-23　$q$ 值及 $LSR_{\alpha,K}$ 值**

| $df_e$ | 秩次距($K$) | $q_{0.05}$ | $q_{0.01}$ | $LSR_{0.05}$ | $LSR_{0.01}$ |
|---|---|---|---|---|---|
| 18 | 2 | 2.97 | 4.07 | 0.28 | 0.38 |
| | 3 | 3.61 | 4.70 | 0.34 | 0.44 |
| | 4 | 4.00 | 5.09 | 0.37 | 0.47 |
| | 5 | 4.28 | 5.38 | 0.40 | 0.50 |
| | 6 | 4.49 | 5.60 | 0.42 | 0.52 |
| | 7 | 4.67 | 5.79 | 0.43 | 0.54 |
| | 8 | 4.82 | 5.94 | 0.45 | 0.55 |
| | 9 | 4.96 | 6.08 | 0.46 | 0.57 |
| | 10 | 5.07 | 6.20 | 0.47 | 0.58 |

B 因素各水平均值多重比较结果，如表 5-24 所示。

**表 5-24　不同测定日牛乳酸度多重比较($q$ 法)**

| 测定日期 | 平均数 $\bar{x}_{.j}$ | $\bar{x}_{.j}-10.56$ | $\bar{x}_{.j}-10.75$ | $\bar{x}_{.j}-11.44$ | $\bar{x}_{.j}-11.70$ | $\bar{x}_{.j}-12.43$ | $\bar{x}_{.j}-12.44$ | $\bar{x}_{.j}-12.68$ | $\bar{x}_{.j}-12.76$ | $\bar{x}_{.j}-13.10$ |
|---|---|---|---|---|---|---|---|---|---|---|
| $B_7$ | 13.58 | 3.02** | 2.83** | 2.14** | 1.88** | 1.15** | 1.14** | 0.90** | 0.82** | 0.48** |
| $B_6$ | 13.10 | 2.54** | 2.35** | 1.66** | 1.40** | 0.67** | 0.66** | 0.42* | 0.34* | |
| $B_{10}$ | 12.76 | 2.20** | 2.01** | 1.32** | 1.06** | 0.33 | 0.32 | 0.08 | | |
| $B_8$ | 12.68 | 2.12** | 1.93** | 1.24** | 0.98** | 0.25 | 0.24 | | | |
| $B_4$ | 12.44 | 1.88** | 1.69** | 1.00** | 0.74** | 0.01 | | | | |
| $B_3$ | 12.43 | 1.87** | 1.68** | 0.99** | 0.73** | | | | | |
| $B_1$ | 11.70 | 1.14** | 0.95** | 0.26 | | | | | | |
| $B_9$ | 11.44 | 0.88** | 0.69** | | | | | | | |
| $B_2$ | 10.75 | 0.19 | | | | | | | | |
| $B_5$ | 10.56 | | | | | | | | | |

结果表明，除 $B_2$ 与 $B_5$、$B_1$ 与 $B_9$、$B_4$ 与 $B_3$、$B_8$ 与 $B_3$、$B_8$ 与 $B_4$、$B_{10}$ 与 $B_3$、$B_{10}$ 与 $B_4$、$B_{10}$ 与 $B_8$ 差异不显著外，其余不同测定日间牛乳酸度均差异极显著或显著。酸度最高的是 $B_7$，最低的是 $B_2$ 和 $B_5$。当然，从牛乳质量要求来看，连续 10 d 牛乳酸度均属鲜乳范围。

请读者在表 5-24 的基础上，用标记字母法表示多重比较的结果。

在本例，如果将 B 因素（测定日期）当作随机因素看待，那么整个试验的数学模型为混合模型（A 固定，B 随机）。此时，对于 B 因素，目的不在于比较某特定的 10 d 间牛乳酸度的差异情况，而在于由随机抽测的某 10 天牛乳酸度去估计以方差表示的该厂每天所进原料牛乳酸度的变异情况，即进行不同生产日效应方差组分（$\sigma_B^2$）的估计。这里，因为 $\hat{\sigma}^2 = MS_e = 0.025\ 8$，$MS_B = a\hat{\sigma}_B^2 + \hat{\sigma}^2 = 2.973\ 2$，所以 $\hat{\sigma}_B^2 = (MS_B - \hat{\sigma}^2)/a = (2.973\ 2 - 0.025\ 8)/3 = 0.982\ 5$。

在进行两因素或多因素的试验时，除了研究每一因素对试验指标的影响外，往往更希望研究因素之间的交互作用，这在食品科学研究和生产中是十分重要的。例如，通过研究温度、湿度、气体成分、光照等环境条件对导致食品腐烂变质的酶和微生物的活动的影响有无交互作用，对最终达到有效地控制酶和微生物的活动，保持食品质量的最佳环境控制是有重要意义的。又如在食品新产品的设计、开发、试制过程中，必须对影响该产品产量与质量的主要因素以及这些因素间相互作用的内在规律进行充分的分析研究，只有这样才能确定具体的加工工艺。

前面介绍的两因素单独观测值试验只适用于两因素间无交互作用的情况。若两因素间有交互作用，则每个水平组合中只设一个试验单位（观测单位）的试验设计是不正确的或不完善的。这是因为：

①在这种情况下，式(5-29)中 $SS_e$，$df_e$ 实际是 A，B 两因素交互作用平方和与自由度，所算得的 $MS_e$ 是交互作用均方，主要反映由交互作用引起的变异。

②这时若仍按【例 5-4】所采用的方法进行方差分析，由于误差均方值大（包含交互作用在内），有可能掩盖试验因素的差异显著性，从而增大犯Ⅱ型错误的概率。

③因为每个水平组合只有一个观测值，所以无法估计真正的试验误差，因而不可能对因素的交互作用进行研究。

因此，进行两因素或多因素试验时，一般应设置重复，以便正确估计试验误差，深入研究因素间的交互作用。

### 5.4.2　两向分组有相等重复观测值试验资料的方差分析

对 2 因素和多因素有重复观测值试验资料的分析，能研究因素的简单效应（simple effect）、主效应（main effect）和因素间的互作效应（interaction effect），下面通过一个例子对这些概念给予直观解释。

茄汁鲭鱼罐头不脱水加工工艺与传统加工工艺相比有许多优点，但也存在产品固形物含量不稳定的问题。为解决这一问题，今欲探讨杀菌时间（$A$，min）和杀菌温度（$B$，℃）对成品固形物含量稳定性的影响。杀菌时间和温度各取两个水平。各因素水平及试验后在 A、B 各种搭配下成品固形物含量（%），见表 5-25。

表 5-25 不同杀菌时间和温度搭配下成品固形物含量 %

| 项目 | $A_1$(55 min) | $A_2$(65 min) | $A_2-A_1$ | 平均($B_j$) |
|---|---|---|---|---|
| $B_1$(116℃) | 70.30 | 80.80 | 10.50 | 75.55 |
| $B_2$(121℃) | 75.60 | 68.00 | −7.60 | 71.80 |
| $B_2-B_1$ | 5.30 | −12.80 | | −3.75 |
| 平均($A_i$) | 72.95 | 74.40 | 1.45 | |

(1)简单效应　在某因素同一水平上，另一因素不同水平对试验指标的影响称为简单效应。如表 5-25 中，在 $A_1$ 水平下，$B_2-B_1=75.60-70.30=5.30$；在 $A_2$ 水平下，$B_2-B_1=68.00-80.80=-12.80$；在 $B_1$ 水平下，$A_2-A_1=80.80-70.30=10.50$；在 $B_2$ 水平下，$A_2-A_1=68.00-75.60=-7.60$，这些均是简单效应。实际上简单效应是特殊水平组合间的差数。

(2)主效应　由于因素水平的改变而引起的平均数的改变量称为主效应。如在表 5-27 中，当 A 因素由 $A_1$ 水平变到 $A_2$ 水平时，A 因素的主效应为 $A_2$ 水平的平均数减去 $A_1$ 水平的平均数，即

$$\text{A 因素的主效应} = 74.40 - 72.95 = 1.45$$

同理，

$$\text{B 因素的主效应} = 71.80 - 75.55 = -3.75$$

主效应也是简单效应的平均，如

$$[10.50+(-7.60)]/2 = 1.45,[(-12.8+5.30)]/2 = -3.75。$$

(3)互作效应　互作即交互作用。在多因素试验中，一个因素的作用要受到另一个因素的影响，表现为某一因素在另一因素的不同水平上所产生的效应不同。这种现象称为该两因素存在互作。如在表 5-25 中：

$$\text{A 在 } B_1 \text{水平下的效应} = 80.80-70.30 = 10.50$$
$$\text{A 在 } B_2 \text{水平下的效应} = 68.00-75.60 = -7.60$$
$$\text{B 在 } A_1 \text{水平下的效应} = 75.60-70.30 = 5.30$$
$$\text{B 在 } A_2 \text{水平下的效应} = 68.00-80.80 = -12.80$$

显而易见，A 的效应随着 B 因素水平的不同而异，反之亦然。我们说 A、B 两因素间存在交互作用，记为 A×B。或者说，若某一因素的简单效应随着另一因素水平的变化而变化时，则称该两因素存在交互作用。互作效应可由$(A_1B_1+A_2B_2-A_1B_2-A_2B_1)/2$ 来估计。表 5-27 中的互作效应为：

$$(70.30 + 68.00 - 75.60 - 80.80)/2 = -18.10/2 = -9.05$$

所谓互作效应实际上指的是由两个或两个以上的试验因素的相互作用而产生的效应。在表 5-25 中：$A_2B_1-A_1B_1=80.80-70.30=10.50$，$A_1B_2-A_1B_1=75.60-70.30=5.30$，两者分别是延长杀菌时间和提高杀菌温度单独作用的效应，其和是 $10.50+5.30=15.80$。但是，$A_2B_2-A_1B_1=-2.30$，而不是 15.80。这就是说，同时延长杀菌时间和提高杀菌温度所产生的效应不是单独改变各因素水平所产生效应的和，反而下降了 18.10，即$(-2.30)-15.80=-18.10$。这个 −18.10 是延长杀菌时间和提高杀菌温度共同作用的结果。若将其平均分到每个因素上，则各为 −9.05，亦即估计的互作效应。

我们把具有负效应的互作称为负的交互作用；把具有正效应的互作称为正的交互作用；互作效应为零则称为无交互作用。没有交互作用的因素是相互独立的因素，此时不论在某一因素的哪个水平上，另一因素的简单效应是相等的。

关于正互作和无互作的直观理解，读者可将表 5-25 中 $A_2B_2$ 位置上数值改为任一大于 86.10 的数值和 86.10 后具体计算一下即可。

下面介绍两向分组有相等重复观测值试验资料的方差分析方法。

设 A 及 B 两因素分别具有 $a$ 和 $b$ 个水平，共有 $ab$ 个水平组合，每个水平组合有 $n$ 次重复，则全部试验共有 $abn$ 个观测值。这类试验资料方差分析的数据模式如表 5-26 所示。

**表 5-26　两因素等重复试验数据模式**

| A 因素 | | B 因素 | | | | $A_i$ 合计 $x_{i\cdot\cdot}$ | $A_i$ 平均 $\bar{x}_{i\cdot\cdot}$ |
|---|---|---|---|---|---|---|---|
| | | $B_1$ | $B_2$ | … | $B_b$ | | |
| $A_1$ | $x_{1jl}$ | $x_{111}$ | $x_{121}$ | … | $x_{1b1}$ | $x_{1\cdot\cdot}$ | $\bar{x}_{1\cdot\cdot}$ |
| | | $x_{112}$ | $x_{122}$ | … | $x_{1b2}$ | | |
| | | ⋮ | ⋮ | ⋮ | ⋮ | | |
| | | $x_{11n}$ | $x_{12n}$ | … | $x_{1bn}$ | | |
| | $x_{1j\cdot}$ | $x_{11\cdot}$ | $x_{12\cdot}$ | … | $x_{1b\cdot}$ | | |
| | $\bar{x}_{1j\cdot}$ | $\bar{x}_{11.}$ | $\bar{x}_{12.}$ | … | $\bar{x}_{1b\cdot}$ | | |
| $A_2$ | $x_{2jl}$ | $x_{211}$ | $x_{221}$ | … | $x_{2b1}$ | $x_{2\cdot\cdot}$ | $\bar{x}_{2\cdot\cdot}$ |
| | | $x_{212}$ | $x_{222}$ | … | $x_{2b2}$ | | |
| | | ⋮ | ⋮ | ⋮ | ⋮ | | |
| | | $x_{21n}$ | $x_{22n}$ | … | $x_{2bn}$ | | |
| | $x_{2j\cdot}$ | $x_{21\cdot}$ | $x_{22\cdot}$ | … | $x_{2b\cdot}$ | | |
| | $\bar{x}_{2j\cdot}$ | $\bar{x}_{21\cdot}$ | $\bar{x}_{22\cdot}$ | … | $\bar{x}_{2b\cdot}$ | | |
| ⋮ | ⋮ | ⋮ | ⋮ | … | ⋮ | ⋮ | ⋮ |
| $A_a$ | $x_{ajl}$ | $x_{a11}$ | $x_{a21}$ | … | $x_{ab1}$ | $x_{a\cdot\cdot}$ | $\bar{x}_{a\cdot\cdot}$ |
| | | $x_{a12}$ | $x_{a22}$ | … | $x_{ab2}$ | | |
| | | ⋮ | ⋮ | ⋮ | ⋮ | | |
| | | $x_{a1n}$ | $x_{a2n}$ | … | $x_{abn}$ | | |
| | $x_{aj\cdot}$ | $x_{a1\cdot}$ | $x_{a2\cdot}$ | … | $x_{ab\cdot}$ | | |
| | $\bar{x}_{aj\cdot}$ | $\bar{x}_{a1\cdot}$ | $\bar{x}_{a2\cdot}$ | … | $\bar{x}_{ab\cdot}$ | | |
| $B_j$ 合计 $x_{\cdot j\cdot}$ | | $x_{\cdot 1\cdot}$ | $x_{\cdot 2\cdot}$ | … | $x_{\cdot b\cdot}$ | $x_{\cdots}$ | |
| $B_j$ 平均 $\bar{x}_{\cdot j\cdot}$ | | $\bar{x}_{\cdot 1\cdot}$ | $\bar{x}_{\cdot 2\cdot}$ | … | $\bar{x}_{\cdot b\cdot}$ | | $\bar{x}_{\cdots}$ |

表 5-26 中：

$$x_{ij\cdot} = \sum_{l=1}^{n} x_{ijl}, \quad \bar{x}_{ij\cdot} = \sum_{i=1}^{n} x_{ijl}/n$$

$$x_{i\cdot\cdot} = \sum_{j=1}^{b}\sum_{l=1}^{n} x_{ijl}, \quad \bar{x}_{i\cdot\cdot} = \sum_{j=1}^{b}\sum_{l=1}^{n} x_{ijl}/bn$$

$$x_{\cdot j\cdot} = \sum_{i=1}^{a}\sum_{l=1}^{n} x_{ijl}, \quad \bar{x}_{\cdot j\cdot} = \sum_{i=1}^{a}\sum_{l=1}^{n} x_{ijl}/an$$

$$x_{\cdots} = \sum_{i=1}^{a}\sum_{j=1}^{b}\sum_{l=1}^{n} x_{ijl}, \quad \bar{x}_{\cdots} = \sum_{i=1}^{a}\sum_{j=1}^{b}\sum_{l=1}^{n} x_{ijl}/abn$$

两向分组等重复观测值试验的数学模型为式(5-26)：

$$x_{ijl} = \mu + \alpha_i + \beta_j + (\alpha\beta)_{ij} + \varepsilon_{ijl} \tag{5-26}$$

$$(i=1,2,\cdots,a;\ j=1,2,\cdots,b;\ l=1,2,\cdots,n)$$

式中：$\mu$ 为总平均数；$\alpha_i$ 为 $A_i$ 的效应，$\beta_j$ 为 $B_j$ 的效应；$(\alpha\beta)_{ij}$ 为 $A_i$ 与 $B_j$ 的互作效应；$\alpha_i=\mu_{i\cdot}-\mu$，$\beta_j=\mu_{\cdot j}-\mu$，$(\alpha\beta)_{ij}=\mu_{ij}-\mu_{i\cdot}-\mu_{\cdot j}+\mu$；$\mu_{i\cdot}$、$\mu_{\cdot j}$、$\mu_{ij}$ 分别为 $A_i$、$B_j$、$A_iB_j$ 总体平均数，且 $\sum_{i=1}^{a}\alpha_i=0$、$\sum_{i=1}^{b}\beta_j=0$、$\sum_{i=1}^{a}(\alpha\beta)_{ij}=\sum_{j=1}^{b}(\alpha\beta)_{ij}=\sum_{i=1}^{a}\sum_{j=1}^{b}(\alpha\beta)_{ij}=0$；$\varepsilon_{ijl}$ 为随机误差，相互独立，且 $\varepsilon_{ijl}\sim N(0,\sigma^2)$。

两向分组等重复观测值试验资料方差分析平方和与自由度的分解式为（式 5-27）：

$$\begin{cases}SS_T=SS_A+SS_B+SS_{A\times B}+SS_e\\ df_T=df_A+df_B+df_{A\times B}+df_e\end{cases}\tag{5-27}$$

式中：$SS_{A\times B}$、$df_{A\times B}$ 为 A、B 两因素交互作用平方和及自由度。

若用 $SS_{AB}$、$df_{AB}$ 表示 A、B 水平组合（处理）的平方和与自由度，则因为处理变异可剖分为 A 因素、B 因素及 A、B 交互作用变异 3 部分，于是 $SS_{AB}$、$df_{AB}$ 解分为（式 5-28）：

$$\begin{cases}SS_{AB}=SS_A+SS_B+SS_{A\times B}\\ df_{AB}=df_A+df_B+df_{A\times B}\end{cases}\tag{5-28}$$

各项平方和、自由度及均方的计算公式见式（5-29）：

$$\left.\begin{array}{lll}
\text{矫正数} & C=x_{\cdots}^2/abn & \\
\text{总平方和及其自由度} & SS_T=\sum\sum\sum x_{ijl}^2-C, & df_T=abn-1\\
\text{水平组合平方和及其自由度} & SS_{AB}=\frac{1}{n}\sum\sum x_{ij\cdot}^2-C, & df_{AB}=ab-1\\
\text{A 因素平方和及其自由度} & SS_A=\frac{1}{bn}\sum x_{i\cdot\cdot}^2-C, & df_A=a-1\\
\text{B 因素平方和及其自由度} & SS_B=\frac{1}{an}\sum x_{\cdot j\cdot}^2-C, & df_B=b-1\\
\text{交互作用平方和及其自由度} & SS_{A\times B}=SS_{AB}-SS_A-SS_B, & df_{A\times B}=(a-1)(b-1)\\
\text{误差平方和及其自由度} & SS_e=SS_T-SS_{AB}, & df_e=ab(n-1)\\
\text{相应均方为} & MS_A=SS_A/df_A, & MS_B=SS_B/df_B\\
 & MS_{A\times B}=SS_{A\times B}/df_{A\times B}, & MS_e=SS_e/df_e
\end{array}\right\}\tag{5-29}$$

两向分组等重复观测值试验资料方差分析的期望均方和 $F$ 检验如表 5-27 所示。

**表 5-27 两向分组等重复观测值的期望均方与 *F* 检验**

| 变异来源 | 自由度 | 固定模型 | | 随机模型 | | A 随机、B 固定 | |
|---|---|---|---|---|---|---|---|
| | | 期望均方 | $F$ | 期望均方 | $F$ | 期望均方 | $F$ |
| A 因素 | $a-1$ | $bnk_A^2+\sigma^2$ | $MS_A/MS_e$ | $bn\sigma_A^2+n\sigma_{A\times B}^2+\sigma^2$ | $MS_A/MS_{A\times B}$ | $bn\sigma_A^2+\sigma^2$ | $MS_A/MS_e$ |
| B 因素 | $b-1$ | $ank_B^2+\sigma^2$ | $MS_B/MS_e$ | $an\sigma_B^2+n\sigma_{A\times B}^2+\sigma^2$ | $MS_B/MS_{A\times B}$ | $ank_B^2+n\sigma_{A\times B}^2+\sigma^2$ | $MS_B/MS_{A\times B}$ |
| A×B | $(a-1)(b-1)$ | $nk_{A\times B}^2+\sigma^2$ | $MS_{A\times B}/MS_e$ | $n\sigma_{A\times B}^2+\sigma^2$ | $MS_{A\times B}/MS_e$ | $n\sigma_{A\times B}^2+\sigma^2$ | $MS_{A\times B}/MS_e$ |
| 误差 | $ab(n-1)$ | $\sigma^2$ | | $\sigma^2$ | | $\sigma^2$ | |
| 总变异 | $abn-1$ | | | | | | |

由表 5-27 可知，两向分组等重复观测值试验资料的方差分析，对主效应和互作进行 $F$ 检验随模型不同而异。对于固定模型，均用 $MS_e$ 作为分母；对于随机模型，检验 $H_0:\sigma^2_{A\times B}=0$ 时，$MS_e$ 作为分母，而检验 $H_0:\sigma^2_A=0$ 和 $H_0:\sigma^2_B=0$ 时都用 $MS_{A\times B}$ 作为分母；对于混合模型（A 随机、B 固定），检验 $H_0:\sigma^2_A=0$ 和 $H_0:\sigma^2_{A\times B}=0$ 都用 $MS_e$ 作为分母，而检验 $H_0:k^2_B=0$ 时，则以 $MS_{A\times B}$ 作为分母（A 固定、B 随机时，与此类似）。

【例 5-5】 现有 4 种食品添加剂对 3 种不同配方蛋糕质量的影响试验。配方因素（A）和食品添加剂因素（B）分别为 3 个水平和 4 个水平，共组成 12 个水平组合（处理），每个水平组合含有 3 个重复。其产品质量评分结果如表 5-28 所示，试分析配方及添加剂对蛋糕质量的影响。

**表 5-28　4 种食品添加剂对 3 种不同配方蛋糕质量的影响**

| 配方（A） | | 食品添加剂（B） | | | | $A_i$ 合计 $x_{i..}$ | $A_i$ 平均 $\bar{x}_{i..}$ |
|---|---|---|---|---|---|---|---|
| | | $B_1$ | $B_2$ | $B_3$ | $B_4$ | | |
| $A_1$ | $x_{1jl}$ | 8 | 7 | 6 | 7 | 79 | 6.6 |
| | | 8 | 7 | 5 | 5 | | |
| | | 8 | 6 | 6 | 6 | | |
| | $x_{1j.}$ | 24 | 20 | 17 | 18 | | |
| | $\bar{x}_{1j.}$ | 8.0 | 6.7 | 5.7 | 6.0 | | |
| $A_2$ | $x_{2jl}$ | 9 | 7 | 8 | 6 | 89 | 7.4 |
| | | 9 | 9 | 7 | 7 | | |
| | | 8 | 6 | 6 | 7 | | |
| | $x_{2j.}$ | 26 | 22 | 21 | 20 | | |
| | $\bar{x}_{2j.}$ | 8.7 | 7.3 | 7.0 | 6.7 | | |
| $A_3$ | $x_{3jl}$ | 7 | 8 | 10 | 9 | 97 | 8.1 |
| | | 7 | 7 | 9 | 8 | | |
| | | 6 | 8 | 9 | 9 | | |
| | $x_{3j.}$ | 20 | 23 | 28 | 26 | | |
| | $\bar{x}_{3j.}$ | 6.7 | 7.7 | 9.3 | 8.7 | | |
| $B_j$ 合计 | $x_{.j.}$ | 70 | 65 | 66 | 64 | 265 | |
| $B_j$ 平均 | $\bar{x}_{.j.}$ | 7.8 | 7.2 | 7.3 | 7.1 | | 7.4 |

本例配方因素 A 有 3 个水平，即 $a=3$；食品添加剂因素 B 有 4 个水平，即 $b=4$，共有 $ab=12$ 个水平组合（处理）；每个组合重复数 $n=3$，共 $abn=36$ 个观测值。现对本例资料进行方差分析如下。

（1）计算各项平方和与自由度

$$C=x^2_{...}/abn=265^2/36=1\ 950.694\ 4$$

$$SS_T=\sum\sum\sum x^2_{ijl}-C=8^2+8^2+\cdots+9^2-1\ 950.694\ 4=56.305\ 6$$

$$SS_{AB}=\frac{1}{n}\sum\sum x^2_{ij.}-C=\frac{1}{3}(24^2+20^2+\cdots+26^2)-1\ 950.694\ 4=42.305\ 6$$

$$SS_A=\frac{1}{bn}\sum x_{i..}^2-C=\frac{1}{4\times 3}(79^2+89^2+97^2)-1\ 950.694\ 4=13.555\ 6$$

$$SS_B=\frac{1}{an}\sum x_{.j.}^2-C=\frac{1}{3\times 3}(70^2+65^2+66^2+64^2)-1\ 950.694\ 4=2.305\ 6$$

$$SS_{A\times B}=SS_{AB}-SS_A-SS_B=42.305\ 6-13.555\ 6-2.305\ 6=26.444\ 4$$

$$SS_e=SS_T-SS_{AB}=56.305\ 6-42.305\ 6=14.000\ 0$$

$$df_T=abn-1=3\times 4\times 3-1=35$$

$$df_{AB}=ab-1=3\times 4-1=11$$

$$df_A=a-1=3-1=2$$

$$df_B=b-1=4-1=3$$

$$df_{A\times B}=(a-1)(b-1)=(3-1)(4-1)=6$$

$$df_e=ab(n-1)=3\times 4\times(3-1)=24$$

(2)列出方差分析表进行 $F$ 检验(表 5-29)

**表 5-29 方差分析**

| 变异来源 | $SS$ | $df$ | $MS$ | $F$ 值 |
|---|---|---|---|---|
| 处理间 | 42.305 6 | 11 | 3.846 0 | 6.594** |
| A 因素 | 13.555 6 | 2 | 6.777 8 | 11.620** |
| B 因素 | 2.305 6 | 3 | 0.768 5 | 1.318 |
| A×B | 26.444 4 | 6 | 4.407 4 | 7.556** |
| 误差 | 14.000 0 | 24 | 0.583 3 | |
| 总变异 | 56.305 6 | 35 | | |

查临界 $F$ 值:$F_{0.01(11,24)}=3.09$,$F_{0.01(2,24)}=5.61$,$F_{0.05(3,24)}=3.01$,$F_{0.01(6,24)}=3.67$。检验结果表明不同处理间、不同配方、食品添加剂与配方的交互作用对蛋糕质量影响的差异性均达到了极显著的水平,而食品添加剂间差异不显著。因此,还需进行各处理(水平组合)均数间、配方各水平均数间及有关简单效应的多重比较。

(3)多重比较

①配方(A)各水平平均数间的比较。用新复极差法,因为 A 因素各水平的重复数为 $bn$,故 A 因素各水平的均数标准误(记为 $S_{\bar{x}_{i..}}$)的计算公式为:

$$S_{\bar{x}_{i..}}=\sqrt{MS_e/bn}$$

本例,$S_{\bar{x}_{i..}}=\sqrt{0.583\ 3/(4\times 3)}=0.220$。

由 $df_e=24$,秩次距 $K=2,3$ 查附表 8 得 $SSR_{0.05}$ 和 $SSR_{0.01}$ 值,并与 $S_{\bar{x}_{i..}}$ 相乘求得 $LSR_\alpha$ 值,列于表 5-30。

**表 5-30 配方各水平自由度、秩次距、$SSR_\alpha$ 值与 $LSR_\alpha$ 值**

| $df_e$ | 秩次距 $K$ | $SSR_{0.05}$ | $SSR_{0.01}$ | $LSR_{0.05}$ | $LSR_{0.01}$ |
|---|---|---|---|---|---|
| 24 | 2 | 2.92 | 3.96 | 0.64 | 0.87 |
| | 3 | 3.07 | 4.14 | 0.68 | 0.91 |

检验结果标记在表 5-31 中。

**表 5-31　配方间平均数多重比较**

| 配方 | 平均评分 | $\bar{x}_{i\cdot\cdot}-6.6$ | $\bar{x}_{i\cdot\cdot}-7.4$ |
|---|---|---|---|
| $A_3$ | 8.1 | 1.5** | 0.7* |
| $A_2$ | 7.4 | 0.8* | |
| $A_1$ | 6.6 | | |

在此例添加剂(B)因素各水平间不必进行多重比较，因为 $F$ 检验不显著。若需进行多重比较时，首先计算 B 因素各水平的均数标准误。因 B 因素各水平的重复数是 $an$，故 B 因素各水平的均数标准误(记为 $S_{\bar{x}_{\cdot j\cdot}}$)的计算公式为：

$$S_{\bar{x}_{\cdot j\cdot}}=\sqrt{MS_e/an}$$

其次计算 $LSR_\alpha$ 值，最后进行多重比较。

以上所进行的多重比较，实际上是 A、B 两因素主效应的分析。结果表明配方 $A_3$ 与 $A_1$ 之间差异极显著，$A_2$ 与 $A_1$ 差异显著，$A_2$ 与 $A_3$ 差异显著，对 4 种添加剂则未检验出有明显差异。

若 A、B 两因素交互作用不显著，则可从主效应检验中分别选出 A、B 因素的最优水平相结合得到最优水平组合。本例，配方与添加剂的互作极显著，说明各水平组合的效应不是各单因素效应的简单相加，而是配方效应随添加剂而不同(或反之)。因此，需进一步比较各水平组合的平均数。一般，当 A、B 因素的交互作用显著时，不必进行两者主效应的分析(因为这时主效应的显著性在实用意义上并不重要)，而直接进行各水平组合平均数的多重比较，选出最优水平组合。

②各水平组合平均数间的比较。因为各水平组合数通常较大(本例 $ab=3\times4=12$)，采用最小显著极差法($LSR$ 检测法)进行各水平组合平均数的比较，计算较麻烦。为了简便起见，常采用 $T$ 检验法。所谓 $T$ 检验法，实际上就是以 $LSR$ 检测法中秩次距 $K$ 最大时的 $LSR_\alpha$ 值作为检验尺度检验各水平组合平均数间的差异显著性。

因为各水平组合的重复数为 $n$，故水平组合的标准误(记为 $S_{\bar{x}_{ij\cdot}}$)的计算公式为：

$$S_{\bar{x}_{ij\cdot}}=\sqrt{MS_e/n}$$

本例，$S_{\bar{x}_{ij\cdot}}=\sqrt{MS_e/n}=\sqrt{0.583\,3/3}=0.441$

由 $df_e=24, K=12$，从附表 8 中查出 $SSR_{0.05(24,12)}=3.41$、$SSR_{0.01(24,12)}=4.62$，乘以 $S_{\bar{x}_{ij\cdot}}=0.441$，得各 $LSR_2$ 值：

$$LSR_{0.05(24,12)}=SSR_{0.05(24,12)}\times S_{\bar{x}_{ij\cdot}}=3.41\times0.441=1.50$$
$$LSR_{0.01(24,12)}=SSR_{0.01(24,12)}\times S_{\bar{x}_{ij\cdot}}=4.62\times0.441=2.04$$

以上述 $LSR_\alpha$ 值去检验各水平组合平均数间的差数，结果列于表 5-32。

**表 5-32　各水平组合平均数多重比较**

| 水平组合 | $\bar{x}_{ij\cdot}$ | $\bar{x}_{ij\cdot}-5.7$ | $\bar{x}_{ij\cdot}-6.0$ | $\bar{x}_{ij\cdot}-6.7$ | $\bar{x}_{ij\cdot}-6.7$ | $\bar{x}_{ij\cdot}-6.7$ | $\bar{x}_{ij\cdot}-7.0$ | $\bar{x}_{ij\cdot}-7.3$ | $\bar{x}_{ij\cdot}-7.7$ | $\bar{x}_{ij\cdot}-8.0$ | $\bar{x}_{ij\cdot}-8.7$ | $\bar{x}_{ij\cdot}-8.7$ |
|---|---|---|---|---|---|---|---|---|---|---|---|---|
| $A_3B_3$ | 9.3 | 3.6** | 3.3** | 2.6** | 2.6** | 2.6** | 2.3** | 2.0* | 1.6* | 1.3 | 0.6 | 0.6 |
| $A_3B_4$ | 8.7 | 3.0** | 2.7** | 2.0* | 2.0* | 2.0* | 1.7* | 1.4 | 1.0 | 0.7 | 0.0 | |

续表 5-32

| 水平组合 | $\bar{x}_{ij.}$ | $\bar{x}_{ij.}-5.7$ | $\bar{x}_{ij.}-6.0$ | $\bar{x}_{ij.}-6.7$ | $\bar{x}_{ij.}-6.7$ | $\bar{x}_{ij.}-6.7$ | $\bar{x}_{ij.}-7.0$ | $\bar{x}_{ij.}-7.3$ | $\bar{x}_{ij.}-7.7$ | $\bar{x}_{ij.}-8.0$ | $\bar{x}_{ij.}-8.7$ | $\bar{x}_{ij.}-8.7$ |
|---|---|---|---|---|---|---|---|---|---|---|---|---|
| $A_2B_1$ | 8.7 | 3.0** | 2.7** | 2.0* | 2.0* | 2.0* | 1.7* | 1.4 | 1.0 | 0.7 | | |
| $A_1B_1$ | 8.0 | 2.3** | 2.0* | 1.3 | 1.3 | 1.3 | 1.0 | 0.7 | 0.3 | | | |
| $A_3B_2$ | 7.7 | 2.0* | 1.7* | 1.0 | 1.0 | 1.0 | 0.7 | 0.4 | | | | |
| $A_2B_2$ | 7.3 | 1.6* | 1.3 | 0.6 | 0.6 | 0.6 | 0.3 | | | | | |
| $A_2B_3$ | 7.0 | 1.3 | 1.0 | 0.3 | 0.3 | 0.3 | | | | | | |
| $A_2B_4$ | 6.7 | 1.0 | 0.7 | 0.0 | 0.0 | | | | | | | |
| $A_3B_1$ | 6.7 | 1.0 | 0.7 | 0.0 | | | | | | | | |
| $A_1B_2$ | 6.7 | 1.0 | 0.7 | | | | | | | | | |
| $A_1B_4$ | 6.0 | 0.3 | | | | | | | | | | |
| $A_1B_3$ | 5.7 | | | | | | | | | | | |

各水平组合平均数多重比较结果表明，按 $A_3B_3$、$A_3B_4$、$A_2B_1$、$A_1B_1$ 4 个组合选用配方和食品添加剂可有望获得较好的蛋糕质量。

③简单效应的比较。对各水平组合平均数进行多重比较的另一种方法是在 A 因素某一水平下比较 B 因素各水平的差异或反过来在 B 因素某一水平下比较 A 因素各水平的差异，这就是简单效应的比较。在本例，就是按配方比较不同食品添加剂的差异或反过来按食品添加剂比较不同配方的差异。

实际上，表 5-32 中已经包含了简单效应比较的结果。如在 $A_3$ 水平下：$B_3$、$B_1$ 差异极显著，$B_3$ 与 $B_2$、$B_4$ 与 $B_1$ 差异显著，而 $B_3$ 与 $B_4$、$B_4$ 与 $B_2$、$B_2$ 与 $B_1$ 差异不显著，即 $B_3$ 的效果好于 $B_1$、$B_2$，$B_4$ 的效果好于 $B_1$，但未检验出 $B_3$ 与 $B_4$、$B_4$ 与 $B_2$、$B_2$ 与 $B_1$ 之间的差异。又如在 $B_1$ 水平下：$A_1$ 与 $A_2$、$A_1$ 与 $A_3$ 差异不显著，而 $A_2$ 与 $A_3$ 差异显著，即 $A_2$ 的效果好于 $A_3$，但未检验出 $A_1$ 与 $A_2$、$A_1$ 与 $A_3$ 之间的差异。同样，可分析其他简单效应的比较情况。

应当注意到的是：在主效应分析中，B 因素（食品添加剂）各水平间差异不显著，但在简单效应分析时却在一定条件下出现了 B 因素水平间差异显著或极显著的情况。实际上，这正是由于 A、B 两因素存在互作所致。

## 5.5 方差分析的基本假定和数据转换

### 5.5.1 方差分析的基本假定

（1）效应的可加性　方差分析是建立在线性可加模型基础上的，所有进行方差分析的数据都可以分解成几个分量之和。以单向分组各处理重复数相等试验资料为例，此类资料具有两类变异原因或效应，即试验因素各水平效应（$\mu_i$）和试验误差（$\varepsilon_{ij}$）。故其线性模型为：

$$x_{ij}=\mu+\alpha_i+\varepsilon_{ij}$$

若对其取离均差形式，则：

$$x_{ij}-\mu=\alpha_i+\varepsilon_{ij}$$

上式两边各取平方求其总和，则得平方和为：

$$\sum\sum(x_{ij}-\mu)^2=n\sum\alpha_i^2+\sum\sum\varepsilon_{ij}^2$$

因为两类原因均各自独立，所以右边有一项乘积和（即 $2\sum\sum\alpha_i\varepsilon_{ij}$）为零值。由此得到总平方和等于处理效应平方和加试验误差平方和。这一可加特性是方差分析的主要特性，是根据线性可加模型而产生的必然结果。当从样本估计时，则为：

$$\sum\sum(x_{ij}-\bar{x}_{..})^2=n\sum(\bar{x}_{i.}-\bar{x}_{..})^2+\sum\sum(x_{ij}-\bar{x}_{i.})^2$$

即

$$SS_T=SS_t+SS_e$$

由此可见，线性可加模型明确提出了处理效应与误差效应是"可加的"。正是由于这一"可加性"，才有了样本平方和的"可加性"，亦即有了试验观测值总平方和的"可分解性"。如果试验资料不具备"效应可加性"这一性质，那么变量的总变异依据变异原因的部分将失去依据，方差分析不能正确进行。

(2)分布的正态性　这是指所有试验误差都是随机的、彼此独立的，并且服从正态分布 $N(0,\sigma^2)$。因为方差分析中多样本的 $F$ 检验是假定 $k$ 个样本是从 $k$ 个正态总体中随机抽取的，所以从总体上考虑只有所分析的资料满足正态性要求才能正确进行 $F$ 检验。

(3)方差的同质性　所有试验处理必须具有共同的误差方差，即方差的同质性。因为方差分析中的误差方差是将各处理的误差合并而得到的，故必须假定资料中各处理有一个共同的误差方差存在，即假定各处理的误差 $\varepsilon_{ij}$ 都服从正态分布 $N(0,\sigma^2)$。如果各处理的误差方差具有异质性（$\sigma_i^2\neq\sigma^2$），则没有理由将各处理内误差方差的合并方差作为检验各处理差异显著性的共用的误差均方。否则，在假设检验中必然会使某些处理的效应得不到正确的反映。

试验工作者所得的各种数据要全部准确地符合上述 3 个假定往往是不容易的，因而采用方差分析所得的结论，只能认为是近似的。但是，在设计试验和收集资料的过程中，若能充分考虑这些假定，则在应用方差分析时当能获得更可信任的结论。

### 5.5.2　方差同质性检验

检验方差同质性的方法有多种，下面分别介绍常用的 Bartlett 法与 $F$ 检验法。

#### 5.5.2.1　方差同质性检验的 Bartlett 法

方差同质性检验的 Bartlett 法由 Bartlett 氏(1937)提出，是用来检验 $k$ 个正态总体的方差是否同质的一种近似 $\chi^2$ 检验方法。该方法的实质是求出校正的 $\chi^2$ 值，再进行 $\chi^2$ 检验（$\chi^2$ 检验在第 7 章介绍）。

校正 $\chi^2$ 值记为 $\chi_C^2$。校正 $\chi_C^2$ 服从自由度为 $k-1$ 的 $\chi^2$ 分布。其计算公式为：

$$\chi_C^2=\frac{1}{C}\left[2.3026\left(df_e\lg\bar{S}^2-\sum_{i=1}^{k}df_i\lg S_i^2\right)\right] \tag{5-30}$$

式中：$C=1+\frac{1}{3(k-1)}\left(\sum\frac{1}{df_i}-\frac{1}{df_e}\right)$；$df_e$ 为处理（样本）内自由度，即 $df_e=N-k=\sum_{i=1}^{k}df_i$；$df_i$ 为第 $i$ 个处理（样本）的自由度，$df_i=n_i-1$；$N$ 为资料中观测值总个数，即总的样本含量；$n_i$ 为第 $i$ 个处理的重复数；$k$ 为处理（样本）数；$\bar{S}^2$ 为处理（样本）内方差，即各 $S_i^2$ 的加权

平均，$\bar{S}^2 = \sum df_i S_i^2 / df_e$；$S_i^2$为第 $i$ 个处理（样本）的方差，$S_i^2 = \sum_{j=1}^{n_i}(x_{ij} - \bar{x}_{i\cdot})^2/(n_i - 1)$。

如果 $k$ 个处理的重复数相等，并记为 $n$，且 $n \geqslant 5$，则式（5-34）简化为式（5-35），$\chi_C^2$ 自由度仍为 $k-1$。

$$\chi_C^2 = \frac{1}{C}\left[2.302\,6k(n-1)\left(\lg\bar{S}^2 - \frac{1}{k}\sum_{i=1}^{k}\lg S_i^2\right)\right] \tag{5-31}$$

式中：$\bar{S}^2 = \frac{1}{k}\sum_{i=1}^{k} S_i^2$；$C = \frac{k+1}{3k(n-1)} + 1$。

【例 5-6】 以【例 5-3】数据为例，检验 4 个总体（或者 4 个处理）的方差是否具有同质性。

分别提出无效假设与备择假设：

无效假设为 $H_0: \sigma_1^2 = \sigma_2^2 = \sigma_3^2 = \sigma_4^2 = \sigma^2$；

备择假设为 $H_A$：4 个总体方差不全相等。

初步计算得到方差同质性检验的 Bartlett 计算表（表 5-33）。

**表 5-33 方差同质性检验的 Bartlett 计算表**

| 处理号 | $S_i^2$ | $df_i = n_i - 1$ | $df_i S_i^2$ | $\lg S_i^2$ | $df_i \lg S_i^2$ |
|---|---|---|---|---|---|
| 1 | 0.116 | 7 | 0.812 | −0.936 | −6.552 |
| 2 | 0.164 | 5 | 0.820 | −0.785 | −3.925 |
| 3 | 0.129 | 6 | 0.774 | −0.889 | −5.334 |
| 4 | 0.112 | 6 | 0.672 | −0.951 | −5.706 |
| 合计 | | 24 | 3.078 | −3.561 | −21.517 |

进一步计算：

$$\bar{S}^2 = \frac{3.078}{24} = 0.128,\ \lg\bar{S}^2 = -0.893$$

$$C = 1 + \frac{1}{3\times(4-1)}\left(\frac{1}{7} + \frac{1}{5} + \frac{1}{6} + \frac{1}{6} - \frac{1}{24}\right) = 1.070\,5$$

由式（5-30）得到：$\chi_C^2 = 0.183$。

查附表 11（$\chi^2$ 值表），$\alpha = 0.05$、$df = k - 1 = 4 - 1 = 3$，得到 $\chi^2_{0.05(3)} = 7.81$，故 $\chi_C^2 = 0.183 < 7.81 = \chi^2_{0.05(3)}$，$P > 0.05$，从而接受无效假设：$H_0: \sigma_1^2 = \sigma_2^2 = \sigma_3^2 = \sigma_4^2 = \sigma^2$。说明 4 个处理的总体方差是同质的。

#### 5.5.2.2 方差同质性检验的 *F* 检验法

5.5.2.1 给出的方差同质性检验方法是一种较为灵敏的检验方法，常用于检验 3 个或者 3 个以上处理相应总体方差的同质性。在检验两个处理总体方差的同质性时，常采用 $F$ 检验方法。该方法的基本原理是通过比较分别来自两个总体的样本方差 $S_1^2$ 与 $S_2^2$ 之间的差异，来推断两个处理总体方差的同质性。

在检验两个样本所代表的总体的方差的同质性时，采用比商的方法，即求出 $S_1^2$ 与 $S_2^2$ 的比值。统计学原理表明，$S_1^2$ 与 $S_2^2$ 的比值的抽样分布服从自由度为 $n_1 - 1$ 与 $n_2 - 1$ 的 $F$ 分布，记为：

$$F=S_1^2/S_2^2 \sim F(n_1-1,n_2-1) \tag{5-32}$$

式中：$n_1$ 与 $n_2$ 分别表示从所研究的两个总体中抽取样本容量为 $n_1$ 与 $n_2$ 的两个样本。

实际应用中，常用均方值较大的样本方差作为分子，均方值较小的样本方差作为分母。

【例 5－7】以【例 5－3】处理 1 与处理 3 为例，检验两个总体（或者两个处理）的方差是否同质性。

提出两个总体方差没有差异的无效假设以及两个总体方差有差异的备择假设，

即：$$H_0:\sigma_1^2=\sigma_3^2,H_A:\sigma_1^2 \neq \sigma_3^2$$

分别计算得到两个样本的方差 $S_1^2=0.116$ 与 $S_3^2=0.129$，计算得到 $F=S_3^2/S_1^2=1.117$。附表 9 给出了 $\alpha=0.05$ 的两尾 $F$ 临界值，查附表 9，得到 $F_{0.05(6,7)}=5.12$。$F=1.12<F_{0.05(6,7)}=5.12$，$p>0.05$，从而接受无效假设，认为两个总体方差没有差异，两个总体方差具有同质性。

当通过检验证明方差非同质之后，应当考虑采取适当措施对数据资料加以处理。常用的处理措施有以下几种。

①如果在方差分析前发现有某些异常的观测值、处理或单位组，只要不属于研究对象本身的原因，在不影响分析正确性的条件下应加以删除。如把方差特大或特小的处理剔除，保留具有同质方差的处理。但要剔除特大方差的处理时须经 Cochran 检验（关于此检验法可参阅其他文献）后方可剔除，否则不能随便剔除。

②将全部试验裂解为几个方差为同质的部分，而后对各部分分别进行方差分析。

③有时方差出现异质性是因为资料中的数据太少，这就需要增加样本的含量。如果不可能再增加数据，则可考虑采用非参数法进行分析。

④对不同特性的数据采用不同的转换方法，对转换后的数据进行方差分析。

### 5.5.3　数据转换

对于不符合基本假定的试验资料应采用适当方法予以改善。如果发现有异常的观测值、处理或单位组，只要不属于研究对象本身的原因，在不影响分析正确性的条件下应加以删除。但是，有些资料就其性质来说就不符合方差分析的基本假定。其中最常见的一种情况是试验误差 $\varepsilon$ 不服从正态分布，而是表现为一个处理的误差趋向于作为处理平均数的一种函数关系。例如，二项分布数据，若以次数表示，其平均数 $\mu=np$，方差为 $\sigma^2=np(1-p)$；若以频率表示，平均数为 $n=p$，方差为 $\sigma^2=p(1-p)/n$。又如，Poisson 分布的平均数与方差相等。对这类资料不能直接进行方差分析，而应考虑采用非参数方法分析或进行适当数据转换（transformation of data）后做方差分析。数据转换的方法有很多，教材二维码内容给出了 4 种常用的数据转换方法，包括：平方根转换、对数转换、反正弦转换、倒数转换（二维码 5-3）。

**二维码 5-3　4 种数据转换的介绍**

## 思考题

1. 多个均数间的比较为什么不宜用 $t$ 检验？

2. 什么是方差分析？方差分析在科学研究中有何意义？如何进行平方和与自由度的分解？如何进行 $F$ 检验和多重比较？

3. 多个均数比较时，LSD 法与一般 $t$ 检验法相比有何优点？还存在什么问题？如何决定选用哪种多重比较的方法？

4. 数据的线性可加模型与方差分析有何关系？

5. 方差分析的 3 种模型（固定、随机、混合）有哪些区别？它们和期望均方估计及假设检验有何关系？

6. 只有两个处理的单向分组资料既能用 $t$ 检验也可用 $F$ 检验（方差分析）进行分析。试在一般数据模式的基础上证明 $t=\sqrt{F}$。

7. 什么是主效应、简单效应、交互作用？为什么说两因素两向分组单独观测值的试验设计是不完善的试验设计？

8. 方差分析有哪些基本假定？为什么有些数据资料需经过数据转换才能做方差分析？常用的数据转换方法有哪几种？各在什么条件下应用？

9. 用 4 种不同方法对某食品样品中的汞进行测定，每种方法测定 5 次，结果如表 5-34 所示。试问这 4 种方法测定结果有无显著性差异？

**表 5-34　4 种不同方法测定汞数据**　　μg/kg

| 测定方法 | 测定结果 | | | | |
|---|---|---|---|---|---|
| A | 22.6 | 21.8 | 21.0 | 21.9 | 21.5 |
| B | 19.1 | 21.8 | 20.1 | 21.2 | 21.0 |
| C | 18.9 | 20.4 | 19.0 | 20.1 | 18.6 |
| D | 19.0 | 21.4 | 18.8 | 21.9 | 20.2 |

10. 对 4 种食品（A、B、C、D）某一质量指标进行感官试验检查，满分为 20 分，评分结果列于表 5-35，试比较其差异性。

**表 5-35　4 种食品感官指标检查评分结果**

| 食品 | 评分 | | | | | | | | | | |
|---|---|---|---|---|---|---|---|---|---|---|---|
| A | 14 | 15 | 11 | 13 | 11 | 15 | 11 | 13 | 16 | 12 | 14 | 13 |
| B | 17 | 14 | 15 | 17 | 14 | 17 | 15 | 16 | 12 | 17 | | |
| C | 13 | 15 | 13 | 12 | 13 | 10 | 16 | 15 | 11 | | | |
| D | 15 | 13 | 14 | 15 | 14 | 12 | 17 | | | | | |

11. 在红枣带肉果汁稳定性研究中，研究原辅料配比及时间对带肉果汁稳定性的影响。试验结果按两向分组整理如表 5-36 所示。

**表 5-36　原辅料配比及时间对红枣带肉果汁稳定性的影响**

| 配比(A) | 时间(B)/d | | |
|---|---|---|---|
| | 3 | 10 | 30 |
| 8∶2 | 6.8 | 7.2 | 7.3 |
| 7∶3 | 7.1 | 9.0 | 9.2 |
| 6∶4 | 11.7 | 12.3 | 12.8 |

试分析配比及时间对果汁稳定性的影响。

12. 为提高粒粒橙果汁饮料中汁胞的稳定性。研究了果汁 pH(A)、魔芋精粉浓度(B)两个因素不同水平组合对果汁黏度的影响。果汁 pH 取 3.5、4.0、4.5 3 个水平，魔芋精粉浓度(%)，取 0.10、0.15、0.20 3 个水平，每个水平组合重复 3 次，进行完全随机化试验。试验指标为果汁黏度越高越好。试验结果如表 5-37 所示，试做方差分析。(本题应做对数转换 $x'=\lg x$ 后再做分析)。

**表 5-37　不同果汁 pH 及魔芋精粉浓度对果汁黏度影响试验数据**

| 果汁 pH (A) | 魔芋精粉浓度(B)/% | | | | | | | | |
|---|---|---|---|---|---|---|---|---|---|
| | $B_1$(0.10) | | | $B_2$(0.15) | | | $B_3$(0.20) | | |
| $A_1$(3.5) | 11.2 | 10.3 | 9.7 | 54.6 | 57.1 | 60.3 | 162.0 | 151.3 | 140.4 |
| $A_2$(4.0) | 16.5 | 16.8 | 15.2 | 73.5 | 71.2 | 66.5 | 211.4 | 222.8 | 237.1 |
| $A_3$(4.5) | 8.1 | 7.3 | 6.9 | 28.3 | 31.2 | 30.7 | 102.5 | 110.4 | 121.7 |

13. 在食品质量检查中，对 A,B,C,D 4 种食品各抽取 5 个样本，统计其不合格率得表 5-38 结果。试对该资料做方差分析，然后将该资料进行平方根反正弦转换，然后做方差分析。试比较两种分析的差别。

**表 5-38　4 种食品质量检查结果(不合格率)**　　%

| A | B | C | D |
|---|---|---|---|
| 0.8 | 4.0 | 9.8 | 6.0 |
| 3.8 | 1.9 | 56.2 | 79.8 |
| 0.0 | 0.7 | 66.0 | 67.0 |
| 6.0 | 3.5 | 10.3 | 84.6 |
| 1.7 | 3.2 | 9.2 | 2.8 |

14. 某杀虫药用低、中、高 3 种不同浓度喷洒后，苍蝇生存时间(min)如下表所示。试先对该资料做方差分析，然后将该资料经倒数转换后再做方差分析，并比较两种分析的结果(表 5-39)。

**表 5-39　喷洒 3 种不同浓度药液后苍蝇的生存时间**　　min

| 药液 | 生存时间 | | | | | | | | |
|---|---|---|---|---|---|---|---|---|---|
| 低浓度 | 4 | 4 | 5 | 5 | 6 | 6 | 15 | 30 | 60 |
| 中浓度 | 3 | 3 | 4 | 4 | 5 | 8 | 8 | | |
| 高浓度 | 2 | 2 | 2 | 3 | 3 | 3 | | | |

第 6 章

# 多指标变量的 $T$ 检验和方差分析

本章学习目的与要求

1. 深刻理解多指标变量 $T$ 检验和方差分析的意义、基本原理及相关概念。
2. 掌握多指标变量 $T$ 检验的基本方法。
3. 掌握成组设计和区组设计多元方差分析的基本方法。

在食品科学研究中，经常遇到采用多个指标描述的现象，而且观察指标间存在着广泛的相互关系。如何挖掘这类数据中所隐含的重要信息，进而把握其内在的本质属性就是多元统计分析要解决的问题。以多元随机数据为对象，进行统计数据的收集、整理、分析，以揭示各类现象内在规律性的理论和方法就是多元统计分析(multivariate analysis)。

## 6.1　多元统计分析的数据结构

与一元分析相比，多元分析在实践中所产生的数据集通常是庞大且复杂的，然而多元数据分布特征的呈现也依赖于描述统计量。

在研究食品领域某种假说或功能变异时，一般选择 $m$ 个变量或事物的特征进行记录，从而形成了多元数据，用 $x_{ij}$ 表示第 $i$ 个样品 $(i=1,2,\cdots,n)$ 的第 $j$ $(j=1,2,\cdots,m)$ 个变量的观测值，于是，$m$ 个变量的 $n$ 个观测值数据结构见表 6-1。

**表 6-1　多元数据的表格形式**

| 编号( $i$ ) | 观测指标( $j$ ) | | | | | |
|---|---|---|---|---|---|---|
| | $x_1$ | $x_2$ | $\cdots$ | $x_j$ | $\cdots$ | $x_m$ |
| 1 | $x_{11}$ | $x_{12}$ | $\cdots$ | $x_{1j}$ | $\cdots$ | $x_{1m}$ |
| 2 | $x_{21}$ | $x_{22}$ | $\cdots$ | $x_{2j}$ | $\cdots$ | $x_{2m}$ |
| $\vdots$ | $\vdots$ | $\vdots$ | | $\vdots$ | | $\vdots$ |
| $n$ | $x_{n1}$ | $x_{n2}$ | $\cdots$ | $x_{nj}$ | $\cdots$ | $x_{nm}$ |

为了方便可用 $n$ 行 $m$ 列的矩阵来表示上述数据的表格形式，就是多元数据矩阵。

$$\boldsymbol{X}=\begin{bmatrix} x_{11} & x_{12} & \cdots & x_{1m} \\ x_{21} & x_{22} & \cdots & x_{2m} \\ \vdots & \vdots & & \vdots \\ x_{n1} & x_{n2} & \cdots & x_{nm} \end{bmatrix} \tag{6-1}$$

上式可以简写为 $\boldsymbol{X}=(x_{ij})_{n\times m}$。数据矩阵 $\boldsymbol{X}$ 包含了全部变量的所有观测值。

数据矩阵 $\boldsymbol{X}$ 中每一行称为行向量，每一列称为列向量。在多元统计分析中所涉及的都是随机向量，或是多个随机向量组成的随机矩阵。

【例 6-1】 为了分析红葡萄酒与酿酒葡萄质量的密切程度，随机测定了不同品质的葡萄酒的部分理化指标，部分资料见表 6-2。

**表 6-2　葡萄酒部分理化指标检测结果**

| 品种编号 | 花色苷/(mg/L) | 单宁/(mmol/L) | 总酚/(mmol/L) | 品种编号 | 花色苷/(mg/L) | 单宁/(mmol/L) | 总酚/(mmol/L) |
|---|---|---|---|---|---|---|---|
| 1 | 973.128 | 11.049 | 10.003 | 5 | 279.706 | 5.869 | 6.044 |
| 2 | 516.830 | 11.030 | 9.570 | 6 | 116.475 | 7.349 | 5.900 |
| 3 | 398.686 | 13.289 | 8.560 | 7 | 90.174 | 4.028 | 3.879 |
| 4 | 182.435 | 6.463 | 6.003 | 8 | 917.604 | 12.023 | 10.024 |

续表 6-2

| 品种编号 | 花色苷/(mg/L) | 单宁/(mmol/L) | 总酚/(mmol/L) | 品种编号 | 花色苷/(mg/L) | 单宁/(mmol/L) | 总酚/(mmol/L) |
|---|---|---|---|---|---|---|---|
| 9 | 387.414 | 12.928 | 11.302 | 18 | 71.388 | 4.457 | 4.332 |
| 10 | 138.601 | 5.567 | 4.291 | 19 | 198.299 | 5.976 | 5.157 |
| 11 | 11.272 | 4.574 | 4.044 | 20 | 73.893 | 5.859 | 4.869 |
| 12 | 83.494 | 6.473 | 4.869 | 21 | 313.104 | 10.114 | 8.972 |
| 13 | 199.552 | 6.414 | 4.930 | 22 | 250.483 | 7.115 | 6.230 |
| 14 | 251.318 | 6.083 | 5.013 | 23 | 413.297 | 10.883 | 12.519 |
| 15 | 121.902 | 3.951 | 4.044 | 24 | 269.687 | 5.742 | 5.425 |
| 16 | 170.746 | 4.846 | 4.064 | 25 | 157.804 | 5.421 | 4.456 |
| 17 | 233.784 | 9.160 | 6.188 | 26 | 150.707 | 3.620 | 3.899 |

数据来源：2012 年全国大学生数学建模大赛试题。

表 6-2 中资料用矩阵形式表示为

$$\boldsymbol{X}=\begin{bmatrix} 973.128 & 11.049 & \cdots & 10.003 \\ 516.830 & 11.030 & \cdots & 9.570 \\ \vdots & \vdots & & \vdots \\ 150.707 & 3.620 & \cdots & 3.899 \end{bmatrix}$$

本例中，观测指标有 3 个 ($m=3$)：花色苷($\boldsymbol{X}_1$)、单宁($\boldsymbol{X}_2$) 和总酚($\boldsymbol{X}_3$)。与一元统计类似，多元统计分析仍然根据研究目的确定的研究对象的全体称为总体。如果构成总体的个体具有 $m$ 个测定的指标，这样的总体为 $m$ 维总体。每一个体的 $m$ 个标量的观测为一个样品，而全部 $n$ 个样品组成一个样本。【例 6-1】就是 $m=3,n=26$ 的一个样本。

本章学习基础，需要了解多元数据常用描述统计量，包括样本均值向量（二维码 6-1）、样本协方差矩阵（二维码 6-2）和样本相关系数矩阵（二维码 6-3）。

二维码 6-1　样本均值向量

二维码 6-2　样本方差与协方差矩阵

二维码 6-3　样本相关系数矩阵

## 6.2　多指标变量的 *T* 检验

### 6.2.1　多指标单个正态均值向量的检验

设 $\boldsymbol{X}_1,\boldsymbol{X}_2,\cdots,\boldsymbol{X}_n$，是来自总体 $\boldsymbol{X}\sim N_p(\mu,\boldsymbol{\Sigma})$ 的独立随机样本，要检验的假设

$$H_0:\mu=\mu_0 \qquad H_1:\mu\neq\mu_0$$

当 $m=1$ 时，上述问题就是一元总体均值的假设检验；此时，协方差矩阵 $\boldsymbol{\Sigma}$ 退化为方差 $\sigma^2$，由统计学原理可知，这时的检验统计量依据总体方差 $\sigma^2$ 是否已知两种选择：

(1)当 $\sigma^2$ 已知,检验统计量

$$U=\frac{(\bar{x}-\mu_0)}{\sigma/\sqrt{n}},\quad U\sim N(0,1)$$

(2)当 $\sigma^2$ 未知,检验统计变量

$$t=\frac{(\bar{x}-\mu_0)}{s/\sqrt{n}},t\sim t(n-1)$$

将上面两式分别平方,有

$$U^2=n(\bar{x}-\mu_0)(\sigma^2)^{-1}(\bar{x}-\mu_0)$$

和

$$t^2=n(\bar{x}-\mu_0)(s^2)^{-1}(\bar{x}-\mu_0)$$

当 $m>1$ 时,上述方法可自然推广到 $m$ 维总体。将上述两个一元平方统计量进行相应的替换得到多元平方统计量

$$\boldsymbol{U}^2= n(\bar{\boldsymbol{X}}-\boldsymbol{\mu}_0)^{\mathrm{T}}\boldsymbol{\Sigma}^{-1}(\bar{\boldsymbol{X}}-\boldsymbol{\mu}_0)$$

$$\boldsymbol{T}^2=n(\bar{\boldsymbol{X}}-\boldsymbol{\mu}_0)^{\mathrm{T}}\boldsymbol{S}^{-1}(\bar{\boldsymbol{X}}-\boldsymbol{\mu}_0)$$

式中:$\bar{\boldsymbol{X}}$ 和 $\boldsymbol{\mu}_0$ 分别为样本和总体的均值向量;$\boldsymbol{S}^{-1}$ 和 $\boldsymbol{\Sigma}^{-1}$ 分别为样本和总体协方差矩阵的逆矩阵。此时,检验统计量依然是根据总体协方差矩阵 $\boldsymbol{\Sigma}$ 是否已知有两种选择。

(1)当协方差矩阵 $\boldsymbol{\Sigma}$ 已知

$$\bar{\boldsymbol{X}}\sim N_p\left(\boldsymbol{\mu}_0,\frac{1}{n}\boldsymbol{\Sigma}_0\right)$$

由正态分布性质可知,当 $H_0$ 成立时

$$\boldsymbol{U}=\left(\frac{1}{n}\boldsymbol{\Sigma}_0\right)^{-\frac{1}{2}}(\bar{\boldsymbol{X}}-\boldsymbol{\mu}_0)\sim N_p(0,I_m)$$

由 $\chi^2$ 分布定义知

$$\boldsymbol{U}^2=\boldsymbol{U}^{\mathrm{T}}\boldsymbol{U}\sim\chi^2(m)$$

此时的检验统计量为

$$\boldsymbol{U}^2= n(\bar{\boldsymbol{X}}-\boldsymbol{\mu}_0)^{\mathrm{T}}\boldsymbol{\Sigma}_0^{-1}(\bar{\boldsymbol{X}}-\boldsymbol{\mu}_0)\sim\chi^2(m)$$

检验规则:对给定的检验水平 $\alpha$,查 $\chi^2$ 分布临界值表得 $\chi^2_\alpha(m)$,当 $Z^2\geqslant\chi^2_\alpha(m)$ 时,$H_0$ 成立的概率 $p<\alpha$,故拒绝 $H_0$,否则不拒绝 $H_0$。

(2)协方差矩阵 $\boldsymbol{\Sigma}$ 未知

此时,用样本协方差矩阵 $\boldsymbol{S}$ 替代总体协方差矩阵 $\boldsymbol{\Sigma}$。

$$T^2=n(\bar{\boldsymbol{X}}-\boldsymbol{\mu}_0)^{\mathrm{T}}\boldsymbol{S}^{-1}(\bar{\boldsymbol{X}}-\boldsymbol{\mu}_0)$$

当 $H_0$ 成立时

$$\bar{\boldsymbol{X}} \sim N_m\left(\boldsymbol{\mu}_0, \frac{1}{n}\boldsymbol{\Sigma}\right), \sqrt{n}\,(\bar{\boldsymbol{X}}-\boldsymbol{\mu}_0) \sim N_m(0, \boldsymbol{\Sigma})$$

样本离差矩阵

$$\boldsymbol{SS} = \sum_{i=1}^{n}(\boldsymbol{X}_i - \bar{\boldsymbol{X}})(\boldsymbol{X}_i - \bar{\boldsymbol{X}})^{\mathrm{T}} \sim W_m(n-1, \boldsymbol{\Sigma})$$

由定义可知

$$T^2 = n(\bar{\boldsymbol{X}} - \boldsymbol{\mu}_0)^{\mathrm{T}}\boldsymbol{S}^{-1}(\bar{\boldsymbol{X}} - \boldsymbol{\mu}_0) \sim T^2(\rho, n-1)$$

采用上式进行检验时需要特殊的 $T^2$ 百分位数表(霍特林分布,请参考 Anderson T. et al.,2003),利用 $T^2$ 分布与 $F$ 分布的关系,将 $T^2$ 统计量转化为 $F$ 统计量。

$$F = \frac{n-m}{(n-1)m}T^2 \sim F(m, n-m) \qquad (6\text{-}2)$$

检验规则:对给定的检验水平 $\alpha$,当 $F > F_\alpha(m, n-m)$ 时,$H_0$ 成立的概率为 $p < \alpha$,故拒绝 $H_0$,否则不拒绝 $H_0$。

【例 6-2】 不同的葡萄酒的理化指标不尽相同。测定了 20 000 瓶白葡萄酒的单宁(mmol/L)、总酚(mmol/L)和酒总黄酮(mmol/L)等指标,其检测均值分别为 1.883、1.499 和 1.674。在某超市随机抽测了同一品牌白葡萄酒 27 瓶的 3 项理化指标,结果见表 6-3,试检验受检葡萄酒的 3 项理化指标与 * * 葡萄酒公司葡萄酒质量是否有差异。

**表 6-3 某品牌 27 瓶葡萄酒 3 项理化指标检测结果** mmol/L

| 品种编号 | 单宁 | 总酚 | 酒总黄酮 | 品种编号 | 单宁 | 总酚 | 酒总黄酮 |
|---|---|---|---|---|---|---|---|
| 1 | 1.625 | 1.274 | 0.100 | 15 | 1.534 | 1.815 | 0.901 |
| 2 | 1.240 | 1.119 | 0.485 | 16 | 1.279 | 1.310 | 1.872 |
| 3 | 1.009 | 0.841 | 2.674 | 17 | 1.552 | 1.300 | 0.500 |
| 4 | 2.009 | 1.475 | 1.117 | 18 | 1.333 | 1.346 | 2.858 |
| 5 | 0.994 | 0.537 | 1.379 | 19 | 1.917 | 1.331 | 0.346 |
| 6 | 1.299 | 1.176 | 0.053 | 20 | 2.001 | 1.315 | 0.870 |
| 7 | 1.391 | 1.207 | 1.875 | 21 | 1.221 | 1.037 | 0.531 |
| 8 | 1.518 | 0.475 | 0.562 | 22 | 2.019 | 1.382 | 0.038 |
| 9 | 1.844 | 1.300 | 0.084 | 23 | 1.338 | 1.140 | 0.100 |
| 10 | 2.102 | 1.331 | 1.548 | 24 | 1.554 | 1.325 | 1.181 |
| 11 | 1.420 | 1.284 | 2.257 | 25 | 1.508 | 1.449 | 2.334 |
| 12 | 2.187 | 0.947 | 1.471 | 26 | 1.586 | 1.264 | 0.824 |
| 13 | 1.513 | 1.387 | 2.026 | 27 | 1.347 | 1.104 | 1.667 |
| 14 | 1.323 | 1.331 | 2.565 | 28 | 2.024 | 1.537 | 0.392 |

数据来源:2012 年全国大学生数学建模大赛试题。

将白葡萄酒的 3 项理化指标作为已知均向量 $\boldsymbol{\mu}_0$,检验假设为

$$H_0: \boldsymbol{\mu} = \boldsymbol{\mu}_0 = (1.883, 1.499, 1.674)^{\mathrm{T}} \qquad H_1: \boldsymbol{\mu} \neq \boldsymbol{\mu}_0$$

本例中 $m=3, n=27$

计算样本均值向量

$$\bar{\boldsymbol{X}}=(1.560, 1.226, 1.165)^{\mathrm{T}}$$

样本协方差矩阵为

$$\boldsymbol{S}=\begin{bmatrix} 0.110 & 0.036 & -0.098 \\ 0.036 & 0.075 & -0.003 \\ -0.098 & -0.003 & 0.782 \end{bmatrix}$$

逆矩阵为

$$\boldsymbol{S}^{-1}=\begin{bmatrix} 12.473 & -5.991 & 1.550 \\ -5.991 & 16.160 & -0.700 \\ 1.550 & -0.700 & 1.472 \end{bmatrix}$$

计算 $T^2$ 统计量

$$\begin{aligned} T^2 &= n(\bar{\boldsymbol{X}}-\boldsymbol{\mu}_0)^{\mathrm{T}}\boldsymbol{S}^{-1}(\bar{\boldsymbol{X}}-\boldsymbol{\mu}_0) \\ &= 27\times(0.323, 0.273, 0.509)\times\begin{bmatrix} 12.473 & -5.991 & 1.550 \\ -5.991 & 16.160 & -0.700 \\ 1.550 & -0.700 & 1.472 \end{bmatrix}\times\begin{bmatrix} 0.323 \\ 0.273 \\ 0.509 \end{bmatrix}=57.938 \end{aligned}$$

计算 $F$ 统计量

$$F=\frac{n-m}{(n-1)m}T^2=\frac{27-3}{(27-1)\times 3}\times 57.938=17.827$$

查临界 $F$ 值表：$F_{0.05(3,27)}=2.960, F_{0.01(3,27)}=4.601$，因 $F>F_{0.01(3,27)}$，故无效假设成立的概率 $P<0.01$。所以在 $\alpha=0.01$ 检验水平下拒绝 $H_0$，认为受检葡萄酒的 3 项理化指标与 * * 葡萄酒公司葡萄酒质量存在极显著差异，受检葡萄酒质量极显著低于 * * 葡萄酒公司所生产的葡萄酒质量。

### 6.2.2　多元配对设计均值向量的检验

在研究设计阶段，根据可能影响实验结果的主要混杂因素对研究对象进行配对，形成匹配样本。假设检验时，只需检验两个样本的总体差数的均值 $\mu_d=\mu_1-\mu_2=0$，而不必检验两个总体的方差是否相同。

一元配对设计的检测方法可推广到多元配对设计。对于 $m$ 为随机变量，假设 $(X_i, Y_i)$ $(i=1,2,\cdots,n)$ 是成对试验的数据，两总体 $X\sim N_p(\mu_1, \boldsymbol{\Sigma}_1)$，　$Y\sim N_p(\mu_2, \boldsymbol{\Sigma}_2)$。

定义 $m$ 个差值随机变量

$$D_{i1}=X_{i1}-Y_{i1}, D_{i2}=X_{i2}-Y_{i2}, \cdots\cdots, D_{im}=X_{im}-Y_{im}。$$

令 $\boldsymbol{D}_i=(D_{i1},\cdots,D_{im})^{\mathrm{T}}(i=1,2,\cdots n)$，且假设 $\boldsymbol{D}_1, \boldsymbol{D}_2, \cdots, \boldsymbol{D}_n$ 独立，并服从 $m$ 维正态分布 $N_p(\boldsymbol{\delta}, \boldsymbol{\Sigma}_{\boldsymbol{D}})$，其中 $\boldsymbol{\delta}=\boldsymbol{\mu}_1-\boldsymbol{\mu}_2, \boldsymbol{\Sigma}_{\boldsymbol{D}}>0$。

显然，上述过程与一元类似。这样，对两个总体均值向量的检验就转化为对单个总体均值向量的检验，其检验假设为

$$H_0:\delta=0 \qquad H_1:\delta\neq 0$$

于是，可根据 $T^2$ 统计量对均值向量进行统计推断

$$T^2=n\bar{\boldsymbol{D}}^{\mathrm{T}}\boldsymbol{S}_D^{-1}\bar{\boldsymbol{D}}\sim T^2(m,n-1) \tag{6-3}$$

其中，

$$\bar{\boldsymbol{D}}=\frac{1}{n}\sum_{i=1}^{n}\boldsymbol{D}_i,S_D=\frac{1}{n-1}\sum_{i=1}^{n}(\boldsymbol{D}_i-\bar{\boldsymbol{D}})(\boldsymbol{D}_i-\bar{\boldsymbol{D}})^{\mathrm{T}}$$

当 $n$ 及 $n-p$ 均足够大时，则无论差值总体的分布是什么，$T^2$ 总是近似服从 $\chi^2(m)$ 分布。当 $H_0$ 成立时，检验统计量 $F$ 与 $T^2$ 的关系为

$$F=\frac{n-m}{(n-1)m}T^2\sim F(m,n-m) \tag{6-4}$$

检验规则：在给定的检验水平 $\alpha$ 之下，当 $F\geqslant F_\alpha(m,n-m)$ 时，拒绝 $H_0$，否则不拒绝 $H_0$，这里，$T_\alpha^2=\frac{m(n-1)}{n-m}F_\alpha(m,n-m)$。

【例 6-3】 确定葡萄酒质量时一般是通过聘请一批有资质的评酒员进行品评。每个评酒员在对葡萄酒进行品尝后对其分类指标打分，然后求和得到其总分，从而确定葡萄酒的质量。表 6-4 是 10 位评酒员对某一品牌的白葡萄酒和红葡萄酒的口感品评结果(口感评分按照 4 个指标不同权重给予评分，总分 100 分)，试做统计分析。

**表 6-4 白葡萄酒和红葡萄酒的口感品评结果**

| 品酒员 | 白葡萄酒 | | | | 白葡萄酒 | | | |
|---|---|---|---|---|---|---|---|---|
| | 纯正度 | 浓度 | 持久性 | 质量 | 纯正度 | 浓度 | 持久性 | 质量 |
| 1 | 9 | 16 | 16 | 30 | 7 | 9 | 9 | 30 |
| 2 | 9 | 14 | 14 | 23 | 11 | 14 | 14 | 36 |
| 3 | 11 | 14 | 14 | 36 | 11 | 16 | 14 | 43 |
| 4 | 9 | 14 | 14 | 30 | 7 | 9 | 14 | 36 |
| 5 | 14 | 18 | 18 | 43 | 14 | 9 | 11 | 30 |
| 6 | 11 | 18 | 18 | 43 | 7 | 9 | 14 | 30 |
| 7 | 9 | 16 | 16 | 36 | 7 | 9 | 11 | 23 |
| 8 | 7 | 14 | 11 | 36 | 9 | 9 | 11 | 30 |
| 9 | 11 | 18 | 14 | 43 | 11 | 14 | 16 | 36 |
| 10 | 9 | 14 | 16 | 43 | 9 | 14 | 14 | 30 |

数据来源：2012 年全国大学生数学建模大赛试题。

假设检验为：$H_0:\delta=0;H_1:\delta\neq 0$

样本均值向量为：$\bar{\boldsymbol{D}}=(\bar{D}_1,\bar{D}_2,\bar{D}_3,\bar{D}_4)^{\mathrm{T}}=(0.6,4.4,2.3,3.9)^{\mathrm{T}}$

样本协方差矩阵为：

$$\boldsymbol{S}_D=\begin{bmatrix}3.600 & 4.178 & 2.911 & 6.289\\ 4.178 & 15.156 & 8.200 & 21.711\\ 2.911 & 8.200 & 10.456 & 14.478\\ 6.289 & 21.711 & 14.478 & 95.878\end{bmatrix}$$

计算 $T^2$ 统计量：

$$T^2 = n\bar{\boldsymbol{D}}^{\mathrm{T}}\boldsymbol{S}_D^{-1}\bar{\boldsymbol{D}}$$

$$=10\times(0.6,4.4,2.3,3.9)\times\begin{bmatrix}0.421 & -0.091 & -0.045 & 0.000\\ -0.091 & 0.157 & -0.072 & -0.019\\ -0.045 & -0.072 & 0.174 & -0.007\\ 0.000 & -0.019 & -0.007 & 0.016\end{bmatrix}\times\begin{bmatrix}0.6\\4.4\\2.3\\3.9\end{bmatrix}$$

$$=15.199$$

检验 $F$ 统计量为：

$$F=\frac{n-m}{(n-1)m}T^2=\frac{10-4}{(10-1)\times 4}\times 15.199=2.533$$

查表得，$F_{0.05(4,6)}=4.53$，因 $F=2.533<F_{0.05(4,6)}$，无效假设成立的概率 $p>0.05$。结论为，在 $\alpha=0.05$ 水平上拒绝 $H_0$，10 位评酒员对该品牌的白葡萄酒和红葡萄酒的口感品评结果无显著差别。

【例 6-3】的各观测指标分别进行单变量分析，结果见表 6-5。

**表 6-5　【例 6-3】资料的单变量配对 $t$ 检验结果**

| 变量 | 差数均数 $\bar{d}$ | 差数标准误 $S_{\bar{d}}$ | $t$ 值 | $t_{0.05(9)}$ | $t_{0.01(9)}$ |
|---|---|---|---|---|---|
| 纯正度 | −26.400 | 1.968 | −13.418 | 2.262 | 3.250 |
| 浓度 | 6.300 | 0.870 | 7.242 | | |
| 持久性 | 2.300 | 1.023 | 2.249 | | |
| 质量 | 3.900 | 3.096 | 1.260 | | |

分析结果表明：白、红葡萄酒在纯正度和浓度两个指标上存在极显著的差异，但在持久性和质量方面差异不显著。

这里需要提示：在处理实际问题时，一元分析和多元分析需要结合使用，一元检验容易发现各变量之间的差异，而多元分析具有全面考察和概括的特点，联合分析可以提供更多的统计分析信息。

### 6.2.3　两个正态总体均值向量的检验

假设 $(\boldsymbol{X}_1,\boldsymbol{X}_2,\cdots,\boldsymbol{X}_n)$ 和 $(\boldsymbol{Y}_1,\boldsymbol{Y}_2,\cdots,\boldsymbol{Y}_n)$ 是分别从正态总体 $N_m(\boldsymbol{\mu}_1,\boldsymbol{\Sigma}_1)$ 和 $N_m(\boldsymbol{\mu}_2,\boldsymbol{\Sigma}_2)$ 中随机抽取的样本，$\boldsymbol{X}$ 和 $\boldsymbol{Y}$ 相互独立，样本均值向量分别为

$$\bar{\boldsymbol{X}}=\frac{1}{n}\sum_{i=1}^{n}\boldsymbol{X}_i \qquad \bar{\boldsymbol{Y}}=\frac{1}{n}\sum_{j=1}^{n}\boldsymbol{Y}_j$$

检验的假设为：$H_0:\mu_1=\mu_2$，$H_1:\mu_1\neq\mu_2$。

根据总体方差和样本容量的大小检测方差略异，分述如下。

#### 6.2.3.1　协方差矩阵已知 $\boldsymbol{\Sigma}_1=\boldsymbol{\Sigma}_2=\boldsymbol{\Sigma}$，或协方差矩阵未知但样本充分大

当原假设 $H_0$ 成立时，两个 $m$ 维正态总体实质上视为同一正态总体。由多元正态分布的性质可知

$$\bar{\boldsymbol{X}}-\bar{\boldsymbol{Y}}\sim N_m\left[0,(\frac{1}{n_1}+\frac{1}{n_2})\boldsymbol{\Sigma}_0\right]=N_m\left((0,\frac{n_1+n_2}{n_1n_2}\boldsymbol{\Sigma}_0\right)$$

对上述向量进行标准化变换，有：

$$\boldsymbol{U}=\sqrt{\frac{n_1n_2}{n_1+n_2}}\boldsymbol{\Sigma}_0^{\frac{1}{2}}(\bar{\boldsymbol{X}}-\bar{\boldsymbol{Y}})\sim N_m(0,\boldsymbol{I}_m)$$

计算上述统计量各分量的平方和，可得到检验统计量 $U^2$，其服从自由度为 $m$ 的 $\chi^2$ 分布

$$U^2=\frac{n_1\mathrm{n}_2}{n_1+n_2}(\bar{\boldsymbol{X}}-\bar{\boldsymbol{Y}})^{\mathrm{T}}\boldsymbol{\Sigma}_0^{-1}(\bar{\boldsymbol{X}}-\bar{\boldsymbol{Y}})\sim\chi^2(m) \tag{6-5}$$

于是，在给定检验水平 $\alpha$ 下，可得到原假设的拒绝域为 $U^2>\chi_\alpha^2(m)$。

当原假设 $H_0$ 成立时，$S_1$ 和 $S_2$ 可视为来自同一总体 $\boldsymbol{\Sigma}$。这时，可将两样本的协方差矩阵 $S_1$ 和 $S_2$ 合并，计算合并协方差矩阵：

$$\hat{\boldsymbol{\Sigma}}=\boldsymbol{S}=\frac{(n_1-1)\boldsymbol{S}_1+(n_2-1)\boldsymbol{S}_2}{n_1+n_2-2}=\frac{\boldsymbol{SS}_1+\boldsymbol{SS}_2}{n_1+n_2-2}$$

其中，$\boldsymbol{SS}_1$ 和 $\boldsymbol{SS}_2$ 分别为两样本的离差矩阵。

与式(6-5)相似，构建 $T^2$ 统计量

$$T^2=\frac{n_1n_2}{n_1+n_2}(\bar{\boldsymbol{X}}-\bar{\boldsymbol{Y}})^{\mathrm{T}}\boldsymbol{S}^{-1}(\bar{\boldsymbol{X}}-\bar{\boldsymbol{Y}}) \tag{6-6}$$

再利用 $T^2$ 与 $F$ 的关系，得到检验统计量 $F$

$$F=\frac{n_1+n_2-m}{(n_1+n_2-2)m}T^2\sim F(m,n_1+n_2-m-1) \tag{6-7}$$

检验规则：在 $\alpha=0.05$ 水平上，当 $F=\dfrac{n_1+n_2-m-1}{(n_1+n_2-2)m}T^2\geqslant F_\alpha(m,n_1+n_2-m-1)$ 时，拒绝 $H_0$，否则不拒绝 $H_0$。

【例 6-4】 采用火焰原子吸收分光光度法测定了芒果和石榴两种水果中铜和锌的含量，结果见表 6-6。试比较两种水果中铜和锌含量有无差异。

**表 6-6 芒果和石榴中铜和锌含量测定结果** mg/kg

| 水果 | 元素 | 样本量 | 测定结果范围 | 平均值 | 标准差 |
|---|---|---|---|---|---|
| 芒果 | Cu | 97 | 0.092～1.001 | 0.535 | 0.267 |
| | Zn | | 0.117～1.277 | 0.728 | 0.342 |
| 石榴 | Cu | 86 | 0.201～0.824 | 0.489 | 0.182 |
| | Zn | | 0.504～1.326 | 0.880 | 0.247 |

芒果中铜和锌含量为二元总体 $\boldsymbol{X}$，并假设 $\boldsymbol{X}\sim N_1(\boldsymbol{\mu}_1,\boldsymbol{\Sigma})$，石榴中铜和锌含量为二元总体 $\boldsymbol{Y}$，且 $\boldsymbol{Y}\sim N_2(\boldsymbol{\mu}_2,\boldsymbol{\Sigma})$，两样本相互独立。

检验假设为：$H_0:\boldsymbol{\mu}_1=\boldsymbol{\mu}_2$，$H_1:\boldsymbol{\mu}_1\neq\boldsymbol{\mu}_2$。

计算均值向量：$\bar{\boldsymbol{X}}=(0.535,0.728)^{\mathrm{T}}$，$\bar{\boldsymbol{Y}}=(0.489,0.880)^{\mathrm{T}}$。

$\boldsymbol{X}$ 总体的离差矩阵为：$\boldsymbol{SS_X}=\begin{bmatrix}8.594 & 0.854\\ 0.854 & 14.251\end{bmatrix}$

$\boldsymbol{Y}$ 总体的离差矩阵为：$\boldsymbol{SS_Y}=\begin{bmatrix}4.052 & -0.540\\ -0.540 & 7.517\end{bmatrix}$

合并协方差矩阵为：$\boldsymbol{S}=\dfrac{\boldsymbol{SS_X}+\boldsymbol{SS_Y}}{n_1+n_2-2}=\begin{bmatrix}0.069 & 0.002\\ 0.002 & 0.120\end{bmatrix}$

计算 $T^2$ 统计量：

$$T^2=\frac{n_1n_2}{n_1+n_2}(\bar{\boldsymbol{X}}-\bar{\boldsymbol{Y}})^{\mathrm{T}}\boldsymbol{S}^{-1}(\bar{\boldsymbol{X}}-\bar{\boldsymbol{Y}})$$
$$=\frac{97\times 86}{97+86}\times(0.046,-0.152)\times\begin{bmatrix}14.318 & -0.207\\ -0.207 & 8.318\end{bmatrix}\times\begin{bmatrix}0.046\\ -0.152\end{bmatrix}=10.194$$

转换 $F$ 统计量：

$$F=\frac{n_1+n_2-m-1}{(n_1+n_2-2)m}T^2=\frac{97+86-2-1}{(97+86-2)\times 2}\times 10.194=5.069$$

查 $F$ 分布表得：$F_{0.01(2,180)}=4.725$，而 $F=5.069>F_{0.01(2,180)}$，$p<0.01$。可以认为芒果和石榴中 Cu 和 Zn 的含量存在极显著差异。

对上例进行一元分析，结果见表 6-7。

**表 6-7　芒果和石榴中 Cu 和 Zn 的含量的一元分析结果**

| 元素 | 方差同质检验($F$) | 无效假设成立概率 | $t$ 值 | 自由度 | 无效假设成立概率 |
|---|---|---|---|---|---|
| Cu | 26.269 | 0.000 | 1.606 | 224.902 | 0.110 |
| Zn | 14.491 | 0.000 | −3.999 | 233.730 | 0.000 |

一元显著性检验结果显示，芒果和石榴中铜元素含量存在显著差异，而锌元素含量存在极显著差异。

本例再次表明当把一元检验与多元检验结合起来考虑，结论会更加翔实。

#### 6.2.3.2　两正态总体协方阵矩阵不等 $\boldsymbol{\Sigma}_1\neq\boldsymbol{\Sigma}_2$

1. 当样本含量足够大时

当 $n_1$，$n_2$ 足够大，且 $n_1-m$ 与 $n_2-m$ 都很大时，根据中心极限定理，$\bar{\boldsymbol{X}}-\bar{\boldsymbol{Y}}$ 渐近服从 $N_m(\boldsymbol{\mu}_1-\boldsymbol{\mu}_2,n_1^{-1}\boldsymbol{\Sigma}_1+n_2^{-1}\boldsymbol{\Sigma}_2)$ 分布。

若 $\boldsymbol{\Sigma}_1$ 和 $\boldsymbol{\Sigma}_2$ 已知，则从 $\bar{\boldsymbol{X}}-\bar{\boldsymbol{Y}}$ 到 $\boldsymbol{\mu}_1-\boldsymbol{\mu}_2$ 的统计距离平方和服从自由度为 $m$ 的 $\chi^2$ 分布，

$$[\bar{\boldsymbol{X}}-\bar{\boldsymbol{Y}}-(\boldsymbol{\mu}_1-\boldsymbol{\mu}_2)]^{\mathrm{T}}\left[\frac{1}{n_1}\boldsymbol{\Sigma}_1+\frac{1}{n_2}\boldsymbol{\Sigma}_2\right]^{-1}[\bar{\boldsymbol{X}}-\bar{\boldsymbol{Y}}-(\boldsymbol{\mu}_1-\boldsymbol{\mu}_2)]\sim\chi^2(m)$$

由于 $n_1$ 与 $n_2$ 都很大，这时样本的协方差 $S_1$ 和 $S_2$ 分布接近总体协方差 $\boldsymbol{\Sigma}_1$ 和 $\boldsymbol{\Sigma}_2$，所以用 $\boldsymbol{S}_1$ 和 $\boldsymbol{S}_2$ 分别替代 $\boldsymbol{\Sigma}_1$ 和 $\boldsymbol{\Sigma}_2$ 时近似成立，即：

$$[\bar{\boldsymbol{X}}-\bar{\boldsymbol{Y}}-(\boldsymbol{\mu}_1-\boldsymbol{\mu}_2)]^{\mathrm{T}}\left[\frac{1}{n_1}\boldsymbol{S}_1+\frac{1}{n_2}\boldsymbol{S}_2\right]^{-1}[\bar{\boldsymbol{X}}-\bar{\boldsymbol{Y}}-(\boldsymbol{\mu}_1-\boldsymbol{\mu}_2)]\sim\chi^2(m)\qquad(6\text{-}8)$$

2. 当样本含量不大时，对正态总体的 $T^2$ 分布进行近似检验

当 $\boldsymbol{\Sigma}_1 \neq \boldsymbol{\Sigma}_2$ 时，即使两个样本的含量均较小（但要求 $n_1$ 与 $n_2$ 均大于 $m$），仍可以检验 $H_0: \boldsymbol{\mu}_1 = \boldsymbol{\mu}_2$，只要这两个总统均服从多元正态分布，可以利用霍特林 $T^2$ 渐进分布进行检验。

$$T^2 = [\bar{\boldsymbol{X}} - \bar{\boldsymbol{Y}} - (\boldsymbol{\mu}_1 - \boldsymbol{\mu}_2)]^{\mathrm{T}} [\frac{1}{n_1}\boldsymbol{S}_1 + \frac{1}{n_2}\boldsymbol{S}_2]^{-1} [\bar{\boldsymbol{X}} - \bar{\boldsymbol{Y}} - (\boldsymbol{\mu}_1 - \boldsymbol{\mu}_2)] \qquad (6\text{-}9)$$

但对较小的样本，建议采用式(6-14)给出的近似逼近公式求取临界 $T_\alpha^2$：

$$T_\alpha^2 = \frac{df \cdot m}{df - m + 1} F_\alpha(m, df - m + 1) \qquad (6\text{-}10)$$

这里的自由度 $df$ 是从样本协方差矩阵估计得到的。

$$df = \frac{m - m^2}{\sum_{i=1}^{2} \frac{1}{n_i} \left\{ tr\left[\left(\frac{1}{n_i}\boldsymbol{S}_i\left(\frac{1}{n_1}\boldsymbol{S}_1 + \frac{1}{n_2}\boldsymbol{S}_2\right)^{-1}\right)^2\right] + \left[tr\left(\frac{1}{n_i}\boldsymbol{S}_i\left(\frac{1}{n_1}\boldsymbol{S}_1 + \frac{1}{n_2}\boldsymbol{S}_2\right)^{-1}\right)^2\right]\right\}} \qquad (6\text{-}11)$$

【例 6-5】 酿酒葡萄的好坏与所酿葡萄酒的质量有直接的关系。分别测定了红葡萄和白葡萄总氨基酸含量、总蛋白含量、多酚氧化酶活力的测定结果见表 6-8，试比较两种酿酒葡萄在上述氨基酸含量的异同。

**表 6-8 两种酿酒葡萄总氨基酸含量、总蛋白含量、多酚氧化酶活力的测定结果**

| 红葡萄 | | | 白葡萄 | | |
|---|---|---|---|---|---|
| 氨基酸总量/(mg/100 g fw) | 蛋白质/(mg/100 g) | 多酚氧化酶活力(E)/[A/(min•g•mL)] | 氨基酸总量/(mg/100 g fw) | 蛋白质/(mg/100 g) | 多酚氧化酶活力(E)/[A/(min•g•mL)] |
| 2 027.96 | 552.323 | 33.753 | 1 279.30 | 497.953 | 51.096 |
| 2 128.82 | 627.273 | 30.577 | 1 870.93 | 539.254 | 10.176 |
| 8 397.28 | 586.637 | 19.771 | 5 022.14 | 468.656 | 13.156 |
| 2 144.68 | 530.618 | 15.090 | 2 085.76 | 496.948 | 32.921 |
| 1 844.00 | 583.934 | 30.816 | 2 658.04 | 468.603 | 13.433 |
| 3 434.17 | 538.182 | 36.020 | 1 847.12 | 492.088 | 14.828 |
| 2 391.16 | 486.456 | 26.106 | 1 721.58 | 559.560 | 17.801 |
| 1 950.76 | 559.364 | 50.919 | 1 273.22 | 493.739 | 58.388 |
| 2 262.72 | 700.004 | 17.540 | 1 927.42 | 484.390 | 32.220 |
| 1 364.14 | 544.508 | 9.452 | 2 095.61 | 516.492 | 31.694 |
| 2 355.69 | 541.872 | 14.114 | 1 566.97 | 559.059 | 39.284 |
| 2 556.79 | 494.192 | 21.972 | 1 724.16 | 459.045 | 18.933 |
| 1 416.11 | 607.043 | 26.949 | 664.96 | 460.830 | 25.911 |
| 1 237.81 | 600.680 | 41.626 | 1 542.17 | 522.480 | 32.301 |
| 2 177.91 | 522.340 | 25.791 | 2 669.22 | 549.854 | 8.381 |
| 1 553.50 | 582.571 | 12.930 | 991.92 | 464.819 | 53.103 |
| 1 713.65 | 549.606 | 17.269 | 1 167.29 | 416.876 | 20.433 |

续表 6-8

| 红葡萄 | | | 白葡萄 | | |
|---|---|---|---|---|---|
| 氨基酸总量 /(mg/100 g fw) | 蛋白质 /(mg/100 g) | 多酚氧化酶活力(E)/ [A/(min·g·mL)] | 氨基酸总量 /(mg/100 g fw) | 蛋白质 /(mg/100 g) | 多酚氧化酶活力(E)/ [A/(min·g·mL)] |
| 2 398.38 | 514.567 | 27.362 | 1 289.93 | 583.403 | 25.677 |
| 2 463.60 | 545.215 | 30.501 | 817.81 | 449.107 | 30.730 |
| 2 273.63 | 560.145 | 13.013 | 2 045.24 | 480.667 | 29.573 |
| 6 346.83 | 562.996 | 17.589 | 1 554.02 | 586.240 | 25.068 |
| 2 566.61 | 488.030 | 21.824 | 1 457.67 | 407.990 | 36.652 |
| 2 380.81 | 542.161 | 16.170 | 1 522.52 | 504.624 | 20.349 |
| 1 638.83 | 532.951 | 14.136 | 3 068.34 | 630.561 | 14.639 |
| 1 409.70 | 536.278 | 14.233 | 2 350.79 | 519.210 | 34.558 |
| 851.17 | 586.422 | 31.749 | 2 073.33 | 496.835 | 18.485 |
| 1 116.61 | 529.829 | 21.854 | 2 475.21 | 636.101 | 20.478 |
| | | | 3 785.57 | 451.833 | 46.500 |

数据来源：2012 年全国大学生数学建模大赛试题。

提出检验的假设：$H_0:\boldsymbol{\mu}_1=\boldsymbol{\mu}_2$，$H_1:\boldsymbol{\mu}_1\neq\boldsymbol{\mu}_2$。

令 $\bar{\boldsymbol{X}}$ 表示红葡萄 3 项指标的均值向量，$\bar{\boldsymbol{Y}}$ 表示白葡萄 3 项指标的均值向量。

$$\bar{\boldsymbol{X}}-\bar{\boldsymbol{Y}}=\begin{bmatrix}2\,385.309\\555.785\\23.671\end{bmatrix}-\begin{bmatrix}1\,948.151\\507.043\\27.742\end{bmatrix}=\begin{bmatrix}437.158\\48.742\\-4.071\end{bmatrix}$$

$$\frac{1}{n_1}\boldsymbol{S_X}=\frac{1}{27}\begin{bmatrix}2\,450\,959.753 & 1\,791.106 & -1\,600.146\\1\,791.106 & 2\,047.396 & 47.879\\-1\,600.146 & 47.879 & 97.583\end{bmatrix}=\begin{bmatrix}90\,776.287 & 66.337 & -59.265\\66.337 & 75.830 & 1.773\\-59.265 & 1.773 & 3.614\end{bmatrix}$$

$$\frac{1}{n_2}\boldsymbol{S_Y}=\frac{1}{28}\begin{bmatrix}829\,619.542 & 6\,763.123 & -3\,854.807\\6\,763.123 & 3\,268.490 & -201.977\\-3\,854.807 & -201.977 & 174.494\end{bmatrix}=\begin{bmatrix}29\,629.269 & 241.540 & -137.672\\241.540 & 116.732 & -7.213\\-137.672 & -7.213 & 6.232\end{bmatrix}$$

式中：$\boldsymbol{S_X}$ 为红葡萄三项指标协方差矩阵；$\boldsymbol{S_Y}$ 为白葡萄三项指标协方差矩阵。计算合并协方差矩阵的逆矩阵为：

$$\left(\frac{1}{n_1}\boldsymbol{S_X}+\frac{1}{n_2}\boldsymbol{S_Y}\right)^{-1}=\begin{bmatrix}8.60\times10^{-6} & -9.03\times10^{-6} & 1.67\times10^{-4}\\-9.03\times10^{-6} & 0.005\,28 & 0.002\,74\\1.67\times10^{-4} & 0.002\,74 & 0.106\end{bmatrix}$$

检验统计量 $T^2$ 为：

$$T^2=(\bar{\boldsymbol{X}}-\bar{\boldsymbol{Y}})^{\mathrm{T}}\left(\frac{1}{n_1}\boldsymbol{S_X}+\frac{1}{n_2}\boldsymbol{S_Y}\right)^{-1}(\bar{\boldsymbol{X}}-\bar{\boldsymbol{Y}})$$

$$= (437.158, 48.742, -4.071) \times \begin{bmatrix} 8.60\times10^{-6} & -9.03\times10^{-6} & 1.67\times10^{-4} \\ -9.03\times10^{-6} & 0.005\,28 & 0.002\,74 \\ 1.67\times10^{-4} & 0.002\,74 & 0.106 \end{bmatrix} \times \begin{bmatrix} 437.158 \\ 48.742 \\ -4.071 \end{bmatrix} = 13.896$$

计算自由度 $df$：

$$\frac{1}{n_1}\boldsymbol{S_X}\left(\frac{1}{n_1}\boldsymbol{S_X}+\frac{1}{n_2}\boldsymbol{S_Y}\right)^{-1} = \begin{bmatrix} 0.770 & 1.81\times10^{-4} & 7.797\times10^{-5} \\ 1.81\times10^{-4} & 0.405 & 0.019\,8 \\ 7.797\times10^{-5} & 0.019\,8 & 0.379 \end{bmatrix}$$

$$\frac{1}{n_2}\boldsymbol{S_Y}\left(\frac{1}{n_1}\boldsymbol{S_X}+\frac{1}{n_2}\boldsymbol{S_Y}\right)^{-1} = \begin{bmatrix} 0.230 & -1.818\times10^{-4} & -7.797\times10^{-5} \\ -1.818\times10^{-4} & 0.595 & -0.019\,8 \\ -7.797\times10^{-5} & -0.019\,8 & 0.620 \end{bmatrix}$$

$$\sum_{i=1}^{2}\frac{1}{n_i}\left\{tr\left[\left(\frac{1}{n_i}\boldsymbol{S}_i\left(\frac{1}{n_1}\boldsymbol{S}_1+\frac{1}{n_2}\boldsymbol{S}_2\right)^{-1}\right)^2\right]+\left[tr\left(\frac{1}{n_i}\boldsymbol{S}_i\left(\frac{1}{n_1}\boldsymbol{S}_1+\frac{1}{n_2}\boldsymbol{S}_2\right)^{-1}\right)^2\right]\right\}$$

$$=\frac{1}{27}\{(0.594+0.172+0.153)+(0.594+0.172+0.153)^2\}$$

$$+\frac{1}{28}\{(0.053\,3+0.362+0.394)+(0.053\,3+0.362+0.394)^2\}$$

$$=0.117\,6$$

根据公式(6-11)，自由度计算为：

$$df=\frac{3+3^2}{0.117\,6}=102.068$$

计算近似逼近临界值 $T^2$：

$$T^2_{0.05}=\frac{df\cdot m}{df-m+1}F_{0.05(m,df-m+1)}=\frac{102.068\times3}{102.068-3+1}\times F_{0.05(3,100.068)}=2.749$$

$$T^2_{0.01}=\frac{df\cdot m}{df-m+1}F_{0.01(m,df-m+1)}=\frac{102.068\times3}{102.068-3+1}\times F_{0.01(3,100.068)}=3.984$$

因为 $T^2=18.896>T^2_{0.01}$，$p<0.01$，拒绝无效假设 $H_0$，可认为两种酿酒葡萄在上述 3 个指标总体分布具有极显著差异。

## 6.3 多元方差分析

### 6.3.1 完全随机设计的多元方差分析

#### 6.3.1.1 基本概念

完全随机设计的多元方差分析是指仅有一个 $k$ 个水平的处理因素，观测时同时对每一研

究对象检测 $m$ 个指标，分组时按完全随机方式将每一观察对象随机分入各个处理中。其数据整理后如表 6-9 所示。

**表 6-9　完全随机设计多元方差分析的数据模式**

| 处理 | 指标 1 | 指标 2 | … | 指标 $m$ | 样本均值向量 | 总体均值向量 |
|---|---|---|---|---|---|---|
| | $x_{111}$ | $x_{112}$ | … | $x_{11m}$ | | |
| | $x_{121}$ | $x_{122}$ | … | $x_{12m}$ | | |
| 1 | ⋮ | ⋮ | | ⋮ | $\bar{\boldsymbol{Y}}_1$ | $\boldsymbol{U}_1$ |
| | $x_{1n_1 1}$ | $x_{1n_1 2}$ | … | $x_{1n_1 m}$ | | |
| | $x_{211}$ | $x_{212}$ | … | $x_{21m}$ | | |
| | $x_{221}$ | $x_{222}$ | … | $x_{22m}$ | | |
| 2 | ⋮ | ⋮ | | ⋮ | $\bar{\boldsymbol{Y}}_2$ | $\boldsymbol{U}_2$ |
| | $x_{2n_2 1}$ | $x_{2n_2 2}$ | … | $x_{2n_2 m}$ | | |
| ⋮ | ⋮ | ⋮ | | ⋮ | ⋮ | ⋮ |
| | $x_{k11}$ | $x_{k12}$ | … | $x_{k1m}$ | | |
| | $x_{k21}$ | $x_{k22}$ | … | $x_{k2m}$ | | |
| $k$ | ⋮ | ⋮ | | ⋮ | $\bar{\boldsymbol{Y}}_k$ | $\boldsymbol{U}_k$ |
| | $x_{kn_l 1}$ | $x_{kn_l 2}$ | … | $x_{kn_l m}$ | | |

检验的假设为：$\boldsymbol{U}_1=\boldsymbol{U}_2=\cdots=\boldsymbol{U}_m$，即各处理组的均值向量相等。

与一元方差分析相似，$\boldsymbol{SS}_{\mathrm{T}}=\boldsymbol{SS}_{\mathrm{t}}+\boldsymbol{SS}_{\mathrm{e}}$，在多元方差分析中同样是对总离均差平方和及其总自由度进行分解，而构造出一个相应的检验统计量，可以按照变异来源做类似的分解，但要注意分解得到的 $\boldsymbol{SS}$ 均为离均差平方和与积和阵，即

$$\boldsymbol{SS}_{\text{总阵}}=\boldsymbol{SS}_{\text{处理组效应阵}}+\boldsymbol{SS}_{\text{随机误差效应阵}}$$

### 6.3.1.2　计算步骤

第 $i$ 组的均值向量为：　　$\bar{\boldsymbol{X}}_i=\dfrac{1}{n_i}\sum_{j=1}^{n_i}X_{ij}$

总离均差矩阵 $\boldsymbol{SS}_{\mathrm{T}}$ 可分解为：

$$\begin{aligned}\boldsymbol{SS}_{\mathrm{T}}&=\sum_{i=1}^{k}\sum_{j=1}^{n_i}(\boldsymbol{X}_{ij}-\bar{\boldsymbol{X}})(\boldsymbol{X}_{ij}-\bar{\boldsymbol{X}})^{\mathrm{T}}\\&=\sum_{i=1}^{k}\sum_{j=1}^{n_i}[(\boldsymbol{X}_{ij}-\bar{\boldsymbol{X}}_i+\bar{\boldsymbol{X}}_i-\bar{\boldsymbol{X}})(\boldsymbol{X}_{ij}-\bar{\boldsymbol{X}}_i+\bar{\boldsymbol{X}}_i-\bar{\boldsymbol{X}})^{\mathrm{T}}]\\&=\sum_{i=1}^{k}\sum_{j=1}^{n_i}(\boldsymbol{X}_{ij}-\bar{\boldsymbol{X}}_i)(\boldsymbol{X}_{ij}-\bar{\boldsymbol{X}}_i)^{\mathrm{T}}+\sum_{i=1}^{k}n_i(\bar{\boldsymbol{X}}_i-\bar{\boldsymbol{X}})(\bar{\boldsymbol{X}}_i-\bar{\boldsymbol{X}})^{\mathrm{T}}\\&=\boldsymbol{SS}_{\mathrm{E}}+\boldsymbol{SS}_{\mathrm{A}}\end{aligned}$$

其中 $\boldsymbol{SS}_{\mathrm{E}}=\sum_{i=1}^{k}\sum_{j=1}^{n_i}(\boldsymbol{X}_{ij}-\bar{\boldsymbol{X}}_i)(\boldsymbol{X}_{ij}-\bar{\boldsymbol{X}}_i)^{\mathrm{T}}$ 为随机误差效应阵，反映组内误差效应。$\boldsymbol{SS}_{\mathrm{A}}=$

$\sum_{i=1}^{k} n_i(\bar{\boldsymbol{X}}_i - \bar{\boldsymbol{X}})(\bar{\boldsymbol{X}}_i - \bar{\boldsymbol{X}})^{\mathrm{T}}$ 为处理效应阵。

相应的自由度也可以类似一元方差分析进行剖分，$df_{\mathrm{T}}=df_{\mathrm{A}}=df_{\mathrm{E}}$，其中 $df_{\mathrm{T}}$ 为总体离均差矩阵的自由度，$df_{\mathrm{A}}$ 为处理效应阵的自由度，$df_{\mathrm{E}}$ 为误差效应阵的自由度。而多元统计分析与某种包含威尔克斯多元分布原理相对应（详见文献 Wiks S. S，1932）。

所以计算多元统计量 Wilk's λ 进行假设检验：

$$\text{wilk's } \lambda = \frac{|\boldsymbol{SS}_{\mathrm{E}}|}{|\boldsymbol{SS}_{\mathrm{A}} + \boldsymbol{SS}_{\mathrm{E}}|}$$

由于 Wilk's λ 的分布较为复杂，故可用近似分布予以替代。

当 $H_0$ 成立，且 $n$ 充分大时，可将 Wilk's λ 转化为 $\chi^2$ 近似值。转换公式为：

$\chi^2 = -\left[(n-1) - \dfrac{m+(l-1)+1}{2}\right]\ln\lambda$，服从自由度为 $p \times (k-1)$ 的 $\chi^2$ 分布。

也可以将 Wilk's λ 统计量转化为 $F$ 统计量，转化公式为：

$$F = \frac{1-\lambda^{\frac{1}{t}}}{\lambda^{\frac{1}{t}}} \frac{df_2'}{df_1'}$$

服从于 $F_{(df_1', df_2')}$，相应自由度和参数 $t$ 可以根据以下公式进行计算：

$$df_1' = p \times df_{\mathrm{T}}, df_2' = \left(df_{\mathrm{T}} + df_{\mathrm{E}} - \frac{p+df_{\mathrm{T}}+1}{2}\right)\sqrt{\frac{p^2 df_{\mathrm{T}}^2 - 4}{p^2 + df_{\mathrm{T}}^2 - 5}} - \frac{p\,df_{\mathrm{T}} - 2}{2}$$

$$t = \sqrt{\frac{p^2 df_{\mathrm{T}}^2 - 4}{p^2 + df_{\mathrm{T}}^2 - 5}}$$

多元方差分析表可归纳为表 6-10。

**表 6-10 多元方差分析表**

| 变异来源 | 自由度 | 离均差平方和与积和阵 | Wilk's λ | $\chi^2$ 近似值 | $F$ 近似值 |
|---|---|---|---|---|---|
| 处理组间 | $k-1$ | $\boldsymbol{SS}_{\mathrm{A}}$ | $\dfrac{\lvert\boldsymbol{SS}_{\mathrm{E}}\rvert}{\lvert\boldsymbol{SS}_{\mathrm{A}}+\boldsymbol{SS}_{\mathrm{E}}\rvert}$ | $\chi^2$ | $F$ |
| 处理组内 | $N-k$ | $\boldsymbol{SS}_{\mathrm{E}}$ | | | |
| 总变异 | $N-1$ | $\boldsymbol{SS}_{\mathrm{A}}+\boldsymbol{SS}_{\mathrm{E}}$ | | | |

在显著水平 0.05 和 0.01 下，获得 $\chi^2$ 临界值或 $F$ 临界值，通过比较从而得出无效假设是否成立。

需要指出的是，上述两个近似公式也适用于其他设计类型的均值向量比较，但目前统计软件 SAS 和 SPSS 中均采用 $F$ 近似值检验法。

【例 6-6】 分别测定了某池塘中鲤鱼、草鱼、鲶鱼体内汞、镉、氟 3 种元素的含量，结果见表 6-11，试分析不同品种鱼体内上述 3 个指标含量是否一致。

表 6-11　3 种鱼体内汞、镉、氟 3 种元素的含量测定结果　ng/kg

| 品种 | 测定指标 | 测定范围 | 平均数 | 标准差 |
|---|---|---|---|---|
| 鲤鱼 | 汞 | 80.21～99.43 | 90.13 | 6.03 |
| | 镉 | 40.03～54.77 | 47.97 | 4.17 |
| | 氟 | 40.61～49.54 | 44.97 | 2.77 |
| 草鱼 | 汞 | 87.10～101.99 | 94.18 | 4.27 |
| | 镉 | 40.04～49.89 | 44.50 | 2.99 |
| | 氟 | 43.09～52.88 | 47.53 | 3.06 |
| 鲶鱼 | 汞 | 90.01～99.95 | 95.45 | 2.89 |
| | 镉 | 46.06～54.89 | 50.29 | 2.42 |
| | 氟 | 40.08～54.73 | 47.06 | 4.19 |

这是一个比较 3 个组($k=3$)的 3 项指标($p=3$)间的均值向量间差异的问题。3 个组的样本含量分别为 $n_1=55$，$n_2=53$ 和 $n_3=59$。

检验假设为：$H_0:\boldsymbol{\mu}_1=\boldsymbol{\mu}_2=\boldsymbol{\mu}_3=\boldsymbol{\mu}_4$，$\boldsymbol{H}_A:\boldsymbol{\mu}_1$、$\boldsymbol{\mu}_2$、$\boldsymbol{\mu}_3$ 和 $\boldsymbol{\mu}_4$ 至少有一对不等。

计算步骤如下：

(1)计算样本均值向量

$$\bar{\boldsymbol{X}}_1=(90.13,47.97,44.97)^T$$

$$\bar{\boldsymbol{X}}_2=(94.18,44.50,47.53)^T$$

$$\bar{\boldsymbol{X}}_3=(95.45,50.29,47.06)^T$$

(2)计算总离均差矩阵 $\boldsymbol{SS}_T$

$$\boldsymbol{SS}_T=\begin{bmatrix}4\,249.74 & 118.80 & 307.56\\ 118.80 & 2\,684.27 & -287.66\\ 307.56 & -287.66 & 2\,085.57\end{bmatrix}$$

(3)计算各组组内离差矩阵及总组内离差矩阵 $\boldsymbol{SSE}$

$$\boldsymbol{SS}_{E_1}=\begin{bmatrix}1\,965.06 & -187.71 & -49.39\\ -187.71 & 937.53 & -113.42\\ -49.39 & -113.42 & 413.98\end{bmatrix}$$

$$\boldsymbol{SS}_{E_2}=\begin{bmatrix}946.74 & 112.32 & 63.02\\ 112.32 & 464.97 & -16.24\\ 63.02 & -16.24 & 485.49\end{bmatrix}$$

$$\boldsymbol{SS}_{E_3}=\begin{bmatrix}487.33 & 59.64 & -66.31\\ 59.64 & 339.87 & -50.36\\ -66.31 & -50.36 & 1\,018.90\end{bmatrix}$$

$$\boldsymbol{SS}_E=\boldsymbol{SS}_{E_1}+\boldsymbol{SS}_{E_2}+\boldsymbol{SS}_{E_3}=\begin{bmatrix}3\,399.13 & -15.75 & -52.67\\ -15.75 & 1\,742.38 & -180.03\\ -52.67 & -180.03 & 1\,918.38\end{bmatrix}$$

(4)计算总组内离差矩阵 $\boldsymbol{SS}_E$ 及总离差矩阵 $\boldsymbol{SS}_T$ 的行列式的值

$$|\boldsymbol{SS}_E| = 11\ 245\ 926\ 142.76, |\boldsymbol{SS}_T| = 23\ 134\ 968\ 629.11$$

(5)计算 Wilk's λ 统计量

$$\lambda = \frac{|\boldsymbol{SS}_E|}{|\boldsymbol{SS}_T|} = 0.486\ 1$$

(6)采用 Barrlett 方法计算 $\chi^2$ 近似值

$$\begin{aligned}\chi^2 &= -\left[(n-1) - \frac{m+(k-1)+1}{2}\right]\ln\lambda \\ &= -\left[(167-1) - \frac{3+(3-1)+1}{2}\right]\times \ln 0.486\ 1 \\ &= 117.94\end{aligned}$$

查表得 $\chi^2_{0.01} = 16.81$，由于 $\chi^2 > \chi^2_{0.01}$，$p < 0.01$，所以在 0.01 水平上拒绝无效假设。

(7)采用 Rao 方法计算 $F$ 近似统计量

$$df'_1 = m \cdot df_T = 3\times 2 = 6$$

$$\begin{aligned}df'_2 &= (df_T + df_E - \frac{m+df_T+1}{2})\sqrt{\frac{m^2\cdot df_T^2 - 4}{m^2 + df_T^2 - 5}} - \frac{m\cdot df_T - 2}{2} \\ &= (2+164-\frac{3+2+1}{2})\sqrt{\frac{3^2\times 2^2 - 4}{3^2+2^2-5}} - \frac{3\times 2 - 2}{2} = 325\end{aligned}$$

$$t = \sqrt{\frac{m^2\cdot df_T^2 - 4}{m^2 + df_T^2 - 5}} = \sqrt{\frac{3^2\times 2^2 - 4}{3^2+2^2-5}} = 2$$

$$F = \frac{1-\lambda^{\frac{1}{t}}}{\lambda^{\frac{1}{t}}}\frac{df'_2}{df'_1} = \frac{1-\sqrt{0.486\ 1}}{0.486\ 1}\times\frac{650}{6} = 67.48$$

查表得 $F_{0.01(6,325)} = 2.857\ 8$，因为 $F > F_{0.01(6,325)}$，$p < 0.01$，在 0.01 水平上拒绝无效假设，说明不同品种鱼体内汞、镉、氟含量存在极显著差异。如果想进一步分析 3 个组指标间的差异究竟由哪几项指标引起，可以对 3 项指标逐一进行一元方差分析。

### 6.3.2 多元区组设计的样本均值向量的检验

多元区组设计的方差分析的特点是在完全随机设计的基础上将区组间的变异从总变异中分离出来，其余分析步骤与完全随机设计的多元方差分析的方法相类似。

【例 6-7】 检测了某品牌生产的调节血液指标系列的 3 种保健品($n=30$)中盐酸硫胺素(μg/mL)和盐酸吡哆醇(μg/mL)2 种指标含量。检测结果见表 6-12。试比较这 3 种保健品中盐酸硫胺素和盐酸吡哆醇含量是否存在差异。

**表 6-12　3 种保健品中盐酸硫胺素和盐酸吡哆醇含量测定结果**　μg/mL

| 样品编号 | 星 * * 鱼油软胶囊 | | 斯 * * 鱼油软胶囊 | | 红 * * 鱼油软胶囊 | |
|---|---|---|---|---|---|---|
| | 盐酸硫胺素 | 盐酸吡哆醇 | 盐酸硫胺素 | 盐酸吡哆醇 | 盐酸硫胺素 | 盐酸吡哆醇 |
| 1 | 39.15 | 49.53 | 43.18 | 40.08 | 52.20 | 52.79 |
| 2 | 33.16 | 62.03 | 47.05 | 37.94 | 61.56 | 57.46 |
| 3 | 47.69 | 54.65 | 39.13 | 42.77 | 52.06 | 53.31 |
| 4 | 36.73 | 46.35 | 42.47 | 50.53 | 58.47 | 50.30 |
| 5 | 48.54 | 50.09 | 48.17 | 45.86 | 59.59 | 58.12 |
| ⋮ | ⋮ | ⋮ | ⋮ | ⋮ | ⋮ | ⋮ |
| 26 | 35.89 | 54.60 | 51.89 | 49.55 | 62.76 | 58.91 |
| 27 | 37.65 | 52.22 | 43.94 | 45.45 | 61.97 | 47.78 |
| 28 | 37.95 | 51.86 | 42.53 | 37.36 | 66.70 | 57.97 |
| 29 | 48.96 | 54.31 | 46.55 | 37.03 | 66.40 | 54.72 |
| 30 | 32.69 | 41.89 | 37.09 | 33.11 | 70.74 | 54.40 |
| 平均数 | 41.35 | 50.55 | 45.63 | 44.82 | 56.80 | 52.08 |
| 标准差 | 6.93 | 5.11 | 7.27 | 5.31 | 7.18 | 4.06 |

与一元随机区组的方差分析类似，仍将总变异分解为处理间变异、区组间变异及处理内变异(表 6-13)。

**表 6-13　区组设计的离差矩阵及自由度的分解**

| 变异来源 | 离差平方和矩阵 | 自由度 |
|---|---|---|
| 处理间 | $\boldsymbol{SS}_t=\begin{bmatrix}4\,951.43 & 2\,408.68\\2\,408.68 & 2\,523.64\end{bmatrix}$ | 29 |
| 区组间 | $\boldsymbol{SS}_Q=\begin{bmatrix}500.37 & 163.83\\163.83 & 269.77\end{bmatrix}$ | 2 |
| 处理内 | $\boldsymbol{SS}_E=\begin{bmatrix}4\,427.51 & 677.63\\677.63 & 2\,056.10\end{bmatrix}$ | 58 |
| 总体 | $\boldsymbol{SS}_T=\begin{bmatrix}9\,879.31 & 3\,250.17\\3\,250.17 & 4\,849.51\end{bmatrix}$ | 89 |

其中：$|\boldsymbol{SS}_t|=6\,693\,876.94$，$|\boldsymbol{SS}_Q|=108\,143.96$，$|\boldsymbol{SS}_E|=8\,644\,226.01$。

(1)区组间的 Wilk's λ 统计量

$$\text{Wilk's }\lambda_Q=\frac{|\boldsymbol{SS}_E|}{|\boldsymbol{SS}_E+\boldsymbol{SS}_Q|}=\frac{8\,644\,226.01}{8\,644\,226.01+108\,143.96}=0.987\,6$$

$$df_1'=m\cdot df_Q=2\times 29=58$$

$$df'_2=(df_Q+df_E-\frac{m+df_Q+1}{2})\sqrt{\frac{m^2\cdot df_Q^2-4}{m^2+df_Q^2-5}}-\frac{m\cdot df_Q-2}{2}$$

$$=(29+58-\frac{2+29+1}{2})\sqrt{\frac{2^2\times29^2-4}{2^2+29^2-5}}-\frac{2\times29-2}{2}=128$$

$$t=\sqrt{\frac{m^2\cdot df_Q^2-4}{m^2+df_Q^2-5}}=\sqrt{\frac{2^2\times29^2-4}{2^2+29^2-5}}=2$$

$$F=\frac{1-\lambda^{\frac{1}{t}}}{\lambda^{\frac{1}{t}}}\frac{df'_2}{df'_1}=\frac{1-\sqrt{0.987\ 6}}{0.987\ 6}\times\frac{128}{58}=0.013\ 8$$

查表得 $F_{0.05(58,128)}=1.427\ 2$，因为 $F<F_{0.05(58,128)}$，$p>0.05$，说明区组间不存在显著差异。

(2)处理间的 Wilk's λ 统计量

$$Wilk's\lambda_Q=\frac{|\boldsymbol{SS}_E|}{|\boldsymbol{SS}_E+\boldsymbol{SS}_t|}=\frac{8\ 644\ 226.01}{8\ 644\ 226.01+6\ 693\ 876.94}=0.563\ 6$$

$$df'_1=m\cdot df_t=2\times2=4$$

$$df'_2=(df_t+df_E-\frac{m+df_t+1}{2})\sqrt{\frac{m^2\cdot df_t^2-4}{m^2+df_t^2-5}}-\frac{m\cdot df_t-2}{2}$$

$$=(2+58-\frac{2+2+1}{2})\sqrt{\frac{2^2\times2^2-4}{2^2+2^2-5}}-\frac{2\times2-2}{2}=114$$

$$t=\sqrt{\frac{m^2\cdot df_t^2-4}{m^2+df_t^2-5}}=\sqrt{\frac{2^2\times2^2-4}{2^2+2^2-5}}=2$$

$$F=\frac{1-\lambda^{\frac{1}{t}}}{\lambda^{\frac{1}{t}}}\frac{df'_2}{df'_1}=\frac{1-\sqrt{0.563\ 6}}{0.563\ 6}\times\frac{114}{58}=0.869\ 4$$

查表得 $F_{0.05(58,114)}=1.439\ 5$，因为 $F<F_{0.05(58,114)}$，$p>0.05$，说明处理组间不存在显著差异，即 3 种保健品中盐酸硫胺素和盐酸吡哆醇含量总体上不存在显著差异。

## 6.3.3 多元方差分析的正确应用

### 6.3.3.1 进行多元方差分析的基本思想及特点

一元方差分析不能全面利用多个变量的信息，重复进行一元分析会增大犯假阳性错误的概率。对变量分别进行一元方差分析时，这些变量表现出的趋势不一致，不能得出一个综合的结论，很难做出是否具有统计学意义的明确判断，而且如果多个变量之间存在相关，则不能反映变量之间的关系。

在比较均值向量与常数向量差异时，多元假设检验将随机向量 $X$ 的分量看作一个整体，不仅考虑了分量与对应常量的差异，而且还考虑了分量之间相互关系的密切程度，因此多元方差分析对差异显著的描述更加全面。基于一元方差分析的缺点，多元方差分析充分体现了其优良性，其精髓在于对 $p$ 个相关变量同时进行分析，具有概括和全面考虑的综合能力和特点。

在多数情况下，多元方差分析的结论与对 $p$ 个结果变量进行 $p$ 次一元方差分析的结论是一致的，但是不能用 $p$ 次一元方差分析取代多元方差分析。原因在于，一元方差分析只能说明某一变量在数轴分布上的组间差别，不能反映多个变量在平面上或空间中的差别，两者意义不同，不能相互代替。

#### 6.3.3.2　进行多元方差分析的应用条件

多元方差分析要求各组资料应服从多元正态分布，各组之间的协方差矩阵应该相等。在多元的情况下，对这些前提条件的检验是比较困难的，通常情况下，仅对明显偏离正态分布的单个变量做某种相应的变量转换，并假定转换后的资料基本满足统计方法所要求的前提条件，不对资料是否真正满足正态性等条件做详细检查。

本章系统介绍了源于不同设计类型下的多元正态分布条件下均值向量和协方差矩阵检验的原理和方法，这部分内容是多元统计推断的核心。由于设计统计量形式多样，内容较为繁琐，通过本章学习，应在正确理解假设检验的基础上，熟练掌握多总体均值向量的检验条件和方法。在实际应用中，要正确处理多元分析和一元分析的关系，如在多元方差分析中差异可能出现在许多变量指标中的某一个，这时对整体的检验可能差异无统计学意义，而对某一特定变量进行单独检验时就会发现具有显著差异。避免出现这种情况的方法是要构造一个好的试验设计，把预期可能不显著的变量剔除。另外与一元方差分析一样，识别和处理离群值同样非常重要，对数据的分析应该在每个变量均无离群值的基础上完成。

## 思考题

1. 测定 18 瓶枣花蜜和 20 瓶枇杷蜜中果糖和蔗糖的含量，数据见表 6-14。试问：这两种蜂蜜中果糖和蔗糖含量是否存在显著差异。

**表 6-14　枣花蜜和枇杷蜜中果糖和蔗糖的含量测定结果**　　g/100 g

| 重复 | 枇杷蜜 | | 枣花蜜 | |
|---|---|---|---|---|
| | 果糖 | 蔗糖 | 果糖 | 蔗糖 |
| 1 | 76.99 | 10.26 | 74.22 | 4.43 |
| 2 | 67.22 | 9.61 | 68.22 | 3.16 |
| 3 | 82.44 | 6.72 | 70.87 | 1.74 |
| 4 | 92.76 | 6.07 | 69.11 | 5.24 |
| 5 | 91.98 | 7.50 | 54.49 | 4.22 |
| 6 | 97.33 | 10.02 | 63.26 | 2.93 |
| 7 | 58.16 | 9.83 | 81.21 | 3.05 |
| 8 | 77.65 | 8.69 | 72.18 | 4.36 |
| 9 | 90.95 | 5.81 | 78.38 | 4.76 |
| 10 | 69.13 | 7.41 | 65.04 | 5.15 |
| 11 | 73.09 | 7.67 | 57.29 | 2.93 |
| 12 | 63.09 | 6.81 | 85.91 | 2.36 |
| 13 | 61.53 | 7.12 | 74.73 | 4.77 |
| 14 | 70.22 | 9.08 | 67.72 | 5.56 |
| 15 | 72.26 | 8.09 | 75.07 | 4.37 |

续表 6-14

| 重复 | 枇杷蜜 | | 枣花蜜 | |
|---|---|---|---|---|
| | 果糖 | 蔗糖 | 果糖 | 蔗糖 |
| 16 | 58.82 | 7.20 | 54.69 | 3.55 |
| 17 | 74.32 | 6.91 | 84.48 | 6.19 |
| 18 | 75.95 | 10.50 | 50.99 | 6.48 |
| 19 | 81.34 | 9.49 | | |
| 20 | 76.34 | 8.62 | | |

2. 为了研究面制品中添加剂的含量，检测了某超市中所售面包和米饼若干份，检测指标分别为*L*-半胱氨酸盐酸盐、丙二醇和丙酸。检测结果见表 6-15。试分析面包和米饼中 3 种添加剂含量是否存在显著差异。

**表 6-15　面包和米饼中 3 种添加剂含量检测结果**　g/kg

| 样品 | 面包 | | | 米饼 | | |
|---|---|---|---|---|---|---|
| | *L*-半胱氨酸盐酸盐 | 丙二醇 | 丙酸 | *L*-半胱氨酸盐酸盐 | 丙二醇 | 丙酸 |
| 1 | 0.064 | 1.23 | 2.04 | 0.57 | 2.73 | 2.00 |
| 2 | 0.058 | 1.35 | 2.27 | 0.65 | 2.66 | 2.18 |
| 3 | 0.071 | 1.30 | 2.08 | 0.65 | 2.68 | 2.14 |
| 4 | 0.053 | 1.28 | 2.73 | 0.66 | 2.34 | 1.67 |
| 5 | 0.062 | 1.23 | 2.08 | 0.51 | 2.50 | 1.83 |
| 6 | 0.062 | 1.44 | 2.22 | 0.48 | 2.83 | 1.95 |
| 7 | 0.063 | 1.18 | 2.28 | 0.75 | 2.60 | 1.78 |
| 8 | 0.058 | 1.20 | 2.25 | 0.57 | 2.77 | 2.07 |
| 9 | 0.060 | 1.27 | 2.17 | 0.62 | 2.43 | 2.02 |
| 10 | 0.062 | 1.32 | 2.27 | 0.61 | 2.56 | 1.73 |
| 11 | 0.053 | 1.27 | 2.00 | 0.64 | 2.54 | 2.16 |
| 12 | 0.055 | 1.41 | 2.28 | 0.55 | 2.94 | 2.29 |
| 13 | 0.064 | 1.42 | 2.07 | 0.70 | 2.36 | 2.41 |
| 14 | 0.058 | 1.09 | 1.89 | 0.64 | 2.84 | 2.37 |
| 15 | 0.055 | 1.28 | 2.33 | 0.72 | 2.70 | 2.32 |

3. 为了研究不同巧克力中脂肪与蛋白质含量的差别，检测了 3 个品牌的黑巧克力中脂肪和蛋白质的含量，结果见表 6-16。试分析不同巧克力中脂肪与蛋白质含量是否存在差别。

**表 6-16　不同巧克力中脂肪与蛋白质含量检测结果**　g/100g

| 样品 | 瑞士莲黑巧克力 | | 明治黑巧克力 | | 飞瑞尔黑巧克力 | |
|---|---|---|---|---|---|---|
| | 脂肪 | 蛋白质 | 脂肪 | 蛋白质 | 脂肪 | 蛋白质 |
| 1 | 42.024 07 | 9.640 088 | 55.68125 | 11.282 38 | 51.599 6 | 9.397 155 |
| 2 | 48.215 3 | 10.144 96 | 52.448 1 | 11.141 83 | 53.406 17 | 9.138 327 |

续表 6-16

| 样品 | 瑞士莲黑巧克力 | | 明治黑巧克力 | | 飞瑞尔黑巧克力 | |
|---|---|---|---|---|---|---|
| | 脂肪 | 蛋白质 | 脂肪 | 蛋白质 | 脂肪 | 蛋白质 |
| 3 | 46.84 141 | 9.786 677 | 48.893 51 | 10.560 06 | 50.227 67 | 9.057 763 |
| 4 | 47.821 46 | 9.793 903 | 50.664 1 | 11.440 28 | 47.420 18 | 9.276 993 |
| 5 | 46.760 67 | 9.412 046 | 52.062 66 | 10.628 15 | 44.912 04 | 8.488 213 |
| 6 | 49.479 4 | 11.544 1 | 53.386 24 | 10.866 45 | 46.404 32 | 9.113 016 |
| 7 | 42.928 81 | 9.862 442 | 54.105 62 | 11.327 88 | 46.087 98 | 8.606 183 |
| 8 | 48.032 21 | 10.086 01 | 54.256 17 | 11.222 81 | 52.715 94 | 8.839 509 |
| 9 | 43.612 06 | 9.459 745 | 47.035 83 | 11.162 27 | 54.670 74 | 9.086 618 |
| 10 | 44.652 99 | 9.420 289 | 50.245 17 | 11.289 28 | 50.114 34 | 9.175 363 |
| 11 | 43.291 93 | 10.086 47 | 54.717 67 | 10.948 42 | 50.785 16 | 8.794 306 |
| 12 | 43.561 04 | 9.289 957 | 50.793 32 | 11.355 72 | 48.130 59 | 9.044 861 |
| 13 | 44.064 38 | 9.900 375 | 48.882 22 | 11.180 04 | 46.764 24 | 8.695 284 |
| 14 | 48.842 27 | 9.206 048 | 50.594 44 | 10.837 01 | 49.913 51 | 9.112 376 |
| 15 | 45.976 97 | 10.468 61 | 49.911 09 | 11.197 61 | 50.020 66 | 8.7466 82 |

第 7 章

# 非参数检验

本章学习目的与要求

1. 正确理解非参数检验的概念。
2. 掌握 $\chi^2$ 检验的方法。
3. 正确应用符号、符号秩和及各种秩和检验方法。
4. 掌握秩相关($r_s$)分析方法。

## 7.1　非参数检验的概念和特点

前面所介绍的参数估计和假设检验，都是以总体分布已知或对分布做出某种假定为前提的，是限定分布的估计或检验，亦可以称为参数统计（parametric statistics）。但是在许多实际问题中，我们往往不知道客观现象的总体分布或无从对总体分布做出某种假定，尤其是对品质变量和不能直接进行定量测定的一些社会及行为科学方面的问题（如食品感官评定的统计），就受到很大的限制，而需要用非参数检验（nonparametric text）方法来解决（二维码 7-1）。

**二维码 7-1　非参数检验的概念**

所谓非参数检验，就是对总体分布的具体形式不必做任何限制性假定和不以总体参数具体数值估计或检验为目的的推断统计。这种统计主要用于对某种判断或假设进行检验，故称为非参数检验（nonparametric test）。它是随着统计方法在复杂的社会和行为科学领域扩展应用而发展起来的现代推断统计的一个分支。

非参数检验的最大特点是对资料分布特征无特殊要求。对诸如不论样本所来自的总体分布形式如何，分布是否已知的资料；不能或未加精确测量的资料，如等级资料；有些分组数据一端或两端是不确定的资料，如“0.5 mg 以下”“5.0 mg 以上”等，均可用非参数检验法进行有关分析。因此，非参数检验适用范围广，且收集资料、统计分析也比较简便。

从实质上讲，非参数检验只是检验总体分布在位置上是否相同。因此，有时对正态总体也用到此法。但是在假设检验中，对于参数和非参数检验都可应用的资料，非参数检验的效率始终低于参数检验。例如，对非配对资料的秩和检验，其效率仅为 $t$ 检验的 86.4%，即以相同概率判断出差异显著，$t$ 检验所需的样本含量要少 13.6%。所以，在同一条件下，非参数检验法犯Ⅱ型错误的可能性比较大。

非参数检验方法很多，本章只介绍 $\chi^2$ 检验、符号检验、符号秩和检验、秩和检验和秩相关分析。需要说明的是，在多数教科书中并不把 $\chi^2$ 检验归入非参数检验中。这里之所以将其归入非参数检验是因为从应用的角度讲，$\chi^2$ 检验更多地用于对变量的总体分布或事物内部构成比是否一致的判断上。

## 7.2　$\chi^2$ 检验

### 7.2.1　$\chi^2$ 分布

设 $u_1$、$u_2$、…、$u_n$ 是独立同分布随机变量，且每一个随机变量都服从标准正态分布 $N(0,1)$，则随机变量 $\chi^2=u_1^2+u_2^2+\cdots+u_n^2=\sum_{i=1}^{n}u_i^2$ 服从自由度为 $n$ 的 $\chi^2$ 分布（$\chi^2$ distribution）。其概率密度函数如下：

$$f(\chi^2)=\frac{1}{2^{n/2}\Gamma(n/2)}(\chi^2)^{\frac{n}{2}-1}\mathrm{e}^{-\frac{\chi^2}{2}}\quad(\chi^2\geqslant 0) \tag{7-1}$$

概率密度曲线如图 7-1 所示。

显然，$\chi^2=\sum_{i=1}^{n}u_i^2=\sum_{i=1}^{n}\left(\frac{x_i-\mu_i}{\sigma_i}\right)^2$。其中，$x_i$ 服从正态分布 $N(\mu_i,\sigma_i^2)$，各 $x_i$ 不一定来自同一个正态总体，即 $\mu_i$ 及 $\sigma_i$ 可以是同一正态分布的参数也可以是不同正态分布的参数；$u_i=(x_i-\mu_i)/\sigma_i$ 为标准正态离差。$\chi^2$ 分布是由正态总体随机抽样得来的一种连续性随机变量的分布，若 $X$ 变量服从自由度为 $n$ 的 $\chi^2$ 分布，可记为 $X\sim\chi^2_{(n)}$。

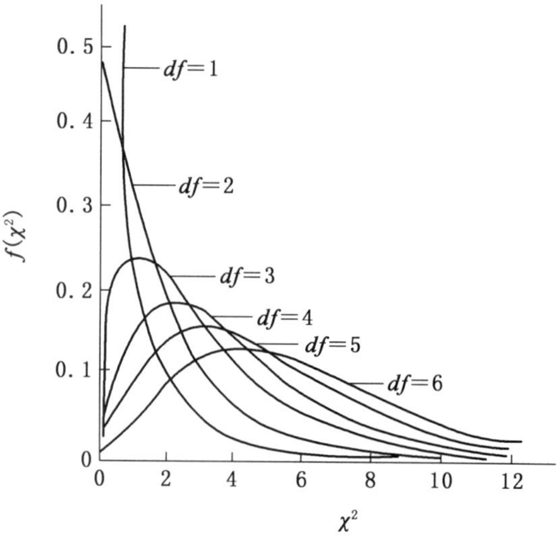

图 7-1 不同自由度时 $\chi^2$ 分布的概率密度曲线

$\chi^2$ 分布具有以下性质。

①若 $X\sim\chi^2_{(n)}$，则 $\chi^2$ 分布的期望和方差分别为 $E(X)=n$，$V(X)=2n$。

②若 $X_1\sim\chi^2_{(n)}$，$X_2\sim\chi^2_{(m)}$，且相互独立，则 $(X_1\pm X_2)\sim\chi^2_{(n\pm m)}$。

③$\chi^2\geqslant 0$，即 $\chi^2$ 的取值范围为 $[0,+\infty)$。

④$\chi^2$ 分布是非对称分布，其分布曲线随自由度 $df$ 的大小而改变，自由度越大分布越趋于对称。当 $n\to+\infty$ 时，$\chi^2_{(n)}\to N(n,2n)$。故，当 $X\sim\chi^2_{(n)}$ 时，随着 $n\to+\infty$，$(X-n)/\sqrt{2n}\to N(0,1)$。

$\chi^2$ 的概率分布函数为：

$$F(\chi^2)=P(\chi^2\geqslant\chi^2_\alpha)=\int_{\chi^2_\alpha}^{+\infty}f(\chi^2)\mathrm{d}\chi^2 \tag{7-2}$$

据式(7-2)，附表 11 给出了 $\chi^2$ 分布的右侧分位数，即对于一定自由度 $df$ 的 $\chi^2$ 分布，当给定其右侧尾部的概率为 $\alpha$ 时，该分布在横坐标上的临界值，记为 $\chi^2_{\alpha(df)}$。

例如，当随机变量 $X\sim\chi^2_{(20)}$，右尾概率 $\alpha=0.05$ 时，由附表 11 可查得 $\chi^2_{0.05(20)}=31.41$。其意义是，随机变量 $X\sim\chi^2_{(20)}$ 取值大于 31.41 的概率为 0.05。

$\chi^2$ 分布与样本方差的抽样分布有密切关系。设从一正态总体 $N(\mu,\sigma^2)$ 中抽取独立随机样本($x_1$、$x_2$、…、$x_n$)，若所研究的总体均数 $\mu$ 未知，而用样本均数 $\bar{x}$ 代替，则有式(7-3)。

$$\chi^2=\sum_{i=1}^{n}\left(\frac{x_i-\bar{x}}{\sigma}\right)^2=\frac{1}{\sigma^2}\sum_{i=1}^{n}(x_i-\bar{x})^2=\frac{(n-1)S^2}{\sigma^2} \tag{7-3}$$

此时独立的正态离差个数为 $n-1$ 个，故样本方差 $S^2$ 的函数 $(n-1)S^2/\sigma^2$ 服从自由度为 $n-1$ 的 $\chi^2$ 分布。

英国统计学家 K. Pearson(1900)根据 $\chi^2$ 的上述定义，从属性(质量)性状的分布推导出用于次数资料分析的 $\chi^2$ 公式：

$$\chi^2=\sum_{i=1}^{k}\frac{(A_i-T_i)^2}{T_i} \tag{7-4}$$

式中：$A_i$ 为实际次数(actual frequency)；$T_i$ 为理论次数(theoretical frequency)；$\chi^2$ 近似地服从自由度为 $df=k-1$ 的 $\chi^2$ 分布。

$\chi^2$ 分布是 $\chi^2$ 检验(chi square test)所依据的概率分布。$\chi^2$ 检验是一种用途较广的假设检验方法。本节只介绍其在非参数检验中的两方面的应用，即适合性检验和独立性检验。

事实上，对次数资料进行 $\chi^2$ 检验时利用连续性随机变量 $\chi^2$ 分布计算出的对应概率常常偏低，尤其是在自由度为 1 时更明显。因此当自由度为 1 时必须对 $\chi^2$ 进行连续性矫正(correction for continuity)，记为 $\chi^2_C$。其公式为：

$$\chi^2_C=\sum_i \frac{(|A_i-T_i|-0.5)^2}{T_i} \tag{7-5}$$

当自由度等于或大于 2 时可以不做连续性矫正，但是要求各组内的理论次数不能小于 5。当某一组的理论次数小于 5 时，应与其相邻的一组或几组进行合并，直至使其理论次数大于 5 为止。

### 7.2.2　适合性检验

#### 7.2.2.1　适合性检验的意义

适合性检验(test for goodness of fit)是判断实际观察次数属性分配是否依循已知属性分配理论或学说的一种假设检验方法。可利用样本信息对总体分布做出推断，检验总体是否服从某种理论分布(如正态分布或二项分布)。其方法是把样本分成 $k$ 个互斥的类，然后根据要检验的理论分布算出每一类的理论次数，再比较实际的观察次数与理论次数分配是否相符，其自由度为 $k-1$。其步骤为：

①提出无效假设与备择假设。无效假设 $H_0$：总体服从设定的分布，备择假设 $H_A$：总体不服从设定的分布。

②确定拒绝无效假设的显著性水平 $\alpha$。

③计算理论次数及 $\chi^2$ 值。在无效假设前提下，由已知的样本资料计算出一组期望次数或理论次数；利用式(7-4)或式(7-5)计算得 $\chi^2$ 或 $\chi^2_C$；根据自由度及显著水平 $\alpha$ 查 $\chi^2$ 值表(附表 11)，确定无效假设正确的概率 $p$。由试验观察资料算出的 $\chi^2$ 值越大，观察次数与理论次数之间的差异程度就越大，两者相符的概率就越小。

④根据得到的概率值的大小，确定接受或否定无效假设。在实际应用中，一般不直接计算 $\chi^2$(或 $\chi^2_C$)对应的具体概率值，而是将计算得的 $\chi^2$(或 $\chi^2_C$)值与临界值 $\chi^2_{\alpha(df)}$ 相比较。若 $\chi^2$(或 $\chi^2_C$)$\geqslant \chi^2_{\alpha(df)}$，则 $p\leqslant\alpha$，这时否定 $H_0$，接受 $H_A$；若 $\chi^2$(或 $\chi^2_C$)$<\chi^2_{\alpha(df)}$，则 $p>\alpha$，这时接受 $H_0$，否定 $H_A$。

#### 7.2.2.2　适合性检验的应用

1. 检验实际观察次数的属性分配是否符合已知属性分配比例

以实例说明实际观察的属性分配是否符合已知属性分配比例。

【例 7-1】　根据以往的调查可知，消费者对甲乙两个企业生产的原味酸奶的喜欢程度分别为 48%、52%。现随机选择 80 个消费者，让他们自愿选择各自最喜欢的产品，结果见表 7-1。试问消费者对两种产品的喜欢程度是否有显著变化？

**表 7-1　消费者选择两种产品的调查结果**

| 产　品 | 甲 | 乙 | 合计 |
|---|---|---|---|
| 实际次数($A_i$) | 34 | 46 | 80 |
| 理论次数($T_i$) | 38.4 | 41.6 | 80 |

①建立假设。

$H_0$:消费者对甲乙产品的喜欢程度没有显著变化。

$H_A$:消费者对甲乙产品的喜欢程度有显著变化。

②确定显著水平。$\alpha=0.05$。

③计算理论次数及 $\chi_C^2$。如果消费者对各产品的喜欢程度没有显著变化,则选择各产品的理论人数($80\times48\%=38.4$ 和 $80\times52\%=41.6$)如表 7-1 所示。

本例自由度等于类别数($k$)减 1,即 $df=k-1=2-1=1$。因此,需要连续性矫正。

$$\chi_C^2=\sum\frac{(|A_i-T_i|-0.5)^2}{T_i}$$
$$=\frac{(|34-38.4|-0.5)^2}{38.4}+\frac{(|46-41.6|-0.5)^2}{41.6}=0.7617$$

④统计推断。自由度 $df=1$,查 $\chi^2$ 值表得临界值 $\chi^2_{0.05(1)}=3.84$。将计算的 $\chi_C^2$ 与 $\chi^2_{0.05(1)}$ 进行比较得 $\chi_C^2<\chi^2_{0.05(1)}$,$p>0.05$,故接受 $H_0$,即消费者对两种产品的喜欢程度没有显著改变。

对于检验实际观察次数比值 $A_1:A_2$ 是否符合理论比例 $r:1$ 时可用下面的简化式(7-6)计算 $\chi_C^2$:

$$\chi_C^2=\frac{[|A_1-rA_2|-(r+1)/2]^2}{r(A_1+A_2)} \tag{7-6}$$

对于实际资料多于两组的 $\chi^2$ 值计算通式则为:

$$\chi^2=\frac{1}{n}\sum_{i=1}^{k}\left(\frac{A_i}{m_i}\right)-n \tag{7-7}$$

式中:$n$ 为总次数,即 $n=\sum A_i$;$m_i$ 为各项理论比率。

2.检验试验资料的次数分布是否和某种理论分布相符

适合性检验还经常用来检验试验数据的次数分布是否符合某种理论分布(如正态分布、二项分布等),以推断实际的次数分布属于哪一种分布类型。

**【例 7-2】** 表 7-2 是 100 个果丹皮长度测定结果整理后的次数分布资料。其平均数、标准差列于表 7-2 的下部。试检验果丹皮长度变异是否符合正态分布。

**表 7-2 果丹皮长度(cm)次数分布与理论正态分布的适合性检验**

| 组限 | 组中值($x$) | 次数($A_i$) | 上限($l$) | ($l-\bar{x}$) | ($l-\bar{x}$)/$S$ | $p$ | 理论次数($T_i$) | $\chi^2$ |
|---|---|---|---|---|---|---|---|---|
| <10.245 | 10.22 | 8 | 10.245 | −0.15 | −1.485 | 0.068 8 | 6.88 | 0.18 |
| 10.245~ | 10.27 | 11 | 10.295 | −0.10 | −0.990 | 0.092 3 | 9.23 | 0.34 |
| 10.295~ | 10.32 | 13 | 10.345 | −0.05 | −0.495 | 0.149 2 | 14.92 | 0.25 |
| 10.345~ | 10.37 | 18 | 10.395 | 0.00 | 0.000 | 0.189 7 | 18.97 | 0.05 |
| 10.395~ | 10.42 | 18 | 10.445 | 0.05 | 0.495 | 0.189 7 | 18.97 | 0.05 |
| 10.445~ | 10.47 | 15 | 10.495 | 0.10 | 0.990 | 0.149 2 | 14.92 | 0.00 |
| 10.495~ | 10.52 | 10 | 10.545 | 0.15 | 1.485 | 0.092 3 | 9.23 | 0.06 |
| 10.545~ | 10.57 | 4 } 7 | 10.595 | 0.20 | 1.980 | 0.062 1 | 4.49 } 6.21 | 0.10 |
| 10.595~ | 10.62 | 3 | 10.645 | 0.25 | 2.475 | | 1.72 | |
| | $\bar{x}=10.395$ | $n=100$ | $S=0.101$ $\chi^2=1.03$ | | | | | |

要检验观察次数分布是否符合某种理论分布，首先须提出理论分布的可能类型(本例检验是否符合正态分布)，然后对观察次数分布是否符合该分布进行 $\chi^2$ 检验。

①建立假设。

$H_0$：实际观察次数分布符合正态分布。

$H_A$：实际观察次数分布不符合正态分布。

②计算出各组的理论次数($T_i$)及 $\chi^2$ 值。本例中计算正态分布下各组的理论次数时应先计算出各组上限的正态离差及其理论概率($p$)，用 $p$ 乘以总的观察次数($n$)便得到各组的理论次数 $T_i$。如：

第 1 组

$$P(x<10.245)=P\left(u<\frac{l-\bar{x}}{S}=\frac{10.245-10.395}{0.101}\right)=P(u<-1.485)=0.0688$$

第 2 组

$P(10.245\leqslant x<10.295)=P(-1.485\leqslant u<-0.990)=0.0923$

相应的理论次数 $T_i$ 的计算：第 1 组为 $100\times0.0688=6.88$；第 2 组为 $100\times0.0923=9.23$，其他各组的理论次数按相同的方法计算后列于表 7-2 的第 8 列。最后两组的理论次数小于 5，应将两者合并。

将有关值代入式(7-4)，计算 $\chi^2$ 值：

$$\chi^2=\sum_i\frac{(A_i-T_i)^2}{T_i}=0.18+0.34+0.25+\cdots+0.10=1.03$$

③统计推断。当自由度 $df=8-3=5$(因为求理论次数时要用均数、标准差和总次数 3 个统计量)时，临界值 $\chi^2_{0.05(5)}=11.07$，而计算的 $\chi^2=1.03$，$\chi^2<\chi^2_{0.05(5)}$，$p>0.05$，故接受 $H_0$。因此，观察次数与理论次数差异不显著，说明果丹皮的长度分布符合正态分布。

【例 7-3】 苹果保存试验中，将 600 个苹果平均分装在 60 箱中($N=60$)，每箱 $n=10$ 颗(故 $x=0,1,2,3,\cdots,10$)。试验期结束后，每箱苹果变质个数情况如表 7-3 第 1 列、第 2 列所示。试问在该试验条件下苹果变质个数是否服从二项分布？

**表 7-3　苹果变质颗数服从二项分布的 $\chi^2$ 检验计算表**

| 变质数 | 实际次数 $A_i$ | 理论概率 $\hat{p}(x)$ | 理论次数 $T_i$ | | $\chi^2$ |
|---|---|---|---|---|---|
| 0 | 8 | 0.1190 | 7.14 | | 0.104 |
| 1 | 15 | 0.2823 | 16.94 | | 0.222 |
| 2 | 20 | 0.3013 | 18.08 | | 0.204 |
| 3 | 10 | 0.1906 | 11.44 | | 0.181 |
| 4 | 5 | 0.0791 | 4.75 | | |
| 5 | 2 | 0.0225 | 1.35 | | |
| 6 | 0 | 0.0044 | 0.26 | | |
| 7 | 0 | 0.0006 | 0.04 | 6.41 | 0.054 |
| 8 | 0 | 0.0001 | 0.01 | | |
| 9 | 0 | 0.0000 | 0.00 | | |
| 10 | 0 | 0.0000 | 0.00 | | |
| 总和 | 60 | | | | 0.765 |

设 $H_0$:苹果变质个数服从二项分布。

设 $H_A$:苹果变质个数不服从二项分布。

设每个苹果变质的机会相等,即平均变质率为 $p$。变质数 $x$ 服从 $n=10$、概率为 $p$ 的二项分布,即 $x \sim B(10,p)$,$p$ 由实际观察数据计算的平均变质率 $\hat{p}$ 估计。

$$\hat{p} = \frac{\sum xf}{nN} = \frac{0\times8+1\times15+2\times20\times+3\times10+4\times5+5\times2+6\times0+\cdots+10\times0}{10\times60}$$

$$=\frac{115}{600}=0.1917$$

由二项分布概率计算公式 $p(x)=C_n^m p^m q^{n-m}$ 计算出各组的理论概率 $\hat{p}(x)$:

$\hat{p}(0)=C_{10}^0\times0.1917^0\times0.8083^{10}=0.1190$

$\hat{p}(1)=C_{10}^1\times0.1917^1\times0.8083^9=0.2823$

$\hat{p}(2)=C_{10}^2\times0.1917^2\times0.8083^8=0.3013$

$\hat{p}(3)=C_{10}^3\times0.1917^3\times0.8083^7=0.1906$

$\hat{p}(4)=C_{10}^4\times0.1917^4\times0.8083^6=0.0791$

$\hat{p}(5)=C_{10}^5\times0.1917^5\times0.8083^5=0.0225$

$\hat{p}(6)=C_{10}^6\times0.1917^6\times0.8083^4=0.0044$

$\hat{p}(7)=C_{10}^7\times0.1917^7\times0.8083^3=0.0006$

$\hat{p}(8)=C_{10}^8\times0.1917^8\times0.8083^2=0.0001$

$\hat{p}(9)=C_{10}^9\times0.1917^9\times0.8083^1=0.0000$

$\hat{p}(10)=C_{10}^{10}\times0.1917^{10}\times0.8083^0=0.0000$

将以上计算结果列于表 7-3 第 3 列;表中第 4 列的理论次数($T_i$)由第 3 列的理论概率 $\hat{p}(x)$乘总箱数($N=60$)得到。

由于第 5 组及其后面各组的实际观察次数均小于 5,所以将它们进行合并,并将所有组的 $\chi^2$ 值(第 5 列)累加得 $\chi^2=0.765$。

当自由度 $df=5-2=3$(求理论次数时要用 $\hat{p}$ 和总次数两个统计量)时,临界值 $\chi^2_{0.05(3)}=7.81$,而计算的 $\chi^2=0.765<\chi^2_{0.05(3)}$,$p>0.05$,故接受 $H_0$,表明实际观察次数与二项分布理论次数差异不显著。因此推断,在该试验条件下苹果变质颗数服从二项分布。

$\chi^2$ 检验用于进行次数分布的适合性检验时有一定的近似性,为使这类检验更确切,一般应注意以下几点。

①总观察次数应较大,一般不少于 50。

②分组数最好在 5 组以上。

③每组理论次数应不小于 5,尤其是首尾各组。若理论次数小于 5,应将其与相邻的组合并。

④自由度 $df=1$ 时,用连续性矫正公式计算矫正的 $\chi_c^2$。

### 7.2.3 独立性检验

#### 7.2.3.1 独立性检验的意义

用 $\chi^2$ 检验来探求两个因子间是否彼此独立还是关联的检验称为独立性检验(test of

independence)。因此，独立性检验是次数资料的一种关联性分析。其无效假设是，$H_0$：两因子相互独立；备择假设是，$H_A$：两因子相互关联。当试验资料的 $\chi^2 < \chi^2_{\alpha,(df)}$ 时，则接受 $H_0$，否定 $H_A$，即两个因子独立，表明相互比较的对象间差异不显著；如果试验资料的 $\chi^2 \geqslant \chi^2_{\alpha,(df)}$，则否定 $H_0$，而接受 $H_A$，即两个因子关联，表明相互比较的对象间差异显著。

独立性检验是按两类因子属性类别构成 $R \times C$ 两向列联表（contingency table)($R$ 为行因子的属性类别数，$C$ 为列因子的属性类别数)。在 $R \times C$ 列联表中，每一行理论次数总和等于该行实际次数的总和，每一列理论次数总和等于该列实际次数的总和。因此，每行和每列都含有这个约束条件，故独立性检验的自由度 $df=(R-1)(C-1)$。列联表分为 $2\times2$、$2\times C$、$R\times C$ 3 种形式。

#### 7.2.3.2　独立性检验的应用

1. 2×2 表的独立性检验

2×2 联列表的一般形式如表 7-4 所示。

**表 7-4　2×2 列联表的一般形式**

| 项目 | $C_1$ | $C_2$ | 总和 |
|---|---|---|---|
| $R_1$ | $A_{11}(T_{11})$ | $A_{21}(T_{21})$ | $T_{R_1}=A_{11}+A_{21}$ |
| $R_2$ | $A_{12}(T_{12})$ | $A_{22}(T_{22})$ | $T_{R_2}=A_{12}+A_{22}$ |
| 总和 | $T_{C_1}=A_{11}+A_{12}$ | $T_{C_2}=A_{21}+A_{22}$ | $T=A_{11}+A_{12}+A_{21}+A_{22}$ |

表中 $A_{11}$、$A_{12}$、$A_{21}$、$A_{22}$ 为实际观察次数；$T_{11}$、$T_{12}$、$T_{21}$、$T_{22}$ 为理论观察次数。其计算公式：

$$T_{ij}=\frac{T_{C_i}\times T_{R_j}}{T} \tag{7-8}$$

2×2 联列表的自由度 $df=(2-1)(2-1)=1$，因此在计算 $\chi^2$ 时需要用连续性矫正公式(7-5)，也可用以下简化公式：

$$\chi^2_c=\frac{(|A_{11}A_{22}-A_{12}A_{21}|-T/2)^2 T}{T_{R_1}T_{R_2}T_{C_1}T_{C_2}} \tag{7-9}$$

【例 7-4】　调查研究消费者对有机食品和常规食品的态度。在超级市场随机选择 50 个男性和 50 个女性消费者，问他(她)们更偏爱哪类食品，结果见表 7-5。试分析性别对食品的偏爱有无关联？

**表 7-5　消费者对有机食品和常规食品的态度**

| 项目 | 有机食品 | 常规食品 | 总数 |
|---|---|---|---|
| 男性 | 10(15) | 40(35) | 50 |
| 女性 | 20(15) | 30(35) | 50 |
| 总数 | 30 | 70 | 100 |

$H_0$：性别与食品类型无关；$H_A$：性别与食品类型有关。显著性水平 $\alpha=0.05$。

根据两个因子(性别与食品类型)独立的假设，计算理论次数。如偏爱有机食品的男性人数 $A_{11}=10$，由式(7-8)可得 $T_{11}=(30\times50)/100=15$，即该组所在行和列的总和相乘再除以观察的总次数。其余可类似计算。将各个理论次数填在表中的括号内，代入式(7-5)计算 $\chi_C^2$。

$$\chi_C^2=\frac{(|10-15|-0.5)^2}{15}+\frac{(|20-15|-0.5)^2}{15}+\frac{(|40-35|-0.5)^2}{35}+\frac{(|30-35|-0.5)^2}{35}=3.857$$

当 $df=1,\alpha=0.05$ 时，$\chi^2_{0.05(1)}=3.84$，计算得 $\chi_C^2=3.857>\chi^2_{0.05(1)}$，$p<0.05$，因此拒绝 $H_0$，即男女消费者对两类食品有不同的态度，女性对有机食品的偏爱度高于男性。

对于【例 7-4】，若用公式(7-9)直接计算 $\chi_C^2$，则：

$$\chi_C^2=\frac{(|10\times30-20\times40|-100/2)^2\ 100}{30\times70\times50\times50}=3.857$$

结果与前面计算的相同。

对于符合 2×2 列联表的次数资料且样本较大的情况，除了采用 $\chi^2$ 检验外，还可用两个样本百分率的假设检验的方法分析，两者的结论通常是一致的。

2. 2×*C* 表的独立性检验

2×*C* 联列表是指横行因子分为两组($R=2$)、纵行因子分为 3 组或以上($C\geqslant3$)的列联表。其一般形式见表 7-6。

**表 7-6　2×C 列联表的一般形式**

| | $C_1$ | $C_2$ | … | $C_C$ | 总和 |
|---|---|---|---|---|---|
| $R_1$ | $A_{11}(T_{11})$ | $A_{12}(T_{12})$ | … | $A_{1C}(T_{1C})$ | $T_{R_1}$ |
| $R_2$ | $A_{21}(T_{21})$ | $A_{22}(T_{22})$ | … | $A_{2C}(T_{2C})$ | $T_{R_2}$ |
| 总和 | $T_{C_1}=A_{11}+A_{21}$ | $T_{C_2}=A_{12}+A_{22}$ | … | $T_{C_C}=A_{1C}+A_{2C}$ | $T=T_{R_1}+T_{R_2}$ |

表 7-6 中 $A_{1i}$、$A_{2i}(i=1,2,\cdots,C)$ 均为实际观察次数，$T_{1i}$、$T_{2i}$ 为理论观察次数。计算理论观察次数时用公式(7-8)即可。

2×*C* 列联表自由度为 $df=(2-1)(C-1)\geqslant2$，故计算 $\chi^2$ 值时不需做连续性校正。$\chi^2$ 值的计算可用式(7-4)或简化式(7-10)。

$$\chi^2=\frac{T^2}{T_{R_1}T_{R_2}}\left[\sum\frac{A_{1i}^2}{T_{C_i}}-\frac{T_{R_1}^2}{T}\right]\text{或}\chi^2=\frac{T^2}{T_{R_1}T_{R_2}}\left[\sum\frac{A_{2i}^2}{T_{C_i}}-\frac{T_{R_2}^2}{T}\right]\qquad(7\text{-}10)$$

【例 7-5】 表 7-7 数据是 A、B、C 3 个地区所种花生黄曲霉污染情况调查结果。试问 A、B、C 3 个地区所种花生黄曲霉污染情况是否有显著差异?

**表 7-7　A、B、C 3 个地区所种花生黄曲霉污染情况调查结果**　　%

| 项目 | A | B | C | 合计 |
|---|---|---|---|---|
| 无污染 | 10(19.71) | 40(31.53) | 8(6.76) | 58 |
| 污染 | 25(15.29) | 16(24.47) | 4(5.24) | 45 |
| 合计 | 35 | 56 | 12 | 103 |

设 $H_0$：A、B、C 3 个地区与所种花生黄曲霉污染情况无关。

设 $H_A$：A、B、C 3 个地区与所种花生黄曲霉污染情况有关。

用式(7-8)计算各组的理论次数($T_{ij}$)，如：

$$T_{11}=\frac{35\times58}{103}=19.71$$

由式(7-4)计算 $\chi^2$ 值：

$$\chi^2=\sum\frac{(A_i-T_i)^2}{T_i}=\frac{(10-19.71)^2}{19.71}+\frac{(40-31.53)^2}{31.53}+\frac{(8-6.76)^2}{6.76}+\frac{(25-15.29)^2}{15.29}+\frac{(16-24.47)^2}{24.47}+\frac{(4-5.24)^2}{5.24}=16.68$$

计算 $\chi^2$ 时可用简化式(7-10)：

$$\chi^2=\frac{103^2}{58\times45}\left(\frac{10^2}{35}+\frac{40^2}{56}+\frac{8^2}{12}-\frac{58^2}{103}\right)=16.67$$

用式(7-10)计算与用式(7-4)计算的结果相同。公式中括号内各项的分子部分也可改用列联表中第二行的相应数据。

当 $df=(2-1)(3-1)=2$ 时，$\chi^2_{0.01(2)}=9.21$。计算出的 $\chi^2$ 值与 $\chi^2_{0.01(2)}$ 相比较，结果为 $\chi^2>\chi^2_{0.01(2)}$，$p<0.01$，否定 $H_0$，接受 $H_A$。这说明 A、B、C 3 个地区与所种花生黄曲霉污染情况有关，即地区不同，花生黄曲霉污染情况也不同。

3. *R*×*C* 表的独立性检验

*R*×*C* 联列表是指横、纵行因子均分为 3 组或 3 组以上($R\geqslant3$、$C\geqslant3$)的联列表。其一般形式见表 7-8。*R*×*C* 联列表的自由度 $df=(R-1)(C-1)$，因此在计算 $\chi^2$ 时不用做连续性矫正，直接用式(7-4)，也可用简化式(7-11)。

$$\chi^2=T\left[\sum\frac{A_{ij}^2}{T_{R_i}T_{C_j}}-1\right]\quad(i=1,2,\cdots,R;\ j=1,2,\cdots,C)\tag{7-11}$$

【例 7-6】 将 117 头荷斯坦奶牛随机分成 3 组(每组 39 头)，喂以 3 种不同配方的饲料，统计 3 组奶牛中发生隐性乳房炎的头数对实际次数小于 5 的组进行合并整理，形式如表 7-8 所示，结果见表 7-9。试问隐性乳房炎的发病与饲料种类是否有关？

**表 7-8 *R*×*C* 联列表的一般形式**

| 横行因子 | 纵行因子 | | | | | | 总计 |
|---|---|---|---|---|---|---|---|
| | 1 | 2 | … | $j$ | … | $C$ | |
| 1 | $A_{11}$ | $A_{12}$ | … | $A_{1j}$ | … | $A_{1C}$ | $T_{R_1}$ |
| 2 | $A_{21}$ | $A_{22}$ | … | $A_{2j}$ | … | $A_{2C}$ | $T_{R_2}$ |
| ⋮ | ⋮ | ⋮ | | ⋮ | | ⋮ | ⋮ |
| $i$ | $A_{i1}$ | $A_{i2}$ | … | $A_{ij}$ | … | $A_{iC}$ | $T_{R_i}$ |
| ⋮ | ⋮ | ⋮ | | ⋮ | | ⋮ | ⋮ |
| $R$ | $A_{R_1}$ | $A_{R_2}$ | … | $A_{R_j}$ | … | $A_{R_C}$ | $T_{R_R}$ |
| 总计 | $T_{C_1}$ | $T_{C_2}$ | … | $T_{C_j}$ | … | $T_{C_C}$ | $T$ |

**表 7-9 3 组奶牛发生隐性乳房炎的统计表**

| 发病头数 | 0 | 1～3 | 4～5 | 6～9 | 合计 |
|---|---|---|---|---|---|
| 配方 1 | 19(17.3) | 8(7.3) | 7(8.0) | 5(6.3) | 39 |
| 配方 2 | 16(17.3) | 12(7.3) | 6(8.0) | 5(6.3) | 39 |
| 配方 3 | 17(17.3) | 2(7.3) | 11(8.0) | 9(6.3) | 39 |
| 合　计 | 52 | 22 | 24 | 19 | 117 |

设 $H_0$:饲料种类与荷斯坦奶牛隐性乳房炎间无关。

设 $H_A$:饲料种类与荷斯坦奶牛隐性乳房炎间有关。

计算出各组的理论次数($T_{ij}$)。计算 $\chi^2$ 值:

$$\chi^2 = \sum \frac{(A_i - T_i)^2}{T_i} = \frac{(19-17.3)^2}{17.3} + \frac{(8-7.3)^2}{7.3} + \cdots + \frac{(9-6.3)^2}{6.3} = 10.61$$

$\chi^2$ 值也可用简化公式计算:

$$\chi^2 = T\left[\sum \frac{A_{ij}^2}{T_{R_i}T_{C_i}} - 1\right] = 117 \times \left[\left(\frac{19^2}{39\times 52} + \frac{16^2}{39\times 52} + \cdots + \frac{9^2}{39\times 19}\right) - 1\right]$$
$$= 10.61$$

两者计算结果相同。

当自由度 $df=(3-1)(4-1)=6$ 时,$\chi^2_{0.05(6)}=12.59$。结果是 $\chi^2<\chi^2_{0.05(6)}$,$p>0.05$;故接受 $H_0$,否定 $H_A$,即未发现饲料种类与荷斯坦奶牛隐性乳房炎的发病有什么关联。

应当注意:独立性检验与适合性检验一样要求理论次数不能小于 5,否则应进行有关组别的适当合并。

独立性检验与适合性检验的主要区别如下。

①检验目的不同。独立性检验的目的在于分析所考察的两类因子相互独立还是关联,而适合性检验则是考察变量内不同属性类别的次数分布是否符合某种已知的比例或理论分布。

②资料的整理形式不同。独立性检验是以两因子交叉分组的形式将试验资料划分成两向联列表,而适合性检验则是单向分组的形式。

③计算理论次数的依据不同。独立性检验中理论次数是在无效假设前提下由试验资料的实际次数分布的相对比率计算的,而适合性检验中理论次数则是由已知的比率或设定的理论分布计算的。

至于两种检验方法的自由度尽管在计算上有所不同,但其本质是一致的,即都是由属性类别数(或分组数)减去约束条件数。如独立性检验中,$df=RC-1-(R-1)-(C-1)=(R-1)(C-1)$。

## 7.3 符号检验

对于配对的实验数据,有一个简单的差异性检验方法,即符号检验(sign test)。符号检验是利用各对数据之差的符号来检验两个总体分布的差异性。可以设想,如果两个总体分布相同,那么每对数据之差的符号为正负的概率($p$)应当相等,考虑到试验误差的存在,正号与负号出现的次数至少不应该相差太大，如果相差太大了，超过一定的临界值，就认为两个样本所属总体有显著差异，它们不服从相同的分布。这就是符号检验的基本思想。

符号检验的优点在于：

①两个样本可以是相关的，也可以是独立的。

②对于分布的形状、方差等都不做限定。

③只考虑差数的正负方向而不计具体数值。其缺点是忽略了数值差异的大小，失去了一些可利用的数值信息。

### 7.3.1　符号检验的步骤

第 1 步，假设。$H_0$：甲乙两处理总体分布位置相同；$H_A$：甲乙两处理两总体分布不同。

第 2 步，确定配对样本及每对数据之间差异的符号。对第 $i$ 对数据，如果 $x_{1i}>x_{2i}$，则取正号，反之则取负号；二者没有差异的记 0，并将其删去。分别计算正号数($n_+$)与负号数($n_-$)，把正负号数目的和作为样本容量 $n$，即：

$$n=n_+ +n_- \tag{7-12}$$

$n_+$与 $n_-$中较小者即为符号检验的统计量 $K$，即：

$$K=\min(n_+,n_-) \tag{7-13}$$

第 3 步，根据设定的显著性水平，查符号检验用 $K$ 临界值表(附表 12)得临界值 $K_{0.05(n)}$，$K_{0.01(n)}$，进行比较并做推断。如果 $K>K_{0.05(n)}$、$p>0.05$，则不能否定 $H_0$，表明两个试验处理差异不显著；如果 $K_{0.01(n)}<K\leqslant K_{0.05(n)}$、$0.01<p\leqslant 0.05$，则否定 $H_0$，接受 $H_A$，表明两个试验处理差异显著；如果 $K\leqslant K_{0.01(n)}$、$p\leqslant 0.01$，则否定 $H_0$，接受 $H_A$，表明两个试验处理差异极显著(注意：当 $K$ 恰好等于临界 $K$ 值时，其确切概率常小于附表 12 中列出的相应概率)。此外还应注意：附表 12 中列出的 $\alpha$ 值 0.01、0.05、0.10 和 0.25 是双尾概率。如果进行单侧检验，则它们分别表示单侧检验的显著水平为 0.005、0.025、0.05 和 0.125。

【例 7-7】　为了检验两种果汁(A、B)的酸味强度是否有差异，选择 8 个评员，用 1～5 的尺度(1=极弱，5=极强)进行评定，结果见表 7-10。试用符号检验测验这两个产品的酸味是否有差异。

$H_0$：两个产品的酸味没有差异；$H_A$：两个产品的酸味有差异。显著性水平 $\alpha=0.05$。

**表 7-10　A、B 两种果汁的酸味评分**

| 评员 | A | B | 差异的符号 | 评员 | A | B | 差异的符号 |
|---|---|---|---|---|---|---|---|
| 1 | 4 | 2 | + | 5 | 5 | 4 | + |
| 2 | 3 | 2 | + | 6 | 5 | 3 | + |
| 3 | 3 | 4 | − | 7 | 3 | 4 | − |
| 4 | 4 | 4 | 0 | 8 | 4 | 3 | + |

第 4 个评员的评分相同，差异为 0，剔除。因此，$n_+=5$，$n_-=2$，$n=n_+ +n_-=5+2=7$。所以：

$$K=\min(n_+,n_-)=2$$

查附表 12，$K_{0.05(7)}=0$，$K>K_{0.05(7)}$，$p>0.05$，因此接受 $H_0$，即两个产品的酸味强度没有差异。

### 7.3.2 大样本的正态化近似

附表12列出 $n$ 从1到90相对应的临界 $K$ 值。当 $n>90$ 时，根据 $\min(n_+,n_-)\sim B(n,0.5)$、$E[\min(n_+,n_-)]=n/2$、$V[\min(n_+,n_-)]=n/4$，由中心极限定理近似有：

$$u=\frac{\min(n_+,n_-)-n/2}{\sqrt{n/4}}\sim N(1,0) \tag{7-14}$$

于是，可由式(7-15)计算样本 $u$ 值，进而进行大样本的正态化近似 $u$ 检验。若 $|u|\geqslant u_\alpha$，则在 $\alpha$ 水平上否定 $H_0$；反之，则不否定 $H_0$。也有人建议，当 $n>25$ 时，便可进行正态近似处理。

$$u=\frac{x-\mu_x}{\sigma_x}=\frac{x-n/2}{\sqrt{n}/2} \tag{7-15}$$

式中：$x$ 为 $n_+$、$n_-$ 之较小者。

## 7.4 符号秩和检验

符号检验虽然简便易行，但由于仅考虑差异的方向，而没有利用这些差的大小(体现为差的绝对值的大小)所包含的信息，因而检验效率低。为此，Wilcoxon 提出一种改进方法，称为成对资料的符号秩和检验(signed rank sum test)。这是一种结合差异的方向和差的大小的一种较为有效的检验方法。

### 7.4.1 符号秩和检验的步骤

第1步，建立假设及确定显著水平。$H_0$：两总体分布相同，$H_A$：两总体分布不同。一般 $\alpha=0.05$ 或 $\alpha=0.01$。

第2步，计算差数。计算各对数据带有正负号的差数。

第3步，编秩次。将差数按绝对值大小顺序排列并编定秩次，即确定顺序号。编秩时，若有差数等于0，则舍去不计。对于绝对值相等的差数则取其平均秩次。

第4步，计算检验统计量。给每个秩冠以相应数对之差的符号，称为符号秩(signed rank)，并分别计算正负符号秩的和，用 $T_+$ 和 $T_-$ 表示，取绝对值较小者作为检验计量 $T$。

第5步，统计推断。根据数据的对子数 $n$(成对数据之差为0者不计)及显著水平 $\alpha$，从符号秩和检验 $T$ 临界值表(附表13)查出 $T_{\alpha(n)}$ 临界值，当 $|T|\leqslant T_{\alpha(n)}$ 时，拒绝 $H_0$；当 $|T|>T_{\alpha(n)}$ 时，接受 $H_0$。附表13中，$p(2)$ 和 $p(1)$ 所在行的 $\alpha$ 值是分别用于双侧检验和单侧检验的。

【例7-8】 有8个评员，试图考察他们在某种心理压力下个性分值是否有变化，测定结果见表7-11。试采用符号秩和检验进行差异性检验。

**表7-11 8个评员个性分值及计算表**

| 评员 | 原始分($x_1$) | 压力下分值($x_2$) | $d=(x_2-x_1)$ | $d$ 的秩及符号 |
|---|---|---|---|---|
| 1 | 40 | 30 | −10 | (−)5 |
| 2 | 29 | 32 | +3 | (+)2 |
| 3 | 60 | 40 | −20 | (−)7 |

续表 7-11

| 评员 | 原始分($x_1$) | 压力下分值($x_2$) | $d=(x_2-x_1)$ | $d$ 的秩及符号 |
|---|---|---|---|---|
| 4 | 12 | 10 | −2 | (−)1 |
| 5 | 25 | 20 | −5 | (−)3.5 |
| 6 | 15 | 0 | −15 | (−)6 |
| 7 | 54 | 49 | −5 | (−)3.5 |
| 8 | 23 | 23 | 0 | 剔除 |
| | $n=7$ | $T_+=2$ | $T_-=26$ | |

$H_0$:压力对人的个性分值没有影响。

$H_A$:压力对人的个性分值有影响。

显著水平 $\alpha=0.05$,双尾检验。

计算两种条件下的分值差 $d$,再按$|d|$排序求秩,恢复 $d$ 的符号。计算 $T$ 值。

带正号的秩和:$T_+=2$。带负号的秩和:$T_-=26$。取绝对值较小的 $T$ 值作为检验值,取$T=2$。

样本容量:其中有 1 个差值为 0 被剔除,因此样本容量 $n=7$。

查符号秩和检验 $T$ 临界值表(附表 13)得:$n=7$ 时,$T_{0.05(7)}=2$。本例计算得到的 $T=2$,与临界值相等,拒绝 $H_0$,即心理压力对评员的个性有显著的影响。

当没有 $T$ 值表可资利用时,5%和 1%显著水平的临界 $T$ 值由式(7-16)近似计算(双侧检验):

$$\begin{cases} T_{0.05(n)}=\dfrac{n^2-7n+10}{5} \\ T_{0.01(n)}=\dfrac{11n^2}{60}-2n+5 \end{cases} \tag{7-16}$$

### 7.4.2　大样本的正态化近似

附表 13 中最大的 $n$ 值为 25。当 $n>25$ 时,$T$ 近似服从由式(7-17)所示的正态分布。

$$T \sim N[n(n+1)/4, n(n+1)(2n+1)/24] \tag{7-17}$$

即

$$u=\frac{T-n(n+1)/4}{\sqrt{n(n+1)(2n+1)/24}} \sim N(0,1) \tag{7-18}$$

于是,可由式(7-19)计算样本 $u$ 值,进而进行大样本的正态化近似 $u$ 检验。若$|u|\geqslant u_\alpha$,则在 $\alpha$ 水平上否定 $H_0$;反之,则不否定 $H_0$。

$$u=\frac{|T-n(n+1)/4|-0.5}{\sqrt{n(n+1)(2n+1)/24}} \tag{7-19}$$

式(7-19)中,$T$、$n$ 的意义同前;因为 $T$ 值是不连续的,所以分子部分有连续性矫正数 0.5,不过这种矫正数常可略去。

当相同“差值”(绝对值)数较多时(不包括差值为 0 的),用式(7-19)求得的 $u$ 值偏小,应改用式(7-20)计算 $u$ 值。

$$u=\frac{|T-n(n+1)/4|-0.5}{\sqrt{\frac{n(n+1)(2n+1)}{24}-\frac{\sum(t_j^3-t_j)}{48}}} \tag{7-20}$$

式中：$t_j$ 为第 $j(j=1,2,\cdots)$ 个相同差值的个数。假定差值中有 2 个 3、4 个 5、3 个 6，则 $t_1=2$、$t_2=4$、$t_3=3$，$\sum(t_j^3-t_j)=(2^3-2)+(4^3-4)+(3^3-3)=90$。

符号秩和检验的效率虽然高于符号检验，但仍然低于 $t$ 检验，其效率大约为 $t$ 检验的 96%。

## 7.5 秩和检验

### 7.5.1 成组设计两样本比较的秩和检验

符号检验和符号秩和检验主要适用于配对设计的资料比较。对于成组(非配对)设计的资料，也可采用类似于符号秩和检验的方法进行比较，这种方法称为秩和检验(rank sum test)。对于成组设计两样本比较的秩和检验，一个常用的方法是威尔科克森-曼-惠特尼秩和检验(Wilcoxon-Mann-Whitney rank sums test)。其目的是比较两样本分别代表的总体分布位置有无差异。

检验的一般步骤：

第 1 步，建立假设及确定显著水平。$H_0$：两总体分布相同；$H_A$：两总体分布不同。一般 $\alpha=0.05$ 或 $\alpha=0.01$。

第 2 步，编秩次。将两样本观测值从小到大混合编秩。编秩时，属不同样本的相同观测值取原秩次的平均秩次。

第 3 步，求秩和。设 $n_1$ 与 $n_2$ 分别为两样本的含量，规定 $n_1<n_2$。两组合计次数用 $N$ 表示，即 $N=n_1+n_2$。以含量为 $n_1$ 组的秩和 $T_1$ 为检验统计量 $T$[两组秩和合计等于总秩和，即 $T_1+T_2=N(N+1)/2$，以资核对]。

第 4 步，统计推断。由 $n_1$、$n_2-n_1$ 和 $\alpha$ 查成组设计两样本比较的秩和检验 $T$ 临界值表(附表 14)，得接受区域 $T'_\alpha \sim T_\alpha$。若 $T$ 值在接受域范围内(不包括端点)，则不拒绝 $H_0$；否则，拒绝 $H_0$。

本检验方法也有双尾、单尾之分。

本检验方法的基本思想是：如果 $H_0$ 成立，则两样本来自同一总体或分布相同的总体。此时，两样本的平均秩次 $T_1/n_1$ 与 $T_2/n_2$ 应相等或很接近，且都和总的平均秩次 $(N+1)/2$ 相差很小。含量为 $n_1$ 样本的秩和 $T$ 应在 $n_1(N+1)/2$($T$ 值表范围中心为 $n_1(N+1)/2$)的左右变化。若 $T$ 值偏离此值太远，发生的可能性就很小。若偏离出给定 $\alpha$ 值所确定的范围时，即 $p<\alpha$，拒绝 $H_0$。

附表 14 只列出 $n_1\leqslant 10$、$(n_2-n_1)\leqslant 10$ 的情形。当 $n_1$、$n_2$ 超出此范围时，则 $T$ 近似服从由式(7-21)所示的正态分布。

$$T\sim N[n_1(N+1)/2, n_1n_2(N+1)/12] \tag{7-21}$$

即

$$u=\frac{T-n_1(N+1)/2}{\sqrt{n_1n_2(N+1)/12}}\sim N(0,1) \tag{7-22}$$

于是，可由式(7-23)计算样本 $u$ 值，进行 $u$ 检验。

$$u=\frac{|T-n_1(N+1)/2|-0.5}{\sqrt{n_1n_2(N+1)/12}} \tag{7-23}$$

当相同秩次较多时（尤其是等级资料或 $\sum t_i \geqslant N/4$ 时），须采用式(7-24)计算 $u$ 值。

$$u=\frac{|T-n_1(N+1)/2|-0.5}{\sqrt{\frac{n_1n_2}{12N(N-1)}[N^3-N-\sum(t_i^3-t_i)]}} \tag{7-24}$$

式中：$t_i$ 为相同秩次的个数。

若无相同秩次，$\sum(t_i^3-t_i)=0$，式(7-24)即成式(7-23)。这两个公式中的矫正数 0.5 常可略去。

【例 7-9】 有的人对 PTC 敏感，感觉它呈苦味，有的人对它不敏感而感觉无味。对 PTC 敏感(T)，对 PTC 不敏感(NT)评员各 5 人。考察他们对另一苦味化合物的敏感性，结果如表 7-12 所示。问这两类评员对第二种苦味化合物的敏感性是否有差异？

**表 7-12 两类评员对第二种苦味化合物的敏感性秩次**

| 项目 | 评员 | | | | | | | | | |
|---|---|---|---|---|---|---|---|---|---|---|
| | (NT) | (NT) | (NT) | (NT) | (T) | (T) | (T) | (T) | (T) | (NT) |
| 敏感性秩次 | 1 | 2 | 3 | 4 | 5 | 6 | 7 | 8 | 9 | 10 |

①建立假设。$H_0$：两组评员对第二种化合物敏感性无差异；$H_A$：两组评员对第二种化合物敏感性有差异。显著水平 $\alpha=0.05$；双尾检验。

②编秩次，计算统计量 $T$。所编秩次见表 7-12。由于不敏感组 $n_1=5$，敏感组 $n_2=5$，故以不敏感组秩和 $T_1$ 或敏感组秩和 $T_2$ 作为检验统计量 $T$ 均可，算得 $T_1=1+2+3+4+10=20$。

③查表与推断。由 $n_1=5$，$n_2-n_1=0$，$\alpha=0.05$ 查 $T$ 值表(附表 14)得范围(17～38)。今 $T_1=20>17$，在接受区域内，$p>0.05$，接受 $H_0$，即两类评员对第二种苦味化合物的敏感性没有差异。

【例 7-10】 利用原有仪器 A 和新仪器 B 分别测得某物质 30 min 后的溶解度如下：

A 55.7，50.4，54.8，52.3

B 53.0，52.9，55.1，57.4，56.6

试判断两台仪器测试结果是否一致($\alpha=0.05$，双侧)。

①建立假设。$H_0$：两台仪器测试结果的总体分布一致；$H_A$：两台仪器测试结果的总体分布不一致。

②编秩，计算检验统计量。将两组数据混合后由小到大编秩如表 7-13 所示。

**表 7-13 两台仪器测试结果及秩次**

| | | | | | | |
|---|---|---|---|---|---|---|
| A 组 | 55.7 | 50.4 | 54.8 | 52.3 | | 4 ($n_1$) |
| 秩次 | 7 | 1 | 5 | 2 | | 15 ($T_1$) |
| B 组 | 53.0 | 52.9 | 55.1 | 57.4 | 56.6 | 5 ($n_2$) |
| 秩次 | 4 | 3 | 6 | 9 | 8 | 30 ($T_2$) |

③查表与推断。由于 $n_1=4$，$n_2=5$，$n_2-n_1=1$，样本含量较小者(A 组)的秩和 $T=15$，$\alpha=0.05$，双侧检验，查附表 14 得 $T'_{0.05}\sim T_{0.05}$ 为 11～29，因为 11<15<29，故不能否定 $H_0$，即可认为仪器 A 和 B 的测试结果一致。

【例 7-11】 某公司的市场调研经理从该公司的 A、B 两个销售区分别抽取 $n_A=15$，$n_B=13$ 名推销员，组成两个随机样本，进行销售额的比较。把两个地区共 28 名推销员上季度销售额排列后，其秩次如下：

地区 A:1,2,4,7,8,10,12,13,14,17,21,24,26,27,28

地区 B:3,5,6,9,11,15,16,18,19,20,22,23,25

试检验两地区平均销售水平是否有差异。

①建立假设。$H_0$：两地区上季度平均销售水平无差异；$H_A$：两地区上季度平均销售水平有差异。$\alpha=0.05$，双侧检验。

②编秩，计算检验统计量。编秩如上。因为本资料样本含量超出附表 14 的范围，故用正态近似法，依公式(7-23)计算 $u$ 值。现有 $n_1=n_B=13$，$n_2=n_A=15$，$T_1=T_B=192$，$T_2=T_A=214$，$N=n_1+n_2=28$，故

$$u=\frac{|T-n_1(N+1)/2|-0.5}{\sqrt{n_1n_2(N+1)/12}}=\frac{|192-13(28+1)/2|-0.5}{\sqrt{13\times15(28+1)/12}}=\frac{3}{\sqrt{471.25}}=0.138$$

分子部分代入 $n_2$、$T_2$，结果相同。

③推断。因为 $u<u_{0.05}=1.96$，$p>0.05$，故接受 $H_0$，即 A、B 两地区上季度平均销售额没有显著差异。

【例 7-12】 采用 R-指数法评定同种两个品牌的食品 A、B 的风味差异。现有 24 个评员随机分成两组，每组 12 人。样品为 A 和 B，让评员先评定并熟悉这两个样品，再密码给出 A 或 B，要求评员评定后，对该样品做出“可能是 A(A?)”“肯定是 A(A)”“肯定是 B(B)”或“可能是 B(B?)”的判断。每个评员评定 1 个样品，结果见表 7-14。试检验这两个品牌食品风味的差异显著性。

①建立假设。$H_0$：两个品牌食品风味无差异；$H_A$：两个品牌食品风味有差异。$\alpha=0.01$，双尾检验。

②计算平均秩次、秩和。秩次与平均秩次见表 7-15。

**表 7-14 24 人对 A 和 B 的判断结果**

| 项目 | A? | A | B | B? |
|---|---|---|---|---|
| 结论序号 | 1 | 2 | 3 | 4 |
| 样品 A | 6 | 4 | 2 | 0 |
| 样品 B | 0 | 1 | 4 | 7 |

**表 7-15 平均秩次的计算**

| 结论序号 | 1 | 2 | 3 | 4 |
|---|---|---|---|---|
| 次数 | 6+0 | 4+1 | 2+4 | 0+7 |
| 秩次 | 1～6 | 7～11 | 12～17 | 18～24 |
| 平均秩次 | 3.5 | 9 | 14.5 | 21 |

样品 A 和样品 B 的秩和分别为：

$T_A = 3.5\times6+9\times4+14.5\times2+21\times0=86$

$T_B = 3.5\times0+9\times1+14.5\times4+21\times7=214$

③计算检验统计量。现有 $n_1=n_2=12$，$N=n_1+n_2=24$。又因本例中相同秩次者较多，故应用公式(7-24)计算 $u$ 值。

由表 7-15 看出，具有相同平均秩次 3.5、9、14.5、21 的个数分别为：$t_1=6$、$t_2=5$、$t_3=6$、$t_4=7$。故 $\sum(t_i^3-t_i)=(6^3-6)+(5^3-5)+(6^3-6)+(7^3-7)=876$。由公式(7-24)得：

$$u=\frac{|T-n_1(N+1)/2|-0.5}{\sqrt{\dfrac{n_1n_2}{12N(N-1)}\left[N^3-N-\sum(t_i^3-t_i)\right]}}$$

$$=\frac{|86-12(24+1)/2|-0.5}{\sqrt{\dfrac{12\times12}{12\times24(24-1)}(24^3-24-876)}}=\frac{63.5}{\sqrt{280.96}}=3.79$$

④推断。因为 $u>u_{0.01}=2.58$，$p<0.01$，故拒绝 $H_0$，即两品牌食品 A 和 B 的风味有极显著差异。

### 7.5.2　多个样本比较的秩和检验

上节介绍了两个独立样本的秩和检验。若进行多个独立样本的比较，则可用本节介绍的 Kruskal-Wallis test 检验法。设有 $K(K\geqslant3)$ 个样本，每个样本含量为 $n_j(j=1,2,\cdots,K)$，$\sum n_j=N$。

检验的基本步骤：

第 1 步，建立假设。$H_0$：各样本所属总体分布相同；$H_A$：各总体的分布位置不同或不全相同。$\alpha=0.05$ 或 $\alpha=0.01$。

第 2 步，编秩次。将各组数据从小到大统一编秩次。对相等的数值，如分属不同组时，应取平均秩次。

第 3 步，求秩和。分别计算各组的秩和 $T_j$，可用关系式 $\sum T_j=N(N+1)/2$ 检验 $T_j$ 的计算是否正确。

第 4 步，计算统计量。

$$H=\frac{12}{N(N+1)}\sum\frac{T_j^2}{n_j}-3(N+1) \tag{7-25}$$

当相同秩次较多时(尤其是等级资料或 $\sum t_i\geqslant N/4$) 须采用矫正的 $H_C$ 值：

$$H_C=\frac{H}{1-\dfrac{\sum(t_i^3-t_i)}{N^3-N}}=\frac{H}{C} \tag{7-26}$$

式中：$t_i$ 为相同秩次的个数。

第 5 步，显著性检验。统计量 $H$ 或 $H_C$ 的显著性检验方法与样本含量有关。当所有的样本含量均大于5时，$H$ 或 $H_C$ 近似服从自由度 $df=K-1$ 的 $\chi^2$ 分布，可采用 $\chi^2$ 检验。若 $H$（或 $H_C$）$\geqslant\chi^2_{\alpha(k-1)}$，则在 $\alpha$ 水平上拒绝 $H_0$，而接受 $H_A$，否则，接受 $H_0$。

当 $K=3$，且3个样本每个样本的观察值个数等于或小于5时，对 $H$（或 $H_C$）的抽样分布的卡方近似就不够好。此时可以根据 $n_1$、$n_2$、$n_3$ 由附表15查得临界 $H_\alpha$ 值。若 $H\geqslant H_\alpha$ 则拒绝 $H_0$；否则接受 $H_0$。

【例7-13】 由3个不同的公司（A、B、C）训练的10个评员，都称自己有很好的风味强度评定方法。对这10个评员风味强度评定技术进行测验，并根据表现优劣排序（1=最好，10=最差），结果见表7-16。试检验3组评员的技术水平是否存在差异。

**表7-16 3组10名评员的技术测试排序**

| 公司 | 排序 | | | | $n_j$ | $T_j$ |
|---|---|---|---|---|---|---|
| A | 1 | 2 | 3 | 4 | 4 | 10 |
| B | 5 | 6 | 8 | | 3 | 19 |
| C | 7 | 9 | 10 | | 3 | 26 |

①建立假设。

$H_0$：3组评员的风味强度评定技术水平分布没有差异。

$H_A$：3组评员的风味强度评定技术水平分布有差异。

显著水平 $\alpha=0.05$。

②计算检验统计量 $H$。

$N=n_1+n_2+n_3=4+3+3=10$

$$H=\frac{12}{N(N+1)}\sum\frac{T_j^2}{n_j}-3(N+1)=\frac{12}{10(10+1)}\left[\frac{10^2}{4}+\frac{19^2}{3}+\frac{26^2}{3}\right]-3(10+1)$$
$$=7.436$$

③检验与推断。由于本例是3个样本，且每个样本的容量都小于5，所以不能用 $\chi^2$ 检验，采用查表的方法。查附表15，当 $n_1=4$，$n_2=3$，$n_3=3$，$\alpha=0.01$ 时，$H_{0.01(4,3,3)}=6.75$。$H>H_{0.01(4,3,3)}$，拒绝 $H_0$，接受 $H_A$，即3组评员的评定技术有极显著差异，A公司评员整体水平高。

【例7-14】 为了评定产品质量，对4个饮料厂（A、B、C、D）生产的浓缩广柑汁进行检验。每个厂的送检产品都为5瓶，经检验员评定后按优劣次序排列如表7-17所示。试检验各厂生产的产品质量分布是否有差异。

**表7-17 4个厂生产的浓缩广柑汁质量检验结果排序**

| 厂名 | 排序 | | | | | $n_j$ | $T_j$ |
|---|---|---|---|---|---|---|---|
| A | 3 | 5 | 10 | 12 | 14 | 5 | 44 |
| B | 7 | 11 | 15 | 17 | 18 | 5 | 68 |
| C | 1 | 2 | 4 | 6 | 8 | 5 | 21 |
| D | 9 | 13 | 16 | 19 | 20 | 5 | 77 |

①建立假设。

$H_0$：各厂生产的浓缩广柑汁质量分布无差异。

$H_A$：各厂生产的浓缩广柑汁质量分布有差异。

②计算检验统计量 $H$。

$N=n_1+n_2+n_3+n_4=5+5+5+5=20$

$$H=\frac{12}{N(N+1)}\sum T_j^2/n_j-3(N+1)=\frac{12}{20(20+1)}\left(\frac{44^2+68^2+21^2+77^2}{5}\right)-3(20+1)$$
$$=10.886$$

③检验与推断。此材料样本数 $K=4$，所以 $df=K-1=4-1=3$；查 $\chi^2$ 值表得 $\chi^2_{0.05(3)}=7.81$，$\chi^2_{0.01(3)}=11.34$；$7.81<H<11.34$，$0.01<p<0.05$，故拒绝 $H_0$，即经检验表明 4 个厂生产的浓缩广柑汁质量分布差异显著。

【例 7-15】　研究中草药提高肉质，试验结果列于表 7-18。试比较 3 种中草药配方对猪肉大理石纹间的影响有无显著性差别。

**表 7-18　中草药提高肉质试验的大理石纹资料及其秩和计算**

| 等级 | 配方一 | 配方二 | 配方三 | 合计 | 秩次范围 | 平均秩次 | 各组秩和 | | |
|---|---|---|---|---|---|---|---|---|---|
| | | | | | | | 配方一 | 配方二 | 配方三 |
| 1 | — | 2 | — | 2 | 1～2 | 1.5 | — | 3 | — |
| 2 | 1 | 1 | 3 | 5 | 3～7 | 5 | 5 | 5 | 15 |
| 3 | 3 | 1 | 4 | 8 | 8～15 | 11.5 | 34.5 | 11.5 | 46 |
| 4 | — | — | 1 | 1 | 16 | 16 | — | — | 16 |
| 合计 | 4 | 4 | 8 | 16 | | | 39.5 | 19.5 | 77 |

本例为等级分组资料，检验步骤如下。

①建立假设。

$H_0$:3 种配方组合的大理石纹相同。

$H_A$:3 种配方组合的大理石纹不相同。

②确定各等级的秩次范围、计算平均秩次及秩和。确定各等级的平均秩次范围，见表 7-18 中的第 6 列。等级 1 有 2 个个体，其秩次范围为 1～2；等级 2 有 5 个个体，其秩次范围为 3～7；等级 3 的秩次范围为 8～15，等级 4 的秩次范围为 16～16。

计算各等级的平均秩次，将表中第 6 列中秩次范围的上下两值相加除以 2，列于表中第 7 列。然后计算各配方组中各等级的秩和，例如配方二有 2 个为等级 1,1 个为等级 2,1 个为等级 3，将配方二组各等级的头数与平均秩次相乘，列于配方二组秩和的相应等级中。最后计算秩和，将同一配方组合中各等级的秩和相加。

③计算检验统计量。根据式(7-25)至式(7-26)计算 $H$ 值及校正 $H_C$ 值。

$$H=\frac{12}{N(N+1)}\sum\frac{T_j^2}{n_j}-3(N+1)=\frac{12}{16\times17}\times\left(\frac{39.5^2}{4}+\frac{19.5^2}{4}+\frac{77^2}{8}\right)-3\times17$$
$$=3.099$$

$$C=1-\frac{\sum(t_i^3-t_i)}{N^3-N}=1-\frac{(2^3-2)+(5^3-5)+(8^3-8)}{16^3-16}$$
$$=1-\frac{6+120+504}{4\ 080}=0.845\ 6$$

$$H_C=\frac{H}{C}=\frac{3.099}{0.845\ 6}=3.665$$

④检验与推断。查自由度 $df=2$ 时的 $\chi^2$ 临界值，得 $\chi^2_{0.05(2)}=5.99$；$H_C<\chi^2_{0.05(2)}$，$p>0.05$，故接受 $H_0$，可知各组大理石纹差异不显著。当然，对于本例的结论，可能是各组样本含量较小所引起，因此还应增加样本含量继续试验。

### 7.5.3 多个样本两两比较的秩和检验

当经过多个样本比较的秩和检验拒绝 $H_0$，认为各总体分布位置不同或不全相同时，常常需做两两比较的秩和检验，以推断哪些总体分布位置相同，哪些总体分布位置不同。

根据各样本含量数(即重复数)是否相等分两种情况。

#### 7.5.3.1 各样本含量相等(Nemenyi-Wilcoxson-Wlicox 法)

检验的具体步骤是：

第 1 步，将各样本的秩和从大到小依次排列，求出两两秩和的差数 $T_i-T_j$，并确定这两个秩和差数范围内包含的样本数 $K$(处理数，相当于多重比较中的秩次距)。

第 2 步，计算统计量 $q$：

$$q=\frac{T_i-T_j}{S_{T_i-T_j}} \tag{7-27}$$

式中：$S_{T_i-T_j}$ 为秩和差数标准误。

秩和差数标准误的计算公式如下：

$$S_{T_i-T_j}=\sqrt{\frac{n(nK)(nK+1)}{12}} \tag{7-28}$$

第 3 步，依 $df=\infty$ 和秩次距 $K$ 查 $q$ 值表(附表 7)，得临界值 $q_{0.05(\infty,k)}$，$q_{0.01(\infty,k)}$，将由式(7-27)计算的 $q$ 值与其比较，做出统计推断。

【例 7-16】 对【例 7-14】资料做 4 个样本间的两两比较。

由【例 7-14】已知 4 个厂家的产品质量分布，差异是显著的。故先按各厂秩和的大小由大到小排列，并按此排列将各处理编号，见表 7-19。

**表 7-19 各厂秩次编号对照表**

| 秩和 $T_i$ | 77 | 68 | 44 | 21 |
|---|---|---|---|---|
| 工厂 | D | B | A | C |
| 编号 | 1 | 2 | 3 | 4 |

根据编号列出样本间所有可能的两两比较，见表 7-20 第 1 栏；求出相应的秩和差，见第 2 栏；两两比较的秩次距 $K$ 见第 3 栏。根据式(7-28)计算 $S_{T_i-T_j}$。例如：

$$S_{T_1-T_4}=\sqrt{\frac{5\times(5\times4)(5\times4+1)}{12}}=13.228\ 8\approx13.23$$

其余类推，将结果列入第 4 栏。根据式(7-27)计算各比较的 $q$ 值，即(2)/(4)，结果见第(5)栏。

然后根据 $df=\infty$ 和秩次距 $K$，查 $q$ 值表，得临界值列于第(6)、(7)栏。

检验结果表明：除 1 与 2 即工厂 D 与 B 差异不显著，1 与 3 即工厂 D 与 A 几乎达到差异显著的临界位点外，其余的比较均差异显著或极显著。根据比较结果，各厂产品整体质量的优劣排序为：C 厂最好，A 厂次之，B、D 两厂差。

**表 7-20　4 个厂家秩和间两两比较表**

| 比较组 $i$ 与 $j$ (1) | 差数 $T_i-T_j$ (2) | 秩次距 $K$ (3) | $S_{T_i-T_j}$ (4) | $q$ 值 (5)=(2)/(4) | 临界 $q$ 值 $\alpha=0.05$(6) | 临界 $q$ 值 $\alpha=0.01$(7) | 检验结果 (8) |
|---|---|---|---|---|---|---|---|
| 1 与 4 | 56 | 4 | 13.23 | 4.23 | 3.63 | 4.40 | * |
| 1 与 3 | 33 | 3 | 10.00 | 3.30 | 3.31 | 4.12 | (*) |
| 1 与 2 | 9 | 2 | 6.77 | 1.33 | 2.77 | 3.64 | ns |
| 2 与 4 | 47 | 3 | 10.00 | 4.70 | 3.31 | 4.12 | ** |
| 2 与 3 | 24 | 2 | 6.77 | 3.55 | 2.77 | 3.64 | * |
| 3 与 4 | 23 | 2 | 6.77 | 3.40 | 2.77 | 3.64 | * |

### 7.5.3.2　各样本含量不等或不全相等

其检验步骤如下：

第 1 步，计算各对比组平均秩次之差。

第 2 步，按式(7-29)计算各对比组相应的临界值 $T_\alpha$。

$$T_\alpha=\sqrt{C\chi^2_{\alpha(K-1)}[N(N+1)/12][1/n_i+1/n_j]} \tag{7-29}$$

式中：$C$ 为相同秩次矫正数，$C=1-\sum(t_i^3-t_i)/(N^3-N)$；$\chi^2_{\alpha(k-1)}$ 由 $\chi^2$ 值表查得(这里 $K$ 的含义是资料的样本数即处理总数，不是秩次距)，$N$ 为各样本含量之和，即总次数。

第 3 步，检验与推断。将各对比组平均秩次之差与临界值 $T_\alpha$ 比较，若该差值小于 0.05 水平临界值，则 $p>0.05$，不拒绝 $H_0$；否则 $p<0.05$，拒绝 $H_0$，相应的对比组差别有统计学意义。

【例 7-17】　对【例 7-13】资料做 3 个公司间的两两比较(表 7-21)。

**表 7-21　3 个公司评员的两两比较**

| 对比组 $i$ 与 $j$ (1) | 样本含量 $n_i$ (2) | 样本含量 $n_j$ (3) | 两组平均秩次之差 $\lvert\bar{T}_i-\bar{T}_j\rvert$ (4) | $\sqrt{C\chi^2_{\alpha(K-1)}[N(N+1)/12](1/n_i+1/n_j)}$ $\alpha=0.05$ (5) | $\sqrt{C\chi^2_{\alpha(K-1)}[N(N+1)/12](1/n_i+1/n_j)}$ $\alpha=0.01$ (6) | 比较结果 (7) |
|---|---|---|---|---|---|---|
| A 与 B | 4 | 3 | 3.83 | 5.659 5 | 7.017 7 | ns |
| A 与 C | 4 | 3 | 6.17 | 5.659 2 | 7.017 7 | * |
| B 与 C | 3 | 3 | 2.34 | 6.050 3 | 7.502 2 | ns |

$\bar{T}_A=2.50$，$\bar{T}_B=6.33$，$\bar{T}_C=8.67$，$N=10$，$C=1$(因为本例各 $t_i=1$)

$\chi^2_{0.05(2)}=5.99$，$\chi^2_{0.01(2)}=9.21$

结果表明：A 与 C 差异显著，而 A 与 B、B 与 C 差异不显著。

与【例 7-13】整体比较的结果对照，那里达到差异极显著的水平，这里仅是 A 与 C 比较达到差异显著的水平。这说明这里的比较法对犯Ⅰ型错误的概率控制得相对较严。事实上，这种比较方法也没有考虑秩次距的问题。这种方法也可以用于各样含量相等时的两两比较，只不过尺度相对严一些（二维码 7-2）。

二维码 7-2　各样本含量不等或不全相等的秩和检验

## 7.6　秩相关

秩相关又称等级相关（rank correlation），是用双变量等级数据做直线相关分析，即是一种先将 $x$、$y$ 变量分别按由小到大的次序编上等级，或者变量本身就是等级资料，然后分析两变量等级间是否相关的一种非参数相关分析法。此法适用于下列资料：

①不服从正态分布，因而不宜做一般直线相关分析。

②总体分布型未知。

③用等级表示的原始数据。

秩相关程度的大小及性质用秩相关系数（rank correlation coefficient）（亦称等级相关系数）表示。秩相关系数的取值亦在－1 与＋1 之间。常用的秩相关分析有 Spearman 秩相关和 Kendall 秩相关等。本节只介绍 Spearman 秩相关系数计算及显著性检验。

### 7.6.1　秩相关系数的计算

先将 $x$、$y$ 变量的 $n$ 对观察值 $x_i$、$y_i(i=1,2,\cdots,n)$ 分别从小到大编定秩次（等级），若有相同观测值则取平均秩次，再求出每对观测值的秩次之差 $d_i$；然后按式（7-30）计算 Spearman 秩相关系数 $r_s$：

$$r_s = 1 - \frac{6\sum d_i^2}{n(n^2-1)} \tag{7-30}$$

由式（7-30）可看出，当每对 $x_i$、$y_i$ 的秩次完全相等时，$\sum d_i^2=0$，$r_s=1$，即完全正相关；当 $x$、$y$ 两变量的秩次完全相反时，在 $n$ 一定的条件下，$\sum d_i^2$ 取最大值，此时 $6\sum d_i^2=2n(n^2-1)$，故 $r_s=-1$，即完全负相关。$\sum d_i^2$ 从 0 到其最大值的范围内变化，刻画了 $x$、$y$ 两变量的相关程度。由式（7-30）计算 $r_s$，保证了 $r_s$ 与直线相关系数 $r$ 表示相关程度及性质的形式的一致。

当 $n$ 个（$x_i$、$y_i$）数对中相同秩次较多时，会影响 $\sum d_i^2$ 的值，应采用式（7-31）计算校正的秩相关系数 $r'_s$：

$$r'_s = \frac{[(n^3-n)/6]-(T_x+T_y)-\sum d_i^2}{\sqrt{[(n^3-n)/6]-2T_x}\cdot\sqrt{[(n^3-n)/6]-2T_y}} \tag{7-31}$$

式（7-31）中，$T_x$、$T_y$ 的计算公式相同，均为：$\sum(t_i^3-t_i)/12$。在计算 $T_x$ 时，$t_i$ 为 $x$ 变量的相

同秩次数；在计算 $T_y$ 时，$t_i$ 为 $y$ 变量的相同秩次数。$T_x=T_y=0$ 时，式(7-31) 等于式(7-30)。

### 7.6.2 秩相关系数的假设检验

样本秩相关系数 $r_s$ 是总体秩相关系数 $\rho_s$ 的估计值，亦存在抽样误差的问题。故要推断总体中两变量有无秩相关关系，须经假设检验。检验的假设为 $H_0$：$x$ 和 $y$ 的秩不相关；$H_A$：$x$ 和 $y$ 的秩有相关关系。

当 $n\leqslant 50$ 时，计算出 $r_s$ 后，根据 $n$ 查附表 16 得临界 $r_s$ 值：$r_{s\,0.05(n)}$、$r_{s\,0.01(n)}$。若 $|r_s|<r_{s\,0.05(n)}$，$p>0.05$，表明两变量 $x$、$y$ 秩相关不显著；若 $r_{s\,0.05(n)}\leqslant r_s<r_{s\,0.01(n)}$，$0.01<p\leqslant 0.05$，表明两变量 $x$、$y$ 秩相关显著；若 $|r_s|\geqslant r_{s\,0.01(n)}$，$p\leqslant 0.01$，表明两变量 $x$、$y$ 秩相关极显著。

当 $n>50$ 时，按式(7-32)计算检验统计量 $u$，查附表 3 即 $t$ 值表，$df=\infty$，确定 $p$ 值(即 $u$ 检验)。这时也可以根据自由度 $df=n-2$，查附表 10，由 $r$ 临界值确定 $r_s$ 是否显著或极显著。

$$u=r_s\sqrt{n-1} \tag{7-32}$$

【例 7-18】 欲了解人群中氟骨症患病率(%)与饮水中氟含量(mg/L)之间的关系。随机观察 8 个地区氟骨症患病率与饮水中氟含量，数据如表 7-22 所示。试做秩相关分析。

**表 7-22　不同地区饮水中氟含量与氟骨症患病率**

| 地区编号 | 饮水中氟含量 | | 氟骨症患病率 | | $d_i$ | $d_i^2$ |
|---|---|---|---|---|---|---|
| | $x$/(mg/L) | 秩次 | $y$/% | 秩次 | | |
| (1) | (2) | (3) | (4) | (5) | (6)=(3)−(5) | (7)=(6)$^2$ |
| 1 | 0.48 | 1 | 22.37 | 2 | −1 | 1 |
| 2 | 0.64 | 2 | 23.31 | 3 | −1 | 1 |
| 3 | 1.00 | 3 | 25.32 | 4 | −1 | 1 |
| 4 | 1.47 | 4 | 22.29 | 1 | 3 | 9 |
| 5 | 1.60 | 5 | 35.00 | 5.5 | −0.5 | 0.25 |
| 6 | 2.80 | 6 | 35.00 | 5.5 | 0.5 | 0.25 |
| 7 | 3.21 | 7 | 46.07 | 7 | 0 | 0 |
| 8 | 4.71 | 8 | 48.31 | 8 | 0 | 0 |

①将 $x$、$y$ 分别从小到大编秩，列于表 7-22(3)、(5)列，若遇到相同观察值时取平均值次。如 $y_5=y_6=35.00$，则 $y_5$、$y_6$ 分别标平均秩次 $(5+6)/2=5.5$。

②差数 $d_i$ 见(6)列，注意 $\sum d_i=0$。

③$d_i^2$ 见(7)列，本例 $\sum d_i^2=12.5$。

④用公式(7-30)计算 $r_s$。

$$r_s=1-\frac{6\times 12.5}{8(8^2-1)}=0.85$$

⑤假设检验。本例 $n=8$，查附表 16 中临界秩相关系数为 $r_{s\,0.05(8)}=0.738$。$r_s>r_{s0.05(8)}=0.738$，$p<0.05$，在 $\alpha=0.05$ 水平否定 $H_0$：$\rho_s=0$，接受 $H_A$：$\rho_s\neq 0$，认为饮水中氟含量与氟骨症患病率之间存在正相关关系。

## 思考题

1. 参数统计、非参数统计的含义是什么？非参数统计有什么优缺点？

2. $\chi^2$ 分布有何特点？与正态分布有什么关系？

3. 简述独立性检验与适合性检验的不同点。

4. $\chi^2$ 检验时，什么情况下需进行连续性矫正？为什么？

5. 根据以往的调查结果，人们对乳、肉、蛋的喜欢程度分别为43%、27%、30%。现随机对200人的问卷调查结果为：30%、38%、32%。试检验人们对乳、肉、蛋的喜欢程度有无改变？

6. 燕麦的颖色受两对基因控制。黑颖(A)和黄颖(B)为显型，且只要A存在就表现为黑颖，双隐性则出现白颖。现用纯种黑颖与纯种白颖杂交，$F_1$ 全为黑颖，$F_1$ 自交产生的 $F_2$ 中，黑颖∶黄颖∶白颖＝275∶65∶28。试问符不符合黑颖∶黄颖∶白颖＝12∶3∶1的比例？

7. 某食品厂引进一批新添加剂，为检验其效果，用300个产品进行试验，30 d后，产品表面出现霉菌的有18个，未出现霉菌的有282个。对照组添加原添加剂，产品表面出现霉菌的有34个，未出现霉菌的有266个。试问新旧添加剂的效果是否有显著差异？

8. 采用“A—非A”法测定两个样品的风味差异，20个评员进行评定，每个评员评定5个“A”和5个“非A”，结果见表7-23。试检验样品“A”和“非A”风味是否有显著差异。

**表7-23 两个样品的测定结果**

| 判断 | 样品 | |
|---|---|---|
| | A | 非A |
| A | 70 | 45 |
| 非A | 30 | 55 |

9. 为了查清某地区甲状腺病人病因，将120个甲状腺病人随机分成两组，一组人食盐中不加 $KIO_3$，另一组人食盐中加 $KIO_3$。经过一个试验期后得到表7-24结果。试问 $KIO_3$ 对甲状腺病是否有疗效？

**表7-24 120个甲状腺病人食盐中加与不加 $KIO_3$ 的效果**

| 项目 | 治愈 | 好转 | 无效 | 合计 |
|---|---|---|---|---|
| 加 $KIO_3$ | 24 | 30 | 6 | 60 |
| 未加 $KIO_3$ | 6 | 17 | 37 | 60 |
| 合计 | 30 | 47 | 43 | 120 |

10. 配对资料的符号检验、符号秩和检验的基本思想是什么？两者有什么联系与区别？

11. 秩和检验的基本思想是什么？秩和检验有哪些方法？

12. 什么是秩相关？秩相关分析适用于什么资料？秩相关分析的基本思想是什么？

13. 用两种测声仪A和B对某食品加工厂20个位置的噪声进行了测定，测定数据见表7-25。请用符号检验法及符号秩和检验法分析这两种测声仪的测定结果是否相同。

表 7-25 测声仪 A 和 B 在某食品加工厂 20 个位置测得的噪声 dB

| 测定序号 | 1 | 2 | 3 | 4 | 5 | 6 | 7 | 8 | 9 | 10 |
|---|---|---|---|---|---|---|---|---|---|---|
| 测声计 A | 87.0 | 60.0 | 75.0 | 90.0 | 80.0 | 55.0 | 88.0 | 62.0 | 68.0 | 50.0 |
| 测声计 B | 86.0 | 62.0 | 78.0 | 93.0 | 78.0 | 60.0 | 90.0 | 60.0 | 70.0 | 56.0 |
| 测定序号 | 11 | 12 | 13 | 14 | 15 | 16 | 17 | 18 | 19 | 20 |
| 测声计 A | 85.0 | 63.0 | 73.0 | 88.0 | 78.0 | 57.0 | 85.0 | 65.0 | 70.0 | 55.0 |
| 测声计 B | 86.0 | 65.0 | 72.0 | 90.0 | 79.0 | 63.0 | 83.0 | 66.0 | 73.0 | 57.0 |

14. 试用成组设计两样本比较的秩和检验法比较两种不同的饲料(高蛋白与低蛋白)喂养大白鼠对体重增加的影响,结果见表 7-26。试问饲料的影响是否显著?

表 7-26 高蛋白饲料、低蛋白饲料对大白鼠体重的影响 g

| 饲料 | 8 周增加的体重 | | | | | | | | | | | |
|---|---|---|---|---|---|---|---|---|---|---|---|---|
| 高蛋白 | 134 | 104 | 119 | 124 | 108 | 83 | 113 | 129 | 97 | 123 | 121 | 130 |
| 低蛋白 | 70 | 118 | 101 | 85 | 107 | 94 | 99 | 117 | 126 | 102 | | |

15. 为了研究不同颜色对气味评定的影响,10 个评员在 3 种光下进行气味差异评定。评员按其评定差异能力排序,结果见表 7-27。试检验 3 组评员对气味差异的评定是否有显著的差异?

表 7-27 评定差异能力排序结果

| 白光 | 红光 | 黄光 |
|---|---|---|
| 1 | 8 | 3 |
| 2 | 9 | 5 |
| 4 | 10 | 7 |
| 6 | | |

16. 设用 6 种不同的工艺生产某种饮料,从每种工艺中各抽取 5 个样品,测得某营养成分含量如表 7-28 所示。试用多个样本比较的秩和检验法检验其分布是否有显著差异。如有差异,进而用秩和方法做两两间的多重比较。

表 7-28 营养成分含量 mg

| 重复 | 工艺 | | | | | |
|---|---|---|---|---|---|---|
| | 1 | 2 | 3 | 4 | 5 | 6 |
| 1 | 19.4 | 17.7 | 17.0 | 20.7 | 14.3 | 17.3 |
| 2 | 32.6 | 24.8 | 19.4 | 21.0 | 14.4 | 19.4 |
| 3 | 27.0 | 27.9 | 9.1 | 20.5 | 11.8 | 19.1 |
| 4 | 32.1 | 25.2 | 11.9 | 18.8 | 11.6 | 16.9 |
| 5 | 33.0 | 24.3 | 15.8 | 18.6 | 14.2 | 20.8 |

17. 遗传学家在研究男性眼睛的颜色与其嗅觉敏感性的关系,得到 7 个人的样本。试验结果见表 7-29。试检验男性眼睛的颜色与嗅觉敏感性是否有相关关系。

**表 7-29 男性眼睛的颜色与其嗅觉敏感性的试验结果**

| 序号 | 眼睛蓝色程度 | 嗅觉敏感性 |
|---|---|---|
| 1 | 1 | 3 |
| 2 | 2 | 2 |
| 3 | 3 | 4 |
| 4 | 4 | 1 |
| 5 | 5 | 5 |
| 6 | 6 | 7 |
| 7 | 7 | 6 |

18. 在金华猪肉质测定中，以杂种猪作为对照组，对肉质遗传规律进行研究。测得肉色与pH的数据见表7-30。试就肉色与pH进行秩相关分析。

**表 7-30 肉色与 pH 的测定结果**

| 项目 | 猪号 | | | | | | | |
|---|---|---|---|---|---|---|---|---|
| | 1 | 2 | 3 | 4 | 5 | 6 | 7 | 8 |
| 肉色 | 2 | 2 | 2 | 3 | 3 | 3 | 3 | 4 |
| pH | 5.50 | 5.51 | 5.60 | 6.33 | 6.10 | 5.80 | 6.07 | 6.22 |

第8章

# 直线回归与相关

## 本章学习目的与要求

1. 正确理解回归、相关分析的意义及有关概念。
2. 掌握直线回归、相关分析的方法。
3. 掌握常见的可直线化曲线回归分析方法。
4. 正确理解预测与控制。

## 8.1 回归与相关的概念

在自然界中，各种变量间的关系大致可分为两大类：一类是确定性关系，又称函数关系，即当变量 $x$ 的值取定之后，变量 $y$ 有唯一确定的值与之对应。例如，当食品的销售价格 $a$ 不变时，销售量 $x$ 与销售额 $y$ 之间就有函数关系 $y=ax$，当 $x$ 的值取定后，$y$ 的值就完全确定了。另一类是非确定性关系，当变量 $x$ 的值取定后，$y$ 有若干种可能取值。例如，食品的价格 $y$ 与市场需求量 $x$ 之间的关系，当需求量增多时价格上涨，需求量减少时价格下跌，但价格 $y$ 与需求量 $x$ 之间并不完全确定。当 $x$ 的值确定后，$y$ 却是一个随机变量，即他们之间既有密切的关系，又无法由一个变量的取值精确地定出另一变量的值。在一定范围内，对一个变量的任一数值($x_i$)，虽然没有另一个变量的一个确定数值 $y_i$ 与之对应，但是却有一个特定的 $y_i$ 的条件概率分布与之对应，这种变量之间的不确定性关系，称为统计相关(relationship)关系。

需要指出的是，函数与相关虽是两种不同类型的变量关系，但它们之间并无严格的界限。这是由于测量误差的影响，使得函数关系也表现出某种程度的不确定性；另外，从一定的统计意义上讲，两个相关变量间又可能存在着某种确定的内在规律。

存在相关关系的变量称为相关变量。这类变量间的关系是统计学中回归分析(regression analysis)与相关分析(correlation analysis)所要讨论的问题。变量间的关系是十分复杂的，不同的变量间往往存在着不同的关系。本章仅讨论两个变量间的关系，变量间更复杂的关系将在多元回归与相关分析中介绍。统计学中对于 $x$ 和 $y$ 两个变量间的关系有两种理论模型，即回归模型与相关模型。在前者 $x$ 和 y 是因果关系，而后者 $x$ 和 $y$ 是平行变化的关系。

回归分析是对符合回归理论模型的资料进行统计分析的一种数理统计方法。它通过对大量观测数据的统计分析，揭示出相关变量间的内在规律，主要包括以下方面。

①找出变量间相关关系的近似数学表达式——回归方程。

②检验回归方程的效果是否显著。

③由一个或几个变量的值，通过回归方程来预测或控制另一变量的值。

在回归分析中，把可以控制或能精确观测的变量称为自变量(independent variable)，常用 $x$ 表示；把另一与 $x$ 有密切关系，但取值却具有随机性的变量称为因变量(dependent variable)，亦称为依变量，常用 $y$ 表示。

对符合相关理论模型的资料进行统计分析称为相关分析，这一分析是要测定两个变量在相关关系上的密切程度和性质。在实际工作中，回归和相关并不能截然分开。一是因为两变量存在回归关系必然有相关，二是因为由回归可获得相关的一些重要信息，由相关也可获得回归的一些重要信息。

回归分析和相关分析的类型很多。包括一个依变量和一个自变量的回归分析称为一元回归分析，它又分为直线回归分析和曲线回归分析两类；包括一个依变量和多个自变量的回归分析为多元回归分析，它又分为多元线性回归分析，曲面(非线性)回归分析两类。对两个变量的直线关系进行相关分析为直线相关分析；对多个变量进行相关分析时，研究一个变量与多个变量间的线性相关为复相关分析；研究在其余变量保持不变的情况下两个相关变量间的线性相关为偏相关分析，本章仅介绍两个变量间的直线回归、能直线化的曲线回归及直线相关分析。

# 8.2　直线回归

## 8.2.1　直线回归方程的建立

设 $x$ 是一个普通变量(自变量)，$y$ 是一个可观测其值的随机变量(依变量)，设对$(x,y)$做了 $n$ 次观测，得表 8-1，试求出 $y$ 与 $x$ 间相互关系的近似的数学表达式。

**表 8-1　$x,y$ 数对**

| | | | | | |
|---|---|---|---|---|---|
| $x$ | $x_1$ | $x_2$ | $x_3$ | … | $x_n$ |
| $y$ | $y_1$ | $y_2$ | $y_3$ | … | $y_n$ |

### 8.2.1.1　数学模型

为了看出变量 $x$ 与 $y$ 间的关系，一种常用的，也是较直观的办法是在直角坐标系中描出点$(x_i,y_i)$的图形，称为散点图(scatter diagram)，如图 8-1 所示。

如果点$(x_i,y_i)$$(i=1,2,\cdots,n)$呈直线趋势分布，我们自然会想到 $x$ 与 $y$ 间存在着一种近似的直线关系，即有模型：

$$y_i=\beta_0+\beta x_i+\varepsilon_i \tag{8-1}$$

式中：$\beta_0$，$\beta$ 为未知回归参数；$\varepsilon_i$ 为相互独立的随机误差，$\varepsilon_i$ 为一个随机变量，且设 $\varepsilon_i\sim N(0,\sigma^2)$。

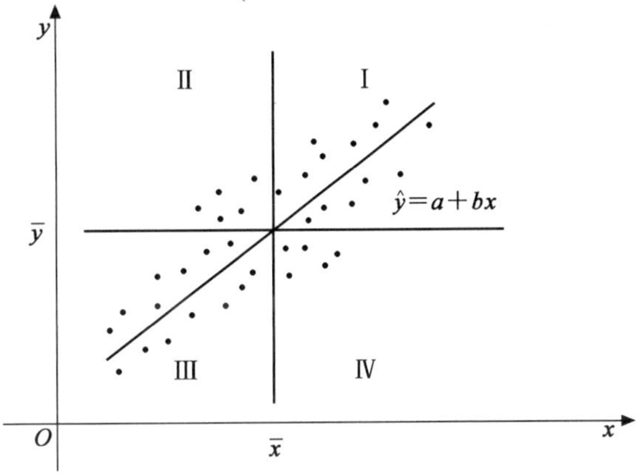

**图 8-1　$x,y$ 数对散点图**

这个模型可理解为，对于自变量 $x$ 的每一个特定的取值 $x_i$，$y$ 都有一个服从正态分布的许多观察值$(y_{i1},y_{i2},\dots,y_{in})$与之对应，即 $y$ 在 $x=x_i$ 处为一统计总体，这个正态分布的期望是 $\beta_0+\beta x$，方差是 $\sigma^2$。从数学上看，在 $x=x_i$ 处，$x_i$ 与一个总体 $N(\beta_0+\beta x,\sigma^2)$的 $y$ 值对应，不是一一对应的函数关系，如果 $x_i$ 与 $y_i$ 之间存在函数关系 $y=f(x)$，则回归方程描述的是 $y$ 关于 $x$ 平均变化的规律。

仅就 $y$ 观察值而言，在每一个 $x_i$ 处，$y_i$ 有平均值 $\bar{y}_i$，所有 $y_i$ 的平均值为 $\mu_y$，因而 $y\sim N(\mu_y,\sigma^2)$。尽管 $x_1,x_2,\cdots,x_n$ 是一般变量，但其也有平均值 $\mu_x$ 和变异度 $\sigma_x^2$，将一般线性回归模型(8-1)标准化后得到标准化线性回归模型：

$$y_i=\mu_y+\beta(x_i-\mu_x)+\varepsilon_i \tag{8-2}$$

$$\frac{y_i-\mu_y}{\sigma}=\beta\frac{\sigma_x}{\sigma}\left[\frac{x_i-\mu_x}{\sigma_x}\right]+\frac{\varepsilon_i}{\sigma} \tag{8-3}$$

标准化模型克服了不同量纲对回归系数的影响，其次此方程也表明 $y=\beta_0+\beta x$ 经过$(\mu_x,\mu_y)$，进一步也说明了回归方程表述的是 $y$ 随 $x$ 的变化而平均变化的规律。

#### 8.2.1.2 参数 $\beta_0,\beta$ 的估计

注意到 $y \sim N(\beta_0+\beta x,\sigma^2)$，如果我们能求得 $\beta_0$、$\beta$ 的估计值 $a$、$b$，则对于给定的 $x$，$E(y)$ 的估计值为 $a+bx$，记为 $\hat{y}$，而方程

$$\hat{y}=a+bx \tag{8-4}$$

称为 $y$ 对 $x$ 的直线回归方程(linear regression equation)，其图形称为回归直线。

那么，怎样来估计参数 $\beta_0,\beta$ 呢？一种自然的想法是使图 8-1 中的回归直线 $\hat{y}=a+bx$ 尽可能地靠近点 $(x_i,y_i)$ $(i=1,2,\cdots,n)$，即应使离回归平方和(sum of squares due to deviation from regression)［亦称剩余平方和(residual sum of squares)］即式(8-5)达到最小。

$$Q=\sum_{i=1}^{n}(y_i-\hat{y}_i)^2=\sum_{i=1}^{n}(\hat{y}-a-bx_i)^2 \tag{8-5}$$

这就是最小二乘(平方)(least squares)法的原理。

由求二元函数极值的方法，只需求 $Q$ 关于 $a$、$b$ 的偏导数，并令其等于零，即

$$\begin{cases}\dfrac{\partial Q}{\partial a}=-2\sum\limits_{i=1}^{n}(y_i-a-bx_i)=0\\ \dfrac{\partial Q}{\partial b}=-2\sum\limits_{i=1}^{n}(y_i-a-bx_i)x_i=0\end{cases} \tag{8-6}$$

经整理得关于 $a$、$b$ 的线性方程组：

$$\begin{cases}na+\sum\limits_{i=1}^{n}x_ib=\sum\limits_{i=1}^{n}y_i\\ \sum\limits_{i=1}^{n}x_ia+\sum\limits_{i=1}^{n}x_i^2b=\sum\limits_{i=1}^{n}x_iy_i\end{cases} \tag{8-7}$$

称(8-7)式为正规方程组(normal equations)。解此方程组即得：

$$a=\bar{y}-b\bar{x} \tag{8-8}$$

$$b=\frac{\sum\limits_{i=1}^{n}(x_i-\bar{x})(y_i-\bar{y})}{\sum\limits_{i=1}^{n}(x_i-\bar{x})^2}=\frac{SP_{xy}}{SS_x} \tag{8-9}$$

式中：$a$、$b$ 分别称为 $\beta_0,\beta$ 的最小二乘估计；$SP_{xy}$ 称为 $x$、$y$ 变量的离均差乘积和，简称乘积和(sum of products)；$SS_x$ 为自变量 $x$ 的离均差平方和。

关于 $SS_x$ 的计算我们早已熟悉，$SP_{xy}$ 的计算常用式(8-10)。

$$SP_{xy}=\sum_{i=1}^{n}(x_i-\bar{x})(y_i-\bar{y})=\sum_{i=1}^{n}x_iy_i-\frac{\sum\limits_{i=1}^{n}x_i\sum\limits_{i=1}^{n}y_i}{n} \tag{8-10}$$

因为 $Q$ 是 $a$、$b$ 的非负二次型，其极小值必存在，由式(8-8)、式(8-9)求得的 $a$、$b$ 就是函数 $Q(a,b)$ 的极小值点(这里也是最小值点)，从而可得回归方程(8-4)。

若将 $a=\bar{y}-b\bar{x}$ 代入式(8-4)，则可得回归方程的另一形式为：

$$\hat{y} = \bar{y} + b(x - \bar{x}) \tag{8-11}$$

这里 $a$ 称为回归截距(regression intercept)，它是 $x=0$ 时 $\hat{y}$ 的值，通常其专业意义并不明显；$b$ 称为回归系数(regression coefficient)，是回归直线的斜率(slope)。$b$ 表示当 $x$ 变化一个单位时，依变量 $y$ 平均变化的数量。有时为了强调 $b$ 是依变量 $y$ 对自变量 $x$ 的回归系数，将 $b$ 表示为 $b_{yx}$。

显然，由上述方法所确定的回归直线具有以下特性。

①离回归的和等于零，即 $\sum_{i=1}^{n}(y_i - \hat{y}_i) = 0$。

②离回归平方和最小，即 $\sum_{i=1}^{n}(y_i - \hat{y}_i)^2$ 最小。

③回归直线通过散点图的几何重心 $(\bar{x}, \bar{y})$。

#### 8.2.1.3　计算方法与实例

【例 8-1】　设某食品感官评定时，测得食品甜度与蔗糖质量分数的关系如表 8-2 所示，试求 $y$ 对 $x$ 的直线回归方程。

**表 8-2　某食品甜度与蔗糖质量分数**

| | | | | | | | |
|---|---|---|---|---|---|---|---|
| 蔗糖质量分数($x$)/% | 1.0 | 3.0 | 4.0 | 5.5 | 7.0 | 8.0 | 9.5 |
| 甜度($y$) | 15.0 | 18.0 | 19.0 | 21.0 | 22.6 | 23.8 | 26.0 |

将表 8-2 中的数值在直角坐标中描出，可以看到 7 个点大致呈一条直线，如图 8-2 所示。

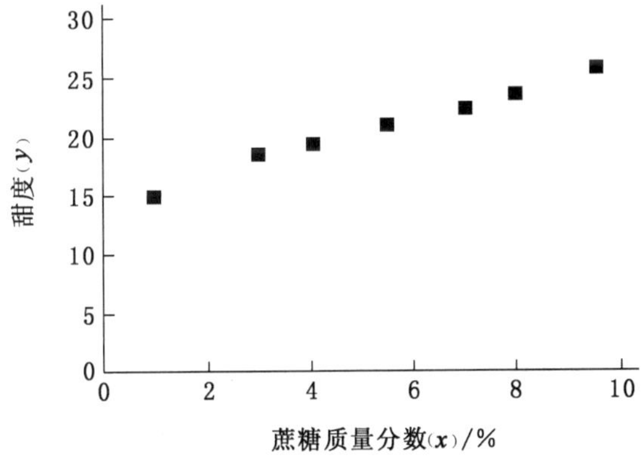


**图 8-2　食品甜度与蔗糖质量分数的关系**

列表计算如表 8-3 所示。

**表 8-3　一元回归计算表**

| 序号 | $x$ | $x^2$ | $y$ | $y^2$ | $xy$ |
|---|---|---|---|---|---|
| 1 | 1.0 | 1.00 | 15.0 | 225.00 | 15.0 |
| 2 | 3.0 | 9.00 | 18.0 | 324.00 | 54.0 |
| 3 | 4.0 | 16.00 | 19.0 | 361.00 | 76.0 |
| 4 | 5.5 | 30.25 | 21.0 | 441.00 | 115.5 |

续表 8-3

| 序号 | $x$ | $x^2$ | $y$ | $y^2$ | $xy$ |
|---|---|---|---|---|---|
| 5 | 7.0 | 49.00 | 22.6 | 510.76 | 158.2 |
| 6 | 8.0 | 64.00 | 23.8 | 566.44 | 190.4 |
| 7 | 9.5 | 90.25 | 26.0 | 676.00 | 247.0 |
| $\sum$ | 38.0 | 259.50 | 145.4 | 3 104.20 | 856.1 |

这里 $n=7$,故

$$\bar{x}=\frac{1}{n}\sum x_i=\frac{1}{7}\times 38.0=5.428\ 6$$

$$\bar{y}=\frac{1}{n}\sum y_i=\frac{1}{7}\times 145.4=20.771\ 4$$

$$SS_x=\sum x_i^2-\frac{\left(\sum x_i\right)^2}{n}=259.5-\frac{38.0^2}{7}=53.214\ 3$$

$$SP_{xy}=\sum x_iy_i-\frac{\sum x_i\sum y_i}{n}=856.1-\frac{38.0\times 145.4}{7}=66.785\ 7$$

从而有

$$b=\frac{SP_{xy}}{SS_x}=\frac{66.785\ 7}{53.214\ 3}=1.255\ 0$$

$$a=\bar{y}-b\bar{x}=20.771\ 4-1.255\ 0\times 5.428\ 6=13.958\ 5$$

所求直线回归方程为

$$\hat{y}=13.9585+1.255\ 0x$$

此外,由表 8-3 还可以求得依变量 $y$ 的平方和

$$SS_y=\sum_{i=1}^{n}y_i^2-\frac{\left(\sum y_i\right)^2}{n}=310\ 4.20-\frac{145.4^2}{7}=84.034\ 3$$

### 8.2.2 直线回归的假设检验

前面,我们在假定$(x_i,y_i)$满足线性模型(8-1)的条件下,求得了回归方程 $\hat{y}=a+bx$。问题是这个假设是否正确?即变量 $y$ 与 $x$ 之间是否确有线性关系?如果他们之间没有线性关系,那么式(8-1)中的 $\beta$ 应为 0,这相当于在模型(8-1)中,需要检验假设 $H_0:\beta=0$ 是否成立,可以采用 $F$ 检验和 $t$ 检验。

#### 8.2.2.1 平方和与自由度的分解

1. 平方和的分解

数据 $y_1,\cdots,y_n$ 之间的差异一般由两种原因引起,一方面是当 $y$ 与 $x$ 间确有线性关系时,由于 $x$ 的取值 $x_1,\cdots,x_n$ 的不同而引起 $y$ 的取值 $y_1,\cdots,y_n$ 的不同;另一方面是由除去 $y$ 与 $x$ 间线性关系外的一切因素(包括 $x$ 对 $y$ 的非线性影响及其他一切未加控制的随机因素)引起的。依变量 $y$ 的总变异 $(y_i-\bar{y})$ 由 $y$ 与 $x$ 间存在直线关系所引起的变异 $(\hat{y}_i-\bar{y})$ 与偏差

$(y_i - \hat{y}_i)$两部分构成，即 $(y_i - \bar{y}) = (y_i - \hat{y}_i) + (\hat{y}_i - \bar{y})$。

在理论上，有如下平方和分解定理：

若令

$$\begin{cases} SS_y = \sum_{i=1}^{n}(y_i - \bar{y})^2 & \text{（总平方和）} \\ SS_r = \sum_{i=1}^{n}(y_i - \hat{y}_i)^2 & \text{（离回归平方和）} \\ SS_R = \sum_{i=1}^{n}(\hat{y}_i - \bar{y})^2 & \text{（回归平方和）} \end{cases} \tag{8-12}$$

则
$$SS_y = SS_r + SS_R \quad \text{且 } SS_R = bSP_{xy}$$

证明：因为 $SS_y = \sum_{i=1}^{n}(y_i - \bar{y})^2 = \sum_{i=1}^{n}[(y_i - \hat{y}_i) + (\hat{y}_i - \bar{y})]^2$

$$= \sum_{i=1}^{n}(y_i - \hat{y}_i)^2 + \sum_{i=1}^{n}(\hat{y}_i - \bar{y})^2 + 2\sum_{i=1}^{n}(y_i - \hat{y}_i)(\hat{y}_i - \bar{y})$$

又因为　由 $\hat{y}_i = a + bx_i$，$\bar{y} = a + b\bar{x}$ 及式(8-6)，得：

$$\sum_{i=1}^{n}(y_i - \hat{y}_i)(\hat{y}_i - \bar{y}) = \sum_{i=1}^{n}(y_i - a - bx_i)(bx_i - b\bar{x})$$

$$= b\sum_{i=1}^{n}(y_i - a - bx_i)x_i - b\bar{x}\sum_{i=1}^{n}(y_i - a - bx_i) = 0$$

所以
$$SS_y = SS_r + SS_R \tag{8-13}$$

其中　$SS_R = \sum_{i=1}^{n}(\hat{y}_i - \bar{y})^2 = \sum_{i=1}^{n}[(a + bx_i) - (a + b\bar{x})]^2 = b^2\sum_{i=1}^{n}(x_i - \bar{x})^2 = b\frac{SP_{xy}}{SS_x}SS_x$

$= bSP_{xy}$

对于 $SS_R$ 和 $SS_r$ 的计算常用式(8-14)和式(8-15)：

$$SS_R = b^2 SS_x = bSP_{xy} \tag{8-14}$$

其中，$b^2 SS_x$ 直接反映出 $y$ 受 $x$ 的线性影响而产生的变异，而 $bSP_{xy}$ 的算法则可推广到多元线性回归分析。

$$SS_r = SS_y - SS_R \tag{8-15}$$

2. 自由度的分解

对于上述 3 种离差平方和相应的自由度可做以下分析。

$SS_y$ 是依变量 $y$ 的离均差平方和，应满足约束条件 $\sum(y - \bar{y}) = 0$，故其自由度为 $df_y = n - 1$。

$SS_r$ 就是(8-15)所示的离回归平方和 $Q$，它反映了包括 $x$ 对 $y$ 的非线性影响及其他一切未加控制的随机因素而导致的 $y$ 的变异。由式(8-7)可知，$SS_r$ 应满足两个独立的线性约束条件 $\sum(y_i - \hat{y}_i) = 0$ 与 $\sum(y_i - \hat{y}_i)x_i = 0$（亦即计算 $SS_r$ 时用了 $a$ 和 $b$ 两个估计值），故其自由度为 $df_r = n - 2$。

$SS_R$ 反映了由 $x$ 对 $y$ 的线性影响引起的数据 $y_i$ 的波动，称为回归平方和（sum of squares of regression)。根据自由度的可分解性，$SS_R$ 的自由度为 $df_R=df_y-df_r=(n-1)-(n-2)=1$（恰是自变量的个数）。实际上在线性回归分析中，回归自由度等于被估计的参数个数减 1，亦即等于自变量的个数。

由上所述可知

$$df_y=df_r+df_R \tag{8-16}$$

通常称 $\dfrac{SS_R}{df_R}=MS_R$ 为回归均方（mean square of regression），称 $SS_r/df_r=MS_r$ 为离回归均方（mean square due to deviation from regression），即剩余均方。

#### 8.2.2.2 对回归方程的 F 检验

F 检验实际上就是对回归关系的方差分析，其被检验的无效假设是 $H_0:\beta=0$，备择假设是 $H_A:\beta\neq 0$。检验统计量为 F，即

$$F=\frac{SS_R/1}{SS_r/(n-2)}=\frac{MS_R}{MS_r} \tag{8-17}$$

这个统计量服从自由度为 $df_1=1, df_2=n-2$ 的 F 分布。具体检验过程，通常需列出方差分析表进行。

对于【例 8-1】，有

$n=7$

$SS_y=84.034\ 3$

$SS_R=bSP_{xy}=1.255\ 0\times 66.785\ 7=83.816\ 1$

$SS_r=SS_y-SS_R=84.034\ 3-83.816\ 1=0.218\ 2$

自由度为：$df_T=n-1=6, df_R=1, df_r=n-2=5$。

方差分析见表 8-4。

**表 8-4 方差分析**

| 变异来源 | SS | df | MS | F | $F_{0.01}$ |
|---|---|---|---|---|---|
| 回归 | 83.816 1 | 1 | 83.816 1 | 1 922.39** | 16.26 |
| 离回归 | 0.218 2 | 5 | 0.043 6 | | |
| 总变异 | 84.034 3 | 6 | | | |

由表 8-4 可知，回归方程 $\hat{y}=13.958\ 5+1.255\ 0x$ 具有统计学上极显著的意义，是有效的。

#### 8.2.2.3 对回归系数的检验

对直线回归关系的检验也可通过对回归系数 b 的 t 检验进行。为此，先介绍回归系数 b 的期望和方差。在模型(8-1)条件下，可以证明回归系数 b 的期望和方差分别为

$$E(b)=E\left[\frac{\sum(x_i-\bar{x})y_i}{SS_x}\right]=\frac{\sum(x_i-\bar{x})}{SS_x}E(y_i)=\frac{\sum(x_i-\bar{x})(\beta_0+\beta x_i)}{SS_x}$$

$$=\frac{\beta}{SS_x}\sum(x_i-\bar{x})x_i=\frac{\beta}{SS_x}\sum(x_i-\bar{x})(x_i-\bar{x}+\bar{x})$$

$$=\frac{\beta}{SS_x}\sum(x_i-\bar{x})(x_i-\bar{x})=\beta \tag{8-18}$$

$$D(y_i)=D(\beta_0+\beta x_i+e_i)=D(e_i)=\sigma^2 \tag{8-19}$$

$$\begin{aligned} D(b)&=D\,\frac{\sum(x_i-\bar{x})(y_i-\bar{y})}{SS_x}=D\,\frac{\sum(x_i-\bar{x})y_i}{SS_x}-D\,\frac{\sum(x_i-\bar{x})\bar{y}}{SS_x} \\ &=D\,\frac{\sum(x_i-\bar{x})y_i}{SS_x}=\sigma^2\,\frac{\sum(x_i-\bar{x})^2}{(SS_x)^2}=\frac{\sigma^2}{SS_x} \end{aligned} \tag{8-20}$$

对于 $\sigma_b^2$，如果 $\sigma^2$ 未知，则用方差分析表中的离回归均方代之求得 $\sigma_b^2$ 的估计值 $S_b^2$。即

$$S_b^2=\frac{MS_r}{SS_x} \tag{8-21}$$

由 $\sigma_b^2$ 或 $S_b^2$ 可知，样本回归系数的变异度不仅取决于误差方差 $\sigma^2$ 的大小，也取决于自变量 $x$ 的变异程度。如果自变量 $x$ 的变异度大，即取值分散一些，则回归系数的变异就会小一些，亦即会稳定一些，由回归方程所估计出的值就会精确一些。反之，由回归方程所估计出的值的精确性就差一些。$S_b^2$（或 $\sigma_b^2$）的算术根称为回归系数标准误(standard error of regression coefficient)，即

$$S_b=\sqrt{S_b^2}=\sqrt{\frac{MS_r}{SS_x}} \tag{8-22}$$

对回归系数 $t$ 检验的假设为：

$$H_0:\beta=0,H_A:\beta\neq 0$$

检验统计量：

$$t=\frac{b-\beta}{S_b}=\frac{b}{S_b} \tag{8-23}$$

这个统计量服从自由度为 $n-2$ 的 $t$ 分布。

对于【例 8-1】，有

$$S_b=\sqrt{\frac{MS_r}{SS_x}}=\sqrt{\frac{0.043\,6}{53.214\,6}}=0.028\,6$$

$$t=\frac{b}{S_b}=\frac{1.255\,0}{0.028\,6}=43.881^{**}$$

因为 $t=43.881>t_{0.01(5)}=4.032$，所以 $b$ 与 0 差异极显著，否定无效假设，结论与前面的 $F$ 检验相同。比较这里的 $t$ 值与前面的 $F$ 值，容易看出 $t^2=F$，因而在直线回归分析中这两种检验方法是等价的。

#### 8.2.2.4　对回归截距的检验

依变量对自变量的回归关系是通过回归系数来体现的，截距的大小对回归没有影响。当截距为 0 时，表示回归直线通过原点(0,0)。我们有时需要检验回归直线是否通过原点，即对 $\beta_0$ 是否为 0 进行检验，这可以利用 $t$ 检验进行检验。为此需要先求出截距 $a$ 的期望和方差。不难证明

$$E(a)=E(\bar{y}-b\bar{x})=E(\bar{y})-\bar{x}E(b)=\beta_0+\beta\bar{x}-\beta\bar{x}=\beta_0 \tag{8-24}$$

$$D(a)=D(\bar{y}-b\bar{x})=D(\bar{y})+\bar{x}^2D(b)=D(\frac{y_i}{n})+\bar{x}^2\frac{\sigma^2}{SS_x}=\sigma^2\left[\frac{1}{n}+\frac{\bar{x}^2}{SS_x}\right] \tag{8-25}$$

同样，如果 $\sigma^2$ 未知，用方差分析表中的离回归均方代之求得 $\sigma_a^2$ 的估计值 $S_a^2$。即

$$S_a^2=MS_r\left[\frac{1}{n}+\frac{\bar{x}^2}{SS_x}\right] \tag{8-26}$$

$S_a^2$（或 $\sigma_a^2$）的算术根称为回归截距标准误(standard error of regression intercept)，即

$$S_a=\sqrt{MS_r\left[\frac{1}{n}+\frac{\bar{x}^2}{SS_x}\right]} \tag{8-27}$$

对回归截距进行 $t$ 检验的假设为

$$H_0:\beta_0=0, H_A:\beta_0\neq 0$$

检验统计量为

$$t=\frac{a-\beta_0}{S_a}=\frac{a}{S_a} \tag{8-28}$$

这个检验统计量服从自由度为 $n-2$ 的 $t$ 分布。

对于【例 8-1】，有

$$S_a=\sqrt{MS_r\left[\frac{1}{n}+\frac{\bar{x}^2}{SS_x}\right]}=\sqrt{0.0436\left(\frac{1}{7}+\frac{5.4286^2}{53.2143}\right)}=0.1743$$

$$t=\frac{a}{S_a}=\frac{13.9585}{0.1743}=80.083$$

因为 $t=80.083>t_{0.01(5)}=4.032$，$p<0.01$，所以 $a$ 与 0 差异极显著，否定无效假设。

直线回归还可以利用矩阵求解的方法建立，具体见直线回归的矩阵求解(二维码 8-1)。为更好地实际应用直线回归，有时需对回归直线进行进一步分析，具体见直线回归的进一步分析——残差分析(二维码 8-2)，直线回归的进一步分析——过原点的回归直线(二维码 8-3)，直线回归的进一步分析——失拟检验(二维码 8-4)。

**二维码 8-1** 直线回归的矩阵求解

**二维码 8-2** 直线回归的进一步分析——残差分析

**二维码 8-3** 直线回归的进一步分析——过原点的回归直线

**二维码 8-4** 直线回归的进一步分析——失拟检验

### 8.2.3 回归方程的拟合度与偏离度

通过对所建立直线回归方程的假设检验即使是显著或极显著也只是说明 $x$、$y$ 两变量间

存在一定的直线关系，但没有明确指出两者直线关系的密切程度，亦即没有对所建立的直线回归方程的好坏做出适当评价。回归分析中，对回归方程主要从拟合度和偏离度两个方面进行评价。

#### 8.2.3.1　回归方程的拟合度

建立回归方程的过程称为拟合。回归方程是根据最小二乘原理(使离回归平方和最小)建立的，对于特定资料所得到的回归方程能够满足使离回归平方和最小的要求。不过我们应当明确，由不同资料所得到的回归方程的拟合度是有好坏之分的。如果资料中各散点的分布紧密围绕于一条直线，说明两变量之间的直线关系本来就紧密，此时所配合的回归方程的拟合度自然就好；反之，如果资料中各散点的分布比较分散，说明两变量之间的直线关系本来就松散，此时所配合的回归方程的拟合度自然就差。因此，我们需要一个指标来度量回归方程拟合度的好坏。这个指标就是决定系数(coefficient of determination)。其定义是

$$r^2=\frac{SS_R}{SS_y}=\frac{bSP_{xy}}{SS_y}=\frac{\frac{SP_{xy}}{SS_x}SP_{xy}}{SS_y}=\frac{(SP_{xy})^2}{SS_xSS_y} \tag{8-29}$$

显然，决定系数等于在依变量的变异中由自变量的影响而产生的变异所占的比例。这个比例越大，说明自变量对依变量的影响也越大，用所得的回归方程进行估计或预测的效果也就越好。由式(8-29)容易看出

$$0\leqslant\frac{SS_R}{SS_y}\leqslant 1$$

$$0\leqslant r^2\leqslant 1$$

即决定系数的取值范围在[0,1]。

对于【例 8-1】，决定系数为

$$r^2=\frac{SS_R}{SS_y}=\frac{83.8161}{84.0343}=0.9974$$

#### 8.2.3.2　直线回归的偏离度估计

离回归均方 $MS_r$ 是模型(8-1)中 $\sigma^2$ 的估计值。离回归均方的算术根称为离回归标准误(standard error due to deviation from regression)(亦称为回归方程的估计标准误)，记为 $S_{yx}$，即

$$S_{yx}=\sqrt{\frac{\sum(y-\hat{y})^2}{(n-2)}}=\sqrt{MS_r} \tag{8-30}$$

离回归标准误 $S_{yx}$ 的大小表示了回归直线与实测点偏差的程度，即回归估测值 $\hat{y}$ 与实际观测值 $y$ 偏差的程度，于是我们把离回归标准误 $S_{yx}$ 用来表示回归方程的偏离度。离回归标准误 $S_{yx}$ 大表示回归方程偏离度大，$S_{yx}$ 小表示回归方程偏离度小。

对于【例 8-1】，$S_{yx}=\sqrt{MS_r}=\sqrt{\frac{0.2182}{5}}=0.2089$。

### 8.2.4 回归参数 $\beta_0$、$\beta$ 的区间估计

#### 8.2.4.1 回归截距 $\beta_0$ 的区间估计

除了用 $a$ 作为总体回归截距 $\beta_0$ 的一个估计值外，还可对 $\beta_0$ 进行区间估计，即求 $\beta_0$ 的置信区间。

由于 $$t=(a-\beta_0)/S_a \sim t_{(n-2)}$$

所以 $$P(-t_\alpha \leqslant (a-\beta_0)/S_a \leqslant t_\alpha)=1-\alpha$$

或 $$P(a-t_\alpha S_a \leqslant \beta_0 \leqslant a+t_\alpha S_a)=1-\alpha$$

故 $\beta_0$ 的置信度为 $1-\alpha$ 的置信区间是

$$a-t_\alpha S_a \leqslant \beta_0 \leqslant a+t_\alpha S_a \tag{8-31}$$

式中：$t_\alpha$ 仍是 $t$ 分布（$df=n-2$）的两尾概率为 $\alpha$ 时的临界值。

$\beta_0$ 的置信度为 $1-\alpha$ 的置信区间的下限和上限分别为

$$L_1=a-t_\alpha S_a,\ L_2=a+t_\alpha S_a$$

对于【例 8-1】，取置信度 $1-\alpha=0.95(\alpha=0.05)$，$t_{0.05(5)}=2.571$，$a=13.958\ 5$，$S_a=0.174\ 3$，得置信下限和上限分别为：

$$L_1=13.958\ 5-2.571\times 0.174\ 3=13.510\ 4$$
$$L_2=13.958\ 5+2.571\times 0.174\ 3=14.406\ 6$$

#### 8.2.4.2 回归系数 $\beta$ 的区间估计

除了用 $b$ 作为总体回归系数 $\beta$ 的一个估计值外，也可对 $\beta$ 进行区间估计，即求 $\beta$ 的置信区间。

由于 $$t=(b-\beta)/S_b \sim t_{(n-2)}$$

所以 $$P(-t_\alpha \leqslant (b-\beta)/S_b \leqslant t_\alpha)=1-\alpha$$

或 $$P(b-t_\alpha S_b \leqslant \beta \leqslant b+t_\alpha S_b)=1-\alpha$$

故 $\beta$ 的置信度为 $1-\alpha$ 的置信区间是：

$$b-t_\alpha S_b \leqslant \beta \leqslant b+t_\alpha S_b \tag{8-32}$$

式中：$t_\alpha$ 是 $t$ 分布（$df=n-2$）的两尾概率为 $\alpha$ 时的临界值。$\beta$ 的置信度为 $1-\alpha$ 的置信区间的下限和上限分别为：

$$L_1=b-t_\alpha S_b, L_2=b+t_\alpha S_b$$

对于【例 8-1】，取置信度 $1-\alpha=0.95(\alpha=0.05)$，$t_{0.05(5)}=2.571$，$b=1.255\ 0$，$S_b=0.028\ 6$，故置信下限和上限分别为：

$$L_1=1.255\ 0-2.571\times 0.028\ 6=1.181\ 5$$
$$L_2=1.255\ 0+2.571\times 0.028\ 6=1.328\ 5$$

### 8.2.5 两条回归直线的比较

在实际研究工作中，有时需要对两条回归直线进行比较。两条回归直线的比较，主要包括两个内容：一是回归系数的比较，判断这两条回归直线是否平行；二是回归截距的比较，判断这

两条回归直线与 $y$ 轴交点是否相同。若经比较，两个回归系数及回归截距差异均不显著，则可以认为这两条回归直线平行，且与 $y$ 轴交点相同，可将这两条回归直线合并为一条回归直线。

假设分别有 $y$ 关于 $x$ 的两个一元线性回归模型为

$$\begin{cases} y^{(1)}=\beta_0^{(1)}+\beta^{(1)}x+\varepsilon^{(1)} \\ y^{(2)}=\beta_0^{(2)}+\beta^{(2)}x+\varepsilon^{(2)} \end{cases} \tag{8-33}$$

其中，$\varepsilon^{(1)}\sim N(0,\sigma_1^2)$，$\varepsilon^{(2)}\sim N(0,\sigma_2^2)$。

分别获得了 $x$ 与 $y$ 的 $n_1$、$n_2$ 对观测值为

$$\begin{bmatrix} x_1^{(1)} & x_2^{(1)} & \cdots & x_{n_1}^{(1)} \\ y_1^{(1)} & y_2^{(1)} & \cdots & y_{n_1}^{(1)} \end{bmatrix}, \quad \begin{bmatrix} x_1^{(2)} & x_2^{(2)} & \cdots & x_{n_2}^{(2)} \\ y_1^{(2)} & y_2^{(2)} & \cdots & y_{n_2}^{(2)} \end{bmatrix}$$

由观测值可以建立两个直线回归方程为

$$\hat{y}^{(1)}=a_1+b_1x$$
$$\hat{y}^{(2)}=a_2+b_2x$$

并已求得两个直线回归方程各自的：$\bar{x}_1$、$\bar{y}_1$；$\bar{x}_2$、$\bar{y}_2$；$SS_x^{(1)}$、$SS_r^{(1)}$；$SS_x^{(2)}$、$SS_r^{(2)}$。

两个直线回归方程各自的离回归均方为 $MS_r^{(1)}=SS_r^{(1)}/(n_1-2)$、$MS_r^{(2)}=SS_r^{(2)}/(n_2-2)$，分别为 $\sigma_1^2$ 与 $\sigma_2^2$ 的估计值。如果两个直线回归方程都显著或极显著，下一步便可以考虑两者的比较问题。

两条回归直线比较的具体步骤如下。

①检验 $MS_r^{(1)}$ 与 $MS_r^{(2)}$ 是否有显著差异，用 $F$ 检验（两尾检验）。

$F$ 检验的无效假设与备择假设为

$$H_0:\sigma_1^2=\sigma_2^2,\qquad H_A:\sigma_1^2\neq\sigma_2^2$$

$F$ 检验的计算公式为

$$F=\frac{MS_r^{(1)}}{MS_r^{(2)}}\ (\text{假定 } MS_r^{(1)}>MS_r^{(2)}),\ df_1=n_1-2,\quad df_2=n_2-2 \tag{8-34}$$

若未否定 $H_0$，表明两个离回归均方 $MS_r^{(1)}$ 与 $MS_r^{(2)}$ 差异不显著，可以认为 $\sigma_1^2$ 与 $\sigma_2^2$ 相同，此时将两个离回归均方 $MS_r^{(1)}$ 与 $MS_r^{(2)}$ 合并为共同的离回归均方 $MS_r$：

$$MS_r=\frac{(n_1-2)MS_r^{(1)}+(n_2-2)MS_r^{(2)}}{n_1+n_2-4} \tag{8-35}$$

共同的离回归标准误 $S_{yx}$ 为

$$S_{yx}=\sqrt{\frac{(n_1-2)MS_r^{(1)}+(n_2-2)MS_r^{(2)}}{n_1+n_2-4}}=\sqrt{\frac{SS_r^{(1)}+SS_r^{(2)}}{n_1+n_2-4}} \tag{8-36}$$

注意，$\sigma_1^2$ 与 $\sigma_2^2$ 相同是进行两条回归直线比较的前提条件，若经 $F$ 检验否定了 $H_0:\sigma_1^2=\sigma_2^2$，即两个离回归均方 $MS_r^{(1)}$ 和 $MS_r^{(2)}$ 差异显著，则不能进行两条回归直线的比较。

②检验 $b_1$ 与 $b_2$ 是否有显著差异，用 $t$ 检验。

无效假设与备择假设为

$$H_0:\beta^{(1)}=\beta^{(2)},\ H_A:\beta^{(1)}\neq\beta^{(2)}$$

计算公式为

$$t=\frac{b_1-b_2}{S_{yx}\sqrt{\frac{1}{SS_x^{(1)}}+\frac{1}{SS_x^{(2)}}}},\qquad df=n_1+n_2-4 \tag{8-37}$$

式中：$S_{yx}$ 为共同的离回归标准误；分母简记为 $S_{b_1-b_2}$，称为回归系数差数标准误。

若未否定 $H_0$，表明两个回归系数 $b_1$、$b_2$ 差异不显著，可以认为 $\beta^{(1)}$ 与 $\beta^{(2)}$ 相同，此时将两个回归系数 $b_1$、$b_2$ 合并为共同的回归系数 $b$：

$$b=\frac{b_1SS_x^{(1)}+b_2SS_x^{(2)}}{SS_x^{(1)}+SS_x^{(2)}} \tag{8-38}$$

③检验 $a_1$ 与 $a_2$ 是否有显著差异，用 $t$ 检验。

无效假设与备择假设为：

$$H_0:\beta_0^{(1)}=\beta_0^{(2)},H_A:\beta_0^{(1)}\neq\beta_0^{(2)}$$

计算公式为：

$$t=\frac{a_1-a_2}{S_{yx}\sqrt{\frac{1}{n_1}+\frac{1}{n_2}+\frac{\bar{x}_1^2}{SS_x^{(1)}}+\frac{\bar{x}_2^2}{SS_x^{(2)}}}},\quad df=n_1+n_2-4 \tag{8-39}$$

式中：$S_{yx}$ 仍为共同的离回归标准误；分母简记为 $S_{a_1-a_2}$，称为回归截距差数标准误。

若未否定 $H_0$，表明两个回归截距 $a_1$、$a_2$ 差异不显著，可以认为 $\beta_0^{(1)}$ 与 $\beta_0^{(2)}$ 相同，此时将两个回归截距 $a_1$、$a_2$ 合并为共同的回归截距 $a$：

$$a=\bar{y}-b\bar{x} \tag{8-40}$$

其中，

$$\bar{x}=\frac{n_1\bar{x}_1+n_2\bar{x}_2}{n_1+n_2},\ \bar{y}=\frac{n_1\bar{y}_1+n_2\bar{y}_2}{n_1+n_2} \tag{8-41}$$

【例 8-2】 某试验研究变量 $x$ 和 $y$ 的关系，观测了两组试验数据，分别进行了直线回归分析，有关统计数如表 8-5 所示。对这两条回归直线进行比较。若两个回归系数 $b_1$、$b_2$ 和两个回归截距 $a_1$、$a_2$ 差异均不显著，建立共同的回归方程。

**表 8-5 直线回归分析有关统计数**

| 项目 | 甲试验 | 乙试验 |
|---|---|---|
| 回归系数($b$) | 1.140 | 1.074 |
| 回归截距($a$) | −38.150 | −31.150 |
| 样本容量($n$) | 8 | 7 |
| 离回归均方($MS_r$) | 0.140 | 0.111 |
| 离回归自由度($df$) | 6 | 5 |
| 自变量平方和($SS_x$) | 257.875 | 162.000 |
| 自变量平均数($\bar{x}$) | 98.375 | 87.000 |
| 依变量平均数($\bar{y}$) | 74.000 | 62.286 |

①检验 $MS_r^{(1)}$ 与 $MS_r^{(2)}$ 是否有显著差异。由式(8-34)，求得 $F=\frac{0.140}{0.111}=1.261$。查两尾检验 $F$ 值表(附表 9)，$F_{0.05(6,5)}=6.98$，由于 $F=1.261<6.98$，表明两个离回归均方 $MS_r^{(1)}$、$MS_r^{(2)}$ 差异不显著，按式(8-35)将两个离回归均方 $MS_r^{(1)}$、$MS_r^{(2)}$ 合并为共同的离回归均方 $MS_r$：

$$MS_r=\frac{(8-2)\times 0.140+(7-2)\times 0.111}{8+7-4}=0.127$$

共同的离回归标准误：$S_{yx}=\sqrt{MS_r}=\sqrt{0.127}=0.356$。

②检验 $b_1$ 与 $b_2$ 是否有显著差异。由式(8-37)计算得：

$$t=\frac{1.140-1.074}{0.356\times\sqrt{\frac{1}{257.875}+\frac{1}{162.000}}}=1.849$$

由 $df=11$，查 $t$ 值表，得 $t_{0.05(11)}=2.201$，由于 $t=1.849<2.201$，表明两个回归系数 $b_1$ 与 $b_2$ 差异不显著，利用式(8-38)求共同回归系数 $b$：

$$b=\frac{1.140\times 257.875+1.074\times 162.000}{257.875+162.000}=1.115$$

③检验 $a_1$ 与 $a_2$ 是否有显著差异。由式(8-39)得：

$$t=\frac{(-38.150)-(-31.150)}{0.356\times\sqrt{\frac{1}{8}+\frac{1}{7}+\frac{98.375^2}{257.875}+\frac{87.000^2}{162.000}}}=-2.139$$

由 $df=11$ 查 $t$ 值表，得 $t_{0.05(11)}=2.201$，由于 $|t|=2.139<2.201$，表明两个回归截距 $a_1$ 与 $a_2$ 差异不显著，利用式(8-40)、式(8-41)求共同回归截距 $a$：

$$a=\frac{8\times 74.000+7\times 62.286}{8+7}-1.115\times\frac{8\times 98.375+7\times 87.000}{8+7}=-35.236$$

于是得到共同的回归方程 $\hat{y}=-35.236+1.115x$。

[注]本节内容辑自：明道绪. 高级生物统计. 北京：中国农业出版社，2006.

若 $H_0:\beta_0^{(1)}=\beta_0^{(2)}$ 被接受，而 $H_0:\beta^{(1)}=\beta^{(2)}$ 被拒绝，则它们与 $y$ 轴有共同的交点，即截距 $a_1=a_2=a$，而 $b_1$ 不等于 $b_2$，其估计分别为：

$$a=\frac{\sum y_1+\sum y_2-\frac{\sum x_1\sum x_1y_1}{\sum x_1^2}-\frac{\sum x_2\sum x_2y_2}{\sum x_2^2}}{n_1+n_2-\frac{\sum x_1}{\sum x_1^2}-\frac{\sum x_2}{\sum x_2^2}} \tag{8-42}$$

$$b_i=\frac{\sum x_iy_i-a\sum x_i}{\sum x_i^2},\ i=1,2$$

$a$ 与 $b$ 的标准差分别为：

$$S_a = \sqrt{MS_r \frac{n_1 + n_2 + \frac{(\sum x_1)^2}{\sum x_1^2} + \frac{(\sum x_2)^2}{\sum x_2^2}}{\left[n_1 + n_2 - \frac{\sum x_1}{\sum x_1^2} - \frac{\sum x_2}{\sum x_2^2}\right]^2}} \tag{8-43}$$

$$S_{b_i} = \sqrt{\frac{MS_r \sum x_i^2 + (\sum x_i)^2 S_a^2}{(\sum x_i^2)^2}}$$

自由度均为 $n_1 + n_2 - 4$，可以利用其进行预测和控制。

有时会对多条回归直线进行比较，具体参阅 $k$ 条回归直线的比较（二维码 8-5）。

**二维码 8-5　*k* 条回归直线的比较**

### 8.2.6　直线回归方程的应用

回归分析的目的在于，一是研究揭示依变量与自变量间内在的联系规律，二是将所建立的回归方程应用于实际问题的解决。

#### 8.2.6.1　利用回归方程进行估计和预测

估计（estimation）是指在给定了自变量 $x$ 的一个特定值后，对所对应的依变量 $y$ 总体的均值（变量 $y$ 的期望）进行估计；预测（prediction）则是指在给定了自变量 $x$ 的一个特定值后，对依变量 $y$ 的一个可能取值进行估计（预测）。换言之，在给定自变量 $x$ 的一个特定值条件下，对依变量 $y$ 总体均值的估计称为估计，而对该 $y$ 变量总体中一个随机个体的可能取值的估计称为预测。实际上在直线回归分析中，估计和预测的公式是相同的，都是所建立的直线回归方程式（8-4）或式（8-11），区别在于两者的方差及置信区间不同。

1. 利用回归方程进行估计

在给定了自变量 $x$ 的一个特定值 $x_0$ 后，所对应的依变量 $y$ 总体的均值（期望）是 $\beta_0 + \beta x_0$，其点估计是 $\hat{y}_0 = a + bx_0$ 亦即 $\hat{y}_0 = \bar{y} + b(x_0 - \bar{x})$。

估计量 $\hat{y}_0$ 的方差是：

$$\sigma_{\hat{y}}^2 = \sigma^2 \left[\frac{1}{n} + \frac{(x_0 - \bar{x})^2}{SS_x}\right] \tag{8-44}$$

式（8-44）说明，对于不同的 $x$ 值 $\hat{y}$ 的方差是不同的，$x$ 的值距 $\bar{x}$ 越近，方差越小；反之，越大。当总体方差 $\sigma^2$ 未知时，用离回归均方代替。此时统计量

$$t = \frac{\hat{y}_0 - (\beta_0 + \beta x_0)}{\sqrt{MS_r \left[\frac{1}{n} + \frac{(x_0 - \bar{x})^2}{SS_x}\right]}} \sim t_{(n-2)} \tag{8-45}$$

将（8-45）式的分母记为 $S_{\hat{y}}$，即

$$S_{\hat{y}}=\sqrt{MS_r\left[\frac{1}{n}+\frac{(x_0-\bar{x})^2}{SS_x}\right]}=S_{yx}\sqrt{\frac{1}{n}+\frac{(x_0-\bar{x})^2}{SS_x}} \tag{8-46}$$

根据式(8-46)，可得 $\beta_0+\beta x_0$ 的置信度为 $1-\alpha$ 的置信区间为

$$\hat{y}_0 \pm t_{\alpha(n-2)}S_{\hat{y}} \tag{8-47}$$

对于【例 8-1】，当蔗糖质量分数为 $x_0=3.5\%$时，该食品甜度 $y$ 的期望值的估计值及其置信度为 95%的置信区间为：

$$\hat{y}_0=a+bx_0=13.9585+1.2550\times3.5=18.351$$

$$\begin{aligned}\hat{y}_0 \pm t_{\alpha(n-2)}S_{\hat{y}}&=18.351\pm2.571\sqrt{0.0436\times\left[\frac{1}{7}+\frac{(3.5-5.4286)^2}{53.2143}\right]}\\&=18.351\pm0.248=(18.103,18.599)\end{aligned}$$

2.利用回归方程进行预测

由式(8-1)容易理解，在给定了自变量 $x$ 的一个特定值 $x_0$ 后，所对应的依变量 $y$ 总体中某一随机个体 $i$ 的预测值为 $\hat{y}_{0i}=a+bx_0+\varepsilon_i$（其真值为 $y_{0i}$，亦称为 $x=x_0$ 条件下 $y$ 的单个值）。由于 $\varepsilon_i$ 的期望为 0，故可用 0 作为 $\varepsilon_i$ 的估计值，于是有 $\hat{y}_{0i}=a+bx_0=\hat{y}_0$。因而 $y$ 的预测值的估计公式与 $\beta_0+\beta x$ 的估计公式是相同的，都是 $\hat{y}=a+bx$ 或 $\hat{y}=\bar{y}+b(x-\bar{x})$。但是 $\hat{y}_{0i}$ 的方差为：

$$\begin{aligned}D(\hat{y}_{0i})&=D(a+bx_0+\varepsilon_i)=D[\bar{y}+b(x_0-\bar{x})+\varepsilon_i]=\left[\frac{\sigma^2}{n}+\frac{(x_0-\bar{x})^2\sigma^2}{SS_x}+\sigma^2\right]\\&=\sigma^2\left[1+\frac{1}{n}+\frac{(x_0-\bar{x})^2}{SS_x}\right]\end{aligned} \tag{8-48}$$

如果用离回归均方 $MS_r$ 代替 $\sigma^2$，则统计量

$$t=\frac{\hat{y}_{0i}-y_{0i}}{\sqrt{MS_r\left[1+\frac{1}{n}+\frac{(x_0-\bar{x})^2}{SS_x}\right]}}\sim t_{(n-2)} \tag{8-49}$$

将式(8-49)的分母记为 $S_y$，即

$$S_y=\sqrt{MS_r\left[1+\frac{1}{n}+\frac{(x_0-\bar{x})^2}{SS_x}\right]}=S_{yx}\sqrt{1+\frac{1}{n}+\frac{(x_0-\bar{x})^2}{SS_x}} \tag{8-50}$$

根据式(8-50)，可得随机个体值 $y_{0i}$ 的置信度为 $1-\alpha$ 的预测区间为：

$$\hat{y}_{0i}\pm t_{\alpha(n-2)}S_y \tag{8-51}$$

仍用【例 8-1】的数据，当蔗糖质量分数为 $x_0=3.5\%$时，该食品甜度 $y$ 的单个测定值 $y_{0i}$ 的置信度为 95%的预测区间为：

$$\begin{aligned}\hat{y}_i\pm t_{\alpha(n-2)}S_y&=18.351\pm2.571\sqrt{0.0436\times\left[1+\frac{1}{7}+\frac{(3.5-5.4286)^2}{53.2143}\right]}\\&=18.351\pm0.591=(17.760,18.942)\end{aligned}$$

这个置信区间显然比 $\beta_0+\beta x_0$ 的置信区间大。

当 $n$ 很大时，自由度为 $n-2$ 的 $t$ 分布近似于 $N(0,1)$ 分布，即有 $t_{\alpha(n-2)} \approx u_{\alpha}$（$u_{\alpha}$ 可由附表 2 查得）。从而由式(8-51)可知，$y$ 的单个值 $y_{0i}$ 的置信度为 $1-\alpha$ 的预测区间近似地为：

$$\hat{y}_{0i} \pm u_{\alpha} S_y \tag{8-52}$$

### 8.2.6.2 利用回归方程进行控制

控制是预测的反问题。如在实际应用中会有这样的问题：

质量标准要求食品的某项质量指标 $y$ 在一定范围内取值，否则产品被视为不合格。若标准要求 $y \in [y_1, y_2]$，$y_1$、$y_2$ 为已知量，那么对 $y$ 有重要影响的变量 $x$ 的取值应控制在一个怎样的范围内，才能有较大把握保证生产出的产品符合标准呢？

这种由依变量 $y$ 的取值范围反推自变量 $x$ 的取值范围的问题，在统计学中常被称为控制问题。若给定置信度 $1-\alpha$，区间$[x_1, x_2]$中的任一点 $x_0$，其相应的随机变量 $y_0$ 的置信度为 $1-\alpha$ 的预测区间均被包含在$[y_1, y_2]$内，则称$[x_1, x_2]$为对应区间$[y_1, y_2]$上控制水平为 $1-\alpha$ 自变量 $x$ 的控制区间。即

$$P(y_1 \leqslant y \leqslant y_2 \mid x_1 \leqslant x \leqslant x_2) \geqslant (1-\alpha) \tag{8-53}$$

理论上，确定控制区间，一般涉及求解复杂的代数方程，计算多为不便，故在实际应用中常采用下面的近似求法。

设 $y_0$ 是 $y$ 的一个观测值，根据 $y$ 对 $x$ 回归方程可以算出 $x_0$ 的点估计：

$$\hat{x}_0 = \bar{x} + \frac{y_0 - \bar{y}}{b} \tag{8-54}$$

则 $1-\alpha$ 置信度的控制区间的近似计算公式为：

$$\hat{x}_0 \pm t_{\alpha(n-2)} \frac{S_y}{|b|} \tag{8-55}$$

式(8-55)中，$S_y$ 由式(8-50)算得，即

$$S_y = \sqrt{MS_{\mathrm{r}}\left[1 + \frac{1}{n} + \frac{(x_0 - \bar{x})^2}{SS_x}\right]} = S_{yx}\sqrt{1 + \frac{1}{n} + \frac{(\hat{x}_0 - \bar{x})^2}{SS_x}}$$

当 $n$ 很大时 $t_{\alpha(n-2)}$ 可由 $u_{\alpha}$ 代之。于是有：

$$\hat{x}_0 \pm u_{\alpha} \frac{S_y}{|b|} \tag{8-56}$$

在生产过程的质量控制中，可以认为 $n$ 很大，甚至是无穷大，故可用式(8-56)估计区间$[x_1, x_2]$。应当注意的是，由式(8-55)或式(8-56)估计的区间$[x_1, x_2]$不一定是最后确定的区间。

例如，就【例 8-1】而言，当测得 $y_0 = 18.351$ 时，由式(8-54)得 $x_0$ 的点估计 $\hat{x}_0 = 3.5$；当 $\alpha = 0.05$ 时，由式(8-56)得$[x_1, x_2] = [3.14, 3.86]$；将 $x_1 = 3.14$ 和 $x_2 = 3.86$ 分别代入回归方程 $\hat{y} = 13.958\,5 + 1.255\,0x$ 得 $y_1 = 17.90$，$y_2 = 18.80$，与之相应的 95%置信度的预测区间分别是[17.44,18.36]和[18.35,19.25]。显然，若要求该食品的甜度($y$)以 95%置信度控制在区间[17.44,19.25]内，则应将其蔗糖质量分数（$x$）控制在$[x_1, x_2] = [3.14, 3.86]$区间内。若要求该食品的甜度($y$)以 95%置信度控制在区间[18.00,19.00]内，则其蔗糖质量分数（$x$）所应

控制的区间 $[x_1, x_2]$ 要小于 [3.14, 3.86]，经试算应控制在区间 [3.58, 3.66] 之内。

自变量控制区间的宽度与多项因素有关。置信水平越高，回归方程的偏离度越大，$\hat{x}_0$ 偏离 $\bar{x}$ 越远，控制区间就越宽；反之，就越窄。自变量控制区间还随 $|b|$、样本含量 $n$ 的增大及依变量 $y$ 的输出被控区间 $[y_1, y_2]$ 的变窄而变窄。此外，由式(8-55)和式(8-56)可知，$S_y/|b|$ 可近似反映由 $y$ 反推 $x$ 时的反推误差的大小。

**8.2.6.3　校正系数的制定**

回归方程不仅用于估计、预测和控制，还常常用于制定校正系数。

例如，欲比较不同蔬果呼吸强度 [$CO_2$ mg/(kg·h)]，要以相同环境温度下测定为前提。但在实践中，如果在一般室温条件下，测定呼吸强度时的环境温度往往是有差异的。我们可以有多种方法解决这个问题，方法之一就是将在不同环境温度下测得的呼吸强度校正为某标准环境温度下的呼吸强度。校正的方法是计算出不同环境温度时的呼吸强度的校正系数，然后再将不同环境温度时的呼吸强度校正为标准环境温度时的呼吸强度。具体做法是先建立一个呼吸强度($y$)对测试环境温度($x$)的回归方程：

$$\hat{y} = a + bx$$

利用这个方程可计算出某个环境温度时呼吸强度的校正系数。

$$\text{某环境温度呼吸强度校正系数} = \frac{\text{标准环境温度呼吸强度估计值 } \hat{y}_s}{\text{某环境温度呼吸强度估计值 } \hat{y}_i} \tag{8-57}$$

某环境温度校正呼吸强度＝该环境温度实际呼吸强度×该环境温度呼吸强度校正系数　(8-58)

因为在一定环境温度范围内蔬果的呼吸强度随温度的升高而加强，故回归系数 $b$ 为正值。

我们也可用以下方法校正：

$$y' = y - b(x - x_s) \tag{8-59}$$

式中：$x$ 为某实际温度；$x_s$ 为所规定的标准环境温度；$y$ 为实际温度 $x$ 下的实际呼吸强度；$y'$ 为校正为 $x_s$ 时的呼吸强度。

很明显，如果低于 $x_s$ 测试，括号内为负值，则 $y$ 要加一个正值，即 $y' > y$；如果高于 $x_s$ 测试，括号内为正值，则 $y$ 要减一个正值，于是 $y' < y$。

## 8.3　直线相关

进行直线相关分析的基本任务在于根据 $x$，$y$ 的实际观测数据，计算出表示 $x$ 和 $y$ 两个变量间线性相关的程度和性质的统计量——相关系数，并进行显著性检验。

### 8.3.1　相关系数

现在我们研究如何用一个数量性指标来描述两个变量线性关系的密切程度和性质。

假设观测值为 $x_i$ 和 $y_i$($i=1,2,\cdots,n$)的一个样本，其散点图如图 8-1 所示。过点 $(\bar{x}, \bar{y})$ 做两轴的垂线，把散点图分成四个象限。对于坐标为 $(x_i, y_i)$ 的任一点 $p$，它与 $(\bar{x}, \bar{y})$ 的离差为：$x_i - \bar{x}$，$y_i - \bar{y}$，由图 8-1 可以看出：

对第Ⅰ象限中所有的点 $(x_i-\bar{x})(y_i-\bar{y})>0$

对第Ⅱ象限中所有的点 $(x_i-\bar{x})(y_i-\bar{y})<0$

对第Ⅲ象限中所有的点 $(x_i-\bar{x})(y_i-\bar{y})>0$

对第Ⅳ象限中所有的点 $(x_i-\bar{x})(y_i-\bar{y})<0$

因此，可以用乘积和 $\sum(x_i-\bar{x})(y_i-\bar{y})$ $(SP_{xy})$ 来对 $x_i$ 和 $y_i$ 之间的关系进行一种度量。如果这种关系是正的（$x$、$y$ 偕同消长），大多数的点就落在Ⅰ、Ⅲ象限中，$SP_{xy}$ 的值应为正值；如果这种关系是负的（$x$、$y$ 此消彼长），那么大多数的点就将落在Ⅱ、Ⅳ象限中，$SP_{xy}$ 的值应为负的。$x$、$y$ 之间这种偕同消长或此消彼长的关系称为线性相关关系。$SP_{xy}$ 的绝对值越大，则正或负的线性关系就越强。如果在 $x$ 和 $y$ 之间不存在线性相关关系，那么这些点就将在四个象限中均匀分布或围绕某种曲线分布，$SP_{xy}$ 的值应接近 0。以上特点告诉我们 $SP_{xy}$ 数值的大小和样本点的多少有关，为了消除这一影响可用自由度 $n-1$ 去除 $SP_{xy}$，这一样本统计量称为样本协方差（covariance），用 $Cov(x,y)$ 表示，即

$$Cov(x,y)=\frac{\sum(x_i-\bar{x})(y_i-\bar{y})}{n-1}=\frac{SP_{xy}}{n-1} \tag{8-60}$$

应当注意协方差与方差的相似之处，方差可以看作是一个变量与它自身之间的协方差。

用协方差来度量两个变量之间的线性相关关系仍是存在缺陷的，即它的数值要受到 $x$ 和 $y$ 的度量尺度及变异程度的影响，同时它又是有单位的，而作为一个度量相关关系的量是不应有单位的。因此，可将协方差标准化，即再除以两个变量的标准差，这个标准化的协方差就是样本相关系数（correlation coefficient），用 $r$ 表示。

$$r=\frac{\dfrac{\sum(x_i-\bar{x})(y_i-\bar{y})}{(n-1)}}{\sqrt{\dfrac{\sum(x_i-\bar{x})^2}{(n-1)}}\times\sqrt{\dfrac{\sum(y_i-\bar{y})^2}{(n-1)}}}=\frac{Cov(x,y)}{S_xS_y} \tag{8-61}$$

将分子和分母的自由度约去，上式可改写为：

$$r=\frac{\sum(x_i-\bar{x})(y_i-\bar{y})}{\sqrt{\Sigma(x_i-\bar{x})^2}\sqrt{\Sigma(y_i-\bar{y})^2}}=\frac{SP_{xy}}{\sqrt{SS_xSS_y}} \tag{8-62}$$

与回归系数一样，相关系数的正、负也是决定于乘积和 $SP_{xy}$。需要指出的是相应于样本相关系数也有一个总体相关系数。其定义是：

$$\rho=\frac{\sigma_{xy}}{\sigma_x\sigma_y} \tag{8-63}$$

式中：分子为变量 $x$ 和 $y$ 的总体协方差，样本相关系数是总体相关系数的一个估计量。

在直线回归分析中我们提到了决定系数的概念[式(8-29)]，显然相关系数的平方就是决定系数。

决定系数值域是 $0\leqslant r^2\leqslant 1$，而相关系数的值域是 $-1\leqslant r\leqslant 1$，只有 $x$ 和 $y$ 呈完全的直线回归或相关关系时 它们的值或绝对值才是 1，通常是绝对值小于 1 的数值。相关系数 $r$ 绝对值的大小表明了两变量相关的程度，其正、负则表明了相关的性质。

对于 $x$、$y$ 两个变量的一组 $n$ 对数据，如果同时计算 $b_{yx}$ 和 $b_{xy}$，那么相关系数 $r$ 与这两个

不同方向的回归系数有如下关系：

$$|r|=\left|\frac{SP_{xy}}{\sqrt{SS_xSS_y}}\right|=\sqrt{\frac{SP_{xy}}{SS_x}\times\frac{SP_{xy}}{SS_y}}=\sqrt{b_{yx}b_{xy}} \tag{8-64}$$

这说明相关系数刻画的是两变量平行的双向关系。

### 8.3.2　相关系数的计算

相关系数的计算主要在于 $SP_{xy}$、$SS_x$ 和 $SS_y$ 的计算，而三者的计算公式在前面已经给出。于是相关系数的计算公式为：

$$r=\frac{SP_{xy}}{\sqrt{SS_xSS_y}}=\frac{\sum xy-\frac{\sum x\cdot\sum y}{n}}{\sqrt{\left[\sum x^2-\frac{(\sum x)^2}{n}\right]\left[\sum y^2-\frac{(\sum y)^2}{n}\right]}} \tag{8-65}$$

下面通过一个实例来说明样本相关系数的计算。

【例 8-3】　测定某品种大豆籽粒内的脂肪含量(%)和蛋白质含量(%)的关系，样本含量 $n=42$，结果列于表 8-6，试计算脂肪含量与蛋白质含量的样本相关系数。

**表 8-6　某品种大豆籽粒的脂肪(x)和蛋白质(y)含量**　　%

| $x$ | $y$ | $x$ | $y$ | $x$ | $y$ |
|---|---|---|---|---|---|
| 15.4 | 44.0 | 19.4 | 42.0 | 21.9 | 37.2 |
| 17.5 | 38.2 | 20.4 | 37.4 | 23.8 | 36.6 |
| 18.9 | 41.8 | 21.6 | 35.9 | 17.0 | 42.8 |
| 20.0 | 38.9 | 22.9 | 36.0 | 18.6 | 42.1 |
| 21.0 | 38.4 | 16.1 | 42.1 | 19.7 | 37.9 |
| 22.8 | 38.1 | 18.1 | 40.0 | 20.7 | 36.2 |
| 15.8 | 44.6 | 19.6 | 40.2 | 22.0 | 36.7 |
| 17.8 | 40.7 | 20.4 | 39.1 | 24.2 | 37.6 |
| 19.1 | 39.8 | 21.8 | 39.4 | 17.4 | 42.2 |
| 20.4 | 40.0 | 23.4 | 33.2 | 18.9 | 39.9 |
| 21.5 | 37.8 | 16.8 | 43.1 | 20.8 | 37.1 |
| 22.9 | 34.7 | 18.4 | 40.9 | 22.3 | 38.6 |
| 15.9 | 42.6 | 19.7 | 38.9 | 24.6 | 34.8 |
| 17.9 | 39.8 | 20.7 | 35.8 | 19.9 | 39.8 |

计算如下基本统计量：

$$\sum x=838.0$$

$$\sum x^2=16\,957.90$$

$$SS_x=\sum x^2-\frac{(\sum x)^2}{n}=237.804\,8$$

$$\sum y=1\,642.9$$

$$\sum y^2=64\,557.43$$

$$SS_y=\sum y^2-\frac{(\sum y)^2}{n}=292.658\,3$$

$\sum xy = 32\,555.07$

$$SP_{xy} = \sum xy - \frac{(\sum x \sum y)}{n} = -224.696\,7$$

$$r = \frac{SP_{xy}}{\sqrt{SS_x \cdot SS_y}} = \frac{-224.696\,7}{\sqrt{237.804\,8 \times 292.658\,3}} = -0.851\,7$$

### 8.3.3 相关系数的假设检验

根据实际观测值计算得来的相关系数 $r$ 是样本相关系数，它是双变量正态总体中的总体相关系数 $\rho$ 的估计值。样本相关系数是否来自 $\rho \neq 0$ 的总体，还需对样本相关系数 $r$ 进行显著性检验。此时无效假设、备择假设为 $H_0:\rho=0$，$H_A:\rho \neq 0$。对此假设可用 3 种方法进行检验。

#### 8.3.3.1 *F* 检验

在直线相关分析中，可将 $y$ 变量的平方和剖分为

$$SS_y = \sum (y-\bar{y})^2 = r^2 \sum (y-\bar{y})^2 + (1-r^2) \sum (y-\bar{y})^2 \tag{8-66}$$

式中：$r^2 \sum (y-\bar{y})^2$ 为相关平方和，$(1-r^2) \sum (y-\bar{y})^2$ 为非相关平方和。

$y$ 变量的自由度 $n-1$ 也可相应剖分，相关平方和的自由度为 1，非相关平方和的自由度为 $n-2$。所以

$$F = \frac{\dfrac{r^2 \sum (y-\bar{y})^2}{1}}{\dfrac{(1-r^2) \sum (y-\bar{y})^2}{(n-2)}} = \frac{r^2}{(1-r^2)/(n-2)} \tag{8-67}$$

在无效假设成立时，这个 $F$ 统计量服从期望值等于 1、$df_1=1$、$df_2=n-2$ 的 $F$ 分布，这个 $F$ 检验也是单侧检验。

对于【例 8-3】，$r=-0.857\,1$，$n=42$，代入式(8-67)，有：

$$F = \frac{r^2}{\dfrac{(1-r^2)}{(n-2)}} = \frac{(-0.851\,7)^2}{\dfrac{[1-(-0.851\,7)^2]}{(42-2)}} = 105.663^{**}$$

因为 $F=105.663 > F_{0.01(1,40)}=7.31$，所以否定无效假设，即该品种大豆籽粒内的脂肪含量和蛋白质含量之间存在极显著的负相关。

#### 8.3.3.2 *t* 检验

在无效假设成立时

$$t = \frac{r}{S_r} \tag{8-68}$$

服从自由度为 $df=(n-2)$ 的 $t$ 分布，故可由之检验 $H_0:\rho=0$。$S_r$ 的计算公式为：

$$S_r = \sqrt{\frac{1-r^2}{n-2}} \tag{8-69}$$

$S_r$ 是相关系数 $r$ 的标准误。显然，$t$ 与 $F$ 有关系 $t^2=F$。

对于【例 8-3】

$$t=\frac{-0.8517}{\sqrt{\frac{[1-(-0.8517)^2]}{42-2}}}=-10.279^{**}$$

因为 $|t|=10.279>t_{0.01(40)}=2.704$，所以结论与 $F$ 检验一致。

#### 8.3.3.3　查表法

为了简化相关检验的过程，将式(8-68)转化为下式：

$$r_\alpha=\sqrt{\frac{t^2}{t^2+n-2}} \tag{8-70}$$

将一定自由度和一定显著水平的 $t$ 临界值代入式(8-70)求得相应 $r_\alpha$ 值，并列制成表(附表10)，由样本计算的相关系数 $r$ 与之比较，即可对无效假设进行检验。具体做法是：根据自由度 $n-2$ 查附表 10，得临界 $r$ 值 $r_{0.05}$ 和 $r_{0.01}$。若 $|r|<r_{0.05}$，则 $p>0.05$，相关系数 $r$ 不显著；若 $r_{0.05}\leqslant|r|<r_{0.01}$，则 $0.01<p\leqslant0.05$，相关系数 $r$ 显著，标记"＊"；若 $|r|\geqslant r_{0.01}$，则 $p\leqslant0.01$，相关系数 $r$ 极显著，标记"＊＊"。

对于【例 8-3】，因为 $n-2=42-2=40$，查附表 10 得 $r_{0.01}=0.393$，而 $r=-0.8517$，即 $|r|>r_{0.01}$ 故 $p<0.01$，表明该品种大豆籽粒内脂肪含量和蛋白质含量呈极显著的负相关关系。

可以看出，$F$ 检验、$t$ 检验、查表法 3 种检验方法是完全等价的。同时不难理解，若对同一资料进行直线回归、相关分析，则对这两种线性关系的假设检验也是等价的。

### 8.3.4　多个变量之间相关系数的计算及检验

有时需要计算很多变量之间的相关系数并分析彼此之间的显著性，可以利用 EXCEL 中的数据分析计算相关系数的方法和 SAS 软件程序来实现。

【例 8-4】　肉制品在反复冻融过程中脂肪氧化物(TBARS)含量、巯基含量(sulfydryl)、羰基含量(carbonyl)与 N-亚硝胺(NDEA)形成的量如表 8-7 所示，每次反复冻融后每个指标分别重复测定 3 次，分析指标之间的相关性见表 8-8。

**表 8-7　肉制品反复冻融过程中测定的指标**　　mg/kg

| 反复冻融/次数 | TBARS | 羰基 | 巯基 | NDEA | NDEA(DEA·HCl) |
|---|---|---|---|---|---|
| 0 | 0.052 | 0.76 | 54.451 | 0.052 | 3.022 |
| | 0.029 | 0.715 | 56.753 | 0.045 | 3.136 |
| | 0.057 | 0.202 | 62.608 | 38.333 | 3.002 |
| 1 | 0.051 | 0.683 | 53.314 | 0.054 | 3.485 |
| | 0.034 | 0.759 | 53.556 | 0.053 | 3.395 |
| | 0.097 | 0.897 | 58.066 | 47.5 | 2.773 |
| 2 | 0.086 | 0.919 | 52.89 | 0.055 | 3.252 |
| | 0.045 | 0.736 | 53.754 | 0.053 | 3.753 |
| | 0.128 | 0.984 | 52.854 | 58.333 | 3.738 |

续表 8-7

| 反复冻融/次数 | TBARS | 羰基 | 巯基 | NDEA | NDEA(DEA·HCl) |
|---|---|---|---|---|---|
| 3 | 0.066 | 1.206 | 52.34 | 0.059 | 4.158 |
| | 0.047 | 1.363 | 51.137 | 0.112 | 4.32 |
| | 0.132 | 1.041 | 52.562 | 61.667 | 3.139 |
| 4 | 0.09 | 1.481 | 49.814 | 0.145 | 3.823 |
| | 0.069 | 1.441 | 50.102 | 0.141 | 5.774 |
| | 0.157 | 1.255 | 51.93 | 70.833 | 3.077 |
| 7 | 0.117 | 2.464 | 48.592 | 0.195 | 10.508 |
| | 0.087 | 3.299 | 47.166 | 0.463 | 11.335 |
| | 0.16 | 1.978 | 49.928 | 120.833 | 8.332 |
| 10 | 0.174 | 3.708 | 46.532 | 0.285 | 13.509 |
| | 0.096 | 4.2 | 42.099 | 0.573 | 16.276 |
| | 0.248 | 3.391 | 48.786 | 145.00 | 11.823 |

**表 8-8 5 个指标之间的相关性**

| | TBARS | 羰基 | 巯基 | NDEA | NDEA(DEA·HCl) |
|---|---|---|---|---|---|
| TBARS | 1.000 0 | | | | |
| 羰基 | 0.579 5** | 1.000 0 | | | |
| 巯基 | −0.425 9 | −0.865 2** | 1.000 0 | | |
| NDEA | 0.768 9** | 0.131 2 | 0.032 0 | 1.000 0 | |
| NDEA(DEA·HCl) | 0.508 7* | 0.972 7** | −0.810 4** | 0.100 7 | 1.000 0 |

$r_{(0.05,19)}=0.433$，$r_{(0.01,19)}=0.549$。

经过分析得出，TBARS 含量与羰基和 NDEA 生成之间达到极显著正相关，TBARS 含量与 NDEA(DEA · HCl)含量之间达到显著正相关，羰基含量与巯基含量之间达到极显著的负相关，羰基含量、巯基含量与 NDEA(DEA·HCl)生成之间分别达到极显著正相关和极显著负相关。

### 8.3.5 总体相关系数的置信区间

欲求总体相关系数 $\rho$ 的置信区间，必须知道 $r$ 的抽样分布。当 $\rho=0$ 时，$r$ 近似服从正态分布；当 $\rho\neq 0$ 时 $r$ 的抽样分布具有很大的偏态，且随 $n$ 和 $\rho$ 的取值而异。此时，类似式(8-68)的转换已不再能由 $t$ 分布逼近。但是，若将 $r$ 转化为 $z$ 值，即

$$\begin{cases} z=\ln\sqrt{\dfrac{1+r}{1-r}} & (r>0) \\ z=-\ln\sqrt{\dfrac{1+|r|}{1-|r|}} & (r<0) \end{cases} \tag{8-71}$$

则 $z$ 近似于正态分布。

$z$ 总体具有平均数 $\mu_z$ 和标准差 $\sigma_z$：

$$\begin{cases} \mu_z = \ln\sqrt{\dfrac{1+\rho}{1-\rho}} & (\rho > 0) \\ \mu_z = -\ln\sqrt{\dfrac{1+|\rho|}{1-|\rho|}} & (\rho < 0) \end{cases} \tag{8-72}$$

$$\sigma_z = \frac{1}{\sqrt{n-3}} \tag{8-73}$$

因此，由

$$u = \frac{z-\mu_z}{\sigma_z} \sim N(0,1) \tag{8-74}$$

可得 $\mu_z$ 的置信度为 $1-\alpha$ 的置信区间为：

$$z \pm u_\alpha \sigma_z \tag{8-75}$$

置信区间的下限 $L_1$ 和上限 $L_2$ 分别为：

$$\begin{cases} L_1 = z - u_\alpha \sigma_z \\ L_2 = z + u_\alpha \sigma_z \end{cases} \tag{8-76}$$

式(8-71)的反函数为：

$$\begin{aligned} r &= \frac{e^{2z}-1}{e^{2z}+1} \quad (r > 0) \\ r &= \frac{1-e^{-2z}}{1+e^{-2z}} \quad (r < 0) \end{aligned} \tag{8-77}$$

实际上，式(8-77)中两者是等价的，由此可得 $\rho$ 的置信度为 $1-\alpha$ 的置信区间的下限 $L_{1\rho}$ 和上限 $L_{2\rho}$ 分别为：

$$\begin{cases} L_{1\rho} = \dfrac{e^{2L_1}-1}{e^{2L_1}+1} \\ L_{2\rho} = \dfrac{e^{2L_2}-1}{e^{2L_2}+1} \end{cases} \tag{8-78}$$

对于【例 8-3】，将 $r=-0.8517$ 做 $z$ 转换得

$$z = -\ln\sqrt{\frac{1+|r|}{1-|r|}} = -\ln\sqrt{\frac{1+0.8517}{1-0.8517}} = -1.262311$$

标准差为：

$$\sigma_z = \frac{1}{\sqrt{n-3}} = \frac{1}{\sqrt{42-3}} = 0.025641$$

$\mu_z$ 的 95%的置信区间下限和上限分别为：

$$L_1 = z - u_\alpha \sigma_z = -1.262311 - 1.96 \times 0.025641 = -1.312567$$
$$L_2 = z + u_\alpha \sigma_z = -1.262311 + 1.96 \times 0.025641 = -1.212055$$

$\rho$ 的置信度为 95%的置信区间的下限 $L_{1\rho}$ 和上限 $L_{2\rho}$ 分别为：

$$L_{1\rho}=\frac{e^{-2\times1.312\,567}-1}{e^{-2\times1.312\,567}+1}=-0.864\,9$$

$$L_{2\rho}=\frac{e^{-2\times1.212\,055}-1}{e^{-2\times1.212\,055}+1}=-0.837\,3$$

因而总体相关系数 $\rho$ 置信度为 95%的置信区间为[−0.864 9,−0.837 3]。

### 8.3.6 两个相关系数的比较

由两个样本相关系数 $r_1$ 和 $r_2$ 分别检验各自总体相关系数的 $\rho_1$ 和 $\rho_2$，检验 $r_1$、$r_2$ 的差异显著性，无效假设为 $H_0:\rho_1=\rho_2$，$H_A:\rho_1\neq\rho_2$，检验时需对 $r$ 进行变换，即把 $r_1$ 变换成 $z_1$，$r_2$ 变换成 $z_2$，$z_1-z_2$ 的标准差为：

$$\sigma_{z_1-z_2}=\sqrt{\frac{1}{n_1-3}+\frac{1}{n_2-3}} \tag{8-79}$$

$$u=\frac{(z_1-z_2)-(\rho_1-\rho_2)}{\sigma_{z_1-z_2}} \tag{8-80}$$

在无效假设成立的条件下公式变为：

$$u=\frac{z_1-z_2}{\sigma_{z_1-z_2}} \tag{8-81}$$

【例 8-5】 在【例 8-4】中肉制品在反复冻融期间脂肪氧化值与 NDEA 形成之间的相关系数为 $r_1=0.768\,9^{**}$，而脂肪氧化值与 NDEA(DEA·HCl)形成之间的相关系数为 $r_2=0.508\,7^{*}$，比较 $r_1$ 与 $r_2$ 的差异显著性。

$$z_1=\frac{1}{2}\ln\left(\frac{1+0.768\,9}{1-0.768\,9}\right)=1.017\,6 \qquad z_2=\frac{1}{2}\ln\left(\frac{1+0.508\,7}{1-0.508\,7}\right)=0.561\,0$$

$$\sigma_{z_1-z_2}=\sqrt{\frac{1}{21-3}+\frac{1}{21-3}}=0.333\,3$$

$$u=\frac{z_1-z_2}{\sigma_{z_1-z_2}}=\frac{1.017\,6-0.561\,0}{0.333\,3}=1.369\,9 \qquad u_{0.05}=1.96$$

说明脂肪氧化与 NDEA 、NDEA(DEA·HCl)形成之间的相关本质上是一致的，接受无效假设 $H_0:\rho_1=\rho_2=\rho$，其估计应该为 $r_1$ 和 $r_2$ 的合并，合并形式为：

$$r=\frac{SP_{xy1}+SP_{xy2}}{\sqrt{(SS_{xx1}+SS_{xx2})(SS_{yy1}+SS_{yy2})}}=\frac{36.570\,9+2.166\,1}{\sqrt{(0.060\,4+0.060\,4)(374\,42.05+336.008)}}$$
$$=0.573\,3$$

还可以利用式(8-76)和式(8-78)进行区间估计。

## 8.4 应用直线回归与相关的注意事项

以上我们对直线回归、相关分析做了较详细的介绍。但在使用这些方法时应注意下列事项。

①变量间的相关和回归分析要有学科专业知识作为指导。回归和相关分析是揭示变量间

统计关系的一种数学方法，在将这些方法应用于食品科学研究时必须考虑研究对象本身的客观情况。被研究变量间是否存在回归、相关关系以及在什么条件下会有这种关系，完全是由被究对象本身决定的。如果不以一定的客观事实、科学依据为前提，把风马牛不相及的资料随意凑到一块做回归、相关分析，那将是根本性的错误。例如，如果我们去研究大豆脂肪含量与小麦蛋白质含量的关系，虽然也可计算一个相关系数，甚至经过检验可能会得到相关关系显著的结论，但它是毫无意义的，结论也是荒谬的。

②要严格控制研究对象($x$ 和 $y$)以外的有关因素。在直线回归、相关分析中必须严格控制被研究的两个变量以外的各个相关变量的变动范围，使之尽可能稳定一致。否则，回归、相关分析很可能导致完全虚假的结果。因为在实际中，各种因素有着复杂的相互关联和相互制约的关系，一个因素的变化往往受到许多因素的影响。例如，某种食品质量的好坏要受到原料、配方、工艺、技术、生产、贮藏的环境条件等诸多因素的影响。在这种情况下，仅选择两个变量进行回归、相关分析，若其余变量都在变动，则不可能揭示这两个变量的真实的关系。

③要正确判断直线相关、回归分析的结果。一个不显著的直线相关系数或回归系数并不一定意味着 $x$ 和 $y$ 没有关系。可能有 3 种情况：一是真的没有关系；二是有一定线性关系，由于样本小、误差大而未检验出；三是可能是非线性关系。属于何种情况，应综合其他信息做出判断。一个显著的线性相关系数或回归系数亦并不意味着 $x$ 和 $y$ 的关系必为线性，因为它并不排斥有能够更好地描述 $x$ 和 $y$ 关系的非线性方程的存在。

④一个显著的相关或回归并不一定具有实践上的预测意义。这也就是说，不要将相关或回归关系的显著性与相关或回归关系的强弱混为一谈。如一个 $x$、$y$ 两个变量间的相关系数 $r=0.25$，在 $df=60$ 时达到显著，而 $r^2=0.0625$，表明 $x$ 变量或 $y$ 变量的总变异能够通过 $y$ 变量或 $x$ 变量以线性关系影响的比重只占 6.25%，未能被线性关系说明的部分高达 93.75%。显然，由其中一个变量预测另一个变量并不可靠。在显著的基础上，相关系数绝对值的大小反映相关关系的强弱，决定系数的大小反映回归关系的强弱。有人主张，$r^2>0.7$ 时，一个显著的回归方程才有实践上的预测或控制的意义。

⑤实际应用中要考虑到回归方程、相关系数的适用范围和条件。由某个样本估计的两个变量间的线性回归或相关关系可能仅在样本的取值范围和该样本所来自的背景条件下有效，不能将这种关系随意外延。因为当取值范围或背景条件改变时，变量间的关系可能就发生了变化，可能变成了非线性关系，故实际应用中要考虑到回归方程、相关系数的适用范围和条件。

⑥两个变量的样本含量 $n$(观测值对数)要尽可能大些，以提高回归和相关分析的准确性。样本含量 $n$ 至少应大于 5，同时自变量的取值范围应尽可能宽些。这样，既可以降低回归方程的误差也有助于发现变量间可能存在的曲线关系。

⑦利用回归方程进行预测时，回归方程不可逆转使用。当 $x$ 和 $y$ 都是随机变量时，往往可以把其中任意一个取为自变量。这时就存在两种回归模型，若都为直线的，则分别有：$y=\beta_0+\beta x+\varepsilon$，$x=\beta'_0+\beta' y+\varepsilon'$。应当注意的是，这两个直线模型并不相同。即，由第一个模型解得 $x=-\beta_0/\beta+y/\beta-\varepsilon/\beta$，则这个模型不一定就是第二个模型，即对应的系数值不一定相等。因此，由试验数据建立的回归方程通常是不等价的，即设有数据$(x_1,y_1)$，…，$(x_n,y_n)$，把 $x$ 作为自变量求出回归方程(用最小二乘法，下同) $\hat{y}=a+bx$ 与把 $y$ 作为自变量求出的回归方程 $\hat{x}=a'+b'y$ 一般是不能逆转的。

# 8.5 能直线化的曲线回归

## 8.5.1 曲线回归分析概述

在许多问题中，两个变量之间并不一定是线性关系，而是某种非线性关系。如在进行米氏方程和米氏常数推算时，测得酶的比活力与底物质量浓度之间的关系，得到如表 8-9 所示的 9 对数据。

表 8-9 底物浓度与酶比活力

| | | | | | | | | | |
|---|---|---|---|---|---|---|---|---|---|
| 底物浓度 $(x)$/(mmol/L) | 1.25 | 1.43 | 1.66 | 2.00 | 2.50 | 3.30 | 5.00 | 8.00 | 10.00 |
| 酶比活力$(y)$ | 17.65 | 22.00 | 26.32 | 35.00 | 45.00 | 52.00 | 55.73 | 59.00 | 60.00 |

将表 8-9 样本点$[(x_i, y_i), i=1,2,\cdots,9]$标在图 8-3 中，可以看出这些点的分布呈曲线形状，且随着 $x$ 的增加，开始时 $y$ 迅速增加，以后逐渐趋于稳定。根据这个特点，并参考常见的函数图形(图 8-4 至图 8-9)，可选择适当的曲线来描述 $y$ 与 $x$ 之间的关系。

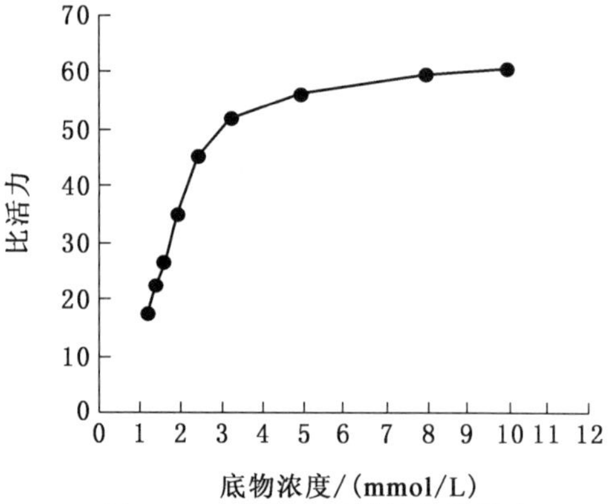


图 8-3 底物浓度对酶活性的影响

由上可知，曲线回归分析(curvilinear regression analysis)的基本任务是通过两个相关变量 $x$ 与 $y$ 的实际观测数据建立曲线回归方程(curvilinear regression equation)，以揭示 $x$ 与 $y$ 间的曲线联系形式。其困难和首要的工作是确定 $y$ 与 $x$ 间曲线关系类型。通常可通过两个途径来确定：一是利用专业知识，根据已知的理论规律和实践经验确定。例如，在细菌培养中，根据专业知识知道，在一定条件下细菌总数 $y$ 与时间 $x$ 有指数函数关系，即 $y=N_0e^{\lambda x}$，$N_0$ 为细菌的初始数量，$\lambda$ 为相对增长率。二是在没有已知的理论规律和经验可资利用时，可用描点法将实测点在直角坐标纸上描出，观察实测点的分布趋势与哪一类已知的函数曲线最接近，则选用该函数关系式来拟合其曲线关系。在这些函数关系中有些是可以利用变量转换而将其直线化的。如上例，令 $y'=1/y, x'=1/x$，则有 $y'=a+bx'$，可建立其直线回归方程。

可见，对于可直线化的曲线函数类型，曲线回归分析的基本过程是：先将 $x$ 或 $y$ 进行变量转换，然后对新变量进行直线回归分析；建立直线回归方程并进行显著性检验和区间估计；最后将新变量还原为旧变量，由新变量的直线回归方程和置信区间得出原变量的曲线回归方程和置信区间。

还有一种情况是找不到一种已知的函数曲线较接近实测点的分布趋势，这时可利用多项式回归，通过逐渐增加多项式的项数或次数来拟合，直到满意为止。

## 8.5.2 能直线化的曲线类型

介绍几种常用的能直线化的曲线函数类型及其图形，并将其直线化，供进行曲线回归分析选用。

①双曲线函数(hyperbolic function)。

函数　$\frac{1}{y}=a+\frac{b}{x}$　$(x、y>0)$

图形　见图 8-4

直线化　令 $y'=\frac{1}{y}$，$x'=\frac{1}{x}$，则有 $y'=a+bx'$

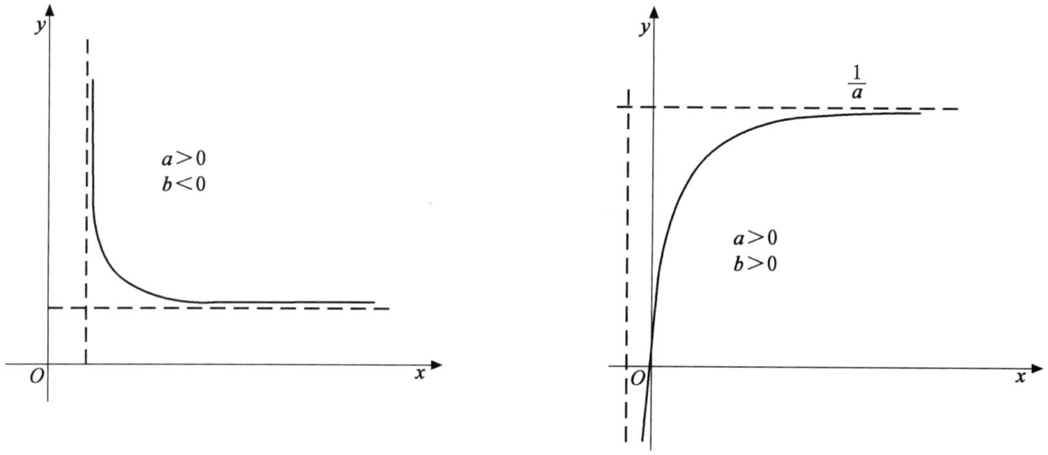


**图 8-4　双曲线函数图形($1/y=a+b/x$)**

②幂函数(power function)。

函数 $y=dx^b$　$(d>0, x>0)$

图形　见图 8-5

直线化　令 $y'=\ln y$，$x'=\ln x$，$a=\ln d$ $(d=e^a)$，则有 $y'=a+bx'$

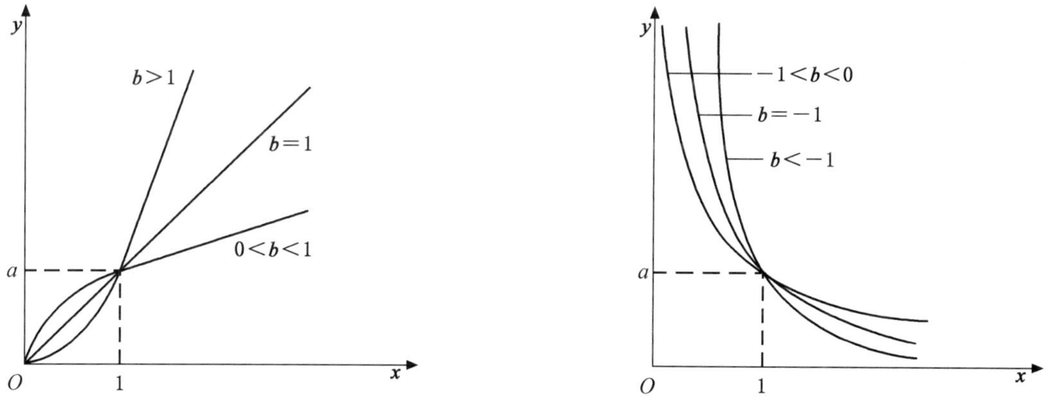


**图 8-5　幂函数图形($y=dx^b$)**

③指数函数(exponential function)。

函数 $y=de^{bx}$

图形　见图 8-6

直线化　令 $y'=\ln y$，$a=\ln d$，则有 $y'=a+bx$

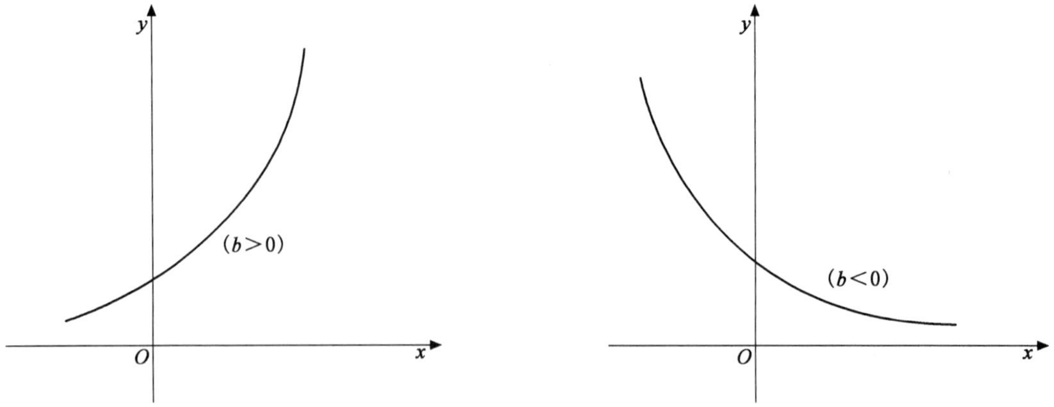


图 8-6　指数函数图形（$y=de^{bx}$）

函数 $y=de^{b/x}$　　$(d>0,x>0)$

图形　见图 8-7

直线化　令 $y'=\ln y$，$x'=1/x$，$a=\ln d$（$d=e^a$）则有 $y'=a+bx'$

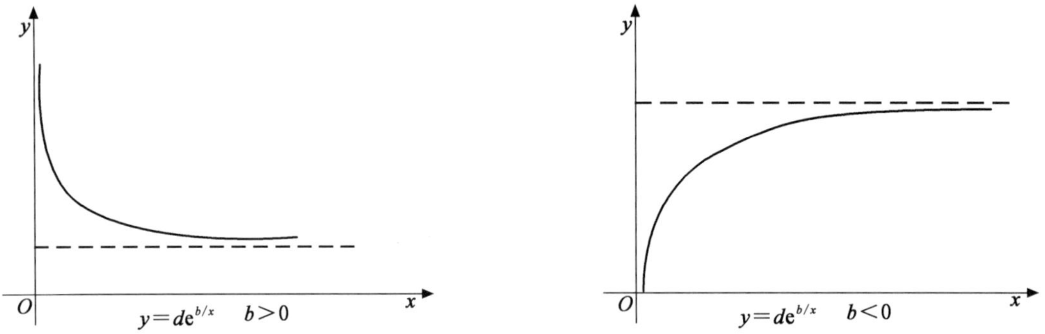


图 8-7　指数函数图形（$y=de^{b/x}$）

④对数函数(logarithmic function)。

函数　$y=a+b\lg x$（$x>0$）

图形　见图 8-8

直线化　令 $x'=\lg x$，则有 $y=a+bx'$

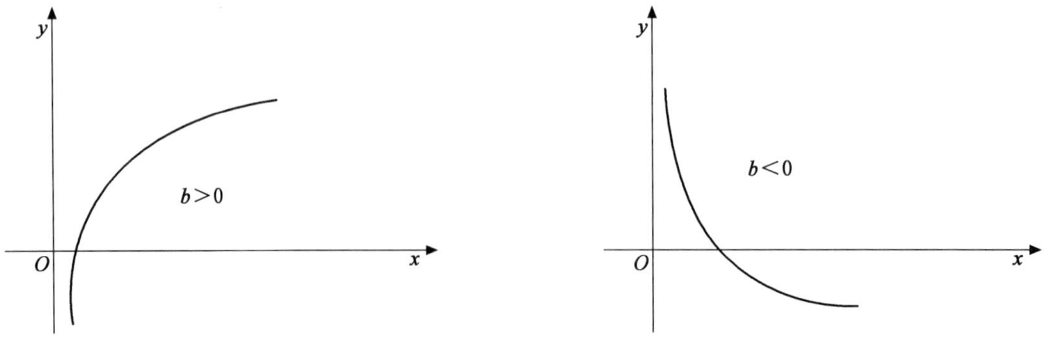


图 8-8　对数函数图形（$y=a+b\lg x$）

⑤S 形曲线。

函数 $y=\dfrac{1}{a+b\mathrm{e}^{-x}}\quad(a>0)$

图形　见图 8-9

直线化　令 $y'=\dfrac{1}{y}$，$x'=\mathrm{e}^{-x}$　则 $y'=a+bx'$

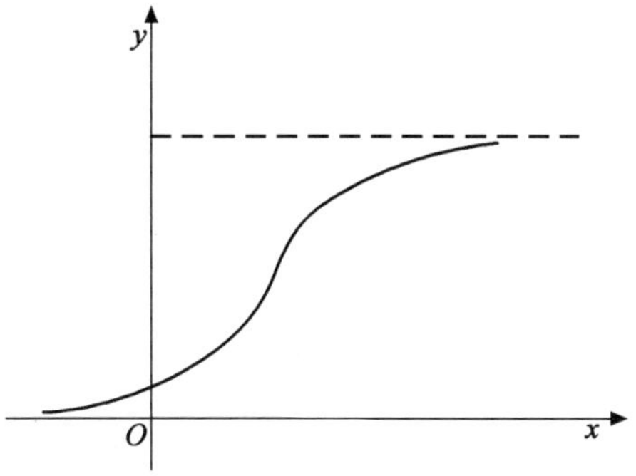


图 8-9　S 形曲线 $[y=\dfrac{1}{a+b\mathrm{e}^{-x}}(a>0)]$

进行曲线回归分析时，由于有时不能准确确定曲线的类型，我们可以尝试多种类型（包括直线回归），然后比较它们的优劣。可以用 2 个指标来进行比较，一是离回归平方和 $SS_r^*$，二是决定系数 $R^2$。

$$SS_r^*=\sum(y_i-\hat{y}_i)^2 \qquad (8\text{-}82)$$

注意，这里的 $y_i$ 是原始的（转换前的）依变量观测值，$\hat{y}_i$ 是用配合的曲线方程所计算的 $y_i$ 的估计值。

$$R^2=1-\frac{\sum(y_i-\hat{y}_i)^2}{\sum(y_i-\bar{y}_i)^2} \qquad (8\text{-}83)$$

离回归平方和越小，决定系数越大，曲线配合的拟合度就越好。

### 8.5.3　曲线回归分析实例

上面提到的曲线类型都可以经过适当的转换后，再进行直线回归。但对同一张散点图，选择什么样的曲线去拟合数据，往往会有许多不同的选择方法。

【例 8-6】　试求表 8-9 资料中酶的比活力与底物质量浓度之间的回归关系，并进行显著性检验。

根据由观测值 $(x_i,y_i)$ 所做的散点图（图 8-3），可先分别选择以下回归曲线来表示酶比活力 $(y)$ 与底物质量浓度 $(x)$ 之间的关系。

①双曲线函即 $\dfrac{1}{y}=a+\dfrac{b}{x}$。

②幂函数即 $y=dx^b$。

③对数函数即 $y=a+b\lg x$。

④指数函数即 $y=d\mathrm{e}^{\frac{b}{x}}$。

⑤二次二项式即 $y=b_0+b_1x+b_2x^2$。

然后以拟合度最优者为所选择的回归曲线（二次多项式的配合需有多元线性回归的知识）。

为配合以上曲线先将原观测值及有关变换值列于表 8-10。

**表 8-10　底物浓度、酶比活力数据表**

| 序号 | 底物浓度($x$) | 酶比活力($y$) | $x'=1/x$ | $y'=1/y$ | $\ln x$ | $\ln y$ | $\lg x$ |
|---|---|---|---|---|---|---|---|
| 1 | 1.25 | 17.65 | 0.80 | 0.056 7 | 0.223 | 2.871 | 0.097 |
| 2 | 1.43 | 22.00 | 0.70 | 0.045 5 | 0.358 | 3.091 | 0.155 |
| 3 | 1.66 | 26.32 | 0.60 | 0.038 0 | 0.507 | 3.270 | 0.220 |

续表 8-10

| 序号 | 底物浓度($x$) | 酶比活力($y$) | $x'=1/x$ | $y'=1/y$ | $\ln x$ | $\ln y$ | $\lg x$ |
|---|---|---|---|---|---|---|---|
| 4 | 2.00 | 35.00 | 0.50 | 0.028 6 | 0.693 | 3.555 | 0.301 |
| 5 | 2.50 | 45.00 | 0.40 | 0.022 2 | 0.916 | 3.807 | 0.398 |
| 6 | 3.30 | 52.00 | 0.30 | 0.019 2 | 1.194 | 3.951 | 0.519 |
| 7 | 5.00 | 55.73 | 0.20 | 0.017 9 | 1.609 | 4.021 | 0.699 |
| 8 | 8.00 | 59.00 | 0.13 | 0.016 9 | 2.079 | 4.078 | 0.903 |
| 9 | 10.00 | 60.00 | 0.10 | 0.016 7 | 2.303 | 4.094 | 1.000 |

根据有关变换值拟合 5 种直线回归方程，进而还原成相应曲线回归方程（过程略），5 种曲线拟合结果见表 8-11。

**表 8-11 5 种曲线拟合结果**

| 曲线类型 | 直 线 方 程 | 直线相关($r'$) | 拟合的曲线方程 |
|---|---|---|---|
| 双曲线函数 | $\hat{y}'=0.006\,4+0.054\,7x'$ | $r'=0.952\,4^{**}$ | $\hat{y}=x/(0.006\,4x+0.054\,7)$ |
| 幂函数 | $\hat{y}'=3.032\,8+0.550\,8x'$ | $r'=0.899\,4^{**}$ | $\hat{y}=20.755\,3x^{0.550\,8}$ |
| 对数函数 | $\hat{y}'=18.695\,2+47.633\,7x'$ | $r'=0.941\,4^{**}$ | $\hat{y}=18.695\,2+47.633\,7\lg x$ |
| 指数函数 | $\hat{y}'=4.380\,6-1.793\,0x'$ | $r'=-0.981\,7^{**}$ | $\hat{y}=79.889\,0e^{-1.793\,0/x}$ |
| 二次二项式 | — | $R=0.960\,5^{**}$ | $\hat{y}=2.534\,3+17.289\,2x-1.190\,1x^2$ |

由表 8-11 中的 5 种曲线回归方程分别求得酶比活力的预测值（$\hat{y}$）并与实际观测值（$y$）对照，并计算离回归平方和 $SS_r^*=\sum(y_i-\hat{y}_i)^2$、决定系数($R^2$)，结果列于表 8-12。

**表 8-12 预测值($\hat{y}$)与原观测值($y$)的对照及拟合度评价**

| 实际观测值 | | 预测值($\hat{y}$) | | | | |
|---|---|---|---|---|---|---|
| $x$ | $y$ | 双曲线函数 | 幂函数 | 对数函数 | 指数函数 | 二次二项式 |
| 1.25 | 17.65 | 19.936 | 23.470 | 23.311 | 19.034 | 22.286 |
| 1.43 | 22.00 | 22.396 | 25.275 | 26.094 | 22.801 | 24.824 |
| 1.66 | 26.32 | 25.412 | 27.439 | 29.180 | 27.127 | 27.955 |
| 2.00 | 35.00 | 29.630 | 30.404 | 33.034 | 32.594 | 32.352 |
| 2.50 | 45.00 | 35.361 | 34.381 | 37.651 | 38.995 | 38.319 |
| 3.30 | 52.00 | 43.524 | 40.061 | 43.394 | 46.400 | 46.629 |
| 5.00 | 55.73 | 57.670 | 50.364 | 51.990 | 55.815 | 59.229 |
| 8.00 | 59.00 | 75.543 | 65.246 | 61.713 | 63.849 | 64.684 |
| 10.00 | 60.00 | 84.246 | 73.778 | 66.329 | 66.776 | 56.421 |
| $SS_r^*=\sum(y_i-\hat{y}_i)^2$ | | 1 016.015 8 | 579.337 4 | 249.961 1 | 145.798 3 | 170.022 8 |
| $R^2$ | | 0.537 2 | 0.736 1 | 0.886 1 | 0.933 6 | 0.922 5 |

可见，对于本例来说，指数函数回归方程的拟合效果最好，其次是二次二项式回归，双曲线函数回归最差，虽然它也达到了显著水平($F=8.124$，$p<0.05$)，但决定系数却只有 53.72%。

## 思考题

1. 什么是回归分析？直线回归方程和回归截距、回归系数的统计意义是什么？

2. 什么是相关分析？相关系数、决定系数的意义是什么？如何计算？

3. 相关系数与配合回归直线有何关系？

4. 进行回归、相关分析应注意哪些问题？

5. 常见的能直线化的曲线类型主要有哪些？能直线化的曲线回归分析的基本过程是什么？

6. 采用碘量法测定还原糖，用 0.05 mol/L 浓度硫代硫酸钠滴定标准葡萄糖溶液，记录耗用硫代硫酸钠体积数(mL)，结果见表 8-13。

试求 $y$ 对 $x$ 的线性回归方程，并进行回归方程有效性检验。

**表 8-13　硫代硫酸钠滴定标准葡萄糖溶液结果**

| 硫代硫酸钠($x$)/mL | 0.9 | 2.4 | 3.5 | 4.7 | 6.0 | 7.4 | 9.2 |
|---|---|---|---|---|---|---|---|
| 葡萄糖($y$)/(mg/mL) | 2 | 4 | 6 | 8 | 10 | 12 | 14 |

7. 采用考马斯亮蓝法测蛋白质含量，在制作标准曲线时得到蛋白质含量($y$)与吸光度($x$)的关系数据见表 8-14。试求 $y$ 对 $x$ 的线性回归方程、相关系数 $r$，并进行有关区间估计和预测。

**表 8-14　蛋白质含量与吸光度的测定结果**

| 吸光度 ($x$) | 0 | 0.198 | 0.346 | 0.483 | 0.622 | 0.786 | 0.952 |
|---|---|---|---|---|---|---|---|
| 蛋白质($y$)/(μg/mL) | 0 | 0.2 | 0.4 | 0.6 | 0.8 | 1.0 | 1.2 |

8. 在进行乳酸菌发酵实验时，为了测得乳酸菌生长曲线，得到的数据见表 8-15。试分析 $y$ 对 $x$ 的回归关系(包括直线回归与曲线回归)，比较它们的拟合度。

**表 8-15　乳酸菌生长测定结果**

| 培养时间($x$)/h | 0 | 6 | 12 | 18 | 24 | 30 | 36 |
|---|---|---|---|---|---|---|---|
| 活菌数($y$)/($\times 10^7$ 个/mL) | 4.07 | 6.03 | 13.49 | 31.62 | 87.10 | 141.25 | 199.53 |

第 9 章

# 多元线性回归与相关

## 本章学习目的与要求

1. 掌握多元线性回归分析的方法。
2. 掌握复相关和偏相关分析的方法。
3. 掌握通径分析的方法。
4. 深刻理解多元线性回归、相关分析及通径分析的基本原理。

我们已经讨论过依变量 $y$ 对一个自变量 $x$ 的回归以及直线相关问题。但是，在许多实际问题中，影响依变量 $y$ 的自变量往往是多个。如影响食品灭菌程度的因素包括灭菌温度、灭菌压力、灭菌时间、pH 等。因而有必要进一步讨论一个依变量与多个自变量间的回归以及相关问题。本章主要介绍多元线性回归(multiple linear regression)、多元相关(multiple correlation，即复相关)及通径分析(path analysis)等内容。

# 9.1　多元线性回归分析

多元线性回归分析是多元回归分析(multiple regression analysis)中最为简单而又最常用的一种分析方法。其原理与直线回归分析的原理完全相同，但是要涉及一些新概念，在计算上要复杂得多，当自变量较多时要借助于计算机进行计算。许多非线性回归(no-linear regression)问题都可转变为线性回归来解决。

进行多元线性回归分析的基本任务是根据各自变量与依变量的实际观测值建立依变量与各自变量之间的线性回归方程，以揭示依变量与各自变量之间的具体线性联系形式，其目的在于用所建立的线性回归方程进行预测和控制。

## 9.1.1　多元线性回归方程的建立

设变量 $x_1, x_2, \cdots, x_m, y$ 有 $n$ 组观测数据，其中 $x_1, x_2, \cdots, x_m$ 为自变量，$y$ 为依变量(表 9-1)。在这个样本中，第 $k$ 组观测值 $(k=1,2,\cdots,n)$ 可表示为 $(x_{1k}, x_{2k}, \cdots, x_{mk}, y)$，是 $m+1$ 维空间中的一个点。

**表 9-1　*n* 组观测数据模式**

| 项目 | $x_1$ | $x_2$ | … | $x_m$ | $y$ |
|---|---|---|---|---|---|
| 1 | $x_{11}$ | $x_{21}$ | … | $x_{m1}$ | $y_1$ |
| 2 | $x_{12}$ | $x_{22}$ | … | $x_{m2}$ | $y_2$ |
| ⋮ | ⋮ | ⋮ | … | ⋮ | ⋮ |
| $n$ | $x_{1n}$ | $x_{2n}$ | … | $x_{mn}$ | $y_n$ |

如果依变量 $y$ 同时受到 $m$ 个自变量 $x_1, x_2, \cdots, x_m$ 的影响，且这 $m$ 个自变量都与 $y$ 呈线性关系，则这 $m+1$ 个变量的关系就形成 $m$ 元线性回归。因此，一个 $m$ 元线性回归的数学模型为(9-1)式：

$$y_k = \beta_0 + \beta_1 x_{1k} + \beta_2 x_{2k} + \cdots + \beta_m x_{mk} + \varepsilon_k \quad (k=1,2,\cdots,n) \tag{9-1}$$

式中：$\beta_0, \beta_1, \beta_2, \cdots, \beta_m$ 为 $m+1$ 个待估参数；$x_1, x_2, \cdots, x_m$ 为可精确测量或可控制的一般变量，也可以是可观测的随机变量；$y_k$ 为可以观测的随机变量，随 $x_1, x_2, \cdots, x_m$ 而变，并受试验误差影响；$\varepsilon_k$ 为随机变量，相互独立，且服从同一正态分布 $N(0,\sigma^2)$。

一个 $m$ 元线性回归方程可由式(9-2)表示：

$$\hat{y} = b_0 + b_1 x_1 + b_2 x_2 + \cdots + b_m x_m \tag{9-2}$$

式中：$b_0, b_1, b_2, \cdots, b_m$ 是 $\beta_0, \beta_1, \beta_2, \cdots, \beta_m$ 的最小二乘估计，它们应使离回归平方和 $Q$ 达到最

小，即：

$$Q=\sum_{k=1}^{n}(y_k-\hat{y}_k)^2=\sum_{k=1}^{n}(y_k-b_0-b_1x_{1k}-b_2x_{2k}-\cdots-b_mx_{mk})^2=\text{最小}$$

故必须有：

$$\frac{\partial Q}{\partial b_0}=-2\sum_{k=1}^{n}(y_k-\hat{y}_k)=0$$

$$\frac{\partial Q}{\partial b_i}=-2\sum_{k=1}^{n}(y_k-\hat{y}_k)x_{ik}=0\quad(i=1,2,\cdots,m)$$

即

$$\sum_{k=1}^{n}(y_k-b_0-b_1x_{1k}-b_2x_{2k}-\cdots-b_mx_{mk})=0$$

$$\sum_{k=1}^{n}(y_k-b_0-b_1x_{1k}-b_2x_{2k}-\cdots-b_mx_{mk})x_{ik}=0$$

经整理后可得关于 $b_1,b_2,\cdots,b_m$ 的正规方程组(normal equations) 式(9-3)和 $b_0$ 的表达式(9-4)：

$$\begin{cases}SS_1b_1+SP_{12}b_2+SP_{13}b_3+\cdots+SP_{1m}b_m=SP_{1y}\\SP_{21}b_1+SS_2b_2+SP_{23}b_3+\cdots+SP_{2m}b_m=SP_{2y}\\\quad\vdots\qquad\quad\vdots\qquad\quad\vdots\qquad\qquad\qquad\vdots\qquad\quad\vdots\\SP_{m1}b_1+SP_{m2}b_2+SP_{m3}b_3+\cdots+SS_mb_m=SP_{my}\end{cases}\tag{9-3}$$

$$b_0=\bar{y}-b_1\bar{x}_1-b_2\bar{x}_2-\cdots-b_m\bar{x}_m\tag{9-4}$$

其中：

$$SS_i=\sum_{k=1}^{n}(x_{ik}-\bar{x}_i)^2=\sum_{k=1}^{n}x_{ik}^2-\frac{\left(\sum_{k=1}^{n}x_{ik}\right)^2}{n}\quad(i=1,2,\cdots,m)$$

$$SP_{ij}=SP_{ji}=\sum_{k=1}^{n}(x_{ik}-\bar{x}_i)(x_{jk}-\bar{x}_j)=\sum_{k=1}^{n}x_{ik}x_{jk}-\frac{\sum_{k=1}^{n}x_{ik}\cdot\sum_{k=1}^{n}x_{jk}}{n}$$

$$(i,j=1,2,\cdots,m;i\neq j)$$

$$SP_{iy}=\sum_{k=1}^{n}(x_{ik}-\bar{x}_i)(y_k-\bar{y})=\sum_{k=1}^{n}x_{ik}y_k-\frac{\sum_{k=1}^{n}x_{ik}\cdot\sum_{k=1}^{n}y_k}{n}$$

$$\bar{y}=\frac{\sum_{k=1}^{n}y_k}{n}$$

$$\bar{x}_i=\frac{\sum_{k=1}^{n}x_{ik}}{n}\quad(i=1,2,\cdots,m)$$

$m$ 元线性回归方程(9-2)式的图形是 $m+1$ 维空间的一个平面，称为回归平面(regression plane)。$b_0$ 为回归常数项(regression constant)，一般很难确定其专业意义，它仅是调节回归响应面的一个统计量。当 $x_1=x_2=\cdots=x_m=0$ 时，$\hat{y}=b_0$，若有实际意义，$b_0$ 表示 $y$ 的起始值。$b_1, b_2, \cdots, b_m$ 分别为 $y$ 对 $x_1, x_2, \cdots, x_m$ 的偏回归系数(partial regression coefficient)，表示其余 $m-1$ 个自变量都固定不变时，某一个自变量变化一个单位，$y$ 平均改变的单位数。

正规方程组式(9-3)还可写成矩阵形式：

$$\begin{bmatrix} SS_1 & SP_{12} & SP_{13} & \cdots & SP_{1m} \\ SP_{21} & SS_2 & SP_{23} & \cdots & SP_{2m} \\ \vdots & \vdots & \vdots & & \vdots \\ SP_{m1} & SP_{m2} & SP_{m3} & \cdots & SS_m \end{bmatrix} \begin{bmatrix} b_1 \\ b_2 \\ \vdots \\ b_m \end{bmatrix} = \begin{bmatrix} SP_{1y} \\ SP_{2y} \\ \vdots \\ SP_{my} \end{bmatrix} \tag{9-5}$$

若定义：

$$\boldsymbol{A} = \begin{bmatrix} SS_1 & SP_{12} & SP_{13} & \cdots & SP_{1m} \\ SP_{21} & SS_2 & SP_{23} & \cdots & SP_{2m} \\ \vdots & \vdots & \vdots & \vdots & \vdots \\ SP_{m1} & SP_{m2} & SP_{m3} & \cdots & SS_m \end{bmatrix} \quad \boldsymbol{b} = \begin{bmatrix} b_1 \\ b_2 \\ \vdots \\ b_m \end{bmatrix} \quad \boldsymbol{B} = \begin{bmatrix} SP_{1y} \\ SP_{2y} \\ \vdots \\ SP_{my} \end{bmatrix}$$

则正规方程组可表示为：

$$\boldsymbol{Ab} = \boldsymbol{B} \tag{9-6}$$

矩阵 $\boldsymbol{A}$ 为正规方程组的系数矩阵(coefficient matrix)，是一个对称的 $m$ 阶方阵，$\boldsymbol{b}$ 为偏回归系数列向量(column vector)，$\boldsymbol{B}$ 为常数项列向量。

解正规方程组，求偏回归系数 $b_1, b_2, \cdots, b_m$，即求解 $b$，常规的方法是先求出矩阵 $\boldsymbol{A}$ 的逆矩阵(inverse matrix)$\boldsymbol{A}^{-1}$，常记为 $\boldsymbol{C}$，即 $\boldsymbol{A}^{-1} = \boldsymbol{C}$。则：

$$\boldsymbol{C} = \boldsymbol{A}^{-1} = \{c_{ij}\}_{m \times m} = \begin{bmatrix} c_{11} & c_{12} & c_{13} & \cdots & c_{1m} \\ c_{21} & c_{22} & c_{23} & \cdots & c_{2m} \\ \vdots & \vdots & \vdots & \vdots & \vdots \\ c_{m1} & c_{m2} & c_{m3} & \cdots & c_{mm} \end{bmatrix} \tag{9-7}$$

$\boldsymbol{C}$ 也是对称矩阵，即 $c_{ij} = c_{ji}$，其中元素 $c_{ij}$ 称为高斯系数(Gauss coefficient)，是多元线性回归分析中显著性检验所需要的。关于求系数矩阵 $\boldsymbol{A}$ 的逆矩阵 $\boldsymbol{A}^{-1}$ 的方法有多种，如行(或列)的初等变换法等，请参阅线性代数教材，这里不再赘述。

有了 $\boldsymbol{C}$，立即可得：

$$\begin{bmatrix} b_1 \\ b_2 \\ \vdots \\ b_m \end{bmatrix} = \begin{bmatrix} c_{11} & c_{12} & c_{13} & \cdots & c_{1m} \\ c_{21} & c_{22} & c_{23} & \cdots & c_{2m} \\ \vdots & \vdots & \vdots & & \vdots \\ c_{m1} & c_{m2} & c_{m3} & \cdots & c_{mm} \end{bmatrix} \begin{bmatrix} SP_{1y} \\ SP_{2y} \\ \vdots \\ SP_{my} \end{bmatrix} \tag{9-8}$$

即

$$\boldsymbol{b} = \boldsymbol{A}^{-1}\boldsymbol{B} \tag{9-9}$$

式(9-8)或式(9-9)中的 $\boldsymbol{b}$ 即可满足 $Q$ 为最小。求出各个偏回归系数 $b_i$ $(i=1,2,\cdots,m)$ 后，由式(9-4)求 $b_0$，便可建立多元线性回归方程(9-2)。

用矩阵法求解多元线性回归方程的难点是系数矩阵的逆矩阵的计算。好在当前几乎所有的统计软件都采用矩阵算法，部分统计软件或编程语言(如 SAS、MATLAB、True Basic)还设置了矩阵函数，可供直接调用，故在计算工具日渐先进的今天，矩阵求逆已不成问题。

【例 9-1】 猪的瘦肉量 $y$ (kg)与眼肌面积 $x_1$($cm^2$)、胴体长 $x_2$(cm)、背膘厚 $x_3$(cm)有较为密切的关系。某猪育种组对 54 头杂优猪的研究资料经过整理计算，得到如下数据。

$SS_1=846.2281$　　$SP_{12}=SP_{21}=40.6832$　　$SP_{13}=SP_{31}=-6.2594$

$SS_2=745.6041$　　$SP_{23}=SP_{32}=-45.1511$　　$SS_3=13.8987$

$SP_{1y}=114.4530$　　$SP_{2y}=76.2799$　　$SP_{3y}=-11.2966$

$SS_y=70.6617$　　$\bar{x}_1=28.7200$　　$\bar{x}_2=78.9543$

$\bar{x}_3=2.3500$　　$\bar{y}=20.0911$

试进行三元线性回归分析。

将有关数据代入式(9-3)或式(9-5)，得正规方程组：

$$\begin{cases}846.2281b_1+40.6832b_2-6.2594b_3=114.4530\\ 40.6832b_1+745.6041b_2-45.1511b_3=76.2799\\ -6.2594b_1-45.1511b_2+13.8987b_3=-11.2966\end{cases}$$

其矩阵形式为：

$$\begin{bmatrix}846.2281 & 40.6832 & -6.2594\\ 40.6832 & 745.6041 & -45.1511\\ -6.2594 & -45.1511 & 13.8987\end{bmatrix}\begin{bmatrix}b_1\\ b_2\\ b_3\end{bmatrix}=\begin{bmatrix}114.4530\\ 76.2799\\ -11.2966\end{bmatrix}$$

系数矩阵的逆矩阵 $\mathbf{A}^{-1}=C$ 为：

$$\mathbf{A}^{-1}=\boldsymbol{C}=\begin{bmatrix}0.001187 & -0.000040 & 0.000403\\ -0.000040 & 0.001671 & 0.005410\\ 0.000403 & 0.005410 & 0.089707\end{bmatrix}$$

解此方程组求得各偏回归系数 $b_1$，$b_2$，$b_3$ 及常数项 $b_0$：

$$\begin{bmatrix}b_1\\ b_2\\ b_3\end{bmatrix}=\begin{bmatrix}0.001187 & -0.000040 & 0.000403\\ -0.000040 & 0.001671 & 0.005410\\ 0.000403 & 0.005410 & 0.089707\end{bmatrix}\begin{bmatrix}114.4530\\ 76.2799\\ -11.2966\end{bmatrix}=\begin{bmatrix}0.1283\\ 0.0618\\ -0.5546\end{bmatrix}$$

$$\begin{aligned}b_0&=\bar{y}-b_1\bar{x}_1-b_2\bar{x}_2-b_3\bar{x}_3\\ &=20.0911-0.1283\times28.7200-0.0618\times78.9543-(-0.5546)\times2.3500\\ &=12.8303\end{aligned}$$

于是可得瘦肉量 $y$ 与眼肌面积 $x_1$、胴体长 $x_2$ 和背膘厚 $x_3$ 的三元线性回归方程：

$$\hat{y}=12.8303+0.1283x_1+0.0618x_2-0.5546x_3$$

构建的多元回归模型在实际应用中可能会失真，或者说预测结果带有某种趋势性，因此在应用模型解决实际问题之前需要对模型的适合性检验，进一步的内容可参阅相关的内容(二维码 9-1)。

### 9.1.2　多元线性回归方程的假设检验

#### 9.1.2.1　多元回归关系的假设检验

二维码 9-1　多元回归模型的适合性检验

对于【例 9-1】所建立的瘦肉量 $y$ 对眼肌面积 $x_1$、胴体长 $x_2$ 和背膘厚 $x_3$ 的三元线性回归方程所表示的 $y$ 与 $x_1$、$x_2$、$x_3$ 的线性关系是否真实，还须对回归方程进行检验，也就是检验这些自变量对 $y$ 的综合效应是否显著。

与直线回归分析一样，在多元线性回归分析中，$y$ 的总平方和 $SS_y$ 可以剖分为回归平方和 $SS_R$ 与离回归平方和 $SS_r$ 两部分，即

$$SS_y = SS_R + SS_r \tag{9-10}$$

式中：$SS_y = \sum(y-\bar{y})^2$ 反映了 $y$ 的总变异；$SS_R = \sum(\hat{y}-\bar{y})^2$ 反映了由于 $y$ 与 $x_1$、$x_2$、$x_3$ 间存在线性关系所引起的变异；$SS_r = \sum(y-\hat{y})^2$ 反映了除 $y$ 与 $x_1$、$x_2$、$x_3$ 线性关系以外的其他因素（包括试验误差）所引起的变异。

$y$ 的总自由度 $df_y$ 也可以剖分为回归自由度 $df_R$ 与离回归自由度 $df_r$ 两部分。即

$$df_y = df_R + df_r \tag{9-11}$$

式中：$df_y = n-1$；$df_R = m$；$df_r = n-m-1$

式(9-10)和式(9-11)两式称为多元线性回归的平方和与自由度的分解式。然而，直接计算回归平方和较麻烦，统计学已证明 $SS_R$ 可由式(9-12)计算：

$$SS_R = b_1 SP_{1y} + b_2 SP_{2y} + \cdots + b_m SP_{my} = \sum_{i=1}^{m} b_i SP_{iy} \tag{9-12}$$

于是，由式(9-10)可以简便地计算出 $SS_r$，即 $SS_r = SS_y - SS_R$。

综上所述，多元线性回归分析中各项平方和与自由度的计算公式可归纳如下：

| | |
|---|---|
| 总变异 | $SS_y = \sum(y-\bar{y})^2 = \sum y^2 - \left(\sum y\right)^2/n$ |
| 总自由度 | $df_y = n-1$ |
| 回归平方和 | $SS_R = b_1 \mathrm{SP}_{1y} + \mathrm{b}_2 \mathrm{SP}_{2y} + \cdots + \mathrm{b}_m \mathrm{SP}_{my}$ |
| 回归自由度 | $\mathrm{df}_R = \mathrm{m}$ |
| 离回归平方和 | $SS_r = SS_y - SS_R$ |
| 离回归自由度 | $df_r = n-m-1$ |

若依变量 $y$ 与各自变量 $x_1, x_2, \cdots, x_m$ 间无线性关系，则模型(10-1)中的一次项系数 $\beta_1$，$\beta_2, \cdots, \beta_m$ 均为 0。因此，检验 $y$ 与 $x_1, x_2, \cdots, x_m$ 间是否存在线性关系，也就是检验回归方程即式(10-2)是否有意义，即检验假设 $H_0: \beta_1 = \beta_2 = \cdots = \beta_m = 0$ 是否成立。此时采用 $F$ 检验：

$$F = MS_R / MS_r \quad (df_1 = df_R, df_2 = df_r) \tag{9-13}$$

式中：$MS_R = \dfrac{SS_R}{df_R} = \dfrac{SS_R}{m}$，称为回归均方；$MS_r = \dfrac{SS_r}{df_r} = \dfrac{SS_r}{n-m-1}$，称为离回归均方，是模型(式 10-1)中 $\sigma^2$ 的估计值。

离回归均方的平方根称为离回归标准误,记为 $S_{y.12\cdots m}$(或简记为 $S_r$),即:

$$S_{y.12\cdots m}=S_r=\sqrt{MS_{\mathrm{r}}}=\sqrt{\sum(y-\hat{y})^2/(n-m-1)} \tag{9-14}$$

离回归标准误的大小反映了回归平面与实测点的偏离程度,即回归估计值 $\hat{y}$ 与实测值 $y$ 的偏离程度。因此,我们将离回归标准误用来表示回归方程的偏离程度。离回归标准误 $S_{y\cdot12\cdots m}$ 大,表示回归方程偏离度大;离回归标准误 $S_{y\cdot12\cdots m}$ 小,表示回归方程偏离度小。

对于【例 9-1】,计算得:

$$SS_y=70.6617$$
$$SS_{\mathrm{R}}=b_1SP_{1y}+b_2SP_{2y}+b_3SP_{3y}$$
$$=0.1283\times114.4530+0.0618\times76.2799-0.5546\times(-11.2966)$$
$$=25.6635$$
$$SS_{\mathrm{r}}=SS_y-SS_{\mathrm{R}}=70.6617-25.6635=44.9982$$
$$df_y=n-1=54-1=53,\ df_{\mathrm{R}}=m=3,df_{\mathrm{r}}=n-m-1=54-3-1=50$$

多元线性回归方差分析如表 9-2 所示。

**表 9-2 【例 9-1】三元线性回归方差分析表**

| 变异来源 | $SS$ | $df$ | $MS$ | $F$ | $F_\alpha$ |
|---|---|---|---|---|---|
| 回归 | 25.663 5 | 3 | 8.554 5 | 9.505 0** | $F_{0.01(3,50)}=4.20$ |
| 离回归 | 44.998 2 | 50 | 0.900 0 | | |
| 总变异 | 70.661 7 | 53 | | | |

$F$ 检验结果表明,瘦肉量 $y$ 与眼肌面积 $x_1$、胴体长 $x_2$、背膘厚 $x_3$ 间存在极显著的线性关系。

### 9.1.2.2 偏回归系数的假设检验

上述多元线性回归关系的假设检验只是一个综合性的检验,$F$ 值显著并不意味着每个自变量对 $y$ 的影响都是重要的。因此,还有必要对每一个自变量进行考查,即对每个偏回归系数进行检验。

如果某一自变量 $x_i$ 对 $y$ 的线性影响不显著,则在回归模型中的偏回归系数 $\beta_i$ 应为 0。故检验某一自变量 $x_i$ 对 $y$ 的线性影响是否显著相当于检验假设 $H_0:\beta_i=0\ (i=1,2,\cdots,m)$ 是否成立。

关于偏回归系数的假设检验有两种完全等价的检验方法,即 $t$ 检验和 $F$ 检验。

1. $t$ 检验

$$\begin{gathered}df=n-1-m\\ t_i=\frac{b_i}{S_{b_i}}\quad(i=1,2,\cdots,m)\end{gathered} \tag{9-15}$$

式中:$S_{b_i}=S_{y.12\cdots m}\cdot\sqrt{c_{ii}}$ 为偏回归系数标准误。

对于【例 9-1】,计算得:

$S_{y.123}=\sqrt{MS_r}=0.948\ 7$

$S_{b_1}=S_{y.123}\sqrt{c_{11}}=0.948\ 7\times\sqrt{0.001\ 187}=0.032\ 7$

$S_{b_2}=S_{y.123}\sqrt{c_{22}}=0.948\ 7\times\sqrt{0.001\ 671}=0.038\ 8$

$S_{b_3}=S_{y.123}\sqrt{c_{33}}=0.948\ 7\times\sqrt{0.089\ 707}=0.284\ 1$

$df_r=50$

$t_1=b_1/S_{b_1}=0.128\ 3/0.032\ 7=3.923\ 5^{**}$

$t_2=b_2/S_{b_2}=0.061\ 8/0.038\ 8=1.592\ 8$

$t_3=b_3/S_{b_3}=-0.554\ 6/0.284\ 1=-1.952\ 1$

由 $df_r=50$ 查附表 3 得：$t_{0.05(50)}=2.009$，$t_{0.01(50)}=2.678$；因为 $|t_1|>t_{0.01(50)}$，$|t_2|<t_{0.05(50)}$，$|t_3|<t_{0.05(50)}$，故表明：$y$ 对 $x_1$ 的偏回归系数 $b_1$ 极显著，$y$ 对 $x_2$、$x_3$ 的偏回归系数 $b_2$、$b_3$ 不显著。

2. $F$ 检验

在包含有 $m$ 个自变量的多元线性回归分析中，$m$ 越大，回归平方和 $SS_R$ 亦必然越大。如果取消一个自变量 $x_i$，则回归平方和将减少 $SS_{Ri}$。$SS_{Ri}$ 的计算公式为：

$$SS_{Ri}=\frac{b_i^2}{c_{ii}} \tag{9-16}$$

显然，$SS_{Ri}$ 的大小表示了 $x_i$ 对 $y$ 影响程度的大小，称为 $y$ 对 $x_i$ 的偏回归平方和。$y$ 对 $x_i$ 的偏回归自由度为 1，因而 $SS_{Ri}=b_i^2/c_{ii}$ 从数值上讲也等于 $y$ 对 $x_i$ 的偏回归均方。故由式(9-17)可对各偏回归系数的显著性进行 $F$ 检验：

$$df_1=1$$
$$df_2=n-m-1$$
$$F_i=\frac{b_i^2/c_{ii}}{MS_r}\quad (i=1,2,\cdots,m) \tag{9-17}$$

对于【例 9-1】，计算得：

$b_1^2/c_{11}=0.128\ 3^2/0.001\ 187=13.867\ 6$

$b_2^2/c_{22}=0.061\ 8^2/0.001\ 671=2.285\ 6$

$b_3^2/c_{33}=(-0.554\ 6)^2/0.089\ 707=3.428\ 7$

$$F_1=\frac{b_1^2/c_{11}}{MS_r}=13.867\ 6/0.900\ 0=15.408\ 4^{**}$$

$$F_2=\frac{b_2^2/c_{22}}{MS_r}=2.285\ 6/0.900\ 0=2.539\ 6$$

$$F_3=\frac{b_3^2/c_{33}}{MS_r}=3.428\ 7/0.900\ 0=3.809\ 7$$

由 $df_1=1$，$df_2=df_r=50$，查附表 4 得：$F_{0.05(1,50)}=4.03$，$F_{0.01(1,50)}=7.17$。因为 $F_1>F_{0.01(1,50)}$，$F_2<F_{0.05(1,50)}$，$F_3<F_{0.05(1,50)}$，表明偏回归系数 $b_1$ 极显著，偏回归系数 $b_2$、$b_3$ 都不显著。

对于偏回归系数的 $F$ 检验与回归关系的显著性检验常列成一个方差分析表，如表 9-3 所示。

表 9-3 【例 9-1】三元线性回归方差分析表

| 变异来源 | $SS$ | $df$ | $MS$ | $F$ | $F_\alpha$ |
|---|---|---|---|---|---|
| 回归 | 25.663 5 | 3 | 8.554 5 | 9.505 0** | $F_{0.01(3,50)}=4.20$ |
| $y$ 对 $x_1$ 的偏回归 | 13.867 6 | 1 | 13.867 6 | 15.408 4** | $F_{0.05(1,50)}=4.03$ |
| $y$ 对 $x_2$ 的偏回归 | 2.285 6 | 1 | 2.285 6 | 2.539 6 | $F_{0.01(1,50)}=1.17$ |
| $y$ 对 $x_3$ 的偏回归 | 3.428 7 | 1 | 3.428 7 | 3.809 7 | |
| 离回归 | 44.998 2 | 50 | 0.900 0 | | |
| 总变异 | 70.661 7 | 53 | | | |

对于偏回归关系的 $t$ 检验和 $F$ 检验是完全等价的，可以看出 $t_i=\sqrt{F_i}$。所以，在实际分析资料时可任选一种。

比较表 9-3 中总的回归平方和 $SS_R=25.663\ 5$ 和各偏回归平方和之和为 $\sum SS_{R_i}=13.867\ 6+2.285\ 6+3.428\ 7=19.581\ 9$，两者并不相等。这一矛盾是一种新的试验信息的反映。当多元线性回归分析中的各个自变量彼此独立、完全无关时，总的回归平方和等于各偏回归平方和之和。即

$$SS_R=\sum SS_{R_i}$$

当各自变量间存在相关时，则两者不相等。即

$$SS_R\neq\sum SS_{R_i}$$

这是由于各自变量间的相关使其对 $y$ 的效应发生了混淆的缘故。

### 9.1.3 自变量剔除与重新建立多元线性回归方程

当对显著的多元线性回归方程中各个偏回归系数进行显著性检验都为显著时，说明各个自变量对依变量的单纯影响都是显著的。若某一个或几个偏回归系数经显著性检验为不显著时，说明其对应的自变量对依变量的单纯影响不显著，或者说这些自变量在回归方程中是不重要的。此时可以从回归方程中剔除一个不显著的偏回归系数对应的自变量，重新建立少一个自变量的多元线性回归方程，再对新的多元线性回归方程或多元线性回归关系以及各个新的偏回归系数进行显著性检验，直至多元线性回归方程显著，并且各个偏回归系数都显著为止。此时的多元线性回归方程即为最优多元线性回归方程(the best multiple linear regression equation)。实际上，所谓的“最优”都是相对而言的。

#### 9.1.3.1 自变量的剔除

当经显著性检验有几个不显著的偏回归系数时，我们一次只能剔除一个不显著的偏回归系数对应的自变量。被剔除的自变量的偏回归系数，应该是所有不显著的偏回归系数中的 $F$ 值(或 $|t|$ 值、或偏回归平方和)为最小者。这是因为自变量之间往往存在着相关性，当剔除某一个不显著的自变量之后，其对依变量的影响很大部分有可能转加到另外不显著的自变量对依变量的影响上。如果同时剔除两个或两个以上不显著的自变量，那就会比较多地减少回

归平方和，从而影响利用回归方程进行估测的可靠程度。

### 9.1.3.2　重新进行少一个自变量的多元线性回归分析

我们一次剔除一个不显著的偏回归系数对应的自变量，不能简单地理解为只需把被剔除的自变量从多元线性回归方程中去掉就行了。这是因为自变量间往往存在相关性，剔除一个自变量，其余自变量的偏回归系数的数值将发生改变，因此回归方程的显著性检验、偏回归系数的显著性检验也都必须重新进行，也就是说应该重新进行少一个自变量的多元线性回归分析。

设依变量 $y$ 与自变量 $x_1, x_2, \cdots, x_m$ 的 $m$ 元线性回归方程为：

$$\hat{y} = b_0 + b_1 x_1 + b_2 x_2 + \cdots + b_m x_m$$

如果自变量 $x_i$ 被剔除，则 $m-1$ 元线性回归方程为：

$$\hat{y} = b'_0 + b'_1 x_1 + \cdots + b'_{i-1} x_{i-1} + b'_{i+1} x_{i+1} + \cdots + b'_m x_m \tag{9-18}$$

我们可以应用前面介绍过的 $m$ 元线性回归方程的建立方法根据实际观测数据建立 $m-1$ 元线性回归方程，但是这需要重新进行大量的计算。下面介绍利用 $m$ 元线性回归方程与 $m-1$ 元线性回归方程的对应偏回归系数 $b_j$ 与 $b'_j$ 的关系以及 $m$ 元正规方程组系数矩阵逆矩阵 $\boldsymbol{C}$ 的元素与 $m-1$ 元正规方程组系数矩阵逆矩阵 $\boldsymbol{C}'$ 的元素之间的关系建立 $m-1$ 元线性回归方程的方法。

可以证明，$m-1$ 元线性回归方程中的偏回归系数 $b'_j$ 与 $m$ 元线性回归方程中偏回归系数 $b_j$ 之间有如下关系：

$$b'_j = b_j - \frac{c_{ij}}{c_{ii}} b_i \qquad (j = 1, 2, \cdots, i-1, i+1, \cdots, m) \tag{9-19}$$

式(9-19)说明了可以利用原来的 $m$ 元线性回归方程中的偏回归系数 $b_j$、$b_i$ 和 $m$ 元正规方程组系数矩阵的逆矩阵 $\boldsymbol{C}$ 的元素 $c_{ij}$、$c_{ii}$ 来计算剔除自变量 $x_i$ 之后新的 $m-1$ 元线性回归方程中的各偏回归系数。

新的 $m-1$ 元线性回归方程中常数项 $b'_0$ 由式(9-20)计算：

$$b'_0 = \bar{y} - b'_1 \bar{x}_1 - \cdots - b'_{i-1} \bar{x}_{i-1} - b'_{i+1} \bar{x}_{i+1} - \cdots - b'_m \bar{x}_m \tag{9-20}$$

于是，我们利用式(9-19)和式(9-20)可以方便地算出新的 $m-1$ 元线性回归方程中的各个偏回归系数及常数项，建立剔除一个自变量 $x_i$ 之后新的 $m-1$ 元线性回归方程(9-18)。

设式(9-18)中的偏回归系 $b'_1, b'_2, \cdots, b'_{i-1}, b'_{i+1}, \cdots, b'_m$ 的正规方程组系数矩阵的逆矩阵为 $\boldsymbol{C}'$，其各元素为 $c'_{jk}$ ($j$、$k = 1, 2, \cdots, i-1, i+1, \cdots, m$)。

还可以证明：

$$c'_{jk} = c_{jk} - \frac{c_{ji} c_{ki}}{c_{ii}} \tag{9-21}$$

式中：$c_{jk}$、$c_{ji}$、$c_{ki}$、$c_{ii}$ 均为 $m$ 元正规方程组系数矩阵逆矩阵 $\boldsymbol{C}$ 的元素。

通过上述公式，我们可非常方便地计算出新的 $m-1$ 阶逆矩阵 $\boldsymbol{C}'$ 的各元素，以进行 $m-1$

元线性回归方程的偏回归系数 $b'_j$ 的显著性检验。

在重新建立 $m-1$ 元线性回归方程之后，仍然需要对 $m-1$ 元线性回归关系和偏回归系数 $b'_j$ 进行显著性检验，方法同前。但一些统计量需要重新进行计算。

对于式(9-18)：

回归平方和 $SS'_R=b'_1SP_{1y}+\cdots+b'_{i-1}SP_{i-1,y}+b'_{i+1}SP_{i+1,y}+\cdots+b'_mSP_{my}$

回归自由度 $df'_R=m-1$

离回归平方和 $SS'_r=SS_y-SS'_R$

离回归自由度 $df'_r=n-m$

对偏回归系数 $b'_j$ 进行显著性检验时：

$$t_{b'_j}=\frac{b'_j}{S_{b'_j}}$$

$$df=n-m$$

$$S_{b'_j}=S'_r\sqrt{c'_{jj}}$$

$$S'_r=\sqrt{\frac{SS'_r}{n-m}}=\sqrt{MS'_r}$$

$MS'_r$ 为新的离回归均方。

新的偏回归平方和为：

$$SS_{R'_j}=\frac{b'^2_j}{c'_{jj}}$$

$$F_{b'_j}=\frac{MS_{R'_j}}{MS'_r}=\frac{SS_{R'_j}}{MS'_r}=\frac{\dfrac{b'^2_j}{c'_{jj}}}{MS'_r}\quad (df_1=1,df_2=n-m)$$

重复上述步骤，直至回归方程显著以及各偏回归系数都显著为止，即建立了最优多元线性回归方程。

对于【例 9-1】，3 个偏回归系数中 $b_2$、$b_3$ 不显著，但 $x_2$ 的偏回归平方和最小，因而先剔除自变量 $x_2$。剔除 $x_2$ 后，由式(9-19)、式(9-20)计算新方程 $b'_1$、$b'_3$（这里 $i=2,j=1,3$）和 $b'_0$：

$$b'_1=b_1-\frac{c_{21}}{c_{22}}\cdot b_2=0.128\,3-\frac{-0.000\,040}{0.001\,671}\times 0.061\,8=0.129\,8$$

$$b'_3=b_3-\frac{c_{23}}{c_{22}}\cdot b_2=(-0.554\,6)-\frac{0.005\,410}{0.001\,671}\times 0.061\,8=-0.754\,7$$

$$b'_0=\bar{y}-b'_1\bar{x}_1-b'_3\bar{x}_3=20.091\,1-0.129\,8\times 28.720\,0-(-0.754\,7)\times 2.350\,0$$
$$=18.136\,8$$

重新建立的二元线性回归方程为：

$$\hat{y}=18.136\,8+0.129\,8x_1-0.754\,7x_3$$

对二元线性回归方程进行显著性检验，这里不再列出详细计算步骤，仅列出表 9-4 所示的方差分析表。

**表 9-4　【例 9-1】二元线性回归方差分析表**

| 变异来源 | $SS$ | $df$ | $MS$ | $F$ | $F_{\alpha}$ |
|---|---|---|---|---|---|
| 回归 | 23.381 5 | 2 | 11.690 8 | 12.610 1** | $F_{0.01(2,50)}=5.06$ |
| $y$ 对 $x_1$ 的偏回归 | 14.205 8 | 1 | 14.205 8 | 15.322 8** | $F_{0.05(1,50)}=7.17$ |
| $y$ 对 $x_3$ 的偏回归 | 7.889 7 | 1 | 7.889 7 | 8.510 1** | |
| 离回归 | 47.280 2 | 51 | 0.927 1 | | |
| 总变异 | 70.661 7 | 53 | | | |

检验结果表明：猪的瘦肉量（$y$）与眼肌面积（$x_1$）、背膘厚（$x_3$）有着极显著的线性回归关系。当背膘厚保持不变时，眼肌面积每增加 1 cm$^2$，瘦肉量平均增加 0.129 8 kg；而当眼肌面积保持不变时，背膘厚每增加 1 cm，瘦肉量平均减少 0.754 4 kg。

这一方程的离回归标准误(偏离度)为：

$$S_{y.13}=\sqrt{MS_r}=\sqrt{0.927\,1}=0.962\,9(\text{kg})$$

#### 9.1.3.3　最优回归方程的统计选择

所谓最优回归方程是指在多元线性回归分析中，包含所有对 $y$ 影响显著的自变量、不包含对 $y$ 影响不显著的自变量的回归方程。选择最优回归方程的方法有以下 4 种。

①逐个比较法。从所有可能的自变量组合的线性回归方程中挑选最优者。比如研究有 4 个自变量的情况，应从包含 1 个自变量、2 个自变量、3 个自变量和 4 个自变量的一共有 $C_4^1+C_4^2+C_4^3+C_4^4=2^4-1=15$ 个回归方程中挑选最优者。若有 10 个自变量，则应从 $2^{10}-1=1\,023$ 个回归方程中挑选最优者。这种方法当然总可以找到一个最优回归方程，然而计算工作量实在太大，实际上是行不通的。

②逐个剔除法。从包含全部自变量的回归方程中逐次剔除出不显著的自变量，直到只包含对 $y$ 影响显著的自变量为止。这种方法在自变量不多且不显著的自变量也不多的情况下，常常使用。但在自变量较多、特别是不显著的自变量很多的情况下，计算量仍然是相当大的。

③逐个引进法。从一个自变量开始把自变量逐个引入回归方程，每一步都是将在当时的情形下把对 $y$ 影响最大的那个自变量引入回归方程，且这个自变量在刚引入回归方程时经过显著性检验为显著。这种方法的要点是：先计算 $y$ 与各个自变量的相关系数，先将相关系数绝对值最大的一个自变量引入回归方程，经显著性检验如为显著的则保留。然后计算 $y$ 与其余自变量的偏相关系数，将偏相关系数绝对值最大的一个自变量引入回归方程，经显著性检验如为显著的则保留，如为不显著则不再引入。这种方法只是对自变量的引入把关，自变量引入之后，不论以后是否变成不显著，概不剔除。因此，用这种方法得到的回归方程，不一定是最优回归方程，即不保证其中所有自变量都是显著的。这是因为各自变量之间存在相关性，当引入新的自变量之后，原有的自变量就不一定仍然显著。

④逐步回归(stepwise regression)法。逐步回归法亦称逐步回归分析。在考虑的所有可能的自变量中，按自变量对 $y$ 作用的显著程度，从大到小地依次逐个地引入回归方程。引入自变量的条件是该自变量的偏回归平方和经检验为显著的。同时每引入一个新的自变量之后，都要对先引入的各个自变量逐个进行显著性检验，将偏回归平方和变为不显著的自变量剔

除。直到回归方程中再也不能剔除任一自变量，同时也不能再引入自变量为止。此时保证最后得到的回归方程中所有的自变量都是显著的，即建立了最优回归方程。逐步回归法虽然计算量大，由于已有电算程序可资利用，是实际应用最多的一种选择最优回归方程的方法。

#### 9.1.3.4 自变量的相对重要性

最优多元线性回归方程中包含的自变量 $x_i$ 都对依变量 $y$ 有显著作用，偏回归系 $b_i$ 表示了 $x_i$ 对 $y$ 的具体效应。当在实际应用中，我们经常需要评定这些显著自变量的相对重要性，以便抓住关键因素，达到调整和控制依变量的目的。

1. 标准偏回归系数（standard partial regression coefficient）的比较

一般来说，偏回归系数本身并不能正确反映自变量的相对重要性。其原因有二：一是 $b_i$ 是带有具体单位的，单位不同则无从比较；二是即使单位相同，若 $x_i$ 的变异不同，也不能比较。但如果对 $b_i$ 进行标准化，即在分子和分母分别除以 $y$ 和 $x_i$ 的标准差，就可消除单位和变异不同的影响，获得一个表示 $x_i$ 对 $y$ 相对重要性的标准化的偏回归系数，称为通径系数（path coefficient，记作 $p_i$）。其公式为：

$$p_i=b_i\frac{\dfrac{1}{\sqrt{\dfrac{SS_y}{n-1}}}}{\dfrac{1}{\sqrt{\dfrac{SS_i}{n-1}}}}=b_i\cdot\frac{S_{x_i}}{S_y}=b_i\sqrt{\frac{SS_i}{SS_y}} \tag{9-22}$$

通径系数的统计意义是：若 $x_i$ 增加一个标准差单位，$y$ 将增加（$p_i>0$）或减少（$p_i<0$）$p_i$ 个标准差单位。关于通径系数的性质等内容将在本章第 3 节介绍。

标准偏回归系数为不带单位的相对数，其绝对值的大小可以衡量对应的自变量对依变量作用的相对重要性。多元线性回归分析中，在各自变量之间无显著相关的情况下，可以比较各标准偏回归系数绝对值的大小，大者，其对应的自变量对依变量的作用是主要的。

2. 偏回归平方和的比较

在多元线性回归分析中，当自变量间存在着显著相关时，或者当无法判断各自变量间的相关性时，应通过比较各自变量的偏回归平方和 $SS_{b_i}$（$i=1,2,\cdots,m$）的大小来判断各自变量对依变量影响的主次，凡是偏回归平方和大的自变量，其对依变量的作用一定是主要的。

对于【例 9-1】建立的最优二元线性回归方程：

$$\hat{y}=18.1368+0.1298x_1-0.7547x_3$$

已算得 $SS_{R'_1}=14.2058$，$SS_{R'_3}=7.8897$。

因为 $SS_{R'_1}>SS_{R'_3}$，所以在上述二元线性回归方程中，自变量 $x_1$（眼肌面积）对依变量 $y$（瘦肉量）的影响是主要的。

在多元线性回归分析中，建立了依变量 $y$ 对 $m$ 个自变量 $x_1,x_2,\cdots,x_m$ 的多元线性回归方程之后，除了判断各个自变量对依变量的影响是否显著之外，在实际应用中，主要目的是利用回归方程进行估计、预测和控制。在这里，估计是指在给定了 $m$ 个自变量在试验范围内的一组特定值（$x_{1k},x_{2k},\cdots,x_{mk}$）后对依变量 $y$ 的期望值进行估计，以及对多元线性回归模型中 $\beta_0$、$\beta_i$ 的估计；而预测是指在给定了 $m$ 个自变量在试验范围内的一组特定值（$x_{1k},x_{2k},\cdots,$

$x_{mk}$）后对依变量的 $y$ 一个可能取值进行估计（预测）。由回归方程算得的依变量 $y$ 的回归估计值 $\hat{y}_k$ 实际上是依变量 $y$ 在（$x_{1k}$，$x_{2k}$，…，$x_{mk}$）处的总体平均数的 $\mu_{y/12\cdots m}$ 点估计（point estimate），也是依变量 $y$ 在（$x_{1k}$，$x_{2k}$，…，$x_{mk}$）处的单个值 $y_k$ 的点估计。多元线性回归的区间估计（interval estimate）（或预测），是在（$x_{1k}$，$x_{2k}$，…，$x_{mk}$）处对依变量 $y$ 的总体平均数 $\mu_{y/12\cdots m}$、依变量 $y$ 的单个值 $y_k$ 以及 $\beta_0$、$\beta_i$ 进行区间估计（或预测）。相关的内容参阅二维码 9-2。

**二维码 9-2　多元线性回归的区间估计及预测**

## 9.2　复相关与偏相关

### 9.2.1　复相关

#### 9.2.1.1　复相关系数的意义和计算

复相关（multiple correlation）亦称多元相关，是指一个变量和另一组变量的综合作用的相关。度量复相关程度的量称为复相关系数或多元相关系数，用 $R$ 表示。从相关关系的性质来看，复相关并无自变量和依变量之分。

关于复相关系数的计算可从两方面加以讨论。

一是，设有 $M$ 个变量 $x_1$，$x_2$，…，$x_M$，首先计算它们之间的简单相关（直线相关）系数，并将这些相关系数列在一个矩阵 $\boldsymbol{Q}$ 中，如式(9-23)所示。

$$\boldsymbol{Q}=\{r_{ij}\}_{M\times M}=\begin{bmatrix} 1 & r_{12} & r_{13} & \cdots & r_{1M} \\ r_{21} & 1 & r_{23} & \cdots & r_{2M} \\ r_{31} & r_{32} & 1 & \cdots & r_{3M} \\ \vdots & \vdots & \vdots & & \vdots \\ r_{M1} & r_{M2} & r_{M3} & \cdots & 1 \end{bmatrix} \tag{9-23}$$

式中：$r_{ij}=r_{ji}$ $(i,j=1,2,\cdots,M)$。

式(9-23)矩阵称为相关系数矩阵，简称相关矩阵。求其逆矩阵，设逆矩阵为：

$$\boldsymbol{Q}^{-1}=\boldsymbol{C}=\begin{bmatrix} c_{11} & c_{12} & c_{13} & \cdots & c_{1M} \\ c_{21} & c_{22} & c_{23} & \cdots & c_{2M} \\ c_{31} & c_{32} & c_{33} & \cdots & c_{3M} \\ \vdots & \vdots & \vdots & & \vdots \\ c_{M1} & c_{M2} & c_{M3} & \cdots & c_{MM} \end{bmatrix} \tag{9-24}$$

利用矩阵 $\boldsymbol{C}$，变量 $x_i$ $(i=1,2,\cdots,M)$ 与其他变量的复相关系数可由式(9-25)计算：

$$R_{i.\text{其他}}=\sqrt{1-\frac{1}{c_{ii}}} \tag{9-25}$$

式中：$c_{ii}$ 为矩阵 $\boldsymbol{C}$ 中的第 $i$ 个对角线元素。

特别地，如果只有 3 个变量 $x_1$、$x_2$、$x_3$，则 3 个复相关系数如式(9-26)所示：

$$\begin{cases} R_{1\cdot 23}=\sqrt{\dfrac{r_{12}^2+r_{13}^2-2r_{12}r_{13}r_{23}}{1-r_{23}^2}} \\ R_{2\cdot 13}=\sqrt{\dfrac{r_{12}^2+r_{23}^2-2r_{12}r_{23}r_{13}}{1-r_{13}^2}} \\ R_{3\cdot 12}=\sqrt{\dfrac{r_{13}^2+r_{23}^2-2r_{13}r_{23}r_{12}}{1-r_{12}^2}} \end{cases} \tag{9-26}$$

二是,在多元线性回归分析中,由于依变量 $y$ 对 $m$ 个自变量的回归平方和 $SS_R$ 占 $y$ 的总平方和 $SS_y$ 的比率越大,则表明 $y$ 和 $m$ 个自变量的总相关越密切,因此定义式(9-27)为 $y$ 与 $x_1, x_2, \cdots, x_m$ 的相关指数(correlation index),亦称决定系数(determination coefficient)。相关指数表示用回归方程进行预测的可靠程度。

$$R^2=\frac{SS_R}{SS_y} \tag{9-27}$$

定义式(9-28)为 $y$ 与 $x_1, x_2, \cdots, x_m$ 的复相关系数(multiple correlation coefficient)。

$$R=\sqrt{\frac{SS_R}{SS_y}} \tag{9-28}$$

复相关系数表示 $y$ 与 $x_1, x_2, \cdots, x_m$ 线性关系的密切程度。由复相关系数定义可知,$R$ 的取值范围在[0,1]之间。在一定自由度下,$R$ 的值越接近 1,复相关越密切。由于 $\hat{y}$ 包含了 $x_1, x_2, \cdots, x_m$ 的影响,所以 $y$ 与 $x_1, x_2, \cdots, x_m$ 的复相关也相当于 $y$ 与 $\hat{y}$ 的简单相关,即 $r_{y\hat{y}}$。

式(9-28)直接给出了在多元线性回分析中依变量 $y$ 与 $m$ 个自变量的复相关系数的计算方法。如在【例 9-1】中,因为 $SS_R=23.3815$ (剔除 $x_2$ 后),$SS_y=70.6617$,所以复相关系数 $R=\sqrt{SS_R/SS_y}=\sqrt{23.3815/70.6617}=0.5752$。

### 9.2.1.2 复相关系数的假设检验

对复相关系数的假设检验与对多元线性回归关系的假设检验是等价的,采用 $F$ 检验。由式(9-27)可得,$SS_R=R^2SS_y$,$SS_r=(1-R^2)SS_y$,所以检验统计量 $F$ 为:

$$F=\frac{\dfrac{SS_R}{df_R}}{\dfrac{SS_r}{df_r}}=\frac{\dfrac{R^2SS_y}{m}}{\dfrac{(1-R^2)SS_y}{n-m-1}}=\frac{R^2}{1-R^2}\cdot\frac{n-m-1}{m}\sim F(m,n-m-1) \tag{9-29}$$

此外,由于在 $df_1$ 和 $df_2$ 一定时,给定显著水平 $\alpha$ 下的 $F$ 值一定,因此,由式 (9-29)可获得达到显著水平 $\alpha$ 时的临界 $R_\alpha$ 值,即式(9-30)。

$$R_\alpha=\sqrt{\frac{mF}{(n-m-1)+mF}}=\sqrt{\frac{df_1F}{df_2+df_1F}} \tag{9-30}$$

例如,在 $df_1=m=3$,$df_2=n-m-1=50$ 时,$F_{0.05(3,50)}=2.79$,$F_{0.01(3,50)}=4.20$,由式(9-30)得:

$$R_{0.05}=\sqrt{\frac{3\times 2.79}{50+3\times 2.79}}=0.379 \qquad R_{0.01}=\sqrt{\frac{3\times 4.20}{50+3\times 4.20}}=0.449$$

此即在 $M=m+1=4$，$df_r=50$ 时，$\alpha=0.05$ 和 $\alpha=0.01$ 的临界 $R$ 值。

由式(9-30)算得各临界 $R_\alpha$ 值列于附表10。因此，得到 $R$ 后，只要查附表10就能确定其显著性，即将复相关系数 $R$ 与根据离回归自由度 $df_r$、变量(包括依变量和自变量)个数 $M$ 查附表10所得临界 $R_{\alpha(M,df_r)}$ 值做比较，从而得出统计推断。若 $R<R_{0.05(M,df_r)}$，则 $p>0.05$，$R$ 不显著；若 $R_{0.05(M,df_r)}\leqslant R<R_{0.01(M,df_r)}$，则 $0.01<p\leqslant 0.05$，$R$ 显著；若 $R\geqslant R_{0.01(M,df_r)}$，则 $p\leqslant 0.01$，$R$ 极显著。

对于【例9-1】，由 $df_r=50$，$M=4$(未剔除 $x_2$)，查附表10得 $R_{0.01(4,50)}=0.449$，因为 $R=0.6027>R_{0.01(4,50)}$，故 $p<0.01$，复相关系数 $R$ 极显著。表明瘦肉量 $y$ 与眼肌面积 $x_1$、胴体长 $x_2$ 和背膘厚 $x_3$ 存在极显著的线性关系。

### 9.2.2 偏相关

#### 9.2.2.1 偏相关系数的意义及计算

当多个变量间彼此相互影响时，两个变量间的相关要受到其他变量的影响，因而变量间的两两简单相关(直线相关)系数往往不能反映两个变量间的真正关系。只有在其他变量保持不变的情况下，计算它们之间的相关系数才有意义，这样的相关系数称为偏相关系数(partial correlation coefficient)。如有 $M$ 个变量 $x_1$，$x_2$，…，$x_M$，其中的 $x_i$ 和 $x_j$ 的偏相关系数记作：

$$r_{ij\cdot 1,2,\cdots,i-1,i+1,\cdots,j-1,j+1,\cdots,M} \quad 或 \quad r_{ij\cdot}$$

偏相关亦称"净相关""纯相关"或"条件相关"。根据被固定的变量(点后面的变量)为0,1,2,…,可将偏相关称为0级偏相关、一级偏相关、二级偏相关、……。0级偏相关又称为简单相关。

偏相关系数表示了在其他 $M-2$ 个变量都保持不变时，指定的两个变量间相关的密切程度和性质，其取值范围与简单相关系数一样，也是$[-1,1]$。

偏相关系数可由简单相关系数递推计算，以3个变量 $x_1$、$x_2$、$x_3$ 为例，一级偏相关系数的计算公式为：

$$\begin{cases} r_{12\cdot 3}=\dfrac{r_{12}-r_{13}r_{23}}{\sqrt{(1-r_{13}^2)(1-r_{23}^2)}} \\ r_{13\cdot 2}=\dfrac{r_{13}-r_{12}r_{32}}{\sqrt{(1-r_{12}^2)(1-r_{32}^2)}} \\ r_{23\cdot 1}=\dfrac{r_{23}-r_{21}r_{31}}{\sqrt{(1-r_{21}^2)(1-r_{31}^2)}} \end{cases} \tag{9-31}$$

由式(9-31)看到，要计算一级偏相关系数须先计算出零级偏相关系数，即简单相关系数。

在算出一级偏相关系数后，又可用它们来计算二级偏相关系数。如设4个相关变量，二级偏相关系数共有6个，即 $r_{12\cdot 34}$、$r_{13\cdot 24}$、$r_{14\cdot 23}$、$r_{23\cdot 14}$、$r_{24\cdot 13}$、$r_{34\cdot 12}$，其计算公式为：

$$\begin{cases} r_{12\cdot 34}=\dfrac{r_{12\cdot 3}-r_{14\cdot 3}r_{24\cdot 3}}{\sqrt{(1-r_{14\cdot 3}^2)(1-r_{24\cdot 3}^2)}} & r_{13\cdot 24}=\dfrac{r_{13\cdot 2}-r_{14\cdot 2}r_{34\cdot 2}}{\sqrt{(1-r_{14\cdot 2}^2)(1-r_{34\cdot 2}^2)}} \\ r_{14\cdot 23}=\dfrac{r_{14\cdot 2}-r_{13\cdot 2}r_{43\cdot 2}}{\sqrt{(1-r_{13\cdot 2}^2)(1-r_{43\cdot 2}^2)}} & r_{23\cdot 14}=\dfrac{r_{23\cdot 1}-r_{24\cdot 1}r_{34\cdot 1}}{\sqrt{(1-r_{24\cdot 1}^2)(1-r_{34\cdot 1}^2)}} \\ r_{24\cdot 13}=\dfrac{r_{24\cdot 1}-r_{23\cdot 1}r_{43\cdot 1}}{\sqrt{(1-r_{23\cdot 1}^2)(1-r_{43\cdot 1}^2)}} & r_{34\cdot 12}=\dfrac{r_{34\cdot 1}-r_{32\cdot 1}r_{42\cdot 1}}{\sqrt{(1-r_{32\cdot 1}^2)(1-r_{42\cdot 1}^2)}} \end{cases} \tag{9-32}$$

偏相关系数也可用简单相关系数矩阵的逆矩阵来计算。设有 $M$ 个相关变量，其中两个变量 $x_i$、$x_j$ $(i \neq j)$ 的 $M-2$ 级偏相关系数记为 $r_{ij}$，共有 $\frac{M(M-1)}{2}$ 个。

$M-2$ 级偏相关系数的计算方法如下：

用简单相关系数 $r_{ij}$ $(i,j=1,2,\cdots,M)$ 组成相关系数矩阵 $\boldsymbol{Q}$[如式(9-23)]，然后求其逆矩阵[如式(9-24)]，则 $x_i$ 与的 $x_j$ 的 $M-2$ 级偏相关系数的计算公式如下：

$$r_{ij\cdot}=\frac{-c_{ij}}{\sqrt{c_{ii}\cdot c_{jj}}} \tag{9-33}$$

$\boldsymbol{Q}$ 的主对角线元素 $r_{ii}$ 为各个变量的自身相关系数，都等于1；该矩阵是以主对角线为轴而对称的，即 $r_{ij}=r_{ji}$。

【例 9-2】 试由【例 9-1】资料计算二级偏相关系数 $r_{1y\cdot 23}$、$r_{2y\cdot 13}$、$r_{3y\cdot 12}$。

由【例 9-1】的 $SP_{1y}$、$SP_{2y}$、$SS_{3y}$、$SP_{12}$、$SP_{13}$、$SP_{23}$、$SS_1$、$SS_2$、$SS_3$、$SS_y$ 可算得简单相关系数：

$$r_{y1}=0.468\,049 \qquad r_{12}=0.051\,217$$
$$r_{y2}=0.332\,326 \qquad r_{13}=-0.057\,717$$
$$r_{y3}=-0.360\,470 \qquad r_{23}=-0.443\,534$$

相关系数矩阵为：

$$\boldsymbol{Q}=\begin{bmatrix} 1 & r_{12} & r_{13} & r_{1y} \\ r_{21} & 1 & r_{23} & r_{2y} \\ r_{31} & r_{32} & 1 & r_{3y} \\ r_{y1} & r_{y2} & r_{y3} & 1 \end{bmatrix}=\begin{bmatrix} 1 & 0.051\,217 & -0.057\,717 & 0.468\,049 \\ 0.051\,217 & 1 & -0.443\,534 & 0.332\,326 \\ -0.057\,717 & -0.443\,534 & 1 & -0.360\,470 \\ 0.468\,049 & 0.332\,326 & -0.360\,470 & 1 \end{bmatrix}$$

其逆矩阵为：

$$\boldsymbol{Q}^{-1}=\boldsymbol{C}=\begin{bmatrix} 1.313\,018\,129 & 0.107\,598\,501 & -0.127\,475\,884 & -0.696\,265\,834 \\ 0.107\,598\,501 & 1.309\,039\,976 & 0.473\,352\,451 & -0.314\,760\,032 \\ -0.127\,475\,884 & 0.473\,352\,451 & 1.341\,736\,646 & 0.386\,013\,442 \\ -0.696\,265\,834 & -0.314\,760\,032 & 0.386\,013\,442 & 1.569\,635\,735 \end{bmatrix}$$

由式(9-33)得：

$$r_{1y\cdot 23}=\frac{-c_{y1}}{\sqrt{c_{11}c_{yy}}}=\frac{-(-0.696\,265\,834)}{\sqrt{1.313\,018\,129\times 1.569\,635\,735}}=0.485\,0$$

$$r_{2y\cdot 13}=\frac{-c_{y2}}{\sqrt{c_{22}c_{yy}}}=\frac{-(-0.314\,760\,032)}{\sqrt{1.309\,039\,976\times 1.569\,635\,735}}=0.219\,6$$

$$r_{3y\cdot 12}=\frac{-c_{y3}}{\sqrt{c_{33}c_{yy}}}=\frac{-0.386\,013\,442}{\sqrt{1.341\,736\,643\times 1.569\,635\,735}}=-0.266\,0$$

同样可以计算其余 3 个二级偏相关系数。可以验证用(式 9-32)计算的结果与用(9-33)式计算的结果是相同的。

### 9.2.2.2　偏相关系数的假设检验

偏相关系数的假设检验,其原理与简单相关系数的假设检验相同。对无效假设 $H_0:\rho_{ij\cdot}=0$ 可用如下检验统计量进行 $t$ 检验:

$$t=\frac{r_{ij\cdot}}{S_{r_{ij\cdot}}}=\frac{r_{ij\cdot}}{\sqrt{\dfrac{1-r_{ij\cdot}^2}{n-M}}}\sim t_{(n-M)} \tag{9-34}$$

式中:$S_{r_{ij}\cdot}=\sqrt{\dfrac{1-r_{ij\cdot}^2}{n-M}}$ 为偏相关系数的标准误。

可用式(9-35)进行 $F$ 检验:

$$F=\frac{r_{ij\cdot}^2}{\dfrac{1-r_{ij\cdot}^2}{n-M}}\sim F_{(1,n-M)} \tag{9-35}$$

由式(9-34)可得检验【例 9-2】3 个偏相关系数的 $t$ 值:

$$t_{1y\cdot}=\frac{r_{1y\cdot}}{\sqrt{\dfrac{1-r_{1y\cdot}^2}{n-M}}}=\frac{0.4850}{\sqrt{\dfrac{1-0.4850^2}{54-4}}}=3.9216^{**}$$

$$t_{2y\cdot}=\frac{r_{2y\cdot}}{\sqrt{\dfrac{1-r_{2y\cdot}^2}{n-M}}}=\frac{0.2196}{\sqrt{\dfrac{1-0.2196^2}{54-4}}}=1.5917$$

$$t_{3y\cdot}=\frac{r_{3y\cdot}}{\sqrt{\dfrac{1-r_{3y\cdot}^2}{n-M}}}=\frac{-0.2660}{\sqrt{\dfrac{[1-(-0.2660)^2]}{54-4}}}=-1.9512$$

由 $df=n-M=54-4=50$,查附表 3 得临界 $t$ 值 $t_{0.05(50)}=2.009$, $t_{0.01(50)}=2.678$。因为 $|t_{1y}|>2.678$、$|t_{2y}|<2.009$、$|t_{3y}|<2.009$,所以 $r_{1y\cdot}$ 极显著,$r_{2y\cdot}$ 和 $r_{3y\cdot}$ 不显著。

注意:此处 $r_{1y\cdot}$、$r_{2y\cdot}$、$r_{3y\cdot}$ 的 $t$ 值和 9.1.2.2 中检验偏回归系数 $b_1$、$b_2$、$b_3$ 时的 $t$ 值是一样的(小数部分的差异是计算误差所致),故偏相关系的假设检验和相应的偏回归系数的假设检验是等价的。

将 $df=n-M$ 代入(9-34)式并移项,可得到给定自由度 $df$ 和显著水平 $\alpha$ 时的临界 $r_{ij\cdot}$ 值。即

$$r_{ij\cdot}=\sqrt{\frac{t^2}{df+t^2}} \tag{9-36}$$

$df=50$ 时,$t_{0.05(50)}=2.009$,$t_{0.01(50)}=2.678$ 由式(9-36)得:

$$r_{ij\cdot_{0.05}}=\sqrt{\frac{2.009^2}{50+2.009^2}}=0.273 \qquad r_{ij\cdot_{0.01}}=\sqrt{\frac{2.678^2}{50+2.678^2}}=0.354$$

这些结果都列于附表 10。所以,由 $df=n-M$ 查附表 10 中变数个数为 2 那一列得临

界 $r$ 值 $r_{0.05(n-M)}$ 和 $r_{0.01(n-M)}$，将所求得的偏相关系数 $r_{ij.}$ 的绝对值与之比较即可确定 $r_{ij.}$ 的显著性。

#### 9.2.2.3 偏相关与简单相关、偏回归的关系

由以上分析可知，一个多变量资料由于各变量间存在不同程度的相关，会造成偏相关系数与简单相关系数在数值上的差异。以 3 个变量 $x_1$、$x_2$、$x_3$ 的情形为例，比较 $r_{12}$ 和 $r_{12\cdot3}$ 会出现以下几种情况：

①$r_{12}=r_{12\cdot3}$，表示 $x_1$ 和 $x_2$ 的相关程度及性质不受 $x_3$ 的影响。

②$|r_{12}|<|r_{12\cdot3}|$，表示 $x_1$ 和 $x_2$ 的相关程度因为 $x_3$ 的影响而减弱。

③$|r_{12}|>|r_{12\cdot3}|$，表示 $x_1$ 和 $x_2$ 的相关程度因为 $x_3$ 的影响而增强。

④$|r_{12}|>|r_{12\cdot3}|=0$，表示 $x_1$ 和 $x_2$ 的相关完全是因为 $x_3$ 的影响而引起的。

偏相关系数具有简单相关系数的一切基本性质。

在直线回归分析中我们曾指出简单相关系数的平方是正、反两个回归系数的乘积，亦即简单相关系数是正、反两个回归系数的几何平均数，在偏相关系数与偏回归系数之间也存在类似关系。设有 $M$ 个变量 $x_1$，$x_2$，… $x_M$，欲求其中的 $x_i$ 与 $x_j$ 的偏相关系数，先求 $x_i$ 对其他变量的多元线性回归方程，再求 $x_j$ 对其他变量的多元线性回归方程，则有：

$$|r_{ij}.|=\sqrt{b_{ij}\cdot b_{ji}} \tag{9-37}$$

式中：$b_{ij}$ 为 $x_i$ 对其他变量的多元线性回归方程中 $x_i$ 对 $x_j$ 的偏回归系数；$b_{ji}$ 为 $x_j$ 对其他变量的多元线性回归方程中 $x_j$ 对 $x_i$ 的偏回归系数。

在实际问题中，变量之间的相关关系并非都是线性的，这就给我们提出了非线性回归的问题。非线性相关关系是多种多样的，但由微积分的知识可知，任一连续可导函数都可以分段利用多项式来逼近它，因此在实际问题中，无论变量的相关关系如何复杂，总可以利用多项式作为模型来进行分析。关于多项式回归的过程请参阅相关的二维码内容（二维码 9-3）。

二维码 9-3 多项式回归

## 9.3 通径分析

在食品科学的多因素试验研究中，被研究对象的试验效应常与多因素之间存在因果关系。研究多个相关变量间的关系曾采用简单相关分析的方法，但这种分析具有较大的偏面性。采用多元线性回归分析和偏相关分析研究多变量之间的相互关系，虽然可以通过偏回归系数、偏相关系数说明自变量对依变量的直接作用及变量间的直接关系，但是对诸如某一自变量通过其他相关的自变量的间接作用，相关的自变量对依变量的共同作用以及自变量对依变量相对重要性的精确比较等问题并未得到很好解决。

由 S. Wright(1921)提出并经其他学者不断完善的通径分析(path analysis)在研究多个相关变量的关系中具有直观、精确等优点，因而应用非常广泛。在食品研究中，应用通径分析既有利于在一个多变量系统中更为深入清晰地分析变量间的相互关系从而抓住关键因素，也可为改进生产工艺、降低生产成本及提高产品质量等提供信息依据。现简要介绍通径分析基本

原理、方法及其应用。

### 9.3.1　通径系数与决定系数

#### 9.3.1.1　通径、相关线与通径图

先讨论一个依变量、二个自变量的情况。

设变量 $y$ 与 $x_1$、$x_2$ 间存在线性关系，回归方程式为：

$$\hat{y}=b_0+b_1x_1+b_2x_2$$

或
$$y=b_0+b_1x_1+b_2x_2+e \tag{9-38}$$

式中：$y$ 为依变量；$x_1$、$x_2$为自变量且彼此相关；$b_1$、$b_2$ 分别为 $y$ 对 $x_1$、$x_2$的偏回归系数；$e$ 为误差项；自变量与误差无相关。

可用图 9-1 表示这三个变量间的关系。在图 9-1 中，单箭头"⟶"表示变量间存在着因果关系，方向由原因到结果，称为通径(path)；双箭头"↙⌒↘"表示变量间存在着平行的互为因果的关系，称为相关线(correlation line)。这种用来表示相关变量间因果关系与平行关系的箭形图称为通径图(path chart)。

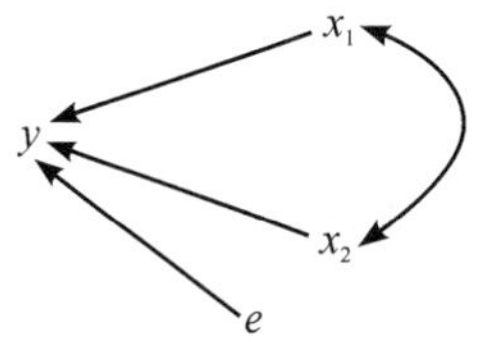


**图 9-1　自变量 $x_1$、$x_2$ 与依变量 $y$ 的通径图**

#### 9.3.1.2　通径系数与决定系数

因为偏回归系数 $b_1$、$b_2$ 都带有单位，一般不能直接由 $b_1$、$b_2$ 比较原因 $x_1$、$x_2$ 对结果 $y$ 影响的重要程度。为了能直接比较各原因对结果影响的重要程度，现将式(9-38)中各变量标准化。

由式(9-38)可得 $y$ 的平均数 $\bar{y}$ 为：

$$\bar{y}=b_0+b_1\bar{x}_1+b_2\bar{x}_2+\bar{e} \tag{9-39}$$

将式(9-38)两端分别减去式(9-39)的两端，得：

$$y-\bar{y}=b_1(x_1-\bar{x}_1)+b_2(x_2-\bar{x}_2)+(e-\bar{e}) \tag{9-40}$$

将式(9-40)两端同除以 $\sqrt{SS_y}$ 且做相应的恒等变形，得：

$$\frac{y-\bar{y}}{\sqrt{SS_y}}=b_1\frac{S_1}{S_y}\cdot\frac{x_1-\bar{x}_1}{\sqrt{SS_1}}+b_2\frac{S_2}{S_y}\cdot\frac{x_2-\bar{x}_2}{\sqrt{SS_2}}+\frac{S_e}{S_y}\cdot\frac{e-\bar{e}}{\sqrt{SS_e}} \tag{9-41}$$

式中：$S_1$、$S_2$、$S_e$ 分别为 $x_1$、$x_2$ 与误差项 $e$ 的标准差；$SS_1$、$SS_2$、$SS_e$、$SS_y$ 分别为 $x_1$、$x_2$、误差项 $e$、$y$ 的离均差平方和。$b_1\dfrac{S_1}{S_y}$、$b_2\dfrac{S_2}{S_y}$ 为变量标准化后的偏回归系数，是不带单位的相对数，分别表示 $x_1$、$x_2$ 对 $y$ 影响的相对重要程度和性质，称为原因到结果 $y$ 的通径系数(path coefficient)，记为 $p_{y\cdot 1}$、$p_{y\cdot 2}$；$\dfrac{S_e}{S_y}$ 称为误差项到结果的通径系数，记为 $p_{y.e}$ 故：

$$p_{y\cdot 1}=b_1\frac{S_1}{S_y},\quad p_{y\cdot 2}=b_2\frac{S_2}{S_y},\quad p_{y\cdot e}=\frac{S_e}{S_y} \tag{9-42}$$

对于通径系数应有下理解：

①通径系数是表示相关变量间因果关系的一个统计量。

②通径系数是标准化的偏回归系数，是没有单位的偏回归系数。

③在一定条件下(如直线回归分析中或各自变量互相独立时)，通径系数是自变量与依变量之间的相关系数。

④就通径系数所表示的因果关系来说，其具有回归系数的性质；就通径系数是不带有单位的相对数来说，它又具有相关系数的性质。

所以可以说通径系数是兼有回归系数和相关系数性质的一个统计量。

通径系数的平方称为决定系数(determination coefficient)，表示原因对结果的相对决定程度。$x_1$、$x_2$、$e$ 对 $y$ 的决定系数记为 $d_{y\cdot1}$、$d_{y\cdot2}$、$d_{y\cdot e}$，故：

$$d_{y\cdot1}=p_{y\cdot1}^2=\left(b_1\frac{S_1}{S_y}\right)^2,\quad d_{y\cdot2}=p_{y\cdot2}^2=\left(b_2\frac{S_2}{S_y}\right)^2,\quad d_{y\cdot e}=p_{y\cdot e}^2=\left(\frac{S_e}{S_y}\right)^2$$

一般地，若相关变量 $y$、$x_1,x_2,\cdots,x_m$ 间存在线性关系，$y$ 为依变量，$x_1,x_2,\cdots,x_m$ 为自变量，回归方程为：

$$\hat{y}=b_0+b_1x_1+b_2x_2+\cdots+b_mx_m$$

或
$$y=b_0+b_1x_1+b_2x_2+\cdots+b_mx_m+e \qquad (10\text{-}46)$$

则其通径图见图 9-2。

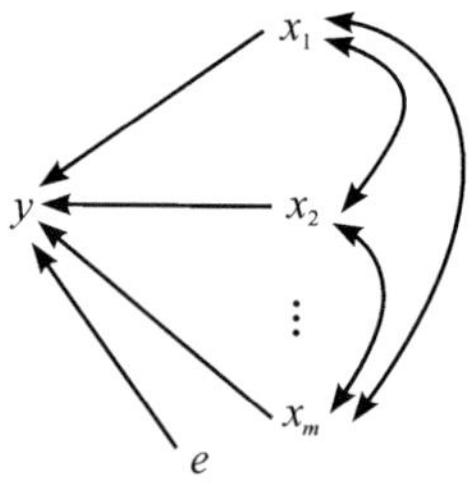


**图 9-2 自变量 $x_1,x_2,\cdots,x_m$ 与依变量 $y$ 的通径图**

$x_i(i=1,2\cdots,m)$与 $e$ 到 $y$ 的通径系数为：

$$p_{y\cdot i}=b_i\frac{S_i}{S_y},\quad p_{y\cdot e}=\frac{S_e}{S_y}$$

$x_i(i=1,2\cdots,m)$与 $e$ 对 $y$ 的决定系数为：

$$d_{y\cdot i}=p_{y\cdot i}^2=\left(b_i\frac{S_i}{S_y}\right)^2,\quad d_{y\cdot e}=p_{y\cdot e}^2=\left(\frac{S_e}{S_y}\right)^2$$

由上可知，通径分析就是标准化变量的多元线性回归分析，但又有所区别。

### 9.3.2 通径系数的性质

可以证明通径系数有如下性质：

**性质 1** 若 $\hat{y}=b_0+b_1x_1+b_2x_2$ 或 $y=b_0+b_1x_1+b_2x_2+e$ 且 $r_{12}\neq0$(图 9-1)，则：

$$\begin{cases}r_{1y}=p_{y\cdot1}+r_{12}p_{y\cdot2}\\ r_{2y}=p_{y\cdot2}+r_{21}p_{y\cdot1}\end{cases} \qquad (9\text{-}43)$$

对于式(9-43)可以进行如下通径分析：

由 $x_1$ 到 $y$ 有两条通径：一是直接通径 $x_1\rightarrow y$，通径系数为 $p_{y\cdot1}$，表示 $x_1$ 对 $y$ 的直接作用；二是间接通径 $x_1\leftrightarrow x_2\rightarrow y$(通径链)，其系数为 $r_{12}p_{y\cdot2}$(通径链系数为组成该通径链的全部通径系数与相关系数的乘积)，表示 $x_1$ 通过与其相关的 $x_2$ 对 $y$ 的间接作用。所以 $x_1$ 与 $y$ 的相关系数被剖分为 $x_1$ 对 $y$ 的直接作用与 $x_1$ 通过 $x_2$ 对 $y$ 的间接作用的代数和。

由 $x_2$ 到 $y$ 也有两条通径：$x_2\rightarrow y$ 和 $x_2\leftrightarrow x_1\rightarrow y$，可做同样分析。

式(9-43)可以改写为：

$$\begin{cases} p_{y\cdot1} + r_{12}p_{y\cdot2} = r_{1y} \\ p_{y\cdot2} + r_{21}p_{y\cdot1} = r_{2y} \end{cases}$$

显然，这是关于通径系数 $p_{y\cdot1}$、$p_{y\cdot2}$ 的二元一次联列方程组，它可以改写成矩阵形式：

$$\begin{bmatrix} 1 & r_{12} \\ r_{21} & 1 \end{bmatrix} \begin{bmatrix} p_{y\cdot1} \\ p_{y\cdot2} \end{bmatrix} = \begin{bmatrix} r_{1y} \\ r_{2y} \end{bmatrix} \tag{9-44}$$

如果相关系数 $r_{12}(r_{12}=r_{21})$、$r_{1y}$、$r_{2y}$ 已计算出，则可由式(9-43)或式(9-44)求出通径系数 $p_{y\cdot1}$、$p_{y\cdot2}$。

上述结果不难推广到多个自变量的情况：

若 $\hat{y}=b_0+b_1x_1+b_2x_2+\cdots+b_mx_m$ 或 $y=b_0+b_1x_1+b_2x_2+\cdots+b_mx_m+e$，且 $r_{ij}\neq 0$(图 9-2)，则

$$\begin{cases} p_{y\cdot1} + r_{12}p_{y\cdot2} + \cdots + r_{1m}p_{y\cdot m} = r_{1y} \\ r_{21}p_{y\cdot1} + p_{y\cdot2} + \cdots + r_{2m}p_{y\cdot m} = r_{2y} \\ \qquad \vdots \qquad\qquad\qquad\qquad \vdots \\ r_{m1}p_{y\cdot1} + r_{m2}p_{y\cdot2} + \cdots + p_{y\cdot m} = r_{my} \end{cases} \tag{9-45}$$

式(9-45)为关于通径系数 $p_{y\cdot1}$、$p_{y\cdot2}$，…，$p_{y\cdot m}$ 的正规方程组。从中可知，$x_i$ 与 $y$ 的相关系数 $r_{iy}$ 等于 $x_i$ 到 $y$ 的直接通径系数与 $x_i$ 通过与其相关的各 $x_j$ $(j\neq i)$ 对 $y$ 的所有间接通径链系数的代数和，亦即 $x_i$ 与 $y$ 的相关系数 $r_{iy}$ 被剖分为 $x_i$ 对 $y$ 的直接作用和间接作用的代数和。其矩阵形式为：

$$\begin{bmatrix} 1 & r_{12} & \cdots & r_{1m} \\ r_{21} & 1 & \cdots & r_{2m} \\ \vdots & \vdots & & \vdots \\ r_{m1} & r_{m2} & \cdots & 1 \end{bmatrix} \begin{bmatrix} p_{y\cdot1} \\ p_{y\cdot2} \\ \vdots \\ p_{y\cdot m} \end{bmatrix} = \begin{bmatrix} r_{1y} \\ r_{2y} \\ \vdots \\ r_{my} \end{bmatrix} \tag{9-46}$$

若设正规方程组的系数矩阵为 $\boldsymbol{Q}$，未知元(各 $p_{y\cdot i}$)列向量为 $\boldsymbol{P}$，常数项(各 $r_{iy}$)列向量为 $\boldsymbol{B}$，则：

$$\boldsymbol{P}=\boldsymbol{Q}^{-1}\boldsymbol{B} \tag{9-47}$$

$$\boldsymbol{Q}^{-1}=\boldsymbol{C}=\begin{bmatrix} c_{11} & c_{12} & \cdots & c_{1m} \\ c_{21} & c_{22} & \cdots & c_{2m} \\ \vdots & \vdots & & \vdots \\ c_{m1} & c_{m2} & \cdots & c_{mm} \end{bmatrix}$$

性质 1 有两个用途：一是利用相关系数求通径系数；二是将原因与结果的相关系数剖分为直接作用、间接作用的代数和，从而进行原因对结果直接作用、间接作用的分析。

**性质 2**　若　$\hat{y}=b_0+b_1x_1+b_2x_2$ 或 $y=b_0+b_1x_1+b_2x_2+e$，且 $r_{12}\neq 0$ (图 9-1)，则

$$d_{y\cdot1}+d_{y\cdot2}+d_{y\cdot e}+2p_{y\cdot1}r_{12}p_{y\cdot2}=1 \tag{9-48}$$

在式(9-48)中，$2p_{y\cdot1}r_{12}p_{y\cdot2}$ 是相关原因 $x_1$、$x_2$ 共同对结果 $y$ 的相对决定程度，称为相关

原因 $x_1$、$x_2$ 共同对结果 $y$ 的决定系数，记为 $d_{y\cdot12}$。因此，式(9-48)可以改写为：

$$d_{y\cdot1}+d_{y\cdot2}+d_{y\cdot12}+d_{y\cdot e}=1 \tag{9-49}$$

故

$$d_{y\cdot e}=1-(d_{y\cdot1}+d_{y\cdot2}+d_{y\cdot12}) \tag{9-50}$$

$$p_{y\cdot e}=\sqrt{d_{y\cdot e}} \tag{9-51}$$

对于一个依变量、多个自变量的情况(图 9-2)，原因 $x_1$，$x_2$，…，$x_m$ 分别对结果 $y$ 的决定系数与每两个相关原因共同对结果 $y$ 的决定系数以及误差项对 $y$ 的决定系数之和为 1。即

$$d_{y\cdot1}+d_{y\cdot2}+\cdots+d_{y\cdot m}+d_{y\cdot12}+\cdots+d_{y\cdot(m-1)m}+d_{y\cdot e}=1$$

简写为：

$$\sum_{i=1}^{m}d_{y\cdot i}+\sum_{i=1}^{m-1}\sum_{j=i+1}^{m}d_{y\cdot ij}+d_{y\cdot e}=1 \tag{9-52}$$

故

$$d_{y\cdot e}=1-(\sum_{i=1}^{m}d_{y\cdot i}+\sum_{i=i}^{m-1}\sum_{j=i+1}^{m}d_{y\cdot ij}) \tag{9-53}$$

$$p_{y\cdot e}=\sqrt{d_{y\cdot e}} \tag{9-54}$$

如果 $d_{y\cdot e}$ 的值较大，说明可能还有对结果影响较大的原因未被考虑到。

性质 2 的主要作用是利用决定系数绝对值的大小分析各原因及两相关的原因对结果的相对决定程度，是通径分析中进行决定程度分析的依据；性质 2 还为计算 $d_{y\cdot e}$ 和 $p_{y\cdot e}$ 提供了简便方法。

**性质 3** 若 $\hat{y}=b_0+b_1x_1+b_2x_2+\cdots+b_mx_m$ 或 $y=b_0+b_1x_1+b_2x_2+\cdots+b_mx_m+e$，且 $r_{ij}\neq0$，即自变量 $x_i$、$x_j$ $(i,j=1,2,\cdots,m;i\neq j)$ 两两相关(图 9-2)，则：

$$R^2=p_{y\cdot1}r_{1y}+p_{y\cdot2}r_{2y}+\cdots+p_{y\cdot m}r_{my} \tag{9-55}$$

简写为：

$$R^2=\sum_{i=1}^{m}p_{y\cdot i}r_{iy}$$

并且

$$R^2=\sum_{i=1}^{m}d_{y\cdot i}+\sum_{i=1}^{m-1}\sum_{j=i+1}^{m}d_{y\cdot ij} \tag{9-56}$$

$$d_{y\cdot e}=1-R^2 \tag{9-57}$$

$$p_{y\cdot e}=\sqrt{d_{y\cdot e}}=\sqrt{1-R^2} \tag{9-58}$$

式(9-55)至式(9-58)中：$R^2$ 为依变量 $y$ 与自变量 $x_1$，$x_2$，…，$x_m$ 的相关指数，即所有自变量对依变量的总的决定系数，亦即标准化的多元线性回归分析中的回归平方和。

由 (9-45)式与两相关原因共同对结果的决定系数的计算公式容易导出如下结果：

$$\begin{cases}p_{y\cdot1}r_{1y}=d_{y\cdot1}+\frac{1}{2}d_{y\cdot12}+\frac{1}{2}d_{y\cdot13}+\cdots+\frac{1}{2}d_{y\cdot1m}\\ p_{y\cdot2}r_{2y}=d_{y\cdot2}+\frac{1}{2}d_{y\cdot21}+\frac{1}{2}d_{y\cdot23}+\cdots+\frac{1}{2}d_{y\cdot2m}\\ \vdots\quad\vdots\quad\vdots\quad\vdots\quad\vdots\\ p_{y\cdot m}r_{my}=d_{y\cdot m}+\frac{1}{2}d_{y\cdot m1}+\frac{1}{2}d_{y\cdot m2}+\cdots+\frac{1}{2}d_{y\cdot m(m-1)}\end{cases} \tag{9-59}$$

根据式(9-55)我们将 $p_{y\cdot1}r_{1y}$、$p_{y\cdot2}r_{2y}$、…、$p_{y\cdot m}r_{my}$ 分别称为自变量 $x_1$，$x_2$，…，$x_m$ 对回归方程估测可靠程度 $R^2$ 的总贡献。

性质 3 的主要用途是在通径分析中进行各原因对回归方程估测可靠程度 $R^2$ 的总贡献分析。

通径分析还有一些其他重要特性，这里不再赘述，请参阅有关文献。

### 9.3.3　通径分析的假设检验

#### 9.3.3.1　回归方程的假设检验

通径分析是标准化变量的多元线性回归分析。数学模型为：

$$y'_k=\beta'_1x'_{1k}+\beta'_2x'_{2k}+\cdots+\beta'_mx_{mk}+\varepsilon_k\quad(k=1,2,\cdots,n)\tag{9-60}$$

$$y'_k=\frac{y_k-\bar{y}}{\sqrt{SS_y}},\quad x'_{ik}=\frac{x_{ik}-\bar{x}_i}{\sqrt{SS_i}}$$

关于模型(9-60)中 $\beta'_1,\beta'_2,\cdots,\beta'_m$ 的估计值 $\hat{\beta}'_1,\hat{\beta}'_2,\cdots,\hat{\beta}'_m$ 的正规方程组系数矩阵就是相关系数矩阵 $\boldsymbol{Q}$。若令 $(\hat{\beta}'_1,\hat{\beta}'_2,\cdots,\hat{\beta}'_m)=(p_{y\cdot1},p_{y\cdot2},\cdots,p_{y\cdot m})$，则得关于通径系数 $p_{y\cdot1}$，$p_{y\cdot2},\cdots,p_{y.m}$ 的正规方程组(9-45)，亦即方程组(9-46)、式(9-47)。

由模型(9-60)得相应的回归方程为：

$$\hat{y}'=p_{y\cdot1}x'_1+p_{y\cdot2}x'_2+\cdots+p_{y\cdot m}x'_m\tag{9-61}$$

$y'$ 变量的总平方和 $SS_{y'}$、回归平方和 $SS_{R'}$、离回归平方和 $SS_{r'}$ 及相应自由度的计算如下：

$$\begin{cases}SS_{y'}=1, & df_{y'}=n-1\\ SS_{R'}=\sum\limits_{i=1}^{m}p_{y\cdot i}r_{iy}, & df_{R'}=m\\ SS_{r'}=1-SS_{R'}, & df_{r'}=n-m-1\end{cases}\tag{9-62}$$

事实上因为 $\bar{y}'=0$，故

$$SS_{y'}=\sum_{k=1}^{n}(y'_k-\bar{y}')^2=\sum_{k=1}^{n}y'^2_k=\sum_{k=1}^{n}\left(\frac{y_k-\bar{y}}{\sqrt{SS_y}}\right)^2=\frac{\sum\limits_{k=1}^{n}(y_k-\bar{y})^2}{SS_y}=1$$

$$\begin{aligned}SS_{R'}&=\sum_{k=1}^{n}(\hat{y}'_k-\bar{y}')^2=\sum_{k=1}^{n}(\hat{y}'_k)^2=\sum_{k=1}^{n}\Big(\sum_{i=1}^{m}p_{y\cdot i}x'_{ik}\Big)^2\\ &=\sum_{k=1}^{n}\Big(\sum_{i=1}^{m}p^2_{y\cdot i}x'^2_{ik}+2\sum_{i=1}^{m-1}\sum_{j=i+1}^{m}p_{y\cdot i}x'_{ik}\cdot p_{y\cdot j}x'_{jk}\Big)\\ &=\sum_{k=1}^{n}(p^2_{y\cdot1}x'^2_{1k}+p^2_{y\cdot2}x'^2_{2k}+\cdots+p^2_{y\cdot m}x'^2_{mk})+2\sum_{k=1}^{n}(p_{y\cdot1}x'_{1k}\cdot p_{y\cdot2}x'_{2k}+\\ &\quad p_{y\cdot1}x'_{1k}\cdot p_{y\cdot3}x'_{3k}+\cdots+p_{y\cdot(m-1)}x'_{(m-1)k}\cdot p_{y\cdot m}x'_{mk})\\ &=p^2_{y\cdot1}\sum_{k=1}^{n}x'^2_{1k}+p^2_{y\cdot2}\sum_{k=1}^{n}x'^2_{2k}+\cdots+p^2_{y\cdot m}\sum_{k=1}^{n}x'^2_{mk}+2p_{y\cdot1}p_{y\cdot2}\sum_{k=1}^{n}x'_{1k}x'_{2k}+\end{aligned}$$

$$2p_{y\cdot1}p_{y\cdot3}\sum_{k=1}^{n}x'_{1k}x'_{3k}+\cdots+2p_{y\cdot(m-1)}p_{y\cdot m}\sum_{k=1}^{n}x'_{(m-1)k}\cdot x'_{mk}$$

$$=(p_{y\cdot1}^2+p_{y\cdot2}^2+\cdots+p_{y\cdot m}^2)+(2p_{y\cdot1}r_{12}p_{y\cdot2}+2p_{y\cdot1}r_{13}p_{y\cdot3}+\cdots+$$

$$2p_{y\cdot(m-1)}r_{(m-1)m}p_{y\cdot m})$$

$$=\sum_{i=1}^{m}p_{y\cdot i}^2+\sum_{i=1}^{m-1}\sum_{j=i+1}^{m}2p_{y\cdot i}r_{ij}p_{y\cdot j}=\sum_{i=1}^{m}d_{y\cdot i}+\sum_{i=1}^{m-1}\sum_{j=i+1}^{m}d_{y\cdot ij}=\sum_{i=1}^{m}p_{y\cdot i}r_{iy}$$

式中：$\sum_{k=1}^{n}x'^2_{ik}=1$， $\sum_{k=1}^{n}x'_{ik}x'_{jk}=r_{ij}$。

相关指数 $R^2=\dfrac{SS_{R'}}{SS_{y'}}=SS_{R'}=\sum_{i=1}^{m}P_{y\cdot i}r_{iy}$

进行回归方程假设检验的无效假设与备择假设：$H_0:\beta'_i=0$，$H_A:\beta'_i$ 不全为零 $(i=1,2,\cdots,m)$

由以下统计量检验回归方程(9-61)是否有意义：

$$F=\frac{\dfrac{SS_{R'}}{m}}{\dfrac{SS_{r'}}{n-m-1}}\quad(df_1=m,df_2=n-m-1)\tag{9-63}$$

回归方程显著，即 $y'$ 与 $x'_1,x'_2,\cdots,x'_m$ 存在线性关系，亦即 $y$ 与 $x_1$、$x_2$、…、$x_m$ 存在线性关系，这是进行通径分析的前提。若经 $F$ 检验回归方程不显著，则不必继续进行通径分析。

#### 9.3.3.2 通径系数的假设检验

通径系数假设检验的无效假设与备择假设为：$H_0:\beta'_i=0$，$H_A:\beta'_i\neq0$ $(i=1,2,\cdots,m)$

1. $F$ 检验

由以下统计量检验通径系数 $p_{y\cdot i}$ 是否显著：

$$F_i=\frac{\dfrac{p_{y\cdot i}^2}{c_{ii}}}{\dfrac{SS_{r'}}{n-m-1}}\quad(df_1=1,df_2=n-m-1)\tag{9-64}$$

式中：$c_{ii}$ 为相关系数矩阵 $\boldsymbol{Q}$ 的逆矩阵 $\boldsymbol{Q}^{-1}=\boldsymbol{C}$ 中主对角线上的第 $i$ 个元素。

2. $t$ 检验

由以下统计量检验通径系数 $p_{y\cdot i}$ 是否显著：

$$t_i=\frac{p_{y\cdot i}}{S_{p_{y\cdot i}}}\quad(df=n-m-1)\tag{9-65}$$

式中：$S_{p_{y\cdot i}}$ 为通径系数标准误(standard error of path coefficient)。

通径系数标准误的计算公式为：

$$S_{p_{y\cdot i}}=\sqrt{\frac{c_{ii}SS_{r'}}{n-m-1}}\tag{9-66}$$

注意，这里介绍的 $F$ 检验和 $t$ 检验是等价的，在实际进行通径系数假设检验时只需任选其一。

#### 9.3.3.3 通径系数差异性的假设检验

由于通径系数是不带单位的相对数，故可进行通径系数差异性的假设检验，进而使得在区分原因对结果影响的主次时有了统计学依据。这是通径分析优于一般多元线性回归分析的又一体现。

通径系数差异性假设检验的无效假设和备择假设为：$H_0:\beta'_i=\beta'_j$；$H_A:\beta'_i\neq\beta'_j$。

1. $F$ 检验

由以下统计量检验通径系数 $p_{y\cdot i}$ 与 $p_{y\cdot j}$ 之间差异是否显著：

$$F_{ij}=\frac{\dfrac{(p_{y\cdot i}-p_{y\cdot j})^2}{c_{ii}+c_{jj}-2c_{ij}}}{\dfrac{SS_{r'}}{n-m-1}}\quad(df_1=1,df_2=n-m-1)\tag{9-67}$$

式中：$c_{ii}$、$c_{jj}$、$c_{ij}$ 为相关系数矩阵 $\boldsymbol{Q}$ 的逆矩阵 $\boldsymbol{Q}^{-1}=\boldsymbol{C}$ 的元素。

2. $t$ 检验

由以下统计量检验 $p_{y\cdot i}$ 与 $p_{y\cdot j}$ 的差异是否显著：

$$t_{ij}=\frac{p_{y\cdot i}-p_{y\cdot j}}{S_{p_{y\cdot i}-p_{y\cdot j}}}\quad(df=n-m-1)\tag{9-68}$$

式中：$S_{p_{y\cdot i}-p_{y\cdot j}}$ 为通径系数的差异标准误。

通径系数差异标准误的计算公式为：

$$S_{p_{y\cdot i}-p_{y\cdot j}}=\sqrt{\frac{(c_{ii}+c_{jj}-2c_{ij})SS_{r'}}{n-m-1}}\tag{9-69}$$

注意，这里介绍的 $F$ 检验和 $t$ 检验也是等价的。

### 9.3.4 通径分析的基本步骤

通径分析就是计算出直接通径系数和间接通径系数，借此对所分析的变量系统做出相关性及决定程度的分析。其基本步骤为：

①利用观测数据计算两两变量的简单相关系数，得到相关系数矩阵 $\boldsymbol{Q}$ 和列向量 $\boldsymbol{B}$。

②求相关系数矩阵 $\boldsymbol{Q}$ 的逆矩阵 $\boldsymbol{Q}^{-1}$，利用式(9-47)求出直接通径系数。

③对线性回归关系、通径系数做出假设检验。

④做通径图，并利用相关系数 $r_{ij}$ 和通径系数 $p_{y\cdot j}$ 计算出间接通径系数，如 $x_i$ 通过 $x_j$ 对 $y$ 的间接通径系数为 $r_{ij}p_{y\cdot j}$，制表进行各自变量 $x_i$ 对依变量 $y$ 的直接作用和间接作用分析。

⑤计算各自变量 $x_i$、误差 $e$ 及两两自变量共同等对 $y$ 的决定系数，进行决定程度分析。并由相关指数 $R^2$ 的大小判断是否有影响 $y$ 的重要自变量遗漏。一般，若 $R^2<0.5$，则说明还有重要的自变量未考虑进来，应根据实际情况考虑引进其他影响 $y$ 的因素再进行通径分析。如果试验误差较大，也会造成 $R^2$ 较小，这就要求尽量减少试验误差，以提高分析的精确性。

⑥进行各自变量对回归方程估测可靠程度 $R^2$ 总贡献率分析。

⑦必要时可进行通径系数差异性的假设检验，以精确比较自变量对依变量的直接影响的相对重要性。

⑧对分析结果做出解释。

### 9.3.5 通径分析实例

【例 9-3】 鲜枣贮藏比较困难。某研究室对十多个枣的品种的耐藏性进行了比较，并对耐藏性与果实本身的生理、解剖结构间的关系进行了研究。现有对某品种鲜枣 35 个样品的耐藏性（$y$，以果实贮藏 45 d 时的好果率为指标）、果实呼吸速率［$x_1$，$CO_2$ mg/(kg·h)］、果肉细胞大小［$x_2$，$(\mu m)^2$（纵径×横径）］、果肉比重（$x_3$，g/mL）、果实失水速率［$x_4$，mg/(kg·h)］等性状测试后所计算的简单相关系数如表 9-5 所示。试以 $y$ 为依变量，$x_i$ 为自变量进行通径分析。

**表 9-5 某品种枣果实生理解剖性状及耐藏性间的相关系数**

| 项目 | 呼吸速率($x_1$) | 细胞大小($x_2$) | 果肉比重($x_3$) | 失水速率($x_4$) | 耐藏性($y$) |
|---|---|---|---|---|---|
| 呼吸速率($x_1$) | 1 | 0.012 | −0.365 | −0.463 | −0.603 |
| 细胞大小($x_2$) | 0.012 | 1 | −0.336 | 0.285 | 0.459 |
| 果肉比重($x_3$) | −0.365 | −0.336 | 1 | −0.105 | −0.303 |
| 失水速率($x_4$) | −0.463 | 0.285 | −0.105 | 1 | 0.612 |

①根据相关系数构建正规方程组：

$$\begin{cases} p_{y\cdot1}+0.012p_{y\cdot2}-0.365p_{y\cdot3}-0.463p_{y\cdot4}=-0.603 \\ 0.012p_{y\cdot1}+p_{y\cdot2}-0.336p_{y\cdot3}+0.285p_{y\cdot4}=0.459 \\ -0.365p_{y\cdot1}-0.336p_{y\cdot2}+p_{y\cdot3}-0.105p_{y\cdot4}=-0.303 \\ -0.463p_{y\cdot1}+0.285p_{y\cdot2}-0.105p_{y\cdot3}+P_{y\cdot4}=0.612 \end{cases}$$

写成矩阵形式为：

$$\begin{bmatrix} 1 & 0.012 & -0.365 & -0.463 \\ 0.012 & 1 & -0.336 & 0.285 \\ -0.365 & -0.336 & 1 & -0.105 \\ -0.463 & 0.285 & -0.105 & 1 \end{bmatrix}\begin{bmatrix} p_{y\cdot1} \\ p_{y\cdot2} \\ p_{y\cdot3} \\ p_{y\cdot4} \end{bmatrix}=\begin{bmatrix} -0.603 \\ 0.459 \\ -0.303 \\ 0.612 \end{bmatrix}$$

②求相关系数矩阵 $\boldsymbol{Q}$ 的逆矩阵 $\boldsymbol{Q}^{-1}=\boldsymbol{C}$，并求解通径系数。

$\boldsymbol{Q}^{-1}=\boldsymbol{C}$ 为：

$$\boldsymbol{Q}^{-1}=\boldsymbol{C}=\begin{bmatrix} 1.633\,085 & -0.031\,602 & 0.673\,218 & 0.835\,813 \\ -0.031\,602 & 1.214\,132 & 0.362\,541 & -0.322\,593 \\ 0.673\,218 & 0.362\,541 & 1.404\,907 & 0.355\,891 \\ 0.835\,813 & -0.322\,593 & 0.355\,891 & 1.516\,289 \end{bmatrix}$$

$\boldsymbol{P}=\boldsymbol{Q}^{-1}\boldsymbol{B}$

$$=\begin{bmatrix} 1.633\,085 & -0.031\,602 & 0.673\,218 & 0.835\,813 \\ -0.031\,602 & 1.214\,132 & 0.362\,541 & -0.322\,593 \\ 0.673\,218 & 0.362\,541 & 1.404\,907 & 0.355\,891 \\ 0.835\,813 & -0.322\,593 & 0.355\,891 & 1.516\,289 \end{bmatrix}\begin{bmatrix} -0.603 \\ 0.459 \\ -0.303 \\ 0.612 \end{bmatrix}$$

$$=\begin{bmatrix} -0.691\,7 \\ 0.269\,1 \\ -0.447\,4 \\ 0.168\,1 \end{bmatrix}$$

即　$p_{y\cdot 1}=-0.691\,7$，　$p_{y\cdot 2}=0.269\,1$，　$p_{y\cdot 3}=-0.447\,4$，　$p_{y\cdot 4}=0.168\,1$

③假设检验。

其一，线性回归关系的假设检验。因为：

$$\begin{aligned} SS_{R'} &= p_{y\cdot 1}r_{1y}+p_{y\cdot 2}r_{2y}+p_{y\cdot 3}r_{3y}+p_{y\cdot 4}r_{4y}=R^2 \\ &=(-0.691\,7)\times(-0.603)+0.269\,1\times 0.459+(-0.447\,4)\times \\ &\quad (-0.303)+0.168\,1\times 0.612 \\ &=0.779\,1 \end{aligned}$$

$SS_{r'}=1-SS_{R'}=1-R^2=1-0.779\,1=0.220\,9$

且　$df_{R'}=m=4, df_{r'}=n-m-1=35-4-1=30$

所以　$$F=\frac{\dfrac{SS_{R'}}{m}}{\dfrac{SS_{r'}}{n-m-1}}=\frac{\dfrac{0.779\,1}{4}}{\dfrac{0.220\,9}{30}}=26.452\,0^{**}$$

因为 $F=26.452\,0>F_{0.01(4,30)}=4.02$，故 $p<0.01$，表明鲜枣耐藏性 $y$ 与果实呼吸速率 $x_1$、果肉细胞大小 $x_2$、果肉比重 $x_3$、果实失水速率 $x_4$ 存在极显著的线性关系，可对 $y$ 与 $x_1$、$x_2$、$x_3$、$x_4$ 进行通径分析。因为 $d_{ye}=SS_{r'}=1-R^2=0.220\,9$，所以 $p_{y\cdot e}=\sqrt{d_{y\cdot e}}=\sqrt{0.220\,9}=0.470\,0$。

其二，通径系数的假设检验——$F$ 检验。根据式(9-64)得：

$$F_1=\frac{\dfrac{p_{y\cdot 1}^2}{c_{11}}}{\dfrac{SS_{r'}}{n-m-1}}=\frac{\dfrac{(-0.691\,7)^2}{1.633\,085}}{\dfrac{0.220\,9}{30}}=39.788\,0^{**}$$

$$F_2=\frac{\dfrac{p_{y\cdot 2}^2}{c_{22}}}{\dfrac{SS_{r'}}{n-m-1}}=\frac{\dfrac{0.269\,1^2}{1.214\,132}}{\dfrac{0.220\,9}{30}}==8.100\,0^{**}$$

$$F_3=\frac{\dfrac{p_{y\cdot 3}^2}{c_{33}}}{\dfrac{SS_{r'}}{n-m-1}}=\frac{\dfrac{(-0.447\,4)^2}{1.404\,907}}{\dfrac{0.220\,9}{30}}=19.349\,5^{**}$$

$$F_4=\frac{\dfrac{p_{y\cdot 4}^2}{c_{44}}}{\dfrac{SS_{r'}}{n-m-1}}=\frac{\dfrac{0.168\,1^2}{1.516\,289}}{\dfrac{0.220\,9}{30}}=2.530\,9$$

由于 $F_{0.05(1,30)}=4.17$ 及 $F_{0.01(1,30)}=7.56$，表明通径系数 $p_{y\cdot1}$、$p_{y\cdot2}$、$p_{y\cdot3}$ 极显著，而 $p_{y\cdot4}$ 不显著。但因其接近 $F_{0.10(1,30)}=2.88$，故将其保留。

若采用 $t$ 检验，结果与 $F$ 检验相同。

由式(9-61)得标准化变量的四元线性回归方程为：

$$\hat{y}'=-0.6917x'_1+0.2691x'_2-0.4474x'_3+0.1681x'_4$$

其三，通径系数差异性的假设检验——$t$ 检验。采用 $t$ 检验法检验 4 个通径系数两两的差异显著性。由式(9-69)得：

$$S_{p_{y\cdot1}-p_{y\cdot2}}=\sqrt{\frac{SS_{r'}(c_{11}+c_{22}-2c_{12})}{n-m-1}}$$

$$=\sqrt{\frac{0.2209[1.633085+1.214132-2\times(-0.031602)]}{35-4-1}}=0.1464$$

$$S_{p_{y\cdot1}-p_{y\cdot3}}=\sqrt{\frac{SS_{r'}(c_{11}+c_{33}-2c_{13})}{n-m-1}}$$

$$=\sqrt{\frac{0.2209(1.633085+1.404907-2\times0.673218)}{35-4-1}}=0.1160$$

$$S_{p_{y\cdot1}-p_{y\cdot4}}=\sqrt{\frac{SS_{r'}(c_{11}+c_{44}-2c_{14})}{n-m-1}}$$

$$=\sqrt{\frac{0.2209(1.633085+1.516289-2\times0.835813)}{35-4-1}}=0.1043$$

$$S_{p_{y\cdot2}-p_{y\cdot3}}=\sqrt{\frac{SS_{r'}(c_{22}+c_{33}-2c_{23})}{n-m-1}}$$

$$=\sqrt{\frac{0.2209(1.214132+1.404907-2\times0.362542)}{35-4-1}}=0.1181$$

$$S_{p_{y\cdot2}-p_{y\cdot4}}=\sqrt{\frac{SS_{r'}(c_{22}+c_{44}-2c_{24})}{n-m-1}}$$

$$=\sqrt{\frac{0.2209[1.214132+1.516289-2\times(-0.322593)]}{35-4-1}}=0.1577$$

$$S_{p_{y\cdot3}-p_{y\cdot4}}=\sqrt{\frac{SS_{r'}(c_{33}+c_{44}-2c_{34})}{n-m-1}}$$

$$=\sqrt{\frac{0.2209(1.404907+1.516289-2\times0.355891)}{35-4-1}}=0.1275$$

由式(9-68)得：

$$t_{12}=\frac{p_{y\cdot1}-p_{y\cdot2}}{S_{p_{y\cdot1}-p_{y\cdot2}}}=\frac{(-0.6917)-0.2691}{0.1464}=-6.5628^{**}$$

$$t_{13}=\frac{p_{y\cdot1}-p_{y\cdot3}}{S_{p_{y\cdot1}-p_{y\cdot3}}}=\frac{(-0.6917)-(-0.4474)}{0.1160}=-2.1060^{*}$$

$$t_{14}=\frac{p_{y\cdot1}-p_{y\cdot4}}{S_{p_{y\cdot1}-p_{y\cdot4}}}=\frac{(-0.6917)-0.1681}{0.1043}=-8.2435^{**}$$

$$t_{23}=\frac{p_{y\cdot 2}-p_{y\cdot 3}}{S_{p_{y\cdot 2}-p_{y\cdot 3}}}=\frac{0.2691-(-0.4474)}{0.1181}=6.0669^{**}$$

$$t_{24}=\frac{p_{y\cdot 2}-p_{y\cdot 4}}{S_{p_{y\cdot 2}-p_{y\cdot 4}}}=\frac{0.2691-0.1681}{0.1577}=0.6405$$

$$t_{34}=\frac{p_{y\cdot 3}-p_{y\cdot 4}}{S_{p_{y\cdot 3}-p_{y\cdot 4}}}=\frac{(-0.4474)-0.1681}{0.1275}=-4.8275^{**}$$

因为 $t_{0.05(30)}=2.042$、$t_{0.01(30)}=2.750$、故除 $p_{y\cdot 2}$ 与 $p_{y\cdot 4}$ 差异不显著外，其余均差异极显著或显著。

若采用 $F$ 检验，结果与 $t$ 检验相同。

④做通径图并进行原因对结果直接作用与间接作用分析。所做的通径图见图 9-3。

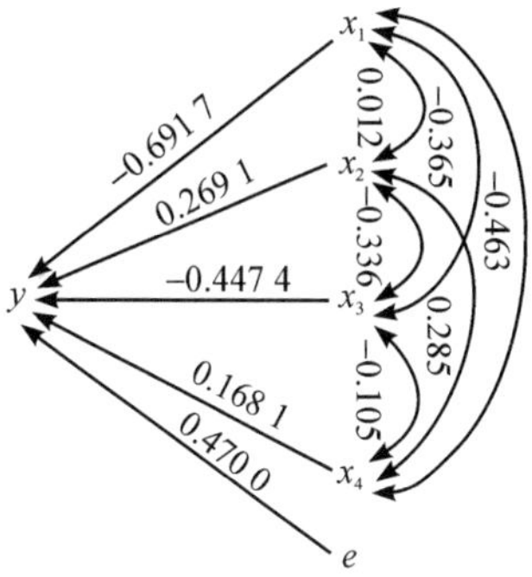


**图 9-3　通径图**

由性质 1，可将 $x_1$、$x_2$、$x_3$ 和 $x_4$ 与 $y$ 的相关系数剖分为直接作用与间接作用的代数和，结果见表 9-6。

**表 9-6　直接作用与间接作用分析**

| 原因 | 相关系数 $(r_{iy})$ | 直接作用 $(p_{y\cdot i})$ | 间接作用 | | | | |
|---|---|---|---|---|---|---|---|
| | | | 通过 $x_1$ | $x_2$ | $x_3$ | $x_4$ | 总的间接作用 |
| $x_1$ | −0.603 | −0.691 7 | | 0.003 2 | 0.163 3 | −0.077 8 | 0.088 7 |
| $x_2$ | 0.459 | 0.269 1 | −0.008 3 | | 0.150 3 | 0.047 9 | 0.189 9 |
| $x_3$ | −0.303 | −0.447 4 | 0.252 5 | −0.090 4 | | −0.017 7 | 0.144 4 |
| $x_4$ | 0.612 | 0.168 1 | 0.320 3 | 0.076 7 | 0.047 0 | | 0.444 0 |

⑤决定程度分析。各决定系数为：

$$d_{y\cdot 1}=p_{y\cdot 1}^2=(-0.6917)^2=0.4784$$

$$d_{y\cdot 2}=p_{y\cdot 2}^2=0.2691^2=0.0724$$

$$d_{y\cdot 3}=p_{y\cdot 3}^2=(-0.4474)^2=0.2002$$

$$d_{y\cdot 4}=p_{y\cdot 4}^2=0.1681^2=0.0283$$

$$d_{y\cdot e}=p_{y\cdot e}^2=0.4700^2=0.2209$$

$$d_{y\cdot 12}=2p_{y\cdot 1}r_{12}p_{y\cdot 2}=2\times(-0.6917)\times0.012\times0.2691=-0.0045$$

$$d_{y\cdot 13}=2p_{y\cdot 1}r_{13}p_{y\cdot 3}=2\times(-0.6917)\times(-0.365)\times(-0.4474)=-0.2259$$

$$d_{y\cdot 14}=2p_{y\cdot 1}r_{14}p_{y\cdot 4}=2\times(-0.6917)\times(-0.463)\times0.1681=0.1077$$

$$d_{y\cdot 23}=2p_{y\cdot 2}r_{23}p_{y\cdot 3}=2\times0.2691\times(-0.336)\times(-0.4474)=0.0809$$

$$d_{y\cdot 24}=2p_{y\cdot 2}r_{24}p_{y\cdot 4}=2\times0.2691\times0.285\times0.1681=0.0258$$

$$d_{y\cdot 34}=2p_{y\cdot 3}r_{34}p_{y\cdot 4}=2\times(-0.4474)\times(-0.105)\times0.1681=0.0158$$

故
$$\sum_{i=1}^{4}d_{y\cdot i}+\sum_{i=1}^{4-1}\sum_{j=i+1}^{4}d_{y\cdot ij}+d_{y\cdot e}=R^2+d_{y\cdot e}=0.7791+0.2209=1$$

按绝对值大小将决定系数进行排列：

$d_{y\cdot 1}=0.4784$，$d_{y\cdot 13}=-0.2259$，$d_{y\cdot e}=0.2209$，$d_{y\cdot 3}=0.2002$

$d_{y\cdot 14}=0.1077$，$d_{y\cdot 23}=0.0809$，$d_{y\cdot 2}=0.0724$，$d_{y\cdot 4}=0.0283$

$d_{y\cdot24}=0.0258$，$d_{y\cdot34}=0.0158$，$d_{y\cdot12}=-0.0045$

因此，$x_1$ 对 $y$ 的相对决定程度最大，其次是 $x_1$ 和 $x_3$ 的共同作用，误差项居三。这可能是观测值误差较大，或样本较小，或者可能还有对耐藏性影响较大的性状或因素未考虑到所致。

⑥进行各自变量对回归方程估测可靠程度 $R^2$ 总贡献分析。先计算各 $p_{y\cdot i}r_{iy}$：

$p_{y\cdot1}r_{1y}=(-0.6917)\times(-0.603)=0.4171$

$p_{y\cdot2}r_{2y}=0.2691\times0.459=0.1235$

$p_{y\cdot3}r_{3y}=(-0.4474)\times(-0.303)=0.1356$

$p_{y\cdot4}r_{4y}=0.1681\times0.612=0.1029$

可知各原因对 $R^2$ 的总贡献由大到小依次为 $x_1$、$x_3$、$x_2$ 和 $x_4$。

由以上分析可得出如下结论：

其一，鲜枣耐藏性 $y$ 与果实呼吸速率 $x_1$、果肉细胞大小 $x_2$、果肉比重 $x_3$、果实失水速率 $x_4$ 间的相关指数 $R^2=SS_{R'}=0.7791$；若用 $y$ 与 $x_1$、$x_2$、$x_3$、$x_4$ 间的线性回归方程来估测 $y$，其可靠程度为 77.91%；误差项（剩余项，即离回归）对鲜枣耐藏性 $y$ 的相对决定程度为 0.2209，其绝对值在各决定系数中居三，表明观测值误差较大，或样本较小，或者可能还有对耐藏性影响较大的性状或因素未被考虑到。

其二，$x_1$、$x_2$、$x_3$、$x_4$ 对 $y$ 的直接作用分别为：$p_{y\cdot1}=-0.6917$，$p_{y\cdot2}=0.2691$，$p_{y\cdot3}=-0.4474$，$p_{y\cdot4}=0.1681$。除 $p_{y\cdot4}$ 不显著外，其余均极显著。由各通径系数表明，果实呼吸速率（$x_1$）越快，果肉比重（$x_3$）越大，鲜果的耐藏性就越差。这是由于呼吸速率高，营养消耗快，果肉比重大、组织通透性差所致。果肉细胞（$x_2$）大、失水速率（$x_4$）高时，鲜果耐藏性较好。这可能是由于果肉细胞大、失水率高时果皮和果肉组织的透性强而不易发生无氧呼吸及腐烂速率低所致。

其三，由通径系数差异性的检验可知，除 $p_{y\cdot2}$ 与 $p_{y\cdot4}$ 差异不显著外，其余均差异极显著或显著。各 $x_i$ 对 $y$ 的直接影响由大到小依次为 $x_1$、$x_3$、$x_2$、$x_4$。就所考虑的 4 个因素而言，果实的呼吸速率 $x_1$ 是影响耐藏性 $y$ 最重要的因素，其次是 $x_3$。决定系数分析和总贡献分析说明了同样的问题。

其四，从表 9-6 看到 $x_1$ 对 $y$ 的直接作用最大，$p_{y\cdot1}=-0.6917$，$x_1$ 通过 $x_2$、$x_3$、$x_4$ 对 $y$ 的间接作用之和为 0.0887，最小，$x_3$ 有类似的特性，表明 $x_1$、$x_3$ 对 $y$ 的作用主要是直接作用；$x_2$ 的直接作用与间接作用相对差异不大；而 $x_4$ 对 $y$ 的作用主要是间接作用。

其五，果实呼吸速率 $x_1$ 与果肉比重 $x_3$ 共同对鲜果耐藏性 $y$ 的相对决定程度为 $-0.2259$。之所以是负的，是因为 $p_{y\cdot1}$、$p_{y\cdot3}$ 及 $r_{13}=-0.365^{*}$ 均为负值。降低 $x_1$（有利于耐藏性）会提高 $x_3$（不利于耐藏性），所以在实践中应注意这一矛盾。

总之，可以认为果实的呼吸速率、果肉的比重、果肉细胞的大小是影响鲜枣耐藏性的主要因素，并且果实的失水速率也不可忽视。由此看到，果实的结构与功能是统一的，枣果实耐藏性主要由呼吸速率和果肉组织的通透性决定。此外，还应进一步寻找对耐藏性影响较大的另外的具体因素或性状。

### 9.3.6 进行通径分析时应注意的问题

①参与通径分析的变量应尽可能组成一个封闭系统，这样才能把对依变量有影响的所有自变量都考虑进去。选取自变量时应避免性状（或因素）之间的相互重叠或替代。

②通径分析是在自变量与依变量确实存在相关条件下进行的，应尽量把那些没有真实相关的自变量去除，以免增加分析的困难。

③通径系数的计算是在依变量与自变量间皆有线性关系的基础上进行的。若已知有非线性关系的变量时，应先做线性变换，然后再做通径分析。

④检验中，当所有通径系数中有一个以上的不显著的 $p_{y\cdot i}$ 时，只能肯定 $|t_i|$ 或 $F_i$ 最小的那一个 $p_{y\cdot i}$ 是真正不显著的，应首先予以剔除，方法与剔除不显著的偏回归系数类同。

⑤通径分析的结果受到一定环境条件和一定供试材料的限制，在应用时不可任意外推。

## 思考题

1. 什么是多元线性回归与偏回归？如何建立多元线性回归方程？

2. 多元线性回归的假设检验包括哪些内容？如何进行？

3. 在多元线性回归分析中如何剔除不显著的自变量，建立最优多元线性回归方程？

4. 怎样进行多元线性回归分析中的有关区间估计（预测）？

5. 什么是复相关和偏相关？怎样计算复相关系数和偏相关系数？假设检验如何进行？

6. 偏回归系数和偏相关系数与简单回归系数和简单相关系数有何异同？为什么当有多个变量时，偏回归与偏相关分析才是评定各个变量的效应和两变量相关密切程度及性质的较好方法？

7. 为什么要进行通径分析？何谓通径系数、怎样理解它？通径系数有哪些性质？

8. 通径分析的基本步骤是什么？通径分析假设检验包括哪些内容？如何进行检验？

9. 请思考，怎样对通径系数进行区间估计？

10. 进行通径分析应注意哪些问题？

11. 在麦芽酶试验中，发现吸氨量（$y$）与底水（$x_1$）及吸氨时间（$x_2$）都有关系。请根据表 9-7 数据找出它们的线性关系。

**表 9-7　试验数据表**

| 序号 | 底水（$x_1$） | 吸氨时间（$x_2$） | 吸氨量（$y$） |
|---|---|---|---|
| 1 | 136.5 | 215 | 6.2 |
| 2 | 136.5 | 250 | 7.5 |
| 3 | 136.5 | 180 | 4.8 |
| 4 | 138.5 | 250 | 5.1 |
| 5 | 138.5 | 180 | 4.6 |
| 6 | 138.5 | 215 | 4.6 |
| 7 | 140.5 | 180 | 2.8 |
| 8 | 140.5 | 215 | 3.1 |
| 9 | 140.5 | 250 | 4.3 |
| 10 | 138.5 | 215 | 4.9 |
| 11 | 138.5 | 215 | 4.1 |

12. 在某品牌桃肉果汁加工过程中非酶褐变原因的研究中，测定了该饮料中的无色花青苷($x_1$)、花青苷($x_2$)、美拉德反应($x_3$)、抗坏血酸含量($x_4$)和非酶褐变色度值($y$)，结果见表9-8。试进行多元线性回归分析。

**表 9-8 桃肉果汁加工过程中非酶褐变原因研究测定值**

| 测定序号 | 无色花青苷($x_1$) | 花青苷($x_2$) | 美拉德反应($x_3$) | 抗坏血酸含量($x_4$) | 非酶褐变色度值($y$) |
|---|---|---|---|---|---|
| 1 | 0.055 | 0.019 | 0.008 | 2.38 | 9.33 |
| 2 | 0.060 | 0.019 | 0.007 | 2.83 | 9.02 |
| 3 | 0.064 | 0.019 | 0.005 | 3.27 | 8.71 |
| 4 | 0.062 | 0.012 | 0.009 | 3.38 | 8.13 |
| 5 | 0.060 | 0.006 | 0.013 | 3.49 | 7.55 |
| 6 | 0.053 | 0.010 | 0.017 | 2.91 | 7.43 |
| 7 | 0.045 | 0.013 | 0.021 | 2.32 | 7.31 |
| 8 | 0.055 | 0.014 | 0.017 | 3.35 | 8.45 |
| 9 | 0.065 | 0.015 | 0.013 | 3.38 | 9.60 |
| 10 | 0.062 | 0.023 | 0.011 | 3.43 | 10.91 |
| 11 | 0.059 | 0.031 | 0.009 | 3.47 | 12.21 |
| 12 | 0.071 | 0.024 | 0.015 | 3.48 | 9.74 |
| 13 | 0.083 | 0.016 | 0.021 | 3.49 | 7.26 |
| 14 | 0.082 | 0.016 | 0.019 | 3.47 | 7.15 |
| 15 | 0.080 | 0.015 | 0.017 | 3.45 | 7.04 |
| 16 | 0.068 | 0.017 | 0.013 | 2.92 | 8.19 |

13. 试对思考题12的资料进行通径分析。

第 10 章

# 试验设计基础

## 本章学习目的与要求

1. 深刻理解试验设计的意义、任务、作用及有关基本概念。
2. 明确食品试验研究的主要内容。
3. 掌握试验设计的基本原则和要求。
4. 能正确拟订试验计划和方案。
5. 掌握基本抽样方法，正确估计抽样误差和样本含量。
6. 掌握有关检出异常值的方法。

## 10.1 试验设计概述

### 10.1.1 试验设计的意义和任务

试验设计(experiment design)方法是数理统计学的应用方法之一,是属于一般研究方法中的科学试验方法的范畴。它是由试验方法与数学方法特别是统计方法相互交叉而形成的一门学科。

试验设计,广义理解是指试验研究课题设计,也就是整个试验计划的拟定。试验设计主要包括:课题的名称、试验目的,研究依据、内容及预期达到的效果,试验方案,试验单位的选取、重复数的确定、试验单位的分组,试验的记录项目和要求,试验结果的分析方法,经济效益或社会效益估计,已具备的条件,需要购置的仪器设备,参加研究人员的分工,试验时间、地点、进度安排和经费预算,成果鉴定,学术论文撰写等。而狭义的理解是指试验单位的选取、重复数目的确定及试验单位的分组。

试验设计的任务是:在研究工作进行之前,根据研究项目的需要,应用数理统计原理,结合专业知识和实践经验,经济、科学、合理地安排试验,获得最优方案;有效地控制试验误差;力求用较少的人力、物力、财力和时间,最大限度地获得丰富而可靠的资料;充分利用和正确分析试验资料,明确回答研究项目所提出的问题。因此,能否合理地进行试验设计,关系到科研工作的成败。

### 10.1.2 试验设计的方法与作用

#### 10.1.2.1 常用食品试验设计方法

试验设计的方法很多,在不同的研究领域所用的试验设计方法虽然有着共同的原理,但也有一些区别。食品试验中常用的设计方法主要有:完全随机设计、配对设计、随机区组设计、正交试验设计、回归正交组合设计、回归正交旋转组合设计、回归通用旋转组合设计、均匀设计、混料设计等。这些方法将在以后的章节中给予介绍。

#### 10.1.2.2 试验设计的作用

正确的试验设计在试验研究中所起的作用主要体现在以下几个方面:

①可以分析清楚试验因素对试验指标影响的大小顺序,找出主要因素,抓住主要矛盾。

②可以了解试验因素对试验指标影响的规律性,即每个因素的水平改变时,指标是怎样变化的。

③可以了解试验因素之间相互影响的情况。

④可较快地找出优化的生产条件或工艺条件,确定优化方案。

⑤可以减少试验规模,正确估计、预测和有效控制、降低试验误差,从而提高试验的精度。

⑥通过对试验结果的分析,可以明确为寻找更优生产或工艺条件、深入揭示事物内在规律而进一步研究的方向。

### 10.1.3 基本概念

(1)试验指标(experimental index)　在试验设计中,根据研究的目的而选定的用来衡量或考核试验效果的质量特性称为试验指标。这些试验指标亦称为判据。例如，在考察加热时间和加热温度对果胶酶活性影响时，果胶酶活性是试验指标；在考察贮存方式对红星苹果果肉硬度的影响时，果肉硬度就是试验指标。

试验指标可分为定量指标和定性指标两类。能用数量表示的指标称为定量指标或数量指标。如食品的糖度、酸度、pH、提汁率、糖化率、吸光度以及食品的某些理化指标和由这些理化指标计算得到的特征值多为定量指标。不能用数量表示的指标称为定性指标，如色泽、风味、口感、手感等。食品的感官指标多为定性指标。在试验设计中，为了便于分析试验结果，常把定性指标进行量化，转化为定量指标。如食品的感官指标可用评分的方法分成不同等级以代替很好、较好、较差、很差等定性描述方式。

在试验设计中，根据研究目的的不同，可以考察一个试验指标，也可以同时考察两个或两个以上的试验指标。前者称为单指标试验，后者称为多指标试验。

(2)试验因素(experimental factor)　试验中，凡对试验指标可能产生影响的原因或要素都称为因素，也称因子。如酱油质量受原料、曲种、发酵时间、发酵温度、制曲方式、发酵工艺等诸方面的影响，这些都是影响酱油质量的因素。它们有的是连续变化的定量因素，有的是离散状态的定性因素。

由于客观原因的限制，一次试验中不可能将每个因素都考虑进去。我们把试验中所研究的影响试验指标的因素称为试验因素，通常用大写字母 A、B、C…表示。把除试验因素外其他所有对试验指标有影响的因素称为条件因素，又称试验条件(experimental conditions)。如在研究增稠剂用量、pH 和杀菌温度对豆奶稳定性的影响时，增稠剂、pH 和杀菌温度就是试验因素。这 3 个因素以外的其他所有影响豆奶稳定性的因素都是条件因素。它们一起构成了本试验的试验条件。考察一个试验因素的试验称为单因素试验，考察两个因素的试验称为双因素试验，考察 3 个或 3 个以上试验因素的试验称为多因素试验。

(3)因素水平(level of factor)　试验因素所处的某种特定状态或数量等级称为因素水平，简称水平。如比较 3 个大豆品种蛋白质含量的高低，这 3 个品种就是大豆品种这个试验因素的 3 个水平；研究增稠剂的 4 种不同用量对豆奶稳定性的影响，这 4 种特定的用量就是增稠剂用量这一试验因素的 4 个水平。因素水平用代表该因素的字母加添足标 1，2，…来表示。如 $A_1$、$A_2$、…，$B_1$、$B_2$、…。

(4)试验处理(experimental treatment)　事先设计好的实施在试验单位上的一种具体措施或项目称为试验处理，简称处理。在单因素试验中，试验因素的一个水平就是一个处理。在多因素试验中，由于因素和水平较多，可以形成若干个水平组合。如研究 3 种不同温度($A_1$、$A_2$、$A_3$)和两种不同制曲方法($B_1$、$B_2$)对酱油质量的影响，可形成 $A_1B_1$、$A_1B_2$、$A_2B_1$、$A_2B_2$、$A_3B_1$、$A_3B_2$ 6 个水平组合，实施在试验单位的具体项目就是某种温度与某种制曲方法的结合。所以，在多因素试验中，试验因素的一个水平组合就是一个处理。

(5)试验单位(experimental unit)　在试验中能接受不同试验处理的独立的试验载体称为试验单位，也称试验单元。它是试验中实施试验处理的基本对象。如在田间试验中的试验小区；在生物、医学试验中的小白鼠、医院病人等；在工业试验中的反应器、车床等。

(6)重复(replication)　在一个试验中，将一个处理实施在两个或两个以上的试验单位上称为重复。一个处理实施的试验单位数称为该处理的重复数，或者说某个处理重复 $n$ 次试验，这个处理的重复数就是 $n$。在试验中重复指的是整个试验过程的重复，很多情况下我们把重复取样理解成了重复，其实二者估计的误差大小是不一样的，详见二维码 12-5 的内容。

(7)全面试验(overall experiment)　试验中，对所选取的试验因素的所有水平组合全部给予实施的试验称全面试验。全面试验的优点是能够获得全面的试验信息，无一遗漏，各因素及各级交互作用对试验指标的影响剖析得比较清楚，因此又称为全面析因试验(factorial experiments)，亦称全面实施。但是，当试验因素和水平较多时，试验处理的数目会急剧增加，因而试验次数也会急剧增加。当试验还要设置重复时，试验规模就非常庞大，以至在实际中难以实施。如 3 因素试验，每个因素取 3 个水平时，需做 27 次试验；倘若是 4 因素试验，每个因素取 4 个水平，则需做 $4^4=256$ 次试验，这在实践中通常是做不到的。因此，全面试验是有局限性的，它只适用于因素和水平数目均不太多的试验。

(8)部分实施(fractional enforcement)　部分实施也称为部分试验。在全面试验中，由于试验因素和水平数增多会使处理数急剧增加，以致难以实施。此外，当试验因素及其水平数较多时，即使全面试验能够实施，通常也并不是一个经济有效的方法。因此，在实际试验研究中，常采用部分实施方法，即从全部试验处理中选取部分有代表性的处理进行试验，如正交试验设计和均匀设计都是部分实施。

## 10.2　食品试验研究的主要内容

在食品科学技术研究中，为了开发新产品、优化新工艺、降低物料消耗、不断提高产品质量，往往需要进行大量的试验，旨在找出在某种条件下最合理的工艺条件或设计参数，从而达到提高产品质量或工程质量的目的。无论是产品质量还是工程质量都与对其进行的试验研究有密切的关系。可以这样说，开发新产品或优化新工艺时所进行试验的范围和程度，决定着产品质量的提高和工艺改进的程度。此外，在进行食品试验研究时必须注意试验的效度，所谓试验效度就是试验结果能反映所考察的因素与试验指标的真实关系的程度。试验的效度可以从两方面衡量：一是内在效度，即试验是否真的引起显著性差异，也就是要强调试验的重演性。内在效度高、重演性就好，它可以通过试验设计而得到提高。二是外在效度，也就是试验的结果能推广到什么范围，即强调试验的代表性问题。试验成果推广范围越广，其代表性就越强。在研制开发新产品的时候应具有与时俱进的思想。一个好的试验必须同时注意到内在效度与外在效度两个方面。

另外，我们还应看到，食品科学与其他自然科学一样，有两个趋势值得重视。一是科学技术整体化的趋势，这就要求我们必须具有系统的思想来设计和完成试验；二是各类知识数学化的趋势。前者促使研究方法的作用不断增长，后者使试验方法正在发生质的变化。

### 10.2.1　食品的线性质量研究和非线性质量研究

食品质量研究包括线性质量研究(linear quality research)和非线性质量研究(no-linear quality research)。国外一般把生产现场和技术服务的质量研究称为线性质量研究，把生产制造以前的质量研究称为非线性质量研究。

线性质量研究是指食品制造过程中的质量研究方法。它是通过对生产工序的合理诊断、调节、改善与检查，使生产工序的质量达到效果好、费用低。

非线性质量研究方法的重点是在食品开发过程中紧密地把专业知识和统计分析结合起

来，在保证达到食品质量特性的前提下，充分利用各种设计参数与食品特性的非线性关系，通过系统设计、参数设计和允许误差设计的三段优化设计方法，从设计上控制食品的输出特性和质量波动，或出于经济考虑，在不压缩原材料质量波动的情况下，仍然保证食品特性的一种稳定性优化设计方法。

食品线性质量研究、非线性质量研究与各设计之间的关系如表 10-1 所示。

**表 10-1　食品线性质量研究、非线性质量研究与各设计之间的关系**

| 项目 | | 质量措施 | 质量干扰 | | |
|---|---|---|---|---|---|
| | | | 外部 | 内部 | 原材料 |
| 非线性质量研究 | 产品设计 | 系统设计:决定食品的结构和材料 | ○ | ○ | ○ |
| | | 参数设计:决定最佳参数组合中心值 | ○ | ○ | ○ |
| | | 允许误差设计:决定食品适当的公差范围 | △ | ○ | ○ |
| | 工艺设计 | 系统设计:决定加工设备和包装 | × | × | × |
| | | 参数设计:决定加工速度和工作状态 | × | × | × |
| | | 允许误差设计:决定工艺的加工公差范围 | × | × | × |
| 线性质量研究 | 食品制造 | 工序诊断、调节与改善:掌握工序动态及时进行修正 | × | × | ○ |
| | | 改善工序的检查和处理:食品的检查设计 | × | × | ○ |
| | 服务 | 对外开展广告宣传、技术咨询服务 | × | × | × |

注:○表示起作用;×表示不起作用;△表示作用不大。

### 10.2.2　食品质量研究的几个阶段

#### 10.2.2.1　食品规划阶段

根据食品研究的最新成果、技术，同时根据食品资源开发利用的状况，规划设计新产品、新工艺，并根据食品中的营养成分或功能因子推知产品的功能，定位产品的消费群体，依据市场需求、消费水平以及产品的成本估算产品的价格。

#### 10.2.2.2　食品设计阶段

食品设计阶段一般可分为系统设计、参数设计和允许误差设计 3 个步骤。系统设计是由专业设计人员根据市场所需的性能、质量、价格情况进行功能设计，即决定食品的结构和材料。参数设计(这里的参数是指影响食品质量特性的因素及其水平)是运用参数组合与食品特性的非线性关系通过设计适当的试验以及与其相配套的统计分析方法，找出食品最佳性状的工艺条件和参数组合，即决定最佳参数组合中心值。允许误差设计是在参数设计完成后，通过计算质量的管理费用，把质量与成本加以综合平衡的一种公差设计方法，即决定食品质量的适当的公差范围。

#### 10.2.2.3　工艺设计阶段

工艺设计阶段一般也可以分成系统设计(systematic design)、参数设计(parameter design)和允许误差设计(admissible error design) 3 个步骤。此阶段的系统设计主要是由工艺人员决定采用何种原料、何种加工设备、怎样的加工工序等；参数设计主要是在生产工序、生产设备已决定的情况下进一步选择合理的加工机器的工作状态和工业标准；允许误差设计则主要是决定整个工艺各个阶段的可调公差范围。

#### 10.2.2.4 生产制造阶段

生产制造阶段主要是对生产现场进行及时的动态管理，包括工序的诊断、调节及改善食品的检查设计。

#### 10.2.2.5 食品销售阶段

食品销售阶段主要是搞好市场销售服务及市场信息的收集、调查和分析。

此外，在食品产后销售前这个阶段同样存在食品质量研究的问题，主要是食品质量保持的途径的研究。这个阶段应根据各类食品所具有的不同特点，从食品的包装方式、贮藏条件、卫生条件和运销过程入手研究探索保持食品质量的最佳方案。

产品设计、工艺设计阶段(统称为设计阶段)是整个质量研究的关键。产品设计、工艺设计合理与否直接影响着研究成果是否能转化为商品。从这个意义上讲，此阶段的试验研究是食品科学试验研究的重点。

设计阶段质量研究的目的是从设计上控制食品质量特性和质量波动以取得好的技术经济综合效果。具体来讲，是用专业技术来选择需要定量考察的各种设计、工艺因素和水平，用统计技术来选择因素和水平的最佳组合，从而掌握全部因素和水平对食品质量特性值的影响程度，实现参数组合的非线性优化设计，达到质量波动减小的目的。

### 10.2.3 系统设计、参数设计和允许误差设计

#### 10.2.3.1 系统设计

系统设计又称为传统设计(traditional design)，是依靠专业技术进行的设计。如要开发设计某种食品，根据食品的质量要求，对于原料、包装、加工工艺等的选择都是由专业技术人员决定的。系统设计的质量完全取决于专业技术人员的技术水平高低。但是，对于那些结构复杂，特别是多参数、多特性值的食品，要全面考虑各种参数组合的合成效应，单凭专业技术进行定性的判断是很不够的，因为它无法定量地找出经济合理的最佳参数组合。尽管如此，系统设计是整个设计的基础，通过它可以帮助我们选择需要考察的因素和水平。

#### 10.2.3.2 参数设计

参数设计是一种非线性设计，它是在系统设计的基础上，运用线性反应(linearity reaction)试验、面体反应(response surface)试验、正交回归试验、均匀试验和混料试验以及与其配套的统计分析方法来研究各种参数组合与食品质量特性的非线性关系，以便找出特性波动最小的最佳参数组合。所以，参数设计又称为参数组合的中心值设计。在食品开发中，大多数情况是在关系未知的情况下进行参数设计的。

#### 10.2.3.3 允许误差设计

通过系统设计、参数设计，完成了最佳参数组合的选择，决定了参数组合的中心值，但有些食品质量指标的波动仍然较大。在这种情况下，就得考虑选择好的原材料，把影响食品质量特性的因素控制在比较小的范围内。但是，这势必造成成本上升。因此，设计中必须把食品质量

和成本进行综合平衡。允许误差设计，就是通过研究多种允许误差（包括产品与原材料两方面的允许误差）范围与质量研究费用的关系进而对食品质量和成本进行综合平衡。例如，可以将对食品特性影响较大而成本较低的原材料的允许误差范围设计得小一点，而把对食品质量影响较小但成本较高的原材料的允许误差范围设计得大一点。

综上所述，食品质量研究内容可综合如下：

- 食品质量研究
  - 线性质量研究→工艺研究（析因试验）→
    - 单因素试验→对比试验
    - 复因素试验→随机试验
  - 非线性质量研究
    - 系统设计（专业设计）→
      - 工艺设计
      - 产品设计
    - 参数设计
      - 单因素最佳参数→线性反应试验设计（线性相关、直线与曲线回归）
      - 两因素最佳参数→面体反应试验设计（多元回归）
      - 多因素组合参数→
        - 回归正交组合设计
        - 回归正交旋转组合设计
        - 均匀试验设计
        - 正交试验设计
      - 百分比配比组合参数→混料试验设计
    - 允许误差设计→工业标准设计

## 10.3　试验设计的基本原则

在试验研究中，为了尽量减少试验误差，正确估计试验误差，保证试验结果的精确性与正确性，各种试验处理必须在基本均匀一致的条件因素下进行，应尽量控制或消除试验干扰的影响。因此，在进行试验设计时必须严格遵循试验设计的 3 个基本原则——重复、随机化、局部控制。

### 10.3.1　重复

重复是试验中往往需要遵循的原则，设置重复主要作用有两方面。

①估计试验误差。同一处理在两个以上的试验单位实施后的结果可表现出一定的差异，这是由随机干扰因子而引起的试验误差。若每个处理只在一个试验单位实施一次，就观察不到这种差异，因而也就无法估计试验误差。只有各处理设置重复，才能估计出试验误差。

②降低试验误差，提高试验精确度。因为处理平均数的标准误为$\sigma_{\bar{x}}=\sigma/\sqrt{n}$，所以随着重复数 $n$ 的增加可以减小它的值，即误差的大小与重复数的平方根成反比，当重复增加时，试验误差降低，精确度提高。

### 10.3.2　随机化

随机化是指将各个试验单位完全随机地分配在试验的每个处理中。随机化的作用主要有两个：一是降低或消除系统误差。这是因为随机化可以使一些客观因子的影响得到平衡，尤其是哪些与试验单位本身有关的因子的平衡更为重要。因而，降低或消除了系统误差。二是保证对随机误差的无偏估计。

随机化的原则应当贯彻在整个试验过程中，特别是对试验结果可能产生影响的环节必须坚持随机化原则。一般而言，不仅在处理实施到试验单位时要进行随机化，而且在试验单位的抽取、分组、每个试验单位的空间位置、试验处理的实施顺序以及试验指标的度量等每个步骤都应考虑要不要实施随机化的问题。随机化可采用抽签、掷硬币、查随机表，由计算器或计算机程序实施等方法进行。

应当注意的是，随机化不等于随意性，随机化也不能克服不良的试验技术所造成的误差。

### 10.3.3 局部控制

局部控制(portion of control)是指当非试验因素对试验指标的干扰不能从试验中排除时，通过采取一定的技术措施或方法来控制，从而降低或校正它们的影响，提高统计推断的可靠性。例如，当试验环境或试验单位差异较大时，仅根据重复和随机化的原则进行设计不能将试验环境或试验单位差异所引起的变异从试验误差中分离出来，因而试验误差大，试验的精确性与检验的灵敏度低。为解决这一问题，在试验环境或试验单位差异大的情况下，根据局部控制的原则，可将整个试验环境或试验单位分成若干个小环境或小组，在小环境或小组内使非处理因素尽量一致。每个比较一致的小环境或小组，称为单位组(或区组)。因为单位组之间的差异可在方差分析时从试验误差中分离出来，所以局部控制原则能较好地降低试验误差。在第4章介绍的成对资料平均数的假设检验就是通过配对设计进行局部控制的例子。这种设计使同对的接受不同处理的两个试验单元具有最大的一致性，从而降低了由于试验单元的整体不一致对试验结果的干扰。第8章介绍的利用直线回归关系制定校正系数方法实质上也是一种控制。

以上所述重复、随机化、局部控制3个基本原则称为费雪(R. A. Fisher)三原则。它是试验设计中必须遵循的原则。在此基础上再采用相应的统计分析方法，就能够最大限度地降低并无偏估计试验误差，无偏估计处理的效应，从而对于处理间的比较做出可靠的结论。试验设计三原则的关系和作用如图10-1所示。

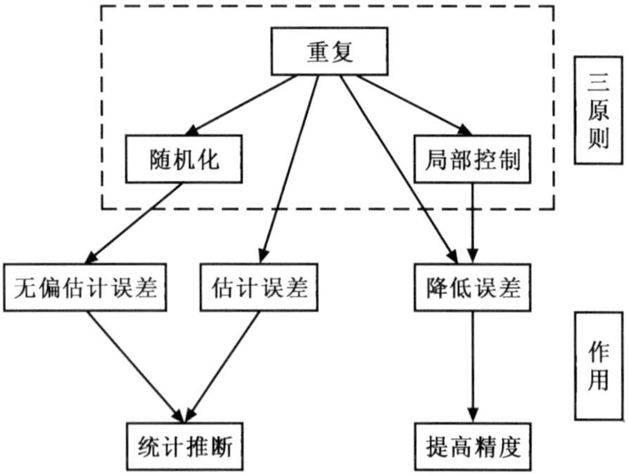


**图10-1 试验设计三原则间的关系**

除了以上 3 个原则外，在试验设计中还应遵循平衡性原则，即在试验规模一定的情况下应尽量地使各个处理内的重复数相等，因为这样能使试验误差更小，检验功效更大。同时，在进行试验设计的时候，可根据研究问题的实际需要，采用不同的设计优良性，一般的设计优良性包括：正交性、均匀性、饱和性、旋转性和通用性。具体内容见二维码 10-1。

**二维码 10-1 试验设计常采用的优良性**

## 10.4 试验方案

### 10.4.1 试验方案及意义

试验方案（experimental scheme）是根据试验目的和要求而拟订的进行比较的一组试验处理的总称，是整个试验工作的核心部分。一个周密而完善的试验方案可使试验多快好省地完成，获得正确的试验结论。如果试验方案拟订不合理，如因素水平选择不当，或不完全方案中所包含的水平组合代表性差，试验将得不出应有的结果，甚至导致试验的失败。因此，试验方案的拟订在整个试验工作中占有极其重要的位置。因此，试验方案要经过周密的考虑和讨论，慎重拟订。试验方案主要包括试验因素的选择、水平的确定等内容。

试验方案按其试验因素的多少可区分为以下 3 类：

(1)单因素试验方案　单因素试验（single factor experiment）是指在整个试验中只变更比较一个试验因素的不同水平，其他作为试验条件的因素均严格控制一致的试验。这是一种最基本最简单的试验方案。例如，某试验因素 A 在一定试验条件下，分 3 个水平 $A_1$、$A_2$、$A_3$，每个水平重复 5 次进行试验，这就构成了一个重复 5 次的单因素 3 水平试验方案。

(2)多因素试验方案　多因素试验（multiple-factor or factorial experiment）是指同一个试验中包含两个或两个以上的试验因素，各个因素都分为不同水平，其他试验条件均应严格控制一致的试验。多因素试验方案由所有试验因素的水平组合构成。多因素试验方案包括完全试验方案和不完全试验方案两种。

①完全方案。完全方案是多因素试验中最简单的一种方案，处理数等于各试验因素水平数的乘积。如有 A、B 两个试验因素，各取 3 个水平即 $A_1$、$A_2$、$A_3$ 和 $B_1$、$B_2$、$B_3$，全部水平组合数（即处理数）为 $3\times3=9$。其组合为：

$$\begin{matrix} A_1B_1 & A_1B_2 & A_1B_3 \\ A_2B_1 & A_2B_2 & A_2B_3 \\ A_3B_1 & A_3B_2 & A_3B_3 \end{matrix}$$

如果每个处理重复 2 次试验，那么 $3\times3\times2=18$ 次。这就构成了一个重复数为 2 的 2 因素完全试验方案。

完全方案中包括各试验因素不同水平的一切可能组合。这些组合全部参加试验，这便是前面所述的全面试验。全面试验既能考察试验因素对试验指标的影响，也能考察因素间的交互作用，并能选出最优水平组合，从而能充分揭示事物的内部规律。多因素全面试验的效率高于多个单因素试验的效率。其主要缺点是，当试验因素数和水平数较多时，水平组合（处理）数太多，以致使得试验在人力、物力、财力和场地等方面难以承受，试验误差也难以控制。因此，全面试验应在因素和水平都较少时应用。

②不完全方案。在全部水平组合中挑选部分有代表性的水平组合获得的方案称为不完全方案。"正交试验""均匀试验"就是典型的不完全方案。

多因素试验的目的一般在于明确各试验因素的相对重要性和相互作用，并从中选出一个或几个最优水平组合。

(3)综合性试验方案　综合性试验(comprehensive experiment)也是一种多因素试验，但与上述多因素试验不同。综合性试验中各因素的水平不构成平衡的水平组合，而是将若干因素的某些水平结合在一起形成少数几个水平组合。这种试验方案的目的在于探讨一系列供试因素某些水平组合的综合作用，而不在于检测因素的单独作用和相互作用。单因素和多因素试验常是分析性的试验；综合性试验则是在对于起主导作用的那些因素及其相互关系基本弄清楚的基础上设置的试验。它的水平组合是一系列经过实践初步证实的优良水平的配套。例如选择一种或几种适合当的综合性优质高产技术作为试验处理与常规技术做比较，从中选出较优的综合性处理。

### 10.4.2　拟订试验方案的要点

1. 围绕试验的目的，明确试验要解决的问题

拟订试验方案前应通过回顾以往研究的进展、调查交流、文献检索等明确为达到本试验的目的需解决的主要问题和关键问题是什么，形成对所研究主题及外延的设想，使待拟订的方案能针对主题确切而有效地解决问题。

2. 根据试验的目的、任务和条件确定试验因素

在正确掌握生产或以往研究中存在的问题后，对试验目的、任务进行仔细分析，抓住关键、突出重点。首先要选择对试验指标影响较大的关键因素、尚未完全掌握其规律的因素和未曾考察过的因素。试验因素一般不宜过多，应该抓住一两个或少数几个主要因素解决关键问题。如果涉及试验因素多，一时难以取舍，或者对各因素最佳水平的可能范围难以做出估计，那么可将试验分为两阶段进行，即先做单因素的预备试验，通过拉大水平幅度，多选几个水平点，进行初步观察，然后根据预备试验结果再精选因素和水平进行正式试验。预备试验常采用较多的处理数，较少或不设重复；正式试验则应精选因素和水平，设置较多的重复。为不使试验规模过大而失控，试验方案原则上力求简单，单因素试验能解决的问题，就不用多因素试验。

3. 根据试验因素性质适当确定水平大小及间隔

一般试验因素有"质性"和"量性"之分。对于"质性"，应根据实际情况，有多少种就取多少个水平，如不同原材料、不同触媒、不同添加剂、不同生产工艺、不同生产线、不同包装方式等。对于后者则应认真考虑其控制范围及水平间隔，如温度、时间、压力、某种添加剂的添加量等，均应确定其所应控制的范围及在该范围内确定几个水平点、如何设置水平间隔等。

对于"量性"试验因素水平的确定应根据专业知识、生产经验、各因素的特点及试验材料的反应等综合考虑，基本原则是以处理效应容易表现出来为准。以下几点可供参考。

①水平数目要适当。水平数目过多，不仅难以反映出各个水平间的差异，而且加大了处理数；水平数目太少又容易漏掉一些好的信息，使结果分析不够全面。水平数目一般不能少于3个，最好包括对照采用5个水平点。若考虑到尽量缩小试验规模，也可确定2～4个水平。

从有利于试验结果分析考虑，取3个比取2个好。

②水平范围及间隔大小要合理。原则是试验指标对其反应灵敏的因素，水平间隔应小些，反之应大些。要尽可能把水平值取在最佳区域或接近最佳区域。

③要以正确方法设置水平间隔。水平间隔的排列方法一般有等差法、等比法、0.618法和随机法等。

等差法是指因素水平的间隔是等差的。如温度可采用30℃、40℃、50℃、60℃和70℃等水平。一般，等差法适应于试验效应与因素水平呈直线相关的试验。

等比法是指因素水平的间隔是等比的。一般适用于试验效应与因素水平呈对数或指数关系的试验。试验因素的水平可由式(10-1)或式(10-2)确定：

$$A_1, A_2 = bA_1, A_3 = bA_2, \cdots, A_i = bA_{i-1} \qquad (b = A_{i+1}/A_i) \tag{10-1}$$

$$A_1, A_2 = A_1 + d, A_3 = A_2 + d/b, A_4 = A_3 + d/b^2, \cdots, A_i = A_{i-1} + d/b^{i-2} \tag{10-2}$$

式中：$d = A_2 - A_1$；$b = A_1/d$。

如某试验中时间因素的水平可选用5 min、10 min、20 min和40 min等，另一个试验中添加剂因素水平可选1 000 mg/kg、1 500 mg/kg、1 750 mg/kg和1 875 mg/kg，这种间隔法能使试验效应变化率大的地方因素水平间隔小一点，而试验效应变化率小的地方水平间隔大一点。

确定因素水平的0.618法也称优选法间隔排列设计。一般适用于试验效应与因素水平呈二次曲线型反应的试验设计。0.618法是以试验因素水平的上限与下限为两个端点，以上限与下限之差与0.618的乘积为水平间隔从两端向中间展开的。例如山楂果冻中加0.5%～4.0%的琼脂可达期望的硬度。我们可选用0.5%、4.0%为两个端点，再以4.0－0.5＝3.5与0.618的乘积2.163为水平间隔从两端向中间扩展为0.5＋2.163≈2.7和4－2.163≈1.8。这样，包括对照有0%、0.5%、1.8%、2.7%和4.0%共5个水平。在试验中，这些水平必有效应较好的两个。如果有必要，可在下次试验时，以这两点的水平间隔与0.618的乘积为水平间隔，从两端向中间扩展，直到找到理想点。

随机法是指因素水平排列随机，各个水平的数量大小无一定关系。如赋形剂各个水平的排列为15 mg、10 mg、30 mg、40 mg等。这种方法一般适用于试验效应与因素水平变化关系不甚明确的情况，在预备试验中用的较多。

在多因素试验的预备试验中，可根据上述方法确定每个因素的水平，而后视情况决定调整与否。

4.正确选择试验指标

试验效应是试验因素作用于试验对象的反应。这种效应将通过试验中的观察指标显示出来。因而，试验指标的选择也是试验方案中应当认真对待的问题。在确定试验指标时应考虑如下因素。

①选择的指标应与研究的目的有本质联系，能确切地反映出试验因素的效应。

②选用客观性较强的指标。最好选用易于量化（即经过仪器测量和检验而获得）的指标。若研究中一定要采用主观指标，则必须采取措施以减少或消除主观因素影响。

③要考虑指标的灵敏性与准确性。应当选择对试验因素水平变化反应较为灵敏而又能够准确地度量的指标。

④选择指标的数目要适当。食品试验研究中，试验指标数目的多少没有具体规定，要依研

究目的而定。指标不是越多越好，但也不能太少。因为如果试验中出现差错，同时指标又很少，这会降低研究工作的效益，甚至使整个研究工作半途而废。但是多指标试验最终优化试验结果往往表现出结论不统一的缺点，从而难于进行合理的选择，这就需要对多指标进行综合评价，一般的方法采用多指标的综合评判，其中的模糊综合评判就是常用的方法(二维码 10-2)。

二维码 10-2　模糊综合评判

总之，试验指标应当精选，与研究目的密切相关的不应丢掉，而无关的指标不宜列入。经过对试验指标的比较分析，要能够较为圆满地回答试验中提出的问题。

5. 设立合适的对照处理

试验方案中必须设立作为比较标准的对照处理。根据研究目的与内容，可选择不同的对照形式，如空白对照、标准对照、试验对照、互为对照和自身对照等。

6. 试验方案中应注意比较间的唯一差异原则

比较间的唯一差异原则是指在进行处理间比较时，除了试验处理不同外，其他所有条件应当一致或相同，使其具有可比性。只有这样，才能使处理间的比较结果可靠。例如，在对某种鲜果喷撒激动素以提高其保鲜性能的试验中，如果只设喷激动素(A)和不喷激动素(B)两个处理，则两者的差异含有激动素的作用，也有水的作用，这时激动素和水的作用混杂在一起解析不出来。若再加喷水(C)的处理，则激动素和水的作用可以分别从 A 与 C 及 B 与 C 的比较中解析出来，因而可进一步明确激动素和水的相对重要性。

7. 拟订试验方案时必须正确处理试验因素和试验条件间的关系

一个试验中应只有试验因素的水平在变动，其他条件因素都须保持一致，固定在某一水平上。根据交互作用的概念，在一定条件下某试验因素的最优水平，换了一种条件可能不再是最优水平，反之亦然。因此，在拟订试验方案时必须做好试验条件的安排，要使试验条件具有代表性和典型性。

## 10.5　试验误差及其控制

在科学试验中，由于受到许多非处理因子的干扰和影响，所观察到的每个处理的测量值与该处理的真值会产生一定的偏差。这个差值就是试验误差。误差的大小决定着试验数据的精确程度，直接影响着试验结果分析的可靠性。试验设计的主要任务之一就是减少、控制试验误差，从而提高对试验结果分析的精确性和判断的准确性。

### 10.5.1　试验误差的来源

#### 10.5.1.1　试验材料

在试验中，所用的试验材料在质量、纯度上不可能完全一致，就是同一产地或同一厂家生产的同批号的同一包装内的产品有时也会存在某种程度上的不均匀性。可见，试验材料的差异在一定范围内是普遍存在的。这种差异会对试验结果带来影响而产生试验误差。

#### 10.5.1.2　测试方法

试验中所用化验、检测等方法有时不能准确反映被测对象化学体系的性质，因而产生误差。这种误差称为方法误差。其原因是方法不完善、样品及试剂的性质和反应的特性所引起的。例如,由于指示剂不能准确地指示反应的终点,或由于沉淀物在溶液中和洗涤过程中发生溶解或产生“共沉淀反应”等,均属于方法误差。此种误差是化验、检测分析中最为严重的误差。因此,分析工作者必须了解和掌握种种测试方法的原理和特点,从而消除误差。

#### 10.5.1.3 仪器设备及试剂

由于所用仪器和试剂不合格、所用的仪器的精度有限、长期使用造成仪器的磨损以及仪器可能未调整到最佳状态等都将产生误差。例如天平及砝码、玻璃量器未经校正,比色计的波长或比色皿光径不准确,试剂的纯度不符合要求,这些都会造成很大误差。即使仪器校准了,也不可能绝对精确,试验中也会有偏差。另外,试验中有时需要同时使用几台设备,就是同一工厂生产的同一型号的设备,各台之间在某些方面也会存在差异。有时,同一台设备,如同一台电烤炉,炉膛内的不同部位的温度也是有差异的。因此,仪器设备乃至试剂误差是客观存在的,有的是不可避免的。在试验中,正确地进行操作,使用校正过的仪器和精制的试剂就可减少或消除这种误差。

#### 10.5.1.4 试验环境条件

环境因素主要包括温度、湿度、气压、振动、光线、空气中含尘量、电磁场、海拔高度和气流等。构成环境条件的这些因素是复杂多变的,且难以控制。环境条件的变化对试验结果的影响是十分重要的。当其与要求的标准状态不同,以及在时间空间上发生变化时,可能会使试验材料的组成、结构、性质等发生变化,也会影响测量装置的性能,使其不能在标准状态下工作,从而引起误差。特别是在试验周期长时,试验结果受环境影响的可能性更大。

#### 10.5.1.5 试验操作

试验操作带来的误差是由操作人员引起的,是由于操作人员操作不正确或生理上的差异所造成的。例如,操作人员生理上的最小分辨率、感觉器官的生理变化以及反应速度和固有习惯等。有的人在读数时偏高或偏低,终点观察超前或滞后都会引起误差。另外,有些试验是由几个操作人员共同完成的,而操作人员之间的业务水平及固有习惯是有差异的,这些都会带来操作误差。

以上讨论了产生误差的可能原因。在实际试验中,误差的产生往往是由于多种因素综合作用造成的,而这些因素之间存在着相互影响,情况比较复杂。上面的讨论只是为寻找误差的来源指出了可能的大致方向,在实践中应对具体情况做具体分析。

### 10.5.2 试验误差的控制

在试验中,必须严格控制试验干扰,尽量减少试验误差。控制和消除试验干扰的主要方法就是严格遵循试验设计的三个基本原则。下面针对误差的性质及其原因进一步讨论消除,控制误差的方法。

按照误差的性质,试验误差可分为三类,即随机误差、系统误差和疏忽误差。关于前两者的意义已在2.1.4做了介绍。所谓疏忽误差是指明显歪曲测量结果的误差,又称粗心误差或过失误差。其产生的原因主要是由于技术不熟练、测量时不小心或外界的突然干扰(如突然振动,仪器电源电压的突然变化)以及操作人员粗心大意、操作不当而造成。

#### 10.5.2.1 疏忽误差的控制

此种误差多因操作者责任心不强或粗心大意造成。所以，主要是加强测试人员的责任心；建立健全必要的规章制度，训练技术人员使其具备测试人员应有的科学态度和良好的工作作风；严格遵守操作规程，认真细致把握每一环节，杜绝过失所致的差错。含有疏忽误差的观察值是异常值，分析时应将其舍弃。检出异常值的方法有多种，可以通过可疑值、极端值和异常值来进行检出（二维码 10-3），应用中检出异常值的方法包括多种（二维码 10-4）。

二维码 10-3 可疑值、极端值和异常值

二维码 10-4 检出异常值的方法

#### 10.5.2.2 系统误差的控制

对于系统误差，有些情况下可通过随机化将其消除，使系统误差转化为随机误差，或遵照“局部控制”的原则设置区组估计系统误差，进而将其剔除。然而，造成系统误差的原因是多方面的。测试过程中的系统误差主要来源于测定方法本身、仪器或试剂和操作者 3 方面。一般需要检测系统误差有多大，若在误差允许范围内，则不必校正。否则，可采用以下方法进行校正：

①对照实验。进行对照实验时，可用已知结果的样品对照，或用其他测定方法对照，也可由不同分析人员或单位测定对照。

②利用标准样品检验或校正测定结果。这一般采取下列几种方法：

一是用标准样品进行对照。选择一批已制成的成分均匀的样品，分送到技术水平高、实践经验丰富的单位，用可靠的方法测定，将测定结果集中起来，用统计方法处理数据，由参加单位评定，得到公认的测定结果，即得标准样的“标准值”。有时也用基准物配制成标准溶液，按某种样品的组成组合，得到合成样品溶液。

二是用标准对照。用国家标准方法或公认为可靠的“经典”测定方法，与所选用或拟订的测定方法测定同一份样品进行对照，如果符合误差允许范围，表明所选用或拟订的测定方法适合现时标准的要求。这样的测定方法可认为是基本可靠的。

三是空白试验。空白试验就是在不加入试样的情况下，按与测定试样相同的条件（包括相同的试剂用量，相同的操作条件）进行的试验。如果试剂不纯、蒸馏水不纯或者从容器中引入杂质，通过空白试验就可得到一个一定的空白测定值。从试样的测定结果扣除此空白值，就可以提高测定结果的准确度，即：

$$\text{被测组分含量} = \text{样品测定结果} - \text{空白值}$$

此时，应注意空白值不能超过一定数值。如果空白值很大，从测定值中扣除空白值来计算往往造成较大的误差。在这种情况下，应通过提纯试剂和选用适当的器皿来解决。

一是对某样品测定前，先测定 1～2 份已知含量的标准样品，如所得结果符合误差要求，则说明测定方法和仪器情况正常，这样以后正式测定样品时，一般都不会超差。

二是制备分析质量控制图，然后在分析成批样品时，可有意识地插入若干份标样，并在相

同的条件下进行测定，检验这些已知标样的结果，如果在控制限度以内，说明这一批样品的测定结果是可靠的。

三是在进行测定方法的试验研究中，当拟订出新的测定方法后，测定若干份标准样品，如得到满意的结果，说明这种测定方法可用于实践。

四是利用标准样品，求得“校正系数”或方法回收率。有时对标准样品的测定结果普遍地偏高或偏低，以致超差，这说明所用方法有系统误差，可用计算校正系数或方法回收率的办法来消除系统误差。

#### 10.5.2.3　随机误差的控制

适当增加样本含量或处理的重复数可降低随机误差。如在食品理化检验中测试某一样品时，重复测定，取其平均值是减小随机误差的有效方法，测量次数越多，均值的随机误差越小。但是，误差的大小是和测量次数的平方根成反比的，例如测定 3，6，9，…次，其均值误差相应减至原误差的 0.58，0.41，0.33，…。当测定次数接近 10 次左右时，即使再增加测定次数，其精确度也无显著性增加。当测定次数达 20～30 次时，则与 $n=\infty$ 相接近了。由此可见，过多地增加测定次数，收效并不大。所以，通常测定次数取决于分析的目的。如果为了评价某一方法，测定 10～20 次即可；若是标定某标准溶液的浓度，需要测定 3 次或 4 次；而一般分析只需进行 1～3 次。

## 10.6　常用抽样方法概述

在食品科学研究中有两件事十分重要，一是试验研究，二是质量检验。按不同的方法，质量检验可进行不同分类。抽样检验（抽样调查，sampling survey）是常用的一种方法。

抽样检验是从检验对象（如原材料、半成品、成品）的总体中，采用一定方法抽取一个样本，用样本的质检结果来估计推断其所属总体的质量。从广义上讲，抽样检验的过程也可看作是一种试验，因而也需要在抽检之前制定科学完善的计划，即进行抽样设计，以保证所获得的样本对要检测的总体具有最好的代表性，同时又最大限度地节省成本，顺利实现抽样检测的目的和任务。抽样设计的核心就是要制定一个切实可行的抽样方案。其基本内容应包括抽样的目的、抽样的对象、检测的指标、抽样方法（sampling method）、样本含量、抽样检测的表格、抽样检测的组织等。其中，如何从总体中抽样，要从总体中抽取多少个体（样本含量），是抽样设计要解决的两个主要问题。对这两个问题的研究内容称为抽样技术（sampling techniques），是统计学的重要分支，有很多专门的论著和教材。本书仅对它们做初步介绍。在本节先简要介绍几种抽样方法，关于样本含量的问题将在下节与试验设计中的样本含量问题一并介绍。

目前，在我国的许多工农业产品的技术标准中，明确规定使用抽样检验的方法。抽样检验主要有简单随机抽样、顺序抽样、随机群组抽样、分层随机抽样、分级随机抽样和序贯抽样。

### 10.6.1　简单随机抽样

利用完全随机的方法对总体中的所有抽样单位进行抽样，使得总体中每个抽样单位被抽中的概率相等，这种抽样方法就是简单随机抽样（simple random sampling）。其具体方法是，首先将总体的所有单位从 1 到 $N$ 编好号码（有限总体），然后通过抽签法或随机数来抽样，被抽中的 $n$ 个单位便构成了一个含量为 $n$ 的样本。这种方法的优点是不会产生系统抽样误差，对样本的统计分析较为简单，可获得对总体均数及抽样误差的无偏估计。其缺点是没有利用任何事先所了解的总体分布特征的信息。简单随机抽样适用于总体不是很大且抽样单位分布均匀的总体。

简单随机抽样的样本均数及样本百分率的标准误的估计公式见式(10-3)及式(10-4)。

$$S_{\bar{x}}=\sqrt{\left(1-\frac{n}{N}\right)\frac{S^2}{n}} \tag{10-3}$$

$$S_{\hat{p}}=\sqrt{\left(1-\frac{n}{N}\right)\frac{\hat{p}(1-\hat{p})}{n}} \tag{10-4}$$

两式中：$S^2$ 为样本方差；$\hat{p}$ 为样本率；$N$ 为有限总体含量；$n$ 为样本含量；$n/N$ 为抽样比(sampling fraction)；$(1-n/N)$为"有限总体校正数"(finite population correction)，这是与无限总体抽样计算标准误的不同之处。当 $n$ 对 $N$ 比值大时，这个校正数不可忽略；当 $N\to\infty$时，这个校正数趋向 1，于是式(10-3)和式(10-4)中去掉$(1-n/N)$而成为无限总体抽样误差的计算式。

当总体方差 $\sigma^2$ 已知时，式(10-3)变为

$$\sigma_{\bar{x}}=\sqrt{\left(1-\frac{n}{N}\right)\frac{\sigma^2}{n}} \tag{10-5}$$

### 10.6.2 顺序抽样

顺序抽样(order sampling or systematic sampling)又称系统抽样、机械抽样或等距离抽样。它是先将有限总体的所有抽样单位按某一顺序编号，并根据所需的样本含量确定抽样间隔$(N/n)$，再从第一间隔随机抽取一个编号，然后按确定的间隔依次抽取号码，将这些号码所代表的抽样单位组成样本。例如，欲从某批 1 000 件产品中，用顺序抽样法抽取 100 件组成样本。先将 1 000 件产品按某一特征顺序(如下生产线的次序)编号，总体含量 $N=1\ 000$，样本含量 $n=100$，抽样间隔 1 000/100=10。然后在 1～10 之间随机确定一个数字，比如 6，每间隔 10 抽取 1 个，即抽取 6，16，26，…，996 组成样本。

顺序抽样的优点是：

①简便易行，因为只需利用一个随机数。

②当对总体的编号是随机的时，顺序抽样几乎等价于简单随机抽样；当对总体的编号是按所要考察的指标的大小顺序标号时，顺序抽样优于简单随机抽样。

③不易受抽样者主观因素的影响。

④适用于抽样单位分布均匀的总体，此时其抽样误差一般小于简单随机抽样。

顺序抽样的缺点是：当要考察的指标随编号表现出周期性的变化特征时，容易产生明显的系统误差，从而影响检验结果的准确性。

在实际工作中，一般按简单随机抽样的方法估计其抽样误差，但顺序抽样抽取各个抽样单位并不是彼此独立的。因此，对抽样误差的估计是近似的。应当指出的是，应用顺序抽样时，一旦确定了抽样间隔，必须严格遵守，不得随意改变，否则可能造成另外的系统误差。

### 10.6.3 随机群组抽样

简单随机抽样和顺序抽样方法的共同之处是直接从总体中随机抽取若干抽样单位组成样

本。而随机群组抽样(random cluster sampling)是先将总体按照某种与研究指标无关的特征划分为 $K$ 个“群”组，或按其原有的自然状态划分为群组，每个群包括若干抽样单位，然后再随机抽取 $k$ 个“群”，将抽取的各个群的全部抽样单位组成样本。如每次随机抽取一箱、一堆、一小时的产品等，就是随机群组抽样法。此法的优点是组织方便，容易抽取。缺点是样品在总体中的分布很不均匀，尤其是群间差异大时，抽样误差大，因而其代表性差。随机群组抽样适用于群间差异较小及不能对总体中的全部抽样单位编号的总体。

随机群组抽样样本均数 $\bar{x}$(或百分率 $p$)及其标准误的计算如下。

①群内抽样单位数 $m_i$ 不等。

样本平均数：

$$\bar{x}=\frac{K}{Nk}\sum_{i=1}^{k}\sum_{j=1}^{m_i}x_{ij}=\frac{K}{Nk}\sum_{i=1}^{k}m_i\bar{x}_i \tag{10-6}$$

式中：$N$ 为总体抽样单位数；$\sum_{i=1}^{k}\sum_{j=1}^{m_i}x_{ij}$ 为样本中各群全部观测值之和；$\bar{x}_i$ 为样本第 $i$ 群的均数。

均数标准误：

$$S_{\bar{x}}=\frac{K}{N}\sqrt{\left(1-\frac{k}{K}\right)\frac{1}{k(k-1)}\sum_{i=1}^{k}(T_i-\bar{T})^2} \tag{10-7}$$

式中：$T_i$ 为样本中第 $i$ 群内观测值之和；$\bar{T}$ 为各 $T_i$ 的均数，$\bar{T}=\sum_{i=1}^{k}T_i/k$；当 $k/K$ 甚小时，$(1-k/K)$ 可省去。

样本率：

$$\hat{p}=\frac{K}{Nk}\sum_{i=1}^{k}a_i \tag{10-8}$$

式中：$a_i$ 为样本中第 $i$ 群的阳性数；$\sum_{i=1}^{k}a_i$ 为样本中各群阳性数之和

率的标准误：

$$S_{\hat{p}}=\frac{K}{N}\sqrt{\left(1-\frac{k}{K}\right)\left(\frac{1}{k(k-1)}\right)\sum_{i=1}^{k}(a_i-\bar{a})^2} \tag{10-9}$$

式中：$\bar{a}$ 为样本中各群的平均阳性数；当 $k/K$ 甚小时，$(1-k/K)$ 可省去。

②群内抽样单位数 $m_i(=m)$ 相等(即 $m_i$ 不等的特例，此时 $K/N=1/m$)。

样本均数：

$$\bar{x}=\frac{1}{km}\sum_{i=1}^{k}\sum_{j=1}^{m}x_{ij}=\frac{1}{k}\sum_{i=1}^{k}\bar{x}_i \tag{10-10}$$

均数标准误：

$$S_{\bar{x}}=\sqrt{\left(1-\frac{k}{K}\right)\frac{\sum_{i=1}^{k}(\bar{x}_i-\bar{x})^2}{k(k-1)}} \tag{10-11}$$

样本率：

$$\hat{p}=\frac{\sum_{i=1}^{k}a_i}{km}=\frac{1}{k}\sum_{i=1}^{k}\hat{p}_i \tag{10-12}$$

率的标准误：

$$S_{\hat{p}}=\sqrt{\left(1-\frac{k}{K}\right)\frac{\sum_{i=1}^{k}(\hat{p}_i-\hat{p})^2}{k(k-1)}} \tag{10-13}$$

式中：$\hat{p}_i$ 为样本中第 $i$ 群的率，其余符号同上。

【例 10-1】 某种产品有 80 箱，每箱有该产品 50 件。现检查该产品的不合格率。随机抽查了 8 箱的全部产品，各箱不合格件数为 12、17、12、15、21、20、21、18。试估计该产品的不合格率。

按式(10-12)和式(10-13)：

8 箱的不合格率 $\hat{p}_i$ 分别为 0.24(=12/50)、0.34、0.24、0.30、0.42、0.40、0.42、0.36。

$$\hat{p}=(12+17+12+15+21+20+21+18)/(8\times50)=0.34$$

$$S_{\hat{p}}=\left\{\left(1-\frac{8}{80}\right)\frac{1}{8(8-1)}[(0.24-0.34)^2+(0.34-0.34)^2+\cdots+(0.36-0.34)^2]\right\}^{1/2}$$
$$=0.024\ 8$$

### 10.6.4 分层随机抽样

分层随机抽样(stratified random sampling)就是将总体按所要研究的指标分为若干不重叠的层次或组，再从每个层次中随机抽取一定数量的观察单位组成样本。这种层次可以是自然存在的(如不同企业、不同产地)，也可以是人为划分的(如将同一牛场的奶牛分为高产、中产、低产 3 个层次)。分层的原则是层内观察单位间一致性较高，而层间有较大差异。这种抽样方法的优点：一是若层次划分合理，能降低抽样误差；二是便于对不同层次采用不同的抽样方法；三是便于更好地对不同层次的特点独立进行分析。

关于分层随机抽样，在样本含量确定后，如何分配样本中各层的抽样观察单位数，有按比例分配和最优分配两种常用方法。为叙述方便，先给出下列符号：

$N$ 为有限总体的观察单位数，$N_i$ 为第 $i$ 层的观察单位数($i=1,2,\cdots,k$)；$n$ 为样本含量，$n_i$ 为样本中属第 $i$ 层的观察单位数；$\bar{x}$ 为样本均数，$\bar{x}_i$ 为第 $i$ 层的样本均数；$\sigma_i$ 为总体第 $i$ 层的标准差，$S$ 为样本标准差，$S_i$ 为第 $i$ 层的样本标准差；$p_i$ 为总体第 $i$ 层的率，$p$ 为样本率，$p_i$ 为第 $i$ 层的样本率。

1. 按比例分配(proportional allocation)

按各层观察单位数 $N_i$ 占总体观察单位数 $N$ 的比例抽取样本，使各层样本含量 $n_i$ 与样本

总含量 $n$ 之比等于 $N_i$ 与 $N$ 之比。这样就将样本总含量 $n$ 按比例分配到各层，再按简单随机抽样方法抽取各层样本，满足 $n=\sum n_i$，即按下式计算：

$$n_i/n=N_i/N,\quad n_i=nN_i/N \tag{10-14}$$

2. 最优分配(optimum allocation)

最优分配是同时按总体各层观察单位数 $N_i$ 的多少和标准差 $\sigma_i$ 的大小分配，按式(10-15)和式(10-16)计算，使抽样误差最小。

均数的抽样：

$$n_i=n\cdot\frac{N_i\sigma_i}{\sum N_i\sigma_i} \tag{10-15}$$

率的抽样：

$$n_i=n\cdot\frac{N_i\sqrt{p_i(1-p_i)}}{\sum N_i\sqrt{p_i(1-p_i)}} \tag{10-16}$$

式中：$\sigma_i$ 和 $p_i$ 一般根据经验、文献或预调查来估计。

可见，按比例分配需对总体中各层的个体数有所了解；而最优分配还必须对 $\sigma_i$ 或 $p_i$ 有所了解。

分层抽样中，若令 $w_i=N_i/N$，则：

$$\bar{x}=\sum w_i\bar{x}_i \tag{10-17}$$

$$S_{\bar{x}}=\sqrt{\sum\left(1-\frac{n_i}{N_i}\right)w_i^2S_{\bar{x}_i}^2} \tag{10-18}$$

$$\hat{p}=\sum w_i\hat{p}_i \tag{10-19}$$

$$S_{\hat{p}}=\sqrt{\sum\left(1-\frac{n_i}{N_i}\right)w_i^2S_{\hat{p}_i}^2} \tag{10-20}$$

式中：$S_{\bar{x}_i}$ 或 $S_{\hat{p}_i}$ 为第 $i$ 层所用随机抽样方法的标准误。

对无限总体抽样，需去掉式(10-18)和式(10-20)中的$(1-n_i/N_i)$。当各层的 $\sigma_i$ 已知时，式(10-18)中的 $S_{\bar{x}_i}^2$ 由 $\sigma_{\bar{x}_i}^2$ 代替，而 $\sigma_{\bar{x}_i}^2=\sigma_i^2/n_i$。

上述 4 种抽样方法的抽样误差一般是：

随机群组抽样≥简单随机抽样≥顺序抽样≥分层随机抽样。

有了抽样误差的估计值就可进一步对总体参数做出区间估计。

### 10.6.5　分级随机抽样

分级随机抽样亦称巢式随机抽样(nested random sampling)或阶段性随机抽样。它是把抽样过程分成几个阶段的一种抽样方法。例如欲调查某县农民全年人均纯收入，可以在该县内随机抽取几个乡，乡内随机抽取几个村，村内随机抽取若干个户进行调查。这时，乡为初级抽样单位，村为次级抽样单位，户为三级抽样单位，亦即本例中的基本抽样单位。

分级随机抽样的主要优点是有利于抽样的组织实施，可以提高抽样估计精度和满足各阶段对调查资料的需求。分级随机抽样特别适用于大批量生产的产品检验，可节约人力、物力和财力，在实践中得到了广泛的应用。

最简单的分级随机抽样是二级随机抽样。假定某个总体中，一级抽样单位有 $K$ 个，每个一级单位内包含的二级单位数分别为 $M_1$、$M_2$、$\cdots M_K$，则总体单位数 $N=M_1+M_2+\cdots M_K$，各 $M_i(i=1,2,\cdots,K)$ 可以相等，也可以不相等。所谓二级随机抽样就是：第一步从 $K$ 个一级单位中随机抽取 $k$ 个；第二步又从中选的 $k$ 个一级单位内分别随机抽取 $m_i(i=1,2,\cdots,k)$ 个二级单位（基本抽样单位，或称为个体）。为简便起见，假定 $K$ 个一级单位内所包含的基本抽样单位数相等，都为 $M$，则 $N=KM$；而且从中抽取的单位数也相等，都为 $m$，则样本含量 $n=km$。

二级随机抽样数据可以应用方差分析方法算出各阶段的抽样误差，进而估计平均数的标准误（多级随机抽样的抽样误差是各阶段抽样误差之和）。

二级抽样的公式如下：

$$\bar{x}=\frac{1}{km}\sum_{i=1}^{k}\sum_{j=1}^{m}x_{ij} \tag{10-21}$$

$$S_{\bar{x}}=\sqrt{\left(\frac{K-k}{K}\right)\frac{\hat{\sigma}_B^2}{k}+\left(\frac{M-m}{M}\right)\frac{\hat{\sigma}^2}{km}} \tag{10-22}$$

式中：$k$ 为一级抽样单位数；$m$ 为一级内二级抽样单位数；$\hat{\sigma}_B^2$、$\hat{\sigma}^2$ 分别为一级间和一级内（即二级间）抽样误差的估计值。

在式(10-22)中，当 $k/K$ 和 $m/M$ 甚小时，可将 $(K-k)/K$ 和 $(M-m)/M$ 略去。因而式(10-22)变为：

$$S_{\bar{x}}=\sqrt{\frac{\hat{\sigma}_B^2}{k}+\frac{\hat{\sigma}^2}{km}}=\sqrt{\frac{1}{km}(m\hat{\sigma}_B^2+\hat{\sigma}^2)} \tag{10-23}$$

【例 10-2】 研究某种农药在苹果果实上的残留量，第一步随机抽取单株果树，第二步在单株果树上随机抽取苹果果实，分别作为一级和二级抽样单位。部分检测数据列于表 10-2。试估计平均残留量及抽样误差。

**表 10-2 某农药残留量测定结果**

| 植株 | 果实内的残留量(单位数) | | | | $x_{i.}$ | $\bar{x}_{i.}$ |
|---|---|---|---|---|---|---|
| 1 | 3.28 | 3.09 | 3.03 | 3.03 | 12.43 | 3.11 |
| 2 | 3.52 | 3.48 | 3.38 | 3.38 | 13.76 | 3.44 |
| 3 | 2.88 | 2.80 | 2.81 | 2.76 | 11.25 | 2.81 |
| 4 | 3.34 | 3.38 | 3.23 | 3.26 | 13.21 | 3.30 |

①对表 10-2 资料做单向分组资料的方差分析。

二级抽样的数据按单向分组的各处理重复数相等（也可不相等）的随机模型进行方差分析。本例，$k=4$，$m=4$，方差分析结果列于表 10-3。

**表 10-3 某农药残留量方差分析**

| 变异来源 | $df$ | $MS$ | 所估计的方差分量 | $F$ | $F_{0.01(12)}$ |
|---|---|---|---|---|---|
| 植株间 | 3 | $MS_B=0.2961$ | $m\sigma_B^2+\sigma^2$ | 44.86** | 5.95 |
| 株内果实间 | 12 | $MS_e=0.0066$ | $\sigma^2$ | | |
| $\hat{\sigma}^2=0.0066$ | | | $\hat{\sigma}_B^2=(0.2961-0.0066)/4=0.0724$ | | |

方差分析结果说明，植株间的误差极显著地大于株内果实间的误差。这两个阶段的抽样误差是不同的，应当分别估计。若将 $km=4\times4=16$ 个苹果直接计算其方差则为 0.064 5，比扣除株间误差后剩余的株内果实间误差 0.006 6 大得多。

②估计平均残留量及抽样误差。

由式(10-21)得：

$$\bar{x}=\frac{1}{km}\sum_{1}^{k}\sum_{1}^{m}x_{ij}=50.65/16=3.166$$

本例可由式(10-23)估计均数的抽样误差，即：

$$S_{\bar{x}}=\sqrt{\frac{1}{km}(m\hat{\sigma}_B^2+\hat{\sigma}^2)}=\sqrt{\frac{1}{16}(4\times0.0724+0.0066)}=0.136$$

总体均数 95%的置信区间为：

$$\bar{x}\pm t_{0.05}S_{\bar{x}}=3.166\pm3.182\times0.136=3.166\pm0.433$$

此处，$df=3$，因为 $S_{\bar{x}}$ 由均方 $MS_B$ 计算。

若只由一棵果树上的 4 个苹果去估计($k=1,m=4$)抽样误 $S_{\bar{x}}$，则为：

$$S_{\bar{x}}=\sqrt{\hat{\sigma}_B^2+\frac{\hat{\sigma}^2}{4}}=\sqrt{\frac{1}{4}(4\hat{\sigma}_B^2+\hat{\sigma}^2)}=\sqrt{\frac{0.2961}{4}}=0.272$$

若每株果树只取一个苹果，4 株共取 4 个($k=4,m=1$)，则抽样误差为：

$$S_{\bar{x}}^2=\sqrt{\frac{\hat{\sigma}_B^2}{4}+\frac{\hat{\sigma}^2}{4}}=\frac{1}{4}(\hat{\sigma}_B^2+\hat{\sigma}^2)=\sqrt{\frac{1}{4}(0.0724+0.0066)}=0.141$$

所以，同样测定 4 个苹果，从 1 株上取和从 4 株上取，抽样误差是不同的。由本例所反映的情况可知，今后对此类材料抽样时，应多取植株，每株上可以少取一些苹果。

上述二级随机抽样从两个阶段误差估计样本平均数抽样误差的方法适用于许多化学分析抽样的情况。例如进行大豆蛋白含量的测定，在一批大豆原料中抽取 $k$ 份豆样，每份豆样做 $m$ 次测定，这里存在大豆取样的误差和化学测定的误差。这是两种不同性质的误差，但都包含在样本平均数的抽样误差内。因而须根据两阶段误差的大小，按式(10-23)确定抽样的重点是多抽豆样还是多做测定。一般的情况往往和【例 10-2】一样，豆样间的误差是更主要的来源。一般的原则是哪一级抽样误差大，该级便是抽样重点，即在这一级应多抽样。

从以上二级随机抽样可以推广到三级或更多级的分级随机抽样的情况。这时获得的数据可整理成三级或多级分类表，采用多级分类(即系统分组)资料方差分析的方法可以估计出各级抽样误差。以三级抽样为例，$\hat{\sigma}_A^2$、$\hat{\sigma}_B^2$、$\hat{\sigma}_C^2$ 依次为一级、二级、三级抽样单位的抽样误差，分别抽取 $k$、$l$、$m$ 个不同级别的抽样单位，当各级的单位数与 $k$、$l$、$m$ 相比较可视为充分大时，则所获样本平均数的抽样误差为：

$$S_{\bar{x}} = \sqrt{\frac{\hat{\sigma}_A^2}{k} + \frac{\hat{\sigma}_B^2}{kl} + \frac{\hat{\sigma}_C^2}{klm}} \tag{10-24}$$

获得 $S_{\bar{x}}$ 后，其总体平均数置信区间的计算方法同【例 10-2】。这里请读者注意，本书未介绍多级分类资料方差分析的方法，请参阅其他有关教材或著作。

除此之外，还有双重随机抽样法（二维码 10-5）和序贯抽样法（二维码 10-6）。

二维码 10-5 双重随机抽样法

二维码 10-6 序贯抽样法

## 10.7 样本含量的确定

### 10.7.1 试验研究中样本含量的确定

正确确定样本含量（determination of sample size）是试验设计和抽样检验的重要一环。估计样本含量时，应当注意克服两种倾向。一是片面追求增大样本含量，认为样本含量越大越好，甚至提出“大量观察”是确定样本含量的一个重要原则，其结果是导致人力、物力和时间上的浪费。同时，由于过分追求数量，可能引入更多的混杂因素，对研究结果造成不良影响。二是在试验设计中忽视应当保证足够的样本含量的重要性，使得样本含量偏少，检验功效（power of test，$1-\beta$）偏低，导致本来存在的差异而未能检验出来，增大了犯Ⅱ型错误的概率（$\beta$）。此外，所需样本含量的大小还与研究问题的性质和试验要求的精度有关。因此，在食品科学研究的试验设计或抽样检验中，必须根据研究对象的性质，借助适当的公式，进行样本含量的估计。研究者可以根据需要和可能来确定一个合适的样本含量。

确定样本含量时应具备以下条件：

①确定检验的显著水平。确定本次试验所允许的Ⅰ型错误概率水准 $\alpha$，常规是 $\alpha=0.05$。同时还应明确是单侧还是双侧检验。规定的 $\alpha$ 值越小（如 $\alpha=0.01$），所需的样本含量越大。

②提出所期望的检验功效（$1-\beta$）。在特定的 $\alpha$ 水准（如 $\alpha=0.05$）条件下，若总体间确实存在着差异，提出此次试验能发现差异的概率。要求的检验功效越大，所需的样本含量就越大。实际上，检验功效由Ⅱ型错误率 $\beta$ 的大小决定。通常令 $\beta=0.20$，此时检验功效 $1-\beta=1-0.20=0.80$，有时也令 $\beta=0.10$ 或 $\beta=0.25$，相应的检验功效为 0.90 和 0.75。在试验设计时，检验功效不宜低于 75%，否则检验的结果很可能反映不出总体的真实差异。

③必须知道由样本推断总体的一些信息。例如，比较两个总体的均数或百分率的差异时，应当知道总体参数间差数 $\delta$ 的信息。有时研究者很难得到总体参数信息，可用专业上认为有意义的差值代替，也可以根据试验的目的人为规定，如规定新工艺生产某食品的质量指标超过旧工艺 3 个单位才有推广意义等。若要通过样本去估计总体的均数或百分率时，可根据实际

情况规定允许误差。此外，在确定样本含量时还需要估计总体标准差的信息。这些信息也可通过查阅资料，借鉴前人的经验或进行预备试验得到。

#### 10.7.1.1　单个样本均数的假设检验时样本含量的确定

当检验功效 $(1-\beta)=0.5$ 时，由单个样本均数的假设检验($t$ 检验)公式可以推得式(10-25)：

$$n=t_{\alpha}^{2}S^{2}/\delta^{2} \tag{10-25}$$

式中：$n$ 为所需样本含量；$t_{\alpha}$ 是自由度为 $n-1$ 和两尾(或单尾)概率为 $\alpha$ 时的临界 $t$ 值；$S^2$ 为估计的方差；$\delta$ 是规定的达到显著时的 $\mu$ 与 $\mu_0$ 的最小差值。

由式(10-25)可以看出，所需的样本含量与 $t_{\alpha}^{2}S^{2}$ 成正比，与 $\delta^2$ 成反比。式中 $S^2$ 可根据以往的经验估计得出，或者在总体中先取一个样本来计算得出，$\delta$ 是根据要求给出。$t_{\alpha}$ 因与 $n$ 有关，可先用 $df=\infty$ 时的 $t_{\alpha}$ 代入计算，求得 $n_1$；再以 $df=n_1-1$ 时的 $t_{\alpha}$ 代入，求得 $n_2$，再以 $df=n_2-1$ 时的 $t_{\alpha}$ 代入求得的 $n_3$，…；直至求出的 $n$ 值稳定为止。

【例 10-3】　在食品的水分活度实验中，某食品的水分活度经常保持在 0.58，$S=0.02$。今欲对该食品进行水分活度检测，并希望检测结果与 0.58 相差 0.015 时能得出目前该食品之水分活度与经常值差异显著。问应检测多少份样品？

已知：$\delta=0.015$，$S=0.02$；先将 $t_{0.05}=1.96$ 代入式(10-25)得：

$n=1.96^2\times0.02^2/0.015\approx7$

再将 $t_{0.05(7-1)}=2.447$ 代入式(10-25)算得：

$n=2.447\times0.02^2/0.015^2\approx11$

按上述方法反复计算，直到 $n$ 稳定在 $n=10$，即至少应检验 10 份样品。

表 10-4 给出了为提高检验功效所需的样本含量转换系数。如本例，若希望检验效能由现在的 0.50 提高到 0.80，则样本含量应由现在的 $n=10$ 加大到 $n=10\times2.0=20$。

**表 10-4　样本含量转换系数表**(上行单侧用；下行双侧用)

| $\alpha$ | $1-\beta$ | | | | |
|---|---|---|---|---|---|
| | 0.50 | 0.75 | 0.80 | 0.90 | 0.95 |
| 0.10 | 0.6 | 1.4 | 1.7 | 2.4 | 3.2 |
| | 0.7 | 1.4 | 1.6 | 2.2 | 2.8 |
| 0.05 | 1.0 | 2.0 | 2.3 | 3.2 | 4.0 |
| | 1.0 | 1.8 | 2.0 | 2.7 | 3.4 |
| 0.01 | 2.0 | 3.3 | 3.7 | 4.8 | 5.8 |
| | 1.7 | 2.8 | 3.0 | 3.9 | 4.6 |

注：由 $t$ 检验公式求得的检验功效为 0.50 的 $n$ 值乘本表系数估计的样本含量比精确计算的样本含量稍大一些。

#### 10.7.1.2　成对资料平均数假设检验时样本含量的确定

当检验功效 $(1-\beta)=0.5$ 时，由成对资料平均数假设检验的 $t$ 检验公式可以推得式(10-26)：

$$n=\frac{t_{\alpha}^{2}S_{d}^{2}}{\bar{d}^{2}} \tag{10-26}$$

式中：$n$ 为试验所需的对子数；$t_{\alpha}$ 为自由度等于 $n-1$ 和显著水平为 $\alpha$(双尾或单尾)时的临界 $t$

值；$S_d$ 为差数标准误，由经验或预试验给出；$\bar{d}$ 为能辨别差异显著性的最小差数均值。

与前面例子类似，式(10-26)中的 $t_\alpha$ 值，首次计算时以 $df=\infty$时的 $t_\alpha$ 值代入计算 $n$，再以 $df=n-1$ 的 $t_\alpha$ 代入计算，直至 $n$ 稳定为止。

#### 10.7.1.3 成组资料平均数假设检验时样本含量的确定

当检验功效 $(1-\beta)=0.5$ 时，由成组数据的两样本均数假设检验的 $t$ 检验公式(设两样本含量相等 $n_1=n_2=n$)可以推得式(10-27)。

$$n=\frac{2t_\alpha^2 S^2}{\delta^2} \tag{10-27}$$

式中：$n$ 为每个样本的含量；$t_\alpha$ 为当 $df=2(n-1)$ 和显著水平为 $\alpha$(双尾或单尾)时的临界 $t$ 值；$S$ 是所考察指标的标准差，可用以往经验数值或经预备试验估计；$\delta$ 是预期达到差异显著时的 $\mu_1$ 与 $\mu_2$ 之最小差值。

【例 10-4】 欲研究两种浸提条件下山楂中可溶性固形物的浸提率有无差异。经预试估计的浸提率标准差 $S$ 为 1.32(%)，希望当两种条件下的平均浸提率相差达到 2.0(%)时能测出差异显著，取 $\alpha=0.05$(双尾)，试问每种条件下应测多少样品？

先将 $df=\infty$、$t_{0.05}=1.96$ 以及 $S=1.32$、$\delta=2.0$ 代入公式(10-27)，得：

$$n=\frac{2\times 1.96^2\times 1.32^2}{2.0^2}=3.35\approx 4$$

再以 $df=2(n-1)=2(4-1)=6$ 的 $t_{0.05}=2.447$ 代入公式(10-27)，算得 $n=6$；继续迭代，最后 $n$ 稳定在 5 上，即每种条件下至少应测 5 份样品。

如果使 $\alpha=0.01$，检验功效$(1-\beta)$增至 0.90，则每种条件下应至少测 $n=5\times 3.9\approx 20$ 份样品。

#### 10.7.1.4 多个独立样本均数比较时样本含量的确定

在方差分析中，由于检验统计量 $F$ 与各处理内的重复数 $n$ 的关系很复杂，不便由之推导一个估计 $n$ 的计算公式。但是，由于 $F$ 检验的灵敏度在很大程度上受误差自由度 $df_e$ 的影响，而 $df_e$ 与重复数有简单的函数关系，如在第 5 章所介绍的单向分组资料和两向分组资料的方差分析中，在完全随机设计条件下，误差自由度分别为 $df_e=k(n-1)$和 $df_e=ab(n-1)$，所以可以通过控制 $df_e$ 来对所需重复数 $n$ 进行估计。我们一般希望 $df_e\geqslant 12$，因为当 $df_e<12$ 时，$F$ 分布临界值较大且随 $df_e$ 的增大变化而下降变化的幅度较大；当 $df_e$ 超过 12 后，$F$ 分布临界值下降的幅度就很小了，即再增大 $df_e$ 的意义已不是很大。所以，我们可以按使 $df_e\geqslant 12$ 的原则来对所需的重复数做一个保守的估计。完全随机设计条件下，设 $k$ 为处理数，因为 $df_e=k(n-1)$，所以当 $n\geqslant 12/k+1$ 时，有 $df_e\geqslant 12$。例如，当 $k=3$ 时，则 $n\geqslant 5$；当 $k=4$ 时，则 $n\geqslant 4$。显然，随着 $k$ 的增加 $n$ 在减少，但仍要求 $n\geqslant 3$。

多个独立样本均数比较时样本含量的确定也可由多重比较(最小显著极差法)的公式来估计。

根据 $LSR_{\alpha,k}=q_{\alpha(df_e,k)}S_{\bar{x}}$ 可得关系式(10-28)：

$$\frac{q}{\sqrt{n}}=\frac{D}{\sqrt{S_e^2}} \tag{10-28}$$

由式(10-28)可得：

$$n=\frac{q^2S_e^2}{D^2} \tag{10-29}$$

式中：$n$ 为估计的每个样本的含量(即处理内重复数)；$q$ 即 $q_{\alpha(df_e,k)}$，$k$ 为样本(处理)数，$df_e=k(n-1)$；$S_e^2$ 为样本内均方，即方差分析中的处理内均方 $MS_e$；$D$ 为在显著水平 $\alpha$ 条件下所要求的达差异显著的最小极差。

利用式(10-29)来确定 $n$ 时，因为 $q$ 值与自由度有关，所以应多次迭代计算，直至 $n$ 稳定为止。

【例 10-5】　用 4 种不同方法对某食品样中的汞含量进行测定(μg/kg)。据以往经验，方法内测定误差均方 $S_e^2$ 为 1.01，要求测定的平均结果相差 2 个单位时应判断为测定结果有显著差异。试问 $\alpha=0.05$(双尾)时，每种方法应独立测定多少次？

已知：$k=4$，$S_e^2=1.01$，$D^2=4$，$\alpha=0.05$。先将 $q_{0.05(\infty,4)}=3.63$ 及有关数据代入式(10-29)得：

$$n=\frac{3.63^2\times1.01}{4}=3.33\approx4$$

再将 $df_e=4(4-1)=12$ 时的 $q$ 值即 $q_{0.05(12,4)}=4.20$ 代入式(10-29)求得：

$$n=\frac{4.20^2\times1.01}{4}=4.45\approx5$$

继续将 $q_{0.05(16,4)}=4.05$ 代入式(10-29)得：

$$n=\frac{4.05^2\times1.01}{4}=4.14\approx5$$

可见，$n$ 已稳定在 5 上，即在 $\alpha=0.05$ 的水平下，每种方法测定 5 次；当平均结果相差 2 个单位时，有望检验出差异显著。

由上述方法确定样本含量也可近似认为检验功效 $1-\beta=0.5$，若要提高检验功效仍需将已求得的 $n$ 值乘以表 10-4 中的有关转换系数。不过，这样确定的 $n$ 通常是稍大一些的。

#### 10.7.1.5　二项总体单个样本百分率的假设检验时样本含量的确定

大样本二项分布总体率的样本含量可按正态近似法来估计。当检验功效 $(1-\beta)=0.5$ 时，由单个样本率的假设检验式可推得式(10-30)。

$$n=\frac{u_\alpha^2p_0(1-p_0)}{\delta^2} \tag{10-30}$$

式中：$n$ 为估计的样本含量；$u_\alpha$ 是显著水平为 $\alpha$ 时的双尾(或单尾)临界 $u$ 值；$p_0$ 为已知的总体率；$\delta$ 为规定的达差异显著时的样本所属总体率 $p$ 与已知总体率 $p_0$ 的最小差值。

【例 10-6】　为考察某种新农药的杀虫效果，拟与标准农药的杀虫效果比较。已知标准农药一定条件下的杀虫率为 0.75，要求新农药的杀虫率在该条件下应达到 0.90。若取 $\alpha=0.05$(单尾)，试估计样本含量。

已知：$\alpha=0.05$(单尾)，$u_{0.05(单)}=1.645$，$p_0=0.75$，$\delta=p-p_0=0.90-0.75=0.15$。依式

(10-30)有

$$n=\frac{1.645^2\times0.75(1-0.75)}{0.15^2}=22.550\approx23$$

若要将检验功效提高到 0.90，样本含量需增加到 $n=23\times3.2=74$，即应取 74 头相关害虫进行灭杀试验。

#### 10.7.1.6 二项总体两个样本百分率的假设检验时样本含量的确定

设两样本含量相等($n_1=n_2=n$)，当检验功效 $(1-\beta)=0.5$ 时，估计公式可由两样本百分率假设检验的正态近似公式推得式(10-31)。

$$n=\frac{2u_\alpha^2\overline{p}\overline{q}}{\delta^2} \tag{10-31}$$

式中：$n$ 为每个样本的含量；$u_\alpha$ 是显著水平为 $\alpha$(双尾或单尾)时的临界 $u$ 值；$\overline{p}$ 为合并的百分率，$\overline{q}=(1-\overline{p})$；$\delta$ 为预期达差异显著时两样本所属总体百分率 $p_1$ 与 $p_2$ 之最小差值。

【例 10-7】 为比较甲乙两地消费者对某食品的风味的满意率，利用品尝方式初步测试后结果是甲地满意率为 50%，乙地满意率为 70%。若要推断出甲乙两地满意率是否真相差 20%，$\alpha=0.05$(双尾)，则在甲乙两地至少各需随机调查多少名消费者？

已知：$\hat{p}_1=0.50$，$\hat{p}_2=0.7$，$\overline{p}=(0.50+0.70)/2=0.60$，$\overline{q}=(1-\overline{p})=0.40$，$\delta=0.20$，$\alpha=0.05$(双尾)。依式(10-31)得：

$$n=\frac{2\times1.96^2\times0.6\times0.4}{0.20^2}\approx47$$

故在正式调查时，每地至少需随机抽测 47 名消费者。若要将检验功效提高到 0.90，每地至少需抽测($n=47\times2.7$)=125 名消费者。

### 10.7.2 抽样调查时样本含量的确定

抽样的目的在于通过样本推断样本所属总体，如由样本均数、百分率估计总体均数、百分率。本节简要介绍估计总体均数或总体率时样本含量的估计方法。

#### 10.7.2.1 对总体均数抽样调查时样本含量的确定

由 $\bar{x}$ 去估计 $\mu$ 的值，我们总希望保证 $|\bar{x}-\mu|$ 值不超过某定值 $d$($d$ 称为允许偏差)。要达到这个目的，不外乎一是控制样本含量 $n$，二是尽量减少试验误差，以减小 $\sigma_{\bar{x}}$ 的值。同时还希望估计结果有足够的置信度。反过来讲，估计总体均数所需的最小样本含量 $n$ 的大小要受允许误差 $d$、总体的变异程度 $\sigma$(或用 $S$ 估计)以及置信度$(1-\alpha)$等因素的影响。并且，估计 $n$ 的方法还随抽样方法而异。

由 4.5 节总体均数区间估计的公式可得式(10-32)：

$$\frac{|\bar{x}-\mu|}{S_{\bar{x}}}\leqslant t_{\alpha(df)} \tag{10-32}$$

保留式(10-32)的等号可得式(10-33)：

$$d=t_{\alpha(df)}S_{\bar{x}} \tag{10-33}$$

由式(10-33)出发可导出采用不同抽样方法估计总体均数时确定样本含量(最小含量)的公式,为简洁起见,$t_{\alpha(df)}$用 $t$ 代替。

1. 简单随机抽样时 $n$ 的确定

将式(10-3)代入式(10-33)得式(10-34):

$$d=t\sqrt{\left(1-\frac{n}{N}\right)\frac{S^2}{n}} \tag{10-34}$$

整理式(10-34)得确定 $n$ 的式(10-35)

$$n=\frac{(tS/d)^2}{1+\frac{1}{N}(tS/d)^2} \tag{10-35}$$

当 $N\to\infty$时,式(10-35)变为式(10-36)

$$n=\frac{t^2S^2}{d^2} \tag{10-36}$$

如果总体 $\sigma$ 已知,上述各式中 $S$ 应由 $\sigma$ 代替。

【例 10-8】 拟用随机抽样方法检验某批鱼被汞污染的情况。以一条鱼为一个独立测定单位,测定汞含量(mg/kg),希望误差($d$)不超过 0.02。根据初步抽测知 $S=0.11$,若取 $\alpha=0.05$(双尾),问需抽检多少条鱼?

将 $t_{0.05}=1.96$、$d=0.02$、$S=0.11$ 代入式(10-36)

$$n=\frac{1.96^2\times 0.11^2}{0.02^2}=116.21\approx 117$$

故至少需抽检 117 条鱼。

2. 分层随机抽样时样本含量的确定

分层随机抽样中,按最优分配抽样可使均数标准误 $\sigma_{\bar{x}}$ 或 $S_{\bar{x}}$ 最小。此时,$n$ 的近似估计可由式(10-37)给出:

$$n=\frac{\left(\frac{t}{d}\sum w_i\sigma_i\right)^2}{1+\frac{1}{N}\left(\frac{t}{d}\right)^2\sum w_i\sigma_i^2} \tag{10-37}$$

当总体含量 $N\to\infty$时,式(10-37)变为式(10-38)

$$n=\left(\frac{t}{d}\sum_{i=1}^{k}w_i\sigma_i\right)^2 \tag{10-38}$$

式中:$d$ 仍为估计总体均数时的允许偏差;$w_i=N_i/N$。

当各层的标准差 $\sigma_i$ 未知时可用其估计值 $S_i$ 代替。

由上述两式所确定的 $n$ 值是在$\sigma_{\bar{x}}$ 最小条件下的 $n$ 值,因而是 $n$ 的最优值。这里的关键是正确分层和准确估计 $\sigma_i$。容易看出,当各层的 $\sigma_i$ 相等时,式(10-37)与式(10-35)同,而式(10-38)与式(10-36)同。

分层随机抽样中，按比例分配抽样时，$n$ 的近似估计可由式(10-39)给出。

$$n=\frac{(t/d)^2\sum w_i\sigma_i^2}{1+\frac{1}{N}\left(\frac{t}{d}\right)^2\sum w_i\sigma_i^2} \tag{10-39}$$

【例 10-9】 某乳品加工企业其原料乳来自 5 个不同的奶牛养殖区。现欲通过抽样调查整体估计其所用原料乳的蛋白含量(%)，各养殖区泌乳奶牛头数及牛乳蛋白含量抽样标准差列于表 10-5，并附所要计算的有关数据。

**表 10-5 确定必须抽取奶牛头数的计算方法**

| 养殖区 | 头 ($N_i$) | 比例 ($w_i$) | 标准差 ($S_i$) | $S_i^2$ | $w_iS_i$ | $w_iS_i^2$ | 最优分配 ($n_i$) | 比例分配 ($n_i$) |
|---|---|---|---|---|---|---|---|---|
| 1 | 500 | 0.066 | 0.17 | 0.028 9 | 0.011 2 | 0.001 9 | 7 | 15 |
| 2 | 1 200 | 0.159 | 0.25 | 0.062 5 | 0.039 8 | 0.009 9 | 22 | 35 |
| 3 | 1 450 | 0.192 | 0.51 | 0.260 1 | 0.097 9 | 0.049 9 | 53 | 43 |
| 4 | 3 500 | 0.464 | 0.37 | 0.136 9 | 0.171 7 | 0.063 5 | 93 | 102 |
| 5 | 900 | 0.119 | 0.42 | 0.176 4 | 0.045 0 | 0.021 0 | 28 | 27 |
| $\sum$ | 7 550 | 1.000 | — | — | 0.365 6 | 0.146 2 | 203 | 222 |

①假定待测奶牛头数依各养殖区泌乳奶牛头数及标准差按最优分配计算，并且要求所测结果的置信度($1-\alpha$)达到 0.95，所估计的蛋白含量与真值的差异不超过 0.05%，试求应抽取多少头奶牛进行测定？

②假定待测奶牛头数依各养殖区泌乳奶牛头数按比例分配计算，在①所要求的条件下应抽取多少头奶牛进行测定？

样本含量的估计如下(用 $S_i$ 代替 $\sigma_i$)：

对于①，因 $d=0.05$，暂定 $t=1.96$，所以 $(t/d)^2=(1.96/0.05)^2=1\ 536.64$。从表 10-5 得：$(\sum_{wi}S_i)^2=0.365\ 6^2=0.133\ 7$，$\sum_{w_i}S_i^2=0.146\ 2$。由式(10-37)得：

$$n=\frac{1\ 536.64\times0.133\ 7}{1+\frac{1}{7\ 550}\times1\ 536.64\times0.146\ 2}=\frac{205.448\ 8}{1.029\ 8}=199.50\approx200$$

由式(10-15)计算各养殖区应抽取的头数 $n_i$，结果列于表 10-5(均取大于计算结果的最小整数)。

对于②，将上面的有关计算结果代入式(10-39)得：

$$n=\frac{1\ 536.64\times0.146\ 2}{1+\frac{1}{7\ 550}\times1\ 536.64\times0.146\ 2}=\frac{224.656\ 8}{1.029\ 8}=218.16\approx219$$

由式(10-14)计算各养殖区应抽取的头数 $n_i$，结果列于表 10-5(均取大于计算结果的最小整数)。

最优分配与比例分配相比较，1 区、2 区、4 区的抽样头数减少，而变异较大的第 3 区、5 区的抽样头数增加，总的抽样头数减少。

3. 分级随机抽样时 $k$ 与 $m$ 的确定

先估计一级样本容量 $k$ 的值，联系式(10-33)，有 $d=tS_{\bar{x}}$(这里 $S_{\bar{x}}$ 由式(10-22)确定，$d$ 与 $t$ 的意义同前)。因此，可推导出如下估计 $k$ 的公式：

$$k=\frac{\left(\frac{t\hat{\sigma}_{\mathrm{B}}}{d}\right)^{2}\left[1+\frac{\hat{\sigma}^{2}}{\hat{\sigma}_{\mathrm{B}}^{2}}\left(\frac{1}{m}-\frac{1}{M}\right)\right]}{1+\frac{1}{N}\left(\frac{t\hat{\sigma}_{\mathrm{B}}}{d}\right)^{2}} \tag{10-40}$$

一般情况下，可考虑由式(10-41)计算 $m$ 的值：

$$m=\hat{\sigma}/\hat{\sigma}_{B} \tag{10-41}$$

这就是说，内不匀比之外不匀越大，则由一级单位内的取样量越大，这是符合实际情况的。因此式(10-40)可写成式(10-42)(注意 $m\leqslant M$)。

$$k=\frac{\left(\frac{t\hat{\sigma}_{\mathrm{B}}}{d}\right)^{2}\left[1+m\left(1-\frac{m}{M}\right)\right]}{1+\frac{1}{N}\left(\frac{t\hat{\sigma}_{\mathrm{B}}}{d}\right)^{2}} \tag{10-42}$$

可以看到，当每个一级单位内只有一个个体($M=1$)，因而 $m$ 必等于 1 的话，这个问题立即转变为简单随机抽样问题，并且由式(10-42)所定的 $k$ 值也就转变成由式(10-35)所确定的 $n$ 值。此时，$N$ 再趋于无穷大时，式(10-42)就变为式(10-36)。

关于二级或三级随机抽样样本含量确定的更详细情况的讨论，读者可参阅中国农业出版社于 2000 年出版的由盖钧益主编的《试验统计方法》或其他有关文献。

#### 10.7.2.2　对二项总体率抽样调查时样本含量的确定

由 4.5 节二项总体百分率的近似正态法区间估计的公式可得式(10-43)：

$$\frac{|\hat{p}-p|}{S_{\hat{p}}}\leqslant u_{\alpha} \tag{10-43}$$

保留式(10-43)的等号可得式(10-44)：

$$d=u_{\alpha}S_{\hat{p}} \tag{10-44}$$

简单随机抽样且为有限总体时，由式(10-44)易得式(10-45)：

$$n=\frac{\frac{u_{\alpha}^{2}\hat{p}(1-\hat{p})}{d^{2}}}{1+\frac{1}{N}\cdot\frac{u_{\alpha}^{2}\hat{p}(1-\hat{p})}{d^{2}}} \tag{10-45}$$

当 $N\to\infty$(即无限总体)时，式(10-45)便成为式(10-46)：

$$n=\frac{u_{\alpha}^{2}\hat{p}(1-\hat{p})}{d^{2}} \tag{10-46}$$

式(10-43)至式(10-46)中：$\hat{p}$ 为由经验或预测而获得的百分率；$d$ 为允许偏差。

【例 10-10】　经初步抽检，某批产品($N$ 较大)的不合格率为 11%，检验者欲了解该产品的不合格率，希望误差不超过2%，问需抽检多少个样品？

取 $\alpha=0.05$(双尾)，$u_{0.05}=1.96$。已知 $d=0.02$，由式(10-46)得：

$$n=\frac{1.96^2\times0.11\times(1-0.11)}{0.02^2}\approx941(\text{个})$$

若样本率接近0%或100%时，分布呈偏态，应对 $\hat{p}$ 做 $\sin^{-1}\sqrt{p}$ 转换，此时用式(10-47)来估计 $n$：

$$n=\left[\frac{57.3u_\alpha}{\sin^{-1}\left(\frac{d}{\hat{p}\sqrt{1-\hat{p}}}\right)}\right]^2 \tag{10-47}$$

## 思考题

1. 试验设计的作用主要有哪些？

2. 正确理解试验指标、试验因素等有关基本概念，并能举例说明。

3. 食品试验研究的主要内容有哪些？什么叫线性质量研究和非线性质量研究？系统设计、参数设计和允许误差设计的意义是什么？

4. 试验设计的基本原则是什么？作用如何？

5. 什么是试验方案？拟订试验方案的要点是什么？

6. 试验误差的来源有哪些？如何控制试验误差？

7. 常用的抽样方法有哪些？各适用于什么条件下使用？

8. 设有一总体，$N=64$，其数值如表10-6所示。

**表10-6 $N=64$ 的总体**

| | | | | | | | | |
|---|---|---|---|---|---|---|---|---|
| 部分总体A | 900 | 822 | 781 | 805 | 670 | 1 238 | 573 | 634 |
| | 578 | 487 | 442 | 451 | 459 | 464 | 400 | 366 |
| 部分总体B | 364 | 317 | 328 | 302 | 288 | 291 | 253 | 291 |
| | 308 | 272 | 284 | 255 | 270 | 214 | 195 | 260 |
| | 209 | 183 | 163 | 253 | 232 | 260 | 201 | 147 |
| | 292 | 164 | 143 | 169 | 139 | 170 | 150 | 143 |
| | 113 | 115 | 123 | 154 | 140 | 119 | 130 | 127 |
| | 100 | 107 | 114 | 111 | 163 | 116 | 122 | 134 |

试根据表中数据，对下列几种情况计算 $\bar{x}$ 及其标准误差 $\sigma_{\bar{x}}$ 或 $S_{\bar{x}}$，并比较不同抽样方法的抽样误差 $S_{\bar{x}}$。

①把 $N$ 当作总体，进行简单随机抽样，样本含量 $n=24$。

②采用顺序抽样($n=22$或21)，计算其 $S_{\bar{x}}$，并与简单随机抽样($n=22$或21)时的 $\sigma_{\bar{x}}$ 比较。

③进行整群抽样，以每横行为一群，$n=24$(即抽三群)。

④把 $N=64$ 的大总体划分为A与B两个部分总体(即两层)，以表中虚线为界，取 $n=24$。然后，按比例分配抽样；按最优分配抽样；在A与B两个部分总体分别随机抽取12个数据。

⑤假定进行二级随机抽样，初级抽样单位是行(共8行)，次级抽样单位是行内的数据(个

体)。随机抽取 4 行,每抽中的行内分别随机抽取 5 个数据。

9. 初步抽检某批袋装奶粉,知袋装净重标准差 $S=15$ g。抽检者欲了解该批奶粉每袋平均净重,希望偏差不超过 5 g,问应随机抽检多少袋奶粉?取 $\alpha=0.05$(双尾)。

10. 奶粉包装机正常工作时,包装量服从正态分布。根据长期经验知其标准差 $\sigma=15$ g,而额定标准为每袋净重 500 g。今欲检验包装机工作是否正常,希望每袋平均净重与额定值相差达 5 g 时能得出差异显著的结论(即工作不正常,假定 $\sigma$ 不变),取 $\alpha=0.05$(双尾),问应随机抽检多少袋奶粉?若将检验效能提高至 0.80,需检验多少袋?(请考虑与 12 题的区别)。

11. 比较两种工艺条件对某食品质量指标的影响,已知估计的指标值标准差 $S=0.93$,希望平均指标值相差 0.5 时应得出差异显著结论,且规定检验效能为 0.80,$\alpha=0.05$(双尾),问每种工艺下应测试多少份样品?

12. 将 11 题改为 3 种工艺条件,检验效能为 0.50,其他不变,问各工艺条件下应测试多少份样品?

13. 对总体均数抽样调查时需确定样本含量,请就分层随机抽样(最优分配)及分级随机抽样方法各举一个实例。

# 第 11 章
# 两种常用的试验设计方法

## 本章学习目的与要求

1. 深刻理解完全随机设计和随机区组设计的意义及应用条件。
2. 熟练掌握完全随机设计和完全随机区组设计的方法。
3. 正确分析有关试验资料。

## 11.1　完全随机设计

完全随机设计(complete random design)是根据试验处理数将全部试验单位随机分成若干组,然后再按组实施不同处理的设计。在试验中,每个试验单元具有相等的机会从总体中被抽出,并被随机地分配到各个试验处理中去。这是一种最简单的试验设计方法。它具有 3 个方面的含义:一是试验单元的随机分组,二是试验单元各组与试验处理的随机结合,三是试验处理试验顺序的随机安排。试验单元的随机分组是完全随机设计的实质。

这种试验设计适用于要考察的试验因素较为简单,各试验单元基本一致,且相互间不存在已知的联系,同时也不存在已知的对试验指标影响较大的干扰因素,即要求试验的环境因素相当均匀一致。如果虽然存在已知的一些干扰因素,但可以通过随机分配试验单元和对试验环境中干扰因素的控制,使干扰因素在各处理中平衡分布,其作用相互抵消,从而保证达到突出试验处理效果的目的的话也可应用这种试验设计方法。一般情况下,设置的处理数不宜太多;若处理数太多,容易造成处理(水平)之间方差的不同质。

### 11.1.1　设计方法

#### 11.1.1.1　试验材料的随机分组

1. 两个处理比较的分组

【例 11-1】　设有条件一致相互独立的试验单元(试验材料、对象)20 个,欲将其随机分成两组,每组 10 个。

具体步骤如下:

第 1 步,将每个试验单元进行随机编号,本例中将 20 个试验单元依次编为 1,2,…,20 号,见表 11-1 的第一行。

第 2 步,从随机数字表(附表 17)中找到任意一个随机数字。从这个随机数字开始,向任一方向(左、右、上、下)连续抄下相当于试验单元的个数的随机数字,分别对应于试验单元的编号。本例中从随机数字表第 6 横行第 6 纵列的 49 开始向右抄下 20 个随机数字,见表 11-1 的第 2 行。

第 3 步,若将第一个随机数字记为“甲”,抄下的随机数中凡是和这个数奇偶性一致的数都记为“甲”,奇偶性与之相反的均记为“乙”。本例标记结果见表 11-1 的第 3 行。

**表 11-1　20 个试验单元分成两组的结果(1)**

| 项目 | 编号 | | | | | | | | | | | | | | | | | | | |
|---|---|---|---|---|---|---|---|---|---|---|---|---|---|---|---|---|---|---|---|---|
| | 1 | 2 | 3 | 4 | 5 | 6 | 7 | 8 | 9 | 10 | 11 | 12 | 13 | 14 | 15 | 16 | 17 | 18 | 19 | 20 |
| 随机数字 | 49 | 54 | 43 | 54 | 82 | 17 | 37 | 93 | 23 | 78 | 87 | 35 | 20 | 96 | 43 | 84 | 26 | 34 | 91 | 64 |
| 组别 | 甲 | 乙 | 甲 | 乙 | 乙 | 甲 | 甲 | 甲 | 甲 | 乙 | 甲 | 甲 | 乙 | 乙 | 甲 | 乙 | 乙 | 乙 | 甲 | 乙 |

第 4 步,统计各组试验单元数。本例分组如下。

甲组为:1、3、6、7、8、9、11、12、15、19;

乙组为:2、4、5、10、13、14、16、17、18、20。

可以看出，“甲”“乙”出现的个数相同，都是 10 个。如果两组统计的“甲”“乙”个数不相等，则应继续用随机数字的方法将多余一组的试验单元调整到少的一组，直至两组相等。例如，如果本例的第 2 步中，是从随机数字表的第 21 横行第 25 纵列的 57 开始向左抄下 20 个随机数字，第 3 步统计的“甲”“乙”个数就不相等，结果见表 11-2 的第 2 行。

**表 11-2　20 个试验单元分成两组的结果(2)**

| 项目 | 编号 | | | | | | | | | | | | | | | | | | | |
|---|---|---|---|---|---|---|---|---|---|---|---|---|---|---|---|---|---|---|---|---|
| | 1 | 2 | 3 | 4 | 5 | 6 | 7 | 8 | 9 | 10 | 11 | 12 | 13 | 14 | 15 | 16 | 17 | 18 | 19 | 20 |
| 随机数字 | 57 | 06 | 97 | 07 | 68 | 52 | 09 | 46 | 33 | 04 | 26 | 84 | 78 | 22 | 44 | 40 | 77 | 30 | 74 | 55 |
| 组别 | 甲 | 乙 | 甲 | 甲 | 乙 | 乙 | 甲 | 乙 | 甲 | 乙 | 乙 | 乙 | 乙 | 乙 | 乙 | 乙 | 甲 | 乙 | 乙 | 甲 |

从表 11-2 的第 3 行可看出，“甲”的个数比“乙”的少 6 个。要使两组的样本含量相等则需要从“乙”组调整 3 个到“甲”组里，这时仍用随机数字表。接着上面抄下的最后随机数字(本例中 55)继续抄下 3 个随机数字(调整几个就抄几个数字)：70，13，30。将抄下的数字分别除以调整时“乙”的个数。本例中 70 除以 13(调整时“乙”的个数)、13 除以 12(调整一个随机数字到“甲”后剩下的“乙”的个数)、30 除以 11(调整两个随机数字到“甲”后剩下的“乙”的个数)，它们的余数分别为 5、1、8，则把“乙”组的第 5 个试验单元(10 号)、余下 12 个中的第 1 个(2 号)和余下 11 个中的第 8 个(15 号)调整到“甲”组。最后的分组编号如下。

甲组为：1、2、3、4、7、9、10、15、17、20；

乙组为：5、6、8、11、12、13、14、16、18、19。

2. 多个处理比较的分组

【例 11-2】 在食品安全研究试验中，欲了解试验动物每天经口摄入不同剂量的铅后对健康状况的影响。现将 40 只日龄相同、体重一致的健康雄性大鼠随机分成 $A_1$、$A_2$、$A_3$、$A_4$ 4 个组，每组 10 只大鼠，实施试验。那么如何用完全随机分组的方法将 40 只大鼠分成样本含量相等的 4 个组呢？

具体步骤如下：

第 1 步，将 40 只大鼠依次编为 1，2，…，40 号，见表 11-3 的第 1 行。

**表 11-3　40 只雄性大鼠分成 4 个组的结果**

| 项目 | 编号 | | | | | | | | | | | | | | | | | | | |
|---|---|---|---|---|---|---|---|---|---|---|---|---|---|---|---|---|---|---|---|---|
| | 1 | 2 | 3 | 4 | 5 | 6 | 7 | 8 | 9 | 10 | 11 | 12 | 13 | 14 | 15 | 16 | 17 | 18 | 19 | 20 |
| 随机数字 | 09 | 47 | 27 | 96 | 54 | 49 | 17 | 46 | 09 | 62 | 90 | 52 | 84 | 77 | 27 | 08 | 02 | 73 | 43 | 28 |
| 组别 | 1 | 3 | 3 | 0 | 2 | 1 | 1 | 2 | 1 | 2 | 2 | 0 | 0 | 1 | 3 | 0 | 2 | 1 | 3 | 0 |
| 项目 | 编号 | | | | | | | | | | | | | | | | | | | |
| | 1 | 2 | 3 | 4 | 5 | 6 | 7 | 8 | 9 | 10 | 11 | 12 | 13 | 14 | 15 | 16 | 17 | 18 | 19 | 20 |
| 随机数字 | 18 | 18 | 07 | 92 | 46 | 44 | 17 | 16 | 58 | 09 | 79 | 83 | 86 | 19 | 62 | 06 | 76 | 50 | 03 | 10 |
| 组别 | 2 | 2 | 3 | 0 | 2 | 0 | 1 | 0 | 2 | 1 | 3 | 3 | 2 | 3 | 2 | 2 | 0 | 2 | 3 | 2 |

第 2 步，从随机数字表第 10 横行第 6 纵列的 09 开始向右抄下 40 个随机数字，依次写在大鼠对应编号下，见表 11-3 的第 2 行。

第 3 步，用 4(分组数)分别除抄下的 40 个随机数字，将余数 1、2、3、0(除尽时余数记 0)分别置于对应的随机数字下，相同余数对应的大鼠编号归入同一组。若各组的试验对象(大鼠)个数恰好相等，分组结束，否则继续做第 4 步。

随机数字的余数为 1、2、3、0 时分别记入 $A_1$、$A_2$、$A_3$、$A_4$ 组，其结果如下。

$A_1$ 为 1、6、7、9、14、18、27、30。

$A_2$ 为 5、8、10、11、17、21、22、25、29、33、35、36、38、40。

$A_3$ 为 2、3、15、19、23、31、32、34、39。

$A_4$ 为 4、12、13、16、20、24、26、28、37。

初步分组结果是，$A_1$、$A_2$、$A_3$、$A_4$ 组的个数分别是 8、14、9、9。这就需要从 $A_2$ 组随机取 4 个随机数字调整到 $A_1$ 组 2 个、$A_3$ 组和 $A_4$ 组各 1 个(表 11-3)。方法见第 4 步。

第 4 步，接着上面抄下的最后随机数字(本例中 10)继续抄下 4 个随机数字(调整几个就抄几个数字)：55，23，64，05。将抄下的数字分别除以调整时 $A_2$ 的个数。本例中 55 除以 14(调整时 $A_2$ 的个数)、23 除以 13(调整一个到 $A_1$ 后剩下的 $A_2$ 的个数)、64 除以 12(调整两个到 $A_1$ 后剩下的 $A_2$ 的个数)、05 除以 11(调整 3 个到 $A_1$、$A_3$ 后剩下的 $A_2$ 的个数)，它们的余数分别为 13、10、4 和 5，则把 $A_2$ 组的第 13 个、第 10 个对应的大鼠(38 号、33 号)调整到 $A_1$ 组，把 $A_2$ 组的第 4 个、第 5 个对应的大鼠(11 号、21 号)分别调整到 $A_3$、$A_4$ 组。最后分组的大鼠编号如下。

$A_1$ 为 1、6、7、9、14、18、27、30、38、33。

$A_2$ 为 5、8、10、17、22、25、29、35、36、40。

$A_3$ 为 2、3、11、15、19、23、31、32、34、39。

$A_4$ 为 4、12、13、16、20、21、24、26、28、37。

#### 11.1.1.2　试验处理试验顺序的随机安排

1. 单因素试验的试验顺序随机安排

在单因素试验中，若 A 因素有 $k$ 个水平，每个水平有 $n$ 个重复(各水平的重复数可相等也可不相等)，那么共有 $k\times n$ 次试验。如果条件允许，这 $k\times n$ 次试验应同时进行。否则，这个 $k\times n$ 次试验的实施顺序应按照随机原则确定。

【例 11-3】　在无酒精啤酒的研究中，为了解麦芽汁的浓度对发酵液中双乙酸生成量的影响，在发酵温度 7 ℃，非糖比 0.3，二氧化碳压力 0.6 kg/cm$^2$，发酵时间 6 d 的试验条件下，选定麦芽汁浓度(%)为 6($A_1$)、10($A_2$)、12($A_3$) 3 个水平，每个水平重复 5 次，进行完全随机化试验，以寻找适宜的麦芽汁浓度。

本试验中，$k=3$，$n=5$，共进行 $3\times5=15$ 次试验。这 15 次试验完全按随机顺序进行。随机化方法可采用抽签的方法，即准备 15 张纸签，$A_1$、$A_2$、$A_3$ 各写 5 个，充分混合后，抽签决定试验顺序。也可用随机数字表确定试验顺序。方法是：从随机数字表中随机抽取一个数字，如第 11 行第 13 列的 86，从此开始往下依次读取 15 个两位数(如出现相同的两位数，就把它跳过去，往后多读一个两位数)，再按从小到大的顺序把这 15 个两位数依次编号。这个编号为试验顺序号。本例编号结果见表 11-4(括号内数字为试验顺序编号)。

表 11-4 完全随机化单因素试验方案

| 水平 | 试验顺序 | | | | |
|---|---|---|---|---|---|
| $A_1$ | 86(14) | 76(12) | 25(2) | 37(6) | 69(11) |
| $A_2$ | 46(8) | 07(1) | 36(5) | 78(13) | 57(10) |
| $A_3$ | 32(3) | 51(9) | 34(4) | 38(7) | 91(15) |

从表 11-4 可见，本例的试验顺序为 $A_2A_1A_3A_3A_2A_1\cdots A_2A_1A_3$。

上述试验按表 11-4 案实施后，把试验数据按因素 A 整理成表 5-1 的形式后按单向分组资料的方差分析的方法分析。

2. 二因素等重复的试验顺序随机安排

若 A 因素有 $a$ 个水平、B 因素有 $b$ 个水平，那么共有 $a\times b$ 个水平组合，每个水平组合重复 $n$ 次。进行试验时，若无条件将所有试验处理同时进行，则应将这 $a\times b\times n=N$ 次试验的先后顺序完全按随机方式确定。

【例 11-4】 为提高粒粒橙饮料中汁胞的悬浮稳定性，研究了果汁 pH(A)、魔芋精粉浓度(B)两个因素的不同水平组合对果汁黏度的影响。果汁 pH 取 3.5、4.0、4.5 3 个水平，魔芋精粉浓度(%)取 0.10、0.15、0.20 3 个水平，每个水平组合重复 3 次，进行完全随机化试验。试验指标为果汁黏度(CP)。黏度越高越好。

本项研究共需进行 27 次试验。这 27 次试验的先后顺序完全按随机方式确定，得出试验方案如表 11-5 所示。

表 11-5 完全随机化双因素试验方案

| 处理 | 试验顺序 | 处理 | 试验顺序 | 处理 | 试验顺序 |
|---|---|---|---|---|---|
| $A_1B_1$ | 12 | $A_2B_1$ | 7 | $A_3B_1$ | 14 |
| $A_1B_1$ | 15 | $A_2B_1$ | 2 | $A_3B_1$ | 17 |
| $A_1B_1$ | 22 | $A_2B_1$ | 20 | $A_3B_1$ | 24 |
| $A_1B_2$ | 5 | $A_2B_2$ | 18 | $A_3B_2$ | 6 |
| $A_1B_2$ | 8 | $A_2B_2$ | 3 | $A_3B_2$ | 11 |
| $A_1B_2$ | 10 | $A_2B_2$ | 13 | $A_3B_2$ | 4 |
| $A_1B_3$ | 19 | $A_2B_3$ | 23 | $A_3B_3$ | 21 |
| $A_1B_3$ | 27 | $A_2B_3$ | 25 | $A_3B_3$ | 26 |
| $A_1B_3$ | 1 | $A_2B_3$ | 16 | $A_3B_3$ | 9 |

试验顺序的随机安排同【例 11-3】。如果两因素等重复完全随机设计的试验还需要试验材料的随机分组，其方法同【例 11-2】。

上述试验按表 11-5 方案实施后，把试验数据按因素 A、B 整理成表 5-28 的形式后，用两向分组有相等重复观测值试验资料的方差分析的方法分析。

### 11.1.2 完全随机设计的优缺点

完全随机设计的优点主要是：设计方法简单，较好地体现了试验设计的重复和随机两个原则，处理数与重复次数都不受限制，统计分析简单，试验的数据资料可采用 $t$ 检验(两个处理)或方差分析(多个处理)的方法来进行统计分析。

完全随机设计的缺点则主要表现为:完全随机设计由于未应用局部控制的原则或体现得不够充分,特别是试验条件不均匀时,可将非试验因素的影响归入试验误差中,使得试验误差变得较大,从而降低了试验的精确性。此外,完全随机设计对试验条件的均匀性要求高,不适合于试验条件差异比较大的试验研究。

为了克服上述缺点,试验条件差异比较大时可在试验中引入区组,这样可将由试验条件差异产生的系统误差有效剔除,进而正确估计试验误差,得出可靠结论。这就是下面将要介绍的随机区组试验设计。

## 11.2　随机区组设计

随机区组设计(randomized block design)是一种随机排列的完全区组试验设计。其适用性较为广泛,既可用于单因素试验,也适用于多因素试验。

当试验的处理在两个以上时,如果存在某种对试验指标有较大影响的干扰因素(如试验单元的差别、试验空间、时间、测试仪器、操作人员等条件存在明显差异),可以通过局部控制降低试验误差的原理,可将试验单元分成若干组(区组,block),每组试验单元(或条件)基本一致,不同组之间在该干扰因素方面有差别。这样的设计称为随机区组设计。随机区组设计中区组内试验单元含量与处理数相同的设计称为完全随机区组设计。此时,各处理的重复数等于随机区组数。本书中仅介绍完全随机区组设计。

显然,此设计适用于:已知外界还存在着一个对试验指标有明显影响的干扰因素;可以找到若干组条件一致的试验单元,且每组内包含的试验单元数等于处理数;已知干扰因素和试验因素间不存在交互作用;试验中比较的处理数较少。

### 11.2.1　设计方法

#### 11.2.1.1　单因素试验的随机区组设计

单因素试验的随机区组设计的方法是:根据局部控制的原理,将试验的所有供试单元先按重复划分成非处理条件相对一致的若干单元组(区组),每一组的供试单元数与试验的处理数相等。然后分别在各区组内,用随机的方法将各个处理逐个安排于各供试单元中,同一区组内的各处理单元的排列顺序是随机的。下面用一个具体例子来说明该设计方法。

【例 11-5】　红碎茶加工中的通气发酵试验,因素为发酵时间 A,有 5 个水平($k=5$):$A_1(30')$、$A_2(50')$、$A_3(70')$、$A_4(90')$、$A_5(120')$。试验目的是从各处理中找出适宜的发酵时间。本试验中多数非处理条件都能被控制为相对一致,只是用来揉切茶叶的 4 台转子机是不同型号的。因此采用随机区组法来安排本试验,每台转子机为一个区组,即试验设 4 次重复($r=4$)。

本试验设计中,分别以各台转子机安排一个区组(重复)。先给各台转子机(甲、乙、丙、丁)编号为区组Ⅰ、Ⅱ、Ⅲ、Ⅳ。试验的每个供试单元以从转子机出来的每 25 kg 揉碎叶为准。各台转子机先后出来的 5 个 25 kg 揉碎叶即为该区组的 5 个供试单元,依次编号为①、②、③、④、⑤。至于各处理安排在哪个供试单元,则由随机方法(如抽签法)确定。表 11-6 为本试验的设计方案。

表 11-6 单因素随机区组试验设计方案

| 区组(转子机) | 试验单元序号(揉碎叶出机先后序号) | | | | |
|---|---|---|---|---|---|
| | ① | ② | ③ | ④ | ⑤ |
| Ⅰ | $A_2$ | $A_5$ | $A_1$ | $A_4$ | $A_3$ |
| Ⅱ | $A_1$ | $A_3$ | $A_5$ | $A_2$ | $A_4$ |
| Ⅲ | $A_5$ | $A_4$ | $A_3$ | $A_1$ | $A_2$ |
| Ⅳ | $A_3$ | $A_2$ | $A_4$ | $A_5$ | $A_1$ |

按表 11-6 设计方案实施本试验,如在Ⅰ号机上最先出来的一个 25 kg 揉碎叶安排第二水平 $A_2$,即发酵时间为 50 min;接着出来的第二个 25 kg 揉碎叶安排第五水平 $A_5$,即发酵时间 120 min;其余类推。照此方案操作就可完成本试验全部实施工作。

在 4.2 节曾介绍过成对资料平均数的假设检验。成对资料亦即配对资料,与其相应的试验设计称为配对设计。配对设计是随机区组设计的特例,其中每一个对子就是一个区组,或者说随机区组设计是配对设计的扩展。

#### 11.2.1.2 两因素试验的随机区组设计

随机区组设计在安排复因素试验时,方法与单因素试验设计基本相同,只是事先要将各因素的各水平相互搭配成水平组合,以水平组合为处理,每个供试单元安排一个水平组合。下面以一个两因素试验为例来介绍复因素试验的随机区组设计方法。

【例 11-6】 在蛋糕加工工艺研究中,欲考察不同食品添加剂对各种配方蛋糕质量的影响而进行试验。试验有两个因素即配方因素 A 和食品添加剂因素 B。配方因素 A 有 4 个水平即 $A_1$、$A_2$、$A_3$、$A_4$($a=4$);食品添加剂因素 B 有 3 个水平即 $B_1$、$B_2$、$B_3$($b=3$)。因试验所用烤箱容量不大,不能一次性将全部试验蛋糕烘烤完,需分 3 次烘烤,故选用随机区组法安排试验,每一次烘烤为一个区组,即试验设 3 次重复($r=3$)。

根据题意,本试验的所有水平组合(处理)有 12 个($ab=4\times3=12$):$A_1B_1$、$A_1B_2$、$A_1B_3$、$A_2B_1$、$A_2B_2$、$A_2B_3$、$A_3B_1$、$A_3B_2$、$A_3B_3$、$A_4B_1$、$A_4B_2$、$A_4B_3$。将其依次编号为 1、2、3、…、12。由于烤箱容量不大,3 次重复分 3 次烘烤。每次烘烤一个重复 12 个处理的蛋糕,作为一个区组。依烘烤的先后次序标为区组Ⅰ、Ⅱ、Ⅲ。每次烘烤的 12 个处理的蛋糕在烤箱中的具体排列顺序由随机方法(如抽签法)事先确定。本试验的设计方案由表 11-7 给出。

表 11-7 双因素随机区组试验设计方案

| 区组 | 蛋糕在烘箱中的排列顺序 | | | | | | | | | | | |
|---|---|---|---|---|---|---|---|---|---|---|---|---|
| Ⅰ | 6<br>$A_2B_3$ | 12<br>$A_4B_3$ | 3<br>$A_1B_3$ | 5<br>$A_2B_2$ | 1<br>$A_1B_1$ | 7<br>$A_3B_1$ | 11<br>$A_4B_2$ | 2<br>$A_1B_2$ | 8<br>$A_3B_2$ | 4<br>$A_2B_1$ | 10<br>$A_4B_1$ | 9<br>$A_3B_3$ |
| Ⅱ | 8<br>$A_3B_2$ | 1<br>$A_1B_1$ | 4<br>$A_2B_1$ | 9<br>$A_3B_3$ | 10<br>$A_4B_1$ | 6<br>$A_2B_3$ | 3<br>$A_1B_3$ | 12<br>$A_4B_3$ | 2<br>$A_1B_2$ | 5<br>$A_2B_2$ | 7<br>$A_3B_1$ | 11<br>$A_4B_2$ |
| Ⅲ | 10<br>$A_4B_1$ | 7<br>$A_3B_1$ | 2<br>$A_1B_2$ | 11<br>$A_4B_2$ | 4<br>$A_2B_1$ | 8<br>$A_3B_2$ | 5<br>$A_2B_2$ | 9<br>$A_3B_3$ | 1<br>$A_1B_1$ | 12<br>$A_4B_3$ | 6<br>$A_2B_3$ | 3<br>$A_1B_3$ |

### 11.2.2 随机区组设计的注意事项

在应用随机区组设计方法时,以下几点值得注意。

①在随机区组设计中，一个区组中各试验单元间的非处理条件要尽可能控制一致，而区组与区组之间允许有差异。因此，划分区组时，可以按某个不一致的试验条件（如操作人员，机具设备、生产批次等）来划分，这样，就能消除该非处理条件的影响，使试验精度更高。

②各区组内的随机排列应独立进行，即各区组应分别进行一次随机排列，不能所有区组都采用同一随机顺序。例如一个三区组的随机区组设计，就应分别进行 3 次随机排列，各区组的随机顺序应不相同，否则试验中易产生系统误差。

③关于随机区组设计的区组（重复）数的确定，有人从统计学角度，提出以试验结果的方差分析时误差自由度 $df_e$ 应不小于 12 为标准来确定。因为误差自由度过小，试验的灵敏性较差，$F$ 检验难以检验出处理间差异显著性。设区组数为 $r$，处理数为 $k$，则由 $df_e=(k-1)(r-1)\geqslant 12$（对于单因素试验而言），可推出随机区组设计的区组数计算公式为：

$$r\geqslant\frac{12}{k-1}+1 \tag{11-1}$$

按式(11-1)可计算出不同处理数时最小区组数，如表 11-8 所示。

**表 11-8　随机区组设计所需的最小区组数**

| 处理数 | 2 | 3 | 4 | 5 | 6 | 7 | 8 | 9 | 10 | 11 | 12 | 13 | 14 | 15 |
|---|---|---|---|---|---|---|---|---|---|---|---|---|---|---|
| 区组数 | 13 | 7 | 5 | 4 | 4 | 3 | 3 | 3 | 3 | 3 | 3 | 2 | 2 | 2 |

从表 11-8 可见，处理数较少时，区组数就应多些；相反，处理数较多时，区组数就可少点。当处理数在 4～10 个时，一般需要设置区组 3～5 个。不过在实际中确定区组数时，上表给出的数据只能做参考。因为还应根据试验单元或其他非处理条件的差异性、试验的精确度要求以及试验本身的难易程度等因素进行综合考虑。同样，在实际应用时，还应考虑试验过程中的意外对重复数的要求。只有这样，才能把区组数确定的既符合统计要求，又符合试验要求和实际情况，保证试验能获得正确可靠的结果。

④随机区组设计不是对任何多因素试验都是最佳的设计方法。通常本法主要适用于多个因素都同等重要的试验。如果几个试验因素由于对试验原材料在用量上有不同需求，或对试验精度要求不同而有主次之分时，则不适宜采用本法，而应改用其他设计方法。

⑤随机区组设计的最大功效就是能很好地对试验环境条件和非处理条件进行局部控制，以最大限度地保证同一区组中的不同处理之间的非处理条件相对一致，进而有效降低试验误差。但是，如果某个试验本身规模不大，环境条件及试验条件本身较为均匀一致或易于控制时，用随机区组法进行设计，其功效就不能明显表现出来。也就是说，这时采用完全随机设计与采用随机区组设计在试验精度上不会有太大差别。而从设计方法、试验操作以及试验结果的统计分析上比较，前者比后者更为简单一些。所以，这种情况下最好是采用完全随机设计方法来安排试验，而不宜用随机区组设计法。

### 11.2.3　随机区组设计的优缺点

随机区组设计是实际工作中应用非常广泛的一种试验设计方法。它不仅可运用于农业上的田间试验，也可运用于畜牧业的动物试验，还可用于加工业上的各种试验。它之所以适用性这样广，主要在于它具有如下的一些优点。

①符合试验设计的三项基本原则，试验精确度较高。随机区组设计实际上是在完全随机化设计的基础上引入了局部控制的措施，即按重复来分组。分组控制非处理条件，使得对非处理条件的控制更为有效，保证了同一重复内的各处理之间有更强的可比性。同时，在对试验结果的统计分析中(后将讲述)，可将由区组间差异引起的变异从误差项中划分出来，消除了区组间差异对试验带来的影响，使试验误差较完全随机化试验有所下降，从而使试验获得较高的精确度。

②设计方法机动灵活。本法对试验因素数目没有严格限制，既可安排单因素试验，也可安排多因素试验，并能考察出因素间的交互效应。同时，对试验条件的要求也不苛刻，只要能保证同一区组内各试验单元的非处理条件相对一致就行，不同区组的试验条件允许有差异。而且往往区组间差异较大，更能显示出随机区组法的局部控制功效。

③试验实施中的试验控制较易进行。对于同一试验，完全随机化设计在实施时要求对所有试验单元进行非处理条件的控制。这对一个处理数和重复数较多的试验来说，有时是相当困难的。而本法是以区组为单位来实施非处理条件的控制，控制范围相应缩小，也就更加容易进行。

④试验结果的统计分析简单易行。

⑤试验的韧性较好。在试验进行过程中，若某个(些)区组受到破坏，在去掉这个(些)区组后，剩下的资料仍可以进行分析。若试验中某一个或两个试验单元遭受损失，还可通过缺值估计来弥补，以保证试验资料的完整。

随机区组设计也存在一些缺点，主要有：

①本试验设计是按区组来控制试验的非处理条件的，要求区组内条件基本一致。在进行结果分析时，也只能消除区组间差异带来的影响，而不能分析出区组内的非处理条件差异。在食品试验中，为了保证同一区组内的条件一致，通常是按照试验日期、或机具设备、或原料批次、或操作人员等方面来划分区组。然而，当一个试验中同时存在诸如上述的两个或更多方面的非处理条件的较大差异时，本设计方法就只能保证其中一个方面的条件在区组内相对一致，而对另一个或多个方面就无能为力了。

②当处理数太多时，一个区组内试验单元就多，对其进行非处理条件控制的难度相应增大，甚至将失去控制效能。因此，随机区组设计对试验的处理数目有一定限制。一般试验的处理数不要超过 20 个，最好在 15 个以内。

### 11.2.4 随机区组试验结果的统计分析

对由随机区组设计所做试验的数据资料可做方差分析。

#### 11.2.4.1 单因素随机区组试验结果的方差分析

1. 线性模型和期望均方

(1)线性模型　单因素随机区组试验可看作是处理因素 A 具有 $k$ 个水平(处理)和区组因素 B 具有 $r$ 个水平(重复)的一个双因素试验。其试验结果通常列成 $k$ 行 $r$ 列的两向表。由于这种试验往往只研究因素 A 中各处理的效应，而划分出区组只是为了提高试验精度所采取的局部控制手段，不是试验真正所要研究的因素，故仍属于单因素试验。

若以 $i$ 代表横行（处理）号，则 $i=1,2,\cdots,k$；以 $j$ 代表直列（区组）号，则 $j=1,2,\cdots,r$。于是一个单因素随机区组试验结果中的任一观察值 $x_{ij}$ 的线性模型应为

$$x_{ij}=\mu+\alpha_i+\beta_j+\varepsilon_{ij} \tag{11-2}$$

式中：$\mu$ 为试验总体平均数，其估计值为 $\bar{x}_{..}$（全试验总平均数）；$\alpha_i$ 为第 $i$ 个处理效应，常用 $t_i=\bar{x}_{i.}-\bar{x}_{..}$ 估计（$\bar{x}_{i.}$ 为第 $i$ 个处理样本均值），并有 $\sum t_i=0$；$\beta_j$ 为第 $j$ 个区组效应，常用 $b_j=\bar{x}_{.j}-\bar{x}_{..}$ 估计（$\bar{x}_{.j}$ 为第 $j$ 个区组样本均值），也有 $\sum b_j=0$；$\varepsilon_{ij}$ 为随机误差，是相互独立，且遵从 $N(0,\sigma^2)$ 分布的随机变量，估计值为 $e_{ij}=x_{ij}-\bar{x}_{i.}-\bar{x}_{.j}+\bar{x}_{..}$，也满足 $\sum e_{ij}=0$。

根据(11-2)线性模型，可将试验的总变异剖分为处理变异、区组变异、试验误差等三项。因此，方差分析时总变异的平方和与自由度也可做相应剖分：

$$\begin{cases}SS_T=SS_t+SS_r+SS_e\\df_T=df_t+df_r+df_e\end{cases} \tag{11-3}$$

式中：$SS_T$、$SS_r$、$SS_t$、$SS_e$ 分别为试验的总变异项、区组项、处理项、误差项平方和；相应的 $df$ 代表各变异项的自由度。

式(11-3)称为单因素随机区组的平方和与自由度的划分式。

(2)期望均方　从第 5 章可知，单因素随机区组线性模型式(11-2)中的各构成分量一般有 3 种模型，即固定模型，随机模型及混合模型。这 3 种模型的方差分析计算过程是一样的，但期望均方($EMS$)各不相同(表 11-9)。了解各种模型的期望均方，对在方差分析中做 $F$ 检验时正确选择 $F$ 值的分母项均方和做统计推断有一定指导意义。

**表 11-9　单因素随机区组各变异项期望均方**

| 变异来源 | 模型 | | |
|---|---|---|---|
| | 固定模型 | 随机模型 | 混合模型（区组随机、处理固定） |
| 区组间 | $\sigma_e^2+k\kappa_\beta^2$ | $\sigma_e^2+k\sigma_\beta^2$ | $\sigma_e^2+k\sigma_\beta^2$ |
| 处理间 | $\sigma_e^2+r\kappa_\alpha^2$ | $\sigma_e^2+r\sigma_\alpha^2$ | $\sigma_e^2+r\kappa_\alpha^2$ |
| 试验误差 | $\sigma_e^2$ | $\sigma_e^2$ | $\sigma_e^2$ |

在方差分析中计算 $F$ 值时，应遵循一条重要原则，即分子均方的 $EMS$ 比分母均方的 $EMS$ 只多一个分量。在表 11-9 所示的 3 种模型条件下，对试验资料进行方差分析时，无论处理间还是区组间的 $F$ 检验都用误差项均方作为分母计算 $F$ 值。

这里需要注意的是，在将式(11-2)应用于单因素随机区组试验资料的分析时，前提是假定 $\alpha_i$ 与 $\beta_j$ 彼此独立、不存在交互作用。如果 $\alpha_i$ 与 $\beta_j$ 存在互作，则将导致 $\varepsilon_{ij}$ 中混杂有 $\alpha_i$ 和 $\beta_j$ 的互作效应，无法分离，于是试验误差的估计将偏高。

2. 试验结果的分析示例

【例 11-7】　为了解 5 种小包装贮藏方法（$A_1$、$A_2$、$A_3$、$A_4$、$A_5$）对红星苹果果肉硬度的影响，进行了一次随机区组试验，以贮藏室为区组。试验结果如表 11-10 所示。试分析各种贮藏方法的果肉硬度的差异显著性。

**表 11-10 小包装贮藏红星苹果的果肉硬度** kg/cm²

| 贮藏方法 | 区组 | | | | 处理总和 ($x_{i.}$) | 处理均值 ($\bar{x}_{i.}$) |
|---|---|---|---|---|---|---|
| | Ⅰ | Ⅱ | Ⅲ | Ⅳ | | |
| $A_1$ | 11.7 | 11.1 | 10.4 | 12.9 | 46.1 | 11.53 |
| $A_2$ | 7.9 | 6.4 | 7.6 | 8.8 | 30.7 | 7.68 |
| $A_3$ | 9.0 | 9.9 | 9.2 | 10.7 | 38.8 | 9.70 |
| $A_4$ | 9.7 | 9.0 | 9.3 | 11.2 | 39.2 | 9.80 |
| $A_5$ | 12.2 | 10.9 | 11.8 | 13.0 | 47.9 | 11.98 |
| 区组总 $x_{.j}$ | 50.5 | 47.3 | 48.3 | 56.6 | $x_{..}=202.7$ | |

本例只涉及贮藏方法这一个试验因素，故为单因素随机区组试验。试验的处理数 $k=5$，区组数 $r=4$。方差分析步骤如下。

第 1 步，整理试验资料。

首先将原始数据填入按处理与区组划分的两向表(表 11-10)。然后计算如下几项数据总和及均值：

①各处理总和 $x_{i.}=\sum_{j=1}^{r}x_{ij}$ 及均值 $\bar{x}_{i.}=\dfrac{x_{i.}}{r}$。

②各区组总和 $x_{.j}=\sum_{i=1}^{k}x_{ij}$。

③全试验总和 $x_{..}=\sum_{1}^{rk}x_{ij}=\sum_{1}^{r}x_{.j}=\sum_{1}^{k}x_{i.}$。

计算结果列于表 11-10 相应位置。

第 2 步，计算各项平方和与自由度。

由式(11-3)知，需要计算的平方和与自由度有如下几项：

矫正数 $C=\dfrac{x_{..}^2}{rk}=\dfrac{202.7^2}{4\times5}=2\ 054.364\ 5$

总变异 $SS_T=\sum x_{ij}^2-C=11.7^2+11.1^2+\cdots+13.0^2-2\ 054.364\ 5=59.925\ 5$

区组间 $SS_r=\dfrac{1}{k}\sum_{1}^{r}x_{.j}^2-C=\dfrac{50.5^2+\cdots+56.6^2}{5}-2\ 054.364\ 5=10.433\ 5$

$df_r=r-1=4-1=3$

处理间 $SS_t=\dfrac{1}{r}\sum_{1}^{k}x_{i.}^2-C=\dfrac{46.1^2+\cdots+47.9^2}{4}-2\ 054.364\ 5=46.683\ 0$

$df_t=k-1=5-1=4$

误　差 $SS_e=SS_T-SS_t-SS_r=59.925\ 5-46.683\ 0-10.433\ 5=2.809\ 0$

$df_e=df_T-df_t-df_r=19-4-3=12$

第 3 步，列方差分析表做 $F$ 检验(表 11-11)。

**表 11-11 【例 11-7】资料的方差分析**

| 变异来源 | $SS$ | $df$ | $MS$ | $F$ | $F_{0.01(3,12)}$ | $F_{0.01(4,12)}$ |
|---|---|---|---|---|---|---|
| 区组间 | 10.433 5 | 3 | 3.478 | 14.863** | 5.95 | |
| 处理间 | 46.683 0 | 4 | 11.671 | 49.876** | | 5.41 |
| 误差 | 2.809 0 | 12 | 0.234 | | | |
| 总变异 | 59.925 5 | 19 | | | | |

因 $F=49.876>F_{0.01(4,12)}=5.41$，$p<0.01$，故推断各种小包装贮藏的苹果果肉硬度差异极显著。本资料还须进行各处理间的多重比较。

应当注意到，有的教科书上指出，当区组间差异不显著时可将区组间的平方和及自由度与误差项的平方和及自由度分别合并进而计算误差均方。但通常情况下，由于在随机区组试验设计中划分出区组只是为了剔除有关系统误差的影响，以提高试验精度，并不需要考察区组效应，故区组项不需做 $F$ 检验，也就不用计算其均方和 $F$ 值，当然也不需要进行区组间的多重比较。

第 4 步，处理间多重比较。

这里采用新复极差法（$SSR$ 法）。

最小显著极差：$LSR_{\alpha}=SSR_{\alpha(K,df_e)}S_{\bar{x}}$。

均数标准误：$S_{\bar{x}}=\sqrt{MS_e/r}=\sqrt{0.234/4}=0.242$。

不同秩次距 $K$ 下的最小显著极差 $LSR_{\alpha}$ 见表 11-12。

**表 11-12 【例 11-7】新复极差检验的最小显著极差**

| 项目 | $K$ 值 | | | |
|---|---|---|---|---|
| | 2 | 3 | 4 | 5 |
| $SSR_{0.05}$ | 3.08 | 3.23 | 3.33 | 3.36 |
| $SSR_{0.01}$ | 4.32 | 4.55 | 4.68 | 4.76 |
| $LSR_{0.05}$ | 0.745 | 0.782 | 0.806 | 0.813 |
| $LSR_{0.01}$ | 1.045 | 1.101 | 1.133 | 1.152 |

多重比较结果见表 11-13。

**表 11-13 5 种贮藏方法果肉硬度均值多重比较结果**

| 处理 | 处理均值 ($\bar{x}_{i\cdot}$) | $\bar{x}_{i\cdot}-7.68$ | $\bar{x}_{i\cdot}-9.70$ | $\bar{x}_{i\cdot}-9.80$ | $\bar{x}_{i\cdot}-11.53$ | 显著性 | |
|---|---|---|---|---|---|---|---|
| | | | | | | 0.05 | 0.01 |
| $A_5$ | 11.98 | 4.30** | 2.28** | 2.18** | 0.45 | a | A |
| $A_1$ | 11.53 | 3.85** | 1.83** | 1.73** | | a | A |
| $A_4$ | 9.80 | 2.12** | 0.10 | | | b | B |
| $A_3$ | 9.70 | 2.02** | | | | b | B |
| $A_2$ | 7.68 | | | | | c | C |

表 11-13 表明，5 种贮藏方法中，$A_5$ 与 $A_1$、$A_4$ 与 $A_3$ 的果肉硬度无显著差异，其余均为极显著差异。从此结果可以看出，$A_5$、$A_1$ 两种贮藏方法的果肉硬度最大，极显著大于其他 3 种贮藏方法，说明这两种贮藏方法对红星苹果的保鲜效果最好。相反，由于 $A_2$ 法的果肉硬度极显著地低于其他 4 种方法，说明其保鲜效果最差。

### 11.2.4.2 两因素随机区组试验结果的方差分析

1. 线性模型和期望均方

(1)线性模型　设试验有A、B两因素，A因素有 $a$ 个水平，B因素有 $b$ 个水平，做随机区组设计，有 $r$ 个区组，则试验共有 $rab$ 个观测值。

在两因素随机区组试验中，每个试验单元安排的是一个处理(水平组合)。若把处理当成一个因素，则就可把试验看成是一个单因素随机区组试验，因而其观察值 $x_{ijk}$ 的线性模型可用式(11-2)来表示(也应注意前提是处理与区组无互作)。然而这里毕竟是两因素试验，由于有两个因素，其处理效应 $\alpha_{ij}$ 就由3部分构成，即：

$$\alpha_{ij}=\mathrm{A}_i+\mathrm{B}_j+(\mathrm{AB})_{ij} \tag{11-4}$$

将式(11-4)代入式(11-2)，即可得两因素随机区组试验观察值的线性模型为：

$$x_{ijk}=\mu+\beta_k+\mathrm{A}_i+\mathrm{B}_j+(\mathrm{AB})_{ij}+\varepsilon_{ijk} \tag{11-5}$$

式中：$k=1,2,\cdots,r$；$i=1,2,\cdots,a$；$j=1,2,\cdots,b$；$\mu$ 为试验总体均值，其样本估计值为 $\bar{x}_{..}$(全试验均值)；$\varepsilon_{ijk}$ 为试验误差，相互独立，且服从 $N(0,\sigma^2)$ 分布，估计值为 $e_{ijk}$，满足 $\sum e_{ijk}=0$；$\beta_k$、$\mathrm{A}_i$、$\mathrm{B}_j$、$(\mathrm{AB})_{ij}$ 分别为区组效应、A因素主效应、B因素主效应和AB因素互作效应，其估计值分别是 $b_k$、$\hat{\mathrm{A}}_i$、$\hat{\mathrm{B}}_j$、$(\widehat{\mathrm{AB}})_{ij}$，均应满足 $\sum_{k=1}^{r}b_k=\sum_{i=1}^{a}\hat{\mathrm{A}}_i=\sum_{j=1}^{b}\hat{\mathrm{B}}_j=\sum_{i=1}^{a}(\widehat{\mathrm{AB}})_{ij}=\sum_{j=1}^{b}(\widehat{\mathrm{AB}})_{ij}=0$。

根据式(11-4)、式(11-5)，在可加性的假设下，可推知两因素随机区组试验结果的总变异可以分解为区组间变异、处理间变异和试验误差等三大项，而且处理间变异又可以进一步划分为A因素、B因素和AB因素互作等3部分。因此，方差分析时，就有平方和、自由度划分，公式如下：

$$\begin{cases}SS_{\mathrm{T}}=SS_{\mathrm{A}}+SS_{\mathrm{B}}+SS_{\mathrm{A\times B}}+SS_{\mathrm{r}}+SS_{\mathrm{e}}\\ SS_{\mathrm{t}}=SS_{\mathrm{A}}+SS_{\mathrm{B}}+SS_{\mathrm{A\times B}}\end{cases} \tag{11-6}$$

$$\begin{cases}df_{\mathrm{T}}=df_{\mathrm{A}}+df_{\mathrm{B}}+df_{\mathrm{A\times B}}+df_{\mathrm{r}}+df_{\mathrm{e}}\\ df_{\mathrm{t}}=df_{\mathrm{A}}+df_{\mathrm{B}}+df_{\mathrm{A\times B}}\end{cases} \tag{11-7}$$

(2)期望均方　与单因素随机区组设计一样，两因素随机区组设计线性模型中各构成分量也有3种模型，并且分别对应有不同的期望均方($EMS$)，见表11-14。

**表11-14　两因素随机区组试验3种模型的期望均方**

| 变异来源 | 固定模型 | 随机模型 | 混合模型 | |
|---|---|---|---|---|
| | | | A固定，B随机 | A随机，B固定 |
| 区组 | $\sigma_e^2+abk_\beta^2$ | $\sigma_e^2+ab\sigma_\beta^2$ | | |
| A | $\sigma_e^2+rbk_A^2$ | $\sigma_e^2+r\sigma_{A\times B}^2+rb\sigma_A^2$ | $\sigma_e^2+r\sigma_{A\times B}^2+rbk_A^2$ | $\sigma_e^2+rb\sigma_A^2$ |
| B | $\sigma_e^2+rak_B^2$ | $\sigma_e^2+r\sigma_{A\times B}^2+ra\sigma_B^2$ | $\sigma_e^2+ra\sigma_B^2$ | $\sigma_e^2+r\sigma_{A\times B}^2+rak_B^2$ |
| A×B | $\sigma_e^2+rk_{A\times B}^2$ | $\sigma_e^2+r\sigma_{A\times B}^2$ | $\sigma_e^2+r\sigma_{A\times B}^2$ | $\sigma_e^2+r\sigma_{A\times B}^2$ |
| 误差 | $\sigma_e^2$ | $\sigma_e^2$ | $\sigma_e^2$ | $\sigma_e^2$ |

与单因素随机区组试验不同，在两因素随机区组试验结果方差分析中，3 种模型的 $F$ 检验和以后的统计推断都有所不同。所以表 11-14 的期望均方是正确进行 $F$ 检验的依据，分析时应特别注意。按分子、分母只能相差一个分量的原则，当选用固定模型时，检验 $H_0:k_A^2=0$、$H_0:k_B^2=0$、$H_0:k_{A\times B}^2=0$ 时，其 $F$ 值的计算都是以误差项的均方作为分母。当选用随机模型时，检验 $H_0:\sigma_A^2=0$、$H_0:\sigma_B^2=0$，都应以互作项均方作为分母，而检验 $H_0:\sigma_{A\times B}^2=0$ 就应以误差项均方作为分母来计算 $F$ 值。混合模型时，也按这条原则选用适合的分母均方。同时，多重比较计算标准误时所用的误差均方也必须是对该变异项做 $F$ 检验时的分母均方。

在食品试验中，很多时候的两因素随机区组试验都属于固定模型。因此，其 A 因素、B 因素、AB 互作效应的 $F$ 检验计算 $F$ 值公式应为：

$$F_A=\frac{MS_A}{MS_e},\quad F_B=\frac{MS_B}{MS_e},\quad F_{A\times B}=\frac{MS_{A\times B}}{MS_e}$$

2. 试验结果的分析示例

【例 11-8】 将【例 11-6】的试验设计实施后，获得各处理蛋糕质量评分原始记录如表 11-15 所示。试做方差分析。

表 11-15　不同添加剂对不同配方蛋糕质量影响的试验结果

| 区组 | 各处理排列顺序及结果记录 | | | | | | | | | | | |
|---|---|---|---|---|---|---|---|---|---|---|---|---|
| Ⅰ | 10<br>$A_2B_3$ | 8<br>$A_4B_3$ | 8<br>$A_1B_3$ | 8<br>$A_2B_2$ | 8<br>$A_1B_1$ | 7<br>$A_3B_1$ | 5<br>$A_4B_2$ | 6<br>$A_1B_2$ | 9<br>$A_3B_2$ | 9<br>$A_2B_1$ | 7<br>$A_4B_1$ | 10<br>$A_3B_3$ |
| Ⅱ | 7<br>$A_3B_2$ | 7<br>$A_1B_1$ | 9<br>$A_2B_1$ | 9<br>$A_3B_3$ | 7<br>$A_4B_1$ | 9<br>$A_2B_3$ | 7<br>$A_1B_3$ | 7<br>$A_4B_3$ | 6<br>$A_1B_2$ | 7<br>$A_2B_2$ | 7<br>$A_3B_1$ | 5<br>$A_4B_2$ |
| Ⅲ | 8<br>$A_4B_1$ | 8<br>$A_3B_1$ | 7<br>$A_1B_2$ | 6<br>$A_4B_2$ | 9<br>$A_2B_1$ | 7<br>$A_3B_2$ | 8<br>$A_2B_2$ | 10<br>$A_3B_3$ | 8<br>$A_1B_1$ | 7<br>$A_4B_3$ | 9<br>$A_2B_3$ | 8<br>$A_1B_3$ |

本例为两因素随机区组试验，A 因素（配方）水平数为 $a=4$，B 因素（添加剂）水平数为 $b=3$，故处理数为 $ab=4\times3=12$；区组设有 3 个即 $r=3$，于是全试验共有数据 $rab=3\times4\times3=36$ 个。其方差分析步骤如下。

第 1 步，试验资料的整理。

先将表 11-15 中的原始数据按区组和处理两向分组格式填于表 11-16 中，并分别计算以下各项总和及均值，计算结果也填进表 11-16 中。

①各区组总和 $x_{..k}=\sum_1^{ab}x_{ijk}$。

②各处理总和 $x_{ij.}=\sum_1^{r}x_{ijk}$ 及其均值 $\bar{x}_{ij.}=x_{ij.}/r$。

③全试验总和 $x_{...}=\sum_1^{rab}x_{ijk}=\sum_1^{ab}x_{ij.}=\sum_1^{r}x_{..k}$。

表 11-16 例 11-8 资料处理与区组两向表

| 处理 | 区组 | | | 处理总和 $(x_{ij\cdot})$ | 处理均值 $(\bar{x}_{ij\cdot})$ |
|---|---|---|---|---|---|
| | Ⅰ | Ⅱ | Ⅲ | | |
| $A_1B_1$ | 8 | 7 | 8 | 23 | 7.67 |
| $A_1B_2$ | 6 | 6 | 7 | 19 | 6.33 |
| $A_1B_3$ | 8 | 7 | 8 | 23 | 7.67 |
| $A_2B_1$ | 9 | 9 | 9 | 27 | 9.00 |
| $A_2B_2$ | 8 | 7 | 8 | 23 | 7.67 |
| $A_2B_3$ | 10 | 9 | 9 | 28 | 9.33 |
| $A_3B_1$ | 7 | 7 | 8 | 22 | 7.33 |
| $A_3B_2$ | 9 | 7 | 7 | 23 | 7.67 |
| $A_3B_3$ | 10 | 9 | 10 | 29 | 9.67 |
| $A_4B_1$ | 7 | 7 | 8 | 22 | 7.33 |
| $A_4B_2$ | 5 | 5 | 6 | 16 | 5.33 |
| $A_4B_3$ | 8 | 7 | 7 | 22 | 7.33 |
| 区组总和 $x_{\cdot\cdot k}$ | 95 | 87 | 95 | $x_{\cdots}=277$ | |

然后用各处理总和 $x_{ij\cdot}$ 按 A、B 两因素构成另一张两向表(表 11-17)。由此表计算另两项总和及均值:

①A 因素各水平总和 $x_{i\cdot\cdot}=\sum_{j=1}^{b}x_{ij\cdot}$ 及其均值 $\bar{x}_{i\cdot\cdot}=x_{i\cdot\cdot}/(rb)$。

②B 因素各水平总和 $x_{\cdot j\cdot}=\sum_{i=1}^{a}x_{ij\cdot}$ 及其均值 $\bar{x}_{\cdot j\cdot}=x_{\cdot j\cdot}/(ra)$。

表 11-17 【例 11-8】资料的 A、B 因素两向表

| B 因素 | A 因素 | | | | B 水平总和 $(x_{\cdot j\cdot})$ | B 水平均值 $(\bar{x}_{\cdot j\cdot})$ |
|---|---|---|---|---|---|---|
| | $A_1$ | $A_2$ | $A_3$ | $A_4$ | | |
| $B_1$ | 23 | 27 | 22 | 22 | 94 | 7.83 |
| $B_2$ | 19 | 23 | 23 | 16 | 81 | 6.75 |
| $B_3$ | 23 | 28 | 29 | 22 | 102 | 8.50 |
| A 水平总和 $(x_{i\cdot\cdot})$ | 65 | 78 | 74 | 60 | $x_{\cdots}=277$ | |
| A 水平均值 $(\bar{x}_{i\cdot\cdot})$ | 7.22 | 8.67 | 8.22 | 6.67 | | |

第 2 步,计算各变异项平方和与自由度。

矫正数 $C=\frac{x_{\cdots}^2}{rab}=\frac{277^2}{3\times4\times3}=2\ 131.361\ 1$

总变异 $SS_T=\sum_{1}^{rab}x_{ijk}^2-C=8^2+6^2+\cdots+6^2+7^2-2\ 131.361\ 1=57.638\ 9$

$df_T=rab-1=3\times4\times3-1=35$

区组间　$SS_r=\frac{1}{ab}\sum_{1}^{r}x^2_{\cdot\cdot k}-C=\frac{95^2+87^2+95^2}{4\times3}-2\ 131.361\ 1=3.555\ 6$

$df_r=r-1=3-1=2$

处理间　$SS_t=\frac{1}{r}\sum_{1}^{ab}x^2_{ij\cdot}-C=\frac{23^2+19^2+\cdots+22^2}{3}-2\ 131.361\ 1=48.305\ 6$

$df_t=ab-1=4\times3-1=11$

A 因素　$SS_A=\frac{1}{rb}\sum_{1}^{a}x^2_{i\cdot\cdot}-C=\frac{65^2+78^2+74^2+60^2}{3\times3}-2\ 131.361\ 1=22.527\ 8$

$df_A=a-1=4-1=3$

B 因素　$SS_B=\frac{1}{ra}\sum_{1}^{b}x^2_{\cdot j\cdot}-C=\frac{94^2+81^2+102^2}{3\times4}-2\ 131.361\ 1=18.722\ 2$

$df_B=b-1=3-1=2$

AB 互作 $SS_{A\times B}=SS_t-SS_A-SS_B=48.305\ 6-22.527\ 8-18.722\ 2=7.055\ 6$

$df_{A\times B}=df_t-df_A-df_B=11-3-2=6$

误差：　$SS_e=SS_T-SS_t-SS_r=57.638\ 9-48.305\ 6-3.555\ 6=5.777\ 7$

$df_e=df_T-df_t-df_r=35-11-2=22$

第 3 步，列方差分析表做 $F$ 检验。

方差分析检验结果见表 11-18。

**表 11-18 【例 11-8】资料的方差分析**

| 变异来源 | $SS$ | $df$ | $MS$ | $F$ | $F_{0.01}$ |
|---|---|---|---|---|---|
| 区组间 | 3.555 6 | 2 | 1.778 | 6.760** | 5.72 |
| A 因素(配方) | 22.527 8 | 3 | 7.509 | 28.551** | 4.82 |
| B 因素(添加剂) | 18.722 2 | 2 | 9.361 | 35.593** | 5.72 |
| 互作 A×B | 7.055 6 | 6 | 1.176 | 4.471** | 3.76 |
| 误差 | 5.777 7 | 22 | 0.263 | | |
| 总变异 | 57.639 | 35 | | | |

表 11-18 的 $F$ 检验结果表明，从整体上看，A 因素各水平(各种配方)间，B 因素各水平(各种添加剂)间均差异极显著，同时 A、B 两因素的互作效应也为极显著，所以还须进一步做多重比较。

第 4 步，多重比较。

这里仍用新复极差法($SSR$ 法)。

①各种配方之间比较(A 因素各水平间比较)。

最小显著极差：$LSR_\alpha=SSR_{\alpha(K,df_e)}S_{\bar{x}}$，见表 11-19。

均数标准误：$S_{\bar{x}}=\sqrt{MS_e/(rb)}=\sqrt{0.263/(3\times3)}=0.171$。

表 11-19 【例 11-8】各种配方间新复极差检验的最小显著极差

| 项目 | K 值 | | |
|---|---|---|---|
| | 2 | 3 | 4 |
| $SSR_{0.05}$ | 2.93 | 3.08 | 3.17 |
| $SSR_{0.01}$ | 3.99 | 4.17 | 4.28 |
| $LSR_{0.05}$ | 0.501 | 0.527 | 0.542 |
| $LSR_{0.01}$ | 0.682 | 0.713 | 0.732 |

比较结果见表 11-20。

表 11-20 各种配方间新复极差法多重比较结果

| 配方 | 均值($\bar{x}_{i..}$) | $\bar{x}_{i..}-6.67$ | $\bar{x}_{i..}-7.22$ | $\bar{x}_{i..}-8.22$ |
|---|---|---|---|---|
| $A_2$ | 8.67 | 2.00** | 1.45** | 0.45 |
| $A_3$ | 8.22 | 1.55** | 1.00** | |
| $A_1$ | 7.22 | 0.55* | | |
| $A_4$ | 6.67 | | | |

可以看出，除 $A_2$、$A_3$ 差异不显著外，其余均差异极显著或显著。$A_2$、$A_3$ 配方效果较好，$A_4$ 配方效果最差。

②各种添加剂之间比较（B 因素各水平间比较）。

最小显著极差：$LSR_{\alpha}=SSR_{\alpha(K,df_e)}S_{\bar{x}}$，见表 11-21。

均数标准误：$S_{\bar{x}}=\sqrt{MS_e/(ra)}=\sqrt{0.263/(3\times4)}=0.148$。

表 11-21 【例 11-8】各种添加剂新复极差检验的最小显著极差

| 项目 | K 值 | |
|---|---|---|
| | 2 | 3 |
| $SSR_{0.05}$ | 2.93 | 3.08 |
| $SSR_{0.01}$ | 3.99 | 4.17 |
| $LSR_{0.05}$ | 0.434 | 0.456 |
| $LSR_{0.01}$ | 0.591 | 0.617 |

比较结果见表 11-22。

表 11-22 各种添加剂间新复极差法多重比较结果

| 添加剂 | 均值($\bar{x}_{.j.}$) | $\bar{x}_{.j.}-6.75$ | $\bar{x}_{.j.}-7.83$ |
|---|---|---|---|
| $B_3$ | 8.50 | 1.75** | 0.67** |
| $B_1$ | 7.83 | 1.08** | |
| $B_2$ | 6.75 | | |

可以看出，3 种添加剂两两间均差异极显著。$B_3$ 效果最好，$B_2$ 最差，$B_1$ 居中。

上述两方面的比较是主效应的比较。如果交互作用显著，则主效应的比较并非重要。因为此时各因素不同水平的最佳搭配不能简单地由各因素的最佳水平组合而成，而应在各处理的比较中选出。因此，需进一步做各处理间的多重比较。第 5 章中介绍过，在这种多重比较情况下，为了简便起见，常采用 $T$ 检验法。

③各处理间的比较。

这里采用 $T$ 检验法。

最小显著极差：$LSR_{\alpha}=SSR_{\alpha(K,df_e)}S_{\bar{x}}$。其中 $K$ 为处理数(水平组合数)，本例$K=12$。

均数标准误：$S_{\bar{x}}=\sqrt{MS_e/r}=\sqrt{0.263/3}=0.296$。

因为 $SSR_{0.05(12,22)}=3.42$、$SSR_{0.01(12,22)}=4.65$，所以：

$LSR_{0.05}=SSR_{0.05(12,22)}S_{\bar{x}}=3.42\times0.296=1.012$

$LSR_{0.01}=SSR_{0.01(12,22)}S_{\bar{x}}=4.65\times0.296=1.376$

处理间多重比较可以有 3 种形式。

形式一，同一配方下不同添加剂间比较(同 A 异 B 间比较)。这种形式的比较是固定配方因素(A)下进行添加剂因素(B)不同水平间比较，从中可以发现各种配方分别与何种添加剂搭配最为合适。比较结果见表 11-23。

**表 11-23 同一配方下各添加剂的多重比较结果**

| $A_1$ 配方 | | | | $A_2$ 配方 | | | | $A_3$ 配方 | | | | $A_4$ 配方 | | | |
|---|---|---|---|---|---|---|---|---|---|---|---|---|---|---|---|
| 添加剂 | 均值 $\bar{x}_{ij.}$ | 显著性 0.05 | 显著性 0.01 | 添加剂 | 均值 $\bar{x}_{ij.}$ | 显著性 0.05 | 显著性 0.01 | 添加剂 | 均值 $\bar{x}_{ij.}$ | 显著性 0.05 | 显著性 0.01 | 添加剂 | 均值 $\bar{x}_{ij.}$ | 显著性 0.05 | 显著性 0.01 |
| $B_1$ | 7.67 | a | A | $B_3$ | 9.33 | a | A | $B_3$ | 9.67 | a | A | $B_1$ | 7.33 | a | A |
| $B_3$ | 7.67 | a | A | $B_1$ | 9.00 | a | A | $B_2$ | 7.67 | b | B | $B_3$ | 7.33 | a | A |
| $B_2$ | 6.33 | b | A | $B_2$ | 7.67 | b | B | $B_1$ | 7.33 | b | B | $B_2$ | 5.33 | b | B |

表 11-23 表明：在 $A_1$、$A_2$、$A_4$ 配方下，采用 $B_1$、$B_3$ 两种添加剂效果无显著差异，均优于 $B_2$ 添加剂；在 $A_3$ 配方下，最适宜加 $B_3$ 添加剂，其质量评分极显著高于 $B_2$、$B_1$。

形式二，同一添加剂下不同配方间比较(同 B 异 A 间比较)。这种形式的比较是固定添加剂因素(B)下来比较不同配方水平间的差异，主要是看各种添加剂最适宜加在哪种配方蛋糕中。比较结果见表 11-24。

**表 11-24 同一添加剂下各配方的多重比较结果**

| $B_1$ 添加剂 | | | | $B_2$ 添加剂 | | | | $B_3$ 添加剂 | | | |
|---|---|---|---|---|---|---|---|---|---|---|---|
| 配方 | 均值 $\bar{x}_{ij.}$ | 显著性 0.05 | 显著性 0.01 | 配方 | 均值 $\bar{x}_{ij.}$ | 显著性 0.05 | 显著性 0.01 | 配方 | 均值 $\bar{x}_{ij.}$ | 显著性 0.05 | 显著性 0.01 |
| $A_2$ | 9.00 | a | A | $A_2$ | 7.67 | a | A | $A_3$ | 9.67 | a | A |
| $A_1$ | 7.67 | b | AB | $A_3$ | 7.67 | a | A | $A_2$ | 9.33 | a | A |
| $A_3$ | 7.33 | b | B | $A_1$ | 6.33 | b | AB | $A_1$ | 7.67 | b | B |
| $A_4$ | 7.33 | b | B | $A_4$ | 5.33 | b | B | $A_4$ | 7.33 | b | B |

表 11-24 表明：$B_1$ 添加剂加在 $A_2$ 配方蛋糕中最适宜，其质量评分显著或极显著高于其他 3 种配方，而加在 $A_1$、$A_3$、$A_4$ 3 种配方中的质量评分差异不显著；$B_2$ 添加剂加在 $A_2$、$A_3$ 两种配方中效果最好，质量评分显著或极显著高于其他两种配方，而加在 $A_1$、$A_4$ 配方中质量评分差异不显著；$B_3$ 添加剂也是加在 $A_3$、$A_2$ 配方中质量评分极显著高于 $A_1$、$A_4$ 两种配方。

以上两种形式的比较都是从某一因素的特定水平的角度来进行另一因素各水平间比较，

实际上是一种简单效应的多重比较，从中只能确定出某一因素的各水平分别与另一因素各水平的最佳搭配。由于这两种比较都不是在试验的全部处理之间进行的，因而就不能直接从中获得整个试验的最优处理。

形式三，全面比较。这种比较形式是将本试验中全部 12 个处理均值都列出来进行相互比较，以从中直接选出最优处理。本例比较结果由表 11-25 给出。

**表 11-25　各处理质量评分全面比较结果**

| 处理 | | $A_3B_3$ | $A_2B_3$ | $A_2B_1$ | $A_1B_1$ | $A_1B_3$ | $A_2B_2$ | $A_3B_2$ | $A_3B_1$ | $A_4B_1$ | $A_4B_3$ | $A_1B_2$ | $A_4B_2$ |
|---|---|---|---|---|---|---|---|---|---|---|---|---|---|
| 均值 $\bar{x}_{ij.}$ | | 9.67 | 9.33 | 9.00 | 7.67 | 7.67 | 7.67 | 7.67 | 7.33 | 7.33 | 7.33 | 6.33 | 5.33 |
| 显著性 | 0.05 | a | a | a | b | b | b | b | b | b | b | c | c |
| | 0.01 | A | A | AB | BC | BC | BC | BC | CD | CD | CD | DE | E |

多重比较结果表明，$A_3B_3$、$A_2B_3$、$A_2B_1$ 3 个处理最好，其质量评分显著地高于其他处理，而这 3 个处理间差异不显著，前两者还极显著地高于其他处理。在 12 个处理中，$A_4B_2$ 处理最差，其质量评分极显著或显著地低于其他处理，仅与 $A_1B_2$ 差异不显著。

在试验研究中，有时会因某些意外原因（如试验操作的不慎、试验仪器设备出现故障等）造成个别试验单元的数据缺失，从而使试验结果不但丢失该试验单元的信息而且有时还会破坏原有的均衡性，进一步导致统计分析不能按常规方法进行。如在单因素完全随机区组设计的试验中，若因意外事件使两向表格中的一个或几个格子里的数据缺失将会使平方和可加性定理归于无效，从而方差分析的方法不能使用。解决这类问题的一种补救办法就是缺值估计。它是根据一定的统计原理，估计出缺失单元数据的最可能值（最可信值），并以之代替缺失数据而参加统计分析。必须强调的是，采用缺值估计的方法来分析试验结果，是一种不得已的做法，它将损失一定的试验精度。这种缺值估计对缺失一个或两个试验单元数据尚属可行，若缺失数据较多，则这种估计就不可靠了。因此，试验应尽量避免发生缺值。若试验的缺失数据过多，则应考虑重做试验或采用其他方法解决，如去掉缺值过多的区组或处理后再做分析。在解决试验数据缺失问题上还有另一种行之有效的方法，即运用最小二乘法来处理缺值资料，在不对缺值估计的情况下进行统计分析。更详细的关于随机区组缺值估计及其统计分析请参阅相关的二维码 11-1。

**二维码 11-1　随机区组缺值估计及其统计分析**

## 思考题

1. 什么是完全随机设计方法？
2. 完全随机设计有哪些优缺点？
3. 随机区组设计有哪些优缺点？
4. 完全随机设计与随机区组设计有何异同？
5. 应用随机区组设计方法时应注意什么？
6. 研究血糖浓度是否与早餐有关的试验中，现有条件基本一致的 30 个志愿者将他们随机分成样本含量相等的 3 组进行试验。对照组早餐随意，试验 1 组早餐限量，试验 2 组无早餐。如何用完全随机设计方法分组？

7. 假设习题 7 的试验结果如表 11-26 所示，试问血糖浓度是否与早餐有关？

**表 11-26　测定血糖浓度结果**　　mg/dL

| 组　别 | 1 | 2 | 3 | 4 | 5 | 6 | 7 | 8 | 9 | 10 |
|---|---|---|---|---|---|---|---|---|---|---|
| 对照组 | 50 | 52 | 90 | 55 | 70 | 62 | 85 | 75 | 85 | 78 |
| 试验Ⅰ组 | 80 | 105 | 83 | 90 | 95 | 82 | 92 | 100 | 85 | 94 |
| 试验Ⅱ组 | 45 | 50 | 40 | 48 | 35 | 32 | 42 | 30 | 38 | 50 |

8. 在玉米乳酸菌饮料工艺研究中，进行加糖量试验，采用 3 种加糖量即 $A_1$（6%）、$A_2$（8%）、$A_3$（10%），设 5 次重复，随机区组设计。各处理的感官评分结果见表 11-27。试问不同加糖量的感官评分有无差异？

**表 11-27　各处理的感官评分结果**

| 加糖量 | 区　组 | | | | |
|---|---|---|---|---|---|
| | Ⅰ | Ⅱ | Ⅲ | Ⅳ | Ⅴ |
| $A_1$ | 75 | 78 | 70 | 68 | 64 |
| $A_2$ | 78 | 76 | 69 | 70 | 73 |
| $A_3$ | 90 | 88 | 94 | 95 | 92 |

9. 一绿茶贮藏试验，A 因素为贮藏温度，有 3 个水平即 $A_1$（25℃）、$A_2$（5℃）、$A_3$（−10℃）；B 因素为茶叶初始含水量，也有 3 个水平即 $B_1$（2%）、$B_2$（6%）、$B_3$（10%），3 次重复，随机区组设计。贮藏 1 周年后测得其维生素 C 保留量（%）如表 11-28 所示。试做方差分析。

**表 11-28　贮藏一周年后测得维生素 C 保留量**　　%

| 温度 A | 含水量 B | 区　组 | | |
|---|---|---|---|---|
| | | Ⅰ | Ⅱ | Ⅲ |
| $A_1$ | $B_1$ | 66 | 60 | 65 |
| | $B_2$ | 58 | 58 | 62 |
| | $B_3$ | 35 | 28 | 32 |
| $A_2$ | $B_1$ | 83 | 85 | 79 |
| | $B_2$ | 78 | 82 | 76 |
| | $B_3$ | 70 | 68 | 69 |
| $A_3$ | $B_1$ | 87 | 90 | 92 |
| | $B_2$ | 85 | 88 | 90 |
| | $B_3$ | 80 | 83 | 81 |

# 第 12 章

# 正交试验设计

## 本章学习目的与要求

1. 正确理解正交设计的基本原理和用途。
2. 熟练掌握正交设计的基本方法和步骤。
3. 对正交试验结果进行正确的统计分析。

在食品科学研究中，对于单因素或两因素试验，因其因素数少，试验的设计、实施与分析都比较简单。但在实际工作中，常常需要同时考察 3 个或 3 个以上的试验因素，若进行全面试验，则试验的规模将很大，往往因试验条件的限制而难以实施。这就需要在试验设计上想办法，寻求一种既经济合理又易于实施的试验设计方法。正交设计（orthogonal design）就是安排多因素多水平试验、寻求最优水平组合的一种高效率的试验设计方法。

## 12.1 正交设计的概念及原理

### 12.1.1 正交设计的概念

正交设计是利用正交表（orthogonal layout ）来安排与分析多因素试验的一种设计方法。它利用从试验的全部水平组合中，挑选部分有代表性的水平组合进行试验，通过对这部分试验结果的分析了解全面试验的情况，找出最优的水平组合。

【例 12-1】 大豆膳食纤维制备试验中，研究影响大豆膳食纤维提取率的因素有 3 个：A 因素是氢氧化钠浓度，设 $A_1$、$A_2$、$A_3$ 3 个水平；B 因素是提取温度，设 $B_1$、$B_2$、$B_3$ 3 个水平；C 因素是提取时间，设 $C_1$、$C_2$、$C_3$ 3 个水平。试确定试验点。

这是一个 3 因素 3 个水平的试验，各因素的水平之间全部可能的组合有 27 种。

如果试验方案包含各因素的全部水平组合，即进行全面试验（overall experiment），可以分析各因素的效应和交互作用，也可选出最优水平组合。这是全面试验的优点。但全面试验包含的水平组合数较多，工作量大，由于受试验场地、试验材料、经费等限制而难以实施。若试验的主要目的是寻求最优水平组合，则可利用正交设计来安排试验。

正交设计的基本特点是：用部分试验来代替全面试验，通过对部分试验结果的分析，了解全面试验的情况。正因为正交试验是用部分试验来代替全面试验，它不可能像全面试验那样对试验因素的各种互作效应一一分析；当试验因素间存在交互作用时，有可能出现交互作用的混杂。虽然正交设计有此不足，但它能通过部分试验找到最优水平组合，因而很受科研工作者的青睐。

### 12.1.2 正交设计的基本原理

在试验中，每个试验因素在变化的范围内选几个水平，就好比是在试验空间（选优区）内打上网格，如果网上的每个交点都做试验，就称为全面试验。在【例 12-1】中，3 个因素的试验空间（选优区）可以用一个立方体表示（图 12-1），3 个因素各取 3 个水平，把立方体划分成 27 个网格点，反映在图 12-1 上就是立方体内的 27 个交点。若 27 个网格点都试验，就是全面试验。

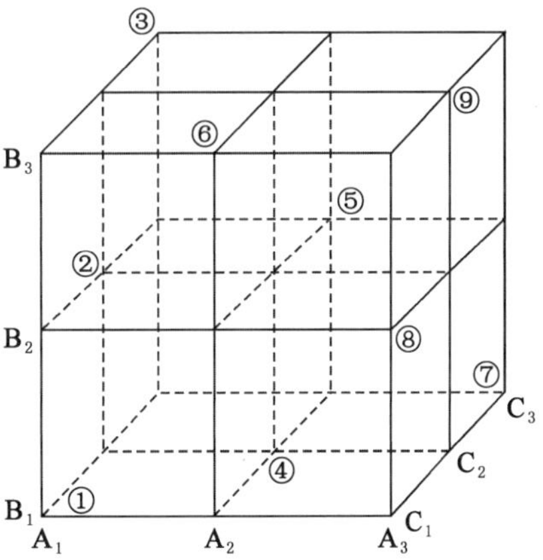

图 12-1 试验点的分布

全面试验自然能反映试验空间内的全面情况，但试验的点数往往太多。3 因素 3 个水平的全面试验点数为 $3^3=27$ 个，4 因素 3 个水平的全面试验点数为 $3^4=81$ 个，5 因素 3 水平的全面试验点数为 $3^5=243$ 个，这在试验中常常是不可能做到的。那么能否用少量的试验点(水平组合)在试验空间中铺开而又保持全面试验的某些特点呢？正交设计就是这样一种试验方法。图 12-1 中标有试验号的 9 个"⊙",就是按附表 18 $L_9(3^4)$从 27 个试验点中挑选出来的 9 个试验点(图 12-1、表 12-1)。

**表 12-1 A,B,C 3 个因素各水平的均衡组合**

| 项目 | $B_1$ | $B_2$ | $B_3$ |
| --- | --- | --- | --- |
| $A_1$ | $A_1B_1C_1$ | $A_1B_2C_2$ | $A_1B_3C_3$ |
| $A_2$ | $A_2B_1C_2$ | $A_2B_2C_3$ | $A_2B_3C_1$ |
| $A_3$ | $A_3B_1C_3$ | $A_3B_2C_1$ | $A_3B_3C_2$ |

上述选择,保证了每两个因素的各个水平在试验中各搭配一次。对于 A,B,C 3 个因素来说,是在 27 个全面试验点中只做 9 个试验,仅仅是全面试验的 1/3。从图 12-1 中可以看到,9 个试验点在试验空间内的分布是均衡的。在立方体的每个平面上,都恰有 3 个试验点;而且立方体的每条线上也恰有一个点。9 个试验点均衡地分布于整个立方体内,有很强的代表性,能够比较全面地反映试验空间内的大致情况。

## 12.2 正交表

### 12.2.1 正交表——正交拉丁方的自然推广

在【例 12-1】中,为了书写简便,可将上面的试验设计简写,见表 12-2。

**表 12-2 3 因素 3 水平的拉丁方**

| A \ C \ B | 1 | 2 | 3 |
| --- | --- | --- | --- |
| 1 | 1 | 2 | 3 |
| 2 | 2 | 3 | 1 |
| 3 | 3 | 1 | 2 |

由表 12-2 中的右下角(大方块)中可以发现:每一行、每一列中,1、2、3 正好各出现 1 次。具有这种性质的方块称为拉丁方(latin square)。

如果我们还要考虑另一个 3 水平因素 D,能否仍保持上述要求而又不增加试验次数呢？实际上是可行的,只是 D 的拉丁方和 C 的不一样,只要使两个拉丁方之间搭配均匀即可,设计如表 12-3 所示。

**表 12-3 4 因素 3 水平的拉丁方**

| A \ C(D) \ B | 1 | 2 | 3 |
| --- | --- | --- | --- |
| 1 | 1(1) | 2(2) | 3(3) |
| 2 | 2(3) | 3(1) | 1(2) |
| 3 | 3(2) | 1(3) | 2(1) |

因为 D 的 3 个水平组成的是另一拉丁方，所以它和 A，B，C 之间的搭配都是均衡的。可以验证：这样安排，4 个因素中每两个因素的各水平都碰且只碰 1 次，即是两两全面试验。表 12-3 中的右下角是 D 的 3 个水平和 C 的 3 个水平各碰 1 次，既无重复又无遗漏。这是由 C 和 D 的拉丁方重叠而成的。具有这种性质的两个拉丁方称为正交拉丁方（orthogonal latin square）。表 12-3 中 C 和 D 的拉丁方即是两两正交的。所以，这样安排的 9 个试验点能很好地代表 4 因素 3 水平的全面试验（$3^4=81$ 个试验点）。

将上述用正交拉丁方安排的 4 因素 3 水平的试验，编上试验号，列成另外一种形式，即表 12-4 所示的形式，就成为一张正交表 $L_9(3^4)$（表 12-5）。同理，由此可以得到一系列正交表。

**表 12-4　表 12-3 试验编号**

| A \ C(D) \ B | 1 | 2 | 3 |
|---|---|---|---|
| 1 | ①1(1) | ②2(2) | ③3(3) |
| 2 | ④2(3) | ⑤3(1) | ⑥1(2) |
| 3 | ⑦3(2) | ⑧1(3) | ⑨2(1) |

**表 12-5　正交表 $L_9(3^4)$**

| 处理号 | 因素 | | | |
|---|---|---|---|---|
| | A | B | C | D |
| 1 | 1 | 1 | 1 | 1 |
| 2 | 1 | 2 | 2 | 2 |
| 3 | 1 | 3 | 3 | 3 |
| 4 | 2 | 1 | 2 | 3 |
| 5 | 2 | 2 | 3 | 1 |
| 6 | 2 | 3 | 1 | 2 |
| 7 | 3 | 1 | 3 | 2 |
| 8 | 3 | 2 | 1 | 3 |
| 9 | 3 | 3 | 2 | 1 |

正交表与正交拉丁方的关系如下。

①正交表是正交拉丁方的自然推广，但并不都是由正交拉丁方转变而来的。在拉丁方的安排中行数与列数相等组成正方形，即试验的次数一定等于正整数的平方（但并不是每个正整数都有正交拉丁方，如 6×6 的正交拉丁方就不存在），而正交表却不一定，试验次数并非都是正整数的平方。

②正交表还能考察互作效应，而用拉丁方安排试验通常只能考察主效应。

### 12.2.2　正交表的符号表示

由正交设计安排试验、分析试验结果都要用正交表，因此，我们先对正交表做介绍。

一般，正交表用符号 $L_n(t^q)$ 表示。其中：$L$ 表示正交表，是 Latin 的第 1 个字母；$n$ 为试验点数，即正交表行数；$t$ 为因素的水平数，即 1 列中出现不同数字的个数；$q$ 为最多能安排的因素数，即正交表的列数。

显然，括号内的 $t^q$ 表示 $q$ 个因素、每个因素 $t$ 个水平的全面试验的水平组合数（即处理数)。因为在正交表中被安排的因素数不能大于 $q$,所以 $\frac{n}{t^q}$ 为最小部分实施(partly executed)。例如,记号 $L_9(3^4)$ 为正交表,其符号和数字的意义是:“$L$”代表正交表;$L$ 右下角的数字“9”表示有 9 行,用这张表安排的试验有 9 个处理(水平组合),括号内的底数“3”,表示因素的水平数,即正交表中只出现“1”、“2 ”和“3”3 种数字,可以安排 3 个水平的因素;括号内 3 的指数“4”,表示有 4 列,表示用这张正交表最多可以安排 4 个因素的试验。4 因素 3 个水平的全面试验处理数为 $3^4=81$ 个,而用 $L_9(3^4)$ 表安排试验只需实施其中的 9 个,故其最小部分实施为 $9/81=1/9$。当 $q$ 和 $t$ 增加时,$\frac{n}{t^q}$ 在下降,节省试验次数的效果则更明显。

非等水平正交表表示为 $L_n(t_1^{q_1}\times t_2^{q_2})$、$L_n(t_1^{q_1}\times t_2^{q_2}\times t_3^{q_3})$等。前者表示该正交表有 $n$ 行,$t_1$、$t_2$ 水平的列分别有 $q_1$ 列、$q_2$ 列;后者表示该正交表有 $n$ 行,$t_1$、$t_2$、$t_3$ 水平的列分别有 $q_1$ 列、$q_2$ 列、$q_3$ 列。它们各代表一个具体的数字表格,又称混合型正交表。

当用非等水平正交表如 $L_n(t_1^{q_1}\times t_2^{q_2})$安排试验时,则所安排的因素数应不大于 $q_1+q_2$,且 $t_1$ 水平的因素数不大于 $q_1$,$t_2$ 水平的因素数不大于 $q_2$,最小部分实施为 $\frac{n}{(t_1^q\times t_2^q)}$。

任何一个正交表 $L_n$ 与其代表的具体表格,都是相互对应的。

### 12.2.3 常用正交表的分类及性质

#### 12.2.3.1 正交表的分类

1. 标准表

2 水平:$L_4(2^3)$,$L_8(2^7)$,$L_{16}(2^{15})$,…

3 水平:$L_9(3^4)$,$L_{27}(3^{13})$,$L_{81}(3^{40})$,…

4 水平:$L_{16}(4^5)$,$L_{64}(4^{21})$,$L_{256}(4^{85})$,…

5 水平:$L_{25}(5^6)$,$L_{125}(5^{31})$,$L_{625}(5^{156})$,…

……

二维码 12-1 不同水平下的标准正交表

以上不同水平标准正交表的具体内容参阅二维码 12-1。

凡是标准表,水平数都相等,且水平数只能取素数或素数幂(完全由拉丁方而来)。因此有 7 水平、9 水平的标准表,没有 6 水平、8 水平的标准表。

利用标准表可以考察试验因素的互作效应。

对于同一水平(即 $t$ 相等)的标准表,其任意 2 个相邻表,都具有如下关系:

$$\begin{cases} n_{i+1}=t\times n_i \\ q_{i+1}=n_i+q_i \end{cases} \quad (i=0,1,2,3,\cdots) \tag{12-1}$$

标准表的构造特点是:

$$\begin{cases} n_i=t^{2+i} \\ q_i=\dfrac{n_i-1}{t-1}=\dfrac{t^{2+i}-1}{t-1} \end{cases} \quad (i=0,1,2,3,\cdots) \tag{12-2}$$

显然，只要水平数 $t$ 确定，那么第 $i$ 张标准表就随之确定。可见 $t$ 是构造标准表的重要参数。

对于任何水平的标准表，$i=0$ 时确定一个最小号的正交表，它的试验号（即行数）都是水平数的平方，且列数都比水平数多 1。

2. 非标准表

2 水平表：$L_{12}(2^{11})$，$L_{20}(2^{19})$，$L_{24}(2^{23})$，$L_{28}(2^{27})$，…

其他水平表：$L_{18}(3^{7})$，$L_{32}(4^{9})$，$L_{50}(5^{11})$，…

……

如，非标准正交表 $L_{12}(2^{11})$，该表的具体内容请参阅二维码 12-2。

**二维码 12-2　非标准正交表 $L_{12}(2^{11})$ 的内容**

非标准表是为缩小标准表试验号的间隔而产生的，它虽是等水平表，却不能考察因素的互作效应。

2 水平非标准表的构造特点是：

$$\begin{cases} n=i\times t^2 \\ q=n-1=i\times t^2-1 \end{cases} \quad (i\geqslant 3 \text{ 且为非 2 的幂次方的自然数})$$

它表明除了 2 水平标准表的行数之外，所有能被 4 整除的正整数都能成为 2 水平非标准表的行数，且列数 $q$ 总比行数 $n$ 少 1。

3. 混合型表

$L_8(4^1\times 2^4)$；

$L_{12}(3^1\times 2^4)$，$L_{12}(6^1\times 2^2)$；

$L_{16}(4^1\times 2^{12})$，$L_{16}(4^2\times 2^9)$，$L_{16}(4^3\times 2^6)$ ，$L_{16}(4^4\times 2^3)$，$L_{16}(8\times 2^8)$；

$L_{18}(2^1\times 3^7)$，$L_{18}(6^1\times 3^6)$；

$L_{20}(5^1\times 2^8)$，$L_{20}(10^1\times 2^2)$；

$L_{24}(3^1\times 2^{16})$，$L_{24}(12^1\times 2^{12})$，$L_{24}(3^1\times 4^1\times 2^4)$；$L_{24}(6^1\times 4^1\times 2^3)$；

$L_{32}(2^1\times 4^{10})$，$L_{32}(8^1\times 4^9)$；

……

如混合型正交表 $L_{18}(2^1\times 3^7)$，该表的具体内容请参阅二维码 12-3。

**二维码 12-3　混合型正交表 $L_{18}(2^1\times 3^7)$ 的内容**

混合型正交表大致可分为两种情况。一是着重考察的因素须多取水平。例如，$L_8(4^1\times 2^4)$ 为着重考察 1 个因素的，$L_{24}(3^1\times 4^1\times 2^4)$ 为着重考察 2 个因素的。二是某一因素不能多取水平，如 $L_{18}(2^1\times 3^7)$。显然，混合型正交表可包含多个水平不等的因素。

一般说来，混合正交表不能考察因素的互作效应，但其中一些由标准表通过并列法改造而得到的，如 $L_8(4\times 2^4)$ 由 $L_8(2^7)$ 并列得到，可以考察互作效应，但须回到原标准表上进行。

混合型正交表除了可由并列法改造之外，并无一定规律可循。它也是应用广泛的一类正交表。

#### 12.2.3.2 正交表的性质

1. 正交性

正交表的正交性(orthogonality)是均衡分布的数学思想在正交表中的实际体现。正交性的主要内容如下。

①任何一列中各水平都出现,且出现次数相等。

②任意两列间各种不同水平的所有可能组合都出现,且出现的次数相等。

我们来具体考察 $L_8(2^7)$正交表的正交性。由附表 18 中的 $L_8(2^7)$正交表可以看到:

①表中每列的不同数字 1、2 都出现,且在每列中都重复出现 4 次。这种重复称为隐藏重复。正是这种隐藏重复,增强了试验结果的可比性。

②第 1、2 两列间各水平所有可能的组合为(1,1)、(1,2)、(2,1)、(2,2) 4 种。这就是该两列因素全面试验的组合处理,它们都出现且都分别出现 2 次。显然,任意两列间情况都是如此。

上述正交性的两条内容,是判断一个正交表是否具有正交性的条件。正交性是所有正交表的共同特性。正交表的正交性保证了利用正交表安排的部分试验具有代表性和综合可比性。

2. 代表性

代表性的含义之一是在正交表的正交性中:

①任一列的各水平都出现,使得部分试验中包含所有因素的所有水平。

②任意两列间的所有组合全部出现,使任意两因素间都是全面试验。

因此,在部分试验中,所有因素的所有水平信息及两两因素间的所有组合信息都无一遗漏。这样,虽然正交表安排的是部分试验,却能够了解全面试验的情况。从这个意义上讲,部分试验可以代表全面试验。代表性有时又称为均衡分散性。

另一方面,由于正交表的正交性,使部分试验点必然均衡地分布在全面试验的试验空间中。如图 12-1 正交试验点的代表性立体方块图所有 9 个面上,每个面上均有 3 个试验点;所有 27 条棱线,每条线上均有 1 个试验点,所有的 9 个试验点不偏不倚,具有很强的代表性。因此,部分试验的优化结果与全面试验的优化结果应有一致的趋势,这就为寻找最优的水平组合提供了依据。

3. 综合可比性

由于在正交表的正交性当中:

①任一列各水平出现的次数都相等。

②任两列间所有可能的组合出现的次数都相等。

因此,使任一因素各水平的试验条件相同。这就保证了在每列因素各个水平的效果中,最大限度地排除其他因素的干扰,突出本列因素的作用,从而可以综合比较该因素不同水平对试验指标的影响。这种性质称为综合可比性或整齐可比性。

正交表的 3 个基本性质中,正交性是核心和基础,代表性和综合可比性是正交性的必然结果,从而使正交表得以具体应用。正交表集其 3 个性质于一体,成为正交试验设计的有效工具,因而实际应用越来越广。

### 12.2.4　正交表的交互作用列

多因素试验时经常碰到交互作用的问题。交互作用是指因素间的联合搭配而产生的对试验指标的影响作用。它是试验设计中一个重要概念。

试验设计中，交互作用记作 A×B、A×B×C、…

A×B 称为 1 级交互作用，表明因素 A，B 之间有交互作用。

A×B×C 称为 2 级交互作用，表明因素 A，B，C 三者之间有交互作用。

同样，若 $P+1$ 个因素间有交互作用，就称为 P 级交互作用，记作 A×B×C×…（$P+1$ 个）。2 级和 2 级以上的交互作用统称为高级交互作用。

在 $L_4(2^3)$ 表中，第 1 列是将 4 个试验分成两半，前一半是水平 1，后一半是水平 2，这一列称为二分列（表 12-6）。第 2 列是将第 1 列的 2 个水平 1、2 个水平 2，再各分成 1 个水平 1、1 个水平 2，称为四分列。这种列称为基本列。第 3 列是第 1 列、第 2 列的交互列。若将数字 1 看做"＋"，2 看做"－"，两个数字搭配看做是相乘，则由正、负数乘法的符号法则有：

$$(1,1)=(+)\times(+)=(+)=1 \quad (1,2)=(+)\times(-)=(-)=2$$

$$(2,1)=(-)\times(+)=(-)=2 \quad (2,2)=(-)\times(-)=(+)=1$$

这正好就是第 3 列，说明 $L_4(2^3)$ 的第 3 列就是 A×B。实际上，在 $L_4(2^3)$ 中任意两列的交互列就是另外一列。

**表 12-6　$L_4(2^3)$ 表**

| 处理号 | 因素 | | |
|---|---|---|---|
| | A | B | A×B |
| 1 | 1 | 1 | 1(1,1) |
| 2 | 1 | 2 | 2(1,2) |
| 3 | 2 | 1 | 2(2,1) |
| 4 | 2 | 2 | 1(2,2) |

现在来看一看 $L_8(2^7)$ 的情况（表 12-7）。

**表 12-7　$L_8(2^7)$ 表**

| 处理号 | 1 | 2 | 3 | 4 | 5 | 6 | 7 |
|---|---|---|---|---|---|---|---|
| | A | B | A×B | C | A×C | B×C | A×B×C |
| 1 | 1 | 1 | (1,1)1 | 1 | (1,1)1 | (1,1)1 | 1 |
| 2 | 1 | 1 | (1,1)1 | 2 | (1,2)2 | (1,2)2 | 2 |
| 3 | 1 | 2 | (1,2)2 | 1 | (1,1)1 | (2,1)2 | 2 |
| 4 | 1 | 2 | (1,2)2 | 2 | (1,2)2 | (2,2)1 | 1 |
| 5 | 2 | 1 | (2,1)2 | 1 | (2,1)2 | (1,1)1 | 2 |
| 6 | 2 | 1 | (2,1)2 | 2 | (2,2)1 | (1,2)2 | 1 |
| 7 | 2 | 2 | (2,2)1 | 1 | (2,1)2 | (2,1)2 | 1 |
| 8 | 2 | 2 | (2,2)1 | 2 | (2,2)1 | (2,2)1 | 2 |

表 12-7 中第 1 列为二分列，第 2 列为四分列，第 4 列为八分列。这 3 列是基本列，分别记

上 A,B,C。然后将这 3 列进行搭配,则第 3 列为 A×B,第 5 列为 A×C,第 6 列为 B×C。再将第 1 列与第 6 列、第 3 列与第 4 列或第 2 列与第 5 列搭配,即 A×(B×C) 、(A×B)×C 或 B×(A×C),则可知第 7 列为高级互作 A×B×C。

同理,$L_8(2^7)$中任意两列的交互作用列是其他某一列。这个可以通过表 12-8 或者附表 18 中的“二列间的交互作用表”查出来。

至于多水平的交互作用列确定原理较复杂,这里从略。实际应用中,只要通过查阅与所用正交表对应的交互作用列表及有关表头设计表,就可安排考察交互作用的正交设计。

**表 12-8 $L_8(2^7)$二列间交互作用列表**

| 1 | 2 | 3 | 4 | 5 | 6 | 7 | 列号 |
|---|---|---|---|---|---|---|---|
| (1) | 3 | 2 | 5 | 4 | 7 | 6 | 1 |
| | (2) | 1 | 6 | 7 | 4 | 5 | 2 |
| | | (3) | 7 | 6 | 5 | 4 | 3 |
| | | | (4) | 1 | 2 | 3 | 4 |
| | | | | (5) | 3 | 2 | 5 |
| | | | | | (6) | 1 | 6 |
| | | | | | | (7) | 7 |

## 12.3 正交设计的基本步骤

正交试验设计(简称正交设计)的基本程序是设计试验方案和处理试验结果两大部分。主要步骤可归纳如下:

第 1 步,明确试验目的,确定试验指标。

第 2 步,挑因素,选水平。

第 3 步,选择合适的正交表。

第 4 步,进行表头设计。

第 5 步,确定试验方案,实施试验。

第 6 步,试验结果分析。

对上述步骤通过【例 12-2】具体说明。

【例 12-2】 硫酸法提取鲤鱼抗菌精蛋白试验。以不同浓度的硫酸溶液在不同温度和时间条件下提取抗菌精蛋白,且每个因素都取 4 水平(表 12-9),并以所提取鲤鱼抗菌精蛋白的抗菌活性为测定指标,以评价提取的效果。

**表 12-9 硫酸法提取鲤鱼抗菌精蛋白试验因素水平表**

| 水平 | A | B | C |
|---|---|---|---|
| | 硫酸浓度/% | 提取温度/℃ | 提取时间/h |
| 1 | 5.0 | 0 | 1 |
| 2 | 7.5 | 10 | 2 |
| 3 | 10.0 | 20 | 3 |
| 4 | 12.5 | 30 | 4 |

引自江西农业大学食品学院。

### 12.3.1　明确试验目的，确定试验指标

试验目的就是通过正交试验所要解决的问题。试验前，应根据实际情况确定这次试验主要解决哪一个或哪几个问题，针对这一个或几个问题确定出相应的试验指标。

试验指标就是用来衡量或考核试验效果的质量指标。试验指标一经确定，就应当把衡量和评定指标的原则、标准及测定试验指标的方法和所用的仪器等确定下来。这本身就是一项细致而复杂的研究工作。

在【例12-2】中，试验目的就是要寻求一个最佳的鲤鱼抗菌精蛋白的提取工艺，可用所提取鲤鱼抗菌精蛋白的抗菌活性作为本试验的试验指标，并且它是一个定量指标。

### 12.3.2　挑因素，选水平

试验指标确定了以后，挑选对试验指标影响大、有较大经济意义而又了解不够清楚的因素来研究，并根据生产经验和专业知识，定出它们的范围，在范围内选出每个因素的水平，列出因素水平表。

在【例12-2】中，影响鲤鱼抗菌精蛋白抗菌活性的因素有硫酸浓度、提取温度和提取时间，分别用A,B,C表示，并且每个因素都取4水平。于是，就可以列出本试验的因素水平表(表12-9)。

### 12.3.3　选择合适的正交表

确定好因素和水平后，根据因素、水平及需要考察的交互作用的多少来选择合适的正交表。一般可从以下几点来考虑。

①水平数。水平数应恰好等于正交表记号中括号内的底数。此例3个因素均为4水平，可选$L_{16}(4^5)$、$L_{64}(4^{21})$等。

②因素数。因素的个数(包括交互作用)不大于正交表记号中括号内的指数。此例考察3个因素，若不考察其交互作用，可选用$L_{16}(4^5)$；若要考察交互作用，则选用较大的$L_{64}(4^{21})$正交表。

③试验的次数。若试验要求精确度高，可选用试验次数多的正交表；若试验周期长或费用大，精确度要求不太高时，可选用试验次数少的表。一般条件下应选试验次数少的表，此例可选$L_{16}(4^5)$。

④要考察的因素及交互作用的自由度总和小于所选正交表的总自由度。满足这一条是为了在方差分析时能估计试验误差。本例不考察各因素间的交互作用时，各因素的自由度分别为：A因素的自由度$df_A=4-1=3$，B因素的自由度$df_B=4-1=3$，C因素的自由度$df_C=4-1=3$，各因素的自由度之和$df_A+df_B+df_C=3+3+3=9$，而正交表$L_{16}(4^5)$的总自由度为$df_T=16-1=15$，所以选用$L_{16}(4^5)$是合适的。当因素和交互作用自由度总和等于所选正交表总自由度时，则采用有重复的正交试验，以估计试验误差的大小。

### 12.3.4　进行表头设计

正交表选好后，就可以进行表头设计。所谓表头设计，就是将试验因素安排到所选正交表的各列中去的过程。

*1. 只考察主效应，不考察互作效应的表头设计*

据正交表的基本特性：正交表中每一列的位置是一样的，可以任意变换。因此，不考察互

作效应（即实际问题中各因子间的交互作用均可忽略）的表头设计非常简单，将所有因素任意上列即可，只是不要在同一列上填上好几个因子就行。

若在【例 12-2】中不考察交互作用时，可将硫酸浓度（A）、提取温度（B）和提取时间（C）依次安排在 $L_{16}(4^5)$ 表的第 1 列、第 2 列、第 3 列上，第 4 列、第 5 列均为空列，见表 12-10。

**表 12-10 【例 12-2】的表头设计**

| 列号 | 1 | 2 | 3 | 4 | 5 |
|---|---|---|---|---|---|
| 因素 | A | B | C | 空列 | 空列 |

*2. 考察互作效应的表头设计*

考察互作效应的表头设计情形要复杂一些。在表头设计时，各因素及各交互作用不能任意安排，必须严格按交互作用列表进行排列。这是有交互作用正交设计的重要特点，也是试验方案设计的关键一步。

避免混杂是表头设计的一个重要原则，也是表头设计选优的一个重要条件。所谓混杂是指在正交表的同一列中，安排了两个或两个以上的因素或交互作用。这样，就无法确定同一列中的这些不同因素或交互作用对试验指标的作用效果。因此，为避免混杂，使表头设计合理、更优，那些主要因素、重点考察的因素、涉及交互作用较多的因素，就应该优先安排，而另一些次要因素、涉及交互作用较少的因素和不涉及交互作用的因素，可放在后面安排。

应当明确强调，在满足试验要求的条件下，如何突出正交设计可以大量减少试验次数的优点，有选择地合理考察交互作用是必须妥善处理的问题。这一问题的合理解决需要综合考察试验目的、专业知识、以往研究经验及现有试验条件等多方面的情况。其一般的处理原则是：

①高级交互作用通常不予考虑。实际上高级交互作用的影响一般都很小，可以忽略。

②试验设计时，因素间一级交互作用也不必全部考察（尤其是根据专业知识知道两因素间没有交互作用或者交互作用不大时），通常仅考虑那些作用效果较明显的，或试验要求必须考察的。

③允许的情况下尽量选用二水平表，以减少交互作用所占列数。若因素必须选多水平时，也可以设法将一张多水平表化为二张或多张二水平正交表来完成试验。

表 12-11 和表 12-12 分别是 $L_8(2^7)$ 和 $L_8(4^1 \times 2^4)$ 的几种表头设计的情况。

**表 12-11 $L_8(2^7)$ 表头设计**

| 因素数 | 列号 | | | | | | |
|---|---|---|---|---|---|---|---|
| | 1 | 2 | 3 | 4 | 5 | 6 | 7 |
| 3 | A | B | A×B | C | A×C | B×C | |
| 4 | A | B | A×B<br>C×D | C | A×C<br>B×D | B×C<br>A×D | D |
| 4 | A | B<br>C×D | A×B | C<br>B×D | A×C | D<br>B×C | A×D |
| 5 | A<br>D×E | B<br>C×D | A×B<br>C×E | C<br>B×D | A×C<br>B×E | D<br>A×E<br>B×C | E<br>A×D |

**表 12-12　$L_8(4^1\times2^4)$表头设计**

| 因素数 | 列号 | | | | |
|---|---|---|---|---|---|
| | 1 | 2 | 3 | 4 | 5 |
| 2 | A | B | $(A\times B)_1$ | $(A\times B)_2$ | $(A\times B)_3$ |
| 3 | A | B<br>A×C | C<br>A×B | A×B<br>A×C | A×B<br>A×C |
| 4 | A | B<br>A×C<br>A×D | C<br>A×B<br>A×D | D<br>A×B<br>A×C | A×B<br>A×C<br>A×D |
| 5 | A | B | C | D | E |

有时为了满足试验的某些要求，或为了减少试验次数，可允许一级交互作用间的混杂，或次要因素与高级交互作用的混杂，但一般不允许试验因素与一级交互作用的混杂。

最后还须指出，没有安排因素或交互作用的列（空列），它可反映试验误差，并以此作为衡量试验因素产生的效应是否可靠的标志。因此，在试验条件允许的情况下，一般都应该设置空列，以此来衡量试验的可靠程度。

### 12.3.5　确定试验方案，实施试验

在表头设计的基础上，将所选正交表中各列的不同数字换成对应因素的相应水平，便形成了试验方案，【例 12-2】的试验方案见表 12-13。

**表 12-13　硫酸法提取鲤鱼抗菌精蛋白试验方案**

| 处理号 | 因素 | | | | |
|---|---|---|---|---|---|
| | (1)<br>A 硫酸浓度 | (2)<br>B 提取温度 | (3)<br>C 提取时间 | (4)<br>空列 | (5)<br>空列 |
| 1 | 1(5.0) | 1(0) | 1(1) | 1 | 1 |
| 2 | 1(5.0) | 2(10) | 2(2) | 2 | 2 |
| 3 | 1(5.0) | 3(20) | 3(3) | 3 | 3 |
| 4 | 1(5.0) | 4(30) | 4(4) | 4 | 4 |
| 5 | 2(7.5) | 1(0) | 2(2) | 3 | 4 |
| 6 | 2(7.5) | 2(10) | 1(1) | 4 | 3 |
| 7 | 2(7.5) | 3(20) | 4(4) | 1 | 2 |
| 8 | 2(7.5) | 4(30) | 3(3) | 2 | 1 |
| 9 | 3(10.0) | 1(0) | 3(3) | 4 | 2 |
| 10 | 3(10.0) | 2(10) | 4(4) | 3 | 1 |
| 11 | 3(10.0) | 3(20) | 1(1) | 2 | 4 |
| 12 | 3(10.0) | 4(30) | 2(2) | 1 | 3 |
| 13 | 4(12.5) | 1(0) | 4(4) | 2 | 3 |
| 14 | 4(12.5) | 2(10) | 3(3) | 1 | 4 |
| 15 | 4(12.5) | 3(20) | 2(2) | 4 | 1 |
| 16 | 4(12.5) | 4(30) | 1(1) | 3 | 2 |

试验方案中的处理试验号并不意味着实际进行试验的顺序，一般是同时进行。若条件只

允许一个一个地进行试验，为排除外界干扰，应使处理序号随机化，即采用抽签，或查随机数字表的方法确定试验处理的顺序。因为正交表的每一行是等价的，可任意进行行间置换。

### 12.3.6 试验结果分析

采用正交表设计的试验，都可用正交表分析试验的结果。正交试验的结果分析，有直观分析和方差分析两种方法。

## 12.4 正交设计试验结果的统计分析

### 12.4.1 直观分析法

直观分析法(又称极差分析法)很重要，正交设计的灵活运用有很多就体现在直观分析上。

#### 12.4.1.1 不考察交互作用的分析法

现对【例 12-2】进行直观分析，该试验的分析结果见表 12-14。

**表 12-14 硫酸法提取鲤鱼抗菌精蛋白的试验结果**

| 处理号 | A | B | C | D | E | 抗菌活性/% |
|---|---|---|---|---|---|---|
| | 硫酸浓度 | 提取温度 | 提取时间 | 空列 | 空列 | |
| 1 | 1(5.0) | 1(0) | 1(1) | 1 | 1 | 56.57 |
| 2 | 1(5.0) | 2(10) | 2(2) | 2 | 2 | 58.87 |
| 3 | 1(5.0) | 3(20) | 3(3) | 3 | 3 | 53.68 |
| 4 | 1(5.0) | 4(30) | 4(4) | 4 | 4 | 50.45 |
| 5 | 2(7.5) | 1(0) | 2(2) | 3 | 4 | 55.26 |
| 6 | 2(7.5) | 2(10) | 1(1) | 4 | 3 | 52.21 |
| 7 | 2(7.5) | 3(20) | 4(4) | 1 | 2 | 49.35 |
| 8 | 2(7.5) | 4(30) | 3(3) | 2 | 1 | 52.12 |
| 9 | 3(10.0) | 1(0) | 3(3) | 4 | 2 | 68.68 |
| 10 | 3(10.0) | 2(10) | 4(4) | 3 | 1 | 64.13 |
| 11 | 3(10.0) | 3(20) | 1(1) | 2 | 4 | 65.76 |
| 12 | 3(10.0) | 4(30) | 2(2) | 1 | 3 | 63.67 |
| 13 | 4(12.5) | 1(0) | 4(4) | 2 | 3 | 60.12 |
| 14 | 4(12.5) | 2(10) | 3(3) | 1 | 4 | 65.32 |
| 15 | 4(12.5) | 3(20) | 2(2) | 4 | 1 | 64.54 |
| 16 | 4(12.5) | 4(30) | 1(1) | 3 | 2 | 55.73 |
| $K_{1j}$ | 219.57 | 240.63 | 230.27 | 234.91 | 237.36 | |
| $K_{2j}$ | 208.94 | 240.53 | 242.34 | 236.87 | 232.63 | |
| $K_{3j}$ | 262.24 | 233.33 | 239.80 | 228.80 | 229.68 | |
| $K_{4j}$ | 245.71 | 221.97 | 224.05 | 235.88 | 236.79 | |
| $\overline{K}_{1j}$ | 54.89 | 60.16 | 57.57 | 58.73 | 59.34 | |
| $\overline{K}_{2j}$ | 52.24 | 60.13 | 60.59 | 59.22 | 58.16 | |
| $\overline{K}_{3j}$ | 65.56 | 58.33 | 59.95 | 57.20 | 57.42 | |
| $\overline{K}_{4j}$ | 61.43 | 55.49 | 56.01 | 58.97 | 59.20 | |
| $R_j$ | 13.32 | 4.67 | 4.58 | 2.02 | 1.92 | |

从16个处理中直观地找出最优水平组合为9号处理，即 $A_3B_1C_3$，试验指标值为68.68；其次为11号处理 $A_3B_3C_1$，试验指标值为65.76。现在通过直观分析进行验证：

计算各列的 $K_{ij}$ 值。$K_{ij}$ 为第 $j$ 列中第 $i$ 水平试验指标值之和。在这里，$K_{1j}$ 为第 $j$ 列水平1的4次指标值之和，$K_{2j}$ 为第 $j$ 列水平2的4次指标值之和，$K_{3j}$ 为第 $j$ 列水平3的4次指标值之和，$K_{4j}$ 为第 $j$ 列水平4的4次指标值之和。

以第1列A因素为例，则

第1水平之和　$K_{11}=56.57+58.87+53.68+50.45=219.57$

第2水平之和　$K_{21}=55.26+52.21+49.35+52.12=208.94$

第3水平之和　$K_{31}=68.68+64.13+65.76+63.67=262.24$

第4水平之和　$K_{41}=60.12+65.32+64.54+55.73=245.71$

其余因素计算方法相同，结果填于表下部 $K_{ij}$ 栏。

计算各列同一水平的平均值 $\overline{K}_{ij}$。如第1列的 $A$ 因素：

$$\overline{K}_{11}=\frac{K_{11}}{4}=219.57/4=54.89$$

$$\overline{K}_{21}=\frac{K_{21}}{4}=208.94/4=52.24$$

$$\overline{K}_{31}=\frac{K_{31}}{4}=262.24/4=65.56$$

$$\overline{K}_{41}=\frac{K_{41}}{4}=245.71/4=61.43$$

计算各因素列的极差 $R_j$。$R_j$ 表示该因素在其取值范围内试验指标变化的幅度。

$$R_j=\max\overline{K}_{ij}-\min\overline{K}_{ij}$$

根据极差 $R_j$ 的大小，进行因素的主次排队。$R_j$ 越大，表示该因素的水平变化对试验指标的影响越大，因此在本试验中这个因素就越重要；反之，$R_j$ 越小，这个因素就越不重要。

比较本试验中A,B,C 3个因素中 $R_j$ 值的大小，可以看出A因素即硫酸浓度为最重要因素，然后依次为B因素即提取温度、C因素即提取时间。这3个因素的主次关系是：

主————→次

A　　　B　　　C

做出因素与指标（试验结果）的关系图。为了更为直观起见，还可以采用Excel做图，把因素与水平的变动情况表示出来。方法是以各因素的水平作为横坐标，各水平的平均值作为纵坐标（图12-2）。

计算空列的 $R_e$ 值，以确定误差界限，并以此判断各因素的可靠性。各因素的效应是否真正对试验有影响，须将其 $R_j$ 值与空列的 $R_e$ 值相比较。因为在有空列的正交试验中，空列的 $R_e$ 值代表了试验误差（当然其中包括了一些交互作用的影响），所以各因素指标的 $R_j$ 值只有大于 $R_e$ 才能表示其因素的水平效应差异的存在，故空列的 $R_e$ 在这里是判断各试验因素的效应是否可靠的界限。

在【例12-2】中，第4列和第5列的 $R_e$ 值分别为2.02和1.92，而计算的A,B,C各因素极

差 $R_j$ 值分别为 13.32、4.67 和 4.58，均大于 $R_e$ 值，说明 A、B、C 各因素的水平效应的差异是存在的。

选出最优的水平组合。根据因素的主次顺序及对试验有主要影响的因素，选出最好水平；而对于次要因素，既可以根据试验选取最好水平，又可以根据某些既定条件，如操作性的方便与否、是否经济实惠或节省开支等来选取因素的各具体水平。

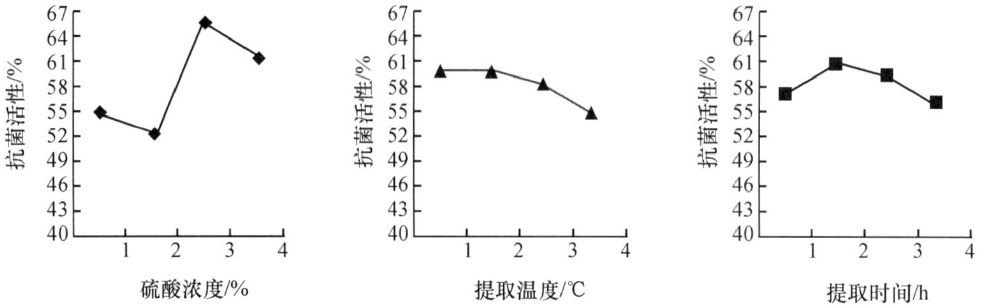


图 12-2 各因素与试验指标（抗菌活性）关系图

【例 12-2】中，A，B，C 均为重要因素，按照各因素的最好水平选取为 $A_3B_1C_2$，即硫酸浓度为 10.0%、提取温度为 0℃、提取时间为 2 h 是硫酸法提取鲤鱼抗菌精蛋白的最优组合。

通过以上分析可以看出，虽然正交设计的试验点并不一定包括了全面试验的最优水平组合，但是通过正交试验，不但可以对列入了试验的水平组合做出评价，而且也能通过对试验的分析找出试验点以外的最优水平组合，这是全面试验比之不及的优点。但是，当找出的最优水平组合与实际得到的最优水平组合不一致时，则往往需要做验证性试验，以判断通过理论分析得出的最佳水平组合，是否就是真正的最佳组合。

#### 12.4.1.2 考察交互作用的分析法

考察交互作用的试验结果的分析方法与不考察交互作用的分析法并无本质不同，要注意两点：一是应把每个互作当成一个因素看待进行分析；二是应根据互作的效应，选择出最优水平组合。

【例 12-3】 生产某种食品添加剂。根据试验发现影响添加剂得率的因素有 4 个。试验每个因素设置 2 个水平。因素水平表见表 12-15。

表 12-15 某种食品添加剂得率试验因素水平表

| 水平 | 因素 | | | |
|---|---|---|---|---|
| | 温度(A)/℃ | 时间(B)/h | 配比(C)(两种原料) | 真空度(D)/kPa |
| 1 | 75 | 2 | 2∶1 | 53.32 |
| 2 | 90 | 3 | 3∶1 | 66.65 |

试验中需考虑交互作用 A×B、A×C、B×C。

本例在正交表选择时，由于总变异的自由度 $df_T \geq$ 因素＋交互作用＋空列＝4×(2－1)＋3×1＋1＝7＋1＝8，那么正交表的行数 $n \geq df_T+1=9$；当无空列时 $n=8$。正交表的列数 $q \geq$ 因素所占列＋交互作用所占列＋误差列(空列)。本例的因素列：每个因素各占 1 列，共计 4 列(4 个因素)；交互作用列：因为试验因素均为 2 水平因素，故其一级交互作用各占 1 列，共计

3 列(3 组交互作用);误差列:0 或 1 列。所以正交表的列数 $q \geqslant 4+3+0=7$。因素水平为 2,列数为 7 的最小正交表是 $L_8(2^7)$,所以选正交表 $L_8(2^7)$即可。可以看出,选用 $L_8(2^7)$尚无空列估计试验误差,故试验中应做重复试验或忽略某些交互作用。本例题的直观分析见表 12-16。

**表 12-16　某食品添加剂得率试验结果的极差分析**

| 处理号 | A | B | A×B | C | A×C | B×C | D | 得率/% |
|---|---|---|---|---|---|---|---|---|
| 1 | 1 | 1 | 1 | 1 | 1 | 1 | 1 | 86 |
| 2 | 1 | 1 | 1 | 2 | 2 | 2 | 2 | 95 |
| 3 | 1 | 2 | 2 | 1 | 1 | 2 | 2 | 91 |
| 4 | 1 | 2 | 2 | 2 | 2 | 1 | 1 | 94 |
| 5 | 2 | 1 | 2 | 1 | 2 | 1 | 2 | 91 |
| 6 | 2 | 1 | 2 | 2 | 1 | 2 | 1 | 96 |
| 7 | 2 | 2 | 1 | 1 | 2 | 2 | 1 | 83 |
| 8 | 2 | 2 | 1 | 2 | 1 | 1 | 2 | 88 |
| $K_{1j}$ | 366 | 368 | 352 | 351 | 361 | 359 | 359 | |
| $K_{2j}$ | 358 | 356 | 372 | 373 | 363 | 365 | 365 | |
| $\overline{K}_{1j}$ | 91.5 | 92.0 | 88.0 | 87.8 | 90.3 | 89.8 | 89.8 | |
| $\overline{K}_{2j}$ | 89.5 | 89.0 | 93.0 | 93.3 | 90.8 | 91.3 | 91.3 | |
| $R_j$ | 2.0 | 3.0 | 5.0 | 5.5 | 0.5 | 1.5 | 1.5 | |

从 8 个处理中直观地找出最优水平组合为 6 号处理,即 $A_2B_1C_2D_1$,试验指标值为 96;其次为 2 号处理 $A_1B_1C_2D_2$,试验指标值为 95,下面进行极差分析。

①计算 $K_{ij}$ 值和 $\overline{K}_{ij}$,注意各交互列也按因素一样计算出来。

②计算极差 $R_j$,并比较 $R_j$ 值的大小,排出诸因素及其交互作用对试验结果影响的主次顺序。

主————————————————→次

C　　A×B　　B　　A　　B×C(D)　　A×C

这就是说,各因素(及互作)对某食品添加剂得率的影响,以 C 为最大,其次为 A×B。这两项为应该着重考察的因素。而 B×C(D)、A×C 等都属于次要因素,可以认为 A×C 和 B×C 之间的交互作用实际上是由误差引起的,故可忽略。

对重要因素(及互作)进行分析,选出最优水平组合。对于 C 因素,$C_2>C_1$,应选 $C_2$。A×B 的 $R_j$ 值超过了 A,B 单独对添加剂得率的影响,表明 A 与 B 的不同水平搭配对得率的影响较大。因此,要分析因素 A 与 B 如何搭配为好,可用 A 与 B 的双向搭配表进行分析。A 与 B 的 4 种搭配下数据均值的计算结果见表 12-17。

**表 12-17　A×B 搭配表**

| B | A | |
|---|---|---|
| | $A_1$ | $A_2$ |
| $B_1$ | $\frac{86+95}{2}=90.5$ | $\frac{91+96}{2}=93.5$ |
| $B_2$ | $\frac{91+94}{2}=92.5$ | $\frac{83+88}{2}=85.5$ |

从表 12-17 可知，因素 A，B 之间的最好搭配是 $A_2B_1$。虽然从单因素考察，$A_1$ 比 $A_2$ 好，但由于交互作用的影响，应选择 $A_2$ 而不是 $A_1$。由于 D 因素不显著，其水平可任取。故本试验应选取的最优水平组合为 $A_2B_1C_2D_1$ 或 $A_2B_1C_2D_2$。$A_2B_1C_2D_1$ 是 8 个处理中有的，而 $A_2B_1C_2D_2$ 在所安排的 8 个处理组合中是没有的，这也说明用正交表进行试验设计，虽然只做了所有可能组合中的一部分试验，但通过分析，较好的生产条件将不会漏掉。

在条件允许的前提下，我们可以将表中的最优水平组合 $A_2B_1C_2D_1$ 与选出的最优水平组合 $A_2B_1C_2D_2$ 进行对比试验，比较出究竟哪一个更好。当然从本试验来看，D 因素为不重要因素，因此选择 $D_1$、$D_2$ 均可，即压力在 53.32～66.65 kPa 就没有必要再去做验证性试验了。

### 12.4.2 不考察交互作用的方差分析法

直观分析法简单明了，直观易懂，计算量少，便于推广普及。但这种方法不能将试验中由于试验条件改变引起的数据波动同试验误差引起的数据波动区分开来，也就是说，不能很好地区分因素各水平间对应的试验结果的差异究竟是由于因素水平不同引起的，还是由于试验误差引起的。由于直观分析无法较为精确地估计试验误差的大小，因此也就不能提出一个标准来判断所考察因素的作用是否显著，即无法就各因素对试验结果的影响大小给以精确的数量估计。为了弥补直观分析的这一缺陷，可采用方差分析。

正交试验结果的方差分析法可分为无重复试验和有重复试验两种。

#### 12.4.2.1 无重复试验的方差分析

无重复试验的方差分析要求用正交表设计试验时，必须留有互作或不排入因素的空列，以作为误差的估计值。

【例 12-4】 采用硫酸法提取鲤鱼抗菌精蛋白试验，以不同浓度的硫酸溶液在不同温度和时间条件下提取抗菌精蛋白，并以所提取鲤鱼抗菌精蛋白的抗菌活性和得率（与【例 12-2】不同）两个试验指标作为测定指标，以便综合评价提取的效果。本试验的因素水平表见表 12-9，试验设计方案见表 12-13，试验的结果见表 12-18。

**表 12-18 硫酸法提取鲤鱼抗菌精蛋白的试验结果**

| 试验号 | A | B | C | D | E | 得率($x_i$)/% | 抗菌活性/% |
|---|---|---|---|---|---|---|---|
| | 硫酸浓度 | 提取温度 | 提取时间 | 空列 | 空列 | | |
| 1 | 1(5.0) | 1 (0) | 1(1) | 1 | 1 | 1.92 | 56.57 |
| 2 | 1(5.0) | 2(10) | 2(2) | 2 | 2 | 1.95 | 58.87 |
| 3 | 1(5.0) | 3(20) | 3(3) | 3 | 3 | 2.57 | 53.68 |
| 4 | 1(5.0) | 4(30) | 4(4) | 4 | 4 | 2.28 | 50.45 |
| 5 | 2(7.5) | 1 (0) | 2(2) | 3 | 4 | 2.07 | 55.26 |
| 6 | 2(7.5) | 2(10) | 1(1) | 4 | 3 | 2.35 | 52.21 |
| 7 | 2(7.5) | 3(20) | 4(4) | 1 | 2 | 2.98 | 49.35 |
| 8 | 2(7.5) | 4(30) | 3(3) | 2 | 1 | 4.24 | 52.12 |
| 9 | 3(10.0) | 1 (0) | 3(3) | 4 | 2 | 3.96 | 68.68 |
| 10 | 3(10.0) | 2(10) | 4(4) | 3 | 1 | 4.41 | 64.13 |
| 11 | 3(10.0) | 3(20) | 1(1) | 2 | 4 | 4.65 | 65.76 |
| 12 | 3(10.0) | 4(30) | 2(2) | 1 | 3 | 4.53 | 63.67 |

续表 12-18

| 试验号 | A | B | C | D | E | 得率($x_i$)/% | 抗菌活性/% |
|---|---|---|---|---|---|---|---|
| | 硫酸浓度 | 提取温度 | 提取时间 | 空列 | 空列 | | |
| 13 | 4(12.5) | 1(0) | 4(4) | 2 | 3 | 3.74 | 60.12 |
| 14 | 4(12.5) | 2(10) | 3(3) | 1 | 4 | 3.98 | 65.32 |
| 15 | 4(12.5) | 3(20) | 2(2) | 4 | 1 | 3.46 | 64.54 |
| 16 | 4(12.5) | 4(30) | 1(1) | 3 | 2 | 4.45 | 55.73 |
| $K_{1j}$ | 8.72 | 11.69 | 13.37 | 13.41 | 14.03 | | |
| $K_{2j}$ | 11.64 | 12.69 | 12.01 | 14.58 | 13.34 | 53.54($T$) | |
| $K_{3j}$ | 17.55 | 13.66 | 14.75 | 13.50 | 13.19 | | |
| $K_{4j}$ | 15.63 | 15.50 | 13.41 | 12.05 | 12.98 | | |
| $\overline{K}_{1j}$ | 2.18 | 2.92 | 3.34 | 3.35 | 3.51 | | |
| $\overline{K}_{2j}$ | 2.91 | 3.17 | 3.00 | 3.65 | 3.34 | 3.35($\overline{x}$) | |
| $\overline{K}_{3j}$ | 4.39 | 3.42 | 3.69 | 3.38 | 3.30 | | |
| $\overline{K}_{4j}$ | 3.91 | 3.88 | 3.35 | 3.01 | 3.25 | | |
| $R_j$ | 2.21 | 0.96 | 0.69 | 0.64 | 0.26 | | |

表 12-18 是一个有两个试验指标的结果分析表。对于多指标试验的分析方法可以采用综合平衡法。所谓综合平衡法就是先把各项试验指标按单指标分别独立进行分析，找出较优水平，然后再对独立分析的几个试验指标的结果进行综合平衡地考察，进而找出对各项指标都较好的水平，即找出影响试验的最佳水平组合。但有时当各指标间所处的重要程度(权重)不相同时，就应以考察主要指标为主了。例如，对于某种酸奶质量若要考察口感、白度、香型、包装等 4 项指标，这时一般来讲，就应以口感作为考察的重要因素了。还有一种做法是，根据各指标的相对重要性分别赋予不同的权重，对各个试验点的结果计算一个综合指标值，然后按一个指标的试验进行分析。这种方法的关键是各指标权重的合理性。

①整理资料。本试验两个指标同等重要。我们只以试验指标得率($x$)这一项为例做方差分析，其余一项及综合考察留给大家作为练习之用。

表 12-18 中一共有 A，B，C 3 个因素，每一因素的水平数分别用 $a$，$b$，$c$ 表示，本例 $a=b=c=4$，各因素每一水平的重复次数 $m=4$，总处理次数为 16 次($n$)。

②平方和与自由度的分解。

平方和的分解：

矫正数　$$C=\frac{(\sum x_i)^2}{n}=\frac{T^2}{n}=53.54^2/16=179.158\,2$$

总平方和　$$SS_T=\sum x_i^2-C=1.92^2+1.95^2+\cdots+4.45^2-C$$
$$=194.832\,8-179.158\,2=15.674\,6$$

A 因素平方和　$$SS_A=\frac{\sum K_{iA}^2}{m}-C=(8.72^2+11.64^2+17.55^2+15.63^2)/4-C$$
$$=190.956\,8-C=11.798\,6$$

B 因素平方和 $SS_B=\frac{\sum K_{iB}^2}{m}-C=(11.69^2+12.69^2+13.66^2+15.50^2)/4-C$

$=181.1344-C=1.9762$

C 因素平方和 $SS_C=\frac{\sum K_{iC}^2}{m}-C=(13.37^2+12.01^2+14.75^2+13.41^2)/4-C$

$=180.0969-C=0.9387$

误差平方和 $SS_e=SS_T-SS_A-SS_B-SS_C$

$=15.6746-11.7986-1.9762-0.9387=0.9610$

对于空列也可用同样方法计算平方和：

D(空列) 平方和 $SS_D=\frac{\sum K_{iD}^2}{m}-C=(13.41^2+14.58^2+13.50^2+12.05^2)/4-C$

$=179.9642-C=0.8060$

E(空列) 平方和 $SS_E=\frac{\sum K_{iE}^2}{m}-C=(14.03^2+13.34^2+13.19^2+12.98^2)/4-C$

$=179.3132-C=0.1550$

实际上，误差平方和等于各空白列平方和相加，即 $SS_e=SS_D+SS_E$。这就是这种分析类型要求留有空列的缘故。

自由度的分解：

总自由度 $df_T=n-1=16-1=15$

A 因素 $df_A=a-1=4-1=3$

B 因素 $df_B=b-1=4-1=3$

C 因素 $df_C=c-1=4-1=3$

误差 $df_e=df_T-df_A-df_B-df_C=15-3-3-3=6$

显然，误差自由度等于各空白列自由度之和，正交表中各列的自由度为该列的水平数减 1。

③$F$ 测验。方差分析的结果见表 12-19。由方差分析的结果可知，A 因素(硫酸浓度)的 $F$ 值极显著，说明 $A$ 因素对鲤鱼抗菌精蛋白的得率有极显著的影响。

**表 12-19 方差分析**

| 变异来源 | $SS$ | $df$ | $MS$ | $F$ | $F_\alpha$ |
|---|---|---|---|---|---|
| A(硫酸浓度) | 11.7986 | 3 | 3.9329 | 24.5536** | |
| B(提取温度) | 1.9762 | 3 | 0.6587 | 4.1126 | $F_{0.05(3,6)}=4.76$ |
| C(提取时间) | 0.9387 | 3 | 0.3129 | 1.9534 | |
| D(空列) | 0.8060 | 3 | 0.2687 | | $F_{0.01(3,6)}=9.78$ |
| E(空列) | 0.1550 | 3 | 0.0517 | | |
| 误差 | 0.9610 | 6 | 0.1602 | | |
| 总变异 | 15.6746 | 15 | | | |

多重比较。从本试验的方差分析可知，A 因素(硫酸浓度)为极显著的因素。下面采用 $q$ 检验法对 A 因素各水平进行多重比较，见表 12-20 和表 12-21。

表 12-20　多重比较用 $q$ 及 $LSR$ 值

| 秩次距 $K$ | | 2 | 3 | 4 |
|---|---|---|---|---|
| $q$ | 0.05 | 3.46 | 4.34 | 4.9 |
| | 0.01 | 5.24 | 6.33 | 7.03 |
| $LSR$ | 0.05 | 0.69 | 0.87 | 0.98 |
| | 0.01 | 1.05 | 1.27 | 1.41 |

表 12-21　A 因素各水平均值多重比较($q$ 检验法)

| A 因素 | | $A_3$ | $A_4$ | $A_2$ | $A_1$ |
|---|---|---|---|---|---|
| $\bar{x}_i$ | | 4.39 | 3.91 | 2.91 | 2.18 |
| 显著性 | 0.05 | a | a | b | c |
| | 0.01 | A | AB | BC | C |

$$S_{\bar{x}}=\sqrt{\frac{MS_e}{m}}=\sqrt{0.160\ 2/4}=0.200\ 1$$

多重比较的结果以 $A_3$ 为最好，另外 $A_4$ 也可考虑，可作为分析其他指标后综合平衡选择之用。

仅从得率这一指标来讲，A 的最优水平为 $A_3$(但 $A_4$ 与之差异不显著)，即 10%的硫酸；对于 B、C 因素，由于各水平间差异不显著，所以理论上讲可在各自所取的水平范围内任取一水平，实践中则可从操作的难易度、成本的经济性、试验条件的可行性等方面综合考虑而确定。

另外一项抗菌活性指标留作练习(最后综合平衡结果，最优组合为 $A_3B_1C_3$)。

### 12.4.2.2　有重复试验的方差分析

有重复试验的方差分析与无重复试验的方差分析，除误差平方和、自由度的计算有所不同外，其余各项计算基本相同。

【例 12-5】　有一水稻 3 因素试验，A 因素为品种(4 水平)；B 因素为栽插密度(2 水平)；C 因素为施肥量(2 水平)；选用 $L_8(4\times2^4)$，其表头设计和产量结果(小区面积 30 $m^2$)见表 12-22。试做方差分析(本试验是采用随机区组设计的正交试验)。

表 12-22　水稻 4×2×2 试验 $L_8(4\times2^4)$

| 处理 | A | 空列 | B | 空列 | C | 产量($x_{ij}$)/kg | | | |
|---|---|---|---|---|---|---|---|---|---|
| | 1 | 2 | 3 | 4 | 5 | Ⅰ | Ⅱ | Ⅲ | $T_t$ |
| 1 | 1 | 1 | 1 | 1 | 1 | 17 | 16 | 19 | 52 |
| 2 | 1 | 2 | 2 | 2 | 2 | 19 | 20 | 20 | 59 |
| 3 | 2 | 1 | 1 | 2 | 2 | 26 | 24 | 21 | 71 |
| 4 | 2 | 2 | 2 | 1 | 1 | 25 | 22 | 20 | 67 |
| 5 | 3 | 1 | 2 | 1 | 2 | 16 | 15 | 19 | 50 |
| 6 | 3 | 2 | 1 | 2 | 1 | 14 | 15 | 14 | 43 |
| 7 | 4 | 1 | 2 | 2 | 1 | 24 | 25 | 23 | 72 |
| 8 | 4 | 2 | 1 | 1 | 2 | 28 | 28 | 26 | 82 |

续表 12-22

| 处理 | A | 空列 | B | 空列 | C | | 产量($x_{ij}$)/kg | | | |
|---|---|---|---|---|---|---|---|---|---|---|
| | 1 | 2 | 3 | 4 | 5 | | Ⅰ | Ⅱ | Ⅲ | $T_t$ |
| $K_{1j}$ | 111 | 245 | 248 | 251 | 234 | $T_r$ | 169 | 165 | 162 | $T=496$ |
| $K_{2j}$ | 138 | 251 | 248 | 245 | 262 | | | | | |
| $K_{3j}$ | 93 | | | | | | | | | |
| $K_{4j}$ | 154 | | | | | | | | | |
| $\overline{K}_{1j}$ | 18.50 | 20.42 | 20.67 | 20.92 | 19.50 | | | | | |
| $\overline{K}_{2j}$ | 23.00 | 20.92 | 20.67 | 20.42 | 21.83 | | | | | |
| $\overline{K}_{3j}$ | 15.50 | | | | | | | | | |
| $\overline{K}_{4j}$ | 25.67 | | | | | | | | | |
| $R_j$ | 10.17 | 0.50 | 0.00 | 0.50 | 2.33 | | | | | |

引自南京农业大学。

本例试验是一个直接套用混合水平正交表安排的试验。当因条件限制，某些因素不能多取水平或有重点因素要强化考察(可将重点因素安排在水平数多的列上)时，须用混合水平正交表安排试验。

本例题是一个 4 水平因素和两个 2 水平因素的混合型试验。从混合水平表中可以找到合适的正交表 $L_8(4\times2^4)$。因为不需考察交互作用，故表头设计也很简单：将因素 A 放在第 1 列，B、C 因素放在第 3、第 5 列即可(可放在除第 1 列外的任意两列)。这类试验结果的计算与等水平的思路一样，但在计算 $K_{ij}$，$\overline{K}_{ij}$ 及 $R_j$ 值时，因水平数不同略有差异。

用 $t$ 表示试验处理数，$r$ 表示试验处理的重复数(区组数)，$a$、$b$、$c$ 表示 A、B、C 各因素的水平数，$m$ 为某因素同一水平的重复数。此例 $t=8$、$r=3$、$a=4$、$b=c=2$；对于 A 因素，$m=2$；对于 B 因素和 C 因素，$m=4$。

就本例而言：

第 1 列上，$K_{i1}$ 由 6(即 $m\times r$)个试验指标数值相加得到，所以有 $\overline{K}_{i1}=\frac{K_{i1}}{6}$，总共有 4 个 $K_{i1}$ 和 4 个 $\overline{K}_{i1}$。

第 2、第 3、第 4、第 5 列上，$K_{ij}$ 为 12(即 $m\times r$)个数值之和，所以有 $\overline{K}_{ij}=\frac{K_{ij}}{12}$，各列有 2 个 $K_{ij}$ 和 2 个 $\overline{K}_{ij}$。

注意：在不等水平的试验中，分析因素的主次关系不能完全按极差 $R_j$ 的大小判断。通常水平数取得多的因素理应比水平数取得少的因素的极差 $R_j$ 大些，因此以方差分析更为科学。

①整理资料。首先将各处理的小区产量相加得 $T_t$，将各区组的小区产量相加得 $T_r$，然后将各列中同水平的 $T_t$ 相加，得 $K_{1j}$、$K_{2j}$…。根据各列下的 $\overline{K}_{ij}$ 值，可得各列的极差 $R_j$。从 $R_j$ 可以直观地看出本试验 A 因素效应最大，C 次之，而 B(密度)最小。

②自由度和平方和的分解。对于有重复、且重复采用随机区组(单位组)设计的正交试验，总变异可以划分为处理间、区组间和重复误差变异 3 部分，而处理间变异可进一步划分为 A 因素、B 因素、C 因素与模型误差变异 4 部分。此时，平方和与自由度划分式为：

$$\begin{cases} SS_T = SS_t + SS_r + SS_{e_2} \\ df_T = df_t + df_r + df_{e_2} \\ SS_t = SS_A + SS_B + SS_C + SS_{e_1} \\ df_t = df_A + df_B + df_C + df_{e_1} \\ SS_T = SS_A + SS_B + SS_C + SS_r + SS_{e_1} + SS_{e_2} \\ df_T = df_A + df_B + df_C + df_r + df_{e_1} + df_{e_2} \end{cases} \tag{12-3}$$

式中：$SS_r$ 为区组间平方和；$SS_{e_1}$ 为模型误差平方和；$SS_{e_2}$ 为重复误差平方和；$SS_t$ 为处理间平方和；$df_r$、$df_{e_1}$、$df_{e_2}$、$df_t$ 为相应自由度。

注意，对于重复试验是采用完全随机设计的正交试验，在平方和与自由度划分式中无 $SS_r$、$df_r$ 项。

平方和的分解：

矫正数　$C = \dfrac{(\sum x_{ij})^2}{rt} = \dfrac{T^2}{rt} = 496^2/(3\times 8) = 10\,250.67$

总平方和　$SS_T = \sum x_{ij}^2 - C = 17^2 + 19^2 + \cdots + 26^2 - C = 451.33$

区组　$SS_r = \dfrac{\sum T_r{}^2}{t} - C = (169^2 + 165^2 + 162^2)/8 - C = 3.08$

处理间　$SS_t = \dfrac{\sum T_t{}^2}{r} - C = (52^2 + 59^2 + \cdots + 82^2)/3 - C = 406.67$

A 因素　$SS_A = \dfrac{\sum K_{iA}{}^2}{mr} - C = (111^2 + 138^2 + 93^2 + 154^2)/(2\times 3) - C = 371.0$

B 因素　$SS_B = \dfrac{\sum K_{iB}{}^2}{mr} - C = (248^2 + 248^2)/(4\times 3) - C = 0.00$

C 因素　$SS_C = \dfrac{\sum K_{iC}{}^2}{mr} - C = (234^2 + 262^2)/(4\times 3) - C = 32.67$

模型误差(可以由空列计算)：

$$SS_{e_1} = SS_t - SS_A - SS_B - SS_C = 406.67 - 371.00 - 0.00 - 32.67 = 3.00$$

重复误差　$SS_{e_2} = SS_T - SS_r - SS_t = 451.33 - 3.08 - 406.67 = 41.58$

自由度的分解：

总自由度　$df_T = rt - 1 = 3\times 8 - 1 = 23$

处理间自由度　$df_t = t - 1 = 8 - 1 = 7$

区组自由度　$df_r = r - 1 = 3 - 1 = 2$

A 因素　$df_A = a - 1 = 4 - 1 = 3$

B 因素　$df_B = b - 1 = 2 - 1 = 1$

C 因素　$df_C = c - 1 = 2 - 1 = 1$

模型误差　$df_{e_1} = df_t - df_A - df_B - df_C = 7 - 3 - 1 - 1 = 2$

重复误差　$df_{e_2} = df_T - df_t - df_r = 23 - 7 - 2 = 14$

③$F$ 测验。见表 12-23。

表 12-23 水稻 4×2×2 试验的方差分析表(随机区组模型)

| 变异来源 | $SS$ | $df$ | $MS$ | $F$ | $F_{0.05}$ | $F_{0.01}$ |
|---|---|---|---|---|---|---|
| 区组间 | 3.08 | 2 | 1.54 | <1 | | |
| A | 371.00 | 3 | 123.67 | 44.33 | 3.24 | 5.29 |
| B | 0.00 | 1 | 0.00 | <1 | | |
| C | 32.67 | 1 | 32.67 | 11.71** | 4.49 | 8.53 |
| 模型误差($e_1$) | 3.00 | 2 | 1.50 | <1 | | |
| 重复误差($e_2$) | 41.58 | 14 | 2.97 | | | |
| 合并误差 | 44.58 | 16 | 2.79 | | | |
| 总变异 | 451.33 | 23 | | | | |

首先检验 $MS_{e_1}$ 与 $MS_{e_2}$ 差异的显著性。若经 $F$ 检验不显著,则可将其平方和与自由度分别合并,计算出合并的误差均方,进行 $F$ 检验与多重比较,以提高分析的精度;若 $F$ 检验显著,说明存在交互作用,二者不能合并,此时只能以 $MS_{e_2}$ 进行 $F$ 检验与多重比较。本例$\frac{MS_{e_1}}{MS_{e_2}}<1$,$MS_{e_1}$ 与 $MS_{e_2}$ 差异不显著,故将两种误差的平方和与自由度分别合并计算出合并的误差均方 $MS_e$,即 $MS_e=\frac{(SS_{e_1}+SS_{e_2})}{(df_{e_1}+df_{e_2})}=(3.00+41.58)/(2+14)=44.58/16=2.79$,并用合并的误差均方 $MS_e$ 进行 $F$ 检验与多重比较。

$F$ 检验结果表明:品种(A)与施肥量(C)对水稻产量有极显著影响,而栽插密度(B)和区组间差异不显著。此外,模型误差不显著,说明 3 个试验因素间交互作用不明显或不存在。

④多重比较(SSR 法)。C 因素仅有两个水平,故 $C_2$ 显著优于 $C_1$。A 因素有 4 个水平,各水平均值的多重比较见表 12-24 和表 12-25。

表 12-24 多重比较用 ***SSR*** 及 ***LSR*** 值

| 秩次距 $K$ | | 2 | 3 | 4 |
|---|---|---|---|---|
| $SSR$ | 0.05 | 3.00 | 3.15 | 3.23 |
| | 0.01 | 4.13 | 4.34 | 4.45 |
| $LSR$ | 0.05 | 2.05 | 2.15 | 2.20 |
| | 0.01 | 2.82 | 2.96 | 3.03 |

表 12-25 A 因素各水平均值多重比较结果(SSR 法)

| A 因素 | $A_4$ | $A_2$ | $A_1$ | $A_3$ |
|---|---|---|---|---|
| $\bar{x}_i$ | 25.67 | 23.00 | 18.50 | 15.50 |
| 5%显著性 | a | b | c | d |
| 1%显著性 | A | A | B | C |

$$df_e=16, S_{\bar{x}}=\sqrt{\frac{MS_e}{mr}}=\sqrt{\frac{2.79}{(2\times3)}}=0.682$$

所以本试验的最优处理组合为 $A_4B_1C_2$ 或 $A_4B_2C_2$。

为了使读者更好地熟悉混合水平正交表的使用及对试样结果的分析处理,通过二维码给出了另外一个使用混合水平正交表的 5 因素试验及其试验结果的分析处理过程(参阅二维码 12-4)。

在实际工作中经常会碰到重复试验和重复取样的问题,它们分别对应试验误差和试样误差。试验误差和试样误差有时可以合并使用,有时各自有自己的用途,不同合并使用。如何使用试验误差和试样误差,请参阅二维码 12-5。

**二维码 12-4　使用混合水平正交表安排 5 因素试验实例及其结果分析**

**二维码 12-5　试验误差与试样误差的区别与联系**

### 12.4.3　考察交互作用的方差分析法

在多因素试验中,不仅因素对指标有影响,而且因素之间的联合搭配也对指标产生影响。因素间的联合搭配对试验指标产生的影响作用称为交互作用。因素之间的交互作用总是存在的,这是客观存在的普遍现象,只不过交互作用的程度、性质不同而已。一般地,当交互作用很小时,就认为因素间不存在交互作用。对于交互作用,设计时应引起高度重视。

在正交试验设计中,交互作用可当做试验因素看待。作为因素,各级交互作用都可以安排在能考察交互作用的正交表的相应列上。它们对试验指标的影响情况都可以分析清楚,而且计算非常简单。但交互作用又与因素不同,表现在:

①用于考察交互作用的列不影响试验方案及其实施。

②一个交互作用并不一定只占正交表的一列,而是占有$(m-1)^p$ 列。表头设计时,交互作用所占列数与因素的水平 $m$ 有关,与交互作用级数 $p$ 有关。

2 水平因素的各级交互作用均占 1 列;对于 3 水平因素,一级交互作用占 2 列,二级交互作用占 4 列……可见,$m$ 和 $p$ 越大,交互作用所占列数越多。

如一个 2 水平 3 因素试验,表头设计时,如果考虑所有各级交互作用,那么连同因素本身,总计应占列数为:$C_3^1+C_3^2+C_3^3=3+3+1=7$,那么此试验可选 $L_8(2^7)$或 $L_{16}(2^{15})$正交表进行设计。

一般对于多因素试验,在满足试验要求的条件下,应有选择地、合理地考察某些交互作用。处理这一问题的一般原则已在 12.3.4 节中有所述及。

#### 12.4.3.1　选用正交表,做表头设计

前面已经讲过,在考察交互作用时的表头设计中,各因素及其交互作用不能任意安排,必须严格按交互作用列表进行安排。这既是有交互作用正交试验设计的一个重要特点,也是关键的一步。此外,在对试验结果的分析方面与不考察交互作用的情况也略有不同。

【例 12-6】 某一种抗生素的发酵培养基由 A,B,C 3 种成分组成,各有两个水平,除考察 A,B,C 3 个因素的主效应外,同时还考察 A 与 B,B 与 C 的交互作用。试安排一个正交试验方案并进行结果分析。

由于本试验有 3 个 2 水平的因素和 2 个交互作用需要考察,各项自由度之和为:$3\times(2-1)+2\times(2-1)(2-1)=5$,因此可选用 $L_8(2^7)$来安排试验方案。

正交表 $L_8(2^7)$中有基本列和交互列之分。基本列就是各因素所占的列,交互列则为 2 因

素交互作用所占的列。可利用二列间交互作用列表(表 12-8)来安排各因素和交互作用。

如果将 A 因素放在第 1 列,B 因素放在第 2 列,由表 12-8 可知,第 1 列与第 2 列的交互作用列是第 3 列,于是将 A 与 B 的交互作用 A×B 放在第 3 列。这样第 3 列不能再安排其他因素,以免出现“混杂”。然后将 C 放在第 4 列,B×C 应放在第 6 列,余下列为空列,如此可得表头设计,见表 12-26。

**表 12-26 【例 12-6】的表头设计**

| 因素 | A | B | A×B | C | 空列 | B×C | 空列 |
|---|---|---|---|---|---|---|---|
| 列号 | 1 | 2 | 3 | 4 | 5 | 6 | 7 |

### 12.4.3.2 列出试验方案

对于【例 12-6】,根据表头设计,将 A,B,C 各列对应的数字“1”、“2”换成各因素的具体水平,得出试验方案列于表 12-27。

**表 12-27 正交试验方案**

| 处理 | 因素 | | |
|---|---|---|---|
| | A | B | C |
| 1 | 1($A_1$) | 1($B_1$) | 1($C_1$) |
| 2 | 1($A_1$) | 1($B_1$) | 2($C_2$) |
| 3 | 1($A_1$) | 2($B_2$) | 1($C_1$) |
| 4 | 1($A_1$) | 2($B_2$) | 2($C_2$) |
| 5 | 2($A_2$) | 1($B_1$) | 1($C_1$) |
| 6 | 2($A_2$) | 1($B_1$) | 2($C_2$) |
| 7 | 2($A_2$) | 2($B_2$) | 1($C_1$) |
| 8 | 2($A_2$) | 2($B_2$) | 2($C_2$) |

### 12.4.3.3 结果分析

按表 12-27 所列的试验方案进行试验,其结果分析与前面并无本质区别,只是应把互作当成因素处理进行分析;应根据互作效应,选择优化组合;极差结果见表 12-28,表中 $K_{ij}$、$\overline{K}_{ij}$ 及 $R_j$ 计算方法同前。

**表 12-28 正交试验极差分析结果**

| 处理 | A | B | A×B | C | 空列 | B×C | 空列 | 结果($x_i$) |
|---|---|---|---|---|---|---|---|---|
| 1 | 1 | 1 | 1 | 1 | 1 | 1 | 1 | 55 |
| 2 | 1 | 1 | 1 | 2 | 2 | 2 | 2 | 38 |
| 3 | 1 | 2 | 2 | 1 | 1 | 2 | 2 | 97 |
| 4 | 1 | 2 | 2 | 2 | 2 | 1 | 1 | 89 |
| 5 | 2 | 1 | 2 | 1 | 2 | 1 | 2 | 122 |
| 6 | 2 | 1 | 2 | 2 | 1 | 2 | 1 | 124 |
| 7 | 2 | 2 | 1 | 1 | 2 | 2 | 1 | 79 |
| 8 | 2 | 2 | 1 | 2 | 1 | 1 | 2 | 61 |

续表 12-28

| 处理 | A | B | A×B | C | 空列 | B×C | 空列 | 结果($x_i$) |
|---|---|---|---|---|---|---|---|---|
| $K_{1j}$ | 279 | 339 | 233 | 353 | 337 | 327 | 347 | $T=665$ |
| $K_{2j}$ | 386 | 326 | 432 | 312 | 328 | 338 | 318 | |
| $\bar{K}_{1j}$ | 69.75 | 84.75 | 58.25 | 88.25 | 84.25 | 81.75 | 86.75 | |
| $\bar{K}_{2j}$ | 96.50 | 81.50 | 108.00 | 78.00 | 82.00 | 84.50 | 79.50 | |
| $R_j$ | 26.75 | 3.25 | 49.75 | 10.25 | 2.25 | 2.75 | 7.25 | |
| 主次顺序 | | | A×B>A>C>B>B×C | | | | | |
| 优水平 | $A_2$ | $B_1$ | | $C_1$ | | | | |
| 优组合 | | | | $A_2B_1C_1$ | | | | |

注:试验结果以对照为 100 计。

此例为单独观测值正交试验,各因素各水平的重复次数 $m=4$,各因素的水平数 $a=b=c=2$,总变异划分为 A 因素、B 因素、C 因素、A×B、B×C、误差变异 6 个部分。其平方和与自由度划分式为:

$$SS_T=SS_A+SS_B+SS_C+SS_{A\times B}+SS_{B\times C}+SS_e$$
$$df_T=df_A+df_B+df_C+df_{A\times B}+df_{B\times C}+df_e$$

①计算各项平方和与自由度。

矫正数　　$C=\dfrac{T^2}{n}=665^2/8=55\ 278.125\ 0$

总平方和　　$SS_T=\sum x_i^2-C=55^2+38^2+\cdots+61^2-55\ 278.125\ 0$
$=6\ 742.875\ 0$

A 因素平方和　　$SS_A=\dfrac{\sum K_{iA}^2}{m}-C=(279^2+386^2)/4-55\ 278.125\ 0$
$=1\ 431.125\ 0$

B 因素平方和　　$SS_B=\dfrac{\sum K_{iB}^2}{m}-C=(339^2+326^2)/4-55\ 278.125\ 0$
$=21.125\ 0$

C 因素平方和　　$SS_C=\dfrac{\sum K_{iC}^2}{m}-C=(353^2+312^2)/4-55\ 278.125\ 0$
$=210.125\ 0$

A×B 平方和　　$SS_{A\times B}=\dfrac{\sum K_{iA\times B}^2}{m}-C=(233^2+432^2)/4-55\ 278.125\ 0$
$=4\ 950.125\ 0$

B×C 平方和　　$SS_{B\times C}=\dfrac{\sum K_{iB\times C}^2}{m}-C=(327^2+338^2)/4-55\ 278.125\ 0$
$=15.125\ 0$

误差平方和　　$SS_e=SS_T-SS_A-SS_B-SS_C-SS_{A\times B}-SS_{B\times C}$

$=6\,742.875\,0-1\,431.125\,0-21.125\,0-210.125\,0$
$-4\,950.125\,0-15.125\,0$
$=115.250\,0$

总自由度　$df_T=n-1=8-1=7$

各因素自由度　$df_A=df_B=df_C=2-1=1$

交互作用自由度　$df_{A\times B}=df_{B\times C}=(2-1)(2-1)=1$

误差自由度　$df_e=df_T-df_A-df_B-df_C-df_{A\times B}-df_{B\times C}$
$=7-1-1-1-1-1=2$

误差项的平方和与自由度也可由空列计算。

②列出方差分析表，进行 $F$ 检验。方差分析结果见表 12-29。

**表 12-29　正交设计方差分析表(完全随机模型)**

| 变异来源 | $SS$ | $df$ | $MS$ | $F$ | $F_{\alpha(1,2)}$ |
|---|---|---|---|---|---|
| A | 1 431.125 0 | 1 | 1 431.125 0 | 24.835 1* | $F_{0.01(1,2)}=98.49$ |
| B | 21.125 0 | 1 | 21.125 0 | 0.366 6 | $F_{0.05(1,2)}=18.51$ |
| A×B | 4 950.125 0 | 1 | 4 950.125 0 | 85.902 4* | |
| C | 210.125 0 | 1 | 210.125 0 | 3.646 4 | |
| 空列 | 10.125 0 | 1 | 10.125 0 | | |
| B×C | 15.125 0 | 1 | 15.125 0 | 0.262 5 | |
| 空列 | 105.125 0 | 1 | 105.125 0 | | |
| 误差 | 115.250 0 | 2 | 57.625 0 | | |
| 总和 | 6 742.875 0 | 7 | | | |

$F$ 检验结果表明：A 因素和交互作用 A×B 显著，B、C 因素及 B×C 交互作用不显著。因交互作用 A×B 显著且其重要性大于 A，故应对 A 与 B 的水平组合进行多重比较，以选出 A 与 B 的最优水平组合。

③A 与 B 各水平组合的多重比较。先计算出 A 与 B 各水平组合的平均数：

$A_1B_1$ 水平组合的平均数$=(55+38)/2=46.50$

$A_1B_2$ 水平组合的平均数$=(97+89)/2=93.00$

$A_2B_1$ 水平组合的平均数$=(122+124)/2=123.00$

$A_2B_2$ 水平组合的平均数$=(79+61)/2=70.00$

A，B 因素各水平组合平均数多重比较见表 12-30 和表 12-31。

**表 12-30　$q$ 值与 $LSR$ 值表**

| 秩次距 $K$ | | 2 | 3 | 4 |
|---|---|---|---|---|
| $q$ | 0.05 | 6.09 | 8.28 | 9.80 |
| | 0.01 | 14.0 | 19.0 | 22.3 |
| $LSR$ | 0.05 | 32.70 | 44.46 | 52.63 |
| | 0.01 | 75.18 | 102.03 | 119.75 |

**表 12-31　A,B 因素各水平组合平均数多重比较表($q$ 法)**

| 水平组合 | $A_2B_1$ | $A_1B_2$ | $A_2B_2$ | $A_1B_1$ |
|---|---|---|---|---|
| 平均数 | 123.00 | 93.00 | 70.00 | 46.50 |
| 5%显著性 | a | ab | bc | c |
| 1%显著性 | A | A | A | A |

$$df_e=2, S_{\bar{x}}=\sqrt{MS_e/2}=\sqrt{57.625/2}=5.37$$

多重比较结果表明,$A_2B_1$ 显著优于 $A_2B_2$、$A_1B_1$;$A_1B_2$ 显著优于 $A_1B_1$,其余差异不显著。最优水平组合为 $A_2B_1$。

从以上分析可知,A 因素取 $A_2$,B 因素取 $B_1$,若 C 因素取 $C_1$,则本次试验结果的最优水平组合为 $A_2B_1C_1$。

注意,此例因 $df_e=2$,$F$ 检验与多重比较的灵敏度低。为了提高检验的灵敏度,可将 $F<1$ 的 $SS_B$、$df_B$,$SS_{B\times C}$、$df_{B\times C}$ 合并到 $SS_e$、$df_e$ 中,得合并的误差均方,再用合并误差均方进行 $F$ 检验与多重比较。这一工作留给读者完成。

为了使读者更好地熟悉交互作用的方差分析法,通过二维码给出了另外一个 4 因素 3 水平正交试验的例子及其分析过程(参阅二维码 12-6)。

**二维码 12-6　4 因素 3 水平正交试验分析实例**

## 12.5　正交设计的灵活运用

通过前面的介绍,我们知道正交设计是一种解决多因素多水平试验问题的有效的试验设计方法。此法针对试验的实际情况和要求,在选用合适的正交表的基础上,经过精心的表头设计确定合理的试验方案,既能有效减少试验点又不失试验的代表性,通过对试验结果的并不算复杂的统计分析可明确试验因素(包括交互作用)的主次进而确定最佳水平组合。然而,在科研和生产实践中所遇到的问题往往是错综复杂的,利用现成的正交表安排试验常会遇到难以解决的问题。这主要表现在以下几个方面。

①根据确定的试验因素、水平和试验要求,有时选不出合适的正交表。例如,$4\times3^3$ 试验、$3^2\times4\times2^5$ 试验,还要考察交互作用,就根本找不到可用的正交表。又如,$3\times2^2$ 试验与 $5\times2^2$ 试验虽然可用 $L_{12}(3\times2^4)$ 与 $L_{20}(5\times2^8)$ 正交表安排试验,但都是全面试验,显然是不合适的。

②实际试验中常会遇到因素多,水平不等,同时又要考察交互作用的复杂情况。前面曾指出,欲考察交互作用须用标准表,而标准表都是等水平的,这与实际需要是相矛盾的。此外,在因素多、水平又不等情况下的试验,如果把全部因素安排在一张正交表上(可行的话),必然试验次数较多,要经过较长时间才能得出结果,这就可能导致不能及时处理在试验过程中出现的问题。

③有些实际问题有某些特殊要求,在设计试验方案时需要特殊照顾,否则就可能扩大试验的时空范围,增加试验的次数,甚至根本无法进行试验。例如,在比较复杂的试验中,要经过好几道工序才能得出结果,而在试验中所考察的因素又分别属于不同的工序;有些试验因素更换

水平较难，费时费力，需要尽量减少更换次数，有些更换水平容易，更换次数可多些；有些试验因素应在大区域大范围内考虑，有些则应在小区域小范围内确定；有些因素要求精度较高，有些则要求精度不高；有时通过前期试验发现某一因素对试验指标影响特别重要或有某种明显趋势，需要添加若干水平进一步考察，等等。这些都需要在设计试验方案时予以充分考虑，以保证设计出的方案满足实际需要。

为了解决上述问题，必须针对不同情况，在满足试验要求及尽量减少试验次数的前提下，灵活地运用正交试验设计。因此人们通过理论研究和实践，创造了一些灵活地运用正交表的试验设计方法。常用的有：并列法、拟水平法、拟因素法、部分追加法、裂区法、组合因素法、直和法、分割法，等等。本节简要介绍并列法、拟水平法、拟因素法、部分追加法、裂区法和组合因素法，其余方法读者可参阅有关文献。

## 12.5.1 并列法

### 12.5.1.1 问题的提出

我们在试验中常常碰到这样一类的问题，因素的水平数不等，而且还要考察交互作用。按前面所讲的方法难以解决这类问题，因为我们知道，欲考察交互作用，必须用标准表，而标准表都是等水平表。这就要求我们在保证正交表的正交性的条件下，适当改造正交表以适应实际的需要，这时可考虑采用并列法。

并列法是由标准表构造水平不同正交表的一种方法，它是安排水平数不等的正交试验的常用方法。所有标准正交表都可以把任意二列以及它们的交互作用列放在一起，进行并列，以得到一张新的混合型正交表。它为安排水平数不同的试验提供了一条重要途径。

我们通过【例 12-7】来介绍并列法设计与分析。

【例 12-7】 设有 A,B,C,D 4 个试验因素，其中 A 是 4 水平因素，其余都是 2 水平因素，还要考察交互作用 A×B,A×C,B×C。

这是 $4^1\times2^3$ 的 4 因素试验设计问题，等水平的标准正交表肯定安排不了这样的试验，对于【例 12-7】在附表 18(常用的正交表)中有相应的混合水平正交表可以直接使用，在使用混合水平正交表之前我们有必要弄明白：混合水平的正交表是怎样由等水平的正交表改造而来的？

### 12.5.1.2 并列与表头设计

①现以将 $L_{16}(2^{15})$ 改造成 $L_{16}(4^1\times2^{12})$ 为例说明并列法的基本思路。

首先从 $L_{16}(2^{15})$ 中任取两列及其交互作用列，如第 1 列、第 2 列两列及其交互作用列第 3 列，将此三列横行的 4 种有序数组(水平搭配)(1,1,1)、(1,2,2)、(2,1,2)、(2,2,1)按下述规则赋予 4 种不同水平数字。即

$$(1,1,1)\to1\quad(1,2,2)\to2\quad(2,1,2)\to3\quad(2,2,1)\to4$$

于是第 1 列、第 2 列、第 3 列合起来就变成具有 4 水平的一列，从而将 $L_{16}(2^{15})$ 改造成一张新的表 $L_{16}(4^1\times2^{12})$，见表 12-32。这个并列规则可以看作是将第 1 列、第 2 列的 4 种横行数对(1,1)、(1,2)、(2,1)、(2,2)赋予 4 种不同水平，然后去掉它们的交互作用列，即第 3 列。因为此时合并后的 4 水平列与第 3 列的水平搭配不均衡，即已不具正交性了。

显然，新的表 $L_{16}(4^1\times2^{12})$ 有 13 列，且仍是一张正交表。不难验证，它满足正交表的两个性质：任一列各水平出现的次数相同；任两列同横行的有序数对出现的次数相同。

正交表 $L_{16}(4^1\times2^{12})$的任意两个 2 水平列的交互作用列仍可由 $L_{16}(2^{15})$的交互作用表查出。它的 4 水平列与任一 2 水平列的交互作用都占有 3 列，而且就是 $L_{16}(2^{15})$的第 1 列、第 2 列、第 3 列与该列的 3 个交互作用列。例如，它与第 4 列的交互作用列是第 1 列与第 4 列、第 2 与第 4 列、第 3 与第 4 列的交互作用列，即第 5 列、第 6 列、第 7 列。

**表 12-32　$L_{16}(2^{15})$改造成一张新的表 $L_{16}(4^1\times2^{12})$**

| 处理 | 列号 | | | | | | | | | | | | |
|---|---|---|---|---|---|---|---|---|---|---|---|---|---|
| | 1′<br>(1 2 3) | 4 | 5 | 6 | 7 | 8 | 9 | 10 | 11 | 12 | 13 | 14 | 15 |
| 1 | 1 | 1 | 1 | 1 | 1 | 1 | 1 | 1 | 1 | 1 | 1 | 1 | 1 |
| 2 | 1 | 1 | 1 | 1 | 1 | 2 | 2 | 2 | 2 | 2 | 2 | 2 | 2 |
| 3 | 1 | 2 | 2 | 2 | 2 | 1 | 1 | 1 | 1 | 2 | 2 | 2 | 2 |
| 4 | 1 | 2 | 2 | 2 | 2 | 2 | 2 | 2 | 2 | 1 | 1 | 1 | 1 |
| 5 | 2 | 1 | 1 | 2 | 2 | 1 | 1 | 2 | 2 | 1 | 1 | 2 | 2 |
| 6 | 2 | 1 | 1 | 2 | 2 | 2 | 2 | 1 | 1 | 2 | 2 | 1 | 1 |
| 7 | 2 | 2 | 2 | 1 | 1 | 1 | 1 | 2 | 2 | 2 | 2 | 1 | 1 |
| 8 | 2 | 2 | 2 | 1 | 1 | 2 | 2 | 1 | 1 | 1 | 1 | 2 | 2 |
| 9 | 3 | 1 | 2 | 1 | 2 | 1 | 2 | 1 | 2 | 1 | 2 | 1 | 2 |
| 10 | 3 | 1 | 2 | 1 | 2 | 2 | 1 | 2 | 1 | 2 | 1 | 2 | 1 |
| 11 | 3 | 2 | 1 | 2 | 1 | 1 | 2 | 1 | 2 | 2 | 1 | 2 | 1 |
| 12 | 3 | 2 | 1 | 2 | 1 | 2 | 1 | 2 | 1 | 1 | 2 | 1 | 2 |
| 13 | 4 | 1 | 2 | 2 | 1 | 1 | 2 | 2 | 1 | 1 | 2 | 2 | 1 |
| 14 | 4 | 1 | 2 | 2 | 1 | 2 | 1 | 1 | 2 | 2 | 1 | 1 | 2 |
| 15 | 4 | 2 | 1 | 1 | 2 | 1 | 2 | 2 | 1 | 2 | 1 | 1 | 2 |
| 16 | 4 | 2 | 1 | 1 | 2 | 2 | 1 | 1 | 2 | 1 | 2 | 2 | 1 |

按照上述并列规则，又可把第 4 列、第 8 列、第 12 列 3 列并成一个 4 水平列。这时，得到正交表 $L_{16}(4^2\times2^9)$。它的 2 个 4 水平列的交互作用列是另外 9 个 2 水平的列，它的 4 水平列与 2 水平列、2 水平列与 2 水平列的交互作用列的确定方法与 $L_{16}(4^1\times2^{12})$相同。如此继续下去，把第 5 列、第 10 列、第 15 列合并，得到正交表 $L_{16}(4^3\times2^6)$；再把第 7 列、第 9 列、第 14 列合并，得到正交表 $L_{16}(4^4\times2^3)$；最后把第 6 列、第 11 列、第 13 列合并，得到正交表 $L_{16}(4^5)$。总之，我们看到，正交表 $L_{16}(4^1\times2^{12})$、$L_{16}(4^2\times2^9)$、$L_{16}(4^3\times2^6)$ 、$L_{16}(4^4\times2^3)$、$L_{16}(4^5)$等都可由 $L_{16}(2^{15})$经过并列而得到。

将同样的并列规则用于 $L_8(2^7)$可得到正交表 $L_8(4^1\times2^4)$，用于 $L_{32}(2^{31})$可得到一系列的正交表 $L_{32}(4^1\times2^{28})$、$L_{32}(4^2\times2^{25})$、…、$L_{32}(4^{10}\times2^1)$等。

类似地，把并列规则

$$(1,1,1,1)\to1\quad(1,2,2,2)\to2\quad(1,3,3,3)\to3$$
$$(2,1,2,3)\to4\quad(2,2,3,1)\to5\quad(2,3,1,2)\to6$$
$$(3,1,3,2)\to7\quad(3,2,1,3)\to8\quad(3,3,2,1)\to9$$

用于 $L_{27}(3^{13})$ 可得到正交表 $L_{27}(9^1\times3^9)$；用于 $L_{81}(3^{40})$可得到正交表 $L_{81}(9^1\times3^{36})$、$L_{81}(9^2\times3^{32})$、…、$L_{81}(9^{10})$等。这个规则实际上是将 3 水平标准正交表中任意两列的 9 种不同横

行数对(1,1)、(1,2)、(1,3)、(2,1)、(2,2)、(2,3)、(3,1)、(3,2)、(3,3)分别赋予1～9的不同水平，然后去掉它们的交互作用列。如将 $L_{27}(3^{13})$ 的第1列、第2列合并为一个9水平列，去掉第1列、第2列的交互作用列即第3列、第4列，便得到正交表 $L_{27}(9^1\times3^9)$。

②表头设计。并列后的表头设计与等水平正交表的表头设计一样，必须遵循不混杂的原则。我们以改造好的正交表 $L_{16}(4^1\times2^{12})$ 来对例12-7进行表头设计。

【例12-7】是 $4^1\times2^3$ 的4因素试验设计问题，首先把4水平因素A放在由 $L_{16}(2^{15})$ 第1列、第2列、第3列改造成的4水平列上，把B因素放在第4列上。显然，A与B的交互作用A×B要占用第5列、第6列、第7列。再把C因素放在第8列，A×C占用第9列、第10列、第11列。B×C占用第12列。最后把因素D放在第13列上。从而完成了如表12-33所示的表头设计。

**表12-33 例12-7的表头设计**

| 表头设计 | A | | | B | A×B | | | C | A×C | | | B×C | D | | |
|---|---|---|---|---|---|---|---|---|---|---|---|---|---|---|---|
| 列号 | (1 | 2 | 3) | 4 | (5 | 6 | 7) | 8 | (9 | 10 | 11) | 12 | 13 | 14 | 15 |

试验方案由A,B,C,D所占的列组成，如表12-34所示。

**表12-34 例12-7试验方案及试验结果**

| 处理 | 因素 | | | | 试验结果 |
|---|---|---|---|---|---|
| | A | B | C | D | ($x_i$) |
| 1 | 1 | 1 | 1 | 1 | $x_1$ |
| 2 | 1 | 1 | 2 | 2 | $x_2$ |
| 3 | 1 | 2 | 1 | 2 | $x_3$ |
| 4 | 1 | 2 | 2 | 1 | $x_4$ |
| 5 | 2 | 1 | 1 | 1 | $x_5$ |
| 6 | 2 | 1 | 2 | 2 | $x_6$ |
| 7 | 2 | 2 | 1 | 2 | $x_7$ |
| 8 | 2 | 2 | 2 | 1 | $x_8$ |
| 9 | 3 | 1 | 1 | 2 | $x_9$ |
| 10 | 3 | 1 | 2 | 1 | $x_{10}$ |
| 11 | 3 | 2 | 1 | 1 | $x_{11}$ |
| 12 | 3 | 2 | 2 | 2 | $x_{12}$ |
| 13 | 4 | 1 | 1 | 2 | $x_{13}$ |
| 14 | 4 | 1 | 2 | 1 | $x_{14}$ |
| 15 | 4 | 2 | 1 | 1 | $x_{15}$ |
| 16 | 4 | 2 | 2 | 2 | $x_{16}$ |

#### 12.5.1.3 统计分析

并列设计后的统计分析与一般正交表相同，如在 $L_{16}(4^1\times2^{12})$ 中，如果把第1列、第2列、第3列并成的列记为第1′列，其余各列仍保持它们在 $L_{16}(2^{15})$ 中的列号，那么统计分析按以下步骤进行。

①根据试验结果 $x_i$ 计算各列各水平对应的数据之和 $K_{ij}$（对4水平列 $i=1,2,3,4$；对2水平列 $i=1,2$）。

②计算各列的平方和 $SS_j$ 和自由度。

2 水平列按式(12-4)两式之一计算平方和：

$$SS_j=\frac{1}{8}\sum_{i=1}^{2}K_{ij}^2-C$$

或

$$SS_j=\frac{(K_{1j}-K_{2j})^2}{16} \tag{12-4}$$

4 水平列按式(12-5)计算平方和：

$$SS_j=\frac{1}{4}\sum_{i=1}^{4}K_{ij}^2-C \tag{12-5}$$

式中：

$$C=\frac{T^2}{16},T=\sum_{i=1}^{16}x_i$$

各列的自由度等于该列水平数减 1。

从 $L_{16}(2^{15})$ 的角度看，A 因素的平方和应该是第 1 列、第 2 列、第 3 列的平方和之和，即

$$SS_A=SS_1+SS_2+SS_3$$

实际上，经过简单的代数运算就可以从数学上证实这个等式是成立的。交互作用平方和的计算也相仿。因此，关于 $L_{16}(4^1\times2^{12})$ 的各项平方和的计算完全可以在 $L_{16}(2^{15})$ 表上进行。即

$$SS_A=SS_{1'}=SS_1+SS_2+SS_3 \qquad SS_B=SS_4$$

$$SS_{A\times B}=SS_5+SS_6+SS_7 \qquad SS_C=SS_8$$

$$SS_{A\times C}=SS_9+SS_{10}+SS_{11} \qquad SS_{B\times C}=SS_{12}$$

$$SS_D=SS_{13} \qquad SS_e=SS_{14}+SS_{15}$$

在 $L_{16}(4^1\times2^{12})$ 中，总平方和 $SS_T$ 可以分解为：

$$SS_T=SS_A+SS_B+SS_{A\times B}+SS_C+SS_{A\times C}+SS_{B\times C}+SS_D+SS_e$$

与各种平方和对应的自由度也有类似的等量关系。

③在方差分析的基础上，经过比较分析找出最佳水平组合。

### 12.5.2　拟水平法

#### 12.5.2.1　问题的提出

水平数不等的正交试验设计中，有时会遇到这种情况：某个或某些试验因素的水平个数是自然形成的，只有确定的个数，不能随意选取水平数，或有的因素受某种条件的限制，不能多取水平，而又没有现成的混合水平正交表可用，或即使能找到但要做较多的试验，这时可考虑采用拟水平法。

拟水平法是将水平数较少的因素纳入水平数多的正交表内的一种处理方法，即将水平数少的因素的某些水平重复，使其与其他因素的水平数相等。然后用等水平表来安排试验。这个重复的水平只是形式上虚拟的水平，并不是真的增加一个新水平，因此称之为拟水平。

采用拟水平法安排试验，正交表的均衡搭配性质会遭到部分破坏，但好处是可以不用大的

正交表从而减少试验次数。下面我们通过【例 12-8】来介绍拟水平设计法与分析。

【例 12-8】 某食品厂一车间对影响产品外观瑕疵的原因进行试验研究。选定的因素水平见表 12-35，全部交互作用可忽略，试验指标为产品外观瑕疵综合评定值，越小越好。

**表 12-35 影响产品外观瑕疵因素水平表**

| 因素 | 操作方式(A) | 班组(B) | 产品种类(C) |
|---|---|---|---|
| 水平 1 | Ⅰ | 甲 | 大 |
| 水平 2 | Ⅱ | 乙 | 中 |
| 水平 3 | | 丙 | 小 |

### 12.5.2.2 试验方案设计

【例 12-8】 是一个 $2\times3^2$ 的 3 因素试验。受条件限制，因素 A 不能多取水平，自然会想到混合表 $L_{18}(2\times3^7)$。但本例所要考察的因素不多，用它会感到试验次数和空列过多。此时，可采用标准表 $L_9(3^4)$，用拟水平法安排试验，可减少试验次数 1/2，且只空 1 列。

通常可将需要着重考察的水平变为等水平情形来安排试验，如本例的 $A_1$ 虚拟为 $A_3$。这样，虚拟结果相当于把 $L_9(3^4)$ 的第 1 列做了如下改造：

$$1\rightarrow1\quad 2\rightarrow2\quad 3\rightarrow1$$

拟水平改造后，一般把被改造的那个列称为拟水平列，常用列号上加“′”表示。本例试验方案及试验结果见表 12-36。

**表 12-36 产品外观瑕疵试验方案及结果**

| 处理 | 操作方式(A) | | | 班组(B) | | 空列 | 产品种类(C) | | 评定结果($x_i$) |
|---|---|---|---|---|---|---|---|---|---|
| | 1 | 1′ | | 2 | | 3 | 4 | | |
| 1 | 1 | 1 | Ⅰ | 1 | 甲 | 1 | 1 | 大 | 1.20 |
| 2 | 1 | 1 | Ⅰ | 2 | 乙 | 2 | 2 | 中 | 1.10 |
| 3 | 1 | 1 | Ⅰ | 3 | 丙 | 3 | 3 | 小 | 2.30 |
| 4 | 2 | 2 | Ⅱ | 1 | 甲 | 2 | 3 | 小 | 1.40 |
| 5 | 2 | 2 | Ⅱ | 2 | 乙 | 3 | 1 | 大 | 3.40 |
| 6 | 2 | 2 | Ⅱ | 3 | 丙 | 1 | 2 | 中 | 4.50 |
| (7) | 3 | 1 | Ⅰ | 1 | 甲 | 3 | 2 | 中 | 1.20 |
| (8) | 3 | 1 | Ⅰ | 2 | 乙 | 1 | 3 | 小 | 0.80 |
| (9) | 3 | 1 | Ⅰ | 3 | 丙 | 2 | 1 | 大 | 3.10 |
| $K_{1j}$ | 4.60 | 9.70 | | 3.80 | | 6.50 | 7.70 | | $T=19.00$ |
| $K_{2j}$ | 9.30 | 9.30 | | 5.30 | | 5.60 | 6.80 | | |
| $K_{3j}$ | 5.10 | | | 9.90 | | 6.90 | 4.50 | | |
| $\overline{K}_{1j}$ | 1.53 | 1.62 | | 1.27 | | 2.17 | 2.57 | | |
| $\overline{K}_{2j}$ | 3.10 | 3.10 | | 1.77 | | 1.87 | 2.27 | | |
| $\overline{K}_{3j}$ | 1.70 | | | 3.30 | | 2.30 | 1.50 | | |
| $R_j$ | | 1.48 | | 2.03 | | 0.43 | 1.07 | | |
| 优水平 | | $A_1$ | | $B_1$ | | | $C_3$ | | |
| 优组合 | | | | | $A_1B_1C_3$ | | | | |
| 主次顺序 | | | | B | A | C | | | |

#### 12.5.2.3 统计分析

对于试验结果的极差分析与一般正交试验的极差分析法基本相同，所不同的是计算拟水平的那个因素的 $K_{ij}$ 和 $R_j$ 时应与其他因素有所区别。在本例，因为9次试验中 $A_1$ 重复了6次，$A_2$ 重复了3次，所以 $K_{1A}(K_{11'})$ 为A因素的1水平对应的6个数据之和，$K_{2A}(K_{21'})$ 为A因素的2水平对应的3个数据之和。极差分析结果见表12-37。

进行极差分析时应该注意到：

当A因素也可按3水平因素处理，此时：

$$\overline{K}_{1A}=\frac{(x_1+x_2+x_3)}{3},\quad \overline{K}_{2A}=\frac{(x_4+x_5+x_6)}{3},\quad \overline{K}_{3A}=\frac{(x_7+x_8+x_9)}{3}$$

因 $A_3$ 实际就是 $A_1$，所以理论上 $\overline{K}_{3A}$ 应等于 $\overline{K}_{1A}$，但实际往往不等，不过正常情况下不应相差太大。若两者相差不大，表明试验误差不大。本例中两者差值为0.17，比空列(误差)的极差 $R_3=0.43$ 小得多，说明试验干扰较小，试验数据可靠。否则说明试验中干扰太大，造成误差亦大，数据将不够可靠，需重新检查试验设计与试验过程。

拟水平法的方差分析与一般正交试验设计的方差分析基本相同，主要区别在于拟水平因素的平方和及自由度的计算。本例的分析步骤如下：

①计算拟水平列的平方和及自由度。

$$SS_A=SS_{1'}=\frac{K_{11'}^2}{6}+\frac{K_{21'}^2}{3}-\frac{T^2}{9}=\frac{1}{6}(K_{11}+K_{31})^2+\frac{K_{21}^2}{3}-\frac{T^2}{9}$$

$$=\frac{K_{11}^2}{6}+\frac{K_{31}^2}{6}+\frac{K_{11}K_{31}}{3}+\frac{K_{21}^2}{3}-\frac{T^2}{9}$$

令
$$SS_{1''}=\frac{1}{6}(K_{11}-K_{31})^2$$

则
$$SS_1=\frac{K_{11}^2}{3}+\frac{K_{21}^2}{3}+\frac{K_{31}^2}{3}-\frac{T^2}{9}$$

因为
$$SS_{1'}+SS_{1''}=\frac{K_{11}^2}{3}+\frac{K_{21}^2}{3}+\frac{K_{31}^2}{3}-\frac{T^2}{9}$$

故
$$SS_1=SS_{1'}+SS_{1''}$$

这说明将 $L_9(3^4)$ 正交表经拟水平改造后，原来第1列的平方和可分解为两部分，一部分为拟水平列(1′列)的偏差平方和 $SS_{1'}$，另一部分则属于误差引起的偏差平方和 $SS_{1''}$。同样，原来第1列的自由度也可分解为拟水平列的自由度 $df_{1'}$ 和属于误差部分的自由度 $df_{1''}$，即 $df_1=df_{1'}+df_{1''}$。

本例：

$$SS_1=\frac{4.60^2}{3}+\frac{9.30^2}{3}+\frac{5.10^2}{3}-\frac{19.00^2}{9}=4.442\,2$$

$$SS_A=SS_{1'}=\frac{9.70^2}{6}+\frac{9.30^2}{3}-\frac{19.00^2}{9}=4.400\,6$$

$$SS_{1''}=\frac{(4.60-5.10)^2}{6}=0.041\,7$$

$$df_1=3-1=2,\ df_A=df_{1'}=2-1=1,\ df_{1''}=df_1-df_{1'}=2-1=1$$

②计算其他各列的平方和及自由度。

$$SS_B=SS_2=\frac{3.80^2}{3}+\frac{5.30^2}{3}+\frac{9.90^2}{3}-\frac{19.00^2}{9}=6.7356$$

$$SS_C=SS_4=\frac{7.70^2}{3}+\frac{6.80^2}{3}+\frac{4.50^2}{3}-\frac{19.00^2}{9}=1.8156$$

$$SS_{空}=SS_3=\frac{6.50^2}{3}+\frac{5.60^2}{3}+\frac{6.90^2}{3}-\frac{19.00^2}{9}=0.2956$$

$df_B=df_C=df_{空}=3-1=2$

$SS_e=SS_{空}+SS_{1''}=0.2956+0.0417=0.3373$

$df_e=df_{空}+df_{1''}=2+1=3$

$$SS_T=\sum x_i^2-\frac{T^2}{n}=1.20^2+1.10^2+\cdots+3.10^2-\frac{19.00^2}{9}=13.2889$$

$df_T=n-1=9-1=8$

可以验证：$SS_T=SS_A+SS_B+SS_C+SS_e$，$df_T=df_A+df_B+df_C+df_e$

③列出方差分析表。见表 12-37。

**表 12-37 产品外观瑕疵试验结果方差分析表**

| 变异来源 | $SS$ | $df$ | $MS$ | $F$ | $F_\alpha$ |
|---|---|---|---|---|---|
| A | 4.400 6 | 1 | 4.400 6 | 39.15** | $F_{0.01(1,3)}=34.12$ |
| B | 6.735 6 | 2 | 3.367 8 | 29.96* | $F_{0.05(2,3)}=9.55$ |
| C | 1.815 6 | 2 | 0.907 8 | 8.08 | $F_{0.01(2,3)}=30.82$ |
| 误差 | 0.337 3 | 3 | 0.112 4 | | |
| 总和 | 13.288 9 | 8 | | | |

方差分析表明：A 因素极显著，B 因素显著，C 因素不显著；因素的主次顺序为 A，B，C，这里与极差分析有些不一致。优化的水平组合为 $A_1B_1C_3$。

应当注意的是，应用拟水平法进行正交试验设计时，所拟因素和水平一般以不超过 2 个为宜。标准正交表经拟水平改造后并不改变其反映的交互作用关系。

## 12.5.3 拟因素法

### 12.5.3.1 问题的提出

在科研试验中，往往会遇到因素多、水平不等同时又要考察交互作用的较复杂的因素试验，而前面讲到的并列法和拟水平法单一使用不易完成试验的设计要求，这时可考虑采用拟因素法。

拟因素法是将水平数较多的试验因素排入水平数较少的正交表中的一种正交试验设计方法。它是综合运用并列法和拟水平法，不仅可以解决不等水平多因素试验问题，同时还可以考察交互作用，有效地减少试验次数。这种方法常用于把 3 水平因素排入 2 水平正交表的多因素试验。

我们通过【例 12-9】来介绍拟因素法的设计和分析。

【例 12-9】 在用麦芽进行双酵浸出糖化工艺的研究中，欲通过正交试验探索双酵浸出糖化工艺条件。试验因素与水平见表 12-38。要考虑交互作用 C×D、E×F，试验指标为麦芽汁浸出率。

**表 12-38　因素水平表**

| 水平 | A 酶渗出时间 /min | B 蛋白质休止期 /(℃/min) | C 糖化时间 /min | D 糖化温度 /℃ | E 过滤温度 /℃ | F 过滤前保温期 /min |
|---|---|---|---|---|---|---|
| 1 | 0 | 50/45 | 50 | 61 | 72 | 0 |
| 2 | 10 | 50/90 | 90 | 65 | 78 | 10 |
| 3 | 30 | 45/90 | | 69 | | 30 |

这是 $3^4 \times 2^2$ 因素的试验问题，没有相应的混合水平正交表可供直接使用。若用拟水平法设计试验，则应选正交表 $L_{27}(3^{13})$，但试验次数较多。采用拟因素设计法可较好地解决这类问题。

### 12.5.3.2　正交表的选择、改造和表头设计

在进行拟因素设计之前，应先根据试验因素及其水平和需要考察的交互作用等计算一下自由度，而后选择一个合适的正交表。对【例 12-9】，自由度为：

$$df_A = df_B = df_D = df_F = 3-1 = 2$$
$$df_C = df_E = 2-1 = 1$$
$$df_{C\times D} = df_{E\times F} = (2-1)(3-1) = 2$$
$$df_T = 2\times 4 + 1\times 2 + 2\times 2 = 14$$

因为试验次数应大于 $df_T + 1 = 15$，所以我们选用 2 水平正交表 $L_{16}(2^{15})$ 用拟因素设计法来安排试验就行了。

拟因素设计法是依据所选 2 水平正交表的交互作用表，利用并列法把两个 2 水平列并成一个 4 水平列，然后再利用拟水平法，把 3 水平因素（譬如 A）的某一水平（通常认为是较重要的水平，如 $A_2$）重复一次，使 A 变成 4 水平因素即 $A_1$、$A_2$、$A_2$、$A_4$，最后将这个 4 水平因素放入新并成的 4 水平列中去。显然，这种方法相当于并列法与拟水平法的综合，即把 2 水平列并成 4 水平列，再安排 3 水平因素。

具体地，对 2 水平表 $L_{16}(2^{15})$ 将第 2 列、第 3 列按下列规则改为一个 3 水平列：

$$(1,1)\rightarrow 1 \quad (1,2)\rightarrow 2 \quad (2,1)\rightarrow 3 \quad (2,2)\rightarrow 2$$

按同样规则将第 4 列和第 5 列，第 6 列和第 7 列及第 10 列和第 11 列改造成 3 个 3 水平列。

在改造后的表上进行表头设计，步骤如下：

①先把 A 因素排在由第 2 列、第 3 列改造成的新列 1′上，把 D 因素排在由第 4、第 5 列改造成的新列 2′上，把 F 因素排在由第 6 列、第 7 列改造成的新列 3′。此时，在第 1 列中既混有 A 因素的影响，又混有 D、F 因素的影响，还有误差的影响。为了避免混杂，这一列不能再安排因素，也不能考察交互作用和估计试验误差，我们把这一列称为赋闲列。一般地，在用 2 水平正交表做拟因素设计时，把任何两列改造成一个新的 4 水平（实际上是 3 水平）列后，这两列的交互作用列都应该赋闲，否则将引起混杂。因此，设法使改造后的若干新列共有一个赋闲列就可以减少不起作用的列数即赋闲列的列数，从而提高正交表各列的使用效率。这是拟因素表

头设计应遵循的一条原则。在【例 12-9】,之所以选第 2 列和第 3 列、第 4 列和第 5 列、第 6 列和第 7 列、第 10 列和第 11 列进行改造,就是因为从查表可知它们的交互作用列都是第 1 列。这样,就使它们共有一个赋闲列——第 1 列。

②将 C,E 因素分别放在第 8 列、第 9 列上,于是交互作用 C×D 占第 12 列、第 13 列两列,E×F 占第 14 列、第 15 列两列。

③把不需要考察交互作用的 B 因素放在由第 10 列、第 11 列两列改造成的新列 4′上。这样就完成了表头设计,见表 12-39。

**表 12-39 【例 12-9】的表头设计**

| 因素 | 赋闲 | A | D | F | C | E | B | C×D | E×F |
|---|---|---|---|---|---|---|---|---|---|
| 列号 | 1 | (2 3)<br>1′ | (4 5)<br>2′ | (6 7)<br>3′ | 8 | 9 | (10 11)<br>4′ | (12 13) | (14 15) |

在进行表头设计时,一般应先安排需考察交互作用的因素,最后安排不需要考察交互作用的因素,对本例,若不先安排 D,F 而先安排 B,就会发生混杂。

根据表头设计所确定的试验方案见表 12-40。

**表 12-40 【例 12-9】的试验方案**

| 试验号 | 因素 | | | | | | 试验结果 |
|---|---|---|---|---|---|---|---|
| | A<br>1′ | D<br>2′ | F<br>3′ | C<br>8 | E<br>9 | B<br>4′ | $x_i$ |
| 1 | 1(0) | 1(61) | 1(0) | 1(50) | 1(72) | 1(50/45) | $x_1$ |
| 2 | 1 | 1 | 1 | 2(90) | 2(78) | 2(50/90) | $x_2$ |
| 3 | 1 | 2(65) | 2(10) | 1 | 1 | 1 | $x_3$ |
| 4 | 1 | 2 | 2 | 2 | 2 | 2 | $x_4$ |
| 5 | 2(10) | 1 | 2 | 1 | 1 | 2 | $x_5$ |
| 6 | 2 | 1 | 2 | 2 | 2 | 1 | $x_6$ |
| 7 | 2 | 2 | 1 | 1 | 1 | 2 | $x_7$ |
| 8 | 2 | 2 | 1 | 2 | 2 | 1 | $x_8$ |
| 9 | 2 | 2 | 2 | 1 | 2 | 2 | $x_9$ |
| 10 | 2 | 2 | 2 | 2 | 1 | 3(45/90) | $x_{10}$ |
| 11 | 2 | 3(69) | 3(30) | 1 | 2 | 2 | $x_{11}$ |
| 12 | 2 | 3 | 3 | 2 | 1 | 3 | $x_{12}$ |
| 13 | 3(30) | 2 | 3 | 1 | 2 | 3 | $x_{13}$ |
| 14 | 3 | 2 | 3 | 2 | 1 | 2 | $x_{14}$ |
| 15 | 3 | 3 | 2 | 1 | 2 | 3 | $x_{15}$ |
| 16 | 3 | 3 | 2 | 2 | 1 | 2 | $x_{16}$ |

#### 12.5.3.3 统计分析

【例 12-9】试验结果及计算见表 12-41。注意,本试验每个处理重复了 3 次。

**表 12-41 【例 12-9】的试验结果及计算表**

| 处理 | 赋闲 | A | | | D | | | F | | | C | E | B | | | C×D | | E×F | | 试验数据 | | | 合计 |
|---|---|---|---|---|---|---|---|---|---|---|---|---|---|---|---|---|---|---|---|---|---|---|---|
| | 1 | (2 | 1′ | 3) | (4 | 2′ | 5) | (6 | 3′ | 7) | 8 | 9 | (10 | 4′ | 11) | (12 | 13) | (14 | 15) | $x'_{ij}=x_{ij}-75$ | | | |
| 1 | 1 | 1 | 1 | 1 | 1 | 1 | 1 | 1 | 1 | 1 | 1 | 1 | 1 | 1 | 1 | 1 | 1 | 1 | 1 | 0.3 | −1.4 | −0.3 | −1.4 |
| 2 | 1 | 1 | 1 | 1 | 1 | 1 | 1 | 1 | 1 | 1 | 2 | 2 | 2 | 2 | 2 | 2 | 2 | 2 | 2 | 2.8 | 2.9 | 2.9 | 8.6 |
| 3 | 1 | 1 | 1 | 1 | 2 | 2 | 2 | 2 | 2 | 2 | 1 | 1 | 1 | 1 | 1 | 2 | 2 | 2 | 2 | 1.6 | 1.7 | 1.8 | 5.1 |
| 4 | 1 | 1 | 1 | 1 | 2 | 2 | 2 | 2 | 2 | 2 | 2 | 2 | 2 | 2 | 2 | 1 | 1 | 1 | 1 | 2.6 | 1.6 | 3.9 | 8.1 |
| 5 | 1 | 2 | 2 | 2 | 1 | 1 | 1 | 2 | 2 | 2 | 1 | 1 | 2 | 2 | 2 | 1 | 1 | 2 | 2 | 3.1 | 3.0 | 3.0 | 9.1 |
| 6 | 1 | 2 | 2 | 2 | 1 | 1 | 1 | 2 | 2 | 2 | 2 | 2 | 1 | 1 | 1 | 2 | 2 | 1 | 1 | 2.9 | 2.9 | 3.4 | 9.2 |
| 7 | 1 | 2 | 2 | 2 | 2 | 2 | 2 | 1 | 1 | 1 | 1 | 1 | 2 | 2 | 2 | 2 | 2 | 1 | 1 | 2.2 | 2.4 | 2.4 | 7.0 |
| 8 | 1 | 2 | 2 | 2 | 2 | 2 | 2 | 1 | 1 | 1 | 2 | 2 | 1 | 1 | 1 | 1 | 1 | 2 | 2 | 3.7 | 3.3 | 3.7 | 10.7 |
| 9 | 2 | 1 | 2 | 2 | 1 | 2 | 2 | 1 | 2 | 2 | 1 | 2 | 1 | 2 | 2 | 1 | 2 | 1 | 2 | 3.1 | 2.7 | 2.9 | 8.7 |
| 10 | 2 | 1 | 2 | 2 | 1 | 2 | 2 | 1 | 2 | 2 | 2 | 1 | 2 | 3 | 1 | 2 | 1 | 2 | 1 | 2.8 | 3.2 | 3.2 | 9.2 |
| 11 | 2 | 1 | 2 | 2 | 2 | 3 | 1 | 2 | 3 | 1 | 1 | 2 | 1 | 2 | 2 | 2 | 1 | 2 | 1 | 3.2 | 3.5 | 2.9 | 9.6 |
| 12 | 2 | 1 | 2 | 2 | 2 | 3 | 1 | 2 | 3 | 1 | 2 | 1 | 2 | 3 | 1 | 1 | 2 | 1 | 2 | 2.8 | 3.1 | 2.3 | 8.2 |
| 13 | 2 | 2 | 3 | 1 | 1 | 2 | 2 | 2 | 3 | 1 | 1 | 2 | 2 | 3 | 1 | 1 | 2 | 2 | 1 | 2.5 | 3.2 | 2.9 | 8.6 |
| 14 | 2 | 2 | 3 | 1 | 1 | 2 | 2 | 2 | 3 | 1 | 2 | 1 | 1 | 2 | 2 | 2 | 1 | 1 | 2 | 3.1 | 3.5 | 3.0 | 9.6 |
| 15 | 2 | 2 | 3 | 1 | 2 | 3 | 1 | 1 | 2 | 2 | 1 | 2 | 2 | 3 | 1 | 2 | 1 | 1 | 2 | 2.5 | 3.6 | 3.0 | 9.1 |
| 16 | 2 | 2 | 3 | 1 | 2 | 3 | 1 | 1 | 2 | 2 | 2 | 1 | 1 | 2 | 2 | 1 | 2 | 2 | 1 | 3.2 | 3.0 | 2.7 | 8.9 |
| $K_{1j}$ | 56.4 | 56.1 | | 56.6 | 61.6 | | 61.3 | 60.8 | | 60.9 | 55.8 | 55.7 | 60.4 | | 58.7 | 60.9 | 64.0 | 58.5 | 59.2 | $T=128.3$ | | | |
| $K_{2j}$ | 71.9 | 72.2 | | 71.7 | 66.7 | | 67.0 | 67.5 | | 67.4 | 72.5 | 72.6 | 67.9 | | 69.6 | 67.4 | 64.3 | 69.8 | 69.1 | $C=342.94$ | | | |
| $K_{1j}-K_{2j}$ | 15.5 | 16.1 | | 15.1 | 5.1 | | 5.7 | 6.7 | | 6.5 | 16.7 | 16.9 | 7.5 | | 10.9 | 6.5 | 0.3 | 11.3 | 9.9 | $SS_T=45.47$ | | | |
| $SS_j$ | 5.01 | 5.40 | | 4.75 | 0.54 | | 0.68 | 0.94 | | 0.88 | 5.81 | 5.95 | 1.17 | | 2.48 | 0.88 | 0.00 | 2.66 | 2.04 | | | | |

①计算平方和及自由度。平方和的计算应利用原正交表 $L_{16}(2^{15})$ 进行。它的第 $j$ 列的平方和及自由度为：

$$SS_j=\frac{(K_{1j}-K_{2j})^2}{3\times16}\qquad df_j=2-1=1$$

由此可得

$SS_{赋闲}=SS_1=5.01$

$SS_A=SS_2+SS_3=5.40+4.74=10.15$

$SS_D=SS_4+SS_5=0.54+0.68=1.22$

$SS_F=SS_6+SS_7=0.94+0.88=1.82$

$SS_C=SS_8=5.81$

$SS_E=SS_9=5.95$

$SS_B=SS_{10}+SS_{11}=1.17+2.48=3.65$

$SS_{C\times D}=SS_{12}+SS_{13}=0.88+0.00=0.88$

$SS_{E\times F}=SS_{14}+SS_{15}=2.66+2.04=4.70$

$df_A=df_B=df_D=df_F=2$

$df_C=df_E=df_1=1$

$df_{C\times D}=df_{E\times F}=2$

至于误差平方和，由于已无空白列，我们只用重复试验的结果来估计。如果没有进行重复试验，那就只能在以上计算结果中取最小者来代替误差的估计，但不能用赋闲列来估计误差。实际上赋闲列并不“闲”，因为它的平方和中除误差外还混杂有很多东西。本例误差平方和与自由度为：

$$SS_{e_2}=\sum_{i=1}^{16}\sum_{j=1}^{3}x'^2_{ij}-\frac{1}{3}\sum_{i=1}^{16}(\sum_{j=1}^{3}x'_{ij})^2=388.41-382.12=6.29$$

$$df_{e_2}=16(3-1)=32$$

总平方和及总自由度为：

$$SS_T=\sum_{i=1}^{16}\sum_{j=1}^{3}x'^2_{ij}-C=388.41-342.94=45.47$$

$$df_T=nr-1=16\times3-1=47$$

$SS_T$ 和 $df_T$ 在经过上述改造过的表(不是正交表)中可分解为：

$$SS_T=SS_1+SS_A+SS_D+SS_F+SS_C+SS_E+SS_B+SS_{C\times D}+SS_{E\times F}+SS_{e_2}$$

$$df_T=\sum_{j=1}^{15}df_j+df_{e_2}$$

$SS_T$ 和 $df_T$ 的分解式可以用来检验上述各项平方和及自由度的计算是否正确。

②列出方差分析表。根据上述计算结果列出方差分析表，见表 12-42。

方差分析结果表明：因素 A，B，C，E 和交互作用 E×F 均极显著，因素 F 显著，因素 D 和交互作用 C×D 不显著。因素的主次顺序为 E,C,A,E×F,B,F,D,C×D。

**表 12-42　方差分析表**

| 变异来源 | $SS$ | $df$ | $MS$ | $F$ | $F_{\alpha}$ |
|---|---|---|---|---|---|
| 赋闲 | 5.01 | 1 | | | |
| A | 10.15 | 2 | 5.08 | 25.40** | $F_{0.05(1,32)}=4.15$ |
| B | 3.65 | 2 | 1.83 | 9.15** | $F_{0.01(1,32)}=7.50$ |
| C | 5.81 | 1 | 5.81 | 29.05** | $F_{0.05(2,32)}=3.30$ |
| D | 1.22 | 2 | 0.61 | 3.05 | $F_{0.01(2,32)}=5.34$ |
| E | 5.95 | 1 | 5.95 | 29.75** | |
| F | 1.82 | 2 | 0.91 | 4.55* | |
| C×D | 0.88 | 2 | 0.44 | 2.20 | |
| E×F | 4.70 | 2 | 2.35 | 11.75** | |
| 误差 $e_2$ | 6.29 | 32 | 0.20 | | |
| 总的 | 45.47 | 47 | | | |

③最佳工艺条件的选取。对于经检验为显著的因素,应取各个水平下的平均值进行比较以确定最佳工艺条件。对于 2 水平因素 C、E 完全和一般 2 水平正交表的分析一样,可直接比较各个水平的平均值得出最佳水平为 $C_2$、$E_2$。对于 3 水平因素,由于改造后的表已失去了正交性,所以需要先对各个水平下的平均值进行校正,然后才可以比较。下面以 A 因素为例加以说明。

A 因素的 3 个水平对应的数据平均值为:

$$\overline{K}_{1A}=\frac{K_{1A}}{4}\qquad \overline{K}_{2A}=\frac{K_{2A}}{8}\qquad \overline{K}_{3A}=\frac{K_{3A}}{4}$$

式中:$K_{1A}$,$K_{2A}$,$K_{3A}$ 分别是由第 2 列、第 3 列改造成的新列 1′中的"1"、"2"、"3"水平对应的数据之和。

观察改造后的表 12-41,正交性受到了破坏。因为:

3 水平列(即 1′、2′、3′、4′列)中"1""2""3"出现的次数不等。这里"1""3"各出现 4 次,而"2"出现 8 次。

3 水平列与 2 水平列间的同横行有序数对(1,1)、(1,2)、(2,1)、(2,2)、(3,1)、(3,2)出现的次数也不等。这里(2,1)、(2,2)各出现 4 次,而其他数对都只出现 2 次。

由于正交性是综合可比性的基础,失去正交性也就失去了水平间的可比性,所以不能直接比较 $\overline{K}_{1A}$,$\overline{K}_{2A}$,$\overline{K}_{3A}$。然而,如果我们把改造后的表分为上、下两部分(赋闲列中的数字"1"所对应的 8 个试验为上部分,数字"2"所对应的 8 个试验为下部分),则各部分分别具有正交性,因而表的上部分和下部分仍各具有综合可比性,即 $\overline{K}_{1A}$ 与 $\overline{K}_{2A,上}$ 可比,$\overline{K}_{2A,下}$ 与 $\overline{K}_{3A}$ 可比。具体地,根据表的上半部分的正交性,可以用 $\overline{K}_{1A}=\dfrac{K_{1A}}{4}$ 和 $\overline{K}_{2A,上}=\dfrac{K_{2A,上}}{4}$来比较 $A_1$ 与 $A_2$ 的效果。其中 $K_{2A,上}$ 为表的上半部分中新列 1′的"2"水平对应数据之和。同样,可以用 $\overline{K}_{2A,下}=$

$\frac{K_{2A,下}}{4}$和$\overline{K}_{3A}=\frac{K_{3A}}{4}$来比较 $A_2$ 与 $A_3$ 的效果。其中 $K_{2A,下}$ 为表的下半部分中新列 1′的“2”水平对应数据之和。因为

$$\overline{K}_{2A}=\frac{K_{2A}}{8}=\frac{K_{2A,上}+K_{2A,下}}{8}=\frac{\overline{K}_{2A,上}+\overline{K}_{2A,下}}{2}=\overline{K}_{2A,上}-\frac{\overline{K}_{2A,上}-\overline{K}_{2A,下}}{2}$$

$$=\overline{K}_{2A,下}+\frac{\overline{K}_{2A,上}-\overline{K}_{2A,下}}{2}$$

我们称 $W=\frac{\overline{K}_{2A,上}-\overline{K}_{2A,下}}{2}$为校正项。

由于 $\overline{K}_{1A}$ 与 $\overline{K}_{2A,上}$ 可比，因此它们减去同一个数 $W$ 后仍然可比，即 $\overline{K}_{1A}-W$ 与 $\overline{K}_{2A,上}-W$ 可比。同理，由 $\overline{K}_{2A,下}$ 与 $\overline{K}_{3A}$ 可比推得 $\overline{K}_{2A,下}+W$ 与 $\overline{K}_{3A}+W$ 也可比。这样一来，$\overline{K}_{1A}-W$、$\overline{K}_{2A,上}-W=\overline{K}_{2A,下}+W$、$\overline{K}_{3A}+W$ 三者就可以直接比较了。我们常记：

$$\overline{K}_{1A,校}=\overline{K}_{1A}-W,\quad \overline{K}_{3A,校}=\overline{K}_{3A}+W$$

综上所述，在拟因素设计中，对 3 水平列一般地有：

$$W(校正项)=\frac{\overline{K}_{2,上}-\overline{K}_{2,下}}{2},\quad \overline{K}_{1,校}=\overline{K}_{1}-W$$

$$\overline{K}_{2}=\frac{\overline{K}_{2,上}+\overline{K}_{2,下}}{2},\quad \overline{K}_{3,校}=\overline{K}_{3}+W$$

式中：$\overline{K}_{1,校}$、$\overline{K}_{2}$、$\overline{K}_{3,校}$ 三者是直接可比的；$\overline{K}_{1}$、$\overline{K}_{2}$、$\overline{K}_{3}$ 分别为需要校正的因素所在列（新列）“1”“2”“3”水平所对应的数据之平均值。

现在，我们对本例中的 3 水平因素 A，D，F，B 各水平对应数据的平均值进行校正并比较，见表 12-43。

**表 12-43　校正均数比较表**

| 处理 | A<br>1′ | D<br>2′ | F<br>3′ | B<br>4′ | 试验结果<br>（合计） |
|---|---|---|---|---|---|
| 1 | 1 | 1 | 1 | 1 | −1.4 |
| 2 | 1 | 1 | 1 | 2 | 8.6 |
| 3 | 1 | 2 | 2 | 1 | 5.1 |
| 4 | 1 | 2 | 2 | 2 | 8.1 |
| 5 | 2 | 1 | 2 | 2 | 9.1 |
| 6 | 2 | 1 | 2 | 1 | 9.2 |
| 7 | 2 | 2 | 1 | 2 | 7.0 |
| 8 | 2 | 2 | 1 | 1 | 10.7 |
| 9 | 2 | 2 | 2 | 2 | 8.7 |
| 10 | 2 | 2 | 2 | 3 | 9.2 |
| 11 | 2 | 3 | 3 | 2 | 9.6 |
| 12 | 2 | 3 | 3 | 3 | 8.2 |
| 13 | 3 | 2 | 3 | 3 | 8.6 |
| 14 | 3 | 2 | 3 | 2 | 9.6 |
| 15 | 3 | 3 | 2 | 3 | 9.1 |
| 16 | 3 | 3 | 2 | 2 | 8.9 |

续表 12-43

| 处理 | A<br>1′ | D<br>2′ | F<br>3′ | B<br>4′ | 试验结果<br>（合计） |
|---|---|---|---|---|---|
| $\bar{K}_1$ | 5.10 | 6.38 | 6.23 | 5.90 | |
| $\bar{K}_{2,上}$ | 9.00 | 7.73 | 7.88 | 8.20 | |
| $\bar{K}_{2,下}$ | 8.93 | 9.03 | 8.98 | 9.20 | |
| $\bar{K}_3$ | 9.05 | 8.95 | 9.00 | 8.78 | |
| $W=\frac{(\bar{K}_{2,上}-\bar{K}_{2,下})}{2}$ | 0.035 | −0.65 | −0.55 | −0.50 | |
| $\bar{K}_{1,校}=\bar{K}_1-W$ | 5.07 | 7.03 | 6.78 | 6.40 | |
| $\bar{K}_2=\frac{(\bar{K}_{2,上}+\bar{K}_{2,下})}{2}$ | 8.97 | 8.38 | 8.43 | 8.70 | |
| $\bar{K}_{3,校}=\bar{K}_3+W$ | 9.09 | 8.30 | 8.45 | 8.28 | |
| 优水平 | $A_3$ | $D_2$ | $F_3$ | $B_2$ | |
| 优组合 | | $A_3B_2C_2D_2E_2F_3$ | | | |

经过以上比较可知，最佳工艺条件是 $A_3B_2C_2D_2E_2F_3$。由于 D 因素各水平差异不显著，所以实践中可根据实际情况（方便操作，节约费用等）任取一水平。

应当注意，这里所介绍的确定最佳工艺条件的方法，在不需要考虑交互作用或交互作用的显著程度低于有关试验因素的显著程度的情况下是完全正确的。但是，当交互作用的显著程度高于有关试验因素的显著程度时，这种确定最佳工艺条件的方法是有缺陷的。如本例，因素 E 和因素 F 的交互作用的显著程度高于因素 F 的显著程度，所以两者的最优水平 $E_2$ 和 $F_3$ 的组合 $E_2F_3$ 不一定是最优水平组合。

另一个问题是，由于因素 E 和因素 F 所形成的 6 个水平组合的试验的背景条件不一致（因为正交性被破坏）和各水平组合重复试验的次数不等（表 12-44），故不能直接比较 6 个水平组合的优劣。有学者提出，将类似表 12-44 的资料应用“重复数不等的有交互作用的两因素试验资料的最小二乘分析法”求出各水平组合的最小二乘均数，通过对最小二乘均数的比较来确定最佳水平组合。实际上，这种方法仍然是欠妥的。因为它虽然解决了资料不平衡的问题，但各水平组合试验条件不一致的问题依然存在，所以可比性仍不充分。

**表 12-44　因素 E 和因素 F 的 6 个水平组合**

| 因素水平 | $F_1$ | $F_2$ | $F_3$ |
|---|---|---|---|
| $E_1$ | 0.3，−1.4，−0.3<br>2.2，2.4，2.4<br>$\bar{x}_{11}=0.93$ | 1.6，1.7，1.8，3.1，3.0<br>3.0，2.8，3.2，3.2，3.2<br>3.0，2.7<br>$\bar{x}_{12}=2.69$ | 2.8，3.1，2.3<br>3.1，3.5，3.0<br>$\bar{x}_{13}=2.97$ |
| $E_2$ | 2.8，2.9，2.9<br>3.7，3.3，3.7<br>$\bar{x}_{21}=3.22$ | 2.6，1.6，3.9，2.9，2.9<br>3.4，3.1，2.7，2.9，2.5<br>3.6，3.0<br>$\bar{x}_{22}=2.93$ | 3.2，3.5，2.9<br>2.5，3.2，2.9<br>$\bar{x}_{23}=3.03$ |

鉴于上述情况，实践中可以进行有关的比较试验，以最后确定最佳水平组合或最佳工艺条件。如本例，虽然因素 E 和因素 F 的 6 个水平组合可比性差，但看上去似乎 $E_2F_1$ 要好一些，故可将已经选出的最佳工艺条件 $A_3B_2C_2D_2E_2F_3$ 和 $A_3B_2C_2D_2E_2F_1$ 进行比较试验，最后决定取舍。

关于拟因素法还有两点需要说明：

①方法的应用问题。通过【例 12-9】，我们容易理解，如果遇到一个实际问题，所考察的因素有 4 水平的，也有 3 水平和 2 水平的，那么只需要适当选取一张 2 水平正交表，综合使用正交表的并列方法和拟水平法即可。应当注意的是，赋闲列要放在第 1 列上。这样改造后的表的上半部分和下半部分分别是正交的，在处理数据时较为方便。

②方法的理解问题。通过【例 12-9】可见，我们讲在 2 水平正交表上用拟因素法，相当于先并列，再拟水平。但是应该注意，在这样解释的时候，实际上是先用 $L_{16}(2^{15})$ 的第 1 列、第 2 列、第 3 列并成一个列，再对第 1 列、第 4 列、第 5 列以及第 1 列、第 6 列、第 7 列与第 1 列、第 10 列、第 11 列进行并列改造，其中第 1 列是第 2 列与第 3 列、第 4 列与第 5 列、第 6 列与第 7 列、第 10 列与第 11 列共有的交互作用列。所以，不能将拟因素法简单地理解为并列法再加拟水平法。两者的区别在于如果用拟因素法改造成的 3 水平列在 2 个以上时，并列的过程共用了一个交互作用列。这个交互作用列被混杂了，因此应该赋闲。由此 我们还可以看到，如果用拟因素法改造成的 3 水平列只有 1 列，它和并列加拟水平并无区别；不过，分析这样的试验最好还是用拟水平的方法。

二维码 12-7　部分追加法、裂区法及组合因素法

上面介绍的是并列法、拟水平法和拟因素法 3 种方法，对于学有余力或者在实践工作中需要使用部分追加法、裂区法和组合因素法的读者可参阅二维码 12-7 中提供的材料。

## 思考题

1. 什么是正交设计？有何特点？

2. 简述正交试验设计的基本步骤。

3. 什么是表头设计？进行表头设计应注意哪些问题？

4. 某方便食品制作要往主原料中添加 3 种辅料 A，B，C，按照设计的一个正交试验（表 12-45）进行试验，结果见表 12-46。以感官评分总和为评价指标，不考虑辅料之间的交互作用。试分析各种辅料对总分的影响，并确定最优配方。

**表 12-45　正交试验设计的因素水平**　　%

| 水平 | 因素 | | |
|---|---|---|---|
| | A | B | C |
| 1 | 0.3 | 10 | 1.0 |
| 2 | 0.6 | 15 | 1.2 |
| 3 | 1.0 | 20 | 1.5 |

**表 12-46 正交试验结果 $L_9(3^4)$**

| 处理号 | A | B | C | 空列 | 品评总分 |
|---|---|---|---|---|---|
| 1 | 1 | 1 | 1 | 1 | 73 |
| 2 | 1 | 2 | 2 | 2 | 87 |
| 3 | 1 | 3 | 3 | 3 | 77 |
| 4 | 2 | 1 | 2 | 3 | 88 |
| 5 | 2 | 2 | 3 | 1 | 83 |
| 6 | 2 | 3 | 1 | 2 | 80 |
| 7 | 3 | 1 | 3 | 2 | 72 |
| 8 | 3 | 2 | 1 | 3 | 78 |
| 9 | 3 | 3 | 2 | 1 | 84 |

5. 现有一提高炒青绿茶品质的研究。试验因素有茶园施肥三要素配合比例(A)和用量(D)、鲜叶处理(B)和制茶工艺流程(C)4 个，各因素均取 3 水平，选用正交表 $L_9(3^4)$安排试验，得试验方案和各处理的茶叶品质评分(随机区组设计重复试验 2 次)如表 12-47 所示。试做分析。

**表 12-47 绿茶品质试验结果 $L_9(3^4)$**

| 处理号 | 因素 | | | | 品质评分 | |
|---|---|---|---|---|---|---|
| | A<br>配合比例 | B<br>鲜叶处理 | C<br>工艺流程 | D<br>肥料用量 | Ⅰ | Ⅱ |
| 1 | 1 | 1 | 1 | 1 | 78.9 | 78.1 |
| 2 | 1 | 2 | 2 | 2 | 77.0 | 77.0 |
| 3 | 1 | 3 | 3 | 3 | 77.5 | 78.5 |
| 4 | 2 | 1 | 2 | 3 | 80.1 | 80.9 |
| 5 | 2 | 2 | 3 | 1 | 77.6 | 78.4 |
| 6 | 2 | 3 | 1 | 2 | 78.0 | 79.0 |
| 7 | 3 | 1 | 3 | 2 | 76.7 | 76.3 |
| 8 | 3 | 2 | 1 | 3 | 81.3 | 82.7 |
| 9 | 3 | 3 | 2 | 1 | 79.5 | 78.5 |

6. 某试验考察 A,B,C 3 个因素，其中 A 和 B 各分 3 个水平，C 分 2 个水平。利用拟水平法在 $L_9(3^4)$表上安排试验，并对 $C_1$ 水平"虚拟"。试验方案及结果(完全随机重复 3 次试验)如表 12-48 所示。试做分析。

**表 12-48 试验方案及结果**

| 处理号 | A | B | C | | 空列 | 试验结果 | | |
|---|---|---|---|---|---|---|---|---|
| | 1 | 2 | (3 | 3′) | 4 | $x_{ij}-85$ | | |
| 1 | 1($A_1$) | 1($B_1$) | 1 | 1($C_1$) | 1 | −7.5 | −9.1 | −3.1 |
| 2 | 1 | 2($B_2$) | 2 | 1 | 2 | −6.0 | −4.3 | −5.4 |
| 3 | 1 | 3($B_3$) | 3 | 2($C_2$) | 3 | −5.7 | −3.9 | −2.5 |
| 4 | 2($A_2$) | 1 | 2 | 1 | 3 | −3.1 | −3.4 | −0.1 |
| 5 | 2 | 2 | 3 | 2 | 1 | 0.8 | 3.8 | 2.3 |
| 6 | 2 | 3 | 1 | 1 | 2 | −0.8 | −2.4 | −1.6 |
| 7 | 3($A_3$) | 1 | 3 | 2 | 2 | 1.5 | 6.0 | 5.0 |
| 8 | 3 | 2 | 1 | 1 | 3 | 2.4 | 3.4 | 4.0 |
| 9 | 3 | 3 | 2 | 1 | 1 | 2.4 | 2.9 | 3.9 |

7. 某试验欲考察4个3水平因素A,B,C,D和1个2水平因素E,并需分析交互作用A×E。试选用适当的2水平正交表进行拟因素设计。

8. 采用裂区法对$L_{27}(3^{13})$正交表进行分区,并标注出各列的列名;假设要考察3个3水平因素A,B,C和1个2水平因素D的试验,已知B因素为更换水平困难的因素,并需考虑A×D,B×C交互作用,试选用适当的3水平正交表进行裂区设计,并试着利用列名法而不查交互作用表来安排含有交互作用的试验。

第 13 章

# 回归正交设计与旋转设计

## 本章学习目的与要求

1. 掌握一次回归正交设计及统计分析方法。
2. 掌握二次回归正交组合设计及统计分析方法。
3. 理解回归的旋转设计及通用旋转设计的基本原理。
4. 掌握二次正交旋转组合设计及统计分析方法。
5. 掌握二次通用旋转组合设计及统计分析方法。

## 13.1 回归正交试验设计简介

正交设计是一类重要的科学试验设计方法，它能够利用较少的试验次数，获得较佳的试验结果。但是正交设计有一个缺陷，即不能在一定的试验范围内，根据所得样本数据去确定变量间的相关关系及其相应的回归方程。如果使用传统的回归分析，又只能被动地去处理由试验所得的数据，而不能对试验的设计安排做任何要求。这样不仅盲目地增加了试验次数，而且由数据所分析出的结果还往往不能提供充分的信息，造成在多因素试验的分析中，由于设计的缺陷而达不到预期试验目的。因而有必要引入把回归与正交结合在一起的试验设计与统计分析方法——回归正交设计。

随着现代科学技术的发展，在各种技术运行过程中，为了实现以较少的生产投资，获得最大的经济效益，经常需要寻求某种产品、材料试验的最佳配方、最优试验条件与工艺参数，建立起生产过程中的数学模型。其比较理想的方法就是通过回归设计进行试验，以建立相应的数学模型，寻求最佳生产条件和最优配方。由于电子计算机的应用普及以及计算技术的发展，为这方面的研究提供了先进手段，使这种试验分析方法被各种探索性试验所采用。

回归设计(也称为响应曲面设计)，是在多元线性回归的基础上用主动收集数据的方法去获得具有较好性质回归方程的一种试验设计方法，即在因子空间中选择适当的试验点，以较少的试验处理建立有效的多项式回归方程，其目的是去寻找试验指标与各因子间的定量规律，从而解决生产中的最优化问题。

回归设计始于 20 世纪 50 年代初期，它是在多元线性回归的基础上用主动收集数据的方法获得具有较好性质的回归方程的一种试验设计方法，发展至今其内容已相当丰富，包括回归的正交设计、回归的旋转设计、回归的最优设计以及回归的混料设计等，这些内容将在本章及以后章节进行讨论。

## 13.2 一次回归正交设计及统计分析

当试验研究的依变量(如加工罐头质量)与各自变量(如杀菌方式、产品配料等)之间呈线性关系时，则可采用一次回归正交设计的方法。

### 13.2.1 一次回归正交设计的一般方法

一次回归正交设计的方法原理与正交设计类似，建立一次回归方程的回归设计方法有多种，这里介绍一种常用的方法，它是利用 2 水平正交表，如 $L_4(2^3)$、$L_8(2^7)$、$L_{16}(2^{15})$等，来安排试验的设计方法。其设计的一般步骤如下。

#### 13.2.1.1 确定试验因素水平的变化范围

根据试验研究的目的和要求，设影响指标 $y$ 的因子有 $m$ 个，并希望通过试验建立 $y$ 与各定量因子 $z_1, z_2, \cdots, z_m$ (又称变量) 间相关关系的定量表达式，即回归方程，以便通过该回归方程找出使指标满足要求的各因子 $Z_j$ 的变化的范围 。可以假定 $y$ 与 $z_1, z_2, \cdots, z_m$ 间有如下关系：

$$y = f(z_1, z_2, \cdots, z_m) + \varepsilon \tag{13-1}$$

式中：$f(z_1, z_2, \cdots, z_m)$ 是 $z_1, z_2, \cdots, z_m$ 的一个函数，常称为响应函数，其图形也称为响应曲面；$\varepsilon$ 是随机误差，通常假定它服从均值为 0，方差为 $\sigma^2$ 的正态分布。

回归正交试验设计的因素一般都大于 3 个，但也不能太多，否则处理过多，方案难以实施。

各试验因素取值最高的那个水平称为上水平，以 $Z_{2j}$ 表示；取值最低的那个水平称为下水平，以 $Z_{1j}$ 表示；二者之算术平均数称为零水平，以 $Z_{0j}$ 表示，即

$$Z_{0j} = (Z_{2j} + Z_{1j})/2 \tag{13-2}$$

上水平和零水平之差称为因素 $Z_j$ 的变化间距，以 $\Delta_j$ 表示，即

$$\Delta_j = Z_{2j} - Z_{0j} \quad \text{或} \quad \Delta_j = (Z_{2j} - Z_{1j})/2 \tag{13-3}$$

#### 13.2.1.2　对因素 $Z_j$ 的各水平进行编码

在回归问题中各因子的量纲不同，其取值的范围也不同，为了数据处理的方便，对所有的因子做一个线性变换，使所有因子的取值范围都转化为中心在原点的一个“立方体”中，这一变换称为对因子水平的编码，即对 $Z_j$ 进行线性变换，其计算式为：

$$x_{ij} = (Z_{ij} - Z_{0j})/\Delta_j \qquad (i = 0, 1, 2; j = 1, 2, \cdots, m) \tag{13-4}$$

例如，某试验的第一个因素，其 $Z_{11} = 4$，　$Z_{21} = 12$，　$Z_{01} = 8$，则各水平的编码值为：

$$x_{11} = (Z_{11} - Z_{01})/\Delta_1 = (4 - 8)/4 = -1$$
$$x_{01} = (Z_{01} - Z_{01})/\Delta_1 = (8 - 8)/4 = 0$$
$$x_{21} = (Z_{21} - Z_{01})/\Delta_1 = (12 - 8)/4 = 1$$

经过上述编码，就确定了因素 $Z_j$ 与 $X_j$ 的一一对应关系，即：

| | | | |
|---|---|---|---|
| 下水平 | $4(Z_{11}) \longleftrightarrow$ | $-1$ | $(x_{11})$ |
| 零水平 | $8(Z_{01}) \longleftrightarrow$ | $0$ | $(x_{01})$ |
| 上水平 | $12(Z_{21}) \longleftrightarrow$ | $+1$ | $(x_{21})$ |

对因素 $Z_j$ 的各水平进行编码的目的是为了使供试因素 $Z_j$ 的各水平在编码空间是“平等”的，即它们的取值都是在[1，−1]区间内变化，而不受原因素 $Z_j$ 的单位和取值大小的影响。在对供试因素 $Z_j$ 各水平进行了以上的编码以后，就把试验结果 $y$ 对供试因素各水平 $Z_{i1}$，$Z_{i2}$，⋯ $Z_{im}$ 的回归问题转化为在编码空间试验结果 $y$ 对编码值 $x_{i1}$，$x_{i2}$，⋯ $x_{im}$ 的回归问题。因此，我们可以在以 $x_1$，$x_2$，⋯，$x_m$ 为坐标轴的编码空间中选择试验点进行回归设计。这样的设计还大大简化计算手续。

今后，不论是一次回归设计还是二次回归设计，我们都先将各因素进行编码，再去求试验指标 $y$ 对 $x_1$，$x_2$，⋯，$x_m$ 的回归方程，这种方法在试验设计中是经常被采用的。

#### 13.2.1.3　选择适合的 2 水平正交表进行设计

在应用 2 水平正交表进行回归设计时，需以“−1”代换表中的“2”，以“+1”代换表中的“1”，并增加“0”水平。这种变换的目的是为了适应对因素水平进行编码的需要，代换后正交表中的“+1”和“−1”不仅表示因素水平的不同状态，而且表示因素水平数量变化的大小。原正交表经过上述代换，其交互作用列可以直接从表中相应几列对应元素相乘而得到。因此原正交表的交互作用列表也就不用了，这一点较原正交表使用更为方便。

在具体进行设计时，首先将各因素分别安排在所选正交表相应列上，然后将每个因素的各个水平填入相应的编码值中，就得到了一次回归正交设计方案。例如：现有某 3 因素食品添香试验，即 $Z_1$（香精用量）、$Z_2$（着香时间）、$Z_3$（着香温度），其因素水平及编码值如表 13-1 所示：

**表 13-1　3 因素试验水平取值及编码表**

| 因素 | $Z_1$/(mL/kg 物料) | $Z_2$/h | $Z_3$/℃ |
|---|---|---|---|
| 上水平(+1) | 17 | 22.6 | 45.7 |
| 零水平(0) | 12 | 16 | 35 |
| 下水平(−1) | 7 | 9.4 | 24.3 |
| 变化间距($\Delta_j$) | 5 | 6.6 | 10.7 |

本试验为 3 个因素。如果除考察主效外，还需考察交互作用，则可选用 $L_8(2^7)$ 进行设计，即将正交表中的“1”改为“+1”，“2”改为“−1”，且把 $x_1$、$x_2$、$x_3$ 放在 1、2、4 列上。这时只要将各供试因素 $Z_j$ 的每个水平填入相应的编码值中，并在“0”水平处（中心区）安排适当的重复试验，即可得到试验处理方案，如表 13-2 所示。

**表 13-2　三元一次回归正交设计试验方案**

| 试验号 | $x_1(Z_1)$ | $x_2(Z_2)$ | $x_3(Z_3)$ |
|---|---|---|---|
| 1 | 1(17) | 1(22.6) | 1(45.7) |
| 2 | 1(17) | 1(22.6) | −1(24.3) |
| 3 | 1(17) | −1(9.4) | 1(45.7) |
| 4 | 1(17) | −1(9.4) | −1(24.3) |
| 5 | −1(7) | 1(22.6) | 1(45.7) |
| 6 | −1(7) | 1(22.6) | −1(24.3) |
| 7 | −1(7) | −1(9.4) | 1(45.7) |
| 8 | −1(7) | −1(9.4) | −1(24.3) |
| 9 | 0(12) | 0(16) | 0(35) |
| ⋮ | ⋮ | ⋮ | ⋮ |
| $N$ | 0(12) | 0(16) | 0(35) |

零水平安排重复试验的主要作用，一方面在于对试验结果进行统计分析时能够检验一次回归方程中各参试结果在被研究区域内与基准水平（即零水平）的拟合情况；另一方面是当一次回归正交设计属饱和安排时，可以提供剩余自由度，以提高试验误差估计的精确度和准确度。所谓基准水平（零水平）重复试验，就是指所有供试因素 $Z_{ij}$ 的水平编码值均取零水平的处理组合重复进行若干次试验。例如表 13-2 中零水平试验由 $Z_1=12$(mL/kg 物料)，$Z_2=16$(h)，$Z_3=35$(℃)所组成的处理组合。至于基准水平的重复试验应安排多少次，主要应根据对试验的要求和实际情况而定。一般来讲，当试验要进行拟合性（或称吻合度）检验时，基准水平的试验应该至少重复 2～6 次。

### 13.2.2　一次回归正交设计试验结果的统计分析

#### 13.2.2.1　建立回归方程

如果采用 2 水平正交表编制 $m$ 元一次回归正交设计，一共进行了 $N$ 次试验，其试验结果

以 $y_1, y_2, \cdots, y_N$ 表示，则一次回归的数学模型为：

$$y_\alpha = \beta_0 + \sum_{j=1}^{m} \beta_j x_{\alpha j} + \sum_{i<j} \beta_{ij} x_{\alpha i} x_{\alpha j} + \varepsilon_\alpha \quad (\alpha = 1, 2, \cdots, N \qquad i < j) \tag{13-5}$$

其结构矩阵为：

$$\boldsymbol{X} = \begin{bmatrix} 1 & x_{11} & x_{12} & \cdots & x_{1m} & x_{11}x_{12} & x_{11}x_{13} & \cdots & x_{1m-1}x_{1m} \\ 1 & x_{21} & x_{22} & \cdots & x_{2m} & x_{21}x_{22} & x_{21}x_{23} & \cdots & x_{2m-1}x_{2m} \\ \vdots & \vdots & \vdots & & \vdots & \vdots & \vdots & & \vdots \\ 1 & x_{N1} & x_{N2} & \cdots & x_{Nm} & x_{N1}x_{N2} & x_{N1}x_{N3} & \cdots & x_{Nm-1}x_{Nm} \end{bmatrix}$$

记：随机变量的观察值向量为 $\boldsymbol{Y} = (y_1,\ y_2 \cdots,\ y_N)'$，回归未知参数的向量为 $\boldsymbol{\beta} = (\beta_0, \beta_1, \beta_2, \cdots, \beta_m, \beta_{12},\ \beta_{13}, \cdots, \beta_{(m-1)m})'$，随机误差向量为 $\boldsymbol{\varepsilon} = (\varepsilon_1, \varepsilon_2,\ \cdots, \varepsilon_N)'$，则式(13-5)的矩阵形式为：

$$\boldsymbol{Y} = \boldsymbol{X\beta} + \boldsymbol{\varepsilon} \tag{13-6}$$

由于 $\boldsymbol{X}$ 中的元素不是 1 就是 −1，所以每列元素的平方和为 $n$，又考虑到此为正交设计，故正规方程组的系数矩阵为对角阵：

$$\boldsymbol{A} = \boldsymbol{X}'\boldsymbol{X} = \begin{pmatrix} n & 0 & \cdots & 0 \\ 0 & n & \cdots & 0 \\ \vdots & \vdots & \vdots & \vdots \\ 0 & 0 & \cdots & n \end{pmatrix}$$

从而

$$\boldsymbol{C} = (\boldsymbol{X}'\boldsymbol{X})^{-1} = \begin{pmatrix} 1/n & 0 & \cdots & 0 \\ 0 & 1/n & \cdots & 0 \\ \vdots & \vdots & \vdots & \vdots \\ 0 & 0 & \cdots & 1/n \end{pmatrix}$$

根据最小平方原理建立回归方程：

估计回归模型中回归系数的方法是最小二乘法。

记回归系数的最小二乘估计(LSE)为 $b = (b_0, b_1, .., b_m)'$，应满足正规方程组：

$$\hat{y} = b_0 + \sum_{j=1}^{m} b_j x_j + \sum_{i<j} b_{ij} x_i x_j \tag{13-7}$$

当$(\boldsymbol{X}'\boldsymbol{X})^{-1}$ 存在时，最小二乘估计为

$$b = (X'X)^{-1}X'Y$$

在求得了最小二乘估计后，可以写出回归方程 13-6。

称矩阵 $\boldsymbol{A} = \boldsymbol{X}'\boldsymbol{X}$ 为正规方程组的系数矩阵，$\boldsymbol{B} = \boldsymbol{X}'\boldsymbol{Y}$ 为正规方程组的常数项向量，$\boldsymbol{C} = (\boldsymbol{X}'\boldsymbol{X})^{-1}$ 为相关矩阵，$\boldsymbol{C} = (\boldsymbol{X}'\boldsymbol{X})^{-1} = c_{ij}$，在方程 13-6 下，有 $\boldsymbol{b} \sim N[\boldsymbol{\beta}, \sigma^2(\boldsymbol{X}'\boldsymbol{X})^{-1}]$。

而常数项距阵 $\boldsymbol{B}$ 为：

$$\boldsymbol{B}=\boldsymbol{X}'\boldsymbol{Y}=\begin{bmatrix}\sum y_\alpha \\ \sum x_{\alpha1}y_\alpha \\ \sum x_{\alpha2}y_\alpha \\ \vdots \\ \sum x_{\alpha m}y_\alpha \\ \sum x_{\alpha1}x_{\alpha2}y_\alpha \\ \sum x_{\alpha1}x_{\alpha3}y_\alpha \\ \vdots \\ \sum x_{\alpha(m-1)}x_{\alpha m}y_\alpha\end{bmatrix}=\begin{bmatrix}B_0 \\ B_1 \\ B_2 \\ \vdots \\ B_m \\ B_{12} \\ B_{13} \\ \vdots \\ B_{(m-1)m}\end{bmatrix} \tag{13-8}$$

于是参数 $\beta$ 的最小二乘估计 $\boldsymbol{b}=\boldsymbol{A}^{-1}\boldsymbol{B}=\boldsymbol{CB}$，即

$$b_0=\frac{B_0}{N}=\frac{1}{N}\sum y_\alpha$$

$$b_j=\frac{B_j}{a_j}=\frac{1}{a_j}\sum x_{\alpha j}y_\alpha \qquad (j=1,2,\cdots,m)$$

$$b_{ij}=\frac{B_{ij}}{a_{ij}}=\frac{1}{a_{ij}}\sum x_{\alpha i}x_{\alpha j}y_\alpha \qquad (i<j)$$

由以上可看出，由于按正交表来安排试验和对变量进行了线性变换，由于 $\boldsymbol{C}$ 是对角阵，使得信息矩阵的逆矩阵 $\boldsymbol{C}$ 消除了偏归系数间的相关性，故一次回归正交设计的计算也就十分简单了。各回归系数间不相关。这将为回归方程与系数的检验带来方便，并且在删除变量后回归系数不需重新计算。

#### 13.2.2.2 回归关系的显著性检验

（1）回归方程的显著性检验　对回归方程的显著性检验是指检验如下假设：

$$H_0:\beta_1=\beta_2=\cdots=\beta_m=0$$

$$H_A:\beta_1,\beta_2,\cdots\cdots,\beta_m \text{ 不全为 } 0$$

平方和与自由度的分解：

$$\begin{cases}SS_y=SS_R+SS_r \\ df_y=df_R+df_r\end{cases}$$

在一次回归正交设计下，偏回归平方和：

$$Q_j=\frac{b_j^2}{a_j}=b_jB_j \qquad [j=1,2,\cdots,m,12,13,\cdots,(m-1)m] \tag{13-9}$$

所以

$$\begin{cases}SS_y=\sum y_\alpha^2-B_0^2/N & df_y=N-1 \\ SS_R=\sum b_jB_j=\sum Q_j & df_R=m(m+1)/2 \\ SS_r=SS_y-SS_R & df_r=(N-1)-m(m+1)/2\end{cases} \tag{13-10}$$

$$F_R=\frac{MS_R}{MS_r}=\frac{SS_R/df_R}{SS_r/df_r}\qquad (df_1=df_R, df_2=df_r)\tag{13-11}$$

(2)偏回归系数的显著性检验

$$F_j=\frac{MS_j}{MS_r}=\frac{Q_j}{MS_r}\qquad (df_1=1, df_2=df_r)\tag{13-12}$$

如果有不显著的偏回归系数(1 个或多个),可将其同时从回归方程中剔除,此时不影响其他回归系数的数值。并将剔除因素的偏回归平方和、自由度并入离回归平方和与自由度,继续进行有关检验。

### 13.2.2.3　拟合度检验

拟合度检验(test of goodness of fit),亦称吻合度检验或失拟性检验。上述用一次回归正交设计方法求得一次回归方程是简单、易行的,但是否能真实反映实际呢?由于试验是在各因子的上水平(+1)与下水平(−1)处进行的,即使模型在这些边界点上拟合得很好,但是在因子编码空间的中心拟合是否也好呢?这可用在零水平处增加若干重复试验,再通过检验来判断。

前面谈到,用基准水平的重复试验可以检验被研究的整个回归区域内特别是中心区回归方程预测与实测值的拟合程度,也就是能够检验本试验所用线性模型来描述是否确切,是否有必要引入二次或更高次的项等。上述对一次回归的 $F$ 检验,只能说明变量的作用相对于平均剩余均方而言的影响是否显著。即使检验是显著的,也仅仅反映一次回归方程在其试验点上与试验结果拟合得较好,但并不能说明在被研究的整个回归区域的拟合情况如何,即不能保证采用一次回归模型是最合适的。为了分析经 $F$ 检验结果为显著的一次回归方程(这里包括有交互作用的情况)在整个被研究区域内的拟合情况,可通过在零水平($Z_{01}, Z_{02}, \cdots, Z_{0m}$)处所安排的重复试验估计其真实的试验误差,进而检验所建回归方程的拟合度。

拟合度检验可用 $t$ 检验,也可用 $F$ 检验。

1. 方法 1:$F$ 检验

设在零水平处安排了 $m_0$ 次重复试验,试验结果分别为 $y_{01}, y_{02}, \cdots, y_{0m_0}$,则利用这 $m_0$ 个重复观测值可以计算出反映真正试验误差的平方和(称为纯误差平方和)及相应的自由度。即:

$$\begin{cases}SS_e=\sum\limits_{i=1}^{m_0}(y_{0i}-\bar{y}_0)^2=\sum y_{0i}^2-(\sum y_{0i})^2/m_0\\ df_e=m_0-1\end{cases}\tag{13-13}$$

此时,$SS_r-SS_e$ 反映除各 $x_j$ 的一次项(考虑互作时,还包括有关一级互作)以外的其他因素(包括别的因素和各 $x_j$ 的高次项等)所引起的变异,是回归方程所未能拟合的部分,称为失拟平方和,记为 $SS_{Lf}$,相应的自由度记为 $df_{Lf}$。$SS_{Lf}$ 和 $df_{Lf}$ 的计算公式如下:

$$\begin{cases}SS_{Lf}=SS_r-SS_e\\ df_{Lf}=df_r-df_e\end{cases}\tag{13-14}$$

此时平方和与自由度的分解式为:

$$\begin{cases}SS_y=SS_R+SS_r=SS_R+SS_{Lf}+SS_e\\ df_y=df_R+df_r=df_R+df_{Lf}+df_e\end{cases}\tag{13-15}$$

拟合度 $F$ 检验公式为：

$$F_{\mathrm{Lf}}=\frac{MS_{\mathrm{Lf}}}{MS_{\mathrm{e}}}=\frac{SS_{\mathrm{Lf}}/df_{\mathrm{Lf}}}{SS_{\mathrm{e}}/df_{\mathrm{e}}}\qquad(df_1=df_{\mathrm{Lf}},df_2=df_{\mathrm{e}})\tag{13-16}$$

①若 $F_{\mathrm{Lf}}$ 显著，而 $F_{\mathrm{R}}$ 不显著，说明所建立的回归方程拟合度差，需考虑别的因素或有必要建立二次甚至更高次的回归方程，或 $y$ 与诸 $x_{\mathrm{j}}$ 无关。

②若 $F_{\mathrm{Lf}}$ 显著，$F_{\mathrm{R}}$ 亦显著，说明所建立的一次回归方程有一定作用，但不能说明此方程是拟合得好的，仍需要查明原因，选用别的数学模型，做进一步研究。

③若 $F_{\mathrm{Lf}}$ 及 $F_{\mathrm{R}}$ 均不显著，说明没有什么因素对 $y$ 有系统影响或试验误差太大。

④若 $F_{\mathrm{Lf}}$ 不显著，而 $F_{\mathrm{R}}$ 显著，说明所建立的回归方程是拟合得好的。

2. 方法 2：$t$ 检验

当一次回归模型在整个编码空间上都适宜时，则按一次回归方程应有

$$\hat{y}_0=b_0=\bar{y}$$

如今在零水平上进行了 $m$ 次重复试验，其平均值为 $\bar{y}_0$，这相当于存在两个正态分布：

$$\hat{y}_0=\bar{y}\sim N(\beta_0,\sigma^2/n)$$
$$\bar{y}_0\sim N(\mu_0,\sigma^2/m)$$

要检验这两个正态分布的均值是否相等，即检验

$$H_0:\beta_0=\mu_0,H_A:\beta_0\neq\mu_0$$

为此可采用 $t$ 统计量去检验。

由于 $\hat{y}_0$ 与 $\bar{y}_0$ 独立，因此有

$$\hat{y}_0-\bar{y}_0\sim N\left(\beta_0-\mu_0,\sigma^2\left(\frac{1}{n}+\frac{1}{m}\right)\right)$$

此外

$$S_E/\sigma^2\sim\chi^2(f_E)\qquad S_0/\sigma^2\sim\chi^2(f_0)$$

且两者也独立，从而

$$\frac{SS_{\mathrm{e}}+SS_0}{\sigma^2}\sim\chi^2(df_{\mathrm{e}}+df_0)\tag{13-17}$$

并且 $SS_{\mathrm{e}}+SS_0$ 与 $\hat{y}_0-\bar{y}_0$ 独立。令

$$t=\frac{\hat{y}_0-\bar{y}_0}{\hat{\sigma}\sqrt{\dfrac{1}{n}+\dfrac{1}{m}}}\tag{13-18}$$

其中 $$\hat{\sigma}=\sqrt{\frac{SS_{\mathrm{e}}+SS_0}{df_{\mathrm{e}}+df_0}}$$

### 13.2.3 一次回归正交设计示例

【例 13-1】 为了探索某水稻品种在低肥力土壤条件下，最佳的氮、磷、钾施用配方，采用一次

回归正交设计进行试验。用 $Z_1$、$Z_2$、$Z_3$ 分别代表氮、磷、钾 3 种肥料，施用量单位均为 kg/亩（1 亩＝666.67 $m^2$）；试验指标是水稻产量（kg/亩），用 $y$ 表示。

①因素水平及编码。氮、磷、钾 3 种肥料的因素水平及编码见表 13-3。由式（13-1）、式（13-2）和式（13-3）计算各因素的零水平、变化间隔及水平编码。

**表 13-3　氮、磷、钾肥水平编码表**

| 项目 | 编码（$x_{ij}$） | $Z_1$(N) | $Z_2(P_2O_5)$ | $Z_3(K_2O)$ |
|---|---|---|---|---|
| 上水平 | +1 | 8.0 | 10.0 | 12.0 |
| 零水平 | 0 | 6.0 | 6.0 | 7.5 |
| 下水平 | −1 | 4.0 | 2.0 | 3.0 |
| 间距 | | 2.0 | 4.0 | 4.5 |

②制定试验方案。根据研究因素的主效和互作个数，选择相应的 2 水平正交表进行试验方案设计。本例为 3 因素，一级互作有 3 个，共 6 列，可选用 $L_8(2^7)$ 正交表经变换后进行试验方案设计。设计时，将由 $Z_1$、$Z_2$ 和 $Z_3$ 变换的，$x_1$、$x_2$ 和 $x_3$ 分别置于 $L_8(2^7)$ 表的 1、2、4 列，各列的 +1 和 −1 与相应因素的实际上、下水平对应，零水平（中心区）重复 6 次，具体方案如表 13-4 所示。

**表 13-4　一次回归正交设计试验方案**

| 试验号 | 试验设计 | | | 试验方案 | | |
|---|---|---|---|---|---|---|
| | $x_1$ | $x_2$ | $x_3$ | $Z_1$(N) | $Z_2(P_2O_5)$ | $Z_3(K_2O)$ |
| 1 | 1 | 1 | 1 | 8.0 | 10.0 | 12.0 |
| 2 | 1 | 1 | −1 | 8.0 | 10.0 | 3.0 |
| 3 | 1 | −1 | 1 | 8.0 | 2.0 | 12.0 |
| 4 | 1 | −1 | −1 | 8.0 | 2.0 | 3.0 |
| 5 | −1 | 1 | 1 | 4.0 | 10.0 | 12.0 |
| 6 | −1 | 1 | −1 | 4.0 | 10.0 | 3.0 |
| 7 | −1 | −1 | 1 | 4.0 | 2.0 | 12.0 |
| 8 | −1 | −1 | −1 | 4.0 | 2.0 | 3.0 |
| 9 | 0 | 0 | 0 | 6.0 | 6.0 | 7.5 |
| 10 | 0 | 0 | 0 | 6.0 | 6.0 | 7.5 |
| 11 | 0 | 0 | 0 | 6.0 | 6.0 | 7.5 |
| 12 | 0 | 0 | 0 | 6.0 | 6.0 | 7.5 |
| 13 | 0 | 0 | 0 | 6.0 | 6.0 | 7.5 |
| 14 | 0 | 0 | 0 | 6.0 | 6.0 | 7.5 |

③建立回归方程。水稻氮、磷、钾肥试验结果的一次回归正交设计计算见表 13-5。

**表 13-5　三元一次回归正交设计结构矩阵及计算**

| 处理号 | $x_0$ | $x_1$ | $x_2$ | $x_3$ | $x_1x_2$ | $x_1x_3$ | $x_2x_3$ | $y$ |
|---|---|---|---|---|---|---|---|---|
| 1 | 1 | 1 | 1 | 1 | 1 | 1 | 1 | 500.00 |
| 2 | 1 | 1 | 1 | −1 | 1 | −1 | −1 | 467.35 |
| 3 | 1 | 1 | −1 | 1 | −1 | 1 | −1 | 462.65 |

续表 13-5

| 处理号 | $x_0$ | $x_1$ | $x_2$ | $x_3$ | $x_1x_2$ | $x_1x_3$ | $x_2x_3$ | $y$ |
|---|---|---|---|---|---|---|---|---|
| 4 | 1 | 1 | −1 | −1 | −1 | −1 | 1 | 462.30 |
| 5 | 1 | −1 | 1 | 1 | −1 | −1 | 1 | 463.15 |
| 6 | 1 | −1 | 1 | −1 | −1 | 1 | −1 | 463.50 |
| 7 | 1 | −1 | −1 | 1 | 1 | −1 | −1 | 460.50 |
| 8 | 1 | −1 | −1 | −1 | 1 | 1 | 1 | 429.80 |
| 9 | 1 | 0 | 0 | 0 | 0 | 0 | 0 | 462.50 |
| 10 | 1 | 0 | 0 | 0 | 0 | 0 | 0 | 465.85 |
| 11 | 1 | 0 | 0 | 0 | 0 | 0 | 0 | 462.75 |
| 12 | 1 | 0 | 0 | 0 | 0 | 0 | 0 | 460.00 |
| 13 | 1 | 0 | 0 | 0 | 0 | 0 | 0 | 463.35 |
| 14 | 1 | 0 | 0 | 0 | 0 | 0 | 0 | 458.35 |
| $a_j=\sum x_j^2$ | 14 | 8 | 8 | 8 | 8 | 8 | 8 | $\sum y=6\,482.05$ |
| $B_j=\sum x_jy$ | 6 482.05 | 75.35 | 78.75 | 63.35 | 6.05 | 2.65 | 1.25 | $SS_y=2\,536.477\,4$ |
| $b_j=B_j/a_j$ | 463.003 6 | 9.418 8 | 9.843 8 | 7.918 8 | 0.756 3 | 0.331 3 | 0.156 3 | $SS_R=1\,992.199\,3$ |
| $Q_j=B_j^2/a_j$ | — | 709.702 8 | 775.195 3 | 501.652 8 | 4.575 3 | 0.877 8 | 0.195 3 | $SS_r=544.278\,1$ |

根据表 13-5 计算的有关数据，可建立如下的回归方程

$$\hat{y}=463.003\,6+9.418\,8x_1+9.843\,8x_2+7.918\,8x_3$$
$$+0.756\,3x_1x_2+0.331\,3x_1x_3+0.156\,3x_2x_3$$

④回归关系的显著性测验。由表 13-5 计算的有关数据，可列成如表 13-6 所示的方差分析表。

**表 13-6 回归关系的方差分析**

| 变异来源 | $SS$ | $df$ | $MS$ | $F$ | $F_{0.05}$ |
|---|---|---|---|---|---|
| $x_1$ | 709.702 8 | 1 | 709.702 8 | 9.128* | $F_{0.05(1,7)}=5.59$ |
| $x_2$ | 775.195 3 | 1 | 775.195 3 | 9.970* | |
| $x_3$ | 501.652 8 | 1 | 501.652 8 | 6.452* | |
| $x_1x_2$ | 4.575 3 | 1 | 4.575 3 | <1 | *ns* |
| $x_1x_3$ | 0.877 8 | 1 | 0.877 8 | <1 | *ns* |
| $x_2x_3$ | 0.195 3 | 1 | 0.195 3 | <1 | *ns* |
| 回归 | 1 992.199 3 | 6 | 332.033 2 | 4.270* | 3.87 |
| 离回归 | 544.278 1 | 7 | 77.754 0 | | |
| 总变异 | 2 536.477 4 | 13 | | | |

$F$ 检验表明，产量 $y$ 与 $x_1$、$x_2$ 和 $x_3$ 的回归关系均达到显著水平，而一级互作 $x_1x_2$、$x_1x_3$、$x_2x_3$ 均不显著。因此，可将一级互作的偏回归平方和及自由度并入离回归（剩余）项，而后再进行方差分析，结果见表 13-7。

表 13-7　回归关系的第二次方差分析

| 变异来源 | SS | df | MS | F | $F_{0.05}$ | $F_{0.01}$ |
|---|---|---|---|---|---|---|
| $x_1$ | 709.702 8 | 1 | 709.702 8 | 12.905 5** | | 10.04 |
| $x_2$ | 775.195 3 | 1 | 775.195 3 | 14.096** | | |
| $x_3$ | 501.652 8 | 1 | 501.652 8 | 9.122* | 4.96 | |
| 回归 | 1 986.550 9 | 3 | 662.183 6 | 12.041** | | 6.55 |
| 离回归 | 549.926 5 | 10 | 54.992 7 | | | |
| 总变异 | 2 536.477 4 | 13 | | | | |

第二次方差分析表明，产量 $y$ 与各因素之间的总回归关系达到极显著，$x_1$ 和 $x_2$ 达到极显著，$x_3$ 达到显著。因此，回归方程可简化为：

$$\hat{y}=463.0036+9.4188x_1+9.8438x_2+7.9188x_3$$

上述回归关系显著，只说明一次回归方程在试验点上与试验结果拟合得好，至于被研究的整个回归区域内部拟合如何，还需进一步做拟合度检验。

⑤拟合度检验。由式(13-13)计算零试验点的纯误差平方和及其自由度：

$$SS_e=\sum y_{0i}^2-\left(\sum y_{0i}\right)^2/m_0=(462.50^2+465.85^2+\cdots+458.35^2)$$
$$-(462.5+465.85+\cdots+458.35)^2/6=34.6734$$
$$df_e=m_0-1=6-1=5$$

由式(13-14)计算失拟平方和及其自由度：

$$SS_{Lf}=SS_r-SS_e=549.9265-34.6734=515.2531$$
$$df_{Lf}=df_r-df_e=10-5=5$$

故
$$F_{Lf}=\frac{MS_{Lf}}{MS_e}=\frac{SS_{Lf}/df_{Lf}}{SS_e/df_e}=\frac{515.2531/5}{34.6734/5}=14.860^{**}$$

因为 $F_{0.01(5,5)}=10.97$，$F_{Lf}>F_{0.01(5,5)}$，所以 $F_{Lf}$极显著。说明所建立的三元一次回归方程虽然有一定意义，但其在整个回归空间内的拟合度并不是很好的，因此应考虑建立二次回归方程。这样，还需在因素空间内增加一些适当的试验点。

## 13.3　二次回归中心组合设计及其统计分析

当使用一次回归正交设计时，如果发现拟合程度不理想，就说明使用一次回归设计不合适，需要引入二次回归正交设计。大多数食品试验研究，重点是寻找最优工艺参数、最佳配比组合和最适研究条件等，其试验多数为二次或更高次反应，因而研究二次回归中心组合设计十分必要。

### 13.3.1　二次回归的中心组合设计

当有 $m$ 个自变量时，二次回归方程式的一般形式为：

$$y_\alpha = \beta_0 + \sum_{j=1}^{m} \beta_j x_{\alpha j} + \sum_{i<j} \beta_{ij} x_{\alpha i} x_{\alpha j} + \sum_{j=1}^{m} \beta_{jj} x_{\alpha j}^2 + \varepsilon_\alpha \tag{13-19}$$

回归系数的个数(包括 $\beta_0$)　$Q = 1 + m + C_m^2 + m = C_{m+2}^2 = (m+2)(m+1)/2$

因此,回归方程的剩余自由度为

$$df_r = N - C_{m+2}^2 \tag{13-20}$$

式中:$N$ 为试验处理数。

这就说明,为了使回归方程比较可信,要想获得 $m$ 个变量的二次回归方程,全面组合试验的试验处理数 $N$ 不能太小,至少应该大于 $Q$,才能使得剩余自由度 $df_r$ 不至于太小;另外,为了使试验在实际操作中经济可行,试验的处理数 $N$ 又不能太大。因此,试验处理数 $N$ 的确定成为关键。同时,为了计算二次回归方程的系数,每个因素所取的水平数应≥3。故 $m$ 个因素(自变量)的三水平全面试验的试验处理数 $N$ 为:$N = 3^m$。

表 13-8 列出了不同自变量数目($m=2\sim6$)时,二次回归下三水平全面试验的剩余自由度 $df_r$。可见,大多数三水平全面试验中,试验处理数和剩余自由度太大,因而工作量太大,组合设计则可解决这一矛盾。

**表 13-8　全面试验与组合设计的剩余自由度**

| 因素数 $m$ | $q$ | 3 水平全面试验 | | 组合设计 | | 1/2 实施 | |
|---|---|---|---|---|---|---|---|
| | | $N$ | $df_r$ | $N$ | $df_r$ | $N$ | $df_r$ |
| 2 | 6 | 9 | 3 | 9 | 3 | — | — |
| 3 | 10 | 27 | 17 | 15 | 5 | — | — |
| 4 | 15 | 81 | 66 | 25 | 10 | — | — |
| 5 | 21 | 243 | 222 | 43 | 22 | 27 | 6 |
| 6 | 28 | 729 | 701 | 77 | 49 | 45 | 17 |

组合设计(又称中心组合设计),就是在参试因子(自变量)的编码空间中选择几类不同特点(即分别处于不同球面上)的试验点,适当组合而形成试验方案。由于组合设计可选择多种类型的点,而且有些类型点的数目(试验处理数)又可适当调节,所以组合设计对调节试验处理数 $N$,进而调节剩余自由度 $df_r$ 方面,要比全面试验灵活,并且也更为科学实用。

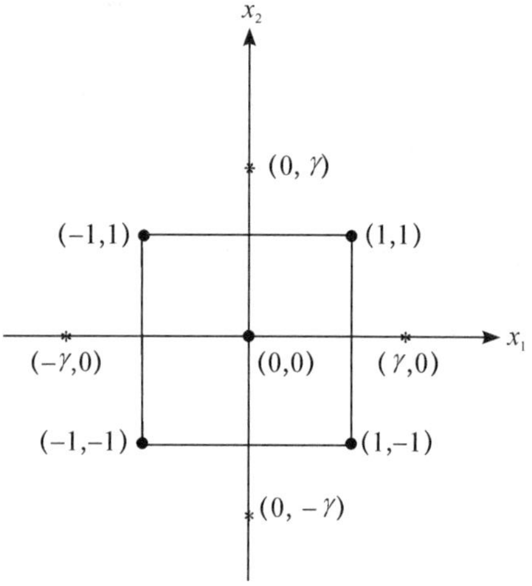

**图 13-1　$m=2$ 的二次回归正交组合设计试验点分布图**

二次回归中心组合试验设计,一般由下面 3 种类型的点组合而成。

①二水平析因点:这些点的每一个坐标,都分别各自只取+1 或−1;这种试验点的个数记为 $m_c$;当这些点组成二水平全因素试验时 $m_c = 2^m$。若根据正交表配置二水平部分实施(1/2 或 1/4 等)的试验点时,这种试验点的个数 $m_c = 2^{m-1}$ 或 $m_c = 2^{m-2}$。调节这个 $m_c$,就相应地调节了误差(剩余)自由度 $df_r$。

②轴点：这些点都在坐标轴上，且与坐标原点（中心点）的距离都为 $\gamma$，即这些点只有一个坐标（自变量）取 $\gamma$ 或 $-\gamma$，而其余坐标都取 0。这些点在坐标图上通常都用星号标出，故又称星号点。其中 $\gamma$ 称为轴臂或星号臂，是待定参数，可根据正交性或旋转性的要求来确定。这些点的个数为 $2m$，记为 $m_\gamma$。

③原点：又称中心点（基准点），即各自变量都取 0 的点，本试验点可做一次，也可重复多次，其次数记为 $m_0$。调节 $m_0$，显然也能相应地调节误差（剩余）自由度 $df_r$。

上述 3 种类型试验点个数的和，就是中心组合试验设计的总试验点（处理）数 $N$，即：

$$N = m_c + 2m + m_0 \tag{13-21}$$

例如，$m=2$，二因素（$x_1$ 与 $x_2$）二次回归正交组合设计，由 9 个试验点组成，如图 13-1 所示，其试验处理组合如表 13-9 所示。

**表 13-9 二元二次回归正交设计处理组合表**

| 处理号 | $x_1$ | $x_2$ | 说明 |
|---|---|---|---|
| 1 | 1 | 1 | $m_c$：二水平（+1 和 −1）的全因素试验点 $2^2=4$ |
| 2 | 1 | −1 | |
| 3 | −1 | 1 | |
| 4 | −1 | −1 | |
| 5 | $+\gamma$ | 0 | $m_\gamma$：分布在 $x_1$ 和 $x_2$ 坐标轴上星号位置的试验点 $2\times2=4$ |
| 6 | $-\gamma$ | 0 | |
| 7 | 0 | $+\gamma$ | |
| 8 | 0 | $-\gamma$ | |
| 9 | 0 | 0 | $m_0$：$x_1$ 和 $x_2$ 均取零水平所组成的中心试验点 |

二因素（$x_1$，$x_2$）二次回归组合设计的结构矩阵如表 13-10 所示。

**表 13-10 二元二次回归组合设计的结构矩阵**

| 试验号 | $x_0$ | $x_1$ | $x_2$ | $x_1x_2$ | $x_1^2$ | $x_2^2$ |
|---|---|---|---|---|---|---|
| 1 | 1 | 1 | 1 | 1 | 1 | 1 |
| 2 | 1 | 1 | −1 | −1 | 1 | 1 |
| 3 | 1 | −1 | 1 | −1 | 1 | 1 |
| 4 | 1 | −1 | −1 | 1 | 1 | 1 |
| 5 | 1 | $+\gamma$ | 0 | 0 | $\gamma^2$ | 0 |
| 6 | 1 | $-\gamma$ | 0 | 0 | $\gamma^2$ | 0 |
| 7 | 1 | 0 | $+\gamma$ | 0 | 0 | $\gamma^2$ |
| 8 | 1 | 0 | $-\gamma$ | 0 | 0 | $\gamma^2$ |
| 9 | 1 | 0 | 0 | 0 | 0 | 0 |

当 $m=3$ 时，三因素（$x_1$，$x_2$，$x_3$）二次回归正交组合设计，则由 15 个试验点组成，如图 13-2 所示。其试验处理组合如表 13-11 所示。

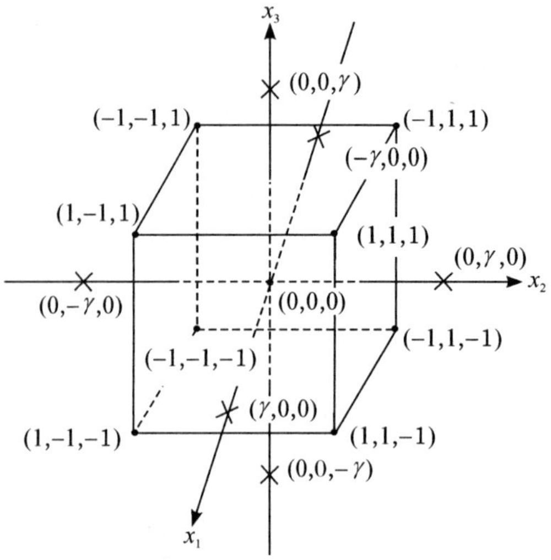


**图 13-2　$m=3$ 的二次回归正交组合设计试验点分布图**

**表 13-11　三元二次回归正交设计处理组合表**

| 处理号 | $x_1$ | $x_2$ | $x_3$ | 说明 |
|---|---|---|---|---|
| 1 | 1 | 1 | 1 | 这 8 个点组成二水平(+1 和−1)的全因子试验 $2^3=8$ |
| 2 | 1 | 1 | −1 | |
| 3 | 1 | −1 | 1 | |
| 4 | 1 | −1 | −1 | |
| 5 | −1 | 1 | 1 | |
| 6 | −1 | 1 | −1 | |
| 7 | −1 | −1 | 1 | |
| 8 | −1 | −1 | −1 | |
| 9 | γ | 0 | 0 | 这 6 个试验点分布在 $x_1$、$x_2$、$x_3$ 轴上的星号位置 |
| 10 | −γ | 0 | 0 | |
| 11 | 0 | γ | 0 | |
| 12 | 0 | −γ | 0 | |
| 13 | 0 | 0 | γ | |
| 14 | 0 | 0 | −γ | |
| 15 | 0 | 0 | 0 | 由 $x_1$、$x_2$、$x_3$ 的零水平组成的中心试验点 |

3 因素（$x_1,x_2,x_3$）二次回归组合设计的结构矩阵如表 13-12 所示。

**表 13-12　三元二次回归组合设计的结构矩阵**

| 试验号 | $x_0$ | $x_1$ | $x_2$ | $x_3$ | $x_1x_2$ | $x_1x_3$ | $x_2x_3$ | $x_1^2$ | $x_2^2$ | $x_3^2$ |
|---|---|---|---|---|---|---|---|---|---|---|
| 1 | 1 | 1 | 1 | 1 | 1 | 1 | 1 | 1 | 1 | 1 |
| 2 | 1 | 1 | 1 | −1 | 1 | −1 | −1 | 1 | 1 | 1 |
| 3 | 1 | 1 | −1 | 1 | −1 | 1 | −1 | 1 | 1 | 1 |
| 4 | 1 | 1 | −1 | −1 | −1 | −1 | 1 | 1 | 1 | 1 |
| 5 | 1 | −1 | 1 | 1 | −1 | −1 | 1 | 1 | 1 | 1 |
| 6 | 1 | −1 | 1 | −1 | −1 | 1 | −1 | 1 | 1 | 1 |
| 7 | 1 | −1 | −1 | 1 | 1 | −1 | −1 | 1 | 1 | 1 |
| 8 | 1 | −1 | −1 | −1 | 1 | 1 | 1 | 1 | 1 | 1 |

续表 13-12

| 试验号 | $x_0$ | $x_1$ | $x_2$ | $x_3$ | $x_1x_2$ | $x_1x_3$ | $x_2x_3$ | $x_1^2$ | $x_2^2$ | $x_3^2$ |
|---|---|---|---|---|---|---|---|---|---|---|
| 9 | 1 | $\gamma$ | 0 | 0 | 0 | 0 | 0 | $\gamma^2$ | 0 | 0 |
| 10 | 1 | $-\gamma$ | 0 | 0 | 0 | 0 | 0 | $\gamma^2$ | 0 | 0 |
| 11 | 1 | 0 | $\gamma$ | 0 | 0 | 0 | 0 | 0 | $\gamma^2$ | 0 |
| 12 | 1 | 0 | $-\gamma$ | 0 | 0 | 0 | 0 | 0 | $\gamma^2$ | 0 |
| 13 | 1 | 0 | 0 | $\gamma$ | 0 | 0 | 0 | 0 | 0 | $\gamma^2$ |
| 14 | 1 | 0 | 0 | $-\gamma$ | 0 | 0 | 0 | 0 | 0 | $\gamma^2$ |
| 15 | 1 | 0 | 0 | 0 | 0 | 0 | 0 | 0 | 0 | 0 |

可以看出，组合设计具有以下明显的优点：① 它可使剩余自由度 $df_r$ 取得适中，大大地节省试验处理数 $N$，见表 13-8 及表 13-13，且因子数越多，试验次数减少得越多。②组合设计的试验点在因子空间中的分布是较均匀的，而且每个因子(变量)都可取 5 个水平，故该方案所布的试验点范围较广。③中心组合设计还便于在一次回归的基础上实施。若一次回归不显著，可以在原先的 $m_c$ 个(二水平全面试验的，或部分实施的)试验点基础上，补充一些中心点与轴点试验，即可求得二次回归方程，这是组合试验设计的又一个不可比拟的优点。④该方案还有较大的灵活性，因为在方案中留有两个待定参数 $m_0$(中心点的试验次数)和 $\gamma$(星号点的位置)，这给人们留下活动余地，使二次回归设计具有正交性、旋转性等成为可能。⑤中心点处的 $m_0$ 次重复，使试验误差较为准确估计成为可能，从而使对方程与系数的检验有了可靠依据。

**表 13-13　二次回归组合设计试验点数**

| 因素数 $m$ | 选用正交表 | 表头设计 | $m_c$ | $2m$ | $m_0$ | $N$ | $q$ |
|---|---|---|---|---|---|---|---|
| 2 | $L_4(2^3)$ | 1、2 列 | $2^2=4$ | $2\times2=4$ | 1 | 9 | 6 |
| 3 | $L_8(2^7)$ | 1、2、4 列 | $2^3=8$ | $2\times3=6$ | 1 | 15 | 10 |
| 4 | $L_{16}(2^{15})$ | 1、2、4、8 列 | $2^4=16$ | $2\times4=8$ | 1 | 25 | 15 |
| 5 | $L_{32}(2^{31})$ | 1、2、4、8、16 列 | $2^5=32$ | $2\times5=10$ | 1 | 43 | 21 |
| 5(1/2 实施) | $L_{16}(2^{15})$ | 1、2、4、8、15 列 | $2^{5-1}=16$ | $2\times5=10$ | 1 | 27 | 21 |

### 13.3.2　正交性的实现

如果一个设计具有正交性，则数据分析将是十分方便的，由于所得的回归系数的估计间互不相关，因此删除某些因子时不会影响其他的回归系数的估计，从而很容易写出所有系数为显著的回归方程。

由表 13-10 和表 13-12 可见，在加入中心点与轴点后，一次项 $(x_1,\cdots,x_m)$ 与乘积项 $(x_ix_j,\ i\neq j)$ 并没有失去正交性，即 $\sum_{j=1}^{m}x_j=0$，$\sum_{i\neq j}x_ix_j=0\ (i,\ j=1,2,\cdots,m)$。而 $x_0$ 项和二次项 $(x_1^2,\cdots,x_m^2)$ 则失去了正交性，即：

$$\sum_{\alpha=1}^{N}x_{\alpha0}=m_c+m_0+2m\neq0 \qquad \sum_{\alpha=1}^{N}x_{\alpha j}^2=m_c+2\gamma^2\neq0$$

$$\sum_{\alpha=1}^{N}x_{\alpha0}x_{\alpha j}^2=m_c+m\gamma^2\neq0 \qquad \sum_{\alpha=1}^{N}x_{\alpha i}^2x_{\alpha j}^2=m_c\neq0$$

为了获得正交性，首先应该对平方项 $x_1^2,\cdots x_m^2$ 进行中心化变换，即令：

$$x'_{\alpha j}=x_{\alpha j}^{2}-\frac{1}{N}\sum_{\alpha=1}^{N}x_{\alpha j}^{2}=x_{\alpha j}^{2}-(m_c+2\gamma^2)/N \tag{13-22}$$

$$(j=1,\cdots,m;\alpha=1,\cdots,\quad N)$$

这样变换后的 $x'_{\alpha1},x'_{\alpha2},\cdots,x'_{\alpha m}$ 项与 $x_0$ 项正交：

$$\sum_{\alpha=1}^{N}x_0x'_{\alpha j}=0\qquad(j=1,\ 2,\ \cdots,\ m)$$

其次，我们可取适当的轴臂 $\gamma$，使变换后的 $x'_1,\cdots,x'_m$ 项之间正交：

$$\sum_{\alpha=1}^{N}x'_{\alpha i}x'_{\alpha j}=0\qquad(i\neq j;i,j=1,2,\cdots,m) \tag{13-23}$$

将式(13-21)与(13-22)式代入，上式变为：

$$0=m_c\left(1-\frac{m_c+2\gamma^2}{N}\right)^2-4\frac{m_c+2\gamma^2}{N}\left(\gamma^2-\frac{m_c+2\gamma^2}{N}\right)+(N-m_c-4)\left(\frac{m_c+2\gamma^2}{N}\right)^2$$

$$=-\frac{4}{N}\left[\gamma^4+m_c\gamma^2-\frac{1}{2}m_c\left(m+\frac{1}{2}m_0\right)\right]$$

即

$$\gamma^4+m_c\gamma^2-\frac{1}{2}m_c\left(m+\frac{1}{2}m_0\right)=0 \tag{13-24}$$

由于 $\gamma>0$，所以为了达到正交性，使式(13-23)，亦即式(13-24)成立，只需使：

$$\gamma=\sqrt{\frac{-m_c+\sqrt{m_c^2+2m_c(m+m_0/2)}}{2}} \tag{13-25}$$

当试验因素数 $m$ 和零水平重复次数 $m_0$ 确定时，$\gamma$ 值就可以通过上式计算出来。为了设计方便，将由上式算得的一些常用 $\gamma$ 值列于表 13-14。

**表 13-14　二次回归正交组合设计常用 $\gamma$ 值表**

| $m_0$ | 因素数 $m$ | | | | | | | |
|---|---|---|---|---|---|---|---|---|
| | 2 | 3 | 4 | 5(1/2 实施) | 5 | 6(1/2 实施) | 6 | 7(1/2 实施) |
| 1 | 1.000 00 | 1.215 41 | 1.414 21 | 1.546 71 | 1.596 01 | 1.724 43 | 1.760 64 | 1.884 88 |
| 2 | 1.078 09 | 1.287 19 | 1.482 58 | 1.607 17 | 1.661 83 | 1.784 19 | 1.824 02 | 1.943 47 |
| 3 | 1.147 44 | 1.353 13 | 1.546 71 | 1.664 43 | 1.724 43 | 1.841 39 | 1.884 88 | 2.000 00 |
| 4 | 1.210 00 | 1.414 21 | 1.607 17 | 1.718 85 | 1.784 19 | 1.896 29 | 1.943 47 | 2.054 64 |
| 5 | 1.267 10 | 1.471 19 | 1.664 43 | 1.770 74 | 1.841 39 | 1.949 10 | 2.000 00 | 2.107 54 |
| 6 | 1.319 72 | 1.524 65 | 1.718 85 | 1.820 36 | 1.896 29 | 2.000 00 | 2.054 64 | 2.158 84 |
| 7 | 1.368 57 | 1.575 04 | 1.770 74 | 1.867 92 | 1.949 10 | 2.049 15 | 2.107 54 | 2.208 66 |
| 8 | 1.414 21 | 1.622 73 | 1.820 36 | 1.913 61 | 2.000 00 | 2.096 68 | 2.158 84 | 2.257 09 |
| 9 | 1.457 09 | 1.668 03 | 1.867 92 | 1.957 59 | 2.049 15 | 2.142 72 | 2.208 66 | 2.304 24 |
| 10 | 1.497 55 | 1.711 20 | 1.913 61 | 2.000 00 | 2.096 68 | 2.187 38 | 2.257 09 | 2.350 18 |
| 11 | 1.535 87 | 1.752 45 | 1.957 59 | 2.040 96 | 2.142 72 | 2.230 73 | 2.304 24 | 2.394 98 |

例如，在 $m=2, m_c=2^m=4$ 且 $m_0=1$ 的情形下，由表 13-14 可查得 $\gamma=1$，在此需要对所有平方项进行中心化变换，即：

$$x'_{aj}=x_{aj}^2-2/3$$

变换后使得 $\sum x'_{aj}=0$，实现了结构矩阵的正交性。从而可以拟出经中心化变换后的二元二次回归正交设计的结构矩阵如表 13-15 所示，类似地可拟出三元二次回归正交设计的结构矩阵如表 13-16 所示。

**表 13-15　二元二次回归正交组合设计的结构矩阵**

| 处理号 | $x_0$ | $x_1$ | $x_2$ | $x_1x_2$ | $x'_1$ | $x'_2$ |
|---|---|---|---|---|---|---|
| 1 | 1 | 1 | 1 | 1 | 0.333 | 0.333 |
| 2 | 1 | 1 | −1 | −1 | 0.333 | 0.333 |
| 3 | 1 | −1 | 1 | −1 | 0.333 | 0.333 |
| 4 | 1 | −1 | −1 | 1 | 0.333 | 0.333 |
| 5 | 1 | 1 | 0 | 0 | 0.333 | −0.667 |
| 6 | 1 | −1 | 0 | 0 | 0.333 | −0.667 |
| 7 | 1 | 0 | 1 | 0 | −0.667 | 0.333 |
| 8 | 1 | 0 | −1 | 0 | −0.667 | 0.333 |
| 9 | 1 | 9 | 0 | 0 | −0.667 | −0.667 |

**表 13-16　三元二次回归正交组合设计的结构矩阵**

| 处理号 | $x_0$ | $x_1$ | $x_2$ | $x_3$ | $x_1x_2$ | $x_1x_3$ | $x_2x_3$ | $x'_1$ | $x'_2$ | $x'_3$ |
|---|---|---|---|---|---|---|---|---|---|---|
| 1 | 1 | 1 | 1 | 1 | 1 | 1 | 1 | 0.270 | 0.270 | 0.270 |
| 2 | 1 | 1 | 1 | −1 | 1 | −1 | −1 | 0.270 | 0.270 | 0.270 |
| 3 | 1 | 1 | −1 | 1 | −1 | 1 | −1 | 0.270 | 0.270 | 0.270 |
| 4 | 1 | 1 | −1 | −1 | −1 | −1 | 1 | 0.270 | 0.270 | 0.270 |
| 5 | 1 | −1 | 1 | 1 | −1 | −1 | 1 | 0.270 | 0.270 | 0.270 |
| 6 | 1 | −1 | 1 | −1 | −1 | 1 | −1 | 0.270 | 0.270 | 0.270 |
| 7 | 1 | −1 | −1 | 1 | 1 | −1 | −1 | 0.270 | 0.270 | 0.270 |
| 8 | 1 | −1 | −1 | −1 | 1 | 1 | 1 | 0.270 | 0.270 | 0.270 |
| 9 | 1 | 1.215 | 0 | 0 | 0 | 0 | 0 | 0.746 | −0.730 | −0.730 |
| 10 | 1 | −1.215 | 0 | 0 | 0 | 0 | 0 | 0.746 | −0.730 | −0.730 |
| 11 | 1 | 0 | 1.215 | 0 | 0 | 0 | 0 | −0.730 | 0.746 | −0.730 |
| 12 | 1 | 0 | −1.215 | 0 | 0 | 0 | 0 | −0.730 | 0.746 | −0.730 |
| 13 | 1 | 0 | 0 | 1.215 | 0 | 0 | 0 | −0.730 | −0.730 | 0.746 |
| 14 | 1 | 0 | 0 | −1.215 | 0 | 0 | 0 | −0.730 | −0.730 | 0.746 |
| 15 | 1 | 0 | 0 | 0 | 0 | 0 | 0 | −0.73 | −0.73 | −0.73 |

### 13.3.3 二次回归中心组合设计的一般方法

与一次回归正交设计类似，二次回归中心组合设计的方法，同样是在确定试验因素的基础上拟定每个因素的上下水平，上水平以 $Z_{2j}$ 表示，下水平以 $Z_{1j}$ 表示，二者之算术平均数为零水平，以 $Z_{0j}$ 表示，见式(13-1)。把上水平和零水平之差除以参数 $\gamma$（$\gamma$ 值可从表 13-14 查出），称为因素 $Z_j$ 的变化间距，以 $\Delta_j$ 表示。即：

$$\Delta_j = (Z_{2j} - Z_{0j}) \;/\; \gamma \tag{13-26}$$

对每个因素 $Z_j$ 的各个水平进行编码，即对因素水平的取值做如下线性变换：

$$x_{ij} = (Z_{ij} - Z_{0j})/\Delta_j \tag{13-27}$$

这样就建立了各因素 $Z_{ij}$ 与 $x_{ij}$ 取值的一一对应关系，得到因素水平编码表(表 13-17)：

表 13-17 因素水平编码表(方法 Ⅰ)

| $x_j$ | 因素 | | | |
|---|---|---|---|---|
| | $Z_1$ | $Z_2$ | … | $Z_m$ |
| $\gamma$ | $Z_{21}$ | $Z_{22}$ | … | $Z_{2m}$ |
| 1 | $Z_{01}+\Delta_1$ | $Z_{02}+\Delta_2$ | … | $Z_{0m}+\Delta_m$ |
| 0 | $Z_{01}$ | $Z_{02}$ | … | $Z_{0m}$ |
| $-1$ | $Z_{01}-\Delta_1$ | $Z_{02}-\Delta_2$ | … | $Z_{0m}-\Delta_m$ |
| $-\gamma$ | $Z_{11}$ | $Z_{12}$ | … | $Z_{1m}$ |

根据试验因素的个数，选择适当的二水平正交表，加上 $m_\gamma$ 与 $m_0$ 的试验点，即设计成为试验方案。

### 13.3.4 二次回归中心组合设计试验结果的统计分析

如果研究 $m$ 个因素，采用二次回归正交组合设计共有 $N$ 个处理，其试验结果以 $y_1$，$y_2$，…，$y_N$ 表示，则二次回归的数学模型见式(13-17)。当对平方项进行了中心化变换，消除平方项与常数项的相关性以后，数学模型变为：

$$y_\alpha = \beta'_0 + \sum_{j=1}^{m}\beta_j x_{\alpha j} + \sum_{i<j}\beta_{ij}x_{\alpha i}x_{\alpha j} + \sum_{j=1}^{m}\beta_{jj}x'_{\alpha j} + \varepsilon_\alpha$$

用样本估计时：

$$\hat{y}_\alpha = b'_0 + \sum_{j=1}^{m} b_j x_{\alpha j} + \sum_{i<j} b_{ij}x_{\alpha i}x_{\alpha j} + \sum_{j=1}^{m} b_{jj}x'_{\alpha j} \tag{13-28}$$

例如，当 $m=3$ 时，三元二次回归方程为：

$$\hat{y} = b_0 + b_1x_1 + b_2x_2 + b_3x_3 + b_{12}x_1x_2 + b_{13}x_1x_3 + b_{23}x_2x_3 + b_{11}x_1^2 + b_{22}x_2^2 + b_{33}x_3^2$$

或 $$\hat{y} = b'_0 + b_1x_1 + b_2x_2 + b_3x_3 + b_{12}x_1x_2 + b_{13}x_1x_3 + b_{23}x_2x_3 + b_{11}x'_1 + b_{22}x'_2 + b_{33}x'_3$$

其余依此类推。

要建立二次回归方程，首先必须计算出不同类型的回归系数 $b'_0$，$b_j$，$b_{ij}$，$b_{jj}$。

由于二次回归正交组合设计的结构矩阵具有正交性，因而它的系数矩阵 $\boldsymbol{A}$ 为：

$$\boldsymbol{A}=\boldsymbol{X}'\boldsymbol{X}=\begin{bmatrix} N & & & & & & & & 0 \\ & a_1 & & & & & & & \\ & & \ddots & & & & & & \\ & & & a_m & & & & & \\ & & & & a_{12} & & & & \\ & & & & & \ddots & & & \\ & & & & & & a_{(m-1)m} & & \\ & & & & & & & a_{11} & \\ & & & & & & & & \ddots \\ 0 & & & & & & & & a_{mm} \end{bmatrix}$$

式中：$a_j=\sum x_{aj}^2$；$a_{ij}=\sum(x_{ai}x_{aj})^2(i\neq j)$；$a_{jj}=\sum(x'_{aj})^2$。

常数项矩阵 $\boldsymbol{B}$ 为：

$$\boldsymbol{B}=\boldsymbol{X}'\boldsymbol{Y}=(B_0,B_1\cdots B_m,B_{12},\cdots B_{m-1,m},B_{11}\cdots B_{mm})'$$

式中：$B_0=\sum y_a$；$B_j=\sum x_{aj}y_a$；$B_{jj}=\sum x'_{aj}y_a$；$B_{ij}=\sum x_{ai}x_{aj}y_a(i\neq j)$。

相关矩阵 $\boldsymbol{C}$ 为：

$$\boldsymbol{C}=\boldsymbol{A}^{-1}=\begin{bmatrix} N^{-1} & & & & & & & & 0 \\ & a_1^{-1} & & & & & & & \\ & & \ddots & & & & & & \\ & & & a_m^{-1} & & & & & \\ & & & & a_{12}^{-1} & & & & \\ & & & & & \ddots & & & \\ & & & & & & a_{m-1,m}^{-1} & & \\ & & & & & & & a_{11}^{-1} & \\ & & & & & & & & \ddots \\ 0 & & & & & & & & a_{mm}^{-1} \end{bmatrix}$$

于是二次回归方程的回归系数 $\boldsymbol{b}=\boldsymbol{A}^{-1}\boldsymbol{B}$，则：

$$b'_0=\frac{B_0}{N}=\frac{1}{N}\sum y_a=\bar{y} \qquad b_j=\frac{B_j}{a_j}=\frac{\sum x_{aj}y_a}{\sum x_{aj}^2}$$

$$b_{jj}=\frac{B_{jj}}{a_{jj}}=\frac{\sum x'_{aj}y_a}{\sum(x'_{aj})^2}, \qquad b_{ij}=\frac{B_{ij}}{a_{ij}}=\frac{\sum x_{ai}x_{aj}y_a}{\sum(x_{ai}x_{aj})^2} \quad (i\neq j)$$

为简便起见，上述计算可列表进行，如表 13-18 所示。

表 13-18　二次回归正交设计结构矩阵及运算表

| 试验号 | $x_0$ | $x_1$ | … | $x_m$ | $x_1x_2$ | … | $x_{m-1}x_m$ | $x'_1$ | … | $x'_m$ | $y_a$ |
|---|---|---|---|---|---|---|---|---|---|---|---|
| 1 | 1 | $x_{11}$ | … | $x_{1m}$ | $x_{11}x_{12}$ | … | $x_{1(m-1)}x_{1m}$ | $x'_{11}$ | … | $x'_{1m}$ | $y_1$ |
| 2 | 1 | $x_{21}$ | … | $x_{2m}$ | $x_{21}x_{22}$ | … | $x_{2(m-1)}x_{2m}$ | $x'_{21}$ | … | $x'_{2m}$ | $y_2$ |
| ⋮ | ⋮ | ⋮ | ⋮ | ⋮ | ⋮ | ⋮ | ⋮ | ⋮ | ⋮ | ⋮ | ⋮ |
| ⋮ | ⋮ | ⋮ | ⋮ | ⋮ | ⋮ | ⋮ | ⋮ | ⋮ | ⋮ | ⋮ | ⋮ |
| $N$ | 1 | $x_{N1}$ | … | $x_{Nm}$ | $x_{N1}x_{N2}$ | … | $x_{N(m-1)}x_{Nm}$ | $x'_{N1}$ | … | $x'_{Nm}$ | $y_N$ |
| $a_j=\sum x_{aj}^2$ | $\sum x_{a0}^2$ | $\sum x_{a1}^2$ | … | $\sum x_{am}^2$ | $\sum(x_{a1}x_{a2})^2$ | … | $\sum(x_{am-l}x_{am})^2$ | $\sum x'^2_{a1}$ | … | $\sum x'^2_{am}$ | $\sum y_a^2$ |
| $B_j=\sum x_{aj}y_a$ | $\sum x_{a0}y_a$ | $\sum x_{a1}y_a$ | … | $\sum x_{am}y_a$ | $\sum x_{a1}x_{a2}y_a$ | … | $\sum x_{am-1}x_{am}y_a$ | $\sum x'_{a1}y_a$ | … | $\sum x'_{am}y_a$ | $SS_y=\sum y_a^2-(\sum y_a)^2/N$ |
| $b_j=\dfrac{B_j}{a_j}$ | $\dfrac{B_0}{N}$ | $\dfrac{B_1}{a_1}$ | … | $\dfrac{B_m}{a_m}$ | $\dfrac{B_{12}}{a_{12}}$ | … | $\dfrac{B_{m-1,m}}{a_{m-1,m}}$ | $\dfrac{B'_{11}}{a'_{11}}$ | … | $\dfrac{B'_{mm}}{a'_{mm}}$ | $SS_R=\sum Q_j+\sum Q_{ij}+\sum Q'_j$ |
| $Q_j=B_j^2/a_j$ | — | $Q_1$ | … | $Q_m$ | $Q_{12}$ | … | $Q_{m-1,m}$ | $Q'_{11}$ | … | $Q'_{mm}$ | $SS_r=SS_y-SS_R$ |

经过上述运算可建立相应的二次回归方程：

$$\hat{y}=b_0+\sum_{i=1}^{m}b_jx_j+\sum_{i<j}b_{ij}x_ix_j+\sum_{i=1}^{m}b_{jj}x_j^2$$

一般情况下，表 13-18 中的 $b'_0$ 不必进行计算，而直接计算 $b_0$，其计算公式：

$$b_0=\bar{y}-\frac{1}{N}\sum_{a=1}^{N}x_{aj}^2\cdot\sum_{j=1}^{m}b_{jj} \tag{13-29}$$

回归关系的显著性检验一般采用 $F$ 检验。

如果在中心点设有 $m_0$ 次重复，且试验结果分别为 $y_{01}$，$y_{02}$，…，$y_{0m}$，则可先用由此计算的误差平方和($SS_e$)对失拟平方和($SS_{Lf}$)进行检验，这里有

$$SS_e=\sum_{i=1}^{m_0}(y_{0i}-\bar{y}_0)^2 \qquad df_e=m_0-1$$

$$SS_{Lf}=SS_T-SS_e \qquad df_{Lf}=df_r-df_e$$

$$F_{Lf}=\frac{SS_{Lf}/df_{Lf}}{SS_e/df_e}$$

如果 $F_{Lf}<F_{0.05(df_{Lf},df_e)}$，表明拟合较好，如果 $F_{Lf}>F_{0.05}$，表明拟合不好，有其他因素存在，应考虑修改回归模型。

### 13.3.5　三元二次回归正交组合设计示例

【例 13-2】　某食品加香试验，3 个因素，即 $Z_1$(香精用量)、$Z_2$(着香时间)、$Z_3$(着香温度)，试进行二次回归正交组合设计，并进行统计分析。

#### 13.3.5.1　设计方法

①确定 $\gamma$ 值，并确定 $m_c$ 及 $m_0$，根据本试验目的和要求，确定 $m_c=2^m=2^3=8$，$m_0=1$，查表(表 13-14)得 $\gamma=1.215$。

②确定因素的上、下水平，变化间距，以及对因子进行编码(表 13-19)。

**表 13-19　3 因素二次组合设计水平取值及编码表**

| 编码 | $Z_1$/(mL/kg 物料) | $Z_2$/h | $Z_3$/℃ |
|---|---|---|---|
| $+\gamma$ | 18 | 24 | 48 |
| +1 | 16.94 | 22.6 | 45.7 |
| 0 | 12 | 16 | 35 |
| −1 | 7.06 | 9.4 | 24.3 |
| $-\gamma$ | 6 | 8 | 22 |
| $\Delta_j$ | 4.94 | 6.6 | 10.7 |

计算各因素的零水平：

$$Z_{01}=(18+6)/2=12(\text{mL/kg 物料})$$

$$Z_{02}=(24+8)/2=16(\text{h})$$

$$Z_{03}=(48+22)/2=35\ (℃)$$

计算各因素的变化间距：

$$\Delta_{01} = (18-12)/1.215 = 4.94 (\text{mL/kg 物料})$$
$$\Delta_{02} = (24-16)/1.215 = 6.6\ (\text{h})$$
$$\Delta_{03} = (48-35)/1.215 = 10.7\ (℃)$$

③列出试验设计及试验方案，见表 13-20。

**表 13-20　3 因素二次回归正交组合设计及实施方案**

| 试验号 | 试验设计 | | | 实施方案 | | |
|---|---|---|---|---|---|---|
| | $x_1$ | $x_2$ | $x_3$ | 香精用量/(mL/kg) | 着香时间/h | 着香温度/℃ |
| 1 | 1 | 1 | 1 | 16.94 | 22.6 | 45.7 |
| 2 | 1 | 1 | −1 | 16.94 | 22.6 | 24.3 |
| 3 | 1 | −1 | 1 | 16.94 | 9.4 | 45.7 |
| 4 | 1 | −1 | −1 | 16.94 | 9.4 | 24.3 |
| 5 | −1 | 1 | 1 | 7.06 | 22.6 | 45.7 |
| 6 | −1 | 1 | −1 | 7.06 | 22.6 | 24.3 |
| 7 | −1 | −1 | 1 | 7.06 | 9.4 | 45.7 |
| 8 | −1 | −1 | −1 | 7.06 | 9.4 | 24.3 |
| 9 | 1.215 | 0 | 0 | 18 | 16 | 35 |
| 10 | −1.215 | 0 | 0 | 6 | 16 | 35 |
| 11 | 0 | 1.215 | 0 | 12 | 24 | 35 |
| 12 | 0 | −1.215 | 0 | 12 | 8 | 35 |
| 13 | 0 | 0 | 1.215 | 12 | 16 | 48 |
| 14 | 0 | 0 | −1.215 | 12 | 16 | 22 |
| 15 | 0 | 0 | 0 | 12 | 16 | 35 |

### 13.3.5.2　试验结果的统计分析

根据三元二次回归正交组合设计的要求，将各自变量的编码填入相应的结构矩阵中(表 13-21)，并进行统计分析检验。

①建立三元二次回归方程。

计算 $b_0$：

$$b_0 = \frac{1}{N}\sum y - \frac{1}{N}\sum x_{aj}^2 \cdot \sum_{j=1}^{m} b_{jj}$$
$$= \frac{37.37}{15} - \frac{10.952\,5}{15}(-2.339\,5 + 0.121\,2 - 1.009\,3)$$
$$= 4.909\,1$$

经过以上运算，可以初步建立多元回归方程：

$$\hat{y} = 4.909\,1 + 0.242\,4x_1 + 0.666\,0x_2 + 0.838\,7x_3 - 0.783\,8x_1x_2 - 0.771\,3x_1x_3 + 0.698\,8x_2x_3 - 2.339\,5x_1^2 + 0.121\,2x_2^2 - 1.009\,3x_3^2$$

**表 13-21　某食品三元二次回归正交组合设计结构矩阵及计算表**

| 试验号 | $x_0$ | $x_1$ | $x_2$ | $x_3$ | $x_1x_2$ | $x_1x_3$ | $x_2x_3$ | $x_1'$ | $x_2'$ | $x_3'$ | 结果($y'$) |
|---|---|---|---|---|---|---|---|---|---|---|---|
| 1 | 1 | 1 | 1 | 1 | 1 | 1 | 1 | 0.27 | 0.27 | 0.27 | 2.32 |
| 2 | 1 | 1 | 1 | −1 | 1 | −1 | −1 | 0.27 | 0.27 | 0.27 | 1.25 |
| 3 | 1 | 1 | −1 | 1 | −1 | 1 | −1 | 0.27 | 0.27 | 0.27 | 1.93 |
| 4 | 1 | 1 | −1 | −1 | −1 | −1 | 1 | 0.27 | 0.27 | 0.27 | 2.13 |
| 5 | 1 | −1 | 1 | 1 | −1 | −1 | 1 | 0.27 | 0.27 | 0.27 | 5.85 |
| 6 | 1 | −1 | 1 | −1 | −1 | 1 | −1 | 0.27 | 0.27 | 0.27 | 0.17 |
| 7 | 1 | −1 | −1 | 1 | 1 | −1 | −1 | 0.27 | 0.27 | 0.27 | 0.80 |
| 8 | 1 | −1 | −1 | −1 | 1 | 1 | 1 | 0.27 | 0.27 | 0.27 | −0.56 |
| 9 | 1 | 1.215 | 0 | 0 | 0 | 0 | 0 | 0.746 | −0.73 | −0.73 | 1.60 |
| 10 | 1 | −1.215 | 0 | 0 | 0 | 0 | 0 | 0.746 | −0.73 | −0.73 | 0.56 |
| 11 | 1 | 0 | 1.215 | 0 | 0 | 0 | 0 | −0.73 | 0.746 | −0.73 | 5.54 |
| 12 | 1 | 0 | −1.215 | 0 | 0 | 0 | 0 | −0.73 | 0.746 | −0.73 | 3.89 |
| 13 | 1 | 0 | 0 | 1.215 | 0 | 0 | 0 | −0.73 | −0.73 | 0.746 | 3.57 |
| 14 | 1 | 0 | 0 | −1.215 | 0 | 0 | 0 | −0.73 | −0.73 | 0.746 | 2.52 |
| 15 | 1 | 0 | 0 | 0 | 0 | 0 | 0 | −0.73 | −0.73 | −0.73 | 5.80 |
| $a_j=\sum x_j^2$ | 15 | 10.952 5 | 10.952 5 | 10.952 5 | 8 | 8 | 8 | 4.360 7 | 4.360 7 | 4.360 7 | $\sum y=37.37$ |
| $B_j=\sum x_jy$ | 37.37 | 2.633 6 | 7.294 8 | 9.185 8 | −6.27 | −6.17 | 5.59 | −10.201 9 | 0.528 6 | −4.372 1 | $SS_y=58.743\ 2$ |
| $b_j=B_j/a_j$ | $b_0$ | 0.242 4 | 0.666 0 | 0.838 7 | −0.783 8 | −0.771 3 | 0.698 8 | −2.339 5 | 0.121 2 | −1.009 3 | $SS_R=55.203\ 2$ |
| $Q_j=B_j^2/a_j$ | | 0.633 3 | 4.858 6 | 7.704 0 | 4.914 1 | 4.758 6 | 3.906 0 | 23.867 6 | 0.0641 | 4.4422 | $SS_r=3.540\ 0$ |

引自西南大学。

②回归关系的显著性测验。

根据表 13-21 的有关数据，列出方差分析表 13-22。

**表 13-22 回归关系的方差分析表**

| 变异来源 | 平方和(*SS*) | 自由度(*df*) | 均方(*MS*) | *F* | 显著程度 |
|---|---|---|---|---|---|
| $x_1$ | 0.633 27 | 1 | 0.633 27 | <1 | ns |
| $x_2$ | 4.858 56 | 1 | 4.858 56 | 6.862 4* | 0.05(6.61) |
| $x_3$ | 7.704 0 | 1 | 7.704 0 | 10.881 4* | 0.05(6.61) |
| $x_1x_2$ | 4.914 1 | 1 | 4.914 1 | 10.399 4* | 0.05(6.61) |
| $x_1x_3$ | 4.758 61 | 1 | 4.758 61 | 6.940 9* | 0.05(6.61) |
| $x_2x_3$ | 3.906 01 | 1 | 3.906 01 | 5.517 0 | 0.10(4.06) |
| $x'_1$ | 23.867 63 | 1 | 23.867 63 | 33.711 6** | 0.01(16.30) |
| $x'_2$ | 0.064 07 | 1 | 0.064 07 | <1 | ns |
| $x'_3$ | 4.442 2 | 1 | 4.442 2 | 6.274 3 | 0.10(4.06) |
| 回归 | 55.203 20 | 9 | 6.133 69 | 8.663 5* | 0.05(4.77) |
| 剩余 | 3.539 98 | 5 | 0.707 99 | | |
| 总变异 | 58.743 17 | 14 | | | |

③回归方程的优化。方差分析表明，总回归关系达到显著水平，说明本食品的加香试验与所选因素之间存在显著的回归关系，试验设计方案是正确的，选用二次正交回归组合设计也是恰当的。除 $x_1$ 和 $x_2^2$ 以外，其余各项因子基本达到显著或极显著，说明香料用量、着香时间、着香温度与这一食品的加香有显著或极显著关系。本试验设计的因素、水平选择是成功的。

有时候试验的效果并不是都这么显著，即达到显著的因素没有这么多。这是由于生物、农业和食品加工等领域试验影响因素的多样性和不确定性所造成。在回归正交试验设计的分析检验中，至少要求某因素的显著水平达到 0.25。也就是说当某因素的显著水平达到 0.25 时，一般不要盲目将其淘汰。因为在这种回归正交试验中，第一次方差分析往往因为误差(剩余)自由度偏小而影响了检验的精确度。并且由于回归正交试验计划具有的正交性，保证了试验因素的列与列之间没有互作(即没有相关性)存在，因此我们可以将未达到 0.25 以上显著水平的因素(或者互作)剔除，将其平方和和自由度并入误差(剩余)项，进行第二次方差分析，以提高检验的精确度，这种方法称为对回归方程的优化。

第二次方差分析结果见表 13-23。

**表 13-23 回归关系的第二次方差分析表**

| 变异来源 | 平方和(*SS*) | 自由度(*df*) | 均方(*MS*) | *F* | 显著程度 |
|---|---|---|---|---|---|
| $x_2$ | 4.858 56 | 1 | 4.858 56 | 8.026 3* | 0.05(5.59) |
| $x_3$ | 7.704 0 | 1 | 7.704 0 | 12.726 9** | 0.01(12.20) |
| $x_1x_2$ | 4.914 1 | 1 | 4.914 1 | 8.118 0* | 0.05(5.59) |
| $x_1x_3$ | 4.758 61 | 1 | 4.758 61 | 7.861 2* | 0.05(5.59) |
| $x_2x_3$ | 3.906 01 | 1 | 3.906 01 | 6.452 7* | 0.05(5.59) |
| $x_1^2$ | 23.867 63 | 1 | 23.867 63 | 39.429 0** | 0.01(12.20) |

续表 13-23

| 变异来源 | 平方和(SS) | 自由度(df) | 均方(MS) | F | 显著程度 |
|---|---|---|---|---|---|
| $x_3^2$ | 4.442 2 | 1 | 4.442 2 | 7.338 5* | 0.05(5.59) |
| 回归 | 54.242 65 | 7 | 7.748 95 | 12.801 2** | 0.01(6.99) |
| 剩余 | 4.237 32 | 7 | 0.605 33 | | |
| 总变异 | 58.479 97 | 14 | | | |

第二次方差分析表明，总回归及各项因素均达到显著或极显著水平，说明这一食品加香与试验因素之间存在极显著的回归关系，其优化的回归方程为：

$$\hat{y}=4.9091+0.6660x_2+0.8387x_3-0.7838x_1x_2-0.7713x_1x_3+0.6988x_2x_3-2.3395x_1^2-1.0093x_3^2$$

由于回归正交组合设计每项因子通过改造以后都是正交的，所以淘汰任何一项不显著因素，不会影响其余各列，所以其余各项的回归系数不用改算。

本试验由于 $m_0=1$，故不能进行失拟检验，这是试验的一个缺陷。如果取 $m_0=4$，对试验进行失拟检验，则本试验将更为圆满。

#### 13.3.5.3 回归方程的应用

当我们得到优化的二次回归方程以后，可以对它进行以下 3 方面的应用：

①在方程设计范围内最优试验因子的选取。这是目前广泛使用的计算机程序 SPSS 和 SAS 系统中经常运用的，是一种局部优化的方法。通过程序对试验所设计的因子编码进行自动寻优，找出每一个因素已有的局部最优点，作为本试验的优化试验点。这种方法的特点是简单、有效、实用，但找出的局部“最优”水平编码并不是理论上的最优点，不能代表真正的最优。这种方法将在后面正交旋转和通用旋转设计示例中介绍。

②方程局部最优点的寻找。即利用数学求极值的方法，寻找所得到的三元二次优化回归方程的局部最优解。首先对回归方程

$$\hat{y}=4.9091+0.6660x_2+0.8387x_3-0.7838x_1x_2-0.7713x_1x_3+0.6988x_2x_3-2.3395x_1^2-1.0093x_3^2$$

求一阶偏导数，并当达到局部最优点时，$\frac{\partial y}{\partial x_j}=0$，因此有：

$$\begin{cases}\frac{\partial y}{\partial x_1}=-2\times2.3395x_1-0.7838x_2-0.7713x_3=0\\ \frac{\partial y}{\partial x_2}=-0.7838x_1+0.6988x_3=-0.6660\\ \frac{\partial y}{\partial x_3}=-0.7713x_1+0.6988x_2-2\times1.0093x_3=-0.8387\end{cases}$$

解此方程组，得

$$x_1=0.3756\qquad x_2=-1.8345\qquad x_3=-0.4143$$

代入原编码水平，得出各因素的最优试验水平

香精用量　$Z_1 = x_1\Delta_1 + Z_{01} = 0.3756 \times 4.94 + 12 = 13.85$ (mL/kg 物料)

着香时间　$Z_2 = x_2\Delta_2 + Z_{02} = -1.8345 \times 6.58 + 16 = 3.92$ (h)

着香温度　$Z_3 = x_3\Delta_3 + Z_{03} = -0.4143 \times 10.7 + 35 = 30.57$ (℃)

③寻求最佳试验方案。最佳试验方案,并不一定是上面我们所寻求的局部最优点,而是根据试验所耗费的人力、物力、财力综合平衡,在保证试验质量和结果真实可靠的前提下,寻求经济、高效的试验方案。这里举另外一例。

某作物对氮肥(N)和磷肥($P_2O_5$)的最佳施肥方案,其一阶偏导数

$$\frac{\partial y}{\partial x_1} = 25.128\,2 - 30.404\,x_1 + 11.250\,x_2$$

$$\frac{\partial y}{\partial x_2} = 15.234\,9 + 11.250\,x_1 - 31.080\,8\,x_2$$

而最佳施肥量是当边际产量等于边际成本(作物种植阶段投入的种子、肥料、管理等可变成本)时的施肥量,它受边际产量、作物产品价格、肥料价格的制约,因此有以下关系式:

氮肥的边际产量为: $\frac{\partial y}{\partial x_N} = \frac{P_{x_N}}{P_y} = \frac{\text{纯氮价格}}{\text{产品价格}} = \frac{3.50}{1.40} = 2.50$

磷肥的边际产量为: $\frac{\partial y}{\partial x_P} = \frac{P_{x_P}}{P_y} = \frac{P_2O_5\text{ 价格}}{\text{产品价格}} = \frac{2.50}{1.40} = 1.786$

于是根据等价关系,建立如下方程组:

$$\begin{cases} 30.404\,0x_N - 11.25x_P = 25.128\,2 - 2.50 \\ -11.25x_N + 31.080\,8x_P = 15.234\,9 - 1.786 \end{cases}$$

解此方程组,即得到了最佳施肥方案。

## 13.4 回归的旋转设计

### 13.4.1 旋转设计的基本原理

#### 13.4.1.1 回归设计的旋转性

回归正交设计的最大优点是试验次数较少,计算简便,又消除了回归系数间的相关性。但是其缺点是预测值的方差依赖于试验点在因子空间中的位置。由于误差的干扰,试验者不能根据预测值直接寻找最优区域。若能使二次设计具有旋转性,即能使与试验中心距离相等的点上预测值的方差相等,那就有助于克服上述缺点。所以试验者常常希望牺牲部分的正交性而获得旋转性,特别在计算机软件发展的今天,计算的不便之处可以交由计算机帮助处理,因而提出回归的旋转设计(whirly design)。

所谓旋转性是指试验因素空间中与试验中心距离相等的球面上各处理组合的预测值 $\hat{y}$ 的方差具有几乎相等的特性,具有这种性质的回归设计称回归旋转设计。利用具有旋转性的回归方程进行预测时,对于同一球面上的点可直接比较其预测值的好坏,从而找出预测值较优

区域。

如何才能使试验设计具有旋转性呢？这就需要弄清旋转性对试验设计的要求，以及获得旋转性必须满足的基本条件。首先必须明确的是：在旋转设计中，试验处理的预测值 $\hat{y}$ 的方差仅与因素空间中从试验点到试验中心的距离 $\rho$ 有关，而与方向无关，从而克服了通常因为不知道最优点在什么方向的缺陷。

①旋转性条件。一次回归正交设计具有旋转性，这里应该解决的是二次回归正交的旋转性问题。下面以试验设计中常用的三元二次回归方程来讨论这个问题。

在 3 个变量情况下，二次回归模型为：

$$y_\alpha = \beta_0 x_0 + \sum_{j=1}^{3}\beta_j x_j + \sum_{i<j}\beta_{ij}x_i x_j + \sum_{j=1}^{3}\beta_{jj}x_j^2 + \varepsilon_{ij}$$

即

$$\begin{aligned} y_\alpha = {} & \beta_0 + \beta_1 x_{\alpha 1} + \beta_2 x_{\alpha 2} + \beta_3 x_{\alpha 3} + \beta_{12}x_{\alpha 1}x_{\alpha 2} + \beta_{13}x_{\alpha 1}x_{\alpha 3} + \beta_{23}x_{\alpha 2}x_{\alpha 3} \\ & + \beta_{11}x_{\alpha 1}^2 + \beta_{22}x_{\alpha 2}^2 + \beta_{33}x_{\alpha 3}^2 + \varepsilon_\alpha \qquad (\alpha = 1,2,\cdots,N) \end{aligned} \tag{13-30}$$

此时正规方程的结构矩阵为：

$$\boldsymbol{X} = \begin{bmatrix} 1 & x_{11} & x_{12} & x_{13} & x_{11}x_{12} & x_{11}x_{13} & x_{12}x_{13} & x_{11}^2 & x_{12}^2 & x_{13}^2 \\ 1 & x_{21} & x_{22} & x_{23} & x_{21}x_{22} & x_{21}x_{23} & x_{22}x_{23} & x_{21}^2 & x_{22}^2 & x_{23}^2 \\ \vdots & \vdots & \vdots & \vdots & \vdots & \vdots & \vdots & \vdots & \vdots & \vdots \\ 1 & x_{N1} & x_{N2} & x_{N3} & x_{N1}x_{N2} & x_{N1}x_{N3} & x_{N2}x_{N3} & x_{N1}^2 & x_{N2}^2 & x_{N3}^2 \end{bmatrix}$$

对应的系数矩阵 $\mathbf{A}=\boldsymbol{X}'\boldsymbol{X}$ 是 $\binom{p+d}{d}$ 阶对称方阵，其中元素的一般形式是：

$$\sum_\alpha x_{\alpha_1}^{a_1}x_{\alpha_2}^{a_2}x_{\alpha_3}^{a_3}$$

式中：$x$ 的指数 $a_1$、$a_2$、$a_3$ 可分别取 0、1、2、3、4 等数，但它们的和不超过 4，即：

$$0 \leqslant a_1 + a_2 + a_3 \leqslant 4$$

系数矩阵 **A** 中的元素可分为两类：第一类元素，它们的所有指数 $a_1$、$a_2$、$a_3$ 都是偶数或零；第二类元素，它们的所有指数 $a_1$、$a_2$、$a_3$ 中至少有一个为奇数。

一般，$m$ 元 $d$ 次回归中共有 $C_{m+d}^{d}$ 项，**A** 的元素的一般形式为：$\sum x_{\alpha_1}^{a_1}X_{\alpha_2}^{a_2}\cdots x_{\alpha_m}^{a_m}$，指数 $a_1$、$a_2$、…、$a_m$ 分别取 0、1、2、…$2d$，但 $0\leqslant a_1 + a_2 + \cdots + a_m \leqslant 2d$

$$\mathbf{A}\text{ 的元素分类}\begin{cases} 1.\text{其指数 } a_1, a_2, \cdots a_m \text{ 都是偶数或零} \\ 2.\text{其指数 } a_2, a_2, \cdots a_m \text{ 中至少有一个为奇数} \end{cases}$$

在旋转设计中，对这两类元素是有要求的，$m$ 元 $d$ 次回归设计满足旋转性的条件是：

$$\sum x_{\alpha_1}^{a_1}x_{\alpha_2}^{a_2}\cdots x_{\alpha_m}^{a_m} = \begin{cases} \lambda_a \dfrac{N\prod\limits_{i=1}^{m} a_i!}{2^{\frac{a}{2}}\prod\limits_{i=1}^{m}(\frac{a_i}{2})!} & \text{当所有 } a_i \text{ 皆为偶数或零时} \\ 0 & \text{当所有 } a_i \text{ 至少有一个奇数时} \end{cases} \tag{13-31}$$

式中：$N$ 为试验次数，$a = a_1 + a_2 + \cdots + a_m$，$\lambda_a$ 为待定参数。且下标 $a$ 必为偶数，且 $\lambda_0 = 1$，这个条件说明了旋转设计下系数矩阵 $\boldsymbol{A}$ 的具体结构。

一般，$m$ 元二次旋转设计的系数矩阵 $\boldsymbol{A}$ 的元素有如下特点（$m$ 元二次回归旋转性条件）：

$$\sum_{\alpha} x_{\alpha j}^2 = \lambda_2 N, \quad \sum_{\alpha} x_{\alpha j}^4 = 3\sum_{\alpha} x_{\alpha_i}^2 x_{\alpha_j}^2 = 3\lambda_4 N \quad i, j = 1, 2, \cdots, m \text{（第一类）}$$

$$\sum_{\alpha} x_{\alpha_1}^{a_1} x_{\alpha_2}^{a_2} \cdots x_{\alpha_m}^{a_m} = 0 \text{（第二类）} \tag{13-32}$$

式中：$\lambda_2$、$\lambda_4$ 待定。

②非退化条件。为了使旋转设计成为可能，还必须使系数矩阵 $\boldsymbol{A}$ 不退化（满秩），即 $|\boldsymbol{A}| = |\boldsymbol{X}'\boldsymbol{X}| \neq 0$。

为此，必须有不等式

$$\frac{\lambda_4}{\lambda_2^2} \neq \frac{m}{m+2} \tag{13-33}$$

式(13-33)就是 $m$ 元二次旋转设计的非退化条件。

已经证明，只要使 $N$ 个试验点不在同一个球面上，就能满足非退化条件。最简单的情况就是把 $N$ 个试验点分布在 2 个或 3 个半径不等的球面上。如 $m_0$ 个点分布在半径为 0 的球面上（即在中心点重复 $m_0$ 次试验），另外 $m_1 = N - m_0$ 个点均匀分布在半径为 $\rho(\rho \neq 0)$ 的球面上。

综上所述，为了获得 $m$ 元二次旋转设计方案，就要求既要满足旋转性条件式(13-32)，又要满足非退化条件式(13-33)。满足条件式(13-32)是旋转设计的必要条件，满足非退化条件式(13-33)是使旋转性成为可能的充分条件。二者结合起来才能使旋转性设计得以实现。实际操作上主要借助于中心组合设计来实现。因为中心组合设计中 $N$ 个试验点（$N = m_c + m_\gamma + m_0$）分布在 3 个半径不相等的球面上。即：

$m_c$ 个点分布在半径 $\rho_c = \sqrt{m}$ 的球面上；

$m_\gamma$ 个点分布在半径 $\rho_\gamma = \gamma$ 的球面上；

$m_0$ 个点集中在半径为 $\rho_0 = 0$ 的球面上。

因此，采用中心组合设计选取的试验点，完全能够满足非退化条件式(13-33)，即系数矩阵 $\boldsymbol{A}$ 不会退化。此外，采用中心组合设计，其系数矩阵 $\boldsymbol{A}$ 的元素中

$$\sum_{\alpha} x_{\alpha j} = \sum_{\alpha} x_{\alpha i} x_{\alpha j} = \sum_{\alpha} x_{\alpha i}^2 x_{\alpha j} = 0$$

而它的偶次方元素

$$\sum_{\alpha} x_{\alpha i}^2 = m_c + 2\gamma^2, \quad \sum_{\alpha} x_{\alpha i}^4 = m_c + 2\gamma^4, \quad \sum_{\alpha} x_{\alpha i}^2 x_{\alpha j}^2 = m_c$$

均不等于零，完全符合式(13-32)的要求。

③$\gamma$ 值的选取。为了获得旋转设计方案，还必须根据旋转性条件式(13-29)确定 $\gamma$ 值，事实上只要 $\sum x_{\alpha j}^4 = 3\sum x_{\alpha i}^2 x_{\alpha j}^2$ 求出 $\gamma$ 值就行了。在组合设计下，当 $m_c = 2^m$（全实施）时，则前式变为：

$$2^m + 2\gamma^4 = 3\times 2^m$$

解此方程，即可建立全实施时 $\gamma$ 值的计算式，即：

$$\gamma = 2^{\frac{m}{4}} \tag{13-34}$$

同理

当 $m_c = 2^{m-1}\left(\frac{1}{2}\text{实施}\right)\quad \gamma = 2^{\frac{m-1}{4}}$；

当 $m_c = 2^{m-2}\left(\frac{1}{4}\text{实施}\right)\quad \gamma = 2^{\frac{m-1}{4}}$；

当 $m_c = 2^{m-3}\left(\frac{1}{8}\text{实施}\right)\quad \gamma = 2^{\frac{m-3}{4}}$。

为了便于设计，现将 $m$ 个因素不同实施情况下的 $\gamma$ 值列于表 13-24。

**表 13-24　二次正交旋转组合设计参数表**

| $m$ | $m_c$ | $m_\gamma$ | $m_0$ | $N$ | $\gamma$ |
|---|---|---|---|---|---|
| 2(全实施) | 4 | 4 | 8 | 16 | 1.414 |
| 3(全实施) | 8 | 6 | 9 | 23 | 1.682 |
| 4(全实施) | 16 | 8 | 12 | 36 | 2.000 |
| 4(1/2 实施) | 8 | 8 | 7 | 23 | 1.682 |
| 5(全实施) | 32 | 10 | 17 | 59 | 2.378 |
| 5(1/2 实施) | 16 | 10 | 10 | 36 | 2.000 |
| 6(1/2 实施) | 32 | 12 | 15 | 59 | 2.378 |
| 6(1/4 实施) | 16 | 12 | 8 | 36 | 2.000 |
| 7(1/2 实施) | 64 | 14 | 22 | 100 | 2.828 |
| 7(1/4 实施) | 32 | 14 | 13 | 59 | 2.378 |
| 8(1/2 实施) | 128 | 16 | 33 | 177 | 3.364 |
| 8(1/4 实施) | 64 | 16 | 20 | 100 | 2.828 |
| 8(1/8 实施) | 32 | 16 | 11 | 59 | 2.374 |

#### 13.4.1.2　正交性的获得

二次旋转组合设计具有同一球面预测值 $\hat{y}$ 的方差相等的优点，但回归统计数的计算较繁琐。如果使它获得正交性就能大大简化计算手续。

当要求一个设计不仅具有旋转性，还要求保持正交性，或至少是近似正交的情况。这时需要使 $A$ 的非对角线元素全为 0。在二次旋转组合计划中，一次项和交互项的回归系数 $b_j$ 和 $b_{ij}$ 仍保持正交，但 $b_0$ 与 $b_{jj}$ 之间，以及 $b_{ii}$ 与 $b_{jj}$ 之间都存在相关，即不具正交性，它们之间的协方差分别为：

$$\left.\begin{aligned} Cov(b_0, b_{jj}) &= -2\lambda_2\lambda_4 t\sigma^2/N \\ Cov(b_{ii}, b_{jj}) &= (\lambda_2^2 - \lambda_4)t\sigma^2/N \end{aligned}\right\} \tag{13-35}$$

式中：

$$t = \frac{1}{2\lambda_4\left[(m+2)\lambda_4 - m\lambda_2^2\right]}$$

从式(13-35)看出，要使二次回归旋转组合设计获得正交性，就必须消除常数项 $b_0$ 与平方项 $b_{jj}$ 间，以及平方项 $b_{ii}$ 与 $b_{jj}$ 间的相关性。消除 $b_0$ 与 $b_{jj}$ 间的相关性并不难解决，只要对平方项施行中心化变换即可实现，即：

$$x'_{aj} = x_{aj}^2 - \frac{1}{N}\sum_a x_{aj}^2$$

至于消除平方项之间的相关性，从式(13-32)看出，只要使式中 $\lambda_4 = \lambda_2^2$ 或 $\lambda_4 / \lambda_2^2 = 1$，就会使 $Cov(b_{ii}, b_{jj}) = 0$，从而消除其间的相关性。

如何才能满足 $\lambda_4 / \lambda_2^2 = 1$ 呢？在组合设计中它的值

$$\frac{\lambda_4}{\lambda_2^2} = \frac{m_c m + 2\gamma^4}{(m_c + 2\gamma^2)^2} \cdot \frac{N}{m+2} \quad (13\text{-}36)$$

对于 $m$ 个因素的二次旋转组合设计，式(13-33)中的 $m$、$m_c$ 和 $\gamma$ 都是固定的。因此，只有适当地调整 $N$ 才能使 $\lambda_4 / \lambda_2^2 = 1$，而试验处理数

$$N = m_c + m_\gamma + m_0$$

同样，对于 $m$ 元二次旋转组合设计，上式中的 $m_c$ 和 $m_\gamma$ 也都是固定的。这样就只能通过调整中心点的试验处理数 $m_0$ 使 $\lambda_4 / \lambda_2^2 = 1$。由此可见，适当地选取 $m_0$，就能使二次旋转组合设计具有一定的正交性。为了方便设计，已将 $m$ 元不同实施的 $m_0$ 和 $N$ 列入表 13-24 中。

综上所述，只要对平方项施行中心化变换，并适当调整 $m_0$ 就能获得二次正交旋转组合设计方案，这方面的计划见表 13-27、表 13-28。

#### 13.4.1.3 二次旋转组合设计的通用性

二次回归旋转组合设计，具有同一球面上各试验点的预测值 $\hat{y}$ 的方差相等的优点，但它还存在不同半径球面上各试验点的预测值 $\hat{y}$ 的方差不等的缺点。于是提出了旋转设计的通用性问题。所谓一个设计具有通用性是指试验除了仍保持其旋转性外，在与编码中心距离小于 1 的任意点上的预测值的方差近似相等的性质。即同时具有旋转性与通用性。这种设计称为通用旋转组合设计。如何才能满足其通用性呢？

首先来看预测值 $\hat{y}$ 的方差，已知在 $m$ 个因素情况下，其预测值 $\hat{y}$ 的方差

$$D(\hat{y}) = \frac{(m+2)\sigma^2}{[(m+2)\lambda_4 - m](N/\lambda_4)} \times \left[1 + \frac{\lambda_4 - 1}{\lambda_4}\rho^2 + \frac{(m+1)\lambda_4 - (m-1)}{2\lambda_4^2(m+2)}\rho^4\right] \quad (13\text{-}37)$$

此式是在 $\lambda_2 = 1$ 的约定下得到的，这种约定并非本质的，只是为了讨论简单起见。由此可知，只有恰当确定 $\lambda_4$，才能满足通用性的要求。

那么，对 $\lambda_4$ 有什么要求呢？总的来说，它必须使式中 $D(\hat{y})$ 在诸 $\rho_i$（$0<\rho<1$ 区间的内插点)处的值与 $\rho = 0$ 处的值的差的平方和为最小，即：

$$Q(\lambda_4) = f_0^2(\lambda_4)\sum_{i=1}^{n}[f_1(\lambda_4)\rho_i^2 + f_2(\lambda_4)\rho_i^4]^2 = 最小 \quad (13\text{-}38)$$

式中：$f_0(\lambda_4) = \dfrac{m+2}{[(m+2)\lambda_4 - m](N/\lambda_4)}$，$f_2(\lambda_4) = \dfrac{(m+1)\lambda_4 - (m-1)}{2\lambda_4^2(m+2)}$，$f_1(\lambda_4) = \dfrac{\lambda_4 - 1}{\lambda_4}$。

于是，对于不同的 $m$，均可计算出满足式(13-38)的 $\lambda_4$。

当 $\lambda_4$ 确定后，由关系式(13-36)可以计算出不同 $m$ 的试验处理数 $N$。

$$N=\frac{(m_c+2\gamma^2)^2(m+2)\lambda_4}{m_c m+2\gamma^4}$$

当计算结果不是整数时，$N$ 可取其最靠近的整数。然后再由

$$m_0=N-m_c-m_\gamma$$

计算出不同 $m$ 值的 $m_0$，上述计算结果列于表 13-25。

**表 13-25　二次通用旋转组合设计参数表**

| $m$ | $m_c$ | $m_\gamma$ | $\gamma$ | $\lambda_4$ | $N$ | $m_0$ |
|---|---|---|---|---|---|---|
| 2 | 4 | 4 | 1.414 | 0.81 | 13 | 5 |
| 3 | 8 | 6 | 1.682 | 0.86 | 20 | 6 |
| 4 | 16 | 8 | 2.000 | 0.86 | 31 | 7 |
| $5\left(\frac{1}{2}\text{实施}\right)$ | 16 | 10 | 2.000 | 0.89 | 32 | 6 |
| $6\left(\frac{1}{2}\text{实施}\right)$ | 32 | 12 | 2.378 | 0.90 | 53 | 9 |
| $7\left(\frac{1}{2}\text{实施}\right)$ | 64 | 14 | 2.828 | 0.92 | 92 | 14 |
| $8\left(\frac{1}{2}\text{实施}\right)$ | 128 | 16 | 3.364 | 0.93 | 165 | 21 |
| $8\left(\frac{1}{4}\text{实施}\right)$ | 64 | 16 | 3.828 | 0.93 | 93 | 13 |

从上述讨论结果看出，为了满足通用性要求，主要在于确定出适当的 $m_0$。因此，只要在中心点安排如表 13-25 所列的 $m_0$ 次试验旋转组合设计便获得通用性。

从以上可以看出，正交旋转的好处在于正交性，它是通过增加中心点的试验次数换来的，但有时并不合算。在某些实际问题中，反倒不如选用通用旋转设计。因为通用旋转设计，既能在 $0<\rho<1$ 的较实用区域使方差 $D(\hat{y})$ 基本不变，又在一定程度上减少了试验次数。但是应该注意由于通用旋转设计失去了正交性，在统计分析以后要淘汰因子时就显得繁琐复杂。

## 13.4.2　二次正交旋转组合设计及其统计分析

### 13.4.2.1　二次正交旋转组合设计的一般方法

设研究因素为 $m$ 个，分别以 $Z_1,Z_2,\cdots,Z_m$ 表示。在进行设计时，首先确定每个因素的上、下水平，进而计算零水平，以及变化间距。因素变化间距的计算式为：

$$\Delta_j=(Z_{2j}+Z_{0j})/\gamma$$

式中：$\gamma$ 为待定参数，其值可以从表 13-24 中查出。

对每个因素 $Z_j$ 各水平的取值进行线性变换，以实现其编码：

$$x_{aj}=(Z_{aj}-Z_{0j})/\Delta_j$$

这样，就将有单位的自然变量 $Z_j$ 变成了无单位的规范变量 $x_j$ ($j=1, 2, \cdots, m$)，并可编制出因素水平的编码值表(表 13-26)。

**表 13-26 二次正交旋转设计因素水平编码值表**

| 编码 | $Z_1$ | $Z_2$ | … | $Z_m$ |
|---|---|---|---|---|
| $+\gamma$ | $Z_{21}$ | $Z_{22}$ | … | $Z_{2m}$ |
| +1 | $Z_{01}+\Delta_1$ | $Z_{02}+\Delta_2$ | … | $Z_{0m}+\Delta_m$ |
| 0 | $Z_{01}$ | $Z_{02}$ | … | $Z_{0m}$ |
| −1 | $Z_{01}-\Delta_1$ | $Z_{02}-\Delta_2$ | … | $Z_{0m}-\Delta_m$ |
| $-\gamma$ | $Z_{11}$ | $Z_{12}$ | … | $Z_{1m}$ |

试验因素 $Z_1, Z_2, \cdots, Z_m$ 经因素水平编码后，以变量 $x_1, x_2, \cdots, x_m$ 表示，选用适当的二水平正交表，即可设计出二次回归正交旋转组合方案。

为了方便设计与统计分析，现将常用的 2 因素和 3 因素二次正交旋转组合设计的结构矩阵列于表 13-27 和表 13-28。

二次回归正交旋转组合设计试验结果的统计分析，与二次回归正交组合设计试验结果的统计分析方法相似，这里不再赘述。

**表 13-27 二元二次正交旋转组合设计的结构矩阵**

| 处理号 | | $x_0$ | $x_1$ | $x_2$ | $x_1x_2$ | $x'_1$ | $x'_2$ |
|---|---|---|---|---|---|---|---|
| $m_c$ | 1 | 1 | 1 | 1 | 1 | 0.5 | 0.5 |
| | 2 | 1 | 1 | −1 | −1 | 0.5 | 0.5 |
| | 3 | 1 | −1 | 1 | −1 | 0.5 | 0.5 |
| | 4 | 1 | −1 | −1 | 1 | 0.5 | 0.5 |
| $m_\gamma$ | 5 | 1 | 1.414 | 0 | 0 | 1.5 | −0.5 |
| | 6 | 1 | −1.414 | 0 | 0 | 1.5 | −0.5 |
| | 7 | 1 | 0 | 1.414 | 0 | −0.5 | 1.5 |
| | 8 | 1 | 0 | −1.414 | 0 | −0.5 | 1.5 |
| $m_0$ | 9 | 1 | 0 | 0 | 0 | −0.5 | −0.5 |
| | 10 | 1 | 0 | 0 | 0 | −0.5 | −0.5 |
| | 11 | 1 | 0 | 0 | 0 | −0.5 | −0.5 |
| | 12 | 1 | 0 | 0 | 0 | −0.5 | −0.5 |
| | 13 | 1 | 0 | 0 | 0 | −0.5 | −0.5 |
| | 14 | 1 | 0 | 0 | 0 | −0.5 | −0.5 |
| | 15 | 1 | 0 | 0 | 0 | −0.5 | −0.5 |
| | 16 | 1 | 0 | 0 | 0 | −0.5 | −0.5 |
| $a_j=\sum x_{aj}^2$ | | 16 | 8 | 8 | 4 | 8 | 8 |

**表 13-28 三元二次正交旋转组合设计结构矩阵**

| | 处理号 | $x_0$ | $x_1$ | $x_2$ | $x_3$ | $x_1x_2$ | $x_1x_3$ | $x_2x_3$ | $x'_1$ | $x'_2$ | $x'_3$ |
|---|---|---|---|---|---|---|---|---|---|---|---|
| $m_c$ | 1 | 1 | 1 | 1 | 1 | 1 | 1 | 1 | 0.406 | 0.406 | 0.406 |
| | 2 | 1 | 1 | 1 | −1 | 1 | −1 | −1 | 0.406 | 0.406 | 0.406 |
| | 3 | 1 | 1 | −1 | 1 | −1 | 1 | −1 | 0.406 | 0.406 | 0.406 |
| | 4 | 1 | 1 | −1 | −1 | −1 | −1 | 1 | 0.406 | 0.406 | 0.406 |
| | 5 | 1 | −1 | 1 | 1 | −1 | −1 | 1 | 0.406 | 0.406 | 0.406 |
| | 6 | 1 | −1 | 1 | −1 | −1 | 1 | −1 | 0.406 | 0.406 | 0.406 |
| | 7 | 1 | −1 | −1 | 1 | 1 | −1 | −1 | 0.406 | 0.406 | 0.406 |
| | 8 | 1 | −1 | −1 | −1 | 1 | 1 | 1 | 0.406 | 0.406 | 0.406 |
| $m_\gamma$ | 9 | 1 | 1.682 | 0 | 0 | 0 | 0 | 0 | 2.234 | −0.594 | −0.594 |
| | 10 | 1 | −1.682 | 0 | 0 | 0 | 0 | 0 | 2.234 | −0.594 | −0.594 |
| | 11 | 1 | 0 | 1.682 | 0 | 0 | 0 | 0 | −0.594 | 2.234 | −0.594 |
| | 12 | 1 | 0 | −1.682 | 0 | 0 | 0 | 0 | −0.594 | 2.234 | −0.594 |
| | 13 | 1 | 0 | 0 | 1.682 | 0 | 0 | 0 | −0.594 | −0.594 | 2.234 |
| | 14 | 1 | 0 | 0 | −1.682 | 0 | 0 | 0 | −0.594 | −0.594 | 2.234 |
| $m_0$ | 15 | 1 | 0 | 0 | 0 | 0 | 0 | 0 | −0.594 | −0.594 | −0.594 |
| | 16 | 1 | 0 | 0 | 0 | 0 | 0 | 0 | −0.594 | −0.594 | −0.594 |
| | 17 | 1 | 0 | 0 | 0 | 0 | 0 | 0 | −0.594 | −0.594 | −0.594 |
| | 18 | 1 | 0 | 0 | 0 | 0 | 0 | 0 | −0.594 | −0.594 | −0.594 |
| | 19 | 1 | 0 | 0 | 0 | 0 | 0 | 0 | −0.594 | −0.594 | −0.594 |
| | 20 | 1 | 0 | 0 | 0 | 0 | 0 | 0 | −0.594 | −0.594 | −0.594 |
| | 21 | 1 | 0 | 0 | 0 | 0 | 0 | 0 | −0.594 | −0.594 | −0.594 |
| | 22 | 1 | 0 | 0 | 0 | 0 | 0 | 0 | −0.594 | −0.594 | −0.594 |
| | 23 | 1 | 0 | 0 | 0 | 0 | 0 | 0 | −0.594 | −0.594 | −0.594 |
| $a_j=\sum x_{aj}^2$ | | 23 | 13.658 | 13.658 | 13.658 | 8 | 8 | 8 | 15.887 | 15.887 | 15.887 |

### 13.4.2.2 三因素正交旋转组合设计示例

【例 13-3】 考察提取时间、料液比、超声波提取功率三因素对五倍子多糖提取工艺的优化试验,采用三因素正交旋转组合设计,其试验因素水平编码见表 13-29(资料选自成都理工大学)。

**表 13-29 五倍子多糖提取优化试验的因素水平编码值表**

| 编码 | $Z_1$ | $Z_2$ | $Z_3$ |
|---|---|---|---|
| | 提取时间/min | 料液比 | 超声波提取功率/W |
| +1.682 | 47 | 1∶25 | 385 |
| +1 | 40 | 1∶23 | 350 |
| 0 | 30 | 1∶20 | 300 |
| −1 | 20 | 1∶17 | 250 |
| −1.682 | 13 | 1∶15 | 215 |
| $\Delta_j$ | 10 | 3.0 | 50 |

①建立回归方程。建立五倍子多糖提取优化试验的三元二次正交旋转回归方程,其试验结果的统计分析,见表 13-30。

**表 13-30 试验的三元二次正交旋转组合设计结构矩阵及试验结果表**

| 处理号 | $x_0$ | $x_1$ | $x_2$ | $x_3$ | $x_1x_2$ | $x_1x_3$ | $x_2x_3$ | $x'_1$ | $x'_2$ | $x'_3$ | 提取率/% |
|---|---|---|---|---|---|---|---|---|---|---|---|
| 1 | 1 | 1 | 1 | 1 | 1 | 1 | 1 | 0.406 | 0.406 | 0.406 | 2.79 |
| 2 | 1 | 1 | 1 | −1 | 1 | −1 | −1 | 0.406 | 0.406 | 0.406 | 2.93 |
| 3 | 1 | 1 | −1 | 1 | −1 | 1 | −1 | 0.406 | 0.406 | 0.406 | 2.88 |
| 4 | 1 | 1 | −1 | −1 | −1 | −1 | 1 | 0.406 | 0.406 | 0.406 | 3.38 |
| 5 | 1 | −1 | 1 | 1 | −1 | −1 | 1 | 0.406 | 0.406 | 0.406 | 2.64 |
| 6 | 1 | −1 | 1 | −1 | −1 | 1 | −1 | 0.406 | 0.406 | 0.406 | 3.15 |
| 7 | 1 | −1 | −1 | 1 | 1 | −1 | −1 | 0.406 | 0.406 | 0.406 | 2.86 |
| 8 | 1 | −1 | −1 | −1 | 1 | 1 | 1 | 0.406 | 0.406 | 0.406 | 3.10 |
| 9 | 1 | 1.682 | 0 | 0 | 0 | 0 | 0 | 2.234 | −0.594 | −0.594 | 3.37 |
| 10 | 1 | −1.682 | 0 | 0 | 0 | 0 | 0 | 2.234 | −0.594 | −0.594 | 2.86 |
| 11 | 1 | 0 | 1.682 | 0 | 0 | 0 | 0 | −0.594 | 2.234 | −0.594 | 2.95 |
| 12 | 1 | 0 | −1.682 | 0 | 0 | 0 | 0 | −0.594 | 2.234 | −0.594 | 3.17 |
| 13 | 1 | 0 | 0 | 1.682 | 0 | 0 | 0 | −0.594 | −0.594 | 2.234 | 3.09 |
| 14 | 1 | 0 | 0 | −1.682 | 0 | 0 | 0 | −0.594 | −0.594 | 2.234 | 3.40 |
| 15 | 1 | 0 | 0 | 0 | 0 | 0 | 0 | −0.594 | −0.594 | −0.594 | 3.28 |
| 16 | 1 | 0 | 0 | 0 | 0 | 0 | 0 | −0.594 | −0.594 | −0.594 | 3.40 |
| 17 | 1 | 0 | 0 | 0 | 0 | 0 | 0 | −0.594 | −0.594 | −0.594 | 3.34 |
| 18 | 1 | 0 | 0 | 0 | 0 | 0 | 0 | −0.594 | −0.594 | −0.594 | 3.50 |
| 19 | 1 | 0 | 0 | 0 | 0 | 0 | 0 | −0.594 | −0.594 | −0.594 | 3.49 |
| 20 | 1 | 0 | 0 | 0 | 0 | 0 | 0 | −0.594 | −0.594 | −0.594 | 3.17 |
| 21 | 1 | 0 | 0 | 0 | 0 | 0 | 0 | −0.594 | −0.594 | −0.594 | 3.46 |
| 22 | 1 | 0 | 0 | 0 | 0 | 0 | 0 | −0.594 | −0.594 | −0.594 | 3.47 |
| 23 | 1 | 0 | 0 | 0 | 0 | 0 | 0 | −0.594 | −0.594 | −0.594 | 3.44 |
| $a_j=\sum x_j^2$ | 23 | 13.658 | 13.658 | 13.658 | 8 | 8 | 8 | 15.887 | 15.887 | 15.887 | $\sum y = 73.12$ |
| $B_j=\sum x_j y$ | 73.12 | 1.0878 2 | −1.080 04 | −1.911 42 | −0.37 | 0.11 | 0.09 | −2.084 84 | −2.395 92 | −1.349 56 | $SSy = 1.506\ 583$ |
| $b_j=B_j/a_j$ | $b_0$ | 0.079 65 | −0.079 08 | −0.139 95 | −0.046 25 | 0.013 75 | 0.011 25 | −0.131 23 | 0.150 81 | −0.0849 5 | $SS_R = 1.105\ 56$ |
| $Q_j=B_j^2/a_j$ | | 0.086 64 | 0.085 41 | 0.267 50 | 0.017 11 | 0.001 51 | 0.001 01 | 0.273 59 | 0.361 33 | 0.011 46 | $SS_r = 0.401\ 023$ |

计算　$b_0=\frac{1}{N}\sum y-\frac{1}{N}\sum x_{aj}^2\cdot\sum_{j=1}^{m}b_{jj}$

$$=\frac{73.12}{23}-\frac{13.658}{23}(-0.1312+0.1508-0.0850)=3.21795$$

得出对五倍子多糖提取优化试验的三元二次正交旋转回归方程：

$$\hat{y}=3.21795+0.07965x_1-0.07908x_2-0.13995x_3-0.04625x_1x_2+0.01375x_1x_3+0.01125x_2x_3-0.13123x_1^2+0.15081x_2^2-0.08495x_3^2$$

②回归方程的显著性测验。对五倍子多糖提取优化试验的三元二次回归方程 $\hat{y}$ 进行方差分析，见表 13-31。

**表 13-31　五倍子多糖提取优化试验的三元二次正交旋转组合设计的方差分析**

| 项目 | 平方和 *SS* | 自由度 *df* | 均方 *MS* | *F* 值 | 显著性 |
|---|---|---|---|---|---|
| $x_1$ | 0.086 64 | 1 | 0.086 64 | 2.808 6 | |
| $x_2$ | 0.085 41 | 1 | 0.085 41 | 2.768 7 | |
| $x_3$ | 0.267 50 | 1 | 0.267 50 | 8.671 6* | $F_{0.05(1,13)}=4.67$ |
| $x_1x_2$ | 0.017 11 | 1 | 0.017 11 | <1 | ns |
| $x_1x_3$ | 0.001 51 | 1 | 0.001 51 | <1 | ns |
| $x_2x_3$ | 0.001 01 | 1 | 0.001 01 | <1 | ns |
| $x_1'$ | 0.273 59 | 1 | 0.273 59 | 8.869 0* | $F_{0.05(1,13)}=4.67$ |
| $x_2'$ | 0.361 33 | 1 | 0.361 33 | 11.713 3** | $F_{0.01(1,13)}=9.07$ |
| $x_3'$ | 0.011 46 | 1 | 0.011 46 | <1 | ns |
| 回归 | 1.105 56 | 9 | 0.122 84 | 3.982 1* | $F_{0.05(9,13)}=2.72$ |
| 剩余 | 0.401 023 | 13 | 0.030 85 | | |
| 误差 | 0.098 82 | 8 | 0.012 35 | | |
| 失拟 | 0.302 20 | 5 | 0.060 44 | 4.892 9* | $F_{0.05(5,8)}=3.69$ |
| 总回归 | 1.506 583 | 22 | | | |

注：ns 表示差异不显著。

方差分析可以看出，总回归达到显著，证明试验有效。从检验结果来看，3 项因子的交互项均小于 1，说明交互作用不显著。现将方差小于 1 的 4 项回归并入试验误差，进行二次方差分析，见表 13-32。

**表 13-32　五倍子多糖提取优化试验的二次方差分析**

| 变异原因 | 平方和 *SS* | 自由度 *df* | 均方 *MS* | *F* 值 | 显著性 |
|---|---|---|---|---|---|
| $x_1$ | 0.086 64 | 1 | 0.086 64 | 3.408 6 | $F_{0.05(1,17)}=4.45$ |
| $x_2$ | 0.085 41 | 1 | 0.085 41 | 3.360 2 | |
| $x_3$ | 0.267 50 | 1 | 0.267 50 | 10.523 9** | $F_{0.01(1,17)}=8.40$ |
| $x'_1$ | 0.273 59 | 1 | 0.273 59 | 10.763 5** | $F_{0.01(1,17)}=8.40$ |
| $x'_2$ | 0.361 33 | 1 | 0.361 33 | 14.215 3** | $F_{0.01(1,17)}=8.40$ |
| 回归 | 1.074 47 | 5 | 0.214 89 | 8.454 1** | $F_{0.01(5,17)}=4.34$ |
| 剩余 | 0.432 113 | 17 | 0.025 42 | | |
| 总回归 | 1.506 583 | 22 | | | |

二次方差分析表明，除 $x_1$、$x_2$ 的一次项未达显著外，其余各项均达到极显著水平，但是 $x_1$、$x_2$ 也在 0.10 显著水平之上，所以本回归方程可以用以上 5 项因子代表，即：

$$\hat{y}=3.217\,95+0.079\,65x_1-0.079\,08x_2-0.139\,95x_3-0.131\,23x_1^2+0.150\,81x_2^2$$

③拟合度检验。由式(13-13)计算零试验点的纯误差平方和及其自由度：

$$SS_e=\sum y_{0i}^2-(\sum y_{0i})^2/m_0=(3.28^2+3.40^2+\cdots+3.44^2)-$$
$$(3.28+3.40+\cdots+3.44)^2/9=103.799\,1-30.55^2/9=0.098\,82$$
$$df_e=m_0-1=9-1=8$$

由公式(13-14)计算失拟平方和及其自由度：

$$SS_{Lf}=SS_r-SS_e=0.401\,023-0.098\,82=0.302\,20$$
$$df_{Lf}=df_r-df_e=13-8=5$$

故：

$$F_{Lf}=\frac{MS_{Lf}}{MS_e}=\frac{SS_{Lf}/df_{Lf}}{SS_e/df_e}=\frac{0.302\,20/5}{0.098\,82/8}=4.892\,9^*$$

因为 $F_{0.05(5,8)}=3.69$，$F_{Lf}>F_{0.05(5,8)}$，所以 $F_{Lf}$ 显著。说明所建立的三元二次正交旋转组合设计回归方程虽然有意义，但其在整个回归空间内的拟合度并不是很好的，可能还有其他试验因素的影响，有必要进行更深入的研究。

为了更好地熟悉与使用三因素正交旋转组合设计，通过二维码给出了另外一个实例(二维码 13-1)。

**二维码 13-1　料液比、酒精浓度及浸泡时间对鸭肠中的胆固醇含量的试验研究与数据处理**

### 13.4.3　通用旋转组合设计及其统计分析

#### 13.4.3.1　通用旋转组合设计的一般方法

通用旋转组合设计与正交旋转组合设计基本相同，其组合计划中试验处理组合数 $N$，也是由三部分组成，即：

$$N=m_c+m_\gamma+m_0$$

上式中 $m_c$ 和 $m_\gamma$ 的数值与正交旋转组合设计完全相同，只是 $N$ 和 $m_0$ 有所不同，其值可从表 13-25 查出。

现将常用的三因素二次通用旋转组合设计的结构矩阵列于表 13-33。

**表 13-33　三因素二次通用旋转组合设计的结构矩阵**

| 处理号 | | $x_0$ | $x_1$ | $x_2$ | $x_3$ | $x_1x$ | $x_1x_3$ | $x_2x_3$ | $x'_1$ | $x'_2$ | $x'_3$ |
|---|---|---|---|---|---|---|---|---|---|---|---|
| $m_c$ | 1 | 1 | 1 | 1 | 1 | 1 | 1 | 1 | 1 | 1 | 1 |
| | 2 | 1 | 1 | 1 | −1 | 1 | −1 | −1 | 1 | 1 | 1 |
| | 3 | 1 | 1 | −1 | 1 | −1 | 1 | −1 | 1 | 1 | 1 |
| | 4 | 1 | 1 | −1 | −1 | −1 | −1 | 1 | 1 | 1 | 1 |
| | 5 | 1 | −1 | 1 | 1 | −1 | −1 | 1 | 1 | 1 | 1 |
| | 6 | 1 | −1 | 1 | −1 | −1 | 1 | −1 | 1 | 1 | 1 |
| | 7 | 1 | −1 | −1 | 1 | 1 | −1 | −1 | 1 | 1 | 1 |
| | 8 | 1 | −1 | −1 | −1 | 1 | 1 | 1 | 1 | 1 | 1 |

续表 13-33

| 处理号 | | $x_0$ | $x_1$ | $x_2$ | $x_3$ | $x_1x$ | | $x_2x_3$ | $x'_1$ | $x'_2$ | $x'_3$ |
|---|---|---|---|---|---|---|---|---|---|---|---|
| $m_\gamma$ | 9 | 1 | 1.682 | 0 | 0 | 0 | 0 | 0 | 2.282 | 0 | 0 |
| | 10 | 1 | −1.682 | 0 | 0 | 0 | 0 | 0 | 2.282 | 0 | 0 |
| | 11 | 1 | 0 | 1.682 | 0 | 0 | 0 | 0 | 0 | 2.282 | 0 |
| | 12 | 1 | 0 | −1.682 | 0 | 0 | 0 | 0 | 0 | 2.282 | 0 |
| | 13 | 1 | 0 | 0 | 1.682 | 0 | 0 | 0 | 0 | 0 | 2.282 |
| | 14 | 1 | 0 | 0 | −1.682 | 0 | 0 | 0 | 0 | 0 | 2.282 |
| $m_0$ | 15 | 1 | 0 | 0 | 0 | 0 | 0 | 0 | 0 | 0 | 0 |
| | 16 | 1 | 0 | 0 | 0 | 0 | 0 | 0 | 0 | 0 | 0 |
| | 17 | 1 | 0 | 0 | 0 | 0 | 0 | 0 | 0 | 0 | 0 |
| | 18 | 1 | 0 | 0 | 0 | 0 | 0 | 0 | 0 | 0 | 0 |
| | 19 | 1 | 0 | 0 | 0 | 0 | 0 | 0 | 0 | 0 | 0 |
| | 20 | 1 | 0 | 0 | 0 | 0 | 0 | 0 | 0 | 0 | 0 |

### 13.4.3.2　通用旋转组合设计试验结果的统计分析

(1)建立二次回归方程。要建立回归方程,必须计算出回归系数,而回归系数

$$\boldsymbol{b}=(\boldsymbol{X}'\boldsymbol{X})^{-1}(\boldsymbol{X}'\boldsymbol{Y})$$

式中:$(\boldsymbol{X}'\boldsymbol{X})^{-1}$ 为设计的相关矩阵,$(\boldsymbol{X}'\boldsymbol{Y})$为常数项矩阵 $\boldsymbol{B}$,在通用旋转设计下有:

$$\begin{bmatrix} b_0 \\ b_{11} \\ b_{22} \\ \cdots \\ b_{mm} \\ b_1 \\ b_2 \\ M \\ b_m \\ b_{12} \\ b_{13} \\ \cdots \\ b_{m-1,m} \end{bmatrix} = \begin{bmatrix} K\ E\ E\ \cdots\ E & & & & & & & 0 \\ E\ F\ G\ \cdots\ G & & & & & & & \\ E\ G\ F\ \cdots\ G & & & & & & & \\ \cdots\ \cdots\ \cdots\ \cdots & & & & & & & \\ E\ G\ G\ L\ F & & & & & & & \\ & e^{-1} & & & & & & \\ & & e^{-1} & & & & & \\ & & & 0 & & & & \\ & & & & e^{-1} & & & \\ & & & & & m_c^{-1} & & \\ & & & & & & m_c^{-1} & \\ 0 & & & & & & & m_c^{-1} \end{bmatrix} \begin{bmatrix} \sum_\alpha y_\alpha \\ \sum_\alpha x_{\alpha 1}^2 y_\alpha \\ \sum_\alpha x_{\alpha 2}^2 y_\alpha \\ \cdots \\ \sum_\alpha x_{\alpha m}^2 y_\alpha \\ \sum_\alpha a_{\alpha 1} y_\alpha \\ \sum_\alpha x_{\alpha 2} y_\alpha \\ \cdots \\ \sum_\alpha x_{\alpha m} y_\alpha \\ \sum_\alpha x_{\alpha 1} x_{\alpha 2} y_\alpha \\ \sum_\alpha x_{\alpha 1} x_{\alpha 3} y_\alpha \\ \cdots \\ \sum_\alpha x_{\alpha m-1} x_{\alpha m} y_\alpha \end{bmatrix}$$

所以回归系数

$$
\begin{aligned}
b_0 &= K\sum_{\alpha} y_{\alpha} + E\sum_{j=1}^{m}(\sum_{\alpha} x_{\alpha j}^2 y_{\alpha}) \\
b_j &= e^{-1}\sum_{\alpha} x_{\alpha j} y_{\alpha} = \frac{B_j}{a_j} \\
b_{ij} &= m_c^{-1}\sum_{\alpha} x_{\alpha i} x_{\alpha j} y_{\alpha} = \frac{B_{ij}}{a_{ij}} \\
b_{jj} &= (F-G)\sum_{\alpha} x_{\alpha j}^2 y_{\alpha} + G\sum_{j=1}^{m} x_{\alpha j}^2 y_{\alpha} + E\sum_{\alpha} y_{\alpha}
\end{aligned}
\quad (13\text{-}39)
$$

式(13-39)中 $K$、$E$、$F$、$G$ 的值如表 13-34 所示。

**表 13-34 二次通用旋转组合设计 $K$、$E$、$F$、$G$ 值表**

| $m$ | $e$ | $K$ | $E$ | $F$ | $G$ |
|---|---|---|---|---|---|
| 2 | 8 | 0.2 | −0.1 | 0.143 75 | 0.018 75 |
| 3 | 13.618 | 0.166 340 2 | −0.056 792 | 0.069 39 | 0.006 890 03 |
| 4 | 24 | 0.142 857 1 | −0.035 714 2 | 0.034 970 2 | 0.003 720 23 |
| 5(1/2) | 24 | 0.159 090 9 | −0.034 090 9 | 0.034 090 9 | 0.002 840 9 |
| 5 | 43.314 | 0.098 782 2 | −0.019 101 | 0.017 086 3 | 0.001 461 31 |
| 6(1/2) | 43.314 | 0.110 748 7 | −0.018 738 | 0.016 842 2 | 0.001 217 24 |
| 7(1/2) | 80 | 0.070 312 5 | −0.009 765 62 | 0.008 300 78 | 0.000 488 281 |

注：令 $e = m_c + 2\gamma^2$　$f = m_c + 2\gamma^4$　$H = 2\gamma^4[Nf + (m-1)Nm_c - me^2]$

则 $K = 2\gamma^4 H^{-1}[f + (m-1)m_c]$　　$G = H^{-1}(e^2 - Nm_c)$

$F = H^{-1}[Nf + (m-2)Nm_c - (m-1)e^2]$　　$E = -2H^{-1}e\gamma^4$

由式(13-39)计算出回归系数 $\boldsymbol{b}$，即可建立二次多项式回归方程。

(2)回归方程的显著性检验。由于在回归系数的估计中未进行中心化变换，因此各类偏差平方和的计算要用下面的公式：

①计算平方和及自由度。如果 $m$ 元二次通用旋转组合设计的 $N$ 个试验结果以 $y_1$、$y_2$、…、$y_N$ 表示，则各项平方和及其自由度为：

$$
\begin{aligned}
SS_y &= \sum_{\alpha}(y_{\alpha} - y)^2 = \sum_{\alpha} y_{\alpha}^2 - (\sum y_{\alpha})^2/N \\
df_y &= N - 1 \\
SS_r &= \sum_{\alpha} y_{\alpha}^2 - \sum_{j=0}^{m} b_j B_j - \sum_{i<j} b_{ij} B_{ij} - \sum_{j=1}^{m} b_{jj} B_{jj} \\
df_r &= N - C_{m+2}^2 \\
SS_R &= SS_y - SS_r \qquad df_R = C_{m+2}^2 - 1
\end{aligned}
\quad (13\text{-}40)
$$

在通用旋转组合设计中，一般中心点均需做重复试验。如果重复次数为 $m_0$ 试验结果以 $y_{01}$、$y_{02}$、…、$y_{0m_0}$ 表示，则它们的误差平方和及其自由度为：

$$
SS_e = \sum_{i=1}^{m_0}(y_{0i} - \bar{y}_0)^2 = \sum_{i=1}^{m_0} y_{0i}^2 - \sum_{i=1}^{m_0}(y_{0i})^2/m_0 \quad df_e = m_0 - 1 \quad (13\text{-}41)
$$

可由误差项与剩余项比较计算失拟平方和及其自由度：

$$SS_{\mathrm{Lf}} = SS_{\mathrm{r}} - SS_{e} \qquad df_{\mathrm{Lf}} = df_{\mathrm{r}} - df_{\mathrm{e}}$$

②失拟性检验。失拟性可用统计量

$$F_{\mathrm{Lf}} = \frac{SS_{\mathrm{Lf}}/df_{\mathrm{Lf}}}{SS_{\mathrm{r}}/df_{\mathrm{r}}}$$

$F_{\mathrm{Lf}} < F_{0.05}$，表示差异不显著，可直接对回归方程进行显著性检验；如果 $F_{\mathrm{Lf}} > F_{0.05}$，差异显著，则表明存在影响试验结果的其他不可忽略的因素，需要进一步考察其原因，改变二次回归模型。

③回归方程的显著性检验。

$$F_{\mathrm{R}} = \frac{SS_{\mathrm{R}}/df_{\mathrm{R}}}{SS_{\mathrm{r}}/df_{\mathrm{r}}} \tag{13-42}$$

进行显著性检验，如果 $F_R < F_{0.05}$，则回归关系不显著，说明此回归方程不宜应用；如果 $F_{\mathrm{R}} > F_{0.05}$ 或 $F_{0.01}$，则回归关系显著或极显著，表明此回归方程可以应用。

(3)回归系数的显著性检验。当 $F_{\mathrm{Lf}}$ 检验结果不显著时，回归方程中各变量作用的大小，可通过 $t$ 检验来判断。为此，需要计算各回归系数的 $t$ 值，其计算公式为：

$$t_0 = |b_0| / \sqrt{K(SS_{\mathrm{r}}/df_{\mathrm{r}})}$$

$$t_j = |b_j| / \sqrt{e^{-1}(SS_{\mathrm{r}}/df_{\mathrm{r}})}$$

$$t_{ij} = |b_{ij}| / \sqrt{m_c^{-1}(SS_{\mathrm{r}}/df_{\mathrm{r}})}$$

$$t_{jj} = |b_{jj}| / \sqrt{F(SS_{\mathrm{r}}/df_{\mathrm{r}})}$$

式中：$K$、$m_c$、$F$、$e$ 已如前述(表 13-34)。

如果有不显著的项，要删去该项，一次只能剔除一项，由于这里不是正交设计，所以回归系数间具有相关性，删除一个变量后，回归系数需要重新计算。由于求回归系数的正规方程组的系数矩阵阶数较高，求逆矩阵相当麻烦，通常将这项工作交给计算机协助完成。

#### 13.4.3.3　四元二次通用旋转组合示例

【例 13-4】　鸡肉乳酸发酵试验，对鸡肉乳酸发酵的产酸条件进行优化试验，采用二次通用旋转组合设计对盐浓度、糖浓度、发酵温度和发酵时间进行试验，采用四元二次通用旋转组合试验寻求最优发酵条件，试验因素及水平编码见表 13-35(材料选自西南大学)。

**表 13-35　鸡肉乳酸发酵产酸条件的四元二次通用旋转组合设计因素水平表**

| 编码 | 盐浓度($x_1$)/% | 糖浓度($x_2$)/% | 发酵温度($x_3$)/℃ | 发酵时间($x_4$)/h |
|---|---|---|---|---|
| +2 | 8.0 | 6.0 | 37.0 | 48 |
| +1 | 7.0 | 5.0 | 34.0 | 44 |
| 0 | 6.0 | 4.0 | 31.0 | 40 |
| −1 | 5.0 | 3.0 | 28.0 | 36 |
| −2 | 4.0 | 2.0 | 25.0 | 32 |

试验设计方案和试验结果见表13-36。

**表13-36 鸡肉乳酸发酵产酸条件的四元二次通用旋转组合设计方案及结果**

| 处理号 | $x_1$ | $x_2$ | $x_3$ | $x_4$ | 含酸量(%) $y_a$ |
|---|---|---|---|---|---|
| 1 | 1 | 1 | 1 | 1 | 0.654 |
| 2 | 1 | 1 | 1 | −1 | 0.433 |
| 3 | 1 | 1 | −1 | 1 | 0.538 |
| 4 | 1 | 1 | −1 | −1 | 0.321 |
| 5 | 1 | −1 | 1 | 1 | 0.314 |
| 6 | 1 | −1 | 1 | −1 | 0.279 |
| 7 | 1 | −1 | −1 | 1 | 0.295 |
| 8 | 1 | −1 | −1 | −1 | 0.242 |
| 9 | −1 | 1 | 1 | 1 | 0.779 |
| 10 | −1 | 1 | 1 | −1 | 0.594 |
| 11 | −1 | 1 | −1 | 1 | 0.710 |
| 12 | −1 | 1 | −1 | −1 | 0.529 |
| 13 | −1 | −1 | 1 | 1 | 0.481 |
| 14 | −1 | −1 | 1 | −1 | 0.307 |
| 15 | −1 | −1 | −1 | 1 | 0.328 |
| 16 | −1 | −1 | −1 | −1 | 0.291 |
| 17 | 2 | 0 | 0 | 0 | 0.125 |
| 18 | −2 | 0 | 0 | 0 | 0.648 |
| 19 | 0 | 2 | 0 | 0 | 0.785 |
| 20 | 0 | −2 | 0 | 0 | 0.213 |
| 21 | 0 | 0 | 2 | 0 | 0.429 |
| 22 | 0 | 0 | −2 | 0 | 0.198 |
| 23 | 0 | 0 | 0 | 2 | 0.842 |
| 24 | 0 | 0 | 0 | −2 | 0.486 |
| 25 | 0 | 0 | 0 | 0 | 0.797 |
| 26 | 0 | 0 | 0 | 0 | 0.709 |
| 27 | 0 | 0 | 0 | 0 | 0.759 |
| 28 | 0 | 0 | 0 | 0 | 0.694 |
| 29 | 0 | 0 | 0 | 0 | 0.728 |
| 30 | 0 | 0 | 0 | 0 | 0.738 |
| 31 | 0 | 0 | 0 | 0 | 0.746 |

①建立四元二次回归方程。根据计算，可建立四元二次多项式回归方程(计算从略)：

$$\hat{y}=0.744\,8-0.082\,9x_1+0.131\,9x_2+0.043\,7x_3+0.078\,6x_4-0.024\,3x_1x_2-0.001\,2x_1x_3-0.003\,2x_1x_4+0.008\,6x_2x_3+0.031\,6x_2x_4+0.007\,9x_3x_4-0.093\,4x_1^2-0.065\,2x_2^2-0.111\,6x_3^2-0.023\,9x_4^2$$

②回归方程的显著性检验。对鸡肉乳酸发酵产酸条件数学模型的方差分析见表 13-37：

**表 13-37　鸡肉乳酸发酵产酸条件的四元二次通用旋转组合设计方差分析表**

| 变异原因 | 平方和 $SS$ | 自由度 $df$ | 均方 $MS$ | $F$ 值 | 显著性 |
|---|---|---|---|---|---|
| $x_1$ | 0.164 84 | 1 | 0.164 84 | 49.28** | $F_{0.01(1,16)}=8.53$ |
| $x_2$ | 0.417 38 | 1 | 0.417 38 | 127.79** | |
| $x_3$ | 0.045 85 | 1 | 0.045 85 | 13.71** | |
| $x_4$ | 0.137 26 | 1 | 0.137 26 | 41.04** | |
| $x_1x_2$ | 0.009 46 | 1 | 0.009 46 | 2.83 | |
| $x_1x_3$ | 0.000 02 | 1 | 0.000 02 | <1 | |
| $x_1x_4$ | 0.000 16 | 1 | 0.000 16 | <1 | |
| $x_2x_3$ | 0.001 17 | 1 | 0.001 17 | <1 | |
| $x_2x_4$ | 0.015 94 | 1 | 0.015 94 | 4.77* | $F_{0.05(1,16)}=4.49$ |
| $x_3x_4$ | 0.001 01 | 1 | 0.001 01 | <1 | |
| $x'_1$ | 0.168 84 | 1 | 0.168 84 | 50.48** | |
| $x'_2$ | 0.079 59 | 1 | 0.079 59 | 23.79** | |
| $x'_3$ | 0.344 11 | 1 | 0.344 11 | 102.88** | |
| $x'_4$ | 0.016 48 | 1 | 0.016 48 | 4.93* | |
| 回归 | 1.402 11 | 14 | 0.100 15 | 29.94** | $F_{0.01(14,16)}=3.56$ |
| 剩余 | 0.053 52 | 16 | 0.003 34 | | |
| 误差 | 0.008 53 | 6 | 0.001 42 | | |
| 失拟 | 0.044 99 | 10 | 0.004 50 | 3.17 | $F_{0.05(10,6)}=4.74$ |
| 总回归 | 1.455 63 | 30 | | | |

从方差分析可以看出，回归达到极显著水平。说明本试验设计及分析效果都很好，各因素间显著与不显著也泾渭分明。因此没有必要做二次回归方差分析，可直接将 $F<1$ 的回归系数去掉而得到含酸量与各因素间的最优回归方程：

$$\hat{y}=0.744\,8-0.082\,9x_1+0.131\,9x_2+0.043\,7x_3+0.078\,6x_4-0.024\,3x_1x_2$$
$$+0.031\,6x_2x_4-0.093\,4x_1^2-0.065\,2x_2^2-0.111\,6x_3^2-0.023\,9x_4^2$$

③回归方程的优化。通过电脑寻优，得出产酸量的优化组合为：$x_1=0$、$x_2=1$、$x_3=0$、$x_4=2$（即盐浓度 6%，糖浓度 5%，发酵温度 31℃，发酵时间 48 h）时，发酵效果最佳，理论产酸量 $\hat{y}$ 可达 94%。

## 思考题

1. 考虑某食品的质量指标 $y$ 与因素 $Z_1$，$Z_2$，$Z_3$ 有关，已选取各因素的上下水平分别为 0.3，0.1；0.6，0.02；120，80，采用一次回归正交设计。写出它们的因素水平编码表及试验设计与实施方案（零水平试验安排 3 个，考虑互作）。

2. 在 1 题中已知所安排的试验结果 $y$ 的测定值依次为 2.94，3.48，3.49，3.95，3.40，

4.09,3.81,4.79,4.17,4.09,4.38,试计算回归系数建立回归方程,并对回归方程进行统计分析。

3.用二次回归正交组合设计分析茶叶出汁率与各参数的关系。经初步试验知道,影响出汁率的主要因素有:榨汁压力 $p$、加压速度 $R$、物料量 $W$、榨汁时间 $t$ 4 个因素。各因素对出汁率的影响不是简单的线性关系,且因素间存在不同程度的交互作用。根据实际经验,各因素的变化范围为:压力 $p$,5～8 at;加压速度 $R$,1～8 at/s;物料量 $W$,100～400 g;榨时间 $t$,2～4 min。

①写出各因素的水平编码表及试验设计与实施方案(零水平安排 3 次试验)。

②已知所安排的 4 因素全实施试验结果(出汁率 $y$)如表 13-38 所示。

**表 13-38 茶叶出汁率试验结果** %

| 试验号 | 1 | 2 | 3 | 4 | 5 | 6 | 7 | 8 | 9 |
|---|---|---|---|---|---|---|---|---|---|
| 出汁率($y$) | 43.6 | 39.6 | 48.73 | 48.73 | 47.26 | 42.97 | 50.73 | 45.33 | 41.86 |
| 试验号 | 10 | 11 | 12 | 13 | 14 | 15 | 16 | 17 | 18 |
| 出汁率($y$) | 40.11 | 49.4 | 45.73 | 45.83 | 40.06 | 46.4 | 45.13 | 48.72 | 45.48 |
| 试验号 | 19 | 20 | 21 | 22 | 23 | 24 | 25 | 26 | 27 |
| 出汁率($y$) | 46.24 | 47.52 | 42.53 | 43.2 | 49.28 | 45.92 | 48.08 | 48.94 | 48.16 |

试建立回归方程,并对其进行统计分析。

4.深刻理解二次回归正交旋转组合设计及通用旋转组合设计的基本原理。

5.作为模拟练习,假设第 3 题中榨汁时间固定不变,就其余 3 个因素做二次回归正交旋转组合设计和通用旋转组合设计,并借用第 3 题的有关试验结果进行统计分析。

6.对【例 13-3】,请根据试验可能出现的其他影响因素,做模拟试验,并建立三元二次回归正交旋转组合回归方程。

第 14 章

# 均匀设计

## 本章学习目的与要求

1. 理解均匀设计的意义及特点。
2. 了解等水平及混合水平均匀设计表的构造。
3. 掌握均匀设计的基本方法。
4. 掌握均匀设计试验结果的分析方法。

## 14.1 均匀设计的概念

前面介绍的正交试验设计，是利用具有正交性的表格——正交表来安排试验的，试验点具有“均匀分散、整齐可比”的特点。所谓“均匀分散”，即均匀性，试验点均匀分布在试验范围内，每个试验点都具有一定的代表性，能够以部分试验反映全面试验的情况，大大减少试验次数。“整齐可比”即综合可比性，使试验结果的分析十分方便，易于分析各个试验因素及其交互作用对试验指标的影响大小及规律性。因此，正交试验设计已成为一种科学、有效的试验设计方法。但正交试验设计方法也有不足之处。为了保证试验点的整齐可比，对任意两个因素而言，必须是全面试验，每个因素的水平必须有重复。这样，试验点在试验范围内就不能够做到充分均匀分散，试验点个数也不能过少。对于一个水平数为 $t$ 的正交试验，至少要做 $t^2$ 次试验。当水平数 $t$ 较大时，$t^2$ 会很大，试验次会很多。如 $t=9$ 时，则至少要做 81 次试验，这在实际中是难以实施的。因此，正交试验设计只适用于水平数不太多的多因素试验。

正交试验设计为了保证试验点“整齐可比性”，使均匀性受到了一定限制，试验点的代表性不够强，试验次数不能充分地少。为此，中国著名数学家方开泰教授和王元院士合作，巧妙地将“数论方法”和“统计试验设计”相结合，研究了一种全新的试验设计方法。这种设计方法不考虑整齐可比性，而完全保证均匀性，让试验点在试验范围内充分地均匀分散，不仅大大减少试验点，而且仍能得到反映试验体系主要特征的试验结果。这种完全从均匀性出发的试验设计，称为均匀设计(uniform design)。均匀设计和正交设计相似，也是通过一套精心设计的表(均匀设计表)来进行试验设计的。它是另一种部分实施的试验设计方法，它可以用较少的试验次数，安排多因素、多水平(一般不少于 5 个)试验，是均匀性更好的析因试验设计方法。简言之，均匀设计是一种利用均匀设计表将试验点均匀地散布在试验范围内的适用于多因素、多水平试验的科学的试验设计方法。

均匀设计不仅可以大大减少试验点，而且仍能得到反映试验对象主要特征的试验结果，用较少的试验获得较多的信息。例如，对于 $5^3$ 试验，利用正交表 $L_{25}(5^6)$ 安排试验时，至少要做 25 次试验，每个因素的每个水平都重复做了 5 次(二维码 14-1)。如果采用均匀设计，每个因素分成 25 个水平，每个水平只做 1 次试验，则同样的试验规模可将试验点分布得更均匀。因此，均匀设计试验点的代表性更强。

**二维码 14-1　正交表 $L_{25}(5^6)$ 安排的试验方案**

图 14-1 表示对于两个因素的试验，在试验次数相等和水平数相等的情况下，正交设计与均匀设计的区别。图 14-1(a)表示，对于正交设计，每个因素分 5 个水平，每个水平重复 5 次，共 25 次试验；对于均匀设计，每个因素分 25 个水平，每个水平重复 1 次，同样是 25 次试验。图 14-1(b)表示，对于正交设计仍然是每个因素分 5 个水平，每个水平重复 5 次，共 25 次试验；对于均匀设计，则是每个因素分 5 个水平，每个水平重复 1 次，共 5 次试验。明显可以看出，均匀设计的试验点代表性很强。

由于均匀设计充分利用了试验点分布的均匀性，所获得的适宜条件虽然不见得是全面试验中最优条件，但至少也在某种程度上接近最优条件。这样，不仅可以满足试验的一般要求，也为深入研究各因素的变化规律和进一步寻优创造了条件。

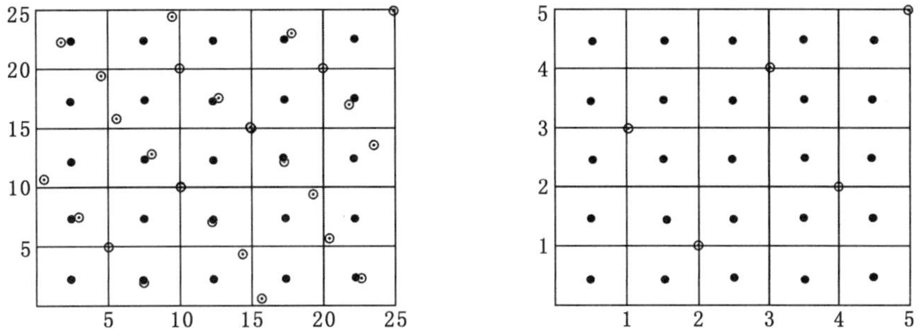

(a) 试验次数相等($n$=25)　　(b) 水平数相等($t$=5)

**图 14-1　正交试验点(•)与均匀试验点(⊙)的分布比较**

均匀试验设计的最大优点是可以节省大量的试验工作量，尤其是在试验因素水平较多的情况下，其优势更为明显。例如，一个 4 因素 7 水平试验，进行一轮全面试验，共有 $7^4=2\ 401$ 个水平组合；即使进行正交试验也有 $7^2=49$ 个水平组合；而采用均匀设计则仅需做 7 个水平组合的试验，试验工作量大大减少。因此，对于多水平的多因素试验，试验费用昂贵或实际情况要求尽量少做试验的场合，筛选因素或收缩试验范围进行逐步寻优的场合等，均匀设计都是十分有效的试验设计方法。

由于均匀试验设计没有整齐可比性，因此试验结果的处理不能采用方差分析法，而必须用回归分析方法——线性回归或多项式回归分析。所以，试验结果处理较为复杂，这是均匀设计的一个缺点。回归分析时，可对模型中因素进行回归显著性检验，根据因素偏回归平方和的大小确定该因素对回归的重要性；在各因素间无相关关系时，因素偏回归平方和的大小也体现了它对试验指标影响的重要性。这些分析通常借助计算机或相应软件来完成。

## 14.2　均匀设计表

与正交试验设计相似，均匀设计也是利用表格来安排试验的。均匀设计所用的表格称为均匀设计表(table of uniform design)。它是根据数论在多维数值积分中的应用原理构造的，是均匀设计的基本工具，分为等水平和混合水平两种。

### 14.2.1　等水平均匀设计表

等水平均匀设计表用 $U_n(m^k)$ 或 $(m^k)$ 表示。其中 $U$ 表示均匀设计表；$n$ 表示该表的行数，即试验方案包含的水平组合数；$k$ 表示该表的列数；$m$ 表示每列中不同数字的个数，即每个因素的水平数。$U$ 的右上角加“ * ”和不加“ * ”代表两种不同类型的均匀设计表。通常加“ * ”的均匀设计表有更好的均匀性，应优先选用。

表 14-1 为 $U_7(7^6)$ 均匀设计表，由它一般最多可以安排 4 个各 7 个水平因素的试验，试验方案包含 7 个水平组合。

**表 14-1 均匀设计表 $U_7(7^6)$**

| 试验号 | 列号 | | | | | |
|---|---|---|---|---|---|---|
| | 1 | 2 | 3 | 4 | 5 | 6 |
| 1 | 1 | 2 | 3 | 4 | 5 | 6 |
| 2 | 2 | 4 | 6 | 1 | 3 | 5 |
| 3 | 3 | 6 | 2 | 5 | 1 | 4 |
| 4 | 4 | 1 | 5 | 2 | 6 | 3 |
| 5 | 5 | 3 | 1 | 6 | 4 | 2 |
| 6 | 6 | 5 | 4 | 3 | 2 | 1 |
| 7 | 7 | 7 | 7 | 7 | 7 | 7 |

等水平均匀设计表具有以下特点：

①每个因素的每个水平只做 1 次试验。

②任意两个因素的试验点画在平面的格子(lattice)点上，每行每列有且只有 1 个试验点。例如均匀设计表 $U_6^*(6^6)$[将 $U_7(7^6)$中的最后一行去掉即为 $U_6^*(6^6)$表]的第 1 列和第 3 列组成的试验方案的试验点如图 14-2(a)所示。

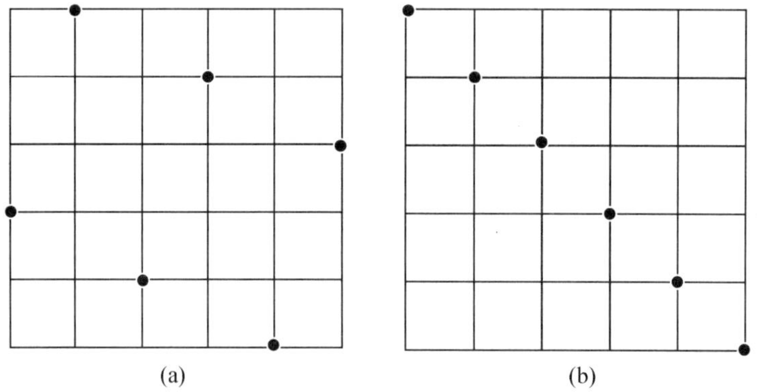

**图 14-2 $U_6^*(6^6)$的两个平面格子**

这两个特点反映了均匀设计安排试验的“均衡性”，即对每个因素的每个水平一视同仁。

③均匀设计所采用的均匀设计表的任意两列组成的试验方案一般并不等价。例如表 $U_6^*(6^6)$的第 1 列与第 3 列和第 1 列与第 6 列组成的试验方案的试验点分别如图 14-2(a)和图 14-2(b)所示。可见，图 14-2(a)的点散布比较均匀，而图 14-2(b)的均匀性就比图 14-2(a)要差些。均匀设计表的这一性质和正交表有很大的不同。因此，使用均匀设计一般不宜随意挑选列。每个均匀设计表都有一个附加的使用表，它指示我们如何从均匀设计表中选择适当的列来安排试验因素。进行均匀设计时，只有遵循使用表的规定，才能达到较好的试验效果。

表 14-2 是 $U_7(7^6)$的使用表，也是 $U_6^*(6^6)$的使用表。表中 $s$ 是试验因素数，$D$ 是均匀性偏差(亦称均匀度指数)。$D$ 值越小，均匀性越好。$U_7(7^6)$、$U_6^*(6^6)$的使用表相同，但均匀性偏差 $D$ 不同，后者的偏差小于前者。

**表 14-2　$U_6^*(6^6)$使用表**

| 试验因素数($s$) | 列号 | | | | 偏差($D$) |
|---|---|---|---|---|---|
| 2 | 1 | 3 | | | 0.187 5 |
| 3 | 1 | 2 | 3 | | 0.265 6 |
| 4 | 1 | 2 | 3 | 6 | 0.299 0 |

④当试验因素的水平数增加时，试验的水平组合数按水平数的增加量在增加，即水平组合数可以连续改变，这是其他试验设计所不具备的。如当水平数从 9 水平增加到 10 水平时，水平组合数也从 9 增加到 10。而正交设计当水平增加时，试验的水平组合数按水平数的平方的比例在增加，如当水平数从 9 水平增加到 10 水平时，水平组合数将从 81 增加到 100。可见，均匀设计中增加因素水平时，仅使试验工作量稍有增加，这是均匀设计的最大优点。由于有这个特点，使均匀设计更便于使用。

⑤水平数为奇数的表和水平数为偶数的表之间，具有确定的关系。将奇数表划去最后一行，就得到水平数比原奇数表少 1 的偶数表，相应地，试验次数也减少一次，而使用表不变。例如，将 $U_7(7^6)$划去最后一行，就得到 $U_6^*(6^6)$，使用表不变。

⑥均匀设计表中各列的因素水平不能像正交表那样可以任意改变次序，而只能按照原来的顺序进行平滑。即将原来的最后一个水平与第一个水平连接起来，组成一个封闭圈；然后从任意一处开始确定为第 1 水平，并按一定的方向，依次排出第 2 水平、第 3 水平……

为了使用方便，本书附表 19 中列出了部分 $U_n$(或 $U_n^*$)表及其使用表。由于在大部分情形下，试验因素数 $s\leqslant 7$，所以附表中多数只给出 $s\leqslant 7$ 的使用表，有的表删去了 $U_n$(或 $U_n^*$)表中没有用到的列。

关于均匀设计表还应明确以下几点。

①均匀设计表中某一行的数字是由上一行的数字与第 1 行数字的和除以表的行数(水平数)$n$ 后的余数构成的。例如，$U_7(7^6)$中，第 2 行的数字是由第 1 行的数字自身相加后除以 7 取余数而得，第 3 行的数字是由第 2 行的数字与第 1 行的数字相加后除以 7 取余数而得……第 7 行的数字是由第 6 行的数字与第 1 行的数字相加而得(其和均为 7，亦即视余数为 7)。

②$U_n$ 表的最后 1 行全部由水平 $n$ 组成，$U_n^*$ 的最后 1 行则不然。若每个因素的水平都是由低到高排列，$U_n$ 表中最后 1 号试验将是所有最高水平相组合。在有些试验中，例如，在化工试验中，所有最高水平组合在一起可能使反应过分强烈，甚至爆炸。反之，若每个因素的水平都是由高到低排列，则 $U_n$ 表中最后 1 号试验将是所有低水平的组合，有时也会出现反常现象，甚至化学反应不能进行。$U_n^*$ 表则没有类似现象，比较容易安排试验。

③$U_n^*$ 表比 $U_n$ 表有更好的均用性。例如，由附表 19 中可以看到，当 $n=9$、$s=3$ 时，$U_9$ 的偏差 $D=0.310\ 2$，而 $U_n^*$ 的偏差 $D=0.198\ 0$，后者比前者相对降低了 36.17%。对于奇数 $n$，$U_n^*$ 表与 $U_n$ 表相比，偏差的相对降低在 11%～45%。

④若 $n$ 为偶数，则 $U_n^*$ 表可安排的最多试验因素数通常多于 $U_n$ 表。

⑤若 $n$ 为奇数，则 $U_n^*$ 表可安排的最多试验因素数通常少于 $U_n$ 表。

⑥若 $n$ 固定，当所安排的试验因素数 $s$ 增大时，$U_n$ 表(或表 $U_n^*$)的偏差也随之增大。若 $s$ 固定，$U_n$ 表的偏差随 $n$ 的增大而减小；而 $U_n^*$ 表的偏差一般也随 $n$ 的增大而减小，但也有例外。

### 14.2.2 混合水平均匀设计表

混合水平的均匀设计表用于安排因素水平不相同的均匀试验。其一般形式为 $U_n(m_1^{k_1} \times m_2^{k_2} \times m_3^{k_3})$，式中 $n$ 为试验总次数，即表的行数；$m_1$、$m_2$、$m_3$ 为列的水平数；$k_1$、$k_2$、$k_3$ 分别代表水平数为 $m_1$、$m_2$、$m_3$ 的列的数目。

混合水平均匀设计表是从等水平的均匀设计表，利用拟水平(dummy level)的方法得到的，现举例说明。

某试验考察 A、B、C 3 个因素，A，B 取 3 个水平，C 取 2 个水平。这个试验可否用均匀设计表来安排呢？当然不可以直接用等水平均匀设计表，但可采用拟水平法对等水平均匀设计表进行改造。我们选均匀设计表 $U_6^*(6^6)$，按使用表的指示应该选用 1、2、3 这 3 列安排 A、B、C 3 个试验因素。现将第 1 列、第 2 列的水平做如下改造：

$$(1,2)\rightarrow 1,(3,4)\rightarrow 2,(5,6)\rightarrow 3$$

第 3 列的水平做如下改造：

$$(1,2,3)\rightarrow 1,(4,5,6)\rightarrow 2$$

这样，便得到一个混合水平的均匀设计表 $U_6(3^2 \times 2^1)$，见表 14-3。把因素 A、B、C 依次放在 $U_6(3^2 \times 2^1)$ 的第 1、2、3 列上即可。

**表 14-3 $U_6(3^2 \times 2^1)$ 均匀设计表**

| 试验号 | 列号 | | |
|---|---|---|---|
| | 1 | 2 | 3 |
| 1 | (1)1 | (2)1 | (3)1 |
| 2 | (2)1 | (4)2 | (6)2 |
| 3 | (3)2 | (6)3 | (2)1 |
| 4 | (4)2 | (1)1 | (5)2 |
| 5 | (5)3 | (3)2 | (1)1 |
| 6 | (6)3 | (5)3 | (4)2 |

二维码 14-2 $U_{10}(5^2 \times 2^1)$ 混合均匀设计表的构造

表 14-3 也有很好的均衡性，如第 1 列和第 3 列、第 2 列和第 3 列的所有水平组合均出现且只出现 1 次，但不一定每次拟水平设计的均衡性都好(二维码 14-2)。

为了便于构造出均衡性好的均匀设计表，附表 20 给出了常用的混合水平表的构造方法。按照附表 20 的指示生成的混合水平均匀设计表的均衡性最好。也可直接从《均匀设计与均匀设计表》(方开泰，北京：科学出版社，1994)的附录Ⅱ中选用通过拟水平技术而生成的混合水平的均匀设计表来进行设计。

## 14.3 均匀设计方法

利用均匀设计表来安排试验，其步骤与正交设计类似，主要包括试验方案设计与结果分析两部分。

### 14.3.1 试验方案设计

①根据试验目的确定试验指标和试验因素。

②确定因素水平。进行均匀设计时，试验范围要尽可能取得宽一些，以防止最佳条件的遗漏。每个因素的水平可适当多取一些，使试验点分布得更均匀。若某个或某些因素多取水平有困难，可以少取几个水平，即各因素的水平数可以不一样。

③选择均匀设计表。选择均匀设计表是均匀设计的关键，应根据欲研究的因素数、因素水平及所要求的试验次数来选择。

均匀设计方案没有整齐可比性，试验结果的分析须用多元回归分析法进行，找出描述多个自变量（$k$ 个试验因素，$x_1,x_2,\cdots,x_k$）与依变量（试验指标）$y$ 间的统计关系的回归方程。若各试验因素与试验指标 $y$ 之间统计关系是线性的，那么，多元回归方程为式（14-1）。

$$y=b_0+b_1x_1+b_2x_2+b_3x_3+\cdots+b_mx_m \tag{14-1}$$

要求出这 $m$ 个（不包括 $b_0$，$b_0$ 可由这 $m$ 个回归系数求出）回归系数 $b_i(i=1,2,\cdots,m)$，就要列出 $m$ 个方程。为了对求得的方程进行检验，还需要增加一次试验，共需 $m+1$ 次试验，所以应选择试验次数 $n$ 大于或等于 $m+1$ 的均匀设计表。由于方程是线性的，方程个数 $m$ 就是因素个数 $k$。

当各试验因素与试验指标的关系为非线性时，或因素间存在交互作用时，则回归方程为多元高次方程。例如，各试验因素与试验指标为二次关系时，回归方程为式（14-2）。

$$y=b_0+\sum_{i=1}^{k}b_ix_i+\sum_{i=1}^{k-1}\sum_{i<j}^{k}b_{ij}x_ix_j+\sum_{i=1}^{k}b_{ii}x_i^2 \tag{14-2}$$

其中 $x_ix_j$ 反映因素间的交互效应，$x_i^2$ 反映因素二次项的影响。回归方程的回归系数个数 $m$（不计常数项 $b_0$）总计为：

$$m=k+k+\frac{k(k-1)}{2} \tag{14-3}$$

其中 $k$ 为试验因素个数，最后一项为交互作用项个数（如果包括常数项 $b_0$ 话，回归方程中需要估计的参数共有 $C_{k+2}^2$ 个）。这就是说，为了求得二次项和交互作用项，必须选用试验次数大于回归方程系数总数的均匀设计表。如考察 3 个因素时，若各试验因素与试验指标为线性关系，回归方程系数与因素个数相同，$m=3$，可选用试验次数为 5 的 $U_5(5^4)$ 表安排试验，每个因素分为 5 个水平；若各因素的二次项对试验指标也有影响时，回归方程的系数是因素数的 2 倍，即 $m=2k=6$，试验次数应大于 $m$，所以至少应选用 $U_7(7^6)$ 表安排试验，每个因素分为 7 个水平；如果因素之间的交互作用也要考虑，回归方程的系数个数 $m$ 可用式（14-3）计算，$m=9$，试验次数应大于 9，所以至少选用 $U_{10}^*(10^8)$ 或 $U_{10}^*(10^{10})$ 表安排试验。由此可见，因素的多少和因素方次的大小直接影响试验工作量。为了尽量能减少试验次数，在安排试验之前，应该用专业知识判断一下各因素对试验指标影响的大致情况，各因素之间是否存在交互作用，删去影响不显著的因素和影响小的交互作用项及二次项，以便减少回归方程的系数，从而减少试验次数。

在选择均匀设计表时还应当注意到，虽然减少试验次数可以节省人力、物力、财力和时间，当试验点过少也会影响试验的精度和所得结论的可靠性。例如，对于一个可用 $U_5(5^4)$ 表安排的试验，如果认为试验次数过少，则可改用 $U_{10}^{*}(10^{8})$ 表做 10 次试验；若每个因素仍取 5 个水平，则可按 $U_{10}^{*}(10^{8})$ 的使用表确定列号后采用拟水平的方法，将设置的每个水平重复一次排入所用的均匀设计表中。

若各个试验因素的水平不全部相等时，则选用混合水平均匀设计表设计试验。

④制定试验方案。选定均匀设计表以后，若为等水平表，则根据因素个数在使用表上查出可安排因素的列号，再把各因素依其重要程度为序，依次排在表上。通常先排认为是重要的和希望首先了解的因素；若为混合水平均匀设计表，则按水平把各因素分别安排在具有相应水平的列中。确定各因素所在列后，将安排有因素的各列的水平代码换成相应因素的具体水平值，即得到试验方案。

【例 14-1】 某试验考虑 A、B、C 3 个试验因素，为了寻找三者的最佳水平组合，拟进行 $5^3$ 因素试验，选定的因素水平如表 14-4 所示。试制定试验方案。

**表 14-4 因素水平表**

| 因素 | 水平 | | | | |
|---|---|---|---|---|---|
| | 1 | 2 | 3 | 4 | 5 |
| A | 115 | 130 | 145 | 160 | 175 |
| B | 15 | 16 | 17 | 18 | 19 |
| C | 80 | 90 | 100 | 110 | 120 |

显然，可以选用 $U_5(5^4)$ 安排均匀试验。查附表 19，由 $U_5(5^3)$ 的使用表可知，应将 A、B、C 3 个试验因素分别安排在 $U_5(5^3)$ 表的 1、2、3 列上。这便完成了表头设计。然后将 $U_5(5^3)$ 表中 1、2、3 列不同数字换上相应因素的具体水平，即完成了均匀设计的试验方案，如表 14-5 所示。

**表 14-5 $U_5(5^3)$ 试验方案**

| 试验号 | 因素 | | |
|---|---|---|---|
| | (1)A | (2)B | (3)C |
| 1 | 1(115) | 2(16) | 4(110) |
| 2 | 2(130) | 4(18) | 3(100) |
| 3 | 3(145) | 1(15) | 2(90) |
| 4 | 4(160) | 3(17) | 1(80) |
| 5 | 5(175) | 5(19) | 5(120) |

本例中，如果认为试验次数较少，则可以考虑用 $U_{10}^{*}(10^{8})$ 做 10 次试验。查附表 19 中 $U_{10}^{*}(10^{8})$ 表的使用表可知，应将 A、B、C 3 个试验因素分别安排在 $U_{10}^{*}(10^{8})$ 表的 1、5、6 列上。若每个因素仍取 5 个水平，则用拟水平法得均匀试验方案如表 14-6 所示。

**表 14-6 $U_{10}^{*}(10^{3})$ 拟水平试验方案**

| 试验号 | 因 素 | | |
|---|---|---|---|
| | (1)A | (5)B | (6)C |
| 1 | 1(115) | 5(19) | 7(90) |
| 2 | 2(130) | 10(19) | 3(100) |
| 3 | 3(145) | 4(18) | 10(120) |
| 4 | 4(160) | 9(18) | 6(80) |
| 5 | 5(175) | 3(17) | 2(90) |

续表 14-6

| 试验号 | 因　素 | | |
|---|---|---|---|
| | (1)A | (5)B | (6)C |
| 6 | 6(115) | 8(17) | 9(110) |
| 7 | 7(130) | 2(16) | 5(120) |
| 8 | 8(145) | 7(16) | 1(80) |
| 9 | 9(160) | 1(15) | 8(100) |
| 10 | 10(175) | 6(15) | 4(110) |

如果考虑到 A、C 两因素水平间隔较大，则可将两者在同一试验范围(大致)内分成 10 个水平，而 B 因素仍分为 5 个水平。对 B 因素用拟水平法安排，选用 $U_{10}^{*}(10^8)$ 表设计，试验方案如表 14-7 所示。这样，试验次数虽然仍是 10 次，但试验点分布的更均匀。

**表 14-7　$U_{10}(10^2\times5^1)$ 试验方案**

| 试验号 | 因　素 | | |
|---|---|---|---|
| | (1)A | (5)B | (6)C |
| 1 | 1(115) | 5(19) | 7(110) |
| 2 | 2(122) | 10(19) | 3(90) |
| 3 | 3(129) | 4(18) | 10(125) |
| 4 | 4(136) | 9(18) | 6(105) |
| 5 | 5(143) | 3(17) | 2(85) |
| 6 | 6(150) | 8(17) | 9(120) |
| 7 | 7(157) | 2(16) | 5(100) |
| 8 | 8(164) | 7(16) | 1(80) |
| 9 | 9(171) | 1(15) | 8(115) |
| 10 | 10(178) | 6(15) | 4(95) |

制定试验方案时应注意，在 $U_n$ 类均匀设计表中，所有水平数为奇数的表，最后一次试验都是各因素的最高(或最低)水平相遇。如果用这样的表进行均匀设计，则正如前述，最高(或最低)水平的组合可能导致试验产生不良后果，此时可将其中一个(或几个)因素的水平顺序进行平滑移动以做适当调整。但更为简单的做法是选一个合适的 $U_n$ 表，然后去掉最后一行形成 $U_{n-1}^{*}$ 表，用后者进行均匀设计既可避免可能产生的不良后果又能提高试验的均匀性。

由上可知，均匀设计不仅可以大量减少试验次数，而且也使因素水平的划分十分灵活，试验方案的制定非常简便。【例 14-1】中，原本每个因素都取 5 个水平，但实际安排试验时既可根据需要利用拟水平技术进行重复试验，也可将因素重新划分水平，并且可以视试验的具体条件和实际要求任意划分水平(不一定是 5 的倍数)。

尚须指出，在均匀设计中，均匀设计表中的空列(没安排因素的列)既不能用于考察交互作用，也不能用于估计试验误差。

### 14.3.2　试验结果分析

由于均匀设计的每个因素水平较多，而试验次数又较少，因此均匀设计试验结果的统计分析不能采用一般的方差分析法。通常，试验研究主要有两个目的，一是揭示试验指标与试验因素之间的关系，二是寻求最佳的技术措施或最优的工艺条件。回归分析建立的回归方程可以同时达到这两个目的。因为均匀设计不具备“整齐可比”性，所以其试验结果的分析比较复杂，可以采用的方法很多，如线性回归模型、非线性回归模型、二次回归模型和逐步回归分析等。所以回归分析，特别是逐步回归分析是对均匀设计试验结果进行统计分析的主要手段。利用逐步回归分析的方法，在一定程度上可有效避免采用过大的均匀设计表。此外，对试验结果还可采用直观分析法进行分析。

1. 直观分析法

如果试验的目的只是为了寻找一个较优的工艺条件，而又缺乏计算工具，这时可以采用直观分析法。即从已做的试验点中挑一个试验指标最好的试验点，该点相应的因素水平组合即为欲寻找的较优工艺条件。由于试验点充分均匀分布，试验点中的最优工艺条件，离在试验范围内通过全面试验寻找的最优工艺条件不会很远。这个方法看起来粗糙，但大量实践证明，它是十分有效的方法。

2. 回归分析法

通过对试验结果进行回归分析，可解决如下问题。

①获得反映各试验因素与试验指标间关系的回归方程。

②根据对偏回归关系的显著性检验或偏回归平方和的大小，判断出试验因素对试验指标影响的主次顺序。

③通常根据回归方程的极值点可以得出优化工艺条件。

有关回归分析方法参见本书第 8 章和第 9 章的内容。

在利用均匀设计表安排试验方案时，一般都不考虑试验因素间的交互作用。但在对试验结果进行统计分析时应根据研究、专业需要注意考虑各因素间的互作。此外也应注意，方开泰教授曾明确指出：“有些人对回归分析没有足够的理解，片面追求大的 $R^2$（或小的 $\hat{\sigma}$ ），致使选进方程中的项过多，使误差自由度为 1 或甚至为 0，这时有关的结论可靠性是很差的。因此，不应片面追求大的 $R^2$，应选择 $n$ 稍大的均匀设计表，使得误差有足够的自由度≥5。”

## 14.4 均匀试验设计的应用

本节通过几个实例说明均匀试验设计的应用。

【例 14-2】 在啤酒生产的某项试验中，选定两个因素，都取 9 个水平，进行均匀试验。因素水平如表 14-8 所示。试验指标为吸氨量(g)，且吸氨量越大越好。

**表 14-8 啤酒生产因素水平表**

| 因素 | 水平 | | | | | | | | |
|---|---|---|---|---|---|---|---|---|---|
| | 1 | 2 | 3 | 4 | 5 | 6 | 7 | 8 | 9 |
| 底水($z_1$)/g | 136.5 | 137.0 | 137.5 | 138.0 | 138.5 | 139.0 | 139.5 | 140.0 | 140.5 |
| 吸氨时间($z_2$)/min | 170 | 180 | 190 | 200 | 210 | 220 | 230 | 240 | 250 |

①试验方案设计。显然，若选用 $U_9(9^6)$表安排试验，由 $U_9(9^6)$的使用表可知，因素 $z_1$、$z_2$ 应安排在 1、3 列，试验方案及试验结果见表 14-9。（实际上，选用 $U_9^*(9^4)$表，并将试验因素 $z_1$、$z_2$ 安排在该表的 1、2 列上，均匀性会更好些。）

**表 14-9　啤酒生产试验方案及结果**

| 试验号 | $x_1$ | $(z_1)$ | $x_2$ | $(z_2)$ | 试验指标$(y)$/g |
|---|---|---|---|---|---|
| | 1 | | 3 | | |
| 1 | 1 | (136.5) | 4 | (200) | 5.8 |
| 2 | 2 | (137.0) | 8 | (240) | 6.3 |
| 3 | 3 | (137.5) | 3 | (190) | 4.9 |
| 4 | 4 | (138.0) | 7 | (230) | 5.4 |
| 5 | 5 | (138.5) | 2 | (180) | 4.0 |
| 6 | 6 | (139.0) | 6 | (220) | 4.5 |
| 7 | 7 | (139.5) | 1 | (170) | 3.0 |
| 8 | 8 | (140.0) | 5 | (210) | 3.6 |
| 9 | 9 | (140.5) | 9 | (250) | 4.1 |

②试验结果分析。

其一,直观分析法。从表 14-9 中试验数据可见,第 2 号试验的指标值 6.3 为最大,第 2 号试验对应的条件为较优的工艺条件,即底水为 137.0 g、吸氨时间为 240 min。

其二,回归分析法。为了计算方便,对因素 $z_1$、$z_2$ 的各水平值做线性变换:

$$x_{i1}=\frac{Z_{i1}-136}{0.5}\quad(i=1,2,\cdots,9)$$

$$x_{i2}=\frac{Z_{i2}-160}{10}\quad(i=1,2,\cdots,9)$$

变换后的因素水平值正好是 $U_9(9^6)$ 相应列中的水平数字,如表 14-9 所示。这样就大大简化了计算。于是:

$$\sum_{i=1}^{9}x_{i1}=45,\qquad \sum_{i=1}^{9}x_{i2}=45,\qquad \sum_{i=1}^{9}y_i=41.6$$

$$\bar{x}_1=\frac{1}{9}\sum_{i=1}^{9}x_{i1}=5,\qquad \bar{x}_2=\frac{1}{9}\sum_{i=1}^{9}x_{i2}=5,\qquad \bar{y}=\frac{1}{9}\sum_{i=1}^{9}y_i=4.62$$

$$SS_1=\sum_{i=1}^{9}(x_{i1}-\bar{x}_1)^2=60,\qquad SS_2=\sum_{i=1}^{9}(x_{i2}-\bar{x}_2)^2=60$$

$$SS_y=\sum_{i=1}^{9}(y_i-\bar{y})^2=9.235,\qquad SP_{1y}=\sum_{i=1}^{9}(x_{i1}-\bar{x}_1)(y_i-\bar{y})=-19.6$$

$$SP_{2y}=\sum_{i=1}^{9}(x_{i2}-\bar{x}_2)(y_i-\bar{y})=11.0,\qquad SP_{12}=\sum_{i=1}^{9}(x_{i1}-\bar{x}_1)(x_{i2}-\bar{x}_2)=6.0$$

正规方程组为:

$$\begin{cases}SS_{11}b_1+SP_{12}b_2=60b_1+6b_2=-19.6\\SP_{12}b_1+SS_2b_2=6b_1+60b_2=11.0\end{cases}$$

对正规方程组求解,得:

$$b_1=-0.348, \quad b_2=0.218, \quad b_0=\bar{y}-b_1\bar{x}_1-b_2\bar{x}_2=5.27$$

回归方程为：

$$\hat{y}=b_0+b_1x_1+b_2x_2=5.27-0.348x_1+0.218x_2$$

则

回归平方和 $SS_R=b_1SP_{1y}+b_2SP_{2y}=9.219$， 自由度 $df_R=2$

剩余平方和 $SS_r=SS_y-SS_R=0.016$， 自由度 $df_r=6$

于是

$$F=\frac{SS_R/df_R}{SS_r/df_r}=1\,728.56^{**}>F_{0.01(2,6)}=10.92$$

表明上述方程高度显著，最后经线性变换，可得回归方程为：

$$\hat{y}=96.57-0.697z_1+0.022z_2$$

显然，指标 $y$ 随因素 $z_1$ 的增加而减少，随因素 $z_2$ 的增加而增加。在试验范围内，当 $z_1=136.5$、$z_2=250$ 时，试验指标 $y=6.9$ 为最高。故更优的条件为：底水为 136.5 g，吸氨时间为 250 min。

二维码 14-3 均匀试验结果的回归分析

比较直观分析法和回归分析法可见，回归分析法可获得更为优化的条件。

借助 Excel 进行回归分析计算（二维码 14-3）。

【例 14-3】 在发酵法生产肌苷的试验中，培养基由葡萄糖、酵母粉、玉米浆、尿素、硫酸铵、磷酸氢二钠、氯化钾、硫酸镁和硫酸钙等成分组成。由于培养基成分较多，不便运用正交试验方法，今欲通过均匀试验确定最佳培养基配方。

①确定试验指标。根据本试验的研究目的，选发酵液产肌苷量（mg/mL）作为试验指标。试验指标值越大越好。

②确定试验因素。根据专业知识和有关资料，选葡萄糖浓度、尿素浓度、酵母浓度、硫酸铵浓度和玉米浆浓度 5 种成分为试验因素。

③确定试验次数。本试验考察因素共 5 个，考虑到有的因素与试验指标之间可能存在二次关系，即需考察某些因素的平方项，至少要进行 10 次试验。

④确定因素水平，选均匀设计表。每个因素取 10 个水平，应选 $U_{10}(10^{10})$ 均匀设计表，即由表 $U_{11}(11^{10})$ 去掉最后一行。因素水平表见表 14-10。

**表 14-10 因素水平表** %

| 水平 | 因素 | | | | |
|---|---|---|---|---|---|
| | 葡萄糖($x_1$) | 尿素($x_2$) | 酵母($x_3$) | 硫酸铵($x_4$) | 玉米浆($x_5$) |
| 1 | 8.5 | 0.25 | 1.5 | 1.00 | 0.55 |
| 2 | 9.0 | 0.30 | 1.6 | 1.05 | 0.60 |
| 3 | 9.5 | 0.35 | 1.7 | 1.10 | 0.65 |

续表 14-10

| 水平 | 因　素 | | | | |
|---|---|---|---|---|---|
| | 葡萄糖($x_1$) | 尿素($x_2$) | 酵母($x_3$) | 硫酸铵($x_4$) | 玉米浆($x_5$) |
| 4 | 10.0 | 0.40 | 1.8 | 1.15 | 0.70 |
| 5 | 10.5 | 0.45 | 1.9 | 1.20 | 0.75 |
| 6 | 11.0 | 0.50 | 2.0 | 1.25 | 0.80 |
| 7 | 11.5 | 0.55 | 2.1 | 1.30 | 0.85 |
| 8 | 12.0 | 0.60 | 2.2 | 1.35 | 0.90 |
| 9 | 12.5 | 0.65 | 2.3 | 1.40 | 0.95 |
| 10 | 13.0 | 0.70 | 2.4 | 1.45 | 1.00 |

⑤列出试验方案。根据表 $U_{10}(10^{10})$的使用表，当有 5 个因素时，应安排在 1、2、3、5、7 列。因此，$x_1$、$x_2$、$x_3$、$x_4$ 和 $x_5$ 分别安排在 1、2、3、5、7 列上。再把每列的代码换成相对应因素的水平值，即得试验方案，见表 14-11。试验结果($y$)列于表 14-11 中最后一列。

**表 14-11　均匀试验方案及结果**

| 试验号 | 葡萄糖($x_1$)/% | 尿素($x_2$)/% | 酵母($x_3$)/% | 硫酸铵($x_4$)/% | 玉米浆($x_5$)/% | 肌苷量($y$)/(mg/mL) |
|---|---|---|---|---|---|---|
| | 1 | 2 | 3 | 5 | 7 | |
| 1 | 1(8.5) | 2(0.30) | 3(1.7) | 5(1.20) | 7(0.85) | 20.87 |
| 2 | 2(9.0) | 4(0.40) | 6(2.0) | 10(1.45) | 3(0.65) | 17.15 |
| 3 | 3(9.5) | 6(0.50) | 9(2.3) | 4(1.15) | 10(1.00) | 21.09 |
| 4 | 4(10.0) | 8(0.60) | 1(1.5) | 9(1.40) | 6(0.80) | 23.60 |
| 5 | 5(10.5) | 10(0.70) | 4(1.8) | 3(1.10) | 2(0.60) | 23.48 |
| 6 | 6(11.0) | 1(0.25) | 7(2.1) | 8(1.35) | 9(0.95) | 23.40 |
| 7 | 7(11.5) | 3(0.35) | 10(2.4) | 2(1.05) | 5(0.75) | 17.87 |
| 8 | 8(12.0) | 5(0.45) | 2(1.6) | 7(1.30) | 1(0.55) | 26.17 |
| 9 | 9(12.5) | 7(0.55) | 5(1.9) | 1(1.00) | 8(0.90) | 26.79 |
| 10 | 10(13.0) | 9(0.65) | 8(2.2) | 6(1.25) | 4(0.70) | 14.80 |

⑥试验结果分析。

其一，直观分析。对表 14-11 中 10 次试验结果进行直观比较，可见第 9 次试验的产肌苷量最高，表明第 9 号试验对应条件为较优工艺条件，即培养基中葡萄糖浓度为 12.5%、尿素浓度为 0.55%、酵母浓度为 1.9%、硫酸铵浓度为 1.00%、玉米浆浓度为 0.90%时，发酵所产生的肌苷含量较大。

其二，回归分析。采用回归分析方法建立 $x_1$、$x_2$、$x_3$、$x_4$、$x_5$ 与 $y$ 之间的回归方程。

用回归分析法处理表 14-11 数据，分析结果见表 14-12 至表 14-14。

**表 14-12　回归关系的方差分析**

| 变异来源 | $df$ | $SS$ | $MS$ | $F$ | $P$ |
|---|---|---|---|---|---|
| 回归 | 8 | 139.278 1 | 17.409 8 | 3 553.02* | 0.013 0 |
| 剩余 | 1 | 0.004 9 | 0.004 9 | | |
| 总变异 | 9 | 139.283 0 | | | |

由于 $F_{0.01(8,1)}=5\ 982$、$F_{0.05(8,1)}=238.9$，故 $F_{0.01(8,1)}>F>F_{0.05(8,1)}$，$0.01<p<0.05$，回归关系显著。容易算得，回归方程的估计标准误 $S_{y.1,2\cdots}=0.07$，$R^2=0.999\ 965$。

表 14-13　对常数项及偏回归系数的 $t$ 检验

| 变异来源 | 系数 | 标准误差 | $t$ 值 | $P$ |
|---|---|---|---|---|
| $b_0$ | 75.022 | 3.420 7 | 21.931 8* | 0.029 0 |
| $b_1$ | 12.882 | 0.293 5 | 43.892 0* | 0.014 5 |
| $b_2$ | −4.852 | 0.180 0 | −26.954 4* | 0.023 6 |
| $b_4$ | −106.321 | 3.339 2 | −31.840 4* | 0.020 00 |
| $b_5$ | −120.996 | 2.216 0 | −54.601 0* | 0.011 7 |
| $b_{11}$ | −0.563 | 0.013 6 | −41.397 1* | 0.015 4 |
| $b_{33}$ | −3.089 | 0.023 0 | −134.326 1** | 0.004 7 |
| $b_{44}$ | 39.665 | 1.361 5 | 29.133 2* | 0.021 8 |
| $b_{55}$ | 84.048 | 1.424 0 | 59.022 7* | 0.010 8 |

表 14-14　回归分析结果

| | 常数 | $x_1$ | $x_2$ | $x_4$ | $x_5$ | $x_1^2$ | $x_3^2$ | $x_4^2$ | $x_5^2$ |
|---|---|---|---|---|---|---|---|---|---|
| 回归系数 | 75.022 | 12.882 | −4.852 | −106.321 | −120.996 | −0.563 | −3.089 | 39.665 | 84.048 |
| 标准化回归系数 | | 4.957 | −0.187 | −4.091 | −4.656 | −4.667 | −0.929 | 3.745 | 5.030 |
| 偏回归平方和 | | 9.441 6 | 3.561 2 | 4.970 0 | 14.614 7 | 8.375 9 | 88.163 5 | 4.160 8 | 17.077 3 |

由表 14-14 可得回归方程：

$$\hat{y}=75.022+12.882x_1-4.852x_2-106.321x_4-120.996x_5-0.563x_1^2-3.089x_3^2+39.665x_4^2+84.048x_5^2 \tag{14-4}$$

由回归方程式(14-4)可以看出，$x_2$ 只有一次项，$x_3$ 只有二次项，且二者的偏回归系数均为负值，所以在试验范围内 $x_2$、$x_3$ 都取最低水平为好，即 $x_2=0.25$、$x_3=1.5$。此时回归方程式(14-4)简化为方程式(14-5)。

$$\hat{y}=66.859+12.882x_1-106.321x_4-120.996x_5-0.563x_1^2+39.665x_4^2+84.048x_5^2 \tag{14-5}$$

对回归方程(14-2)求偏导，得优化条件为：$x_1=11.44$，$x_2=0.25$，$x_3=1.5$，$x_4=1.34$，$x_5=0.72$。因此，培养基优化配方为：葡萄糖 11.44%，尿素 0.25%，酵母 1.5%，硫酸铵 1.34%，玉米浆 0.72%。

将上述各因素的优化条件值代入回归方程式(14-4)或式(14-5)得=25.753。但这个值小于第 8 号、第 9 号试验的实测结果。

利用“规划求解参数法”在试验空间内可找到极值点，见表 14-15 和图 14-3。

表 14-15　利用“规划求解参数法”在试验空间内可找到的极值点

| 极值点 | $x_1$ | $x_2$ | $x_3$ | $x_4$ | $x_5$ | $\hat{y}$ |
|---|---|---|---|---|---|---|
| 1 | 11.44 | 0.25 | 1.5 | 1.00 | 1.00 | 36.94 |
| 2 | 11.44 | 0.25 | 1.5 | 1.00 | 0.55 | 32.77 |
| 3 | 11.44 | 0.25 | 1.5 | 1.45 | 1.00 | 32.83 |
| 4 | 11.44 | 0.25 | 1.5 | 1.45 | 0.55 | 28.65 |

由以上提供的有关信息，有助于寻求更为优化的培养基配方。

此外，通过对试验资料的统计分析不难看出，发酵液产肌苷量（$y$）与各试验因素的关系是二次回归关系。其中，二次项的影响整体而言要大于一次项的影响，尤其是 $x_3$，它对 $y$ 的影响主要体现在二次项上，偏回归平方和为 88.163 5，是回归平方和 139.278 1 的 63.3%，偏回归平方和总和 150.365 0 的 58.63%。

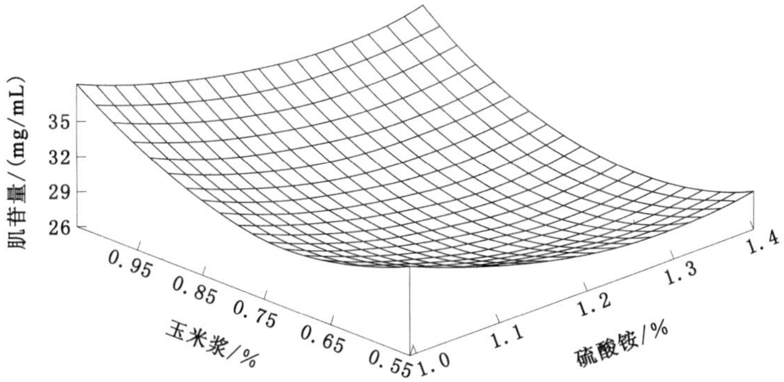


图 14-3　肌苷量随硫酸铵与玉米浆的变化过程

根据 $t$ 检验的显著程度及偏回归平方和的大小可判断，各因素对指标影响的主次顺序为 $x_3$（酵母粉浓度）＞$x_5$（玉米浆浓度）＞$x_1$（葡萄糖浓度）＞$x_4$（硫酸铵浓度）＞$x_2$（尿素浓度）。

【例 14-4】　为了研究环境污染对人体的危害，今欲考察 6 种金属的含量：镉（$x_1$）、铜（$x_2$）、锌（$x_3$）、镍（$x_4$）、铬（$x_5$）、铅（$x_6$）。每种金属的含量分别取 17 个水平（mg/kg），均为 0.01、0.05、0.1、0.2、0.4、0.8、1、2、4、5、8、10、12、14、16、18、20。研究这些金属（包括它们的交互作用）对老鼠寿命的影响，试验指标（$y$）为老鼠身上某种细胞的死亡率。

对上述试验研究采用均匀设计，选用 $U_{17}(17^8)$ 表。根据使用表的指示，由该表中 1、2、3、5、7、8 列[亦即 $U_{17}(17^{16})$ 的 1、4、6、10、14、15 列]来安排 6 个因素，其试验方案及试验结果如表 14-16 所示。

表 14-16　试验方案及结果

| 试验号 | 镉（$x_1$） | 铜（$x_2$） | 锌（$x_3$） | 镍（$x_4$） | 铬（$x_5$） | 铅（$x_6$） | 细胞死亡率（$y$）/% |
|---|---|---|---|---|---|---|---|
| | 1 | 2 | 3 | 5 | 7 | 8 | |
| 1 | 1(0.01) | 4(0.2) | 6(0.8) | 10(5.0) | 14(14.0) | 15(16.0) | 17.98 |
| 2 | 2(0.05) | 8(2.0) | 12(10.0) | 3(0.1) | 11(8.0) | 13(12.0) | 22.52 |
| 3 | 3(0.1) | 12(10.0) | 1(0.01) | 13(12.0) | 8(2.0) | 11(8.0) | 32.47 |
| 4 | 4(0.2) | 16(18.0) | 7(1.0) | 6(0.8) | 5(0.4) | 9(4.0) | 39.30 |

续表 14-16

| 试验号 | 镉($x_1$) | 铜($x_2$) | 锌($x_3$) | 镍($x_4$) | 铬($x_5$) | 铅($x_6$) | 细胞死亡率($y$)/% |
|---|---|---|---|---|---|---|---|
| | 1 | 2 | 3 | 5 | 7 | 8 | |
| 5 | 5(0.4) | 3(0.1) | 13(12.0) | 16(18.0) | 2(0.05) | 7(1.0) | 32.28 |
| 6 | 6(0.8) | 7(1.0) | 2(0.05) | 9(4.0) | 16(18.0) | 5(0.4) | 30.99 |
| 7 | 7(1.0) | 11(8.0) | 8(2.0) | 2(0.05) | 13(12.0) | 3(0.1) | 40.07 |
| 8 | 8(2.0) | 15(16.0) | 14(14.0) | 12(10.0) | 10(5.0) | 1(0.01) | 42.71 |
| 9 | 9(4.0) | 2(0.05) | 3(0.1) | 5(0.4) | 7(1.0) | 16(18.0) | 24.89 |
| 10 | 10(5.0) | 6(0.8) | 9(4.0) | 15(16.0) | 4(0.2) | 14(14.0) | 50.68 |
| 11 | 11(8.0) | 10(5.0) | 15(16.0) | 8(2.0) | 1(0.01) | 12(10.0) | 60.28 |
| 12 | 12(10.0) | 14(14.0) | 4(0.2) | 1(0.01) | 15(16.0) | 10(5.0) | 68.71 |
| 13 | 13(12.0) | 1(0.01) | 10(5.0) | 11(8.0) | 12(10.0) | 8(2.0) | 32.44 |
| 14 | 14(14.0) | 5(0.4) | 16(18.0) | 4(0.2) | 9(4.0) | 6(0.8) | 29.76 |
| 15 | 15(16.0) | 9(4.0) | 5(0.4) | 14(14.0) | 6(0.8) | 4(0.2) | 68.05 |
| 16 | 16(18.0) | 13(12.0) | 11(8.0) | 7(1.0) | 3(0.1) | 2(0.05) | 55.79 |
| 17 | 17(20.0) | 17(20.0) | 17(20.0) | 17(20.0) | 17(20.0) | 17(20.0) | 79.16 |

现用回归分析来分析数据。由于每种金属的含量由 0.01 变到 20.0，最大值是最小值的 2 000 倍，于是直接用各因素的水平值做回归不易获得好的结果，通常要对水平值先做变换，用变换后的数据进行回归分析。最常见的变换是取自然对数(或常用对数)。于是，回归分析中的自变量成为 $\ln x_1$、$\ln x_2$、$\ln x_3$、$\ln x_4$、$\ln x_5$、$\ln x_6$。根据以往经验，知道 6 种金属间有交互作用，故应选用二次回归模型，并用逐步回归来筛选变量。选用的引入和剔除变量的概率水平分别为：sle＝0.255，sls＝0.900。

通过分析，得到回归方程：

$$\begin{aligned}\hat{y}=&32.69+5.03\ln x_1+3.48\ln x_2+2.03\ln x_4+\\&0.55(\ln x_2)^2-0.63(\ln x_3)^2+0.94(\ln x_4)^2+\\&0.53(\ln x_1)(\ln x_2)-0.70(\ln x_1)(\ln x_5)+0.92(\ln x_2)(\ln x_6)\end{aligned}$$

对上述回归方程表示的回归关系和各偏回归系数进行显著性检验，见表 14-17。

检验结果表明，回归关系和 9 个偏回归系数都达到显著或极显著的水平，只有 $b_{12}$ 在 0.050 9 的水平上显著，$R^2=0.985\ 5$，说明建立的回归方程能用于描述老鼠身上某种细胞的死亡率与所考察的 6 种金属的含量之间的关系。

由方程我们可以给出以下结论。

①镉、铜和镍含量过高，对老鼠细胞死亡率的提高有显著促进作用。

②镉和铜、镉和铬、铜和铅有交互作用，其中镉和铜、铜和铅对细胞死亡率起正交互作用，而镉和铬对细胞死亡率起负交互作用。

③锌可能会中和其他金属的破坏作用，降低老鼠细胞的死亡率。

**表 14-17　例 14-4 回归关系和各偏回归系数的 F 检验**

| 变异来源 | $b_i$ | $SS$ | $df$ | $MS$ | $F$ | $P$ |
|---|---|---|---|---|---|---|
| 回归 | — | 5 094.209 37 | 9 | 566.023 26 | 52.75** | <0.000 1 |
| $b_0$ | 32.69 | 2 004.200 39 | 1 | 2 004.200 39 | 186.76** | <0.000 1 |
| $b_1$ | 5.03 | 1 422.971 09 | 1 | 1 422.971 09 | 132.60** | <0.000 1 |
| $b_2$ | 3.48 | 657.687 03 | 1 | 657.687 03 | 61.29** | 0.000 1 |
| $b_4$ | 2.03 | 255.095 74 | 1 | 255.095 74 | 23.77** | 0.001 8 |
| $b_{22}$ | 0.55 | 71.516 38 | 1 | 71.516 38 | 6.66* | 0.036 4 |
| $b_{33}$ | −0.63 | 121.087 16 | 1 | 121.087 16 | 11.28* | 0.012 1 |
| $b_{44}$ | 0.94 | 178.864 77 | 1 | 178.864 77 | 16.67** | 0.004 7 |
| $b_{12}$ | 0.53 | 59.390 40 | 1 | 59.390 40 | 5.53(*) | 0.050 9 |
| $b_{15}$ | −0.70 | 86.620 12 | 1 | 86.620 12 | 8.07* | 0.025 0 |
| $b_{26}$ | 0.92 | 302.265 06 | 1 | 302.265 06 | 28.17** | 0.001 1 |
| 剩余 | — | 75.118 68 | 7 | 10.731 24 | — | — |
| 总变异 | | 5 169.328 05 | 16 | | | |

【例 14-5】　试用均匀设计法选择石墨炉原子吸收分光光度法测定钯的工作条件。

①确定试验指标。根据试验目的，确定试验指标为吸光度，且吸光度越大越好。

②选择试验因素。根据石墨炉原子吸收法的原理，影响吸光度的主要因素有灰化温度($x_1$)、灰化时间($x_2$)、原子化温度($x_3$)和原子化时间($x_4$)。因此，选这 4 个因素为试验因素。

③确定试验次数。初步考虑，由原子化机理知，灰化温度 $x_1$、原子化温度 $x_3$ 对吸光度的影响可以拟合为二次函数，因此，回归方程应有 $x_1^2$、$x_3^2$ 项；灰化时间($x_2$)和原子化时间($x_4$)对吸光仪的影响比较复杂，应适当考虑互作甚至更高次项，故拟建立三次多项式回归方程。为减少试验误差，选用稍大些的均匀设计表，因此确定试验次数为 12。

④确定因素水平，选择均匀设计表。灰化温度 $x_1$ 取 12 个水平，灰化时间 $x_2$、原子化温度 $x_3$ 和原子化时间 $x_4$ 的水平不宜分得过细，所以均取 6 个水平。因此，应选 $U_{12}(12\times6^3)$混合水平均匀设计表安排试验。因素水平表见表 14-18。

**表 14-18　钯的原子吸收法测定条件因素水平表**

| 因素 | 水平 | | | | | | | | | | | |
|---|---|---|---|---|---|---|---|---|---|---|---|---|
| | 1 | 2 | 3 | 4 | 5 | 6 | 7 | 8 | 9 | 10 | 11 | 12 |
| $x_1$ 灰化温度/℃ | 200 | 350 | 500 | 650 | 800 | 950 | 1 100 | 1 250 | 1 400 | 1 550 | 1 700 | 1 850 |
| $x_2$ 灰化时间/s | 10 | 18 | 26 | 34 | 42 | 50 | | | | | | |
| $x_3$ 原子化温度/℃ | 2 500 | 2 600 | 2 700 | 2 800 | 2 900 | 3 000 | | | | | | |
| $x_4$ 原子化时间/s | 4 | 5 | 6 | 7 | 8 | 9 | | | | | | |

⑤列出试验方案。由附表 20 中查出，构造混合水平均匀设计表 $U_{12}(12\times6^3)$应选 $U_{12}(12^{12})$表的 1、3、4、11 列，用拟水平法构造。然后把 $x_1$、$x_2$、$x_3$、$x_4$ 依次安排在 $U_{12}(12\times6^3)$表的 1、2、3、4 列上，再将各列的水平代码换成相应因素的具体水平值，得试验方案见表 14-19。试验结果也列于表中。

表 14-19 钯的原子吸收法测定条件试验方案及结果

| 试验号 | 列号与因素 | | | | 吸光度($y$) |
|---|---|---|---|---|---|
| | 1($x_1$) | 2($x_2$) | 3($x_3$) | 4($x_4$) | |
| 1 | 1 (200) | 2 (18) | 2 (2 600) | 6 (9) | 0.151 |
| 2 | 2 (350) | 3 (26) | 4 (2 800) | 5 (8) | 0.113 |
| 3 | 3 (500) | 5 (42) | 6 (3 000) | 4 (7) | 0.119 |
| 4 | 4 (650) | 6 (50) | 2 (2 600) | 3 (6) | 0.116 |
| 5 | 5 (800) | 1 (10) | 4 (2 800) | 2 (5) | 0.091 |
| 6 | 6 (850) | 3 (26) | 6 (3 000) | 1 (4) | 0.142 |
| 7 | 7 (1 100) | 4 (34) | 1 (2 500) | 6 (9) | 0.099 |
| 8 | 8 (1 250) | 6 (50) | 3 (2 700) | 5 (8) | 0.135 |
| 9 | 9 (1 400) | 1 (10) | 5 (2 900) | 4 (7) | 0.128 |
| 10 | 10 (1 550) | 2 (18) | 1 (2 500) | 3 (6) | 0.029 |
| 11 | 11 (1 700) | 4 (34) | 3 (2 700) | 2 (5) | 0.116 |
| 12 | 12 (1 850) | 5 (42) | 5 (2 900) | 1 (4) | 0.016 |

⑥试验结果分析。对表 14-19 数据,将 $x_1$ 和 $x_3$ 均除以 100 后用逐步回归法(sle=sls=0.504 1)进行回归分析,结果见表 14-20。

表 14-20 【例 14-5】回归关系和各偏回归系数的 $F$ 检验

| 变异来源 | $b_i$ | $SS$ | $df$ | $MS$ | $F$ | $P$ |
|---|---|---|---|---|---|---|
| 回归 | — | 0.019 33 | 9 | 0.002 15 | 540.10** | 0.001 8 |
| $b_0$ | −216.754 814 | 0.006 97 | 1 | 0.006 97 | 1 752.04** | 0.000 6 |
| $b_2$ | 0.020 881 937 | 7.316 2$E$−4 | 1 | 7.316 2$E$−4 | 183.93** | 0.005 4 |
| $b_3$ | 23.637 533 21 | 0.006 92 | 1 | 0.006 92 | 1 739.69** | 0.000 6 |
| $b_{11}$ | −0.000 377 553 | 1.823 5$E$−4 | 1 | 1.823 5$E$−4 | 45.84* | 0.021 1 |
| $b_{33}$ | −0.858 332 709 | 0.006 88 | 1 | 0.006 88 | 1 730.52** | 0.000 6 |
| $b_{13}$ | 0.000 322 676 | 2.308 0$E$−4 | 1 | 2.308 0$E$−4 | 58.02* | 0.016 8 |
| $b_{23}$ | −0.000 725 106 | 6.422 5$E$−4 | 1 | 6.422 5$E$−4 | 161.47** | 0.006 1 |
| $b_{34}$ | 0.000 529 829 | 0.003 67 | 1 | 0.003 67 | 922.50** | 0.001 1 |
| $b_{222}$ | −6.753 45$E$−07 | 6.054 3$E$−4 | 1 | 6.054 3$E$−4 | 152.21** | 0.006 5 |
| $b_{333}$ | 0.010 377 223 | 0.006 86 | 1 | 0.006 86 | 1 725.02** | 0.000 6 |
| 剩余 | — | 7.96$E$−6 | 2 | 3.98$E$−6 | — | — |
| 总变异 | | 0.019 34 | 11 | | | |

由表 14-20 可得回归方程为:

$$\hat{y} = -216.754\ 814 + 0.020\ 881\ 937x_2 + 23.637\ 533\ 21x_3 - (3.775\ 53E-04)x_1^2$$
$$- 0.858\ 332\ 709x_3^2 + (3.226\ 76E-04)x_1x_3 - (7.251\ 06E-04)x_2x_3$$
$$+ (5.298\ 29E-04)x_3x_4 - (6.753\ 45E-07)x_2^3 + 0.010\ 377\ 223x_3^3$$

检验结果表明,回归关系和 9 个偏回归系数都达到显著或极显著的水平,$R^2$=0.999 6,说明建立的回归方程是有意义的。与【例 14-3】一样，不足之处是误差自由度偏小，这可能影响有关结论的可靠性。

由本例所建立的回归方程和试验方案，利用“规划求解参数法”在试验空间内找到两个极大值点：当 $x_1=11.30$（即 1 130℃）、$x_2=29$、$x_3=26.4$（即 2 640℃）、$x_4=9$ 时，$\hat{y}=0.198\,6$；当 $x_1=12.8$（即 1 280℃）、$x_2=10$、$x_3=30$（即 3 000℃）、$x_4=9$ 时，$\hat{y}=0.252\,5$。经过试算可知：当 $x_2=10$、$x_3=30$（即 3 000℃）、$x_4=9$ 时，在 $x_1$ 的水平范围内改变其水平，$y$ 的预测值在 0.208 3 ～ 0.252 5 变化；当 $x_2=34$、$x_3=30$（即 3 000℃）、$x_4=9$ 时，在 $x_1$ 的水平范围内改变其水平，$y$ 的预测值在 0.161 5 ～ 0.205 7 变化（图 13-4）。这些信息的获得，有助于我们在实践中寻求真正的测定钯的最佳工作条件。

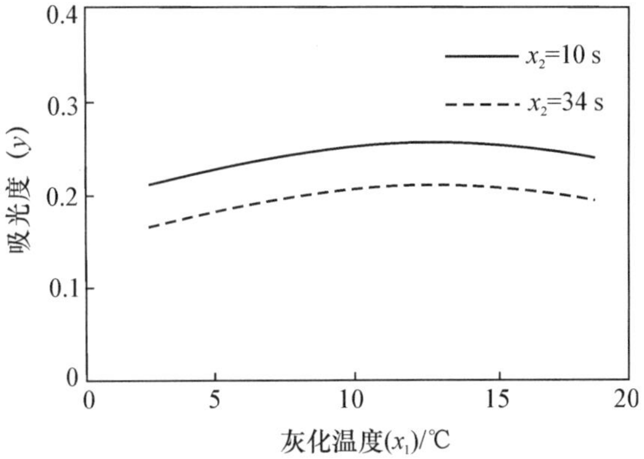


**图 14-4　两种不同灰化时间下，吸光度随灰化温度的变化过程**

在前边讨论的各种均匀设计试验中，通常考虑的因素都是定量的，称为定量因素。但在一些情况下，试验中会遇到的因素为定性的，即定性因素，譬如催化剂、培养基、食品添加剂的种类、地域、仪器等。此时，需采用混合因素均匀设计，详见二维码 14-4 和二维码 14-5。

**二维码 14-4　混合因素均匀设计**

**二维码 14-5　包含“伪变量”时的 Excel 回归分析**

## 思考题

1. 均匀设计和正交设计相比，有哪些优点？

2. 某试验要考察 A，B，C，D 4 个因素，每个因素有 4 个水平，试用均匀设计法安排试验方案。若 A 因素为 8 个水平，如何安排？

3. 在某化工合成工艺中，为了提高产品产量，试验选用 3 个因素，每个因素取 7 个水平，因素水平表见表 14-21。

表 14-21 因素水平表

| 水平 | 原料配比($x_1$)/% | 吡啶总量($x_2$)/mL | 反应时间($x_3$)/h |
|---|---|---|---|
| 1 | 1.0 | 10 | 0.5 |
| 2 | 1.4 | 13 | 1.0 |
| 3 | 1.8 | 16 | 1.5 |
| 4 | 2.2 | 19 | 2.0 |
| 5 | 2.6 | 22 | 2.5 |
| 6 | 3.0 | 25 | 3.0 |
| 7 | 3.4 | 28 | 3.5 |

用 $U_7(7^6)$表安排试验,3 个因素依次安排在第 1 列、第 2 列、第 3 列。试验结果(产品收率 $y$)依次为:0.330、0.336、0.294、0.476、0.209、0.451 和 0.482。

①试建立 $y$ 关于 3 个因素变量的二次回归方程。

②找出优化水平组合。

## 第 15 章

# 混料回归试验设计

### 本章学习目的与要求

1. 理解混料设计的意义及特点。
2. 掌握混料设计的基本方法与试验结果的分析方法。

## 15.1 混料设计的概念与特点

配方比问题是工农业生产和科学试验研究中经常遇到的一个问题。试验者要通过试验得出各种成分(ingredient)比例与指标的关系。比如，将若干种成分按百分比混合在一起形成混料，混料的某种特性或综合性能只与混料成分的百分比有关，而与混料的总量无关。由此可见，所谓混料是指若干种不同成分按百分比混合在一起，如果冻、果茶、糕点、混配葡萄酒、饮料、巧克力等，都属于混料。组成混料的各种成分，称为成分或分量(component)，也就是混料试验中的试验因素。所谓混料试验，是指在各种混料成分的变化范围受到一定约束条件限制的情况下，通过试验探索各成分的百分比与试验研究指标或响应之间的关系。

混料试验设计，简称混料设计(mixture design)，是在 Scheffé(1958)提出单纯形格子设计以来发展起来的一种试验设计方法。其核心是合理地设计混料试验，通过各混料成分不同比例的一些组合试验，获得试验指标与各混料成分比例之间的线性或非线性的回归方程。

混料设计的特点主要有以下几个方面：

①混料设计是一种受特殊约束的回归设计。混料试验一般都要求获得试验指标与各混料成分比例之间的回归方程。在混料试验中。各种混料成分是按一定比例混合的。显然，每个成分的比例应是非负的，而且所有成分的比例之和应为 1。如果用 $y$ 表示试验指标，用 $x_1$，$x_2$，…，$x_p$ 表示混料中 $p$ 种成分各自所占的比例，则将

$$\begin{cases} x_i \geqslant 0 \\ \sum_{i}^{p} x_i = 1 \end{cases} \quad (i = 1, 2, \cdots, p) \tag{15-1}$$

称为混料约束条件。由于混料设计受到这一约束条件的限制，故混料设计是回归设计中的一类特殊情况，是受到特殊条件约束的回归设计。在混料试验中，试验因素都是无量纲的，它们满足式(15-1)的约束条件。

②混料设计的数学模型不同于一般回归设计所采用的数学模型。由于混料约束条件(15-1)的限制，使混料设计的数学模型不同于一般回归设计所采用的数学模型。在混料设计中，因为各因素 $x_i$ 不是独立的，如果采用一般的多项式，会由于混料条件的限制而引起信息矩阵的退化，求回归系数的正规方程组的系数行列式必为 0。因此，在混料设计中常采用被称为 Scheffé 多项式的数学模型。

任何一个混料试验的设计都是与混料分量的个数 $p$ 和回归方程的次数(阶数)$d$ 有关的。一般用$\{p,d\}$表示一个混料设计。一般情况下，$\{p,d\}$混料设计的回归方程采用下述 Scheffé 多项式给出：

$d=1$ 时，回归方程为：

$$\hat{y} = \sum_{i=1}^{p} \beta_i x_i \tag{15-2}$$

$d=2$ 时，回归方程为：

$$\hat{y} = \sum_{i=1}^{p} \beta_i x_i + \sum_{i<j}^{p} \beta_{ij} x_i x_j \tag{15-3}$$

$d=3$ 时，不完全三次式回归方程为：

$$\hat{y}=\sum_{i=1}^{p}\beta_i x_i+\sum_{i<j}^{p}\beta_{ij}x_i x_j+\sum_{i<j<k}^{p}\beta_{ijk}x_i x_j x_k \tag{15-4}$$

$d=3$ 时，完全三次式回归方程为：

$$\hat{y}=\sum_{i=1}^{p}\beta_i x_i+\sum_{i<j}^{p}\beta_{ij}x_i x_j+\sum_{i<j}^{p}\gamma_{ij}x_i x_j(x_i-x_j)+\sum_{i<j<k}^{p}\beta_{ijk}x_i x_j x_k \tag{15-5}$$

还有更高次的回归方程，这些回归方程被称为 Scheffé 多项式回归方程或规范多项式回归方程。

由此可知，$\{p,d\}$混料设计的 Scheffé 式回归方程中需要估计的回归系数的个数，比一般的 $p$ 元 $d$ 次回归设计的回归方程少。例如，$\{p,2\}$混料设计比 $p$ 元二次回归设计减少了 $p+1$ 个回归系数（包括常数项 $b_0$），要获得$\{p,2\}$混料设计的回归方程，至少可以少做 $p+1$ 次试验。

需要指出的是，以上 Scheffé 形式回归方程中 $b_{ij}x_i x_j$，由于受到式（15-1）中混料约束条件的限制，$x_i$ 与 $x_j$ 不能独立自由地变动，所以不能单纯理解为 $x_i$ 与 $x_j$ 的交互作用，它们只是表示一种非线性混合的关系。Scheffé 认为，当 $b_{ij}>0$ 时，这种非线性混合关系是协调的；而当 $b_{ij}<0$ 时，则是对抗的。$b_{ijk}x_i x_j x_k$ 也与 $b_{ij}x_i x_j$ 一样。

③混料设计可以减少试验的次数。如上所述，与一般的回归设计相比，混料设计试验的次数较少，使回归方程的计算简捷，分析容易，也便于寻求最佳的混料条件。

混料设计的方法有多种，如单纯形格子设计、单纯形重心设计、有下界约束的混料设计、轴设计、凸多面体设计、多项式——倒数设计、Cox 混料设计、混料均匀设计等。本章将介绍单纯形格子设计、单纯形重心设计和混料均匀设计等常用的设计方法。

## 15.2 单纯形格子设计

### 15.2.1 单纯形格子设计的意义

单纯形格子设计（simplex lattice design），又称为单纯形点阵设计。它是混料设计中最先出现的、最基本的一种设计方法。其特点是，试验点可以取在正规单纯形的格子点上，它可以保证试验点分布均匀，而且计算简单、准确，回归系数只是相应格子点的响应值的简单函数。单纯形格子设计的试验次数，正好等于所采用的 $d$ 次完全式回归方程中需要估计的回归系数的个数，所以它是饱和设计（saturated design）。

在$\{p,d\}$混料试验设计中，各混料分量构成了试验的 $p$ 维因子空间。由于受条件（15-1）的限制，各分量 $x_i$ 的变化范围可用高是 1 的 $p$ 维正单形表示。正单形是指顶点数与因子空间维数相等的正凸图形，如三维空间的正三角形、四维空间的正四面体等。正单形的顶点代表单一成分组成的混料，棱上的点代表两种成分组成的混料，面上的点代表多于两种而少于 $p$ 种成分组成的混料，而正单形内的点则代表全部户种成分组成的混料。例如，$p=3$ 时，三维正单形是由顶点为（1，0，0）、（0，1，0）和（0，0，1）所形成的正三角形，如图 15-1 所示。图中，3 个顶点表示单一成分的混料，3 条边上的点表示两种成分的混料，而三角形内的点则表示 3 种成分的混料。

对于$\{p,d\}$混料设计，其 $p$ 维正单形的 $p$ 个顶点可分别表示为$D_1(1,0,0,\cdots,0)$，$D_2(0,1,0,\cdots,0)$，$\cdots$，$D_p(0,0,0,\cdots,1)$。

假设$M(x_1,x_2,\cdots,x_p)$为正单形的内点，定义 $x_1$ 为 $M$ 点到 $D_2D_3\cdots D_p$ 面的距离，$x_2$ 为 $M$ 点到 $D_1D_3\cdots D_p$ 面的距离，$\cdots$，$x_p$ 为$M$ 点到 $D_1D_3\cdots D_{p-1}$ 面的距离。于是，满足混料约束条件的$(x_1,x_2,\cdots,x_p)$，总可以在正单形上找到一点与之对应。反之，正单形上的任意一点$M(x_1,x_2,\cdots,x_p)$都满足混料约束条件。

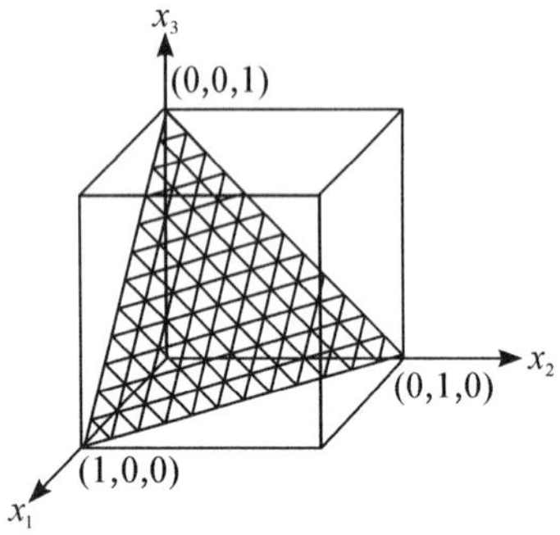


图 15-1　$p=3$ 的正单形图

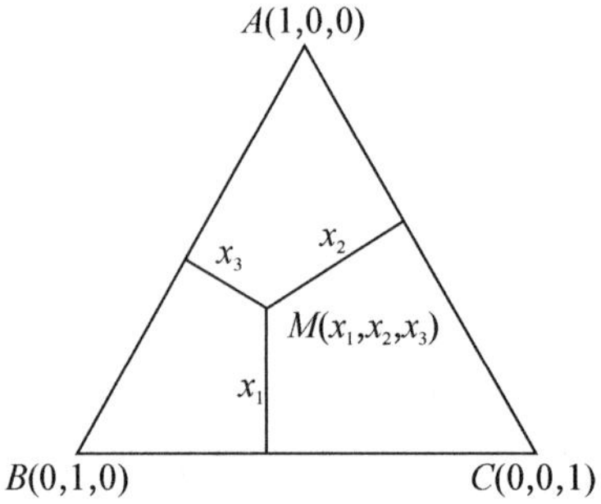


图 15-2　三维正单形的内点

如图 15-2 所示，当 $p=3$ 时，$x_1$，$x_2$，$x_3$ 分别为等边三角形 $ABC$ 内的点$M(x_1,x_2,x_3)$到边 $BC$、$AC$ 和$AB$ 的距离，显然，$x_1+x_2+x_3=1$。

$\{p,d\}$混料设计就是在 $p$ 维正单形上选取适当的点进行试验，从而估计试验指标与各混料成分百分比之间的回归方程。

$p$ 维正单形在$p-1$ 维上就是所谓的单纯形。如前所述，由 3 种成分构成的三维正单形在二维(平面)上是一个等边三角形；而由 4 种成分构成的四维正单形在三维(立体空间)上是一个正四面体。但通常在混料设计中，并没有严格区分正单形和单纯形的概念。

下面简要介绍格子点概念。

在图 15-3 中，设等边三角形(a)和正四面体(d)的高均为 1。将高为 1 的三顶点正单形[等边三角形(a)]3 条边各 2 等分，则此三角形(b)的 3 个顶点与 3 条边中点的总体称为 2 阶格子点集，记为$\{3,2\}$，3 表示正单形的顶点个数，2 表示每边的等分数。将等边三角形各边三等分(c)，对应分点连成与一边平行的直线，在等边三角形上形成许多格子，则这些小等边三角形(亦即这些格子)的顶点的总体称为 3 阶格子点集，记为$\{3,3\}$。前面的 3 指明正单形顶点个数，后面的 3 指明了每边的等分数。

用类似的方法，可做出其他各种格子点集。3 顶点正单形的 4 阶格子点集记为$\{3,4\}$，共有 15 个点。4 顶点正单形的 2 阶和 3 阶格子点集分别用$\{4,2\}$和$\{4,3\}$表示，如图 15-3(e)和(f)所示[正四面体(f)的 4 个面上还应各有一点]。一般而言，对于一个$\{p,d\}$单纯形格子设计，试验点对称地排列在正单形上，构成正单形的一个格子，称为$\{p,d\}$格子。这些格子点集中的各点就是因子空间内单纯形格子设计的试验点。

对于三分量混料系统($p=3$)所有混合的因子空间是一等边三角形。如果假定用二次多项式模型($d=2$)，从式(15-5)可知，每个分量的百分比为：$x_i=0,1/2,1,i=1,2,3$。则$\{3,2\}$单纯形格子设计包含 6 个试验点：

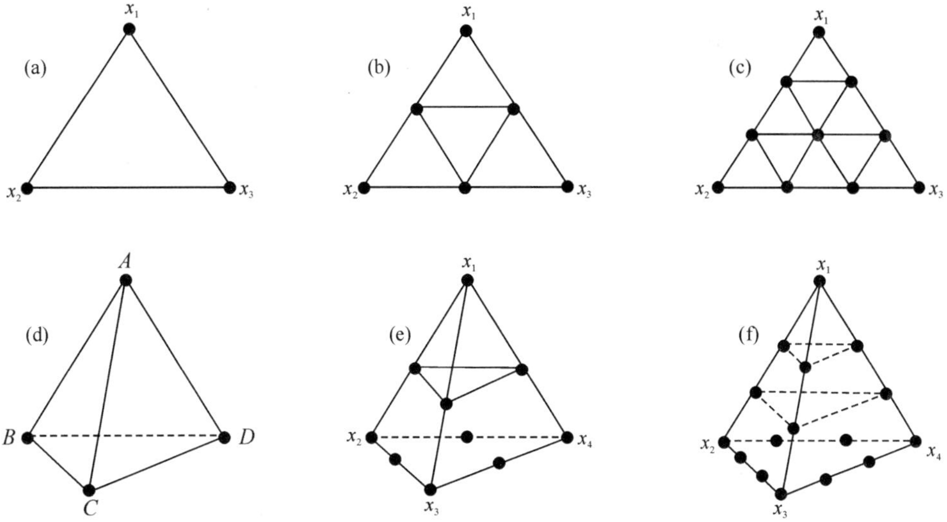


**图 15-3 一些{3,d}和{4,d}单纯形格子点**

$(x_1,x_2,x_3)=(1,0,0),(0,1,0),(0,0,1),\left(\frac{1}{2},\frac{1}{2},0\right),\left(\frac{1}{2},0,\frac{1}{2}\right),\left(0,\frac{1}{2},\frac{1}{2}\right)$。各点表示见图 15-3(c)。

单纯形格子设计的试验点数为$(p+d-1)!/d!(p-1)!$。由此可知,单纯形格子设计方案与试验分量 $p$ 和回归多项式的次数有关。

表 15-1 至表 15-4 分别是{3,2}、{3,3}、{4,2}、{4,3}的单纯形格子设计编码表,即单纯形格子设计方案。相应的各点表示见图 15-3(e)和(f)。

**表 15-1 {3,2}单纯形格子设计编码表**

| 试验点 | $X_1$ | $X_2$ | $X_3$ |
|---|---|---|---|
| 1 | 1 | 0 | 0 |
| 2 | 0 | 1 | 0 |
| 3 | 0 | 0 | 1 |
| 4 | 1/2 | 1/2 | 0 |
| 5 | 1/2 | 0 | 1/2 |
| 6 | 0 | 1/2 | 1/2 |

**表 15-2 {3,3}单纯形格子设计编码表**

| 试验点 | $X_1$ | $X_2$ | $X_3$ |
|---|---|---|---|
| 1 | 1 | 0 | 0 |
| 2 | 0 | 1 | 0 |
| 3 | 0 | 0 | 1 |
| 4 | 1/3 | 2/3 | 0 |
| 5 | 2/3 | 1/3 | 0 |
| 6 | 1/3 | 0 | 2/3 |

续表 15-2

| 试验点 | $X_1$ | $X_2$ | $X_3$ |
|---|---|---|---|
| 7 | 2/3 | 0 | 1/3 |
| 8 | 0 | 1/3 | 2/3 |
| 9 | 0 | 2/3 | 1/3 |
| 10 | 1/3 | 1/3 | 1/3 |

**表 15-3 {4,2}单纯形格子设计编码表**

| 试验点 | $X_1$ | $X_2$ | $X_3$ | $X_4$ |
|---|---|---|---|---|
| 1 | 1 | 0 | 0 | 0 |
| 2 | 0 | 1 | 0 | 0 |
| 3 | 0 | 0 | 1 | 0 |
| 4 | 0 | 0 | 0 | 1 |
| 5 | 1/2 | 1/2 | 0 | 0 |
| 6 | 1/2 | 0 | 1/2 | 0 |
| 7 | 1/2 | 0 | 0 | 1/2 |
| 8 | 0 | 1/2 | 1/2 | 0 |
| 9 | 0 | 1/2 | 0 | 1/2 |
| 10 | 0 | 0 | 1/2 | 1/2 |

**表 15-4 {4,3}单纯形格子设计编码表**

| 试验点 | $X_1$ | $X_2$ | $X_3$ | $X_4$ |
|---|---|---|---|---|
| 1 | 1 | 0 | 0 | 0 |
| 2 | 0 | 1 | 0 | 0 |
| 3 | 0 | 0 | 1 | 0 |
| 4 | 0 | 0 | 0 | 1 |
| 5 | 1/2 | 1/2 | 0 | 0 |
| 6 | 1/2 | 0 | 1/2 | 0 |
| 7 | 1/2 | 0 | 0 | 1/2 |
| 8 | 0 | 1/2 | 1/2 | 0 |
| 9 | 0 | 1/2 | 0 | 1/2 |
| 10 | 0 | 0 | 1/2 | 1/2 |

### 15.2.2 单纯形格子设计的步骤

下面以一个实例来说明单纯形格子设计的步骤。

【例 15-1】某饮料配方试验，有西瓜汁（$Z_1$）、凤梨汁（$Z_2$）和橙汁（$Z_3$）3 种成分，制订{3,2}的单纯形格子试验方案。

①明确试验研究的目的。根据试验目的和专业要求选取配方成分（及试验因素）和响应变量（及试验指标）。本例中混料成分为 3 个（$p=3$），响应变量为消费者的评定结果。

②按照专业知识的要求。根据各混料成分所占百分比的范围，确定各成分百分比的最小值。$Z_1$、$Z_2$、$Z_3$ 表示混料试验中 3 个成分的实际百分比，用 $a_1$、$a_2$、$a_3$ 表示 3 个成分百分比的最小值。本设计就是要求在式(15-6)的限制条件下进行试验。

$$0 \leqslant a_i \leqslant Z_i \leqslant 1 \qquad (i=1,2,3)$$
$$Z_1 + Z_2 + Z_3 = 1 \tag{15-6}$$

根据混料设计的特点，各混料成分百分比的最小值还应该满足式 15-7 给出的条件。

$$\sum_{i=1}^{p} a_i < 1 \tag{15-7}$$

为了尽可能使用西瓜汁，要求西瓜汁的百分比最小值为 0.3，而对橙汁和凤梨汁的最小百分比没有要求，即

$$a_1 = 0.3 \qquad a_2 = 0 \qquad a_3 = 0$$

③从专业知识的角度确定需要估计的回归方程的次数 $d$，然后依据混料成分的个数 $p$ 和回归方程的次数 $d$，选择适当的单纯形格子设计编码表。本例 $d=2$，于是选择{3,2}单纯形格子设计编码表，见表 15-5。

**表 15-5　{3,2}单纯形格子设计试验方案**

| 试验号 | $x_1$ | $Z_1$ | $x_2$ | $Z_2$ | $x_3$ | $Z_3$ | 指标值($y_i$,$y_{ij}$) |
|---|---|---|---|---|---|---|---|
| 1 | 1 | 1 | 0 | 0 | 0 | 0 | 5.27($y_1$) |
| 2 | 0 | 0.3 | 1 | 0.7 | 0 | 0 | 6.74($y_2$) |
| 3 | 0 | 0.3 | 0 | 0 | 1 | 0.7 | 6.92($y_3$) |
| 4 | 1/2 | 0.65 | 1/2 | 0.35 | 0 | 0 | 6.34($y_{12}$) |
| 5 | 1/2 | 0.65 | 0 | 0 | 1/2 | 0.35 | 6.64($y_{13}$) |
| 6 | 0 | 0.3 | 1/2 | 0.35 | 1/2 | 0.35 | 6.94($y_{23}$) |

④确定各成分的实际百分比 $Z_i$ 与编码值 $x_i$ 之间的对应关系。其转换公式为：

$$Z_i = (1 - \sum_{j=1}^{p} a_j) x_i + a_i \tag{15-8}$$

将 $a_1=0.3$，$a_2=0$，$a_3=0$ 代入，可得 $Z_1=0.7x_1+0.3$，$Z_2=0.7x_2$，$Z_3=0.7x_3$。

⑤根据式(15-8)计算各试验点个成分的实际百分比，形成{3,2}单纯形格子设计的试验方案，见表 15-8。

试验结束后，获得各试验点指标的观测值 $y_i$，$y_{ij}$，如果试验指标有重复测定，则以其平均值 $\bar{y}_i$，$\bar{y}_{ij}$ 代替 $y_i$，$y_{ij}$。

### 15.2.3　单纯形格子设计的统计分析

#### 15.2.3.1　回归方程的建立

单纯形格子设计统计分析的目的在于由试验结果建立回归方程，主要内容是计算各偏回归系数，从而得到混料的某种特性或综合性能与混料成分比例的关系。

在单纯形格子设计中，回归方程的回归系数都可以表示成相应格子点的响应值(response

value)的简单线性组合。每一个回归系数的值只取决于按一定规律对应的一些格子点上的响应值，而与其他格子点上的响应值无关。比如，一次项的回归系数只由表示单一成分的正单形顶点的响应值决定，二次项的回归系数只受表示两种成分的正单形棱上点的响应值影响。所以，单纯形格子设计回归系数的计算非常简单。

为方便起见，单纯形格子设计试验结果的符号表示约定如下：

$y_i$ 表示 $x_i$ 的编码值为 1，其余成分的编码值为 0 的试验点的试验结果，$i=1,2,\cdots,p$。

$y_{ij}$ 表示 $x_i,x_j$ 的编码值为 1/2，其余成分的编码值为 0 的试验点的试验结果，$i,j=1,2,\cdots,p;i\neq j$。

$y_{iij}$ 表示 $x_i$ 的编码值为 2/3，$x_j$ 的编码值为 1/3，其余成分的编码值为 0 的试验点的试验结果，$i,j=1,2,\cdots,p;i\neq j$。

$y_{ijj}$ 表示 $x_i$ 的编码值为 1/3，$x_j$ 的编码值为 2/3，其余成分的编码值为 0 的试验点的试验结果，$i,j=1,2,\cdots,p;i\neq j$。

$y_{ijk}$ 表示 $x_i,x_j$ 和 $x_k$ 的编码值为 1/3，其余成分的编码值为 0 的试验点的试验结果，$i,j,k=1,2,\cdots,p;i\neq j,k,j\neq k$。

……

①$\{p,1\}$单纯形格子设计回归系数的计算。在$\{p,1\}$单纯形格子设计中，回归方程为式(15-6)。此时，此时，每个试验点只有一个成分的编码值为 1，其余都为 0，故将第 $i$ 号试验点各成分编码值及其相应的试验结果值 $y_i$ 代入回归方程(15-6)，即可得到回归系数(15-9)。

$$b_i = y_i \tag{15-9}$$

②$\{p,2\}$单纯形格子设计回归系数的计算。在$\{p,2\}$单纯形格子设计中，回归方程为式(15-7)。此时，从 1 号到 $p$ 号试验点与$\{p,1\}$设计完全相同，所以将第 $i$ 号试验点各成分编码值及其相应的试验结果值 $y_i$ 代入回归方程(15-7)，即可得到回归系数(15-10)。

$$b_i = y_i \tag{15-10}$$

从 $p+1$ 号到 $C_{p+1}^2$ 号试验点，其成分编码值只有 $x_i,x_j$ 为 1/2，其余都为 0。将每一号试验点各成分编码值及其相应的试验结果值 $y_{ij}$ 代入回归方程(15-7)，得到

$$\frac{1}{2}b_i + \frac{1}{2}b_j + \frac{1}{2}\times\frac{1}{2}b_{ij} = y_{ij}$$

将式(15-10)代入上式，即可得到回归系数(15-16)。

$$b_{ij} = 4y_{ij} - 2(y_i + y_j) \tag{15-11}$$

③$\{p,3\}$单纯形格子设计回归系数的计算。在$\{p,3)$单纯形格子设计中，完全式回归方程为式(15-9)。此时，从 1 号到 $p$ 号试验点与$\{p,1\}$设计完全相同，所以将第 $i$ 号试验点各成分编码值及其相应的试验结果值 $y_i$ 代入回归方程(15-9)，即可得到回归系数(15-12)。

$$b_i = y_i \tag{15-12}$$

从 $p+1$ 号到 $p^2$ 号试验点分两种情况，一是 $x_i$ 的编码值为 2/3，$x_j$ 的编码值为 1/3，其余为 0 的试验点，将这些试验点各成分编码值及其相应的试验结果值 $y_{ij}$ 代入回归方程(15-9)，得到式(15-13)。

$$\frac{2}{3}b_i+\frac{1}{3}b_j+\frac{2}{3}\times\frac{1}{3}b_{ij}+\frac{2}{3}\times\frac{1}{3}\left(\frac{2}{3}-\frac{1}{3}\right)r_{ij}=y_{iij} \tag{15-13}$$

二是 $x_i$ 的编码值为 1/3，$x_j$ 的编码值为 2/3，其余为 0 的试验点，将这些试验点各成分编码值及其相应的试验结果值 $y_{ijj}$，代入回归方程(15-9)，得到式(15-14)。

$$\frac{1}{3}b_i+\frac{2}{3}b_j+\frac{1}{3}\times\frac{2}{3}b_{ij}+\frac{1}{3}\times\frac{2}{3}\left(\frac{1}{3}-\frac{2}{3}\right)r_{ij}=y_{ijj} \tag{15-14}$$

将式(15-13)和式(15-14)相加，整理后再将式(15-12)代入，从而得到式(15-15)。

$$b_{ij}=\frac{4}{9}(y_{iij}+y_{ijj}-y_i-y_j) \tag{15-15}$$

将式(15-13)和式(15-14)相减，整理后再将式(15-12)代入，从而得到式(15-16)。

$$r_{ij}=\frac{27}{4}(y_{iij}-y_{ijj})-\frac{9}{4}(y_i-y_j) \tag{15-16}$$

从 $p^2+1$ 号到 $C_{p+2}^3$ 号试验点，其成分编码值只有 $x_i$，$x_j$，$x_k$ 为 1/3，其余都为 0。将每一号试验点各成分编码值及其相应的试验结果值 $y_{ijk}$ 代入回归方程(15-9)，得到式(15-17)。

$$\frac{1}{3}(b_i+b_j+b_k)+\frac{1}{3}\times\frac{1}{3}(b_{ij}+b_{ik}+b_{jk})+\frac{1}{3}\times\frac{1}{3}\times\frac{1}{3}b_{ijk}=y_{ijk} \tag{15-17}$$

将式(15-12)和式(15-15)代入式(15-17)，从而得到式(15-18)。

$$b_{ijk}=27y_{ijk}-\frac{27}{4}(y_{iij}+y_{iik}+y_{jjk}+y_{ijj}+y_{ikk}+y_{kkj})+\frac{9}{2}(y_i+y_j+y_k) \tag{15-18}$$

显然，上述各种偏回归系数实质上就是将单纯形设计的编码因素的取值和相应试验结果代入相应设计的回归模型而得到的。

【例 15-2】　试对【例 15-1】的试验结果进行分析，试验方案及结果见表 15-8。

由式(15-10)得：$b_1=5.27$，$b_2=6.74$，$b_3=6.92$。

由式(15-10)得：

$$b_{12}=4y_{12}-2(y_1+y_2)=4\times6.34-2\times(5.27+6.74)=1.34$$
$$b_{13}=4y_{13}-2(y_1+y_3)=4\times6.64-2\times(5.27+6.92)=2.18$$
$$b_{23}=4y_{23}-2(y_2+y_3)=4\times6.94-2\times(6.74+6.92)=0.44$$

于是用各成分编码因素表示的回归方程为：

$$\hat{y}=5.27x_1+6.74x_2+6.92x_3+1.34x_1x_2+2.18x_1x_3+0.44x_2x_3$$

在实际工作中，通常需要各混料成分的实际因素表示回归方程。为此，由式(15-8)得到式(15-19)。

$$x_i=\frac{Z_i-a_i}{1-\sum_{j=1}^{p}a_j} \tag{15-19}$$

将 $a_1=0.3$，$a_2=0$，$a_3=0$ 代入式 15-19 得：

$$x_1=\frac{Z_1-a_1}{1-\sum_{j=1}^{p}a_j}=\frac{Z_1-0.3}{0.7}$$

$$x_2=\frac{Z_2-a_2}{1-\sum_{j=1}^{p}a_j}=\frac{Z_2}{0.7}$$

$$x_3=\frac{Z_3-a_3}{1-\sum_{j=1}^{p}a_j}=\frac{Z_3}{0.7}$$

将其代入规范化变量回归方程即为自然变量的回归方程：

$$\hat{y}=-2.2586+7.5286Z_1+8.8083Z_2+8.5510Z_3+2.7347Z_1Z_2+4.4490Z_1Z_3+0.8980Z_2Z_3$$

需要注意的是，单纯形格子设计中，回归方程的建立必须是先得到用编码因素表示的回归方程，然后再转化成用实际因素表示的回归方程；而不能直接将实际因素的取值和试验结果代入回归模型建立回归方程。

另外还应注意到，在【例 15-1】或【例 15-2】的试验方案的 6 个试验点中，混料成分仅有 3 种的情况下就有 5 个试验点的混料成分为 1 种或 2 种是零。在实际工作中，不等于零的成分是大多数，而且一般情况下也不容许大多数成分为零，否则就失去了进行混料试验的意义。因此，通常进行混料试验设计时，可以对混料中各成分 $Z_i$ 分别给出一个大于零的最低百分比 $a_i$，(要求 $\sum a_i<1$)。这实质上属于有下界约束的混料设计，这样就可避免混料中部分成分为零的问题。

#### 15.2.3.2 回归方程的检验

通过混料试验的结果分析，可以得到相应的回归方程。该回归方程是否能够描述所研究的整个混料系统，尚需进行检验。由于混料试验设计不具有正交性，回归方程的统计检验比较繁杂，通常采用控制点检验(reference point test)。所谓控制点检验，就是在正单形内选择少量的试验点(称为控制点)进行验证性试验，用这些试验结果来对回归方程的适合程度进行检验，推断回归方程是否可以使用。如果回归方程预测结果与验证性试验结果差异不大，说明所得的回归方程是适合的，可以使用。否则，就要修改模型，补做一些试验，用更高次的回归模型去描述混料系统。控制点选择的原则是，数量要尽可能少，而且各点在正单形内应尽量分布均匀，具有较强的代表性。

假设选择 $m$ 个控制点，各控制点试验结果的指标值为 $y_i(i=1,2,\cdots,m)$，由回归方程预测各控制点的指标值为 $\bar{y}_i\ (i=1,2,\cdots,m)$。检验回归方程的适合程度可以使用以下两种方法之一。

(1)允许误差比较法。当可以根据专业知识确定一个允许误差 $\delta$ 时，使用允许误差比较法。若所有控制点试验指标值 $y_i$ 与预测指标值 $\hat{y}_i$ 之差的绝对值都满足式(15-20)：

$$\Delta y_i=|y_i-\hat{y}_i|\leqslant\delta \tag{15-20}$$

则认为回归方程是适合的，能够较好地描述混料系统。如果有一个或多个 $\Delta y_i > \delta$，就认为回归方程不适合，不能用来描述混料系统，因而回归方程不能使用。

②方差比较法。当可以根据专业知识确定试验的误差方差 $\sigma^2$ 时，使用方差比较法。若试验误差方差的估计值

$$S^2 = \frac{1}{m}\sum_{i=1}^{m}(y_i - \hat{y}_i)^2 \leqslant \sigma^2 \tag{15-21}$$

则认为回归方程是适合的，可以使用。否则，回归方程是不适合的，不能使用。

#### 15.2.3.3 利用回归方程进行组合寻优

就【例 15-2】而言，假设所建立的编码因素表示的回归方程经控制点检验是合适的，那么在条件 $0 \leqslant x_1 \leqslant 1, 0 \leqslant x_2 \leqslant 1, 0 \leqslant x_3 \leqslant 1$ 和 $x_1 + x_2 + x_3 = 1$ 的约束下，可由该回归方程寻找各编码因素的最佳水平组合。寻优方法有多种，利用 Excel 中的“规划求解”法得到方程在 $x_1 = 0.061, x_2 = 0.207, x_3 = 0.732$ 时，指标值最大，达到 6.963。按照式(15-8)可计算出，此时 3 种成分的实际取值为：$Z_1 = 0.343, Z_2 = 0.145, Z_3 = 0.512$。

## 15.3 单纯形重心设计

### 15.3.1 单纯形重心设计的意义

在$\{p,d\}$单纯形格子设计中，试验点各成分的编码值与回归方程的次数 $d$ 有关，为 $1/d$ 的整数倍。当 $d \geqslant 3$ 时，在这样的混料设计中部分试验点的非零成分的取值不相等，这些不相等的成分对试验结果所起的作用不同，也直接对回归系数的估计产生不同程度的影响。为了改进这一缺陷，Scheffé(1963)提出了单纯形重心设计(simplex centriod design)。

在 $p$ 维正单纯形中，单个顶点的重心就是顶点本身，称为单顶点重心。连接任意两个顶点形成一条棱边，棱边的中点为其重心，称为两顶点重心；任意 3 个顶点组成一个正三角形，该正三角形的中心为其重心，称为 3 顶点重心。依此类推，$p$ 顶点重心就是该正单形的重心。因此，在 $p$ 维正单形中，$i$ 顶点重心共有 $C_p^i$ 个。所谓单纯形重心设计，就是在 $p$ 维正单形中只选取 $i(i=1,2,\cdots,p)$顶点重心作为试验点的混料试验设计。

对于$\{p,d\}$单纯形重心设计，其试验点数为式(15-22)所示。

$$N = C_p^1 + C_p^2 + \cdots + C_p^d \tag{15-22}$$

该试验点的组成如下：

以$(1,0,0,\cdots,0)$为代表的 $C_p^1$ 个顶点重心。

以$\left(\frac{1}{2},\frac{1}{2},0,0,\cdots,0\right)$为代表的 $C_p^2$ 个二顶点重心。

以$\left(\frac{1}{3},\frac{1}{3},\frac{1}{3},\cdots,0\right)$为代表的 $C_p^3$ 个三顶点重心。

⋮

以$(1/d,1/d,\cdots,1/d,0,0,\cdots,0)$为代表的 $C_p^d$ 个 $d$ 顶点重心。

显然，对于{$p$，$p$}单纯形重心设计，其试验点数为式 15-23 所示。

$$N = C_p^1 + C_p^2 + \cdots + C_p^d + C_p^{d+1} + C_p^p = 2^p - 1 \tag{15-23}$$

表 15-6 至表 15-9 列出了{2,2}，{3,3}，{4,4}单纯形重心设计编码表。对于{$p$，$d$}单纯形重心设计的编码表，可以在{$p$，$p$}单纯形重心设计编码表中取 $N(N = C_p^1 + C_p^2 + \cdots + C_p^d)$ 号试验点构成。

**表 15-6 {2,2}单纯形重心设计编码表**

| 试验号 | 因素 | |
|---|---|---|
| | $x_1$ | $x_2$ |
| 1 | 1 | 0 |
| 2 | 0 | 1 |
| 3 | 1/2 | 1/2 |

**表 15-7 {3,3}单纯形重心设计编码表**

| 试验号 | 因素 | | |
|---|---|---|---|
| | $x_1$ | $x_2$ | $x_3$ |
| 1 | 1 | 0 | 0 |
| 2 | 0 | 1 | 0 |
| 3 | 0 | 0 | 1 |
| 4 | 1/2 | 1/2 | 0 |
| 5 | 1/2 | 0 | 1/2 |
| 6 | 0 | 1/2 | 1/2 |
| 7 | 1/3 | 1/3 | 1/3 |

**表 15-8 {4,4}单纯形重心设计编码表**

| 试验号 | 因素 | | | |
|---|---|---|---|---|
| | $x_1$ | $x_2$ | $x_3$ | $x_4$ |
| 1 | 1 | 0 | 0 | 0 |
| 2 | 0 | 1 | 0 | 0 |
| 3 | 0 | 0 | 1 | 0 |
| 4 | 0 | 0 | 0 | 1 |
| 5 | 1/2 | 1/2 | 0 | 0 |
| 6 | 1/2 | 0 | 1/2 | 0 |
| 7 | 1/2 | 0 | 0 | 1/2 |
| 8 | 0 | 1/2 | 1/2 | 0 |
| 9 | 0 | 1/2 | 0 | 1/2 |
| 10 | 0 | 0 | 1/2 | 1/2 |
| 11 | 1/3 | 1/3 | 1/3 | 0 |
| 12 | 1/3 | 1/3 | 0 | 1/3 |
| 13 | 1/3 | 0 | 1/3 | 1/3 |
| 14 | 0 | 1/3 | 1/3 | 1/3 |
| 15 | 1/4 | 1/4 | 1/4 | 1/4 |

表 15-9　{5,5}单纯形重心设计编码表

| 试验号 | 因素 | | | | |
|---|---|---|---|---|---|
| | $x_1$ | $x_2$ | $x_3$ | $x_4$ | $x_5$ |
| 1 | 1 | 0 | 0 | 0 | 0 |
| 2 | 0 | 1 | 0 | 0 | 0 |
| 3 | 0 | 0 | 1 | 0 | 0 |
| 4 | 0 | 0 | 0 | 1 | 0 |
| 5 | 0 | 0 | 0 | 0 | 1 |
| 6 | 1/2 | 1/2 | 0 | 0 | 0 |
| 7 | 1/2 | 0 | 1/2 | 0 | 0 |
| 8 | 1/2 | 0 | 0 | 1/2 | 0 |
| 9 | 1/2 | 0 | 0 | 0 | 1/2 |
| 10 | 0 | 1/2 | 1/2 | 0 | 0 |
| 11 | 0 | 1/2 | 0 | 1/2 | 0 |
| 12 | 0 | 1/2 | 0 | 0 | 1/2 |
| 13 | 0 | 0 | 1/2 | 1/2 | 0 |
| 14 | 0 | 0 | 1/2 | 0 | 1/2 |
| 15 | 0 | 0 | 0 | 1/2 | 1/2 |
| 16 | 1/3 | 1/3 | 1/3 | 0 | 0 |
| 17 | 1/3 | 1/3 | 0 | 1/3 | 0 |
| 18 | 1/3 | 1/3 | 0 | 0 | 1/3 |
| 19 | 1/3 | 0 | 1/3 | 1/3 | 0 |
| 20 | 1/3 | 0 | 1/3 | 0 | 1/3 |
| 21 | 1/3 | 0 | 0 | 1/3 | 1/3 |
| 22 | 0 | 1/3 | 1/3 | 1/3 | 0 |
| 23 | 0 | 1/3 | 1/3 | 0 | 1/3 |
| 24 | 0 | 1/3 | 0 | 1/3 | 1/3 |
| 25 | 0 | 0 | 1/3 | 1/3 | 1/3 |
| 26 | 1/4 | 1/4 | 1/4 | 1/4 | 0 |
| 27 | 1/4 | 1/4 | 1/4 | 0 | 1/4 |
| 28 | 1/4 | 1/4 | 0 | 1/4 | 1/4 |
| 29 | 1/4 | 0 | 1/4 | 1/4 | 1/4 |
| 30 | 0 | 1/4 | 1/4 | 1/4 | 1/4 |
| 31 | 1/5 | 1/5 | 1/5 | 1/5 | 1/5 |

$\{p,d\}$单纯形重心设计的回归方程为式(15-24)。

$$\hat{y}=\sum_{i=1}^{p}b_i x_i+\sum_{i<j}b_{ij}x_i x_j+\cdots+b_{p!}\prod_{i=1}^{p}x_i \tag{15-24}$$

其需要计算的系数共有 $C_p^1+C_p^2+\cdots+C_p^p$ 个，与试验点数相等。

可以看出，单纯形重心设计具有两个明显的特点：

①因为需要计算的回归系数个数与试验点数 $N$ 相等，所有单纯形重心设计师饱和设计。

②所有试验点各成分的取值与回归方程的次数 $d$ 无关，并且每个试验点中非零成分的取值相等，这就消除了由于非零成分取值不等而对回归系数的计算产生的不同影响。

### 15.3.2 单纯形重心设计的步骤

单纯形重心设计步骤与单纯形格子设计相同。编码因素（$\chi_i$）与实际试验因素（$Z_i$）的转换关系也相同，见式(15-13)。

【例 15-3】某混料试验，考虑 3 种成分 $Z_1$、$Z_2$、$Z_3$，假定它们的用量最小值分别为 $a_1=0.20$、$a_2=0.40$、$a_3=0.20$，试安排{3,3}单纯形重心设计试验方案。试验目的：找出使指标 $y\geqslant 30.00$ 的混料配方，且 $Z_1$ 的用量越少越好。

此试验是有约束条件的混料问题，约束条件如下：

$$\begin{cases}0.20\leqslant Z_1\leqslant 1\\0.40\leqslant Z_2\leqslant 1\\0.20\leqslant Z_3\leqslant 1\\Z_1+Z_2+Z_3=1\end{cases}$$

由{3,3}单纯形重心设计编码表（表 15-10）可知，本试验有 $C_3^1+C_3^2+C_3^3=2^3-1=7$ 个试验点，其设计编码值重新列入表 15-13。

由式(15-13)可得各成分实际因素与编码因素之间的关系为：

$$Z_1=0.20x_1+0.20$$
$$Z_2=0.20x_2+0.40$$
$$Z_3=0.20x_3+0.20$$

将各试验点编码值带入上式求得实际值，亦即将编码值换为实际值从而得到试验方案，见表 15-10。

**表 15-10 {3,3}单纯形重心设计试验方案和试验结果**

| 试验号（处理） | 试验设计 | | | 试验方案 | | | 试验指标（$y$） |
|---|---|---|---|---|---|---|---|
| | $x_1$ | $x_2$ | $x_3$ | $Z_1$ | $Z_2$ | $Z_3$ | |
| 1 | 1 | 0 | 0 | 0.40 | 0.40 | 0.20 | $y_1=23.5$ |
| 2 | 0 | 1 | 0 | 0.20 | 0.60 | 0.20 | $y_2=24.5$ |
| 3 | 0 | 0 | 1 | 0.20 | 0.40 | 0.40 | $y_3=26.5$ |
| 4 | 1/2 | 1/2 | 0 | 0.30 | 0.50 | 0.20 | $y_{12}=24.0$ |
| 5 | 1/2 | 0 | 1/2 | 0.30 | 0.40 | 0.30 | $y_{13}=27.5$ |
| 6 | 0 | 1/2 | 1/2 | 0.20 | 0.50 | 0.30 | $y_{23}=29.5$ |
| 7 | 1/3 | 1/3 | 1/3 | 0.266 7 | 0.466 7 | 0.266 7 | $y_{123}=30.0$ |

### 15.3.3 单纯形重心设计的统计分析

与单纯形格子设计一样，单纯形重心设计回归方程中回归系数的计算也很简便。

将以(1,0,0,…,0)为代表的 $C_p^1$ 个单顶点重心试验点各成分编码值及相应的试验结果值

$y_i$ 代入回归方程式(15-24)，即可得到单一成分分回归系数：

$$b_i = y_i \tag{15-25}$$

将以(1/2,1/2,0,0,…,0)为代表的 $C_p^2$ 个两顶点重心试验点各成分编码值及其相应的试验结果值 $y_{ij}$ 以及式(15-25)代入回归方程(15-29)，即可得到两种成分的回归系数，见式(15-26)　。

$$b_{ij} = 4y_{ij} - 2(y_i + y_j) \tag{15-26}$$

将以(1/3,1/3,1/3,0,0,…,0)为代表的 $C_p^3$ 个3顶点重心试验点各成分编码值及其相应的试验结果值 $y_{ijk}$ 以及式(15-25)、式(15-26)代入回归方程(15-24)，即可得到3种成分的回归系数，见式(15-27)。

$$b_{ijk} = 3(y_i + y_j + y_k) - 12(y_{ij} + y_{ik} + y_{jk}) + 27y_{ijk} \tag{15-27}$$

将以(1/$d$,1/$d$,…,1/$d$,0,0,…,0)为代表的 $C_p^d$ 个 $d$ 顶点重心试验点各成分编码值及其相应的试验结果值 $y_{i1i2\cdots id}$ 以及前面计算出的所有回归系数代入回归方程(15-24)，即可得到 $d$ 种成分的回归系数，见式(15-28)。

$$b_{i_1 i_2 \ldots i_d} = d \times \{(-1)^{d-1} \times 1^{d-1} \sum_{s=1}^{d} y_{i_s} + (-1)^{d-2} \times 2^{d-1} \sum^{d}_{s<t} \sum^{d} y_{i_s i_t} + \cdots +$$
$$(-1)^{d-d} \times d^{d-1} \sum^{d} \sum^{d}_{i_1<i_2<\ldots<i_d} \ldots \sum^{d} y_{i_1 i_2 \ldots i_d}\}$$
$$(i_1, i_2, \cdots, i_d = 1,2,\cdots,p;\ i_1 < i_2 < \cdots < i_d;\ s,t = 1,2,\cdots,d;\ s < t) \tag{15-28}$$

对于{$p$,$d$}单纯形重心设计，其回归方程式(15-24)中各回归系数的计算公式可归纳为式(15-29)。

$$b_{sq} = q \sum_{t=1}^{q} (-1)^{q-t} t^{q-1} y_t(s_q) \tag{15-29}$$

式中：$q = 1,2,\cdots,d$；$s_q$ 为9个成分中取 $q$ 个的所有集合；$y_t(s_q)$ 为集合 $s_q$ 中取 $t$ 个的所有组合(共 $C_p^t$ 个)的试验结果指标值的总和。

例如，对于{3,3}单纯形重心设计，其回归方程为式(15-35)。

$$\hat{y} = \sum_{i=1}^{3} b_i x_i + \sum_{i<j}^{3} b_{ij} x_i x_j + b_{123} x_1 x_2 x_3 \tag{15-30}$$

此时，$q$ 为1、2、3。假设 $q = 2$，则集合 $s_q$ 为(1,2)、(1,3)、(2,3)。当 $s_q$ 为(2,3)，$t = 1$ 时，$y_t(s_q)$ 为 $y_2 + y_3$；$t = 2$ 时，$y_t(s_q)$ 为 $y_{23}$。所以回归方程式(15-35)的系数计算如下：

当 $q = 1$ 时的回归系数：

$$b_i = 1 \times [(-1)^{1-1} \times 1^{1-1} \times y_i] = y_i \qquad (\mathrm{i}=1,2,3)$$

当 $q = 2$ 时的回归系数：

$$\begin{aligned} b_{ij} &= 2 \times [(-1)^{2-1} \times 1^{2-1} \times (y_i + y_j) + (-1)^{2-2} \times 2^{2-1} \times y_{ij}] \\ &= 4y_{ij} - 2(y_i + y_j) \qquad (i,j = 1,2,3;\ i < j) \end{aligned}$$

当 $q=3$ 时的回归系数：

$$\begin{aligned} b_{123} &= 3\times[(-1)^{3-1}\times 1^{3-1}\times(y_1+y_2+y_3)+(-1)^{3-2}\times 2^{3-1}\times \\ &\quad (y_{12}+y_{13}+y_{23})+(-1)^{3-3}-3^{3-1}\times y_{123}] \\ &= 3(y_1+y_2+y_3)-12(y_{12}+y_{13}+y_{23})+27y_{123} \end{aligned}$$

又如，对于{4,4}单纯形重心设计，其回归方程式为(15-31)。

$$\hat{y}=\sum_{i=1}^{4}b_i x_i+\sum_{i<j}^{4}b_{ij}x_i x_j+\sum_{i<j<k}^{4}b_{ijk}x_i x_j x_k+b_{1234}x_1 x_2 x_3 x_4 \qquad (15\text{-}31)$$

此时，$q$ 为1,2,3,4。假设 $q=3$，则集合 $s_q$ 为(1,2,3)、(1,2,4)、(1,3,4)和(2,3,4)。当 $s_q$ 为(1,2,4)，$t=1$ 时，$y_t(s_q)$ 为 $y_{12}+y_{14}+y_{24}$；$t=3$ 时，$y_t(s_q)$ 为 $y_{124}$。所以回归方程式(15-31)的回归系数计算如下：

当 $q=1$ 时的回归系数：

$$b_i=1\times[(-1)^{1-1}\times 1^{1-1}\times y_i]=y_i \qquad (i=1,2,3,4)$$

当 $q=2$ 时的回归系数：

$$\begin{aligned} b_{ij} &= 2\times[(-1)^{2-1}\times 1^{2-1}\times(y_i+y_j)+(-1)^{2-2}\times 2^{2-1}\times y_{ij}] \\ &= 4y_{ij}-2(y_i+y_j) \qquad (i,j=1,2,3,4;i<j) \end{aligned}$$

当 $q=3$ 时的回归系数：

$$\begin{aligned} b_{ijk} &= 3\times[(-1)^{3-1}\times 1^{3-1}\times(y_i+y_j+y_k)+(-1)^{3-2}\times 2^{3-1}\times \\ &\quad (y_{ij}+y_{ik}+y_{jk})+(-1)^{3-3}\times 3^{3-1}\times y_{ijk}] \\ &= 3(y_i+y_j+y_k)-12(y_{ij}+y_{ik}+y_{jk})+27y_{ijk} \quad (i,j,k=1,2,3,4;i<j<k) \end{aligned}$$

当 $q=4$ 时的回归系数：

$$\begin{aligned} b_{1234} &= 4[(-1)^{4-1}\times 15^{-1}\times(y_1+y_2+y_3+y_4)+(-1)^{4-2}\times 2^{4-1}\times \\ &\quad (y_{12}+y_{13}+y_{14}+y_{23}+y_{24}+y_{34})+(-1)^{4-3}\times 3^{4-1}\times \\ &\quad (y_{123}+y_{124}+y_{134}+y_{234})+(-1)^{4-4}\times 4^{4-1}\times y_{1234}] \\ &= -4(y_1+y_2+y_3+y_4)+32(y_{12}+y_{13}+y_{14}+y_{23}+y_{24}+y_{34})- \\ &\quad 108(y_{123}+y_{124}+y_{134}+y_{234})+256y_{1234} \end{aligned}$$

【例 15-4】按照【例 15-3】编制的试验方案进行试验，结果见表 15-10 的最后一列，试进行分析。

由式(15-30)可得单一成分的回归系数：

$$b_1=y_1=23.5,\ b_2=y_2=24.5,\ b_3=y_3=26.5$$

由式(15-31)可得两种成分的回归系数：

$$\begin{aligned} b_{12} &= 4y_{12}-2(y_1+y_2)=4\times 24.0-2(23.5+24.5)=0.0 \\ b_{13} &= 4y_{13}-2(y_1+y_2)=4\times 27.5-2(23.5+26.5)=10.0 \\ b_{23} &= 4y_{23}-2(y_2+y_3)=4\times 29.5-2(24.5+26.5)=16.0 \end{aligned}$$

由式(15-32)可得 3 种成分的回归系数：

$$\begin{aligned} b_{123} &= 3(y_1 + y_2 + y_3) - 12(y_{12} + y_{13} + y_{23}) + 27y_{123} \\ &= 3(23.5 + 24.5 + 26.5) - 12(24.0 + 27.5 + 29.5) + 27 \times 30.0 \\ &= 61.5 \end{aligned}$$

于是得到用编码因素表示的回归方程：

$$\hat{y} = 23.5x_1 + 24.5x_2 + 26.5x_3 + 10.0x_1x_3 + 16.0x_2x_3 + 61.5x_1x_2x_3$$

需要注意的是，与单纯形格子设计一样，单纯形重心设计回归方程的建立必须是先得到用编码因素表示的回归方程，然后再转化成用实际因素表示的回归方程；而不能直接将实际因素的取值和实验结果代入回归模型建立回归方程。

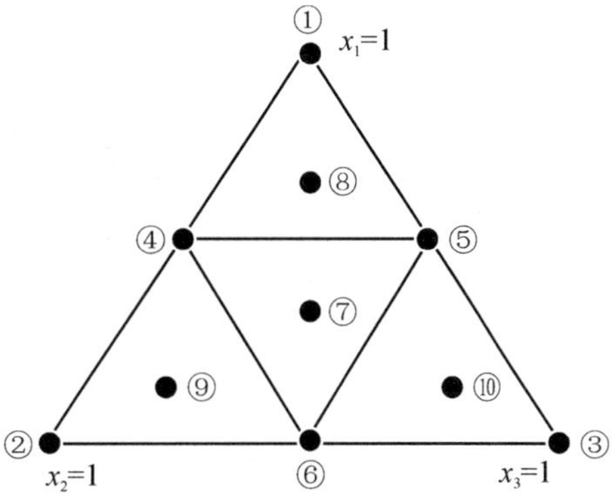


**图 15-4　原试验点与控制点的选择**

单纯形重心设计的控制点检验与单纯形格子设计类似。本试验，依经验已知，误差的变化范围是[0，0.152]。如图 15-4 所示，试验点①～⑦是原试验点，⑧、⑨、⑩是选择的 3 个控制检验点。3 个控制点分别是 3 个小正三角形的重心，与原 7 点设计距离最远。显然，它们均匀分布在三维正单形内。

控制点的试验方案及实验结果见表 15-11。根据所建立的回归方程计算的控制点预测值 $\hat{y}_i\ (i=8,9,10)$ 列于表 15-14，于是可进行控制点试验方差的估计。

$$S^2 = \frac{1}{3}\sum_{i=1}^{3}(y_i - \hat{y}_i)^2 = 0.013\,1$$

故 $S \approx 0.114\,4$，$0 < S < 0.15$。由此可以认为由【例 15-3】资料建立的回归方程能够描述该 3 分量系统，可以交付使用。

**表 15-11　控制点试验方案及试验结果**

| 试验点 | 试验设计 | | | 试验方案 | | | 试验指标 | |
|---|---|---|---|---|---|---|---|---|
| | $x_1$ | $x_2$ | $x_3$ | $Z_1$ | $Z_2$ | $Z_3$ | $y_i$ | $\hat{y}_i$ |
| 8 | 2/3 | 1/6 | 1/6 | 0.333 | 0.433 | 0.233 | 26.90 | 26.86 |
| 9 | 1/6 | 2/3 | 1/6 | 0.233 | 0.533 | 0.233 | 27.70 | 27.86 |
| 10 | 1/6 | 1/6 | 2/3 | 0.233 | 0.433 | 0.333 | 29.80 | 29.69 |

利用 Excel 中的“规划求解”法得到由【例 15-3】资料建立的回归方程在 $x_1 = 0.198\,2$、$x_2 = 0.330\,3$、$x_3 = 0.471\,5$ 时指标值最大，达到 30.569 4。此时 $Z_1 = 0.239\,6$、$Z_2 = 0.466\,1$、$Z_3 = 0.294\,3$。根据该试验的目的和约束条件，在指标值 $y \geqslant 30.00$ 和 $Z_1 \geqslant 0.20$ 前提下，$Z_1$ 取值越小越好。故经过计算可知，当 $x_1 = 0.05$、$x_2 = 0.41$、$x_3 = 0.54$ 时即 $Z_1 = 0.210$、$Z_2 = 0.482$、$Z_3 = 0.308$，理论上指标值可达 30.02，而实测为 30.10，且 $Z_1$ 用量接近下界。

将用编码因素表示的回归方程转化成用实际因素表示的回归方程：

$$\hat{y}=682.5Z_1+350.0Z_2+537.5Z_3-1537.5Z_1Z_2-2825.0Z_1Z_3$$
$$-1137.5Z_2Z_3+7687.5Z_1Z_2Z_3-180$$

## 15.4 混料均匀设计

### 15.4.1 混料均匀设计的意义

自从 Sheffé 提出如单纯形格子点设计的混料设计方案以来，又有很多研究者提出了单纯形重心设计、轴设计等。但是这些设计方法有以下 3 个问题：

①试验点在试验范围内分布不十分均匀。

②在试验的边界上有太多的试验点。

③试验点数不能随意确定。

为了克服上述的缺点，王元、方开泰在均匀设计思想的基础上又创立了混料均匀设计[11]。试验方案采用方开泰等的混料均匀设计。

### 15.4.2 混料均匀设计表的计算

混料均匀设计没有现成的设计表，需要先计算出相应混料组分的混料均匀设计表，方开泰等给出了计算方法：

(1) 如果有 $s$ 种成分，需要比较 $n$ 个不同的配方，根据 $s$ 和试验数 $n$，选择合适的等水平均匀设计表 $U(n^s)$ 或$U^*(n^s)$，这里要求均匀设计表所能安排的因素数 $\geqslant s$，且一般情况下，$n\geqslant 3s$（$s$ 为因素个数），然后根据均匀表的使用表，选择相应的 $s-1$ 列进行计算。用$\{u_{ij}\}$ 记 $U_n(n^{s-1})$ 中的元素。

(2)对 $i=2,\cdots,(s-1)$，计算

$$c_{ki}=\frac{u_{ki}-0.5}{n},\quad k=1,2,\cdots,n$$

(3)计算

$$\begin{cases}x_{ki}=(1-c_{ki}^{*\frac{1}{s-1}})\prod\limits_{j=1ki}^{i=1}c_{kj}^{*\frac{1}{s-j}},a_i\leqslant x_{ki}\leqslant b_i & i=2,\cdots,(s-1)\\ x_{ks}=\prod\limits_{j=1}^{s-1}c_{kj}^{*\frac{1}{s-j}}, \quad a_s\leqslant x_s\leqslant b_s & k=1,2,\cdots,n\end{cases}$$

这里 $c_{ki}^*$ 由 $c_{ki}$ 做变换得到。

则 $\{x_k=(x_{k1},x_{k2},\cdots\cdots x_{kn}),k=1,2,\cdots,n\}$ 为试验点为 $n$ 的混料均匀设计。

对于均匀混料设计表可以采用 Excel 按照上述计算方法进行计算。唐启义等开发的 DPS (Data Processing System)数据处理系统也可以计算生成混料均匀设计表。根据确定的均匀设计表 $U_n(n^{s-1})$中的 $s-1$ 列，在 DPS 中可以直接计算生成 $s$ 个组分的混料均匀设计表。

如有 3 个成分的均匀混料设计：$x_1$、$x_2$、$x_3$，确定的实验点数为 9，选择 $U_9^*(9^4)$ 的均匀设计表，根据其使用表，选取 1、3 列，然后采用 *DPS* 数据处理系统进行混料均匀设计方案计算，

获得 $x_1$、$x_3$ 的混料比例，则 $x_2=1-(x_1+x_3)$，得到 $UM_9^*(9^3)$ 的混料均匀设计试验方案，结果见表 15-12。

**表 15-12　$U_9^*(9^4)$、$UM_9^*(9^3)$ 混料均匀设计表及试验结果**

| 试验号 | $U_9^*(9^4)$ | | | | $UM_9^*(9^3)$ | | | |
|---|---|---|---|---|---|---|---|---|
| | 1 | 2 | 3 | 4 | $x_1$ | $x_2$ | $x_3$ | 指标($y_i$) |
| 1 | 1 | 3 | 7 | 9 | 0.764 | 0.170 | 0.065 | 7.2 |
| 2 | 2 | 6 | 4 | 8 | 0.592 | 0.159 | 0.249 | 7.8 |
| 3 | 3 | 9 | 1 | 7 | 0.473 | 0.029 | 0.498 | 7.5 |
| 4 | 4 | 2 | 8 | 6 | 0.376 | 0.520 | 0.104 | 8.3 |
| 5 | 5 | 5 | 5 | 5 | 0.293 | 0.354 | 0.353 | 8.2 |
| 6 | 6 | 8 | 2 | 4 | 0.218 | 0.130 | 0.652 | 7.9 |
| 7 | 7 | 1 | 9 | 3 | 0.150 | 0.803 | 0.047 | 7.8 |
| 8 | 8 | 4 | 6 | 2 | 0.087 | 0.558 | 0.355 | 8.2 |
| 9 | 9 | 7 | 3 | 1 | 0.028 | 0.270 | 0.702 | 8.0 |

对于有限制的混料均匀设计，方开泰等(2001)也给出了条件分布法生成有限制的混料均匀设计表的计算方法，其计算过程较多，读者可参见方开泰等(2001,2006)。DPS 软件也可以计算出并生成。如对于前述 3 组分混料设计，如果 3 个组分有上下界限制：$0.55\leqslant A\leqslant 0.70$，$0.15\leqslant B\leqslant 0.30$，$0.05\leqslant C\leqslant 0.15$，则 DPS 计算出 3 组分有限制混料均匀设计表见表 15-13。

**表 15-13　由 $U_9^*(9^4)$ 均匀设计表计算的有限制的 3 组分混料均匀设计表**

| 试验号 | 1 | 3 | $x_1$ | $x_2$ | $x_3$ |
|---|---|---|---|---|---|
| 1 | 1 | 7 | 0.585 3 | 0.270 6 | 0.144 1 |
| 2 | 2 | 4 | 0.668 6 | 0.265 5 | 0.065 9 |
| 3 | 3 | 1 | 0.631 9 | 0.280 5 | 0.087 6 |
| 4 | 4 | 8 | 0.601 4 | 0.266 1 | 0.132 5 |
| 5 | 5 | 5 | 0.631 1 | 0.292 2 | 0.076 7 |
| 6 | 6 | 2 | 0.637 4 | 0.264 0 | 0.098 6 |
| 7 | 7 | 9 | 0.586 2 | 0.292 7 | 0.121 1 |
| 8 | 8 | 6 | 0.673 1 | 0.271 6 | 0.055 3 |
| 9 | 9 | 3 | 0.610 8 | 0.279 5 | 0.109 8 |

### 15.4.3　混料均匀设计结果分析

混料均匀设计的结果分析可以采用 Sheffé 模型拟合，也可以采用一般均匀设计一样的多项式逐步回归建立回归模型。但由于混料均匀设计中有 $\sum_i x_i=1$ 的限制，所以，在建立多项式回归模型时，采用 $s-1$ 个成分建立回归模型，第 $s$ 个成分的百分比即为 $x_s=1-\sum_i^{s-1} x_i$。

【例 15-4】某混料试验，3 个成分，$x_1$、$x_2$、$x_3$，确定的实验点数为 9，按照前述方法计算得到混料均匀设计表 $UM_9^*(9^3)$，见表 15-15，试验结果指标值见表 15-15。

采用各试验点 $x_1$、$x_2$ 的混料比例与指标建立多项式回归方程，采用向后逐步回归，DPS计算获得的回归方程为：

$$\hat{y}=7.2826+1.8409x_1+3.4569x_2-3.2736x_1^2-3.7997x_2^2$$

模型的方差分析见表 15-14。其相关系数为 0.986 1；调整后的相关系数 $Ra=0.9719$；显著水平 $p=0.002$，说明该方程能很好地拟合两个成分与指标值间关系。

**表 15-14　回归模型的方差分析**

| 变异来源 | *SS* | *df* | *MS* | *F* 值 | *P* 值 |
|---|---|---|---|---|---|
| 回归 | 0.987 | 4 | 0.247 | 35.149 | 0.002 |
| 剩余 | 0.028 | 4 | 0.007 | | |
| 总计 | 1.015 | 9 | | | |

利用 DPS 得到由【例 15-4】资料建立的回归方程在 $x_1=0.2812$、$x_2=0.4549$ 时指标值最大，达到 8.33，则 $x_3=1-(0.2812+0.4549)=0.2639$。

## 思考题

1. 何为混料设计？混料设计有何特点？

2. 单纯形格子设计与单纯形重心设计有何异同？

3. 编制一个{3, 2}单纯形格子设计的试验方案，用 $Z_1$、$Z_2$、$Z_3$ 表示混料中 3 种成分的百分比，用 $a_1$、$a_2$、$a_3$ 表示 3 种成分百分比的最小值，且假设 $a_1=0.2$、$a_2=0.4$、$a_3=0.2$。

4. 假设由习题 3 设计的试验方案进行试验，结果为：$y_1=15.6$，$y_2=15.9$，$y_3=13.8$，$y_4=15.8$，$y_{13}=13.8$，$y_{23}=13.0$。试对本试验资料进行统计分析。

5. 编制一个{4, 3}单纯形重心设计的试验方案。假定混料中 4 种成分的用量最小值分别为：$a_1=0.30$，$a_2=0.16$，$a_3=0.04$，$a_4=0.20$。

6. 假设由习题 5 设计的实验方案进行试验，结果为 $y_1=15.6$，$y_2=15.9$，$y_3=13.8$，$y_4=15.2$，$y_{12}=12.8$，$y_{13}=13.3$，$y_{14}=13.5$，$y_{23}=13.6$，$y_{24}=13.4$，$y_{34}=12.6$，$y_{123}=13.0$，$y_{124}=12.4$，$y_{134}=13.2$，$y_{234}=13.6$。试对本试验资料进行统计分析。

# 第 16 章

# 主成分分析

## 本章学习目的与要求

1. 理解主成分分析的基本思想。
2. 理解主成分表达式的推导过程及主成分的性质。
3. 掌握主成分分析的步骤。
4. 了解主成分分析的应用及注意事项。

前面章节的内容主要介绍了客观事物中单个随机变量(单个指标)的统计规律,本章及后续的第 17 章、第 18 章内容主要介绍多个随机变量(多个指标)的统计分析方法,即多元统计分析(二维码 16-1)。本章介绍食品科学领域中常用的多元统计分析中的主成分分析(principle components analysis)。一方面,帮助读者了解主成分分析的内容,另一方面,简要介绍多元统计分析常用的代数矩阵推导方法,以便读者今后能够很好地自学其他多元统计分析方法。

二维码 16-1 多元统计分析

## 16.1 主成分分析的基本思想

主成分概念首先由 Kart Pearson(1900)引入来研究非随机变量,后来 Hotelling(1933)把该方法推广到随机变量的研究中。目前主成分分析已经成为一种常用的多元统计分析方法。

主成分分析就是利用数学上降维处理问题的思想方法,借助于矩阵运算,把高维变量空间进行降维处理,然后把所研究的事物或者对象的若干指标变量重新组合成一组新的、线性无关的几个综合指标来代替原来的指标变量;同时根据实际需要,按照设定的累积贡献率的临界值,选取少数几个综合指标,实现对所研究事物或者对象的降维简化与综合评价。

在食品生产与食品科学研究中,为了尽可能地收集信息,对每个样品往往要测量许多指标,这样可以避免重要信息的遗漏。例如,在对不同种类的豆腐乳进行综合评价分析时,所选用的感官评价指标有:总香、麻油香、酯香、酒香、豆腥味、咸味、苦味、甜味、涩味、酸味、鲜味、体态、外膜、硬度、粗糙度、黏牙性、结著力。同样在对不同种类的豆腐乳进行综合评价分析时,需要观测的指标有:水分含量、灰分含量、脂肪含量、总酸含量、氨基酸态氮含量、蛋白质含量、食盐含量、还原糖含量、游离氨基酸含量等(杨坚等,2002)。在分析研究不同种类的高香型乌龙茶的主要香气成分时,需要测定的指标有:芳樟醇及其氧化物、吲哚、法呢醇、法呢烯、顺式茉莉、新植二烯、十六酸、磷酸三丁酯、柠檬烯、香叶烯、2,3-辛二酮、亚油酸甲酯、亚麻酸甲酯等(戴素贤等,1999)。在综合评价面条品质的研究中,需要测定的指标主要有:色泽、表观、状态、适口性、韧性、黏性、光滑性、食味、自然断条率、蒸煮损失、延伸率、拉断力、拉伸强度、蒸煮断条率、最佳蒸煮时间等指标(李梦琴等,2007)。总之,在食品科研与食品生产中,受多种指标共同作用和影响的现象是大量存在的,举不胜举。然而,在这类多指标统计分析问题中,各指标之间信息往往重叠,相互影响、相互牵连,关系很复杂,这给统计分析工作带来很大困难。这种情况下,借助于主成分分析可对所研究的对象进行简化,即把原来较多的指标简化为少数几个既互不相关又能综合反映原来多指标所提供信息的主要部分的新的综合指标。这些新的综合指标称为原来指标的主成分(或主分量),并且按照其所含原数据信息的大小依次称为第 1 主成分、第 2 主成分……

## 16.2 主成分分析的数学模型与几何意义

### 16.2.1 主成分分析的数学模型

设我们所研究的实际问题中,有 $N$ 个样品,每个样品有 $p$ 个指标,把每个样品的 $p$ 个指

标看做 $p$ 个随机变量，则所研究问题的一般数据模式见表 16-1。

**表 16-1　主成分分析的一般数据模式**

| 样品 | 指标（变量） | | | |
|---|---|---|---|---|
| | $x_1$ | $x_2$ | … | $x_p$ |
| 1 | $x_{11}$ | $x_{12}$ | … | $x_{1p}$ |
| 2 | $x_{21}$ | $x_{22}$ | … | $x_{2p}$ |
| ⋮ | ⋮ | ⋮ | | ⋮ |
| $N$ | $x_{N1}$ | $x_{N2}$ | … | $x_{Np}$ |

设 $\boldsymbol{x}=(\boldsymbol{x}_1,\boldsymbol{x}_2,\cdots,\boldsymbol{x}_p)'$ 是一个 $p$ 维随机向量，它服从正态分布，即

$$\boldsymbol{x}\sim N(\boldsymbol{\mu},\boldsymbol{V})$$

式中：$\boldsymbol{\mu}$ 为 $\boldsymbol{x}$ 的期望向 $E(\boldsymbol{x})$；$\boldsymbol{V}$ 为 $\boldsymbol{x}$ 的协方差矩阵 $Var(\boldsymbol{x})$。

主成分分析就是要把这 $p$ 个指标变量的问题转换为由这 $p$ 个指标变量组成的若干个线性组合的问题。如果讨论上述 $p$ 个指标的 $m(m\leqslant p)$ 个线性组合，并且把每个线性组合记为 $y_i(i=1,2,\cdots,m)$，则主成分分析的数学模型可以表示为公式(16-1)。

$$y_i=u_{i1}x_1+u_{i2}x_2+\cdots+u_{ip}x_p \tag{16-1}$$

式中：$y_i$ 为引入的新变量，称为主成分；$u_{ij}$ 为待定系数；$i=1,2,\cdots,m$；$j=1,2,\cdots,p$。

考虑到主成分分析的目的是对原来 $p$ 个指标变量的简化与综合，要求构建的各主成分尽可能地保留原来 $p$ 个指标变量的变异信息，同时各主成分之间要相互独立，没有信息间的重叠，因此，在式(16-1)的基础上添加 3 个约束条件即式(16-2)、式(16-3)与式(16-4)，构成一定约束条件下的主成分分析的数学模型。

$$\begin{cases}u_{i1}^2+u_{i2}^2+\cdots+u_{ip}^2=1\\ u_{i1}u_{j1}+u_{i2}u_{j2}+\cdots+u_{ip}u_{jp}=0\end{cases}\quad(i\neq j;i,j=1,2,\cdots,p) \tag{16-2}$$

$$Var(\boldsymbol{y}_1)\geqslant Var(\boldsymbol{y}_2)\geqslant\cdots\geqslant Var(\boldsymbol{y}_p)\geqslant 0 \tag{16-3}$$

$$Cov(\boldsymbol{y}_i,\boldsymbol{y}_j)=0,\quad(i\neq j;i,j=1,2,\cdots,\mathrm{p}) \tag{16-4}$$

在主成分分析模型中，3 个约束条件从不同的角度对公式(16-1)进行了限制。式(16-2)实际上是要求式(16-1)的 $\boldsymbol{y}_i$ 与 $\boldsymbol{y}_j(i\neq j;i,j=1,2,\cdots,p)$ 中各 $\boldsymbol{x}_i(i=1,2,\cdots,p)$ 的系数向量 $\boldsymbol{u}_i$ 与 $\boldsymbol{u}_j$ 是正交向量。其中系数平方和为 1，这一约束条件限制了主成分的变异范围，否则问题会变得没有实际意义；$\boldsymbol{u}_i'\boldsymbol{u}_j=0$，表明系数向量 $\boldsymbol{u}_i$ 与 $\boldsymbol{u}_j$ 是独立的，因而保证条件式(16-4)的成立。式(16-3)以方差表示各主成分的变异程度依次递减，即表明主成分的重要性依次递减。通常把其中方差最大的综合指标 $y_1$ 称为第 1 主成分。该综合指标包含的上述 $p$ 个指标变量的信息量最大，但不是它们的全部信息。作为第 1 主成分的补充，可以考虑第 2 主成分 $y_2$，依次类推，可以考虑到第 $m$ 个主成分 $y_m$。在主成分分析的实际应用中，所选择的主成分的个数 $m$ 通常小于原指标数 $p$，而且 $m$ 的取值多数在 2～5 之间，即 2～5 个主成分就已经能够包含了原来 $p$ 个指标变量的绝大部分信息（≥85%）。式(16-4)表示各主成分之间是相互独立的，即不同主成分间不存在重叠的信息，这样有利于对问题的分析。

### 16.2.2　主成分分析的几何意义

从代数学的角度来看，$m$ 个主成分就是原来的 $p$ 个指标变量的一些特殊的线性组合；从

几何学的角度来看，各主成分相当于把原来的 $p$ 个指标变量 $x_1, x_2, \cdots, x_p$ 所构成的坐标系进行平移与旋转后产生的新坐标系。新坐标系的坐标轴通过样品信息变异的最大方向。为了直观地说明主成分分析的几何意义，我们以二维空间进行说明。

对于表 16-1 所示的分析数据模式，设 $p=2$，即每个样品包含两个观测指标，并记为 $x_1$ 与 $x_2$。在由 $x_1$ 与 $x_2$ 所确定的二维平面中，假设表 16-1 所示的 $N$ 个样品点分布的情况如图 16-1a 所示。由图 16-1a 可以看出，这 $N$ 个样品点无论是在 $x_1$ 轴方向上、还是 $x_2$ 轴方向上，都具有较大的离散性(离散程度可以分别用 $x_1$ 与 $x_2$ 的方差定量表示)。因此，图 16-1a 告诉我们，若仅考虑 $x_1$ 与 $x_2$ 中的任何一个指标，则包含在表 16-1 中的原始数据信息都将会有很大损失。

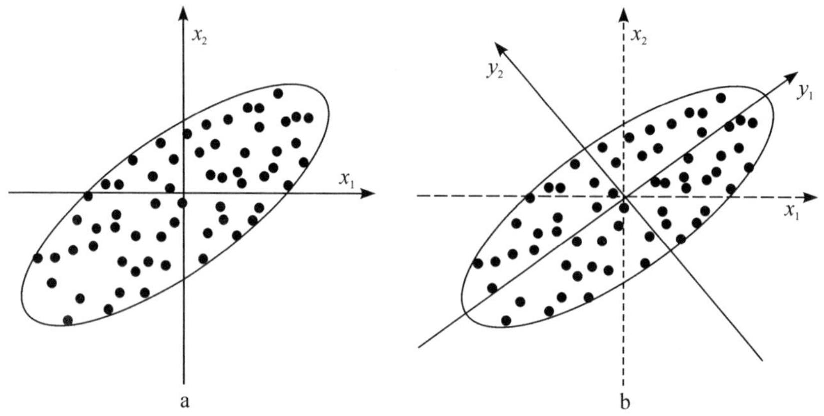


**图 16-1　主成分分析的几何意义图示，a 为原指标坐标系下样品点的分布，b 为新坐标系下样品点的分布**

换一种角度来看，如果我们将 $x_1$ 轴与 $x_2$ 轴(图 16-1a)按照逆时针方向旋转 $\theta$ 角度[式(16-5)]，得到新坐标系(图 16-1b)。此时，$y_1$ 与 $y_2$ 成为新的变量。按照式(16-5)进行旋转变换的目的是使 $N$ 个样品点在新坐标系的 $y_1$ 轴方向上的离散程度最大，也就是使得 $y_1$ 的方差最大。同时，$N$ 个样品点在新坐标系的 $y_2$ 轴方向上的离散程度比 $y_1$ 轴方向上的离散程度要小，但比除 $y_1$ 与 $y_2$ 以外的其他方向的离散程度要大。这样，变量 $y_1$ 代表了原来的 $N$ 个样品的 $x_1$ 与 $x_2$ 数据的大部分信息，在对这 $N$ 个样品数据进行分析研究时，即使不考虑变量 $y_2$，这 $N$ 个样品数据的信息损失在一定程度上也可能可以忽略掉。如果是这样的话，对二维空间问题的研究就转换为对一维空间问题的研究了。也就是说，经过式(16-5)的变换后，原来的 $N$ 个样品数据的大部分信息集中到了 $y_1$ 轴上，起到了对 $N$ 个样品数据中包含信息的浓缩、简化与综合作用。$y_1$ 和 $y_2$ 称为原始变量 $x_1$ 与 $x_2$ 的综合变量。

$$\begin{cases} y_1 = x_1 \cos\theta + x_2 \sin\theta \\ y_2 = -x_1 \sin\theta + x_2 \cos\theta \end{cases} \tag{16-5}$$

显然，新变量 $y_1$ 和 $y_2$ 是原变量 $x_1$ 和 $x_2$ 的线性组合，它的矩阵表示形式为：

$$\begin{bmatrix} y_1 \\ y_2 \end{bmatrix} = \begin{bmatrix} \cos\theta & \sin\theta \\ -\sin\theta & \cos\theta \end{bmatrix} \begin{bmatrix} x_1 \\ x_2 \end{bmatrix} = \boldsymbol{Ux} \tag{16-6}$$

式中：$\boldsymbol{U}$ 为旋转变换矩阵。

$\boldsymbol{U}$ 是正交矩阵，即有

$$\boldsymbol{U}'=\boldsymbol{U}^{-1} \qquad \boldsymbol{U}'\boldsymbol{U}=\boldsymbol{I}$$

变量 $y_1$ 与 $y_2$ 除了对变量 $x_1$ 与 $x_2$ 中的信息起着简化、浓缩作用外，$y_1$ 与 $y_2$ 还具有不相关的特性，从而避免了在研究复杂问题时由于信息的重叠性带来的研究结果的虚假性。

上面以二维空间为例说明了主成分分析的几何意义。实际研究中，当涉及多维向量的主成分分析问题时，采用同样的思路，把原来的多指标问题降维处理，即从 $p$ 维空间降到 $m$ 维空间，从而实现对所研究问题的简化与综合。

与主成分分析思路类似的多元统计方法还包括因子分析、对应分析以及典型相关分析，由于篇幅所限，将不在本书中介绍，有兴趣的读者可以参阅有关多元统计分析教程或文献。

## 16.3　主成分的求法及性质

### 16.3.1　主成分的导出

现在，我们从总体协方差矩阵出发，来导出相应的主成分。当所研究总体的各项指标的量纲或指标值数量级不同时，常对原始数据进行标准化变换，使得每个变量的均值为 0，方差为 1，进而从相关系数矩阵出发进行主成分分析。变量标准化变换的公式为(16-7)。

$$x'_{ij}=\frac{x_{ij}-\mu_i}{\sqrt{Var(x_i)}}=\frac{x_{ij}-\mu_i}{\sigma_i} \quad (i=1,2,\cdots,\mathrm{p};,\mathrm{j}=1,2,\cdots,N) \tag{16-7}$$

#### 16.3.1.1　主成分推导中用到的部分线性代数知识

为了让读者比较容易地掌握主成分的导出过程，下面列出了部分线性代数知识的定义与定理。

**定义 1**　设随机向量 $\boldsymbol{x}=(\boldsymbol{x}_1,\boldsymbol{x}_2,\cdots,\boldsymbol{x}_p)'$，称式(16-8)为随机向量 $\boldsymbol{x}$ 的方差协方差矩阵，并简记为 $Var(\boldsymbol{x})$。

$$\begin{aligned}Var(\boldsymbol{x})&=E\left[\boldsymbol{x}-E(\boldsymbol{x})\right]\left[\boldsymbol{x}-E(\boldsymbol{x})\right]'=Cov(\boldsymbol{x},\boldsymbol{x}')\\&=\begin{bmatrix}Var(\boldsymbol{x}_1) & Cov(\boldsymbol{x}_1,\boldsymbol{x}_2) & \cdots & Cov(\boldsymbol{x}_1,\boldsymbol{x}_p)\\Cov(\boldsymbol{x}_2,\boldsymbol{x}_1) & Var(\boldsymbol{x}_2) & \cdots & Cov(\boldsymbol{x}_2,\boldsymbol{x}_p)\\\vdots & \vdots & \ddots & \vdots\\Cov(\boldsymbol{x}_p,\boldsymbol{x}_1) & Cov(\boldsymbol{x}_p,\boldsymbol{x}_2) & \cdots & Var(\boldsymbol{x}_p)\end{bmatrix}\\&=\begin{bmatrix}\sigma_1^2 & \sigma_{12} & \cdots & \sigma_{1p}\\\sigma_{21} & \sigma_2^2 & \cdots & \sigma_{2p}\\\vdots & \vdots & \ddots & \vdots\\\sigma_{p1} & \sigma_{p2} & \cdots & \sigma_p^2\end{bmatrix}=\mathbf{V}\end{aligned} \tag{16-8}$$

**定义 2**　设随机向量 $\boldsymbol{x}=(\boldsymbol{x}_1,\boldsymbol{x}_2,\cdots,\boldsymbol{x}_p)'$，称式(16-9)为随机向量 $\boldsymbol{x}$ 的相关系数矩阵，并简记为 $\boldsymbol{R}_p$。

$$\boldsymbol{R}_p=\left\{\frac{Cov(\boldsymbol{x}_i,\boldsymbol{x}_j)}{\sqrt{Var(\boldsymbol{x}_i)\cdot Var(\boldsymbol{x}_j)}}\right\}_{p\times p} \quad (i,j=1,2,\cdots,p) \tag{16-9}$$

由定义 2 可知，方差协方差矩阵 $\boldsymbol{V}$ 与相关系数矩阵 $\boldsymbol{R}_\rho$ 间有一定的关系。对原始数据标准化后，再计算其方差协方差，就可以得到相关系数矩阵，因此 $\boldsymbol{R}_\rho$ 有时也可以称为标准方差协方差矩阵，见式(16-10)。由方差协方差矩阵与相关系数矩阵的定义，可知方差协方差矩阵与相关系数矩阵均为实对称矩阵(symmetric matrix)。

$$\boldsymbol{R}_\rho=\left\{\frac{Cov(\boldsymbol{x}_i,\boldsymbol{x}_j)}{\sqrt{\mathrm{Var}(\boldsymbol{x}_i)\cdot Var(\boldsymbol{x}_j)}}\right\}_{p\times p}=\boldsymbol{E}\left\{\left[\frac{\boldsymbol{x}_i-E(\boldsymbol{x}_i)}{\sqrt{Var(\boldsymbol{x}_i)}}\right]\left[\frac{x_j-E(\boldsymbol{x}_j)}{\sqrt{Var(\boldsymbol{x}_j)}}\right]\right\}_{p\times p} \tag{16-10}$$

**定义 3** 若矩阵 $\boldsymbol{A}$ 满足 $\boldsymbol{AA'}=\boldsymbol{I}=\boldsymbol{A'A}$，则称 $\boldsymbol{A}$ 为正交矩阵(orthgonal matrix)。

由此定义可知，$\boldsymbol{A}$ 一定是一方阵，且有 $\boldsymbol{A}^{-1}=\boldsymbol{A}'$。

**定义 4** 若有两个向量 $\boldsymbol{u}$ 和 $\boldsymbol{v}$，如果 $\boldsymbol{u}'\boldsymbol{u}=1=\boldsymbol{v}'\boldsymbol{v}$、$\boldsymbol{u}'\boldsymbol{v}=0$，则称这两个向量为正交向量(orthgonal vector)。

**定义 5** 对于一个 $p$ 阶方阵 $\boldsymbol{A}$ 和一 $p$ 维非零向量 $\boldsymbol{u}$，若存在一个数 $\lambda$，使得 $\boldsymbol{Au}=\lambda\boldsymbol{u}$ 则称 $\lambda$ 为矩阵 $\boldsymbol{A}$ 的特征值(eigen value)或特征根(characteristic root)，$\boldsymbol{u}$ 为 $\boldsymbol{A}$ 的特征值 $\lambda$ 所对应的特征向量(eigen vector)。

若将 $\boldsymbol{Au}=\lambda\boldsymbol{u}$ 重写为 $(\boldsymbol{A}-\boldsymbol{I}\lambda)\boldsymbol{u}=0$，这是一个线性齐次方程组，当 $(\boldsymbol{A}-\boldsymbol{I}\lambda)$ 为非奇异阵时，它的唯一解为 $\boldsymbol{u}=0$，而当 $(\boldsymbol{A}-\boldsymbol{I}\lambda)$ 为奇异阵时，它可以有多个非零解，因而对于矩阵 $\boldsymbol{A}$，其特征根和特征向量存在的充要条件是 $(\boldsymbol{A}-\boldsymbol{I}\lambda)$ 为奇异阵，见式(16-11)。

$$|\boldsymbol{A}-\boldsymbol{I}\lambda|=0 \tag{16-11}$$

式(16-11)称为 $\boldsymbol{A}$ 的特征方程(characteristic equation)。它是 $\lambda$ 的 $p$ 阶多项式方程，有 $p$ 个根，记为 $\lambda_1,\lambda_2,\cdots,\lambda_p$。其中某些根可能为零。它们都是矩阵 $\boldsymbol{A}$ 的特征值，其中最大的一个特征值称为第一特征值。而对于每一个特征值 $\lambda_i$，都可有一相应的特征向量 $\boldsymbol{u}_i$(注意：$\boldsymbol{u}_i$ 不是唯一的)，使得

$$\boldsymbol{Au}_i=\lambda_i\boldsymbol{u}_i \quad 或 \quad (\boldsymbol{A}-\lambda_i\boldsymbol{I})\boldsymbol{u}_i=0 \tag{16-12}$$

若令 $\boldsymbol{D}=\mathrm{Diag}\{\lambda_1,\lambda_2,\cdots,\lambda_p\}$、$\boldsymbol{U}=(\boldsymbol{u}_1,\boldsymbol{u}_2,\cdots,\boldsymbol{u}_p)$ ($\boldsymbol{U}$ 不是唯一的)，则有：

$$\boldsymbol{AU}=\boldsymbol{UD} \tag{16-13}$$

特征值和特征向量有如下性质：

①$p$ 阶方阵具有 $p$ 个特征值。

②一方阵的所有特征值之和等于它的迹，见式(16-14)。

$$tr(\boldsymbol{A})=\sum_i^p a_{ii}=\sum\lambda_i \tag{16-14}$$

③一方阵的所有特征值之积等于它的行列式的值，见式(16-15)。

$$|\boldsymbol{A}|=\prod_{i=1}^p\lambda_i \tag{16-15}$$

④一方阵的秩等于其非零特征值的个数。

⑤不同的特征值所对应的特征向量线性无关。

⑥实对称阵 $\boldsymbol{A}_{p\times p}$ 的所有特征值都是实数，并且有 $p$ 个线性无关的特征向量，因而我们总可得到一个满足 $\boldsymbol{AU}=\boldsymbol{UD}$ 的 $\boldsymbol{U}$ 矩阵，它是可逆的。这样我们有式(16-16)。

$$\begin{cases}A=UDU^{-1}\\U^{-1}AU=D\end{cases}\tag{16-16}$$

此外对于实对称阵，我们总可找到 $p$ 个彼此正交的特征向量，而得到一个正交的 $\boldsymbol{U}$ 矩阵，这样我们有式(16-17)。

$$\begin{cases}\boldsymbol{A}=\boldsymbol{UDU}'\\\boldsymbol{U}'\boldsymbol{AU}=\boldsymbol{D}\end{cases}\tag{16-17}$$

由特征值和特征向量的性质⑤和性质⑥可知，一个实对称矩阵的不同特征值所对应的特征向量是线性无关的(即相互独立)。但这个矩阵有相同的特征值时，同一特征值的特征向量不一定是独立的，这时我们可以采用公式(16-18)的方法将线性相关的特征向量独立化。

$$\begin{cases}\boldsymbol{\beta}_1=\boldsymbol{u}_1\\\boldsymbol{\beta}_2=\boldsymbol{u}_2-\dfrac{\boldsymbol{\beta}_1'\boldsymbol{u}_2}{\boldsymbol{\beta}_1'\boldsymbol{\beta}_1}\boldsymbol{\beta}_1\\\boldsymbol{\beta}_3=\boldsymbol{u}_3-\dfrac{\boldsymbol{\beta}_1'\boldsymbol{u}_3}{\boldsymbol{\beta}_1'\boldsymbol{\beta}_1}\boldsymbol{\beta}_1-\dfrac{\boldsymbol{\beta}_2'\boldsymbol{u}_3}{\boldsymbol{\beta}_2'\boldsymbol{\beta}_2}\boldsymbol{\beta}_2\\\boldsymbol{\beta}_p=\boldsymbol{u}_p-\sum\limits_{i=1}^{p-1}\dfrac{\boldsymbol{\beta}_i'\boldsymbol{u}_p}{\boldsymbol{\beta}_i'\boldsymbol{\beta}_i}\boldsymbol{\beta}_i\end{cases}\tag{16-18}$$

式中：$\boldsymbol{u}_1,\boldsymbol{u}_2,\cdots,\boldsymbol{u}_p$ 为已知的一组线性相关的特征向量；$\boldsymbol{\beta}_1,\boldsymbol{\beta}_2,\cdots,\boldsymbol{\beta}_p$ 为通过式(16-18)得到的一组线性无关的特征向量。

对于一组线性无关的特征向量可由式(16-19)单位化，进而得到正交向量组 $\boldsymbol{v}_1,\boldsymbol{v}_2,\cdots,\boldsymbol{v}_p$。

$$\boldsymbol{v}_i=\frac{\boldsymbol{\beta}_i}{\sqrt{\boldsymbol{\beta}_i'\boldsymbol{\beta}_i}}\qquad(i=1,2,\cdots,\mathrm{p})\tag{16-19}$$

前面讲过，在主成分分析的数学模型式(16-1)中，要求其系数向量 $\boldsymbol{u}_i=(\boldsymbol{u}_{i1},\boldsymbol{u}_{i2},\cdots,\boldsymbol{u}_{ip})$ 是一组正交向量，即 $\boldsymbol{u}_i'\boldsymbol{u}_j=0,\boldsymbol{u}_i'\boldsymbol{u}_i=1$。

【例 16-1】对于实对称矩阵 $\boldsymbol{A}=\begin{bmatrix}1&-1&0\\-1&2&-1\\0&-1&3\end{bmatrix}$，计算其特征值与各特征值对应的特征向量，并对特征向量进行正交化。

①写出矩阵 $\boldsymbol{A}$ 的特征多项式(characteristic polynomial)，并记为 $f(\lambda)$。

$$f(\lambda)=\begin{bmatrix}1-\lambda&-1&0\\-1&2-\lambda&-1\\0&-1&3-\lambda\end{bmatrix}=(2-\lambda)(\lambda^2-4\lambda+1)$$

②求出矩阵 $\boldsymbol{A}$ 的特征值。

令 $f(\lambda)=(2-\lambda)(\lambda^2-4\lambda+1)=0$，得矩阵 $\boldsymbol{A}$ 的 3 个特征值分别为：

$\lambda_1=2+\sqrt{3}\quad\lambda_2=2\quad\lambda_3=2-\sqrt{3}$

③解齐次线性方程组 $(\boldsymbol{A}-\lambda_i\boldsymbol{I})\boldsymbol{u}_i=0$，求对应于特征值 $\lambda_i$ 的特征向量。

将 $\boldsymbol{\lambda}_1=2+\sqrt{3}$ 代入齐次线性方程组 $(\boldsymbol{A}-\lambda_1\boldsymbol{I})\boldsymbol{u}_1=0$ 中，得到：

$$\begin{bmatrix}-1-\sqrt{3} & -1 & 0\\ -1 & -\sqrt{3} & -1\\ 0 & -1 & 1-\sqrt{3}\end{bmatrix}\begin{bmatrix}u_{11}\\ u_{12}\\ u_{13}\end{bmatrix}=\begin{bmatrix}0\\ 0\\ 0\end{bmatrix}$$

故

$$\begin{cases}(-1-\sqrt{3})u_{11}-u_{12}=0\\ -u_{11}-\sqrt{3}u_{12}-u_{13}=0\\ -u_{12}+(1-\sqrt{3})u_{13}=0\end{cases}\quad \text{亦即}\quad \begin{cases}u_{12}=(-1-\sqrt{3})u_{11}\\ u_{12}=(1-\sqrt{3})u_{13}\end{cases}$$

令 $u_{11}=1$，则 $u_{12}=-1-\sqrt{3}\approx-2.732$，$u_{13}=\dfrac{-1-\sqrt{3}}{1-\sqrt{3}}\approx3.732$。于是求解得 $\lambda_1=2+\sqrt{3}$ 对应的特征向量：$\boldsymbol{u}_1=(1\ \ -2.732\ \ 3.732)'$。同理，把 $\lambda_2=2$、$\lambda_3=2-\sqrt{3}$ 分别代入齐次方程组 $(\boldsymbol{A}-\lambda_i\boldsymbol{I})\boldsymbol{u}_i=0(i=2,3)$，得到其对应的特征向量：$\boldsymbol{u}_2=(1\ \ -1\ \ -1)'$，$\boldsymbol{u}_3=(1\ \ 0.732\ \ 0.268)'$。应当注意，特征值 $\lambda_i$ 对应的特征向量并非唯一。

④采用式(16-18)对特征向量 $\boldsymbol{u}_1$、$\boldsymbol{u}_2$、$\boldsymbol{u}_3$ 进行独立化。

本例由于没有相同的特征值，故各 $\boldsymbol{u}_i(i=1,2,3)$ 是独立的，无须由式(16-18)独立化。

⑤对独立向量 $\boldsymbol{u}_1$、$\boldsymbol{u}_2$、$\boldsymbol{u}_3$ 用式(16-19)进行单位化，得到正交向量组 $\boldsymbol{v}_1$、$\boldsymbol{v}_2$、$\boldsymbol{v}_3$。

$$\boldsymbol{v}_1=\frac{\boldsymbol{u}_1}{\sqrt{\boldsymbol{u}_1'\boldsymbol{u}_1}}=(0.211\ \ -0.577\ \ 0.789)'$$

$$\boldsymbol{v}_2=\frac{\boldsymbol{u}_2}{\sqrt{\boldsymbol{u}_2'\boldsymbol{u}_2}}=(0.577\ \ -0.577\ \ -0.577)'$$

$$\boldsymbol{v}_3=\frac{\boldsymbol{u}_3}{\sqrt{\boldsymbol{u}_3'\boldsymbol{u}_3}}=(0.789\ \ 0.577\ \ 0.211)'$$

#### 16.3.1.2 主成分的推导

主成分分析就是把 $p$ 个指标变量 $x_1,x_2,\cdots,x_p$ 简化为少数几个、特殊的综合指标 $y_1,y_2,\cdots,y_m(m\leqslant p)$ 的一种统计分析方法。从数学角度来看，这是一种降维处理的技术。不同主成分 $y_1,y_2,\cdots,y_p$ 的数学表达式如下：

$$\begin{cases}y_1=u_{11}x_1+u_{12}x_2+\cdots+u_{1p}x_p\\ y_2=u_{21}x_1+u_{22}x_2+\cdots+u_{2p}x_p\\ \quad\vdots\qquad\quad\vdots\qquad\qquad\quad\vdots\\ y_p=u_{p1}x_1+u_{p2}x_2+\cdots+u_{pp}x_p\end{cases}\tag{16-20}$$

式(16-20)是式(16-1)的展开。获得方程组(16-20)中各系数 $u_{ij}(i,j=1,2,\cdots,p)$，就可以得到各主成分。系数 $u_{ij}$ 应该满足式(16-2)、式(16-3)以及式(16-4)，$u_{ij}$ 分别是 $x_1,x_2,\cdots,x_p$ 组成的方差协方差矩阵 $\boldsymbol{V}$ 或者相关系数矩阵 $\boldsymbol{R}_p$ 的第 $i$ 个特征值对应的特征向量中的第 $j$ 个分量。下面从总体协方差矩阵出发导出各主成分。

按照上述给出的主成分数学模型，计算第 $i$ 个主成分就是寻求矩阵 $\boldsymbol{V}$ 的特征向量 $\boldsymbol{u}_i=(\boldsymbol{u}_{i1},\boldsymbol{u}_{i2},\cdots,\boldsymbol{u}_{ip})'$，使得方程组(16-20)中的第 $i$ 个方程满足式(16-2)与式(16-3)，即要求 $\boldsymbol{u}_i$ 与其他特征向量 $\boldsymbol{u}_j$ 是正交向量，且 $Var(\boldsymbol{y}_i)=Var(\boldsymbol{u}_i'\boldsymbol{x})=\boldsymbol{u}_i'Var(\boldsymbol{x})\boldsymbol{u}_i=\boldsymbol{u}_i'\boldsymbol{V}\boldsymbol{u}_i$ 达到最大，其中 $\boldsymbol{x}=(\boldsymbol{x}_1,\boldsymbol{x}_2,\cdots,\boldsymbol{x}_p)'$，满足式(16-3)。这相当于一个求条件极值的问题，因此引入拉格朗日乘数因子 $\lambda_i$，取其目标函数 $Q(\lambda_i)$，见式(16-21)。

$$Q(\lambda_i)=\boldsymbol{u}_i'\boldsymbol{V}\boldsymbol{u}_i-\lambda_i(\boldsymbol{u}_i'\boldsymbol{u}_i-1) \tag{16-21}$$

按照多元函数求极值的方法，需要求出 $Q(\lambda_i)$ 关于 $\boldsymbol{u}_i=(u_{i1},u_{i2},\cdots,u_{ip})'$ 的偏导数，并令其值为零，即

$$\frac{\partial[Q(\lambda_i)]}{\partial \boldsymbol{u}_i}=2\boldsymbol{V}\boldsymbol{u}_i-2\lambda_i\boldsymbol{u}_i=2(\boldsymbol{V}-\lambda_i\boldsymbol{I})\boldsymbol{u}_i=(0,0,\cdots,0)'$$
$$\Rightarrow(\boldsymbol{V}-\lambda_i\boldsymbol{I})\boldsymbol{u}_i=(0,0,\cdots,0)' \tag{16-22}$$

显然，要使式(16-22)中 $\boldsymbol{u}_i$ 为非零向量，则应 $|\boldsymbol{V}-\lambda_i\boldsymbol{I}|=0$。由此可见，引入的拉格朗日乘数因子 $\lambda_i$ 实际上就是矩阵 $\boldsymbol{V}$[即 $Var(\boldsymbol{x})$]的第 $i$ 个特征值，$\boldsymbol{u}_i$ 是与之对应的特征向量。此时，$Var(\boldsymbol{y}_i)$达到最大，且有式(16-23)成立。

$$\begin{aligned}Var(\boldsymbol{y}_i)&=Var(\boldsymbol{u}_i'\boldsymbol{x})=\boldsymbol{u}_i'Var(\boldsymbol{x})\boldsymbol{u}_i=\boldsymbol{u}_i'\boldsymbol{V}\boldsymbol{u}_i\\&=\boldsymbol{u}_i'\lambda_i\boldsymbol{u}_i=\lambda_i\boldsymbol{u}_i'\boldsymbol{u}_i=\lambda_i \quad (\text{因为 } \boldsymbol{u}_i'\boldsymbol{u}_i=1)\end{aligned} \tag{16-23}$$

因为 $Var(\boldsymbol{x})=\boldsymbol{V}$ 是正定阵，故其特征值都是非负实数，将它们依大小顺序排列 $\lambda_1\geqslant\lambda_2\geqslant\cdots\geqslant\lambda_p\geqslant0$，其相应的特征向量记为 $\boldsymbol{u}_1,\boldsymbol{u}_2,\cdots,\boldsymbol{u}_p$，则相对于主成分 $y_1$ 的方差为：

$$Var(\boldsymbol{y}_1)=Var(\boldsymbol{u}_1'\boldsymbol{x})=\lambda_1$$

同理有

$$Var(\boldsymbol{y}_2)=Var(\boldsymbol{u}_2'\boldsymbol{x})=\lambda_2$$
$$\vdots$$
$$Var(\boldsymbol{y}_p)=Var(\boldsymbol{u}_p'\boldsymbol{x})=\lambda_p$$

即对于 $y_1$ 有最大方差，$y_2$ 有次大方差，…，$y_p$ 方差最小。我们把 $y_1,y_2,\cdots$，分别称为第 1 主成分、第 2 主成分、…。并且，$y_i$ 与 $y_j$ 的协方差如式(16-24)所示。

$$\begin{aligned}Cov(\boldsymbol{y}_i,\boldsymbol{y}_j)&=Cov(\boldsymbol{u}_i'\boldsymbol{x},\boldsymbol{u}_j'\boldsymbol{x})=Cov(\boldsymbol{u}_i'\boldsymbol{x},\boldsymbol{x}'\boldsymbol{u}_j)\\&=\boldsymbol{u}_i'Var(\boldsymbol{x})\boldsymbol{u}_j=\boldsymbol{u}_i'\boldsymbol{V}\boldsymbol{u}_j \qquad (i\neq j;i,j=1,2,\cdots,p)\end{aligned} \tag{16-24}$$

由式(16-22)可知，$\boldsymbol{V}\boldsymbol{u}_i=\lambda_i\boldsymbol{u}_i$（$\boldsymbol{V}$ 是对称阵），即 $\boldsymbol{u}_i'\boldsymbol{V}=\boldsymbol{u}_i'\lambda_i$。当 $\boldsymbol{u}_i$ 与 $\boldsymbol{u}_j$ 相互独立时(即 $\boldsymbol{u}_i'\boldsymbol{u}_j=0$)，$Cov(\boldsymbol{y}_i,\boldsymbol{y}_j)=Cov(\boldsymbol{u}_i'\boldsymbol{x},\boldsymbol{u}_j'\boldsymbol{x})=\boldsymbol{u}'Cov(\boldsymbol{x},\boldsymbol{x}')\boldsymbol{u}_j=\boldsymbol{u}_i'\boldsymbol{V}\boldsymbol{u}_j=\lambda_i\boldsymbol{u}_i'\boldsymbol{u}_j=0$，主成分 $\boldsymbol{y}_i$ 与 $\boldsymbol{y}_j$ 是独立的，它们之间没有信息的重叠。

这样我们证明了，只有求得矩阵 $\boldsymbol{V}$ 的一组正交的特征向量 $\boldsymbol{U}=(\boldsymbol{u}_1,\boldsymbol{u}_2,\cdots,\boldsymbol{u}_p)$，才能获得满足条件式(16-2)、式(16-3)和式(16-4)的主成分 $\boldsymbol{y}=(\boldsymbol{y}_1,\boldsymbol{y}_2,\cdots,\boldsymbol{y}_p)'$。

以上分析的结果对于相关系数矩阵 $\boldsymbol{R}_\rho$ 同样成立。

### 16.3.2 主成分的性质

了解主成分的性质对于正确深入地进行主成分分析有着重要意义。

**性质 1** 主成分的方差协方差矩阵为对角矩阵(diagonal matrix)，即

$$Var(\boldsymbol{y})=Var(\boldsymbol{U}'\boldsymbol{x})=\mathrm{Diag}(\lambda_1,\lambda_2,\cdots,\lambda_p) \quad (16\text{-}25)$$

式中： $\boldsymbol{y}=(\boldsymbol{y}_1,\boldsymbol{y}_2,\cdots,\boldsymbol{y}_p)'$ $\boldsymbol{U}=(\boldsymbol{u}_1,\boldsymbol{u}_2,\cdots,\boldsymbol{u}_p)$ $\boldsymbol{x}=(\boldsymbol{x}_1,\boldsymbol{x}_2,\cdots,\boldsymbol{x}_p)'$

由式(16-17)、式(16-23)和式(16-24)可得：

$$Var(\boldsymbol{y})=Var(\boldsymbol{U}'\boldsymbol{x})=\boldsymbol{U}'Var(\boldsymbol{x})\boldsymbol{U}=\boldsymbol{U}'\boldsymbol{V}\boldsymbol{U}=\begin{bmatrix}\lambda & & 0\\ & \ddots & \\ 0 & & \lambda_p\end{bmatrix}$$

$$=\mathrm{Diag}(\lambda_1,\lambda_2,\cdots,\lambda_p)=D$$

这里的矩阵 **V** 即公式(16-17)中的矩阵 **A**，下面亦然。式(16-25)表明 $Var(\boldsymbol{y}_i)=\lambda_i$、$Cov(\boldsymbol{y}_i,\boldsymbol{y}_j)=0$，即主成分 $y_i$ 的方差等于特征值 $\lambda_i$，各主成分之间不相关。

**性质 2** 系统变换前后总方差不变(或系统总方差为方差协方差阵的各特征值之和)，即

$$\sum_{i=1}^{p}\sigma_i^2=\sum_{i=1}^{p}\lambda_i \quad (16\text{-}26)$$

注意到 $\boldsymbol{U}$ 是正交矩阵和公式(16-17)可得：

$$\sum_{i=1}^{p}\sigma_i^2=tr[Var(\boldsymbol{x})]=tr(\boldsymbol{V})=tr(\boldsymbol{UDU}')=tr(\boldsymbol{DU}'\boldsymbol{U})$$

$$=tr(\boldsymbol{D})=tr\,[(\mathrm{Diag}(\lambda_1,\lambda_2,\cdots,\lambda_p)]=\sum_{i=1}^{p}\lambda_i$$

**性质 3** 指标变量 $x_i$ 与通过方差协方差矩阵分析得到主成分 $y_j$ 之间的相关系数如式(16-27)所示，该性质的简要证明可以参阅二维码 16-2。

$$\rho(y_j,x_i)=\frac{u_{ji}\sqrt{\lambda_j}}{\sigma_i}\quad(i,j=1,2,\cdots,p) \quad (16\text{-}27)$$

**二维码 16-2 主成分性质 3 的简要证明**

如果是由通过标准化的方差协方差矩阵(相关系数矩阵)分析得到的主成分，则 $\sqrt{Var(\boldsymbol{x}_i)}=\sqrt{\sigma_i^2}=1$，因此式(16-27)变为式(16-28)。

$$\rho(\boldsymbol{y}_j,\boldsymbol{x}_i)=\frac{u_{ji}\sqrt{\lambda_j}}{\sigma_i}=u_{ji}\sqrt{\lambda_j}\quad(i,j=1,2,\cdots,p) \quad (16\text{-}28)$$

我们把第 $j$ 个主成分 $y_j$ 与原来的指标变量 $x_i$ 的相关系数 $\rho(y_j,x_i)$ 称为因子负荷量。性质 3 在因子负荷量分析方面起着很重要的作用。这个相关系数表示 $x_i$ 依赖 $y_j$ 的程度，即反映第 $i$ 个指标变量 $x_i$ 对第 $j$ 个主成分 $y_j$ 的相对重要性。各主成分与各指标变量的相关性可用矩阵 $\boldsymbol{C}$ 表示，见式(16-29)。

$$\boldsymbol{C}=\begin{bmatrix} u_{11}\sqrt{\lambda_1} & u_{21}\sqrt{\lambda_2} & \cdots & u_{p1}\sqrt{\lambda_p} \\ u_{12}\sqrt{\lambda_1} & u_{22}\sqrt{\lambda_2} & \cdots & u_{p2}\sqrt{\lambda_p} \\ \vdots & \vdots & \ddots & \vdots \\ u_{1p}\sqrt{\lambda_1} & u_{2p}\sqrt{\lambda_2} & \cdots & u_{pp}\sqrt{\lambda_p} \end{bmatrix} \tag{16-29}$$

矩阵 **C** 的同一行描述了不同主成分与同一指标变量的相关，而其同一列描述了同一主成分与不同指标变量之间的相关。矩阵 **C** 中的元素 $u_{ji}\sqrt{\lambda_j}$ 称为因子负荷量。$u_{ji}\sqrt{\lambda_j}$ 的绝对值（$|u_{ji}\sqrt{\lambda_j}|\leqslant 1$）越大，说明主成分 $y_j$ 对 $x_i$ 的负荷量越大，故 $u_{ji}\sqrt{\lambda_j}$ 又称为主成分因子负荷量。由此可刻画该主成分的主要专业意义及其成因。矩阵 **C** 称为因子负荷量矩阵。显然，如果主成分分析是由方差协方差矩阵 **V** 出发的，即未将原指标变量标准化，则因子负荷量矩阵中的元素应由式（16-27）的结果组成。

**性质 4**　在各指标变量标准化的条件下，同一主成分 $y_j$ 与各指标变量 $x_i(i=1,2,\cdots,p)$ 的相关系数的平方和等于该主成分对应的特征值，见式（16-30）。

$$\sum_{i=1}^{p}\rho^2(y_j,x_i)=\lambda_j \quad (j=1,2,\cdots,p) \tag{16-30}$$

由式（16-28）可得：

$$\sum_{i=1}^{p}\rho^2(y_j,x_i)=\sum_{i=1}^{p}u_{ji}^2\lambda_j=\lambda_j\Big(\sum_{i=1}^{p}u_{ji}^2\Big)=\lambda_j \quad (j=1,2,\cdots,p)$$

式中：$\sum_{i=1}^{p}u_{ji}^2=1$。

式（16-30）可以看做是第 $j$ 个主成分对所有指标变量 $x_i(i=1,2,\cdots,p)$ 所提供方差的和，称为主成分 $y_j$ 对所有指标变量 $x_i$ 的方差贡献。它是衡量主成分相对重要性的指标。方差贡献越大说明该主成分对指标向量 $x$ 的影响和作用就越大，反之则小。式（16-30）也就是因子负荷量矩阵 **C**（各指标变量标准化的）中第 $j$ 列各元素平方之和。

若由式（16-27）则可得式（16-31）。

$$\sum_{i=1}^{p}\rho^2(y_j,x_i)\sigma_i^2=\sum_{i=1}^{p}\frac{\lambda_j u_{ji}^2}{\sigma_i^2}\cdot\sigma_i^2=\lambda_j\sum_{j=1}^{p}u_{ji}^2=\lambda_j \tag{16-31}$$

式（16-31）与式（16-30）有同样的统计意义。

**性质 5**　同一指标变量 $x_i$ 与各主成分 $y_j(j=1,2,\cdots,p)$ 的相关系数的平方和等于 1，见式（16-32），该性质的简要证明可以参阅二维码 16-3。

$$\sum_{j=1}^{p}\rho^2(y_j,x_i)=1 \quad (i=1,2,\cdots,p) \tag{16-32}$$

式（16-32）是因子负荷量矩阵 **C** 中第 $i$ 行各元素平方之和。

**定义 6**　称式（16-33）为第 $j$ 个主成分 $y_j$ 的方差贡献率。

**二维码 16-3　主成分性质 5 的简要证明**

$$\alpha_j=\lambda_j\Big(\sum_{i=1}^{p}\lambda_i\Big)^{-1} \tag{16-33}$$

称式(16-34)为主成分 $y_1,y_2,\cdots,y_m(m\leqslant p)$的累积贡献率。显然,当 $m=p$ 时,式(16-34)等于1。

$$\sum_{j=1}^{m}\alpha_j=\sum_{j=1}^{m}\lambda_j\left(\sum_{i=1}^{p}\lambda_i\right)^{-1} \tag{16-34}$$

结合性质2,由此进一步可知,主成分分析是把 $p$ 个指标变量的总方差 $\sum\sigma_i^2$ 分解为 $p$ 个不相关的主成分 $y_i$ 的方差之和 $\sum\lambda_i$,使第1主成分的方差最大。第1主成分是变化最大的方向向量所对应的线性函数,最大方差是 $\lambda_1$。式(16-33)表明了第 $j$ 主成分的方差在全部方差中的比例,称 $\alpha_1$ 为第一主成分的方差贡献率。这个值越大,表明 $y_1=u'_1x$ 这个新变量综合 $x_1,x_2,\cdots,x_p$ 信息的能力越强,也即由 $u'_1x$ 的差异来解释 $x$ 这个随机向量的差异的能力越强。因此,才把 $y_1=u'_1x$ 称为 $x$ 的第一主成分。这也就是为什么主成分的名次是按特征值 $\lambda_1,\lambda_2,\cdots,\lambda_p$ 取值的大小顺序排列的原因。

利用主成分分析的目的是为了减少变量的个数,所以一般不用 $p$ 个主成分,而用 $m<p$ 个主成分。通常所取 $m$ 使得累积贡献率达到85%以上为宜,即

$$\sum_{j=1}^{m}\lambda_j\left(\sum_{i=1}^{p}\lambda_i\right)^{-1}\geqslant 85\% \tag{16-35}$$

**定义7** 前 $m$ 个主成分 $y_1,y_2,\cdots,y_m$ 分别与指标变量 $x_i$ 的相关系数的平方和称为前 $m$ 个主成分对指标变量 $x_i$ 的方差贡献率 $v_i$,式(16-36)。

$$v_i=\sum_{j=1}^{m}\rho^2(y_j,x_i)=\frac{1}{\sigma_i^2}\sum_{j=1}^{m}u_{ji}^2\lambda_j \quad (i=1,2,\cdots,\mathrm{p}) \tag{16-36}$$

式(16-36)表达了第 $i$ 个指标变量 $x_i$ 被提取了 $v_i$ 个信息,也表明了第 $i$ 个指标变量 $x_i$ 对前 $m$ 个主成分 $y_1,y_2,\cdots,y_m$ 的共同依赖程度。

上面我们从总体方程方差协方差矩阵 $\boldsymbol{V}$(也可以是相关系数矩阵 $\boldsymbol{R}_\rho$)推导出了相应的主成分。当总体的方差协方差矩阵 $\boldsymbol{V}$(或者 $\boldsymbol{R}_\rho$)未知时,可以用相应样本的方差协方差阵来代替,以进行主成分的计算。但是,为了避免由于各指标变量数量级相差悬殊,特别是各指标有不同物理量纲带来的干扰,通常认为由样本相关系数矩阵 $\boldsymbol{R}$ 出发进行主成分分析较为合理。

设样本数据如表16-2所示,其中 $n$ 表示样本的样品数,每个样品有 $p$ 个指标,则样本相关系数及相关系数矩阵可用式(16-37)、式(16-38)得到。

**表16-2 用于主成分分析的样本数据模式**

| 样品 | 指标 | | | |
|---|---|---|---|---|
| | $x_1$ | $x_2$ | … | $x_p$ |
| 1 | $x_{11}$ | $x_{12}$ | … | $x_{1p}$ |
| 2 | $x_{21}$ | $x_{22}$ | … | $x_{2p}$ |
| ⋮ | ⋮ | ⋮ | | ⋮ |
| $n$ | $x_{n1}$ | $x_{n2}$ | … | $x_{np}$ |

$$r_{ij}=\frac{\sum_{k=1}^{n}(x_{ki}-\bar{x}_i)(x_{kj}-\bar{x}_j)}{\sqrt{\sum_{k=1}^{n}(x_{ki}-\bar{x}_i)^2}\cdot\sqrt{\sum_{k=1}^{n}(x_{kj}-\bar{x}_j)^2}} \quad (i,j=1,2,\cdots,p) \tag{16-37}$$

$$\boldsymbol{R}=\begin{bmatrix} r_{11} & r_{12} & \cdots & r_{1p} \\ r_{21} & r_{22} & \cdots & r_{2p} \\ \cdots & \cdots & \ddots & \cdots \\ r_{p1} & r_{p2} & \cdots & r_{pp} \end{bmatrix} \tag{16-38}$$

## 16.4　主成分分析的步骤及实例

### 16.4.1　主成分分析的步骤

在实际应用中，通常分析的是样本资料。对样本资料的主成分分析过程与上述主成分的导出基本一致，但要注意由样本资料得出的方差协方差矩阵、相关系数矩阵、特征值、特征向量、因子负荷量、方差贡献率等都是对总体的估计，同时要注意两者在有关符号表示上的区别。对样本资料进行主成分分析基本步骤如下：

第 1 步，方差协方差矩阵或者相关系数矩阵的选择与计算 。对资料进行主成分分析时，可分别采用方差协方差矩阵与相关系数矩阵。采用方差协方差矩阵进行分析时，有时会对统计量的解释带来一定困难。采用相关系数矩阵，可以消除原指标变量的不同数量级与量纲对主成分分析的影响。由样本资料计算各指标变量的方差 $S_i^2$、两两之间的协方差 $S_{ij}$ 以及相关系数 $r_{ij}$，进而建立方差协方差矩阵或相关系数矩阵。

第 2 步，计算所选择的矩阵的特征值及特征值对应的特征向量。不失一般性，用 $\boldsymbol{R}$ 表示方差协方差矩阵或者相关系数矩阵，解特征方程 $|\boldsymbol{R}-\lambda\boldsymbol{I}|=0$，得到矩阵 $\boldsymbol{R}$ 的特征根，并按照从大到小的顺序排序，有 $\lambda_1\geqslant\lambda_2\geqslant\cdots\geqslant\lambda_p\geqslant 0$。解方程组 $(\boldsymbol{R}-\lambda_i\boldsymbol{I})\boldsymbol{u}_i=0$，分别求出 $\lambda_1,\lambda_2,\cdots,\lambda_p$ 对应的特征向量 $\boldsymbol{u}_1,\boldsymbol{u}_2,\cdots,\boldsymbol{u}_p$，$\boldsymbol{u}_i=(\boldsymbol{u}_{i1},\boldsymbol{u}_{i2},\cdots,\boldsymbol{u}_{ip})'$，$(i=1,2,\cdots,p)$。

第 3 步，计算各主成分的贡献率与累积贡献率，并确定需选留的主成分个数。

第 4 步，写出各主成分的表达式，并计算各样品的不同主成分值。

第 5 步，结合实际问题，进行主成分分析计算结果的解释、讨论与推断。

### 16.4.2　主成分分析实例

【例 16-2】　对市场上销售的 16 种豆腐乳利用感官评定结果进行主成分分析与综合评价，感官评价结果见表 16-3(杨坚等，2002)。为了描述方便，把本研究的各项指标(17 个)即总香、麻油香、酯香、酒香、豆腥味、咸味、苦味、甜味、涩味、酸味、鲜味、体态、外膜、硬度、粗糙度、黏牙性、结著力分别简记为变量 $x_1$、$x_2$、$x_3$、$x_4$、$x_5$、$x_6$、$x_7$、$x_8$、$x_9$、$x_{10}$、$x_{11}$、$x_{12}$、$x_{13}$、$x_{14}$、$x_{15}$、$x_{16}$、$x_{17}$。

**表 16-3　市场上销售的 16 种豆腐乳感官评定结果**

| 感官指标 | 样品 | | | | | | | | | | | | | | | |
|---|---|---|---|---|---|---|---|---|---|---|---|---|---|---|---|---|
| | 1 | 2 | 3 | 4 | 5 | 6 | 7 | 8 | 9 | 10 | 11 | 12 | 13 | 14 | 15 | 16 |
| 总香 ($x_1$) | 2.68 | 7.02 | 6.28 | 5.85 | 6.80 | 6.49 | 7.93 | 6.19 | 8.21 | 8.20 | 6.50 | 7.65 | 5.57 | 6.00 | 9.25 | 7.70 |
| 麻油香($x_2$) | 3.42 | 4.07 | 2.14 | 3.80 | 5.76 | 3.78 | 3.17 | 3.15 | 5.83 | 4.91 | 3.79 | 4.99 | 3.92 | 3.36 | 6.32 | 4.85 |
| 酯香 ($x_3$) | 3.56 | 5.95 | 5.35 | 3.35 | 5.82 | 6.11 | 6.48 | 5.26 | 7.20 | 6.30 | 4.18 | 6.80 | 6.15 | 5.71 | 5.69 | 6.12 |
| 酒香 ($x_4$) | 3.58 | 6.39 | 5.42 | 3.59 | 4.84 | 4.68 | 7.07 | 5.55 | 4.79 | 3.43 | 2.84 | 4.56 | 4.55 | 5.32 | 4.03 | 4.60 |
| 豆腥味($x_5$) | 2.97 | 4.31 | 3.86 | 3.06 | 2.76 | 3.62 | 3.37 | 4.74 | 3.23 | 4.12 | 3.75 | 3.75 | 4.27 | 4.35 | 5.91 | 3.15 |

续表 16-3

| 感官指标 | 样品 | | | | | | | | | | | | | | | |
|---|---|---|---|---|---|---|---|---|---|---|---|---|---|---|---|---|
| | 1 | 2 | 3 | 4 | 5 | 6 | 7 | 8 | 9 | 10 | 11 | 12 | 13 | 14 | 15 | 16 |
| 咸味（$x_6$） | 1.60 | 8.33 | 9.65 | 9.46 | 7.54 | 9.32 | 8.37 | 8.49 | 10.26 | 10.02 | 9.33 | 8.29 | 11.03 | 9.47 | 8.49 | 9.28 |
| 苦味（$x_7$） | 2.95 | 6.63 | 5.70 | 5.59 | 5.84 | 6.00 | 4.12 | 6.11 | 5.87 | 4.32 | 4.41 | 4.37 | 7.31 | 5.37 | 2.62 | 4.35 |
| 甜味（$x_8$） | 2.91 | 4.11 | 4.24 | 3.78 | 4.52 | 4.01 | 4.51 | 3.35 | 3.67 | 3.90 | 2.44 | 3.81 | 2.53 | 4.14 | 4.76 | 2.83 |
| 涩味（$x_9$） | 3.39 | 3.44 | 5.14 | 3.60 | 3.77 | 3.09 | 2.97 | 4.31 | 2.83 | 2.74 | 3.34 | 2.80 | 3.26 | 3.06 | 4.42 | 6.01 |
| 酸味（$x_{10}$） | 3.03 | 3.90 | 3.94 | 4.68 | 3.96 | 3.66 | 3.88 | 3.39 | 3.52 | 3.04 | 6.12 | 4.08 | 3.86 | 4.29 | 4.35 | 3.16 |
| 鲜味（$x_{11}$） | 3.75 | 5.62 | 6.36 | 5.96 | 7.56 | 5.72 | 7.79 | 6.29 | 8.10 | 7.72 | 5.41 | 7.37 | 6.20 | 6.80 | 7.05 | 6.45 |
| 体态（$x_{12}$） | 1.34 | 9.10 | 7.68 | 9.84 | 6.08 | 8.54 | 7.55 | 8.85 | 7.57 | 5.07 | 8.19 | 6.10 | 7.01 | 7.90 | 3.56 | 8.15 |
| 外膜（$x_{13}$） | 2.91 | 8.44 | 5.75 | 7.18 | 8.57 | 9.12 | 7.42 | 7.18 | 7.62 | 6.20 | 6.61 | 6.16 | 4.50 | 7.37 | 4.33 | 6.24 |
| 硬度（$x_{14}$） | 2.01 | 4.32 | 5.52 | 4.47 | 3.15 | 4.53 | 4.07 | 4.39 | 8.33 | 7.45 | 6.13 | 6.86 | 8.68 | 5.79 | 8.23 | 5.36 |
| 粗糙度（$x_{15}$） | 2.93 | 4.45 | 4.25 | 4.38 | 4.90 | 5.08 | 4.06 | 3.77 | 4.35 | 6.55 | 4.65 | 4.27 | 7.62 | 5.80 | 6.34 | 4.60 |
| 黏牙性（$x_{16}$） | 3.03 | 6.50 | 7.35 | 6.15 | 5.75 | 5.99 | 5.50 | 5.34 | 6.20 | 6.48 | 5.69 | 7.90 | 6.34 | 6.86 | 6.35 | 7.17 |
| 结著力（$x_{17}$） | 3.56 | 6.50 | 7.12 | 6.45 | 5.61 | 5.60 | 5.77 | 5.55 | 6.68 | 7.73 | 6.44 | 7.40 | 7.32 | 6.22 | 6.46 | 7.25 |

为了说明采用方差协方差矩阵与相关系数矩阵进行主成分分析在计算结果上的区别，本节分别给出了利用两者进行主成分分析的计算结果。

#### 16.4.2.1 采用方差协方差矩阵的分析结果

①由表 16-3 所示数据计算各指标变量的方差协方差矩阵见表 16-4。其中：

$$S_i^2 = \frac{\sum_{j=1}^{n} x_{ij}^2 - \left(\sum_{j=1}^{n} x_{ij}\right)^2 / n}{n-1} \quad (i = 1,2,\cdots,17)$$

$$S_{ij} = \frac{\sum_{k=1}^{n} x_{ik} x_{jk} - \left(\sum_{k=1}^{n} x_{ik}\right)\left(\sum_{k=1}^{n} x_{jk}\right) / n}{n-1} \quad (i \neq j; i,j = 1,2,\cdots,17)$$

**表 16-4　由表 16-3 计算得到的方差协方差矩阵**

| | $x_1$ | $x_2$ | $x_3$ | $x_4$ | $x_5$ | $x_6$ | $x_7$ | $x_8$ | $x_9$ | $x_{10}$ | $x_{11}$ | $x_{12}$ | $x_{13}$ | $x_{14}$ | $x_{15}$ | $x_{16}$ | $x_{17}$ |
|---|---|---|---|---|---|---|---|---|---|---|---|---|---|---|---|---|---|
| $x_1$ | 2.24 | | | | | | | | | | | | | | | | |
| $x_2$ | 1.01 | 1.29 | | | | | | | | | | | | | | | |
| $x_3$ | 1.09 | 0.49 | 1.18 | | | | | | | | | | | | | | |
| $x_4$ | 0.31 | −0.37 | 0.57 | 1.21 | | | | | | | | | | | | | |
| $x_5$ | 0.43 | 0.09 | 0.13 | 0.05 | 0.63 | | | | | | | | | | | | |
| $x_6$ | 1.83 | 0.20 | 1.01 | 0.16 | 0.43 | 4.42 | | | | | | | | | | | |
| $x_7$ | −0.24 | −0.36 | 0.30 | 0.50 | −0.10 | 1.36 | 1.65 | | | | | | | | | | |
| $x_8$ | 0.51 | 0.16 | 0.24 | 0.36 | 0.13 | 0.04 | −0.09 | 0.51 | | | | | | | | | |
| $x_9$ | −0.11 | −0.20 | −0.24 | 0.07 | 0.20 | −0.10 | 0.03 | 0.12 | 0.45 | | | | | | | | |
| $x_{10}$ | 0.07 | −0.05 | −0.26 | −0.23 | 0.07 | 0.49 | −0.01 | −0.05 | 0.07 | 0.56 | | | | | | | |
| $x_{11}$ | 1.33 | 0.61 | 0.90 | 0.37 | 0.08 | 1.26 | 0.09 | 0.41 | −0.14 | −0.08 | 1.24 | | | | | | |
| $x_{12}$ | 0.57 | −0.80 | 0.21 | 0.87 | −0.17 | 3.07 | 1.93 | −0.06 | −0.02 | 0.51 | 0.33 | 4.81 | | | | | |
| $x_{13}$ | 0.79 | 0.04 | 0.58 | 0.77 | −0.31 | 1.41 | 1.12 | 0.44 | −0.22 | 0.15 | 0.65 | 2.62 | 2.73 | | | | |
| $x_{14}$ | 1.64 | 0.93 | 1.05 | −0.49 | 0.76 | 2.76 | 0.17 | −0.12 | −0.18 | 0.21 | 1.06 | 0.02 | −0.66 | 3.73 | | | |
| $x_{15}$ | 0.59 | 0.42 | 0.43 | −0.26 | 0.46 | 1.43 | 0.31 | 0.02 | −0.09 | 0.07 | 0.42 | −0.10 | −0.21 | 1.58 | 1.37 | | |
| $x_{16}$ | 0.99 | 0.21 | 0.63 | 0.20 | 0.20 | 1.65 | 0.37 | 0.19 | −0.01 | 0.12 | 0.66 | 1.06 | 0.49 | 1.16 | 0.49 | 1.17 | |
| $x_{17}$ | 0.96 | 0.27 | 0.54 | −0.05 | 0.20 | 1.73 | 0.32 | 0.01 | −0.08 | 0.10 | 0.62 | 0.79 | 0.15 | 1.47 | 0.66 | 0.96 | 1.03 |

②计算表 16-4 所示的方差协方差矩阵的特征值（表 16-5）以及特征值对应的特征向量（表 16-6）。

解特征方程 $|\boldsymbol{R}-\lambda \boldsymbol{I}|=0$，求得各特征值；解方程组 $(\boldsymbol{R}-\lambda_i \boldsymbol{I})\boldsymbol{u}_i=0$，求得各特征向量并正交化。

③计算各主成分的方差贡献率与累积贡献率(表 16-5)，并确定主成分个数。

由公式(16-33)和公式(16-35)分别计算主成分的方差贡献率与累积贡献率。从表 16-5 可知，前 5 个主成分的累积贡献率已经达到 89.2%，说明前 5 个主成分基本包含了全部指标具有的信息。因此，我们取前 5 个特征值，并给出前 5 个特征值对应的特征向量(表 16-6)。由表 16-5 可知，第 1 主成分值能解释所有豆腐乳样品感官品质变异的 43.4%，第 2 主成分可解释 24.9%，第 3 主成分可解释 11.4%，第 4 主成分可解释 5.2%，第 5 主成分可解释 4.4%。

**表 16-5 方差协方差矩阵特征值、各主成分贡献率以及累积贡献率**

| 主成分序号 | 特征值 | 方差贡献率 | 累积贡献率 |
|---|---|---|---|
| 1 | 13.111 | 0.434 | 0.434 |
| 2 | 7.541 | 0.249 | 0.683 |
| 3 | 3.438 | 0.114 | 0.797 |
| 4 | 1.571 | 0.052 | 0.849 |
| 5 | 1.318 | 0.044 | 0.892 |
| 6 | 0.906 | 0.030 | 0.922 |
| 7 | 0.584 | 0.019 | 0.941 |
| 8 | 0.503 | 0.017 | 0.958 |
| 9 | 0.406 | 0.013 | 0.972 |
| 10 | 0.317 | 0.011 | 0.982 |
| 11 | 0.235 | 0.008 | 0.990 |
| 12 | 0.144 | 0.005 | 0.995 |
| 13 | 0.084 | 0.003 | 0.997 |
| 14 | 0.077 | 0.003 | 1.000 |
| 15 | 0.006 | 0.000 | 1.000 |
| 16 | 0.000 | 0.000 | 1.000 |
| 17 | 0.000 | 0.000 | 1.000 |

**表 16-6 前 5 个特征值对应的特征向量**

| 感官指标 | $u_1$ | $u_2$ | $u_3$ | $u_4$ | $u_5$ |
|---|---|---|---|---|---|
| 总香($x_1$) | 0.287 | 0.204 | 0.419 | −0.241 | 0.256 |
| 麻油香($x_2$) | 0.061 | 0.244 | 0.277 | −0.289 | −0.407 |
| 酯香($x_3$) | 0.178 | 0.106 | 0.309 | 0.369 | −0.130 |
| 酒香($x_4$) | 0.067 | −0.174 | 0.282 | 0.531 | 0.304 |
| 豆腥味($x_5$) | 0.056 | 0.128 | −0.055 | 0.117 | 0.282 |
| 咸味($x_6$) | 0.560 | 0.019 | −0.243 | −0.072 | 0.019 |
| 苦味($x_7$) | 0.183 | −0.250 | −0.179 | 0.430 | −0.405 |
| 甜味($x_8$) | 0.032 | 0.002 | 0.267 | 0.051 | 0.170 |
| 涩味($x_9$) | −0.024 | −0.019 | −0.064 | 0.056 | 0.319 |
| 酸味($x_{10}$) | 0.047 | −0.027 | −0.140 | −0.350 | 0.124 |

续表 16-6

| 感官指标 | $u_1$ | $u_2$ | $u_3$ | $u_4$ | $u_5$ |
|---|---|---|---|---|---|
| 鲜味($x_{11}$) | 0.200 | 0.119 | 0.334 | 0.052 | −0.009 |
| 体态($x_{12}$) | 0.411 | −0.554 | −0.179 | −0.171 | 0.152 |
| 外膜($x_{13}$) | 0.239 | −0.393 | 0.379 | −0.192 | −0.331 |
| 硬度($x_{14}$) | 0.347 | 0.483 | −0.245 | 0.086 | −0.051 |
| 粗糙度($x_{15}$) | 0.166 | 0.226 | −0.173 | 0.179 | −0.265 |
| 黏牙性($x_{16}$) | 0.237 | 0.053 | 0.025 | 0.021 | 0.231 |
| 结著力($x_{17}$) | 0.229 | 0.121 | −0.080 | −0.008 | 0.106 |

④写出各主成分的表达式，并计算各样品的不同主成分值。本例从略。

⑤结合实际问题，进行主成分分析、计算结果的解释、讨论与推断。

由表 16-5 可知，前 5 个主成分可以用来解释豆腐乳感官品质的 89.2%的信息情况。由于表 16-6 中各主成分的分量是在方差协方差矩阵上分析得到，各分量间可能在一定程度上受到指标变量的量纲与数量级的影响，不能合理地分析主分成多指标变量信息的综合，因此我们采用公式(16-27)计算得到各主成分与指标变量的相关系数(表 16-7)，从主成分与指标变量的相关系数出发，对各主成分进行综合与分析。

第 1 主成分($y_1$)是以气味(总香 $x_1$、酯香 $x_3$)、滋味(咸味 $x_6$、苦味 $x_7$、鲜味 $x_{11}$)、组织形态(体态 $x_{12}$、外膜 $x_{13}$)以及质构(硬度 $x_{14}$、粗糙度 $x_{15}$、黏牙性 $x_{16}$、结著力 $x_{17}$)的影响为主，可以把第 1 主成分定义为风味(气味＋滋味)、组织形态以及质构的综合指标。第 2 主成分($y_2$)是以气味(麻油香 $x_2$)、滋味(苦味 $x_7$)、组织形态(体态 $x_{12}$、外膜 $x_{13}$)以及质构(硬度 $x_{14}$、粗糙度 $x_{15}$)的影响为主，可以把第 2 主成分看做是某种气味(麻油香)、组织形态以及部分质构指标的一种综合指标。第 3 主成分($y_3$)是以部分气味(总香 $x_1$、酯香 $x_3$)与滋味(甜味 $x_8$、鲜味 $x_{11}$)的影响为主，可以把第 3 主成分看做是具有独特风味的综合指标。第 4 主成分($y_4$)是以部分气味(酒香 $x_4$)与滋味(酸味 $x_{10}$)的影响为主，可以把第 4 主成分看做是具有独特风味的综合指标。第 5 主成分($y_5$)是以一种涩味(涩味 $x_9$)的影响力为主，是关于豆腐乳独特滋味的综合指标。

#### 16.4.2.2 采用相关系数矩阵的分析结果

①采用公式(16-37)计算得到表 16-3 所示数据资料的相关系数矩阵(表 16-8)。

②计算表 16-8 所示相关系数矩阵的特征值(表 16-9)以及特征值对应的特征向量(表 16-10)。

③计算各主成分的贡献率与累积贡献率(表 16-9)，并确定主成分个数。

从表 16-9 可知，前 6 个特征值的累积贡献率已经达到 87.86%，说明前 6 个主成分基本包含了全部指标具有的信息。因此，我们取前 6 个特征值，这样就将原来的 16 个指标转化为 6 个新指标，起到了降维的作用，并计算出相应的特征向量(表 16-10)。由表 16-9 可知，第 1 主成分值能解释所有豆腐乳样品感官品质变异的 34.39%，第 2 主成分可解释 17.45%，第 3 主成分可解释 13.89%，第 4 主成分可解释 10.09%，第 5 主成分可解释 7.55%，第 6 主成分可解释 4.48%。这与采用协方差矩阵计算的结果不同。

**表 16-7　主成分与原指标变量的相关系数(协方差矩阵结果)**

| | $y_1$ | $y_2$ | $y_3$ | $y_4$ | $y_5$ | $y_6$ | $y_7$ | $y_8$ | $y_9$ | $y_{10}$ | $y_{11}$ | $y_{12}$ | $y_{13}$ | $y_{14}$ | $y_{15}$ | $y_{16}$ | $y_{17}$ |
|---|---|---|---|---|---|---|---|---|---|---|---|---|---|---|---|---|---|
| $x_1$ | **0.69** | 0.37 | **0.52** | −0.20 | 0.20 | 0.03 | −0.08 | 0.02 | −0.04 | −0.11 | 0.01 | 0.07 | −0.02 | 0.05 | −0.02 | 0.00 | 0.00 |
| $x_2$ | 0.20 | **0.59** | 0.45 | −0.32 | −0.41 | 0.05 | −0.04 | 0.32 | −0.01 | −0.08 | 0.15 | −0.04 | −0.01 | −0.05 | 0.01 | 0.00 | 0.00 |
| $x_3$ | **0.59** | 0.27 | **0.53** | 0.43 | −0.14 | −0.20 | −0.09 | −0.03 | −0.12 | 0.09 | −0.05 | 0.13 | 0.01 | −0.08 | −0.02 | 0.00 | 0.00 |
| $x_4$ | 0.22 | −0.44 | 0.48 | **0.61** | 0.32 | 0.03 | −0.14 | −0.02 | −0.04 | 0.03 | 0.20 | 0.00 | −0.04 | 0.01 | 0.03 | 0.00 | 0.00 |
| $x_5$ | 0.25 | 0.44 | −0.13 | 0.18 | 0.41 | 0.55 | −0.24 | 0.17 | −0.26 | 0.01 | −0.14 | −0.10 | 0.19 | 0.03 | 0.00 | 0.00 | 0.00 |
| $x_6$ | **0.97** | 0.03 | −0.21 | −0.04 | 0.01 | 0.03 | 0.01 | −0.10 | 0.06 | −0.05 | −0.03 | 0.04 | −0.02 | −0.03 | 0.01 | 0.00 | 0.00 |
| $x_7$ | **0.52** | **−0.53** | −0.26 | 0.42 | −0.36 | 0.08 | 0.03 | 0.22 | 0.12 | 0.02 | 0.02 | 0.03 | 0.01 | 0.07 | −0.02 | 0.00 | 0.00 |
| $x_8$ | 0.16 | 0.01 | **0.69** | 0.09 | 0.27 | 0.45 | 0.27 | 0.00 | 0.15 | 0.13 | −0.08 | −0.21 | −0.21 | 0.05 | −0.03 | 0.00 | 0.00 |
| $x_9$ | −0.13 | −0.08 | −0.18 | 0.10 | **0.55** | 0.45 | 0.14 | 0.41 | 0.40 | −0.13 | −0.11 | 0.21 | 0.00 | −0.12 | 0.02 | 0.00 | 0.00 |
| $x_{10}$ | 0.23 | −0.10 | −0.35 | **−0.59** | 0.19 | 0.28 | −0.07 | −0.06 | 0.08 | 0.48 | 0.31 | 0.15 | 0.04 | 0.03 | −0.02 | 0.00 | 0.00 |
| $x_{11}$ | **0.65** | 0.29 | **0.56** | 0.06 | −0.01 | −0.07 | 0.07 | −0.17 | 0.32 | −0.02 | 0.07 | −0.11 | 0.14 | −0.01 | 0.00 | 0.00 | 0.00 |
| $x_{12}$ | **0.68** | **−0.69** | −0.15 | −0.10 | 0.08 | −0.06 | −0.07 | 0.04 | −0.04 | −0.05 | 0.04 | −0.05 | 0.00 | −0.02 | −0.01 | 0.00 | 0.00 |
| $x_{13}$ | **0.52** | **−0.65** | 0.43 | −0.15 | −0.23 | 0.14 | 0.01 | −0.03 | −0.04 | 0.09 | −0.11 | 0.02 | 0.01 | 0.01 | 0.02 | 0.00 | 0.00 |
| $x_{14}$ | **0.65** | **0.69** | −0.23 | 0.06 | −0.03 | −0.05 | −0.16 | 0.04 | 0.04 | 0.09 | −0.04 | −0.05 | −0.03 | 0.01 | 0.01 | 0.00 | 0.00 |
| $x_{15}$ | **0.51** | **0.53** | −0.27 | 0.19 | −0.26 | 0.39 | 0.19 | −0.18 | −0.17 | −0.09 | 0.12 | −0.01 | −0.01 | −0.03 | 0.00 | 0.00 | 0.00 |
| $x_{16}$ | **0.79** | 0.13 | 0.04 | 0.02 | 0.25 | −0.19 | 0.40 | 0.20 | −0.14 | 0.17 | −0.01 | −0.04 | 0.02 | −0.09 | 0.00 | 0.00 | 0.00 |
| $x_{17}$ | **0.82** | 0.33 | −0.15 | −0.01 | 0.12 | −0.25 | 0.29 | 0.07 | −0.07 | −0.05 | 0.02 | 0.04 | 0.04 | 0.17 | 0.02 | 0.00 | 0.00 |

表 16-8　由表 16-3 数据计算得到的相关系数矩阵

| | $x_1$ | $x_2$ | $x_3$ | $x_4$ | $x_5$ | $x_6$ | $x_7$ | $x_8$ | $x_9$ | $x_{10}$ | $x_{11}$ | $x_{12}$ | $x_{13}$ | $x_{14}$ | $x_{15}$ | $x_{16}$ | $x_{17}$ |
|---|---|---|---|---|---|---|---|---|---|---|---|---|---|---|---|---|---|
| $x_1$ | 1.00 | | | | | | | | | | | | | | | | |
| $x_2$ | 0.59 | 1.00 | | | | | | | | | | | | | | | |
| $x_3$ | 0.67 | 0.40 | 1.00 | | | | | | | | | | | | | | |
| $x_4$ | 0.19 | −0.29 | 0.48 | 1.00 | | | | | | | | | | | | | |
| $x_5$ | 0.36 | 0.10 | 0.15 | 0.06 | 1.00 | | | | | | | | | | | | |
| $x_6$ | 0.58 | 0.08 | 0.44 | 0.07 | 0.26 | 1.00 | | | | | | | | | | | |
| $x_7$ | −0.13 | −0.25 | 0.22 | 0.35 | −0.10 | 0.50 | 1.00 | | | | | | | | | | |
| $x_8$ | 0.47 | 0.20 | 0.31 | 0.46 | 0.22 | 0.02 | −0.10 | 1.00 | | | | | | | | | |
| $x_9$ | −0.11 | −0.27 | −0.35 | 0.10 | 0.37 | −0.07 | 0.04 | 0.25 | 1.00 | | | | | | | | |
| $x_{10}$ | 0.07 | −0.06 | −0.36 | −0.28 | 0.12 | 0.31 | −0.02 | −0.09 | 0.14 | 1.00 | | | | | | | |
| $x_{11}$ | 0.80 | 0.48 | 0.74 | 0.30 | 0.09 | 0.54 | 0.06 | 0.52 | −0.19 | −0.10 | 1.00 | | | | | | |
| $x_{12}$ | 0.17 | −0.32 | 0.09 | 0.36 | −0.10 | 0.67 | 0.68 | −0.04 | −0.02 | 0.31 | 0.14 | 1.00 | | | | | |
| $x_{13}$ | 0.32 | 0.02 | 0.32 | 0.43 | −0.23 | 0.41 | 0.53 | 0.37 | −0.20 | 0.13 | 0.35 | 0.72 | 1.00 | | | | |
| $x_{14}$ | 0.57 | 0.42 | 0.50 | −0.23 | 0.50 | 0.68 | 0.07 | −0.08 | −0.14 | 0.14 | 0.49 | 0.00 | −0.21 | 1.00 | | | |
| $x_{15}$ | 0.33 | 0.32 | 0.33 | −0.20 | 0.49 | 0.58 | 0.20 | 0.03 | −0.12 | 0.08 | 0.32 | −0.04 | −0.11 | 0.70 | 1.00 | | |
| $x_{16}$ | 0.61 | 0.17 | 0.54 | 0.17 | 0.24 | 0.72 | 0.26 | 0.25 | −0.02 | 0.15 | 0.55 | 0.45 | 0.28 | 0.56 | 0.38 | 1.00 | |
| $x_{17}$ | 0.63 | 0.24 | 0.49 | −0.04 | 0.25 | 0.81 | 0.25 | 0.01 | −0.12 | 0.13 | 0.55 | 0.36 | 0.09 | 0.75 | 0.56 | 0.88 | 1.00 |

**表 16-9　特征值及各主成分贡献率以及累积贡献率**

| 主成分序号 | 特征值 | 贡献率 | 累积贡献率 |
|---|---|---|---|
| 1 | **5.846 7** | **0.343 9** | **0.343 9** |
| 2 | **2.966 8** | **0.174 5** | **0.518 4** |
| 3 | **2.362 0** | **0.138 9** | **0.657 4** |
| 4 | **1.715 9** | **0.100 9** | **0.758 3** |
| 5 | **1.283 9** | **0.075 5** | **0.833 8** |
| 6 | **0.761 5** | **0.044 8** | **0.878 6** |
| 7 | 0.581 2 | 0.034 2 | 0.912 8 |
| 8 | 0.439 3 | 0.025 8 | 0.938 7 |
| 9 | 0.348 0 | 0.020 5 | 0.959 1 |
| 10 | 0.283 7 | 0.016 7 | 0.975 8 |
| 11 | 0.156 3 | 0.009 2 | 0.985 0 |
| 12 | 0.114 1 | 0.006 7 | 0.991 7 |
| 13 | 0.079 7 | 0.004 7 | 0.996 4 |
| 14 | 0.057 4 | 0.003 4 | 0.999 8 |
| 15 | 0.003 4 | 0.000 2 | 1.000 0 |
| 16 | 0.000 0 | 0.000 0 | 1.000 0 |
| 17 | 0.000 0 | 0.000 0 | 1.000 0 |

**表 16-10　前 6 个特征值对应的特征向量**

| 感官指标 | $u_1$ | $u_2$ | $u_3$ | $u_4$ | $u_5$ | $u_6$ |
|---|---|---|---|---|---|---|
| 总香($x_1$) | 0.345 | −0.097 | −0.203 | 0.070 | 0.250 | −0.093 |
| 麻油香($x_2$) | 0.168 | −0.310 | −0.229 | −0.206 | 0.268 | 0.313 |
| 酯香($x_3$) | 0.311 | 0.012 | −0.299 | −0.147 | −0.270 | −0.021 |
| 酒香($x_4$) | 0.090 | 0.361 | −0.309 | 0.222 | −0.289 | −0.074 |
| 豆腥味($x_5$) | 0.144 | −0.224 | 0.085 | 0.508 | −0.174 | 0.252 |
| 咸味($x_6$) | 0.355 | 0.104 | 0.275 | −0.011 | 0.017 | 0.027 |
| 苦味($x_7$) | 0.130 | 0.384 | 0.215 | −0.072 | −0.324 | 0.359 |
| 甜味($x_8$) | 0.131 | 0.077 | −0.416 | 0.385 | 0.206 | 0.150 |
| 涩味($x_9$) | −0.067 | 0.028 | 0.089 | 0.651 | −0.012 | −0.093 |
| 酸味($x_{10}$) | 0.037 | 0.020 | 0.371 | 0.150 | 0.593 | 0.101 |
| 鲜味($x_{11}$) | 0.330 | −0.016 | −0.278 | −0.045 | 0.101 | −0.057 |
| 体态($x_{12}$) | 0.168 | 0.453 | 0.244 | −0.020 | 0.113 | −0.032 |
| 外膜($x_{13}$) | 0.159 | 0.437 | −0.115 | −0.107 | 0.282 | 0.323 |
| 硬度($x_{14}$) | 0.306 | −0.291 | 0.188 | −0.028 | −0.132 | −0.007 |
| 粗糙度($x_{15}$) | 0.247 | −0.238 | 0.195 | 0.017 | −0.232 | 0.481 |
| 黏牙性($x_{16}$) | 0.343 | 0.050 | 0.093 | 0.064 | 0.023 | −0.419 |
| 结著力($x_{17}$) | 0.351 | −0.069 | 0.198 | −0.054 | −0.051 | −0.371 |

④写出各主成分的表达式，并计算各样品的不同主成分值。前 6 个主成分 $y_i$ 如式(16-39)所示。

$$\begin{cases} y_1 = 0.345x_1 + 0.168x_2 + \cdots + 0.343x_{16} + 0.351x_{17} \\ y_2 = -0.097x_1 - 0.310x_2 + \cdots + 0.050x_{16} - 0.069x_{17} \\ y_3 = -0.203x_1 - 0.229x_2 + \cdots + 0.093x_{16} + 0.198x_{17} \\ y_4 = 0.070x_1 - 0.206x_2 + \cdots + 0.064x_{16} - 0.054x_{17} \\ y_5 = 0.250x_1 + 0.268x_2 + \cdots + 0.023x_{16} - 0.051x_{17} \\ y_6 = -0.093x_1 + 0.313x_2 + \cdots - 0.419x_{16} - 0.371x_{17} \end{cases} \tag{16-39}$$

把 16 个样品测定值的标准化值(表 16-11)分别代入第 1 到第 6 主成分计算式(16-39)中，可得到各样品不同的主成分值(表 16-12)。如果按照不同的主成分值排序，得到不同的品质评价结果。

**表 16-11 表 16-3 所示数据的标准化值**

| 感官指标 | 样品 | | | | | | | | | | | | | | | |
|---|---|---|---|---|---|---|---|---|---|---|---|---|---|---|---|---|
| | 1 | 2 | 3 | 4 | 5 | 6 | 7 | 8 | 9 | 10 | 11 | 12 | 13 | 14 | 15 | 16 |
| 总香($x_1$) | −2.73 | 0.17 | −0.33 | −0.61 | 0.02 | −0.19 | 0.77 | −0.39 | 0.96 | 0.95 | −0.18 | 0.59 | −0.80 | −0.51 | 1.66 | 0.62 |
| 麻油香($x_2$) | −0.69 | −0.12 | −1.81 | −0.35 | 1.37 | −0.37 | −0.91 | −0.93 | 1.43 | 0.62 | −0.36 | 0.69 | −0.25 | −0.74 | 1.86 | 0.57 |
| 酯香($x_3$) | −1.90 | 0.30 | −0.25 | −2.10 | 0.18 | 0.44 | 0.79 | −0.34 | 1.45 | 0.62 | −1.33 | 1.08 | 0.48 | 0.08 | 0.06 | 0.45 |
| 酒香($x_4$) | −1.02 | 1.53 | 0.65 | −1.01 | 0.12 | −0.02 | 2.15 | 0.77 | 0.08 | −1.16 | −1.69 | −0.13 | −0.14 | 0.56 | −0.61 | −0.09 |
| 豆腥味($x_5$) | −1.08 | 0.61 | 0.04 | −0.96 | −1.34 | −0.26 | −0.57 | 1.15 | −0.75 | 0.37 | −0.10 | −0.10 | 0.56 | 0.66 | 2.62 | −0.85 |
| 咸味($x_6$) | −3.40 | −0.17 | 0.46 | 0.37 | −0.55 | 0.31 | −0.15 | −0.09 | 0.76 | 0.64 | 0.31 | −0.19 | 1.13 | 0.38 | −0.09 | 0.29 |
| 苦味($x_7$) | −1.67 | 1.19 | 0.47 | 0.38 | 0.58 | 0.70 | −0.76 | 0.79 | 0.60 | −0.60 | −0.53 | −0.57 | 1.72 | 0.21 | −1.93 | −0.58 |
| 甜味($x_8$) | −1.13 | 0.54 | 0.73 | 0.08 | 1.12 | 0.41 | 1.10 | −0.52 | −0.07 | 0.25 | −1.78 | 0.13 | −1.66 | 0.59 | 1.45 | −1.24 |
| 涩味($x_9$) | −0.27 | −0.21 | 1.65 | −0.04 | 0.15 | −0.60 | −0.73 | 0.74 | −0.88 | −0.98 | −0.32 | −0.91 | −0.41 | −0.63 | 0.86 | 2.60 |
| 酸味($x_{10}$) | −1.20 | −0.04 | 0.02 | 1.00 | 0.04 | −0.36 | −0.07 | −0.72 | −0.55 | −1.19 | 2.92 | 0.20 | −0.09 | 0.48 | 0.56 | −1.03 |
| 鲜味($x_{11}$) | −2.48 | −0.80 | −0.13 | −0.49 | 0.94 | −0.71 | 1.15 | −0.20 | 1.43 | 1.09 | −0.99 | 0.77 | −0.28 | 0.26 | 0.49 | −0.05 |
| 体态($x_{12}$) | −2.60 | 0.94 | 0.29 | 1.28 | −0.43 | 0.69 | 0.24 | 0.83 | 0.24 | −0.90 | 0.53 | −0.43 | −0.01 | 0.40 | −1.58 | 0.51 |
| 外膜($x_{13}$) | −2.23 | 1.11 | −0.51 | 0.35 | 1.19 | 1.52 | 0.50 | 0.35 | 0.62 | −0.24 | 0.01 | −0.27 | −1.27 | 0.47 | −1.37 | −0.22 |
| 硬度($x_{14}$) | −1.85 | −0.65 | −0.03 | −0.57 | −1.26 | −0.54 | −0.78 | −0.62 | 1.42 | 0.97 | 0.28 | 0.66 | 1.60 | 0.11 | 1.37 | −0.11 |
| 粗糙度($x_{15}$) | −1.66 | −0.36 | −0.53 | −0.42 | 0.02 | 0.17 | −0.69 | −0.94 | −0.45 | 1.43 | −0.19 | −0.52 | 2.34 | 0.79 | 1.25 | −0.23 |
| 黏牙性($x_{16}$) | −2.89 | 0.31 | 1.10 | −0.01 | −0.38 | −0.16 | −0.61 | −0.76 | 0.03 | 0.29 | −0.44 | 1.61 | 0.16 | 0.64 | 0.17 | 0.93 |
| 结著力($x_{17}$) | −2.76 | 0.14 | 0.76 | 0.09 | −0.73 | −0.74 | −0.58 | −0.79 | 0.32 | 1.36 | 0.09 | 1.03 | 0.95 | −0.13 | 0.10 | 0.88 |

表 16-12　不同样品的各主成分值

| 样品号 | $y_1$ | $y_2$ | $y_3$ | $y_4$ | $y_5$ | $y_6$ |
|---|---|---|---|---|---|---|
| 1 | −8.04 | −1.92 | −0.96 | −0.78 | −0.80 | −0.12 |
| 2 | 0.47 | 2.12 | −0.38 | 0.54 | −0.41 | 0.52 |
| 3 | 0.20 | 1.20 | 0.75 | 1.94 | −0.71 | −1.60 |
| 4 | −1.06 | 1.21 | 1.82 | −0.29 | 1.63 | −0.04 |
| 5 | −0.21 | 0.88 | −1.90 | −0.57 | 1.15 | 1.22 |
| 6 | −0.06 | 1.65 | −0.19 | −0.57 | −0.06 | 1.11 |
| 7 | 0.18 | 1.58 | −2.42 | 0.20 | 0.22 | −0.50 |
| 8 | −1.06 | 1.55 | 0.10 | 1.04 | −0.98 | 0.31 |
| 9 | 2.36 | −0.02 | −1.12 | −1.73 | 0.08 | 0.14 |
| 10 | 2.18 | −2.20 | −0.45 | −0.97 | −0.51 | 0.02 |
| 11 | −1.08 | −0.54 | 3.20 | −0.60 | 2.23 | 0.00 |
| 12 | 1.70 | −0.91 | −0.71 | −0.79 | 0.40 | −1.38 |
| 13 | 1.49 | −1.01 | 2.65 | −0.78 | −2.57 | 0.86 |
| 14 | 0.80 | 0.69 | 0.34 | 0.42 | −0.25 | 0.50 |
| 15 | −2.14 | 4.27 | 0.71 | −2.94 | −0.57 | 1.05 |
| 16 | 0.54 | −0.10 | 0.24 | 0.53 | −0.31 | −1.74 |

通常可以采用不同的主成分值间的关系，对所研究样品进行分类。如对于表 16-12 中，选择第 1 主成分与第 2 主成分，并做第 1 主成分与第 2 主成分间的散点图(图 16-2)。结合专业知识可知，可以把 16 个样品大致分为 4 类，即主要通过外部视觉综合指标把豆腐乳分为 4 类。

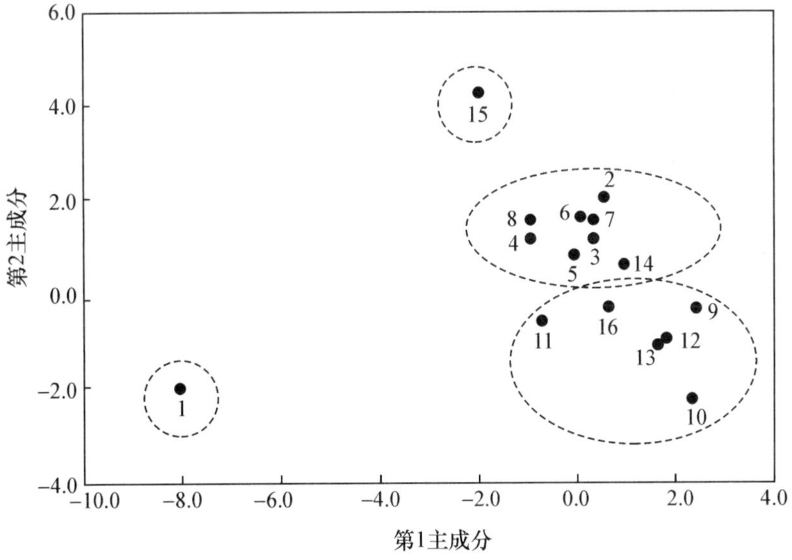


图 16-2　第 1 主成分与第 2 主成分决定的样品空间分类示意图

⑤结合实际问题，进行主成分分析的解释，即对所研究问题的简化与综合。表 16-10 中所示的主成分各分量是基于相关系数矩阵上获得的，这样各分量的系数中已经剔除了指标变量的量纲与数量级的影响，因此对主成分进行分析解释是基于表 16-10 基础上完成的。

第 1 主成分（$y_1$）是以气味（总香 $x_1$、酯香 $x_3$）、滋味（咸味 $x_6$、鲜味 $x_{11}$）以及质构（硬度 $x_{14}$、粗糙度 $x_{15}$、黏牙性 $x_{16}$、结著力 $x_{17}$）的影响为主，可以把第 1 主成分定义为风味（气味＋滋味）与质构的综合指标。第 2 主成分（$y_2$）是以气味（麻油香 $x_2$、酒香 $x_4$）、滋味（豆腥味 $x_5$、苦味 $x_7$）、组织形态（体态 $x_{12}$、外膜 $x_{13}$）以及质构（硬度 $x_{14}$、粗糙度 $x_{15}$）的影响为主，第 2 主成分可以看做是组织形态与质构的综合指标。第 3 主成分（$y_3$）是以气味（总香 $x_1$、麻油香 $x_2$、酯香 $x_3$、酒香 $x_4$）与滋味（咸味 $x_6$、苦味 $x_7$、甜味 $x_8$、酸味 $x_{10}$、鲜味 $x_{11}$）的影响为主，可以把第 3 主成分看做是豆腐乳风味的综合指标。第 4 主成分（$y_4$）是以滋味（豆腥味 $x_5$、甜味 $x_8$、涩味 $x_9$）的影响为主，可以把第 4 主成分看做是豆腐乳滋味的综合指标。第 5 主成分（$y_5$）是气味（总香 $x_1$、麻油香 $x_2$、酯香 $x_3$、酒香 $x_4$）、滋味（苦味 $x_7$、甜味 $x_8$、酸味 $x_{10}$）、组织形态（外膜 $x_{13}$）以及质构（粗糙度 $x_{15}$）的影响为主。第 6 主成分（$y_6$）是以气味（麻油香 $x_2$）、滋味（豆腥味 $x_5$、苦味 $x_7$）、组织形态（外膜 $x_{13}$）以及质构（粗糙度 $x_{15}$、黏牙性 $x_{16}$、结著力 $x_{17}$）的影响为主。

为了进一步熟悉主成分分析的过程，可参阅另外一个主成分分析的实例。对 29 个中国北方推广小麦品种制作的干白面条的 14 个品质指标进行了全面测定（李梦琴等，2007），通过主成分分析综合评价面条的食用品质（二维码 16-4）。

**二维码 16-4　29 个中国北方推广小麦品种制作面条的食用品质综合评价的主成分分析**

## 16.5 主成分分析的应用

### 16.5.1 变量的简化

主成分分析就是利用数学上的降维思想，把多个指标转化为少数几个综合指标（即主成分）。这些新的综合指标不仅保留了原变量的主要信息，而且彼此之间不相关，又比原变量具有某些更优越的性质，因而使得我们在研究复杂的食品科学领域中的问题时能抓住主要矛盾。

### 16.5.2 主成分与指标变量的相关性分析

主成分与指标变量的相关系数通常以因子负荷矩阵的形式表示。表 16-13 与二维码 16-5 分别给出了豆腐乳研究中各主成分与各指标变量的相关系数和面条品质的研究中各主成分与各指标变量的相关系数。通常在采用新形成的主成分分析问题时，常依据所研究对象把主成分进行分类。在将主成分分类时，主成分与各原指标变量间的相关程度是分类的一个重要依据。

**二维码 16-5　面条品质的研究中各主成分与各指标变量的相关系数**

**表 16-13 豆腐乳的主成分与各指标变量的相关系数**

| | $y_1$ | $y_2$ | $y_3$ | $y_4$ | $y_5$ | $y_6$ | $y_7$ | $y_8$ | $y_9$ | $y_{10}$ | $y_{11}$ | $y_{12}$ | $y_{13}$ | $y_{14}$ | $y_{15}$ | $y_{16}$ | $y_{17}$ |
|---|---|---|---|---|---|---|---|---|---|---|---|---|---|---|---|---|---|
| $x_1$ | 0.83 | −0.17 | −0.31 | 0.09 | 0.28 | −0.08 | −0.10 | 0.17 | −0.03 | −0.13 | 0.11 | −0.05 | 0.07 | −0.06 | −0.02 | 0.83 | −0.17 |
| $x_2$ | 0.41 | −0.53 | −0.35 | −0.27 | 0.30 | 0.27 | 0.24 | 0.28 | −0.07 | 0.16 | 0.10 | 0.08 | 0.00 | 0.04 | 0.01 | 0.41 | −0.53 |
| $x_3$ | 0.75 | 0.02 | −0.46 | −0.19 | −0.31 | −0.02 | −0.13 | 0.08 | 0.06 | 0.15 | −0.07 | −0.19 | 0.01 | 0.01 | −0.02 | 0.75 | 0.02 |
| $x_4$ | 0.22 | 0.62 | −0.48 | 0.29 | −0.33 | −0.06 | −0.27 | 0.02 | 0.12 | 0.14 | 0.17 | 0.07 | 0.03 | 0.01 | 0.02 | 0.22 | 0.62 |
| $x_5$ | 0.35 | −0.39 | 0.13 | 0.67 | −0.20 | 0.22 | −0.30 | 0.17 | −0.20 | −0.03 | −0.08 | 0.05 | −0.10 | −0.03 | 0.00 | 0.35 | −0.39 |
| $x_6$ | 0.86 | 0.18 | 0.42 | −0.01 | 0.02 | 0.02 | 0.00 | −0.01 | 0.09 | −0.18 | 0.00 | −0.05 | 0.05 | 0.05 | 0.01 | 0.86 | 0.18 |
| $x_7$ | 0.31 | 0.66 | 0.33 | −0.09 | −0.37 | 0.31 | 0.25 | 0.08 | 0.08 | 0.14 | −0.05 | 0.06 | 0.00 | −0.08 | −0.02 | 0.31 | 0.66 |
| $x_8$ | 0.32 | 0.13 | −0.64 | 0.51 | 0.23 | 0.13 | 0.13 | −0.31 | −0.07 | 0.00 | −0.11 | 0.08 | 0.11 | −0.01 | −0.01 | 0.32 | 0.13 |
| $x_9$ | −0.16 | 0.05 | 0.14 | 0.85 | −0.01 | −0.08 | 0.39 | 0.18 | 0.13 | −0.01 | 0.04 | −0.11 | 0.00 | 0.02 | 0.01 | −0.16 | 0.05 |
| $x_{10}$ | 0.09 | 0.03 | 0.57 | 0.20 | 0.67 | 0.09 | −0.24 | −0.08 | 0.20 | 0.25 | 0.02 | −0.03 | −0.01 | −0.03 | 0.00 | 0.09 | 0.03 |
| $x_{11}$ | 0.80 | −0.03 | −0.43 | −0.06 | 0.11 | −0.05 | 0.08 | −0.09 | 0.30 | −0.13 | −0.03 | 0.07 | −0.17 | 0.01 | 0.00 | 0.80 | −0.03 |
| $x_{12}$ | 0.41 | 0.78 | 0.38 | −0.03 | 0.13 | −0.03 | −0.06 | 0.14 | −0.08 | −0.12 | 0.05 | 0.10 | 0.02 | 0.08 | −0.02 | 0.41 | 0.78 |
| $x_{13}$ | 0.39 | 0.75 | −0.18 | −0.14 | 0.32 | 0.28 | 0.01 | 0.04 | −0.15 | −0.06 | −0.09 | −0.11 | −0.04 | −0.03 | 0.03 | 0.39 | 0.75 |
| $x_{14}$ | 0.74 | −0.50 | 0.29 | −0.04 | −0.15 | −0.01 | −0.07 | 0.09 | 0.16 | 0.02 | −0.18 | 0.07 | 0.11 | 0.03 | 0.02 | 0.74 | −0.50 |
| $x_{15}$ | 0.60 | −0.41 | 0.30 | 0.02 | −0.26 | 0.42 | 0.04 | −0.31 | −0.04 | −0.03 | 0.17 | −0.06 | 0.00 | 0.04 | 0.00 | 0.60 | −0.41 |
| $x_{16}$ | 0.83 | 0.09 | 0.14 | 0.09 | 0.03 | −0.37 | 0.12 | −0.11 | −0.23 | 0.22 | −0.04 | −0.01 | −0.06 | 0.09 | 0.00 | 0.83 | 0.09 |
| $x_{17}$ | 0.85 | −0.12 | 0.31 | −0.07 | −0.06 | −0.32 | 0.12 | −0.07 | −0.09 | 0.00 | 0.07 | 0.04 | 0.00 | −0.15 | 0.01 | 0.85 | −0.12 |

如果主成分与某个原变量的相关系数很低，则在权衡主成分的综合特性时，可以对相关系数较低的原变量不予考虑，这在一定程度上简化了综合的难度。如在豆腐乳感官评定中，分析第 1 主成分 $y_1$ 的综合特性时，考虑到 $\rho(y_1, x_9)=-0.16$、$\rho(y_1, x_{10})=0.09$，可以剔除第 9、10 个原变量（酸味），再综合考虑第 1 主成分值得综合特性（表 16-13）。在研究面条的品质中，第 1 主成分 $y_1$ 与变量 $x_1$、变量 $x_9$ 的相关系数比较小，可以考虑剔除这些变量（二维码 16-5）。

### 16.5.3 前 *m* 个主成分对各指标变量的贡献率

性质 5 表明各主成分对同一指标变量的方差贡献率为 1，即所有主成分能够提取该指标变量中包含的全部信息，亦即所有主成分对该指标变量的综合程度是 1。但在实际应用中，我们通常仅选择 3～5 个主成分来反映指标变量的信息。因此，需要定量分析我们所选取的前 $m$ 个主成分对指标变量信息的综合程度，即这几个主成分对指标变量的方差贡献率。我们分别计算了豆腐乳的前 6 个主成分对其各指标变量的贡献率（表 16-14）、面条品质的前 6 个主成分对其各指标变量的贡献率（二维码 16-6）。结果表明，豆腐乳的前 6 个主成分对各指标变量的贡献率均达到了 78.1% 以上，面条的前 6 个主成分对各指标变量的贡献率均达到了 80.5%以上。如果选取更多的主成分，如 7 个，则前 7 个主成分对各变量的贡献率均会有一定程度的上升。

**二维码 16-6 面条品质的前 6 个主成分对其各指标变量的贡献率**

**表 16-14 豆腐乳前 6 个主成分对各指标变量的贡献率**

| 原变量 | 贡献率 | 原变量 | 贡献率 | 原变量 | 贡献率 | 原变量 | 贡献率 |
|---|---|---|---|---|---|---|---|
| $x_1$ | 0.916 | $x_6$ | 0.949 | $x_{11}$ | 0.839 | $x_{16}$ | 0.857 |
| $x_2$ | 0.814 | $x_7$ | 0.887 | $x_{12}$ | 0.932 | $x_{17}$ | 0.940 |
| $x_3$ | 0.908 | $x_8$ | 0.853 | $x_{13}$ | 0.947 | | |
| $x_4$ | 0.855 | $x_9$ | 0.781 | $x_{14}$ | 0.906 | | |
| $x_5$ | 0.817 | $x_{10}$ | 0.832 | $x_{15}$ | 0.860 | | |

### 16.5.4 综合评价

食品生产与科学研究中，常常需要对所涉及的研究对象进行评价。这类评价总是要求比较全面的，从多个方面用尽可能多的信息进行较为客观的评价。然而在将多个分项指标综合成一个综合指标时，常会遇到这样一些问题：一是各指标的量纲不同，不能直接相互合并；二是各指标间往往是相互关联的，直接合并常有信息的重叠；三是在各指标进行合并时，如何确定各指标的权重。主成分分析在这方面显示了其优越性。

采用主成分分析进行综合评价时，我们可以选取 $m$ 个主成分即 $y_1, y_2, \cdots y_m$，以每个主成分的方差贡献率 $\alpha_j$ 作为权重，构造综合评价指数函数 $I$。在计算出各样品的各主成分值后，可以由式(16-40)计算出每个样品质量的综合评价指数。按照这个指数的大小排队，可以得出每个样品的综合质量的名次。通常综合指数值越大，综合质量就越好。对于【例 16-2】，将表 16-9 与表 16-12 的有关数据代入公式(16-40)，我们可以得到 16 个样品的由 6 个主成分计算的综合评价指数（表 16-15）。结果表明，样品 9 和样品 2 综合指数靠前，而样品 1 的各项综合评价指数最小。对于【例 16-3】，将其前 6 个特征值对应的特征向量值与其各样品不同样品的各主成分值代入式(16-40),可以得到 29 个样品的由 6 个主成分值计算的综合评价指数(二维码 16-7)。根据样品的综合评价指数,可以初步了解哪些品种的小麦适宜于面条生产,哪些不适合做面条。

二维码 16-7　【例 16-3】计算得到的各样品的综合评价指数

$$I=\alpha_1 y_1+\alpha_2 y_2+\cdots+\alpha_m y_m \tag{16-40}$$

表 16-15　由式(16-40)计算得到的 16 个豆腐乳样品的综合评价指数

| 样品号 | I 指数 | 样品号 | I 指数 | 样品号 | I 指数 | 样品号 | I 指数 |
|---|---|---|---|---|---|---|---|
| 1 | −3.38 | 5 | −0.10 | 9 | 0.49 | 13 | 0.47 |
| 2 | 0.53 | 6 | 0.23 | 10 | 0.17 | 14 | 0.49 |
| 3 | 0.45 | 7 | 0.02 | 11 | 0.09 | 15 | −0.18 |
| 4 | 0.19 | 8 | −0.04 | 12 | 0.22 | 16 | 0.15 |

### 16.5.5　样品分类中的应用

样品分类是我们认识所研究对象的第一步,是进一步量化分析的基础。样品分类的基本思想是计算样品间的"距离",然后通过样品间"距离"的大小进行分类。主成分分析中,把原变量转换为少数几个新变量后,可以计算各样品的新变量值(不同的主成分值),然后计算各样品的距离,最后通过样品间的距离对样品进行分类。图 16-2 给出了在豆腐乳感官评定研究中,按照各样品的第 1 与第 2 主成分值计算得到的样品"距离"进行初步分类。结果表明,可以把 16 个豆腐乳样品分为 4 类。更多的关于主成分分析在对样品分类中的应用,可以参考聚类分析相关内容。

### 16.5.6　由主成分分析构造回归模型

主成分分析除了对所研究问题进行简化与综合外,在实践中有时也把主成分分析作为一种对观测变量进行预处理的变换方法来使用。如在回归分析中,常遇到的问题是模型中很多自变量之间的多重共线问题。如在食品生产与科学研究中,涉及的多变量之间都存在相关关系,这一点可以从表 16-8 和表 16-14 看到。这种情况常常导致线性回归模型中的结构矩阵接近奇异,即矩阵的行列式接近 0,从而使得模型参数的估计很不准确、不稳定,使得模型的推断与解释产生困难。而解决此类问题的一种方法就是先对模型中的原变量进行主成分分析,并提取若干主成分,利用依变量和选取的主成分进行回归分析。由于提取的各主成分之间是相互独立的,所以在构建的回归模型中不存在多个变量共线的问题(即变量间均是独立的)。最后再将依变量对主成分的回归方程转换为对原变量的回归方程。这就是主成分回归的主要思想。更多的关于主成分回归分析知识可参阅相关的多元统计分析。

## 16.6　主成分分析的优缺点及注意事项

采用主成分进行综合评价指标变量主要有以下优点:

①全面性。利用主成分分析可以综合评价我们所确定的所有指标变量,在选择了前面的 $m$ 个主成分来替代原来的所有指标变量时,仍然能够保留原数据 85%以上的信息。因此,用

这一方法对研究对象进行综合评价时比较全面，可以克服在食品生产与研究中，追求个别指标而忽略全面质量或者效益的倾向。

②可比性。可比性指在主成分分析中，若对各指标变量进行了标准化处理，消除了不同指标间数量级或者量纲上的差异，使得各指标间具有可比性与可加性。如在分析过程中，将 $p$ 个指标变量变换成 $m$ 个($m<p$)综合因子（主成分），再将 $m$ 个综合因子经过线性组合化为一个综合评价指数 $I$，这样就可以按综合评价指数值的大小对各样品或比较对象排出名次进行比较，因而可较好地解决多指标样品之间的可比性问题。

③合理性。合理性主要是指在综合评价指数中，各因子的权数不是人为设定的，而是根据各因子的方差贡献率来确定的。方差贡献率越大的主成分就越重要，对综合评价指数的贡献相应也大，反之就小。从而克服了某些评价方法中人为确定权数的缺陷，使得综合评价结果唯一而且客观合理。

④有效性。主成分作为综合指标，不仅保留了原始指标变量的主要信息，而且彼此互不相关，这就使得各主成分在所研究的问题中的作用容易解释，使得我们在研究多指标的复杂问题时容易抓住主要矛盾。此外，由于主成分是原始指标变量的线性组合，不同的主成分表示原始指标变量之间不同的关系，而这些基本关系很可能与变量间特定的作用过程相联系。主成分分析有助于我们从变量间错综复杂的关系中找出一些主要成分，进而能有效地利用大量统计数据进行有关分析，使我们在研究问题的过程中可能得到更深层次的一些启发，把有关研究引向深入。

⑤可行性。主成分分析虽然涉及的变量较多、计算量较大，但随着计算机与信息技术的发展，大量的相关运算可以借助于统计软件快速、准确地完成。因此，这种方法的实际应用已经完全可行。

如果说主成分分析有缺点的话，主要在于若由方差协方差矩阵出发进行分析，则会遇到指标变量的量纲或数量级上的差别而带来的干扰。

进行主成分分析时应注意以下几个方面：

①从方差协方差矩阵与相关系数矩阵出发计算主成分一般是不同的。当指标取值范围较大或者不同指标的量纲单位不同时，应该考虑标准化。

②主成分是原始指标变量的线性组合，不能简单地将其解释为单个变量的作用，而应该同时看一些起主要作用的原始指标变量的综合作用，进而给出主成分的一个合理解释。

③从主成分的推导过程来看，在计算方差协方差矩阵或者相关系数矩阵时，并不要求原指标服从多元正态分布，即对总体分布没有特别的要求。

④主成分分析一般要求变量间的关系是线性的。如果变量间的关系不是线性相关而是非线性的，则所做的分析及结论变得不可靠，甚至失去意义。

⑤主成分个数的确定需要根据累积贡献率的大小来确定，常常选用前 3～5 个主成分就能够包含原指标的大部分信息。

⑥主成分是原变量的线性组合，是对原变量的一种信息提取，而主成分不增加原数据的总信息量，也不减少总信息量，仅是对原信息进行了重新分配。当原变量间的相关性较小时，应用主成分分析意义不明显。

⑦实际应用中，往往是多种统计方法共同使用，对数据进行合理分析，挖掘数据的最大的信息量。

## 思考题

1. 简述主成分分析的意义、主成分的性质与主成分分析步骤。

2. 简述主成分分析的应用及注意事项。

3. 已知矩阵 $A$，计算矩阵 $A$ 的特征值、特征向量，并将特征向量正交化。

$$\boldsymbol{A}=\begin{bmatrix}2 & 4 & 1\\4 & 3 & 2\\1 & 2 & 4\end{bmatrix}$$

4. 简述协方差矩阵与相关系数矩阵的差异。

5. 简述贡献率与累积贡献率的概念；在主成分分析中，主成分个数的选取原则是什么？

6. 对市场上销售的 16 种豆腐乳的理化分析结果进行主成分分析与综合评价。数据资料见表 16-16。

**表 16-16　豆腐乳游离氨基酸分析结果**　　mg/g

| 指标 | 样品 | | | | | | | | | | | | | | | |
|---|---|---|---|---|---|---|---|---|---|---|---|---|---|---|---|---|
| | 1 | 2 | 3 | 4 | 5 | 6 | 7 | 8 | 9 | 10 | 11 | 12 | 13 | 14 | 15 | 16 |
| 天冬氨酸 | 0.68 | 0.49 | 0.16 | 0.33 | 0.1 | 0.44 | 0.74 | 0.84 | 0.04 | 0.01 | 0.45 | 0.25 | 0.23 | 0.33 | 0.92 | 0.76 |
| 苏氨酸 | 0.07 | 0.16 | 0.03 | 0.06 | 0.02 | 0.07 | 0.05 | 0.03 | 0.14 | — | 0.42 | — | 0.07 | 0.04 | 0.96 | 0.02 |
| 丝氨酸 | 0.08 | 0.21 | 0.02 | 0.06 | 0.02 | 0.05 | 0.05 | 0.12 | 0.10 | — | 0.05 | — | 0.05 | 0.04 | 0.25 | 0.15 |
| 谷氨酸 | 3.11 | 4.33 | 0.61 | 0.2 | 1.05 | 2.53 | 2.55 | 2.83 | 0.72 | 0.02 | 3.11 | 2.64 | 3.21 | 0.02 | 3.11 | 1.03 |
| 甘氨酸 | 0.64 | 0.44 | 0.40 | 0.38 | 0.14 | 0.77 | 0.50 | 0.63 | 0.11 | 0.62 | 0.79 | 0.50 | 0.65 | 0.65 | 0.59 | 0.55 |
| 丙氨酸 | 1.41 | 0.73 | 1.04 | 1.03 | 0.39 | 1.14 | 0.75 | 0.8 | 0.32 | 0.02 | 1.41 | 1.15 | 1.60 | 1.48 | 0.94 | 1.21 |
| 缬氨酸 | 0.73 | 0.71 | 0.92 | 0.75 | 0.35 | 1.53 | 1.16 | 1.35 | 0.25 | 0.71 | 1.43 | 0.99 | 1.15 | 1.23 | 1.37 | 0.56 |
| 蛋氨酸 | 3.12 | 0.19 | 0.29 | 0.28 | 0.12 | 0.51 | 0.38 | 0.37 | 0.08 | 0.10 | 0.42 | 0.31 | 0.37 | 0.38 | 0.36 | 0.25 |
| 异亮氨酸 | 4.26 | 1.22 | 1.69 | 1.56 | 0.65 | 3.09 | 2.21 | 2.31 | 0.42 | 1.27 | 2.66 | 1.88 | 2.24 | 2.35 | 2.36 | 1.47 |
| 亮氨酸 | 3.66 | 1.07 | 1.45 | 1.36 | 0.62 | 2.55 | 1.99 | 1.96 | 0.43 | 1.04 | 2.22 | 1.53 | 1.92 | 1.93 | 2.09 | 0.89 |
| 酪氨酸 | 0.12 | — | — | 1.54 | 0.04 | — | 0.19 | 0.24 | 0.2 | — | 0.65 | 0.04 | 0.09 | 0.12 | 0.50 | — |
| 苯丙氨酸 | 2.04 | 0.53 | 0.88 | 3.23 | 0.44 | 1.43 | 1.35 | 1.25 | 0.33 | 0.60 | 1.37 | 0.93 | 1.22 | 1.11 | 1.42 | 1.41 |
| 赖氨酸 | 3.58 | 1.16 | 1.46 | 1.35 | 0.58 | 2.66 | 1.78 | 1.93 | 0.36 | 0.14 | 2.63 | 1.48 | 2.04 | 2.28 | 2.16 | 0.86 |
| 组氨酸 | 0.74 | 0.27 | — | 0.15 | 0.10 | 0.26 | 0.37 | 0.35 | 0.08 | — | — | — | 0.14 | — | 0.16 | 0.02 |
| 精氨酸 | 0.07 | 0.22 | — | — | — | 0.13 | 0.16 | 0.15 | — | — | 0.10 | 0.16 | 0.11 | 0.10 | 0.10 | — |

注：“—”表示未检出。

数据来源：杨坚，童华荣，贾利蓉. 豆腐乳感官和理化品质的主成分分析. 农业工程学报，2002(18)：131-135.

第 17 章

# 聚类分析

本章学习目的与要求

1. 了解聚类分析的含义。
2. 掌握数据变换的方法。
3. 掌握距离与相似系数的计算方法。
4. 掌握系统聚类分析方法。

## 17.1　聚类分析概述

### 17.1.1　聚类分析的含义

聚类分析是一种将样品或变量，按照它们在性质上的亲疏程度进行分类的多元统计分析方法，主要用于以下方面。

①描述变量亲疏程度的途径。

②计算多维空间上点的距离。

③计算相似系数或相关系数。

### 17.1.2　聚类分析方法的划分

1. 按照聚类方法不同分类

(1)系统聚类分析法　是在样品距离的基础上定义类与类的距离，首先将单个样品自成一类，然后每次将具有最小距离的两个类合并，合并后再重新计算类与类之间的距离，再并类，这个过程一直持续到所有的样品都归为一类为止。这种聚类方法称为系统聚类法。根据并类过程所做的样品并类过程图称为聚类谱系图。本章主要介绍系统聚类分析方法。

(2)动态聚类分析法　是将 $n$ 个样品初步分类，然后根据分类函数尽可能小的原则，对初步分类进行调整优化，直到分类合理为止。这种分类方法一般称为动态聚类法，也称为调优法。

(3)模糊聚类分析法　利用模糊集理论来处理分类问题的聚类方法。

(4)图论聚类分析法　利用图论中最小支撑树的概念来处理分类问题的聚类方法。

(5)聚类预报法　利用聚类分析来处理预报问题的方法。可以弥补回归分析和判别分析的不足。

2. 按照对象不同分类

(1)Q 型聚类分析法

特征：是对样品进行的分类处理。

作用：①能够综合利用多个变量对样品进行分类；②分类结果直观，聚类谱系图清晰；③聚类结果细致、全面、合理。

(2)R 型聚类分析法

特征：对变量进行的分类处理。

优点：①可以了解变量之间以及变量组合之间亲疏程度；②根据变量分类的结果，可以选择最佳的变量组合进行回归分析或者 Q 型聚类分析。选择最佳变量的方法是，在聚合的每类变量中，各选出一个具有代表性的变量作为典型变量，其中选择的依据是 $\bar{\gamma}^2$：

$$\bar{\gamma}^2=\frac{\sum_{i}\gamma_i^2}{k-1}$$

式中：$\bar{\gamma}^2$ 为每个变量与其同类的其他变量的相关系数的平方的均值。$k$ 为该类中变量个数。应用中，挑选 $\bar{\gamma}^2$ 值最大的变量作为该类的典型变量。

## 17.2 距离与相似系数

### 17.2.1 变量测量尺度的类型

为了将样本或者变量进行分类,就需要研究样品或者变量之间的关系。但无论是样品还是变量之间的关系,都是用变量来描述的,变量的类型不同,描述方法也就不同。通常,变量按照测量它们的尺度不同,可以分为 3 类。

(1)间隔尺度　指标度量时用数量来表示,其数值由测量或计数、统计得到,如长度、重量、收入、支出等。一般来说,计数得到的数量是离散数量,测量得到的数量是连续数量。在间隔尺度中如果存在绝对零点,又称比例尺度。

(2)顺序尺度　指标度量时没有明确的数量表示,只有次序关系,或虽用数量表示,但相邻两数值之间的差距并不相等,它只表示一个有序状态序列。如评价酒的味道,分成好、中、次三等,三等有次序关系,但没有数量表示。

(3)名义尺度　指标度量时既没有数量表示也没有次序关系,只有一些特性状态,如眼睛的颜色,化学中催化剂的种类等。在名义尺度中只取两种特性状态的变量是很重要的,如电路的开和关,天气的有雨和无雨,人口性别的男和女,医疗诊断中的"+"和"-",市场交易中的买和卖等都是此类变量。

### 17.2.2 数据的变换处理

#### 17.2.2.1 数据变换

数据变换,就是将原始数据矩阵中的每个变量值,按照某种特定的运算把它变成为一个新值,而且数值的变化不依赖于原始数据集合中其他数据的新值。

变换的原因:实际应用所使用的样本资料中,由于不同的变量具有不同的计量单位(或量纲),并且具有不同的数量级,为了使具有不同计量单位和数量级的数据能够放在一起进行比较分析,通常都要对数据进行变换处理。

#### 17.2.2.2 变换的方法

1. 中心化变换

中心化变换是一种坐标轴平移处理方法,它是先求出每个变量的样本平均值,再从原始数据中减去该变量的均值,就得到中心化变换后的数据。

设原始观测数据矩阵为:

$$\boldsymbol{X}=\begin{pmatrix} x_{11} & x_{12} & \cdots & x_{1p} \\ x_{21} & x_{22} & \cdots & x_{2p} \\ \cdots & \cdots & \cdots & \cdots \\ x_{n1} & x_{n2} & \cdots & x_{np} \end{pmatrix}$$

设中心化后的数据为 $x_{ij}^*$,则:

$$x_{ij}^*=x_{ij}-\bar{x}_j \qquad (i=1,2,3,\cdots,n;j=1,2,3,\cdots,p) \tag{17-1}$$

中心化变换的结果是使每列数据之和均为0,即每个变量的均值为0,而且每列数据的平方和是该列变量样本方差的$(n-1)$倍,任何不同两列数据之交叉乘积是这两列变量样本协方差的$(n-1)$倍,所以这是一种很方便地计算方差与协方差的变换。

2. 极差规格化变换

极差规格化变换是从数据矩阵的每一个变量中找出其最大值和最小值,这两者之差称为极差,然后从每个变量的每个原始数据中减去该变量中的最小值,再除以极差,就得到规格化数据。即有:

$$x_{ij}^{*}=\frac{x_{ij}-\min\limits_{i=1,2,\cdots,n}(x_{ij})}{R_j}\qquad(i=1,2,3,\cdots,n;j=1,2,3,\cdots,p)\tag{17-2}$$

$$R_j=\max_{i=1,2,\cdots,n}(x_{ij})-\min_{i=1,2,\cdots,n}(x_{ij})$$

经过规格化变换后,数据矩阵中每列即每个变量的最大数值为1,最小数值为0,其余数据取值均在0~1之间;并且变换后的数据都不再具有量纲,便于不同的变量之间的比较。

3. 标准化变换

标准化变换也是对变量的数值和量纲进行类似于规格化变换的一种数据处理方法。首先对每个变量进行中心化变换,然后用该变量的标准差进行标准化。即有:

$$x_{ij}^{*}=\frac{x_{ij}-\bar{x}_j}{S_j}\qquad(i=1,2,3,\cdots,n;j=1,2,3,\cdots,p)\tag{17-3}$$

$$S_j=\frac{1}{n-1}\sum_{i=1}^{n}(x_{ij}-\bar{x}_j)^2$$

经过标准化变换处理后,每个变量即数据矩阵中每列数据的平均值为0,方差为1,且也不再具有量纲,同样也便于不同变量之间的比较。变换后,数据短阵中任何两列数据乘积之和是两个变量相关系数的$(n-1)$倍,所以这是一种很方便地计算相关矩阵变换的方法。

特点:经过变换后,每列的平均值为0,方差为1。使用标准差处理后,在抽样样本改变时,它仍然保持相对稳定性。

4. 对数变换

对数变换是将各个原始数据取对数,将原始数据的对数值作为变换后的新值。即:

$$x_{ij}^{*}=\log(x_{ij})\tag{17-4}$$

特点:可将具有指数特征的数据结构化为线性数据结构。

5. 其他方法

(1)极差标准化　即把每个变量的样本极差皆化为1。

(2)立方根变换　即把非线性数据结构变为线性结构。

(3)平方根变换　即把非线性数据结构变为线性结构。

### 17.2.3 样品间亲疏程度的测度

研究样品或变量的亲疏程度的数量指标有两种:

一种称为距离,它是将每一个样品看作$p$维空间的一个点,并用某种度量测量点与点之间的距离，距离较近的归为一类，距离较远的点应属于不同的类。

另一种称为相似系数，性质越接近的变量或样品，它们的相似系数越接近于 1 或 −1，而彼此无关的变量或样品它们的相似系数则越接近于 0，相似的为一类，不相似的为不同类。

样品之间的聚类即 Q 型聚类分析，常用距离来测度样品之间的亲疏程度；而变量之间的聚类即 $R$ 型聚类分析，则常用相似系数来测度变量之间的亲疏程度。

#### 17.2.3.1 定义距离的准则

定义距离要求满足第 $i$ 个和第 $j$ 个样品之间的距离有如下 4 个条件(距离可以自己定义，只要满足距离的条件)。

① $d_{ij} \geqslant 0$，对一切的 $i$ 和 $j$ 成立。

② $d_{ij} = 0$，当且仅当 $i = j$ 成立。

③ $d_{ij} = d_{ji}$，对一切的 $i$ 和 $j$ 成立。

④ $d_{ij} \leqslant d_{ik} + d_{kj}$，对一切的 $i$ 和 $j$ 成立。

#### 17.2.3.2 常用距离的算法

1. 明氏(明考夫斯基)距离

设 $\boldsymbol{x}_i = (x_{i1}, x_{i2}, \cdots, x_{ip})'$ 和 $\boldsymbol{x}_j = (x_{j1}, x_{j2}, \cdots, x_{jp})'$ 是第 $i$ 和 $j$ 个样品的观测值，则二者之间的距离为：

明氏距离 $$d_{ij} = \left(\sum_{k=1}^{p} | x_{ik} - x_{jk} |^{g}\right)^{\frac{1}{g}} \quad (i, j = 1, 2, \cdots, n) \tag{17-5}$$

特别，欧氏距离 $$d_{ij} = \sqrt{\sum_{k=1}^{p} (x_{ik} - x_{jk})^2} \quad (i, j = 1, 2, \cdots, n) \tag{17-6}$$

明考夫斯基距离是应用最广泛的距离，但有以下两个缺点：

①明氏距离的值与各指标的量纲有关，而各指标计量单位的选择有一定的人为性和随意性，各变量计量单位的不同不仅使此距离的实际意义难以说清，而且，任何一个变量计量单位的改变都会使此距离的数值改变从而使该距离的数值依赖于各变量计量单位的选择。

②明氏距离的定义没有考虑各个变量之间的相关性和重要性。实际上，明考夫斯基距离是把各个变量都同等看待，将两个样品在各个变量上的离差简单地进行了综合。

2. 绝对值距离

公式 $$d_{ij}(1) = \max | x_{ik} - x_{jk} | \quad i, j = 1, 2, \cdots, n \tag{17-7}$$

特别：切比雪夫距离

$$d_{ij}(\infty) = \sum_{i=1}^{p} | x_{ik} - x_{jk} | \quad i, j = 1, 2, \cdots, n \tag{17-8}$$

3. 杰氏距离

这是杰斐瑞和马突斯塔(Jffreys & Matusita)所定义的一种距离，其计算公式为：

$$d_{ij}(J) = \left[\sum_{k=1}^{p} (\sqrt{x_{ik}} - \sqrt{x_{jk}})^2\right]^{\frac{1}{2}} \quad i, j = 1, 2, \cdots, n \tag{17-9}$$

4. 兰氏距离

这是兰氏和维廉姆斯(Lance & Williams)所给定的一种距离,其计算公式为:

$$d_{ij}(L)=\sum_{k=1}^{p}\frac{|x_{ik}-x_{jk}|}{x_{ik}+x_{jk}}\qquad i,j=1,2,\cdots,n \tag{17-10}$$

这是一个自身标准化的量,由于它对大的奇异值不敏感,这样使得它特别适合于高度偏倚的数据。虽然这个距离有助于克服明氏距离的第一个缺点,但它也没有考虑指标之间的相关性。

5. 马氏距离

这是印度著名统计学家马哈拉诺比斯(P. C. Mahalanobis)所定义的一种距离,其计算公式为:

$$d_{ij}^{2}=(\boldsymbol{x}_i-\boldsymbol{x}_j)'\boldsymbol{\Sigma}^{-1}(\boldsymbol{x}_i-\boldsymbol{x}_j)\qquad i,j=1,2,\cdots,\mathrm{n} \tag{17-11}$$

式中:$\boldsymbol{x}_i$ 与 $\boldsymbol{x}_j$ 分别表示第 $i$ 个样品和第 $j$ 样品的 $p$ 指标观测值所组成的列向量;$\boldsymbol{\Sigma}$ 为观测变量之间的协方差矩阵。在实践应用中,若总体协方差矩阵 $\boldsymbol{\Sigma}$ 未知,则可用样本协方差矩阵作为估计代替计算。

马氏距离又称为广义欧氏距离。显然,马氏距离与上述各种距离的主要不同就是马氏距离考虑了观测变量之间的相关性。如果假定各变量之间相互独立,即观测变量的协方差矩阵是对角矩阵,则马氏距离就退化为用各个观测指标的标准差的倒数作为权数进行加权的欧氏距离。因此,马氏距离不仅考虑了观测变量之间的相关性,而且也考虑到了各个观测指标取值的差异程度,为了对马氏距离和欧氏距离进行一下比较,以便更清楚地看清二者的区别和联系,现考虑一个例子。

例如,假设有一个二维正态总体,它的分布为:

$$N_2\left[\begin{pmatrix}0\\0\end{pmatrix},\begin{pmatrix}1 & 0.9\\0.9 & 1\end{pmatrix}\right]\qquad \boldsymbol{\Sigma}^{-1}=\frac{1}{0.19}\begin{pmatrix}1 & -0.9\\-0.9 & 1\end{pmatrix}$$

设 $A=(1,1)$ 和 $B=(1,-1)$ 两点。

$$d_{A\mu}(M)=1.05\qquad d_{A\mu}(U)=2$$
$$d_{B\mu}(M)=20\qquad d_{B\mu}(U)=2$$

6. 斜交空间距离

由于各变量之间往往存在着不同的相关关系,用正交空间的距离来计算样本间的距离易变形,所以可以采用斜交空间距离。

$$d_{ij}=\left[\frac{1}{p^2}\sum_{h=1}^{p}\sum_{k=1}^{p}(x_{ih}-x_{jh})(x_{ik}-x_{jk})\gamma_{hk}\right]^{\frac{1}{2}}\qquad (i,j=1,2,\cdots,n) \tag{17-12}$$

当各变量之间不相关时,斜交空间退化为欧氏距离,$\gamma_{hk}$ 的意义见式(17-13)。

#### 17.2.3.3 相似系数的算法

1. 相似系数定义

设 $\boldsymbol{x}_i=(x_{i1},x_{i2},\cdots,x_{ip})'$ 和 $\boldsymbol{x}_j=(x_{j1},x_{j2},\cdots,x_{jp})'$

是第 $i$ 和 $j$ 个样品的观测值,则二者之间的相似测度为:

$$\gamma_{ij}=\frac{\sum_{k=1}^{p}(x_{ik}-\bar{x}_i)(x_{jk}-\bar{x}_j)}{\sqrt{\left[\sum_{k=1}^{p}(x_{ik}-\bar{x}_i)^2\right]\left[\sum_{k=1}^{p}(x_{jk}-\bar{x}_j)^2\right]}}\quad i,j=1,2,\cdots,n \tag{17-13}$$

2. 夹角余弦

夹角余弦时从向量集合的角度所定义的一种测度变量之间亲疏程度的相似系数。设在 $n$ 维空间的向量

$$\boldsymbol{x}_i=(x_{1i},x_{2i},\cdots,x_{ni})' \qquad \boldsymbol{x}_j=(x_{1j},x_{2j},\cdots,x_{nj})'$$

$$c_{ij}=\cos\alpha_{ij}=\frac{\sum_{k=1}^{n}x_{ki}x_{kj}}{\sqrt{\sum_{k=1}^{n}x_{ki}^2\sum_{k=1}^{n}x_{kj}^2}}\qquad d_{ij}^2=1-C_{ij}^2 \tag{17-14}$$

它是 $i$ 和 $j$ 两个指标向量在原点处的夹角 $\alpha_{ij}$ 的余弦，当 $i=j$ 时，夹角为 0°，故夹角余弦为 1，说明两个指标极相似，当 $i$ 与 $j$ 两个指标正交时，夹角为 90°，故夹角余弦为 0，说明两者不相关。

3. 指数相似系数

设 $\boldsymbol{S}_1$，$\boldsymbol{S}_2\cdots\boldsymbol{S}_p$ 表示向量 $\boldsymbol{X}_1,\boldsymbol{X}_2\cdots\boldsymbol{X}_p$ 的样本标准差，则变量 $\boldsymbol{x}_i$ 与 $\boldsymbol{x}_j$ 之间的指数相似系数为：

$$\gamma_{ij}(c)=\frac{1}{p}\sum_{k=1}^{p}e^{-\frac{3}{4}\frac{(x_{ik}-x_{jk})^2}{s_k^2}} \tag{17-15}$$

指数相似系数不受变量量纲的影响。

#### 17.2.3.4 距离和相似系数选择的原则

一般说来，对于同一数据资料，进行聚类分析时，选择不同的距离公式或者不同的相似系数，聚类结果是不一样的。因为不同的距离公式或者不同的相似系数所反映的样品或指标的亲疏程度的意义是不同的。因此，在进行聚类分析时，应注意亲疏测度指标的选择。通常，选择亲疏测度指标时，应注意遵循的基本原则主要有以下几点。

(1)实际意义原则　即所选择的距离或者相似系数应该具有明确的实际意义。比如经济指标之间的相关应该是具有现实的经济联系的。

(2) 数据性质原则　亲疏测度指标的选择要综合考虑已对样本观测数据实施了的变换方法和将要采用的聚类分析方法。如在标准化变换之下，夹角余弦实际上就是相关系数；又如若在进行聚类分析之前已经对变量的相关性做了处理，则通常就可采用欧氏距离，而不必选用斜交空间距离。此外，所选择的亲疏测度指标，还须和所选用的聚类分析方法一致。如聚类方法若选用离差平方和法，则距离只能选用欧氏距离。

(3)适当地考虑计算工作量的大小　如对大样本的聚类问题，不适宜选择斜交空间距离，因采用该距离处理时，计算工作量太大。样品间或变量间亲疏测度指标的选择是一个比较复杂且带主规性的问题，我们应根据研究对象的特点做具体分析，以选择出合适的亲疏测度指标。

总之，在一般情况下，有以下的经验可以借鉴。相关系数的稳定性要强于相似系数，而分

辨力却弱于相似系数;使用距离和使用相似系数进行聚类的结果对比,相似系数的计算数值由大到小单调地减少,所以聚类谱系图能够比较明显地反映分群的情况,而使用距离的数据有时呈现非单调性增加,聚类谱系图反映的分群情况就不够明显。实践中,在开始进行聚类分析时,不妨试探性地多选择几个亲疏测度指标,分别进行聚类,然后对聚类分析的结果进行对比分析,以确定出合适的亲疏测度指标。

## 17.3 聚类分析方法

### 17.3.1 聚类分析的含义及步骤

1. 含义

是在样品距离的基础上,定义类与类之间的距离,首先将几个样品自成一类,然后每次将具有最小距离的两类合并,合并后重新计算类与类之间的距离,这个过程一直继续到所有样品归为一类为止。把这个过程做成一个聚类谱系图。这种方法即系统聚类。

2. 基本思想

是把样品看成 $m$ 维($m$ 个指标)空间的点,而把每个变量看成 $m$ 维空间的坐标轴。

3. 基本方法

开始各样本自成一类。

①根据样品的特征,规定样品之间的距离 $d_{ij}$ ,共有 $C_n^2$ 个。将所有距离列表,记为 $D(0)$ 表,该表是一张对称表。所有的样本点各自为一类。

②选择 $D(0)$ 表中最小的非零数,不妨假设为 $d_{pq}$(这是样品 $G_p$ 和 $G_q$ 的距离),于是将 $G_p$ 和 $G_q$ 合并为一类,

记为 $$G_r=\{G_p,G_q\}$$

③利用递推公式计算新类与其他类之间的距离。分别删除 $D(0)$ 表的第 $p,q$ 行和第 $p,q$ 列,并新增一行和一列添上的结果,产生 $D(1)$ 表。

④在 $D(1)$ 表再选择最小的非零数,其对应的两类有构成新类,再利用递推公式计算新类与其他类之间的距离。分别删除 $D(1)$ 表的相应的行和列,并新增一行和一列添上的新类和旧类之间的距离。结果,产生 $D(2)$ 表。类推直至所有的样本点归为一类为止。

⑤必要时绘制系统聚类谱系图,按不同的分类标准或不同的分类原则得出不同的分类结果。

### 17.3.2 常用聚类分析方法

#### 17.3.2.1 最短距离法(nearest neighbor)

含义:把类与类的距离定义为两类中所有个体之间距离的最小者。即类 $G_p$ 与 $G_q$ 之间的距离为最小。

【例 17-1】 设抽取 5 个样品,每个样品只有 1 个变量,它们是 1.5,2.5,4,7,9。用最短距离法对 5 个样品进行分类。首先采用绝对距离计算距离矩阵:

D(0)

| | $G_1$ | $G_2$ | $G_3$ | $G_4$ | $G_5$ |
|---|---|---|---|---|---|
| $G_1$ | 0 | | | | |
| $G_2$ | 1 | 0 | | | |
| $G_3$ | 2.5 | 1.5 | 0 | | |
| $G_4$ | 5.5 | 4.5 | 3 | 0 | |
| $G_5$ | 7.5 | 6.5 | 5 | 2 | 0 |

按照最短距离，$G_1$ 和 $G_2$ 被聚为新类，得：

D(1)

| | $G_6$ | $G_3$ | $G_4$ | $G_5$ |
|---|---|---|---|---|
| $G_6$ | 0 | | | |
| $G_3$ | 1.5 | 0 | | |
| $G_4$ | 4.5 | 3 | 0 | |
| $G_5$ | 6.5 | 5 | 2 | 0 |

这里新类 $G_6$ 与 $G_3$ 的距离，是以 $G_1$ 和 $G_2$ 与 $G_3$ 的最短距离，即 $G_2$ 与 $G_6$ 的距离 1.5。

最短距离法的递推公式

$$\text{定义距离：}\quad D_{pq}=\text{Min}\{d_{ij}:x_i\in G_p,x_j\in G_q\}$$
$$\text{递推公式：}\quad D_{rl}=\text{Min}\{D_{pl},D_{ql}\}\qquad l\neq p,q \tag{17-16}$$

假设第 $p$ 类和第 $q$ 类合并成第 $r$ 类，第 $r$ 类与其他各旧类的距离按最短距离法为：

$$\begin{aligned}D_{rl}&=\text{Min}\{d_{ij}:x_i\in G_r,\ x_j\in G_l\}\\&=\text{Min}\{d_{ij}:x_i\in(G_p\cup G_q),\ x_j\in G_l\}\\&=\text{Min}\{d_{ij}:x_i\in(G_p\cup G_q),\ x_j\in G_l\}\\&=\text{Min}\{D_{ql},D_{pl}\}\end{aligned}$$

并依次得到后面的聚类表。

D(2)

| | $G_7$ | $G_4$ | $G_5$ |
|---|---|---|---|
| $G_7$ | 0 | | |
| $G_4$ | 3 | 0 | |
| $G_5$ | 5 | 2 | 0 |

D(3)

| | $G_8$ | $G_7$ |
|---|---|---|
| $G_8$ | 0 | |
| $G_7$ | 3 | 0 |

各步聚类的结果为：

(1,2) (3) (4) (5)

(1,2,3) (4) (5)

(1,2,3) (4,5)

(1,2,3,4,5)

#### 17.3.2.2　最长距离法(furthest neighbor)

含义:把类与的距离定义为两类中所有个体之间距离的最大者。即类 $G_p$ 与 $G_q$ 之间的距离为最长。

【例 17-2】　用最长距离法对上述 5 个样品(1.5,2.5,4,7,9)进行分类。首先采用绝对距离计算距离矩阵:

$D(0)$

| | $G_1$ | $G_2$ | $G_3$ | $G_4$ | $G_5$ |
|---|---|---|---|---|---|
| $G_1$ | 0 | | | | |
| $G_2$ | 1 | 0 | | | |
| $G_3$ | 2.5 | 1.5 | 0 | | |
| $G_4$ | 5.5 | 4.5 | 3 | 0 | |
| $G_5$ | 7.5 | 6.5 | 5 | 2 | 0 |

然后 $G_1$ 和 $G_2$ 被聚为新类 $G_6$,得

$D(1)$

| | $G_6$ | $G_3$ | $G_4$ | $G_5$ |
|---|---|---|---|---|
| $G_6$ | 0 | | | |
| $G_3$ | 2.5 | 0 | | |
| $G_4$ | 5.5 | 3 | 0 | |
| $G_5$ | 7.5 | 5 | 2 | 0 |

这里新类 $G_6$ 与 $G_3$ 的距离,是以 $G_1$ 和 $G_2$ 与 $G_3$ 的最长距离,即 $G_1$ 与 $G_6$ 的距离 2.5,依此类推。

最长距离法的递推公式

$$\text{定义距离:}\quad D_{pq}=\mathrm{Max}\{d_{ij}:x_i\in G_p,x_j\in G_q\}$$
$$\text{递推公式:}\quad D_{rl}=\mathrm{Max}\{D_{pl},D_{ql}\}\qquad l\neq p,q \tag{17-17}$$

假设第 $p$ 类和第 $q$ 类合并成第 $r$ 类,第 $r$ 类与其他各旧类的距离按最长距离法为:

$$\begin{aligned}D_{rl}&=\mathrm{Max}\{d_{ij}:x_i\in G_r,\ x_j\in G_l\}\\&=\mathrm{Max}\{d_{ij}:x_i\in(G_p\cup G_q),\ x_j\in G_l\}\\&=\mathrm{Max}\{d_{ij}:x_i\in(G_p\cup G_q),\ x_j\in G_l\}\\&=\mathrm{Max}\{D_{ql},D_{pl}\}\end{aligned}$$

#### 17.3.2.3　中间距离法(middle neighbor)

含义:把类与类的距离定义为介于最短距离和最长距离两者之间的中间距离。即当类与类合并为一新类,任一类与该新类的距离定义为中线距离。

【例 17-3】　用中间距离法对 5 个样品(1,2,3.5,7,9)进行分类。首先采用绝对距离计算距离平方矩阵:

D (0)

| | $G_1$ | $G_2$ | $G_3$ | $G_4$ | $G_5$ |
|---|---|---|---|---|---|
| $G_1$ | 0 | | | | |
| $G_2$ | 1 | 0 | | | |
| $G_3$ | 6.25 | 2.25 | 0 | | |
| $G_4$ | 36 | 25 | 12.25 | 0 | |
| $G_5$ | 64 | 49 | 30.25 | 4 | 0 |

中间距离法的递推公式：

$$\text{递推公式：}D_{lr}^2=\frac{1}{2}D_{lp}^2+\frac{1}{2}D_{lq}^2-\frac{1}{4}D_{pq}^2 \tag{17-18}$$

递推公式：

$$D_{kr}^2=\frac{1}{2}D_{kp}^2+\frac{1}{2}D_{kp}^2+\beta D_{pq}^2,\qquad -\frac{1}{4}<\beta<0$$

$$D_{63}=\frac{D_{13}+D_{23}}{2}-\frac{1}{4}D_{12}$$

$$D_{63}=\frac{6.25+2.25}{2}-\frac{1}{4}\times 1=4$$

D(1)

| | $G_6$ | $G_3$ | $G_4$ | $G_5$ |
|---|---|---|---|---|
| $G_6$ | 0 | | | |
| $G_3$ | 4 | 0 | | |
| $G_4$ | 30.25 | 12.25 | 0 | |
| $G_5$ | 56.25 | 30.25 | 4 | 0 |

#### 17.3.2.4 重心法(centroid clustering)

含义：定义类与类的距离时，把每一类中所包括的样品数目也考虑进去，把两个类重心之间的距离定义为类与类的距离。所谓每一类的重心就是属于该类样品的均值。其中单个样品的重心就是它本身，两个样品的类的重心就是两点连线的中点。

重心法的归类步骤与以上3种方法基本一样，所不同的是每合并一次类，就要重新计算一次新类的重心以及与其他各类的距离。

如【例17-3】中，用重心法对5个样品(1,2,3.5,7,9)进行分类。首先采用绝对距离计算距离平方矩阵：

D(0)

| | $G_1$ | $G_2$ | $G_3$ | $G_4$ | $G_5$ |
|---|---|---|---|---|---|
| $G_1$ | 0 | | | | |
| $G_2$ | 1 | 0 | | | |
| $G_3$ | 6.25 | 2.25 | 0 | | |
| $G_4$ | 36 | 25 | 12.25 | 0 | |
| $G_5$ | 64 | 49 | 30.25 | 4 | 0 |

重心法，也称为样品的均值法。设 $G_p$ 和 $G_q$ 合并为一新类，则：

$$\overline{X}_p = \frac{1}{n_p}\sum_{x_i \in G_p}^{n_p} x_i \qquad \overline{X}_q = \frac{1}{n_q}\sum_{x_i \in G_q}^{n_q} x_i$$

$\overline{X}_p$ 与 $\overline{X}_q$ 分别为 $G_p$ 和 $G_q$ 的重心，类与类之间的距离定义为两个类重心（类内样品平均值）间的平方距离。

设某一步 $G_p$ 和 $G_q$ 的重心分别为 $\overline{X}_p$ 和 $\overline{X}_q$，类内的样品数分别为 $n_p$ 和 $n_q$，如果要把 $G_p$ 和 $G_q$ 合并为一新类 $G_r$，则 $G_r$ 类的样品数 $n_r = n_p + n_q$，$G_r$ 类的重心 $\overline{x}_r$ 为和的加权算术平均数：

$$\overline{X}_r = \frac{n_p\overline{X}_p + n_q\overline{X}_q}{n_p + n_q}$$

重心法递推公式

$$\| \overline{X}_p - \overline{X}_l \| \qquad \| \overline{X}_q - \overline{X}_l \|$$

假设第 $p$ 类和第 $q$ 类合并成第 $r$ 类，第 $r$ 类与其他各旧类的距离按重心法为：

$$\begin{aligned} D_{rl} = \| \overline{X}_r - \overline{X}_l \| &= \left\| \frac{1}{n_p + n_q}\sum_{x_i \in (G_p + G_q)} x_i - \frac{1}{n}\sum_{x_i \in G_l} X_i \right\| \\ &= \left\| \frac{n}{n_r n_p}\sum_{x_i \in G_p} x_i + \frac{n_q}{n_r n_q}\sum_{x_i \in G_q} x_i - \frac{1}{n_l}\sum_{x_i \in G_l} x_i \right\| \\ &= \left\| \frac{n_p}{n_r}\overline{x}_p - \frac{n_p}{n_r}\overline{x}_l + \frac{n_q}{n_r}\overline{x}_q - \frac{n_q}{n_r}\overline{x}_l \right\| \\ &= \frac{n_p}{n_r}D_{pl}^2 + \frac{n_q}{n_r}D_{ql}^2 - \frac{n_p n_q}{n_r^2}D_{pq}^2 \end{aligned} \tag{17-19}$$

$G_4$ 和 $G_6$ 的距离为

$$\begin{aligned} D_{46}^2 &= \frac{1}{2}D_{41}^2 + \frac{1}{2}D_{42}^2 - \frac{1}{4}D_{12}^2 \\ &= \frac{1}{2}\times 36 + \frac{1}{2}\times 25 - \frac{1}{4}\times 1 = 30.25 \end{aligned}$$

#### 17.3.2.5　类平均法(between-group linkage)

定义类与类的距离时，不仅把每一类中所包括的样品数目考虑进去，而且把各样品的信息都充分地考虑进来，而把两个类之间的距离平方定义为两类元素两两之间距离平方的平均数。对应我们前面讨论的组间：

$D(0)$

| | $G_1$ | $G_2$ | $G_3$ | $G_4$ | $G_5$ |
|---|---|---|---|---|---|
| $G_1$ | 0 | | | | |
| $G_2$ | 1 | 0 | | | |
| $G_3$ | 6.25 | 2.25 | 0 | | |
| $G_4$ | 36 | 25 | 12.25 | 0 | |
| $G_5$ | 64 | 49 | 30.25 | 4 | 0 |

然后和被聚为新类，得到：

D(1)

| | $G_6$ | $G_3$ | $G_4$ | $G_5$ |
|---|---|---|---|---|
| $G_6$ | 0 | | | |
| $G_3$ | 4.25 | 0 | | |
| $G_4$ | 30.25 | 12.25 | 0 | |
| $G_5$ | 56.25 | 30.25 | 4 | 0 |

类平均法的递推公式

$$D_{pq}^2=\frac{1}{n_p n_q}\sum_{x_i\in G_p}\sum_{x_j\in G_q}d_{ij}^2 \tag{17-20}$$

设 $G_p$ 和 $G_q$ 合并为一新类 $G_r$，它们各含有 $n_p$、$n_q$ 和 $n_r=n_p+n_q$ 样品。任一类 $G_l$ 含有 $n_l$ 个样品，它 $G_r$ 与的距离定义为：

$$\begin{aligned}D_{rl}^2&=\frac{1}{(n_p+n_q)n_l}\sum_{x_i\in(G_p\cup G_q)}\sum_{x_j\in G_l}d_{ij}^2\\&=\frac{1}{(n_p+n_q)n_l}\left(\frac{n_p n_l}{n_p n_l}\sum_{x_i\in G_p}\sum_{x_j\in G_l}d_{ij}^2+\frac{n_q n_l}{n_q n_l}\sum_{x_i\in G_q}\sum_{x_j\in G_l}d_{ij}^2\right)\\&=\frac{1}{(n_p+n_q)n_l}(n_p n_l D_{pl}+n_q n_l D_{lp})\\&=\frac{n_p D_{pl}+n_q D_{lq}}{n_p+n_q}\end{aligned}$$

即 $p$ 类和 $q$ 类与 $l$ 类的距离的加权平均数。

#### 17.3.2.6 可变类平均法

由于类平均法的递推公式中，没有反映 $G_p$ 类和 $G_q$ 类的距离有多大，进一步将其改进，给出可变类平均法。此法定义为两类之间的距离同上，只是将任一类 $G_l$ 与 $G_r$ 的距离加入 $D_{Pq}^2$，则类平均法的递推公式改为：

$$D_{rl}^2=(1-\beta)\frac{n_p D_{pl}^2+n_q D_{ql}^2}{n_p+n_q}+\beta D_{pq}^2 \tag{17-21}$$

用此递推公式进行聚类就是可变类平均法。递推公式由：$p$ 类和 $q$ 类与 $l$ 类的距离的加权平均数构成，$\beta$ 的大小根据哪项更重要而定。$\beta$ 是可变的且 $<1$，称为聚集强度系数，随着 $\beta$ 的取值的不同，会有不同的聚类结果。一般情况下，$\beta$ 均取负值，$\beta$ 的绝对值越大，其扩张性越强，空间扩张的性质使分辨能力提高，一般取 $\beta=-\frac{1}{4}$。

#### 17.3.2.7 可变法

如果让中间距离法的递推公式前两项的系数也依赖于 $\beta$，则递推公式为：

$$D_{kr}^2=\frac{1-\beta}{2}(D_{kp}^2+D_{kq}^2)+\beta D_{pq}^2,\quad \beta<1 \tag{17-22}$$

用上式作为递推公式的系统聚类法称为可变法。一般选取 $\beta=-\frac{1}{4}$。

#### 17.3.2.8　离差平方和法

基本思想：是基于方差分析的思想，如果类分得合理，则同类样品之间离差平方和应当较小，类与类之间的离差平方和应当较大。

$G_1$ 和 $G_2$ 被聚为新类，重心为　　$\overline{X}_6=(1+2)/2=1.5$

如 $G_1$ 和 $G_2$ 为一类，则离差平方和　　$S_{12}=(1-1.5)^2+(2-1.5)^2=0.5$

如 $G_1$ 和 $G_3$ 为一类，则离差平方和　　$S_{13}=(1-2.25)^2+(2-2.25)^2=3.125$

类似于方差分析的想法，如果类分得恰当，同类内的样品之间的离差平方和应较小，而类间的离差平方和应当较大。

离差平方和法的思路是，当 $k$ 固定时，选择使 $S$ 达到最小的分类。先让 $n$ 个样品各自成一类，然后缩小一类，每缩小一类离差平方和就要增大，选择使 $S^2$ 增加最小的两类合并，直到所有的样品归为一类为止。离差平方和法定义类间的平方距离为

| | $G_1$ | $G_2$ | $G_3$ | $G_4$ | $G_5$ |
|---|---|---|---|---|---|
| $G_1$ | 0 | | | | |
| $G_2$ | 0.5 | 0 | | | |
| $G_3$ | 3.125 | 1.125 | 0 | | |
| $G_4$ | 18 | 12.50 | 6.125 | 0 | |
| $G_5$ | 32 | 24.50 | 15.125 | 2 | 0 |

定义距离为离差平方和的增量：

$$D_{pq}^2=S_r^2-S_p^2-S_q^2$$

其中 $S_r^2$ 是由 $G_p$ 和 $G_q$ 合并成的 $G_r$ 类的类内离差平方和。可以证明离差平方和的聚类公式为

递推公式：

$$D_{rk}^2=\frac{n_k+n_p}{n_r+n_k}D_{pk}^2+\frac{n_k+n_q}{n_r+n_k}D_{qk}^2-\frac{n_k}{n_k+n_r}D_{pq}^2 \tag{17-23}$$

实际应用中，离差平方和法应用比较广泛，分类效果比较好。离差平方和法要求样品之间的距离必须是欧氏距离。

### 17.3.3　聚类分析方法的统一公式

出发点：上述聚类方法的并类原则和步骤是完全一样的，所不同的是类与类之间的距离公式有不同的定义，从而得到不同的递推公式。1969 年维希特提出了统一的公式，这为编制统一的计算机程序提供了极大的方便性。

公式：设 $G_p$ 和 $G_q$ 合并为一新类 $G_r$，任一类 $G_i$ 与新类 $G_i=\{G_p,G_q\}$ 的距离为：

$$D_{ir}^2=\alpha_p D_{ip}^2+\alpha_q D_{iq}^2+\beta D_{pq}^2+\gamma\left|D_{pq}^2-D_{iq}^2\right| \tag{17-24}$$

其中系数 $\alpha_p$、$\alpha_q$、$\beta$、$\gamma$ 对不同聚类方法有不同的取值。如表 17-1 所示。

表 17-1 系统聚类方法的不同参数取值

| 方法 | $\alpha_p$ | $\alpha_q$ | $\beta$ | $\gamma$ | 空间性质 | 单调性 | 说明 |
| --- | --- | --- | --- | --- | --- | --- | --- |
| 最短距离法 | $\frac{1}{2}$ | $\frac{1}{2}$ | 0 | $-\frac{1}{2}$ | 压缩 | 单调 | $\alpha_p+\alpha_q+\beta\geqslant 1$ |
| 最长距离法 | $\frac{1}{2}$ | $\frac{1}{2}$ | 0 | $\frac{1}{2}$ | 扩张 | 单调 | $\alpha_p+\alpha_q+\beta\geqslant 1$ |
| 中间距离法 | $\frac{1}{2}$ | $\frac{1}{2}$ | $-\frac{1}{4}$ | 0 | 守恒 | 非单调 | $\alpha_p+\alpha_q+\beta<1$ |
| 重心法 | $\frac{n_p}{n_r}$ | $\frac{n_q}{n_r}$ | $-\frac{\alpha_p}{\alpha_q}$ | 0 | 守恒 | 非单调 | $\alpha_p+\alpha_q+\beta<1$ |
| 类平均法 | $\frac{n_p}{n_r}$ | $\frac{n_q}{n_r}$ | 0 | 0 | 守恒 | 单调 | $\alpha_p+\alpha_q+\beta\geqslant 1$ |
| 可变法 | $\frac{1-\beta}{2}$ | $\frac{1-\beta}{2}$ | $\beta$ | 0 | $\beta<0$ 时扩张 | 单调 | $\alpha_p+\alpha_q+\beta\geqslant 1$ |
| 可变类平均法 | $\frac{(1-\beta)n_p}{n_r}$ | $\frac{(1-\beta)n_q}{n_r}$ | $\beta$ | 0 | $\beta<0$ 时扩张 | 单调 | $\alpha_p+\alpha_q+\beta\geqslant 1$ |
| 离差平方和法 | $\frac{n_i+n_p}{n_i+n_r}$ | $\frac{n_i+n_q}{n_i+n_r}$ | $-\frac{n_i}{n_i+n_r}$ | 0 | 扩张 | 单调 | $\alpha_p+\alpha_q+\beta\geqslant 1$ |

### 17.3.4 聚类分析法的基本性质

1. 单调性

在聚类分析过程中，并类距离分别为 $l_k(k=1,2,3,\cdots)$若满足 $l_1<l_2<\cdots<l_k<l_{k+1}<\cdots$，则称该聚类方法具有单调性。可以证明除了重心法和中间距离法之外，其他的系统聚类法均满足单调性的条件。

2. 空间的浓缩和扩张

(1)定义矩阵的大小　设同阶矩阵 $D(\boldsymbol{A})$和 $D(\boldsymbol{B})$，如果 $D(\boldsymbol{A})$的每一个元素不小于 $D(\boldsymbol{B})$的每一个元素，则记为

$$D(\boldsymbol{A})\geqslant D(\boldsymbol{B})$$

(2)空间的浓缩和扩张　设有两种系统聚类法 A 和 B，它们在第 $i$ 步的距离矩阵分别为 $\boldsymbol{A}_i$ 和 $\boldsymbol{B}_i(I=1,2,3\cdots)$，若 $\boldsymbol{A}_i>\boldsymbol{B}_i$，则称第一种方法 A 比第二种方法 B 使空间扩张，或第二种方法比第一种方法浓缩。

(3)方法的比较　$D$(短)$\leqslant D$(平)，$D$(重)$\leqslant D$(平)；$D$(长)$\geqslant D$(平)；当 $0<\beta<1$，$D$(变平)$\leqslant D$(平)；当 $\beta<0$，$D$(变平)$\geqslant D$(平)。

### 17.3.5 聚类分析法的主要步骤

1. 选择变量

①和聚类分析的目的密切相关。

②反映要分类变量的特征。

③在不同研究对象上的值有明显的差异。

④变量之间不能高度相关。

2. 计算相似性

相似性是聚类分析中的基本概念，他反映了研究对象之间的亲疏程度，聚类分析就是根据

对象之间的相似性来分类的。有很多刻画相似性的测度。

3. 聚类

选定了聚类的变量，计算出样品或指标之间的相似程度后，构成了一个相似程度的矩阵。这时主要涉及以下两个问题。

①选择聚类的方法。

②确定形成的类数。

4. 聚类结果的解释和证实

对聚类结果进行解释是希望对各个类的特征进行准确的描述，给每类起一个合适的名称。这一步可以借助各种描述性统计量进行分析，通常的做法是计算各类在各聚类变量上的均值，对均值进行比较，还可以解释各类产别的原因。

如果是变量聚类分析，聚类分析做完之后，各类中仍有较多的指标。也就是说聚类分析并没有达到降维的目的。这就需要在每类中选出一个代表指标，具体做法是：假设某类中有 $k$ 个指标，首先分别计算类内指标之间的相关指数，然后计算某个指标与类内其他指标之间相关指数的平均数，即

$$\overline{R}_i^2 = \frac{\sum\limits_{i \neq j} \gamma_{ij}}{k-1}$$

取 $x_i$ 最大的，$\overline{R}_i^2$ 作为该类的代表。

## 17.4　聚类分析法应用举例

【例 17-4】　某公司下属 30 个企业，公司为了考核下属企业的经济效益，设计了 8 个指标。为了避免重复，需要对这 8 个指标进行筛选，建立一个恰当的经济效益指标体系。通过计算 30 个企业 8 个指标的相关系数距离(数据是 $1-r^2$)。得如表 17-2 所示结果。

**表 17-2　30 个企业的综合经济效益指标**

| | $x_1$ | $x_2$ | $x_3$ | $x_4$ | $x_5$ | $x_6$ | $x_7$ | $x_8$ |
|---|---|---|---|---|---|---|---|---|
| $x_1$ | 0 | | | | | | | |
| $x_2$ | 0.60 | 0 | | | | | | |
| $x_3$ | 0.43 | 0.46 | 0 | | | | | |
| $x_4$ | 0.47 | 0.45 | 0.12 | 0 | | | | |
| $x_5$ | 0.57 | 0.45 | 0.23 | 0.22 | 0 | | | |
| $x_6$ | 0.38 | 0.40 | 0.21 | 0.29 | 0.22 | 0 | | |
| $x_7$ | 0.31 | 0.79 | 0.65 | 0.70 | 0.80 | 0.66 | 0 | |
| $x_8$ | 0.45 | 0.45 | 0.27 | 0.23 | 0.14 | 0.19 | 0.77 | 0 |

聚类结果如图 17-1 所示。

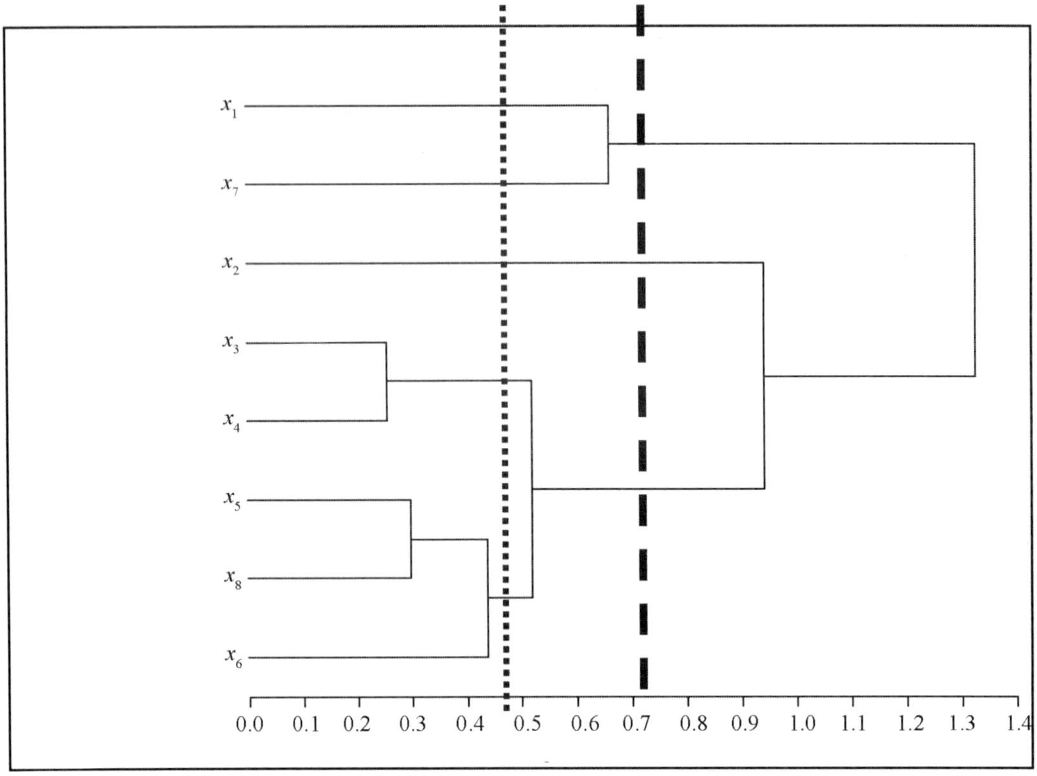


**图 17-1　30 个企业经济效益综合指标考核聚类图**

【例 17-5】　我国城镇居民人均消费聚类分析

我国城镇居民人均消费水平通常用 8 项指标来描述：食品支出 $x_1$、衣着支出 $x_2$、居住支出 $x_3$、家庭设备用品及服务支出 $x_4$、医疗器械支出 $x_5$、交通和通信支出 $x_6$、教育文化娱乐服务支出 $x_7$、其他商品和服务支出 $x_8$。

**表 17-3　2009 年我国各地区城镇居民家庭平均每人全年消费性支出**　　元

| 地区 | $x_1$ | $x_2$ | $x_3$ | $x_4$ | $x_5$ | $x_6$ | $x_7$ | $x_8$ |
|---|---|---|---|---|---|---|---|---|
| 北京 | 5 936.11 | 1 795.68 | 1 290.22 | 1 225.68 | 1 389.45 | 2 767.85 | 2 654.98 | 609.09 |
| 天津 | 5 404.53 | 1 362.56 | 1 505.70 | 911.92 | 1 273.38 | 1 968.37 | 1 740.85 | 465.42 |
| 河北 | 3 250.77 | 1 190.19 | 1 142.83 | 628.49 | 971.29 | 1 151.15 | 982.21 | 395.41 |
| 山西 | 3 071.93 | 1 162.00 | 1 319.45 | 563.82 | 789.92 | 1 095.77 | 1 070.60 | 281.61 |
| 内蒙古 | 3 772.63 | 1 857.19 | 1 246.21 | 797.77 | 992.73 | 1 557.03 | 1 504.36 | 641.96 |
| 辽宁 | 4 680.85 | 1 338.84 | 1 293.00 | 607.51 | 1 018.44 | 1 493.17 | 1 283.68 | 609.09 |
| 吉林 | 3 637.32 | 1 419.12 | 1 394.94 | 543.69 | 1 120.44 | 1 305.45 | 1 028.06 | 465.42 |
| 黑龙江 | 3 397.41 | 1 403.72 | 1 026.77 | 547.87 | 978.79 | 922.77 | 956.85 | 395.41 |
| 上海 | 7 344.83 | 1 593.08 | 1 913.22 | 1 365.39 | 1 002.14 | 3 498.65 | 3 138.98 | 1 136.06 |
| 江苏 | 4 773.67 | 1 297.95 | 1 148.85 | 923.32 | 808.37 | 1 721.87 | 1 968.03 | 510.94 |
| 浙江 | 5 604.72 | 1 614.66 | 1 485.90 | 828.96 | 984.62 | 3 290.63 | 2 295.32 | 578.67 |

续表 17-3

| 地区 | $x_1$ | $x_2$ | $x_3$ | $x_4$ | $x_5$ | $x_6$ | $x_7$ | $x_8$ |
|---|---|---|---|---|---|---|---|---|
| 安徽 | 4 051.40 | 1 080.06 | 1 219.83 | 589.73 | 716.87 | 1 013.38 | 1 225.36 | 337.36 |
| 福建 | 5 336.36 | 1 171.88 | 1 394.91 | 859.06 | 591.50 | 1 993.77 | 1 504.96 | 598.13 |
| 江西 | 3 881.56 | 1 053.01 | 935.44 | 761.85 | 550.25 | 1 145.16 | 1 066.94 | 345.78 |
| 山东 | 3 954.34 | 1 548.75 | 1 280.04 | 885.04 | 885.16 | 1 719.68 | 1 332.97 | 406.75 |
| 河南 | 3 272.75 | 1 270.74 | 1 004.37 | 684.79 | 875.52 | 1 033.99 | 1 048.14 | 376.70 |
| 湖北 | 4 160.51 | 1 210.32 | 999.49 | 759.24 | 694.61 | 953.69 | 1 208.46 | 307.75 |
| 湖南 | 4 174.55 | 1 146.25 | 1 074.69 | 798.40 | 784.66 | 1 233.82 | 1 207.72 | 408.14 |
| 广东 | 6 225.22 | 1 064.33 | 1 814.00 | 1 052.57 | 925.62 | 2 979.88 | 2 168.88 | 627.01 |
| 广西 | 4 129.55 | 855.60 | 1 021.11 | 754.79 | 538.17 | 1 598.68 | 1 111.13 | 343.33 |
| 海南 | 4 507.81 | 581.66 | 1 000.32 | 585.72 | 604.15 | 1 548.76 | 961.95 | 296.28 |
| 重庆 | 4 576.23 | 1 503.49 | 1 120.60 | 1 043.06 | 982.73 | 1 189.03 | 1 351.90 | 377.02 |
| 四川 | 4 391.73 | 1 178.38 | 973.02 | 679.16 | 648.31 | 1 416.49 | 1 150.73 | 422.38 |
| 贵州 | 3 755.61 | 1 012.14 | 747.57 | 589.35 | 535.43 | 983.13 | 1 146.35 | 278.71 |
| 云南 | 4 460.58 | 1 102.14 | 943.67 | 393.22 | 708.78 | 1 587.19 | 798.69 | 207.53 |
| 西藏 | 4 581.60 | 1 086.42 | 689.76 | 356.86 | 352.31 | 1 062.83 | 465.84 | 438.68 |
| 陕西 | 3 988.57 | 1 209.96 | 1 018.23 | 683.51 | 863.36 | 1 071.48 | 1 430.22 | 440.35 |
| 甘肃 | 3 359.30 | 1 169.70 | 801.21 | 559.06 | 746.77 | 894.35 | 1 025.47 | 334.95 |
| 青海 | 3 548.85 | 1 043.40 | 790.50 | 505.32 | 701.37 | 975.91 | 889.32 | 331.86 |
| 宁夏 | 3 432.23 | 1 260.58 | 1 128.12 | 636.88 | 921.86 | 1 363.63 | 1 075.88 | 460.82 |
| 新疆 | 3 386.33 | 1 357.05 | 856.78 | 552.50 | 684.01 | 1 198.65 | 855.53 | 436.70 |

数据来源:《中国统计年鉴 2010》。

运用系统聚类法进行聚类分析,给出将各地区人均消费分为两类、三类、四类的聚类情况,如图 17-2 所示。

结果表明:我国各类地区城镇居民消费支出分类效果较好,且不同地区的消费结构有着各自的特点。综合考虑将我国各地区城镇居民人均消费分为四类,较好地反映了人们观察到的实际情况,第一类为上海,2009 年人均消费支出为 20 992.35 元,为最高。该地区的食品支出、交通和通信支出、教育文化娱乐服务支出远远高出全国平均水平。

第二类为北京、天津、福建、浙江、广东,人均消费均超过 13 300 元,在这些地区中,北京的娱乐教育文化服务支出在全国 31 个省份中名列前茅,北京的科研机构多,高等院校云集,教育发达,娱乐设施先进齐全,这些都是导致北京在该项支出比例高的原因。

第三类为除西藏外的其他地区。第三类中的样本数量较多,情况较为复杂。其中山东、江苏、重庆等地区经济较为发达,而湖北、湖南、安徽等地区虽经济发展处于中等水平,但近年来在医疗保健和教育文化娱乐等方面的支出比例明显增大,说明其居民消费结构逐渐合理化,已与很多经济发达地区趋同,使得跃居第三梯队。然而,甘肃、贵州、四川、云南等地区城镇居民收入水平较低,这些地区的经济发展仍应引起国家重视,需要加大扶持力度。

第四类为西藏。为了使读者充分熟悉与理解聚类分析方法,教材的二维码给出了另外一个食品研究领域的实例(二维码 17-1)。聚类分析方法是一种探索性的分析方法,通常不需要

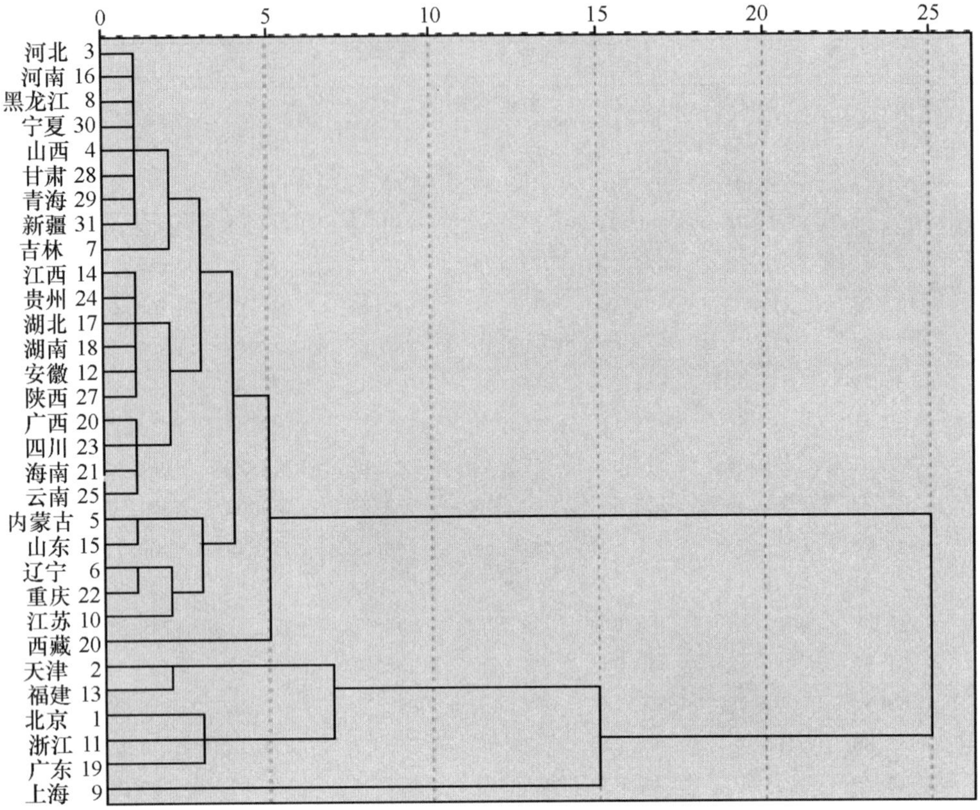


**图 17-2 使用平均连接(组间)的树状图**

事先给出一个分类标准,一般可以借助统计软件,从样本数据出发,自动进行分类。在实际的分类过程中,具体应该分为几类,应该从专业角度和聚类结果两个方面综合判定。

**二维码 17-1 正常食用植物油和潲水油样品的傅里叶变换中红外光谱分类**

## 思考题

1. 简述聚类分析的基本思想,Q 型聚类分析与 R 型聚类分析的区别。

2. 简述系统聚类法的基本步骤。

3. 简述数据变换的方法;距离与相似系数的计算方法。

4. 检验某产品的重量,抽了 7 个样品,得出重量为 1、2.5、3.5、6、7.5、8.5、11,试用最短距离法、最长距离法和重心法进行聚类。

5. 同一批顾客对经常光顾的 7 座商厦的购物环境与服务质量的评分见表 17-4,试做聚类分析。

**表 17-4 顾客对经常光顾的 7 座商厦的购物环境与服务质量的评分**

| 商厦 | A | B | C | D | E | F | G |
|---|---|---|---|---|---|---|---|
| 购物环境 | 73 | 66 | 81 | 94 | 91 | 76 | 84 |
| 服务质量 | 68 | 64 | 82 | 90 | 88 | 72 | 80 |

6. 根据调查得到某地 15 所学校的数据(表 17-5),试做聚类分析。

**表 17-5　其他 15 所学校的数据**

| 单位 | 占地面积/$m^2$ | 建筑面积/$m^2$ | 教师总数 | 学生总数 |
|---|---|---|---|---|
| 学校 1 | 2 088 | 3 600 | 74 | 558 |
| 学校 2 | 10 345 | 8 420 | 156 | 1 650 |
| 学校 3 | 2 700 | 5 530 | 68 | 640 |
| 学校 4 | 3 967 | 6 320 | 95 | 850 |
| 学校 5 | 5 850 | 7 750 | 102 | 1 200 |
| 学校 6 | 1 963 | 2 830 | 64 | 620 |
| 学校 7 | 2 165 | 3 460 | 93 | 832 |
| 学校 8 | 3 838 | 5 740 | 91 | 885 |
| 学校 9 | 2 345 | 3 800 | 66 | 745 |
| 学校 10 | 9 600 | 9 660 | 134 | 1 336 |
| 学校 11 | 2 996 | 4 830 | 86 | 975 |
| 学校 12 | 2 880 | 4 120 | 76 | 832 |
| 学校 13 | 11 840 | 10 900 | 153 | 1 468 |
| 学校 14 | 7 610 | 8 800 | 112 | 1 230 |
| 学校 15 | 5 570 | 6 530 | 99 | 988 |

第 18 章

# 判别分析

## 本章学习目的与要求

1. 掌握判别分析的基本概念及其适用范围。
2. 理解 Bayes 判别法和 Fisher 判别法的基本思想。
3. 掌握判别分析方法及应用。

判别分析(discriminant analysis)产生于 20 世纪 30 年代，是用于判别样品所属类型的一种统计方法。判别分析是根据观测变量判断研究样本如何分类的多变量统计方法。从统计学角度来看，判别分析的基本原理可表述为，已知有 $k$ 个总体( $G_1,G_2,\cdots,G_k$ )，现有样本，根据这 $k$ 个总体和当前样本 $y$ 的特征，建立判别规则(又称判别函数)，然后根据该判别规则对样本 $y$ 属于哪个总体做出判断。

判别分析有着广泛的应用，如动物分类、植物分类、医学疾病诊断、社区种类划分、农业气象区划分、商品等级分类、职业能力分类，以及人类考古学上年代及人种分类等均可使用。例如，在医学中，临床医师可以根据患者的主诉、体征及检查结果做出诊断，有时还需做鉴别诊断或分型、分类的诊断；又如环境污染程度的鉴定及环保措施、劳保措施的效果评估；流行病学中对某些疾病的早期预报，疾病的病因学研究及影响因素的分析等。

## 18.1　距离判别

距离判别(distance discrimination)也称直观判别、通用判别，是一种最简单、最基本的判别方法，它对变量的分布类型无严格要求。其基本思想是根据样本与不同总体的距离判定该样品所属类别。通俗来讲，就是样本离哪个总体最近，则判定它属于哪个总体。距离判别分为两总体判别法和多总体判别法，下面分别理解它们的统计学意义。

### 18.1.1　两总体判别

两总体判别是指两个总体( $k=2$ )的情况。马氏距离和协方差矩阵与两总体判别紧密相关。

马氏距离定义：设总体 $G$ 为 $m$ 元总体(考察 $m$ 个指标)，均值向量为 $\boldsymbol{\mu}=(\boldsymbol{\mu}_1,\cdots,\boldsymbol{\mu}_m)^{\mathrm{T}}$，协方差矩阵为 $\boldsymbol{\Sigma}=(\sigma_{ij})_{m\times m}$，则样品 $\boldsymbol{x}=(\boldsymbol{x}_1,\cdots,\boldsymbol{x}_m)^{\mathrm{T}}$ 与总体 $G$ 的马氏距离定义为：

$$d^2(x,G)=(\boldsymbol{x}-\boldsymbol{\mu})^{\mathrm{T}}\boldsymbol{\Sigma}^{-1}(\boldsymbol{x}-\boldsymbol{\mu})$$

当 $m=1$ 时，

$$d^2(x,G)=\frac{(\boldsymbol{x}-\boldsymbol{\mu})^{\mathrm{T}}(\boldsymbol{x}-\boldsymbol{\mu})}{\sigma^2}=\frac{(\boldsymbol{x}-\boldsymbol{\mu})^2}{\sigma^2}$$

①假设有两个总体 $G_1$ 和 $G_2$ 是一维样品，若能定义样品到总体 $G_1$ 和 $G_2$ 的距离分别为 $d^2(x,G_1)$ 和 $d^2(x,G_2)$，则判别方式为：

$$\begin{cases}\text{当 } d^2(x,G_1)<d^2(x,G_2)\text{ 时，}x\in G_1\\ \text{当 } d^2(x,G_1)>d^2(x,G_2)\text{ 时，}x\in G_2\\ \text{当 } d^2(x,G_1)=d^2(x,G_2)\text{ 时，待判}\end{cases}$$

②若总体 $G_1$ 和 $G_2$ 是正态分布并且协方差矩阵相等，即 $\boldsymbol{\Sigma}_1=\boldsymbol{\Sigma}_2=\boldsymbol{\Sigma}$，距离选用马氏距离，公式为：

$$d^2(x,G_1)=(\boldsymbol{x}-\boldsymbol{\mu}_1)^{\mathrm{T}}\boldsymbol{\Sigma}^{-1}(\boldsymbol{x}-\boldsymbol{\mu}_1)$$
$$\mathrm{d}^2(\mathrm{x},\mathrm{G}_2)=(\boldsymbol{x}-\boldsymbol{\mu}_2)^{\mathrm{T}}\boldsymbol{\Sigma}^{-1}(\boldsymbol{x}-\boldsymbol{\mu}_2)$$

式中，$\boldsymbol{\mu}_1$、$\boldsymbol{\mu}_2$ 为总体 $G_1$、$G_2$ 的均值。

判别函数：

$$d^2(x,G_2)-d^2(x,G_1)=2\left[\boldsymbol{x}-\frac{(\boldsymbol{\mu}_1+\boldsymbol{\mu}_2)}{2}\right]^{\mathrm{T}}\boldsymbol{\Sigma}^{-1}(\boldsymbol{\mu}_1-\boldsymbol{\mu}_2)$$

令 $\boldsymbol{\mu}=\dfrac{(\boldsymbol{\mu}_1+\boldsymbol{\mu}_2)}{2}$

记 $W(x)=(\boldsymbol{x}-\boldsymbol{\mu})^{\mathrm{T}}\boldsymbol{\Sigma}^{-1}(\boldsymbol{\mu}_1-\boldsymbol{\mu}_2)$，则判别方式为：

$$\begin{cases}\text{当 } W(x)>0 \text{ 时}, x\in G_1\\ \text{当 } W(x)<0 \text{ 时}, x\in G_2\\ \text{当 } W(x)=0 \text{ 时，待判}\end{cases}$$

其中，$W(x)$ 是 $x$ 的线性函数，又称线性判别函数。

③当 $\boldsymbol{\Sigma}_1\neq\boldsymbol{\Sigma}_2$ 时，判别方式为：

$$\begin{cases}\text{当 } d^2(x,G_1)<d^2(x,G_2) \text{ 时}, x\in G_1\\ \text{当 } d^2(x,G_1)>d^2(x,G_2) \text{ 时}, x\in G_2\\ \text{当 } d^2(x,G_1)=d^2(x,G_2) \text{ 时，待判}\end{cases}$$

判别函数 $W(x)=d^2(x,G_2)-d^2(x,G_1)=(\boldsymbol{x}-\boldsymbol{\mu}_2)^{\mathrm{T}}\boldsymbol{\Sigma}_2^{-1}(\boldsymbol{x}-\boldsymbol{\mu}_2)-(\boldsymbol{x}-\boldsymbol{\mu}_1)^{\mathrm{T}}\boldsymbol{\Sigma}_1^{-1}(\boldsymbol{x}-\boldsymbol{\mu}_1)$，式中 $W(x)$ 是 $x$ 的二次函数。

实际中，总体 $G_1$、$G_2$ 的均值向量 $\boldsymbol{\mu}_1$、$\boldsymbol{\mu}_2$，协方差矩阵 $\boldsymbol{\Sigma}_1$，$\boldsymbol{\Sigma}_2$ 常常未知，因此，先根据来自总体 $G_1$ 的 $n_1$ 个样本 $\boldsymbol{x}_1^{(1)},\boldsymbol{x}_2^{(1)},\cdots,\boldsymbol{x}_{n1}^{(1)}$ 和总体 $G_2$ 的 $n_2$ 个样本 $\boldsymbol{x}_1^{(2)},\boldsymbol{x}_2^{(2)},\cdots,\boldsymbol{x}_{n_2}^{(2)}$，需要用 $\boldsymbol{\mu}_1$、$\boldsymbol{\mu}_2$ 以及 $\boldsymbol{\Sigma}_1$、$\boldsymbol{\Sigma}_2$ 的估计，当两总体的协方差矩阵相同时，需要计算 $\boldsymbol{\Sigma}$ 的估计 $\hat{\boldsymbol{\Sigma}}$，判别方式不变。具体计算如下：

$$\hat{\boldsymbol{\mu}}_1=\bar{\boldsymbol{x}}^{(1)}=\frac{1}{n_1}\sum_{i=1}^{n_1}\boldsymbol{x}_i^{(1)}$$

$$\hat{\boldsymbol{\Sigma}}_1=\boldsymbol{S}_1=\frac{1}{n_1-1}\sum_{i=1}^{n_1}[\boldsymbol{x}_i^{(1)}-\bar{\boldsymbol{x}}^{(1)}][\boldsymbol{x}_i^{(1)}-\bar{\boldsymbol{x}}^{(1)}]^{\mathrm{T}}$$

$$\hat{\boldsymbol{\mu}}_2=\bar{\boldsymbol{x}}^{(2)}=\frac{1}{n_2}\sum_{i=1}^{n_2}\boldsymbol{x}_i^{(2)}$$

$$\hat{\boldsymbol{\Sigma}}_2=\boldsymbol{S}_1=\frac{1}{n_2-1}\sum_{i=1}^{n_2}[\boldsymbol{x}_i^{(2)}-\bar{\boldsymbol{x}}^{(2)}][\boldsymbol{x}_i^{(2)}-\bar{\boldsymbol{x}}^{(2)}]^{\mathrm{T}}$$

$$\hat{\boldsymbol{\Sigma}}=\boldsymbol{S}=\frac{(n_1-1)\boldsymbol{S}_1+(n_2-1)\boldsymbol{S}_2}{n_1+n_2-2}$$

【例 18-1】 企业生产同一种产品有两台设备 A 和 B，设备 A 生产的产品平均使用寿命 $\mu_A$ 为 8 年，方差 $\sigma_A^2=0.25$，设备 B 生产的产品平均使用寿命 $\mu_B$ 为 7.5 年，方差 $\sigma_B^2=4$。现有产品 $x$，经测试得到该产品的使用寿命为 7.8 年，现欲判断产品 $x$ 是设备 A 生产的还是设备 B 生产的。

从直观上看，产品 $x$ 与 $\mu_A$ 之间的距离较 $x$ 与 $\mu_B$ 之间的距离小。但由 $\sigma_A^2<\sigma_B^2$ 可知，设备

B 生产的产品使用寿命的稳定性差，也就是说，设备 B 生产的产品寿命的分散性更高，即产品的寿命离平均距离越远，从这个角度分析，$x$ 更有可能是设备 B 生产出来的。为了综合考虑距离和离散性，故选用马氏距离进行判定。定义距离函数：

$$d^2(x)=\frac{(x-\mu)^2}{\sigma^2}$$

因此，$x$ 与设备 A 的距离 $d_A^2(x)=\frac{(x-\mu_A)^2}{\sigma_A^2}=0.16$，同理 $x$ 与设备 B 的距离 $d_B^2(x)=\frac{(x-\mu_B)^2}{\sigma_B^2}=0.0225$。

故定义判别函数 $W(x)=d_B^2(x)-d_A^2(x)$，则判别规则是：

① $W(x)<0$，则认为 $x$ 是设备 B 生产的。

② $W(x)>0$，则认为 $x$ 是设备 A 生产的。

根据上述规则，由于 $W(x)<0$ 因此可判定 $x$ 由设备 B 生产的。

### 18.1.2 多总体判别

设有 $k$ 个 $m$ 元总体 $[G_1,G_2,\cdots,G_k(k>2)]$，它们的均值向量和协方差矩阵分别为 $\boldsymbol{\mu}^{(1)}$ 和 $\sum_i(i=1,2,\cdots,k)$，对任意 $m$ 元样品 $\boldsymbol{X}=(\boldsymbol{x}_1,\cdots,\boldsymbol{x}_m)^T$，判断其来自于哪个总体。

对多个总体而言，按距离最近的准则，对任意 $m$ 元样品 $X$ 进行判别归类时，首先计算样品 $X$ 到 $k$ 个总体的马氏距离 $d_i^2(x)(i=1,\cdots,k)$，然后进行逐一比较，把 $X$ 判归为马氏距离最小的总体。设 $i=l$ 时，若 $d_l^2(X)=\min_{(i-1,\cdots,k)}\{d_i^2(X)\}$，则 $X\in G_l$。

计算马氏距离 $d_i^i(X)(i=1,\cdots,k)$ 时，类似地可考虑协方差矩阵相等（$\boldsymbol{\Sigma}_1=\cdots=\boldsymbol{\Sigma}_k$）或不全相等的两种情况，并用样本统计量作为 $\boldsymbol{\mu}^{(i)}$ 和 $\boldsymbol{\Sigma}_i$ 的估计进行计算。具体计算方法如下：

设有 $k$ 个总体 $G_1,G_2,\cdots,G_k$（表 18-1），它们的均值和协方差矩阵分别为 $\boldsymbol{\mu}^{(i)}$ 和 $\boldsymbol{\Sigma}^{(i)}(i=1,\cdots,k)$，从每个总体 $G_i$ 中抽取 $n_i$ 个样品 $(i=1,\cdots,k)$，每个样品测 $p$ 个指标。今任取一个样品，实测指标值为 $X=(x_1,\cdots,x_p)^T$，问 $X$ 应判为哪一类？

首先样品的向量为：$\boldsymbol{X}^{(i)}=(\boldsymbol{x}_1^{(i)},\boldsymbol{x}_2^{(i)},\cdots,\boldsymbol{x}_p^{(i)})^T \qquad (i=1,\cdots,k)$

①当 $\boldsymbol{\Sigma}^{(1)}=\cdots=\boldsymbol{\Sigma}^{(k)}=\boldsymbol{\Sigma}$ 时

$$D^2(\boldsymbol{X},G_i)=(\boldsymbol{X}-\boldsymbol{\mu}^{(i)})^T\boldsymbol{\Sigma}^{(-1)}(\boldsymbol{X}-\boldsymbol{\mu}^{(i)}) \qquad (i=1,\cdots,k)$$

判别函数为：

$$\begin{aligned}W_{ij}(X)&=\frac{1}{2}[D^2(\boldsymbol{X},G_j)-D^2(\boldsymbol{X},G_i)]\\&=\left[\boldsymbol{X}-\frac{1}{2}(\boldsymbol{\mu}^{(i)}+\boldsymbol{\mu}^{(j)})\right]^T\boldsymbol{\Sigma}^{(-1)}[\boldsymbol{\mu}^{(i)}-\boldsymbol{\mu}^{(j)}] \qquad (i,j=1,\cdots,k)\end{aligned}$$

相应的判别准则为：

$$\begin{cases}\text{当 } W_{ij}(X)>0\text{，对一切 } i\neq j,\ X\in G_i\\ \text{若有某一个 } W_{ij}(X)=0\text{，待判}\end{cases}$$

当 $\mu^{(1)},\cdots,\mu^{(k)},\sum$ 未知时，可用其估计量代替，设从 $G_i$ 中抽取的样本为 $X_1^{(i)},\cdots,X_n^{(i)}$，$i=1,\cdots,k$，则 $\hat{\mu}^{(i)}$，$\hat{\sum}$ 的估计分别为

$$\hat{\mu}^{(i)}=X^{(i)}=\frac{1}{n}\sum_{a=1}^{n_i}X_a^{(i)}\ i=1,\cdots,k$$

$$\hat{\sum}=\frac{1}{n-k}\sum_{i=1}^{k}\boldsymbol{S}_i$$

其中 $n=n_1+\cdots+n_i$，$\boldsymbol{S}_i=\sum_{a=1}^{n_i}(\boldsymbol{X}_a^{(i)}-\boldsymbol{X}^{(i)})(\boldsymbol{X}_a^{(i)}-\boldsymbol{X}^{(i)})^{\mathrm{T}}$ 为 $G_i$ 的样本离差阵。

②当 $\boldsymbol{\Sigma}^{(1)},\cdots,\boldsymbol{\Sigma}^{(k)}$ 不相等时

此时判别函数为：

$$W_{ji}(X)=(\boldsymbol{X}-\boldsymbol{\mu}^{(i)})^{\mathrm{T}}[\boldsymbol{\Sigma}^{(j)}]^{-1}(\boldsymbol{X}-\boldsymbol{\mu}^{(j)})-(\boldsymbol{X}-\boldsymbol{\mu}^{(i)})^{\mathrm{T}}[\boldsymbol{\Sigma}^{(i)}]^{-1}(\boldsymbol{X}-\boldsymbol{\mu}^{(i)})$$

相应的判别准则是：$\begin{cases}\text{当 } W_{ij}(X)>0\text{，对一切 } i\neq j,\ X\in G_i\\ \text{若某一个 } W_{ij}(X)=0\text{，待判}\end{cases}$

当 $\mu^{(i)}$ 和 $\boldsymbol{\Sigma}^{(i)}(i=1,\cdots,k)$ 未知时，可用 $\mu^{(i)}$ 和 $\boldsymbol{\Sigma}^{(i)}$ 的估计量代替，即 $\hat{\mu}^{(i)}=\overline{X}^{i}$，

$$\hat{\boldsymbol{\Sigma}}^{(i)}=\frac{1}{n_i-1}\boldsymbol{S}_i(i=1,\cdots,k)$$

**表 18-1 $k$ 个总体**

| | 变量＼样品 | $\boldsymbol{x}_1$ | $\boldsymbol{x}_2$ | … | $\boldsymbol{x}_p$ |
|---|---|---|---|---|---|
| $G_1$ 总体 | $\boldsymbol{x}_1^{(1)}$ | $x_{11}^{(1)}$ | $x_{12}^{(1)}$ | … | $x_{1p}^{(1)}$ |
| | $\boldsymbol{x}_2^{(1)}$ | $x_{21}^{(1)}$ | $x_{22}^{(1)}$ | … | $x_{2p}^{(1)}$ |
| | ⋮ | ⋮ | ⋮ | ⋮ | |
| | $\boldsymbol{x}_{n_1}^{(1)}$ | $x_{n_1 1}^{(1)}$ | $x_{n_1 2}^{(1)}$ | … | $x_{n_1 p}^{(1)}$ |
| | 均值 | $\overline{x}_1^{(1)}$ | $\overline{x}_2^{(1)}$ | … | $\overline{x}_p^{(1)}$ |
| ⋮ | ⋮ | ⋮ | ⋮ | ⋮ | ⋮ |
| $G_i$ 总体 | 变量＼样品 | $\boldsymbol{x}_1$ | $\boldsymbol{x}_2$ | … | $\boldsymbol{x}_p$ |
| | $\boldsymbol{x}_1^{(i)}$ | $x_{11}^{(i)}$ | $x_{12}^{(i)}$ | … | $x_{1p}^{(i)}$ |
| | $\boldsymbol{x}_2^{(i)}$ | $x_{21}^{(i)}$ | $x_{22}^{(i)}$ | … | $x_{2p}^{(i)}$ |
| | ⋮ | ⋮ | ⋮ | ⋮ | |
| | $\boldsymbol{x}_{n_1}^{(i)}$ | $x_{n_1 1}^{(i)}$ | $x_{n_1 2}^{(i)}$ | … | $x_{n_1 p}^{(i)}$ |
| | 均值 | $\overline{x}_1^{(i)}$ | $\overline{x}_2^{(i)}$ | … | $\overline{x}_p^{(i)}$ |

续表 18-1

| ⋮ | ⋮ | ⋮ | ⋮ | ⋮ | ⋮ |
|---|---|---|---|---|---|
| | 样品 \ 变量 | $\boldsymbol{x}_1$ | $\boldsymbol{x}_2$ | … | $\boldsymbol{x}_p$ |
| $G_k$ 总体 | $\boldsymbol{x}_1^{(k)}$ | $x_{11}^{(k)}$ | $x_{12}^{(k)}$ | … | $x_{1p}^{(k)}$ |
| | $\boldsymbol{x}_2^{(k)}$ | $x_{21}^{(k)}$ | $x_{22}^{(k)}$ | … | $x_{2p}^{(k)}$ |
| | ⋮ | ⋮ | ⋮ | ⋮ | |
| | $\boldsymbol{x}_{n_1}^{(k)}$ | $x_{n_1 1}^{(k)}$ | $x_{n_1 2}^{(k)}$ | … | $x_{n_1 p}^{(k)}$ |
| | 均值 | $\bar{x}_1^{(k)}$ | $\bar{x}_2^{(k)}$ | … | $\bar{x}_p^{(k)}$ |

【例 18-2】　为了研究某地区人口死亡状况，已按某种方法将 15 个已知样本分为三类，指标及原始数据见表 18-2，试建立判别函数并判定另外 4 个待判样本分别属于哪类。

**表 18-2　3 个总体及待测总体**

$x_1$:0 岁死亡率　　$x_2$:1 岁死亡率　　$x_3$:10 岁死亡率

$x_4$:55 岁死亡率　　$x_5$:80 岁死亡率　　$x_6$:平均预期寿命

| 组别 | 序号 | $X_1$ | $X_2$ | $X_3$ | $X_4$ | $X_5$ | $X_6$ |
|---|---|---|---|---|---|---|---|
| 第一组 | 1 | 34.16 | 7.44 | 1.12 | 7.87 | 95.19 | 69.3 |
| | 2 | 33.06 | 6.34 | 1.08 | 6.77 | 94.08 | 69.7 |
| | 3 | 32.26 | 9.24 | 1.04 | 8.97 | 97.3 | 68.8 |
| | 4 | 40.17 | 13.45 | 1.43 | 13.88 | 101.2 | 66.2 |
| | 5 | 50.06 | 23.03 | 2.83 | 23.74 | 112.52 | 63.3 |
| | 均值 | 37.94 | 11.90 | 1.50 | 12.25 | 100.06 | 67.46 |
| 第二组 | 1 | 33.24 | 6.24 | 1.18 | 22.9 | 160.01 | 65.4 |
| | 2 | 32.22 | 4.22 | 1.06 | 20.7 | 124.7 | 68.7 |
| | 3 | 41.15 | 10.08 | 2.32 | 32.84 | 172.06 | 65.85 |
| | 4 | 53.04 | 25.74 | 4.06 | 34.87 | 152.03 | 63.5 |
| | 5 | 38.03 | 11.2 | 6.07 | 27.84 | 146.32 | 66.8 |
| | 均值 | 39.54 | 11.50 | 2.94 | 27.83 | 151.02 | 66.05 |
| 第三组 | 1 | 34.03 | 5.41 | 0.07 | 5.2 | 90.1 | 69.5 |
| | 2 | 32.11 | 3.02 | 0.09 | 3.14 | 85.15 | 70.8 |
| | 3 | 44.12 | 15.12 | 1.08 | 15.15 | 103.12 | 64.8 |
| | 4 | 54.17 | 25.03 | 2.11 | 25.15 | 110.14 | 63.7 |
| | 5 | 28.07 | 2.01 | 0.07 | 3.02 | 81.22 | 68.3 |
| | 均值 | 38.50 | 10.12 | 0.68 | 10.33 | 93.95 | 67.42 |
| 待判样品 | 1 | 50.22 | 6.66 | 1.08 | 22.54 | 170.6 | 65.2 |
| | 2 | 34.64 | 7.33 | 1.11 | 7.78 | 95.16 | 69.3 |
| | 3 | 33.42 | 6.22 | 1.12 | 22.95 | 160.31 | 68.3 |
| | 4 | 44.02 | 15.36 | 1.07 | 16.45 | 105.3 | 64.2 |
| | 均值 | 40.58 | 8.90 | 1.10 | 17.43 | 132.84 | 66.75 |

首先样本的向量为： $\boldsymbol{X}^{(i)}=(\boldsymbol{X}_1^{(i)},\boldsymbol{X}_2^{(i)},\cdots,\boldsymbol{X}_p^{(i)})^{\mathrm{T}}\qquad(i=1,\cdots,k)$

计算各组样本的均值为：

$$\boldsymbol{\mu}^{(1)}=\bar{\boldsymbol{X}}_1=(37.94\ 11.90\ 1.50\ 12.25\ 100.06\ 67.46)^{\mathrm{T}}$$

$$\boldsymbol{\mu}^{(2)}=\bar{\boldsymbol{X}}_2=(39.54\ 11.50\ 2.94\ 27.83\ 151.02\ 66.05)^{\mathrm{T}}$$

$$\boldsymbol{\mu}^{(3)}=\bar{\boldsymbol{X}}_3=(38.50\ 10.12\ 0.68\ 10.33\ \ 93.95\ 67.42)^{\mathrm{T}}$$

计算样本协方差：

$$\boldsymbol{\Sigma}^{(1)}=\sum_{k=1}^{n}[\boldsymbol{X}_k^{(1)}-\bar{\boldsymbol{X}}_1^{(1)}][\boldsymbol{X}_k^{(1)}-\bar{\boldsymbol{X}}_1^{(1)}]^{\mathrm{T}}$$

$$=\begin{bmatrix}222.23 & 197.45 & 22.06 & 204.82 & 216.83 & -78.83\\ 197.45 & 184.16 & 19.95 & 189.14 & 202.76 & -72.48\\ 22.06 & 19.95 & 2.31 & 20.64 & 22.12 & -7.70\\ 204.82 & 189.14 & 20.64 & 194.65 & 208.18 & -74.58\\ 216.83 & 202.76 & 22.12 & 208.18 & 223.65 & -79.32\\ -78.73 & -72.48 & -7.70 & -74.58 & -79.32 & 29.09\end{bmatrix}$$

$$\boldsymbol{\Sigma}^{(2)}=\sum_{k=1}^{n}[\boldsymbol{X}_k^{(2)}-\bar{\boldsymbol{X}}_2^{(2)}][\boldsymbol{X}_k^{(2)}-\bar{\boldsymbol{X}}_2^{(2)}]^{\mathrm{T}}$$

$$=\begin{bmatrix}280.39 & 276.83 & 34.25 & 186.34 & 190.34 & -51.18\\ 276.83 & 285.55 & 38.83 & 170.97 & 130.24 & -52.13\\ 34.25 & 38.83 & 18.07 & 26.89 & 7.03 & -4.22\\ 186.34 & 170.97 & 26.89 & 149.80 & 255.81 & -34.64\\ 190.63 & 130.24 & 7.03 & 255.81 & 1239.35 & -85.90\\ -51.18 & -52.13 & -4.22 & -34.64 & -85.90 & 14.55\end{bmatrix}$$

$$\boldsymbol{\Sigma}^{(3)}=\sum_{k=1}^{n}[\boldsymbol{X}_k^{(3)}-\bar{\boldsymbol{X}}_2^{(3)}][\boldsymbol{X}_k^{(3)}-\bar{\boldsymbol{X}}_2^{(3)}]^{\mathrm{T}}$$

$$=\begin{bmatrix}446.73 & 412.75 & 37.52 & 404.44 & 511.45 & -133.09\\ 412.75 & 385.67 & 35.33 & 379.56 & 471.10 & -109.50\\ 37.52 & 35.33 & 3.30 & 34.95 & 42.13 & -10.17\\ 404.44 & 379.56 & 34.95 & 374.31 & 460.21 & -109.16\\ 511.45 & 471.10 & 42.13 & 460.21 & 600.52 & -133.21\\ -113.09 & -109.50 & -10.17 & -109.16 & -133.21 & 37.23\end{bmatrix}$$

此时可以得到：$\boldsymbol{\Sigma}^{(1)}$、$\boldsymbol{\Sigma}^{(2)}$、$\boldsymbol{\Sigma}^{(3)}$ 不相等，

从而

$$\boldsymbol{\Sigma}=\boldsymbol{\Sigma}^{(1)}+\boldsymbol{\Sigma}^{(2)}+\boldsymbol{\Sigma}^{(3)}=\begin{bmatrix}949.35 & 887.03 & 93.83 & 795.6 & 918.91 & -243\\ 887.03 & 855.38 & 94.11 & 739.67 & 804.1 & -234.11\\ 93.83 & 94.11 & 23.68 & 82.48 & 71.28 & -22.09\\ 795.6 & 739.67 & 82.48 & 718.76 & 924.2 & -218.38\\ 918.91 & 804.1 & 71.28 & 924.2 & 2\,063.52 & -298.43\\ -243 & -234.11 & -22.09 & -218.38 & -298.43 & 80.87\end{bmatrix}$$

根据公式：$\hat{\boldsymbol{\Sigma}}=\frac{1}{n-k}\sum_{i=1}^{k}\boldsymbol{S}_i$

$$\hat{\boldsymbol{\Sigma}}=\begin{bmatrix}79.11 & 73.92 & 7.82 & 66.30 & 76.58 & -20.25\\73.92 & 71.28 & 7.84 & 61.64 & 67.01 & -19.51\\7.82 & 7.84 & 1.97 & 6.87 & 5.94 & -1.84\\66.30 & 61.64 & 6.87 & 59.90 & 77.02 & -18.20\\76.58 & 67.01 & 5.94 & 77.02 & 171.96 & -24.87\\-20.25 & -19.51 & -1.84 & -18.20 & -24.87 & 6.74\end{bmatrix}$$

从而可求得其逆为：

$$\hat{\boldsymbol{\Sigma}}^{-1}=\begin{bmatrix}0.85 & -0.73 & 0.39 & -0.37 & -0.02 & -0.50\\-0.73 & 0.84 & -0.42 & 0.12 & 0.05 & 0.62\\0.39 & -0.42 & 1.18 & -0.29 & 0.01 & -0.47\\-0.37 & 0.12 & -0.29 & 0.48 & -0.05 & 0.30\\-0.02 & 0.05 & 0.01 & -0.05 & 0.02 & 0.05\\-0.50 & 0.62 & -0.47 & 0.30 & 0.05 & 1.35\end{bmatrix}$$

此时判别函数为：

$$W_{ij}(X)=[\boldsymbol{X}-\boldsymbol{\mu}^{(j)}]^{\mathrm{T}}[\boldsymbol{\Sigma}^{(j)}]^{-1}[\boldsymbol{X}-\boldsymbol{\mu}^{(i)}]-[\boldsymbol{X}-\boldsymbol{\mu}^{(i)}]^{\mathrm{T}}[\boldsymbol{\Sigma}^{(j)}]^{-1}[\boldsymbol{X}-\boldsymbol{\mu}^{(i)}]$$

$$W_{ij}^{(X)}=a_{ij}(\boldsymbol{X}-\bar{\boldsymbol{X}})$$

求判别函数 $W_{ij}(X)$，解线性方程组 $\hat{\boldsymbol{\Sigma}}\vec{a}=[\bar{\boldsymbol{X}}^{(i)}-\bar{\boldsymbol{X}}^{(j)}]$，得

$$\vec{a}_{i1}=\hat{\boldsymbol{\Sigma}}^{-1}\begin{bmatrix}\bar{\boldsymbol{X}}^{(1)}-\bar{\boldsymbol{X}}^{(2)}\\\bar{\boldsymbol{X}}^{(1)}-\bar{\boldsymbol{X}}^{(3)}\\\bar{\boldsymbol{X}}^{(2)}-\bar{\boldsymbol{X}}^{(1)}\\\bar{\boldsymbol{X}}^{(2)}-\bar{\boldsymbol{X}}^{(3)}\\\bar{\boldsymbol{X}}^{(3)}-\bar{\boldsymbol{X}}^{(1)}\\\bar{\boldsymbol{X}}^{(3)}-\bar{\boldsymbol{X}}^{(2)}\end{bmatrix}$$

$$=\begin{bmatrix}3.62 & -1.42 & 0.69 & -3.69 & -0.28 & -3.83\\-2.28 & 2.12 & -0.50 & 0.84 & 0.15 & 1.97\\-3.62 & 1.42 & -0.69 & 3.69 & 0.28 & 3.83\\-5.90 & 3.53 & -1.19 & 4.53 & 0.43 & 5.79\\2.28 & -2.12 & 0.50 & -0.84 & -0.15 & -1.97\\5.90 & -3.53 & 1.19 & -4.53 & -0.43 & -5.79\end{bmatrix}$$

从而可以求得

$$W_{12}(X)=a_{11}(\boldsymbol{X}-\bar{\boldsymbol{X}})=a_{11}\left[\boldsymbol{X}-\frac{1}{2}(\bar{\boldsymbol{X}}_{(1)}+\bar{\boldsymbol{X}}_{(2)})\right]$$

$$=3.62\mathrm{x}_1-1.42\mathrm{x}_2+0.69\mathrm{x}_3-3.69\mathrm{x}_4-0.28\mathrm{x}_5-3.83\mathrm{x}_6+239.52$$

$$W_{13}(X)=a_{12}(\boldsymbol{X}-\bar{\boldsymbol{X}})=a_{12}\left[\boldsymbol{X}-\frac{1}{2}(\bar{\boldsymbol{X}}_{(1)}+\bar{\boldsymbol{X}}_{(3)})\right]$$
$$=-2.83x_1+2.12x_2-0.50x_3+0.84x_4+0.15x_5+1.97x_6-92.56$$
$$W_{21}(X)=a_{21}(\boldsymbol{X}-\bar{\boldsymbol{X}})=a_{21}\left[\boldsymbol{X}-\frac{1}{2}(\bar{\boldsymbol{X}}_{(2)}+\bar{\boldsymbol{X}}_{(1)})\right]$$
$$=-3.62x_1+1.42x_2-0.69x_3+3.69x_4+0.28x_5+3.83x_6-239.52$$
$$W_{23}(X)=a_{22}(\boldsymbol{X}-\bar{\boldsymbol{X}})=a_{22}\left[\boldsymbol{X}-\frac{1}{2}(\bar{\boldsymbol{X}}_{(2)}+\bar{\boldsymbol{X}}_{(3)})\right]$$
$$=-5.90x_1+3.53x_2-1.19x_3+4.53x_4+0.43x_5+5.79x_6-332.08$$
$$W_{31}(X)=a_{31}(\boldsymbol{X}-\bar{\boldsymbol{X}})=a_{31}\left[\boldsymbol{X}-\frac{1}{2}(\bar{\boldsymbol{X}}_{(3)}+\bar{\boldsymbol{X}}_{(1)})\right]$$
$$=2.28x_1-2.12x_2+0.50x_3-0.84x_4-0.15x_5-1.97x_6+92.56$$
$$W_{32}(X)=a_{32}(\boldsymbol{X}-\bar{\boldsymbol{X}})=a_{32}\left[\boldsymbol{X}-\frac{1}{2}(\bar{\boldsymbol{X}}_{(3)}+\bar{\boldsymbol{X}}_{(2)})\right]$$
$$=5.90x_1-3.53x_2+1.19x_3-4.53x_4-0.43x_5-5.79x_6+332.08$$

从而

$$W_{ij}(X)=\begin{bmatrix}W_{12}(X)\\W_{21}(X)\\W_{31}(X)\\W_{13}(X)\\W_{23}(X)\\W_{32}(X)\end{bmatrix}$$
$$=\begin{bmatrix}3.62 & -1.42 & 0.69 & -3.69 & -0.28 & -3.83\\-2.28 & 2.12 & -0.50 & 0.84 & 0.15 & 1.97\\-3.62 & 1.42 & -0.69 & 3.69 & 0.28 & 3.83\\-5.90 & 3.53 & -1.19 & 4.53 & 0.43 & 5.79\\2.28 & -2.12 & 0.50 & -0.84 & -0.15 & -1.97\\5.90 & -3.53 & 1.19 & -4.53 & -0.43 & -5.79\end{bmatrix}\begin{bmatrix}X_1\\X_2\\X_3\\X_4\\X_5\\X_6\end{bmatrix}+\begin{bmatrix}239.52\\-92.56\\-239.52\\-332.08\\92.56\\332.08\end{bmatrix}$$

对已知样本的回判：

将题目表格中各数据代入上述方程可得表 18-3。

**表 18-3 样本的回判**

| 样本号 | $W_{12}(X)$ | $W_{13}(X)$ | 样本号 | 样本号 |
|---|---|---|---|---|
| 1 | 32.39 | 3.40 | 1 | 1 |
| 2 | 32.78 | 3.23 | 1 | 1 |
| 3 | 20.16 | 11.73 | 1 | 1 |
| 4 | 33.85 | 2.57 | 1 | 1 |
| 5 | 28.58 | 5.97 | 1 | 1 |

续表 18-3

| 样本号 | $W_{21}(X)$ | $W_{23}(X)$ | 样本号 | 样本号 |
|---|---|---|---|---|
| 1 | 27.96 | 44.61 | 2 | 2 |
| 2 | 23.45 | 37.43 | 2 | 2 |
| 3 | 45.76 | 62.98 | 2 | 2 |
| 4 | 16.57 | 32.92 | 2 | 2 |
| 5 | 34.02 | 52.58 | 2 | 2 |
| 样本号 | $W_{31}(X)$ | $W_{32}(X)$ | 样本号 | 样本号 |
| 1 | 3.88 | 48.48 | 3 | 3 |
| 2 | 4.50 | 49.56 | 3 | 3 |
| 3 | 5.78 | 51.45 | 3 | 3 |
| 4 | 0.96 | 35.03 | 3 | 3 |
| 5 | 3.03 | 45.99 | 3 | 3 |

从表 18-3 中可知判对率为 100%。

对待测样本进行判断，将题目表格中的待测样本各数据代入上述方程组中可得表 18-4。

**表 18-4　判别函数结果**

| | 序号 | 计算结果 |
|---|---|---|
| $W_{12}$ | 1 | 31.98 |
| $W_{13}$ | 1 | −20.24 |
| $W_{21}$ | 1 | −31.98 |
| $W_{23}$ | 1 | −52.23 |
| $W_{31}$ | 1 | 20.24 |
| $W_{32}$ | 1 | 52.23 |
| $W_{12}$ | 2 | 34.62 |
| $W_{13}$ | 2 | 0.81 |
| $W_{21}$ | 2 | −34.62 |
| $W_{23}$ | 2 | −33.81 |
| $W_{31}$ | 2 | −0.81 |
| $W_{32}$ | 2 | 33.81 |
| $W_{12}$ | 3 | −38.69 |
| $W_{13}$ | 3 | 22.02 |
| $W_{21}$ | 3 | 38.69 |
| $W_{23}$ | 3 | 60.71 |
| $W_{31}$ | 3 | −22.02 |
| $W_{32}$ | 3 | −60.71 |
| $W_{12}$ | 4 | 41.85 |
| $W_{13}$ | 4 | −4.79 |
| $W_{21}$ | 4 | −41.85 |
| $W_{23}$ | 4 | −46.64 |
| $W_{31}$ | 4 | 4.79 |
| $W_{32}$ | 4 | 46.64 |

从表格中可以看出待判样本 1 属于第 3 组，待判样本 2 属于第 1 组，待判样本 3 属于第 2 组，待判样本 4 属于第 3 组。

## 18.2 Bayes 判别

### 18.2.1 Bayes 判别的基本思想

Bayes 判别法要求数据服从多元正态分布，其基本思想是根据先验概率分布求出后验概率分布，并根据后验概率分布做出统计判别。凡用到先验概率的方法统称为 Bayes 判别分析法。其理论基础比 Fisher 的典型判别分析更加具有统计理论支持。简单地说，以样本的先验概率都相等的情况为例，该方法会计算每个样本的后验概率以及判错率，用最大后验概率来划分样本的分类，并且使得期望损失达到最小，当把最小判错率作为损失值的定义时，期望损失最小原则就变成了期望判错率最小原则。

设有总体 $G_i(i=1,2,\cdots,k)$，$G_i$ 的先验概率为 $q_i(q_1+q_2+\cdots+q_k=1)$，$G_i$ 具有概率密度函数 $f_i(x)$。在观测到一个样品的情况下，可以用 Bayes 公式计算来自第 $g(g=1,2,\cdots,k)$ 总体的后验概率：

$$P(G_i/x)=\frac{q_i f_i(x)}{\sum_{j=1}^{k} q_j f_j(x)}$$

当

$$P(h/x)=\max_{1\leqslant g\leqslant k} P(g/x)$$

时，则判 $X$ 来自第 $h$ 总体。

### 18.2.2 Bayes 判别方法

#### 18.2.2.1 两个总体的 Bayes 判别

判别函数：据 Bayes 公式，样品 $x$ 来自 $G_i$ 的条件概率(后验概率)为

$$P(G_i/x)=\frac{q_i f_i(x)}{\sum_{j=1}^{k} q_j f_j(x)} \tag{18-1}$$

若 $x$ 属于 $G_i$，而被误判为 $G_j(i\neq j)$ 的概率为 $1-P(G_i/x)$，因误判而产生的损失函数为 $L(j/i)$，那么误判的平均损失为

$$E(i/x)=\sum_{j\neq i}\left[\frac{g_i f_i(x)}{\sum_{j=1}^{k} q_j f_j(x)}\cdot L(j/i)\right] \tag{18-2}$$

它表示本属于第 $i$ 个总体的样本被错判为第 $j$ 个总体的损失。按照 Bayes 判别的基本思想，判别一个样品的归类问题，等价于寻找适当的 $i$，使得式(18-1)最大，式(18-2)最小，为讨论方便取 $L(j/i)$ 为定值，此时，式(18-1)最大与式(18-2)最小等价，均等价于使 $q_i f_i(x)$ 最大，故得判别函数为

$$y_i(x)=q_i f_i(x) \quad (i=1,2,\cdots,k) \tag{18-3}$$

式(18-3)是判别函数的一般式，在实际应用中，根据不同的已知条件，式(18-3)又有以下 3 种具体形式。

①当各总体的分布已知，即 $G_i \sim N_m(\mu_i,\boldsymbol{\Sigma}_i)$时，令 $Z_i(x)=\ln[(2\pi)^{\frac{m}{2}} y_i(x)]$，则判别函数(18-3)为

$$Z_i(x)=\ln q_i-\frac{1}{2}\ln|\boldsymbol{\Sigma}_i|-\frac{1}{2}\boldsymbol{x}^{\mathrm{T}}\boldsymbol{\Sigma}_i^{-1}\boldsymbol{x}+\boldsymbol{x}^{\mathrm{T}}\boldsymbol{\Sigma}_i^{-1}\boldsymbol{\mu}_i-\frac{1}{2}\boldsymbol{\mu}_i^{\mathrm{T}}\boldsymbol{\Sigma}_i^{-1}\boldsymbol{\mu}_i \tag{18-4}$$

②当各总体的分布未知，可通过各总体的典型样本来估算。设样本空间中各总体的典型样本容量为 $n$，总体 $G_i$ 的典型样本容量为 $n_i$，$\boldsymbol{\Sigma}_{i=1}^{k} n_i=n$，$q_i=\frac{n_i}{n}$，均值为 $\bar{x}^{(i)}$，协方差矩阵为 $\boldsymbol{\Sigma}_i$，经对多元正态协方差矩阵的齐性检验，看各协方差矩阵是否相等。

若相等，离差阵为 $\boldsymbol{L}_{xx}^{(i)}$，$\sum_{i=1}^{k}\boldsymbol{L}_{xx}^{(i)}=\boldsymbol{L}_{xx}$，则 $\boldsymbol{\Sigma}=\frac{1}{n-k}\boldsymbol{L}_{xx}$ 为合并协方差矩阵，判别函数(18-4)为

$$Z_i(x)=\ln q_i-\frac{1}{2}(\bar{\boldsymbol{x}}^{(i)})^{\mathrm{T}}\boldsymbol{\Sigma}^{-1}\bar{\boldsymbol{x}}^{(i)}+\boldsymbol{x}^{\mathrm{T}}\boldsymbol{\Sigma}^{-1}\bar{\boldsymbol{x}}^{(i)} \tag{18-5}$$

若不等，则判别函数为

$$Z_i(x)=\ln q_i-\frac{1}{2}\ln|\boldsymbol{\Sigma}_i|-\frac{1}{2}\boldsymbol{x}^{\mathrm{T}}\boldsymbol{\Sigma}_i^{-1}\boldsymbol{x}+\boldsymbol{x}^{\mathrm{T}}\boldsymbol{\Sigma}_i^{-1}\bar{\boldsymbol{x}}^{(i)}-\frac{1}{2}[\bar{\boldsymbol{x}}^{(i)}]^{\mathrm{T}}\boldsymbol{\Sigma}_i^{-1}\bar{\boldsymbol{x}}^{(i)} \tag{18-6}$$

判别规则：当 $x$ 落入 $R_i(i=1,2,3\cdots,k)$，则 $x\in G_i$。其中当判别函数为(18-3)时，判别规则为：

$$R_i=\{x: y_i(x)=\max_{1\leqslant j\leqslant k} y_{ij}(x)\} \tag{18-7}$$

当判别函数为(18-4)、(18-5)、(18-6)时，判别规则为：

$$Z_i(x)=\max_{1\leqslant j\leqslant k} z_j(x)\text{，则 } x\in G_i \tag{18-8}$$

【例 18-3】已知 $G_1$,$G_2$ 的先验概率分布为 $q_1=\frac{3}{5}$,$q_1=\frac{2}{5}$,$L(2\mid 1)=1$,$L(1\mid 2)=1$，且

$$f_1=p_1(x)=\begin{cases}x,\ 0<x\leqslant 1\\ 2-x,\ 1<x\leqslant 2\\ 0,\text{其他}\end{cases}$$

$$f_2=p_2(x)=\begin{cases}(x-1)/4,\ 1<x\leqslant 3\\ (5-x)/4,\ 3<x\leqslant 5\\ 0,\text{其他}\end{cases}$$

试判别 $x_1=\frac{9}{5}$，$x_2=2$ 所属的总体。

解：$p_1\left(\frac{9}{5}\right)=2-\frac{9}{5}=\frac{1}{5}$

$p_1(2)=2-2=0$

$p_2\left(\frac{9}{5}\right)=\left(\frac{9}{5}-1\right)/4=\frac{1}{5}$

$p_2(2)=(2-1)/4=\frac{1}{4}$

$q_1p_1=\frac{3}{5}\times\frac{1}{5}=\frac{3}{25}>q_2p_2=\frac{2}{5}\times\frac{1}{5}=\frac{2}{25}$

$q_1p_1=0>q_2p_2=\frac{2}{5}\times\frac{1}{4}=\frac{1}{10}$

所以判 $x_1=\frac{9}{5}$ 属于 $G_1$，同理判 $x_2=2$ 属于 $G_2$。

#### 18.2.2.2 多个总体的 Bayes 判别

设 $\pi_1,\pi_2,\cdots,\pi_k$ 为 $k$ 个总体，具有 $m$ 维分布密度 $p_1(x),p_2(x),\cdots,p_k(x)$，$x=(x_1,x_2,\cdots,x_k)'$ 为一个样品，它只能来自 $\pi_1,\pi_2,\cdots,\pi_k$，且来自 $\pi_i$ 的概率为 $q_i$，即先验概率为：

$$q_1,q_2,\cdots,q_k(\sum_{i=1}^{k}q_i=1)$$

给 $R^m$ 一个划分 $R=(R_1,R_2,\cdots,R_k)$，即 $U_{i=1}^{k}R_i=R^m$，$R_i\cap R_j=\varnothing(i\neq j,i,j=1,2,\cdots,k)$，由 $R$ 规定的判别准则如下：$x\in\pi_i$，如果 $x$ 落在 $R_i$ 内$(i=1,2,\cdots,k)$。

设 $C(i\mid j)$ 为样品 $x$ 来自总体 $\pi_i$ 而误判为总体 $\pi_j$ 的损失，这一误判的概率记为 $P(j\mid i,R)$，$(i\neq j,i,j=1,2,\cdots,k)$。规定 $C(i\mid i)=0$，于是有

$$P(j\mid i,R)=\int_{R_j}P_i(x)\mathrm{d}x,\ (i\neq j,i,j=1,2,\cdots,k) \tag{18-9}$$

样品 $x$ 来自总体 $\pi_i$ 而被判属为 $\pi_i$ 的概率为

$$P(i\mid i,\ R)=\int_{R_j}P_i(x)\mathrm{d}x,\ (i=1,2,\cdots,k) \tag{18-10}$$

判别 $R=(R_1,R_2,\cdots,R_k)$ 的平均损失定义为

$$g(R_1,R_2,\cdots,R_k)=\sum\nolimits_{i=1}^{k}q_i\sum\nolimits_{j=1}^{k}C(j\mid i)P(j\mid i,R) \tag{18-11}$$

使 $g(R_1,R_2,\cdots,R_k)$ 达最小的判别称为 Bayes 判别。

定理：使 $g(R_1,R_2,\cdots,R_k)$ 达最小的 Bayes 判别为

$$R_i(x)=\{x:h_i(x)<h_j(x),\ j\neq i,i,j=1,2,\cdots,k\} \tag{18-12}$$

其中，

$$h_j(x)=\sum\nolimits_{i=1}^{k}q_iC(j\mid i)P_i(x) \tag{18-13}$$

证明：$g(R_1,R_2,\cdots,R_k)=\sum\nolimits_{i=1}^{k}q_i\sum\nolimits_{j=1}^{k}C(j\mid i)\int_{R_j}P_i(x)\mathrm{d}x$

$$=\sum_{j=1}^{k}\int_{R_j}\sum_{i=1}^{k}q_iC(j\mid i)P_i(x)\mathrm{d}x$$

$$=\sum_{j=1}^{k}\int_{R_j}h_j(x)\mathrm{d}x$$

如果空间 $R^m$ 有另一个划分 $R^*=(R_1^*,R_2^*,\cdots,R_k^*)$ 则它的平均损失为：

$$g(R_1^*,R_2^*,\cdots,R_k^*)=\sum\nolimits_{j=1}^{k}\int_{R_j^*}h_j(x)\mathrm{d}x \tag{18-14}$$

$$g(R_1,R_2,\cdots,R_k)-g(R_1^*,R_2^*,\cdots,R_k^*)=\sum_{i=1}^{k}\int_{R_j}h_j(x)\mathrm{d}x-\sum_{j=1}^{k}\int_{R_j^*}h_j(x)\mathrm{d}x$$

$$=\sum_{i=1}^{k}\sum_{j=1}^{k}\int_{R_iR_j^*}h_i(x)\mathrm{d}x-\sum_{i=1}^{k}\sum_{j=1}^{k}\int_{R_iR_j^*}h_j(x)\mathrm{d}x$$

$$=\sum_{i=1}^{k}\sum_{j=1}^{k}\int_{R_iR_j^*}(h_i(x)-h_j(x))\mathrm{d}x$$

由式(18-12)，在 $R_i$ 上，$h_i(x)<h_j(x)$ 对一切成立，故

$$g(R_1,R_2,\cdots,R_k)-g(R_1^*,R_2^*,\cdots,R_k^*)\leqslant 0$$

即

$$g(R_1,R_2,\cdots,R_k)\leqslant g(R_1^*,R_2^*,\cdots,R_k^*)$$

所以 $R=(R_1,R_2,\cdots,R_k)$ 为 Bayes 判别。

由定理的 Bayes 判别为

$$R_i(x)=\{x:h_i(x)<h_j(x),j\neq i,\ j=1,2,\cdots,k\}$$

如果 $C(j\mid i)=1-\delta_{ij}$，其中，$\delta_{ij}=\begin{cases}1,i=j\\0,i\neq j\end{cases}$，则

$$h_j(x)=\sum_{\substack{i=1\\i\neq j}}^{k}q_iP_i(x)=\sum_{i=1}^{k}q_iP_i(x)-q_jP_j(x)$$

$$h_j(x)=\sum_{i=1}^{k}q_iP_i(x)-q_jP_j(x)>\sum_{j=1}^{k}q_jP_j(x)-q_iP_i(x)$$

$$q_iP_i(x)>q_jP_j(x)$$

推论：如果 $C(j\mid i)=1-\delta_{ij}$，其中，$\delta_{ij}=\begin{cases}1,i=j\\0,i\neq j\end{cases}$，则 Bayes 判别为

$$R_i(x)=\{x:q_iP_i(x)>q_jP_j(x),\ j\neq i,\ j=1,2,\cdots,k\}\ i=1,2,\cdots,k \tag{18-15}$$

【例 18-4】　由经验得知，可用病人心电图的两个指标来区分健康人 ($G_1$)、主动脉硬化 ($G_2$) 及冠心病患者($G_3$)，其经验数据如表 18-5 所示。现有一名患者心电图中两个指标分别为 $x_1=267.88$ 和 $x_2=10.66$，试问该患者应归入哪一类病人？

表 18-5 3 类人群心电图的两个指标数据

| 序号 | $G_1$ | | $G_2$ | | $G_3$ | |
|---|---|---|---|---|---|---|
| | $x_1$ | $x_2$ | $x_1$ | $x_2$ | $x_1$ | $x_2$ |
| 1 | 261.01 | 7.36 | 308.90 | 8.49 | 330.34 | 9.61 |
| 2 | 185.39 | 5.99 | 258.69 | 7.16 | 331.47 | 13.72 |
| 3 | 249.58 | 6.11 | 355.54 | 9.43 | 352.50 | 11.00 |
| 4 | 137.13 | 4.35 | 476.69 | 11.32 | 347.31 | 11.19 |
| 5 | 231.34 | 8.79 | 316.12 | 8.17 | 189.56 | 6.94 |
| 6 | 231.38 | 8.53 | 274.57 | 9.67 | | |
| 7 | 260.25 | 10.02 | 409.42 | 10.49 | | |
| 8 | 259.51 | 9.79 | | | | |
| 9 | 273.84 | 8.79 | | | | |
| 10 | 303.59 | 8.53 | | | | |
| 11 | 231.03 | 6.15 | | | | |

应用程序软件，按计算步骤得计算结果如下。

①数据准备：由表 18-5 计算得：$n=23, k=3, q_1=11/23, q_1=7/23, q_1=5/23$，样本均值阵

$$\bar{\boldsymbol{x}}=(\boldsymbol{x}^{(1)},\boldsymbol{x}^{(2)},\boldsymbol{x}^{(3)})=\begin{pmatrix}238.551 & 342.847 & 310.236\\ 7.674 & 9.247 & 10.492\end{pmatrix}$$

离差阵：

$$\boldsymbol{L}_1=\begin{pmatrix}24\,489.25 & 920.96\\ 920.96 & 32.384\end{pmatrix}$$

$$\boldsymbol{L}_2=\begin{pmatrix}31\,922.332 & 232.786\\ 232.786 & 12.445\end{pmatrix}$$

$$\boldsymbol{L}_3=\begin{pmatrix}18\,578.482 & 526.754\\ 526.754 & 24.5635\end{pmatrix}$$

离差阵之和

$$\boldsymbol{L}=\sum_{i=1}^{k}L_i=\begin{pmatrix}74\,980.239 & 1\,680.50\\ 1\,680.50 & 63.393\end{pmatrix}$$

协方差矩阵 $\boldsymbol{\Sigma}_1=\frac{1}{10}\boldsymbol{L}_1, \boldsymbol{\Sigma}_2=\frac{1}{6}\boldsymbol{L}_2, \boldsymbol{\Sigma}_3=\frac{1}{4}\boldsymbol{L}_3$。

②经统计检验接受 $H_0$，即认为各总体方差具有齐性 $\boldsymbol{\Sigma}_1=\boldsymbol{\Sigma}_2=\boldsymbol{\Sigma}_3$，得合并协方差矩阵

$$\boldsymbol{\Sigma}=\frac{1}{n-k}\boldsymbol{L}=\begin{pmatrix}3\,749.012 & 84.025\\ 84.025 & 3.470\end{pmatrix}$$

$$\boldsymbol{\Sigma}^{-1}=\begin{pmatrix}0.000\,58 & -0.014\,13\\ -0.014\,13 & 0.630\,35\end{pmatrix}$$

③判别函数：将上述结果代入公式 $Z_i(x)=\ln q_i-\frac{1}{2}(\boldsymbol{x}^{(i)})^{\mathrm{T}}\boldsymbol{\Sigma}^{-1}\boldsymbol{x}^{(i)}+\boldsymbol{x}^{\mathrm{T}}\boldsymbol{\Sigma}^{-1}\boldsymbol{x}^{(i)}$ 中，得判别函数为：

$$Z_1(x)=\ln\frac{11}{23}-9.2959+0.0308x_1+1.4669x_2$$

$$Z_2(x)=\ln\frac{7}{23}-16.4467+0.0694x_1+0.9853x_2$$

$$Z_3(x)=\ln\frac{5}{23}-16.7832+0.0328x_1+2.2309x_2$$

④样品判别：将 $x_1=267.88$，$x_2=10.66$ 代入以上三式，计算得 $Z_1=13.941$，$Z_2=11.4496$，$Z_3=14.2455$，有判别规则 $Z_i(x)=\max_{1\leqslant j\leqslant k}Z_j(x)$，则 $x\in G_i$，该病人应归入第三类，即患有冠心病。

## 18.3 Fisher 判别

### 18.3.1 Fisher 判别的基本思想

Fisher 判别法是 1936 年提出来的，其基本思想是多维数据投影到某个方向上，投影的原则是将总体与总体之间尽可能的分开，然后再选择合适的判别规则，将待判的样品进行分类判别。

假设已知总体数据分为两类：A 和 B，总体 A 有 $p$ 个样品，总体 B 有 $q$ 个样品，每个样品观测 $k$ 个指标。定义线性判别函数为：

$$F(x_1,x_2,\cdots,x_n)=c_1x_1+c_2x_2+\cdots+c_nx_n$$

其中，$c_i(i=1,2,\cdots,n)$ 为常数(待定系数)。

若判别值为 $C$，对于任何未知数据点 $X(x_1,x_2,\cdots,x_n)$ 代入判别函数，依据 $F(x_1,x_2,\cdots,x_n)$ 与 $C$ 值的比较，可以判别点 $X$ 属于哪一类。

### 18.3.2 Fisher 判别的方法

#### 18.3.2.1 两个总体的 Fisher 判别

假设 A 和 B 为分类明确的两类症状。在总体 A 中观察了 $p$ 例，在总体 B 中观察了 $q$ 例，每一例记录了 $k$ 个指标，它们是 $x_1,x_2,\cdots,x_k$。令 $y$ 是 $k$ 个指标的一个线性函数，即

$$y=c_1x_1+c_2x_2+\cdots+c_kx_k$$

其中，$c_1,c_2,\cdots,c_k$ 是待估计的未知系数。称上述线性函数是 Fisher 判别分析法的判别函数。如果 $a$ 是总体 A 的一个样本，$b$ 是总体 B 的一个样本，$y(a)$和 $y(b)$分别是这两个样本的判别函数值。如果 $\bar{y}(a)$和 $\bar{y}(b)$分别是 A 中 $p$ 个样本平均函数值和 B 中 $q$ 个样本平均函数值，那么，$D=\bar{y}(a)-\bar{y}(b)$表示两个总体之间的差异。令 $v(a)$和 $v(b)$分别表示总体 A 中 $p$ 个样本函数值的变异和总体 B 中 $q$ 个样本函数值的变异(方差)，那么 $V=v(a)+v(b)$表示两个类内样本的总变异。

Fisher 判别分析法的基本原理是选择一组适当的系数 $c_1, c_2, \cdots, c_k$，使得类间差异最大且类内差异最小。

为了便于理解，取 $p=q=k=2$ 来说明 Fisher 判别分析法的基本原理和计算方法(表 18-6)。

**表 18-6 Fisher 判别分析法计算法**

| 类别 | 例数 | 指标 | | 样本判别函数值 | 类内函数离散程度 |
|---|---|---|---|---|---|
| | | $x_1$ | $x_2$ | $y=c_1x_1+c_2x_2$ | |
| A | 1 | $a_{11}$ | $a_{21}$ | $y_1(a)=c_1a_{11}+c_2a_{12}$ | $[y_1(a)-\bar{y}(a)]^2$ |
| | 2 | $a_{21}$ | $a_{22}$ | $y_2(a)=c_1a_{21}+c_2a_{22}$ | $[y_2(a)-\bar{y}(a)]^2$ |
| | 均值 | $\bar{a}_1$ | $\bar{a}_2$ | $\bar{y}(a)=c_1\bar{a}_1+c_2\bar{a}_2$ | $v(a)=\frac{1}{2}\sum_{i=1}^{2}[y_i(a)-\bar{y}(a)]^2$ |
| B | 1 | $b_{11}$ | $b_{12}$ | $y_1(b)=c_1b_{11}+c_2b_{12}$ | $[y_1(b)-\bar{y}(b)]^2$ |
| | 2 | $b_{21}$ | $b_{22}$ | $y_2(b)=c_1b_{21}+c_2b_{22}$ | $[y_2(b)-\bar{y}(b)]^2$ |
| | 均值 | $\bar{b}_1$ | $\bar{b}_2$ | $\bar{y}(b)=c_1\bar{b}_1+c_2\bar{b}_2$ | $v(b)=\frac{1}{2}\sum_{i=1}^{2}[y_i(b)-\bar{y}(b)]^2$ |
| | 差值 | $d_1=a_1-b_1$ | $d_2=a_2-b_2$ | $d=\bar{y}(a)-\bar{y}(b)=\sum_{j=1}^{2}c_jd_j$ | $v(a)+v(b)$ |

根据 Fisher 判别分析法的基本原理，就是要选择一组适当的系数 $c_1, c_2, \cdots, c_k$，使得类间差异 $D$ 最大且类内差异 $V$ 最小，即使得下式的 $Q$ 值达到最大值。

$$Q=Q(c_1, c_2, \cdots, c_k)=\frac{\bar{y}(a)-\bar{y}(b)}{v(a)+v(b)}$$

使得 $Q$ 值达到最大就是 $Q$ 的一阶偏导函数等于 0 的方程组的解，由

$$\frac{\partial Q}{\partial c_1}=0,\ \frac{\partial Q}{\partial c_2}=0,\ \cdots,\ \frac{\partial Q}{\partial c_k}=0$$

可以得到：

$$\begin{gathered} f_{11}c_1+\cdots+f_{1t}c_t+\cdots+f_{1k}c_k=d_1 \\ f_{s1}c_1+\cdots+f_{st}c_t+\cdots+f_{sk}c_k=d_s \\ \cdots\cdots \\ f_{k1}c_1+\cdots+f_{kt}c_t+\cdots+f_{kk}c_k=d_k \end{gathered}$$

其中，$d_s=a_s-b_s$，$s=1,2,\cdots,k$。

$$f_{st}=\sum_{i=1}^{p}(a_{is}-\bar{a}_s)(a_{it}-\bar{a}_t)+\sum_{i=1}^{q}(b_{is}-\bar{b}_s)(b_{it}-\bar{b}_t) \qquad (s,t=1,2,\cdots,k)$$

令上述方程的解是 $\hat{c}_1, \hat{c}_2, \cdots, \hat{c}_k$，那么，Fisher 判别函数估计式是：

$$y=\hat{c}_1x_1+\hat{c}_2x_2+\cdots+\hat{c}_kx_k$$

因此，对于任意一个样本在 $k$ 个指标上的观测值，都可以计算出对应的判别函数值 $y^*$，

令判别临界点是：

$$y_0=\frac{p\hat{y}(a)+q\hat{y}(b)}{p+q}=\frac{p\sum_{j=1}^{k}\hat{c}_j\bar{a}_j+q\sum_{j=1}^{k}\hat{c}_j\bar{b}_j}{p+q}\qquad[\hat{y}(b)\leqslant y_0\leqslant\hat{y}(a)]$$

那么，Fisher 判别准则是：$\hat{y}<y_0$ 时，该样本属于 B 类；$\hat{y}>y_0$ 时，该样本属于 A 类。

各项指标在判别分析中所起的作用是不同的。贡献率的大小由下式决定：

$$x_j\text{ 的贡献率}=\frac{\hat{c}_jd_j}{\sum_{j=1}^{k}\hat{c}_jd_j}\qquad(j=1,2,\cdots,k)$$

对于贡献率很小的指标可以剔除，重新建立只含有重要指标的判别函数。

【例 18-5】 人文发展指数是联合国开发计划署于 1990 年 5 月发表的第一份《人类发展报告》中公布的。该报告建议，目前对人文发展的衡量应当以人生的三大要素为重点，衡量人生三大要素的指示指标分别是：出生时的预期寿命、成人识字率和实际人均 GDP，将以上三个指示指标的数值合成为一个复合指数，即为人文发展指数。资料来源：UNDP《人类发展报告》1995 年。今从 1995 年世界各国人文发展指数的排序中，选取高发展水平、中等发展水平的国家各五个作为两组样品，另选四个国家作为待判样品做距离判别分析（表 18-7）。

**表 18-7　人文发展指数**

| 类别 | 序号 | 国家名称 | 出生时的预期寿命（岁） | 成人识字率（1992）/% | 调整后人均 GDP（1992） |
|---|---|---|---|---|---|
| 第一类（高发展水平国家） | 1 | 美国 | 76 | 99 | 5 374 |
| | 2 | 日本 | 79.5 | 99 | 5 359 |
| | 3 | 瑞士 | 78 | 99 | 5 372 |
| | 4 | 阿根廷 | 72.1 | 95.9 | 5 242 |
| | 5 | 阿联酋 | 73.8 | 77.7 | 5 370 |
| 第二类（中等发展水平国家） | 6 | 保加利亚 | 71.2 | 93 | 4 250 |
| | 7 | 古巴 | 75.3 | 94.9 | 3 412 |
| | 8 | 巴拉圭 | 70 | 91.2 | 3 390 |
| | 9 | 格鲁吉亚 | 72.8 | 99 | 2 300 |
| | 10 | 南非 | 62.9 | 80.6 | 3 799 |
| 待判样品 | 11 | 中国 | 68.5 | 79.3 | 1 950 |
| | 12 | 罗马尼亚 | 69.9 | 96.9 | 2 840 |
| | 13 | 希腊 | 77.6 | 93.8 | 5 233 |
| | 14 | 哥伦比亚 | 69.3 | 90.3 | 5 158 |

本例中变量个数 $p=3$，两类总体各有 5 个样品，即 $n_1=n_2=5$，有 4 个待判样品，假定两总体协差阵相等。

①计算过程。

计算样本均值

$$\bar{\boldsymbol{X}}^{(1)}=\begin{bmatrix}75.88\\94.12\\5\ 343.4\end{bmatrix}\qquad\bar{\boldsymbol{X}}^{(2)}=\begin{bmatrix}70.04\\91.74\\3\ 420.2\end{bmatrix}$$

计算样本协差阵，从而求出 $\hat{\boldsymbol{\Sigma}}$

$$\boldsymbol{S}_1=\sum_{a=1}^{n_1}[\boldsymbol{X}_a^{(1)}-\bar{\boldsymbol{X}}^{(1)}][\boldsymbol{X}_a^{(1)}-\bar{\boldsymbol{X}}^{(1)}]^{\mathrm{T}}=\begin{bmatrix}36.228&56.022&448.74\\56.022&334.228&-252.24\\448.74&-252.24&12\ 987.2\end{bmatrix}$$

类似地

$$\boldsymbol{S}_2=\sum_{a=1}^{n_2}[\boldsymbol{X}_a^{(2)}-\bar{\boldsymbol{X}}^{(2)}][\boldsymbol{X}_a^{(2)}-\bar{\boldsymbol{X}}^{(2)}]^{\mathrm{T}}=\begin{bmatrix}86.812&117.682&-4\ 895.74\\117.682&188.672&-11\ 316.54\\-4\ 895.74&-11\ 316.54&2\ 087\ 384.8\end{bmatrix}$$

经计算

$$\boldsymbol{S}=\boldsymbol{S}_1+\boldsymbol{S}_2=\begin{bmatrix}123.04&173.704&-4\ 447\\173.704&532.9&-11\ 568.78\\-4\ 447&-11\ 568.78&2\ 100\ 372\end{bmatrix}$$

$$\hat{\boldsymbol{\Sigma}}=\frac{1}{n_1+n_2-2}(\boldsymbol{S}_1+\boldsymbol{S}_2)=\frac{1}{8}\boldsymbol{S}=\begin{bmatrix}15.38&21.713&-555.875\\21.713&66.612\ 5&-1\ 446.097\ 5\\-555.875&-1\ 446.097\ 5&262\ 546.5\end{bmatrix}$$

$$\hat{\boldsymbol{\Sigma}}^{(-1)}=\begin{bmatrix}0.120\ 896&-0.038\ 45&0.000\ 044\ 2\\-0.038\ 45&0.029\ 278&0.000\ 079\ 9\\0.000\ 044\ 2&0.000\ 079\ 9&0.000\ 004\ 34\end{bmatrix}$$

解线性方程组 $\hat{\boldsymbol{\Sigma}}_a=\bar{\boldsymbol{X}}^{(1)}-\bar{\boldsymbol{X}}^{(2)}$ 得

$$\boldsymbol{a}=\hat{\boldsymbol{\Sigma}}^{-1}[\bar{\boldsymbol{X}}^{(1)}-\bar{\boldsymbol{X}}^{(2)}]=(0.652\ 3,\ 0.012\ 2,\ 0.008\ 73)^{\mathrm{T}}$$

②建立判别函数。

得 Fisher 判别函数的系数 $c_1$、$c_2$、$c_3$ 为

$$\begin{bmatrix}c_1\\c_2\\c_3\end{bmatrix}=\boldsymbol{S}^{-1}\begin{bmatrix}d_1\\d_2\\d_3\end{bmatrix}=\frac{1}{8}\hat{\boldsymbol{\Sigma}}^{-1}[\bar{\boldsymbol{X}}^{(1)}-\bar{\boldsymbol{X}}^{(2)}]=\frac{1}{8}\times\boldsymbol{a}=\begin{bmatrix}0.081\ 537\ 5\\0.001\ 525\\0.001\ 091\ 25\end{bmatrix}$$

所以判别函数为

$$y=0.081\ 537\ 5x_1+0.001\ 525x_2+0.001\ 091\ 25x_3$$

③计算判别临界值 $y_0$。

由于

$$\bar{y}^{(1)}=\sum_{k=1}^{3}c_k\bar{x}_k^{(1)}=12.1615$$

$$\bar{y}^{(2)}=\sum_{k=1}^{3}c_k\bar{x}_k^{(2)}=9.6266$$

所以
$$y_0=\frac{n_1\bar{y}^{(1)}+n_2\bar{y}^{(2)}}{n_1+n_2}=10.8941$$

④判别准则

因为 $\bar{y}^{(1)}>\bar{y}^{(2)}$

所以判别准则为 $\begin{cases}\text{当 } y>y_0\text{，判 } X\in A\\ \text{当 } y<y_0\text{，判 } X\in B\\ \text{当 } y=y_0\text{，待判}\end{cases}$

⑤对已知类别的样品判别归类，见表 18-8。

**表 18-8　已知类别的样品判别归类**

| 序号 | 国家 | 判别函数 $y$ 的值 | 原类号 | 判别归类 |
|---|---|---|---|---|
| 1 | 美国 | 12.212 2 | 1 | 1 |
| 2 | 日本 | 12.481 2 | 1 | 1 |
| 3 | 瑞士 | 12.373 1 | 1 | 1 |
| 4 | 阿根廷 | 11.745 0 | 1 | 1 |
| 5 | 阿联酋 | 11.996 0 | 1 | 1 |
| 6 | 保加利亚 | 10.585 1 | 2 | 2 |
| 7 | 古巴 | 10.007 8 | 2 | 2 |
| 8 | 巴拉圭 | 9.546 0 | 2 | 2 |
| 9 | 格鲁吉亚 | 8.596 8 | 2 | 2 |
| 10 | 南非 | 9.393 7 | 2 | 2 |

上述回判结果表明：总的回代判对率为 100%，这与统计资料的结果相符，而且与前面用距离判别法的结果也一致。

⑥对判别效果做检验。由于 $F=12.6746>F_{0.05}(3,6)=4.76$，所以在 $\alpha=0.05$ 检验水平下判别有效。

⑦待判样品判别结果，见表 18-9。

**表 18-9　待判样品判别结果**

| 序号 | 国家 | 判别函数 $y$ 的值 | 判属类别 |
|---|---|---|---|
| 11 | 中国 | 7.834 2 | 2 |
| 12 | 罗马尼亚 | 8.946 4 | 2 |
| 13 | 希腊 | 12.180 9 | 1 |
| 14 | 哥伦比亚 | 11.416 9 | 1 |

判别结果与实际情况吻合。

#### 18.3.2.2　多个总体的 Fisher 判别

若有多个总体的情形，通常要选若干个判别函数来进行判别。设有 $k$ 个总体 $G_1, G_2, \cdots,$

$G_k$，抽取样品数分别为 $n_1, n_2, \cdots, n_k$，令 $n = n_1 + n_2 + \cdots + n_k$，$\boldsymbol{x}_\alpha^{(i)} = [x_{\alpha 1}^{(i)}, \cdots, x_{\alpha p}^{(i)}]$ 为第 $i$ 个总体的第 $\alpha$ 个样品的观测向量。

假定所建立的判别函数为：

$$y(x) = c_1 x_1 + \cdots + c_p x_p = \boldsymbol{c}'\boldsymbol{x}$$

$y(x)$ 在 $G_i$ 上的样本均值与样本方差 $\bar{\boldsymbol{y}}^{(i)} = \boldsymbol{c}'\bar{\boldsymbol{x}}^{(i)}, \sigma_i^2 = \boldsymbol{c}'\boldsymbol{s}^{(i)}\boldsymbol{c}$。这里 $\bar{\boldsymbol{x}}^{(i)}, \boldsymbol{s}^{(i)}$ 依次为 $G_i$ 内 $x$ 的样本均值向量和样本协差阵。

要选取系数向量 $\boldsymbol{c}$，即需使 $\lambda = \dfrac{\sum_{i=1}^{k} n_i [\bar{y}^{(i)} - \bar{y}]^2}{\sum_{i=1}^{k} q_i \sigma_i^2}$ 达到最大。这里 $q_i$ 为自己设定的正的加权系数，通常取作先验概率。令 $q_i = n_i - 1$，同时将 $\bar{\boldsymbol{y}}^{(i)} = \boldsymbol{c}'\bar{\boldsymbol{x}}^{(i)}, \sigma_i^2 = \boldsymbol{c}'\boldsymbol{s}^{(i)}\boldsymbol{c}, \bar{\boldsymbol{y}} = \boldsymbol{c}'\bar{\boldsymbol{x}}$ 代入知：

$$\lambda = \frac{\boldsymbol{c}'\boldsymbol{A}\boldsymbol{c}}{\boldsymbol{c}'\boldsymbol{E}\boldsymbol{c}}$$

这里 $\boldsymbol{E} = \sum_{i=1}^{k} \boldsymbol{q}_i \cdot \boldsymbol{s}^{(i)}$ 为组内离差阵，$\boldsymbol{A} = \sum_{i=1}^{k} \boldsymbol{n}_i [\bar{\boldsymbol{x}}^{(i)} - \bar{\boldsymbol{x}}][\bar{\boldsymbol{x}}^{(i)} - \bar{\boldsymbol{x}}]'$ 为总体之间样本协阵

于是可得模型：

$$\max = \boldsymbol{c}'\boldsymbol{A}\boldsymbol{c} / \boldsymbol{c}'\boldsymbol{E}\boldsymbol{c}$$

要使其达到最大，令 $\dfrac{\partial\lambda}{\partial c} = 0, \rightarrow \dfrac{2\boldsymbol{A}\boldsymbol{c}}{\boldsymbol{c}'\boldsymbol{E}\boldsymbol{c}} - \dfrac{2\lambda\boldsymbol{E}\boldsymbol{c}}{\boldsymbol{c}'\boldsymbol{E}\boldsymbol{c}} = 0 \rightarrow \boldsymbol{A}\boldsymbol{c} = \lambda\boldsymbol{E}\boldsymbol{c}$，由此可知 $\lambda$ 和 $\boldsymbol{c}$ 是 $\boldsymbol{A}, \boldsymbol{E}$ 广义特征根和对应的特征向量。

可构造 $m$ 个判别函数：

$$y_l(x) = c^{(l)\prime} x \qquad (\boldsymbol{l} = 1, \cdots, m)$$

用 $\lambda_1, \lambda_2, \cdots, \lambda_m (\lambda_1 \geqslant \lambda_2 \geqslant \cdots \geqslant \lambda_m > 0)$ 表示全部非零特征根，$\boldsymbol{l}_1, \boldsymbol{l}_2, \cdots, \boldsymbol{l}_m$ 为相应的特征向量。当 $\alpha = l_1$ 时，可使 $\Delta(\alpha)$ 达到极大。

假设把总体分成 $p$ 个类，若 $|y_p - \bar{y}_1| < |y_p - \bar{y}_q|$，$(p, q = 1, 2, \cdots, m,\ q \neq 1)$ 则 $y_p$ 属于第 1 个类。

①利用所选取的训练样本计算各特征指标的分类均值 $\overline{X}_p^{(k)}$，均值差 $d_p$，计算系数矩阵并求得判别函数。

②将训练样本数据回代至判别函数计算判别临界点 $y_0$ 然后按判别准则进行判别。

③判检验，计算误判率及判别准确度。

【例 18-6】 2011 年发布城市森林覆盖率要求南方城市达到 35%以上，北方城市达到 25%以上。取南方城市森林覆盖率达 35%以上的为第一组，低于 35%的为第二组；北方城市森林覆盖率达 25%以上的为第三组，低于 25%的为第四组。针对森林覆盖率和 7 项影响因素，设森林覆盖率为参考数列，其余 7 项为比较数列，选取来自全国 31 个省市的林地面积 $X_1$、森林面积 $X_2$、人工林面积 $X_3$、活立木总蓄积量 $X_4$、森林蓄积量 $X_5$、人工林蓄积量 $X_6$ 和乔木林单位面积蓄积量 $X_7$ 等 7 项作为影响森林覆盖率是否达标的指标。然后对黑龙江、天津、上海、陕西等地分别判别归属于哪组。数据来源见表 18-10。

**表 18-10　全国森林资源状况(中国林业统计年鉴 2011)**

| 地区 | 森林覆盖率/% | 排序 | 林地面积/$hm^2$ | 森林面积/$hm^2$ | 人工林面积/$hm^2$ | 活立木总蓄积量/($m^3/hm^2$) | 森林蓄积量/($m^3/hm^2$) | 人工林蓄积量/($m^3/hm^2$) | 乔木林蓄积量/($m^3/hm^2$) |
|---|---|---|---|---|---|---|---|---|---|
| 全国合计 | 20.36 | — | 30 590.41 | 19 545.22 | 6 168.84 | 149 126 8 | 137 208 0 | 196 052.2 | 85.88 |
| 北京 | 31.72 | 15 | 101.46 | 52.05 | 35.65 | 1 291.29 | 1 038.58 | 571.62 | 29.20 |
| 天津 | 8.24 | 29 | 14.22 | 9.32 | 8.88 | 277.01 | 198.89 | 186.83 | 36.43 |
| 河北 | 22.29 | 19 | 705.37 | 418.33 | 212.27 | 10 183.91 | 8 374.08 | 4 238.6 | 29.06 |
| 山西 | 14.12 | 23 | 754.58 | 221.11 | 102.74 | 8 846.96 | 7 643.67 | 1 838.95 | 44.33 |
| 内蒙古 | 20.00 | 21 | 4 394.93 | 2 366.40 | 303.91 | 136 073.60 | 117 720.50 | 7 573.95 | 70.02 |
| 辽宁 | 35.13 | 12 | 666.28 | 511.98 | 283.03 | 21 174.91 | 20 226.85 | 7 299.34 | 55.98 |
| 吉林 | 38.93 | 10 | 848.73 | 736.57 | 148.94 | 88 244.21 | 84 412.29 | 9 594.90 | 116.15 |
| 黑龙江 | 42.39 | 9 | 2 184.16 | 1 926.97 | 235.68 | 165 191.60 | 15 204.96 | 13 519.66 | 79.53 |
| 上海 | 9.41 | 28 | 7.46 | 5.97 | 5.97 | 275.20 | 100.95 | 100.95 | 29.69 |
| 江苏 | 10.48 | 25 | 128.64 | 107.51 | 104.15 | 5 022.59 | 3 501.75 | 3 407.83 | 47.04 |
| 浙江 | 57.41 | 3 | 667.97 | 584.42 | 267.44 | 19 382.93 | 17 223.14 | 6 008.28 | 43.76 |
| 安徽 | 26.06 | 18 | 439.40 | 360.07 | 209.87 | 16 258.35 | 13 755.41 | 7 023.22 | 50.79 |
| 福建 | 63.10 | 1 | 914.81 | 766.65 | 359.18 | 53 226.01 | 48 436.28 | 19 601.55 | 85.57 |
| 江西 | 58.32 | 2 | 1 054.92 | 973.63 | 291.87 | 45 045.51 | 39 529.64 | 10 734.82 | 51.46 |
| 山东 | 16.72 | 22 | 342.12 | 254.46 | 244.38 | 8 627.99 | 6 338.53 | 6 201.10 | 40.60 |
| 河南 | 20.16 | 20 | 502.02 | 336.59 | 217.39 | 18 051.16 | 12 936.12 | 7 480.12 | 45.65 |
| 湖北 | 31.14 | 17 | 822.01 | 578.82 | 167.01 | 23 121.55 | 20 942.49 | 4 207.79 | 41.24 |
| 湖南 | 44.76 | 8 | 1 234.21 | 948.17 | 464.04 | 38 177.20 | 34 906.67 | 16 018.33 | 48.05 |
| 广东 | 49.44 | 6 | 1 073.07 | 873.98 | 503.18 | 32 160.74 | 30 183.37 | 11 520.43 | 44.47 |
| 广西 | 52.71 | 4 | 1 496.45 | 1 252.50 | 515.52 | 5 156.78 | 46 875.18 | 17 127.98 | 58.11 |
| 海南 | 51.98 | 5 | 208.73 | 176.26 | 125.29 | 7 940.93 | 7 274.23 | 1 230.39 | 86.42 |
| 重庆 | 34.85 | 13 | 400.18 | 286.92 | 76.20 | 13 803.63 | 11 331.85 | 2 508.21 | 62.25 |
| 四川 | 34.31 | 14 | 3 211.66 | 1 659.52 | 415.65 | 168 753.50 | 159 572.40 | 13 361.09 | 136.94 |
| 贵州 | 31.61 | 16 | 841.23 | 556.92 | 199.86 | 27 911.53 | 24 007.96 | 8 718.38 | 60.31 |
| 云南 | 47.50 | 7 | 2 476.11 | 1 817.73 | 326.77 | 171 216.40 | 155 380.10 | 7 259.87 | 105.51 |
| 西藏 | 11.91 | 24 | 1 746.63 | 1 462.65 | 3.36 | 227 271.40 | 224 550.90 | 110.74 | 266.96 |
| 陕西 | 37.26 | 11 | 1 205.80 | 767.56 | 183.27 | 3 6144.16 | 3 3820.54 | 2 031.13 | 59.65 |
| 甘肃 | 10.42 | 26 | 955.44 | 468.78 | 80.77 | 21 708.26 | 19 363.83 | 2 022.38 | 90.73 |
| 青海 | 4.57 | 30 | 634 | 329.56 | 4.44 | 4 413.80 | 3 915.64 | 294.18 | 110.30 |
| 宁夏 | 9.84 | 27 | 179.03 | 51.10 | 10.38 | 625.93 | 492.14 | 186.12 | 44.38 |
| 新疆 | 4.02 | 31 | 1 066.57 | 661.65 | 61.75 | 33 914.5 | 30 100.54 | 4 072.54 | 177.86 |
| 台湾 | 58.79 | — | 210.24 | 210.24 | — | 35 874.40 | 35 820.90 | — | — |
| 香港 | 17.10 | — | 1.92 | 1.92 | — | — | — | — | — |
| 澳门 | 21.70 | — | 0.06 | 0.06 | — | — | — | — | — |

解:(1)判别函数的建立　由软件操作得分类函数和系数值,如表 18-11 所示。

**表 18-11 分类函数的系数值**

| 组分 | 森林覆盖率 | | | |
|---|---|---|---|---|
| | 1 | 2 | 3 | 4 |
| $X_1$ | 590.639 | 607.405 | 552.394 | 587.623 |
| $X_2$ | 670.841 | 645.539 | 608.809 | 612.453 |
| $X_3$ | 525.536 | 541.715 | 496.886 | 512.546 |
| $X_4$ | 540.332 | 599.456 | 523.883 | 563.205 |
| $X_5$ | 1 386.448 | −4 423.858 | −732.080 | 1 254.753 |
| $X_6$ | −199.239 | −71.945 | −127.999 | −99.657 |
| $X_7$ | −38.879 | −40.190 | −47.026 | −42.234 |
| Constant | −28 047.910 | −29 218.186 | −24 339.818 | −25 768.251 |

从表 18-11 可以看出各类判别函数，即 Fisher 线性判别函数：

$$Y_1 = -28\,047.910 + 590.639X_1 + 670.841X_2 + 525.536X_3 + 540.332X_4 + 1\,386.448X_5 - 199.239X_6 - 38.879X_7$$

$$Y_2 = -29\,218.186 + 607.405X_1 + 645.539X_2 + 541.715X_3 + 599.456X_4 - 4\,423.858X_5 - 71.945X_6 - 40.190X_7$$

$$Y_3 = -24\,339.818 + 552.394X_1 + 608.809X_2 + 496.866X_3 + 523.883X_4 - 7\,332.080X_5 - 127.999X_6 - 47.026X_7$$

$$Y_4 = -25\,768.251 + 587.623X_1 + 612.453X_2 + 512.546X_3 + 563.205X_4 + 1\,254.753X_5 - 99.657X_6 - 42.234X_7$$

(2)判别过程　判别函数可用于将观测值分类，即将新例观测值代入 4 个判别函数中，哪个判别函数值最大，就判为哪一类。分类结果如表 18-12 所示。

**表 18-12 分类结果**

| A | | | 预测组成员 | | | | 合计 |
|---|---|---|---|---|---|---|---|
| | | | 1.00 | 2.00 | 3.00 | 4.00 | |
| 初始 | 计数 | 1.00 | 7 | 0 | 0 | 2 | 9 |
| | | 2.00 | 1 | 2 | 1 | 1 | 5 |
| | | 3.00 | 1 | 0 | 1 | 1 | 3 |
| | | 4.00 | 1 | 3 | 0 | 6 | 10 |
| | | 未分组的案例 | 0 | 1 | 1 | 2 | 4 |
| | % | 1.00 | 77.8 | 0 | 0 | 22.2 | 100.0 |
| | | 2.00 | 20.0 | 40.0 | 20.0 | 20.0 | 100.0 |
| | | 3.00 | 33.3 | 0 | 33.3 | 33.3 | 100.0 |
| | | 4.00 | 10.0 | 30.0 | 0 | 60.0 | 100.0 |
| | | 未分组的案例 | 0 | 25.0 | 25.0 | 50.0 | 100.0 |

续表 18-12

| A | | 预测组成员 | | | | 合计 |
| --- | --- | --- | --- | --- | --- | --- |
| | | 1.00 | 2.00 | 3.00 | 4.00 | |
| 交叉验证 计数 | 1.00 | 7 | 0 | 0 | 2 | 9 |
| | 2.00 | 1 | 2 | 1 | 1 | 5 |
| | 3.00 | 1 | 0 | 1 | 1 | 3 |
| | 4.00 | 1 | 3 | 0 | 6 | 10 |
| % | 1.00 | 77.8 | 0 | 0 | 22.2 | 100.0 |
| | 2.00 | 20.0 | 40.0 | 20.0 | 20.0 | 100.0 |
| | 3.00 | 33.3 | 0 | 33.3 | 33.3 | 100.0 |
| | 4.00 | 10.0 | 30.0 | 0 | 60.0 | 100.0 |

①仅对分析中的案例进行交叉验证。在交叉验证中，每个案例都是按照从该案例以外的所有其他案例派生的函数来分类的。

②已对初始分组案例中的 89.3%个进行了正确分类。

③已对交叉验证分组案例中的 89.3%个进行了正确分类。

(3)判别结果　待判样品中黑龙江和陕西被判属第三组，天津和上海被判属第四组。这与实际情况相符。

## 思考题

1. 什么是判别分析？

2. Bayes 判别法的基本思想是什么？

3. Fisher 判别法的基本思想是什么？

4. 对全国 30 个省市自治区 1994 年影响各地区经济增长差异的制度变量(表 18-13)：$x_1$—经济增长率(%)、$x_2$—非国有化水平(%)、$x_3$—开放度(%)、$x_4$—市场化管理程度(%)做判别分析。

**表 18-13　各地区经济增长差异的制度变量**

| 类别 | 序号 | 地区 | $x_1$ | $x_2$ | $x_3$ | $x_4$ |
| --- | --- | --- | --- | --- | --- | --- |
| 第一组 | 1 | 辽宁 | 11.2 | 57.25 | 13.47 | 73.41 |
| | 2 | 河北 | 14.9 | 67.19 | 7.89 | 73.09 |
| | 3 | 天津 | 14.3 | 64.74 | 19.41 | 72.33 |
| | 4 | 北京 | 13.5 | 55.63 | 20.59 | 77.33 |
| | 5 | 山东 | 16.2 | 75.51 | 11.06 | 72.08 |
| | 6 | 上海 | 14.3 | 57.63 | 22.51 | 77.35 |
| | 7 | 浙江 | 20 | 83.94 | 15.99 | 89.5 |
| | 8 | 福建 | 21.8 | 68.03 | 39.42 | 71.9 |
| | 9 | 广东 | 19 | 78.31 | 83.03 | 80.75 |
| | 10 | 广西 | 16 | 57.11 | 12.57 | 60.91 |
| | 11 | 海南 | 11.9 | 49.97 | 30.7 | 69.2 |

续表 18-13

| 类别 | 序号 | 地区 | $x_1$ | $x_2$ | $x_3$ | $x_4$ |
|---|---|---|---|---|---|---|
| 第二组 | 12 | 黑龙江 | 8.7 | 30.72 | 15.41 | 60.25 |
| | 13 | 吉林 | 14.3 | 37.65 | 12.95 | 66.42 |
| | 14 | 内蒙古 | 10.1 | 34.63 | 7.68 | 62.96 |
| | 15 | 山西 | 9.1 | 56.33 | 10.3 | 66.01 |
| | 16 | 河南 | 13.8 | 65.23 | 4.69 | 64.24 |
| | 17 | 湖北 | 15.3 | 55.62 | 6.06 | 54.74 |
| | 18 | 湖南 | 11 | 55.55 | 8.02 | 67.47 |
| | 19 | 江西 | 18 | 62.88 | 6.4 | 58.83 |
| | 20 | 甘肃 | 10.4 | 30.01 | 4.61 | 60.26 |
| | 21 | 宁夏 | 8.2 | 29.28 | 6.11 | 50.71 |
| | 22 | 四川 | 11.4 | 62.88 | 5.31 | 61.49 |
| | 23 | 云南 | 11.6 | 28.57 | 9.08 | 68.47 |
| | 24 | 贵州 | 8.4 | 30.23 | 6.03 | 55.55 |
| | 25 | 青海 | 8.2 | 15.96 | 8.04 | 40.26 |
| | 26 | 新疆 | 10.9 | 24.75 | 8.34 | 46.01 |
| | 27 | 西藏 | 15.6 | 21.44 | 28.62 | 46.01 |
| 待判样品 | 28 | 江苏 | 16.5 | 80.05 | 8.81 | 73.04 |
| | 29 | 安徽 | 20.6 | 81.24 | 5.37 | 60.43 |
| | 30 | 陕西 | 8.6 | 42.06 | 8.88 | 56.37 |

# 附　　录

## 附录 1　附表

### 附表 1　正态分布表

$$\Phi(u)=\frac{1}{\sqrt{2\pi}}\int_{-\infty}^{u}e^{-\frac{u^2}{2}}du\quad(u\leqslant 0)$$

| $u$ | 0.00 | 0.01 | 0.02 | 0.03 | 0.04 | 0.05 | 0.06 | 0.07 | 0.08 | 0.09 | $u$ |
|---|---|---|---|---|---|---|---|---|---|---|---|
| −0.0 | 0.5000 | 0.4960 | 0.4920 | 0.4880 | 0.4840 | 0.4801 | 0.4761 | 0.4721 | 0.4681 | 0.4641 | −0.0 |
| −0.1 | 0.4602 | 0.4562 | 0.4522 | 0.4483 | 0.4443 | 0.4404 | 0.4364 | 0.4325 | 0.4286 | 0.4247 | −0.1 |
| −0.2 | 0.4207 | 0.4168 | 0.4129 | 0.4090 | 0.4052 | 0.4013 | 0.3974 | 0.3936 | 0.3897 | 0.3859 | −0.2 |
| −0.3 | 0.3821 | 0.3783 | 0.3745 | 0.3707 | 0.3669 | 0.3632 | 0.3594 | 0.3557 | 0.3520 | 0.3483 | −0.3 |
| −0.4 | 0.3446 | 0.3409 | 0.3372 | 0.3336 | 0.3300 | 0.3264 | 0.3228 | 0.3192 | 0.3156 | 0.3121 | −0.4 |
| −0.5 | 0.3085 | 0.3050 | 0.3015 | 0.2981 | 0.2946 | 0.2912 | 0.2877 | 0.2843 | 0.2810 | 0.2776 | −0.5 |
| −0.6 | 0.2743 | 0.2709 | 0.2673 | 0.2643 | 0.2611 | 0.2578 | 0.2546 | 0.2514 | 0.2483 | 0.2451 | −0.6 |
| −0.7 | 0.2420 | 0.2389 | 0.2358 | 0.2327 | 0.2297 | 0.2266 | 0.2236 | 0.2206 | 0.2177 | 0.2148 | −0.7 |
| −0.8 | 0.2119 | 0.2090 | 0.2061 | 0.2033 | 0.2005 | 0.1977 | 0.1949 | 0.1922 | 0.1894 | 0.1867 | −0.8 |
| −0.9 | 0.1841 | 0.1814 | 0.1788 | 0.1762 | 0.1736 | 0.1711 | 0.1685 | 0.1660 | 0.1635 | 0.1611 | −0.9 |
| −1.0 | 0.1587 | 0.1562 | 0.1539 | 0.1515 | 0.1492 | 0.1469 | 0.1446 | 0.1423 | 0.1401 | 0.1379 | −1.0 |
| −1.1 | 0.1357 | 0.1335 | 0.1314 | 0.1292 | 0.1271 | 0.1251 | 0.1230 | 0.1210 | 0.1190 | 0.1170 | −1.1 |
| −1.2 | 0.1151 | 0.1131 | 0.1112 | 0.1093 | 0.1075 | 0.1056 | 0.1038 | 0.1020 | 0.1003 | 0.09853 | −1.2 |
| −1.3 | 0.09680 | 0.09510 | 0.09342 | 0.09176 | 0.09012 | 0.08851 | 0.08691 | 0.08534 | 0.08379 | 0.08226 | −1.3 |
| −1.4 | 0.08076 | 0.07927 | 0.07780 | 0.07636 | 0.07493 | 0.07353 | 0.07215 | 0.07078 | 0.06944 | 0.06811 | −1.4 |
| −1.5 | 0.06681 | 0.06552 | 0.06426 | 0.06301 | 0.06178 | 0.06057 | 0.05938 | 0.05821 | 0.05705 | 0.05592 | −1.5 |
| −1.6 | 0.05480 | 0.05370 | 0.05262 | 0.05155 | 0.05050 | 0.04947 | 0.04846 | 0.04746 | 0.04648 | 0.04551 | −1.6 |
| −1.7 | 0.04457 | 0.04363 | 0.04272 | 0.04182 | 0.04093 | 0.04006 | 0.03920 | 0.03836 | 0.03754 | 0.03673 | −1.7 |
| −1.8 | 0.03593 | 0.03515 | 0.03438 | 0.03362 | 0.03288 | 0.03216 | 0.03144 | 0.03074 | 0.03005 | 0.02938 | −1.8 |
| −1.9 | 0.02872 | 0.02807 | 0.02743 | 0.02680 | 0.02619 | 0.02559 | 0.02500 | 0.02442 | 0.02385 | 0.02330 | −1.9 |
| −2.0 | 0.02275 | 0.02222 | 0.02169 | 0.02118 | 0.02068 | 0.02018 | 0.01970 | 0.01923 | 0.01876 | 0.01831 | −2.0 |
| −2.1 | 0.01786 | 0.01743 | 0.01700 | 0.01659 | 0.01618 | 0.01578 | 0.01539 | 0.01500 | 0.01463 | 0.01426 | −2.1 |
| −2.2 | 0.01390 | 0.01355 | 0.01321 | 0.01287 | 0.01255 | 0.01222 | 0.01191 | 0.01160 | 0.01130 | 0.01101 | −2.2 |
| −2.3 | 0.01072 | 0.01044 | 0.01017 | $0.0^{2}9903$ | $0.0^{2}9642$ | $0.0^{2}9387$ | $0.0^{2}9137$ | $0.0^{2}8894$ | $0.0^{2}8656$ | $0.0^{2}8424$ | −2.3 |
| −2.4 | $0.0^{2}8198$ | $0.0^{2}7976$ | $0.0^{2}7760$ | $0.0^{2}7549$ | $0.0^{2}7344$ | $0.0^{2}7143$ | $0.0^{2}6947$ | $0.0^{2}6756$ | $0.0^{2}6569$ | $0.0^{2}6387$ | −2.4 |
| −2.5 | $0.0^{2}6210$ | $0.0^{2}6037$ | $0.0^{2}5868$ | $0.0^{2}5703$ | $0.0^{2}5543$ | $0.0^{2}5386$ | $0.0^{2}5234$ | $0.0^{2}5085$ | $0.0^{2}4940$ | $0.0^{2}4799$ | −2.5 |
| −2.6 | $0.0^{2}4661$ | $0.0^{2}4527$ | $0.0^{2}4396$ | $0.0^{2}4269$ | $0.0^{2}4145$ | $0.0^{2}4025$ | $0.0^{2}3907$ | $0.0^{2}3793$ | $0.0^{2}3681$ | $0.0^{2}3573$ | −2.6 |
| −2.7 | $0.0^{2}3467$ | $0.0^{2}3364$ | $0.0^{2}3264$ | $0.0^{2}3167$ | $0.0^{2}3072$ | $0.0^{2}2980$ | $0.0^{2}2890$ | $0.0^{2}2803$ | $0.0^{2}2718$ | $0.0^{2}2635$ | −2.7 |
| −2.8 | $0.0^{2}2555$ | $0.0^{2}2477$ | $0.0^{2}2401$ | $0.0^{2}2327$ | $0.0^{2}2256$ | $0.0^{2}2186$ | $0.0^{2}2118$ | $0.0^{2}2052$ | $0.0^{2}1988$ | $0.0^{2}1926$ | −2.8 |
| −2.9 | $0.0^{2}1866$ | $0.0^{2}1807$ | $0.0^{2}1750$ | $0.0^{2}1695$ | $0.0^{2}1641$ | $0.0^{2}1589$ | $0.0^{2}1538$ | $0.0^{2}1489$ | $0.0^{2}1441$ | $0.0^{2}1395$ | −2.9 |
| −3.0 | $0.0^{2}1350$ | $0.0^{2}1306$ | $0.0^{2}1264$ | $0.0^{2}1223$ | $0.0^{2}1183$ | $0.0^{2}1144$ | $0.0^{2}1107$ | $0.0^{2}1070$ | $0.0^{2}1035$ | $0.0^{2}1001$ | −3.0 |
| −3.1 | $0.0^{3}9676$ | $0.0^{3}9354$ | $0.0^{3}9043$ | $0.0^{3}8740$ | $0.0^{3}8447$ | $0.0^{3}8164$ | $0.0^{3}7888$ | $0.0^{3}7622$ | $0.0^{3}7364$ | $0.0^{3}7114$ | −3.1 |
| −3.2 | $0.0^{3}6871$ | $0.0^{3}6637$ | $0.0^{3}6410$ | $0.0^{3}6190$ | $0.0^{3}5976$ | $0.0^{3}5770$ | $0.0^{3}5571$ | $0.0^{3}5377$ | $0.0^{3}5190$ | $0.0^{3}5009$ | −3.2 |

续附表 1

| $u$ | 0.00 | 0.01 | 0.02 | 0.03 | 0.04 | 0.05 | 0.06 | 0.07 | 0.08 | 0.09 | $u$ |
|---|---|---|---|---|---|---|---|---|---|---|---|
| −3.3 | $0.0^{3}4834$ | $0.0^{3}4665$ | $0.0^{3}4501$ | $0.0^{3}4342$ | $0.0^{3}4189$ | $0.0^{3}4041$ | $0.0^{3}3897$ | $0.0^{3}3758$ | $0.0^{3}3624$ | $0.0^{3}3495$ | −3.3 |
| −3.4 | $0.0^{3}3369$ | $0.0^{3}3248$ | $0.0^{3}3131$ | $0.0^{3}3018$ | $0.0^{3}2909$ | $0.0^{3}2803$ | $0.0^{3}2701$ | $0.0^{3}2602$ | $0.0^{3}2507$ | $0.0^{3}2415$ | −3.4 |
| −3.5 | $0.0^{3}2326$ | $0.0^{3}2241$ | $0.0^{3}2158$ | $0.0^{3}2078$ | $0.0^{3}2001$ | $0.0^{3}1926$ | $0.0^{3}1854$ | $0.0^{3}1785$ | $0.0^{3}1718$ | $0.0^{3}1653$ | −3.5 |
| −3.6 | $0.0^{3}1591$ | $0.0^{3}1531$ | $0.0^{3}1473$ | $0.0^{3}1417$ | $0.0^{3}1363$ | $0.0^{3}1311$ | $0.0^{3}1261$ | $0.0^{3}1213$ | $0.0^{3}1166$ | $0.0^{3}1121$ | −3.6 |
| −3.7 | $0.0^{3}1078$ | $0.0^{3}1036$ | $0.0^{4}9961$ | $0.0^{4}9574$ | $0.0^{4}9201$ | $0.0^{4}8842$ | $0.0^{4}8496$ | $0.0^{4}8162$ | $0.0^{4}7841$ | $0.0^{4}7532$ | −3.7 |
| −3.8 | $0.0^{4}7235$ | $0.0^{4}6948$ | $0.0^{4}6673$ | $0.0^{4}6407$ | $0.0^{4}6152$ | $0.0^{4}5906$ | $0.0^{4}5669$ | $0.0^{4}5442$ | $0.0^{4}5223$ | $0.0^{4}5012$ | −3.8 |
| −3.9 | $0.0^{4}4810$ | $0.0^{4}4615$ | $0.0^{4}4427$ | $0.0^{4}4247$ | $0.0^{4}4074$ | $0.0^{4}3908$ | $0.0^{4}3747$ | $0.0^{4}3594$ | $0.0^{4}3446$ | $0.0^{4}3304$ | −3.9 |
| −4.0 | $0.0^{4}3167$ | $0.0^{4}3036$ | $0.0^{4}2910$ | $0.0^{4}2789$ | $0.0^{4}2673$ | $0.0^{4}2561$ | $0.0^{4}2454$ | $0.0^{4}2351$ | $0.0^{4}2252$ | $0.0^{4}2157$ | −4.0 |
| −4.1 | $0.0^{4}2066$ | $0.0^{4}1978$ | $0.0^{4}1894$ | $0.0^{4}1814$ | $0.0^{4}1737$ | $0.0^{4}1662$ | $0.0^{4}1591$ | $0.0^{4}1523$ | $0.0^{4}1458$ | $0.0^{4}1395$ | −4.1 |
| −4.2 | $0.0^{4}1335$ | $0.0^{4}1277$ | $0.0^{4}1222$ | $0.0^{4}1168$ | $0.0^{4}1118$ | $0.0^{4}1069$ | $0.0^{4}1022$ | $0.0^{5}9774$ | $0.0^{5}9345$ | $0.0^{5}8934$ | −4.2 |
| −4.3 | $0.0^{5}8540$ | $0.0^{5}8163$ | $0.0^{5}7801$ | $0.0^{5}7455$ | $0.0^{5}7124$ | $0.0^{5}6807$ | $0.0^{5}6503$ | $0.0^{5}6212$ | $0.0^{5}5934$ | $0.0^{5}5668$ | −4.3 |
| −4.4 | $0.0^{5}5413$ | $0.0^{5}5169$ | $0.0^{5}4935$ | $0.0^{5}4712$ | $0.0^{5}4498$ | $0.0^{5}4294$ | $0.0^{5}4098$ | $0.0^{5}3911$ | $0.0^{5}3732$ | $0.0^{5}3561$ | −4.4 |
| −4.5 | $0.0^{5}3398$ | $0.0^{5}3241$ | $0.0^{5}3092$ | $0.0^{5}2949$ | $0.0^{5}2813$ | $0.0^{5}2682$ | $0.0^{5}2558$ | $0.0^{5}2439$ | $0.0^{5}2325$ | $0.0^{5}2216$ | −4.5 |
| −4.6 | $0.0^{5}2112$ | $0.0^{5}2013$ | $0.0^{5}1919$ | $0.0^{5}1828$ | $0.0^{5}1742$ | $0.0^{5}1660$ | $0.0^{5}1581$ | $0.0^{5}1506$ | $0.0^{5}1434$ | $0.0^{5}1366$ | −4.6 |
| −4.7 | $0.0^{5}1301$ | $0.0^{5}1239$ | $0.0^{5}1179$ | $0.0^{5}1123$ | $0.0^{5}1069$ | $0.0^{5}1017$ | $0.0^{6}9630$ | $0.0^{6}9211$ | $0.0^{6}8765$ | $0.0^{6}8339$ | −4.7 |
| −4.8 | $0.0^{6}7933$ | $0.0^{6}7547$ | $0.0^{6}7178$ | $0.0^{6}6827$ | $0.0^{6}6492$ | $0.0^{6}6173$ | $0.0^{6}5869$ | $0.0^{6}5580$ | $0.0^{6}5304$ | $0.0^{6}5042$ | −4.8 |
| −4.9 | $0.0^{6}4792$ | $0.0^{6}4554$ | $0.0^{6}4327$ | $0.0^{6}4111$ | $0.0^{6}3906$ | $0.0^{6}3711$ | $0.0^{6}3525$ | $0.0^{6}3348$ | $0.0^{6}3179$ | $0.0^{6}3019$ | −4.9 |
| 0.0 | 0.5000 | 0.5040 | 0.5080 | 0.5120 | 0.5160 | 0.5199 | 0.5239 | 0.5279 | 0.5319 | 0.5359 | 0.0 |
| 0.1 | 0.5398 | 0.5438 | 0.5478 | 0.5517 | 0.5557 | 0.5596 | 0.5636 | 0.5675 | 0.5714 | 0.5753 | 0.1 |
| 0.2 | 0.5793 | 0.5832 | 0.5871 | 0.5910 | 0.5948 | 0.5987 | 0.6026 | 0.6064 | 0.6103 | 0.6141 | 0.2 |
| 0.3 | 0.6179 | 0.6217 | 0.6255 | 0.6293 | 0.6331 | 0.6368 | 0.6406 | 0.6443 | 0.6480 | 0.6517 | 0.3 |
| 0.4 | 0.6554 | 0.6591 | 0.6628 | 0.6664 | 0.6700 | 0.6736 | 0.6772 | 0.6808 | 0.6844 | 0.6879 | 0.4 |
| 0.5 | 0.6915 | 0.6950 | 0.6985 | 0.7019 | 0.7054 | 0.7088 | 0.7123 | 0.7157 | 0.7190 | 0.7224 | 0.5 |
| 0.6 | 0.7257 | 0.7291 | 0.7324 | 0.7357 | 0.7389 | 0.7422 | 0.7454 | 0.7486 | 0.7517 | 0.7549 | 0.6 |
| 0.7 | 0.7580 | 0.7611 | 0.7642 | 0.7673 | 0.7703 | 0.7734 | 0.7764 | 0.7794 | 0.7823 | 0.7852 | 0.7 |
| 0.8 | 0.7881 | 0.7910 | 0.7939 | 0.7967 | 0.7995 | 0.8023 | 0.8051 | 0.8078 | 0.8106 | 0.8133 | 0.8 |
| 0.9 | 0.8159 | 0.8186 | 0.8212 | 0.8238 | 0.8264 | 0.8289 | 0.8315 | 0.8340 | 0.8365 | 0.8389 | 0.9 |
| 1.0 | 0.8413 | 0.8438 | 0.8461 | 0.8485 | 0.8508 | 0.8531 | 0.8554 | 0.8577 | 0.8599 | 0.8621 | 1.0 |
| 1.1 | 0.8643 | 0.8665 | 0.8686 | 0.8708 | 0.8729 | 0.8749 | 0.8770 | 0.8790 | 0.8810 | 0.8830 | 1.1 |
| 1.2 | 0.8849 | 0.8869 | 0.8888 | 0.8907 | 0.8925 | 0.8944 | 0.8962 | 0.8980 | 0.8997 | 0.90147 | 1.2 |
| 1.3 | 0.90320 | 0.90490 | 0.90658 | 0.90824 | 0.90988 | 0.91149 | 0.91309 | 0.91466 | 0.91621 | 0.91774 | 1.3 |
| 1.4 | 0.91924 | 0.92073 | 0.92220 | 0.92364 | 0.92507 | 0.92647 | 0.92785 | 0.92922 | 0.93056 | 0.93189 | 1.4 |
| 1.5 | 0.93319 | 0.93448 | 0.93574 | 0.93699 | 0.93822 | 0.93943 | 0.94062 | 0.94179 | 0.94295 | 0.94408 | 1.5 |
| 1.6 | 0.94520 | 0.94630 | 0.94738 | 0.94845 | 0.94950 | 0.95053 | 0.95154 | 0.95254 | 0.95352 | 0.95449 | 1.6 |
| 1.7 | 0.95543 | 0.95637 | 0.95728 | 0.95818 | 0.95907 | 0.95994 | 0.96080 | 0.96164 | 0.96246 | 0.96327 | 1.7 |
| 1.8 | 0.96407 | 0.96485 | 0.96562 | 0.96638 | 0.96712 | 0.96784 | 0.96856 | 0.96926 | 0.96995 | 0.97062 | 1.8 |
| 1.9 | 0.97128 | 0.97193 | 0.97257 | 0.97320 | 0.97381 | 0.97441 | 0.97500 | 0.97558 | 0.97615 | 0.97670 | 1.9 |
| 2.0 | 0.97725 | 0.97778 | 0.97831 | 0.97882 | 0.97932 | 0.97982 | 0.98030 | 0.98077 | 0.98124 | 0.98169 | 2.0 |
| 2.1 | 0.98214 | 0.98257 | 0.98300 | 0.98341 | 0.98382 | 0.98422 | 0.98461 | 0.98500 | 0.98537 | 0.98574 | 2.1 |
| 2.2 | 0.98610 | 0.98645 | 0.98679 | 0.98713 | 0.98745 | 0.98778 | 0.98809 | 0.98840 | 0.98870 | 0.98899 | 2.2 |

续附表 1

| *u* | 0.00 | 0.01 | 0.02 | 0.03 | 0.04 | 0.05 | 0.06 | 0.07 | 0.08 | 0.09 | *u* |
|---|---|---|---|---|---|---|---|---|---|---|---|
| 2.3 | 0.98928 | 0.98956 | 0.98983 | $0.9^{2}0097$ | $0.9^{2}0358$ | $0.9^{2}0613$ | $0.9^{2}0863$ | $0.9^{2}1106$ | $0.9^{2}1344$ | $0.9^{2}1576$ | 2.3 |
| 2.4 | $0.9^{2}1802$ | $0.9^{2}2024$ | $0.9^{2}2240$ | $0.9^{2}2451$ | $0.9^{2}2656$ | $0.9^{2}2857$ | $0.9^{2}3053$ | $0.9^{2}3244$ | $0.9^{2}3431$ | $0.9^{2}3613$ | 2.4 |
| 2.5 | $0.9^{2}3790$ | $0.9^{2}3963$ | $0.9^{2}4132$ | $0.9^{2}4297$ | $0.9^{2}4457$ | $0.9^{2}4614$ | $0.9^{2}4766$ | $0.9^{2}4915$ | $0.9^{2}5060$ | $0.9^{2}5201$ | 2.5 |
| 2.6 | $0.9^{2}5339$ | $0.9^{2}5473$ | $0.9^{2}5604$ | $0.9^{2}5731$ | $0.9^{2}5855$ | $0.9^{2}5975$ | $0.9^{2}6093$ | $0.9^{2}6207$ | $0.9^{2}6319$ | $0.9^{2}6427$ | 2.6 |
| 2.7 | $0.9^{2}6533$ | $0.9^{2}6636$ | $0.9^{2}6736$ | $0.9^{2}6833$ | $0.9^{2}6928$ | $0.9^{2}7020$ | $0.9^{2}7110$ | $0.9^{2}7197$ | $0.9^{2}7282$ | $0.9^{2}7365$ | 2.7 |
| 2.8 | $0.9^{2}7445$ | $0.9^{2}7523$ | $0.9^{2}7599$ | $0.9^{2}7673$ | $0.9^{2}7744$ | $0.9^{2}7814$ | $0.9^{2}7882$ | $0.9^{2}7948$ | $0.9^{2}8012$ | $0.9^{2}8074$ | 2.8 |
| 2.9 | $0.9^{2}8134$ | $0.9^{2}8193$ | $0.9^{2}8250$ | $0.9^{2}8305$ | $0.9^{2}8859$ | $0.9^{2}8411$ | $0.9^{2}8462$ | $0.9^{2}8511$ | $0.9^{2}8559$ | $0.9^{2}8605$ | 2.9 |
| 3.0 | $0.9^{2}8650$ | $0.9^{2}8694$ | $0.9^{2}8736$ | $0.9^{2}8777$ | $0.9^{2}8817$ | $0.9^{2}8856$ | $0.9^{2}8893$ | $0.9^{2}8930$ | $0.9^{2}8965$ | $0.9^{2}8999$ | 3.0 |
| 3.1 | $0.9^{3}0324$ | $0.9^{3}0646$ | $0.9^{3}0957$ | $0.9^{3}1260$ | $0.9^{3}1553$ | $0.9^{3}1836$ | $0.9^{3}2112$ | $0.9^{3}2378$ | $0.9^{3}2636$ | $0.9^{3}2886$ | 3.1 |
| 3.2 | $0.9^{3}3129$ | $0.9^{3}3363$ | $0.9^{3}3590$ | $0.9^{3}3810$ | $0.9^{3}4024$ | $0.9^{3}4230$ | $0.9^{3}4429$ | $0.9^{3}4623$ | $0.9^{3}4810$ | $0.9^{3}4991$ | 3.2 |
| 3.3 | $0.9^{3}5166$ | $0.9^{3}5335$ | $0.9^{3}5499$ | $0.9^{3}5658$ | $0.9^{3}5811$ | $0.9^{3}5959$ | $0.9^{3}6103$ | $0.9^{3}6242$ | $0.9^{3}6376$ | $0.9^{3}6505$ | 3.3 |
| 3.4 | $0.9^{3}6631$ | $0.9^{3}6752$ | $0.9^{3}6869$ | $0.9^{3}6982$ | $0.9^{3}7091$ | $0.9^{3}7197$ | $0.9^{3}7299$ | $0.9^{3}7398$ | $0.9^{3}7493$ | $0.9^{3}7585$ | 3.4 |
| 3.5 | $0.9^{3}7674$ | $0.9^{3}7759$ | $0.9^{3}7842$ | $0.9^{3}7922$ | $0.9^{3}7999$ | $0.9^{3}8074$ | $0.9^{3}8146$ | $0.9^{3}8215$ | $0.9^{3}8282$ | $0.9^{3}8347$ | 3.5 |
| 3.6 | $0.9^{3}8409$ | $0.9^{3}8469$ | $0.9^{3}8527$ | $0.9^{3}8583$ | $0.9^{3}8637$ | $0.9^{3}8689$ | $0.9^{3}8739$ | $0.9^{3}8787$ | $0.9^{3}8834$ | $0.9^{3}8879$ | 3.6 |
| 3.7 | $0.9^{3}8922$ | $0.9^{3}8964$ | $0.9^{4}0039$ | $0.9^{4}0426$ | $0.9^{4}0799$ | $0.9^{4}1158$ | $0.9^{4}1504$ | $0.9^{4}1838$ | $0.9^{4}2159$ | $0.9^{4}5468$ | 3.7 |
| 3.8 | $0.9^{4}2765$ | $0.9^{4}3052$ | $0.9^{4}3327$ | $0.9^{4}3593$ | $0.9^{4}3848$ | $0.9^{4}4094$ | $0.9^{4}4331$ | $0.9^{4}4558$ | $0.9^{4}4777$ | $0.9^{4}4983$ | 3.8 |
| 3.9 | $0.9^{4}5190$ | $0.9^{4}5385$ | $0.9^{4}5573$ | $0.9^{4}5753$ | $0.9^{4}5926$ | $0.9^{4}6092$ | $0.9^{4}6253$ | $0.9^{4}6406$ | $0.9^{4}6554$ | $0.9^{4}6696$ | 3.9 |
| 4.0 | $0.9^{4}6833$ | $0.9^{4}6964$ | $0.9^{4}7090$ | $0.9^{4}7211$ | $0.9^{4}7327$ | $0.9^{4}7439$ | $0.9^{4}7546$ | $0.9^{4}7649$ | $0.9^{4}7748$ | $0.9^{4}7843$ | 4.0 |
| 4.1 | $0.9^{4}7934$ | $0.9^{4}8022$ | $0.9^{4}8106$ | $0.9^{4}8186$ | $0.9^{4}8263$ | $0.9^{4}8338$ | $0.9^{4}8409$ | $0.9^{4}8477$ | $0.9^{4}8542$ | $0.9^{4}8605$ | 4.1 |
| 4.2 | $0.9^{4}8665$ | $0.9^{4}8723$ | $0.9^{4}8778$ | $0.9^{4}8832$ | $0.9^{4}8882$ | $0.9^{4}8931$ | $0.9^{4}8978$ | $0.9^{5}0226$ | $0.9^{5}0655$ | $0.9^{5}1066$ | 4.2 |
| 4.3 | $0.9^{5}1460$ | $0.9^{5}1837$ | $0.9^{5}2199$ | $0.9^{5}2545$ | $0.9^{5}2876$ | $0.9^{5}3193$ | $0.9^{5}3497$ | $0.9^{5}3788$ | $0.9^{5}4066$ | $0.9^{5}4332$ | 4.3 |
| 4.4 | $0.9^{5}4587$ | $0.9^{5}4831$ | $0.9^{5}5065$ | $0.9^{5}5288$ | $0.9^{5}5502$ | $0.9^{5}5706$ | $0.9^{5}5902$ | $0.9^{5}6089$ | $0.9^{5}6268$ | $0.9^{5}6439$ | 4.4 |
| 4.5 | $0.9^{5}6602$ | $0.9^{5}6759$ | $0.9^{5}6908$ | $0.9^{5}7051$ | $0.9^{5}7187$ | $0.9^{5}7318$ | $0.9^{5}7442$ | $0.9^{5}7561$ | $0.9^{5}7675$ | $0.9^{5}7784$ | 4.5 |
| 4.6 | $0.9^{5}7888$ | $0.9^{5}7987$ | $0.9^{5}8081$ | $0.9^{5}8172$ | $0.9^{5}8258$ | $0.9^{5}8340$ | $0.9^{5}8419$ | $0.9^{5}8494$ | $0.9^{5}8566$ | $0.9^{5}8634$ | 4.6 |
| 4.7 | $0.9^{5}8699$ | $0.9^{5}8761$ | $0.9^{5}8821$ | $0.9^{5}8877$ | $0.9^{5}8931$ | $0.9^{5}8983$ | $0.9^{6}0320$ | $0.9^{6}0789$ | $0.9^{6}1235$ | $0.9^{6}1661$ | 4.7 |
| 4.8 | $0.9^{6}2067$ | $0.9^{6}2453$ | $0.9^{6}2822$ | $0.9^{6}3173$ | $0.9^{6}3508$ | $0.9^{6}3827$ | $0.9^{6}4131$ | $0.9^{6}4420$ | $0.9^{6}4696$ | $0.9^{6}4958$ | 4.8 |
| 4.9 | $0.9^{6}5208$ | $0.9^{6}5446$ | $0.9^{6}5673$ | $0.9^{6}5889$ | $0.9^{6}6094$ | $0.9^{6}6289$ | $0.9^{6}6475$ | $0.9^{6}6652$ | $0.9^{6}6821$ | $0.9^{6}6981$ | 4.9 |

**附表 2 正态分布的双侧分位数($u_\alpha$)表**

| α | α | | | | | | | | | |
|---|---|---|---|---|---|---|---|---|---|---|
| | 0.01 | 0.02 | 0.03 | 0.04 | 0.05 | 0.06 | 0.07 | 0.08 | 0.09 | 0.10 |
| 0.0 | 2.575829 | 2.326348 | 2.170090 | 2.053749 | 1.959964 | 1.880794 | 1.811911 | 1.750686 | 1.695398 | 1.644854 |
| 0.1 | 1.598193 | 1.554774 | 1.514102 | 1.475791 | 1.439531 | 1.405072 | 1.372204 | 1.340755 | 1.310579 | 1.281552 |
| 0.2 | 1.253565 | 1.226528 | 1.200359 | 1.174987 | 1.150349 | 1.126391 | 1.103063 | 1.080319 | 1.058122 | 1.036433 |
| 0.3 | 1.015222 | 0.994458 | 0.974114 | 0.954165 | 0.934589 | 0.915365 | 0.896473 | 0.877896 | 0.859617 | 0.841621 |
| 0.4 | 0.823894 | 0.806421 | 0.789192 | 0.772193 | 0.755415 | 0.738847 | 0.722479 | 0.706303 | 0.690309 | 0.674490 |
| 0.5 | 0.658838 | 0.643345 | 0.628006 | 0.612813 | 0.597760 | 0.582841 | 0.568051 | 0.553385 | 0.538836 | 0.524401 |
| 0.6 | 0.510073 | 0.495850 | 0.481727 | 0.467699 | 0.453762 | 0.439913 | 0.426148 | 0.412463 | 0.398855 | 0.385320 |
| 0.7 | 0.371856 | 0.358459 | 0.345125 | 0.331853 | 0.318639 | 0.305481 | 0.292375 | 0.279319 | 0.266311 | 0.253347 |
| 0.8 | 0.240426 | 0.227545 | 0.214702 | 0.201893 | 0.189118 | 0.176374 | 0.163658 | 0.150969 | 0.138304 | 0.125661 |
| 0.9 | 0.113039 | 0.100434 | 0.087845 | 0.075270 | 0.062707 | 0.050154 | 0.037608 | 0.025069 | 0.012533 | 0.000000 |

## 附表 3　$t$ 值表

| 自由度 *df* | | 概　率（*P*） | | | | | | | | | |
|---|---|---|---|---|---|---|---|---|---|---|---|
| | 单侧 | 0.25 | 0.20 | 0.10 | 0.05 | 0.025 | 0.01 | 0.005 | 0.002 5 | 0.001 | 0.000 5 |
| | 双侧 | 0.50 | 0.40 | 0.20 | 0.10 | 0.05 | 0.02 | 0.01 | 0.005 | 0.002 | 0.001 |
| 1 | | 1.000 | 1.376 | 3.078 | 6.314 | 12.706 | 31.821 | 63.657 | 127.321 | 318.309 | 636.619 |
| 2 | | 0.816 | 1.061 | 1.886 | 2.920 | 4.303 | 6.965 | 9.925 | 14.089 | 22.309 | 31.599 |
| 3 | | 0.765 | 0.978 | 1.638 | 2.353 | 3.182 | 4.541 | 5.841 | 7.453 | 10.215 | 12.924 |
| 4 | | 0.741 | 0.941 | 1.533 | 2.132 | 2.776 | 3.747 | 4.604 | 5.598 | 7.173 | 8.610 |
| 5 | | 0.727 | 0.920 | 1.476 | 2.015 | 2.571 | 3.365 | 4.032 | 4.773 | 5.893 | 6.869 |
| 6 | | 0.718 | 0.906 | 1.440 | 1.943 | 2.447 | 3.143 | 3.707 | 4.317 | 5.208 | 5.959 |
| 7 | | 0.711 | 0.896 | 1.415 | 1.895 | 2.365 | 2.998 | 3.499 | 4.029 | 4.785 | 5.408 |
| 8 | | 0.706 | 0.889 | 1.397 | 1.860 | 2.306 | 2.896 | 3.355 | 3.833 | 4.501 | 5.041 |
| 9 | | 0.703 | 0.883 | 1.383 | 1.833 | 2.262 | 2.821 | 3.250 | 3.690 | 4.297 | 4.781 |
| 10 | | 0.700 | 0.879 | 1.372 | 1.812 | 2.228 | 2.764 | 3.169 | 3.581 | 4.144 | 4.587 |
| 11 | | 0.697 | 0.876 | 1.363 | 1.796 | 2.201 | 2.718 | 3.106 | 3.497 | 4.025 | 4.437 |
| 12 | | 0.695 | 0.873 | 1.356 | 1.782 | 2.179 | 2.681 | 3.055 | 3.428 | 3.930 | 4.318 |
| 13 | | 0.694 | 0.870 | 1.350 | 1.771 | 2.160 | 2.650 | 3.012 | 3.372 | 3.852 | 4.221 |
| 14 | | 0.692 | 0.868 | 1.345 | 1.761 | 2.145 | 2.624 | 2.977 | 3.326 | 3.787 | 4.140 |
| 15 | | 0.691 | 0.866 | 1.341 | 1.753 | 2.131 | 2.602 | 2.947 | 3.286 | 3.733 | 4.073 |
| 16 | | 0.690 | 0.865 | 1.337 | 1.746 | 2.120 | 2.583 | 2.921 | 3.252 | 3.686 | 4.015 |
| 17 | | 0.689 | 0.863 | 1.333 | 1.740 | 2.110 | 2.567 | 2.898 | 3.222 | 3.646 | 3.965 |
| 18 | | 0.688 | 0.862 | 1.330 | 1.734 | 2.101 | 2.552 | 2.878 | 3.197 | 3.610 | 3.922 |
| 19 | | 0.688 | 0.861 | 1.328 | 1.729 | 2.093 | 2.539 | 2.861 | 3.174 | 3.579 | 3.883 |
| 20 | | 0.687 | 0.860 | 1.325 | 1.725 | 2.086 | 2.528 | 2.845 | 3.153 | 3.552 | 3.850 |
| 21 | | 0.686 | 0.859 | 1.323 | 1.721 | 2.080 | 2.518 | 2.831 | 3.135 | 3.527 | 3.819 |
| 22 | | 0.686 | 0.858 | 1.321 | 1.717 | 2.074 | 2.508 | 2.819 | 3.119 | 3.505 | 3.792 |
| 23 | | 0.685 | 0.858 | 1.319 | 1.714 | 2.069 | 2.500 | 2.807 | 3.104 | 3.485 | 3.768 |
| 24 | | 0.685 | 0.857 | 1.318 | 1.711 | 2.064 | 2.492 | 2.797 | 3.091 | 3.467 | 3.745 |
| 25 | | 0.684 | 0.856 | 1.316 | 1.708 | 2.060 | 2.485 | 2.787 | 3.078 | 3.450 | 3.725 |
| 26 | | 0.684 | 0.856 | 1.315 | 1.706 | 2.056 | 2.479 | 2.779 | 3.067 | 3.435 | 3.707 |
| 27 | | 0.684 | 0.855 | 1.314 | 1.703 | 2.052 | 2.473 | 2.771 | 3.057 | 3.421 | 3.690 |
| 28 | | 0.683 | 0.855 | 1.313 | 1.701 | 2.048 | 2.467 | 2.763 | 3.047 | 3.408 | 3.674 |
| 29 | | 0.683 | 0.854 | 1.311 | 1.699 | 2.045 | 2.462 | 2.756 | 3.038 | 3.396 | 3.659 |
| 30 | | 0.683 | 0.854 | 1.310 | 1.697 | 2.042 | 2.457 | 2.750 | 3.030 | 3.385 | 3.646 |
| 31 | | 0.682 | 0.853 | 1.309 | 1.696 | 2.040 | 2.453 | 2.744 | 3.022 | 3.375 | 3.633 |
| 32 | | 0.682 | 0.853 | 1.309 | 1.694 | 2.037 | 2.449 | 2.738 | 3.015 | 3.365 | 3.622 |
| 33 | | 0.682 | 0.853 | 1.308 | 1.692 | 2.035 | 2.445 | 2.733 | 3.008 | 3.356 | 3.611 |
| 34 | | 0.682 | 0.852 | 1.307 | 1.691 | 2.032 | 2.441 | 2.728 | 3.002 | 3.348 | 3.601 |
| 35 | | 0.682 | 0.852 | 1.306 | 1.690 | 2.030 | 2.438 | 2.724 | 2.996 | 3.340 | 3.591 |
| 36 | | 0.681 | 0.852 | 1.306 | 1.688 | 2.028 | 2.434 | 2.719 | 2.990 | 3.333 | 3.582 |
| 37 | | 0.681 | 0.851 | 1.305 | 1.687 | 2.026 | 2.431 | 2.715 | 2.985 | 3.326 | 3.574 |
| 38 | | 0.681 | 0.851 | 1.304 | 1.686 | 2.024 | 2.429 | 2.712 | 2.980 | 3.319 | 3.566 |
| 39 | | 0.681 | 0.851 | 1.304 | 1.685 | 2.023 | 2.426 | 2.708 | 2.976 | 3.313 | 3.558 |
| 40 | | 0.681 | 0.851 | 1.303 | 1.684 | 2.021 | 2.423 | 2.704 | 2.971 | 3.307 | 3.551 |
| 50 | | 0.679 | 0.849 | 1.299 | 1.676 | 2.009 | 2.403 | 2.678 | 2.937 | 3.261 | 3.496 |
| 60 | | 0.679 | 0.848 | 1.296 | 1.671 | 2.000 | 2.390 | 2.660 | 2.915 | 3.232 | 3.460 |
| 70 | | 0.678 | 0.847 | 1.294 | 1.667 | 1.994 | 2.381 | 2.648 | 2.899 | 3.211 | 3.435 |
| 80 | | 0.678 | 0.846 | 1.292 | 1.664 | 1.990 | 2.374 | 2.639 | 2.887 | 3.195 | 3.416 |
| 90 | | 0.677 | 0.846 | 1.291 | 1.662 | 1.987 | 2.368 | 2.632 | 2.878 | 3.183 | 3.402 |
| 100 | | 0.677 | 0.845 | 1.290 | 1.660 | 1.984 | 2.364 | 2.626 | 2.871 | 3.174 | 3.390 |
| 200 | | 0.676 | 0.843 | 1.286 | 1.653 | 1.972 | 2.345 | 2.601 | 2.839 | 3.131 | 3.340 |
| 500 | | 0.675 | 0.842 | 1.283 | 1.648 | 1.965 | 2.334 | 2.586 | 2.820 | 3.107 | 3.310 |
| 1 000 | | 0.675 | 0.842 | 1.282 | 1.646 | 1.962 | 2.330 | 2.581 | 2.813 | 3.098 | 3.300 |
| ∞ | | 0.674 5 | 0.841 6 | 1.281 6 | 1.644 9 | 1.960 0 | 2.326 3 | 2.575 8 | 2.807 0 | 3.090 2 | 3.290 5 |

**附表4 *F* 值表(方差分析用)**

方差分析用(单尾):上行概率0.05,下行概率0.01

| 分母的自由度 $df_2$ | 分子的自由度 $df_1$ | | | | | | | | | | | |
|---|---|---|---|---|---|---|---|---|---|---|---|---|
| | 1 | 2 | 3 | 4 | 5 | 6 | 7 | 8 | 9 | 10 | 11 | 12 |
| 1 | 161 | 200 | 216 | 225 | 230 | 234 | 237 | 239 | 241 | 242 | 243 | 224 |
| | 4 052 | 4 999 | 5 403 | 5 625 | 5 764 | 5 859 | 5 928 | 5 981 | 6 022 | 6 056 | 6 082 | 6 106 |
| 2 | 18.51 | 19.00 | 19.16 | 19.25 | 19.30 | 19.33 | 19.36 | 19.37 | 19.38 | 19.39 | 19.40 | 19.41 |
| | 98.49 | 99.00 | 99.17 | 99.25 | 99.30 | 99.33 | 99.34 | 99.36 | 99.38 | 99.40 | 99.41 | 99.42 |
| 3 | 10.13 | 9.55 | 9.28 | 9.12 | 9.01 | 8.94 | 8.88 | 8.84 | 8.81 | 8.78 | 8.76 | 8.74 |
| | 34.12 | 30.82 | 29.46 | 28.71 | 28.24 | 27.91 | 27.67 | 27.49 | 27.34 | 27.23 | 27.13 | 27.05 |
| 4 | 7.71 | 6.94 | 6.59 | 6.39 | 6.26 | 6.16 | 6.09 | 6.04 | 6.00 | 5.96 | 5.93 | 5.91 |
| | 21.20 | 18.00 | 16.69 | 15.98 | 15.52 | 15.21 | 14.98 | 14.80 | 14.66 | 14.54 | 14.45 | 14.37 |
| 5 | 6.61 | 5.79 | 5.41 | 5.19 | 5.05 | 4.95 | 4.88 | 4.82 | 4.78 | 4.74 | 4.70 | 4.68 |
| | 16.26 | 13.27 | 12.06 | 11.39 | 10.97 | 10.67 | 10.45 | 10.27 | 10.15 | 10.05 | 9.96 | 9.89 |
| 6 | 5.99 | 5.14 | 4.76 | 4.53 | 4.39 | 4.28 | 4.21 | 4.15 | 4.10 | 4.06 | 4.03 | 4.00 |
| | 13.74 | 10.92 | 9.78 | 9.15 | 8.75 | 8.47 | 8.26 | 8.10 | 7.98 | 7.87 | 7.79 | 7.72 |
| 7 | 5.59 | 4.74 | 4.35 | 4.12 | 3.97 | 3.87 | 3.79 | 3.73 | 3.68 | 3.63 | 3.60 | 3.57 |
| | 12.25 | 9.55 | 8.45 | 7.85 | 7.46 | 7.19 | 7.00 | 6.84 | 6.71 | 6.62 | 6.54 | 6.47 |
| 8 | 5.32 | 4.46 | 4.07 | 3.84 | 3.69 | 3.58 | 3.50 | 3.44 | 3.39 | 3.34 | 3.31 | 3.28 |
| | 11.26 | 8.65 | 7.59 | 7.01 | 6.63 | 6.37 | 6.19 | 6.03 | 5.91 | 5.82 | 5.74 | 5.67 |
| 9 | 5.12 | 4.26 | 3.86 | 3.63 | 3.48 | 3.37 | 3.29 | 3.23 | 3.18 | 3.13 | 3.10 | 3.07 |
| | 10.56 | 8.02 | 6.99 | 6.42 | 6.06 | 5.80 | 5.62 | 5.47 | 5.35 | 5.26 | 5.18 | 5.11 |
| 10 | 4.96 | 4.10 | 3.71 | 3.48 | 3.33 | 3.22 | 3.14 | 3.07 | 3.02 | 2.97 | 2.94 | 2.91 |
| | 10.04 | 7.56 | 6.55 | 5.99 | 5.64 | 5.39 | 5.21 | 5.06 | 4.95 | 4.85 | 4.78 | 4.71 |
| 11 | 4.84 | 3.98 | 3.59 | 3.36 | 3.20 | 3.09 | 3.01 | 2.95 | 2.90 | 2.86 | 2.82 | 2.76 |
| | 9.65 | 7.20 | 6.22 | 5.67 | 5.32 | 5.07 | 4.88 | 4.74 | 4.63 | 4.54 | 4.46 | 4.40 |
| 12 | 4.75 | 3.88 | 3.49 | 3.26 | 3.11 | 3.00 | 2.92 | 2.85 | 2.80 | 2.76 | 2.72 | 2.69 |
| | 9.33 | 6.93 | 5.95 | 5.41 | 5.06 | 4.82 | 4.65 | 4.50 | 4.39 | 4.30 | 4.22 | 4.16 |
| 13 | 4.67 | 3.80 | 3.41 | 3.18 | 3.02 | 2.92 | 2.84 | 2.77 | 2.72 | 2.67 | 2.63 | 2.60 |
| | 9.07 | 6.70 | 5.74 | 5.20 | 4.86 | 4.62 | 4.44 | 4.30 | 4.19 | 4.10 | 4.02 | 3.96 |
| 14 | 4.60 | 3.74 | 3.34 | 3.11 | 2.96 | 2.85 | 2.77 | 2.70 | 2.65 | 2.60 | 2.56 | 2.53 |
| | 8.86 | 6.51 | 5.56 | 5.03 | 4.69 | 4.46 | 4.28 | 4.14 | 4.03 | 3.94 | 3.86 | 3.80 |
| 15 | 4.54 | 3.68 | 3.29 | 3.06 | 2.90 | 2.79 | 2.70 | 2.64 | 2.59 | 2.55 | 2.51 | 2.48 |
| | 8.68 | 6.36 | 5.42 | 4.89 | 4.56 | 4.32 | 4.14 | 4.00 | 3.89 | 3.80 | 3.73 | 3.67 |
| 16 | 4.49 | 3.63 | 3.24 | 3.01 | 2.85 | 2.74 | 2.66 | 2.59 | 2.54 | 2.49 | 2.45 | 2.42 |
| | 8.53 | 6.23 | 5.29 | 4.77 | 4.44 | 4.20 | 4.03 | 3.89 | 3.78 | 3.69 | 3.61 | 3.55 |
| 17 | 4.45 | 3.59 | 3.20 | 2.96 | 2.81 | 2.70 | 2.62 | 2.55 | 2.50 | 2.45 | 2.41 | 2.38 |
| | 8.40 | 6.11 | 5.18 | 4.67 | 4.34 | 4.10 | 3.93 | 3.79 | 3.68 | 3.59 | 3.52 | 3.45 |
| 18 | 4.41 | 3.55 | 3.16 | 2.93 | 2.77 | 2.66 | 2.58 | 2.51 | 2.46 | 2.41 | 2.37 | 2.34 |
| | 8.28 | 6.01 | 5.09 | 4.58 | 4.25 | 4.01 | 3.85 | 3.71 | 3.60 | 3.51 | 3.44 | 3.37 |
| 19 | 4.38 | 3.52 | 3.13 | 2.90 | 2.74 | 2.63 | 2.55 | 2.48 | 2.43 | 2.38 | 2.34 | 2.31 |
| | 8.18 | 5.93 | 5.01 | 4.50 | 4.17 | 3.94 | 3.77 | 3.63 | 3.52 | 3.43 | 3.36 | 3.30 |
| 20 | 4.35 | 3.49 | 3.10 | 2.87 | 2.71 | 2.60 | 2.52 | 2.45 | 2.40 | 2.35 | 2.31 | 2.28 |
| | 8.10 | 5.85 | 4.94 | 4.43 | 4.10 | 3.87 | 3.71 | 3.56 | 3.45 | 3.37 | 3.30 | 3.23 |
| 21 | 4.32 | 3.47 | 3.07 | 2.84 | 2.68 | 2.57 | 2.49 | 2.42 | 2.37 | 2.32 | 2.28 | 2.25 |
| | 8.02 | 5.78 | 4.87 | 4.37 | 4.04 | 3.81 | 3.65 | 3.51 | 3.40 | 3.31 | 3.24 | 3.17 |
| 22 | 4.30 | 3.44 | 3.05 | 2.82 | 2.66 | 2.55 | 2.47 | 2.40 | 2.35 | 2.30 | 2.26 | 2.23 |
| | 7.94 | 5.72 | 4.82 | 4.31 | 3.99 | 3.76 | 3.59 | 3.45 | 3.35 | 3.26 | 3.18 | 3.12 |
| 23 | 4.28 | 3.42 | 3.03 | 2.80 | 2.64 | 2.53 | 2.45 | 2.38 | 2.32 | 2.28 | 2.24 | 3.20 |
| | 7.88 | 5.66 | 4.76 | 4.26 | 3.94 | 3.71 | 3.54 | 3.41 | 3.30 | 3.21 | 3.14 | 3.07 |
| 24 | 4.26 | 3.40 | 3.01 | 2.78 | 2.62 | 2.51 | 2.43 | 2.36 | 2.30 | 2.26 | 2.22 | 2.18 |
| | 7.82 | 5.61 | 4.72 | 4.22 | 3.90 | 3.67 | 3.50 | 3.36 | 3.25 | 3.17 | 3.09 | 3.03 |
| 25 | 4.24 | 3.38 | 2.99 | 2.76 | 2.60 | 2.49 | 2.41 | 2.34 | 2.28 | 2.24 | 2.20 | 2.16 |
| | 7.77 | 5.57 | 4.68 | 4.18 | 3.86 | 3.63 | 3.46 | 3.32 | 3.21 | 3.13 | 3.05 | 2.99 |

续附表 4

| 分母的自由度 $df_2$ | 分子的自由度 $df_1$ 14 | 16 | 20 | 24 | 30 | 40 | 50 | 75 | 100 | 200 | 500 | ∞ |
|---|---|---|---|---|---|---|---|---|---|---|---|---|
| 1 | 245 | 246 | 248 | 249 | 250 | 251 | 252 | 253 | 253 | 254 | 254 | 254 |
| | 6 142 | 6 169 | 6 208 | 6 234 | 6 258 | 6 286 | 6 302 | 6 323 | 6 334 | 6 352 | 6 361 | 6 366 |
| 2 | 19.42 | 19.43 | 19.44 | 19.45 | 19.46 | 19.47 | 19.47 | 19.48 | 19.49 | 19.49 | 19.50 | 19.50 |
| | 99.43 | 99.44 | 99.45 | 99.46 | 99.47 | 99.48 | 99.48 | 99.49 | 99.49 | 99.49 | 99.50 | 99.50 |
| 3 | 8.71 | 8.69 | 8.66 | 8.64 | 8.62 | 8.60 | 8.58 | 8.57 | 8.56 | 8.54 | 8.54 | 8.53 |
| | 26.92 | 26.83 | 26.69 | 26.60 | 26.50 | 26.41 | 26.35 | 26.27 | 26.23 | 26.18 | 26.14 | 26.12 |
| 4 | 5.87 | 5.84 | 5.80 | 5.77 | 5.74 | 5.71 | 5.70 | 5.68 | 5.66 | 5.65 | 5.64 | 5.63 |
| | 14.24 | 14.15 | 14.02 | 13.93 | 13.83 | 13.74 | 13.69 | 13.61 | 13.57 | 13.52 | 13.48 | 13.46 |
| 5 | 4.64 | 4.60 | 4.56 | 4.53 | 4.50 | 4.46 | 4.44 | 4.42 | 4.40 | 4.38 | 4.37 | 4.36 |
| | 9.77 | 9.68 | 9.55 | 9.47 | 9.38 | 9.29 | 9.24 | 9.17 | 9.13 | 9.07 | 9.04 | 9.02 |
| 6 | 3.96 | 3.92 | 3.87 | 3.84 | 3.81 | 3.77 | 3.75 | 3.72 | 3.71 | 3.69 | 3.68 | 3.67 |
| | 7.60 | 7.52 | 7.39 | 7.31 | 7.23 | 7.14 | 7.09 | 7.02 | 6.99 | 6.94 | 6.90 | 6.88 |
| 7 | 3.52 | 3.49 | 3.44 | 3.41 | 3.38 | 3.34 | 3.32 | 3.29 | 3.28 | 3.25 | 3.24 | 3.23 |
| | 6.35 | 6.27 | 6.15 | 6.07 | 5.98 | 5.90 | 5.85 | 5.78 | 5.75 | 5.70 | 5.67 | 5.65 |
| 8 | 3.23 | 3.20 | 3.15 | 3.12 | 3.08 | 3.05 | 3.03 | 3.00 | 2.98 | 2.96 | 2.94 | 2.93 |
| | 5.56 | 5.48 | 5.36 | 5.28 | 5.20 | 5.11 | 5.06 | 5.00 | 4.96 | 4.91 | 4.88 | 4.86 |
| 9 | 3.02 | 2.98 | 2.93 | 2.90 | 2.86 | 2.82 | 2.80 | 2.77 | 2.76 | 2.73 | 2.72 | 2.71 |
| | 5.00 | 4.92 | 4.80 | 4.73 | 4.64 | 4.56 | 4.51 | 4.45 | 4.41 | 4.36 | 4.33 | 4.31 |
| 10 | 2.86 | 2.82 | 2.77 | 2.74 | 2.70 | 2.67 | 2.64 | 2.61 | 2.59 | 2.56 | 2.55 | 2.54 |
| | 4.60 | 4.52 | 4.41 | 4.33 | 4.25 | 4.17 | 4.12 | 4.05 | 4.01 | 3.96 | 3.93 | 3.91 |
| 11 | 2.74 | 2.70 | 2.65 | 2.61 | 2.57 | 2.53 | 2.50 | 2.47 | 2.45 | 2.42 | 2.41 | 2.40 |
| | 4.29 | 4.21 | 4.10 | 4.02 | 3.94 | 3.86 | 3.80 | 3.74 | 3.70 | 3.66 | 3.62 | 3.60 |
| 12 | 2.64 | 2.60 | 2.54 | 2.50 | 2.46 | 2.42 | 2.40 | 2.36 | 2.35 | 2.32 | 2.31 | 2.30 |
| | 4.05 | 3.98 | 3.86 | 3.78 | 3.70 | 3.61 | 3.56 | 3.49 | 3.46 | 3.41 | 3.38 | 3.36 |
| 13 | 2.55 | 2.51 | 2.46 | 2.42 | 2.38 | 2.34 | 2.32 | 2.28 | 2.26 | 2.24 | 2.22 | 2.21 |
| | 3.85 | 3.78 | 3.67 | 3.59 | 3.51 | 3.42 | 3.37 | 3.30 | 3.27 | 3.21 | 3.18 | 3.16 |
| 14 | 2.48 | 2.44 | 2.39 | 2.35 | 2.31 | 2.27 | 2.24 | 2.21 | 2.19 | 2.16 | 2.14 | 2.13 |
| | 3.70 | 3.62 | 3.51 | 3.43 | 3.34 | 3.26 | 3.21 | 3.14 | 3.11 | 3.06 | 3.02 | 3.00 |
| 15 | 2.43 | 2.39 | 2.33 | 2.29 | 2.25 | 2.21 | 2.18 | 2.15 | 2.12 | 2.10 | 2.08 | 2.07 |
| | 3.56 | 3.48 | 3.36 | 3.29 | 3.20 | 3.12 | 3.07 | 3.00 | 2.97 | 2.92 | 2.89 | 2.87 |
| 16 | 2.37 | 2.33 | 2.28 | 2.24 | 2.20 | 2.16 | 2.13 | 2.09 | 2.07 | 2.04 | 2.02 | 2.01 |
| | 3.45 | 3.37 | 3.25 | 3.18 | 3.10 | 3.01 | 2.96 | 2.89 | 2.86 | 2.80 | 2.77 | 2.75 |
| 17 | 2.33 | 2.29 | 2.23 | 2.19 | 2.15 | 2.11 | 2.08 | 2.04 | 2.02 | 1.99 | 1.97 | 1.96 |
| | 3.35 | 3.27 | 3.16 | 3.08 | 3.00 | 2.92 | 2.86 | 2.79 | 2.76 | 2.70 | 2.67 | 2.65 |
| 18 | 2.29 | 2.25 | 2.19 | 2.15 | 2.11 | 2.07 | 2.04 | 2.00 | 1.98 | 1.95 | 1.93 | 1.92 |
| | 3.27 | 3.19 | 3.07 | 3.00 | 2.91 | 2.83 | 2.78 | 2.71 | 2.68 | 2.62 | 2.59 | 2.57 |
| 19 | 2.26 | 2.21 | 2.15 | 2.11 | 2.07 | 2.02 | 2.00 | 1.96 | 1.94 | 1.91 | 1.90 | 1.88 |
| | 3.19 | 3.12 | 3.00 | 2.92 | 2.84 | 2.76 | 2.70 | 2.63 | 2.60 | 2.54 | 2.51 | 2.49 |
| 20 | 2.23 | 2.18 | 2.12 | 2.08 | 2.04 | 1.99 | 1.96 | 1.92 | 1.90 | 1.87 | 1.85 | 1.84 |
| | 3.13 | 3.05 | 2.94 | 2.86 | 2.77 | 2.69 | 2.63 | 2.56 | 2.53 | 2.47 | 2.44 | 2.42 |
| 21 | 2.20 | 2.15 | 2.09 | 2.05 | 2.00 | 1.96 | 1.93 | 1.89 | 1.87 | 1.84 | 1.82 | 1.81 |
| | 3.07 | 2.99 | 2.88 | 2.80 | 2.72 | 2.63 | 2.58 | 2.51 | 2.47 | 2.42 | 2.38 | 2.36 |
| 22 | 3.18 | 2.13 | 2.07 | 2.03 | 1.98 | 1.93 | 1.91 | 1.87 | 1.84 | 1.81 | 1.80 | 1.78 |
| | 3.02 | 2.94 | 2.83 | 2.75 | 2.67 | 2.58 | 2.53 | 2.46 | 2.42 | 2.37 | 2.33 | 2.31 |
| 23 | 2.14 | 2.10 | 2.04 | 2.00 | 1.96 | 1.91 | 1.88 | 1.84 | 1.82 | 1.79 | 1.77 | 1.76 |
| | 2.97 | 2.89 | 2.78 | 2.70 | 2.62 | 2.53 | 2.48 | 2.41 | 2.37 | 2.32 | 2.28 | 2.26 |
| 24 | 2.13 | 2.09 | 2.02 | 1.98 | 1.94 | 1.89 | 1.86 | 1.82 | 1.80 | 1.76 | 1.74 | 1.73 |
| | 2.93 | 2.85 | 2.74 | 2.66 | 2.58 | 2.49 | 2.44 | 2.36 | 2.33 | 2.27 | 2.23 | 2.21 |
| 25 | 2.11 | 2.06 | 2.00 | 1.96 | 1.92 | 1.87 | 1.84 | 1.80 | 1.77 | 1.74 | 1.72 | 1.71 |
| | 2.89 | 2.81 | 2.70 | 2.62 | 2.54 | 2.45 | 2.40 | 2.32 | 2.29 | 2.23 | 2.19 | 2.17 |

续附表 4

| 分母的自由度 $df_2$ | 分子的自由度 $df_1$ | | | | | | | | | | | |
|---|---|---|---|---|---|---|---|---|---|---|---|---|
| | 1 | 2 | 3 | 4 | 5 | 6 | 7 | 8 | 9 | 10 | 11 | 12 |
| 26 | 4.22 | 3.37 | 2.98 | 2.74 | 2.59 | 2.47 | 2.39 | 2.32 | 2.27 | 2.22 | 2.18 | 2.15 |
| | 7.72 | 5.53 | 4.64 | 4.14 | 3.82 | 3.59 | 3.42 | 3.29 | 3.17 | 3.09 | 3.02 | 2.96 |
| 27 | 4.21 | 3.35 | 2.96 | 2.73 | 2.57 | 2.46 | 2.37 | 2.30 | 2.25 | 2.20 | 2.16 | 2.13 |
| | 7.68 | 5.49 | 4.60 | 4.11 | 3.79 | 3.56 | 3.39 | 3.26 | 3.14 | 3.06 | 2.98 | 2.93 |
| 28 | 4.20 | 3.34 | 2.95 | 2.71 | 2.56 | 2.44 | 2.36 | 2.29 | 2.24 | 2.19 | 2.15 | 2.12 |
| | 7.64 | 5.45 | 4.57 | 4.07 | 3.76 | 3.53 | 3.36 | 3.23 | 3.11 | 3.03 | 2.95 | 2.90 |
| 29 | 4.18 | 3.33 | 2.93 | 2.70 | 2.54 | 2.43 | 2.35 | 2.28 | 2.22 | 2.18 | 2.14 | 2.10 |
| | 7.60 | 5.42 | 4.54 | 4.04 | 3.73 | 3.50 | 3.33 | 3.20 | 3.08 | 3.00 | 2.92 | 2.87 |
| 30 | 4.17 | 3.32 | 2.92 | 2.69 | 2.53 | 2.42 | 2.34 | 2.27 | 2.21 | 2.16 | 2.12 | 2.09 |
| | 7.56 | 5.39 | 4.51 | 4.02 | 3.70 | 3.47 | 3.30 | 3.17 | 3.06 | 2.98 | 2.90 | 2.84 |
| 32 | 4.15 | 3.30 | 2.90 | 2.67 | 2.51 | 2.40 | 2.32 | 2.25 | 2.19 | 2.14 | 2.10 | 2.07 |
| | 7.50 | 5.34 | 4.46 | 3.97 | 3.66 | 3.42 | 3.25 | 3.12 | 3.01 | 2.94 | 2.86 | 2.80 |
| 34 | 4.13 | 3.28 | 2.88 | 2.65 | 2.49 | 2.38 | 2.30 | 2.23 | 2.17 | 2.12 | 2.08 | 2.05 |
| | 7.44 | 5.29 | 4.42 | 3.93 | 3.61 | 3.38 | 3.21 | 3.08 | 2.97 | 2.89 | 2.82 | 2.76 |
| 36 | 4.11 | 3.26 | 2.86 | 2.63 | 2.48 | 2.36 | 2.28 | 2.21 | 2.15 | 2.10 | 2.06 | 2.03 |
| | 7.39 | 5.25 | 4.38 | 3.89 | 3.58 | 3.35 | 3.18 | 3.04 | 2.94 | 2.86 | 2.78 | 2.72 |
| 38 | 4.10 | 3.25 | 2.85 | 2.62 | 2.46 | 2.35 | 2.26 | 2.19 | 2.14 | 2.09 | 2.05 | 2.02 |
| | 7.35 | 5.21 | 4.34 | 3.86 | 3.54 | 3.32 | 3.15 | 3.02 | 2.91 | 2.82 | 2.75 | 2.69 |
| 40 | 4.08 | 3.23 | 2.84 | 2.61 | 2.45 | 2.34 | 2.25 | 2.18 | 2.12 | 2.07 | 2.04 | 2.00 |
| | 7.31 | 5.18 | 4.31 | 3.83 | 3.51 | 3.29 | 3.12 | 2.99 | 2.88 | 2.80 | 2.73 | 2.66 |
| 42 | 4.07 | 3.22 | 2.83 | 2.59 | 2.44 | 2.32 | 2.24 | 2.17 | 2.11 | 2.06 | 2.02 | 1.99 |
| | 7.27 | 5.15 | 4.29 | 3.80 | 3.49 | 3.26 | 3.10 | 2.96 | 2.86 | 2.77 | 2.70 | 2.64 |
| 44 | 4.06 | 3.21 | 2.82 | 2.58 | 2.43 | 2.31 | 2.23 | 2.16 | 2.10 | 2.05 | 2.01 | 1.98 |
| | 7.24 | 5.12 | 4.26 | 3.78 | 3.46 | 3.24 | 3.07 | 2.94 | 2.84 | 2.75 | 2.68 | 2.62 |
| 46 | 4.05 | 3.20 | 2.81 | 2.57 | 2.42 | 2.30 | 2.22 | 2.14 | 2.09 | 2.04 | 2.00 | 1.97 |
| | 7.21 | 5.10 | 4.24 | 3.76 | 3.44 | 3.22 | 3.05 | 2.92 | 2.82 | 2.73 | 2.66 | 2.60 |
| 48 | 4.04 | 3.19 | 2.80 | 2.56 | 2.41 | 2.30 | 2.21 | 2.14 | 2.08 | 2.03 | 1.99 | 1.96 |
| | 7.19 | 5.08 | 4.22 | 3.74 | 3.42 | 3.20 | 3.04 | 2.90 | 2.80 | 2.71 | 2.64 | 2.58 |
| 50 | 4.03 | 3.18 | 2.79 | 2.56 | 2.40 | 2.29 | 2.20 | 2.13 | 2.07 | 2.02 | 1.98 | 1.95 |
| | 7.17 | 5.06 | 4.20 | 3.72 | 3.41 | 3.18 | 3.02 | 2.88 | 2.78 | 2.70 | 2.62 | 2.56 |
| 60 | 4.00 | 3.15 | 2.76 | 2.52 | 2.37 | 2.25 | 2.17 | 2.10 | 2.04 | 1.99 | 1.95 | 1.92 |
| | 7.08 | 4.98 | 4.13 | 3.65 | 3.34 | 3.12 | 2.95 | 2.82 | 2.72 | 2.63 | 2.56 | 2.50 |
| 70 | 3.98 | 3.13 | 2.74 | 2.50 | 2.35 | 2.23 | 2.14 | 2.07 | 2.01 | 1.97 | 1.93 | 1.89 |
| | 7.01 | 4.92 | 4.08 | 3.60 | 3.29 | 3.07 | 2.91 | 2.77 | 2.67 | 2.59 | 2.51 | 2.45 |
| 80 | 3.96 | 3.11 | 2.72 | 2.48 | 2.33 | 2.21 | 2.12 | 2.05 | 1.99 | 1.95 | 1.91 | 1.88 |
| | 6.96 | 4.88 | 4.04 | 3.56 | 3.25 | 3.04 | 2.87 | 2.74 | 2.64 | 2.55 | 2.48 | 2.41 |
| 100 | 3.94 | 3.09 | 2.70 | 2.46 | 2.30 | 2.19 | 2.10 | 2.03 | 1.97 | 1.92 | 1.88 | 1.85 |
| | 6.90 | 4.82 | 3.98 | 3.51 | 3.20 | 2.99 | 2.82 | 2.69 | 2.59 | 2.51 | 2.43 | 2.36 |
| 125 | 3.92 | 3.07 | 2.68 | 2.44 | 2.29 | 2.17 | 2.08 | 2.01 | 1.95 | 1.90 | 1.86 | 1.83 |
| | 6.84 | 4.78 | 3.94 | 3.47 | 3.17 | 2.95 | 2.79 | 2.65 | 2.56 | 2.47 | 2.40 | 2.33 |
| 150 | 3.91 | 3.06 | 2.67 | 2.43 | 2.27 | 2.16 | 2.07 | 2.00 | 1.94 | 1.89 | 1.85 | 1.82 |
| | 6.81 | 4.75 | 3.91 | 3.44 | 3.14 | 2.92 | 2.76 | 2.62 | 2.53 | 2.44 | 2.37 | 2.30 |
| 200 | 3.89 | 3.04 | 2.65 | 2.41 | 2.26 | 2.14 | 2.05 | 1.98 | 1.92 | 1.87 | 1.83 | 1.80 |
| | 6.76 | 4.71 | 3.88 | 3.41 | 3.11 | 2.90 | 2.73 | 2.60 | 2.50 | 2.41 | 2.34 | 2.28 |
| 400 | 3.86 | 3.02 | 2.62 | 2.39 | 2.23 | 2.12 | 2.03 | 1.96 | 1.90 | 1.85 | 1.81 | 1.78 |
| | 6.70 | 4.66 | 3.83 | 3.36 | 3.06 | 2.85 | 2.69 | 2.55 | 2.46 | 2.37 | 2.29 | 2.23 |
| 1 000 | 3.85 | 3.00 | 2.61 | 2.38 | 2.22 | 2.10 | 2.02 | 1.95 | 1.89 | 1.84 | 1.80 | 1.76 |
| | 6.66 | 4.62 | 3.80 | 3.34 | 3.04 | 2.82 | 2.66 | 2.53 | 2.43 | 2.34 | 2.26 | 2.20 |
| ∞ | 3.84 | 2.99 | 2.60 | 2.37 | 2.21 | 2.09 | 2.01 | 1.94 | 1.88 | 1.83 | 1.79 | 1.75 |
| | 6.64 | 4.60 | 3.78 | 3.32 | 3.02 | 2.80 | 2.64 | 2.51 | 2.41 | 2.32 | 2.24 | 2.18 |

续附表 4

| 分母的自由度 $df_2$ | 分子的自由度 $df_1$ | | | | | | | | | | | |
|---|---|---|---|---|---|---|---|---|---|---|---|---|
| | 14 | 16 | 20 | 24 | 30 | 40 | 50 | 75 | 100 | 200 | 500 | ∞ |
| 26 | 2.10 | 2.05 | 1.99 | 1.95 | 1.90 | 1.85 | 1.82 | 1.78 | 1.76 | 1.72 | 1.70 | 1.69 |
| | 2.86 | 2.77 | 2.66 | 2.58 | 2.50 | 2.41 | 2.36 | 2.28 | 2.25 | 2.19 | 2.15 | 2.13 |
| 27 | 2.08 | 2.03 | 1.97 | 1.93 | 1.88 | 1.84 | 1.80 | 1.76 | 1.74 | 1.71 | 1.68 | 1.67 |
| | 2.83 | 2.74 | 2.63 | 2.55 | 2.47 | 2.38 | 2.33 | 2.25 | 2.21 | 2.16 | 2.12 | 2.10 |
| 28 | 2.06 | 2.02 | 1.96 | 1.91 | 1.87 | 1.81 | 1.78 | 1.75 | 1.72 | 1.69 | 1.67 | 1.65 |
| | 2.80 | 2.71 | 2.60 | 2.52 | 2.44 | 2.35 | 2.30 | 2.22 | 2.18 | 2.13 | 2.09 | 2.06 |
| 29 | 2.05 | 2.00 | 1.94 | 1.90 | 1.85 | 1.80 | 1.77 | 1.73 | 1.71 | 1.68 | 1.65 | 1.64 |
| | 2.77 | 2.68 | 2.57 | 2.49 | 2.41 | 2.32 | 2.27 | 2.19 | 2.15 | 2.10 | 2.06 | 2.03 |
| 30 | 2.04 | 1.99 | 1.93 | 1.89 | 1.84 | 1.79 | 1.76 | 1.72 | 1.69 | 1.66 | 1.64 | 1.62 |
| | 2.74 | 2.66 | 2.55 | 2.47 | 2.38 | 2.29 | 2.24 | 2.16 | 2.13 | 2.07 | 2.03 | 2.01 |
| 32 | 2.02 | 1.97 | 1.91 | 1.86 | 1.82 | 1.76 | 1.74 | 1.69 | 1.67 | 1.64 | 1.61 | 1.59 |
| | 2.70 | 2.62 | 2.51 | 2.42 | 2.34 | 2.25 | 2.20 | 2.12 | 2.08 | 2.02 | 1.98 | 1.96 |
| 34 | 2.00 | 1.95 | 1.89 | 1.84 | 1.80 | 1.74 | 1.71 | 1.67 | 1.64 | 1.61 | 1.59 | 1.57 |
| | 2.66 | 2.58 | 2.47 | 2.38 | 2.30 | 2.21 | 2.15 | 2.08 | 2.04 | 1.98 | 1.94 | 1.91 |
| 36 | 1.98 | 1.93 | 1.87 | 1.82 | 1.78 | 1.72 | 1.69 | 1.65 | 1.62 | 1.59 | 1.56 | 1.55 |
| | 2.62 | 2.54 | 2.43 | 2.35 | 2.26 | 2.17 | 2.12 | 2.04 | 2.00 | 1.94 | 1.90 | 1.87 |
| 38 | 1.96 | 1.92 | 1.85 | 1.80 | 1.76 | 1.71 | 1.67 | 1.63 | 1.60 | 1.57 | 1.54 | 1.53 |
| | 2.59 | 2.51 | 2.40 | 2.32 | 2.22 | 2.14 | 2.08 | 2.00 | 1.97 | 1.90 | 1.86 | 1.84 |
| 40 | 1.95 | 1.90 | 1.84 | 1.79 | 1.74 | 1.69 | 1.66 | 1.61 | 1.59 | 1.55 | 1.53 | 1.51 |
| | 2.56 | 2.49 | 2.37 | 2.29 | 2.20 | 2.11 | 2.05 | 1.97 | 1.94 | 1.88 | 1.84 | 1.81 |
| 42 | 1.94 | 1.89 | 1.82 | 1.78 | 1.73 | 1.68 | 1.64 | 1.60 | 1.57 | 1.54 | 1.51 | 1.49 |
| | 2.54 | 2.46 | 2.35 | 2.26 | 2.17 | 2.08 | 2.02 | 1.94 | 1.91 | 1.85 | 1.80 | 1.78 |
| 44 | 1.92 | 1.88 | 1.81 | 1.76 | 1.72 | 1.66 | 1.63 | 1.58 | 1.56 | 1.52 | 1.50 | 1.48 |
| | 2.52 | 2.44 | 2.32 | 2.24 | 2.15 | 2.06 | 2.00 | 1.92 | 1.88 | 1.82 | 1.78 | 1.75 |
| 46 | 1.91 | 1.87 | 1.80 | 1.75 | 1.71 | 1.65 | 1.62 | 1.57 | 1.54 | 1.51 | 1.48 | 1.46 |
| | 2.50 | 2.42 | 2.30 | 2.22 | 2.13 | 2.04 | 1.98 | 1.90 | 1.86 | 1.80 | 1.76 | 1.72 |
| 48 | 1.90 | 1.86 | 1.79 | 1.74 | 1.70 | 1.64 | 1.61 | 1.56 | 1.53 | 1.50 | 1.47 | 1.45 |
| | 2.48 | 2.40 | 2.28 | 2.20 | 2.11 | 2.02 | 1.96 | 1.88 | 1.84 | 1.78 | 1.73 | 1.70 |
| 50 | 1.90 | 1.85 | 1.78 | 1.74 | 1.69 | 1.63 | 1.60 | 1.55 | 1.52 | 1.48 | 1.46 | 1.44 |
| | 2.46 | 2.39 | 2.26 | 2.18 | 2.10 | 2.00 | 1.94 | 1.86 | 1.82 | 1.76 | 1.71 | 1.68 |
| 60 | 1.86 | 1.81 | 1.75 | 1.70 | 1.65 | 1.59 | 1.56 | 1.50 | 1.48 | 1.44 | 1.41 | 1.39 |
| | 2.40 | 2.32 | 2.20 | 2.12 | 2.03 | 1.93 | 1.87 | 1.79 | 1.74 | 1.68 | 1.63 | 1.60 |
| 70 | 1.84 | 1.79 | 1.82 | 1.67 | 1.62 | 1.56 | 1.53 | 1.47 | 1.45 | 1.40 | 1.37 | 1.35 |
| | 2.35 | 2.28 | 2.15 | 2.07 | 1.98 | 1.88 | 1.82 | 1.74 | 1.69 | 1.62 | 1.56 | 1.53 |
| 80 | 1.82 | 1.77 | 1.70 | 1.65 | 1.60 | 1.54 | 1.51 | 1.45 | 1.42 | 1.38 | 1.35 | 1.32 |
| | 2.32 | 2.24 | 2.11 | 2.03 | 1.94 | 1.84 | 1.78 | 1.70 | 1.65 | 1.57 | 1.52 | 1.49 |
| 100 | 1.79 | 1.75 | 1.68 | 1.63 | 1.57 | 1.51 | 1.48 | 1.42 | 1.39 | 1.34 | 1.30 | 1.28 |
| | 2.26 | 2.19 | 2.06 | 1.98 | 1.89 | 1.79 | 1.73 | 1.64 | 1.59 | 1.51 | 1.46 | 1.43 |
| 125 | 1.77 | 1.72 | 1.65 | 1.60 | 1.55 | 1.49 | 1.45 | 1.39 | 1.36 | 1.31 | 1.27 | 1.25 |
| | 2.23 | 2.15 | 2.03 | 1.94 | 1.85 | 1.75 | 1.68 | 1.59 | 1.54 | 1.46 | 1.40 | 1.37 |
| 150 | 1.76 | 1.71 | 1.64 | 1.59 | 1.54 | 1.47 | 1.44 | 1.37 | 1.34 | 1.29 | 1.25 | 1.22 |
| | 2.20 | 2.12 | 2.00 | 1.91 | 1.83 | 1.72 | 1.66 | 1.56 | 1.51 | 1.43 | 1.37 | 1.33 |
| 200 | 1.74 | 1.69 | 1.62 | 1.57 | 1.52 | 1.45 | 1.42 | 1.35 | 1.32 | 1.26 | 1.22 | 1.19 |
| | 2.17 | 2.09 | 1.97 | 1.88 | 1.79 | 1.69 | 1.62 | 1.53 | 1.48 | 1.39 | 1.33 | 1.28 |
| 400 | 1.72 | 1.67 | 1.60 | 1.54 | 1.49 | 1.42 | 1.38 | 1.32 | 1.28 | 1.22 | 1.16 | 1.13 |
| | 2.12 | 2.04 | 1.92 | 1.84 | 1.74 | 1.64 | 1.57 | 1.47 | 1.42 | 1.32 | 1.24 | 1.19 |
| 1 000 | 1.70 | 1.65 | 1.58 | 1.53 | 1.47 | 1.41 | 1.36 | 1.30 | 1.26 | 1.19 | 1.13 | 1.08 |
| | 2.09 | 2.01 | 1.89 | 1.81 | 1.71 | 1.61 | 1.54 | 1.44 | 1.38 | 1.28 | 1.19 | 1.11 |
| ∞ | 1.69 | 1.64 | 1.57 | 1.52 | 1.46 | 1.40 | 1.35 | 1.28 | 1.24 | 1.17 | 1.11 | 1.00 |
| | 2.07 | 1.99 | 1.87 | 1.79 | 1.69 | 1.59 | 1.52 | 1.41 | 1.36 | 1.25 | 1.15 | 1.00 |

**附表 5 Dunnett-$t'$检验临界值表(双侧)**

| 自由度 $df$ | $\alpha$ | 处理数 $K$(不包括对照组) | | | | | | | | |
|---|---|---|---|---|---|---|---|---|---|---|
| | | 1 | 2 | 3 | 4 | 5 | 6 | 7 | 8 | 9 |
| 5 | 0.05 | 2.57 | 3.03 | 3.39 | 3.66 | 3.88 | 4.06 | 4.22 | 4.36 | 4.49 |
| | 0.01 | 4.03 | 4.63 | 5.09 | 5.44 | 5.73 | 5.97 | 6.18 | 6.36 | 6.53 |
| 6 | 0.05 | 2.45 | 2.86 | 3.18 | 3.41 | 3.60 | 3.75 | 3.88 | 4.00 | 4.11 |
| | 0.01 | 3.71 | 4.22 | 4.60 | 4.88 | 5.11 | 5.30 | 5.47 | 5.61 | 5.74 |
| 7 | 0.05 | 2.36 | 2.75 | 3.04 | 3.24 | 3.41 | 3.54 | 3.66 | 3.76 | 3.86 |
| | 0.01 | 3.50 | 3.95 | 4.28 | 4.52 | 4.71 | 4.87 | 5.01 | 5.13 | 5.24 |
| 8 | 0.05 | 2.31 | 2.67 | 2.94 | 3.13 | 3.28 | 3.40 | 3.51 | 3.60 | 3.68 |
| | 0.01 | 3.36 | 3.77 | 4.06 | 4.27 | 4.44 | 4.58 | 4.70 | 4.81 | 4.90 |
| 9 | 0.05 | 2.26 | 2.61 | 2.86 | 3.04 | 3.18 | 3.29 | 3.39 | 3.48 | 3.55 |
| | 0.01 | 3.25 | 3.63 | 3.90 | 4.09 | 4.24 | 4.37 | 4.48 | 4.57 | 4.65 |
| 10 | 0.05 | 2.23 | 2.57 | 2.81 | 2.97 | 3.11 | 3.21 | 3.31 | 3.39 | 3.46 |
| | 0.01 | 3.17 | 3.53 | 3.78 | 3.95 | 4.10 | 4.21 | 4.31 | 4.40 | 4.47 |
| 11 | 0.05 | 2.20 | 2.53 | 2.76 | 2.92 | 3.05 | 3.15 | 3.24 | 3.31 | 3.38 |
| | 0.01 | 3.11 | 3.45 | 3.68 | 3.85 | 3.98 | 4.09 | 4.18 | 4.26 | 4.33 |
| 12 | 0.05 | 2.18 | 2.50 | 2.72 | 2.88 | 3.00 | 3.10 | 3.18 | 3.25 | 3.32 |
| | 0.01 | 3.05 | 3.39 | 3.61 | 3.76 | 3.89 | 3.99 | 4.08 | 4.15 | 4.22 |
| 13 | 0.05 | 2.16 | 2.48 | 2.69 | 2.84 | 2.96 | 3.06 | 3.14 | 3.21 | 3.27 |
| | 0.01 | 3.01 | 3.33 | 3.54 | 3.69 | 3.81 | 3.91 | 3.99 | 4.06 | 4.13 |
| 14 | 0.05 | 2.14 | 2.46 | 2.67 | 2.81 | 2.93 | 3.02 | 3.10 | 3.17 | 3.23 |
| | 0.01 | 2.98 | 3.29 | 3.49 | 3.64 | 3.75 | 3.84 | 3.92 | 3.99 | 4.05 |
| 15 | 0.05 | 2.13 | 2.44 | 2.64 | 2.79 | 2.90 | 2.99 | 3.07 | 3.13 | 3.19 |
| | 0.01 | 2.95 | 3.25 | 3.45 | 3.59 | 3.70 | 3.79 | 3.86 | 3.93 | 3.99 |
| 16 | 0.05 | 2.12 | 2.42 | 2.63 | 2.77 | 2.88 | 2.96 | 3.04 | 3.10 | 3.16 |
| | 0.01 | 2.92 | 3.22 | 3.41 | 3.55 | 3.65 | 3.74 | 3.82 | 3.88 | 3.93 |
| 17 | 0.05 | 2.11 | 2.41 | 2.61 | 2.75 | 2.85 | 2.94 | 3.01 | 3.08 | 3.13 |
| | 0.01 | 2.90 | 3.19 | 3.38 | 3.51 | 3.62 | 3.70 | 3.77 | 3.83 | 3.89 |
| 18 | 0.05 | 2.10 | 2.40 | 2.59 | 2.73 | 2.84 | 2.92 | 2.99 | 3.05 | 3.11 |
| | 0.01 | 2.88 | 3.17 | 3.35 | 3.48 | 3.58 | 3.67 | 3.74 | 3.80 | 3.85 |
| 19 | 0.05 | 2.09 | 2.39 | 2.58 | 2.72 | 2.82 | 2.90 | 2.97 | 3.04 | 3.09 |
| | 0.01 | 2.86 | 3.15 | 3.33 | 3.46 | 3.55 | 3.64 | 3.70 | 3.76 | 3.81 |
| 20 | 0.05 | 2.09 | 2.38 | 2.57 | 2.70 | 2.81 | 2.89 | 2.96 | 3.02 | 3.07 |
| | 0.01 | 2.85 | 3.13 | 3.31 | 3.43 | 3.53 | 3.61 | 3.67 | 3.73 | 3.78 |
| 24 | 0.05 | 2.06 | 2.35 | 2.53 | 2.66 | 2.76 | 2.84 | 2.91 | 2.96 | 3.01 |
| | 0.01 | 2.80 | 3.07 | 3.24 | 3.36 | 3.45 | 3.52 | 3.58 | 3.64 | 3.69 |
| 30 | 0.05 | 2.04 | 2.32 | 2.50 | 2.62 | 2.72 | 2.79 | 2.86 | 2.91 | 2.96 |
| | 0.01 | 2.75 | 3.01 | 3.17 | 3.28 | 3.37 | 3.44 | 3.50 | 3.55 | 3.59 |
| 40 | 0.05 | 2.02 | 2.29 | 2.47 | 2.58 | 2.67 | 2.75 | 2.81 | 2.86 | 2.90 |
| | 0.01 | 2.70 | 2.95 | 3.10 | 3.21 | 3.29 | 3.36 | 3.41 | 3.46 | 3.50 |
| 60 | 0.05 | 2.00 | 2.27 | 2.43 | 2.55 | 2.63 | 2.70 | 2.76 | 2.81 | 2.85 |
| | 0.01 | 2.66 | 2.90 | 3.04 | 3.14 | 3.22 | 3.28 | 3.33 | 3.38 | 3.42 |
| 120 | 0.05 | 1.98 | 2.24 | 2.40 | 2.51 | 2.59 | 2.66 | 2.71 | 2.76 | 2.80 |
| | 0.01 | 2.62 | 2.84 | 2.98 | 3.08 | 3.15 | 3.21 | 3.25 | 3.30 | 3.33 |
| ∞ | 0.05 | 1.96 | 2.21 | 2.37 | 2.47 | 2.55 | 2.62 | 2.67 | 2.71 | 2.75 |
| | 0.01 | 2.58 | 2.79 | 2.92 | 3.01 | 3.08 | 3.14 | 3.18 | 3.22 | 3.25 |

## 附表6　Dunnett-$t'$检验临界值表(单侧)

| 自由度 $df$ | $\alpha$ | 处理数 $K$(不包括对照组) | | | | | | | | |
|---|---|---|---|---|---|---|---|---|---|---|
| | | 1 | 2 | 3 | 4 | 5 | 6 | 7 | 8 | 9 |
| 5 | 0.05 | 2.02 | 2.44 | 2.68 | 2.85 | 2.98 | 3.08 | 3.16 | 3.24 | 3.30 |
| | 0.01 | 3.37 | 3.90 | 4.21 | 4.43 | 4.60 | 4.73 | 4.85 | 4.94 | 5.03 |
| 6 | 0.05 | 1.94 | 2.34 | 2.56 | 2.71 | 2.83 | 2.92 | 3.00 | 3.07 | 3.12 |
| | 0.01 | 3.14 | 3.61 | 3.88 | 4.07 | 4.21 | 4.33 | 4.43 | 4.51 | 4.59 |
| 7 | 0.05 | 1.89 | 2.27 | 2.48 | 2.62 | 2.73 | 2.82 | 2.89 | 2.95 | 3.01 |
| | 0.01 | 3.00 | 3.42 | 3.66 | 3.83 | 3.96 | 4.07 | 4.15 | 4.23 | 4.30 |
| 8 | 0.05 | 1.86 | 2.22 | 2.42 | 2.55 | 2.66 | 2.74 | 2.81 | 2.87 | 2.92 |
| | 0.01 | 2.90 | 3.29 | 3.51 | 3.67 | 3.79 | 3.88 | 3.96 | 4.03 | 4.09 |
| 9 | 0.05 | 1.83 | 2.18 | 2.37 | 2.50 | 2.60 | 2.68 | 2.75 | 2.81 | 2.86 |
| | 0.01 | 2.82 | 3.19 | 3.40 | 3.55 | 3.66 | 3.75 | 3.82 | 3.89 | 3.94 |
| 10 | 0.05 | 1.81 | 2.15 | 2.34 | 2.47 | 2.56 | 2.64 | 2.70 | 2.76 | 2.81 |
| | 0.01 | 2.76 | 3.11 | 3.31 | 3.45 | 3.56 | 3.64 | 3.71 | 3.78 | 3.83 |
| 11 | 0.05 | 1.80 | 2.13 | 2.31 | 2.44 | 2.53 | 2.60 | 2.67 | 2.72 | 2.77 |
| | 0.01 | 2.72 | 3.06 | 3.25 | 3.38 | 3.48 | 3.56 | 3.63 | 3.69 | 3.74 |
| 12 | 0.05 | 1.78 | 2.11 | 2.29 | 2.41 | 2.50 | 2.58 | 2.64 | 2.69 | 2.74 |
| | 0.01 | 2.68 | 3.01 | 3.19 | 3.32 | 3.42 | 3.50 | 3.56 | 3.62 | 3.67 |
| 13 | 0.05 | 1.77 | 2.09 | 2.27 | 2.39 | 2.48 | 2.55 | 2.61 | 2.66 | 2.71 |
| | 0.01 | 2.65 | 2.97 | 3.15 | 3.27 | 3.37 | 3.44 | 3.51 | 3.56 | 3.61 |
| 14 | 0.05 | 1.76 | 2.08 | 2.25 | 2.37 | 2.46 | 2.53 | 2.59 | 2.64 | 2.69 |
| | 0.01 | 2.62 | 2.94 | 3.11 | 3.23 | 3.32 | 3.40 | 3.46 | 3.51 | 3.56 |
| 15 | 0.05 | 1.75 | 2.07 | 2.24 | 2.36 | 2.44 | 2.51 | 2.57 | 2.62 | 2.67 |
| | 0.01 | 2.60 | 2.91 | 3.08 | 3.20 | 3.29 | 3.36 | 3.42 | 3.47 | 3.52 |
| 16 | 0.05 | 1.75 | 2.06 | 2.23 | 2.34 | 2.43 | 2.50 | 2.56 | 2.61 | 2.65 |
| | 0.01 | 2.58 | 2.88 | 3.05 | 3.17 | 3.26 | 3.33 | 3.39 | 3.44 | 3.48 |
| 17 | 0.05 | 1.74 | 2.05 | 2.22 | 2.33 | 2.42 | 2.49 | 2.54 | 2.59 | 2.64 |
| | 0.01 | 2.57 | 2.86 | 3.03 | 3.14 | 3.23 | 3.30 | 3.36 | 3.41 | 3.45 |
| 18 | 0.05 | 1.73 | 2.04 | 2.21 | 2.32 | 2.41 | 2.48 | 2.53 | 2.58 | 2.62 |
| | 0.01 | 2.55 | 2.84 | 3.01 | 3.12 | 3.21 | 3.27 | 3.33 | 3.38 | 3.42 |
| 19 | 0.05 | 1.73 | 2.03 | 2.20 | 2.31 | 2.40 | 2.47 | 2.52 | 2.57 | 2.61 |
| | 0.01 | 2.54 | 2.83 | 2.99 | 3.10 | 3.18 | 3.25 | 3.31 | 3.36 | 3.40 |
| 20 | 0.05 | 1.72 | 2.03 | 2.19 | 2.30 | 2.39 | 2.46 | 2.51 | 2.56 | 2.60 |
| | 0.01 | 2.53 | 2.81 | 2.97 | 3.08 | 3.17 | 3.23 | 3.29 | 3.34 | 3.38 |
| 24 | 0.05 | 1.71 | 2.01 | 2.17 | 2.28 | 2.36 | 2.43 | 2.48 | 2.53 | 2.57 |
| | 0.01 | 2.49 | 2.77 | 2.92 | 3.03 | 3.11 | 3.17 | 3.22 | 3.27 | 3.31 |
| 30 | 0.05 | 1.70 | 1.99 | 2.15 | 2.25 | 2.33 | 2.40 | 2.45 | 2.50 | 2.54 |
| | 0.01 | 2.46 | 2.72 | 2.87 | 2.97 | 3.05 | 3.11 | 3.16 | 3.21 | 3.24 |
| 40 | 0.05 | 1.68 | 1.97 | 2.13 | 2.23 | 2.31 | 2.37 | 2.42 | 2.47 | 2.51 |
| | 0.01 | 2.42 | 2.68 | 2.82 | 2.92 | 2.99 | 3.05 | 3.10 | 3.14 | 3.18 |
| 60 | 0.05 | 1.67 | 1.95 | 2.10 | 2.21 | 2.28 | 2.35 | 2.39 | 2.44 | 2.48 |
| | 0.01 | 2.39 | 2.64 | 2.78 | 2.87 | 2.94 | 3.00 | 3.04 | 3.08 | 3.12 |
| 120 | 0.05 | 1.66 | 1.93 | 2.08 | 2.18 | 2.26 | 2.32 | 2.37 | 2.41 | 2.45 |
| | 0.01 | 2.36 | 2.60 | 2.73 | 2.82 | 2.89 | 2.94 | 2.99 | 3.03 | 3.06 |
| ∞ | 0.05 | 1.64 | 1.92 | 2.06 | 2.16 | 2.23 | 2.29 | 2.34 | 2.38 | 2.42 |
| | 0.01 | 2.33 | 2.56 | 2.68 | 2.77 | 2.84 | 2.89 | 2.93 | 2.97 | 3.00 |

## 附表 7 q 值表

| 自由度 $df$ | $\alpha$ | K(检验极差的平均数个数,即秩次距) | | | | | | | | | | | | | | | | | | |
|---|---|---|---|---|---|---|---|---|---|---|---|---|---|---|---|---|---|---|---|---|
| | | 2 | 3 | 4 | 5 | 6 | 7 | 8 | 9 | 10 | 11 | 12 | 13 | 14 | 15 | 16 | 17 | 18 | 19 | 20 |
| 3 | 0.05 | 4.50 | 5.91 | 6.82 | 7.50 | 8.04 | 8.84 | 8.85 | 9.18 | 9.46 | 9.72 | 9.95 | 10.15 | 10.35 | 10.52 | 10.84 | 10.69 | 10.98 | 11.11 | 11.24 |
| | 0.01 | 8.26 | 10.62 | 12.27 | 13.33 | 14.24 | 15.00 | 15.64 | 16.20 | 16.69 | 17.13 | 17.53 | 17.89 | 18.22 | 18.52 | 19.07 | 18.81 | 19.32 | 19.55 | 19.77 |
| 4 | 0.05 | 3.39 | 5.04 | 5.76 | 6.29 | 6.71 | 7.05 | 7.35 | 7.60 | 7.83 | 8.03 | 8.21 | 8.37 | 8.52 | 8.66 | 8.79 | 8.91 | 9.03 | 9.13 | 9.23 |
| | 0.01 | 6.51 | 8.12 | 9.17 | 9.96 | 10.85 | 11.10 | 11.55 | 11.93 | 12.27 | 12.57 | 12.84 | 13.09 | 13.32 | 13.53 | 13.73 | 13.91 | 14.08 | 14.24 | 14.40 |
| 5 | 0.05 | 3.64 | 4.60 | 5.22 | 5.67 | 6.03 | 6.33 | 6.58 | 6.80 | 6.99 | 7.17 | 7.32 | 7.47 | 7.60 | 7.72 | 7.83 | 7.93 | 8.03 | 8.12 | 8.21 |
| | 0.01 | 5.70 | 6.98 | 7.80 | 8.42 | 8.91 | 9.32 | 9.67 | 9.97 | 10.24 | 10.48 | 10.07 | 10.89 | 11.08 | 11.24 | 11.40 | 11.55 | 11.68 | 11.81 | 11.93 |
| 6 | 0.05 | 3.46 | 4.34 | 4.90 | 5.30 | 5.63 | 5.90 | 6.12 | 6.32 | 6.49 | 6.65 | 6.79 | 6.92 | 7.03 | 7.14 | 7.24 | 7.34 | 7.43 | 7.51 | 7.59 |
| | 0.01 | 5.24 | 6.33 | 7.03 | 7.56 | 7.97 | 8.32 | 8.61 | 8.87 | 9.10 | 9.30 | 9.48 | 9.65 | 9.81 | 9.95 | 10.08 | 12.21 | 10.32 | 10.43 | 10.54 |
| 7 | 0.05 | 3.34 | 4.16 | 4.68 | 5.06 | 5.36 | 5.01 | 5.82 | 6.00 | 6.16 | 6.30 | 6.43 | 6.55 | 6.66 | 6.76 | 6.85 | 9.94 | 7.02 | 7.10 | 7.17 |
| | 0.01 | 4.95 | 5.92 | 6.54 | 7.01 | 7.37 | 7.68 | 9.94 | 8.17 | 8.37 | 8.55 | 8.71 | 8.86 | 9.00 | 9.12 | 9.24 | 9.35 | 9.46 | 9.55 | 9.65 |
| 8 | 0.05 | 3.26 | 4.04 | 4.53 | 4.89 | 5.17 | 5.40 | 5.60 | 5.77 | 5.92 | 6.05 | 6.18 | 6.29 | 6.39 | 6.48 | 6.57 | 6.65 | 6.73 | 6.80 | 6.87 |
| | 0.01 | 4.75 | 5.64 | 6.20 | 6.62 | 4.96 | 7.24 | 7.47 | 7.68 | 7.86 | 8.03 | 8.18 | 8.31 | 8.44 | 8.55 | 8.66 | 8.76 | 8.85 | 8.94 | 9.03 |
| 9 | 0.05 | 3.20 | 3.95 | 4.41 | 4.76 | 5.02 | 5.24 | 5.43 | 5.59 | 5.74 | 5.87 | 5.98 | 6.09 | 6.19 | 6.28 | 6.36 | 6.44 | 6.51 | 6.58 | 6.64 |
| | 0.01 | 4.60 | 5.43 | 5.96 | 6.35 | 6.66 | 6.91 | 7.13 | 7.33 | 7.49 | 7.65 | 7.78 | 7.91 | 8.03 | 8.13 | 8.23 | 8.33 | 8.41 | 8.49 | 8.57 |
| 10 | 0.05 | 3.15 | 3.88 | 4.33 | 4.65 | 4.91 | 5.12 | 5.30 | 5.46 | 5.60 | 5.72 | 5.83 | 5.93 | 6.03 | 6.11 | 6.19 | 6.27 | 6.34 | 6.40 | 6.47 |
| | 0.01 | 4.48 | 5.27 | 5.77 | 6.14 | 4.43 | 6.67 | 6.87 | 7.05 | 7.21 | 7.36 | 7.48 | 7.60 | 7.71 | 7.81 | 7.91 | 7.99 | 8.08 | 8.15 | 8.23 |
| 11 | 0.05 | 3.11 | 3.82 | 4.26 | 4.57 | 4.82 | 5.03 | 5.20 | 5.35 | 5.49 | 5.61 | 5.71 | 5.81 | 5.90 | 5.98 | 6.06 | 6.13 | 6.20 | 6.27 | 6.33 |
| | 0.01 | 4.39 | 5.15 | 5.62 | 5.97 | 6.25 | 6.48 | 6.67 | 6.84 | 6.99 | 7.13 | 7.25 | 7.36 | 7.46 | 7.56 | 7.65 | 7.13 | 7.81 | 7.88 | 7.95 |
| 12 | 0.05 | 3.08 | 3.77 | 4.20 | 4.51 | 4.75 | 4.95 | 5.12 | 5.27 | 5.39 | 5.51 | 5.61 | 5.71 | 5.80 | 5.88 | 5.95 | 6.02 | 6.09 | 6.15 | 6.21 |
| | 0.01 | 4.32 | 5.05 | 5.55 | 5.84 | 6.10 | 6.32 | 6.51 | 6.67 | 6.81 | 6.94 | 7.06 | 7.17 | 7.26 | 7.36 | 7.44 | 7.52 | 7.59 | 7.66 | 7.73 |
| 13 | 0.05 | 3.06 | 3.73 | 4.15 | 4.45 | 4.69 | 4.88 | 5.05 | 9.19 | 5.32 | 5.45 | 5.53 | 5.63 | 5.71 | 5.79 | 5.86 | 5.93 | 5.99 | 6.05 | 6.11 |
| | 0.01 | 4.26 | 4.96 | 5.40 | 5.73 | 5.98 | 6.19 | 6.37 | 6.53 | 6.67 | 6.79 | 6.90 | 7.01 | 7.10 | 7.19 | 7.27 | 7.35 | 7.42 | 7.48 | 7.55 |
| 14 | 0.05 | 3.03 | 3.70 | 4.11 | 4.41 | 4.64 | 4.83 | 4.99 | 5.13 | 5.25 | 5.36 | 5.46 | 5.55 | 5.64 | 5.71 | 5.79 | 5.85 | 5.91 | 5.97 | 6.03 |
| | 0.01 | 4.21 | 4.89 | 5.32 | 5.63 | 5.88 | 6.08 | 6.26 | 6.41 | 6.54 | 6.66 | 6.77 | 6.87 | 6.96 | 7.05 | 7.13 | 7.20 | 7.27 | 7.33 | 7.39 |
| 15 | 0.05 | 3.01 | 3.67 | 4.08 | 4.37 | 4.59 | 4.78 | 4.94 | 5.08 | 5.20 | 5.31 | 5.40 | 5.49 | 5.57 | 5.65 | 5.72 | 5.78 | 5.85 | 5.90 | 5.96 |
| | 0.01 | 4.17 | 4.84 | 5.25 | 5.56 | 5.80 | 5.99 | 6.16 | 6.31 | 6.44 | 6.55 | 6.66 | 6.76 | 6.84 | 6.93 | 7.00 | 7.07 | 7.14 | 7.20 | 7.26 |
| 16 | 0.05 | 3.00 | 3.65 | 4.05 | 4.33 | 4.56 | 4.74 | 4.90 | 5.03 | 5.15 | 5.26 | 5.35 | 5.44 | 5.52 | 5.59 | 5.66 | 5.73 | 5.79 | 5.84 | 5.90 |
| | 0.01 | 4.13 | 4.79 | 5.19 | 5.49 | 5.72 | 5.92 | 6.08 | 6.22 | 6.35 | 6.46 | 6.56 | 6.66 | 6.74 | 6.82 | 6.90 | 6.97 | 7.03 | 7.09 | 7.15 |
| 17 | 0.05 | 2.98 | 3.63 | 4.02 | 4.30 | 4.52 | 4.70 | 4.86 | 4.99 | 5.11 | 5.21 | 5.31 | 5.39 | 5.47 | 5.54 | 5.61 | 5.67 | 5.73 | 5.79 | 5.84 |
| | 0.01 | 4.10 | 4.74 | 5.14 | 5.43 | 5.66 | 5.85 | 6.01 | 6.15 | 6.27 | 6.38 | 6.48 | 6.57 | 6.66 | 6.73 | 6.81 | 6.87 | 6.94 | 7.00 | 7.05 |
| 18 | 0.05 | 2.97 | 3.61 | 4.00 | 4.28 | 4.49 | 4.67 | 4.82 | 4.96 | 5.07 | 5.17 | 5.27 | 5.35 | 5.43 | 5.50 | 5.57 | 5.63 | 5.69 | 5.74 | 5.76 |
| | 0.01 | 4.07 | 4.70 | 5.09 | 5.38 | 5.60 | 5.79 | 5.94 | 6.08 | 6.20 | 6.31 | 6.41 | 6.50 | 6.58 | 6.65 | 6.73 | 6.79 | 6.85 | 6.91 | 6.97 |
| 19 | 0.05 | 2.96 | 3.59 | 3.98 | 4.25 | 4.47 | 4.65 | 4.49 | 4.92 | 5.04 | 5.14 | 5.23 | 5.31 | 5.39 | 5.46 | 5.53 | 5.59 | 5.65 | 5.70 | 5.75 |
| | 0.01 | 4.05 | 4.67 | 5.05 | 5.33 | 5.55 | 5.73 | 5.89 | 6.02 | 6.16 | 6.25 | 6.34 | 6.43 | 6.51 | 6.58 | 6.65 | 6.72 | 6.78 | 6.84 | 6.89 |
| 20 | 0.05 | 2.95 | 3.58 | 3.96 | 4.23 | 4.45 | 4.62 | 4.77 | 4.90 | 5.01 | 5.11 | 5.20 | 5.28 | 5.36 | 5.43 | 5.49 | 5.55 | 5.61 | 5.66 | 5.71 |
| | 0.01 | 4.02 | 4.64 | 5.02 | 5.29 | 5.51 | 5.69 | 5.84 | 5.97 | 6.09 | 6.19 | 6.28 | 6.37 | 6.45 | 6.52 | 6.59 | 6.65 | 6.71 | 6.77 | 6.82 |
| 24 | 0.05 | 2.92 | 3.53 | 3.90 | 4.17 | 4.37 | 4.54 | 4.68 | 4.81 | 4.92 | 5.05 | 5.10 | 5.18 | 5.25 | 5.32 | 5.38 | 5.44 | 5.49 | 5.55 | 5.59 |
| | 0.01 | 3.96 | 4.55 | 4.91 | 5.17 | 5.37 | 5.54 | 5.69 | 5.81 | 5.92 | 6.02 | 6.11 | 6.19 | 6.26 | 6.33 | 6.39 | 6.45 | 6.51 | 6.56 | 6.01 |
| 30 | 0.05 | 2.89 | 3.49 | 3.85 | 4.10 | 4.30 | 4.46 | 4.60 | 4.72 | 4.82 | 4.92 | 5.00 | 5.08 | 5.15 | 5.21 | 5.27 | 5.33 | 5.38 | 5.43 | 6.47 |
| | 0.01 | 3.89 | 4.45 | 4.80 | 5.05 | 5.24 | 5.40 | 5.54 | 5.65 | 5.76 | 5.85 | 5.93 | 6.01 | 6.08 | 6.14 | 6.20 | 6.26 | 6.31 | 6.36 | 6.41 |
| 40 | 0.05 | 2.86 | 3.44 | 3.79 | 4.04 | 4.23 | 4.39 | 4.52 | 4.63 | 4.73 | 4.82 | 4.90 | 4.98 | 5.04 | 5.11 | 5.16 | 5.22 | 5.27 | 5.31 | 5.36 |
| | 0.01 | 3.82 | 4.37 | 4.70 | 4.93 | 5.11 | 5.26 | 5.39 | 5.50 | 5.60 | 5.69 | 5.76 | 5.83 | 5.90 | 5.96 | 6.02 | 6.07 | 6.12 | 6.16 | 6.21 |
| 60 | 0.05 | 2.83 | 3.40 | 3.74 | 3.98 | 4.16 | 4.31 | 4.44 | 4.55 | 4.65 | 4.73 | 4.81 | 4.88 | 4.94 | 5.00 | 5.06 | 5.11 | 5.15 | 5.20 | 5.24 |
| | 0.01 | 3.76 | 4.28 | 4.59 | 4.82 | 4.99 | 5.13 | 5.25 | 5.36 | 5.45 | 5.53 | 5.60 | 5.67 | 5.73 | 5.78 | 5.84 | 5.89 | 5.93 | 5.97 | 6.01 |
| 120 | 0.05 | 2.80 | 3.36 | 3.68 | 3.92 | 4.10 | 4.24 | 4.36 | 4.47 | 4.56 | 4.64 | 4.71 | 4.78 | 4.84 | 4.90 | 4.95 | 5.00 | 5.04 | 5.09 | 5.13 |
| | 0.01 | 3.70 | 4.20 | 4.50 | 4.71 | 4.87 | 5.01 | 5.12 | 5.21 | 5.30 | 5.37 | 5.44 | 5.50 | 5.56 | 5.61 | 5.66 | 5.71 | 5.75 | 5.79 | 5.85 |
| ∞ | 0.05 | 2.77 | 3.31 | 3.63 | 3.86 | 4.03 | 4.17 | 4.29 | 4.39 | 4.47 | 4.55 | 4.62 | 4.68 | 4.74 | 4.80 | 4.85 | 4.89 | 4.93 | 4.97 | 5.01 |
| | 0.01 | 3.64 | 4.12 | 4.40 | 4.60 | 4.76 | 4.88 | 4.99 | 5.08 | 5.16 | 5.23 | 5.29 | 5.35 | 5.40 | 5.45 | 5.49 | 5.54 | 5.57 | 5.61 | 5.65 |

## 附表 8　Dunncan's 新复极差检验的 *SSR* 值

| 自由度 $df$ | $\alpha$ | 检验极差的平均数个数($K$) | | | | | | | | | | | | | |
|---|---|---|---|---|---|---|---|---|---|---|---|---|---|---|---|
| | | 2 | 3 | 4 | 5 | 6 | 7 | 8 | 9 | 10 | 12 | 14 | 16 | 18 | 20 |
| 1 | 0.05 | 18.0 | 18.0 | 18.0 | 18.0 | 18.0 | 18.0 | 18.0 | 18.0 | 18.0 | 18.0 | 18.0 | 18.0 | 18.0 | 18.0 |
| | 0.01 | 90.0 | 90.0 | 90.0 | 90.0 | 90.0 | 90.0 | 90.0 | 90.0 | 90.0 | 90.0 | 90.0 | 90.0 | 90.0 | 90.0 |
| 2 | 0.05 | 6.09 | 6.09 | 6.09 | 6.09 | 6.09 | 6.09 | 6.09 | 6.09 | 6.09 | 6.09 | 6.09 | 6.09 | 6.09 | 6.09 |
| | 0.01 | 14.0 | 14.0 | 14.0 | 14.0 | 14.0 | 14.0 | 14.0 | 14.0 | 14.0 | 14.0 | 14.0 | 14.0 | 14.0 | 14.0 |
| 3 | 0.05 | 4.50 | 4.50 | 4.50 | 4.50 | 4.50 | 4.50 | 4.50 | 4.50 | 4.50 | 4.50 | 4.50 | 4.50 | 4.50 | 4.50 |
| | 0.01 | 8.26 | 8.5 | 8.6 | 8.7 | 8.8 | 8.9 | 8.9 | 9.0 | 9.0 | 9.0 | 9.1 | 9.2 | 9.3 | 9.3 |
| 4 | 0.05 | 3.93 | 4.0 | 4.02 | 4.02 | 4.02 | 4.02 | 4.02 | 4.02 | 4.02 | 4.02 | 4.02 | 4.02 | 4.02 | 4.02 |
| | 0.01 | 6.51 | 6.8 | 6.9 | 7.0 | 7.1 | 7.1 | 7.2 | 7.2 | 7.3 | 7.3 | 7.4 | 7.4 | 7.5 | 7.5 |
| 5 | 0.05 | 3.64 | 3.74 | 3.79 | 3.83 | 3.83 | 3.83 | 3.83 | 3.83 | 3.83 | 3.83 | 3.83 | 3.83 | 3.83 | 3.83 |
| | 0.01 | 5.70 | 5.96 | 6.11 | 6.18 | 6.26 | 6.33 | 6.40 | 6.44 | 6.5 | 6.6 | 6.6 | 6.7 | 6.7 | 6.8 |
| 6 | 0.05 | 3.46 | 3.58 | 3.64 | 3.68 | 3.68 | 3.68 | 3.68 | 3.68 | 3.68 | 3.68 | 3.68 | 3.68 | 3.68 | 3.68 |
| | 0.01 | 5.24 | 5.51 | 5.65 | 5.73 | 5.81 | 5.88 | 5.95 | 6.00 | 6.0 | 6.1 | 6.2 | 6.2 | 6.3 | 6.3 |
| 7 | 0.05 | 3.35 | 3.47 | 3.54 | 3.58 | 3.60 | 3.61 | 3.61 | 3.61 | 3.61 | 3.61 | 3.61 | 3.61 | 3.61 | 3.61 |
| | 0.01 | 4.95 | 5.22 | 5.37 | 5.45 | 5.53 | 5.61 | 5.69 | 5.73 | 5.8 | 5.8 | 5.9 | 5.9 | 6.0 | 6.0 |
| 8 | 0.05 | 3.26 | 3.39 | 3.47 | 3.52 | 3.55 | 3.56 | 3.56 | 3.56 | 3.56 | 3.56 | 3.56 | 3.56 | 3.56 | 3.56 |
| | 0.01 | 4.74 | 5.00 | 5.14 | 5.23 | 5.32 | 5.40 | 5.47 | 5.51 | 5.5 | 5.6 | 5.7 | 5.7 | 5.8 | 5.8 |
| 9 | 0.05 | 3.20 | 3.34 | 3.41 | 3.47 | 3.50 | 3.51 | 3.52 | 3.52 | 3.52 | 3.52 | 3.52 | 3.52 | 3.52 | 3.52 |
| | 0.01 | 4.60 | 4.86 | 4.99 | 5.08 | 5.17 | 5.25 | 5.32 | 5.36 | 5.4 | 5.5 | 5.5 | 5.6 | 5.7 | 5.7 |
| 10 | 0.05 | 3.15 | 3.30 | 3.37 | 3.43 | 3.46 | 3.47 | 3.47 | 3.47 | 3.47 | 3.47 | 3.47 | 3.47 | 3.47 | 3.48 |
| | 0.01 | 4.48 | 4.73 | 4.88 | 4.96 | 5.06 | 5.12 | 5.20 | 5.24 | 5.28 | 5.36 | 5.42 | 5.48 | 5.54 | 5.55 |
| 11 | 0.05 | 3.11 | 3.27 | 3.35 | 3.39 | 3.43 | 3.44 | 3.45 | 3.46 | 3.46 | 3.46 | 3.46 | 3.46 | 3.47 | 3.48 |
| | 0.01 | 4.39 | 4.63 | 4.77 | 4.86 | 4.94 | 5.01 | 5.06 | 5.12 | 5.15 | 5.24 | 5.28 | 5.34 | 5.38 | 5.39 |
| 12 | 0.05 | 3.08 | 3.23 | 3.33 | 3.36 | 3.48 | 3.42 | 3.44 | 3.44 | 3.46 | 3.46 | 3.46 | 3.46 | 3.47 | 3.48 |
| | 0.01 | 4.32 | 4.55 | 4.68 | 4.76 | 4.84 | 4.92 | 4.96 | 5.02 | 5.07 | 5.13 | 5.17 | 5.22 | 5.24 | 5.26 |
| 13 | 0.05 | 3.06 | 3.21 | 3.30 | 3.36 | 3.38 | 3.41 | 3.42 | 3.44 | 3.45 | 3.45 | 3.46 | 3.46 | 3.47 | 3.47 |
| | 0.01 | 4.26 | 4.48 | 4.62 | 4.69 | 4.74 | 4.84 | 4.88 | 4.94 | 4.98 | 5.04 | 5.08 | 5.13 | 5.14 | 5.15 |
| 14 | 0.05 | 3.03 | 3.18 | 3.27 | 3.33 | 3.37 | 3.39 | 3.41 | 3.42 | 3.44 | 3.45 | 3.46 | 3.46 | 3.47 | 3.47 |
| | 0.01 | 4.21 | 4.42 | 4.55 | 4.63 | 4.70 | 4.78 | 4.83 | 4.87 | 4.91 | 4.96 | 5.00 | 5.04 | 5.06 | 5.07 |
| 15 | 0.05 | 3.01 | 3.16 | 3.25 | 3.31 | 3.36 | 3.38 | 3.40 | 3.42 | 3.43 | 3.44 | 3.45 | 3.46 | 3.47 | 3.47 |
| | 0.01 | 4.17 | 4.37 | 4.50 | 4.58 | 4.64 | 4.72 | 4.77 | 4.81 | 4.84 | 4.90 | 4.94 | 4.97 | 4.99 | 5.00 |
| 16 | 0.05 | 3.00 | 3.15 | 3.23 | 3.30 | 3.34 | 3.37 | 3.39 | 3.41 | 3.43 | 3.44 | 3.45 | 3.46 | 3.47 | 3.47 |
| | 0.01 | 4.13 | 4.34 | 4.45 | 4.54 | 4.60 | 4.67 | 4.72 | 4.76 | 4.79 | 4.84 | 4.88 | 4.91 | 4.93 | 4.94 |
| 17 | 0.05 | 2.98 | 3.13 | 3.22 | 3.28 | 3.33 | 3.36 | 3.38 | 3.40 | 3.42 | 3.44 | 3.45 | 3.46 | 3.47 | 3.47 |
| | 0.01 | 4.10 | 4.30 | 4.41 | 4.50 | 4.56 | 4.63 | 4.68 | 4.72 | 4.75 | 4.80 | 4.83 | 4.86 | 4.88 | 4.89 |
| 18 | 0.05 | 2.97 | 3.12 | 3.21 | 3.27 | 3.32 | 3.35 | 3.37 | 3.39 | 3.41 | 3.43 | 3.45 | 3.46 | 3.47 | 3.47 |
| | 0.01 | 4.07 | 4.27 | 4.38 | 4.46 | 4.53 | 4.59 | 4.64 | 4.68 | 4.71 | 4.76 | 4.79 | 4.82 | 4.84 | 4.85 |
| 19 | 0.05 | 2.96 | 3.11 | 3.19 | 3.26 | 3.31 | 3.35 | 3.37 | 3.39 | 3.41 | 3.43 | 3.44 | 3.46 | 3.47 | 3.47 |
| | 0.01 | 4.05 | 4.24 | 4.35 | 4.43 | 4.50 | 4.56 | 4.61 | 4.64 | 4.67 | 4.72 | 4.76 | 4.79 | 4.81 | 4.82 |
| 20 | 0.05 | 2.95 | 3.10 | 3.18 | 3.25 | 3.30 | 3.34 | 3.36 | 3.38 | 3.40 | 3.43 | 3.44 | 3.46 | 3.46 | 3.47 |
| | 0.01 | 4.02 | 4.22 | 4.33 | 4.40 | 4.47 | 4.53 | 4.58 | 4.61 | 4.65 | 4.69 | 4.73 | 4.76 | 4.78 | 4.79 |
| 22 | 0.05 | 2.93 | 3.08 | 3.17 | 3.24 | 3.29 | 3.32 | 3.35 | 3.37 | 3.39 | 3.42 | 3.44 | 3.45 | 3.46 | 3.47 |
| | 0.01 | 3.99 | 4.17 | 4.28 | 4.36 | 4.42 | 4.48 | 4.53 | 4.57 | 4.60 | 4.65 | 4.68 | 4.71 | 4.74 | 4.75 |
| 24 | 0.05 | 2.92 | 3.07 | 3.15 | 3.22 | 3.28 | 3.31 | 3.34 | 3.37 | 3.38 | 3.41 | 3.44 | 3.45 | 3.46 | 3.47 |
| | 0.01 | 3.96 | 4.14 | 4.24 | 4.33 | 4.39 | 4.44 | 4.49 | 4.53 | 4.57 | 4.62 | 4.64 | 4.67 | 4.70 | 4.72 |
| 26 | 0.05 | 2.91 | 3.06 | 3.14 | 3.21 | 3.27 | 3.30 | 3.34 | 3.36 | 3.38 | 3.41 | 3.43 | 3.45 | 3.46 | 3.47 |
| | 0.01 | 3.93 | 4.11 | 4.21 | 4.30 | 4.36 | 4.41 | 4.46 | 4.50 | 4.53 | 4.58 | 4.62 | 4.65 | 4.67 | 4.69 |
| 28 | 0.05 | 2.90 | 3.04 | 3.13 | 3.20 | 3.26 | 3.30 | 3.33 | 3.35 | 3.37 | 3.40 | 3.43 | 3.45 | 3.46 | 3.47 |
| | 0.01 | 3.91 | 4.08 | 4.18 | 4.28 | 4.34 | 4.39 | 4.43 | 4.47 | 4.51 | 4.56 | 4.60 | 4.62 | 4.65 | 4.67 |
| 30 | 0.05 | 2.89 | 3.04 | 3.12 | 3.20 | 3.25 | 3.29 | 3.32 | 3.35 | 3.37 | 3.40 | 3.43 | 3.44 | 3.46 | 3.47 |
| | 0.01 | 3.89 | 4.06 | 4.16 | 4.22 | 4.32 | 4.36 | 4.41 | 4.45 | 4.48 | 4.54 | 4.58 | 4.61 | 4.63 | 4.65 |
| 40 | 0.05 | 2.86 | 3.01 | 3.10 | 3.17 | 3.22 | 3.27 | 3.30 | 3.33 | 3.35 | 3.39 | 3.42 | 3.44 | 3.46 | 3.47 |
| | 0.01 | 3.82 | 3.99 | 4.10 | 4.17 | 4.24 | 4.30 | 4.31 | 4.37 | 4.41 | 4.46 | 4.51 | 4.54 | 4.57 | 4.59 |
| 60 | 0.05 | 2.83 | 2.98 | 3.08 | 3.14 | 3.20 | 3.24 | 3.28 | 3.31 | 3.33 | 3.37 | 3.40 | 3.43 | 3.45 | 3.47 |
| | 0.01 | 3.76 | 3.92 | 4.03 | 4.12 | 4.17 | 4.23 | 4.27 | 4.31 | 4.34 | 4.39 | 4.44 | 4.47 | 4.50 | 4.53 |
| 100 | 0.05 | 2.80 | 2.95 | 3.05 | 3.12 | 3.18 | 3.22 | 3.26 | 3.29 | 3.32 | 3.36 | 3.40 | 3.42 | 3.45 | 3.47 |
| | 0.01 | 3.71 | 3.86 | 3.98 | 4.06 | 4.11 | 4.17 | 4.21 | 4.25 | 4.29 | 4.35 | 4.38 | 4.42 | 4.45 | 4.48 |
| $\infty$ | 0.05 | 2.77 | 2.92 | 3.02 | 3.09 | 3.15 | 3.19 | 3.23 | 3.26 | 3.29 | 3.34 | 3.38 | 3.41 | 3.44 | 3.47 |
| | 0.01 | 3.64 | 3.80 | 3.90 | 3.98 | 4.04 | 4.09 | 4.14 | 4.17 | 4.20 | 4.26 | 4.31 | 4.34 | 4.38 | 4.41 |

**附表 9 F 值表(两尾、方差齐性检验用) $\alpha=0.05$**

| $df_2$ | $df_1$(较大均方的自由度) | | | | | | | | | | | | | |
|---|---|---|---|---|---|---|---|---|---|---|---|---|---|---|
| | 2 | 3 | 4 | 5 | 6 | 7 | 8 | 9 | 10 | 12 | 15 | 20 | 30 | 60 | ∞ |
| 1 | 799.5 | 864.2 | 899.6 | 921.8 | 937.1 | 948.2 | 956.7 | 963.3 | 968.5 | 976.7 | 984.9 | 993.1 | 1 001 | 1 010 | 1 018 |
| 2 | 39.00 | 39.17 | 39.25 | 39.30 | 39.33 | 39.36 | 39.37 | 39.39 | 39.40 | 39.41 | 39.43 | 39.45 | 39.46 | 39.48 | 39.50 |
| 3 | 16.04 | 15.44 | 15.10 | 14.88 | 14.73 | 14.62 | 14.54 | 14.47 | 14.42 | 14.34 | 14.25 | 14.17 | 14.08 | 13.99 | 13.90 |
| 4 | 10.65 | 9.98 | 9.60 | 9.36 | 9.20 | 9.07 | 8.98 | 8.90 | 8.84 | 8.75 | 8.66 | 8.56 | 8.46 | 8.36 | 8.26 |
| 5 | 8.43 | 7.76 | 7.39 | 7.15 | 6.98 | 6.85 | 6.76 | 6.68 | 6.62 | 6.52 | 6.43 | 6.33 | 6.23 | 6.12 | 6.02 |
| 6 | 7.26 | 6.60 | 6.23 | 5.99 | 5.82 | 5.69 | 5.60 | 5.52 | 5.46 | 5.37 | 5.27 | 5.17 | 5.06 | 4.96 | 4.85 |
| 7 | 6.54 | 5.89 | 5.52 | 5.28 | 5.12 | 4.99 | 4.90 | 4.82 | 4.76 | 4.67 | 4.57 | 4.47 | 4.36 | 4.25 | 4.14 |
| 8 | 6.06 | 5.42 | 5.05 | 4.82 | 4.65 | 4.53 | 4.43 | 4.36 | 4.29 | 4.20 | 4.10 | 4.00 | 3.89 | 3.78 | 3.67 |
| 9 | 5.71 | 5.08 | 4.72 | 4.48 | 4.32 | 4.20 | 4.10 | 4.03 | 3.96 | 3.87 | 3.77 | 3.67 | 3.56 | 3.45 | 3.33 |
| 10 | 5.46 | 4.83 | 4.47 | 4.24 | 4.07 | 3.95 | 3.85 | 3.78 | 3.72 | 3.62 | 3.52 | 2.42 | 3.31 | 3.20 | 3.08 |
| 11 | 5.26 | 4.63 | 4.28 | 4.04 | 3.88 | 3.76 | 3.66 | 3.59 | 3.53 | 3.43 | 3.33 | 3.23 | 3.12 | 3.00 | 2.88 |
| 12 | 5.10 | 4.47 | 4.12 | 3.89 | 3.73 | 3.61 | 3.51 | 3.44 | 3.37 | 3.28 | 3.18 | 3.07 | 2.96 | 2.85 | 2.72 |
| 13 | 4.96 | 4.35 | 4.00 | 3.77 | 3.60 | 3.48 | 3.39 | 3.31 | 3.25 | 3.15 | 3.05 | 2.95 | 2.84 | 2.72 | 2.59 |
| 14 | 4.86 | 4.24 | 3.89 | 3.66 | 3.50 | 3.38 | 3.28 | 3.21 | 3.15 | 3.05 | 2.95 | 2.84 | 2.73 | 2.61 | 2.49 |
| 15 | 4.76 | 4.15 | 3.80 | 3.58 | 3.41 | 3.29 | 3.20 | 3.12 | 3.06 | 2.96 | 2.86 | 2.76 | 2.64 | 2.52 | 2.39 |
| 16 | 4.69 | 4.08 | 3.73 | 3.50 | 3.34 | 3.22 | 3.12 | 3.05 | 2.99 | 2.89 | 2.79 | 2.68 | 2.57 | 2.45 | 2.32 |
| 17 | 4.62 | 4.01 | 3.66 | 3.44 | 3.28 | 3.16 | 3.06 | 2.98 | 2.92 | 2.82 | 2.72 | 2.62 | 2.50 | 2.38 | 2.25 |
| 18 | 4.56 | 3.95 | 3.61 | 3.38 | 3.22 | 3.10 | 3.00 | 2.93 | 2.87 | 2.77 | 2.67 | 2.56 | 2.44 | 2.32 | 2.19 |
| 19 | 4.51 | 3.90 | 3.56 | 3.33 | 3.17 | 3.05 | 2.96 | 2.88 | 2.82 | 2.72 | 2.62 | 2.51 | 2.39 | 2.27 | 2.13 |
| 20 | 4.46 | 3.86 | 3.51 | 3.29 | 3.13 | 3.01 | 2.91 | 2.84 | 2.77 | 2.68 | 2.57 | 2.46 | 2.35 | 2.22 | 2.08 |
| 21 | 4.42 | 3.82 | 3.47 | 3.25 | 3.09 | 2.97 | 2.87 | 2.80 | 2.73 | 2.64 | 2.53 | 2.42 | 2.31 | 2.18 | 2.04 |
| 22 | 4.38 | 3.78 | 3.44 | 3.21 | 3.05 | 2.93 | 2.84 | 2.76 | 2.70 | 2.60 | 2.50 | 2.39 | 2.27 | 2.14 | 2.00 |
| 23 | 4.35 | 3.75 | 3.41 | 3.18 | 3.02 | 2.90 | 2.81 | 2.73 | 2.67 | 2.57 | 2.47 | 2.36 | 2.24 | 2.11 | 1.97 |
| 24 | 4.32 | 3.72 | 3.38 | 3.15 | 2.99 | 2.87 | 2.78 | 2.70 | 2.64 | 2.54 | 2.44 | 2.33 | 2.21 | 2.08 | 1.93 |
| 25 | 4.29 | 3.69 | 3.35 | 3.13 | 2.97 | 2.85 | 2.75 | 2.68 | 2.61 | 2.51 | 2.41 | 2.30 | 2.18 | 2.05 | 1.91 |
| 26 | 4.25 | 3.67 | 3.33 | 3.10 | 2.94 | 2.82 | 2.73 | 2.65 | 2.59 | 2.49 | 2.39 | 2.28 | 2.16 | 2.03 | 1.88 |
| 27 | 4.24 | 3.65 | 3.31 | 3.08 | 2.92 | 2.80 | 2.71 | 2.63 | 2.57 | 2.47 | 2.36 | 2.25 | 2.13 | 2.00 | 1.85 |
| 28 | 4.22 | 3.63 | 3.29 | 3.06 | 2.90 | 2.78 | 2.69 | 2.61 | 2.55 | 2.45 | 2.34 | 2.23 | 2.11 | 1.98 | 1.83 |
| 29 | 4.20 | 3.61 | 3.27 | 3.04 | 2.88 | 2.76 | 2.67 | 2.59 | 2.53 | 2.43 | 2.32 | 2.21 | 2.09 | 1.96 | 1.181 |
| 30 | 4.18 | 3.59 | 3.25 | 3.03 | 2.87 | 2.75 | 2.65 | 2.57 | 2.51 | 2.41 | 2.31 | 2.19 | 2.07 | 1.94 | 1.79 |
| 31 | 4.16 | 3.57 | 3.23 | 3.01 | 2.85 | 2.73 | 2.63 | 2.56 | 2.49 | 2.40 | 2.29 | 2.18 | 2.06 | 1.92 | 1.77 |
| 32 | 4.15 | 3.56 | 3.22 | 2.99 | 2.84 | 2.71 | 2.62 | 2.54 | 2.48 | 2.38 | 2.27 | 2.16 | 2.05 | 1.90 | 1.75 |
| 33 | 4.13 | 3.54 | 3.20 | 2.98 | 2.82 | 2.70 | 2.61 | 2.53 | 2.47 | 2.37 | 2.26 | 2.15 | 2.03 | 1.89 | 1.73 |
| 34 | 4.12 | 3.53 | 3.19 | 2.97 | 2.81 | 2.69 | 2.59 | 2.52 | 2.45 | 2.35 | 2.25 | 2.13 | 2.01 | 1.87 | 1.72 |
| 35 | 4.11 | 3.52 | 3.18 | 2.96 | 2.80 | 2.68 | 2.58 | 2.50 | 2.44 | 2.34 | 2.23 | 2.12 | 2.00 | 1.86 | 1.70 |
| 36 | 4.09 | 3.50 | 3.17 | 2.94 | 2.78 | 2.66 | 2.57 | 2.49 | 2.43 | 2.33 | 2.22 | 2.11 | 1.99 | 1.85 | 1.69 |
| 37 | 4.08 | 3.49 | 3.16 | 2.93 | 2.77 | 2.65 | 2.56 | 2.48 | 2.42 | 2.32 | 2.21 | 2.10 | 1.97 | 1.84 | 1.67 |
| 38 | 4.07 | 3.48 | 3.14 | 2.92 | 2.76 | 2.64 | 2.55 | 2.47 | 2.41 | 2.31 | 2.20 | 2.09 | 1.96 | 1.82 | 1.66 |
| 39 | 4.06 | 3.47 | 3.13 | 2.91 | 2.75 | 2.63 | 2.54 | 2.46 | 2.40 | 2.30 | 2.19 | 2.08 | 1.95 | 1.81 | 1.65 |
| 40 | 4.05 | 3.46 | 3.13 | 2.90 | 2.74 | 2.62 | 2.53 | 2.45 | 2.39 | 2.29 | 2.18 | 2.07 | 1.94 | 1.80 | 1.64 |
| 42 | 4.03 | 3.45 | 3.11 | 2.89 | 2.73 | 2.61 | 2.51 | 2.43 | 2.37 | 2.27 | 2.16 | 2.05 | 1.92 | 1.78 | 1.61 |
| 44 | 4.02 | 3.43 | 3.09 | 2.87 | 2.71 | 2.59 | 2.50 | 2.42 | 2.35 | 2.25 | 2.15 | 2.03 | 1.91 | 1.77 | 1.60 |
| 46 | 4.00 | 3.41 | 3.08 | 2.86 | 2.70 | 2.58 | 2.48 | 2.40 | 2.34 | 2.24 | 2.13 | 2.02 | 1.89 | 1.75 | 1.58 |
| 48 | 3.99 | 3.40 | 3.07 | 2.84 | 2.68 | 2.56 | 2.47 | 2.39 | 2.33 | 2.23 | 2.12 | 2.01 | 1.88 | 1.73 | 1.56 |
| 50 | 3.37 | 3.39 | 3.05 | 2.83 | 2.67 | 2.55 | 2.46 | 2.38 | 2.32 | 2.22 | 2.11 | 1.99 | 1.87 | 1.75 | 1.54 |
| 60 | 3.92 | 3.34 | 3.01 | 2.79 | 2.63 | 2.51 | 2.41 | 2.33 | 2.27 | 2.17 | 2.06 | 1.94 | 1.81 | 1.67 | 1.48 |
| 80 | 3.86 | 3.28 | 2.95 | 2.73 | 2.57 | 2.45 | 2.35 | 2.28 | 2.21 | 2.11 | 2.00 | 1.88 | 1.75 | 1.60 | 1.40 |
| 120 | 3.80 | 3.23 | 2.89 | 2.67 | 2.51 | 2.39 | 2.30 | 2.22 | 2.16 | 2.05 | 1.94 | 1.82 | 1.69 | 1.53 | 1.31 |
| 240 | 3.75 | 3.17 | 2.84 | 2.62 | 2.46 | 2.34 | 2.24 | 2.17 | 2.10 | 2.00 | 1.89 | 1.77 | 1.63 | 1.46 | 1.20 |
| ∞ | 3.69 | 3.12 | 2.79 | 2.57 | 2.41 | 2.29 | 2.19 | 2.11 | 2.05 | 1.94 | 1.83 | 1.71 | 1.57 | 1.39 | 1.00 |

## 附表 10　*r* 与 *R* 的显著数值表

| 自由度 | 概率 | 变量的个数(*M*) | | | |
|---|---|---|---|---|---|
| *df* | α | 2 | 3 | 4 | 5 |
| 1 | 0.05 | 0.997 | 0.999 | 0.999 | 0.999 |
| | 0.01 | 1.000 | 1.000 | 1.000 | 1.000 |
| 2 | 0.05 | 0.950 | 0.975 | 0.983 | 0.987 |
| | 0.01 | 0.990 | 0.995 | 0.997 | 0.998 |
| 3 | 0.05 | 0.878 | 0.930 | 0.950 | 0.961 |
| | 0.01 | 0.959 | 0.976 | 0.982 | 0.987 |
| 4 | 0.05 | 0.811 | 0.881 | 0.912 | 0.930 |
| | 0.01 | 0.917 | 0.949 | 0.962 | 0.970 |
| 5 | 0.05 | 0.754 | 0.863 | 0.874 | 0.898 |
| | 0.01 | 0.874 | 0.917 | 0.937 | 0.949 |
| 6 | 0.05 | 0.707 | 0.795 | 0.839 | 0.867 |
| | 0.01 | 0.834 | 0.886 | 0.911 | 0.927 |
| 7 | 0.05 | 0.666 | 0.758 | 0.807 | 0.838 |
| | 0.01 | 0.798 | 0.855 | 0.885 | 0.904 |
| 8 | 0.05 | 0.632 | 0.726 | 0.777 | 0.811 |
| | 0.01 | 0.765 | 0.827 | 0.860 | 0.882 |
| 9 | 0.05 | 0.602 | 0.697 | 0.750 | 0.786 |
| | 0.01 | 0.735 | 0.800 | 0.836 | 0.861 |
| 10 | 0.05 | 0.576 | 0.671 | 0.726 | 0.763 |
| | 0.01 | 0.708 | 0.776 | 0.814 | 0.840 |
| 11 | 0.05 | 0.553 | 0.648 | 0.703 | 0.741 |
| | 0.01 | 0.684 | 0.753 | 0.793 | 0.821 |
| 12 | 0.05 | 0.532 | 0.627 | 0.683 | 0.722 |
| | 0.01 | 0.661 | 0.732 | 0.773 | 0.802 |
| 13 | 0.05 | 0.514 | 0.608 | 0.664 | 0.703 |
| | 0.01 | 0.641 | 0.712 | 0.755 | 0.785 |
| 14 | 0.05 | 0.497 | 0.590 | 0.646 | 0.686 |
| | 0.01 | 0.623 | 0.694 | 0.737 | 0.768 |
| 15 | 0.05 | 0.482 | 0.574 | 0.630 | 0.670 |
| | 0.01 | 0.606 | 0.677 | 0.721 | 0.752 |
| 16 | 0.05 | 0.468 | 0.559 | 0.615 | 0.655 |
| | 0.01 | 0.590 | 0.662 | 0.706 | 0.738 |
| 17 | 0.05 | 0.456 | 0.545 | 0.601 | 0.641 |
| | 0.01 | 0.575 | 0.647 | 0.691 | 0.724 |
| 18 | 0.05 | 0.444 | 0.532 | 0.587 | 0.628 |
| | 0.01 | 0.561 | 0.633 | 0.678 | 0.710 |
| 19 | 0.05 | 0.433 | 0.520 | 0.575 | 0.615 |
| | 0.01 | 0.549 | 0.620 | 0.665 | 0.698 |
| 20 | 0.05 | 0.423 | 0.509 | 0.563 | 0.604 |
| | 0.01 | 0.537 | 0.608 | 0.652 | 0.685 |
| 21 | 0.05 | 0.413 | 0.498 | 0.522 | 0.592 |
| | 0.01 | 0.526 | 0.596 | 0.641 | 0.674 |
| 22 | 0.05 | 0.404 | 0.488 | 0.542 | 0.582 |
| | 0.01 | 0.515 | 0.585 | 0.630 | 0.663 |
| 23 | 0.05 | 0.396 | 0.479 | 0.532 | 0.572 |
| | 0.01 | 0.505 | 0.574 | 0.619 | 0.652 |
| 24 | 0.05 | 0.388 | 0.470 | 0.523 | 0.562 |
| | 0.01 | 0.496 | 0.565 | 0.609 | 0.642 |
| 25 | 0.05 | 0.381 | 0.462 | 0.514 | 0.553 |
| | 0.01 | 0.487 | 0.555 | 0.600 | 0.633 |
| 26 | 0.05 | 0.374 | 0.454 | 0.506 | 0.545 |
| | 0.01 | 0.478 | 0.546 | 0.590 | 0.624 |
| 27 | 0.05 | 0.367 | 0.446 | 0.498 | 0.536 |
| | 0.01 | 0.470 | 0.538 | 0.582 | 0.615 |
| 28 | 0.05 | 0.361 | 0.439 | 0.490 | 0.592 |
| | 0.01 | 0.463 | 0.530 | 0.573 | 0.606 |
| 29 | 0.05 | 0.355 | 0.432 | 0.482 | 0.521 |
| | 0.01 | 0.456 | 0.522 | 0.565 | 0.598 |
| 30 | 0.05 | 0.349 | 0.426 | 0.476 | 0.514 |
| | 0.01 | 0.449 | 0.514 | 0.558 | 0.519 |
| 35 | 0.05 | 0.325 | 0.397 | 0.445 | 0.482 |
| | 0.01 | 0.418 | 0.481 | 0.523 | 0.556 |
| 40 | 0.05 | 0.304 | 0.373 | 0.419 | 0.455 |
| | 0.01 | 0.393 | 0.454 | 0.494 | 0.526 |
| 45 | 0.05 | 0.288 | 0.353 | 0.397 | 0.432 |
| | 0.01 | 0.372 | 0.430 | 0.470 | 0.501 |
| 50 | 0.05 | 0.273 | 0.336 | 0.379 | 0.412 |
| | 0.01 | 0.354 | 0.410 | 0.449 | 0.479 |
| 60 | 0.05 | 0.250 | 0.308 | 0.348 | 0.380 |
| | 0.01 | 0.325 | 0.377 | 0.414 | 0.442 |
| 70 | 0.05 | 0.232 | 0.286 | 0.324 | 0.354 |
| | 0.01 | 0.302 | 0.351 | 0.386 | 0.413 |
| 80 | 0.05 | 0.217 | 0.269 | 0.304 | 0.332 |
| | 0.01 | 0.283 | 0.330 | 0.362 | 0.389 |
| 90 | 0.05 | 0.205 | 0.254 | 0.288 | 0.315 |
| | 0.01 | 0.267 | 0.312 | 0.343 | 0.368 |
| 100 | 0.05 | 0.195 | 0.241 | 0.274 | 0.300 |
| | 0.01 | 0.254 | 0.297 | 0.327 | 0.351 |
| 125 | 0.05 | 0.174 | 0.216 | 0.246 | 0.269 |
| | 0.01 | 0.228 | 0.266 | 0.294 | 0.316 |
| 150 | 0.05 | 0.159 | 0.198 | 0.225 | 0.247 |
| | 0.01 | 0.208 | 0.244 | 0.270 | 0.290 |
| 200 | 0.05 | 0.138 | 0.172 | 0.196 | 0.215 |
| | 0.01 | 0.181 | 0.212 | 0.234 | 0.253 |
| 300 | 0.05 | 0.113 | 0.141 | 0.160 | 0.176 |
| | 0.01 | 0.148 | 0.174 | 0.192 | 0.208 |
| 400 | 0.05 | 0.098 | 0.122 | 0.139 | 0.153 |
| | 0.01 | 0.128 | 0.151 | 0.167 | 0.180 |
| 500 | 0.05 | 0.088 | 0.109 | 0.124 | 0.137 |
| | 0.01 | 0.115 | 0.135 | 0.150 | 0.162 |
| 1 000 | 0.05 | 0.062 | 0.077 | 0.088 | 0.097 |
| | 0.01 | 0.081 | 0.096 | 0.106 | 0.115 |

附表 11 $\chi^2$ 值表(一尾)

| 自由度 $df$ | 概率值($P$) | | | | | | | | | |
|---|---|---|---|---|---|---|---|---|---|---|
| | 0.995 | 0.990 | 0.975 | 0.950 | 0.900 | 0.100 | 0.050 | 0.025 | 0.010 | 0.005 |
| 1 | — | — | — | — | 0.02 | 2.71 | 3.84 | 5.02 | 6.63 | 7.88 |
| 2 | 0.01 | 0.02 | 0.05 | 0.10 | 0.21 | 4.61 | 5.99 | 7.38 | 9.21 | 10.60 |
| 3 | 0.07 | 0.11 | 0.22 | 0.35 | 0.58 | 6.25 | 7.81 | 9.35 | 11.34 | 12.84 |
| 4 | 0.21 | 0.30 | 0.48 | 0.71 | 1.06 | 7.78 | 9.49 | 11.14 | 13.28 | 14.86 |
| 5 | 0.41 | 0.55 | 0.83 | 1.15 | 1.61 | 9.24 | 11.07 | 12.83 | 15.09 | 16.75 |
| 6 | 0.68 | 0.87 | 1.24 | 1.64 | 2.20 | 10.64 | 12.59 | 14.45 | 16.81 | 18.55 |
| 7 | 0.99 | 1.24 | 1.69 | 2.17 | 2.83 | 12.02 | 14.07 | 16.01 | 18.48 | 20.28 |
| 8 | 1.34 | 1.65 | 2.18 | 2.73 | 3.49 | 13.36 | 15.51 | 17.53 | 20.09 | 21.96 |
| 9 | 1.73 | 2.09 | 2.70 | 3.33 | 4.17 | 14.68 | 16.92 | 19.02 | 21.69 | 23.59 |
| 10 | 2.16 | 2.56 | 3.25 | 3.94 | 4.87 | 15.99 | 18.31 | 20.48 | 23.21 | 25.19 |
| 11 | 2.60 | 3.05 | 3.82 | 4.57 | 5.58 | 17.28 | 19.68 | 21.92 | 24.72 | 26.76 |
| 12 | 3.07 | 3.57 | 4.40 | 5.23 | 6.30 | 18.55 | 21.03 | 23.34 | 26.22 | 28.30 |
| 13 | 3.57 | 4.11 | 5.01 | 5.89 | 7.04 | 19.81 | 22.36 | 24.74 | 27.69 | 29.82 |
| 14 | 4.07 | 4.66 | 5.63 | 6.57 | 7.79 | 21.06 | 23.68 | 26.12 | 29.14 | 31.32 |
| 15 | 4.60 | 5.23 | 6.27 | 7.26 | 8.55 | 22.31 | 25.00 | 27.49 | 30.58 | 32.80 |
| 16 | 5.14 | 5.81 | 6.91 | 7.96 | 9.31 | 23.54 | 26.30 | 28.85 | 32.00 | 34.27 |
| 17 | 5.70 | 6.41 | 7.56 | 8.67 | 10.09 | 24.77 | 27.59 | 30.19 | 33.41 | 35.72 |
| 18 | 6.26 | 7.01 | 8.23 | 9.39 | 10.86 | 25.99 | 28.87 | 31.53 | 34.81 | 37.16 |
| 19 | 6.84 | 7.63 | 8.91 | 10.12 | 11.65 | 27.20 | 30.14 | 32.85 | 36.19 | 38.58 |
| 20 | 7.43 | 8.26 | 9.59 | 10.85 | 12.44 | 28.41 | 31.41 | 34.17 | 37.57 | 40.00 |
| 21 | 8.03 | 8.90 | 10.28 | 11.59 | 13.24 | 29.62 | 32.67 | 35.48 | 38.93 | 41.40 |
| 22 | 8.64 | 9.54 | 10.98 | 12.34 | 14.04 | 30.81 | 33.92 | 36.78 | 40.29 | 42.80 |
| 23 | 9.26 | 10.20 | 11.69 | 13.09 | 14.85 | 32.01 | 35.17 | 38.08 | 41.64 | 44.18 |
| 24 | 9.89 | 10.86 | 12.40 | 13.85 | 15.66 | 33.20 | 36.42 | 39.36 | 42.98 | 45.56 |
| 25 | 10.52 | 11.52 | 13.12 | 14.61 | 16.47 | 34.38 | 37.65 | 40.65 | 44.31 | 46.93 |
| 26 | 11.16 | 12.20 | 13.84 | 15.38 | 17.29 | 35.56 | 38.89 | 41.92 | 45.61 | 48.29 |
| 27 | 11.81 | 12.88 | 14.57 | 16.15 | 18.11 | 36.74 | 40.11 | 43.19 | 46.96 | 49.64 |
| 28 | 12.46 | 13.56 | 15.31 | 16.93 | 18.94 | 37.92 | 41.34 | 44.46 | 48.28 | 50.99 |
| 29 | 13.12 | 14.26 | 16.05 | 17.71 | 19.77 | 39.09 | 42.56 | 45.72 | 49.59 | 52.34 |
| 30 | 13.79 | 14.95 | 16.79 | 18.49 | 20.60 | 40.26 | 43.77 | 46.98 | 50.89 | 53.67 |
| 40 | 20.71 | 22.16 | 24.43 | 26.51 | 29.05 | 51.80 | 55.76 | 59.34 | 63.69 | 66.77 |
| 50 | 27.99 | 29.71 | 32.36 | 34.76 | 37.69 | 63.17 | 67.50 | 71.42 | 76.15 | 79.49 |
| 60 | 35.53 | 37.48 | 40.48 | 43.19 | 46.46 | 74.40 | 79.08 | 83.30 | 66.38 | 91.95 |
| 70 | 43.28 | 45.44 | 48.76 | 51.74 | 55.33 | 85.53 | 90.53 | 95.02 | 100.42 | 104.22 |
| 80 | 51.17 | 53.54 | 57.15 | 60.39 | 64.28 | 96.58 | 101.88 | 106.03 | 112.33 | 116.32 |
| 90 | 59.20 | 61.75 | 65.65 | 69.13 | 73.29 | 107.56 | 113.14 | 118.14 | 124.12 | 128.30 |
| 100 | 67.33 | 70.06 | 74.22 | 77.93 | 82.36 | 118.50 | 124.34 | 119.56 | 135.81 | 140.17 |

**附表 12 符号检验用 K 临界值表(双尾)**

| n | α 0.01 | 0.05 | 0.10 | 0.25 | n | α 0.01 | 0.05 | 0.10 | 0.25 | n | α 0.01 | 0.05 | 0.10 | 0.25 | n | α 0.01 | 0.05 | 0.10 | 0.25 |
|---|---|---|---|---|---|---|---|---|---|---|---|---|---|---|---|---|---|---|---|
| 1 | | | | | 24 | 5 | 6 | 7 | 8 | 47 | 14 | 16 | 17 | 19 | 69 | 23 | 25 | 27 | 29 |
| 2 | | | | | 25 | 5 | 7 | 7 | 9 | 48 | 14 | 16 | 17 | 19 | 70 | 23 | 26 | 27 | 29 |
| 3 | | | | 0 | 26 | 6 | 7 | 8 | 9 | 49 | 15 | 17 | 18 | 19 | 71 | 24 | 26 | 28 | 30 |
| 4 | | | | 0 | 27 | 6 | 7 | 8 | 10 | 50 | 15 | 17 | 18 | 20 | 72 | 24 | 27 | 28 | 30 |
| 5 | | | 0 | 0 | 28 | 6 | 8 | 9 | 10 | 51 | 15 | 18 | 19 | 20 | 73 | 25 | 27 | 28 | 31 |
| 6 | | 0 | 0 | 1 | 29 | 7 | 8 | 9 | 10 | 52 | 16 | 18 | 19 | 21 | 74 | 25 | 28 | 29 | 31 |
| 7 | | 0 | 0 | 1 | 30 | 7 | 9 | 10 | 11 | 53 | 16 | 18 | 20 | 21 | 75 | 25 | 28 | 29 | 32 |
| 8 | 0 | 0 | 1 | 1 | 31 | 7 | 9 | 10 | 11 | 54 | 17 | 19 | 20 | 22 | 76 | 26 | 28 | 30 | 32 |
| 9 | 0 | 1 | 1 | 2 | 32 | 8 | 9 | 10 | 12 | 55 | 17 | 19 | 20 | 22 | 77 | 26 | 29 | 30 | 32 |
| 10 | 0 | 1 | 1 | 2 | 33 | 8 | 10 | 11 | 12 | 56 | 17 | 20 | 21 | 23 | 78 | 27 | 29 | 31 | 33 |
| 11 | 0 | 1 | 2 | 3 | 34 | 9 | 10 | 11 | 13 | 57 | 18 | 20 | 21 | 23 | 79 | 27 | 30 | 31 | 33 |
| 12 | 1 | 2 | 2 | 3 | 35 | 9 | 11 | 12 | 13 | 58 | 18 | 21 | 22 | 24 | 80 | 28 | 30 | 32 | 34 |
| 13 | 1 | 2 | 3 | 3 | 36 | 9 | 11 | 12 | 14 | 59 | 19 | 21 | 22 | 24 | 81 | 28 | 31 | 32 | 34 |
| 14 | 1 | 2 | 3 | 4 | 37 | 10 | 12 | 13 | 14 | 60 | 19 | 21 | 23 | 25 | 82 | 28 | 31 | 33 | 35 |
| 15 | 2 | 3 | 3 | 4 | 38 | 10 | 12 | 13 | 14 | 61 | 20 | 22 | 23 | 25 | 83 | 29 | 32 | 33 | 35 |
| 16 | 2 | 3 | 4 | 5 | 39 | 11 | 12 | 13 | 15 | 62 | 20 | 22 | 24 | 25 | 84 | 29 | 32 | 33 | 36 |
| 17 | 2 | 4 | 4 | 5 | 40 | 11 | 13 | 14 | 15 | 63 | 20 | 23 | 24 | 26 | 85 | 30 | 32 | 34 | 36 |
| 18 | 3 | 4 | 5 | 6 | 41 | 11 | 13 | 14 | 16 | 64 | 21 | 23 | 24 | 26 | 86 | 30 | 33 | 34 | 37 |
| 19 | 3 | 4 | 5 | 6 | 42 | 12 | 14 | 15 | 16 | 65 | 21 | 24 | 25 | 27 | 87 | 31 | 33 | 35 | 37 |
| 20 | 3 | 5 | 5 | 6 | 43 | 12 | 14 | 15 | 17 | 66 | 22 | 24 | 25 | 27 | 88 | 31 | 34 | 35 | 38 |
| 21 | 4 | 5 | 6 | 7 | 44 | 13 | 15 | 16 | 17 | 67 | 22 | 25 | 26 | 28 | 89 | 31 | 34 | 36 | 38 |
| 22 | 4 | 5 | 6 | 7 | 45 | 13 | 15 | 16 | 18 | 68 | 22 | 25 | 26 | 28 | 90 | 32 | 35 | 36 | 39 |
| 23 | 4 | 6 | 7 | 8 | 46 | 13 | 15 | 16 | 18 | | | | | | | | | | |

**附表 13　符号秩和检验用 $T$ 临界值表**

| $n$ | $P(2)$ | 0.10 | 0.05 | 0.02 | 0.01 | $n$ | $P(2)$ | 0.10 | 0.05 | 0.02 | 0.01 |
|---|---|---|---|---|---|---|---|---|---|---|---|
| | $P(1)$ | 0.05 | 0.025 | 0.01 | 0.005 | | $P(1)$ | 0.05 | 0.025 | 0.01 | 0.005 |
| 5 | | 0 | | | | | | | | | |
| 6 | | 2 | 0 | | | 16 | | 35 | 29 | 23 | 19 |
| 7 | | 3 | 2 | 0 | | 17 | | 41 | 34 | 27 | 23 |
| 8 | | 5 | 3 | 1 | 0 | 18 | | 47 | 40 | 32 | 27 |
| 9 | | 8 | 5 | 3 | 1 | 19 | | 53 | 46 | 37 | 32 |
| 10 | | 10 | 8 | 5 | 3 | 20 | | 60 | 52 | 43 | 37 |
| 11 | | 13 | 10 | 7 | 5 | 21 | | 67 | 58 | 49 | 42 |
| 12 | | 17 | 13 | 9 | 7 | 22 | | 75 | 65 | 55 | 48 |
| 13 | | 21 | 17 | 12 | 9 | 23 | | 83 | 73 | 62 | 54 |
| 14 | | 25 | 21 | 15 | 12 | 24 | | 91 | 81 | 69 | 61 |
| 15 | | 30 | 25 | 19 | 15 | 25 | | 100 | 89 | 76 | 68 |

## 附表 14　秩和检验用 T 临界值表(两样本比较)

| | 单侧 | 双侧 |
|---|---|---|
| 1 行 | $p=0.05$ | $p=0.10$ |
| 2 行 | $p=0.025$ | $p=0.05$ |
| 3 行 | $p=0.01$ | $p=0.02$ |
| 4 行 | $p=0.005$ | $p=0.01$ |

| $n_1$ | $n_2-n_1$ | | | | | | | | | | |
|---|---|---|---|---|---|---|---|---|---|---|---|
| (较小 $n$) | 0 | 1 | 2 | 3 | 4 | 5 | 6 | 7 | 8 | 9 | 10 |
| 2 | | | | 3～13 | 3～15 | 3～17 | 4～18 | 4～20 | 4～22 | 4～24 | 5～25 |
| | | | | | | | 3～19 | 3～21 | 3～23 | 3～25 | 4～26 |
| 3 | 6～15 | 6～18 | 7～20 | 8～22 | 8～25 | 9～27 | 10～29 | 10～32 | 11～34 | 11～37 | 12～39 |
| | | | 6～21 | 7～23 | 7～26 | 8～28 | 8～31 | 9～33 | 9～36 | 10～38 | 10～41 |
| | | | | | 6～27 | 6～30 | 7～32 | 7～35 | 7～38 | 8～40 | 8～43 |
| | | | | | | | 6～33 | 6～36 | 6～39 | 7～41 | 7～44 |
| 4 | 11～25 | 12～28 | 13～31 | 14～34 | 15～37 | 16～40 | 17～43 | 18～46 | 19～49 | 20～52 | 21～55 |
| | 10～26 | 11～29 | 12～32 | 13～35 | 14～38 | 14～42 | 15～45 | 16～48 | 17～51 | 18～54 | 19～57 |
| | | 10～30 | 11～33 | 11～37 | 12～40 | 13～43 | 13～47 | 14～50 | 15～53 | 15～57 | 16～60 |
| | | | 10～34 | 10～38 | 11～41 | 11～45 | 12～48 | 12～52 | 13～55 | 13～59 | 14～62 |
| 5 | 19～36 | 20～40 | 21～44 | 23～47 | 24～51 | 26～54 | 27～58 | 28～62 | 30～65 | 31～69 | 33～72 |
| | 17～38 | 18～42 | 20～45 | 21～49 | 22～53 | 23～57 | 24～61 | 26～64 | 27～68 | 28～72 | 29～76 |
| | 16～39 | 17～43 | 18～47 | 19～51 | 20～55 | 21～59 | 22～63 | 23～67 | 24～71 | 25～75 | 26～79 |
| | 15～40 | 16～44 | 16～49 | 17～53 | 18～57 | 19～61 | 20～65 | 21～69 | 22～73 | 22～78 | 23～82 |
| 6 | 28～50 | 29～55 | 31～59 | 33～63 | 35～67 | 37～71 | 38～76 | 40～80 | 42～84 | 44～88 | 46～92 |
| | 26～52 | 27～57 | 29～61 | 31～65 | 32～70 | 34～74 | 35～79 | 37～83 | 38～88 | 40～92 | 42～96 |
| | 24～54 | 25～59 | 27～63 | 28～68 | 29～73 | 30～78 | 32～82 | 33～87 | 34～92 | 36～96 | 37～101 |
| | 23～55 | 24～60 | 25～65 | 26～70 | 27～75 | 28～80 | 30～84 | 31～89 | 32～94 | 33～99 | 32～104 |
| 7 | 39～66 | 41～71 | 43～76 | 45～81 | 47～86 | 49～91 | 52～95 | 54～100 | 46～105 | 58～110 | 61～114 |
| | 36～69 | 38～74 | 40～79 | 42～84 | 44～89 | 46～94 | 48～99 | 50～104 | 52～109 | 54～114 | 56～119 |
| | 34～71 | 35～77 | 37～82 | 39～87 | 40～93 | 42～98 | 44～103 | 45～109 | 47～114 | 49～119 | 51～124 |
| | 32～73 | 34～78 | 35～84 | 37～89 | 38～95 | 40～100 | 41～106 | 43～111 | 44～117 | 45～122 | 47～128 |
| 8 | 51～85 | 54～90 | 56～96 | 59～101 | 62～106 | 64～112 | 67～117 | 69～123 | 72～128 | 75～133 | 77～139 |
| | 49～87 | 51～93 | 53～99 | 55～105 | 58～110 | 60～116 | 62～122 | 65～127 | 67～133 | 70～138 | 72～144 |
| | 45～91 | 47～97 | 49～103 | 51～109 | 53～115 | 56～120 | 58～126 | 60～132 | 62～138 | 64～144 | 66～150 |
| | 43～93 | 45～99 | 47～105 | 49～111 | 51～117 | 53～123 | 54～130 | 56～136 | 58～142 | 60～148 | 62～154 |
| 9 | 66～105 | 69～111 | 72～117 | 75～123 | 78～129 | 81～135 | 84～141 | 87～147 | 90～153 | 93～159 | 96～165 |
| | 62～109 | 65～115 | 68～121 | 71～127 | 73～134 | 76～140 | 79～146 | 82～152 | 84～159 | 87～165 | 90～171 |
| | 59～112 | 61～119 | 63～126 | 66～132 | 68～139 | 71～145 | 73～152 | 76～158 | 78～165 | 81～171 | 83～178 |
| | 56～115 | 58～122 | 61～128 | 63～135 | 65～142 | 67～149 | 69～156 | 72～162 | 74～169 | 76～176 | 78～183 |
| 10 | 82～128 | 86～134 | 89～141 | 92～148 | 96～154 | 99～161 | 103～167 | 106～174 | 110～180 | 113～187 | 117～193 |
| | 78～132 | 81～139 | 74～146 | 88～152 | 91～159 | 94～166 | 97～173 | 100～180 | 103～187 | 107～193 | 110～200 |
| | 74～136 | 77～143 | 79～151 | 82～158 | 85～165 | 88～172 | 91～179 | 93～187 | 96～194 | 99～201 | 102～208 |
| | 71～139 | 73～147 | 76～154 | 79～161 | 81～169 | 84～176 | 86～184 | 89～191 | 92～198 | 94～206 | 97～213 |

**附表 15　秩和检验用 $H$ 临界值表(三样本比较)**

| $n$ | $n_1$ | $n_2$ | $n_3$ | $p$ | |
|---|---|---|---|---|---|
| | | | | 0.05 | 0.01 |
| 7 | 3 | 2 | 2 | 4.71 | |
| | 3 | 3 | 1 | 5.14 | |
| 8 | 3 | 3 | 2 | 5.36 | |
| | 4 | 2 | 2 | 5.33 | |
| | 4 | 3 | 1 | 5.21 | |
| | 5 | 2 | 1 | 5.00 | |
| 9 | 3 | 3 | 3 | 5.60 | 7.20 |
| | 4 | 3 | 2 | 5.44 | 6.44 |
| | 4 | 4 | 1 | 4.97 | 6.67 |
| | 5 | 2 | 2 | 5.16 | 6.53 |
| | 5 | 3 | 1 | 4.96 | |
| 10 | 4 | 3 | 3 | 5.73 | 6.75 |
| | 4 | 4 | 2 | 5.49 | 7.04 |
| | 5 | 3 | 2 | 5.25 | 6.82 |
| | 5 | 4 | 1 | 4.99 | 6.95 |
| 11 | 4 | 4 | 3 | 5.60 | 7.14 |
| | 5 | 3 | 3 | 5.65 | 7.08 |
| | 5 | 4 | 2 | 5.27 | 7.12 |
| | 5 | 5 | 1 | 5.13 | 7.31 |
| 12 | 4 | 4 | 4 | 5.69 | 7.65 |
| | 5 | 4 | 3 | 5.63 | 7.44 |
| | 5 | 5 | 2 | 5.34 | 7.27 |
| 13 | 5 | 4 | 4 | 5.42 | 7.76 |
| | 5 | 5 | 3 | 5.71 | 7.54 |
| 14 | 5 | 5 | 4 | 5.64 | 7.79 |
| 15 | 5 | 5 | 5 | 5.78 | 7.98 |

**附表 16　等级相关系数 $r_s$ 临界值表**

| n | 单侧 | 0.10 | 0.05 | 0.025 | 0.01 | 0.005 |
|---|---|---|---|---|---|---|
| | 双侧 | 0.20 | 0.10 | 0.05 | 0.02 | 0.01 |
| 4 | | 1.000 | 1.000 | — | — | — |
| 5 | | 0.800 | 0.900 | 1.000 | 1.000 | — |
| 6 | | 0.657 | 0.829 | 0.886 | 0.943 | 1.000 |
| 7 | | 0.571 | 0.714 | 0.786 | 0.893 | 0.929 |
| 8 | | 0.524 | 0.643 | 0.738 | 0.833 | 0.881 |
| 9 | | 0.483 | 0.600 | 0.700 | 0.783 | 0.833 |
| 10 | | 0.455 | 0.564 | 0.648 | 0.745 | 0.794 |
| 11 | | 0.427 | 0.536 | 0.618 | 0.709 | 0.755 |
| 12 | | 0.406 | 0.503 | 0.587 | 0.678 | 0.727 |
| 13 | | 0.385 | 0.484 | 0.560 | 0.648 | 0.703 |
| 14 | | 0.367 | 0.464 | 0.538 | 0.626 | 0.679 |
| 15 | | 0.354 | 0.446 | 0.521 | 0.604 | 0.654 |
| 16 | | 0.341 | 0.429 | 0.503 | 0.582 | 0.635 |
| 17 | | 0.328 | 0.414 | 0.485 | 0.566 | 0.615 |
| 18 | | 0.317 | 0.401 | 0.472 | 0.550 | 0.600 |
| 19 | | 0.309 | 0.391 | 0.460 | 0.535 | 0.584 |
| 20 | | 0.299 | 0.380 | 0.447 | 0.520 | 0.570 |
| 21 | | 0.292 | 0.370 | 0.435 | 0.508 | 0.556 |
| 22 | | 0.284 | 0.361 | 0.425 | 0.496 | 0.544 |
| 23 | | 0.278 | 0.353 | 0.415 | 0.486 | 0.532 |
| 24 | | 0.271 | 0.344 | 0.406 | 0.476 | 0.521 |
| 25 | | 0.265 | 0.337 | 0.398 | 0.466 | 0.511 |
| 26 | | 0.259 | 0.331 | 0.390 | 0.457 | 0.501 |
| 27 | | 0.255 | 0.324 | 0.382 | 0.448 | 0.491 |
| 28 | | 0.250 | 0.317 | 0.375 | 0.440 | 0.483 |
| 29 | | 0.245 | 0.312 | 0.368 | 0.433 | 0.475 |
| 30 | | 0.240 | 0.306 | 0.362 | 0.425 | 0.467 |
| 31 | | 0.236 | 0.301 | 0.356 | 0.418 | 0.459 |
| 32 | | 0.232 | 0.296 | 0.350 | 0.412 | 0.452 |
| 33 | | 0.229 | 0.291 | 0.345 | 0.405 | 0.446 |
| 34 | | 0.225 | 0.287 | 0.340 | 0.399 | 0.439 |
| 35 | | 0.222 | 0.283 | 0.335 | 0.394 | 0.433 |
| 36 | | 0.219 | 0.279 | 0.330 | 0.388 | 0.427 |
| 37 | | 0.216 | 0.275 | 0.325 | 0.382 | 0.421 |
| 38 | | 0.212 | 0.271 | 0.321 | 0.378 | 0.415 |
| 39 | | 0.210 | 0.267 | 0.317 | 0.373 | 0.410 |
| 40 | | 0.207 | 0.264 | 0.313 | 0.368 | 0.405 |
| 41 | | 0.204 | 0.261 | 0.309 | 0.364 | 0.400 |
| 42 | | 0.202 | 0.257 | 0.305 | 0.359 | 0.395 |
| 43 | | 0.199 | 0.254 | 0.301 | 0.355 | 0.391 |
| 44 | | 0.197 | 0.251 | 0.298 | 0.351 | 0.386 |
| 45 | | 0.194 | 0.248 | 0.294 | 0.347 | 0.382 |
| 46 | | 0.192 | 0.246 | 0.291 | 0.343 | 0.378 |
| 47 | | 0.190 | 0.243 | 0.288 | 0.340 | 0.374 |
| 48 | | 0.188 | 0.240 | 0.285 | 0.336 | 0.370 |
| 49 | | 0.186 | 0.238 | 0.282 | 0.333 | 0.366 |
| 50 | | 0.184 | 0.235 | 0.279 | 0.329 | 0.363 |
| 60 | | — | 0.214 | 0.255 | 0.300 | 0.331 |
| 70 | | — | 0.198 | 0.235 | 0.278 | 0.307 |
| 80 | | — | 0.185 | 0.220 | 0.260 | 0.287 |
| 90 | | — | 0.174 | 0.207 | 0.245 | 0.271 |
| 100 | | — | 0.165 | 0.197 | 0.233 | 0.257 |

**附表 17 随机数字表**

| | | | | | | | | | | | | | | | | | | | | | | | | |
|---|---|---|---|---|---|---|---|---|---|---|---|---|---|---|---|---|---|---|---|---|---|---|---|---|
| 03 | 47 | 44 | 73 | 86 | 36 | 96 | 47 | 36 | 61 | 46 | 98 | 63 | 71 | 62 | 33 | 26 | 16 | 80 | 45 | 60 | 11 | 14 | 10 | 95 |
| 97 | 74 | 24 | 67 | 62 | 42 | 81 | 14 | 57 | 20 | 42 | 53 | 32 | 37 | 32 | 27 | 07 | 36 | 07 | 51 | 24 | 51 | 79 | 89 | 73 |
| 16 | 76 | 62 | 27 | 66 | 56 | 50 | 26 | 71 | 07 | 32 | 90 | 79 | 78 | 53 | 13 | 55 | 38 | 58 | 59 | 88 | 97 | 54 | 14 | 10 |
| 12 | 56 | 85 | 99 | 26 | 96 | 96 | 68 | 27 | 31 | 05 | 03 | 72 | 93 | 15 | 57 | 12 | 10 | 14 | 21 | 88 | 26 | 49 | 81 | 76 |
| 55 | 59 | 56 | 35 | 64 | 38 | 54 | 82 | 46 | 22 | 31 | 62 | 43 | 09 | 90 | 06 | 18 | 44 | 32 | 53 | 23 | 83 | 01 | 50 | 30 |
| 16 | 22 | 77 | 94 | 39 | 49 | 54 | 43 | 54 | 82 | 17 | 37 | 93 | 23 | 78 | 87 | 35 | 20 | 96 | 43 | 84 | 26 | 34 | 91 | 64 |
| 84 | 42 | 17 | 53 | 31 | 57 | 24 | 55 | 06 | 88 | 77 | 04 | 74 | 47 | 67 | 21 | 76 | 33 | 50 | 25 | 83 | 92 | 12 | 06 | 76 |
| 63 | 01 | 63 | 78 | 59 | 16 | 95 | 55 | 67 | 19 | 98 | 10 | 50 | 71 | 75 | 12 | 86 | 73 | 58 | 07 | 44 | 39 | 52 | 38 | 79 |
| 33 | 21 | 12 | 34 | 29 | 78 | 64 | 56 | 07 | 82 | 52 | 42 | 07 | 44 | 38 | 15 | 51 | 00 | 13 | 42 | 99 | 66 | 02 | 79 | 54 |
| 57 | 60 | 86 | 32 | 44 | 09 | 47 | 27 | 96 | 54 | 49 | 17 | 46 | 09 | 62 | 90 | 52 | 84 | 77 | 27 | 08 | 02 | 73 | 43 | 28 |
| 18 | 18 | 07 | 92 | 46 | 44 | 17 | 16 | 58 | 09 | 79 | 83 | 86 | 19 | 62 | 06 | 76 | 50 | 03 | 10 | 55 | 23 | 64 | 05 | 05 |
| 26 | 62 | 38 | 97 | 75 | 84 | 16 | 07 | 44 | 99 | 83 | 11 | 46 | 32 | 24 | 20 | 14 | 85 | 88 | 45 | 10 | 93 | 72 | 88 | 71 |
| 23 | 43 | 40 | 64 | 74 | 82 | 97 | 77 | 77 | 81 | 07 | 45 | 32 | 14 | 08 | 32 | 98 | 94 | 07 | 72 | 93 | 83 | 79 | 10 | 75 |
| 52 | 36 | 28 | 19 | 95 | 50 | 92 | 26 | 11 | 97 | 00 | 56 | 76 | 31 | 38 | 80 | 22 | 02 | 53 | 53 | 86 | 60 | 42 | 04 | 53 |
| 37 | 85 | 94 | 35 | 12 | 43 | 39 | 50 | 08 | 30 | 42 | 34 | 07 | 96 | 88 | 54 | 42 | 06 | 87 | 98 | 35 | 85 | 29 | 48 | 39 |
| 70 | 29 | 17 | 12 | 13 | 40 | 33 | 20 | 38 | 26 | 13 | 89 | 51 | 03 | 74 | 17 | 76 | 37 | 13 | 04 | 07 | 74 | 21 | 19 | 30 |
| 56 | 62 | 18 | 37 | 35 | 96 | 83 | 50 | 87 | 75 | 97 | 12 | 25 | 93 | 47 | 70 | 33 | 24 | 03 | 54 | 97 | 77 | 46 | 44 | 80 |
| 99 | 49 | 57 | 22 | 77 | 88 | 42 | 95 | 45 | 72 | 16 | 64 | 36 | 16 | 00 | 04 | 43 | 18 | 66 | 79 | 94 | 77 | 24 | 21 | 90 |
| 16 | 08 | 15 | 04 | 72 | 33 | 27 | 14 | 34 | 09 | 45 | 59 | 34 | 68 | 49 | 12 | 72 | 07 | 34 | 45 | 99 | 27 | 72 | 95 | 14 |
| 31 | 16 | 93 | 32 | 43 | 50 | 27 | 89 | 87 | 19 | 20 | 15 | 37 | 00 | 49 | 52 | 85 | 66 | 60 | 44 | 38 | 68 | 88 | 11 | 30 |
| 68 | 34 | 30 | 13 | 70 | 55 | 74 | 30 | 77 | 40 | 44 | 22 | 78 | 84 | 26 | 04 | 33 | 46 | 09 | 52 | 68 | 07 | 97 | 06 | 57 |
| 74 | 57 | 25 | 65 | 76 | 59 | 29 | 97 | 68 | 60 | 71 | 91 | 38 | 67 | 54 | 03 | 58 | 18 | 24 | 76 | 15 | 54 | 55 | 95 | 52 |
| 27 | 42 | 37 | 86 | 53 | 48 | 55 | 90 | 65 | 72 | 96 | 57 | 69 | 36 | 30 | 96 | 46 | 92 | 42 | 45 | 97 | 60 | 49 | 04 | 91 |
| 00 | 39 | 68 | 29 | 61 | 66 | 37 | 32 | 20 | 30 | 77 | 84 | 57 | 03 | 29 | 10 | 45 | 65 | 04 | 26 | 11 | 04 | 96 | 67 | 24 |
| 29 | 94 | 98 | 94 | 24 | 68 | 49 | 69 | 10 | 82 | 53 | 75 | 91 | 93 | 30 | 34 | 25 | 20 | 57 | 27 | 40 | 48 | 73 | 51 | 92 |
| 16 | 90 | 82 | 66 | 59 | 83 | 62 | 64 | 11 | 12 | 69 | 19 | 00 | 71 | 74 | 60 | 47 | 21 | 28 | 68 | 02 | 02 | 37 | 03 | 31 |
| 11 | 27 | 94 | 75 | 06 | 06 | 09 | 19 | 74 | 66 | 02 | 94 | 37 | 34 | 02 | 76 | 70 | 90 | 30 | 86 | 38 | 45 | 94 | 30 | 38 |
| 35 | 24 | 10 | 16 | 20 | 33 | 32 | 51 | 26 | 38 | 79 | 78 | 45 | 04 | 91 | 16 | 92 | 53 | 56 | 16 | 02 | 75 | 50 | 95 | 98 |
| 38 | 23 | 16 | 86 | 38 | 42 | 38 | 97 | 01 | 50 | 87 | 75 | 66 | 81 | 41 | 40 | 01 | 74 | 91 | 62 | 48 | 51 | 84 | 08 | 32 |
| 31 | 96 | 25 | 91 | 47 | 96 | 44 | 33 | 49 | 13 | 34 | 86 | 82 | 53 | 91 | 00 | 52 | 43 | 48 | 85 | 27 | 55 | 26 | 89 | 62 |
| 66 | 67 | 40 | 67 | 12 | 64 | 05 | 81 | 95 | 86 | 11 | 05 | 65 | 09 | 68 | 76 | 83 | 20 | 37 | 90 | 57 | 16 | 00 | 11 | 66 |
| 14 | 90 | 84 | 45 | 11 | 75 | 73 | 88 | 05 | 90 | 52 | 27 | 41 | 14 | 86 | 22 | 98 | 12 | 22 | 08 | 07 | 52 | 74 | 95 | 80 |
| 68 | 05 | 51 | 58 | 00 | 33 | 96 | 02 | 75 | 19 | 07 | 60 | 62 | 93 | 55 | 59 | 33 | 82 | 43 | 90 | 49 | 37 | 38 | 44 | 59 |
| 20 | 46 | 78 | 73 | 90 | 97 | 51 | 40 | 14 | 02 | 04 | 02 | 33 | 31 | 08 | 39 | 54 | 16 | 49 | 36 | 47 | 95 | 93 | 13 | 30 |
| 64 | 19 | 58 | 97 | 79 | 15 | 06 | 15 | 93 | 20 | 01 | 90 | 10 | 75 | 06 | 40 | 78 | 78 | 89 | 62 | 02 | 67 | 74 | 17 | 33 |
| 05 | 26 | 93 | 70 | 60 | 22 | 35 | 85 | 15 | 13 | 92 | 03 | 51 | 59 | 77 | 59 | 56 | 78 | 06 | 83 | 52 | 91 | 05 | 70 | 74 |
| 07 | 97 | 10 | 88 | 23 | 09 | 98 | 42 | 99 | 64 | 61 | 71 | 63 | 99 | 15 | 06 | 51 | 29 | 16 | 93 | 58 | 05 | 77 | 09 | 51 |
| 68 | 71 | 86 | 85 | 85 | 54 | 87 | 66 | 47 | 54 | 73 | 32 | 08 | 11 | 12 | 44 | 95 | 92 | 63 | 16 | 29 | 56 | 24 | 29 | 48 |
| 26 | 99 | 61 | 65 | 53 | 58 | 37 | 78 | 80 | 70 | 42 | 10 | 50 | 67 | 42 | 32 | 17 | 55 | 85 | 74 | 94 | 44 | 67 | 16 | 94 |
| 14 | 65 | 52 | 68 | 75 | 87 | 59 | 36 | 22 | 41 | 26 | 78 | 63 | 06 | 55 | 13 | 08 | 27 | 01 | 50 | 15 | 29 | 39 | 39 | 43 |
| 17 | 53 | 77 | 58 | 71 | 71 | 41 | 61 | 50 | 82 | 12 | 41 | 94 | 96 | 26 | 44 | 95 | 27 | 36 | 99 | 02 | 96 | 74 | 30 | 82 |
| 90 | 26 | 59 | 21 | 19 | 23 | 52 | 23 | 33 | 12 | 96 | 93 | 02 | 18 | 39 | 07 | 02 | 18 | 36 | 07 | 25 | 99 | 32 | 70 | 23 |
| 41 | 23 | 52 | 55 | 99 | 31 | 04 | 49 | 69 | 96 | 10 | 47 | 48 | 45 | 88 | 13 | 41 | 43 | 89 | 20 | 97 | 17 | 14 | 49 | 17 |
| 90 | 20 | 50 | 81 | 69 | 31 | 99 | 73 | 68 | 68 | 35 | 81 | 33 | 03 | 76 | 24 | 30 | 12 | 48 | 60 | 18 | 99 | 10 | 72 | 34 |
| 91 | 25 | 38 | 05 | 90 | 94 | 58 | 28 | 41 | 36 | 45 | 37 | 59 | 03 | 09 | 90 | 35 | 57 | 29 | 12 | 82 | 62 | 54 | 65 | 60 |
| 34 | 50 | 57 | 74 | 37 | 98 | 80 | 33 | 00 | 91 | 09 | 77 | 93 | 19 | 82 | 79 | 94 | 80 | 04 | 04 | 45 | 07 | 31 | 66 | 49 |
| 85 | 22 | 04 | 39 | 43 | 73 | 81 | 53 | 94 | 79 | 33 | 62 | 46 | 86 | 28 | 08 | 31 | 54 | 46 | 31 | 53 | 94 | 13 | 38 | 47 |
| 09 | 79 | 13 | 77 | 48 | 73 | 82 | 97 | 22 | 21 | 05 | 03 | 27 | 24 | 83 | 72 | 89 | 44 | 05 | 60 | 35 | 80 | 39 | 94 | 88 |
| 88 | 75 | 80 | 18 | 14 | 22 | 95 | 75 | 42 | 49 | 39 | 32 | 82 | 22 | 49 | 02 | 48 | 07 | 70 | 37 | 16 | 04 | 61 | 67 | 87 |
| 60 | 96 | 23 | 70 | 00 | 39 | 00 | 03 | 06 | 90 | 55 | 85 | 78 | 38 | 36 | 94 | 37 | 30 | 69 | 32 | 90 | 89 | 00 | 76 | 33 |

续附表 17

| | | | | | | | | | | | | | | | | | | | | | | | | |
|---|---|---|---|---|---|---|---|---|---|---|---|---|---|---|---|---|---|---|---|---|---|---|---|---|
| 53 | 74 | 23 | 99 | 67 | 61 | 02 | 28 | 69 | 84 | 94 | 62 | 67 | 86 | 24 | 98 | 33 | 41 | 19 | 95 | 47 | 53 | 53 | 38 | 09 |
| 63 | 38 | 06 | 86 | 54 | 90 | 00 | 65 | 26 | 94 | 02 | 32 | 90 | 23 | 07 | 79 | 62 | 67 | 80 | 60 | 75 | 91 | 12 | 81 | 19 |
| 35 | 30 | 58 | 21 | 46 | 06 | 72 | 17 | 10 | 94 | 25 | 21 | 31 | 75 | 96 | 49 | 28 | 24 | 00 | 49 | 55 | 65 | 79 | 78 | 07 |
| 63 | 45 | 36 | 82 | 69 | 65 | 51 | 18 | 37 | 98 | 31 | 38 | 44 | 12 | 45 | 32 | 82 | 85 | 88 | 65 | 54 | 34 | 81 | 85 | 35 |
| 98 | 25 | 37 | 55 | 28 | 01 | 91 | 82 | 61 | 46 | 74 | 71 | 12 | 94 | 97 | 24 | 02 | 71 | 37 | 07 | 03 | 92 | 18 | 66 | 75 |
| 02 | 63 | 21 | 17 | 69 | 71 | 50 | 80 | 89 | 56 | 38 | 15 | 70 | 11 | 48 | 43 | 40 | 45 | 86 | 98 | 00 | 83 | 26 | 21 | 03 |
| 64 | 55 | 22 | 21 | 82 | 48 | 22 | 28 | 06 | 00 | 01 | 54 | 13 | 43 | 91 | 82 | 78 | 12 | 23 | 29 | 06 | 66 | 24 | 12 | 27 |
| 85 | 07 | 26 | 13 | 89 | 01 | 10 | 07 | 82 | 04 | 09 | 63 | 69 | 36 | 03 | 69 | 11 | 15 | 53 | 80 | 13 | 29 | 45 | 19 | 28 |
| 58 | 54 | 16 | 24 | 15 | 51 | 54 | 44 | 82 | 00 | 82 | 61 | 65 | 04 | 69 | 38 | 18 | 65 | 18 | 97 | 85 | 72 | 13 | 49 | 21 |
| 32 | 85 | 27 | 84 | 87 | 61 | 48 | 64 | 56 | 26 | 90 | 18 | 48 | 13 | 26 | 37 | 70 | 15 | 42 | 57 | 65 | 65 | 80 | 39 | 07 |
| 03 | 92 | 18 | 27 | 46 | 57 | 99 | 16 | 96 | 56 | 00 | 33 | 72 | 85 | 22 | 84 | 64 | 38 | 56 | 98 | 99 | 01 | 30 | 98 | 64 |
| 62 | 95 | 30 | 27 | 59 | 57 | 75 | 41 | 66 | 48 | 86 | 97 | 80 | 61 | 45 | 23 | 53 | 04 | 01 | 63 | 45 | 76 | 08 | 64 | 27 |
| 08 | 45 | 93 | 15 | 22 | 60 | 21 | 75 | 46 | 91 | 98 | 77 | 27 | 85 | 42 | 28 | 88 | 61 | 08 | 84 | 69 | 62 | 03 | 42 | 73 |
| 07 | 08 | 55 | 18 | 40 | 45 | 44 | 75 | 13 | 90 | 24 | 94 | 96 | 61 | 02 | 57 | 55 | 66 | 83 | 15 | 73 | 42 | 37 | 11 | 61 |
| 01 | 85 | 89 | 95 | 66 | 51 | 10 | 19 | 34 | 88 | 15 | 84 | 97 | 19 | 75 | 12 | 76 | 39 | 43 | 78 | 64 | 63 | 91 | 08 | 25 |
| 72 | 84 | 71 | 14 | 35 | 19 | 11 | 58 | 49 | 26 | 50 | 11 | 17 | 17 | 76 | 86 | 31 | 57 | 20 | 18 | 95 | 60 | 78 | 46 | 78 |
| 88 | 78 | 28 | 16 | 84 | 13 | 52 | 53 | 94 | 53 | 75 | 45 | 69 | 30 | 96 | 73 | 89 | 65 | 70 | 31 | 99 | 17 | 43 | 48 | 70 |
| 45 | 17 | 75 | 65 | 57 | 28 | 40 | 19 | 72 | 12 | 25 | 12 | 73 | 75 | 67 | 90 | 40 | 60 | 81 | 19 | 24 | 62 | 01 | 61 | 16 |
| 96 | 76 | 28 | 12 | 54 | 22 | 01 | 11 | 94 | 25 | 71 | 96 | 16 | 16 | 88 | 68 | 64 | 36 | 74 | 45 | 19 | 59 | 50 | 88 | 92 |
| 43 | 31 | 67 | 72 | 30 | 24 | 02 | 94 | 08 | 63 | 38 | 32 | 36 | 66 | 02 | 69 | 36 | 38 | 25 | 39 | 48 | 03 | 45 | 15 | 22 |
| 50 | 44 | 66 | 44 | 21 | 66 | 06 | 58 | 05 | 62 | 68 | 15 | 54 | 38 | 02 | 42 | 35 | 48 | 96 | 32 | 14 | 52 | 41 | 52 | 48 |
| 22 | 66 | 22 | 15 | 86 | 26 | 63 | 75 | 41 | 99 | 58 | 42 | 36 | 72 | 24 | 58 | 37 | 52 | 18 | 51 | 03 | 37 | 18 | 39 | 11 |
| 96 | 24 | 40 | 14 | 51 | 23 | 22 | 30 | 88 | 57 | 95 | 67 | 47 | 29 | 83 | 94 | 69 | 30 | 06 | 07 | 18 | 16 | 38 | 78 | 85 |
| 31 | 73 | 91 | 61 | 91 | 60 | 20 | 72 | 93 | 48 | 98 | 57 | 07 | 23 | 69 | 65 | 95 | 39 | 69 | 48 | 56 | 80 | 30 | 19 | 44 |
| 78 | 60 | 73 | 99 | 84 | 43 | 89 | 94 | 36 | 45 | 56 | 69 | 47 | 07 | 41 | 90 | 22 | 91 | 07 | 12 | 78 | 35 | 34 | 08 | 72 |
| 84 | 37 | 90 | 61 | 56 | 70 | 10 | 23 | 98 | 05 | 85 | 11 | 34 | 76 | 60 | 76 | 48 | 45 | 34 | 60 | 01 | 64 | 18 | 30 | 96 |
| 36 | 67 | 10 | 08 | 23 | 98 | 93 | 35 | 08 | 86 | 99 | 29 | 76 | 29 | 81 | 33 | 34 | 91 | 58 | 93 | 63 | 14 | 44 | 99 | 81 |
| 07 | 28 | 59 | 07 | 48 | 89 | 64 | 58 | 89 | 75 | 83 | 85 | 62 | 27 | 89 | 30 | 14 | 78 | 56 | 27 | 86 | 63 | 59 | 80 | 02 |
| 10 | 15 | 83 | 87 | 66 | 79 | 24 | 31 | 66 | 56 | 21 | 48 | 24 | 06 | 93 | 91 | 98 | 94 | 05 | 49 | 01 | 47 | 59 | 38 | 00 |
| 55 | 19 | 68 | 97 | 65 | 03 | 73 | 52 | 16 | 56 | 00 | 53 | 55 | 90 | 87 | 33 | 42 | 29 | 38 | 87 | 22 | 15 | 88 | 83 | 34 |
| 53 | 81 | 29 | 13 | 39 | 35 | 01 | 20 | 71 | 34 | 62 | 35 | 74 | 82 | 14 | 55 | 73 | 19 | 09 | 03 | 56 | 54 | 29 | 56 | 93 |
| 51 | 86 | 32 | 68 | 92 | 33 | 98 | 74 | 66 | 99 | 40 | 14 | 71 | 94 | 58 | 45 | 94 | 49 | 38 | 81 | 14 | 44 | 99 | 81 | 07 |
| 35 | 91 | 70 | 29 | 13 | 80 | 03 | 54 | 07 | 27 | 96 | 94 | 78 | 32 | 66 | 50 | 95 | 52 | 74 | 33 | 13 | 80 | 55 | 62 | 54 |
| 37 | 71 | 67 | 95 | 13 | 20 | 02 | 44 | 95 | 94 | 64 | 85 | 04 | 05 | 72 | 01 | 32 | 90 | 76 | 14 | 53 | 89 | 74 | 60 | 41 |
| 93 | 66 | 13 | 83 | 27 | 92 | 79 | 64 | 64 | 77 | 28 | 54 | 96 | 53 | 84 | 48 | 14 | 52 | 98 | 84 | 56 | 07 | 93 | 89 | 30 |
| 02 | 96 | 08 | 45 | 65 | 13 | 05 | 00 | 41 | 84 | 93 | 07 | 34 | 72 | 59 | 21 | 45 | 57 | 09 | 77 | 19 | 48 | 56 | 27 | 44 |
| 49 | 33 | 43 | 48 | 35 | 82 | 88 | 33 | 69 | 96 | 72 | 36 | 04 | 19 | 76 | 47 | 45 | 15 | 18 | 60 | 82 | 11 | 08 | 95 | 97 |
| 84 | 60 | 71 | 62 | 46 | 40 | 80 | 81 | 30 | 37 | 34 | 39 | 23 | 05 | 38 | 25 | 15 | 35 | 71 | 30 | 88 | 12 | 57 | 21 | 77 |
| 18 | 17 | 30 | 88 | 71 | 44 | 91 | 14 | 88 | 47 | 89 | 23 | 30 | 63 | 15 | 56 | 54 | 20 | 47 | 89 | 99 | 82 | 93 | 24 | 98 |
| 79 | 69 | 10 | 61 | 78 | 71 | 32 | 76 | 95 | 62 | 87 | 00 | 22 | 58 | 40 | 92 | 54 | 01 | 75 | 25 | 43 | 11 | 71 | 99 | 31 |
| 75 | 93 | 36 | 87 | 83 | 56 | 20 | 14 | 82 | 11 | 74 | 21 | 97 | 90 | 65 | 96 | 12 | 68 | 63 | 86 | 74 | 54 | 13 | 26 | 94 |
| 38 | 30 | 92 | 29 | 03 | 06 | 28 | 81 | 39 | 38 | 62 | 25 | 06 | 84 | 63 | 61 | 29 | 08 | 93 | 67 | 04 | 32 | 92 | 08 | 09 |
| 51 | 29 | 50 | 10 | 34 | 31 | 57 | 75 | 95 | 80 | 51 | 97 | 02 | 74 | 77 | 76 | 15 | 48 | 49 | 44 | 18 | 55 | 63 | 77 | 09 |
| 21 | 61 | 38 | 86 | 24 | 37 | 79 | 81 | 53 | 74 | 73 | 24 | 16 | 10 | 33 | 52 | 83 | 90 | 94 | 76 | 70 | 47 | 14 | 54 | 36 |
| 29 | 01 | 23 | 87 | 88 | 58 | 02 | 39 | 37 | 67 | 42 | 10 | 14 | 20 | 92 | 16 | 55 | 23 | 42 | 45 | 54 | 96 | 09 | 11 | 06 |
| 95 | 33 | 95 | 22 | 00 | 18 | 74 | 72 | 00 | 18 | 38 | 79 | 58 | 69 | 32 | 81 | 76 | 80 | 26 | 82 | 82 | 80 | 84 | 25 | 39 |
| 90 | 84 | 60 | 79 | 80 | 24 | 36 | 59 | 87 | 38 | 82 | 07 | 53 | 89 | 35 | 96 | 35 | 23 | 79 | 18 | 05 | 98 | 90 | 07 | 35 |
| 46 | 40 | 62 | 98 | 82 | 54 | 97 | 20 | 56 | 95 | 15 | 74 | 80 | 08 | 32 | 10 | 46 | 70 | 50 | 80 | 67 | 72 | 16 | 42 | 79 |
| 20 | 31 | 89 | 03 | 43 | 38 | 46 | 82 | 68 | 72 | 32 | 12 | 82 | 59 | 70 | 80 | 60 | 47 | 18 | 97 | 63 | 49 | 30 | 21 | 38 |
| 71 | 59 | 73 | 03 | 50 | 08 | 22 | 23 | 71 | 77 | 01 | 01 | 93 | 20 | 49 | 82 | 96 | 59 | 26 | 94 | 60 | 39 | 67 | 98 | 68 |

## 附表 18 常用正交表

(1) $L_4(2^3)$

| 试验号 | 列号 | | |
|---|---|---|---|
| | 1 | 2 | 3 |
| 1 | 1 | 1 | 1 |
| 2 | 1 | 2 | 2 |
| 3 | 2 | 1 | 2 |
| 4 | 2 | 2 | 1 |

注:任意二列的交互作用列为另一列。

(2) $L_8(2^7)$

| 试验号 | 列号 | | | | | | |
|---|---|---|---|---|---|---|---|
| | 1 | 2 | 3 | 4 | 5 | 6 | 7 |
| 1 | 1 | 1 | 1 | 1 | 1 | 1 | 1 |
| 2 | 1 | 1 | 1 | 2 | 2 | 2 | 2 |
| 3 | 1 | 2 | 2 | 1 | 1 | 2 | 2 |
| 4 | 1 | 2 | 2 | 2 | 2 | 1 | 1 |
| 5 | 2 | 1 | 2 | 1 | 2 | 1 | 2 |
| 6 | 2 | 1 | 2 | 2 | 1 | 2 | 1 |
| 7 | 2 | 2 | 1 | 1 | 2 | 2 | 1 |
| 8 | 2 | 2 | 1 | 2 | 1 | 1 | 2 |

$L_8(2^7)$ 二列间的交互作用表

| 1 | 2 | 3 | 4 | 5 | 6 | 7 | 列号 |
|---|---|---|---|---|---|---|---|
| (1) | 3 | 2 | 5 | 4 | 7 | 6 | 1 |
| | (2) | 1 | 6 | 7 | 4 | 5 | 2 |
| | | (3) | 7 | 6 | 5 | 4 | 3 |
| | | | (4) | 1 | 2 | 3 | 4 |
| | | | | (5) | 3 | 2 | 5 |
| | | | | | (6) | 1 | 6 |
| | | | | | | (7) | 7 |

(3) $L_9(3^4)$

| 试验号 | 列号 | | | |
|---|---|---|---|---|
| | 1 | 2 | 3 | 4 |
| 1 | 1 | 1 | 1 | 1 |
| 2 | 1 | 2 | 2 | 2 |
| 3 | 1 | 3 | 3 | 3 |
| 4 | 2 | 1 | 2 | 3 |
| 5 | 2 | 2 | 3 | 1 |
| 6 | 2 | 3 | 1 | 2 |
| 7 | 3 | 1 | 3 | 2 |
| 8 | 3 | 2 | 1 | 3 |
| 9 | 3 | 3 | 2 | 1 |

注:任意二列的交互作用列为另外二列。

(4) $L_{16}(2^{15})$

| 试验号 | 列号 | | | | | | | | | | | | | | |
|---|---|---|---|---|---|---|---|---|---|---|---|---|---|---|---|
| | 1 | 2 | 3 | 4 | 5 | 6 | 7 | 8 | 9 | 10 | 11 | 12 | 13 | 14 | 15 |
| 1 | 1 | 1 | 1 | 1 | 1 | 1 | 1 | 1 | 1 | 1 | 1 | 1 | 1 | 1 | 1 |
| 2 | 1 | 1 | 1 | 1 | 1 | 1 | 1 | 2 | 2 | 2 | 2 | 2 | 2 | 2 | 2 |
| 3 | 1 | 1 | 1 | 2 | 2 | 2 | 2 | 1 | 1 | 1 | 1 | 2 | 2 | 2 | 2 |
| 4 | 1 | 1 | 1 | 2 | 2 | 2 | 2 | 2 | 2 | 2 | 2 | 1 | 1 | 1 | 1 |
| 5 | 1 | 2 | 2 | 1 | 1 | 2 | 2 | 1 | 1 | 2 | 2 | 1 | 1 | 2 | 2 |
| 6 | 1 | 2 | 2 | 1 | 1 | 2 | 2 | 2 | 2 | 1 | 1 | 2 | 2 | 1 | 1 |
| 7 | 1 | 2 | 2 | 2 | 2 | 1 | 1 | 1 | 1 | 2 | 2 | 2 | 2 | 1 | 1 |
| 8 | 1 | 2 | 2 | 2 | 2 | 1 | 1 | 2 | 2 | 1 | 1 | 1 | 1 | 2 | 2 |
| 9 | 2 | 1 | 2 | 1 | 2 | 1 | 2 | 1 | 2 | 1 | 2 | 1 | 2 | 1 | 2 |
| 10 | 2 | 1 | 2 | 1 | 2 | 1 | 2 | 2 | 1 | 2 | 1 | 2 | 1 | 2 | 1 |
| 11 | 2 | 1 | 2 | 2 | 1 | 2 | 1 | 1 | 2 | 1 | 2 | 2 | 1 | 2 | 1 |
| 12 | 2 | 1 | 2 | 2 | 1 | 2 | 1 | 2 | 1 | 2 | 1 | 1 | 2 | 1 | 2 |
| 13 | 2 | 2 | 1 | 1 | 2 | 2 | 1 | 1 | 2 | 2 | 1 | 1 | 2 | 2 | 1 |
| 14 | 2 | 2 | 1 | 1 | 2 | 2 | 1 | 2 | 1 | 1 | 2 | 2 | 1 | 1 | 2 |
| 15 | 2 | 2 | 1 | 2 | 1 | 1 | 2 | 1 | 2 | 2 | 1 | 2 | 1 | 1 | 2 |
| 16 | 2 | 2 | 1 | 2 | 1 | 1 | 2 | 2 | 1 | 1 | 2 | 1 | 2 | 2 | 1 |

$L_{16}(2^{15})$ 二列间的交互作用表

| 1 | 2 | 3 | 4 | 5 | 6 | 7 | 8 | 9 | 10 | 11 | 12 | 13 | 14 | 15 | 列号 |
|---|---|---|---|---|---|---|---|---|---|---|---|---|---|---|---|
| (1) | 3 | 2 | 5 | 4 | 7 | 6 | 9 | 8 | 11 | 10 | 13 | 12 | 15 | 14 | 1 |
| | (2) | 1 | 6 | 7 | 4 | 5 | 10 | 11 | 8 | 9 | 14 | 15 | 12 | 13 | 2 |
| | | (3) | 7 | 6 | 5 | 4 | 11 | 10 | 9 | 8 | 15 | 14 | 13 | 12 | 3 |
| | | | (4) | 1 | 2 | 3 | 12 | 13 | 14 | 15 | 8 | 9 | 10 | 11 | 4 |
| | | | | (5) | 3 | 2 | 13 | 12 | 15 | 14 | 9 | 8 | 11 | 10 | 5 |
| | | | | | (6) | 1 | 14 | 15 | 12 | 13 | 10 | 11 | 8 | 9 | 6 |
| | | | | | | (7) | 15 | 14 | 13 | 12 | 11 | 10 | 9 | 8 | 7 |
| | | | | | | | (8) | 1 | 2 | 3 | 4 | 5 | 6 | 7 | 8 |
| | | | | | | | | (9) | 3 | 2 | 5 | 4 | 7 | 6 | 9 |
| | | | | | | | | | (10) | 1 | 6 | 7 | 4 | 5 | 10 |
| | | | | | | | | | | (11) | 7 | 6 | 5 | 4 | 11 |
| | | | | | | | | | | | (12) | 1 | 2 | 3 | 12 |
| | | | | | | | | | | | | (13) | 3 | 2 | 13 |
| | | | | | | | | | | | | | (14) | 1 | 14 |
| | | | | | | | | | | | | | | (15) | 15 |

(5) $L_{16}(4^5)$

| 试验号 | 列号 | | | | |
|---|---|---|---|---|---|
| | 1 | 2 | 3 | 4 | 5 |
| 1 | 1 | 1 | 1 | 1 | 1 |
| 2 | 1 | 2 | 2 | 2 | 2 |
| 3 | 1 | 3 | 3 | 3 | 3 |
| 4 | 1 | 4 | 4 | 4 | 4 |
| 5 | 2 | 1 | 2 | 3 | 4 |
| 6 | 2 | 2 | 1 | 4 | 3 |
| 7 | 2 | 3 | 4 | 1 | 2 |
| 8 | 2 | 4 | 3 | 2 | 1 |
| 9 | 3 | 1 | 3 | 4 | 2 |
| 10 | 3 | 2 | 4 | 3 | 1 |
| 11 | 3 | 3 | 1 | 2 | 4 |
| 12 | 3 | 4 | 2 | 1 | 3 |
| 13 | 4 | 1 | 4 | 2 | 3 |
| 14 | 4 | 2 | 3 | 1 | 4 |
| 15 | 4 | 3 | 2 | 4 | 1 |
| 16 | 4 | 4 | 1 | 3 | 2 |

注:任意二列的交互作用列为另外三列。

(6) $L_{27}(3^{13})$

| 试验号 | 列号 | | | | | | | | | | | | |
|---|---|---|---|---|---|---|---|---|---|---|---|---|---|
| | 1 | 2 | 3 | 4 | 5 | 6 | 7 | 8 | 9 | 10 | 11 | 12 | 13 |
| 1 | 1 | 1 | 1 | 1 | 1 | 1 | 1 | 1 | 1 | 1 | 1 | 1 | 1 |
| 2 | 1 | 1 | 1 | 1 | 2 | 2 | 2 | 2 | 2 | 2 | 2 | 2 | 2 |
| 3 | 1 | 1 | 1 | 1 | 3 | 3 | 3 | 3 | 3 | 3 | 3 | 3 | 3 |
| 4 | 1 | 2 | 2 | 2 | 1 | 1 | 1 | 2 | 2 | 2 | 3 | 3 | 3 |
| 5 | 1 | 2 | 2 | 2 | 2 | 2 | 2 | 3 | 3 | 3 | 1 | 1 | 1 |
| 6 | 1 | 2 | 2 | 2 | 3 | 3 | 3 | 1 | 1 | 1 | 2 | 2 | 2 |
| 7 | 1 | 3 | 3 | 3 | 1 | 1 | 1 | 3 | 3 | 3 | 2 | 2 | 2 |
| 8 | 1 | 3 | 3 | 3 | 2 | 2 | 2 | 1 | 1 | 1 | 3 | 3 | 3 |
| 9 | 1 | 3 | 3 | 3 | 3 | 3 | 3 | 2 | 2 | 2 | 1 | 1 | 1 |
| 10 | 2 | 1 | 2 | 3 | 1 | 2 | 3 | 1 | 2 | 3 | 1 | 2 | 3 |
| 11 | 2 | 1 | 2 | 3 | 2 | 3 | 1 | 2 | 3 | 1 | 2 | 3 | 1 |
| 12 | 2 | 1 | 2 | 3 | 3 | 1 | 2 | 3 | 1 | 2 | 3 | 1 | 2 |
| 13 | 2 | 2 | 3 | 1 | 1 | 2 | 3 | 2 | 3 | 1 | 3 | 1 | 2 |
| 14 | 2 | 2 | 3 | 1 | 2 | 3 | 1 | 3 | 1 | 2 | 1 | 2 | 3 |
| 15 | 2 | 2 | 3 | 1 | 3 | 1 | 2 | 1 | 2 | 3 | 2 | 3 | 1 |
| 16 | 2 | 3 | 1 | 2 | 1 | 2 | 3 | 3 | 1 | 2 | 2 | 3 | 1 |
| 17 | 2 | 3 | 1 | 2 | 2 | 3 | 1 | 1 | 2 | 3 | 3 | 1 | 2 |
| 18 | 2 | 3 | 1 | 2 | 3 | 1 | 2 | 2 | 3 | 1 | 1 | 2 | 3 |
| 19 | 3 | 1 | 3 | 2 | 1 | 3 | 2 | 1 | 3 | 2 | 1 | 3 | 2 |
| 20 | 3 | 1 | 3 | 2 | 2 | 1 | 3 | 2 | 1 | 3 | 2 | 1 | 3 |
| 21 | 3 | 1 | 3 | 2 | 3 | 2 | 1 | 3 | 2 | 1 | 3 | 2 | 1 |
| 22 | 3 | 2 | 1 | 3 | 1 | 3 | 2 | 2 | 1 | 3 | 3 | 2 | 1 |
| 23 | 3 | 2 | 1 | 3 | 2 | 1 | 3 | 3 | 2 | 1 | 1 | 3 | 2 |
| 24 | 3 | 3 | 2 | 1 | 1 | 3 | 2 | 3 | 2 | 1 | 2 | 1 | 3 |
| 25 | 3 | 3 | 2 | 1 | 1 | 3 | 2 | 3 | 2 | 1 | 2 | 1 | 3 |
| 26 | 3 | 3 | 2 | 1 | 2 | 1 | 3 | 1 | 3 | 2 | 3 | 2 | 1 |
| 27 | 3 | 3 | 2 | 1 | 3 | 2 | 1 | 2 | 1 | 3 | 1 | 3 | 2 |

$L_{27}(3^{13})$二列间的交互作用表

| 1 | 2 | 3 | 4 | 5 | 6 | 7 | 8 | 9 | 10 | 11 | 12 | 13 | 列号 |
|---|---|---|---|---|---|---|---|---|---|---|---|---|---|
| (1) | 3<br>4 | 2<br>4 | 2<br>3 | 6<br>7 | 5<br>7 | 5<br>6 | 9<br>10 | 8<br>10 | 8<br>9 | 12<br>13 | 11<br>13 | 11<br>12 | 1 |
| | (2) | 1<br>4 | 1<br>3 | 8<br>11 | 9<br>12 | 10<br>13 | 5<br>11 | 6<br>12 | 7<br>13 | 5<br>8 | 6<br>9 | 7<br>10 | 2 |
| | | (3) | 1<br>2 | 9<br>13 | 10<br>11 | 8<br>12 | 7<br>12 | 5<br>13 | 6<br>11 | 6<br>10 | 7<br>8 | 5<br>9 | 3 |
| | | | (4) | 10<br>12 | 8<br>13 | 9<br>11 | 6<br>13 | 7<br>11 | 5<br>12 | 7<br>9 | 5<br>10 | 6<br>8 | 4 |
| | | | | (5) | 1<br>7 | 1<br>6 | 2<br>11 | 3<br>13 | 4<br>12 | 2<br>8 | 4<br>10 | 3<br>9 | 5 |
| | | | | | (6) | 1<br>5 | 4<br>13 | 2<br>12 | 3<br>11 | 3<br>10 | 2<br>9 | 4<br>8 | 6 |
| | | | | | | (7) | 3<br>12 | 4<br>11 | 2<br>13 | 4<br>9 | 3<br>8 | 2<br>10 | 7 |
| | | | | | | | (8) | 1<br>10 | 1<br>9 | 2<br>5 | 3<br>7 | 4<br>6 | 8 |
| | | | | | | | | (9) | 1<br>8 | 4<br>7 | 2<br>6 | 3<br>5 | 9 |
| | | | | | | | | | (10) | 3<br>6 | 4<br>5 | 2<br>7 | 10 |
| | | | | | | | | | | (11) | 1<br>13 | 1<br>12 | 11 |
| | | | | | | | | | | | (12) | 1<br>11 | 12 |

(7)$L_{25}(5^6)$

| 试验号 | 列号 | | | | | |
|---|---|---|---|---|---|---|
| | 1 | 2 | 3 | 4 | 5 | 6 |
| 1 | 1 | 1 | 1 | 1 | 1 | 1 |
| 2 | 1 | 2 | 2 | 2 | 2 | 2 |
| 3 | 1 | 3 | 3 | 3 | 3 | 3 |
| 4 | 1 | 4 | 4 | 4 | 4 | 4 |
| 5 | 1 | 5 | 5 | 5 | 5 | 5 |
| 6 | 2 | 1 | 2 | 3 | 4 | 5 |
| 7 | 2 | 2 | 3 | 4 | 5 | 1 |
| 8 | 2 | 3 | 4 | 5 | 1 | 2 |
| 9 | 2 | 4 | 5 | 1 | 2 | 3 |
| 10 | 2 | 5 | 1 | 2 | 3 | 4 |
| 11 | 3 | 1 | 3 | 5 | 2 | 4 |
| 12 | 3 | 2 | 4 | 1 | 3 | 5 |
| 13 | 3 | 3 | 5 | 2 | 4 | 1 |
| 14 | 3 | 4 | 1 | 3 | 5 | 2 |
| 15 | 3 | 5 | 2 | 4 | 1 | 3 |

续附表 18-(7)

| 试验号 | 列号 | | | | | |
|---|---|---|---|---|---|---|
| | 1 | 2 | 3 | 4 | 5 | 6 |
| 16 | 4 | 1 | 4 | 2 | 5 | 3 |
| 17 | 4 | 2 | 5 | 3 | 1 | 4 |
| 18 | 4 | 3 | 1 | 4 | 2 | 5 |
| 19 | 4 | 4 | 2 | 5 | 3 | 1 |
| 20 | 4 | 5 | 3 | 1 | 4 | 2 |
| 21 | 5 | 1 | 5 | 4 | 3 | 2 |
| 22 | 5 | 2 | 1 | 5 | 4 | 3 |
| 23 | 5 | 3 | 2 | 1 | 5 | 4 |
| 24 | 5 | 4 | 3 | 2 | 1 | 5 |
| 25 | 5 | 5 | 4 | 3 | 2 | 1 |

注：任意二列间的交互作用列为另外四列。

(8) $L_8(4\times2^4)$

| 试验号 | 列号 | | | | |
|---|---|---|---|---|---|
| | 1 | 2 | 3 | 4 | 5 |
| 1 | 1 | 1 | 1 | 1 | 1 |
| 2 | 1 | 2 | 2 | 2 | 2 |
| 3 | 2 | 1 | 1 | 2 | 2 |
| 4 | 2 | 2 | 2 | 1 | 1 |
| 5 | 3 | 1 | 2 | 1 | 2 |
| 6 | 3 | 2 | 1 | 2 | 1 |
| 7 | 4 | 1 | 2 | 2 | 1 |
| 8 | 4 | 2 | 1 | 1 | 2 |

(9) $L_9(2^1\times3^3)$

| 试验号 | 列号 | | | |
|---|---|---|---|---|
| | 1 | 2 | 3 | 4 |
| 1 | 1 | 1 | 1 | 1 |
| 2 | 1 | 2 | 2 | 2 |
| 3 | 1 | 3 | 3 | 3 |
| 4 | 1 | 1 | 2 | 3 |
| 5 | 1 | 2 | 3 | 1 |
| 6 | 1 | 3 | 1 | 2 |
| 7 | 2 | 1 | 3 | 2 |
| 8 | 2 | 2 | 1 | 3 |
| 9 | 2 | 3 | 2 | 1 |

(10) $L_9(2^2\times3^2)$

| 试验号 | 列号 | | | |
|---|---|---|---|---|
| | 1 | 2 | 3 | 4 |
| 1 | 1 | 1 | 1 | 1 |
| 2 | 1 | 1 | 2 | 2 |
| 3 | 1 | 2 | 3 | 3 |
| 4 | 1 | 1 | 2 | 3 |
| 5 | 1 | 1 | 3 | 1 |
| 6 | 1 | 2 | 1 | 2 |
| 7 | 2 | 1 | 3 | 2 |
| 8 | 2 | 1 | 1 | 3 |
| 9 | 2 | 2 | 2 | 1 |

(11)$L_{12}(3^1\times2^4)$

| 试验号 | 列号 | | | | |
|---|---|---|---|---|---|
| | 1 | 2 | 3 | 4 | 5 |
| 1 | 1 | 1 | 1 | 1 | 1 |
| 2 | 1 | 1 | 1 | 2 | 2 |
| 3 | 1 | 2 | 2 | 1 | 2 |
| 4 | 1 | 2 | 2 | 2 | 1 |
| 5 | 2 | 1 | 2 | 1 | 1 |
| 6 | 2 | 1 | 2 | 2 | 2 |
| 7 | 2 | 2 | 1 | 1 | 1 |
| 8 | 2 | 2 | 1 | 2 | 2 |
| 9 | 3 | 1 | 2 | 1 | 2 |
| 10 | 3 | 1 | 1 | 2 | 1 |
| 11 | 3 | 2 | 1 | 1 | 2 |
| 12 | 3 | 2 | 2 | 2 | 1 |

(12)$L_{12}(6^1\times2^2)$

| 试验号 | 列号 | | |
|---|---|---|---|
| | 1 | 2 | 3 |
| 1 | 2 | 1 | 1 |
| 2 | 5 | 1 | 2 |
| 3 | 5 | 2 | 1 |
| 4 | 2 | 2 | 2 |
| 5 | 4 | 1 | 1 |
| 6 | 1 | 1 | 2 |
| 7 | 1 | 2 | 1 |
| 8 | 4 | 2 | 2 |
| 9 | 3 | 1 | 1 |
| 10 | 6 | 1 | 2 |
| 11 | 6 | 2 | 1 |
| 12 | 3 | 2 | 2 |

(13)$L_{16}(4^1\times2^{12})$

| 试验号 | 列号 | | | | | | | | | | | | |
|---|---|---|---|---|---|---|---|---|---|---|---|---|---|
| | 1 | 2 | 3 | 4 | 5 | 6 | 7 | 8 | 9 | 10 | 11 | 12 | 13 |
| 1 | 1 | 1 | 1 | 1 | 1 | 1 | 1 | 1 | 1 | 1 | 1 | 1 | 1 |
| 2 | 1 | 1 | 1 | 1 | 1 | 2 | 2 | 2 | 2 | 2 | 2 | 2 | 2 |
| 3 | 1 | 2 | 2 | 2 | 2 | 1 | 1 | 1 | 1 | 2 | 2 | 2 | 2 |
| 4 | 1 | 2 | 2 | 2 | 2 | 2 | 2 | 2 | 2 | 1 | 1 | 1 | 1 |
| 5 | 2 | 1 | 1 | 2 | 2 | 1 | 1 | 2 | 2 | 1 | 1 | 2 | 2 |
| 6 | 2 | 1 | 1 | 2 | 2 | 2 | 2 | 1 | 1 | 2 | 2 | 1 | 1 |
| 7 | 2 | 2 | 2 | 1 | 1 | 1 | 1 | 2 | 2 | 2 | 2 | 1 | 1 |
| 8 | 2 | 2 | 2 | 1 | 1 | 2 | 2 | 1 | 1 | 1 | 1 | 2 | 2 |
| 9 | 3 | 1 | 2 | 1 | 2 | 1 | 2 | 1 | 2 | 1 | 2 | 1 | 2 |
| 10 | 3 | 1 | 2 | 1 | 2 | 2 | 1 | 2 | 1 | 2 | 1 | 2 | 1 |
| 11 | 3 | 2 | 1 | 2 | 1 | 1 | 2 | 1 | 2 | 2 | 1 | 2 | 1 |
| 12 | 3 | 2 | 1 | 2 | 1 | 2 | 1 | 2 | 1 | 1 | 2 | 1 | 2 |
| 13 | 4 | 1 | 2 | 2 | 1 | 1 | 2 | 2 | 1 | 1 | 2 | 2 | 1 |
| 14 | 4 | 1 | 2 | 2 | 1 | 2 | 1 | 1 | 2 | 2 | 1 | 1 | 2 |
| 15 | 4 | 2 | 1 | 1 | 2 | 1 | 2 | 2 | 1 | 2 | 1 | 1 | 2 |
| 16 | 4 | 2 | 1 | 1 | 2 | 2 | 1 | 1 | 2 | 1 | 2 | 2 | 1 |

注：$L_{16}(4^1\times2^{12})$，$L_{16}(4^2\times2^9)$，$L_{16}(4^3\times2^6)$，$L_{16}(4^4\times2^3)$均由$L_{16}(2^{15})$并列得到。

(14)$L_{16}(8^1\times2^8)$

| 试验号 | 列号 | | | | | | | | |
|---|---|---|---|---|---|---|---|---|---|
| | 1 | 2 | 3 | 4 | 5 | 6 | 7 | 8 | 9 |
| 1 | 1 | 1 | 1 | 1 | 1 | 1 | 1 | 1 | 1 |
| 2 | 1 | 2 | 2 | 2 | 2 | 2 | 2 | 2 | 2 |
| 3 | 2 | 1 | 1 | 1 | 1 | 2 | 2 | 2 | 2 |
| 4 | 2 | 2 | 2 | 2 | 2 | 1 | 1 | 1 | 1 |
| 5 | 3 | 1 | 1 | 2 | 2 | 1 | 1 | 2 | 2 |
| 6 | 3 | 2 | 2 | 1 | 1 | 2 | 2 | 1 | 1 |
| 7 | 4 | 1 | 1 | 2 | 2 | 2 | 2 | 1 | 1 |
| 8 | 4 | 2 | 2 | 1 | 1 | 1 | 1 | 2 | 2 |
| 9 | 5 | 1 | 2 | 1 | 2 | 1 | 2 | 1 | 2 |
| 10 | 5 | 2 | 1 | 2 | 1 | 2 | 1 | 2 | 1 |
| 11 | 6 | 1 | 2 | 1 | 2 | 2 | 1 | 2 | 1 |
| 12 | 6 | 2 | 1 | 2 | 1 | 1 | 2 | 1 | 2 |
| 13 | 7 | 1 | 2 | 2 | 1 | 1 | 2 | 2 | 1 |
| 14 | 7 | 2 | 1 | 1 | 2 | 2 | 1 | 1 | 2 |
| 15 | 8 | 1 | 2 | 2 | 1 | 2 | 1 | 1 | 2 |
| 16 | 8 | 2 | 1 | 1 | 2 | 1 | 2 | 2 | 1 |

(15)$L_{16}(3^1\times2^{13})$

| 试验号 | 列号 | | | | | | | | | | | | | |
|---|---|---|---|---|---|---|---|---|---|---|---|---|---|---|
| | 1 | 2 | 3 | 4 | 5 | 6 | 7 | 8 | 9 | 10 | 11 | 12 | 13 | 14 |
| 1 | 1 | 1 | 1 | 1 | 1 | 1 | 1 | 1 | 1 | 1 | 1 | 1 | 1 | 1 |
| 2 | 1 | 1 | 1 | 1 | 1 | 1 | 2 | 2 | 2 | 2 | 2 | 2 | 2 | 2 |
| 3 | 1 | 1 | 2 | 2 | 2 | 2 | 1 | 1 | 1 | 1 | 2 | 2 | 2 | 2 |
| 4 | 1 | 1 | 2 | 2 | 2 | 2 | 2 | 2 | 2 | 2 | 1 | 1 | 1 | 1 |
| 5 | 1 | 2 | 1 | 1 | 2 | 2 | 1 | 1 | 2 | 2 | 1 | 1 | 2 | 2 |
| 6 | 1 | 2 | 1 | 1 | 2 | 2 | 2 | 2 | 1 | 1 | 2 | 2 | 1 | 1 |
| 7 | 1 | 2 | 2 | 2 | 1 | 1 | 1 | 1 | 2 | 2 | 2 | 2 | 1 | 1 |
| 8 | 1 | 2 | 2 | 2 | 1 | 1 | 2 | 2 | 1 | 1 | 1 | 1 | 2 | 2 |
| 9 | 2 | 2 | 1 | 2 | 1 | 2 | 1 | 2 | 1 | 2 | 1 | 2 | 1 | 2 |
| 10 | 2 | 2 | 1 | 2 | 1 | 2 | 2 | 1 | 2 | 1 | 2 | 1 | 2 | 1 |
| 11 | 2 | 2 | 2 | 1 | 2 | 1 | 1 | 2 | 1 | 2 | 2 | 1 | 2 | 1 |
| 12 | 2 | 2 | 2 | 1 | 2 | 1 | 2 | 1 | 2 | 1 | 1 | 2 | 1 | 2 |
| 13 | 2 | 3 | 1 | 2 | 2 | 1 | 1 | 2 | 2 | 1 | 1 | 2 | 2 | 1 |
| 14 | 2 | 3 | 1 | 2 | 2 | 1 | 2 | 1 | 1 | 2 | 2 | 1 | 1 | 2 |
| 15 | 2 | 3 | 2 | 1 | 1 | 2 | 1 | 2 | 2 | 1 | 2 | 1 | 1 | 2 |
| 16 | 2 | 3 | 2 | 1 | 1 | 2 | 2 | 1 | 1 | 2 | 1 | 2 | 2 | 1 |

(16)$L_{16}(3^2\times2^{11})$

| 试验号 | 列号 | | | | | | | | | | | | |
|---|---|---|---|---|---|---|---|---|---|---|---|---|---|
| | 1 | 2 | 3 | 4 | 5 | 6 | 7 | 8 | 9 | 10 | 11 | 12 | 13 |
| 1 | 1 | 1 | 1 | 1 | 1 | 1 | 1 | 1 | 1 | 1 | 1 | 1 | 1 |
| 2 | 1 | 1 | 1 | 1 | 1 | 2 | 2 | 2 | 2 | 2 | 2 | 2 | 2 |
| 3 | 1 | 1 | 2 | 2 | 2 | 1 | 1 | 1 | 1 | 2 | 2 | 2 | 2 |
| 4 | 1 | 1 | 2 | 2 | 2 | 2 | 2 | 2 | 2 | 1 | 1 | 1 | 1 |
| 5 | 1 | 2 | 1 | 2 | 2 | 1 | 1 | 2 | 2 | 1 | 1 | 2 | 2 |
| 6 | 1 | 2 | 1 | 2 | 2 | 2 | 2 | 1 | 1 | 2 | 2 | 1 | 1 |
| 7 | 1 | 2 | 2 | 1 | 1 | 1 | 1 | 2 | 2 | 2 | 2 | 1 | 1 |
| 8 | 1 | 2 | 2 | 1 | 1 | 2 | 2 | 1 | 1 | 1 | 1 | 2 | 2 |
| 9 | 2 | 2 | 2 | 1 | 2 | 1 | 2 | 1 | 2 | 1 | 2 | 1 | 2 |
| 10 | 2 | 2 | 2 | 1 | 2 | 2 | 1 | 2 | 1 | 2 | 1 | 2 | 1 |
| 11 | 2 | 2 | 3 | 2 | 1 | 1 | 2 | 1 | 2 | 2 | 1 | 2 | 1 |
| 12 | 2 | 2 | 3 | 2 | 1 | 2 | 1 | 2 | 1 | 1 | 2 | 1 | 2 |
| 13 | 2 | 3 | 2 | 2 | 1 | 1 | 2 | 2 | 1 | 1 | 2 | 2 | 1 |
| 14 | 2 | 3 | 2 | 2 | 1 | 2 | 1 | 1 | 2 | 2 | 1 | 1 | 2 |
| 15 | 2 | 3 | 3 | 1 | 2 | 1 | 2 | 2 | 1 | 2 | 1 | 1 | 2 |
| 16 | 2 | 3 | 3 | 1 | 2 | 2 | 1 | 1 | 2 | 1 | 2 | 2 | 1 |

(17)$L_{16}(3^3\times2^9)$

| 试验号 | 列号 | | | | | | | | | | | |
|---|---|---|---|---|---|---|---|---|---|---|---|---|
| | 1 | 2 | 3 | 4 | 5 | 6 | 7 | 8 | 9 | 10 | 11 | 12 |
| 1 | 1 | 1 | 1 | 1 | 1 | 1 | 1 | 1 | 1 | 1 | 1 | 1 |
| 2 | 1 | 1 | 1 | 1 | 1 | 2 | 2 | 2 | 2 | 2 | 2 | 2 |
| 3 | 1 | 1 | 2 | 2 | 2 | 1 | 1 | 1 | 2 | 2 | 2 | 2 |
| 4 | 1 | 1 | 2 | 2 | 2 | 2 | 2 | 2 | 1 | 1 | 1 | 1 |
| 5 | 1 | 2 | 1 | 2 | 2 | 1 | 2 | 2 | 1 | 1 | 2 | 2 |
| 6 | 1 | 2 | 1 | 2 | 2 | 2 | 1 | 1 | 2 | 2 | 1 | 1 |
| 7 | 1 | 2 | 2 | 1 | 1 | 1 | 2 | 2 | 2 | 2 | 1 | 1 |
| 8 | 1 | 2 | 2 | 1 | 1 | 2 | 1 | 1 | 1 | 1 | 2 | 2 |
| 9 | 2 | 2 | 2 | 1 | 2 | 2 | 1 | 2 | 1 | 2 | 1 | 2 |
| 10 | 2 | 2 | 2 | 1 | 2 | 3 | 2 | 1 | 2 | 1 | 2 | 1 |
| 11 | 2 | 2 | 3 | 2 | 1 | 2 | 1 | 2 | 2 | 1 | 2 | 1 |
| 12 | 2 | 2 | 3 | 2 | 1 | 3 | 2 | 1 | 1 | 2 | 1 | 2 |
| 13 | 2 | 3 | 2 | 2 | 1 | 2 | 2 | 1 | 1 | 2 | 2 | 1 |
| 14 | 2 | 3 | 2 | 2 | 1 | 3 | 1 | 2 | 2 | 1 | 1 | 2 |
| 15 | 2 | 3 | 3 | 1 | 2 | 2 | 2 | 1 | 2 | 1 | 1 | 2 |
| 16 | 2 | 3 | 3 | 1 | 2 | 3 | 1 | 2 | 1 | 2 | 2 | 1 |

(18)$L_{18}(2^1 \times 3^7)$

| 试验号 | 列号 | | | | | | | |
|---|---|---|---|---|---|---|---|---|
| | 1 | 2 | 3 | 4 | 5 | 6 | 7 | 8 |
| 1 | 1 | 1 | 1 | 1 | 1 | 1 | 1 | 1 |
| 2 | 1 | 1 | 2 | 2 | 2 | 2 | 2 | 2 |
| 3 | 1 | 1 | 3 | 3 | 3 | 3 | 3 | 3 |
| 4 | 1 | 2 | 1 | 1 | 2 | 2 | 3 | 3 |
| 5 | 1 | 2 | 2 | 2 | 3 | 3 | 1 | 1 |
| 6 | 1 | 2 | 3 | 3 | 1 | 1 | 2 | 2 |
| 7 | 1 | 3 | 1 | 2 | 1 | 3 | 2 | 3 |
| 8 | 1 | 3 | 2 | 3 | 2 | 1 | 3 | 1 |
| 9 | 1 | 3 | 3 | 1 | 3 | 2 | 1 | 2 |
| 10 | 2 | 1 | 1 | 3 | 3 | 2 | 2 | 1 |
| 11 | 2 | 1 | 2 | 1 | 1 | 3 | 3 | 2 |
| 12 | 2 | 1 | 3 | 2 | 2 | 1 | 1 | 3 |
| 13 | 2 | 2 | 1 | 2 | 3 | 1 | 3 | 2 |
| 14 | 2 | 2 | 2 | 3 | 1 | 2 | 1 | 3 |
| 15 | 2 | 2 | 3 | 1 | 2 | 3 | 2 | 1 |
| 16 | 2 | 3 | 1 | 3 | 2 | 3 | 1 | 2 |
| 17 | 2 | 3 | 2 | 1 | 3 | 1 | 2 | 3 |
| 18 | 2 | 3 | 3 | 2 | 1 | 2 | 3 | 1 |

注:将第 1 列划去,便是非标准表 $L_{18}(3^7)$。

(19)$L_{18}(6^1 \times 3^6)$

| 试验号 | 列号 | | | | | | |
|---|---|---|---|---|---|---|---|
| | 1 | 2 | 3 | 4 | 5 | 6 | 7 |
| 1 | 1 | 1 | 1 | 1 | 1 | 1 | 1 |
| 2 | 1 | 2 | 2 | 2 | 2 | 2 | 2 |
| 3 | 1 | 3 | 3 | 3 | 3 | 3 | 3 |
| 4 | 2 | 1 | 1 | 2 | 2 | 3 | 3 |
| 5 | 2 | 2 | 2 | 3 | 3 | 1 | 1 |
| 6 | 2 | 3 | 3 | 1 | 1 | 2 | 2 |
| 7 | 3 | 1 | 2 | 1 | 3 | 2 | 3 |
| 8 | 3 | 2 | 3 | 2 | 1 | 3 | 1 |
| 9 | 3 | 3 | 1 | 3 | 2 | 1 | 2 |
| 10 | 4 | 1 | 3 | 3 | 2 | 2 | 1 |
| 11 | 4 | 2 | 1 | 1 | 3 | 3 | 2 |
| 12 | 4 | 3 | 2 | 2 | 1 | 1 | 3 |
| 13 | 5 | 1 | 2 | 3 | 1 | 3 | 2 |
| 14 | 5 | 2 | 3 | 1 | 2 | 1 | 3 |
| 15 | 5 | 3 | 1 | 2 | 3 | 2 | 1 |
| 16 | 6 | 1 | 3 | 2 | 3 | 1 | 2 |
| 17 | 6 | 2 | 1 | 3 | 1 | 2 | 3 |
| 18 | 6 | 3 | 2 | 1 | 2 | 3 | 1 |

(20) $L_{20}(5^1\times 2^8)$

| 试验号 | 列号 | | | | | | | | |
|---|---|---|---|---|---|---|---|---|---|
| | 1 | 2 | 3 | 4 | 5 | 6 | 7 | 8 | 9 |
| 1 | 1 | 1 | 1 | 1 | 1 | 1 | 1 | 1 | 1 |
| 2 | 1 | 1 | 1 | 1 | 1 | 2 | 2 | 2 | 2 |
| 3 | 1 | 2 | 2 | 2 | 2 | 1 | 1 | 1 | 1 |
| 4 | 1 | 2 | 2 | 2 | 2 | 2 | 2 | 2 | 2 |
| 5 | 2 | 1 | 2 | 1 | 2 | 1 | 1 | 1 | 2 |
| 6 | 2 | 1 | 2 | 2 | 1 | 1 | 2 | 2 | 1 |
| 7 | 2 | 2 | 1 | 1 | 2 | 2 | 1 | 2 | 1 |
| 8 | 2 | 2 | 1 | 2 | 1 | 2 | 2 | 1 | 2 |
| 9 | 3 | 1 | 1 | 2 | 1 | 1 | 1 | 2 | 2 |
| 10 | 3 | 1 | 2 | 2 | 2 | 2 | 2 | 1 | 1 |
| 11 | 3 | 2 | 1 | 1 | 2 | 1 | 2 | 2 | 1 |
| 12 | 3 | 2 | 2 | 1 | 1 | 2 | 1 | 1 | 2 |
| 13 | 4 | 1 | 1 | 2 | 2 | 1 | 2 | 1 | 2 |
| 14 | 4 | 1 | 2 | 1 | 2 | 2 | 1 | 2 | 2 |
| 15 | 4 | 2 | 1 | 2 | 1 | 2 | 1 | 1 | 1 |
| 16 | 4 | 2 | 2 | 1 | 1 | 1 | 2 | 2 | 1 |
| 17 | 5 | 1 | 1 | 1 | 2 | 2 | 2 | 1 | 1 |
| 18 | 5 | 1 | 2 | 2 | 1 | 2 | 1 | 2 | 1 |
| 19 | 5 | 2 | 1 | 2 | 2 | 1 | 1 | 2 | 2 |
| 20 | 5 | 2 | 2 | 1 | 1 | 1 | 2 | 1 | 2 |

(21) $L_{20}(10^1\times 2^2)$

| 试验号 | 列号 | | |
|---|---|---|---|
| | 1 | 2 | 3 |
| 1 | 1 | 1 | 1 |
| 2 | 1 | 2 | 2 |
| 3 | 2 | 1 | 2 |
| 4 | 2 | 2 | 1 |
| 5 | 3 | 1 | 1 |
| 6 | 3 | 2 | 2 |
| 7 | 4 | 1 | 2 |
| 8 | 4 | 2 | 1 |
| 9 | 5 | 1 | 1 |
| 10 | 5 | 2 | 2 |
| 11 | 6 | 1 | 2 |
| 12 | 6 | 2 | 1 |
| 13 | 7 | 1 | 1 |
| 14 | 7 | 2 | 2 |
| 15 | 8 | 1 | 2 |
| 16 | 8 | 2 | 1 |
| 17 | 9 | 1 | 1 |
| 18 | 9 | 2 | 2 |
| 19 | 10 | 1 | 2 |
| 20 | 10 | 2 | 1 |

(22) $L_{24}(3^1\times4^1\times2^4)$

| 试验号 | 列号 | | | | | |
|---|---|---|---|---|---|---|
| | 1 | 2 | 3 | 4 | 5 | 6 |
| 1 | 1 | 1 | 1 | 1 | 1 | 1 |
| 2 | 1 | 2 | 1 | 1 | 2 | 2 |
| 3 | 1 | 3 | 1 | 2 | 2 | 1 |
| 4 | 1 | 4 | 1 | 2 | 1 | 2 |
| 5 | 1 | 1 | 2 | 2 | 2 | 2 |
| 6 | 1 | 2 | 2 | 2 | 1 | 1 |
| 7 | 1 | 3 | 2 | 1 | 1 | 2 |
| 8 | 1 | 4 | 2 | 1 | 2 | 1 |
| 9 | 2 | 1 | 1 | 1 | 1 | 2 |
| 10 | 2 | 2 | 1 | 1 | 2 | 1 |
| 11 | 2 | 3 | 1 | 2 | 2 | 2 |
| 12 | 2 | 4 | 1 | 2 | 1 | 1 |
| 13 | 2 | 1 | 2 | 2 | 2 | 1 |
| 14 | 2 | 2 | 2 | 2 | 1 | 2 |
| 15 | 2 | 3 | 2 | 1 | 1 | 1 |
| 16 | 2 | 4 | 2 | 1 | 2 | 2 |
| 17 | 3 | 1 | 1 | 1 | 1 | 2 |
| 18 | 3 | 2 | 1 | 1 | 2 | 1 |
| 19 | 3 | 3 | 1 | 2 | 2 | 2 |
| 20 | 3 | 4 | 1 | 2 | 1 | 1 |
| 21 | 3 | 1 | 2 | 2 | 2 | 1 |
| 22 | 3 | 2 | 2 | 2 | 1 | 2 |
| 23 | 3 | 3 | 2 | 1 | 1 | 1 |
| 24 | 3 | 4 | 2 | 1 | 2 | 2 |

(23) $L_{24}(6^1\times4^1\times2^3)$

| 试验号 | 列号 | | | | |
|---|---|---|---|---|---|
| | 1 | 2 | 3 | 4 | 5 |
| 1 | 1 | 1 | 1 | 1 | 2 |
| 2 | 1 | 2 | 1 | 2 | 1 |
| 3 | 1 | 3 | 2 | 2 | 2 |
| 4 | 1 | 4 | 2 | 1 | 1 |
| 5 | 2 | 1 | 2 | 2 | 1 |
| 6 | 2 | 2 | 2 | 1 | 2 |
| 7 | 2 | 3 | 1 | 1 | 1 |
| 8 | 2 | 4 | 1 | 2 | 2 |
| 9 | 3 | 1 | 1 | 1 | 1 |
| 10 | 3 | 2 | 1 | 2 | 2 |
| 11 | 3 | 3 | 2 | 2 | 1 |
| 12 | 3 | 4 | 2 | 1 | 2 |
| 13 | 4 | 1 | 2 | 2 | 2 |
| 14 | 4 | 2 | 2 | 1 | 1 |
| 15 | 4 | 3 | 1 | 1 | 2 |
| 16 | 4 | 4 | 1 | 2 | 1 |
| 17 | 5 | 1 | 1 | 1 | 1 |
| 18 | 5 | 2 | 1 | 2 | 2 |
| 19 | 5 | 3 | 2 | 2 | 1 |
| 20 | 5 | 4 | 2 | 1 | 2 |
| 21 | 6 | 1 | 2 | 2 | 2 |
| 22 | 6 | 2 | 2 | 1 | 1 |
| 23 | 6 | 3 | 1 | 1 | 2 |
| 24 | 6 | 4 | 1 | 2 | 1 |

## 附表 19　均匀设计表

(1)$U_5(5^3)$

| 试验号 | 列号 | | |
|---|---|---|---|
| | 1 | 2 | 3 |
| 1 | 1 | 2 | 4 |
| 2 | 2 | 4 | 3 |
| 3 | 3 | 1 | 2 |
| 4 | 4 | 3 | 1 |
| 5 | 5 | 5 | 5 |

$U_5(5^3)$　使用表

| $s$ | 列号 | | | $D$ |
|---|---|---|---|---|
| 2 | 1 | 2 | | 0.310 0 |
| 3 | 1 | 2 | 3 | 0.457 0 |

(2)$U_6^*(6^4)$

| 试验号 | 列号 | | | |
|---|---|---|---|---|
| | 1 | 2 | 3 | 4 |
| 1 | 1 | 2 | 3 | 6 |
| 2 | 2 | 4 | 6 | 5 |
| 3 | 3 | 6 | 2 | 4 |
| 4 | 4 | 1 | 5 | 3 |
| 5 | 5 | 3 | 1 | 2 |
| 6 | 6 | 5 | 4 | 1 |

$U_6^*(6^4)$　使用表

| $s$ | 列号 | | | | $D$ |
|---|---|---|---|---|---|
| 2 | 1 | 3 | | | 0.187 5 |
| 3 | 1 | 2 | 3 | | 0.265 6 |
| 4 | 1 | 2 | 3 | 4 | 0.299 0 |

(3)$U_7(7^6)$

| 试验号 | 列号 | | | | | |
|---|---|---|---|---|---|---|
| | 1 | 2 | 3 | 4 | 5 | 6 |
| 1 | 1 | 2 | 3 | 4 | 5 | 6 |
| 2 | 2 | 4 | 6 | 1 | 3 | 5 |
| 3 | 3 | 6 | 2 | 5 | 1 | 4 |
| 4 | 4 | 1 | 5 | 2 | 6 | 3 |
| 5 | 5 | 3 | 1 | 6 | 4 | 2 |
| 6 | 6 | 5 | 4 | 3 | 2 | 1 |
| 7 | 7 | 7 | 7 | 7 | 7 | 7 |

$U_7(7^6)$　使用表

| $s$ | 列号 | | | | $D$ |
|---|---|---|---|---|---|
| 2 | 1 | 3 | | | 0.239 8 |
| 3 | 1 | 2 | 3 | | 0.372 1 |
| 4 | 1 | 2 | 3 | 6 | 0.476 0 |

(4)$U_7^*(7^4)$

| 试验号 | 列号 | | | |
|---|---|---|---|---|
| | 1 | 2 | 3 | 4 |
| 1 | 1 | 3 | 5 | 7 |
| 2 | 2 | 6 | 2 | 6 |
| 3 | 3 | 1 | 7 | 5 |
| 4 | 4 | 4 | 4 | 4 |
| 5 | 5 | 7 | 1 | 3 |
| 6 | 6 | 2 | 6 | 2 |
| 7 | 7 | 5 | 3 | 1 |

$U_7^*(7^4)$ 使用表

| $s$ | 列号 | | | $D$ |
|---|---|---|---|---|
| 2 | 1 | 3 | | 0.158 2 |
| 3 | 2 | 3 | 4 | 0.213 2 |

(5)$U_8^*(8^5)$

| 试验号 | 列号 | | | | |
|---|---|---|---|---|---|
| | 1 | 2 | 3 | 4 | 5 |
| 1 | 1 | 2 | 4 | 7 | 8 |
| 2 | 2 | 4 | 8 | 5 | 7 |
| 3 | 3 | 6 | 3 | 3 | 6 |
| 4 | 4 | 8 | 7 | 1 | 5 |
| 5 | 5 | 1 | 2 | 8 | 4 |
| 6 | 6 | 3 | 6 | 6 | 3 |
| 7 | 7 | 5 | 1 | 4 | 2 |
| 8 | 8 | 7 | 5 | 2 | 1 |

$U_8^*(8^5)$ 使用表

| $s$ | 列号 | | | | $D$ |
|---|---|---|---|---|---|
| 2 | 1 | 3 | | | 0.144 5 |
| 3 | 1 | 3 | 4 | | 0.200 0 |
| 4 | 1 | 2 | 3 | 5 | 0.270 9 |

(6)$U_9(9^6)$

| 试验号 | 列号 | | | | | |
|---|---|---|---|---|---|---|
| | 1 | 2 | 3 | 4 | 5 | 6 |
| 1 | 1 | 2 | 4 | 5 | 7 | 8 |
| 2 | 2 | 4 | 8 | 1 | 5 | 7 |
| 3 | 3 | 6 | 3 | 6 | 3 | 6 |
| 4 | 4 | 8 | 7 | 2 | 1 | 5 |
| 5 | 5 | 1 | 2 | 7 | 8 | 4 |
| 6 | 6 | 3 | 6 | 3 | 6 | 3 |
| 7 | 7 | 5 | 1 | 8 | 4 | 2 |
| 8 | 8 | 7 | 5 | 4 | 2 | 1 |
| 9 | 9 | 9 | 9 | 9 | 9 | 9 |

$U_9(9^6)$ 使用表

| s | 列号 | | | | D |
|---|---|---|---|---|---|
| 2 | 1 | 3 | | | 0.194 4 |
| 3 | 1 | 3 | 5 | | 0.310 2 |
| 4 | 1 | 2 | 3 | 6 | 0.406 6 |

(7)$U_9^*(9^4)$

| 试验号 | 列号 | | | |
|---|---|---|---|---|
| | 1 | 2 | 3 | 4 |
| 1 | 1 | 3 | 7 | 9 |
| 2 | 2 | 6 | 4 | 8 |
| 3 | 3 | 9 | 1 | 7 |
| 4 | 4 | 2 | 8 | 6 |
| 5 | 5 | 5 | 5 | 5 |
| 6 | 6 | 8 | 2 | 4 |
| 7 | 7 | 1 | 9 | 3 |
| 8 | 8 | 4 | 6 | 2 |
| 9 | 9 | 7 | 3 | 1 |

$U_9^*(9^4)$ 使用表

| s | 列号 | | | D |
|---|---|---|---|---|
| 2 | 1 | 2 | | 0.157 4 |
| 3 | 2 | 3 | 4 | 0.198 0 |

(8)$U_{10}^*(10^8)$

| 试验号 | 列号 | | | | | | | |
|---|---|---|---|---|---|---|---|---|
| | 1 | 2 | 3 | 4 | 5 | 6 | 7 | 8 |
| 1 | 1 | 2 | 3 | 4 | 5 | 7 | 9 | 10 |
| 2 | 2 | 4 | 6 | 8 | 10 | 3 | 7 | 9 |
| 3 | 3 | 6 | 9 | 1 | 4 | 10 | 5 | 8 |
| 4 | 4 | 8 | 1 | 5 | 9 | 6 | 3 | 7 |
| 5 | 5 | 10 | 4 | 9 | 3 | 2 | 1 | 6 |
| 6 | 6 | 1 | 7 | 2 | 8 | 9 | 10 | 5 |
| 7 | 7 | 3 | 10 | 6 | 2 | 5 | 8 | 4 |
| 8 | 8 | 5 | 2 | 10 | 7 | 1 | 6 | 3 |
| 9 | 9 | 7 | 5 | 3 | 1 | 8 | 4 | 2 |
| 10 | 10 | 9 | 8 | 7 | 6 | 4 | 2 | 1 |

$U_{10}^*(10^8)$ 使用表

| s | 列号 | | | | | | D |
|---|---|---|---|---|---|---|---|
| 2 | 1 | 6 | | | | | 0.112 5 |
| 3 | 1 | 5 | 6 | | | | 0.168 1 |
| 4 | 1 | 3 | 4 | 5 | | | 0.223 6 |
| 5 | 1 | 3 | 4 | 5 | 7 | | 0.241 4 |
| 6 | 1 | 2 | 3 | 5 | 6 | 8 | 0.299 4 |

(9)$U_{11}(11^{10})$

| 试验号 | 列号 | | | | | | | | | |
|---|---|---|---|---|---|---|---|---|---|---|
| | 1 | 2 | 3 | 4 | 5 | 6 | 7 | 8 | 9 | 10 |
| 1 | 1 | 2 | 3 | 4 | 5 | 6 | 7 | 8 | 9 | 10 |
| 2 | 2 | 4 | 6 | 8 | 10 | 1 | 3 | 5 | 7 | 9 |
| 3 | 3 | 6 | 9 | 1 | 4 | 7 | 10 | 2 | 5 | 8 |
| 4 | 4 | 8 | 1 | 5 | 9 | 2 | 6 | 10 | 3 | 7 |
| 5 | 5 | 10 | 4 | 9 | 3 | 8 | 2 | 7 | 1 | 6 |
| 6 | 6 | 1 | 7 | 2 | 8 | 3 | 9 | 4 | 10 | 5 |
| 7 | 7 | 3 | 10 | 6 | 2 | 9 | 5 | 1 | 8 | 4 |
| 8 | 8 | 5 | 2 | 10 | 7 | 4 | 1 | 9 | 6 | 3 |
| 9 | 9 | 7 | 5 | 3 | 1 | 10 | 8 | 6 | 4 | 2 |
| 10 | 10 | 9 | 8 | 7 | 6 | 5 | 4 | 3 | 2 | 1 |
| 11 | 11 | 11 | 11 | 11 | 11 | 11 | 11 | 11 | 11 | 11 |

$U_{11}(11^{10})$ 使用表

| $s$ | 列号 | | | | | | $D$ |
|---|---|---|---|---|---|---|---|
| 2 | 1 | 7 | | | | | 0.163 4 |
| 3 | 1 | 5 | 7 | | | | 0.264 9 |
| 4 | 1 | 2 | 5 | 7 | | | 0.352 8 |
| 5 | 1 | 2 | 3 | 5 | 7 | | 0.428 6 |
| 6 | 1 | 2 | 3 | 5 | 7 | 10 | 0.494 2 |

(10)$U_{11}^{*}(11^{4})$

| 试验号 | 列号 | | | |
|---|---|---|---|---|
| | 1 | 2 | 3 | 4 |
| 1 | 1 | 5 | 7 | 11 |
| 2 | 2 | 10 | 2 | 10 |
| 3 | 3 | 3 | 9 | 9 |
| 4 | 4 | 8 | 4 | 8 |
| 5 | 5 | 1 | 11 | 7 |
| 6 | 6 | 6 | 6 | 6 |
| 7 | 7 | 11 | 1 | 5 |
| 8 | 8 | 4 | 8 | 4 |
| 9 | 9 | 9 | 3 | 3 |
| 10 | 10 | 2 | 10 | 2 |
| 11 | 11 | 7 | 5 | 1 |

$U_{11}^{*}(11^{4})$ 使用表

| $s$ | 列号 | | | $D$ |
|---|---|---|---|---|
| 2 | 1 | 2 | | 0.113 6 |
| 3 | 2 | 3 | 4 | 0.230 7 |

(11)$U_{12}^{*}(12^{10})$

| 试验号 | 列号 | | | | | | | | | |
|---|---|---|---|---|---|---|---|---|---|---|
| | 1 | 2 | 3 | 4 | 5 | 6 | 7 | 8 | 9 | 10 |
| 1 | 1 | 2 | 3 | 4 | 5 | 6 | 8 | 9 | 10 | 12 |
| 2 | 2 | 4 | 6 | 8 | 10 | 12 | 3 | 5 | 7 | 11 |
| 3 | 3 | 6 | 9 | 12 | 2 | 5 | 11 | 1 | 4 | 10 |
| 4 | 4 | 8 | 12 | 3 | 7 | 11 | 6 | 10 | 1 | 9 |
| 5 | 5 | 10 | 2 | 7 | 12 | 4 | 1 | 6 | 11 | 8 |
| 6 | 6 | 12 | 5 | 11 | 4 | 10 | 9 | 2 | 8 | 7 |
| 7 | 7 | 1 | 8 | 2 | 9 | 3 | 4 | 11 | 5 | 6 |
| 8 | 8 | 3 | 11 | 6 | 1 | 9 | 12 | 7 | 2 | 5 |
| 9 | 9 | 5 | 1 | 10 | 6 | 2 | 7 | 3 | 12 | 4 |
| 10 | 10 | 7 | 4 | 1 | 11 | 8 | 2 | 12 | 9 | 3 |
| 11 | 11 | 9 | 7 | 5 | 3 | 1 | 10 | 8 | 6 | 2 |
| 12 | 12 | 11 | 10 | 9 | 8 | 7 | 5 | 4 | 3 | 1 |

$U_{12}^{*}(12^{10})$ 使用表

| $s$ | 列号 | | | | | | | $D$ |
|---|---|---|---|---|---|---|---|---|
| 2 | 1 | 5 | | | | | | 0.116 3 |
| 3 | 1 | 6 | 9 | | | | | 0.183 8 |
| 4 | 1 | 6 | 7 | 9 | | | | 0.223 3 |
| 5 | 1 | 3 | 4 | 8 | 10 | | | 0.227 2 |
| 6 | 1 | 2 | 6 | 7 | 8 | 9 | | 0.267 0 |
| 7 | 1 | 2 | 6 | 7 | 8 | 9 | 10 | 0.276 8 |

(12)$U_{13}(13^{12})$

| 试验号 | 列号 | | | | | | | | | | | |
|---|---|---|---|---|---|---|---|---|---|---|---|---|
| | 1 | 2 | 3 | 4 | 5 | 6 | 7 | 8 | 9 | 10 | 11 | 12 |
| 1 | 1 | 2 | 3 | 4 | 5 | 6 | 7 | 8 | 9 | 10 | 11 | 12 |
| 2 | 2 | 4 | 6 | 8 | 10 | 12 | 1 | 3 | 5 | 7 | 9 | 11 |
| 3 | 3 | 6 | 9 | 12 | 2 | 5 | 8 | 11 | 1 | 4 | 7 | 10 |
| 4 | 4 | 8 | 12 | 3 | 7 | 11 | 2 | 6 | 10 | 1 | 5 | 9 |
| 5 | 5 | 10 | 2 | 7 | 11 | 4 | 9 | 1 | 6 | 11 | 3 | 8 |
| 6 | 6 | 12 | 5 | 11 | 4 | 10 | 3 | 9 | 2 | 8 | 1 | 7 |
| 7 | 7 | 1 | 8 | 2 | 9 | 3 | 10 | 4 | 11 | 5 | 12 | 6 |
| 8 | 8 | 3 | 11 | 6 | 1 | 9 | 4 | 12 | 7 | 2 | 10 | 5 |
| 9 | 9 | 5 | 1 | 10 | 6 | 2 | 11 | 7 | 3 | 12 | 8 | 4 |
| 10 | 10 | 7 | 4 | 1 | 11 | 8 | 5 | 2 | 12 | 9 | 6 | 3 |
| 11 | 11 | 9 | 7 | 5 | 3 | 1 | 12 | 10 | 8 | 6 | 4 | 2 |
| 12 | 12 | 11 | 10 | 9 | 8 | 7 | 6 | 5 | 4 | 3 | 2 | 1 |
| 13 | 13 | 13 | 13 | 13 | 13 | 13 | 13 | 13 | 13 | 13 | 13 | 13 |

$U_{13}(13^{12})$ 使用表

| s | 列号 | | | | | | | D |
|---|---|---|---|---|---|---|---|---|
| 2 | 1 | 5 | | | | | | 0.140 5 |
| 3 | 1 | 3 | 4 | | | | | 0.230 8 |
| 4 | 1 | 6 | 8 | 10 | | | | 0.310 7 |
| 5 | 1 | 6 | 8 | 9 | 10 | | | 0.381 4 |
| 6 | 1 | 2 | 6 | 8 | 9 | 10 | | 0.443 9 |
| 7 | 1 | 2 | 6 | 8 | 9 | 10 | 12 | 0.499 2 |

(13)$U_{13}^{*}(13^{4})$

| 试验号 | 列号 | | | |
|---|---|---|---|---|
| | 1 | 2 | 3 | 4 |
| 1 | 1 | 5 | 9 | 11 |
| 2 | 2 | 10 | 4 | 8 |
| 3 | 3 | 1 | 13 | 5 |
| 4 | 4 | 6 | 8 | 2 |
| 5 | 5 | 11 | 3 | 13 |
| 6 | 6 | 2 | 12 | 10 |
| 7 | 7 | 7 | 7 | 7 |
| 8 | 8 | 12 | 2 | 4 |
| 9 | 9 | 3 | 11 | 1 |
| 10 | 10 | 8 | 6 | 12 |
| 11 | 11 | 13 | 1 | 9 |
| 12 | 12 | 4 | 10 | 6 |
| 13 | 13 | 9 | 5 | 3 |

$U_{13}^{*}(13^{4})$ 使用表

| s | 列号 | | | | D |
|---|---|---|---|---|---|
| 2 | 1 | 3 | | | 0.096 2 |
| 3 | 1 | 3 | 4 | | 0.144 2 |
| 4 | 1 | 2 | 3 | 4 | 0.207 6 |

(14)$U_{14}^{*}(14^{5})$

| 试验号 | 列号 | | | | |
|---|---|---|---|---|---|
| | 1 | 2 | 3 | 4 | 5 |
| 1 | 1 | 4 | 7 | 11 | 13 |
| 2 | 2 | 8 | 14 | 7 | 11 |
| 3 | 3 | 12 | 6 | 3 | 9 |
| 4 | 4 | 1 | 13 | 14 | 7 |
| 5 | 5 | 5 | 5 | 10 | 5 |
| 6 | 6 | 9 | 12 | 6 | 3 |
| 7 | 7 | 13 | 4 | 2 | 1 |
| 8 | 8 | 2 | 11 | 13 | 14 |
| 9 | 9 | 6 | 3 | 9 | 12 |
| 10 | 10 | 10 | 10 | 5 | 10 |
| 11 | 11 | 14 | 2 | 1 | 8 |
| 12 | 12 | 3 | 9 | 12 | 6 |
| 13 | 13 | 7 | 1 | 8 | 4 |
| 14 | 14 | 11 | 8 | 4 | 2 |

$U_{14}^{*}(14^5)$　使用表

| s | 列号 | | | | D |
|---|---|---|---|---|---|
| 2 | 1 | 4 | | | 0.095 7 |
| 3 | 1 | 2 | 3 | | 0.145 5 |
| 4 | 1 | 2 | 3 | 5 | 0.209 1 |

(15)$U_{15}(15^5)$

| 试验号 | 列号 | | | | |
|---|---|---|---|---|---|
| | 1 | 2 | 3 | 4 | 5 |
| 1 | 1 | 4 | 7 | 11 | 13 |
| 2 | 2 | 8 | 14 | 7 | 11 |
| 3 | 3 | 12 | 6 | 3 | 9 |
| 4 | 4 | 1 | 13 | 14 | 7 |
| 5 | 5 | 5 | 5 | 10 | 5 |
| 6 | 6 | 9 | 12 | 6 | 3 |
| 7 | 7 | 13 | 4 | 2 | 1 |
| 8 | 8 | 2 | 11 | 13 | 14 |
| 9 | 9 | 6 | 3 | 9 | 12 |
| 10 | 10 | 10 | 10 | 5 | 10 |
| 11 | 11 | 14 | 2 | 1 | 8 |
| 12 | 12 | 3 | 9 | 12 | 6 |
| 13 | 13 | 7 | 1 | 8 | 4 |
| 14 | 14 | 11 | 8 | 4 | 2 |
| 15 | 15 | 15 | 15 | 15 | 15 |

$U_{15}(15^5)$　使用表

| s | 列号 | | | | D |
|---|---|---|---|---|---|
| 2 | 1 | 4 | | | 0.123 3 |
| 3 | 1 | 2 | 3 | | 0.204 3 |
| 4 | 1 | 2 | 3 | 5 | 0.277 2 |

(16)$U_{15}^{*}(15^7)$

| 试验号 | 列号 | | | | | | |
|---|---|---|---|---|---|---|---|
| | 1 | 2 | 3 | 4 | 5 | 6 | 7 |
| 1 | 1 | 5 | 7 | 9 | 11 | 13 | 15 |
| 2 | 2 | 10 | 14 | 2 | 6 | 10 | 14 |
| 3 | 3 | 15 | 5 | 11 | 1 | 7 | 13 |
| 4 | 4 | 4 | 12 | 4 | 12 | 4 | 12 |
| 5 | 5 | 9 | 3 | 13 | 7 | 1 | 11 |
| 6 | 6 | 14 | 10 | 6 | 2 | 14 | 10 |
| 7 | 7 | 3 | 1 | 15 | 13 | 11 | 9 |
| 8 | 8 | 8 | 8 | 8 | 8 | 8 | 8 |
| 9 | 9 | 13 | 15 | 1 | 3 | 5 | 7 |
| 10 | 10 | 2 | 6 | 10 | 14 | 2 | 6 |
| 11 | 11 | 7 | 13 | 3 | 9 | 15 | 5 |
| 12 | 12 | 12 | 4 | 12 | 4 | 12 | 4 |
| 13 | 13 | 1 | 11 | 5 | 15 | 9 | 3 |
| 14 | 14 | 6 | 2 | 14 | 10 | 6 | 2 |
| 15 | 15 | 11 | 9 | 7 | 5 | 3 | 1 |

$U_{15}^{*}(15^{7})$ 使用表

| s | 列号 | | | | | D |
|---|---|---|---|---|---|---|
| 2 | 1 | 3 | | | | 0.083 3 |
| 3 | 1 | 2 | 6 | | | 0.136 1 |
| 4 | 1 | 2 | 4 | 6 | | 0.151 1 |
| 5 | 2 | 3 | 4 | 5 | 7 | 0.209 0 |

(17)$U_{16}^{*}(16^{12})$

| 试验号 | 列号 | | | | | | | | | | | |
|---|---|---|---|---|---|---|---|---|---|---|---|---|
| | 1 | 2 | 3 | 4 | 5 | 6 | 7 | 8 | 9 | 10 | 11 | 12 |
| 1 | 1 | 2 | 4 | 5 | 6 | 8 | 9 | 10 | 13 | 14 | 15 | 16 |
| 2 | 2 | 4 | 8 | 10 | 12 | 16 | 1 | 3 | 9 | 11 | 13 | 15 |
| 3 | 3 | 6 | 12 | 15 | 1 | 7 | 10 | 13 | 5 | 8 | 11 | 14 |
| 4 | 4 | 8 | 16 | 3 | 7 | 15 | 2 | 6 | 1 | 5 | 9 | 13 |
| 5 | 5 | 10 | 3 | 8 | 13 | 6 | 11 | 16 | 14 | 2 | 7 | 12 |
| 6 | 6 | 12 | 7 | 13 | 2 | 14 | 3 | 9 | 10 | 16 | 5 | 11 |
| 7 | 7 | 14 | 11 | 1 | 8 | 5 | 12 | 2 | 6 | 13 | 3 | 10 |
| 8 | 8 | 16 | 15 | 6 | 14 | 13 | 4 | 12 | 2 | 10 | 1 | 9 |
| 9 | 9 | 1 | 2 | 11 | 3 | 4 | 13 | 5 | 15 | 7 | 16 | 8 |
| 10 | 10 | 3 | 6 | 16 | 9 | 12 | 5 | 15 | 11 | 4 | 14 | 7 |
| 11 | 11 | 5 | 10 | 4 | 15 | 3 | 14 | 8 | 7 | 1 | 12 | 6 |
| 12 | 12 | 7 | 14 | 9 | 4 | 11 | 6 | 1 | 3 | 15 | 10 | 5 |
| 13 | 13 | 9 | 1 | 14 | 10 | 2 | 15 | 11 | 16 | 12 | 8 | 4 |
| 14 | 14 | 11 | 5 | 2 | 16 | 10 | 7 | 4 | 12 | 9 | 6 | 3 |
| 15 | 15 | 13 | 9 | 7 | 5 | 1 | 16 | 14 | 8 | 6 | 4 | 2 |
| 16 | 16 | 15 | 13 | 12 | 11 | 9 | 8 | 7 | 4 | 3 | 2 | 1 |

$U_{16}^{*}(16^{12})$ 使用表

| s | 列号 | | | | | | | D |
|---|---|---|---|---|---|---|---|---|
| 2 | 1 | 8 | | | | | | 0.090 8 |
| 3 | 1 | 4 | 6 | | | | | 0.126 2 |
| 4 | 1 | 4 | 5 | 6 | | | | 0.170 5 |
| 5 | 1 | 4 | 5 | 6 | 9 | | | 0.207 0 |
| 6 | 1 | 3 | 5 | 8 | 10 | 11 | | 0.251 8 |
| 7 | 1 | 2 | 3 | 6 | 9 | 11 | 12 | 0.276 9 |

(18)$U_{17}(17^{8})$

| 试验号 | 列号 | | | | | | | |
|---|---|---|---|---|---|---|---|---|
| | 1 | 2 | 3 | 4 | 5 | 6 | 7 | 8 |
| 1 | 1 | 4 | 6 | 9 | 10 | 11 | 14 | 15 |
| 2 | 2 | 8 | 12 | 1 | 3 | 5 | 11 | 13 |
| 3 | 3 | 12 | 1 | 10 | 13 | 16 | 8 | 11 |
| 4 | 4 | 16 | 7 | 2 | 6 | 10 | 5 | 9 |
| 5 | 5 | 3 | 13 | 11 | 16 | 4 | 2 | 7 |
| 6 | 6 | 7 | 2 | 3 | 9 | 15 | 16 | 5 |
| 7 | 7 | 11 | 8 | 12 | 2 | 9 | 13 | 3 |
| 8 | 8 | 15 | 14 | 4 | 12 | 3 | 10 | 1 |
| 9 | 9 | 2 | 3 | 13 | 5 | 14 | 7 | 16 |
| 10 | 10 | 2 | 3 | 13 | 5 | 14 | 7 | 16 |
| 11 | 11 | 10 | 15 | 14 | 8 | 2 | 1 | 12 |
| 12 | 12 | 14 | 4 | 6 | 1 | 13 | 15 | 10 |
| 13 | 13 | 1 | 10 | 15 | 11 | 7 | 12 | 8 |
| 14 | 14 | 5 | 16 | 7 | 4 | 1 | 9 | 6 |
| 15 | 15 | 9 | 5 | 16 | 14 | 12 | 6 | 4 |
| 16 | 16 | 13 | 11 | 8 | 7 | 6 | 3 | 2 |
| 17 | 17 | 17 | 17 | 17 | 17 | 17 | 17 | 17 |

$U_{17}(17^{8})$ 使用表

| s | 列号 | | | | | | | D |
|---|---|---|---|---|---|---|---|---|
| 2 | 1 | 6 | | | | | | 0.109 9 |
| 3 | 1 | 5 | 8 | | | | | 0.183 2 |
| 4 | 1 | 5 | 7 | 8 | | | | 0.250 1 |
| 5 | 1 | 2 | 5 | 7 | 8 | | | 0.311 1 |
| 6 | 1 | 2 | 3 | 5 | 7 | 8 | | 0.366 7 |
| 7 | 1 | 2 | 3 | 4 | 5 | 7 | 8 | 0.417 4 |

(19)$U_{17}^{*}(17^{5})$

| 试验号 | 列号 | | | | |
|---|---|---|---|---|---|
| | 1 | 2 | 3 | 4 | 5 |
| 1 | 1 | 7 | 11 | 13 | 17 |
| 2 | 2 | 14 | 4 | 8 | 16 |
| 3 | 3 | 3 | 15 | 3 | 15 |
| 4 | 4 | 10 | 8 | 16 | 14 |
| 5 | 5 | 17 | 1 | 11 | 13 |
| 6 | 6 | 6 | 12 | 6 | 12 |
| 7 | 7 | 13 | 5 | 1 | 11 |
| 8 | 8 | 2 | 16 | 14 | 10 |
| 9 | 9 | 9 | 9 | 9 | 9 |
| 10 | 10 | 16 | 2 | 4 | 8 |
| 11 | 11 | 5 | 13 | 17 | 7 |
| 12 | 12 | 12 | 6 | 12 | 6 |
| 13 | 13 | 1 | 17 | 7 | 5 |
| 14 | 14 | 8 | 10 | 2 | 4 |
| 15 | 15 | 15 | 3 | 15 | 3 |
| 16 | 16 | 4 | 14 | 10 | 2 |
| 17 | 17 | 11 | 7 | 5 | 1 |

$U_{17}^{*}(17^{5})$ 使用表

| s | 列号 | | | | D |
|---|---|---|---|---|---|
| 2 | 1 | 2 | | | 0.085 6 |
| 3 | 1 | 2 | 4 | | 0.133 1 |
| 4 | 2 | 3 | 4 | 5 | 0.178 5 |

(20)$U_{18}^{*}(18^{11})$

| 试验号 | 列号 | | | | | | | | | | |
|---|---|---|---|---|---|---|---|---|---|---|---|
| | 1 | 2 | 3 | 4 | 5 | 6 | 7 | 8 | 9 | 10 | 11 |
| 1 | 1 | 3 | 4 | 5 | 6 | 7 | 8 | 9 | 11 | 15 | 16 |
| 2 | 2 | 6 | 8 | 10 | 12 | 14 | 16 | 18 | 3 | 11 | 13 |
| 3 | 3 | 9 | 12 | 15 | 18 | 2 | 5 | 8 | 14 | 7 | 10 |
| 4 | 4 | 12 | 16 | 1 | 5 | 9 | 13 | 17 | 6 | 3 | 7 |
| 5 | 5 | 15 | 1 | 6 | 11 | 16 | 2 | 7 | 17 | 18 | 4 |
| 6 | 6 | 18 | 5 | 11 | 17 | 4 | 10 | 16 | 9 | 14 | 1 |
| 7 | 7 | 2 | 9 | 16 | 4 | 11 | 18 | 6 | 1 | 10 | 17 |
| 8 | 8 | 5 | 13 | 2 | 10 | 18 | 7 | 15 | 12 | 6 | 14 |
| 9 | 9 | 8 | 17 | 7 | 16 | 6 | 15 | 5 | 4 | 2 | 11 |
| 10 | 10 | 11 | 2 | 12 | 3 | 13 | 4 | 14 | 15 | 17 | 8 |
| 11 | 11 | 14 | 6 | 17 | 9 | 1 | 12 | 4 | 7 | 13 | 5 |
| 12 | 12 | 17 | 10 | 3 | 15 | 8 | 1 | 13 | 18 | 9 | 2 |
| 13 | 13 | 1 | 14 | 8 | 2 | 15 | 9 | 3 | 10 | 5 | 18 |

续附表 19-(20)

| 试验号 | 列号 | | | | | | | | | | |
|---|---|---|---|---|---|---|---|---|---|---|---|
| | 1 | 2 | 3 | 4 | 5 | 6 | 7 | 8 | 9 | 10 | 11 |
| 14 | 14 | 4 | 18 | 13 | 8 | 3 | 17 | 12 | 2 | 1 | 15 |
| 15 | 15 | 7 | 3 | 18 | 14 | 10 | 6 | 2 | 13 | 16 | 12 |
| 16 | 16 | 10 | 7 | 4 | 1 | 17 | 14 | 11 | 5 | 12 | 9 |
| 17 | 17 | 13 | 11 | 9 | 7 | 5 | 3 | 1 | 16 | 8 | 6 |
| 18 | 18 | 16 | 15 | 14 | 13 | 12 | 11 | 10 | 8 | 4 | 3 |

$U_{18}^{*}(18^{11})$ 使用表

| $s$ | 列号 | | | | | | | $D$ |
|---|---|---|---|---|---|---|---|---|
| 2 | 1 | 7 | | | | | | 0.077 9 |
| 3 | 1 | 4 | 8 | | | | | 0.139 4 |
| 4 | 1 | 4 | 6 | 8 | | | | 0.175 4 |
| 5 | 1 | 3 | 6 | 8 | 11 | | | 0.204 7 |
| 6 | 1 | 2 | 4 | 7 | 8 | 10 | | 0.224 5 |
| 7 | 1 | 4 | 5 | 6 | 8 | 9 | 11 | 0.224 7 |

(21)$U_{19}^{*}(19^{7})$

| 试验号 | 列号 | | | | | | |
|---|---|---|---|---|---|---|---|
| | 1 | 2 | 3 | 4 | 5 | 6 | 7 |
| 1 | 1 | 3 | 7 | 9 | 11 | 13 | 19 |
| 2 | 2 | 6 | 14 | 18 | 2 | 6 | 18 |
| 3 | 3 | 9 | 1 | 7 | 13 | 19 | 17 |
| 4 | 4 | 12 | 8 | 16 | 4 | 12 | 16 |
| 5 | 5 | 15 | 15 | 5 | 15 | 5 | 15 |
| 6 | 6 | 18 | 2 | 14 | 6 | 18 | 14 |
| 7 | 7 | 1 | 9 | 3 | 17 | 11 | 13 |
| 8 | 8 | 4 | 16 | 12 | 8 | 4 | 12 |
| 9 | 9 | 7 | 3 | 1 | 19 | 17 | 11 |
| 10 | 10 | 10 | 10 | 10 | 10 | 10 | 10 |
| 11 | 11 | 13 | 17 | 19 | 1 | 3 | 9 |
| 12 | 12 | 16 | 4 | 8 | 12 | 16 | 8 |
| 13 | 13 | 19 | 11 | 17 | 3 | 9 | 7 |
| 14 | 14 | 2 | 18 | 6 | 14 | 2 | 6 |
| 15 | 15 | 5 | 5 | 15 | 5 | 15 | 5 |
| 16 | 16 | 8 | 12 | 4 | 16 | 8 | 4 |
| 17 | 17 | 11 | 19 | 13 | 7 | 1 | 3 |
| 18 | 18 | 14 | 6 | 2 | 18 | 14 | 2 |
| 19 | 19 | 17 | 13 | 11 | 9 | 7 | 1 |

$U_{19}^{*}(19^{7})$ 使用表

| $s$ | 列号 | | | | | $D$ |
|---|---|---|---|---|---|---|
| 2 | 1 | 4 | | | | 0.075 5 |
| 3 | 1 | 5 | 6 | | | 0.137 2 |
| 4 | 1 | 2 | 3 | 5 | | 0.180 7 |
| 5 | 3 | 4 | 5 | 6 | 7 | 0.189 7 |

(22)$U_{20}^{*}(20^{7})$

| 试验号 | 列号 | | | | | | |
|---|---|---|---|---|---|---|---|
| | 1 | 2 | 3 | 4 | 5 | 6 | 7 |
| 1 | 1 | 4 | 5 | 10 | 13 | 16 | 19 |
| 2 | 2 | 8 | 10 | 20 | 5 | 11 | 17 |
| 3 | 3 | 10 | 15 | 9 | 18 | 6 | 15 |
| 4 | 4 | 16 | 20 | 19 | 10 | 1 | 13 |
| 5 | 5 | 20 | 4 | 8 | 2 | 17 | 11 |
| 6 | 6 | 3 | 9 | 18 | 15 | 12 | 9 |
| 7 | 7 | 7 | 14 | 7 | 7 | 7 | 7 |
| 8 | 8 | 11 | 19 | 17 | 20 | 2 | 5 |
| 9 | 9 | 15 | 3 | 6 | 12 | 18 | 3 |
| 10 | 10 | 19 | 8 | 16 | 4 | 13 | 1 |
| 11 | 11 | 2 | 13 | 5 | 17 | 8 | 20 |
| 12 | 12 | 6 | 18 | 15 | 9 | 3 | 18 |
| 13 | 13 | 10 | 2 | 4 | 1 | 19 | 16 |
| 14 | 14 | 14 | 7 | 14 | 14 | 14 | 14 |
| 15 | 15 | 18 | 12 | 3 | 6 | 9 | 12 |
| 16 | 16 | 1 | 17 | 13 | 19 | 4 | 10 |
| 17 | 17 | 5 | 1 | 2 | 11 | 20 | 8 |
| 18 | 18 | 9 | 6 | 12 | 3 | 15 | 6 |
| 19 | 19 | 13 | 11 | 1 | 16 | 10 | 4 |
| 20 | 20 | 17 | 16 | 11 | 8 | 5 | 2 |

$U_{20}^{*}(20^{7})$　使用表

| $s$ | 列号 | | | | | | $D$ |
|---|---|---|---|---|---|---|---|
| 2 | 1 | 5 | | | | | 0.094 7 |
| 3 | 1 | 2 | 3 | | | | 0.136 3 |
| 4 | 1 | 4 | 5 | 6 | | | 0.191 5 |
| 5 | 1 | 2 | 4 | 5 | 6 | | 0.201 2 |
| 6 | 1 | 2 | 4 | 5 | 6 | 7 | 0.201 0 |

(23)$U_{21}(21^{6})$

| 试验号 | 列号 | | | | | |
|---|---|---|---|---|---|---|
| | 1 | 2 | 3 | 4 | 5 | 6 |
| 1 | 1 | 4 | 10 | 13 | 16 | 19 |
| 2 | 2 | 8 | 20 | 5 | 11 | 17 |
| 3 | 3 | 12 | 9 | 18 | 6 | 15 |
| 4 | 4 | 16 | 19 | 10 | 1 | 13 |
| 5 | 5 | 20 | 8 | 2 | 17 | 11 |
| 6 | 6 | 2 | 18 | 15 | 12 | 9 |
| 7 | 7 | 7 | 7 | 7 | 7 | 7 |
| 8 | 8 | 11 | 17 | 20 | 2 | 5 |
| 9 | 9 | 15 | 6 | 12 | 18 | 3 |
| 10 | 10 | 19 | 6 | 12 | 18 | 3 |
| 11 | 11 | 2 | 5 | 17 | 8 | 20 |
| 12 | 12 | 6 | 15 | 9 | 3 | 18 |
| 13 | 13 | 10 | 4 | 1 | 19 | 16 |
| 14 | 14 | 14 | 14 | 14 | 14 | 14 |
| 15 | 15 | 18 | 3 | 6 | 9 | 12 |
| 16 | 16 | 1 | 13 | 19 | 4 | 10 |
| 17 | 17 | 5 | 2 | 11 | 20 | 8 |
| 18 | 18 | 9 | 12 | 3 | 15 | 6 |
| 19 | 19 | 13 | 1 | 16 | 10 | 4 |
| 20 | 20 | 17 | 11 | 8 | 5 | 2 |
| 21 | 21 | 21 | 21 | 21 | 21 | 21 |

$U_{21}(21^6)$ 使用表

| s | 列号 | | | | | | D |
|---|---|---|---|---|---|---|---|
| 2 | 1 | 4 | | | | | 0.094 7 |
| 3 | 1 | 3 | 5 | | | | 0.158 1 |
| 4 | 1 | 3 | 4 | 5 | | | 0.208 9 |
| 5 | 1 | 2 | 3 | 4 | 5 | | 0.262 0 |
| 6 | 1 | 2 | 3 | 4 | 5 | 6 | 0.311 3 |

(24)$U_{21}^*(21^7)$

| 试验号 | 列号 | | | | | | |
|---|---|---|---|---|---|---|---|
| | 1 | 2 | 3 | 4 | 5 | 6 | 7 |
| 1 | 1 | 5 | 7 | 9 | 13 | 17 | 19 |
| 2 | 2 | 10 | 14 | 18 | 4 | 12 | 16 |
| 3 | 3 | 15 | 21 | 5 | 17 | 7 | 13 |
| 4 | 4 | 20 | 6 | 15 | 8 | 2 | 10 |
| 5 | 5 | 3 | 13 | 1 | 21 | 19 | 7 |
| 6 | 6 | 8 | 20 | 10 | 12 | 14 | 4 |
| 7 | 7 | 13 | 5 | 19 | 3 | 9 | 1 |
| 8 | 8 | 18 | 12 | 6 | 16 | 4 | 20 |
| 9 | 9 | 1 | 19 | 15 | 7 | 21 | 17 |
| 10 | 10 | 6 | 4 | 2 | 20 | 16 | 14 |
| 11 | 11 | 11 | 11 | 11 | 11 | 11 | 11 |
| 12 | 12 | 16 | 18 | 20 | 2 | 6 | 8 |
| 13 | 13 | 21 | 3 | 7 | 15 | 1 | 5 |
| 14 | 14 | 4 | 10 | 16 | 6 | 18 | 2 |
| 15 | 15 | 9 | 17 | 3 | 19 | 13 | 21 |
| 16 | 16 | 14 | 2 | 12 | 10 | 8 | 18 |
| 17 | 17 | 19 | 9 | 21 | 1 | 3 | 15 |
| 18 | 18 | 2 | 16 | 8 | 14 | 20 | 12 |
| 19 | 19 | 7 | 1 | 17 | 5 | 15 | 9 |
| 20 | 20 | 12 | 8 | 4 | 18 | 10 | 6 |
| 21 | 21 | 17 | 15 | 13 | 9 | 5 | 3 |

$U_{21}^*(21^7)$ 使用表

| s | 列号 | | | | | D |
|---|---|---|---|---|---|---|
| 2 | 1 | 5 | | | | 0.067 9 |
| 3 | 1 | 3 | 4 | | | 0.112 1 |
| 4 | 1 | 2 | 3 | 5 | | 0.138 1 |
| 5 | 1 | 4 | 5 | 6 | 7 | 0.175 9 |

(25)$U_{22}^*(22^{11})$

| 试验号 | 列号 | | | | | | | | | | |
|---|---|---|---|---|---|---|---|---|---|---|---|
| | 1 | 2 | 3 | 4 | 5 | 6 | 7 | 8 | 9 | 10 | 11 |
| 1 | 1 | 5 | 6 | 8 | 9 | 11 | 13 | 14 | 17 | 20 | 21 |
| 2 | 2 | 10 | 12 | 16 | 18 | 22 | 3 | 5 | 11 | 17 | 19 |
| 3 | 3 | 15 | 18 | 1 | 4 | 10 | 16 | 19 | 5 | 14 | 17 |
| 4 | 4 | 20 | 1 | 9 | 13 | 21 | 6 | 10 | 22 | 11 | 15 |
| 5 | 5 | 2 | 7 | 17 | 22 | 9 | 19 | 1 | 16 | 8 | 13 |

续附表 19-(25)

| 试验号 | 列号 | | | | | | | | | | |
|---|---|---|---|---|---|---|---|---|---|---|---|
| | 1 | 2 | 3 | 4 | 5 | 6 | 7 | 8 | 9 | 10 | 11 |
| 6 | 6 | 7 | 13 | 2 | 8 | 20 | 9 | 15 | 10 | 5 | 11 |
| 7 | 7 | 12 | 19 | 10 | 17 | 8 | 22 | 6 | 4 | 2 | 9 |
| 8 | 8 | 17 | 2 | 18 | 3 | 19 | 12 | 20 | 21 | 22 | 7 |
| 9 | 9 | 22 | 8 | 3 | 12 | 7 | 2 | 11 | 15 | 19 | 5 |
| 10 | 10 | 4 | 14 | 11 | 21 | 18 | 15 | 2 | 9 | 16 | 3 |
| 11 | 11 | 9 | 20 | 19 | 7 | 6 | 5 | 16 | 3 | 13 | 1 |
| 12 | 12 | 14 | 3 | 4 | 16 | 17 | 18 | 7 | 20 | 10 | 22 |
| 13 | 13 | 19 | 9 | 12 | 2 | 5 | 8 | 21 | 14 | 7 | 20 |
| 14 | 14 | 1 | 15 | 20 | 11 | 16 | 21 | 12 | 8 | 4 | 18 |
| 15 | 15 | 6 | 21 | 5 | 20 | 4 | 11 | 3 | 2 | 1 | 16 |
| 16 | 16 | 11 | 4 | 13 | 6 | 15 | 1 | 17 | 19 | 21 | 14 |
| 17 | 17 | 16 | 10 | 21 | 15 | 3 | 14 | 8 | 13 | 18 | 12 |
| 18 | 18 | 21 | 16 | 6 | 1 | 14 | 4 | 22 | 7 | 15 | 10 |
| 19 | 19 | 3 | 22 | 14 | 10 | 2 | 17 | 13 | 1 | 12 | 8 |
| 20 | 20 | 8 | 5 | 22 | 19 | 13 | 7 | 4 | 18 | 9 | 6 |
| 21 | 21 | 13 | 11 | 7 | 5 | 1 | 20 | 18 | 12 | 6 | 4 |
| 22 | 22 | 18 | 17 | 15 | 14 | 12 | 10 | 9 | 6 | 3 | 2 |

$U_{22}^{*}(22^{11})$ 使用表

| *s* | 列号 | | | | | | | *D* |
|---|---|---|---|---|---|---|---|---|
| 2 | 1 | 5 | | | | | | 0.067 7 |
| 3 | 1 | 7 | 9 | | | | | 0.110 8 |
| 4 | 1 | 7 | 8 | 9 | | | | 0.139 2 |
| 5 | 1 | 4 | 7 | 8 | 9 | | | 0.182 7 |
| 6 | 1 | 4 | 7 | 8 | 9 | 11 | | 0.193 0 |
| 7 | 1 | 2 | 3 | 5 | 6 | 7 | 10 | 0.219 5 |

(26)$U_{23}^{*}(23^{7})$

| 试验号 | 列号 | | | | | | |
|---|---|---|---|---|---|---|---|
| | 1 | 2 | 3 | 4 | 5 | 6 | 7 |
| 1 | 1 | 7 | 11 | 13 | 17 | 19 | 23 |
| 2 | 2 | 14 | 22 | 2 | 10 | 14 | 22 |
| 3 | 3 | 21 | 9 | 15 | 3 | 9 | 21 |
| 4 | 4 | 4 | 20 | 4 | 20 | 4 | 20 |
| 5 | 5 | 11 | 7 | 17 | 13 | 23 | 19 |
| 6 | 6 | 18 | 18 | 6 | 6 | 18 | 18 |
| 7 | 7 | 1 | 5 | 19 | 23 | 13 | 17 |
| 8 | 8 | 8 | 16 | 8 | 16 | 8 | 16 |
| 9 | 9 | 15 | 3 | 21 | 9 | 3 | 15 |
| 10 | 10 | 22 | 14 | 10 | 2 | 22 | 14 |
| 11 | 11 | 5 | 1 | 23 | 19 | 17 | 13 |
| 12 | 12 | 12 | 12 | 12 | 12 | 12 | 12 |
| 13 | 13 | 19 | 23 | 1 | 5 | 7 | 11 |
| 14 | 14 | 2 | 10 | 14 | 22 | 2 | 10 |
| 15 | 15 | 9 | 21 | 3 | 15 | 21 | 9 |
| 16 | 16 | 16 | 8 | 16 | 8 | 16 | 8 |
| 17 | 17 | 23 | 19 | 5 | 1 | 11 | 7 |
| 18 | 18 | 6 | 6 | 18 | 18 | 6 | 6 |
| 19 | 19 | 13 | 17 | 7 | 11 | 1 | 5 |
| 20 | 20 | 20 | 4 | 20 | 4 | 20 | 4 |
| 21 | 21 | 3 | 15 | 9 | 21 | 15 | 3 |
| 22 | 22 | 10 | 2 | 22 | 14 | 10 | 2 |
| 23 | 23 | 17 | 13 | 11 | 7 | 5 | 1 |

$U^*_{23}(23^7)$ 使用表

| s | 列号 | | | | | D |
|---|---|---|---|---|---|---|
| 2 | 1 | 5 | | | | 0.063 8 |
| 3 | 3 | 5 | 6 | | | 0.102 9 |
| 4 | 1 | 2 | 4 | 6 | | 0.131 0 |
| 5 | 3 | 4 | 5 | 6 | 7 | 0.169 1 |

(27)$U^*_{24}(24^9)$

| 试验号 | 列号 | | | | | | | | |
|---|---|---|---|---|---|---|---|---|---|
| | 1 | 2 | 3 | 4 | 5 | 6 | 7 | 8 | 9 |
| 1 | 1 | 3 | 6 | 7 | 9 | 11 | 12 | 16 | 19 |
| 2 | 2 | 6 | 12 | 14 | 18 | 22 | 24 | 7 | 13 |
| 3 | 3 | 9 | 18 | 21 | 2 | 8 | 11 | 23 | 7 |
| 4 | 4 | 12 | 24 | 3 | 11 | 19 | 23 | 14 | 1 |
| 5 | 5 | 15 | 5 | 10 | 20 | 5 | 10 | 5 | 20 |
| 6 | 6 | 18 | 11 | 17 | 4 | 16 | 22 | 21 | 14 |
| 7 | 7 | 21 | 17 | 24 | 13 | 2 | 9 | 12 | 8 |
| 8 | 8 | 24 | 23 | 6 | 22 | 13 | 21 | 3 | 2 |
| 9 | 9 | 2 | 4 | 13 | 6 | 24 | 8 | 19 | 21 |
| 10 | 10 | 5 | 10 | 20 | 15 | 10 | 20 | 10 | 15 |
| 11 | 11 | 8 | 16 | 2 | 24 | 21 | 7 | 1 | 9 |
| 12 | 12 | 111 | 22 | 9 | 8 | 7 | 19 | 17 | 3 |
| 13 | 13 | 14 | 3 | 16 | 17 | 18 | 6 | 8 | 22 |
| 14 | 14 | 17 | 9 | 23 | 1 | 4 | 18 | 24 | 16 |
| 15 | 15 | 20 | 15 | 5 | 10 | 15 | 5 | 15 | 10 |
| 16 | 16 | 23 | 21 | 12 | 19 | 1 | 17 | 6 | 4 |
| 17 | 17 | 1 | 2 | 19 | 3 | 12 | 4 | 22 | 23 |
| 18 | 18 | 4 | 8 | 1 | 12 | 23 | 16 | 13 | 17 |
| 19 | 19 | 7 | 14 | 8 | 21 | 9 | 3 | 4 | 11 |
| 20 | 20 | 10 | 20 | 15 | 5 | 20 | 15 | 20 | 5 |
| 21 | 21 | 13 | 1 | 22 | 14 | 6 | 2 | 11 | 24 |
| 22 | 22 | 16 | 7 | 4 | 23 | 17 | 14 | 2 | 18 |
| 23 | 23 | 19 | 13 | 11 | 7 | 3 | 1 | 18 | 12 |
| 24 | 24 | 22 | 19 | 18 | 16 | 14 | 13 | 9 | 6 |

$U^*_{24}(24^9)$ 使用表

| s | 列号 | | | | | | | D |
|---|---|---|---|---|---|---|---|---|
| 2 | 1 | 6 | | | | | | 0.058 6 |
| 3 | 1 | 3 | 6 | | | | | 0.103 1 |
| 4 | 1 | 3 | 6 | 8 | | | | 0.144 1 |
| 5 | 1 | 2 | 6 | 7 | 9 | | | 0.175 8 |
| 6 | 1 | 2 | 4 | 6 | 7 | 9 | | 0.206 4 |
| 7 | 1 | 2 | 4 | 5 | 6 | 7 | 9 | 0.219 8 |

(28)$U^*_{27}(27^{10})$

| 试验号 | 列号 | | | | | | | | | |
|---|---|---|---|---|---|---|---|---|---|---|
| | 1 | 2 | 3 | 4 | 5 | 6 | 7 | 8 | 9 | 10 |
| 1 | 1 | 5 | 9 | 11 | 13 | 15 | 17 | 19 | 25 | 27 |
| 2 | 2 | 10 | 18 | 22 | 26 | 2 | 6 | 10 | 22 | 26 |
| 3 | 3 | 15 | 27 | 5 | 11 | 17 | 23 | 1 | 19 | 25 |
| 4 | 4 | 20 | 8 | 16 | 24 | 4 | 12 | 20 | 16 | 24 |

续附表 19-(28)

| 试验号 | 列号 | | | | | | | | | |
|---|---|---|---|---|---|---|---|---|---|---|
| | 1 | 2 | 3 | 4 | 5 | 6 | 7 | 8 | 9 | 10 |
| 5 | 5 | 25 | 17 | 27 | 9 | 19 | 1 | 11 | 13 | 23 |
| 6 | 6 | 2 | 26 | 10 | 22 | 6 | 8 | 2 | 10 | 22 |
| 7 | 7 | 7 | 7 | 21 | 7 | 21 | 7 | 21 | 7 | 21 |
| 8 | 8 | 12 | 16 | 4 | 20 | 8 | 24 | 12 | 4 | 20 |
| 9 | 9 | 17 | 25 | 15 | 5 | 23 | 13 | 3 | 1 | 19 |
| 10 | 10 | 22 | 6 | 26 | 18 | 10 | 2 | 22 | 26 | 18 |
| 11 | 11 | 27 | 15 | 9 | 3 | 25 | 19 | 13 | 23 | 17 |
| 12 | 12 | 4 | 24 | 20 | 16 | 12 | 8 | 4 | 20 | 16 |
| 13 | 13 | 9 | 5 | 3 | 1 | 27 | 25 | 23 | 17 | 15 |
| 14 | 14 | 14 | 14 | 14 | 14 | 14 | 14 | 14 | 14 | 14 |
| 15 | 15 | 19 | 23 | 25 | 27 | 1 | 3 | 5 | 11 | 13 |
| 16 | 16 | 24 | 4 | 8 | 12 | 16 | 20 | 24 | 8 | 12 |
| 17 | 17 | 1 | 13 | 19 | 25 | 3 | 9 | 15 | 5 | 11 |
| 18 | 18 | 6 | 22 | 2 | 10 | 18 | 26 | 6 | 2 | 10 |
| 19 | 19 | 11 | 3 | 13 | 23 | 5 | 15 | 25 | 27 | 9 |
| 20 | 20 | 16 | 12 | 24 | 8 | 20 | 4 | 16 | 24 | 8 |
| 21 | 21 | 21 | 21 | 7 | 21 | 7 | 21 | 7 | 21 | 7 |
| 22 | 22 | 26 | 2 | 18 | 6 | 22 | 10 | 26 | 18 | 6 |
| 23 | 23 | 3 | 11 | 1 | 19 | 9 | 27 | 17 | 15 | 5 |
| 24 | 24 | 8 | 20 | 12 | 4 | 24 | 16 | 8 | 12 | 4 |
| 25 | 25 | 13 | 1 | 23 | 17 | 11 | 5 | 27 | 9 | 3 |
| 26 | 26 | 18 | 10 | 6 | 2 | 26 | 22 | 18 | 6 | 2 |
| 27 | 27 | 23 | 19 | 17 | 15 | 13 | 11 | 9 | 3 | 1 |

$U_{27}^{*}(27^{10})$　使用表

| $s$ | 列号 | | | | | $D$ |
|---|---|---|---|---|---|---|
| 2 | 1 | 4 | | | | 0.060 0 |
| 3 | 1 | 3 | 6 | | | 0.100 9 |
| 4 | 1 | 4 | 6 | 9 | | 0.118 9 |
| 5 | 2 | 5 | 7 | 8 | 10 | 0.137 8 |

(29)$U_{30}^{*}(30^{13})$

| 试验号 | 列号 | | | | | | | | | | | | |
|---|---|---|---|---|---|---|---|---|---|---|---|---|---|
| | 1 | 2 | 3 | 4 | 5 | 6 | 7 | 8 | 9 | 10 | 11 | 12 | 13 |
| 1 | 1 | 4 | 6 | 9 | 10 | 11 | 14 | 18 | 19 | 22 | 25 | 28 | 29 |
| 2 | 2 | 8 | 12 | 18 | 20 | 22 | 28 | 5 | 7 | 13 | 19 | 25 | 27 |
| 3 | 3 | 12 | 18 | 27 | 30 | 2 | 11 | 23 | 26 | 4 | 13 | 22 | 25 |
| 4 | 4 | 16 | 24 | 5 | 9 | 13 | 25 | 10 | 14 | 26 | 7 | 19 | 23 |
| 5 | 5 | 20 | 30 | 14 | 19 | 24 | 8 | 28 | 2 | 17 | 1 | 16 | 21 |
| 6 | 6 | 24 | 5 | 23 | 29 | 4 | 22 | 15 | 21 | 8 | 26 | 13 | 19 |
| 7 | 7 | 28 | 11 | 1 | 8 | 15 | 5 | 2 | 9 | 30 | 20 | 10 | 17 |
| 8 | 8 | 1 | 17 | 10 | 18 | 26 | 19 | 20 | 28 | 21 | 14 | 7 | 15 |
| 9 | 9 | 5 | 23 | 19 | 28 | 6 | 2 | 7 | 16 | 12 | 8 | 4 | 13 |
| 10 | 10 | 9 | 29 | 28 | 7 | 17 | 16 | 25 | 4 | 3 | 2 | 1 | 11 |
| 11 | 11 | 13 | 4 | 6 | 17 | 28 | 30 | 12 | 23 | 25 | 27 | 29 | 9 |
| 12 | 12 | 17 | 10 | 15 | 27 | 8 | 13 | 30 | 11 | 16 | 21 | 26 | 7 |
| 13 | 13 | 21 | 16 | 24 | 6 | 19 | 27 | 17 | 30 | 7 | 15 | 23 | 5 |
| 14 | 14 | 25 | 22 | 2 | 16 | 30 | 10 | 4 | 18 | 29 | 9 | 20 | 3 |

续附表 19-(29)

| 试验号 | 列号 | | | | | | | | | | | | |
|---|---|---|---|---|---|---|---|---|---|---|---|---|---|
| | 1 | 2 | 3 | 4 | 5 | 6 | 7 | 8 | 9 | 10 | 11 | 12 | 13 |
| 15 | 15 | 29 | 28 | 11 | 26 | 10 | 24 | 22 | 6 | 20 | 3 | 17 | 1 |
| 16 | 16 | 2 | 3 | 20 | 5 | 21 | 7 | 9 | 25 | 11 | 28 | 14 | 30 |
| 17 | 17 | 6 | 9 | 29 | 15 | 1 | 21 | 27 | 13 | 2 | 22 | 11 | 28 |
| 18 | 18 | 10 | 15 | 7 | 25 | 12 | 4 | 14 | 1 | 24 | 16 | 8 | 26 |
| 19 | 19 | 14 | 21 | 16 | 4 | 23 | 18 | 1 | 20 | 15 | 10 | 5 | 24 |
| 20 | 20 | 18 | 27 | 25 | 14 | 3 | 1 | 19 | 8 | 6 | 4 | 2 | 22 |
| 21 | 21 | 22 | 2 | 3 | 24 | 14 | 15 | 6 | 27 | 28 | 28 | 30 | 20 |
| 22 | 22 | 26 | 8 | 12 | 3 | 25 | 29 | 24 | 15 | 19 | 23 | 27 | 18 |
| 23 | 23 | 30 | 14 | 21 | 13 | 5 | 12 | 11 | 3 | 10 | 17 | 24 | 16 |
| 24 | 24 | 3 | 20 | 30 | 23 | 16 | 26 | 29 | 22 | 1 | 11 | 21 | 14 |
| 25 | 25 | 7 | 26 | 8 | 2 | 27 | 9 | 16 | 10 | 23 | 5 | 18 | 12 |
| 26 | 26 | 11 | 1 | 17 | 12 | 7 | 23 | 3 | 29 | 14 | 30 | 15 | 10 |
| 27 | 27 | 15 | 7 | 26 | 22 | 18 | 6 | 21 | 17 | 5 | 24 | 12 | 8 |
| 28 | 28 | 19 | 13 | 4 | 1 | 29 | 20 | 8 | 5 | 27 | 18 | 9 | 6 |
| 29 | 29 | 23 | 19 | 13 | 11 | 9 | 3 | 26 | 24 | 18 | 12 | 6 | 4 |
| 30 | 30 | 27 | 25 | 22 | 21 | 20 | 17 | 13 | 12 | 19 | 6 | 3 | 2 |

$U_{30}^{*}(30^{13})$ 使用表

| $s$ | 列号 | | | | | | | $D$ |
|---|---|---|---|---|---|---|---|---|
| 2 | 1 | 10 | | | | | | 0.051 9 |
| 3 | 1 | 9 | 10 | | | | | 0.088 8 |
| 4 | 1 | 2 | 7 | 8 | | | | 0.132 5 |
| 5 | 1 | 2 | 5 | 7 | 8 | | | 0.146 5 |
| 6 | 1 | 2 | 5 | 7 | 8 | 11 | | 0.162 1 |
| 7 | 1 | 2 | 3 | 4 | 6 | 12 | 13 | 0.192 4 |

### 附表 20　拟水平构造混合水平均匀设计表的指导表

(1)由 $U_6(6^6)$ 构造

| 混合水平表(3 列) | 应选列号 | | | 混合水平表(4 列) | 应选列号 | | | |
|---|---|---|---|---|---|---|---|---|
| $U_6(6\times3^2)$ | 1 | 2 | 3 | $U_6(6\times3^2\times2)$ | 1 | 2 | 3 | 6 |
| $U_6(6\times3\times2)$ | 1 | 2 | 3 | $U_6(6^2\times3\times2)$ | 1 | 2 | 3 | 5 |
| $U_6(6^2\times3)$ | 2 | 3 | 5 | $U_6(6^2\times3^2)$ | 1 | 2 | 3 | 5 |
| $U_6(6^2\times2)$ | 1 | 2 | 3 | $U_6(6^3\times3)$ | 1 | 2 | 3 | 4 |
| $U_6(3^2\times2)$ | 1 | 2 | 3 | $U_6(6^3\times2)$ | 1 | 2 | 3 | 4 |

(2)由 $U_8(8^6)$ 构造

| 混合水平表(3 列) | 应选列号 | | | 混合水平表(4 列) | 应选列号 | | | |
|---|---|---|---|---|---|---|---|---|
| $U_8(8\times4^2)$ | 1 | 4 | 5 | $U_8(8\times4^3)$ | 1 | 2 | 3 | 6 |
| $U_8(8\times4\times2)$ | 1 | 2 | 6 | $U_8(8\times4^2\times2)$ | 1 | 2 | 3 | 5 |
| $U_8(8^2\times4)$ | 1 | 3 | 5 | $U_8(8^2\times4^2)$ | 1 | 2 | 4 | 5 |
| $U_8(8^2\times2)$ | 1 | 2 | 4 | $U_8(8^3\times4)$ | 1 | 2 | 3 | 4 |
| | | | | $U_8(8^3\times2)$ | 1 | 2 | 3 | 4 |

(3)由 $U_{10}(10^{10})$ 构造

| 混合水平表(3 列) | 应选列号 | | | 混合水平表(4 列) | 应选列号 | | | |
|---|---|---|---|---|---|---|---|---|
| $U_{10}(5^2\times2)$ | 1 | 2 | 5 | $U_{10}(10\times5^3)$ | 1 | 2 | 4 | 10 |
| $U_{10}(10\times5^2)$ | 3 | 5 | 9 | $U_{10}(10\times5^2\times2)$ | 1 | 2 | 4 | 10 |
| $U_{10}(10\times5\times2)$ | 1 | 2 | 5 | $U_{10}(10^2\times5^2)$ | 1 | 3 | 4 | 5 |
| $U_{10}(10^2\times5)$ | 2 | 3 | 10 | $U_{10}(10^2\times5\times2)$ | 1 | 2 | 3 | 4 |
| $U_{10}(10^2\times2)$ | 1 | 2 | 3 | $U_{10}(10^3\times5)$ | 1 | 3 | 8 | 10 |
| | | | | $U_{10}(10^3\times2)$ | 1 | 2 | 3 | 5 |

(4)由 $U_{12}(12^{12})$ 构造

| 混合水平表(3 列) | 应选列号 | | | 混合水平表(4 列) | 应选列号 | | | |
|---|---|---|---|---|---|---|---|---|
| $U_{12}(6\times4\times3)$ | 1 | 3 | 4 | $U_{12}(12\times6\times4^2)$ | 1 | 3 | 4 | 12 |
| $U_{12}(6\times4^2)$ | 1 | 3 | 4 | $U_{12}(12\times6\times4\times3)$ | 1 | 2 | 3 | 12 |
| $U_{12}(6^2\times4)$ | 8 | 10 | 12 | $U_{12}(12\times6^2\times2)$ | 1 | 2 | 5 | 12 |
| $U_{12}(4^2\times3)$ | 1 | 2 | 3 | $U_{12}(12\times6^2\times4)$ | 1 | 3 | 5 | 12 |
| $U_{12}(12\times4^2)$ | 1 | 4 | 6 | $U_{12}(12\times6^2\times4)$ | 1 | 3 | 4 | 12 |
| $U_{12}(12\times4\times2)$ | 1 | 2 | 3 | $U_{12}(12\times6^3)$ | 1 | 3 | 4 | 11 |
| $U_{12}(12\times4\times3)$ | 1 | 2 | 3 | $U_{12}(12\times4^3)$ | 1 | 2 | 5 | 6 |
| $U_{12}(12\times6\times4)$ | 4 | 10 | 11 | $U_{12}(12\times4^2\times3)$ | 1 | 2 | 5 | 6 |
| $U_{12}(12\times6\times3)$ | 7 | 9 | 10 | $U_{12}(12^2\times6\times2)$ | 1 | 2 | 3 | 5 |
| $U_{12}(12\times6^2)$ | 1 | 6 | 9 | $U_{12}(12\times6^2\times3)$ | 1 | 2 | 5 | 7 |
| $U_{12}(12^2\times2)$ | 1 | 3 | 4 | $U_{12}(12\times6^2\times4)$ | 1 | 3 | 4 | 7 |
| $U_{12}(12^2\times3)$ | 1 | 3 | 5 | $U_{12}(12^2\times6^2)$ | 1 | 8 | 10 | 11 |
| $U_{12}(12^2\times4)$ | 1 | 4 | 5 | $U_{12}(12^2\times4\times3)$ | 1 | 2 | 3 | 9 |
| $U_{12}(12^2\times6)$ | 1 | 6 | 8 | $U_{12}(12^2\times4^2)$ | 1 | 3 | 4 | 6 |
| | | | | $U_{12}(12^3\times2)$ | 1 | 2 | 3 | 5 |
| | | | | $U_{12}(12^3\times3)$ | 1 | 3 | 5 | 7 |
| | | | | $U_{12}(12^3\times4)$ | 1 | 4 | 5 | 6 |
| | | | | $U_{12}(12^3\times6)$ | 2 | 8 | 9 | 10 |

注:$U_6(6^6)$、$U_8(8^6)$、$U_{10}(10^{10})$ 和 $U_{12}(12^{12})$ 分别由 $U_7(7^6)$、$U_9(9^6)$、$U_{11}(11^{10})$ 和 $U_{13}(13^{12})$ 去掉最后一行而得。

# 附录 2 Excel 系统数据分析处理

Excel 是 Office 系列软件中创建和维护电子表格的应用软件，是大家公认的、具有强大的数据分析、处理功能。本部分结合 Excel 表格的运算功能、数学函数功能、宏功能以及 Excel 中集成的统计分析功能，实现本教材中相关资料整理、计算、分析与处理。

数据分析前的准备。在 Excel 中有专门的处理简单的统计分析的功能，安装 Excel 时默认情况是不安装统计分析功能，在使用之前必须先安装。安装方法：在 Excel 的菜单栏【工具(T)】中选中【加载宏(I)…】，在出现的对话框中(图 1)选择复选框【分析工具库】，然后点击【确定】，Office 自动安装 Excel 的数据分析功能。

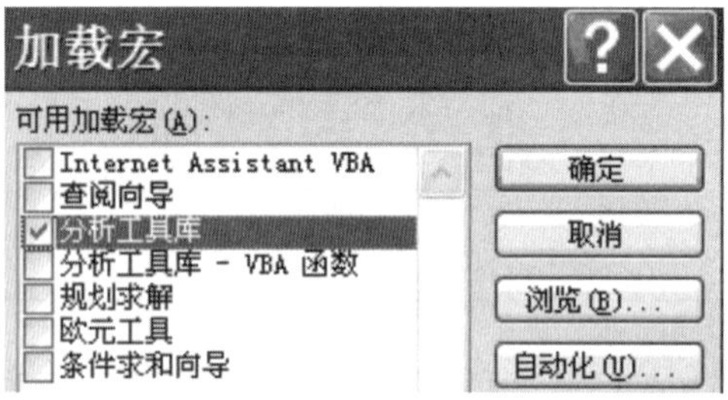


**图 1 Excel 中分析工具库的安装**

## 1 次数分布表制作(P_12)

第一步：按照图 2 的形式，把将要整理的数据输入到 Excel 的数据表中。

| | A | B | C | D | E | F | G | H | I | J | K | L | M | N |
|---|---|---|---|---|---|---|---|---|---|---|---|---|---|---|
| 1 | 342.1 | 340.7 | 348.4 | 346.0 | 343.4 | 342.7 | 346.0 | 341.1 | 344.0 | 348.0 | 344.2 | 342.5 | 350.0 | 343.5 |
| 2 | 346.3 | 346.0 | 340.3 | 344.2 | 342.2 | 344.1 | 345.0 | 340.5 | 344.2 | 344.0 | 341.1 | 345.6 | 345.0 | 348.6 |
| 3 | 343.5 | 344.2 | 342.6 | 343.7 | 345.5 | 339.3 | 350.2 | 337.3 | 345.3 | 358.2 | 341.0 | 346.8 | 344.3 | 347.2 |
| 4 | 344.2 | 345.8 | 331.2 | 342.1 | 342.4 | 340.5 | 350.0 | 343.2 | 347.0 | 340.2 | 343.3 | 350.2 | 346.2 | 339.8 |
| 5 | 344.0 | 353.3 | 340.2 | 336.3 | 348.9 | 340.2 | 356.1 | 346.0 | 345.6 | 346.2 | 342.3 | 339.9 | 338.0 | 344.4 |
| 6 | 340.6 | 339.7 | 342.3 | 352.8 | 342.6 | 350.3 | 348.5 | 344.0 | 350.0 | 335.1 | 339.5 | 346.6 | 341.1 | 347.2 |
| 7 | 340.3 | 338.2 | 345.5 | 345.6 | 349.0 | 336.7 | 342.0 | 338.4 | 343.9 | 343.7 | 343.0 | 339.9 | 347.3 | 341.0 |
| 8 | 341.1 | 347.1 | | | | | | | | | | | | |

**图 2 数据形式**

第二步：调用 Excel 中的 Max()函数(=Max(A1:N8)=358.2)与 Min()函数(=Min(A1:N8)=331.2)，得到这组数据的最大值与最小值；然后按照第 2 章介绍的方法，确定组中值、下限与上限，最后列出每组的上限(图 3 第一列：(A11:A21))。

第三步：选择【工具(T)】菜单中【数据分析(D)…】，出现对话框(图 4)，选择【直方图】选项，出现直方图对话框(图 5)。在图 5 中，以图 2 所示的数据区域作为直方图中的输入区域(A1:N8)；以图 3 中的第一列(A11:A21)作为直方图中的接收区域，如果在接收区域中不包括 A11，即以图 3 中的 A12 到 A21 作为直方图的接收区域，则无须选择直方图中的【标志】选项，反之，必须选择直方图中的【标志】选项；选定一个单元格(如 B11 单元格)作为直方图中的输出区域；最后，点击直方图中的【确定】按钮，得到最后的数据整理结果(图 3 第二列(B11:B21)与第三列(C11:C21))。

| | A | B | C |
|---|---|---|---|
| 10 | | | |
| 11 | 上限 | 上限 | 频率 |
| 12 | 332.5 | 332.5 | 1 |
| 13 | 335.5 | 335.5 | 1 |
| 14 | 338.5 | 338.5 | 6 |
| 15 | 341.5 | 341.5 | 21 |
| 16 | 344.5 | 344.5 | 32 |
| 17 | 347.5 | 347.5 | 23 |
| 18 | 350.5 | 350.5 | 12 |
| 19 | 353.5 | 353.5 | 2 |
| 20 | 356.5 | 356.5 | 1 |
| 21 | 359.5 | 359.5 | 1 |

图 3　每组的上限与出现的次数或者频率

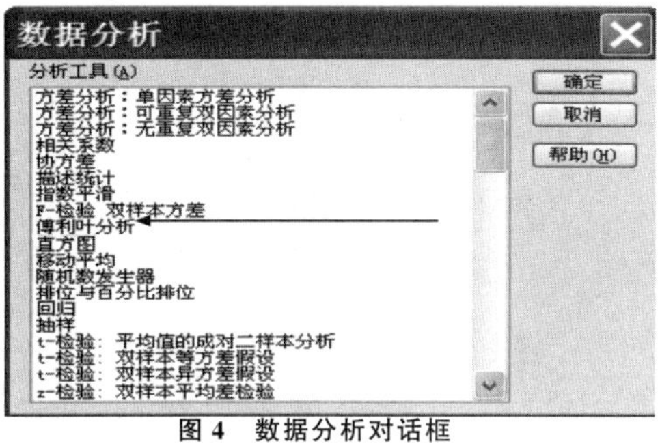


图 4　数据分析对话框

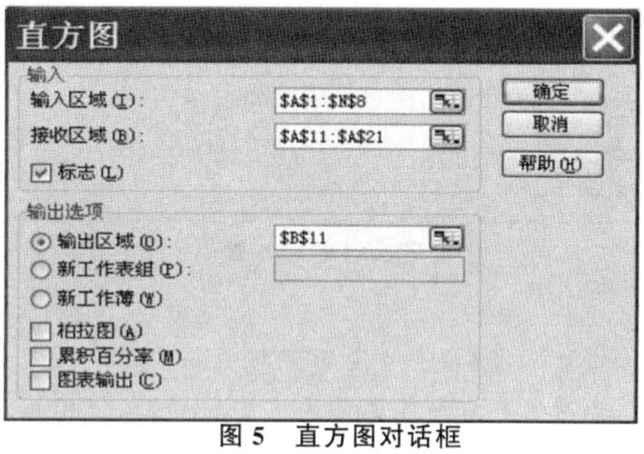


图 5　直方图对话框

## 2　样本数据基本信息的计算

算术平均数：=Average(数据区域)；中数：=Median(数据区域)；众数：=Mode(数据区域)；几何平均数：=GeoMean(数据区域)；调和平均数：=HarMean(数据区域)；样本标准差：=Stdev(数据区域)；总体标准差：=Stdevp(数据区域)；样本方差：=Var(数据区域)；总体方差：=Varp(数据区域)。

除了采用 Excel 提供的函数进行数据的基本信息计算外，还可以采用 Excel 提供的数据分析工具中的描述统计计算得到样本数据的基本信息。具体方法：选中“数据分析”对话框中的【描述统计】(图 4)；在出现的“描述统计”对话框中选择数据输入区域输入样本数据(可以逐行或者逐列排列样本数据)；选择任意空白单元格作为输出区域；确定完成，计算得到样本数据的基本信息。

## 3　$t$ 检验(假设检验)

Excel 中为假设检验提供了很多工具，使用者既可以借助 Excel 提供的函数逐步完成相应的假设检验，也可以借助 Excel 提供的数据分析工具自动完成假设检验工作。本部分主要介绍采用 $t$ 统计量进行统计假设检验。

### 3.1　通过 Excel 函数获得 $t$ 值表对应的临界值

首先给出 $t$ 检验时，通过显著平准 $\alpha$ 与自由度 $df$，所需的求学生氏-$t$ 分布的逆函数值的 Excel 函数，即：$t_{\alpha}(df)=\text{tinv}(\alpha,df)$，如 $\alpha=0.01$，$df=10$，$t_{0.01}(10)=\text{tinv}(0.01,10)=3.169$。

### 3.2　单个样本均数的假设检验(P_49)

不论采用 $u$ 检验，还是 $t$ 检验，关键是计算相关的统计量。

统计量：$=\dfrac{(\text{Average(样本数据区域)}-\mu_0)}{\text{Stdev(样本数据区域)/sqrt}(n)}$，其中 $\mu_0$ 为已知总体的均值，$n$ 为样本含量。

然后，利用函数 $\text{tinv}(\alpha,df)$ 求出 $t$ 临界值，最后按照小概率实际不可能原理进行假设判断；或者由样本计算得到的统计量直接与 $u(0.05)=1.96$ 以及 $u(0.01)=2.58$ 进行比较而做出统计推断。

### 3.3　两个样本平均数的假设检验

(1)$z$ 检验(双样本平均差检验)(P_51)

如果两样本所在总体的方差均已知，或者样本含量 $n$ 较大($n>30$)，可以用 Excel 数据分析中的 $z$ 检验。

把两个方差已知或者样本含量较大的两个样本以两行或者两列的形式输入到 Excel 工作表中；分别以样本方差函数(Var())计算两个样本的方差，并输入变量 1 与变量 2 的方差；显著平准选为 0.01；选择输出区域；最后点击【确定】完成(图 6 和图 7)。

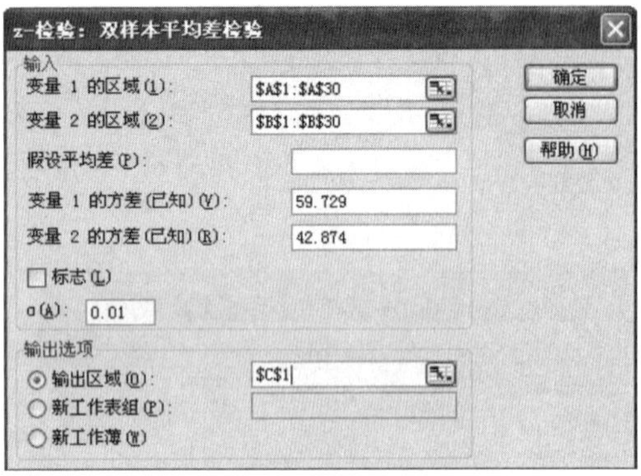


图 6 Excel 中的 z-检验

| C | D | E |
|---|---|---|
| z-检验：双样本均值分析 | | |
| | 变量 1 | 变量 2 |
| 平均 | 65.83333333 | 59.76666667 |
| 已知协方差 | 59.729 | 42.874 |
| 观测值 | 30 | 30 |
| 假设平均差 | 0 | |
| z | 3.280429668 | |
| P(Z<=z) 单尾 | 0.000518246 | |
| z 单尾临界 | 2.326347874 | |
| P(Z<=z) 双尾 | 0.001036491 | |
| z 双尾临界 | 2.575829304 | |

图 7 z-检验的计算结果

(2)$t$ 检验(双样本等方差检验)(P_52)

如果两样本所在总体的方差均未知，但相等，又是小样本，可以用 Excel 数据分析中的 $t$ 检验(双样本等方差检验)。把两个样本分别输入到变量 1 的区域与变量 2 的区域；设平均差为 0；显著平准选为 0.01；最后点击【确定】(图 8 和图 9)。

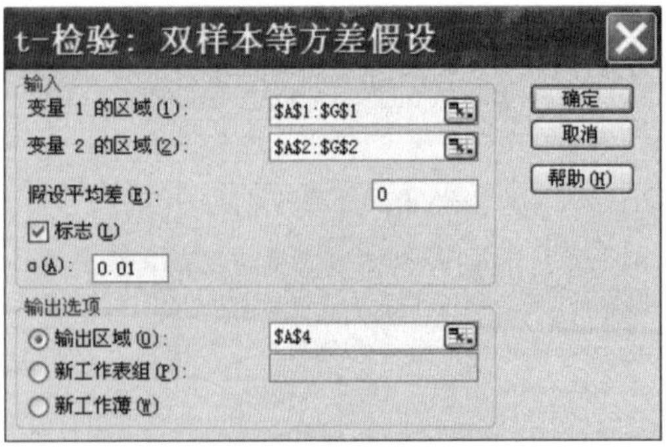


图 8 Excel 中的双样本等方差 $t$-检验

| | | | |
|---|---|---|---|
| 4 | t-检验：双样本等方差假设 | | |
| 5 | | | |
| 6 | | 正常罐头(mg/mL) | 异常罐头(mg/mL) |
| 7 | 平均 | 9.847E+01 | 1.327E+02 |
| 8 | 方差 | 8.327E+00 | 5.235E+00 |
| 9 | 观测值 | 6.000E+00 | 6.000E+00 |
| 10 | 合并方差 | 6.781E+00 | |
| 11 | 假设平均差 | 0.000E+00 | |
| 12 | df | 1.000E+01 | |
| 13 | t Stat | -2.274E+01 | |
| 14 | P(T<=t) 单尾 | 3.052E-10 | |
| 15 | t 单尾临界 | 2.764E+00 | |
| 16 | P(T<=t) 双尾 | 6.104E-10 | |
| 17 | t 双尾临界 | 3.169E+00 | |

图 9 $t$-检验结果

(3)成对资料平均数的假设检验(P_55)

成对资料平均数的假设检验对应配对试验数据的处理。把两个样本分别输入到变量 1 与变量 2 的区域中；假设平均差输入 0；显著平准选为 0.01；选择合适的输出区域；点击【确定】完成(图 10 和图 11)。

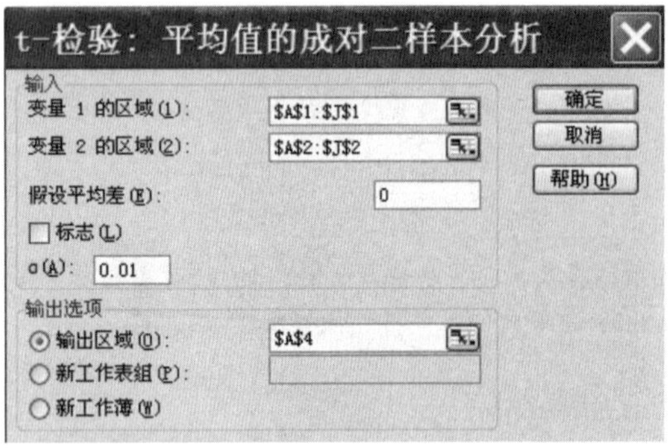


图 10 Excel 平均值的成对二样本分析检验

| | | | |
|---|---|---|---|
| 4 | t-检验：成对双样本均值分析 | | |
| 5 | | | |
| 6 | | 变量 1 | 变量 2 |
| 7 | 平均 | 2.257E+01 | 1.905E+01 |
| 8 | 方差 | 1.972E+00 | 2.436E+00 |
| 9 | 观测值 | 1.000E+01 | 1.000E+01 |
| 10 | 泊松相关系数 | 6.014E-01 | |
| 11 | 假设平均差 | 0.000E+00 | |
| 12 | df | 9.000E+00 | |
| 13 | t Stat | 8.358E+00 | |
| 14 | P(T<=t) 单尾 | 7.788E-06 | |
| 15 | t 单尾临界 | 2.821E+00 | |
| 16 | P(T<=t) 双尾 | 1.558E-05 | |
| 17 | t 双尾临界 | 3.250E+00 | |

图 11 成对二样本分析检验结果

## 4　*F* 检验(方差分析)

### 4.1　单因素方差分析(P_83)

Excel 提供的单因素方差分析，对于各处理重复数相等与不等的处理过程完全相同。首先输入要分析的数据(图 12)；选择数据分析分析工具中的【方差分析：单因素方差分析】(图 4)；在图 13 中数据输入区域输入图 12 所示数据(A1:I4)，由于该数据逐行记录各处理的观测值，因此选择分组方式是逐行方式；图 12 中第一列给出了各处理名称，因此应该选择【标志位于第一列】(图 13)；显著平准选为 0.05；选择输出区域，如 A6 单元格；最后点击【确定】按钮完成，得到图 12 所示数据的方差分析表(图 14)。

| | A | B | C | D | E | F | G | H | I |
|---|---|---|---|---|---|---|---|---|---|
| 1 | 品牌A1 | 1.6 | 1.5 | 2.0 | 1.9 | 1.3 | 1.0 | 1.2 | 1.4 |
| 2 | 品牌A2 | 1.7 | 1.9 | 2.0 | 2.5 | 2.7 | 1.8 | | |
| 3 | 品牌A3 | 0.9 | 1.0 | 1.3 | 1.1 | 1.9 | 1.6 | 1.5 | |
| 4 | 品牌A4 | 1.8 | 2.0 | 1.7 | 2.1 | 1.5 | 2.5 | 2.2 | |

**图 12　单因素方差分析的实例数据**

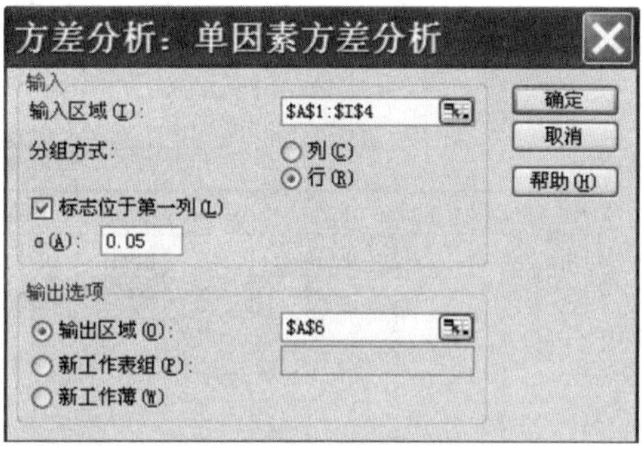


**图 13　Excel 数据分析工具中的单因素方差分析**

| | | | | | | | |
|---|---|---|---|---|---|---|---|
| 6 | 方差分析：单因素方差分析 | | | | | | |
| 7 | | | | | | | |
| 8 | SUMMARY | | | | | | |
| 9 | 组 | 观测数 | 求和 | 平均 | 方差 | | |
| 10 | 品牌A1 | 8 | 11.900 | 1.488 | 0.116 | | |
| 11 | 品牌A2 | 6 | 12.600 | 2.100 | 0.164 | | |
| 12 | 品牌A3 | 7 | 9.300 | 1.329 | 0.129 | | |
| 13 | 品牌A4 | 7 | 13.800 | 1.971 | 0.112 | | |
| 14 | | | | | | | |
| 15 | | | | | | | |
| 16 | 方差分析 | | | | | | |
| 17 | 差异源 | SS | df | MS | F | P-value | F crit |
| 18 | 组间 | 2.803 | 3 | 0.934 | 7.286 | 0.001 | 3.009 |
| 19 | 组内 | 3.077 | 24 | 0.128 | | | |
| 20 | | | | | | | |
| 21 | 总计 | 5.880 | 27 | | | | |

**图 14　图 12 所示数据的方差分析表**

如果经 *F* 检验，结果是差异显著或者极显著，还需要进行多重比较。Excel 的方差分析中，仅给出了方差分析表(图 14)，不能进行多重比较。下面借助 Excel 提供的函数和图 14 所给出的方差分析表提供的基本计算结果，给出多重比较的一种方法($q$ 法)。

采用 $q$ 法进行多重比较的步骤或者方法：

第一步：计算各处理的平均重复数 $n_0$。如果各处理重复数均相等，$n_0$ = 相应的重复数；否则，$n_0$ 采用下面公式计算得到，即在任选的一个单元格中输入下面函数。对于图 12 所示数据，$k=4$，$n_1=8$，$n_2=6$，$n_3=7$，$n_4=7$，分别代入下面公式得到：$n_0=6.976$。

$$n_0=\frac{\mathrm{sum}(n_1+n_2+\cdots+n_k)-[\mathrm{sum}(n_1\wedge 2+n_2\wedge 2+\cdots+n_k\wedge 2)/\mathrm{sum}(n_1+n_2+\ldots+n_k)]}{k-1}$$

$$=\frac{\mathrm{sum}(8+6+7+7)-[\mathrm{sum}(8\wedge 2+6\wedge 2+7\wedge 2+7\wedge 2)/\mathrm{sum}(8+6+7+7)]}{4-1}=6.976$$

第二步：计算标准误 $S_{\bar{X}}$。在选定的一个单元格中输入下面公式，计算得到标准误。

$$S_{\bar{X}}=\mathrm{sqrt}(组内均方/n_0)=0.135$$

第三步：根据误差自由度 $df_e$、秩次距 $K$ 与显著平准 $\alpha$，查表得到相关的 $q$ 值，并按照公式计算得到 LSR 值(图 15)。

| 30 | $df_e$ | 秩次距K | $q_{0.05}$ | $q_{0.01}$ | LSR0.05 | LSR0.01 |
|---|---|---|---|---|---|---|
| 31 | 24 | 2 | 2.92 | 3.96 | 0.40 | 0.54 |
| 32 | 24 | 3 | 3.53 | 4.55 | 0.48 | 0.62 |
| 33 | 24 | 4 | 3.90 | 4.91 | 0.53 | 0.67 |

**图 15　采用 $q$ 法进行多重比较的 LSR 值**

第四步：在图 15 的基础上，对图 12 所示的各处理均值进行多重比较（略）。

## 4.2　双因素无重复的方差分析（P_87）

双因素无重复的实验数据的方差分析采用“数据分析”中的【方差分析：无重复的双因素分析】。

首先输入要分析的数据（图 16）；选择数据分析分析工具中的【方差分析：无重复的双因素分析】（图 4）；在图 17 中的数据输入区域输入图 16 所示数据（如果包括第一列 A1 到 A4 和第一行 A1 到 K1，选中【标志】选项，反之，不需要选中【标志】选项）；显著平准选为 0.05；选择输出区域，如 A6 单元格；最后点击【确定】按钮完成，得到图 16 所示数据的方差分析表（图 18）。

| | A | B | C | D | E | F | G | H | I | J | K |
|---|---|---|---|---|---|---|---|---|---|---|---|
| 1 | | B1 | B2 | B3 | B4 | B5 | B6 | B7 | B8 | B9 | B10 |
| 2 | A1 | 11.71 | 10.81 | 12.39 | 12.56 | 10.64 | 13.26 | 13.34 | 12.67 | 11.27 | 12.68 |
| 3 | A2 | 11.78 | 10.70 | 12.50 | 12.35 | 10.32 | 12.93 | 13.81 | 12.48 | 11.60 | 12.65 |
| 4 | A3 | 11.61 | 10.75 | 12.40 | 12.41 | 10.72 | 13.10 | 13.58 | 12.88 | 11.46 | 12.94 |

**图 16　双因素无重复方差分析的实例数据**

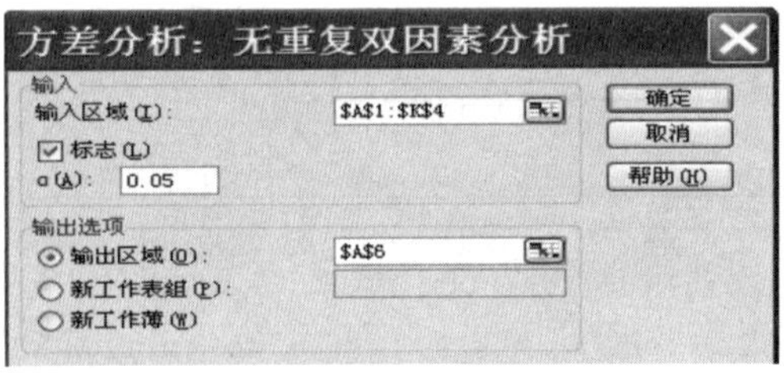


**图 17　Excel 中的无重复的双因素分析**

| 25 | 方差分析 | | | | | | |
|---|---|---|---|---|---|---|---|
| 26 | 差异源 | SS | df | MS | F | P-value | F crit |
| 27 | 行(A因素) | 0.028247 | 2 | 0.014 | 0.548 | 0.587 | 3.555 |
| 28 | 列(B因素) | 26.75907 | 9 | 2.973 | 115.452 | 4.62E-14 | 2.456 |
| 29 | 误差 | 0.463553 | 18 | 0.026 | | | |
| 30 | | | | | | | |
| 31 | 总计 | 27.25087 | 29 | | | | |

**图 18　图 16 中所示数据的方差分析表**

图 16 所示的数据中，经过方差分析，可知 A 因素的各水平间差异不显著，而 B 因素的各水平间差异显著。因此，需对 B 因素的各水平间进行多重比较，方法可采用 4.1 中所示的方法。

## 4.3　双因素可重复的方差分析（P_93）

双因素可重复的实验数据的方差分析采用 Excel“数据分析”中的【方差分析：可重复的双因素分析】。

首先输入要分析的数据（图 19）；选择数据分析分析工具中的【方差分析：可重复的双因素分析】（图 4）；在图 20 中的数据输入区域输入图 19 所示数据（A1:D10）；每一样本的行数输入 3，即表示每个处理有 3 个重复；显著平准选为 0.05；选择输出区域，如 A12 单元格；最后点击【确定】按钮完成，得到图 19 所示数据的方差分析表（图 21）。

| | A | B | C | D |
|---|---|---|---|---|
| 1 | | B1 | B2 | B3 |
| 2 | A1 | 8 | 7 | 6 |
| 3 | | 8 | 7 | 5 |
| 4 | | 8 | 6 | 6 |
| 5 | A2 | 9 | 7 | 8 |
| 6 | | 9 | 9 | 7 |
| 7 | | 8 | 6 | 6 |
| 8 | A3 | 7 | 8 | 10 |
| 9 | | 7 | 7 | 9 |
| 10 | | 6 | 8 | 9 |

**图 19　双因素可重复方差分析的实例数据**

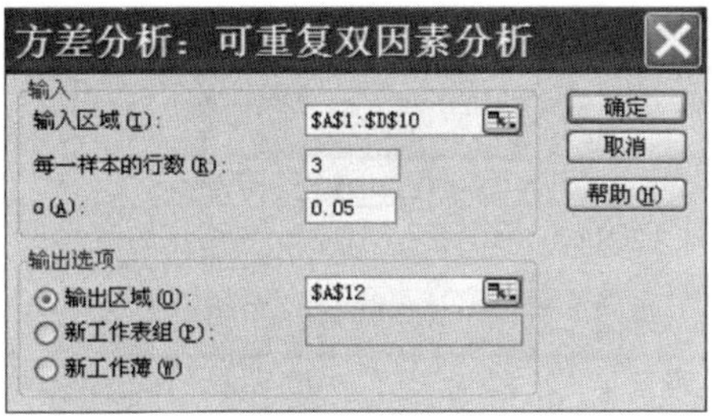


图 20　Excel 中的可重复双因素分析

| 40 | 方差分析 | | | | | | |
|---|---|---|---|---|---|---|---|
| 41 | 差异源 | SS | df | MS | F | P-value | F crit |
| 42 | 样本 | 6.222 | 2 | 3.111 | 5.250 | 0.016 | 3.555 |
| 43 | 列 | 1.556 | 2 | 0.778 | 1.313 | 0.294 | 3.555 |
| 44 | 交互 | 22.222 | 4 | 5.556 | 9.375 | 0.000 | 2.928 |
| 45 | 内部 | 10.667 | 18 | 0.593 | | | |
| 46 | | | | | | | |
| 47 | 总计 | 40.667 | 26 | | | | |

图 21　图 19 中所示数据的方差分析表

图 21 所示的数据中，差异源的样本项表示 A 因素，列项表示 B 因素，交互表示 A 与 B 间的交互作用。经过方差分析可知：A 与 B 间交互作用差异极显著；A 因素的各水平间差异显著；B 因素的各水平间差异显著。因此，需对 A 因素的各水平间进行多重比较，方法可采用 4.1 中所示的方法。

## 5　直线相关与回归分析

### 5.1　直线回归分析(P_155)

Excel 中进行回归分析的方法有多种，这里给出利用 Excel“数据分析”工具中【回归】分析来完成直线回归分析。首先输入要分析的数据(图 22)；选择数据分析分析工具中的【回归】分析(图 4)；在图 23 的 $Y$ 值输入区域中输入依变量 $Y$ 的值(B1:B8)，$X$ 值输入区域中输入自变量 $X$ 的值(A1:A8)；该例子中选择【标志】项；选择【置信度】(可选项)，并选择 99%；选择输出区域(如 A10)(后续的残差、标准残差、残差图、线性拟合图以及正态概率图等选择项可选，也可不选)；最后点击【确定】按钮完成，得到图 24 至图 26 所示的回归分析结果。

| | A | B |
|---|---|---|
| 1 | 蔗糖浓度(x) | 甜度(y) |
| 2 | 1.0 | 15.0 |
| 3 | 3.0 | 18.0 |
| 4 | 4.0 | 19.0 |
| 5 | 5.5 | 21.0 |
| 6 | 7.0 | 22.6 |
| 7 | 8.0 | 23.8 |
| 8 | 9.5 | 26.0 |

图 22　回归分析用到的数据

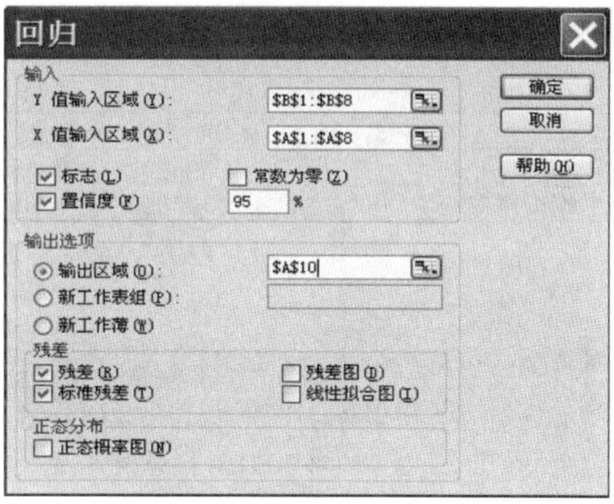


图 23　数据分析中的回归分析工具对话框

在图 24 中，分别给出了依变量 $Y$ 总的变异平方和 $SS_Y$ 与其自由度 $df_Y$、回归变异平方和 $SS_R$ 与其自由度 $df_R$、离回归平方和 $SS_r$ 与其自由度 $df_r$ 以及回归方程效果检验的 $F$ 值，其对应的值分别如下：

$$SS_Y = C23,\ df_Y = B23;$$

$$SS_R = C21,\ df_R = B21;$$

$$SS_r = C22,\ df_r = B22;$$

$$F = E21$$

| | A | B | C | D | E | F |
|---|---|---|---|---|---|---|
| 19 | 方差分析 | | | | | |
| 20 | | df | SS | MS | F | Significance F |
| 21 | 回归分析 | 1 | 83.818 | 83.818 | 1940.480 | 1.13798E-07 |
| 22 | 残差 | 5 | 0.216 | 0.043 | | |
| 23 | 总计 | 6 | 84.034 | | | |

**图 24 图 22 所示数据的分差分析结果**

在图 25 中，分别给出了回归方程的截距($a$)、斜率($b$)、样本截距回归标准误 $S_a$、样本回归系数标准误 $S_b$、截距显著性检验时用到的 $t$ 统计量以及对应的小概率值、直线回归关系得显著性检验时的 $t$ 统计量以及对应的小概率值、截距($a$)95%的置信区间的上限值与下限值、截距($a$)99%的置信区间的上限值与下限值、回归系数($b$)95%的置信区间的上限值与下限值、回归系数(b)99%的置信区间的上限值与下限值。相应的值如下所示：

$$a=\text{B26}, S_a=\text{C26}, t_a=\text{D26},\ P(x<t_a)=\text{E26}$$

$$b=\text{B27}, S_b=\text{C27}, t_b=\text{D27},\ P(x<t_b)=\text{E27}$$

$$[a-t_{0.05}(n-2)\cdot S_a, a+t_{0.05}(n-2)\cdot S_a]=[\text{F26},\text{G26}]$$

$$[a-t_{0.01}(n-2)\cdot S_a, a+t_{0.01}(n-2)\cdot S_a]=[\text{H26},\text{I26}]$$

$$[b-t_{0.05}(n-2)\cdot S_b, b+t_{0.05}(n-2)\cdot S_b]=[\text{F27},\text{G27}]$$

$$[b-t_{0.01}(n-2)\cdot S_b, b+t_{0.01}(n-2)\cdot S_b]=[\text{H27},\text{I27}]$$

| | A | B | C | D | E | F | G | H | I |
|---|---|---|---|---|---|---|---|---|---|
| 25 | | Coefficients | 标准误差 | t Stat | P-value | Lower 95% | Upper 95% | 下限 99.0% | 上限 99.0% |
| 26 | Intercept | 13.958 | 0.173 | 80.466 | 5.62E-09 | 13.512 | 14.404 | 13.259 | 14.658 |
| 27 | 蔗糖浓度(x) | 1.255 | 0.028 | 44.051 | 1.14E-07 | 1.182 | 1.328 | 1.140 | 1.370 |

**图 25 图 22 所示数据的回归分析的相关结果**

在图 26 中，采用公式 $\hat{y}=13.958+1.255x$，代入自变量 $x$ 的各观测值(图 22 中 A2:A8)，得到不同观测值的预测值(图 26 中 B34:B40)；记依变量的观测值(图 22 中 B2:B8))与对应的预测值(图 26 中 B34:B40)的差称为残差(图 26 中 C34:C40)；对残差标准化，得到标准残差(图 26 中 D34:D40)。

| | A | B | C | D |
|---|---|---|---|---|
| 33 | 观测值编号 | 预测 甜度(y) | 残差 | 标准残差 |
| 34 | 1 | 15.213 | -0.213 | -1.125 |
| 35 | 2 | 17.723 | 0.277 | 1.457 |
| 36 | 3 | 18.979 | 0.021 | 0.113 |
| 37 | 4 | 20.861 | 0.139 | 0.732 |
| 38 | 5 | 22.744 | -0.144 | -0.757 |
| 39 | 6 | 23.999 | -0.199 | -1.047 |
| 40 | 7 | 25.881 | 0.119 | 0.626 |

**图 26 采用图 25 的计算结果进行的回归预测结果**

这里仅给出了简单回归分析，对于多元回归分析，可以采用类似于上述的方法进行分析，主要区别是在选择自变量($x$)的输入区域时，要注意是多个自变量，即 $x_1, x_2, \cdots, x_k$，在 Excel 工作表中对应多列。

### 5.2　直线相关分析(P_171)

利用 Excel“数据分析”工具中【相关】分析来完成相关分析。首先输入要分析的数据(图 27);选择数据分析分析工具中的【相关】分析(图 4);在图 28 输入区域中输入将要进行相关分析的变量 A1:B42(如果每个变量占据一列,则输入区域表现为 Excel 工作表中的多列);该例子无须选择【标志位于第一行】;选择输出区域(如 D2);最后点击【确定】按钮完成,得到图 29 所示的相关分析结果矩阵。

| | A | B |
|---|---|---|
| 1 | 15.4 | 44.0 |
| 2 | 17.5 | 38.2 |
| 3 | 18.9 | 41.8 |
| 4 | 20.0 | 38.9 |
| 38 | 18.9 | [illegible] |
| 39 | 20.8 | 37.1 |
| 40 | 22.3 | 38.6 |
| 41 | 24.6 | 34.8 |
| 42 | 19.9 | 39.8 |

图 27　相关分析实例数据

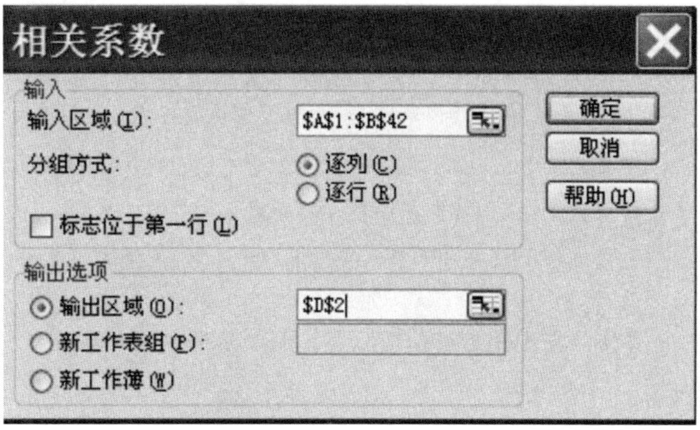


图 28　Excel 数据分析中的相关系数分析工具

| D | E | F |
|---|---|---|
| | | |
| | 列 1 | 列 2 |
| 列 1 | 1 | |
| 列 2 | -0.852 | 1 |

图 29　图 27 所示数据的相关分析结果

上例中,是对两个变量进行相关分析,得到一个 2×2 矩阵,如果是对 $k$ 个变量进行相关分析,最后的结果是一个 $k\times k$ 的矩阵,其中横列交叉处表示两个变量的直线相关系数。

## 6　Excel 中函数与公式的介绍

本部分并没有把教材中所涉及的所有统计方法一一给出 Excel 分析处理方法,但本部分给出的均是最基本的数据处理方法。教材中的非参数检验、曲线回归、理论分布相关计算以及参数区间估计等部分没有直接给 Excel 处理方法,但是经过简单的形式变换或者基本的计算后,可以方便地处理。

### 6.1　函数介绍

Excel 函数是预先定义好的,用来执行特定计算、分析等功能的特殊公式。这里以常用的求和函数 SUM 为例,介绍 Excel 系统中的函数概念。SUM 其语法是“SUM(number1,number2,...)”,其中“SUM”为函数的名称,决定了该函数的功能与用途;函数名称后紧跟左括号“(”;左括号后面紧跟着用逗号分割开的一个或者多个参数,“number1”“number2”… ;最后用一个右括号“)”表示函数的结束。

一个函数中,参数是函数中比较复杂的组成部分,它规定了函数的运算对象(所要分析的数据)、顺序或结构等。用户可以对某个单元格或者区域进行处理,如计算一个数的平方根、一组数据的均值或者对数据进行排序等各种操作。如果一个函数可以使用多个参数,那么参数与参数之间使用半角逗号进行分隔;参数可以是常量(数字和文本)、逻辑值(例如 TRUE 或 FALSE)、数组、错误值(例如 #N/A)或单元格引用(例如 A1:G1),甚至参数可以是另一个或几个函数等(即函数的嵌套)。参数的类型和位置必须满足函数语法的要求,否则将返回错误信息。

Excel 中的函数，按照其来源可以分为内置函数和扩展函数两类。内置函数只要启动了 Excel，用户就可以使用它们，如求和函数 SUM()、求平均值函数 AVERAGE()；而扩展函数必须通过单击【工具】中的【加载宏】菜单命令加载后，才能像内置函数那样使用，如图 1 中的【分析工具库】【规划求解】等。关于每个函数更进一步的说明，可以参阅 Excel 系统提供的相关帮助。

## 6.2 公式和公式输入要素介绍

Excel 函数与 Excel 公式既有区别又互相联系。如果我们把 Excel 函数看作是预先定义好的特殊公式，那么 Excel 公式就是用户自行设计的对工作表进行计算和处理的公式。如以公式 =SUM(A1:G1) * A1+2.0 为例，该公式以等号"="开始，其内部可以包括函数、单元格引用、运算符、常量、逻辑值、数组等各种 Excel 对象。在公式 =SUM(A1:G1) * A1+2.0 中，"SUM(A1:G1)"是函数，"A1"是对单元格的引用，"2.0"是对常量的使用，"*"和"+"是对运算符的使用。

公式或者函数中可以输入多种 Excel 要素，主要包括常量、逻辑值、数组、单元格引用、嵌套函数。

(1)常量

常量是直接输入到单元格、公式或者函数中的数字或文本，如数字"3.14"、日期"2008-01-01"和文本"食品类型"都是常量。

(2)逻辑值

逻辑值是比较特殊的一类参数，它只有 TRUE(真)或 FALSE(假)两种类型，如在公式 =IF(A1=0,"0",A2/A3) 中，"A1=0"就是一个可以返回 TRUE(真)或 FALSE(假)两种结果的参数。当"A1=0"为 TRUE(真)时在公式所在单元格中填入"0"，否则在单元格中填入"A2/A3"的计算结果。

(3)数组

数组用于存放产生的多个结果，或者对存放在行和列中一组参数进行计算的公式。Excel 中的数组类型分为常量和区域两种。常量数组放在"{ }"内部，且内部各列的数值用","隔开，各行的数值用";"隔开。如为了表示一个 2 行 3 列的常量矩阵，第一行的数值为 1、2、3，第二行的数值为 4、5、6，可用 Excel 的常量数组表示：{1,2,3;4,5,6}。

区域数组是一个矩形的单元格区域，该区域中的各单元格公用一个公式，如求矩阵的逆时，=MINVERSE(A1:C3) 引用的各单元格共用一个公式。

(4)单元格引用

单元格引用的目的在于标识工作表中的单元格或者由单元格构成的数据区域，指明公式或函数所使用的数据区域的位置，方便数据的处理。依据公式所在单元格位置发生变化时，单元格引用的变化情况，可以将引用分为相对引用、绝对引用和混合引用 3 种类型。如以存放在 F2 单元格中的公式 =SUM(A2:E2) 为例，当公式由 F2 单元格复制到 F3 单元格以后，公式中的引用也会变化为 =SUM(A3:E3)。若公式自 F 列向下继续复制，"行标"每增加 1 行，公式中的行标也自动加 1。如果上述公式改为 =SUM($A$3:$E$3)，则无论公式复制到何处，其引用的位置始终是"A3:E3"区域。混合引用有"绝对列和相对行"，或是"绝对行和相对列"两种形式。前者如 =SUM($A3:$E3)，后者如 =SUM(A$3:E$3)。另外，如果在工作表 sheet1 中的 A1 单元格引用工作表 sheet2 中的 A1:A7 和 sheet3 中的 B1:B9 区域进行求和运算，则在 sheet1 中的 A1 单元格中输入的公式形式为：=SUM(Sheet2!A1:A7,Sheet3!B1:B9)。

# 附录 3　SAS 系统数据分析处理

当前计算机的应用已经深入各个领域，统计分析也不例外，并且随着计算机的应用普及，使统计分析方法在很多方面都得到了广泛的应用。用计算机进行统计分析及数据处理从方法上可以分为两大类：用户自编统计应用程序和专用的统计分析软件。一般用户自编的统计应用程序是针对某一特定的数据格式及应用，使用范围小，且随着计算机技术的发展，用户自编统计应用程序的可能性越来越小，更多是直接使用现成的统计分析软件。常用的统计软件有 SAS(Statistical Analysis System)与 SPSS(Statistical Package for the Social Science)，本附录主要介绍 SAS 的使用。

SAS 是 Statistical Analysis System(统计分析系统)的缩写，是目前国际上最著名的数学统计分析软件系统之一。目前 SAS 已经发展到 Windows9. X 版，有关 SAS 的最新发展动态，可以参阅 http://www.sas.com.cn。SAS 有多个模块：SAS/STAT(统计分析模型)，SAS/GRAPH(图形模块)，SAS/OR(决策支持模块)，SAS/QC(质量控制模块)，SAS/ETS(时序分析与经济计量模块)，SAS/IML(矩阵运算模块)等。在 SAS 的多个模块中，SAS/STAT 模块是目前功能比较全面的多元统计分析程序集，可以做回归分析、聚类分析、判别分析、主成分分析、因子分析、典型相关分析以及各种试验设计的方差分析和协方差分析。

最常用的 SAS 使用方法有两种，菜单方式(与 SPSS 的菜单方式类似)与程序方式。下面主要介绍 SAS 使用的程序方式。

## 1　基本知识介绍

### 1.1　SAS 系统的 3 个主要窗口与退出 SAS 系统

启动 SAS 后，SAS 显示 3 个主要的窗口：

(1)LOG(日志)窗口

显示 SAS 的系统信息和已执行的语句，如果运行 SAS 程序，还将显示所产生的错误。

(2)OUTPUT(输出)窗口

显示由 SAS 过程输出的结果，如果指定输出文件，则结果输入相应文件。

(3)PROGAM EDITER(程序编辑)窗口

用于输入各种 SAS 命令或语句，进行程序的编辑修改。

如果系统启动后没有出现其中的一个窗口或者全部，按功能键 F5、F6、F7 也可以分别进入编辑、日志及输出窗口。

退出 SAS 系统有两种方法：点击【File】菜单中的【Exit】命令，或者点击窗口右上角的【×】(关闭)。

### 1.2　SAS 程序的执行与相应各窗口的操作

对于各窗口的操作，第一步是首先要激活相应的窗口，然后是按 Windows 操作的标准进行。

程序编辑完以后，可以按(submit)按钮执行。

### 1.3　SAS 系统处理数据两个步骤

(1)数据步(DATA STEP)

其功能是创建 SAS 数据，并预处理数据。

(2)过程步(PROC STEP)

其功能是对数据进行分析。

每一数据步都是以 Data 语句开始，以 Run 语句结束。而每一过程步则都是以 Proc 语句开始，以 Run 语句结束。当有多个数据步或过程步时，由于后一个 Data 或 Proc 语句可以起到前一步的 Run 语句的作用，两步中间的 Run 语句也就可以省略。但是最后一步的后面必须有 Run 语句，否则不能运行。

### 1.4 SAS 程序书写规则

①SAS 语句必须以分号(;)结尾，分号表明一条语句结束；

②SAS 语句可以在任意列开始书写，一行可以写多条语句；

③SAS 语句一般以 SAS 关键字开始；

④字母大小写均可，但在 Cards 语句中数据有大小写之分；

⑤SAS 语句关键字、变量名、过程名之间要以空格分隔。

## 2 SAS 数据步及其使用方法

### 2.1 SAS 数据集分类

(1)临时数据集

程序结束后，临时数据集消失(被系统自动删除)。

(2)永久数据集

程序结束后，数据永久存在磁盘上，重复调用。其扩展名是.SSD。

### 2.2 SAS 数据类型

其类型有：字符型、数值型、日期型，其中字符型变量后跟“$”符号。

### 2.3 创建临时数据

一般调用外部数据，可以是纯文本文件、数据库文件、Excel 等，然后把外部数据转换成 SAS 数据集，进行处理。

例 1 一个外部数据文件(文本文件)C:\student.txt，其内容见表 1。

**表 1 某班学生的基本情况信息表**

| 姓名 | 性别 | 年龄 | 身高 | 体重 |
|---|---|---|---|---|
| 张永强 | 男 | 22 | 176 | 77 |
| 王刚 | 男 | 18 | 172 | 68 |
| 赵小丽 | 女 | 20 | 164 | 62 |
| ⋮ | | ⋮ | ⋮ | ⋮ |

把 C:\student.txt 转换成 SAS 数据方式如下：

```
Data    SASfilel;
Infile  'C:\student.txt';
Input   Name$  sex$  age  heigh  weight;
Proc    print;
Run;
```

程序说明：

①Data、Infile、Input、Proc、Run 均是 SAS 系统的关键字，分别表示定义数据文件名称、读入数据名称、输入变量的名称、过程步的开始、程序的结束标志。

②SASfilel 是用户自定义的 SAS 数据临时文件名，C:\student.txt 是读入 SAS 系统的外部数据文件，Name$、sex$、age、heigh、weight 表示定义的 SAS 变量。

③过程步 Proc print 把程序执行结果显示在输出窗口中。

④要注意变量的排列顺序,不同的排列顺序读入的数据值不同。

## 2.4　创建永久的SAS数据集

创建永久SAS集分两步:

第一步:指出存放永久数据的目录(文件夹)及其标识;

第二步:利用标识把存放数据的文件夹与要存放的永久数据名联系起来。

例2　把例1中外部数据 student. txt 永久存放在 C:\myfile\文件夹中,并且永久文件名为:student. SSD。

```
Libname    www 'C:\myfile';
Data       www. student;
Infile     'C:\student. txt';
Input      name$   sex$   age   heigh   weight;
Run;
```

程序说明:

①关键字 Libname 把'C:\myfile'目录与标志 www 联系,就是对'C:\myfile'目录的引用。

②关键字 Data 创建永久SAS文件 student. SSD,并且将其存在 www 标识所指向的目录'C:\myfile'下。

运行以上程序,在 C:\myfile 目录中产生一个名为 student. SSD 的永久SAS数据文件,该文件包含例1中的数据,而且可以随时被调用。

## 2.5　Input语句使用

在SAS系统中,Input语句用来读入数据,形成SAS所需的数据集,Input语句一般只能读入Cards语句中的数据与Infile语句引导的存放在外部文件中数据。Input有4种输入方式,这里介绍自由格式:

Input 变量名[列表][$];

需要注意2点:

(1)成组输入格式

Input　变量1-变量$n$;

比如一次输入10个变量$x_1,x_2,\cdots x_{10}$,输入方式:Input $x_1$-$x_{10}$;

(2)关于行保持符@和@@

@:观察值为一行,用多条Input语句读入;

@@:一行有多条观察值,用一条Input语句读入。

## 2.6　数据输出

①Put语句用来输出数据。Put语句把内容输出到SAS系统的OUTPUT窗口或指定的文件中。Put语句输出方式和Input输入方式基本相同,使用格式如下:

Put　要输出的变量名列表;

②File语句用于指定把结果输出到指定文件。使用方法如下:

File　'文件名';

以上的文件名中包括路径。

## 2.7　Set语句

其作用是按照指定的条件从指定的数据集中读取数据建立新的数据集或将两个数据集中的观测值纵向连接建立新的数据集。

### 2.8 Merge 语句

其作用是将两个数据集中的各个观测值横向合并建立新的数据集。

### 2.9 Drop 语句

其作用是指定不写到数据集中的变量。

### 2.10 Keep 语句

其作用是指定要写到数据集中的变量。

### 2.11 If 语句

其作用是使 SAS 继续处理符合 If 条件规定的观测值，因而所得到的数据集是原数据集的子集。

## 3 SAS 过程步简介

建立数据集后，即可使用 SAS 过程进行数据分析和处理。SAS 过程均是模块化语句，有了必要的数据后，只需要在 Proc 后跟相应的 SAS 过程就会完成相应的统计分析。

使用格式：Proc 过程名[选择项]；

一些必要的语句；

### 3.1 SAS 过程中共有的语句

①Proc：用在过程步开始，指定使用的 SAS 过程；

②Var：规定用这个过程所要分析的变量列表；

③Model：规定在模型中的因变量与自变量；

④Weigh：规定观察值相应权数(重要性)；

⑤Freq：规定观察值出现的频数(次数)；

⑥ID：规定一个或几个变量，它们的值在打印输出中用来代替观察号；

⑦Where：在把数据引入 PROC 之前，用来选择符合特殊条件的观测值；

⑧Class：在分析中识别分类变量；

⑨By：对由 By 定义的几组观测值分别进行分析；

⑩Output：给出用该过程产生的输出数据集的信息；

⑪Quit：结束交互过程；

⑫Format：规定输出变量值格式；

⑬Label：把说明性标记同变量名联系起来。

### 3.2 两个常用过程介绍

(1)Print 过程

用于显示或输出一个数据集中的观察值。

格式：Proc Print [选择项]

Var 变量名；

ID 变量名；

By 变量名；

(2)Sort 排序过程

用于按一个或多个变量对 SAS 数据进行排序，然后把观察值排序的结果放在后面指定的数据集中，如果缺少指定的数据集，则用排序结果取代原来的 SAS 数据集。

## 4 本书常用 SAS 统计过程

### 4.1 一组变数 $x_1, x_2, \cdots x_n$ 的平均数、标准差、变异系数及标准误(P_17)

(1)程序

```
Data   Al;
Input   x@@;
Cards;
x1    x2   …   xi
xi+1  xi+2  …   xn
;
Proc   MEANS   MEAN   STD   CV   STDERR   MAXDEC=4;
Run;
```

(2)实例(数据来自基础篇:例 4-1)

```
Data   Al;
Input   x@@;
Cards;
505 512 497 493 508 515 502 495 490 510
;
Proc   MEANS   MEAN   STD   CV   STDERR   MAXDEC=4;
Run;
```

### 4.2 样本均数与总体均数的 $t$ 检验(P_50)

设某一样本 $x_1, x_2, \cdots x_n$,样本含量为 $n$,已知其总体均数为 $\mu$,试检验抽测所得样本均数与总体均数是否有显著差异。

(1)程序

```
Data   A2;
Input   x@@;
diff=x-μ;
Cards;
x1   x2   …xn
;
Proc   MEANS   T   PRT   MAXDEC=4;
Var   diff;
Run;
```

(2)实例(数据来自基础篇:例 4-1)

```
Data   A2;
Input   x@@;
diff=x-500;
Cards;
505 512 497 493 508 515 502 495 490 510
;
Proc   MEANS   T   PRT   MAXDEC=4;
Var   diff;
Run;
```

## 4.3 非配对试验两样本均数的比较(P_51)

设两样本的数据见表 2。

表 2 非配对试验两样本均数比较的数据模式

| | | | | | |
|---|---|---|---|---|---|
| A | $x_1$ | $x_2$ | $x_3$ | … | $x_{n1}$ |
| B | $y_1$ | $y_2$ | $y_3$ | … | $y_{n2}$ |

(1)程序

```
Data   A3;
Input   data   group$  @@;
Cards;
x1   A   x2   A   x3   A   …   xn1   A
y1   B   y2   B   y3   B   …   yn2   B
;
Proc   TTEST;
Class   group;
Var   data;
Run;
```

(2)实例(数据来自基础篇:例 4-6)

```
Data   A3;
Input   data   group$  @@;
Cards;
27.52 A   27.78 A   28.03 A   28.88 A   28.75 A   27.94 A
29.32 B   28.15 B   28.00 B   28.58 B   29.00 B
;
Proc   TTEST;
Class   group;
Var   data;
Run;
```

## 4.4 配对试验两样本均数的(比较)*t* 检验(P_55)

数据见表 3。

表 3 配对试验两样本均数的(比较)*t* 检验数据模式

| 组别 | ① | ② | ③ | … | ⓝ |
|---|---|---|---|---|---|
| 数 | $x_{11}$ | $x_{21}$ | $x_{31}$ | … | $x_{n1}$ |
| 据 | $x_{12}$ | $x_{22}$ | $x_{32}$ | … | $x_{n2}$ |

(1)程序

```
Data   A4;
Input   x1   x2 @@;
diff=x1-x2;
Cards;
x11   x12   x21   x22   …   xn1   xn2
;
```

```
Proc  MEANS  T PRT  MAXDEC=4;
Var  diff;
Run;
```

(2)实例(数据来自基础篇:例 4-8)

```
Data  A4;
Input  x1 x2  @@;
diff=x1-x2;
Cards;
22.23  18.04  23.42  20.32  23.25  19.64  21.38  16.38  24.45  21.37
22.42  20.43  24.37  18.45  21.75  20.04  19.82  17.38  22.56  18.42
;
Proc  MEANS  T PRT  MAXDEC=4;
Var  diff;
Run;
```

## 4.5 处理组内数目相等的单因素方差分析(P_80)

数据见表 4。

**表 4　处理组内数目相等的单因素方差分析的数据模式**

| 水平 | 观 | 察 | 值 | |
|---|---|---|---|---|
| 水平 1 | $x_{11}$ | $x_{12}$ | … | $x_{1n}$ |
| 水平 2 | $x_{21}$ | $x_{22}$ | … | $x_{2n}$ |
| ⋮ | ⋮ | ⋮ | ⋮ | ⋮ |
| 水平 $k$ | $x_{k1}$ | $x_{k2}$ | … | $x_{kn}$ |

(1)程序

```
Data  A5;
Do  I=1  TO  n;
Do  J=1  TO  k;
Input x@@;
Output;
End;
End;
Cards;
  x11  x21  x31  …  xk1
  x12  x22  x32  …  xk2
  ⋮
  x1n  x2n  x3n  …  xkn
  ;
Proc  ANOVA;
Class  I;
Model  x=I;
Means  I/LSD;
Run;
```

(2)实例(数据来自基础篇:例 5-1)

```
Data  A5;
Do  I=1  TO  4;
Do  J=1  TO  5;
Input x@@;
Output;
End;
End;
Cards;
25.6  27.8  27.0  29.0  20.6
24.4  27.0  27.7  27.3  21.2
25.0  27.0  27.5  27.5  22.0
25.9  28.0  25.9  29.9  21.2
;
Proc  ANOVA;
Class  I;
Model  x=I;
Means  I/LSD;
Run;
```

## 4.6 处理组内数目不相等的方差分析(P_82)

数据见表 5。

**表 5 处理组内数目不相等的方差分析的数据模式**

| 水平 | 观察值 | | | | |
|---|---|---|---|---|---|
| 水平 1 | $x_{11}$ | $x_{12}$ | $x_{13}$ | … | $x_{1n_1}$ |
| 水平 2 | $x_{21}$ | $x_{22}$ | $x_{23}$ | … | $x_{2n_2}$ |
| ⋮ | ⋮ | ⋮ | ⋮ | ⋮ | ⋮ |
| 水平 $k$ | $x_{k1}$ | $x_{k2}$ | $x_{k3}$ | … | $x_{kn_k}$ |

(1)程序

```
Data  A6;
Do  I=1  TO  k;
Input  ni  @@;
Do  J=1  TO  ni;
Input  x  @@;
Output;
End;
End;
Cards;
```

$n_1$

$x_{11}$ $x_{12}$ $x_{13}$ … $x_{1n_1}$

$n_2$

$x_{21}$ $x_{22}$ $x_{23}$ … $x_{2n_2}$

⋮

```
n_k
x_k1  x_k2  x_k3  …  x_kn_k
;
Proc  GLM;
Class  I;
Model  x=I;
MEANS  I/SNK;
Run;
```

(2)实例(数据来自基础篇:例 5-3)

```
Data  A6;
Do  I=1  TO  4;
Input  ni  @@;
Do  J=1  TO  ni;
Input  x  @@;
Output;
End;
End;
Cards;
8
1.6  1.5  2.0  1.9  1.3  1.0  1.2  1.4
6
1.7  1.9  2.0  2.5  2.7  1.8
7
0.9  1.0  1.3  1.1  1.9  1.6  1.5
7
1.8  2.0  1.7  2.1  1.5  2.5  2.2
;
Proc  GLM;
Class  I;
Model  x=I;
MEANS  I/SNK;
Run;
```

## 4.7　无重复观察值的交叉分组双因素方差分析(P_85)

数据见表 6。

**表 6　A、B 两因素无重复观察值的交叉分组双因素方差分析的数据模式**

| A | B | | | | |
|---|---|---|---|---|---|
| | $B_1$ | $B_2$ | $B_3$ | … | $B_m$ |
| $A_1$ | $x_{11}$ | $x_{12}$ | $x_{13}$ | … | $x_{1m}$ |
| $A_2$ | $x_{21}$ | $x_{22}$ | $x_{23}$ | … | $x_{2m}$ |
| ⋮ | ⋮ | ⋮ | ⋮ | ⋮ | ⋮ |
| $A_k$ | $x_{k1}$ | $x_{k2}$ | $x_{k3}$ | … | $x_{km}$ |

(1)程序

```
Data  A7;
Do  I=1  TO  k;
Do  J=1  TO  m;
Input  x  @@;
Output;
End;
End;
Cards;
x11  x12  …  x1m
x21  x22  …  x2m
⋮
xk1  xk2  …  xkm
;
Proc  ANOVA;
Class  I  J;
Model  x=J  J;
Means  I  J/Duncan;
Run;
```

(2)实例(数据来自基础篇:例 5-4)

```
Data  A7;
Do  I=1  TO  3;
Do  J=1  TO  10;
Input  x  @@;
Output;
End;
End;
Cards;
11.71  10.81  12.39  12.56  10.64  13.26  13.34  12.67  11.27  12.68
11.78  10.70  12.50  12.35  10.32  12.93  13.81  12.48  11.60  12.65
11.61  10.75  12.40  12.41  10.72  13.10  13.58  12.88  11.46  12.94
;
Proc  ANOVA;
Class  I J;
Model  x=J I;
Means  I J/Duncan;
Run;
```

## 4.8 有重复观察值的交叉分组资料的双因素分析(P_91)

数据模式见表 7。

表 7　A、B 两因素有重复观察值的交叉分组资料的双因素分析的数据模式

| A | B | | |
|---|---|---|---|
| | $B_1$ | … | $B_m$ |
| $A_1$ | $x_{111}, x_{112}, \cdots, x_{11n}$ | … | $x_{1m1}, x_{1m2}, \cdots, x_{1mn}$ |
| ⋮ | ⋮ | ⋮ | |
| $A_k$ | $x_{k11}, x_{k12}, \cdots, x_{k1n}$ | … | $x_{km1}, x_{km2}, \cdots, x_{kmn}$ |

(1)程序

```
Data  A8;
Do  A=1  TO  k;
Do  B=1  TO  m;
Do  L=1  TO  n;
Input  x @@;
Output;
End;
End;
End;
Cards;
x111  x112  …  x11n
x121  x122  …  x12n
⋮
x1m1  x1m2  …  x1mn
⋮
xk11  xk12  …  xk1n
⋮
xkm1  xkm2  …  xkmn
;
Proc  ANOVA;
Class  A  B;
Model  x=A  B  A*B;
Means  A  B/SNK;
Run;
```

(2)实例(数据来自基础篇:例 5-5)

```
Data  A8;
Do  A=1  TO  3;
Do  B=1  TO  3;
Do  L=1  TO  3;
Input  x  @@;
Output;
End;
End;
End;
```

```
Cards;
8  8   8
7  7   6
6  5   6
9  9   8
7  9   6
8  7   6
7  7   6
8  7   8
10  9   9
;
Proc  ANOVA;
Class  A  B;
Model  x=A  B  A*B;
Means  A  B/SNK;
Run;
```

## 4.9 *C*×*R* 列联表的卡方($\chi^2$)检验(P_133)

数据见表8。

表8 *C*×*R* 列联表的卡方($\chi^2$)检验的数据模式

| 因素 A | 因素 B | | | |
|---|---|---|---|---|
| | 1 | 2 | … | $R$ |
| 1 | $x_{11}$ | $x_{12}$ | … | $x_{1R}$ |
| 2 | $x_{21}$ | $x_{22}$ | … | $x_{2R}$ |
| ⋮ | ⋮ | ⋮ | ⋮ | ⋮ |
| $C$ | $x_{C1}$ | $x_{C2}$ | … | $x_{CR}$ |

(1)程序

```
Data  A9;
Do  A=1  TO  C;
Do  B=1  TO  R;
Input  x  @@;
Output;
End;
End;
Cards;
x11  x12  …  x1R
x21  x22  …  x2R
⋮
xC1  xC2  …  xCR
;
Proc  FREQ;
Table  I*J/CHISQ;
Weight  x;
```

```
Run;
```

(2)实例(数据来自基础篇:例 7-5)

```
Data  A9;
Do  I=1  TO  2;
Do  J=1  TO  3;
Input  x  @@;
Output;
End;
End;
Cards;
10 40 8
25 16 4
;
Proc  FREQ;
Table  I * J/CHISQ;
Weight  x;
Run;
```

## 4.10 直线相关与回归(P_153)

数据模式见表 9。

**表 9 直线相关与回归数据模式**

| 自变量 $x$ | $x_1$ | $x_2$ | $x_3$ | … | $x_n$ |
|---|---|---|---|---|---|
| 依变量 $y$ | $y_1$ | $y_2$ | $y_3$ | … | $y_n$ |

(1)程序

```
Data  A10;
Input  x  y@@;
Cards;
x1  y1  x2  y2  …  xn  yn
;
Proc  CORR;
Run;
Proc  REG;
Model  y=x;
Run;
```

(2)实例(数据来自基础篇:例 6-1)

```
Data  A10;
Input  x  y@@;
Cards;
1  15  3  18  4  19  5.5  21  7  22.6  8  23.8  9.5  26
;
Proc  CORR;
Run;
```

```
Proc   REG;
Model   y=x;
Run;
```

## 4.11 多元相关与回归(P_185)

数据模式见表10。

**表10 多元相关与回归的数据模式**

| | | | | |
|---|---|---|---|---|
| $x_1$ | $x_{11}$ | $x_{12}$ | … | $x_{1n}$ |
| $x_2$ | $x_{21}$ | $x_{22}$ | … | $x_{2n}$ |
| ⋮ | ⋮ | ⋮ | ⋮ | ⋮ |
| $x_k$ | $x_{k1}$ | $x_{k2}$ | … | $x_{kn}$ |
| $y$ | $y_1$ | $y_2$ | … | $y_n$ |

(1)程序

```
Data   A11;
Input   x1-xk   y @@;
Cards;
x11   x21   …   xk1   y1
x12   x22   …   xk2   y21
…
x1n   x2n   …   xkn   yn
;
Proc   CANCORR;
Var   x1-xk
With   y;
Run;
Proc   REG;
Model   y=x1-xk;
Run;
```

(2)实例(数据见表11)

**表11 多元回归与相关分析数据**

| | | | | | | | |
|---|---|---|---|---|---|---|---|
| $x_1$ | 12 | 15 | 17 | 18 | 19 | 23 | 27 |
| $x_2$ | 1 | 3 | 4 | 5.5 | 7 | 8 | 9.5 |
| $y$ | 15 | 18 | 19 | 21 | 22.6 | 23.8 | 26 |

```
Data   A11;
Input   x1   x2   y   @@;
Cards;
12   1   15
15   3   18
17   4   19
18   5.5   21
```

```
19  7  22.6
23  8  23.8
27  9.5  26
;
Proc  CANCORR;
Var  x1  x2;
With  y;
Run;
Proc  REG;
Model  y=x1  x2;
Run;
```

## 4.12 通径分析(P_210)

数据模式见表12。

**表12 通径分析数据模式**

| | | | | |
|---|---|---|---|---|
| $x_1$ | $x_{11}$ | $x_{12}$ | … | $x_{1n}$ |
| $x_2$ | $x_{21}$ | $x_{22}$ | … | $x_{2n}$ |
| ⋮ | ⋮ | ⋮ | ⋮ | ⋮ |
| $x_k$ | $x_{k1}$ | $x_{k2}$ | … | $x_{kn}$ |
| $y$ | $y_1$ | $y_2$ | … | $y_n$ |

(1)程序

```
Data  A12;
Input  x1-xk  y @@;
Cards;
x11  x21  …  xk1  y1
x12  x22  …  xk2  y21
…
x1n  x2n  …  xkn  yn
;
Proc  CORR  Nosimple;
Proc  STANDARD  MEAN=0  STD=1  OUT=B;
Data  B;
Set  B;
Proc  PRINT;
Proc  REG;
Model  y=x1-xk;
Run;
```

(2)实例(数据见表11)

```
Data  A12;
Input  x1  x2  y @@;
Cards;
12  1  15
```

```
15  3   18
17  4   19
18  5.5  21
19  7   22.6
23  8   23.8
27  9.5  26
;
Proc  CORR;
Proc  STANDARD  MEAN=0  STD=1  OUT=B;
Data  B;
Set  B;
Proc  PRINT;
Proc  REG;
Model  y=x1  x2;
Run;
```

## 4.13 逐步回归分析

数据模式见表 13。

**表 13 逐步回归的一般数据模式**

| | | | | |
|---|---|---|---|---|
| $x_1$ | $x_{11}$ | $x_{12}$ | … | $x_{1n}$ |
| $x_2$ | $x_{21}$ | $x_{22}$ | … | $x_{2n}$ |
| ⋮ | ⋮ | ⋮ | ⋮ | ⋮ |
| $x_k$ | $x_{k1}$ | $x_{k2}$ | … | $x_{kn}$ |
| $y$ | $y_1$ | $y_2$ | … | $y_n$ |

(1)程序

```
Ddata  A13;
Input  y  x1-xk;
Cards;
y11 x11 x21… xk1
y12 x12 x22… xk2
……
y1n x1n x2n… xkn
;
Proc REG;
Model y=x1-xk/stb SELECTION=STEPWISE sle=0.5041 sls=0.5041;
Run;
```

(2)实例(数据来自高级篇:例 5-3)

```
Data A13;
Input y x1  x2  x3  x4;
x11=x1 * x1;x22=x2 * x2;x33=x3 * x3;x44=x4 * x4;
x12=x1 * x2;x13=x1 * x3;x14=x1 * x4;
x23=x2 * x3;x24=x2 * x4;x34=x3 * x4;
```

```
x111=x11 * x1;x222=x22 * x2;x333=x33 * x3;x444=x44 * x4;
Cards;
0.151  2     18  26  9
0.113  3.5   26  28  8
0.119  5     42  30  7
0.116  6.5   50  26  6
0.091  8     10  28  5
0.142  8.5   26  30  4
0.099  11    34  25  9
0.135  12.5  50  27  8
0.128  14    10  29  7
0.029  15.5  18  25  6
0.116  17    34  27  5
0.016  18.5  42  29  4
;
Proc REG;
Model y=x1  x2  x3  x4  x11  x22  x33  x44  x12  x13  x14  x23  x24  x34  x111  x222  x333
x444/stb SELECTION=STEPWISE sle=0.15 sls=0.15;
Run;
```

## 4.14　主成分分析

数据模式见表 14。

**表 14　主成分分析的数据模式**

| 指标(变量)<br>样品 | $x_1$ | $x_2$ | … | $x_p$ |
|---|---|---|---|---|
| 1 | $x_{11}$ | $x_{12}$ | … | $x_{1p}$ |
| 2 | $x_{21}$ | $x_{22}$ | … | $x_{2p}$ |
| ⋮ | ⋮ | ⋮ | ⋮ | ⋮ |
| $N$ | $x_{N1}$ | $x_{N2}$ | … | $x_{Np}$ |

(1)程序

```
Data A14;
Input sample $  x1-xp@@;
Cards;
1  x11  x12  …  x1p
2  x21  x22  …  x2p
…
N  xN1  xN2  …  xNp
;
Proc PRINCOMP   out=princ[cov];
Proc PRINT;
Id sample;
```

```
Var prin1 prin2;
Proc PLOT;
Plot prin2 * prin1=sample;
Quit;
Run;
```

注：如果语句“Proc PRINCOMP out=princ [cov];”中去掉 cov，表示从原数据的相关系数矩阵出发，进行主成分分析；如果有 cov，表示从原数据的协方差矩阵出发，进行主成分分析。

(2)实例(数据来自高级篇：例 6-2)

```
Data  A14;
Input y$ v1 v2 v3 v4 v5 v6 v7 v8 v9 v10 v11 v12 v13 v14 v15 v16 v17;
Cards;
1  2.68 3.42 3.56 3.58 2.97 1.60  2.95 2.91 3.39 3.03 3.75 1.34 2.91 2.01 2.93 3.03 3.56
2  7.02 4.07 5.95 6.39 4.31 8.33  6.63 4.11 3.44 3.90 5.62 9.10 8.44 4.32 4.45 6.50 6.50
3  6.28 2.14 5.35 5.42 3.86 9.65  5.70 4.24 5.14 3.94 6.36 7.68 5.75 5.52 4.25 7.35 7.12
4  5.85 3.80 3.35 3.59 3.06 9.46  5.59 3.78 3.60 4.68 5.96 9.84 7.18 4.47 4.38 6.15 6.45
5  6.80 5.76 5.82 4.84 2.76 7.45  5.84 4.52 3.77 3.96 7.56 6.08 8.57 3.15 4.90 5.75 5.61
6  6.49 3.78 6.11 4.68 3.62 9.32  6.00 4.01 3.09 3.66 5.72 8.54 9.12 4.53 5.08 5.99 5.60
7  7.93 3.17 6.48 7.07 3.37 8.37  4.12 4.51 2.97 3.88 7.79 7.55 7.42 4.07 4.06 5.51 5.77
8  6.19 3.15 5.26 5.55 4.74 8.49  6.11 3.35 4.31 3.39 6.29 8.85 7.18 4.39 3.77 5.34 5.55
9  8.21 5.83 7.20 4.79 3.23 10.30 5.87 3.67 2.83 3.52 8.10 7.57 7.62 8.33 4.35 6.20 6.68
A  8.20 4.91 6.30 3.43 4.12 10.00 4.32 3.90 2.74 3.04 7.72 5.07 6.20 7.45 6.55 6.48 7.73
B  6.50 3.79 4.18 2.84 3.75 9.93  4.41 2.44 3.34 6.12 5.41 8.19 6.61 6.13 4.65 5.69 6.44
C  7.65 4.99 6.80 4.56 3.75 8.29  4.37 3.81 2.80 4.08 7.37 6.10 6.16 6.86 4.27 7.90 7.40
D  5.57 3.92 6.15 4.55 4.27 11.00 7.31 2.53 3.26 3.86 6.20 7.01 4.50 8.68 7.62 6.34 7.32
E  6.00 3.36 5.71 5.23 4.35 9.47  5.37 4.14 3.06 4.29 6.80 7.90 7.37 5.79 5.80 6.86 6.22
F  9.25 6.32 5.69 4.03 5.91 8.49  2.62 4.76 4.42 4.35 7.05 3.56 4.33 8.23 6.34 6.35 6.46
G  7.70 4.85 6.12 4.60 3.15 9.28  4.35 2.83 3.01 3.16 6.45 8.15 6.24 5.36 4.60 7.17 7.25
;
Proc PRINCOMP out=princ;
Proc PRINT;
Id y;
Var prin1 prin2;
Proc PLOT;
Plot prin2 * prin1=y;
Quit;
Run;
```

# 附录 4　SPSS 数据分析简介

SPSS(Statistical Package for Social Science,社会学统计软件)是世界公认最优秀的统计分析软件包之一,具有强大的数据分析、处理功能。随着 SPSS 产品服务领域的扩大和服务深度的增加,SPSS 公司于 2000 年正式将英文全称更改为 Statistical Product and Service Solutions ,即“统计产品与服务解决方案”。本附录结合 SPSS 的统计分析功能实现教材中相关资料整理、计算、分析与处理。

打开 SPSS 软件后,出现的是“数据编辑器”窗口(图 1),该窗口左下方的【数据视图】选项(图 1)可以进行数据的导入、录入、编辑,还可以进行所有的数据处理和统计分析过程;该窗口左下方的【变量视图】选项(图 2)可以进行数据结构的定义,设定或修改文件的各种属性。SPSS 数据文件中的一列称为一个变量,一行称为一个个案,每个变量对应一个变量名;SPSS 数据文件的默认格式是. sav,可以读取 Excel、文本、dbase 表等格式的文件。

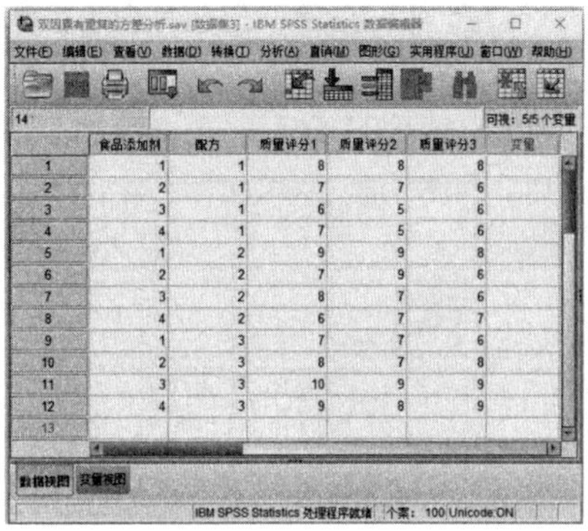

图 1　“数据编辑器”的【数据视图】选项

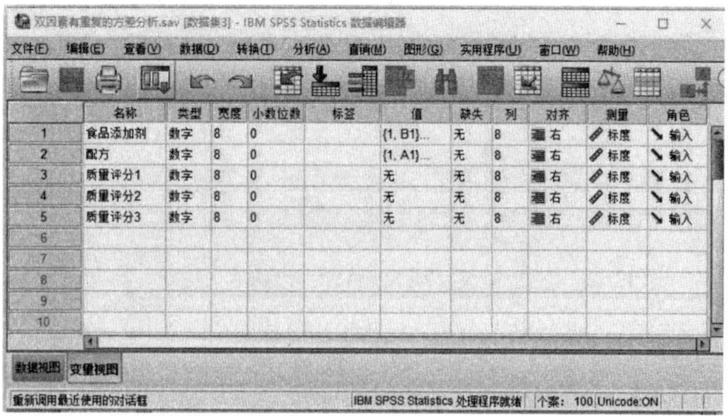


图 2　“数据编辑器”的【变量视图】选项

通常情况,需要对建立的原始数据文件做进一步的检查、核对,然后根据研究目的对其进行加工整理。SPSS“数据”菜单中的命令主要用于实现数据文件的整理。对整理好的数据进行统计分析主要采用“分析”菜单中的命令,分析过程的结果、数据表在“查看器”窗口(图 3)中显示。分析处理的数据结果可以通过“图形”菜单中的命令以不同的统计图方式表示。

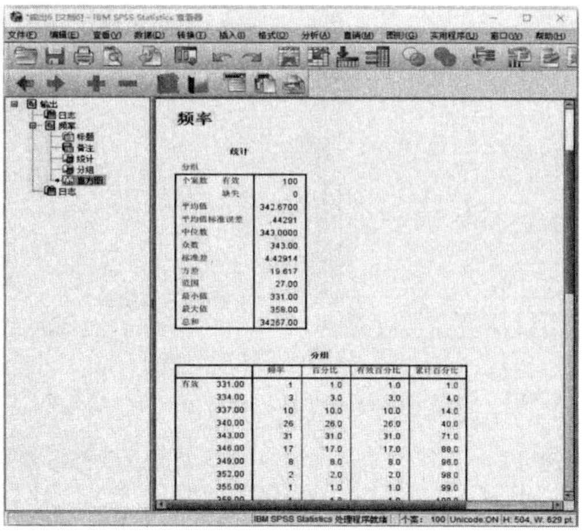


图 3　“查看器”窗口

## 1 次数分布表制作(P_12)

第一步：按照图 4 的形式，把将要整理的数据输入到 SPSS 的数据表中；

第二步：执行“数据—个案排序”，打开“个案排序”对话框（图 5），将【质量】选中加入到排序依据列表框中，排序顺序选择【升序】，点击【确定】。

第三步：本例 $n=100$，初步确定组数为 9。确定其全距、组距、组限、组中值，第一组的组中值取接近于最小值的值 331.0，最小值下限为 329.5。

第四步：执行“转换—计算变量”，打开“计算变量”对话框（图 6），首先对目标变量命名为分组，之后在数学表达式中输入表达式：

TRUNC((质量－ 最小值下限) / 组距) * 组距 ＋ 最小值下限 ＋ 组距 / 2

设置界面如图 7 所示，点击【确定】，结果如图 8 所示，可以看到，数据文件中增加了计算出的【分组】变量。

第五步：执行“分析—描述统计—频率”，打开“频率”对话框（图 9），将【分组】选中加入到变量列表框中，勾选左下角的【显示频率表】（图 10）。点击右侧的【频率：图表】按钮，打开“图表”对话框，选择【直方图】，并勾选【在直方图上显示正态曲线】，设置界面如图 11 所示，点击【继续】，返回图 10，点击【确定】，结果在查看器中显示。

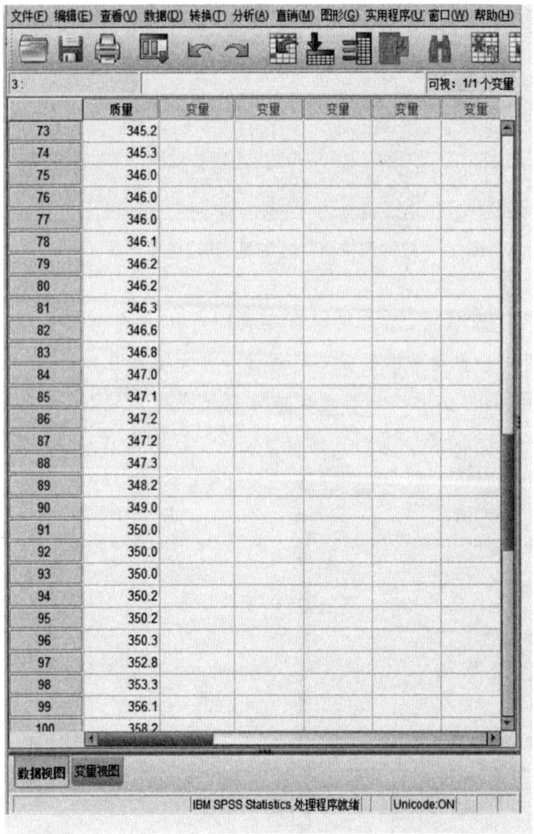


**图 4 数据形式**

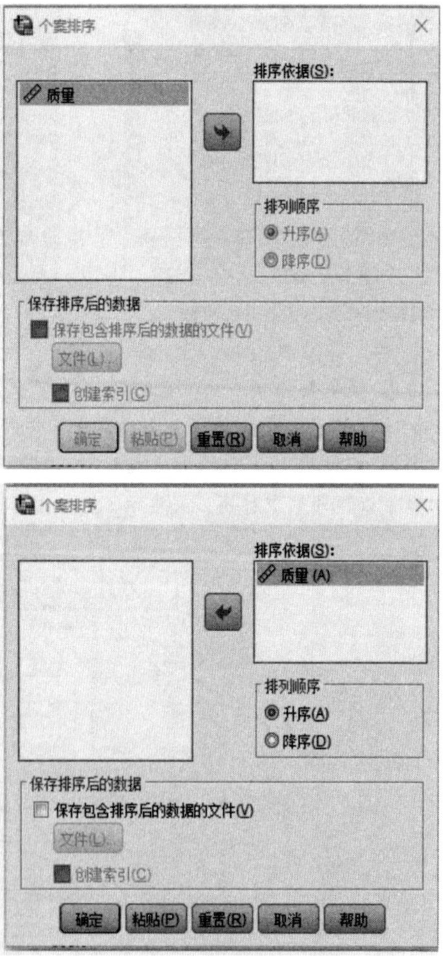


**图 5 “个案排序”对话框**

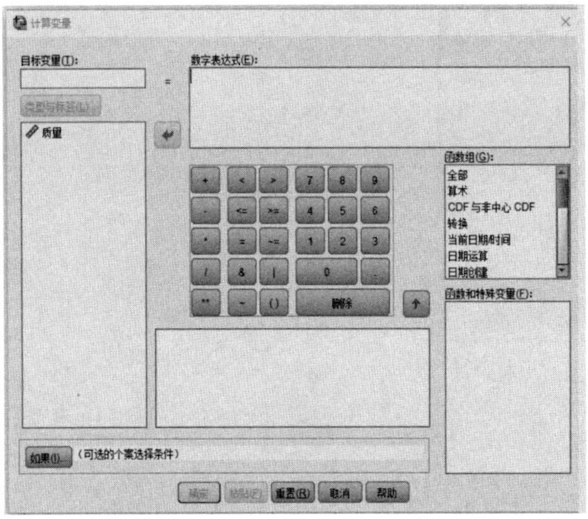


图 6　“计算变量”对话框

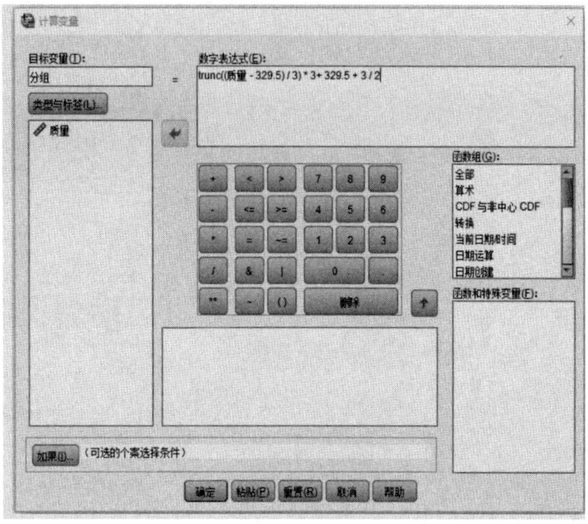


图 7　“计算变量”表达式设置

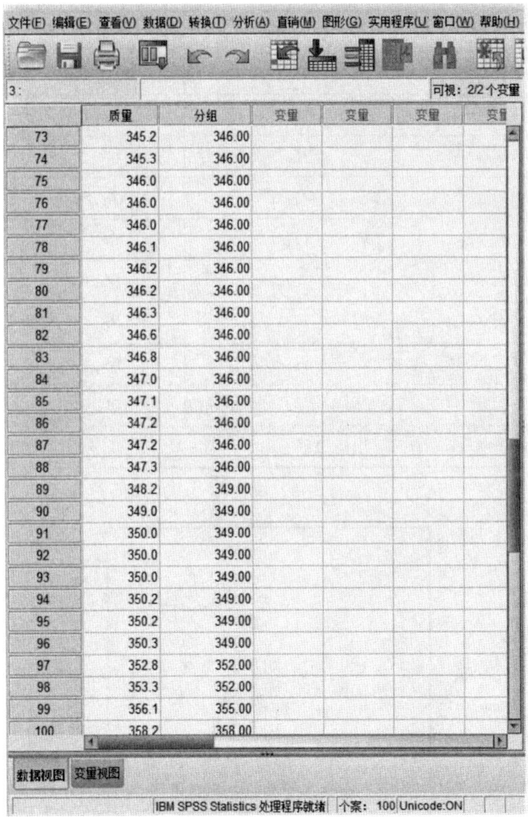


图 8　计算变量结果图

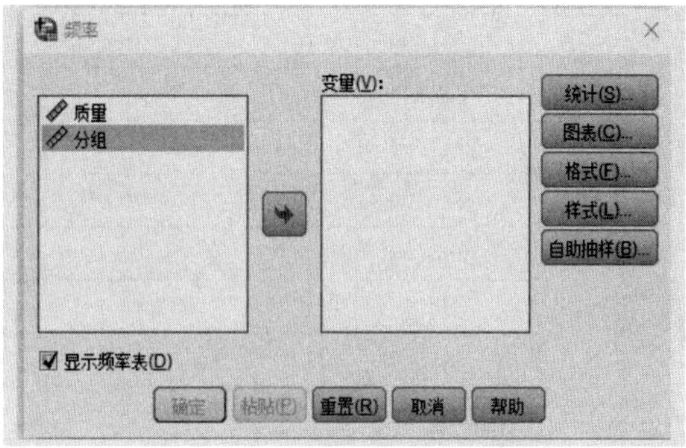


图 9　频率对话框

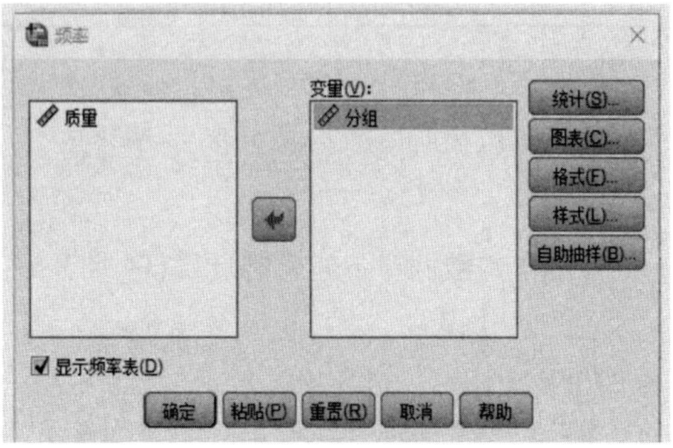


图 10　频率设置结果

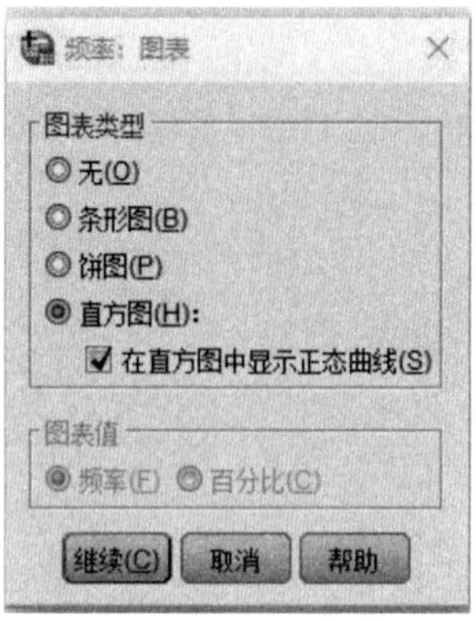


图 11 频率图表设置

第六步:结果分析

①频数分析。从分组表(表 1)可以得到 100 听罐头单听质量的次数分布,以及次数占总数的百分比、有效数占总数的百分比、累计百分比。

表 1 分组

| | | 频率 | 百分比 | 有效百分比 | 累计百分比 |
|---|---|---|---|---|---|
| 有效 | 331.00 | 1 | 1.0 | 1.0 | 1.0 |
| | 334.00 | 3 | 3.0 | 3.0 | 4.0 |
| | 337.00 | 10 | 10.0 | 10.0 | 14.0 |
| | 340.00 | 26 | 26.0 | 26.0 | 40.0 |
| | 343.00 | 31 | 31.0 | 31.0 | 71.0 |
| | 346.00 | 17 | 17.0 | 17.0 | 88.0 |
| | 349.00 | 8 | 8.0 | 8.0 | 96.0 |
| | 352.00 | 2 | 2.0 | 2.0 | 98.0 |
| | 355.00 | 1 | 1.0 | 1.0 | 99.0 |
| | 358.00 | 1 | 1.0 | 1.0 | 100.0 |
| | 总计 | 100 | 100.0 | 100.0 | |

②带正态曲线的直方图。从直方图(图 12)可以看出,100 听罐头质量近似服从正态分布,而且集中趋势在 343.00 g。

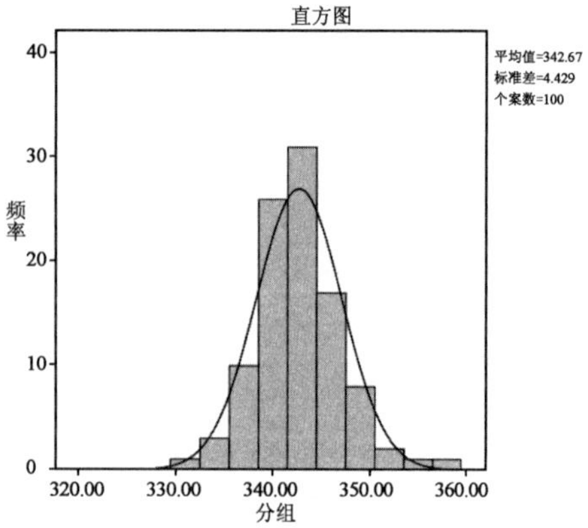


图 12 频率分布直方图

## 2 样本数据基本信息的计算(P_12)

第一步:按照图 4 的形式,把将要整理的数据输入到 SPSS 的数据表中。

第二步:执行"分析—描述统计—描述",打开"描述"对话框,将【质量】选中加入到变量列表框中(图 13)。

第三步:点击"描述"对话框右侧的【选项】按钮,打开"描述:选项"对话框,勾选属于集中趋势的【平均值】【总和】,属于离散趋势的【标准差】【方差】【范围】【最小值】【最大值】【标准误差平均值】，属于分布特征的【峰度】【偏度】，设置界面如图 14 所示，点击【继续】返回“描述”主对话框，点击【确定】按钮。

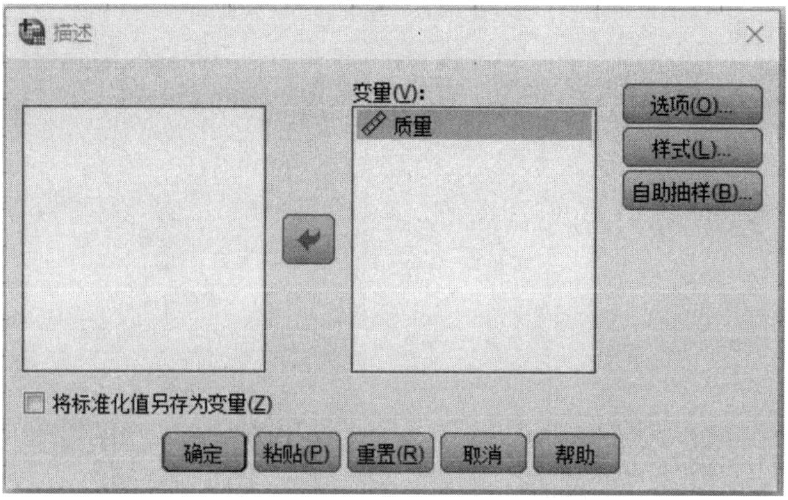


图 13　描述对话框设置

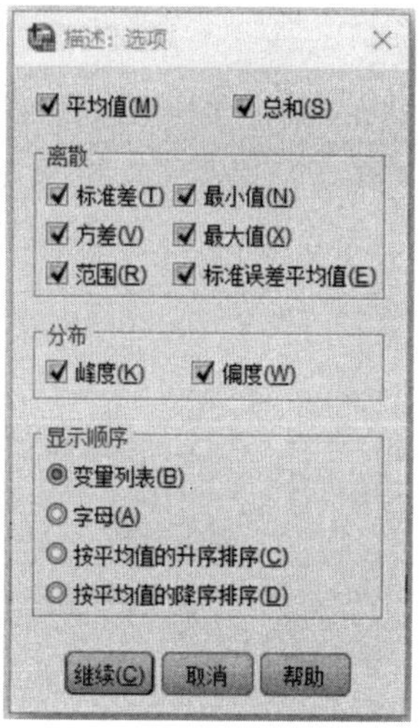


图 14　描述变量设置

第四步：结果分析。从描述统计表（表 2）可以看出，100 听罐头质量的最小值为 331.2，最大值为 358.2，平均值为 343.13，标准差为 4.5839，分布峰度和偏度分别为 1.102 和 0.422，表示数据分布比正态分布更加集中。

表 2　描述统计

| | 个案数 | 范围 | 最小值 | 最大值 | 总和 | 平均值 | | 标准差 | 方差 | 偏度 | | 峰度 | |
|---|---|---|---|---|---|---|---|---|---|---|---|---|---|
| | 统计 | 统计 | 统计 | 统计 | 统计 | 统计 | 标准误差 | 统计 | 统计 | 统计 | 标准误差 | 统计 | 标准误差 |
| 质量 | 100 | 27.0 | 331.2 | 358.2 | 34 313.0 | 343.130 | .458 4 | 4.583 9 | 21.012 | .422 | .241 | 1.102 | .478 |
| 有效个案数（成列） | 100 | | | | | | | | | | | | |

## 3　$t$ 检验（假设检验）

SPSS 软件提供了均值比较、单样本 $t$ 检验、独立样本 $t$ 检验、配对样本 $t$ 检验过程。本部分主要介绍采用 $t$ 统计量进行统计假设检验。

### 3.1　单个样本均数的 $t$ 检验（P_49）

单样本 $t$ 检验是对总体平均值进行假设检验的一种方法，用于推断某总体的平均值是否与指定的检验值之间存在明显的差异。

第一步：按照图 15 的形式，把将要整理的数据输入到 SPSS 的数据表中。

第二步：执行“分析—比较平均值—单样本 T 检验”，打开“单样本 T 检验”对话框（图 16），选中【净重】添加至检验变量列表框，在检验值文本框中输入检验值 500（图 17），点击【确定】按钮，打开“查看器”查看检验结果。

第三步：结果分析。利用查表求出 $t$ 临界值，最后按照小概率实际不可能原理进行假设判断；或者由样本计算得到的统计量直接与 $t_{0.05(9)}=2.262$ 以及 $t_{0.01(9)}=3.250\ 8$ 进行比较而做出统计推断。

根据单样本检验结果（表 3）可以得到，统计量 $t$ 值为 0.988，$|t|=0.988<t_{0.05(9)}=2.262$，且显著性（双

尾)=0.349>0.05,故推断该日装罐头平均净含量与标准净重差异不明显,表明该日装罐机工作属正常状态。

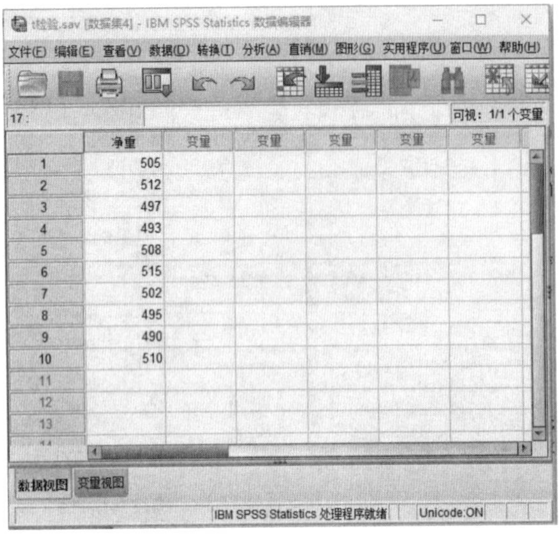


图 15　单个样本均数的 $t$ 检验实例数据

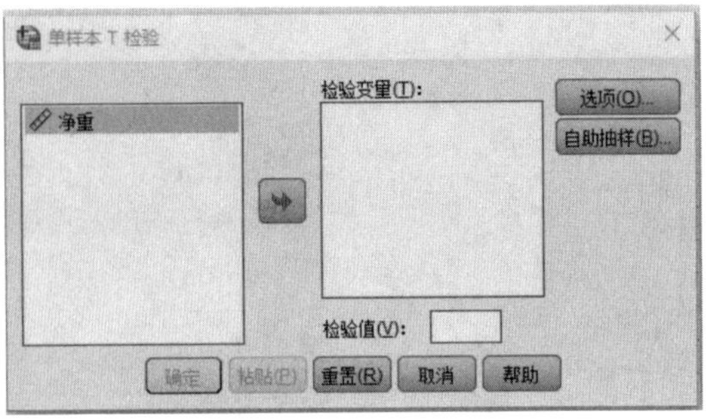


图 16　单样本 $t$ 检验对话框

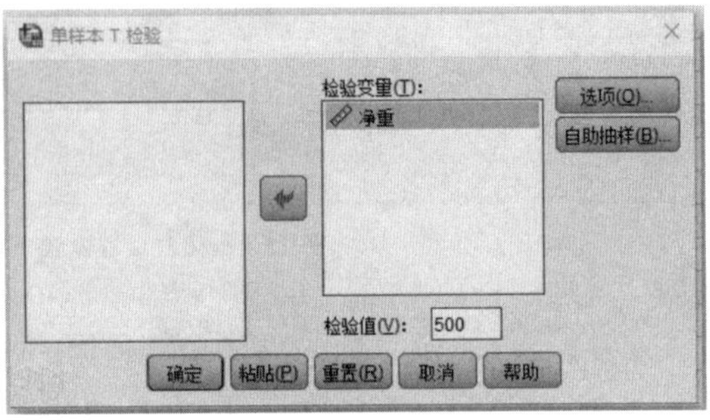


图 17　单样本 $t$ 检验变量设置

表 3　单样本检验

| | 检验值=500 | | | | | |
|---|---|---|---|---|---|---|
| | $t$ | 自由度 | 显著性(双尾) | 平均值差值 | 差值 95%置信区间 | |
| | | | | | 下限 | 上限 |
| 净重 | .988 | 9 | .349 | 2.700 | −3.48 | 8.88 |

## 3.2　两个样本平均数的假设检验

(1)独立样本 $t$ 检验(P_52)

独立样本 $t$ 检验就是推断两个样本所在总体平均数是否有差异。

第一步:按照图 18 的形式,把将要整理的数据输入到 SPSS 的数据表中。

第二步:执行"分析—比较平均值—独立样本 T 检验",打开"独立样本 T 检验"对话框(图 19),选中【SO2】添加至检验变量列表框,选中【罐头】添加至分组变量列表框,点击【定义组】按钮(图 20),选中使用指定的值,并在【组 1】文本框设为 1,【组 2】文本框设为 2,点击【继续】,返回"独立样本 T 检验"主窗口(图 21),点击【确定】按钮,打开"查看器"查看检验结果。

第三步:结果分析

①基本统计信息表。从组统计表(表 4)可以看出两个组的平均值、标准差和标准误差平均值。

②$t$ 检验分析结果。利用查表求出 $t$ 临界值,最后按照小概率实际不可能原理进行假设判断;或者由样本计算得到的统计量直接与 $t_{0.01(10)}=3.169$ 进行比较而做出统计推断。

根据单样本检验结果(表 5)可以得到,统计量 $t$ 值为 $-22.737$,$|t|=22.737>t_{0.01(10)}=3.169$,且显著性(双尾)=0.000<0.01,故推断两种罐头的 $SO_2$ 含量差异极显著,说明该批罐头已被硫化腐败菌感染变质。

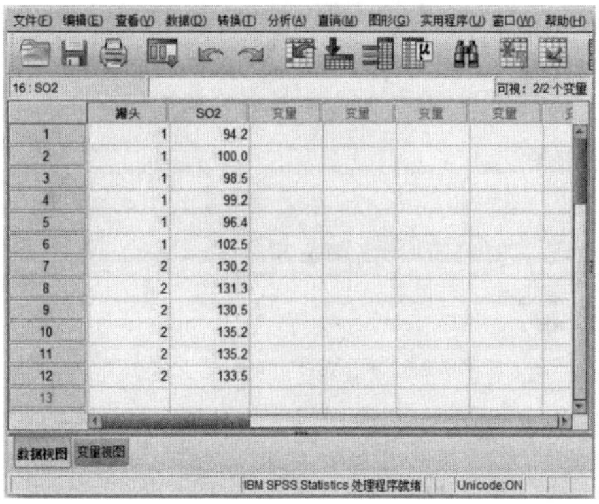


图 18　独立样本 $t$ 检验实例数据

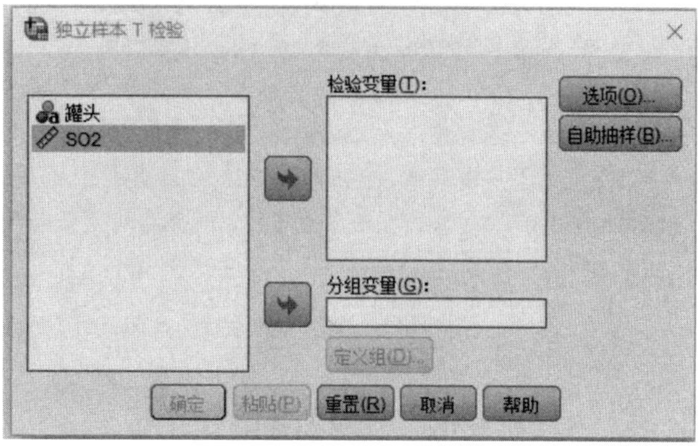


图 19　独立样本 $t$ 检验对话框

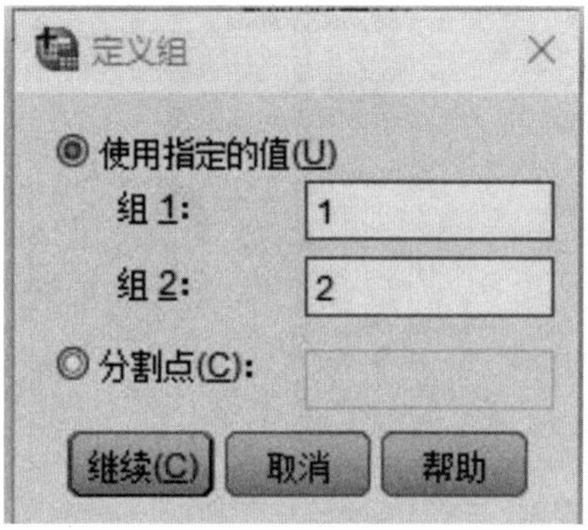


图 20　定义组设置

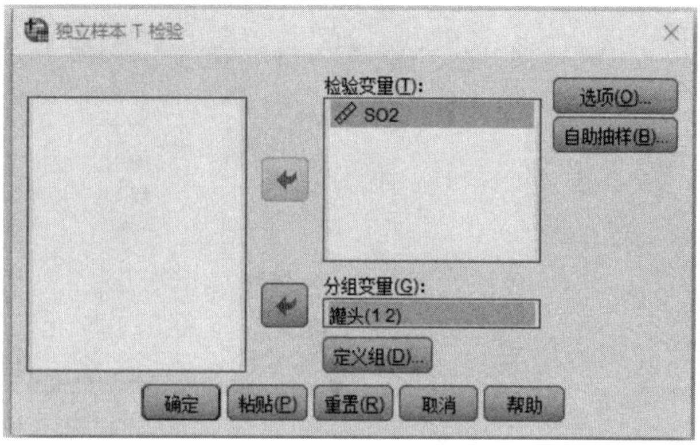


图 21　独立样本 $t$ 检验设置

**表 4　组统计**

| 罐头 | | 个案数 | 平均值 | 标准差 | 标准误差平均值 |
|---|---|---|---|---|---|
| $SO_2$ | 正常 | 6 | 98.467 | 2.885 6 | 1.178 0 |
| | 异常 | 6 | 132.650 | 2.288 0 | .934 1 |

**表 5　独立样本检验**

| | | 莱文方差等同性检验 | | 平均值等同性 $t$ 检验 | | | | | | |
|---|---|---|---|---|---|---|---|---|---|---|
| | | $F$ | 显著性 | $t$ | 自由度 | 显著性（双尾） | 平均值差值 | 标准误差差值 | 差值 95% 置信区间 下限 | 差值 95% 置信区间 上限 |
| $SO_2$ | 假定等方差 | .028 | .870 | −22.737 | 10 | .000 | −34.183 3 | 1.503 4 | −37.533 2 | −30.833 5 |
| | 不假定等方差 | | | −22.737 | 9.506 | .000 | −34.183 3 | 1.503 4 | −37.556 9 | −30.809 8 |

(2)两配对样本 $t$ 检验(P_55)

两配对样本 $t$ 检验是对应配对试验数据的处理。

第一步：按照图 22 的形式，把将要整理的数据输入到 SPSS 的数据表中。

第二步：执行“分析—比较平均值—成对样本 T 检验”，打开“成对样本 T 检验”对话框(图 23)，在左侧的列表框中依次选择检验变量【电渗处理前】和【电渗处理后】，将其添加至配对变量列表框(图24)，点击【确定】按钮，打开“查看器”查看检验结果。

第三步：结果分析。利用查表求出$t$临界值，最后按照小概率实际不可能原理进行假设判断；或者由样本计算得到的统计量直接与$t_{0.01(9)}=3.2508$进行比较而做出统计推断。

根据单样本检验结果(表6)可以得到，统计量$t$值为$-8.358$，$|t|=8.358>t_{0.01(9)}=3.2508$，且显著性(双尾)$=0.000<0.01$，认为电渗处理后草莓果实钙离子含量与处理前的钙离子含量差异极显著。

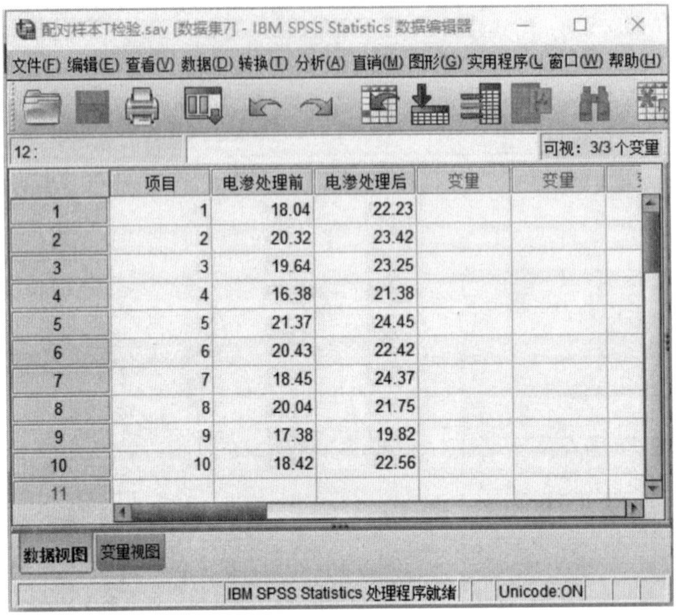


图22 成对样本$t$检验实例数据

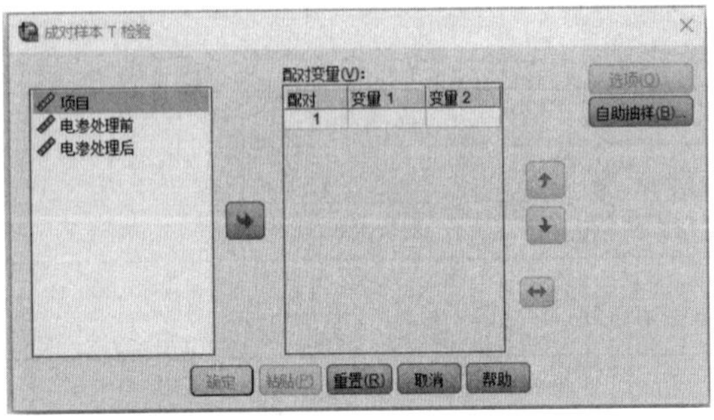


图23 成对样本$t$检验对话框

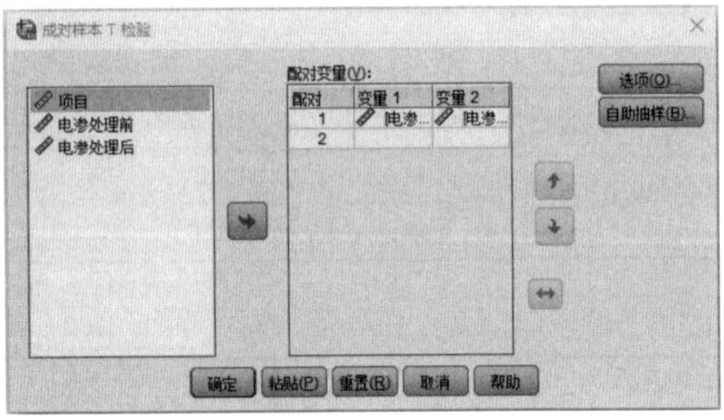


图24 成对样本$t$检验变量设置

表6 配对样本检验

| | | 配对差值 | | | | | $t$ | 自由度 | 显著性(双尾) |
|---|---|---|---|---|---|---|---|---|---|
| | | 平均值 | 标准差 | 标准误差平均值 | 差值95%置信区间 | | | | |
| | | | | | 下限 | 上限 | | | |
| 配对1 | 电渗处理前-电渗处理后 | −3.518 00 | 1.331 05 | .420 91 | −4.470 17 | −2.565 83 | −8.358 | 9 | .000 |

## 4　*F* 检验(方差分析)

### 4.1　单因素方差分析(P_83)

SPSS 提供了单因素方差分析、多因素方差分析、协方差分析、重复测量方差分析、多元方差分析。

第一步：首先输入要分析的数据(图 25)。

第二步：执行“分析—比较平均值—单因素 ANOVA 检验”，打开“单因素 ANOVA”对话框(图 26)，在左侧的列表框中选择【酸价】添加至因变量列表框中，选择【品牌】添加至因子列表框中(图 27)，点击右侧的【选项】按钮(图 28)，勾选【描述】和【方差齐性检验】，点击【继续】，返回图 27，点击右侧的【事后比较】按钮，勾选【LSD】，显著性水平设为 0.05(图 29)，点击【继续】，返回图 27，点击【确定】按钮，打开“查看器”查看检验结果。

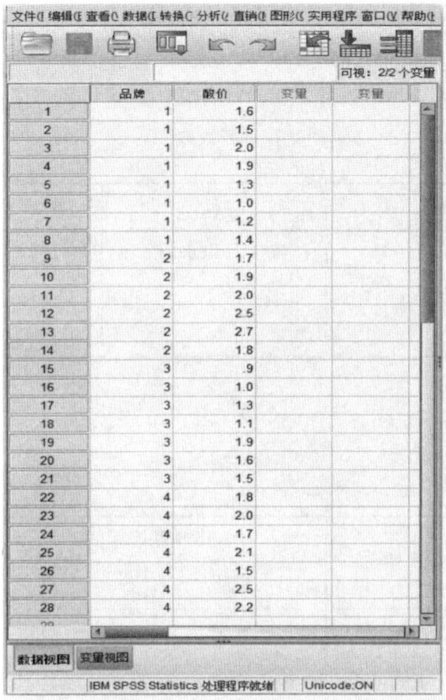

| | 品牌 | 酸价 |
|---|---|---|
| 1 | 1 | 1.6 |
| 2 | 1 | 1.5 |
| 3 | 1 | 2.0 |
| 4 | 1 | 1.9 |
| 5 | 1 | 1.3 |
| 6 | 1 | 1.0 |
| 7 | 1 | 1.2 |
| 8 | 1 | 1.4 |
| 9 | 2 | 1.7 |
| 10 | 2 | 1.9 |
| 11 | 2 | 2.0 |
| 12 | 2 | 2.5 |
| 13 | 2 | 2.7 |
| 14 | 2 | 1.8 |
| 15 | 3 | .9 |
| 16 | 3 | 1.0 |
| 17 | 3 | 1.3 |
| 18 | 3 | 1.1 |
| 19 | 3 | 1.9 |
| 20 | 3 | 1.6 |
| 21 | 3 | 1.5 |
| 22 | 4 | 1.8 |
| 23 | 4 | 2.0 |
| 24 | 4 | 1.7 |
| 25 | 4 | 2.1 |
| 26 | 4 | 1.5 |
| 27 | 4 | 2.5 |
| 28 | 4 | 2.2 |

图 25　单因素方差分析的实例数据

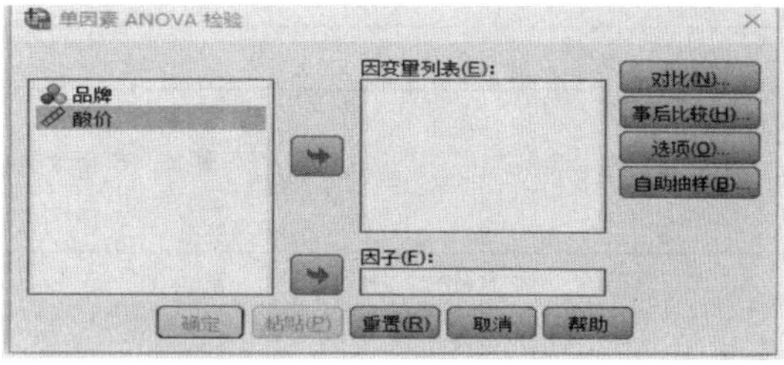


图 26　单因素方差分析对话框

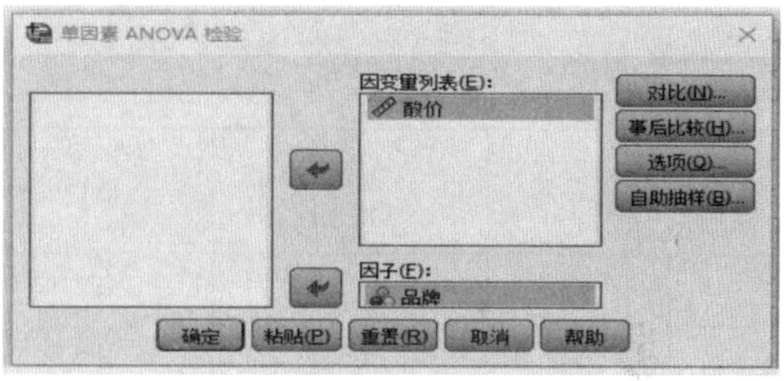


图 27　单因素方差分析变量设置

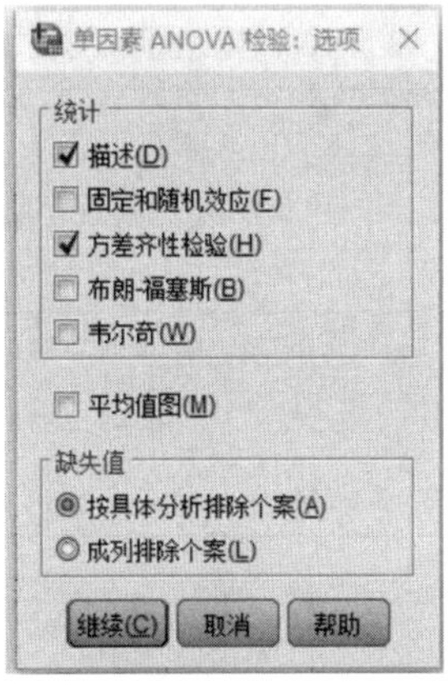


图 28　单因素方差分析选项设置

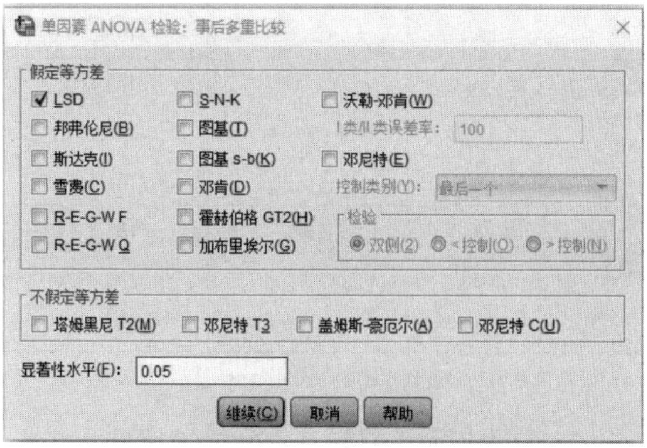


图 29　单因素方差分析事后多重比较设置

第三步:结果分析

①方差齐性的检验结果。从方差齐性检验表(表 7)可以看到方差齐性检验的 $P$ 值为 0.879,大于 0.05,可以认为样本数据之间的方差是齐性的。

②方差分析的结果。从方差分析表(表 8)可以看到,组间平方和为 2.803,组内平方和为 3.077,组间平方和的 $F$ 值为 7.286,相应的概率为 0.001,小于显著性水平,因此认为 4 种不同品牌腊肉的酸价指标有差异。

③多重比较的结果。从多重比较表(表 9)可以看出,品牌 A1 与 A2、A1 与 A4、A2 与 A3、A3 与 A4 的均值差是非常明显的,但 A1 与 A3、A2 与 A4 的均值差不是很明显。

**表 7　方差齐性检验**

酸价

| 莱文统计 | 自由度 1 | 自由度 2 | 显著性 |
|---|---|---|---|
| .223 | 3 | 24 | .879 |

**表 8　方差分析(ANOVA)**

酸价

| | 平方和 | 自由度 | 均方 | $F$ | 显著性 |
|---|---|---|---|---|---|
| 组间 | 2.803 | 3 | .934 | 7.286 | .001 |
| 组内 | 3.077 | 24 | .128 | | |
| 总计 | 5.880 | 27 | | | |

**表 9　多重比较**

因变量:酸价

LSD

| (I)品牌 | (J)品牌 | 平均值差值(I−J) | 标准误差 | 显著性 | 95%置信区间 | |
|---|---|---|---|---|---|---|
| | | | | | 下限 | 上限 |
| A1 | A2 | −.612 5* | .193 4 | .004 | −1.012 | −.213 |
| | A3 | .158 9 | .185 3 | .400 | −.224 | .541 |
| | A4 | −.483 9* | .185 3 | .015 | −.866 | −.91 |
| A2 | A1 | .612 5* | .193 4 | .004 | .213 | 1.012 |
| | A3 | .771 4* | .199 2 | .001 | .360 | 1.183 |
| | A4 | .128 6 | .199 2 | .525 | −.283 | .540 |
| A3 | A1 | −.158 9 | .185 3 | .400 | −.541 | .224 |
| | A2 | −.771 4* | .199 2 | .001 | −1.183 | −.360 |
| | A4 | −.642 9* | .191 4 | .003 | −1.038 | −.248 |
| A4 | A1 | .483 9* | .185 3 | .015 | .101 | .866 |
| | A2 | −.128 6 | .199 2 | .525 | −.540 | .283 |
| | A3 | .642 9* | .191 4 | .003 | .248 | 1.038 |

* 平均值差值的显著性水平为 0.05。

## 4.2　双因素无重复的方差分析(P_87)

第一步:首先输入要分析的数据(图 30)。

第二步：执行“分析—一般线性模型—单变量”，打开“单变量”对话框（图 31），在左侧的列表框中选择【酸度】添加至【因变量】列表框中，选择因素【日期】和因素【化验员】添加至【固定因子】列表框中（图 32），点击右侧的【模型】按钮，在“模型”对话框（图 33）的左侧【因子与协变量】列表框中选择因素【日期】和因素【化验员】添加至【模型】列表框，中间【构建项】的类型选择【主效应】，点击【继续】，返回图 32，点击右侧的【事后比较】按钮，将“实测平均值的事后多重比较”对话框（图 34）的【因子】列表框中的因素【日期】和因素【化验员】添加至【下列各项的事后检验】列表框中，并勾选【LSD】，点击【继续】，返回图 32，点击右侧的【选项】按钮，将因素【日期】和因素【化验员】添加至【显示下列各项的平均值】列表框，勾选【比较主效应】【描述统计】和【齐性检验】，点击【继续】，返回图 32，点击【确定】，打开“查看器”查看检验结果。

第三步：结果分析

①主体间效应检验结果。从主体间效应检验表（表 10）可以看到修正模型统计量 $F=94.560$，说明模型有统计学意义。因素化验员 $P=0.587$，大于显著性水平 0.05，没有统计学意义，因素日期 $P=0.000$，小于显著性水平 0.05，具有统计学意义。

②成对比较结果。从成对比较表（表 11）可以看到，化验员之间没有差异。

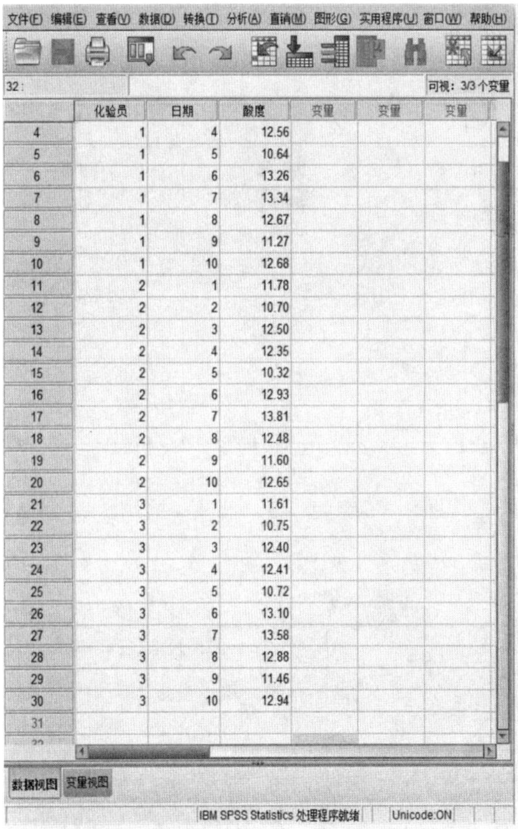


| | 化验员 | 日期 | 酸度 | 变量 | 变量 | 变量 |
|---|---|---|---|---|---|---|
| 4 | 1 | 4 | 12.56 | | | |
| 5 | 1 | 5 | 10.64 | | | |
| 6 | 1 | 6 | 13.26 | | | |
| 7 | 1 | 7 | 13.34 | | | |
| 8 | 1 | 8 | 12.67 | | | |
| 9 | 1 | 9 | 11.27 | | | |
| 10 | 1 | 10 | 12.68 | | | |
| 11 | 2 | 1 | 11.78 | | | |
| 12 | 2 | 2 | 10.70 | | | |
| 13 | 2 | 3 | 12.50 | | | |
| 14 | 2 | 4 | 12.35 | | | |
| 15 | 2 | 5 | 10.32 | | | |
| 16 | 2 | 6 | 12.93 | | | |
| 17 | 2 | 7 | 13.81 | | | |
| 18 | 2 | 8 | 12.48 | | | |
| 19 | 2 | 9 | 11.60 | | | |
| 20 | 2 | 10 | 12.65 | | | |
| 21 | 3 | 1 | 11.61 | | | |
| 22 | 3 | 2 | 10.75 | | | |
| 23 | 3 | 3 | 12.40 | | | |
| 24 | 3 | 4 | 12.41 | | | |
| 25 | 3 | 5 | 10.72 | | | |
| 26 | 3 | 6 | 13.10 | | | |
| 27 | 3 | 7 | 13.58 | | | |
| 28 | 3 | 8 | 12.88 | | | |
| 29 | 3 | 9 | 11.46 | | | |
| 30 | 3 | 10 | 12.94 | | | |
| 31 | | | | | | |

图 30　双因素无重复方差分析的实例数据

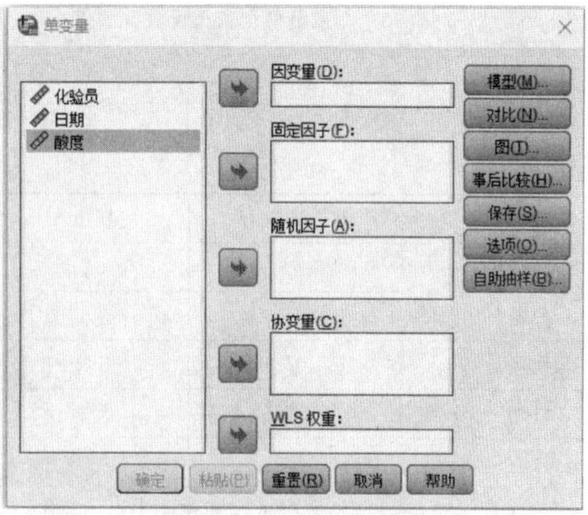


图 31　单变量对话框

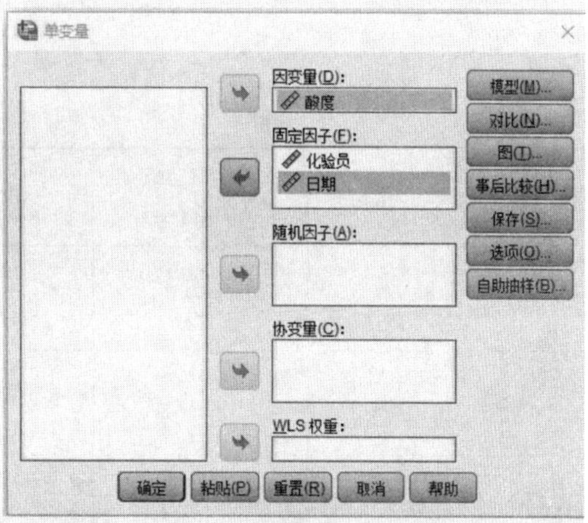


图 32　单变量变量设置

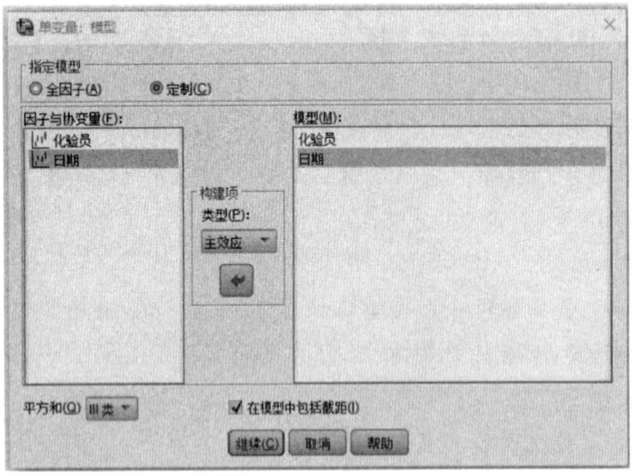


图 33 单变量模型变量设置

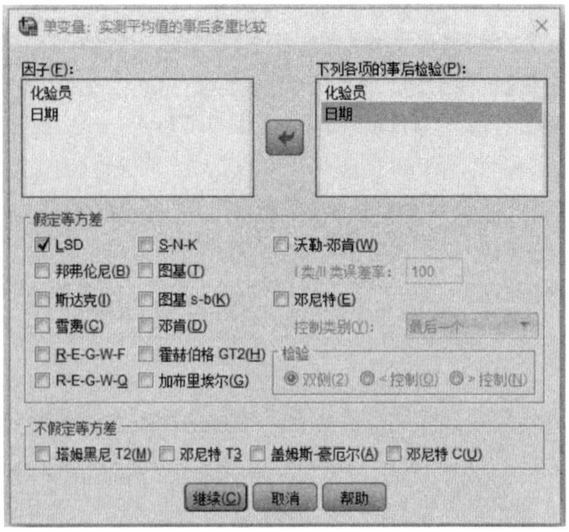


图 34 单变量实测平均值的事后多重比较变量设置

**表 10 主体间效应检验**

因变量：酸度

| 源 | Ⅲ类平方和 | 自由度 | 均方 | *F* | 显著性 |
|---|---|---|---|---|---|
| 修正模型 | 26.787[a] | 11 | 2.435 | 94.560 | .000 |
| 截距 | 4 423.816 | 1 | 4 423.816 | 171 778.927 | .000 |
| 化验员 | .028 | 2 | .014 | .548 | .587 |
| 日期 | 26.759 | 9 | 2.973 | 115.452 | .000 |
| 误差 | .464 | 18 | .026 | | |
| 总计 | 4 451.067 | 30 | | | |
| 修正后总计 | 27.251 | 29 | | | |

a. $R^2$ = .983(调整后 $R^2$ = .973)

**表 11 多重比较**

因变量：酸度

LSD

| (I)化验员 | (J)化验员 | 平均值差值(I−J) | 标准误差 | 显著性 | 95%置信区间 | |
|---|---|---|---|---|---|---|
| | | | | | 下限 | 上限 |
| A1 | A2 | .021 0 | .071 77 | .773 | −.129 8 | .171 8 |
| | A3 | −.052 0 | .071 77 | .478 | −.200 8 | .098 8 |
| A2 | A1 | −.021 0 | .071 77 | .773 | −.171 8 | .129 8 |
| | A3 | −.073 0 | .071 77 | .323 | −.223 8 | .077 8 |
| A3 | A1 | .052 0 | .071 77 | .478 | −.098 8 | .202 8 |
| | A2 | .073 0 | .071 77 | .323 | −.077 8 | .223 8 |

基于实测平均值。

误差项是均方(误差)=.026。

图 30 所示的数据中，经过方差分析，可知化验员因素的各水平间差异不显著，而日期因素的各水平间差异显著，因此，需对 B 因素的各水平间进行多重比较。方法可采用 4.1 中所示的方法。

## 5　对立性检验(P_131)

### 5.1　2×2 表的对立性检验(P_13)

第一步：首先输入要分析的数据(图 35)。

第二步：执行“分析—描述统计—交叉表”，打开“交叉表”对话框(图 36)，在左侧的列表框中选中【性别】添加至【行】列表框中，选择【食品类别】添加至【列】列表框中(图 37)，点击右侧的【统计】按钮，打开“交叉表：统计”对话框(图 38)，勾选【卡方】，点击【继续】，返回图 37，继续点击右侧的【单元格】按钮，打开“交叉表：单元格显示”对话框(图 39)，勾选【实测】【期望】【行】【列】【总计】，点击【继续】，返回图 37，点击【确定】按钮，打开“查看器”窗口查看结果。

第三步：结果分析

①交叉列联表分析。从性别 * 食品类别交叉列联表(表 12)可以看出，男性、女性喜欢有机食品的比例分别占到 10.0%和 20.0%，男性、女性喜欢常规食品的比例分别占到 40.0%和 30.0%。

②卡方检验分析。从卡方检验表(表 13)可以看出，卡方值为 $\chi_c^2=3.857$，查表可得 $\chi_{0.05(1)}^2=3.84$，渐进显著性 0.05，$\chi_c^2=3.8575>\chi_{0.05(1)}^2=3.84$，因此可以认为男女消费者对两类食品有不同的态度，女性对有机食品的偏爱高于男性。

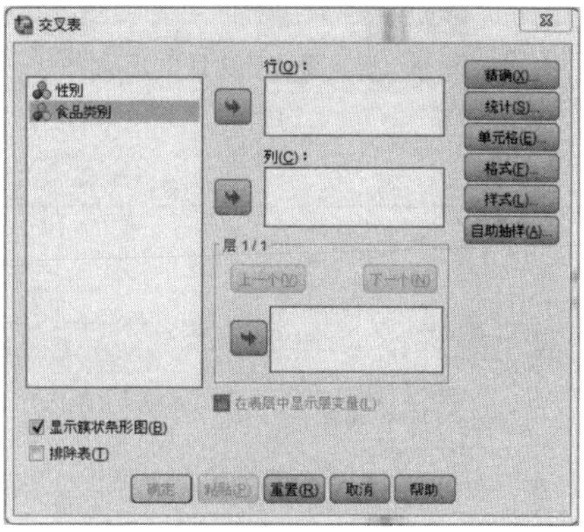


图 36　交叉表对话框

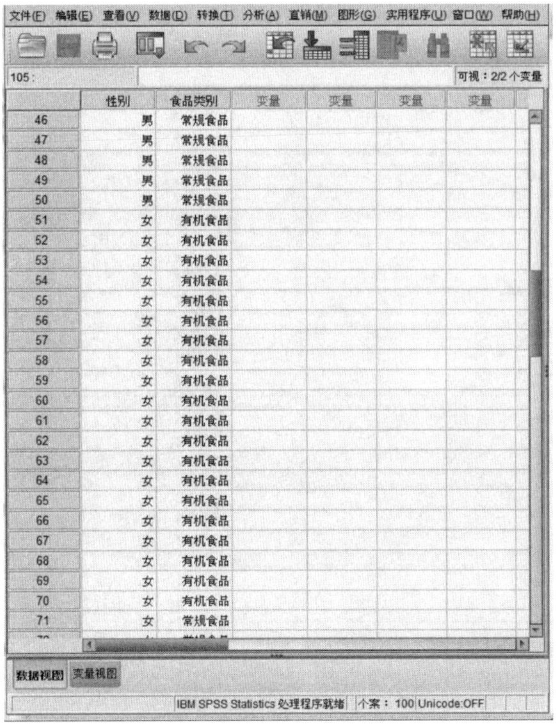


图 35　交叉列联表分析实例数据

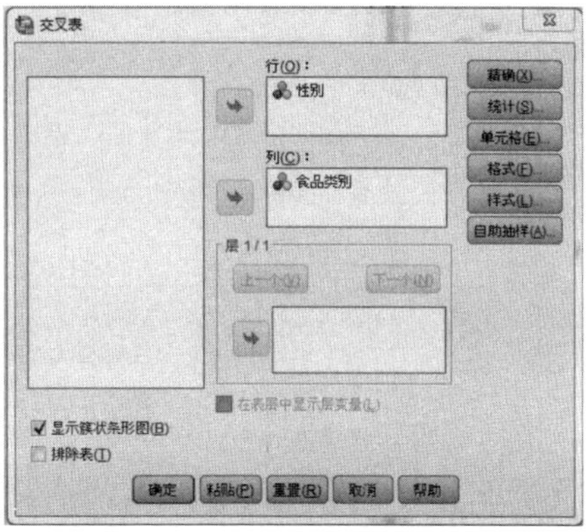


图 37　交叉表对话框变量设置(1)

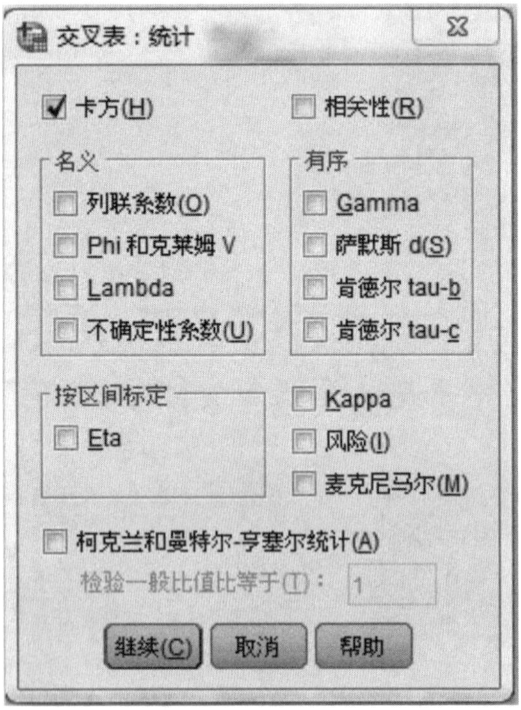


图 38　交叉表统计变量设置

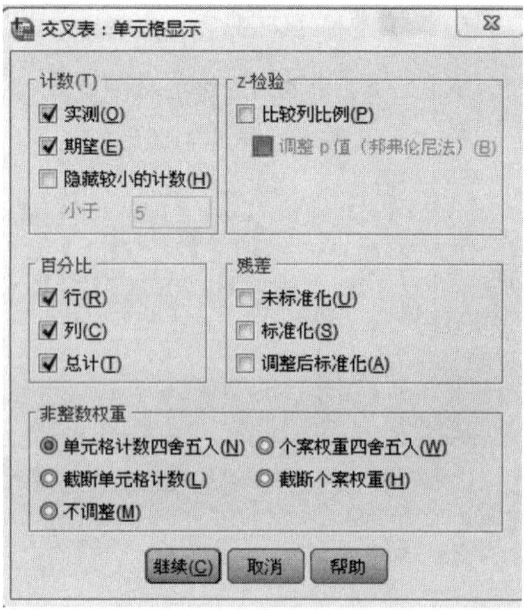


图 39　交叉表单元格显示变量设置

表 12　性别 * 食品类别交叉表

| | | | 食品类别 | | 总计 |
|---|---|---|---|---|---|
| | | | 有机食品 | 常规食品 | |
| 性别 | 男 | 计数 | 10 | 40 | 50 |
| | | 期望计数 | 15.0 | 35.0 | 50.0 |
| | | 占性别的百分比 | 20.0% | 80.0% | 100.0% |
| | | 占食品类别的百分比 | 33.3% | 57.1% | 50.0% |
| | | 占总计的百分比 | 10.0% | 40.0% | 50.0% |
| | 女 | 计数 | 20 | 30 | 50 |
| | | 期望计数 | 15.0 | 35.0 | 50.0 |
| | | 占性别的百分比 | 40.0% | 60.0% | 100.0% |
| | | 占食品类别的百分比 | 66.7% | 42.9% | 50.0% |
| | | 占总计的百分比 | 20.0% | 30.0% | 50.0% |
| 总计 | | 计数 | 30 | 70 | 100 |
| | | 期望计数 | 30.0 | 70.0 | 100.0 |
| | | 占性别的百分比 | 30.0% | 70.0% | 100.0% |
| | | 占食品类别的百分比 | 100.0% | 100.0% | 100.0% |
| | | 占总计的百分比 | 30.0% | 70.0% | 100.0% |

**表 13　卡方检验**

| | 值 | 自由度 | 渐进显著性(双侧) | 精确显著性(双侧) | 精确显著性(单侧) |
|---|---|---|---|---|---|
| 皮尔逊卡方 | 4.762[a] | 1 | .029 | | |
| 连续性修正[b] | 3.857 | 1 | .050 | | |
| 似然比 | 4.831 | 1 | .028 | | |
| 费希尔精确检验 | | | | .049 | .024 |
| 线性关联 | 4.714 | 1 | .030 | | |
| 有效个案数 | 100 | | | | |

a. 0 个单元格（0.0%）的期望计数小于 5。最小期望计数为 15.00。

b. 仅针对 2×2 表进行计算。

## 5.2　2×C 表的对立性检验(P_132)

第一步：首先输入要分析的数据(图 40)。

第二步：执行“分析—描述统计—交叉表”，打开“交叉表”对话框(图 36)，在左侧的列表框中选中【污染情况】添加至【行】列表框中，选择【地区】添加至【列】列表框中(图 41)，点击右侧的【统计】按钮，打开“交叉表：统计”对话框(图 38)，勾选【卡方】，点击【继续】，返回图 41，继续点击右侧的【单元格】按钮，打开“交叉表：单元格显示”对话框(图 39)，勾选【实测】【期望】【行】【列】【总计】，点击【继续】，返回图 41，点击【确定】按钮，打开“查看器”窗口查看结果。

第三步：结果分析

①交叉列联表分析。从污染情况 * 地区交叉列联表(表 14)可以看出，A、B 和 C 3 个地区不受污染的比例分别占到 10.0%、40.0%和 8.0%，A、B 和 C 3 个地区受污染的比例分别占到 25.0%、16.0%和 4.0%。

②卡方检验分析。从卡方检验表(表 15)可以看出，卡方值为 $\chi_c^2=16.672$，查表可得 $\chi_{0.05(2)}^2=9.21$，渐进显著性 0.000，$\chi_c^2=16.672>\chi_{0.05(2)}^2=9.21$，因此可以认为 A、B 和 C 3 个地区与所种花生黄曲霉污染情况有关，即地区不同，花生黄曲霉污染情况也不同。

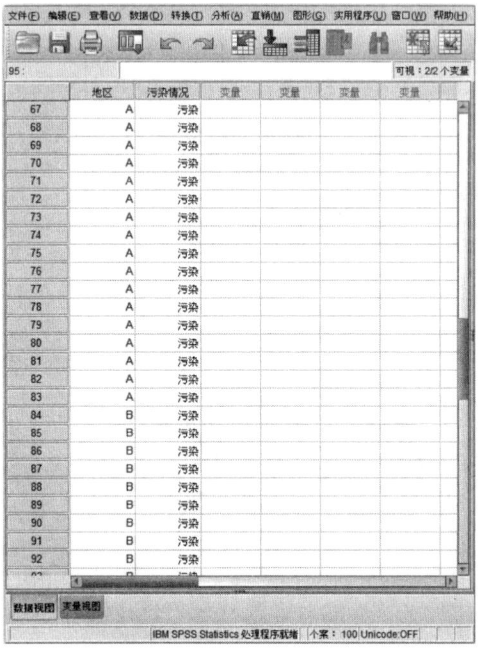


图 40　2×C 表的对立性检验实例数据

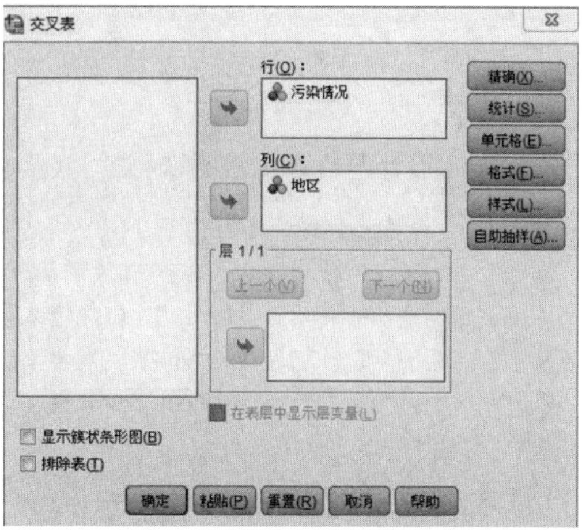


图 41　交叉表对话框变量设置(2)

表 14 污染情况 * 地区交叉表

| | | | 地区 A | 地区 B | 地区 C | 总计 |
|---|---|---|---|---|---|---|
| 污染情况 | 无污染 | 计数 | 10 | 40 | 8 | 58 |
| | | 期望计数 | 19.71 | 31.53 | 6.76 | 58.0 |
| | | 占污染情况的百分比 | 17.24 | 69.0% | 13.8% | 100.0% |
| | | 占地区的百分比 | 28.6% | 71.4% | 66.7% | 56.3% |
| | | 占总计的百分比 | 9.7% | 38.8% | 7.8% | 56.3% |
| | 污染 | 计数 | 25 | 16 | 4 | 45 |
| | | 期望计数 | 15.29 | 24.47 | 5.24 | 45.0 |
| | | 占污染情况的百分比 | 55.6% | 35.6% | 8.9% | 100.0% |
| | | 占地区的百分比 | 71.4% | 28.6% | 33.3% | 43.7% |
| | | 占总计的百分比 | 24.3% | 15.5% | 3.9% | 43.7% |
| 总计 | | 计数 | 35 | 56 | 12 | 103 |
| | | 期望计数 | 35.0 | 56.0 | 12.0 | 103.0 |
| | | 占污染情况的百分比 | 34.0% | 54.4% | 11.7% | 100.0% |
| | | 占地区的百分比 | 100.0% | 100.0% | 100.0% | 100.0% |
| | | 占总计的百分比 | 34.0% | 54.4% | 11.7% | 100.0% |

表 15 卡方检验

| | 值 | 自由度 | 渐进显著性(双侧) |
|---|---|---|---|
| 皮尔逊卡方 | 16.672[a] | 2 | .000 |
| 似然比 | 16.982 | 2 | .000 |
| 线性关联 | 11.532 | 1 | .001 |
| 有效个案数 | 103 | | |

a. 0 个单元格 (0.0%) 的期望计数小于 5。最小期望计数为 5.24。

R×C 列联表是指横、纵因子均为 3 组或 3 组以上的列联表，其 SPSS 实现过程类似于 2×C 表的对立性检验。

## 6 成组设计两样本比较的秩和检验(P_139)

第一步：首先输入要分析的数据(图 42)。

第二步：执行“分析—非参数检验—旧对话框—2 个相关样本(L)”，打开“双关联样本检验”对话框(图 43)，在左侧的列表框中依次选中【A 组】和【B 组】添加至【检验对】列表框中的【变量 1】和【变量 2】，勾选【威尔科克森】，点击右侧的【选项】按钮，打开“双关联样本：选项”对话框(图 44)，勾选【描述】，点击【继续】，返回图 43，点击【确定】按钮，打开“查看器”窗口查看结果。

第三步：结果分析

①描述统计分析。从描述统计表(表 16)可以看出，A 组的平均值为 53.300，标准差为 2.409 7，B 组的平均值为 55.040，标准差为 2.105 5。

②检验统计分析。从检验统计表(表 17)可以看出，渐进显著性 0.465，大于显著性水平 0.05，因此可以认

为仪器 A 和 B 的测试结果一致。

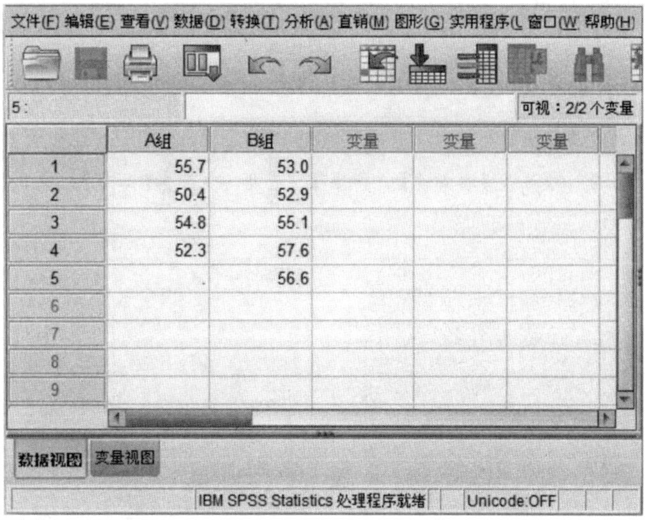


**图 42　成组设计两样本比较的秩和检验实例数据**

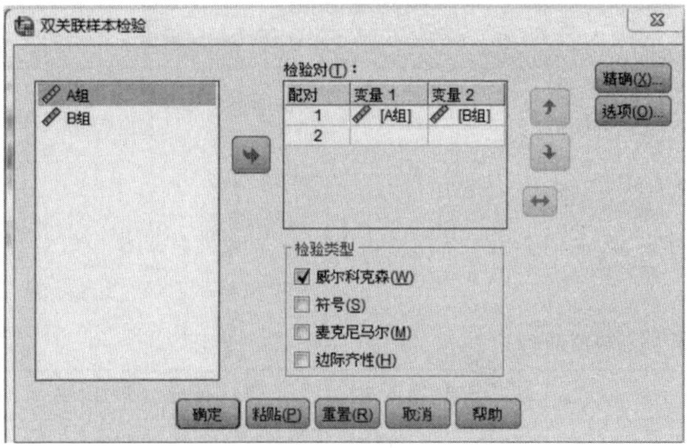


**图 43　双关联样本检验变量设置**

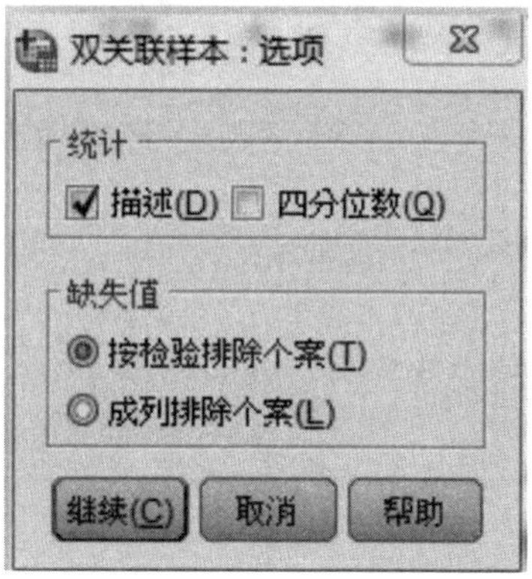


**图 44　双关联样本选项变量设置**

**表 16　描述统计**

| | 个案数 | 平均值 | 标准差 | 最小值 | 最大值 |
|---|---|---|---|---|---|
| A 组 | 4 | 53.300 | 2.409 7 | 50.4 | 55.7 |
| B 组 | 5 | 55.040 | 2.105 5 | 52.9 | 57.6 |

**表 17　检验统计[a]**

| | B 组－A 组 |
|---|---|
| Z | $-.730^{b}$ |
| 渐近显著性(双尾) | .465 |

a. 威尔科克森符号秩检验。

b. 基于负秩。

处理多个成对样本的秩和检验时，利用“分析—非参数检验—旧对话框—k 个相关样本(S)”。

## 7　直线相关与回归分析

### 7.1　直线回归分析(P_185)

第一步：首先输入要分析的数据(图 45)。

第二步：执行“分析—回归—线性”，打开“线性回归”对话框(图 46)，在左侧的列表框中选中【甜度】添加至【因变量】列表框中，选择【蔗糖浓度】添加至【自变量】列表框中，点击【确定】按钮，打开“查看器”窗口查看结果。

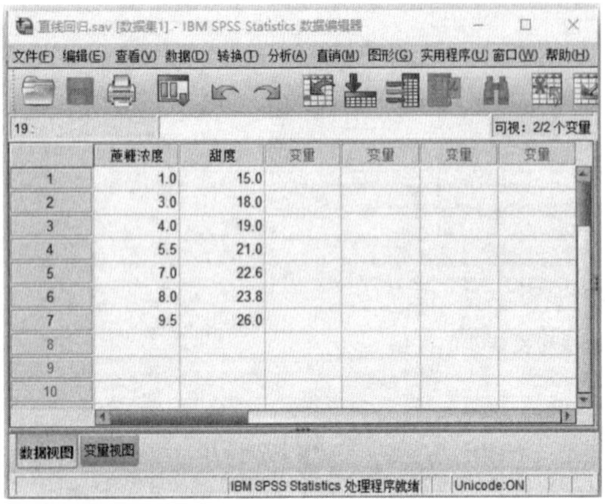


图 45　回归分析用到的数据

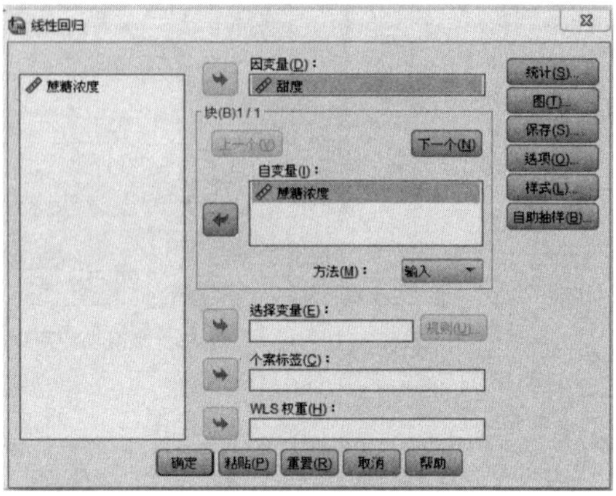


图 46　线性回归对话框

第三步：结果分析

①模型拟合分析。从模型摘要(表 18)可以得出，模型调整后的 $R^2$ 为 0.997，说明该模型对数据的解释能力强，即模型的拟合情况好。

表 18　模型摘要

| 模型 | $R$ | $R^2$ | 调整后 $R^2$ | 标准估算的误差 |
|---|---|---|---|---|
| 1 | .999[a] | .997 | .997 | .207 8 |

a. 预测变量：(常量)，蔗糖浓度

②方差分析。从方差分析表(表 19)可以看出，该模型的 $P$ 值为 0.000，小于显著性水平 0.05，说明该模型显著。

表 19　方差分析(ANOVA[a])

| 模型 | | 平方和 | 自由度 | 均方 | $F$ | 显著性 |
|---|---|---|---|---|---|---|
| 1 | 回归 | 83.818 | 1 | 83.818 | 1 940.480 | .000[b] |
| | 残差 | .216 | 5 | .043 | | |
| | 总计 | 84.034 | 6 | | | |

a. 因变量：甜度

b. 预测变量：(常量)，蔗糖浓度

③回归方程系数分析。从系数表(表 20)可以看出，模型的常数项是 13.958，$t$ 值是 80.466，显著性是 0.000，小于显著性水平 0.05，蔗糖浓度的斜率是 1.255，$t$ 值是 44.051，显著性是 0.000，小于显著性水平 0.05。所以方程中的常量和斜率都是显著的。最终的模型为：甜度＝1.255×蔗糖浓度＋13.958。

表 20　系数[a]

| 模型 | | 未标准化系数 | | 标准化系数 | t | 显著性 |
|---|---|---|---|---|---|---|
| | | B | 标准误差 | Beta | | |
| 1 | （常量） | 13.958 | .173 | | 80.466 | .000 |
| | 蔗糖浓度 | 1.255 | .028 | .999 | 44.051 | .000 |

a.因变量：甜度

这里仅给出了简单回归分析，对于多元回归分析，可以采用类似于上述的方法进行分析，主要区别是在选择自变量(x)的输入区域时，要注意是多个自变量，即 $x_1, x_2, \cdots, x_k$。

## 7.2　直线相关分析(P_171)

第一步：首先输入要进行相关分析的数据(图 47)。

第二步：执行“分析—相关—双变量”，打开“双变量相关性”对话框(图 48)；在左侧候选变量列表框中选择需要进行简单相关分析的【脂肪含量】和【蛋白质含量】两个变量添加至右侧的【变量】列表框中。【相关系数】列表框选择【皮尔逊】选项。在【显著性检验】列表框中选择【双尾】选项，同时勾选【标记显著性相关性】。设置之后的界面见图 49，点击【确定】，打开“查看器”窗口查看结果。

第三步：结果分析

①描述性统计结果。从描述统计表(表 21)可以看出，参与相关分析的两个变量的个案数都是 42，脂肪含量的平均值为 19.952，标准差为 2.408 3，蛋白质含量的平均值为 39.120，标准差为 2.665 3。

②相关分析结果。从相关性(表 22)可以看出，脂肪含量和蛋白质含量的相关系数为−0.852，显著性水平为 0.000，小于 0.01，所以脂肪含量和蛋白质含量的相关性为负向的且相关性很强。

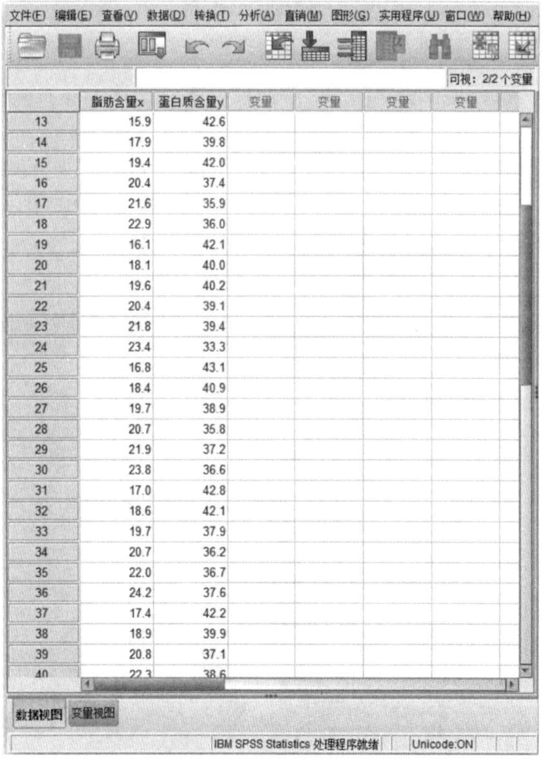


图 47　相关分析实例数据

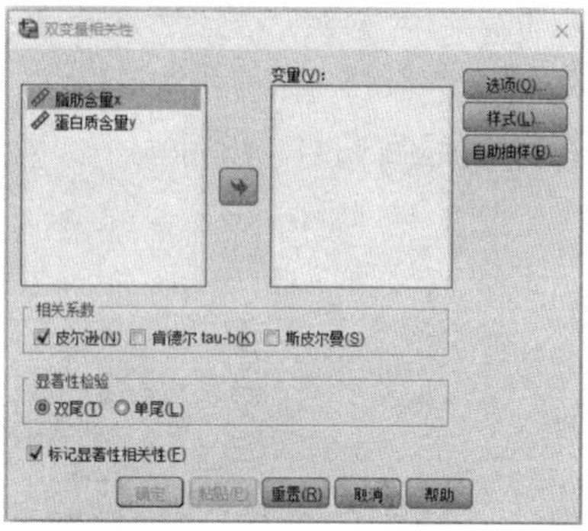


图 48　双变量相关性对话框

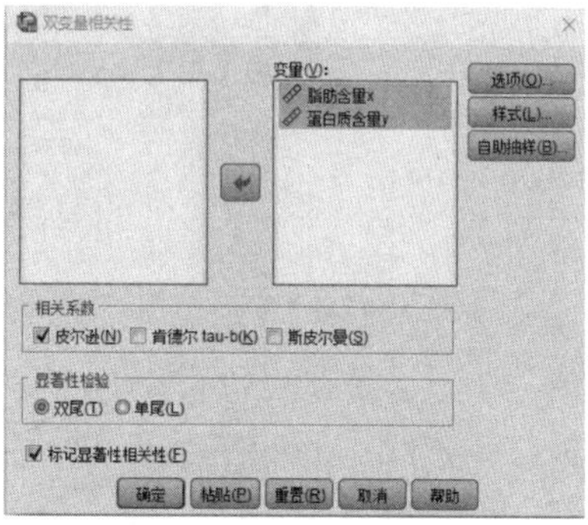


图 49　双变量相关性对话框设置

表 21 描述统计

| | 平均值 | 标准差 | 个案数 |
|---|---|---|---|
| 脂肪含量 $x$ | 19.952 | 2.408 3 | 42 |
| 蛋白质含量 $y$ | 39.120 | 2.665 3 | 42 |

表 22 相关性

| | | 脂肪含量 $x$ | 蛋白质含量 $y$ |
|---|---|---|---|
| 脂肪含量 $x$ | 皮尔逊相关性 | 1 | -.852** |
| | 显著性(双尾) | | .000 |
| | 平方和与叉积 | 237.805 | -224.283 |
| | 协方差 | 5.800 | -5.470 |
| | 个案数 | 42 | 42 |
| 蛋白质含量 $y$ | 皮尔逊相关性 | -.852** | 1 |
| | 显著性(双尾) | .000 | |
| | 平方和与叉积 | -224.283 | 291.252 |
| | 协方差 | -5.470 | 7.104 |
| | 个案数 | 42 | 42 |

**. 在 0.01 级别(双尾),相关性显著。

上例中,是对两个变量进行相关分析,得到一个 2×2 矩阵,如果是对 $k$ 个变量进行相关分析,最后的结果是一个 $k×k$ 的矩阵,其中横列交叉处表示两个变量的直线相关系数。

## 7.3 曲线回归(P_181)

第一步:首先输入要分析的数据(图 50)。

第二步:执行"分析—回归—曲线估算",打开"曲线估算"对话框(图 51),在左侧的列表框中选中【酶比活

图 50 曲线回归分析实例数据

力】添加至【因变量】列表框中，选择【底物浓度】添加至【变量】列表框中，在【模型】列表框中选择需要拟合的曲线类型，本例勾选了【二次】【对数】【指数】【幂】，同时勾选【在方程中包括常量】(图 52)，点击【确定】按钮，打开“查看器”窗口查看结果。

第三步：结果分析。从模型摘要和参数估算值(表 23)可以看出，4 个回归曲线模型中，拟合度最好的是二次模型($R^2=0.923$)，其次是对数模型。4 个模型的概率值都小于 0.05，所以 4 个模型都比较显著。

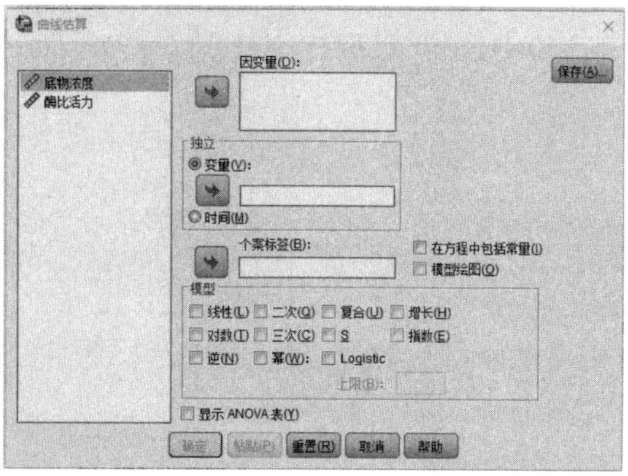


图 51　曲线估算对话框

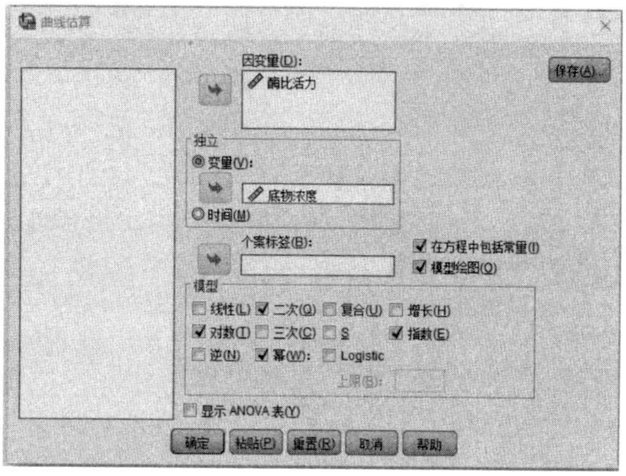


图 52　曲线估算变量设置

**表 23　模型摘要和参数估算值**

因变量：酶比活力

| 方程 | 模型摘要 | | | | | 参数估算值 | | |
|---|---|---|---|---|---|---|---|---|
| | $R^2$ | $F$ | 自由度 1 | 自由度 2 | 显著性 | 常量 | b1 | b2 |
| 对数 | .886 | 54.382 | 1 | 7 | .000 | 18.697 | 20.686 | |
| 二次 | .923 | 35.739 | 2 | 6 | .000 | 2.534 | 17.289 | −1.190 |
| 幂 | .809 | 29.638 | 1 | 7 | .001 | 20.755 | .551 | |
| 指数 | .592 | 10.172 | 1 | 7 | .015 | 24.459 | .113 | |

自变量为底物浓度。

## 8　统计图

SPSS 提供了条形图、折线图、面积图、饼图、高低图、箱图、误差条形图、散点图、直方图的绘制。

### 8.1　简单条形图(P_15)

第一步：首先输入要绘制图的数据(图 53)。

第二步：执行“图形—旧对话框—条形图”，打开“条形图”对话框(图 54)。选中【简单】按钮，【图表中的数据为】列表框选中【单个个案的值】，点击【定义】按钮，打开“定义简单条形图：单个个案的值”对话框(图 55)，将左侧列表框中的【等级】添加至【变量】列表框中，【次数】添加至【条形表示】列表框中(图 56)，点击【确定】按钮，打开“查看器”窗口查看结果。

第三步：绘制的简单条形图见图 57。

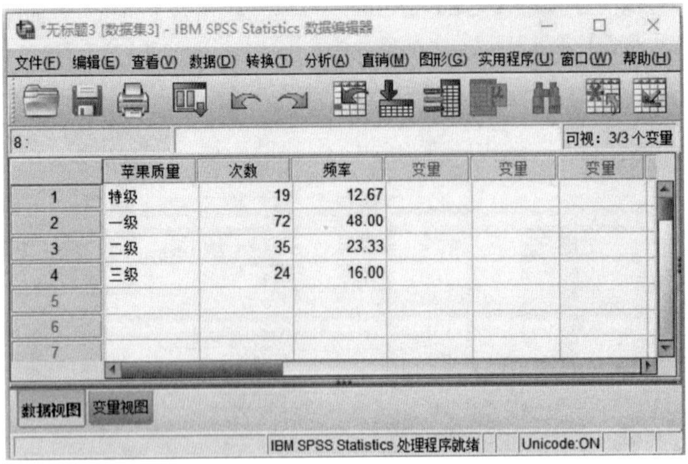


图 53　制作简单条形图实例数据

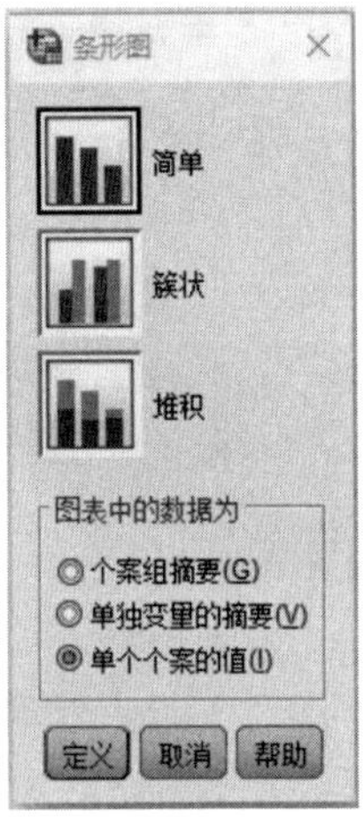


图 54　条形图对话框(1)

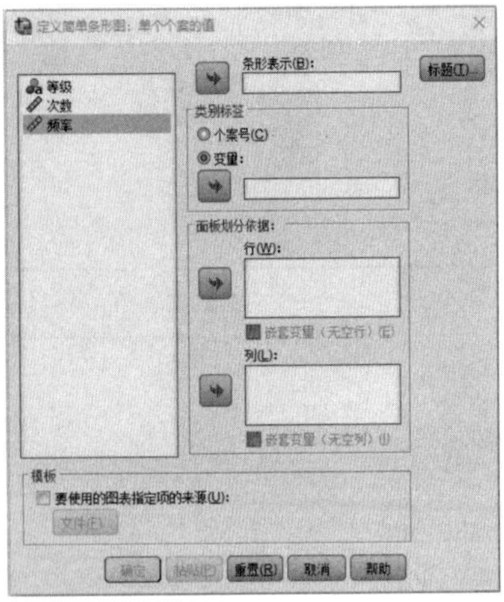


图 55　定义简单条形图:单个个案的值对话框

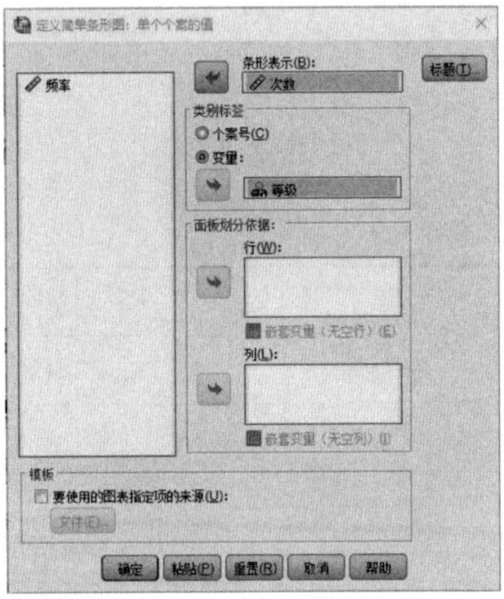


图 56　定义简单条形图:单个个案的值对话框变量设置

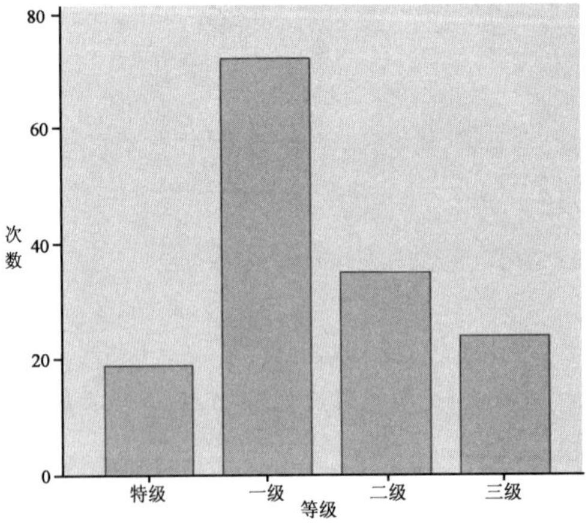


图 57　简单条形图绘制结果

## 8.2　复杂条形图(P_15)

第一步：首先输入要绘制图的数据(图 58)。

第二步：执行“图形—旧对话框—条形图”，打开“条形图”对话框(图 59)，选中【簇状】按钮，【图表中的数据为】列表框选中【个案组摘要】，点击【定义】按钮，打开“定义簇状条形图：个案组摘要”对话框(图 60)，将左侧列表框中的【贮藏方式】添加至【类别轴】列表框中，【品种】添加至【聚类定义依据】列表框中，【果树比例】添加至【变量】列表框中(图 61)，点击【确定】按钮，打开“查看器”窗口查看结果。

第三步：绘制的簇状条形图见图 62。

图 58　用于绘制条形图的数据

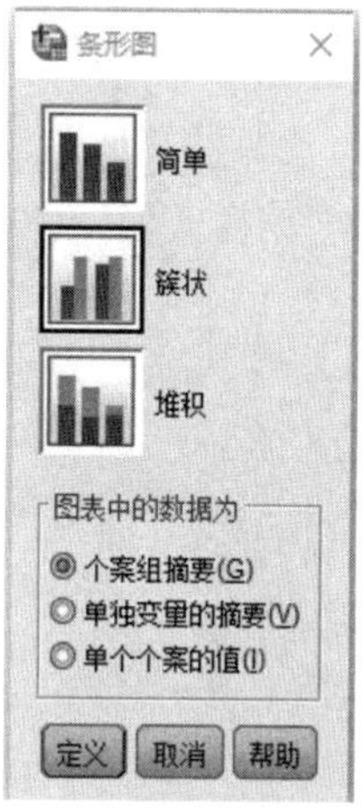


图 59　条形图对话框(2)

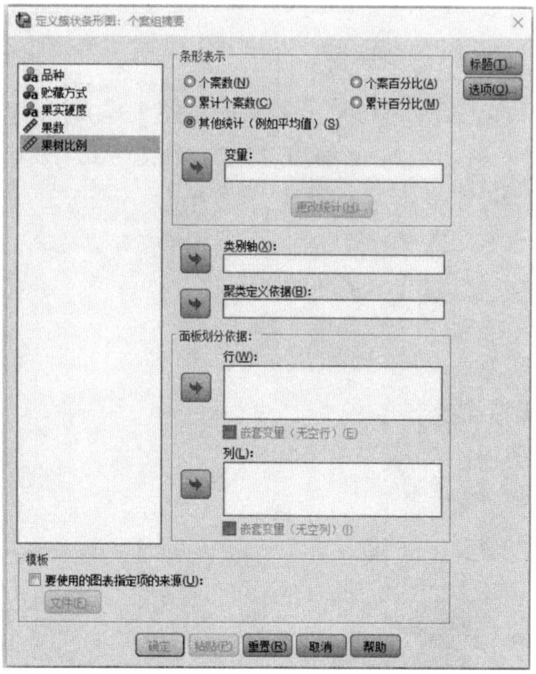


图 60　定义簇状条形图：个案组摘要对话框图

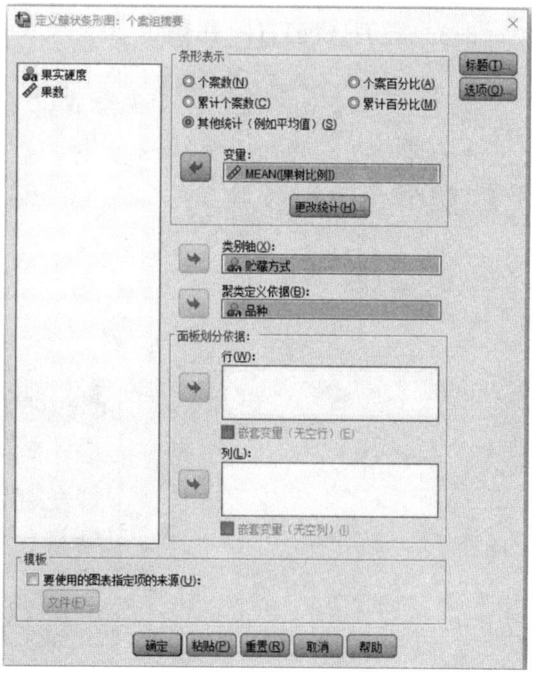


图 61　定义簇状条形图：个案组摘要对话框变量设置

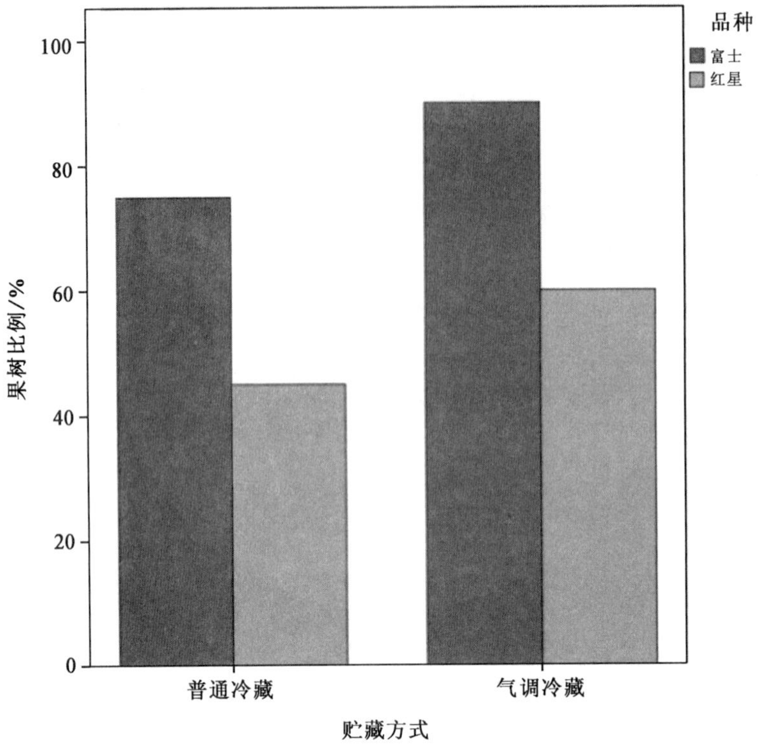


图 62　簇状条形图绘制结果

## 8.3　圆图(饼图)(P_15)

第一步:首先输入要绘制图的数据(图 53)。

第二步:执行“图形—旧对话框—饼图”,打开“饼图”对话框(图 63),选中【单个个案的值】单选框,点击【定义】按钮,打开“定义饼图:单个个案的值”对话框(图 64),将左侧列表框中的【等级】添加至【变量】列表框中,【频率】添加至【分区表示】列表框中(图 65),点击【确定】按钮,打开“查看器”窗口查看结果。

第三步:绘制的饼图见图 66。

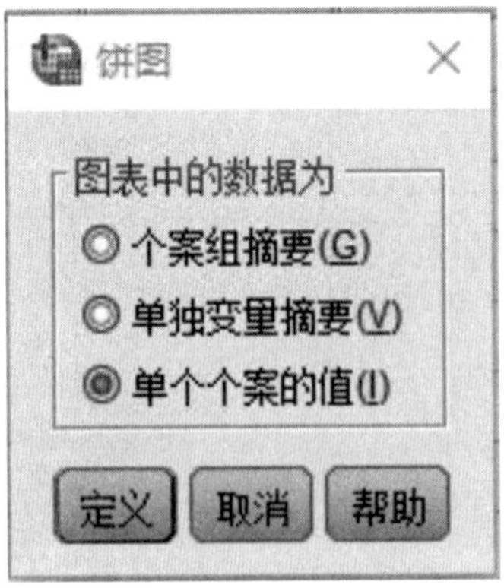


图 63　饼图对话框图

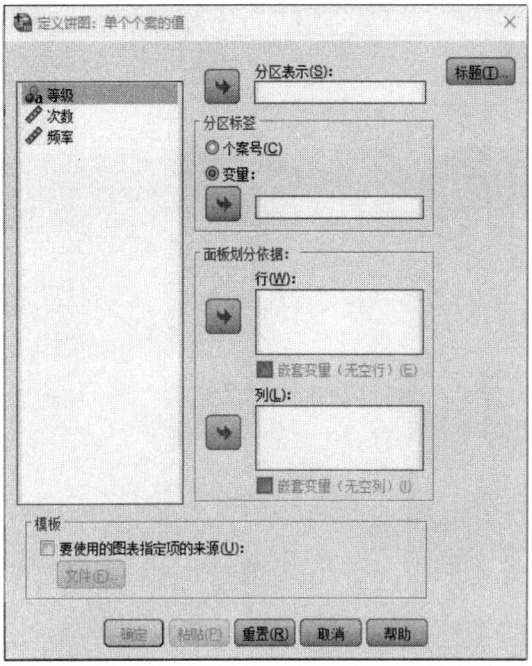


**图 64　定义饼图对话框**

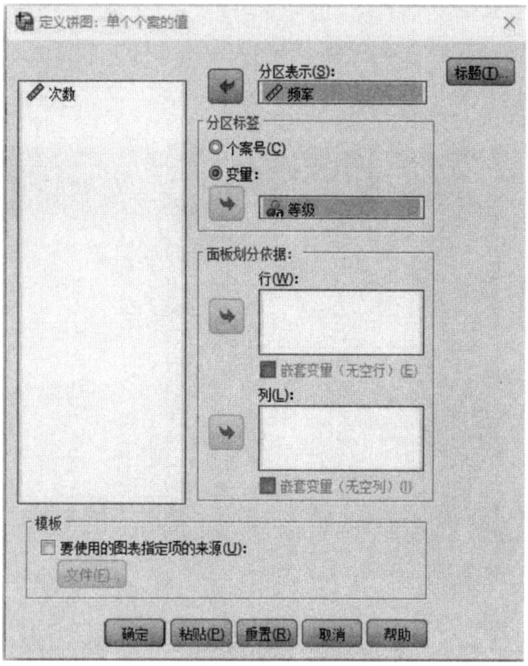


**图 65　定义饼图变量设置**

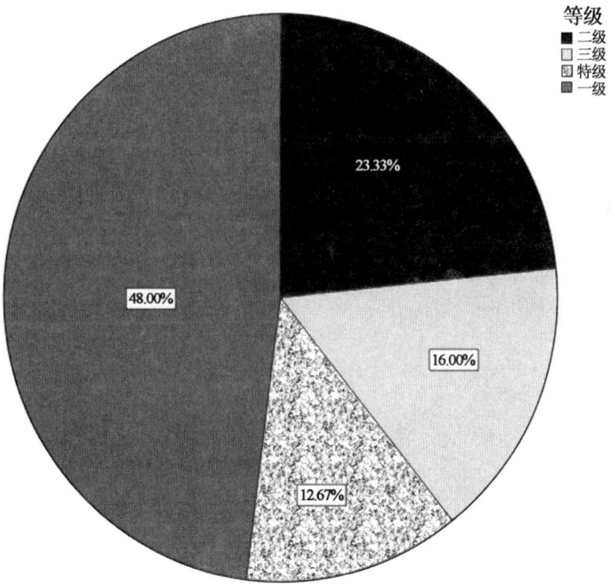


**图 66　饼图绘制结果**

## 8.4　折线图(P_13)

第一步：首先输入要绘制图的数据(图 67)。

第二步：执行“图形—旧对话框—折线图”，打开“折线图”对话框(图 68)，选中【简单】和【个案组摘要】，点击【定义】按钮，打开“定义简单折线图：个案组摘要”对话框(图 69)，首先选中【折线表示】中的【其他统计：例如平均值(S)】,然后将左侧列表框中的【次数】添加至【变量】列表框中,【组中值】添加至【类别轴】列表框中(图70),点击【确定】按钮,打开“查看器”窗口查看结果。

第三步:绘制的折线图见图71。

图67 绘制折线图实例数据

图68 折线图对话框

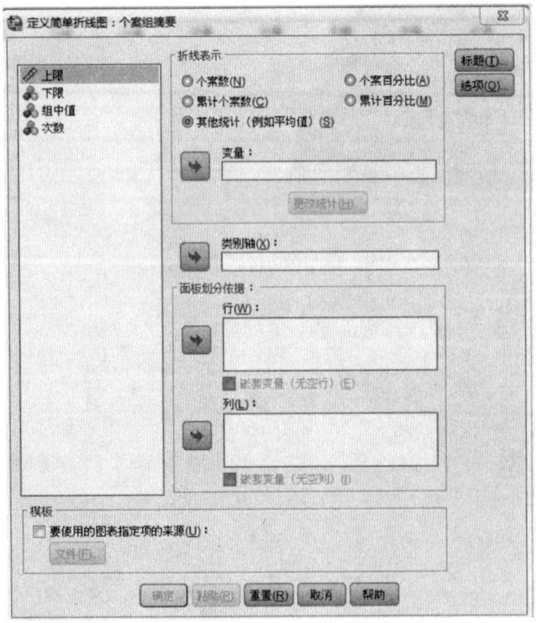


图69 定义简单折线图:个案组摘要图

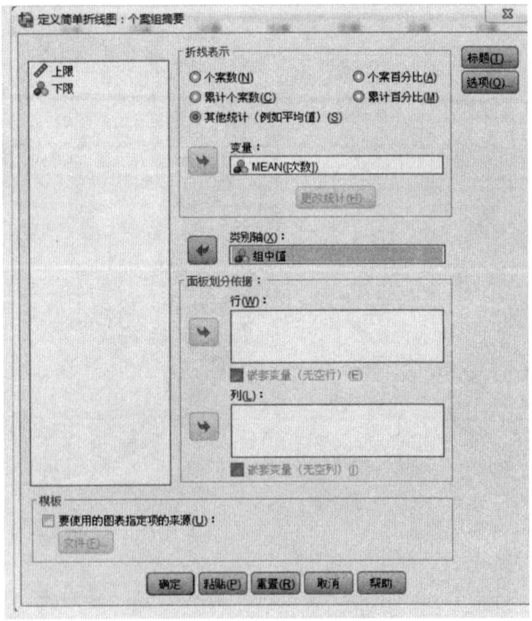


图70 定义简单折线图:个案组摘要变量设置

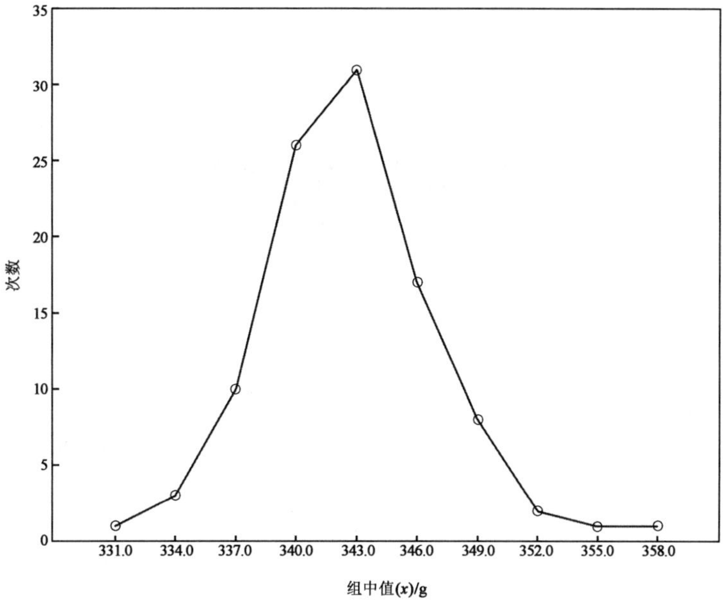
35
30
25
20
15
10
5
0
次数
331.0
334.0
337.0
340.0
343.0
346.0
349.0
352.0
355.0
358.0
组中值(x)/g

**图 71　折线图绘制结果**

# 汉英术语对照

$\chi^2$ 分布($\chi^2$ distribution)
$\chi^2$ 检验(chi square test)
Fisher 氏保护下的多重比较(Fisher's protected multiple comparisons)
$t$ 分布($t$-distribution)
$t$ 检验($t$-test)
$u$ 检验($u$-test)
$F$ 分布($F$-distribution)
$F$ 检验($F$-test)
$q$ 检验($q$-test)
Student-Newman-Keuls,SNK
Bayes 判别(Bayes discrimination)
Fisher 判别法(Fisher discrimination)

## 一画

一尾(单侧)概率(one-tailed probability)
一尾检验(one-tailed test)

## 二画

二项分布(binomial distribution)
几乎正交性(near orthogonality)
几何平均数(geometric mean)

## 三画

个体(individual)
马氏距离(Mahalanobis distance)
上限(upper limit)
下限(lower limit)

## 四画

中数(median)
互作效应(interaction effect)
允许误差设计(admissible error design)
分布函数(distribution function)
分层随机抽样(stratified random sampling)
分类资料(categorical data)
分量(component)
区间估计(interval estimation)
双曲线函数(hyperbolic function)
反正弦转换(arcsine transformation)
方差(variance)
方差分析(analysis of variance)
无限总体(infinite population)
无效假设(null hypothesis)
无偏估计(unbiased estimate)
片面误差(lopsided error)
贝努利试验(Bernoulli trials)
长条图(bar chart)

## 五画

主效应(main effect)
主成分分析(principal components analysis)
半定量资料(semi-quantitative data)
可加性(additivity)
可疑值(suspectable value)
处理效应(treatment effect)
对数函数(logarithmic function)
对数转换(logarithmic transformation)
对称矩阵(symmetric matrix)
对角矩阵(diagonal matrix)
对应分析(correspondence analysis)

平方根转换(square root transformation)
平均数(mean)
正交设计(orthogonal design)
正交性(orthogonality)
正交表(orthogonal layout)
正态分布(normal distribution)
正态性(normality)
正交向量(orthgonal vector)
正交矩阵(orthgonal matrix)
正规方程组(normal equations)
生物统计学(Biometry)

### 六画

自由度(degree of freedom)
自变量(independent variable)
众数(mode)
有限总体校正数(finite population correction)
有限总体(finite population)
因子分析(factor analysis)
因素水平(level of factor)
因变量(dependent variable)
异常值(outlier)
寻踪回归(projection pursuit regression)
协方差矩阵(covariance matrix)
协方差(covariance)
先验概率(prior probability)
同质性(homogeneity)
全面试验(overall experiment)
全距(range)
曲线回归分析(curvilinear regression analysis)
曲线回归方程(curvilinear regression equation)
列向量(column vector)
列联表 (contingency table)
决定系数(determination coefficient)
回归正交设计(orthogonal design by linear regression)
回归旋转设计(regression-rotatable design)
回归系数标准误(standard error of regression coefficient)
回归系数(regression coefficient)
回归平面(regression plane)
回归平方和(sum of squares of regression)
回归均方(mean square of regression)
回归截距标准误(standard error of regression intercept)
回归截距(regression intercept)
回归分析(regression analysis)
回归常数项(regression constant)
后验概率(posterior probability)
行向量(Row Vector)
多重比较(multiple comparisons)
多元相关、复相关(multiple correlation)
多元线性回归(multiple linear regression)
多元统计分析(multivariate statistical analysis)
多元回归分析(multiple regression analysis)
多因素试验(multiple-factor or factorial experiment)
传统设计(traditional design)
成分(ingredient)

### 七画

判别函数(discriminant function)
均值向量(mean vector)
两尾(双侧)概率(two-tailed probability)
两尾检验(two-tailed test)
估计(estimation)
否定区域(rejection region)
均匀设计(uniform design)
均匀设计表(table of uniform design)
均方(mean square, MS)
完全随机设计(complete random design)
局部控制(portion of control)
序贯抽样法(sequential sampling)
折线图(broken-line chart)
拟水平(dummy level)
拟合度检验(test of goodness of fit)
极端值(extreme value)
系统(system)

系统设计(systematic design)
系统误差(systematic error)
系数矩阵(coefficient matrix)
连续性资料(continuous data)
连续性矫正(correction for continuity)
间断性资料(discrete data)
判别分析(discriminant analysis)
投影寻踪回归(projection pursuit regression)

## 八画

线性判别函数(linear discrimination function)
单因素试验(single factor experiment)
单纯形重心设计(simplex centroid design)
单纯形格子设计(simplex lattice design)
饱和设计(saturated design)
参数(parameter)
参数设计(parameter design)
参数估计(parameter estimation)
参数统计(parametric statistics)
固定效应(fixed effect)
固定模型(fixed model)
备择假设(alternate hypothesis)
实际次数(actual frequency)
抽样分布(sampling distribution)
抽样方法(sampling method)
抽样比(sampling fraction)
抽样技术(sampling techniques)
抽样单位(个体)(sample unit)
抽样误差(sampling error)
抽样调查(sampling survey)
拉丁方(latin square)
析因试验(factorial experiment)
泊松分布(Poisson's distribution)
直方图(histogram)
直线回归方程(linear regression equation)
线图(linear chart)
线性质量研究(linear quality research)
线性模型(linear model)
线性反应(linearity reaction)
组合设计(combinatorial design)
组限(class limit)
组距(class interval)
试验方案(experimental scheme)
试验处理(experimental treatment)
试验因素(experimental factor)
试验设计(experimental design)
试验条件(experimental conditions)
试验单位(experimental unit)
试验指标(experimental indicator)
试验点(experiment spots)
试验误差(experimental error)
试验研究(experimental study)
非参数统计(nonparametric statistics)
非参数检验(nonparametric test)
非线性回归(no-linear regression)
非线性质量研究(no-linear quality research)
非退化条件(non-degenerative conditions)
典型相关分析(canonical correlation analysis)

## 九画

保护性最小显著差数法(protected LSD,或PLSD)
变异系数(coefficient of variation)
复相关(multiple correlation)
复相关系数(multiple correlation coefficient)
总体(population)
指数函数(exponential function)
按比例分配(proportional allocation)
显著水平(significance level)
显著性检验(significance test)
标准正态分布(standard normal distribution)
标准差(standard deviation)
标准误(standard error)
标准偏回归系数(standard partial regression coefficient)

点估计(point estimation)
独立性检验(test of independence)
相关(relationship)
相关分析(correlation analysis)
相关系数(correlation coefficient)
相关线(correlation line)
相关指数(correlation index)
响应值(response value)
统计学(statistics)
统计分析(statistical analysis)
统计假设检验(test of statistical hypothesis)
统计推断(statistical inference)
统计量(statistic)
适合性检验(test for goodness of fit)
逆矩阵(inverse matrix)
重复(replication)
面体反应(response surface)
顺序抽样(order sampling or systematic sampling)

## 十画

样本(sample)
样本容量(或样本大小)(sample size)
乘积和(sum of products)
倒数转换(reciprocal transformation)
准确性(accuracy)
圆图(pie chart)
离回归平方和(sum of squares due to deviation from regression)
离回归均方(mean square due to deviation from regression)
离回归标准误(standard error due to deviation From regression)
离散型随机变量(discrete random variable)
秩和检验(rank sum test)
秩相关系数(rank correlation coefficient)
调和平均数(harmonic mean)
逐步回归(stepwise regression)
通用设计(common design)
通用性(generality)
通用旋转组合设计(common rotatable design)
通径(path)
通径图(path chart)
通径分析(path analysis)
通径系数(path coefficient)
通径系数标准误(standard error of path coefficient)
部分实施(partly executed)
预测(prediction)
高斯系数(Gauss coefficient)
特征根(characteristic root)
特征值(eigen value)
特征向量(eigen vector)
特征多项式(characteristic polynomial)
特征方程(characteristic equation)

## 十一画

假设无限总体(hypothetical infinite population)
偏回归系数(partial regression coefficient)
偏相关系数(partial correlation coefficient)
巢式(分级)随机抽样(nested random sampling)
接受区域(acceptance region)
控制点检验(reference point test)。
斜率(slope)
旋转设计(rotatable design)
旋转性(rotatability)
旋转性条件(rotatability conditions)
检验功效(power of test)
混合模型(mixed model)
混料设计(mixture design)
理论次数(theoretical frequency)
符号秩(signed rank)
符号秩和检验(signed rank sum test)
符号检验(sign test)
第一类错误(type I error)

第二类错误(type Ⅱ error)
综合性试验(comprehensive experiment)
随机向量(random vector)
随机区组设计(randomized block design)
随机抽样(random sampling)
随机变量(random variable)
随机误差(random error)
随机效应(random effect)
随机群组抽样(random cluster sampling)
随机模型(random model) random model
距离函数(distance function)
距离判别(distance discrimination)
探索性数据分析(exploratory data analysis)

## 十二画

剩余平方和(residual sum of squares)
幂函数(power function)
散点图(scatter diagram)
最小二乘(平方)(least squares)
最小显著极差法(least significant rang,LSR)
最小显著差数法(least significant difference, LSD)
最优分配(optimum allocation)
最优多元线性回归方程(the best multiple linear regression equation)
最短显著极差法(shortest significant ranges, SSR 法)
期望均方(expected mean squares)
期望值(expected value)
确定样本含量(determination of sample size)
等级相关(rank correlation)
等级资料(ranked data)
等精度设计(equal precision design)
编码(coding)

## 十三画

数学期望(mathematical expectation)
数学模型(mathematical model)
数据转换(transformation of data)
新复极差法(new multiple range)
概率密度函数(probability density function)
简单效应(simple effect)
简单随机抽样(simple random sampling)
置信区间(confidence interval)
置信度(confidence level)
置信概率(confidence probability)

## 十四画及以上

算术平均数(arithmetic mean)
精确性(precision)
整理资料(sorting data)
聚类分析(cluster analysis)

# 参 考 文 献


[1] 上海师范大学数学系概率统计教研组. 回归分析及其试验设计. 上海:上海教育出版社,1978.

[2] 马斌荣. 医学统计学. 3 版. 北京:人民卫生出版社,2001.

[3] 王元,方开泰. 混料均匀设计. 中国科学(A 辑),1996,26(1):1-10.

[4] 王元. 均匀设计——一种试验设计方法. 科技导报,1994(5):20-21.

[5] 王玉杰. 单形格子和单形重心设计统计模型的优化分析方法. 生物数学学报,1998,13(1):124-128.

[6] 王钦德,杨坚. 食品试验设计与统计分析. 北京:中国农业大学出版社,2003.

[7] 中国科学院数学研究所统计组. 正交试验法. 北京:人民教育出版社,1975.

[8] 中国科学院数学研究所统计组. 方差分析. 北京:科学出版社,1977.

[9] 中国科学院数学研究所统计组. 抽样检验方法. 北京:科学出版社,1978.

[10] 中国科学院数学研究所概率统计室. 常用数理统计表. 北京:科学出版社,1974.

[11] 方开泰. 均匀设计与均匀设计表. 北京:科学技术出版社,1994.

[12] 方开泰. 均匀设计及其应用. 数理统计与管理,1994,13(1):57-63;13(2):59-61;13(3):52-55;13(4):54-56.

[13] 方开泰,李久坤. 均匀设计的一些新成果. 科学通报,1994,39(21):1921-1924.

[14] 方开泰,马长兴. 正交与均匀试验设计. 北京:科学出版社,2001.

[15] 邓勃. 数理统计方法在分析测试中的应用. 北京:化学工业出版社,1984.

[16] 北京大学数学力学系数学专业概率统计组. 正交设计. 北京:人民教育出版社,1976.

[17] 北京大学数学力学系数学专业概率统计组. 正交设计法. 北京:化学工业出版社,1979.

[18] 叶世伯. 食品理化检验方法指南. 北京:北京大学出版社,1991.

[19] 冯叙桥,赵静. 食品质量管理学. 北京:中国轻工业出版社,1995.

[20] 任露泉. 试验优化设计. 北京:机械工业出版社,1987.

[21] 任露泉. 试验优化设计与分析. 2 版. 北京:高等教育出版社,2003.

[22] 刘文卿. 实验设计. 北京:清华大学出版社,2005.

[23] 刘定远. 医药数理统计方法. 3 版. 北京:人民卫生出版社,1999.

[24] 刘魁英. 食品研究与数据分析. 北京:中国轻工业出版社,2015.

[25] 孙先仿,范跃祖. $U^*$ 均匀设计的均匀性研究. 应用概率统计,2001,17(4):341-345.

[26] 孙尚拱. 均匀设计中有重复试验的统计分析. 数理统计与管理,2000,19(2):24-29.

[27] 李梦琴,张剑,张建威,等. 主成分分析法综合评价面条品质. 粮食与饲料工业,2007(8):17-19.

[28] 杨坚，童华荣，贾利蓉. 豆腐乳感官和理化品质的主成分分析. 农业工程学报，2002(18)：131-135.
[29] 杨树勤. 卫生统计学. 3 版. 北京：人民卫生出版社，1978.
[30] 吴仲贤. 生物统计. 北京：北京农业大学出版社，1996.
[31] 何晓群. 现代统计分析方法与应用. 北京：中国人民大学出版社，1998.
[32] 余松林. 医学统计学. 北京：人民卫生出版社，2002.
[33] 汪荣鑫. 数理统计. 西安：西安交通大学出版社，1986.
[34] 张勤，张启能. 生物统计学. 北京：中国农业大学出版社，2002.
[35] 张全德，胡德民. 农业试验统计模型和 BASIC 程序. 杭州：浙江科学技术出版社，1984.
[36] 张国权. 均匀设计的方法与应用. 华南农业大学学报，1998，19(2)：91-96.
[37] 陈希孺，倪国熙. 数理统计学教程. 合肥：中国科学技术大学出版社，2009.
[38] 茆诗松，周纪芗，陈颖. 试验设计. 北京：中国统计出版社，2004.
[39] 林维宣. 试验设计方法. 大连：大连海事大学出版社，1995.
[40] 林德光. 生物统计的数学原理. 沈阳：辽宁人民出版社，1982.
[41] 明道绪. 通径分析的原理与方法. 农业科学导报，1986(1-4).
[42] 明道绪. 生物统计. 北京：中国农业科技出版社，1998.
[43] 明道绪. 生物统计附试验设计. 3 版. 北京：中国农业出版社，2002.
[44] 明道绪. 高级生物统计. 北京：中国农业出版社，2006.
[45] 明道绪. 生物统计附试验设计. 4 版. 北京：中国农业出版社，2008.
[46] 周纪芗. 实用回归分析法. 上海：上海科学技术出版社，1990.
[47] 郑用熙. 分析化学中的数理统计方法. 北京：科学出版社，1991.
[48] 赵选民. 试验设计方法. 北京：科学出版社，1994.
[49] 赵俊康. 统计调查中的抽样设计理论与方法. 北京：中国统计出版社，2002.
[50] 荣廷昭. 农业试验与统计分析. 成都：四川科学技术出版社，1993.
[51] 胡良平. Windows SAS 6.12&8.0 实用统计分析教程. 北京：军事医学科学出版社，2001.
[52] 食品分析大全编写组. 食品分析大全. 北京：高等教育出版社，1997.
[53] 姜藏珍，张述义，关彩虹. 食品科学试验. 北京：中国农业科技出版社，1997.
[54] 倪宗瓒. 卫生统计学. 4 版. 北京：人民卫生出版社，2001.
[55] 高惠璇，李东风，耿直，等. SAS 系统与基础统计分析. 北京：北京大学出版社，1995.
[56] 郭祖超. 医用数理统计方法. 3 版. 北京：人民卫生出版社，1988.
[57] 陶澍. 应用数理统计方法. 北京：中国环境科学出版社，1994.
[58] 盖钧益. 试验统计方法. 北京：中国农业出版社，2000.
[59] 彭昭英. SAS 系统应用开发指南. 北京：希望电子出版社，2000.
[60] 董大钧. SAS 统计分析软件应用指南. 北京：电子工业出版社，1993.
[61] 韩冠堂. 现代生活中的统计学和概论率. 北京：科学出版社，1987.
[62] 谢大海，孟火仔. 单形—重心设计在作物施肥肥料配比试验中的应用. 江西农业大学学报，1992，14(1)：86-94.
[63] 谢生培. 数理统计在分析化学中的应用. 长沙：中南工业大学自编教材，1988.
[64] 谢庄，贾青. 兽医统计学. 北京：高等教育出版社，2005.

[65] 裴鑫德.多元统计分析及其应用.北京:北京农业大学出版社,1991.
[66] 潘维栋.数理统计方法.上海.上海教育出版社,1983.
[67] 潘承毅.何迎晖.数理统计的原理与方法.上海:同济大学出版社,1993.
[68] 戴素贤,谢赤军,陈栋,等.7种高香型乌龙茶香气成分的主成分分析.华南农业大学学报,1999(20):113-117.
[69] 李春喜,姜丽娜,邵云,等.生物统计学.5版.北京:科学出版社,2013.
[70] 汪海波,萝莉,吴为,等.SAS统计分析与应用.人民邮电出版社,2013.
[71] 张文彤,董伟.统计分析高级教程.高等教育出版社,2013.
[72] 翟明娟.距离判别分析及其评价.长治学院学报,2012,02:34-36.
[73] 潘劲松. Fisher's 判别分析及应用. 数学的实践与认识,2013,05:155-162.
[74] 赵丽娜. Fisher 判别法的研究及应用.东北林业大学,2013.
[75] 王静龙梁小筠.定性数据统计分析.北京:中国统计出版社,2008.
[76] 任雪松,于秀林.多元统计分析.北京:中国统计出版社,2010.
[77] 李彬,史海滨,李祯,等. 基于Bayes判别理论的地下水化学分类的分析方法,干旱地区农业研究,2015,04:246-250.
[78] 刘飞,王元忠,杨春艳,等.基于红外光谱的石斛品种的判别分析.光谱学语光谱分析,2014,11:2968-2972.
[79] 张仲欣,杜双奎. 食品试验设计与数据处理. 郑州:郑州大学出版社,2011.
[80] 陈庆富. 生物统计学. 北京:高等教育出版社,2011.
[81] 贾俊平,何晓群,金勇进. 统计学. 6版. 北京:中国人民大学出版社,2015.
[82] 杜荣骞.生物统计学.北京:高等教育出版社,2009.
[83] 袁志发,宋世德.多元统计分析.北京:科学出版社,2009.
[84] 杜双奎,李志西.食品试验优化设计.北京:中国轻工业出版社,2011.
[85] 潘丽军,陈锦权.试验设计与数据处理.南京:东南大学出版社,2008.
[86] 林彬. 多元线性回归分析及其应用. 中国科技信息,2010(09):60-61.
[87] 冯守平,石泽,邹瑾. 一元线性回归模型中参数估计的几种方法比较. 统计与决策,2008(24):152-153.
[88] 郭森. 非线性估计方法研究与探讨. 太原理工大学,2007.
[89] 姜诗章.统计学教程. 北京:清华大学出版社,2006.
[90] 郭建英,彭明珠,林海平.概率统计. 北京:北京大学出版社,2005.
[91] 石瑞平. 基于一元回归分析模型的研究. 河北科技大学,2009.
[92] 陆洪涛. 偏最小二乘回归数学模型及其算法研究. 华北电力大学,2014.
[93] 曾凡刚. 多元统计方法在综合评价中的应用及有效性分析. 中南大学,2014.
[94] 傅惠民,岳晓蕊. 多元混合数据回归分析方法. 航空动力学报,2011,01:173-177.
[95] Iversen G R. 吴喜之,程博,柳林旭,等译. 统计学. 北京:高等教育出版社, 2013.
[96] Martin G. Larson S D. Statistical Primer for Cardiovascular Research Circulation. 2008, 117: 115-121.
[97] Shuangge Ma, Yuedong Wang. Frontiers of Biostatistics and Bioinformatics. 合肥:中国科学技术大学出版社, 2009.

[98] Arjun K G, Jin X, Yasunori F. An asymptotic expansion of the distribution of Rao's U-statistic under a general condition. Journal of Multivariate Analysis. 2006, 97(2): 492-513.

[99] Shana H, Darin P, Claudio B, et al.. Comparison of shoulder flexibility, strength, and function between breast cancer survivors and healthy participants. Journal of Cancer Survivorship. 2011, 5(2): 167-174.

[100] Wilks S S. Certain Generalizations in the Analysis of Variance. Biometrika. 1932, 24 (3/4): 471-494.

[101] (美)西格尔 S. 非参数统计. 北星译. 北京:科学出版社,1986.

[102] (美)斯蒂尔 R G D,托里 J H. 数理统计的原理与方法. 杨纪珂,等译. 北京:科学出版社,1976.

[103] (奥)Gerry P Quinn,(奥)Michael J Keough. 生物实验设计与数据分析. 蒋志刚,李春旺,曾岩主译. 北京:高等教育出版社,2003.

[104] Montgomery D C. 实验设计与分析. 汪仁宫,陈荣昭译. 北京:中国统计出版社,1998.

[105] Thomas M Little, F Jacson Hills. 农业试验设计和分析. 李耀锽,高学曾,等译. 北京:农业出版社,1983.

[106] Bailey T J. Statistical Methods in Biology. 2rd. Hodder and Stoughton,1981.

[107] Bishop O N. Statistics for Biology. 3rd. Longman Group Lincited, 1980.

[108] Cochran W G. Sampling Techniques. 3rd. John Wiley and Soins, 1977.

[109] Cornell J A. Experiments with Mixture: Design, Models and the Analysis of Mixture Data. New York: Wiley, 1981.

[110] Damaraju Raghavarao. Statistical Techniques in Agricultural and Biological Research. Oxford and I. B. H. Publication co. ,1983 .

[111] Li C C. Path Analysis:a primer, The Boxwood Press, 1977.

[112] O Mahony M. Sensory evaluation of food. Statistics methods and procedures. New York Marcel Dekker,1991.